经典视频教学

涵盖外行学电脑需要掌握的所有操作技能经典视频，让读者在案例实际演练中拓展思路，举一反三。

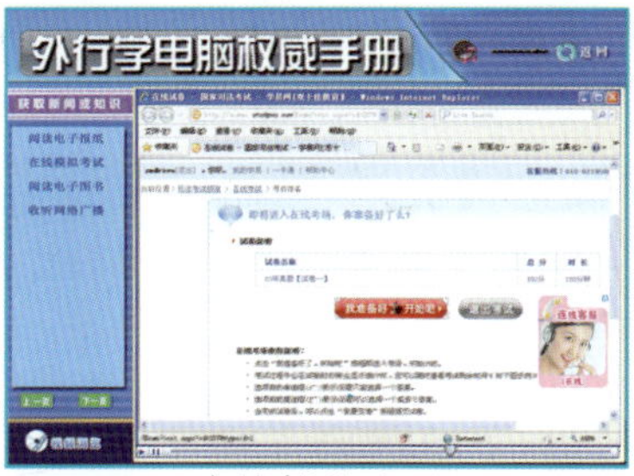

在线模拟考试

网上看电影

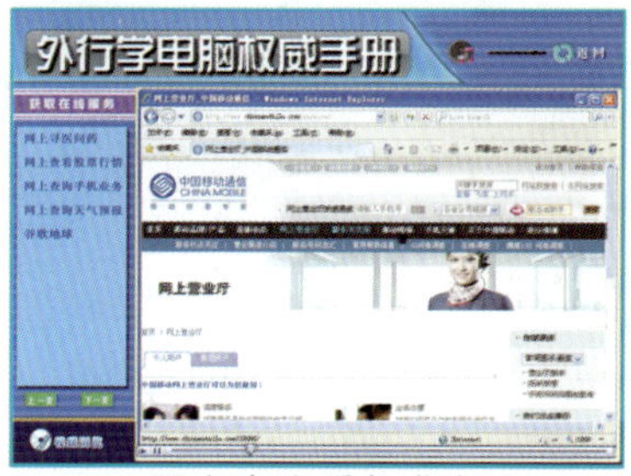

网上查询手机业务

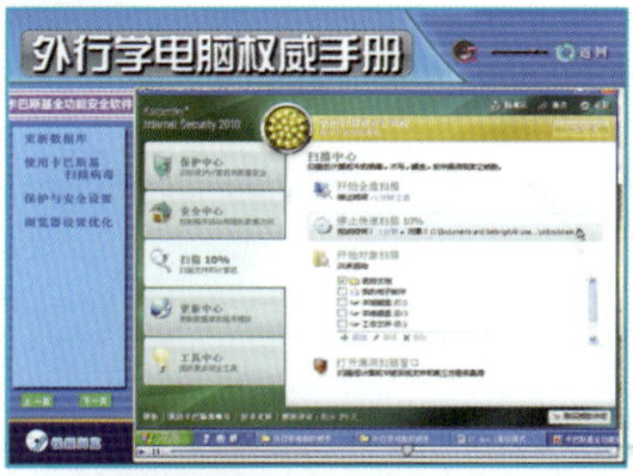

使用卡巴斯基扫描病毒

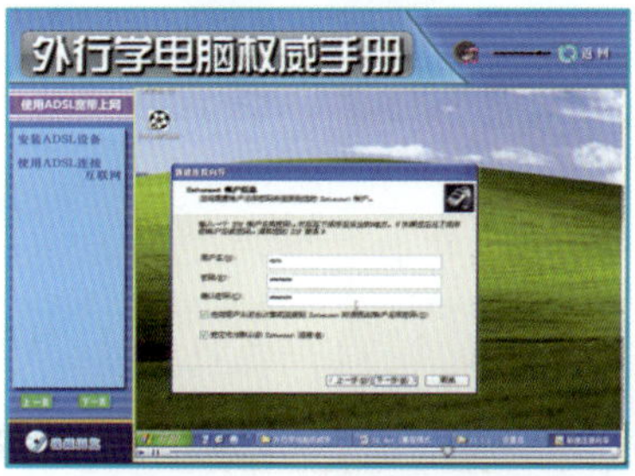

使用ADSL连接互联网

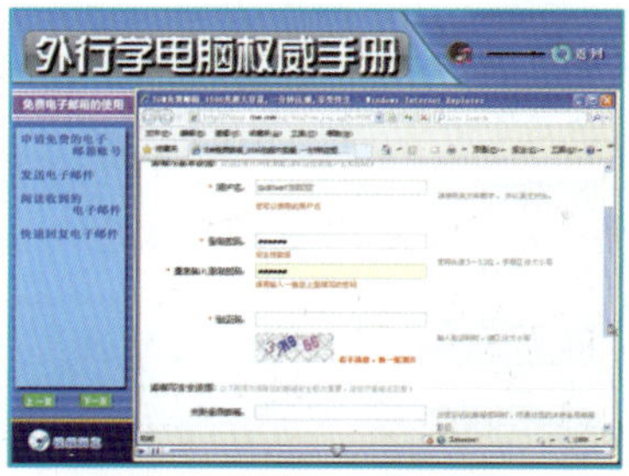

申请免费的电子邮箱账号

权威案例

权威案例，权威剖析，以广大电脑用户的实际需求为出发点，以实用为最终目的，涵盖电脑应用的最常见领域，帮助读者快速加入电脑高手的行列。

招聘启事

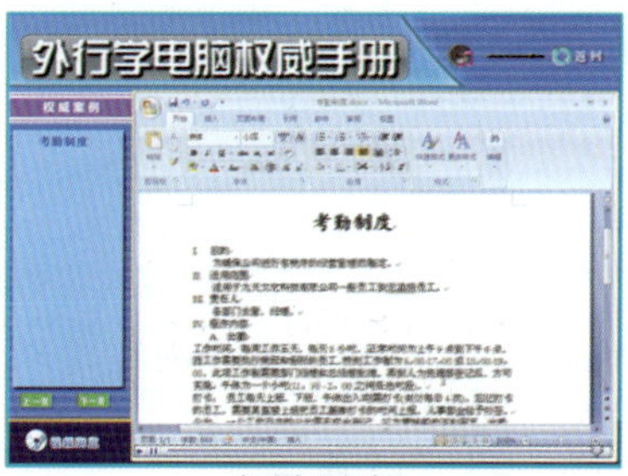

考勤制度

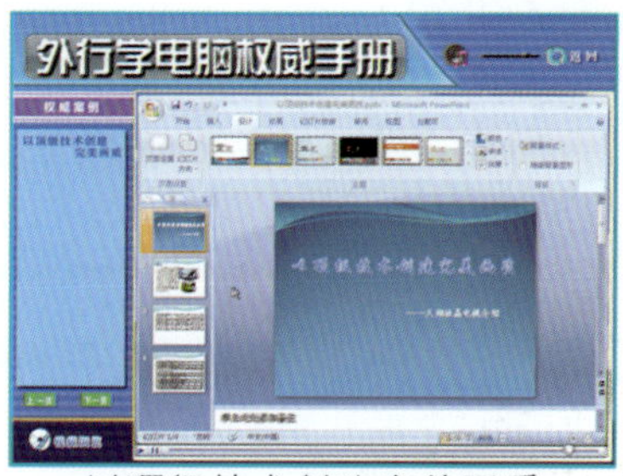

以顶级技术创建完美画质

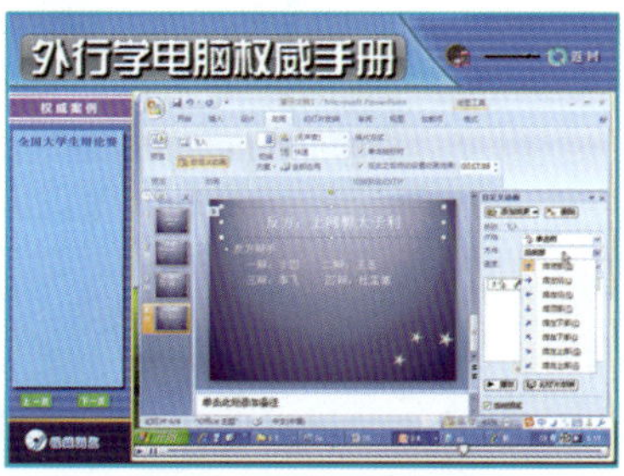

全国大学生辩论赛

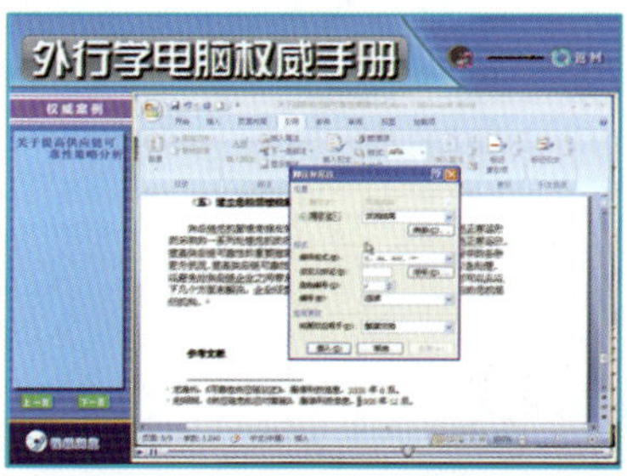

关于提高供应链可靠性策略分析

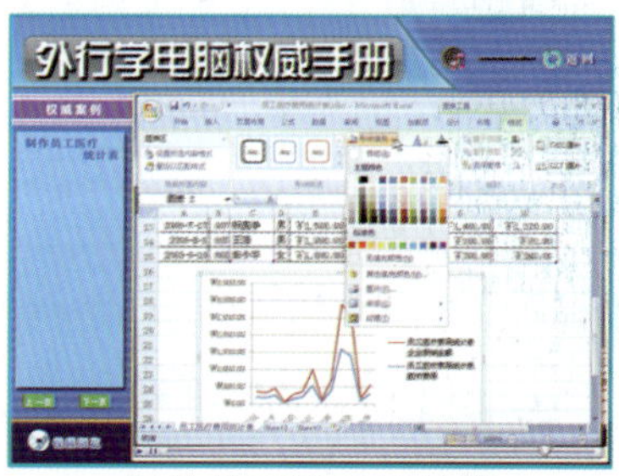

制作员工医疗统计表

超值光盘赠送

附赠本社出版《电脑常见故障诊断与排除从新手到高手》和《网页设计与制作从新手到高手》两本书的部分精彩多媒体视频，读者可以全面学习电脑知识，物超所值。

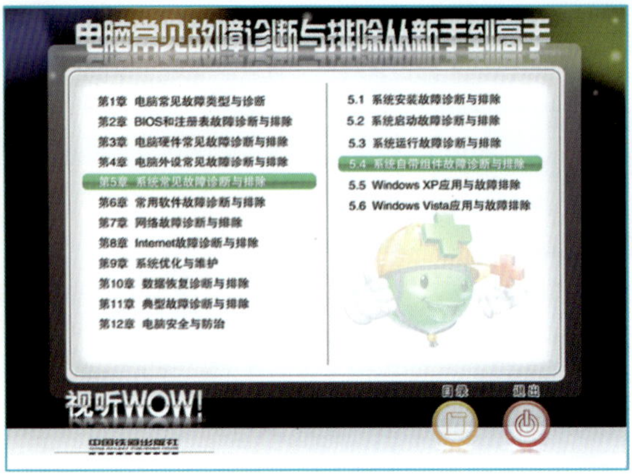

赠送光盘主界面一

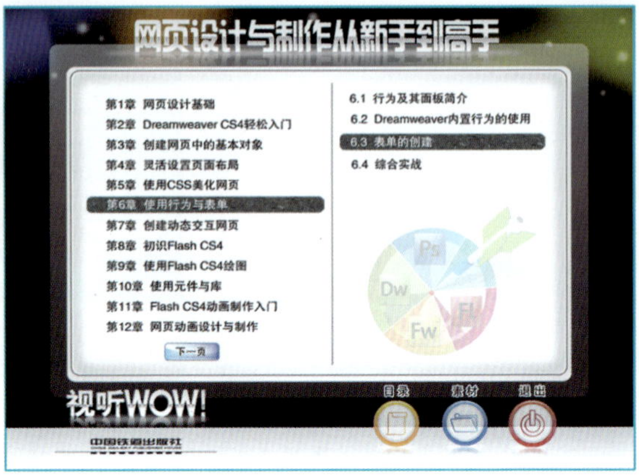

赠送光盘主界面二

赠送光盘播放界面一

赠送光盘播放界面二

超值模板赠送

随书赠送近千个实用Office模板，读者可以直接使用，方便实用，快速提高工作效率，成为Office办公的实战高手。

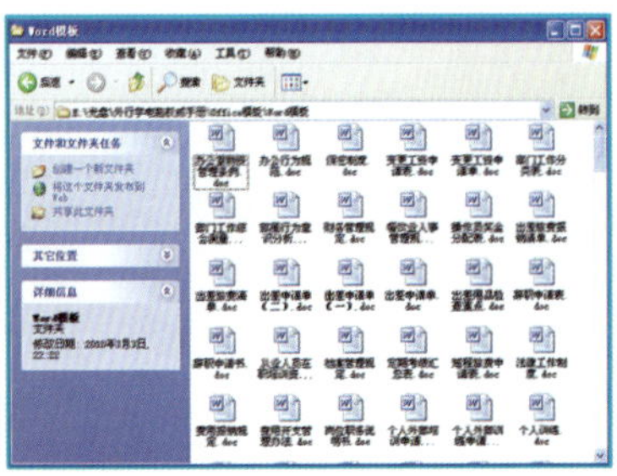

Word模板

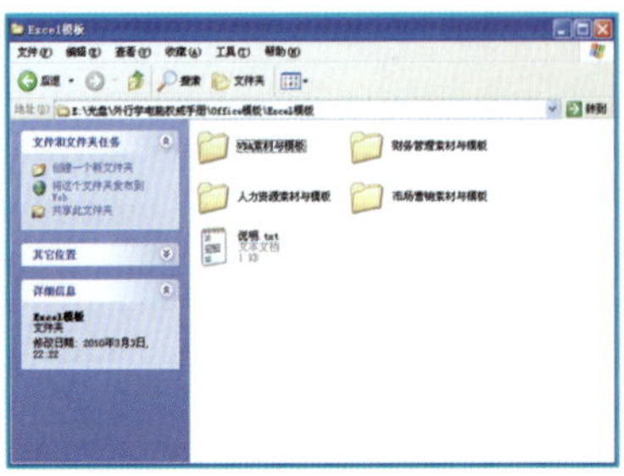

Excel模板

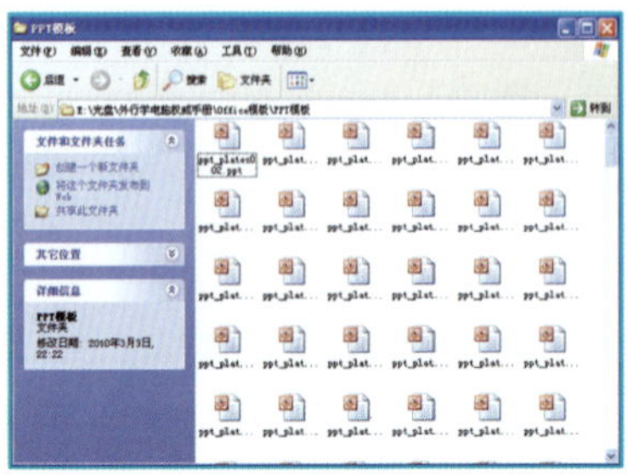

PPT模板

本书学习指导 超值、高效的学习模式

边听、边看、边学的新视听体验——便捷高效，轻松自在

各体例的构成

❶ 章前导读

在章扉上综述本章所学知识和学习目的，引导读者学习章节重点内容，做到有的放矢，目标明确。

❷ 建议学习时间

根据一线教育实践经验建议读者学习时间合理分配，主次分明，全面科学提高学习效率。

❸ 学习效果陈列

为读者明确学习目标效果，学完之后可以对照自己的学习成果，不足之处重点进行巩固。

❹ 重点视频索引

从光盘多媒体视频中精选重点视频陈列，以供读者进行参照学习，突破难点，增强学习效果。

❺ 重点版块

本书分为“外行上路”、“提高进阶”、“权威案例”和“技巧百宝箱”四大重点板块，层次分明，循序渐进。

❻ 正文内容

正文内容深入讲解各章节操作知识，语言简洁、图文并茂，重点培养读者的电脑实际运用和操控能力。

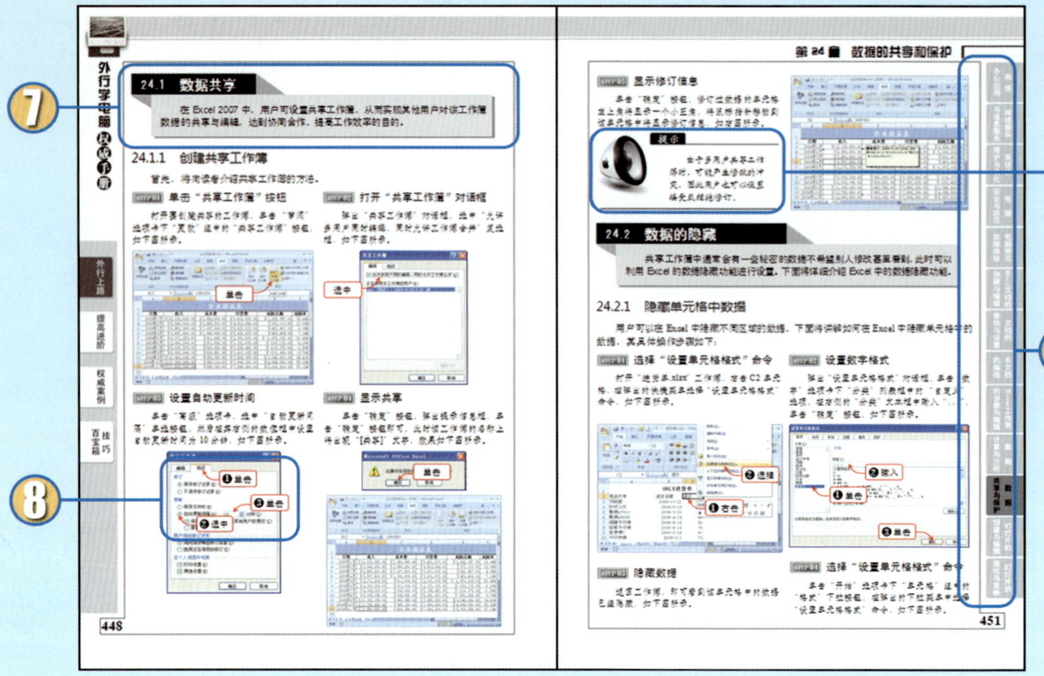

❼ 知识摘要

位于每节的起始位置，交代每节的知识要点，读者通过阅读此处可以预先了解将要学习的内容。

❾ 提示

此栏目穿插于正文中，通过它可以快速掌握和了解一些常用的技巧、知识和要点，灵活运用电脑软硬件的各种功能。

❽ 操作注释

大部分操作步骤图上都有注释，帮助读者以看图的方式进行操作，降低学习难度，节省学习时间。

❿ 章节索引

章节索引位于偶数页的右侧，用于快速查询全书章节内容，节省查阅时间，提高学习效率。

编排方式 + 多媒体教学 + 办公案例

制胜法宝1	制胜法宝2	制胜法宝3
图解互动全新教学法+ 轻松攻克难关的视频教学	专业权威化写作方法+ 案例讲解的新手学习模式	轻松的步骤分解剖析+ 自学不求人的权威手册

外行学电脑

权威手册

九天科技　田建永　董丽丽　编著

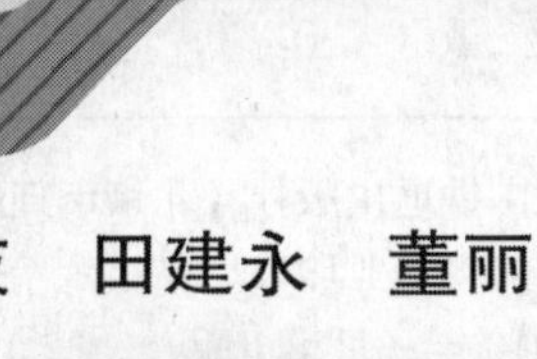
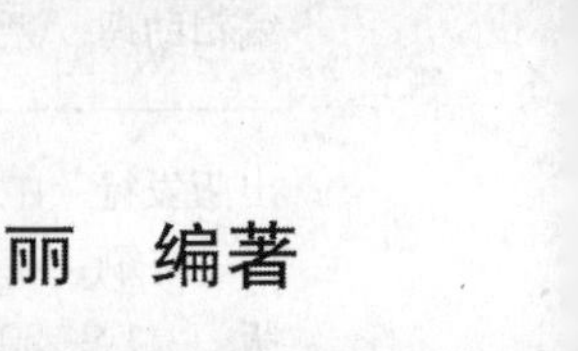

中国铁道出版社
CHINA RAILWAY PUBLISHING HOUSE

内 容 简 介

本书由资深电脑教育专家以初学者为切入点，精心策划编写而成，内容囊括了诸如Windows XP操作系统的安装及应用、中文输入法使用、常用办公设备使用、应用程序安装与管理、常用软件应用、Internet 网络应用、电脑安全与防范、电脑常见故障排除等外行学电脑必须掌握的知识模块，形成一个完整的电脑操作架构体系，专业权威，即学即用。

本书内容权威全面、讲解深入浅出，全程实战图解、注重学习方法，精心开设栏目、全新学习体验，光盘互动教学、书盘完美合一，非常适合没有任何电脑操作经验的初学者，也可作为对电脑操作有一定了解但不精通的学习者以及各类办公人员、大中专院校学生和社会电脑培训机构学员的学习用书。

图书在版编目（CIP）数据

外行学电脑权威手册 / 田建永，董丽丽编著. —北京：中国铁道出版社，2010.9
ISBN 978-7-113-11240-0

Ⅰ.①外… Ⅱ.①田… ②董… Ⅲ.①电子计算机－技术手册 Ⅳ.①TP3-62

中国版本图书馆 CIP 数据核字（2010）第 055276 号

书　　名：外行学电脑权威手册
作　　者：田建永　董丽丽　编著

责任编辑：苏　茜　　**编辑部电话**：（010）63560056
特邀编辑：彭丽群
封面设计：王晓武　　**封面制作**：白　雪
编辑助理：惠　敏　　**责任印制**：李　佳

出版发行：中国铁道出版社（北京市宣武区右安门西街 8 号　　邮政编码：100054）
印　　刷：三河市华业印装厂
版　　次：2010 年 9 月第 1 版　　2010 年 9 月第 1 次印刷
开　　本：787mm×1092mm　1/16　**印张**：32.25　**插页**：2　**字数**：763 千
印　　数：3 500 册
书　　号：ISBN 978-7-113-11240-0
定　　价：59.00 元（附赠光盘）

Preface

前 言

权威手册编写简介

在科技高速发展、竞争日益激烈的今天，电脑已经成为人们谋生的一种重要手段，如果不懂得电脑操作，现在很难在社会上谋得生存。一本优秀的电脑图书，无疑是诸多电脑初学者由外行入门晋级到高手的制胜法宝。为了帮助这些读者迅速掌握电脑操作必备技能，我们特别策划并编写了此书，希望它能为读者朋友的学习和工作提供一些真正有价值的帮助。

本书以广大电脑用户的实际需求为出发点，以专业实用为最终目的，介绍了外行学电脑必须掌握的全部知识技能，起点低、上手快、容易学，内容权威全面，讲解详细透彻，是不可多得的一部电脑操作技能学习全书。

知识架构与主要内容

本书囊括了诸如 Windows XP 操作系统安装及应用、中文输入法使用、常用办公设备使用、应用程序安装与管理、常用软件应用、Internet 网络应用、电脑安全与防范、电脑常见故障排除等外行学电脑必须掌握的知识模块，形成一个完整的电脑操作架构体系，专业权威，即学即用。

全书共分为 26 章，主要内容包括 Windows XP 操作系统的安装、Windows XP 桌面与窗口的管理、键盘和鼠标的使用、中文输入法的使用、文件的组织与管理、Windows XP 系统的设置、用户账户管理、多媒体程序的使用、应用程序的安装与管理、常用办公设备的使用、常用软件的应用、网络的安装与浏览器的使用、搜索与下载网络资源、网络通信工具的使用、网络娱乐与信息服务、系统的维护与优化、电脑安全与防范、电脑常见故障排除、Word 文档的创建与编辑、文档的修饰与设置、长文档的编排、Excel 工作表的创建和编辑、数据的计算与分析、数据的共享和保护、幻灯片的创建与编辑、幻灯片的美化与放映等。

本书主要特色说明

每个电脑初学者都想通过最行之有效的学习方法、最简洁易懂的讲解方式尽可能多地掌握电脑操作技能和技巧，本书将是您最好的选择。本书由资深电脑教育专家以初学者为切入点，精心策划编写而成，主要具有以下特色：

内容权威全面、讲解深入浅出：针对电脑初学者，内容涵盖电脑基础操作的各个方面，权威全面、循序渐进，讲解清晰明了、深入浅出，让读者一看就懂，一练就会。

全程实战图解、注重学习方法：采用全程图解的形式组织编写，简便直观，可操作性强，并注重培养读者正确、高效的学习方法，以达到立竿见影的学习效果。

精心开设栏目、全新学习体验：精心开设了“外行上路”、“提高进阶”、“权威案例”和

"技巧百宝箱"四大版块，并在正文讲解中灵活穿插了许多技巧说明等，带给您全新的学习体验。

光盘互动教学、书盘完美合一：超长全新的多媒体互动学习光盘，囊括全书重要知识点讲解和所有实例的全程教学视频，为读者提供了一套生动鲜明的"活教材"。

本书适用读者群体

本书适用面广，主要适合以下读者群体学习使用：

（1）没有任何电脑操作经验的初学者；

（2）对电脑操作有所了解但不精通的学习者；

（3）从事各种办公工作的公司实习、试用、在职人员；

（4）大中专院校的在校学生和社会电脑培训机构的学员；

（5）想在短时间内全面掌握电脑操作使用技能的读者朋友。

本书售后服务说明

如果读者在使用本书的过程中遇到什么问题或者有什么好的意见或建议，可以通过发送电子邮件（E-mail：jtbook@yahoo.cn）或者 QQ：843688388 联系我们，我们将及时予以回复，并尽最大努力提供学习上的指导与帮助。

希望本书能对广大读者朋友提高学习和工作效率有所帮助，由于编者水平有限，书中可能存在不足之处，欢迎读者朋友提出宝贵意见，我们将加以改进，在此深表谢意！

编　者

2010 年 3 月

目录

05 文件的组织与管理

06 Windows XP系统的设置

07 用户账户管理

18 电脑常见故障排除

19 Word 文档的创建与编辑

20 文档的修饰与设置

Chapter 01 Windows XP 操作系统的安装

Windows XP 操作系统是目前使用最多的操作系统，几乎可以满足各个领域的应用。对于初学者来说，安装操作系统可能比较困难，本章将详细介绍 Windows XP 操作系统安装的相关知识，只要用户牢牢记住具体的安装过程，则安装操作系统就会变得相当简单容易。

本章建议学习时间：

本章建议学习时间为 50min，其中分配 25min 学习 Windows XP 操作系统安装的相关知识，25min 观看教学视频并进行练习。

学完本章后您可以：

- 设置 BIOS 从光驱启动
- 安装 Windows XP 操作系统
- 安装显卡驱动
- 安装声卡驱动
- 升级安装电脑操作系统
- 升级电脑硬件驱动程序

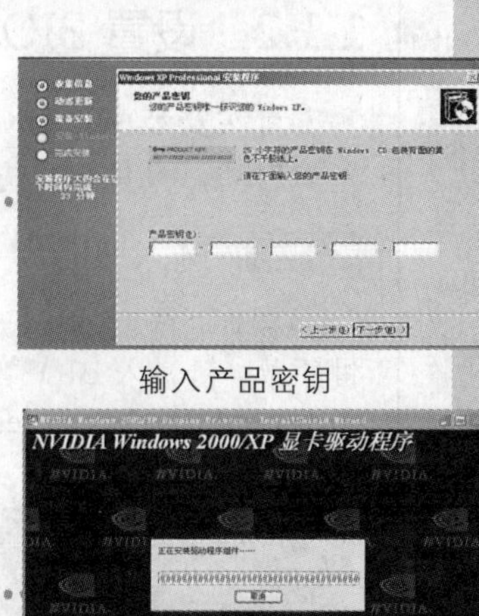

输入产品密钥

安装驱动程序组件

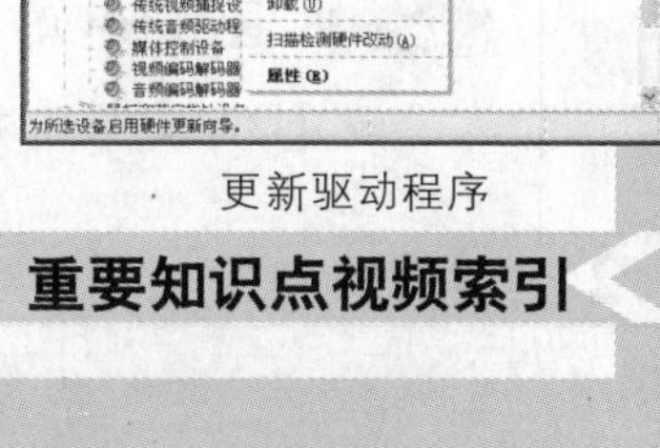

更新驱动程序

重要知识点视频索引

1.1 安装前的准备

电脑中的大部分操作都是在操作系统中完成的，任何应用程序都必须安装在操作系统之上，因此在使用电脑之前需要先安装操作系统。

1.1.1 安装操作系统前的准备

安装操作系统前，用户首先需要查看一下自己的电脑是否符合安装 Windows XP 的配置要求。其最低硬件配置要求如下：

处理器

处理器时钟频率推荐采用 300MHz 或更高，最小要求为 233MHz。

可用磁盘空间

至少 1.5GB 的可用磁盘空间。

监视器

SVGA（800×600 像素）或更高分辨率的视频适配器和监视器。

内存

最小支持 64MB 内存，推荐采用 512MB 或者更大的内存。

驱动器

CD-ROM 或者 DVD 驱动器。

其他

键盘、DVD 解码卡或 DVD 解码软件。

1.1.2 设置 BIOS 从光驱启动

首次安装 Windows XP 操作系统要使用系统光盘，这就需要用户在 BIOS 中设置电脑从光驱启动，具体操作方法如下：

STEP 01 进入 BIOS

启动电脑，在电脑开始自检时按住【Delete】键不放，可进入 BIOS，按【↓】键，向下选择 Advanced BIOS Features 选项，如下图所示。

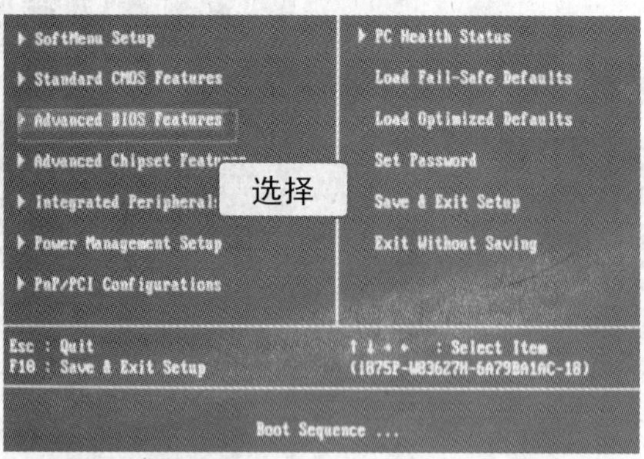

STEP 02 设置从光驱启动

按【Enter】键进入 BIOS 设置界面，按【↓】键，向下选择 First Boot Device 选项，并按【Enter】键进入设置界面，向下移动光标，选择 CDROM 选项，如下图所示。

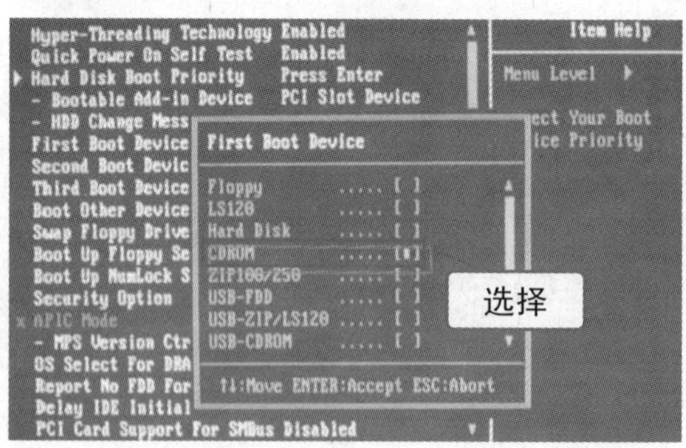

STEP 03 退出 BIOS

按【Enter】键，完成设置，按【F10】键，然后按【Y】键保存设置，退出 BIOS。

1.2　安装 Windows XP 操作系统

设置完从光驱启动后，就可以安装 Windows XP 操作系统了，具体操作方法如下：

STEP 01 放入光盘

将 Windows XP 系统光盘放入光驱，光盘会引导电脑启动，如下图所示。

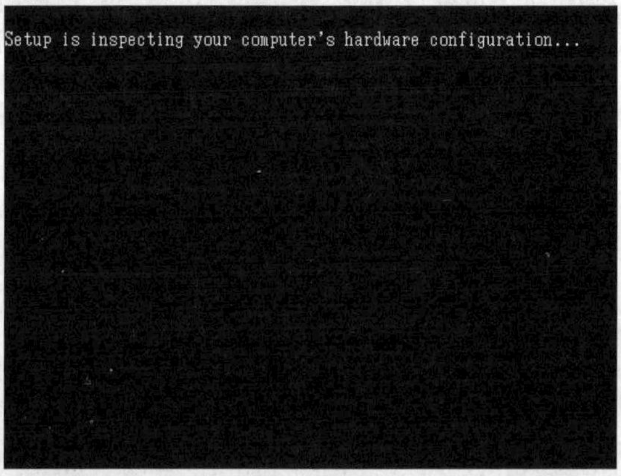

STEP 02 加载相关文件

接下来 Windows XP 安装程序开始加载相关的文件，如下图所示。

STEP 03 选择操作

加载完文件后，Windows XP 安装程序列出安装 Windows XP、修复 Windows XP 和退出安装程序 3 个选项，按【Enter】键确认安装 Windows XP，如下图所示。

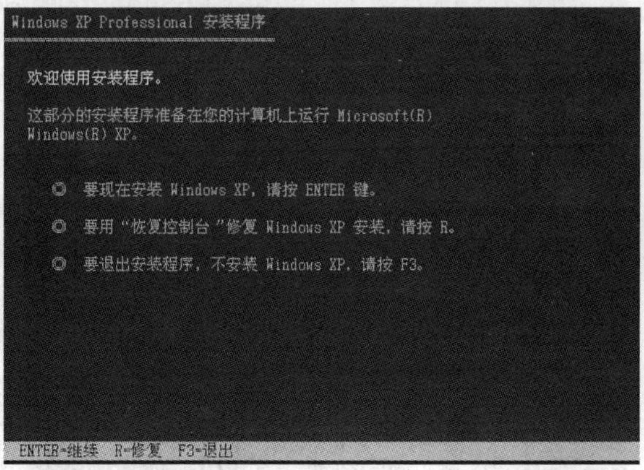

STEP 04 阅读许可协议

此时，Windows XP 系统安装程序会自动检测磁盘，确定磁盘无错误后，会显示 Windows XP 系统许可协议界面，按【F8】键接受许可协议，继续进行安装，如下图所示。

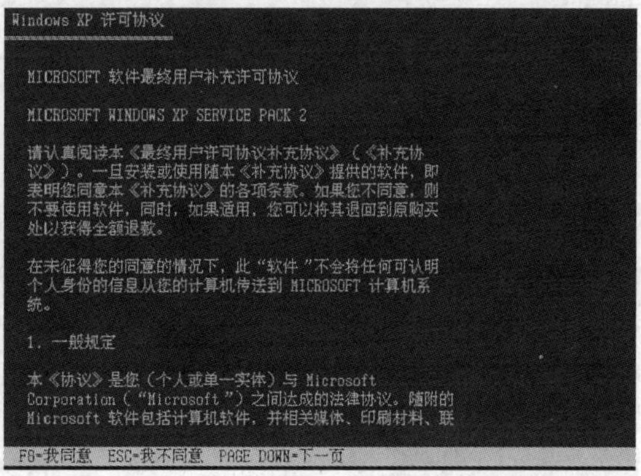

STEP 05 磁盘分区

安装程序要求用户选择安装操作系统的分区，由于是首次安装操作系统，磁盘未分区，按【C】键先进行分区，如下图所示。

STEP 06 创建 C 分区

输入要划分的 C 分区的大小（以 MB 为单位），按【Enter】键创建 C 分区，如下图所示。

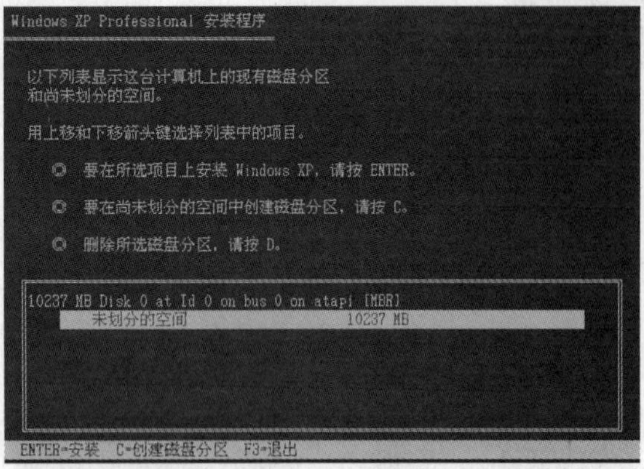

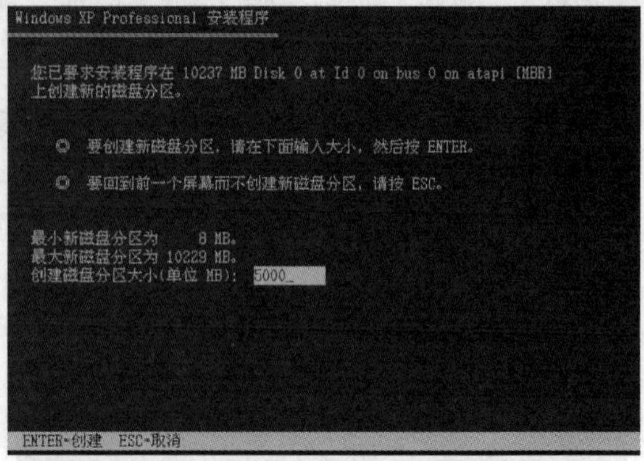

STEP 07 选择分区

按【↑】或【↓】键，在磁盘选项区中选择新创建的 C 分区，然后按【Enter】键，继续向下安装，如下图所示。

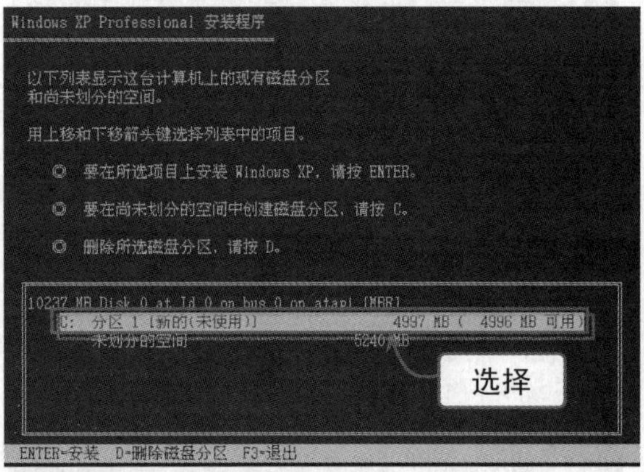

STEP 08 选择文件系统

安装程序要求用户选择 C 分区采用的文件系统，选择用 NTFS 文件系统格式化磁盘分区，按【Enter】键继续，如下图所示。

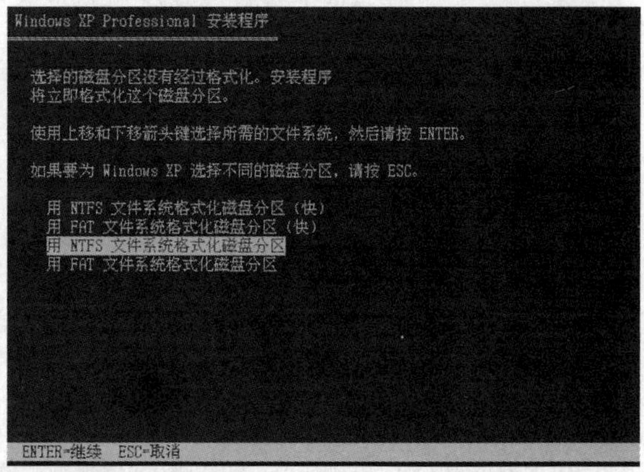

STEP 09 格式化分区

安装程序将以选择的文件格式对 C 分区进行格式化操作，如下图所示。

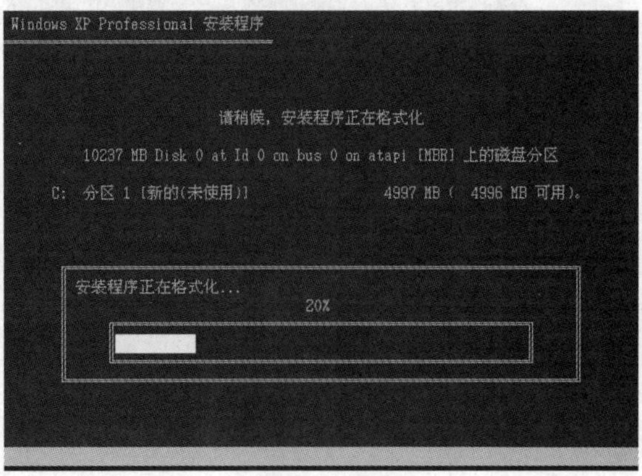

STEP 10 检查磁盘

格式化完毕后，开始检查磁盘，以确保磁盘无错误，如下图所示。

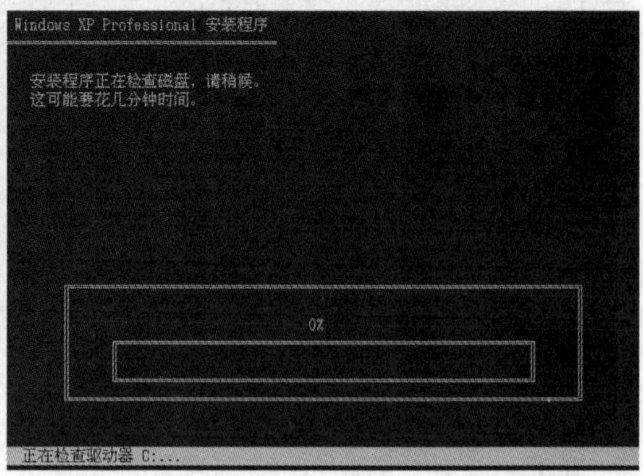

STEP 11 复制文件

磁盘检查无误后，安装程序将把程序文件复制到本地硬盘中，如下图所示。

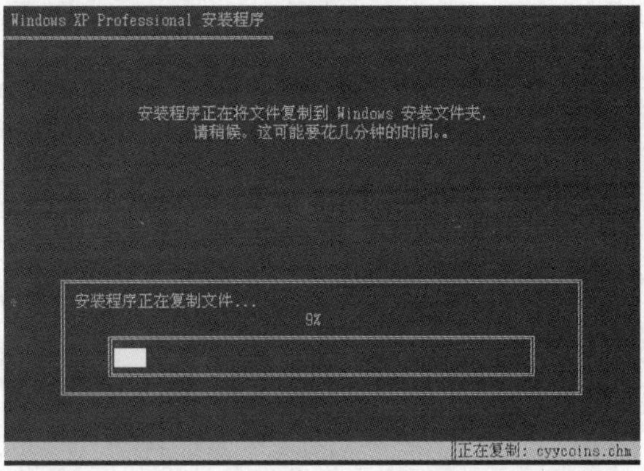

STEP 12 初始化配置

复制完毕后，开始初始化 Windows XP 配置，加载信息文件，如下图所示。

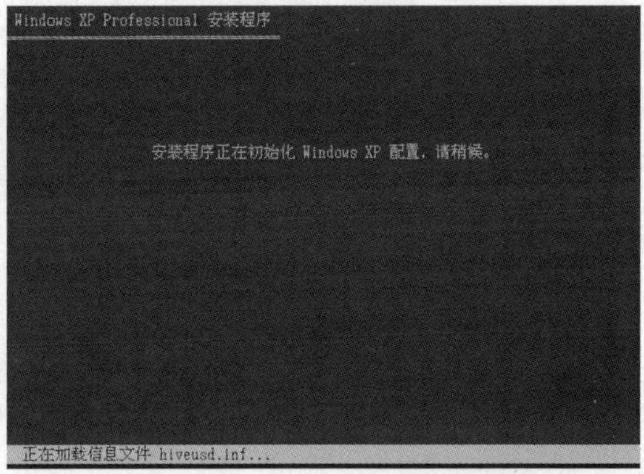

STEP 13 保存配置

加载文件完毕后，将进行保存配置操作，如下图所示。

STEP 14 重新启动电脑

保存完毕，系统需要重新启动电脑，按【Enter】键可直接重新启动，如下图所示。

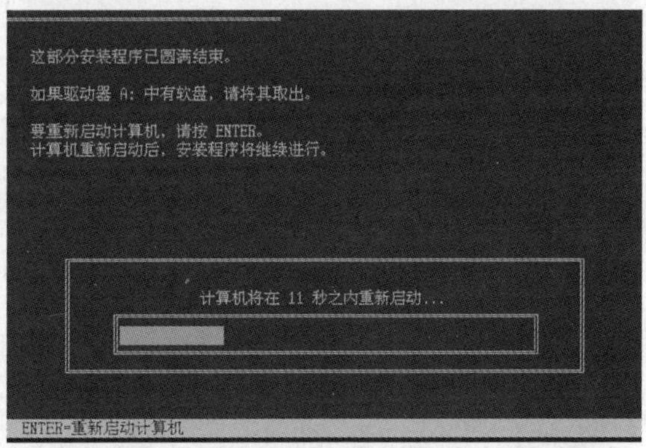

STEP 15 显示 Windows XP 界面

电脑重新启动时，会出现我们所熟悉的 Windows XP 操作系统界面，如下图所示。

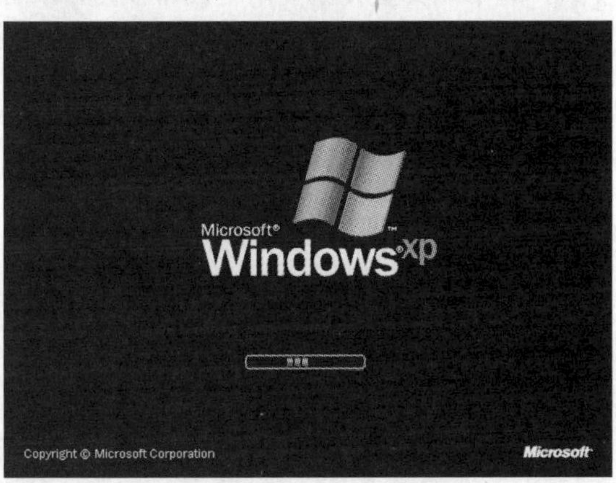

STEP 16 自动继续安装

Windows XP 安装程序将自动继续进行安装，如下图所示。

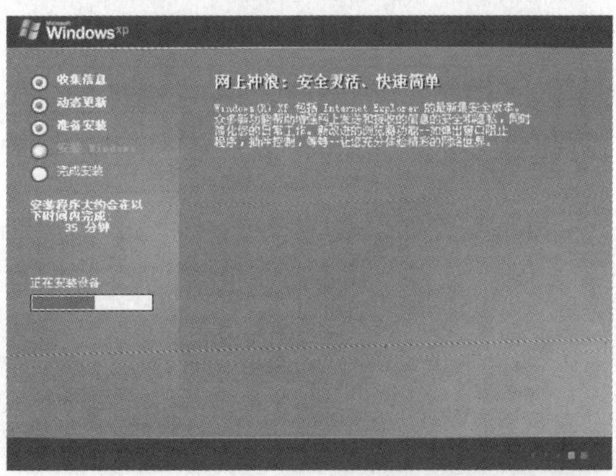

STEP 17 设置区域和语言

弹出安装程序向导对话框，保持默认的区域和语言设置，单击“下一步”按钮继续向下安装，如下图所示。

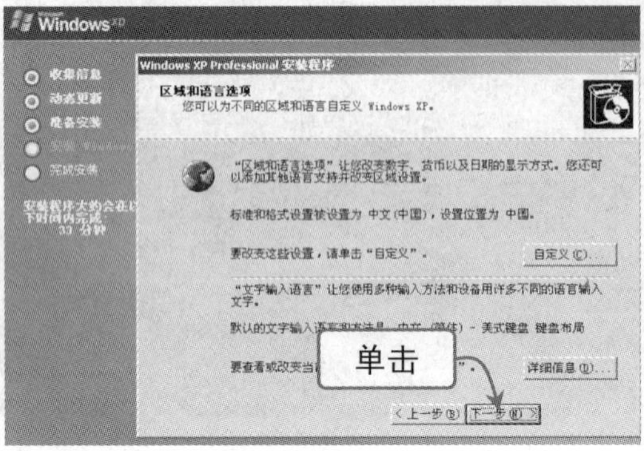

STEP 18 输入用户姓名和单位

Windows XP 安装程序要求输入用户姓名和单位，输入完成后单击“下一步”按钮，如下图所示。

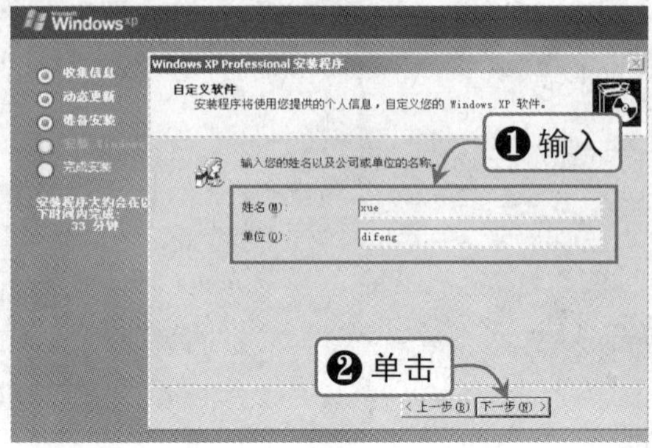

STEP 19 输入产品密钥

输入 25 位产品密钥，一般在购买的产品包装盒上，输入完毕后单击“下一步”按钮，如下图所示。

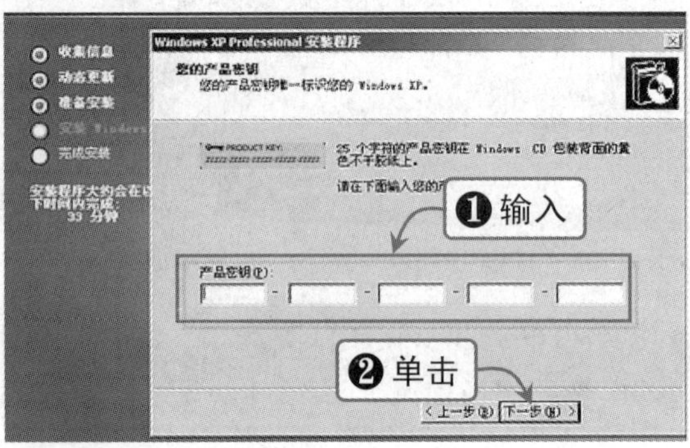

STEP 20 输入计算机名

输入计算机名，用以在网络中识别此电脑，输入完毕后单击“下一步”按钮，如下图所示。

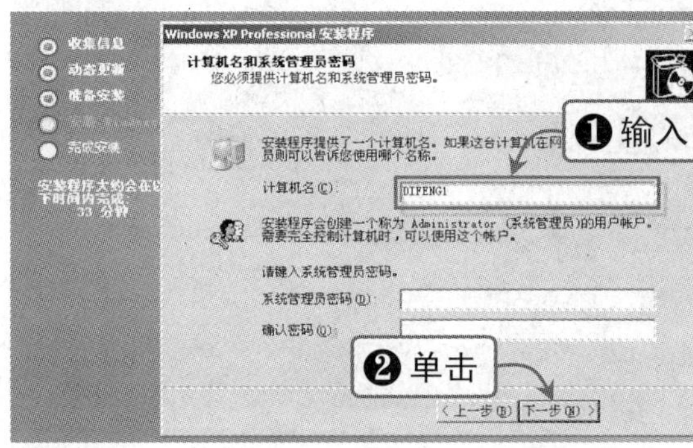

STEP 21 设置日期和时间

进入日期和时间设置界面，根据所在位置设置日期和时间、时区等信息，设置完毕后单击“下一步”按钮，如下图所示。

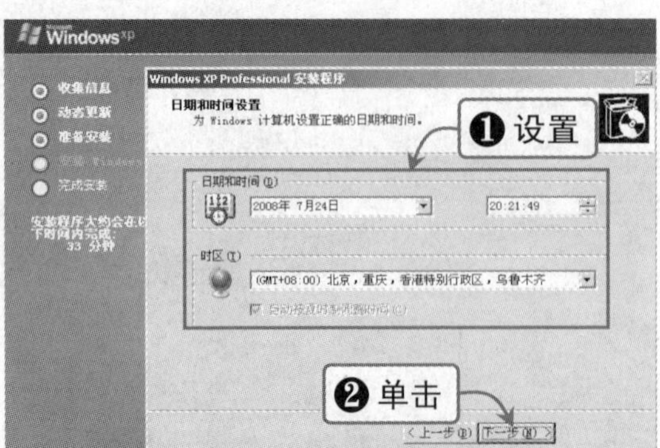

STEP 22 选中“典型设置”单选按钮

接下来 Windows XP 安装程序将进行网络安装，选中“典型设置”单选按钮，然后单击“下一步”按钮，如下图所示。

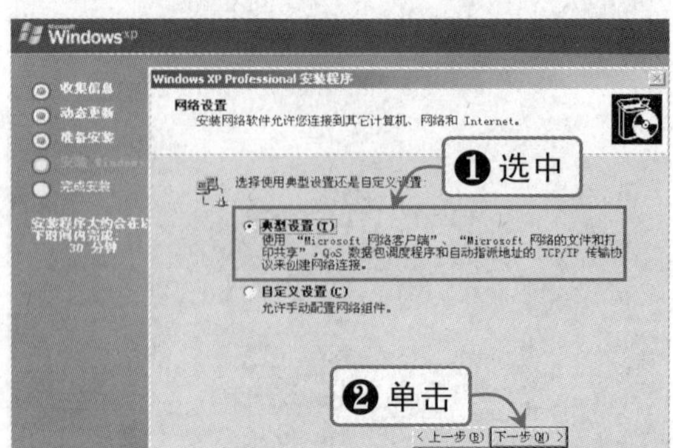

STEP 23 设置工作组或计算机域

按实际情况设置工作组或计算机域，默认工作组名称为 WORKGROUP，选中第一个单选按钮，然后单击“下一步”按钮，如下图所示。

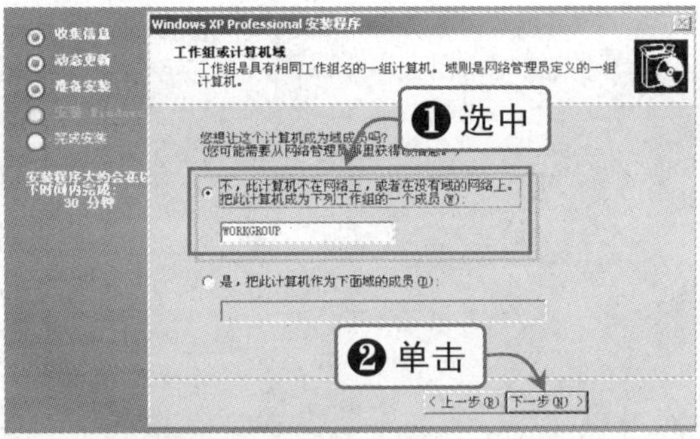

STEP 24 安装组件和文件

Windows XP 安装程序开始安装操作系统中的各个组件和文件，包括注册组件、保存设置、删除所有用过的临时文件等操作，如下图所示。

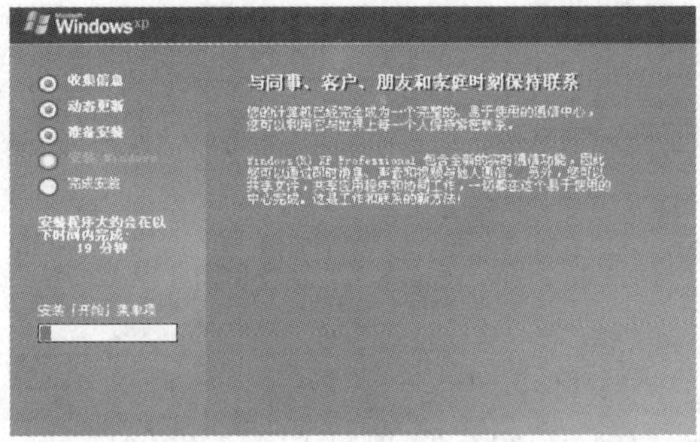

STEP 25 重新启动电脑

组件和文件安装完成后，系统将继续自动重新启动，再次进入到 Windows XP 操作系统启动界面，如下图所示。

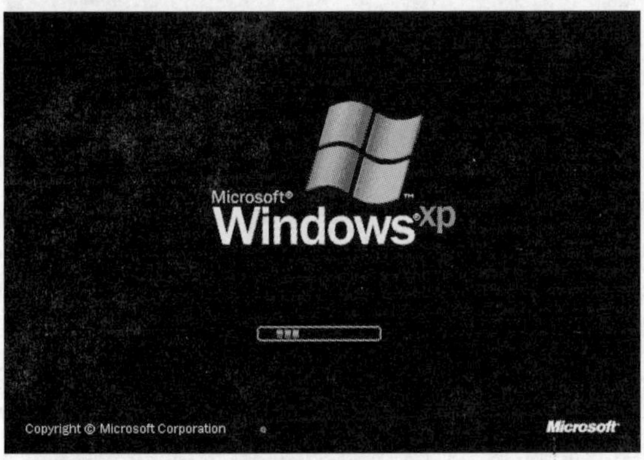

STEP 26 启动设置向导

重新启动电脑后，安装程序将启动设置向导，以进一步设置计算机属性，单击“下一步”按钮，如下图所示。

STEP 27 开启自动更新功能

此时，安装程序将提示是否开启系统的自动更新功能，推荐开启该功能，然后单击“下一步”按钮，如下图所示。

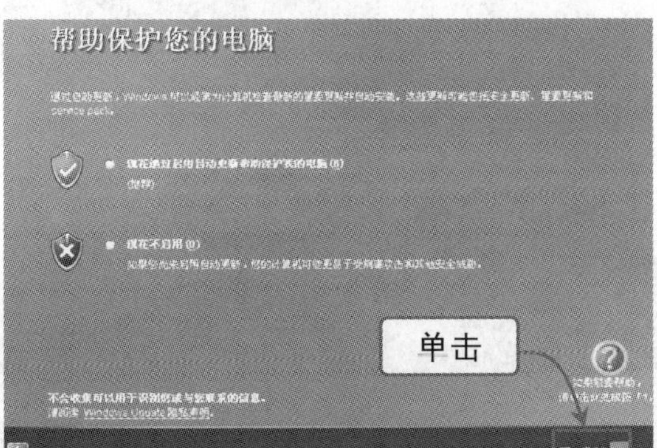

STEP 28 检查电脑 Internet 连接

开始检查电脑 Internet 连接，若暂时没有连接 Internet，可以单击“跳过”按钮，此处单击“下一步”按钮继续，如下图所示。

STEP 29 选择网络连接方式

进入到网络连接方式选择界面，用户可根据自己所在网络的实际情况进行选择，然后单击“下一步”按钮，如下图所示。

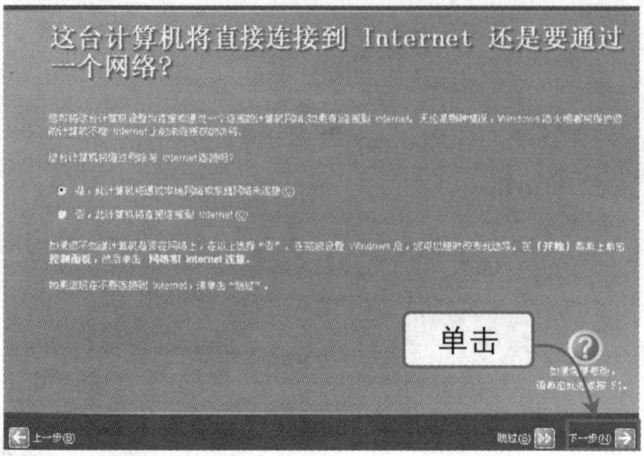

STEP 30 系统注册

Windows XP 操作系统要求进行注册，如果现在不想注册，可单击“下一步”按钮跳过注册步骤，如下图所示。

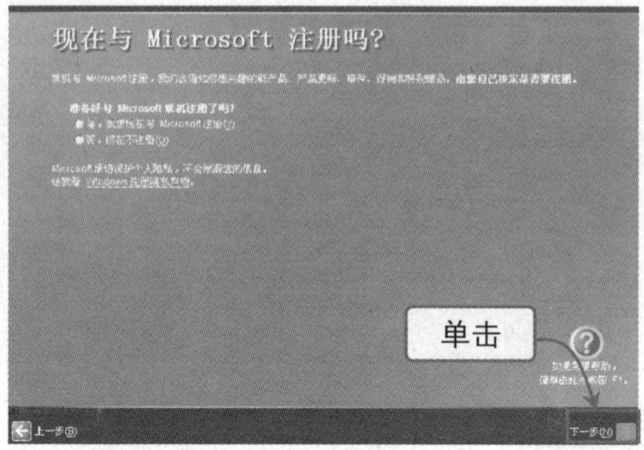

STEP 31 输入用户名

Windows XP 安装程序要求用户设置使用计算机的用户名，在“您的姓名”文本框中输入管理员以外的其他用户，如果是多人共用电脑可从上到下，依次在对应文本框中进行设置，也可以不输入用户名称，直接单击“下一步”按钮，如右图所示。

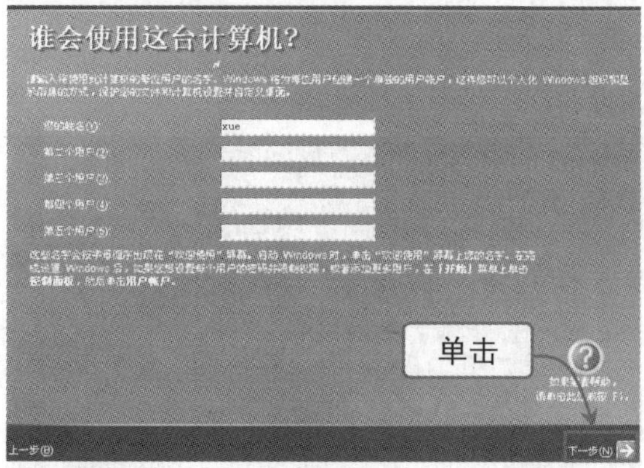

STEP 32 完成安装

Windows XP 安装程序提示设置完成，单击“完成”按钮结束操作，如下图所示。

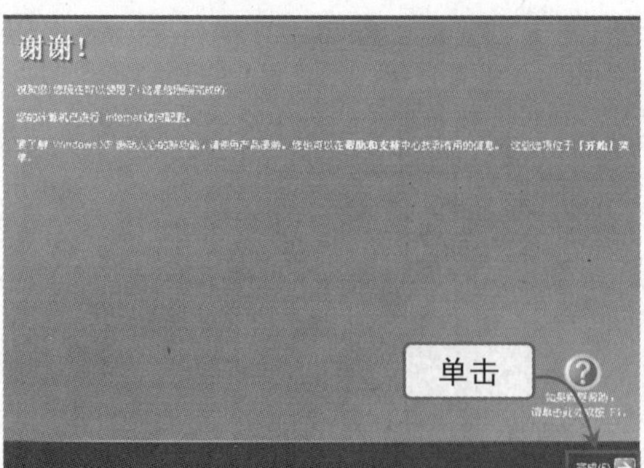

STEP 33 登录操作系统

电脑重新启动后，出现人们所熟悉的 Windows XP 操作系统界面，如下图所示。

1.3 安装驱动程序

驱动程序是设备驱动程序的简称，其作用是使操作系统正确识别硬件设备，并报告该设备具备的所有功能，使其尽可能地发挥作用。

1.3.1 安装显卡驱动程序

安装完操作系统后，可能会发现电脑显示不正常，如颜色出现偏差。出现这种情况并不是因为操作系统安装不正确，而是因为没有安装显卡驱动程序。

用户可以从光盘或其他途径获得驱动程序，其安装方法如下：

STEP 01 双击安装文件

在桌面上双击“我的电脑”图标，在打开的“我的电脑”窗口中找到安装文件并双击，如下图所示。

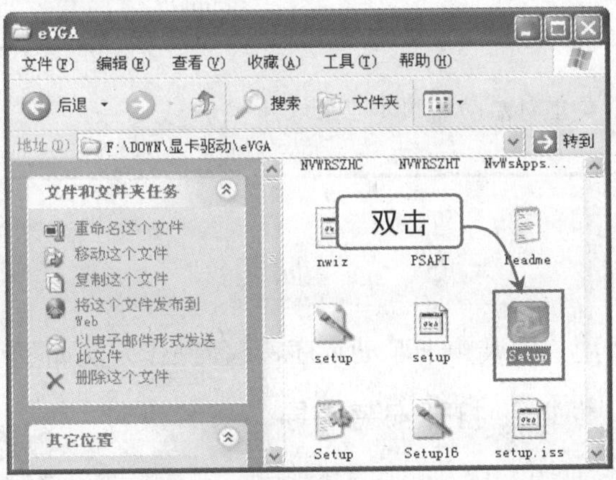

STEP 02 接受协议

弹出显卡安装向导对话框，选中 I accept the terms in the license agreement 单选按钮，单击 Next 按钮，如下图所示。

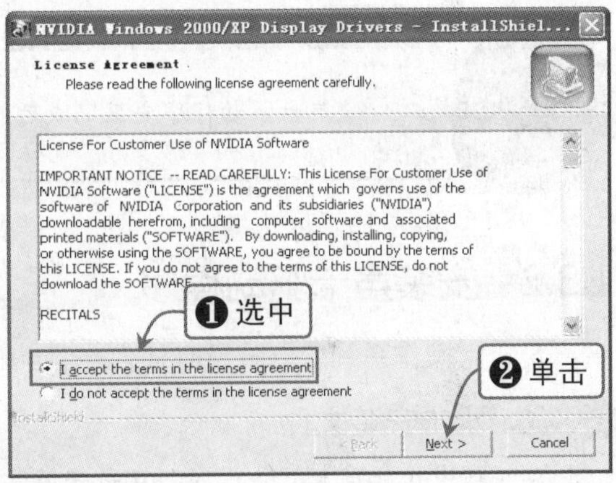

STEP 03 解压文件

程序需要解压文件，单击 Next 按钮继续，程序开始解压文件，如下图所示。有的驱动程序不需要解压文件，用户可跳过此步。

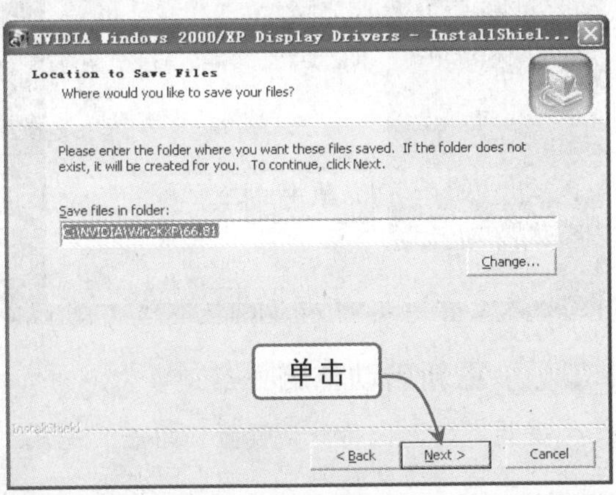

STEP 04 开始安装

解压完毕后，启动驱动程序，进入到安装程序的欢迎界面，单击“下一步”按钮，如下图所示。

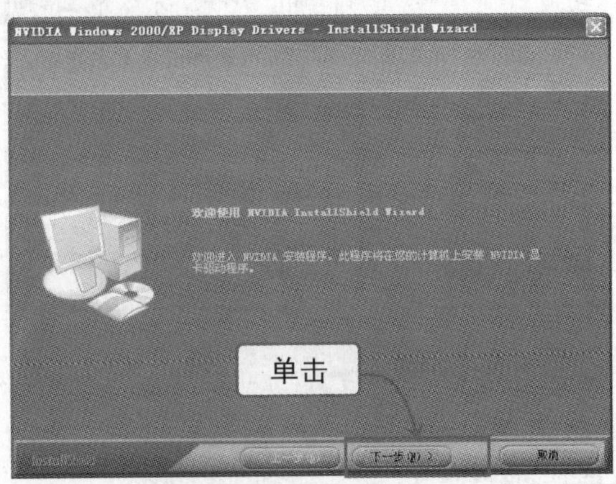

STEP 05 安装组件

程序开始安装驱动程序组件，并显示当前安装进度，如下图所示。

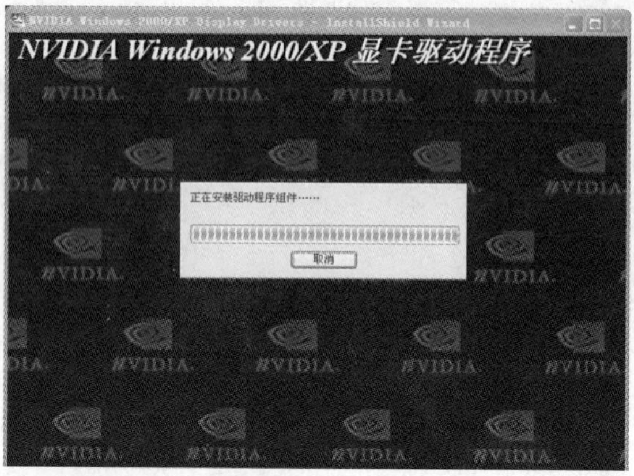

STEP 06 完成安装

安装完成后，选中“是，立即重新启动计算机”单选按钮，然后单击“完成”按钮，如下图所示。

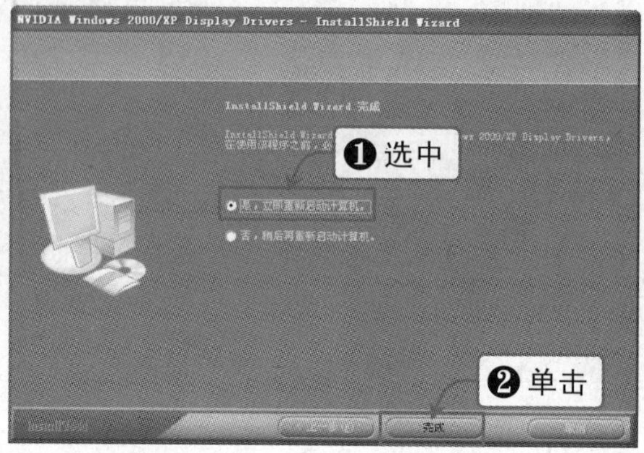

提示

显卡驱动程序安装完成后，需要重新启动电脑才能生效。

1.3.2 安装声卡驱动程序

安装完操作系统后电脑没有任何声音，需要用户安装声卡驱动程序，具体操作方法如下：

STEP 01 双击安装文件

在电脑中找到声卡驱动程序，双击安装文件，如下图所示。

STEP 02 打开安装向导

弹出驱动程序安装向导，单击“下一步”按钮，如下图所示。

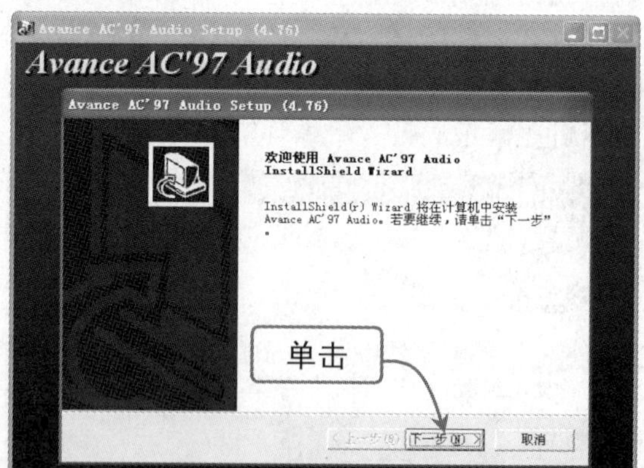

STEP 03 开始安装

开始安装程序，并显示当前操作和安装进度，如下图所示。

STEP 04 重新启动电脑

安装完成，保持默认设置，单击“完成”按钮，重新启动电脑即可，如下图所示。

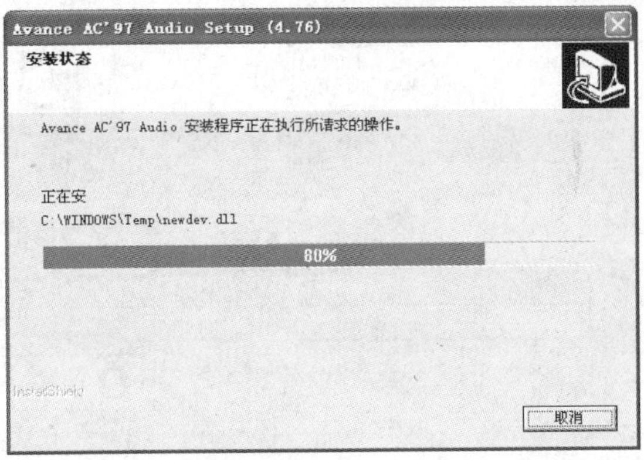

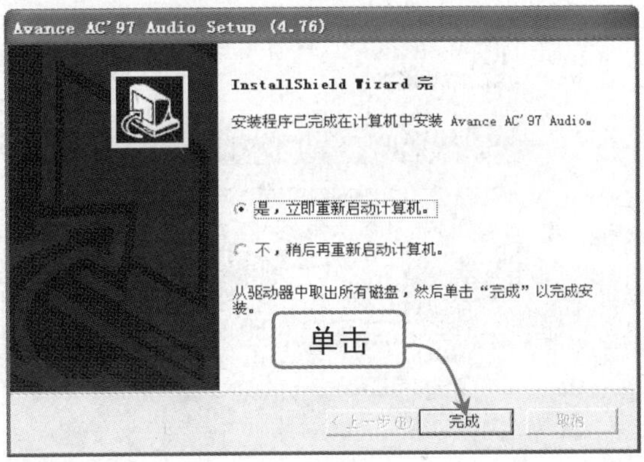

1.4 升级安装操作系统

升级安装是指在电脑中已安装 Windows 操作系统的基础上升级操作系统。升级安装必须是 Windows 98、Windows NT（SP4）和 Windows 2000 等版本的操作系统，对于 Windows 3.X 和 Windows 95 版本的操作系统，不能进行升级安装。

下面以升级 Windows 98 系统到 Windows XP 为例，介绍具体操作方法。

STEP 01 选择操作

将 Windows XP 操作系统安装光盘放入装有 Windows 98 的电脑光驱中，自动运行安装程序，在弹出的界面中选择"安装 Microsoft Windows XP"选项，如下图所示。

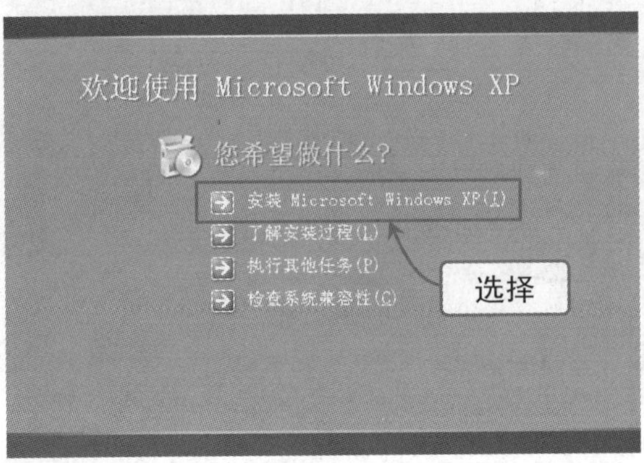

STEP 02 选择安装类型

弹出"Windows 安装程序"对话框，在"安装类型"下拉列表框中选择"升级（推荐）"选项，然后单击"下一步"按钮，如下图所示。

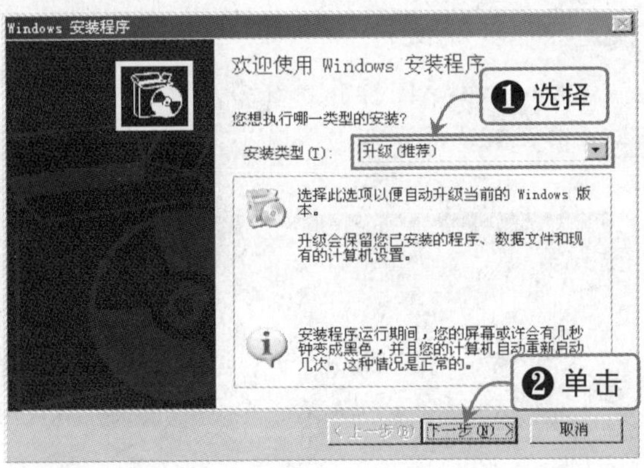

STEP 03 接受许可协议

进入到许可协议界面，仔细阅读列表框中的协议内容，然后选中"我接受这个协议"单选按钮，如下图所示。

STEP 04 输入产品密钥

单击"下一步"按钮，进入产品密钥界面，在"产品密钥"文本框中输入操作系统的 25 位密钥，如下图所示。然后单击"下一步"按钮。

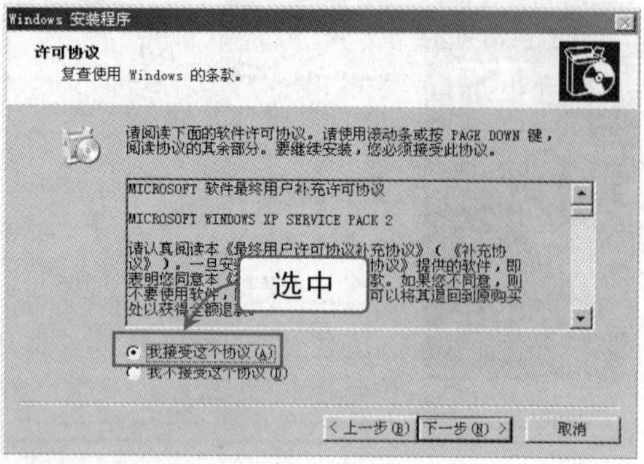

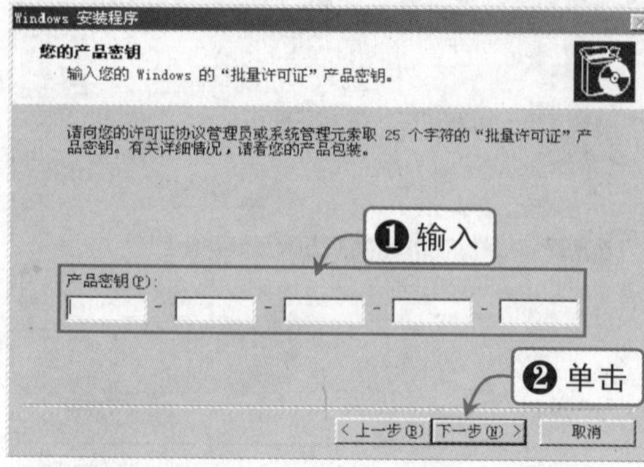

STEP 05 升级报告

进入到升级报告界面中，保持默认设置，单击"下一步"按钮，如下图所示。

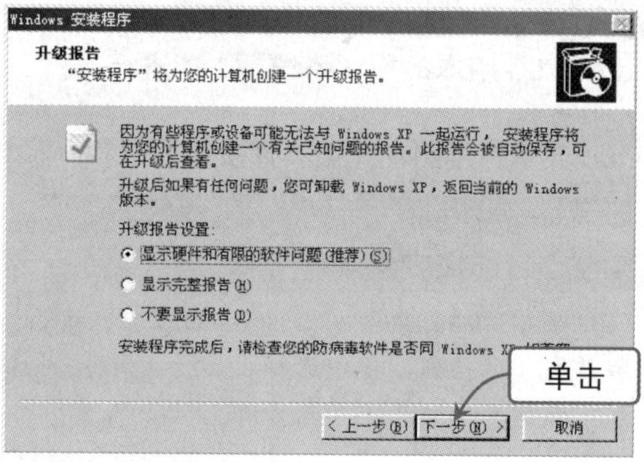

STEP 06 获得更新的安装程序文件

进入到获得更新的安装程序文件界面，选中"否，跳过这一步继续安装 Windows"单选按钮，如下图所示。

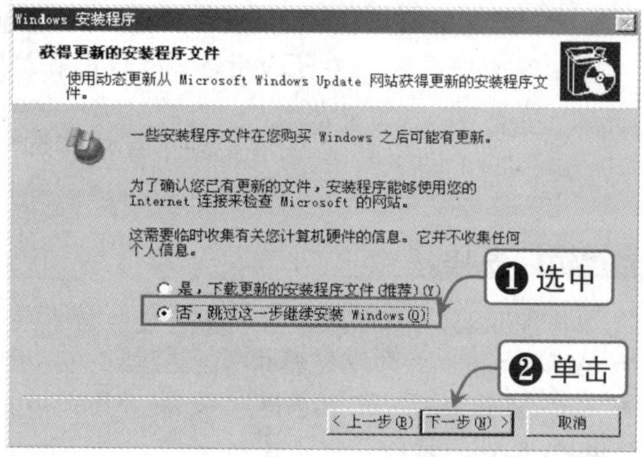

STEP 07 复制文件

Windows XP 操作系统安装程序开始复制相关的安装文件，如下图所示。

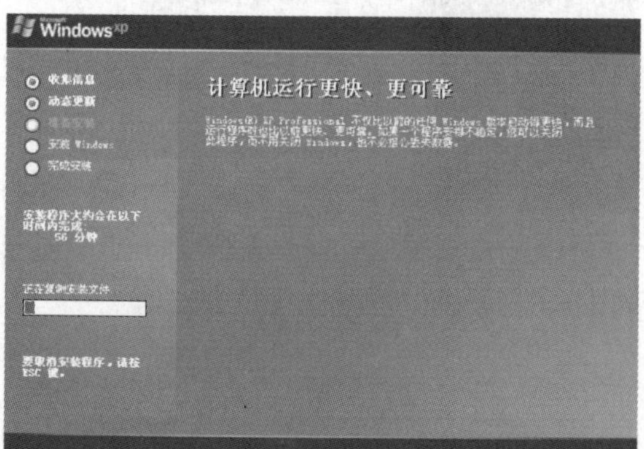

STEP 08 设置密码

复制完成后，弹出"创建密码"对话框，保持"新密码"和"确认新密码"文本框为空，如下图所示。然后单击"确定"按钮。

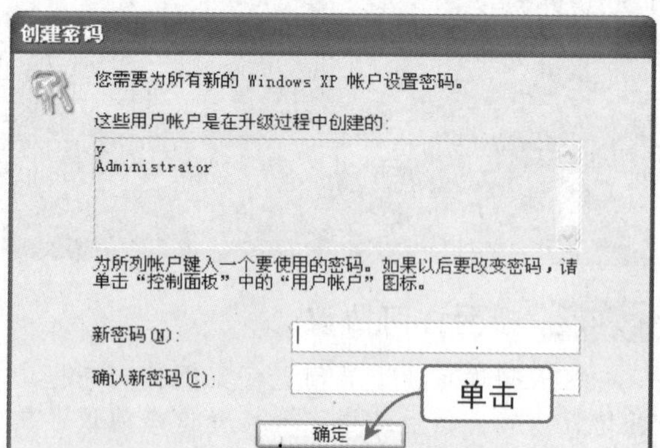

提示

由于是升级安装，系统保留了原操作系统中的用户账户，用户可以在此为账户创建密码。

STEP 09 启动系统

开始启动系统，并显示欢迎界面，如下图所示。

STEP 10 登录系统

登录 Windows XP 操作系统桌面，完成操作系统的升级，如下图所示。

1.5 升级硬件驱动程序

硬件的生产厂商每隔一段时间会推出最新版本的硬件驱动程序，它去除了老版本中的一些缺点，提高了整体性能。用户可在网上下载或通过其他途径获取新版本的驱动程序，然后再进行更新，具体操作方法如下：

STEP 01 选择“属性”命令

在桌面上右击“我的电脑”图标，在弹出的快捷菜单中选择“属性”命令，如下图所示。

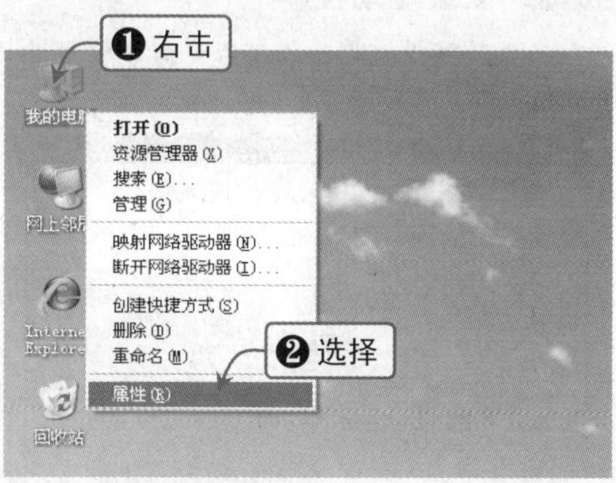

STEP 02 单击“设备管理器”按钮

弹出“系统属性”对话框，选择“硬件”选项卡，单击“设备管理器”选项组中的“设备管理器”按钮，如下图所示。

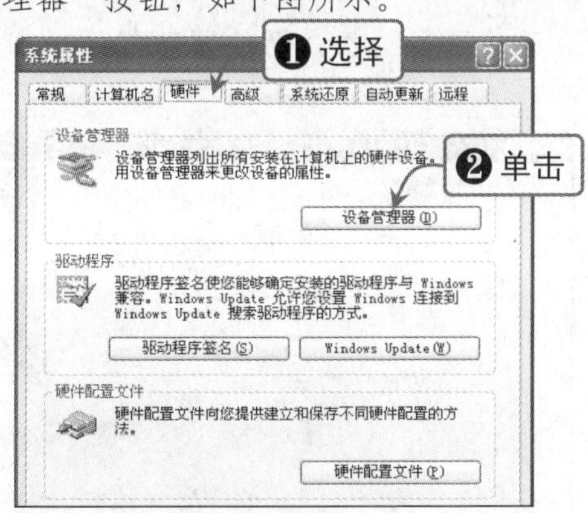

STEP 03 展开“声音、视频和游戏控制器”选项

打开“设备管理器”窗口，在设备列表中单击“声音、视频和游戏控制器”选项前的⊞按钮，将其展开，如下图所示。

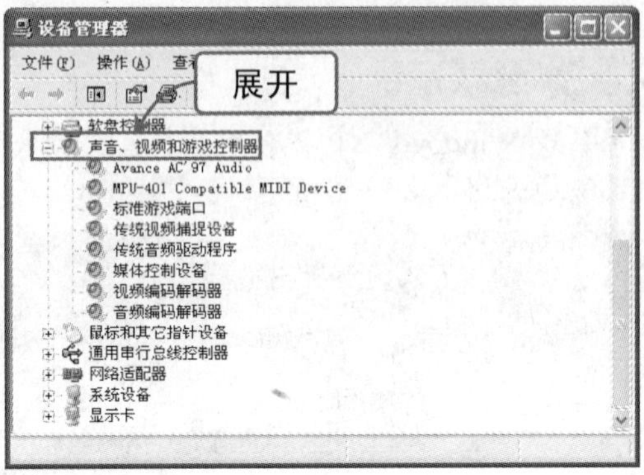

STEP 04 选择“更新驱动程序”命令

右击展开后的声卡设备选项，在弹出的快捷菜单中选择“更新驱动程序”命令，如下图所示。

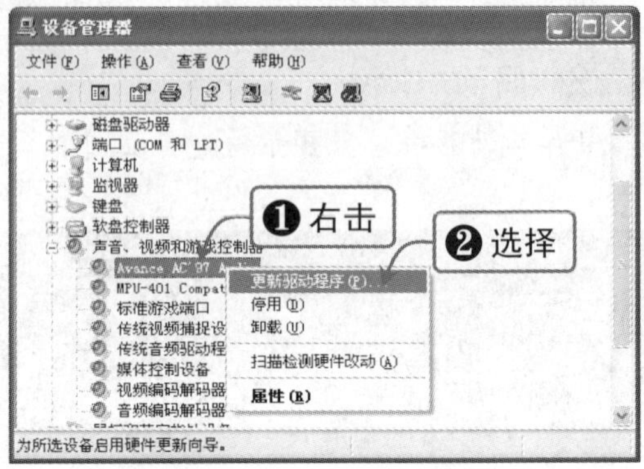

STEP 05 打开硬件更新向导

弹出“硬件更新向导”对话框，选中“是，仅这一次”单选按钮，单击“下一步”按钮，如下图所示。

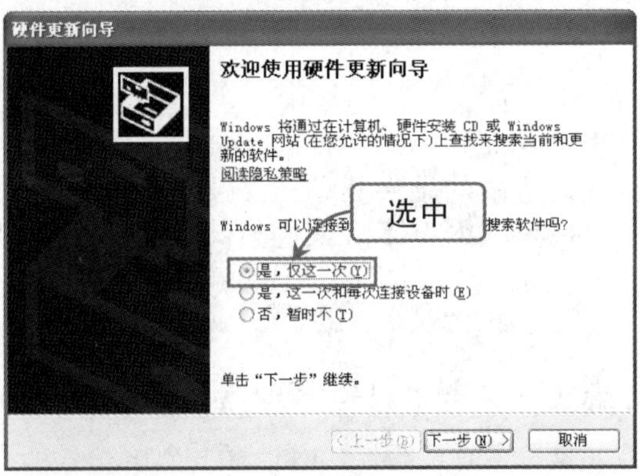

STEP 06 选择安装位置

进入安装位置选择界面，保持默认设置，单击“下一步”按钮，如下图所示。

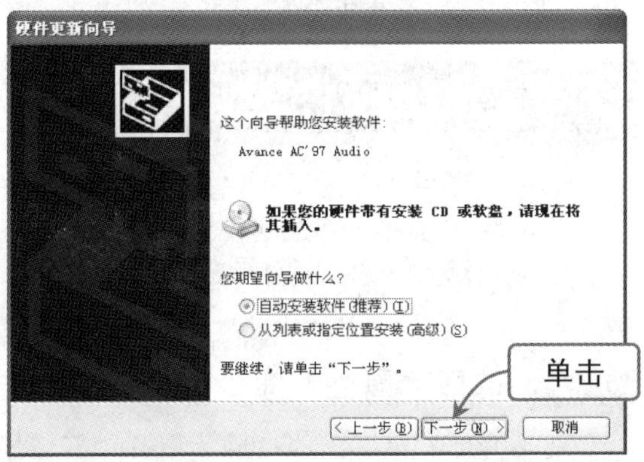

STEP 07 搜索驱动程序

系统开始搜索最新的驱动程序，如下图所示。

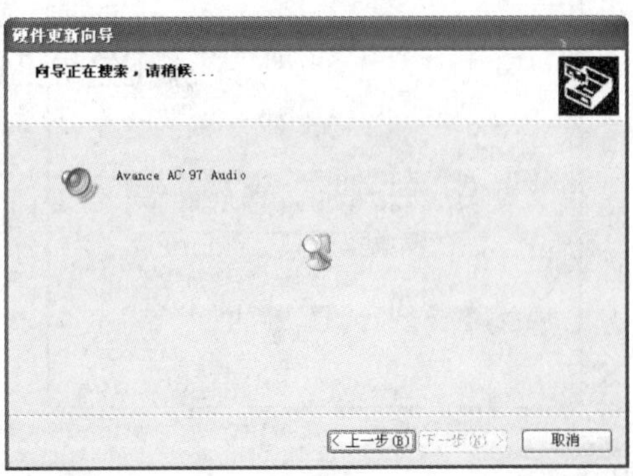

STEP 08 安装驱动程序

搜索到更新的驱动程序后，向导将自动开始安装，如下图所示。

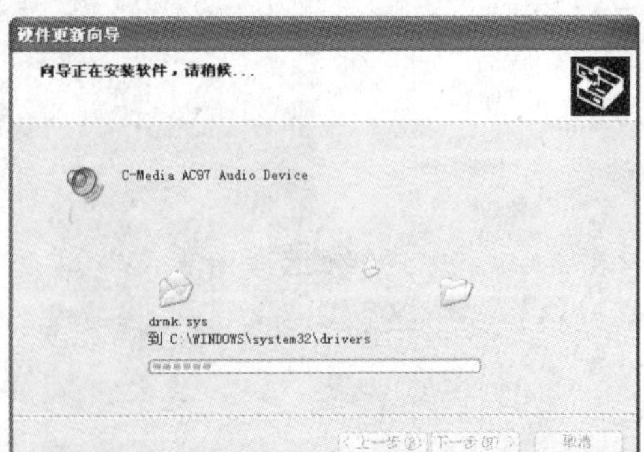

STEP 09 完成安装

安装完成后，进入到完成界面，单击“完成”按钮，如下图所示。

STEP 10 弹出提示信息框

弹出如下图所示的提示信息框，单击“是”按钮重新启动电脑，使驱动程序改动生效。

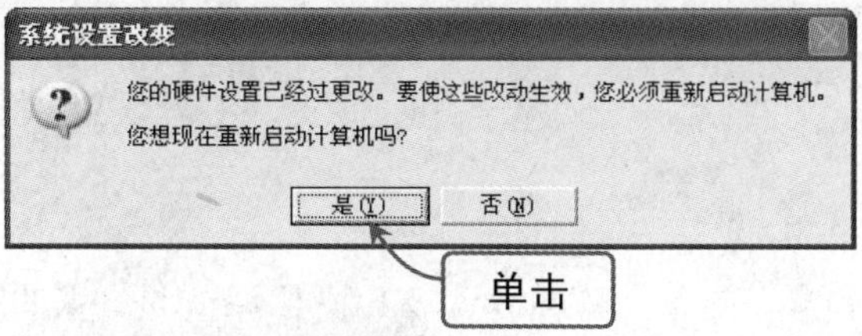

提示

几乎所有硬件的驱动程序都可以采用本方法进行升级。

读书笔记

Chapter 02

Windows XP 桌面与窗口的管理

Windows XP 操作系统是一款图形化的操作系统。在学习 Windows XP 操作系统时，读者首先要认识 Windows XP 操作系统的桌面及其组成部分，因为几乎所有的操作都要借助于桌面这个平台来完成。然后学习 Windows XP 系统中最基本的操作对象——窗口，从而为熟练使用电脑打下坚实的基础。

显示系统图标

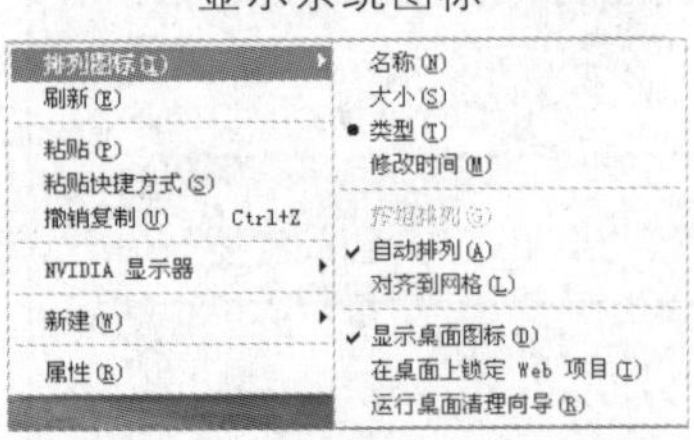

排列图标

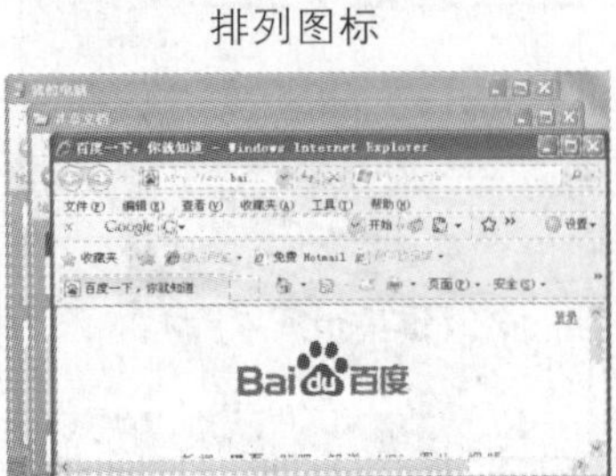

层叠窗口

重要知识点视频索引

本章建议学习时间：

本章建议学习时间为 50min，其中分配 25 min 学习桌面和窗口的基础知识，25min 观看教学视频并上机练习。

学完本章后您可以：

- 了解桌面的组成
- 对桌面图标进行管理
- 对 Windows XP 窗口进行操作
- 对窗口进行管理

2.1 桌面的组成

进入系统后，将显示系统默认的 Windows XP 桌面，桌面由桌面背景、桌面图标以及任务栏组成，如下图所示。

刚刚安装的 Windows XP 操作系统默认的桌面背景为蓝天白云，桌面上只有一个“回收站”图标，通常情况下，用户可将自己喜爱的图片设置为桌面背景，并且为了操作的方便，手动在桌面上添加“我的电脑”、“网上邻居”、“我的文档”等系统桌面图标。另外，还可以在桌面上添加应用程序或文件夹等快捷方式图标，从而快速打开对应的程序或文件。桌面底部的长条部分称为任务栏，利用它可以快捷方便地在各个打开的应用程序之间进行切换。

2.2 桌面图标的管理

在安装 Windows XP 操作系统时，系统将自动创建 administrator 超级管理员账户，除了该账户外，用户还可创建新的账户，并管理这些账户。尤其在多人共用一台电脑的情况下，创建多个用户账户显得尤为重要。

2.2.1 显示系统桌面图标

刚刚安装的 Windows XP 操作系统桌面上只有一个“回收站”图标，而没有其他的图标，为了操作方便，用户通常将“我的电脑”、“我的文档”等系统桌面图标添加到桌面上。下面介绍在桌面上添加系统图标的方法。

STEP 01 使用桌面快捷菜单

在桌面空白处右击，在弹出的快捷菜单中选择“属性”命令，如下图所示。

STEP 02 打开“显示 属性”对话框

在弹出的“显示 属性”对话框中，选择“桌面”选项卡，单击其中的“自定义桌面”按钮，如下图所示。

STEP 03 打开“桌面项目”对话框

在弹出的“桌面项目”对话框的“桌面图标”选项组中，选中所有的复选框，如下图所示。

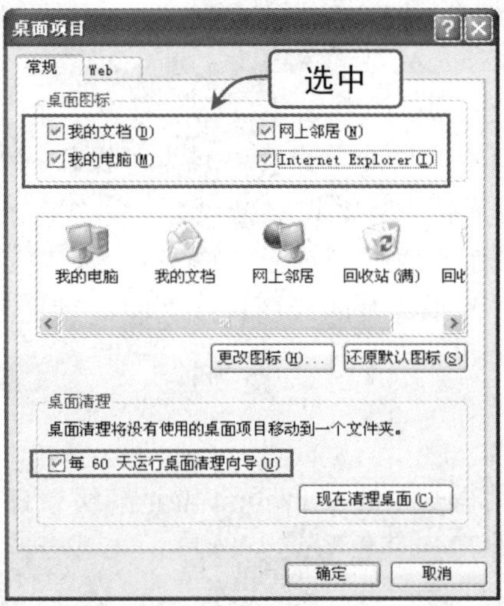

STEP 04 显示系统图标

依次单击“确定”按钮，将系统图标添加到桌面上，效果如下图所示。

2.2.2 添加其他快捷方式图标

用户除了可以将系统桌面图标添加到桌面上外，还可通过以下方法将应用程序、文件夹等的快捷方式图标添加到桌面上，以方便操作。

STEP 01 弹出右键快捷菜单

在要创建桌面快捷方式图标的应用程序或文件夹上右击，如在“1000 例”文件夹上右击，在弹出的快捷菜单中选择“发送到”|“桌面快捷方式”命令，如下图所示。

STEP 02 创建快捷方式图标

在桌面上将创建快捷方式图标，效果如下图所示。

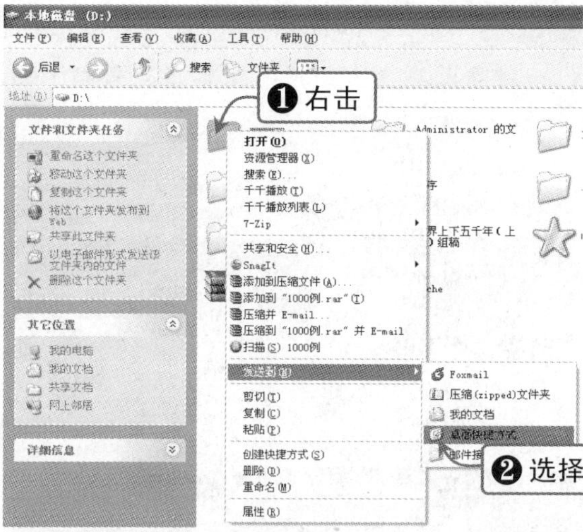

STEP 03 弹出右键快捷菜单

在要创建桌面快捷方式图标的应用程序或文件夹上右击，在弹出的快捷菜单中选择“创建快捷方式”命令，如下图所示。

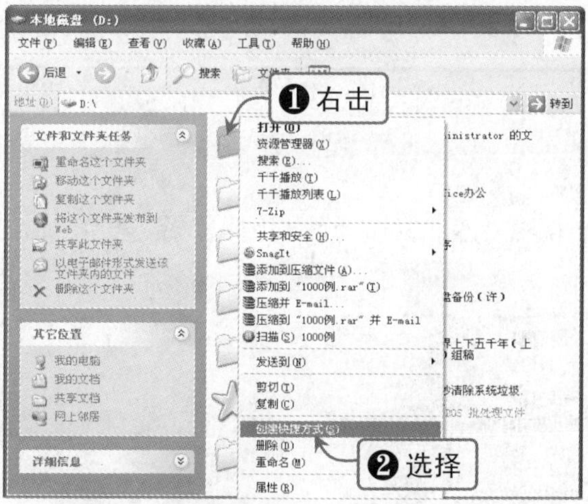

STEP 04 复制或剪切创建快捷方式

为该程序或文件夹创建快捷方式，如下图所示，用复制或剪切文件或文件夹的方法，将其复制或剪切到桌面上，也可创建桌面快捷方式图标。

提示

在桌面上除了可以添加快捷方式图标外，用户也可将文件或文件夹、应用程序等放到桌面上。

2.2.3 隐藏桌面图标

用户可以使用如下的操作方法，将桌面上的图标隐藏。

STEP 01 使用桌面快捷菜单

在桌面空白处右击，在弹出的快捷菜单中选择“排列图标”命令，取消勾选“显示桌面图标”命令，如下图所示。

STEP 02 隐藏桌面图标

将隐藏桌面上的所有图标，效果如下图所示。

提示

如果要重新显示桌面图标，只需在桌面快捷菜单中选择“排列图标”“显示桌面图标”命令即可。

2.2.4 排列桌面图标

桌面图标的排列方式有多种，用户打开桌面快捷菜单，选择“排列图标”命令，在弹出的子菜单中可显示排列方式，如下图所示。

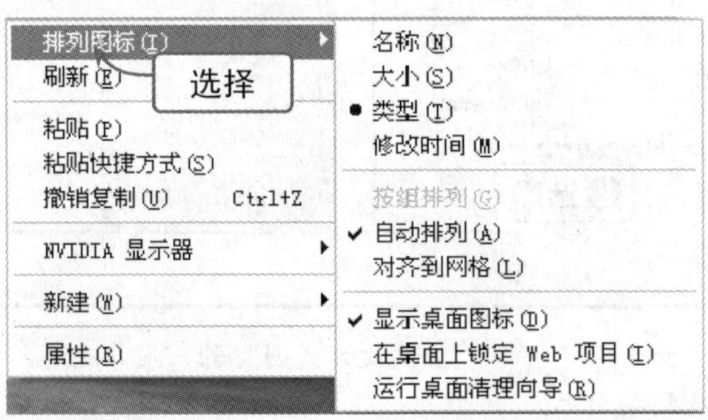

选择不同的排列方式，桌面图标将按照所选择的相应排列方式进行排列，其具体操作方法如下：

STEP 01 使用桌面快捷菜单

在桌面空白处右击，在弹出的快捷菜单中取消选择“排列图标”|“自动排列”命令，如下图所示。

STEP 02 无规则排列桌面图标

桌面上的图标将无规则排列，效果如下图所示。

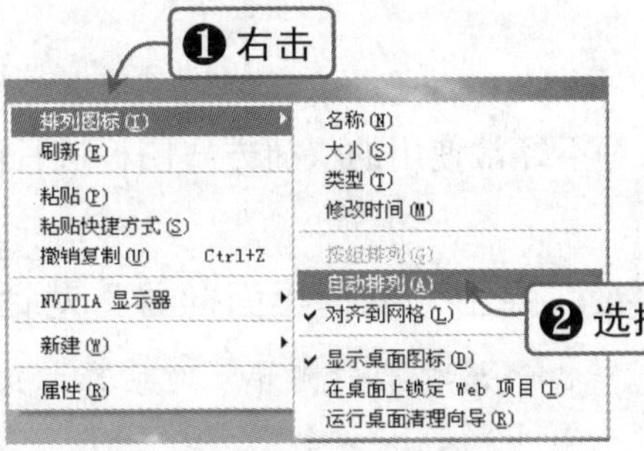

STEP 03 **选择排列方式**

在桌面空白处右击，在弹出的快捷菜单中选择“排列图标”|“名称”命令，如下图所示。

STEP 04 **排列图标效果**

桌面图标将按照图标名称进行排列，效果如下图所示。

提示

在桌面快捷菜单中如果未选择“排列图标”|“自动排列”命令，则将创建的快捷方式复制到桌面上时，该快捷方式图标可粘贴到桌面的任意位置，如下（左）图所示。如果已选择“排列图标”|“自动排列”命令，则粘贴的快捷方式图标将自动按顺序排列，如下（右）图所示。

2.2.5 清理快捷方式图标

为了使桌面上看起来更加整齐简洁，用户可以对不经常使用的快捷方式图标进行清理，集中放到一个文件夹中。其具体操作方法如下：

STEP 01 选择快捷菜单中的命令

在桌面空白处右击，在弹出的快捷菜单中选择“排列图标”|“运行桌面清理向导”命令，如下图所示。

STEP 02 弹出“清理桌面向导”对话框

弹出“清理桌面向导”对话框，如下图所示。

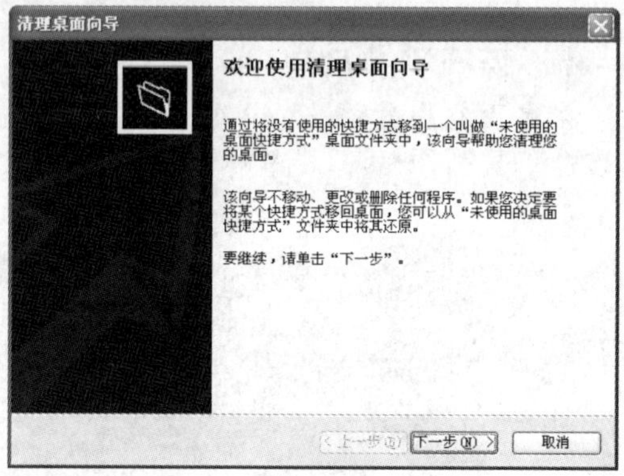

STEP 03 选择要清理的快捷方式图标

单击“下一步”按钮，在弹出的对话框的列表中选中要清理的快捷方式前方的复选框，如下图所示。

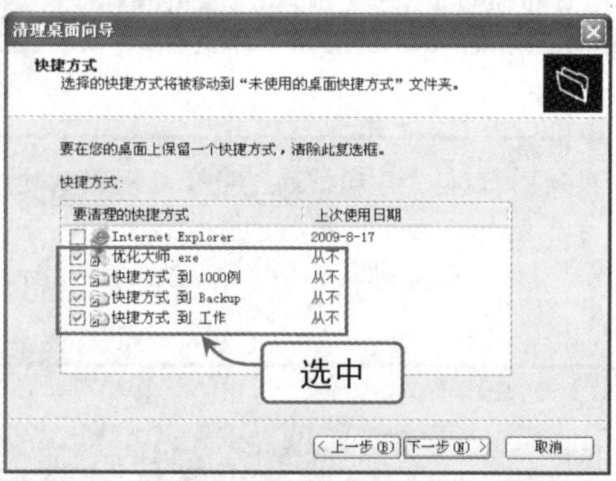

STEP 04 正在完成清理向导

单击“下一步”按钮，将弹出如下图所示的对话框。

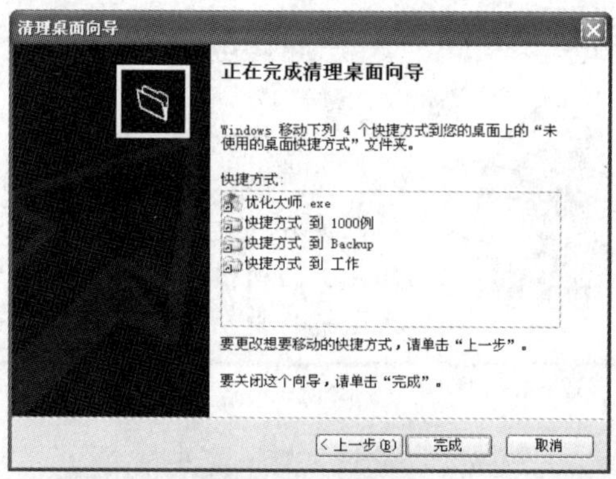

STEP 05 清理后的桌面效果

单击“完成”按钮，将完成桌面快捷方式图标的清理，在桌面上将自动创建一个名称为“未使用的桌面快捷方式”的文件夹，被清理的桌面快捷方式图标被放置在该文件夹中，效果如右图所示。

2.3 Windows XP 的窗口操作

Windows 窗口是 Windows 操作系统中最基本的操作对象之一，窗口操作是用户在操作电脑时经常涉及的，因此读者首先要学习关于窗口的操作知识。

2.3.1 Windows XP 窗口的组成

Windows XP 的窗口一般包括标题栏、菜单栏、工具栏、地址栏、任务窗格、工作区域等几部分。“我的文档”窗口是 Windows 操作系统中较为典型的窗口，如下图所示。

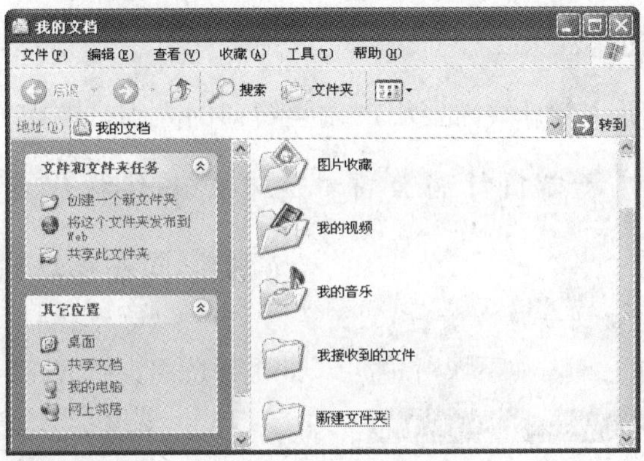

标题栏中通常放置程序图标、窗口名称以及控制按钮，控制按钮包括“最小化”、“最大化/向下还原”以及“关闭”按钮。菜单栏的各个菜单中放置了一组功能相似的命令，用户使用菜单命令，几乎可以完成所有的窗口操作。任务窗格中包含了执行某些功能命令的超链接。工作区域是电脑与用户之间进行交互的“窗口”，其中显示了可操作内容。

2.3.2 最大化和最小化窗口

“最大化”按钮和“最小化”按钮是窗口的重要组成部分，使用这两个按钮可以将窗口全屏显示（窗口最大化），也可以将窗口最小化到任务栏，具体操作方法如下：

STEP 01 单击“最大化”按钮

打开“我的文档”窗口，单击窗口标题栏右侧的“最大化”按钮，如下图所示。

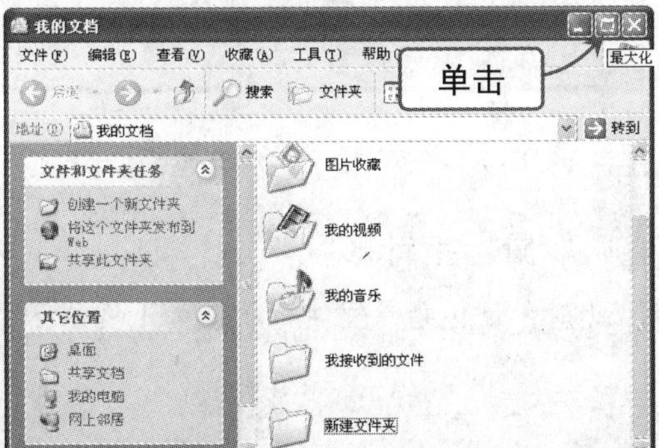

STEP 02 最大化效果

将窗口最大化，此时标题栏右侧的“最大化”按钮变为“向下还原”按钮，如下图所示。

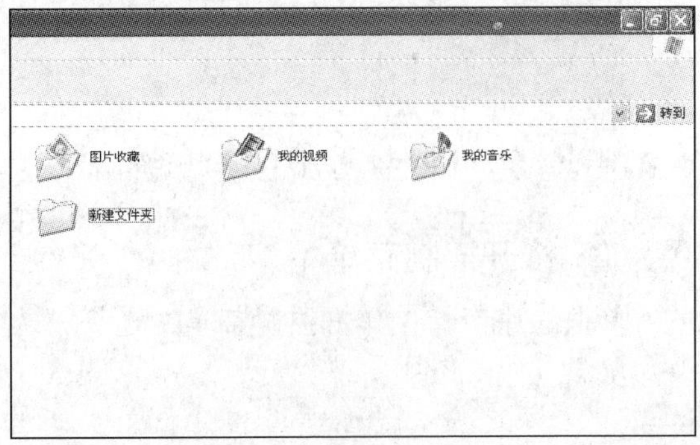

STEP 03 单击“最小化”按钮

单击窗口标题栏右侧的“最小化”按钮，如下图所示。

STEP 04 最小化窗口

将窗口最小化，屏幕中将不再显示该窗口，只有任务栏中显示窗口的任务栏图标，如下图所示。

2.3.3 调整窗口的大小

为了操作电脑的方便，有时候需要用户调整窗口的大小，调整方法主要有以下两种。

Work1 用户可以通过鼠标指针调整窗口大小，具体操作方法如下：

STEP 01 移动鼠标指针

打开任意窗口，如“我的文档”窗口，将鼠标指针移动到窗口的右下角，如下图所示。

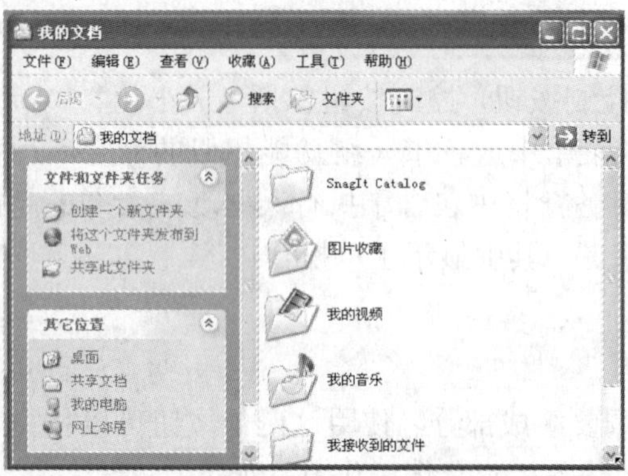

STEP 02 向左移动鼠标指针

向左移动鼠标指针，窗口宽度减小，效果如下图所示。

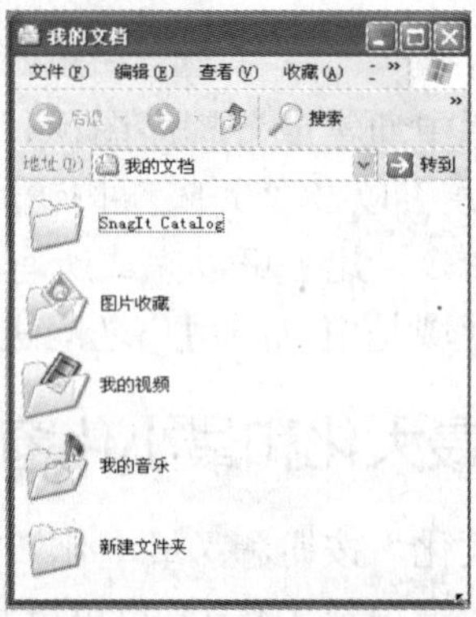

STEP 03 向上移动鼠标指针

向上移动鼠标指针，窗口高度减小，效果如右图所示。

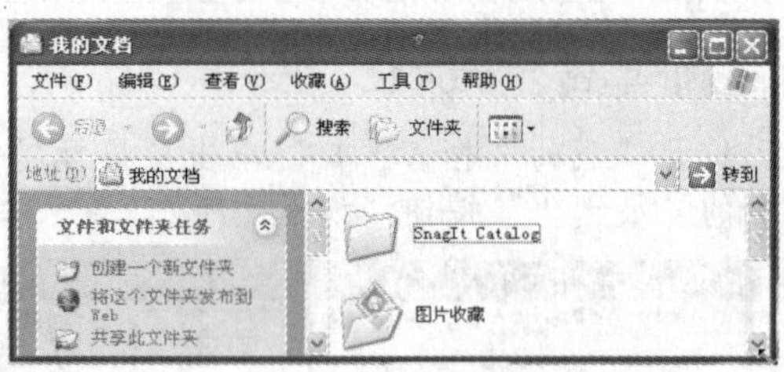

Work 2 使用控制菜单配合键盘操作调整窗口大小，具体操作方法如下：

STEP 01 打开控制菜单

单击程序图标，弹出控制菜单，选择“大小”命令，如下图所示。

STEP 02 鼠标指针形状

此时，鼠标指针呈✥形状，如下图所示。

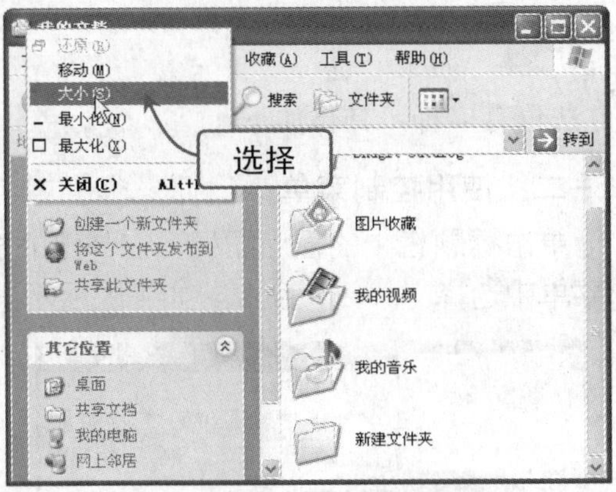

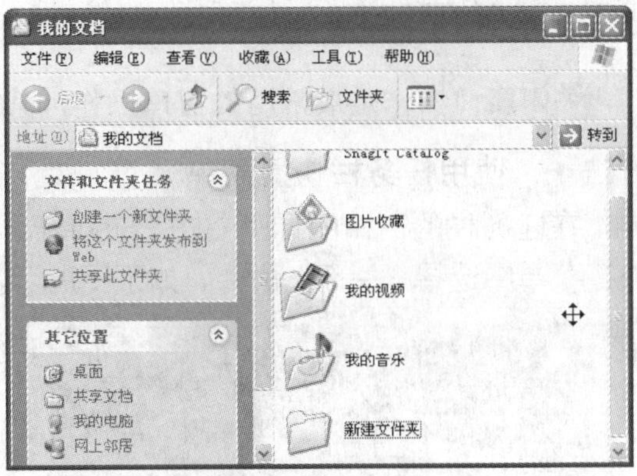

STEP 03 使用键盘上的方向键

按【↓】键，将鼠标指针移动到窗口下边缘上，再按方向键，向相应位置缩小窗口，效果如右图所示。

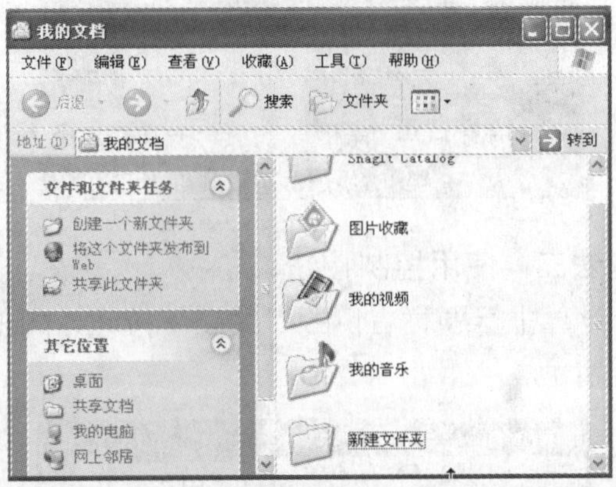

提示

按【Alt+Space】组合键可快速弹出控制菜单。

2.3.4 移动窗口

使用鼠标拖动窗口是移动窗口的最常用方法，具体操作方法如下：

STEP 01 移动鼠标指针

打开任意窗口，如“我的文档”窗口，将鼠标指针移动到标题栏上，如下图所示。

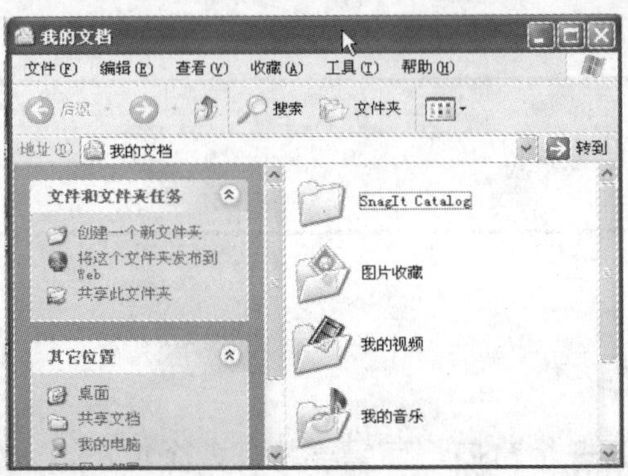

STEP 02 拖动鼠标

按住鼠标左键，拖动窗口到屏幕中任意位置，如下图所示。

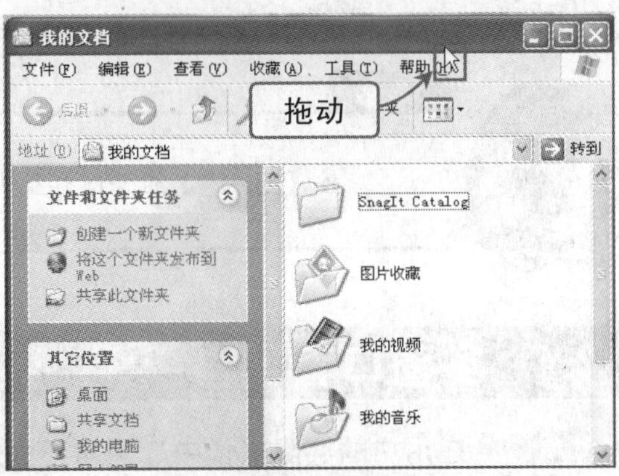

2.3.5 关闭窗口

关闭窗口操作是最常用的窗口操作，其关闭方法也有多种，具体如下：

方法一：使用任务栏快捷菜单

在任务栏的窗口图标上右击，在弹出的快捷菜单中选择“关闭”命令，如下图所示。

方法二：使用控制菜单

单击标题栏中的程序图标，在弹出的控制菜单中选择“关闭”命令，如下图所示。

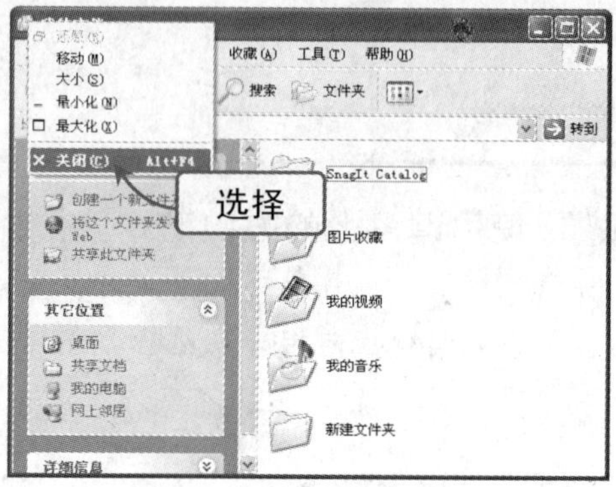

方法三：使用控制按钮

单击标题栏右侧的“关闭”按钮，如下图所示。

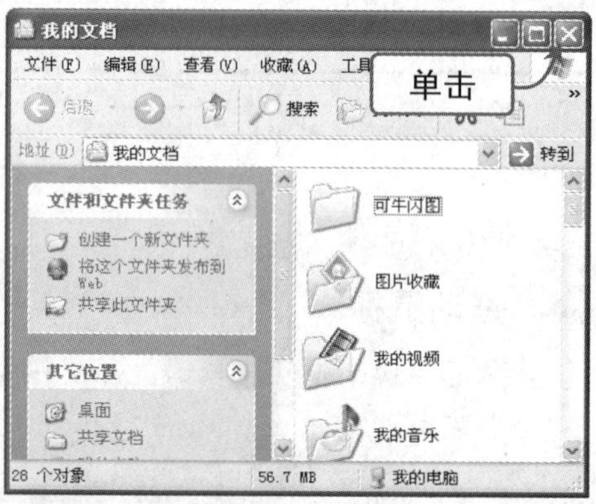

方法四：使用菜单命令

选择“文件”|“关闭”命令，如下图所示。

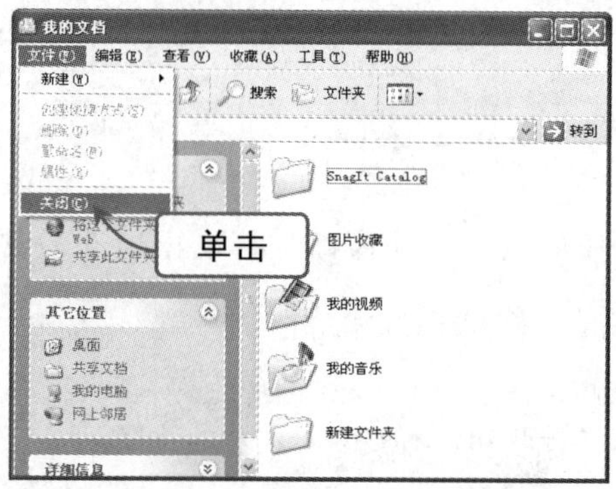

提示

按【Alt+F4】组合键也能快速关闭窗口。

2.4 多窗口管理

在用户的实际操作中，通常不会只打开一个窗口，而需要打开多个窗口，这就涉及多窗口操作的问题，本节将介绍对多个窗口进行管理的知识。

2.4.1 多个窗口间的切换

当用户要在不同的多个窗口中进行操作时，必须要在不同的窗口间进行切换。其操作方法如下：

Work1 单击任务栏图标切换窗口

STEP 01 单击任务栏图标

在任务栏中，单击要打开窗口的任务栏图标，如“我的电脑”图标，如下图所示。

STEP 02 打开窗口

将打开“我的电脑”窗口，如下图所示。

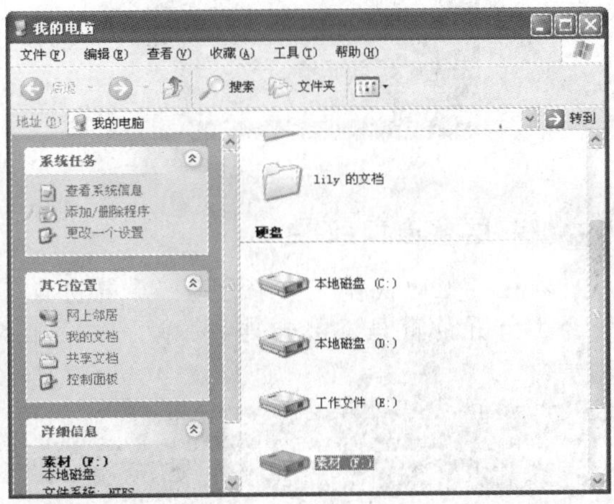

Work2 使用任务切换栏切换窗口

STEP 01 打开任务切换栏

按【Alt+Tab】组合键，弹出任务切换栏，在保持【Alt】键按下的同时，多次按【Tab】键，可在不同的窗口图标中切换，如下图所示。

STEP 02 切换窗口

按【Tab】键选择“共享文档”图标，释放【Alt】键，将切换到“共享文档”窗口，如下图所示。

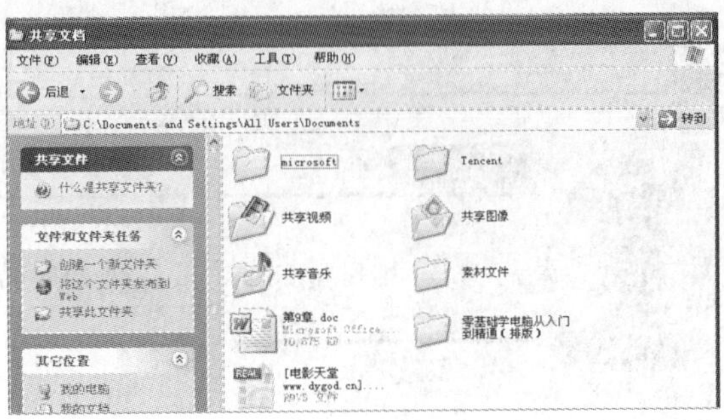

2.4.2 排列窗口

打开多个窗口后，用户可按不同的方式将这些窗口排列在桌面上，以方便查看。排列窗口的方式有 3 种，包括“层叠窗口”、“横向平铺窗口”以及“纵向平铺窗口”。下面以实例的形式介绍具体的窗口排列方法。

STEP 01 选择相应的选项

在任务栏中右击，在弹出的快捷菜单中选择“横向平铺窗口”命令，如下图所示。

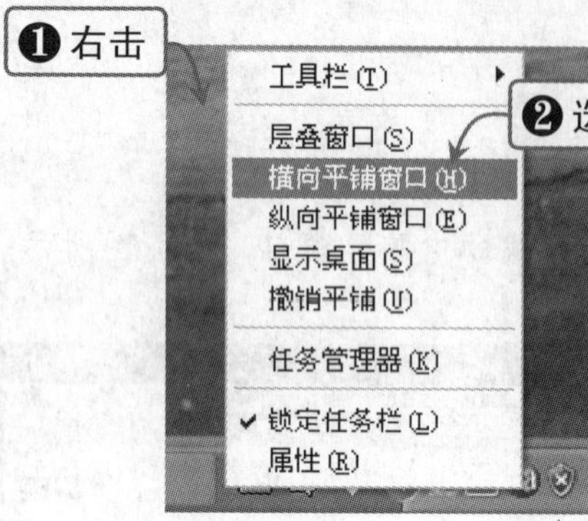

STEP 02 横向平铺效果

横向平铺窗口的效果如下图所示。

STEP 03 层叠窗口效果

在任务栏的快捷菜单中选择“层叠窗口”命令，打开的窗口将层叠排列，效果如下图所示。

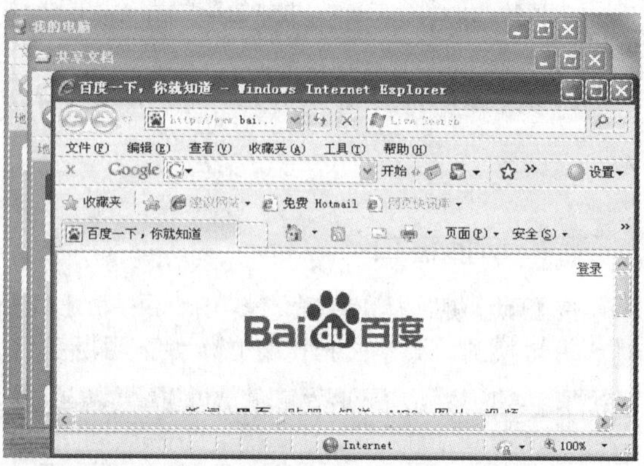

STEP 04 纵向平铺效果

在任务栏的快捷菜单中选择“纵向平铺窗口”命令，打开的窗口将纵向平铺排列，效果如下图所示。

提示

排列窗口时，要进行排列的窗口不能处于最小化状态。

技巧百宝箱

技巧 1 用对话框添加程序快捷方式图标

通过“创建快捷方式”对话框可以在桌面上添加快捷方式图标。具体操作方法如下：

STEP 01 弹出快捷菜单

在桌面空白处右击，在弹出的快捷菜单中选择“新建”|“快捷方式”命令，如下图所示。

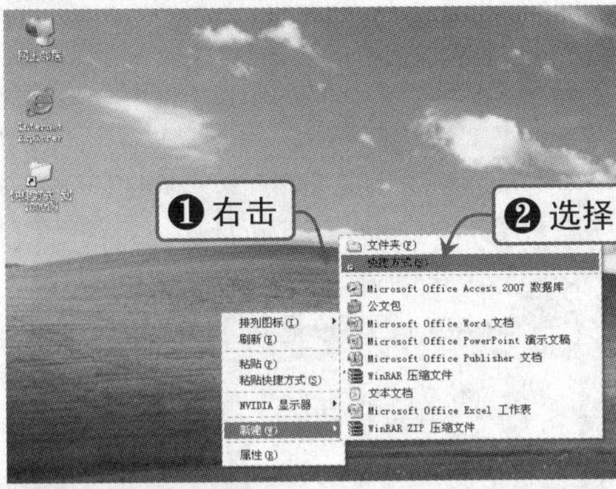

STEP 02 弹出“创建快捷方式”对话框

在弹出的“创建快捷方式”对话框中单击“浏览”按钮，如下图所示。

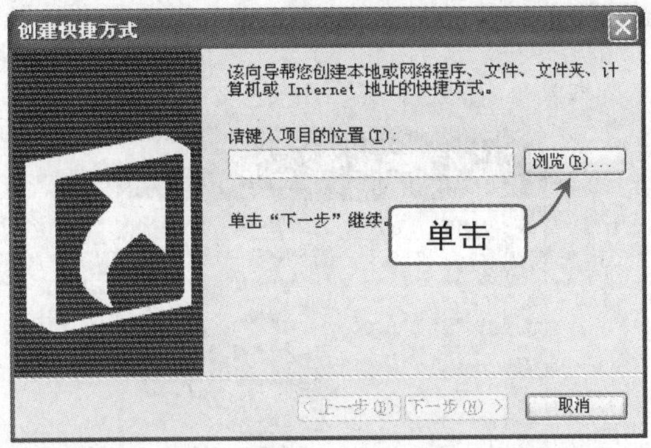

STEP 03 选择程序

在弹出的“浏览文件夹”对话框中选择要创建快捷方式的程序，如下图所示。

STEP 04 返回“创建快捷方式”对话框

单击“确定”按钮，返回“创建快捷方式”对话框，单击“下一步”按钮，如下图所示。

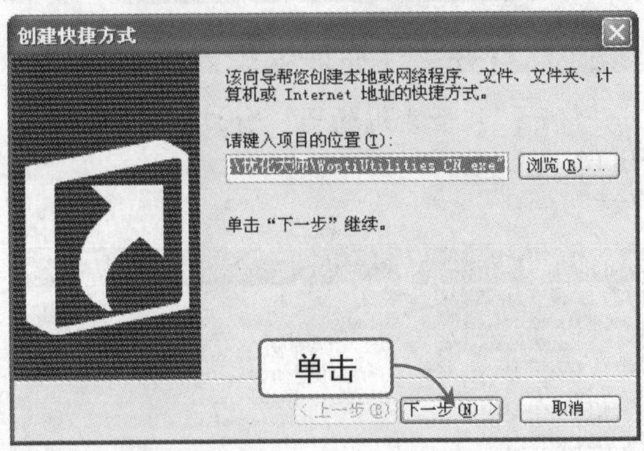

STEP 05 定义快捷方式图标名称

弹出“选择程序标题”对话框，在其中的文本框中输入快捷方式的名称，如下图所示。

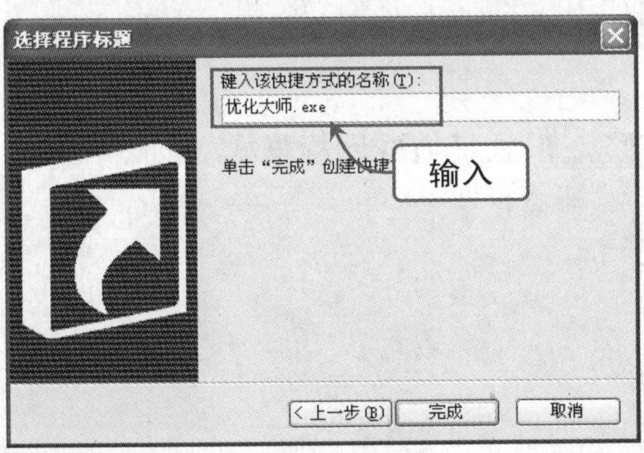

STEP 06 创建快捷方式图标

单击“完成”按钮，将创建程序的快捷方式图标，效果如下图所示。

技巧 2 去除快捷方式图标上的箭头

快捷方式左下角的箭头可以通过修改注册表的方法去除，其操作方法如下：

STEP 01 “开始”菜单

选择“开始”|“运行”命令，如下图所示。

STEP 02 弹出“运行”对话框

在弹出的“运行”对话框中输入命令 regedit，如下图所示。

STEP 03 打开“注册表编辑器”窗口

打开“注册表编辑器”窗口，依次展开到 HKEY_CLASSES_ROOT\lnkfile 选项，如下图所示。

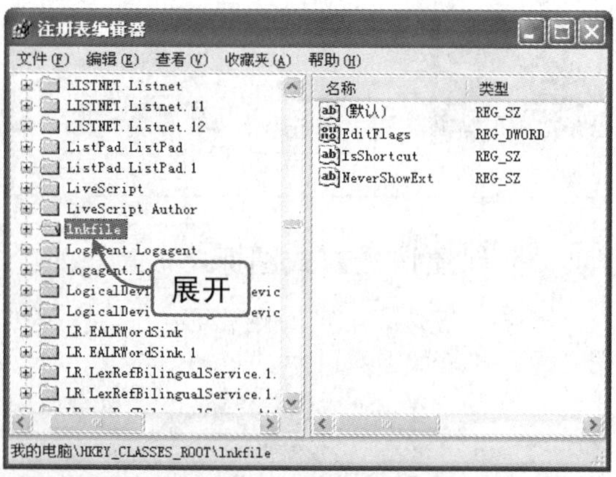

STEP 04 删除键值

右击右侧窗格中的 IsShortcut 键值，在弹出的快捷菜单中选择“删除”命令，如下图所示。

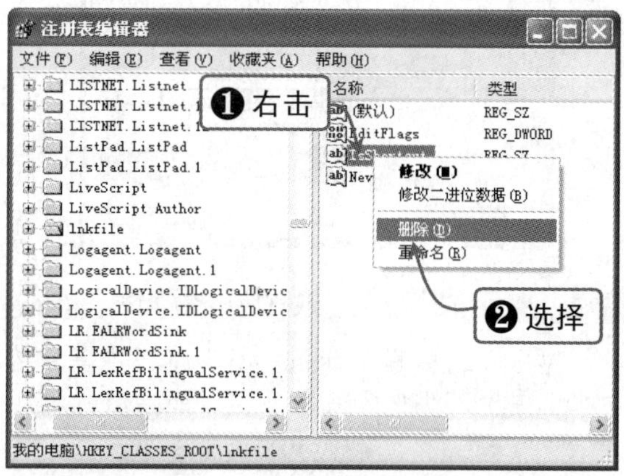

STEP 05 展开选项

在左侧窗格中依次展开到 HKEY_CLASSES_ROOT\piffile 选项，然后右击右侧窗格中的 IsShortcut 键值，在弹出的快捷菜单中选择“删除”命令，如下图所示。

STEP 06 快捷方式图标样式

删除键值后，快捷方式图标样式如下图所示。

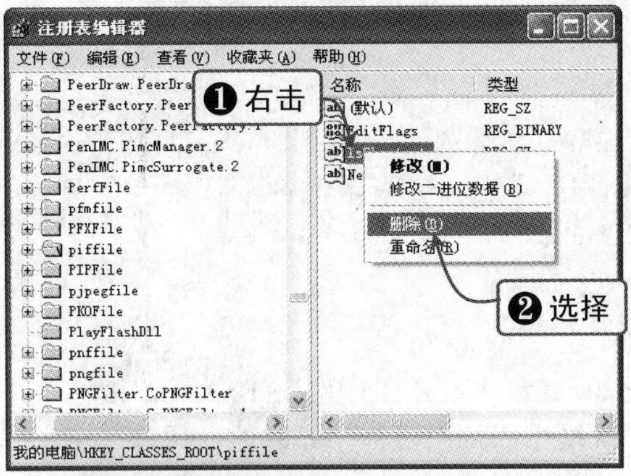

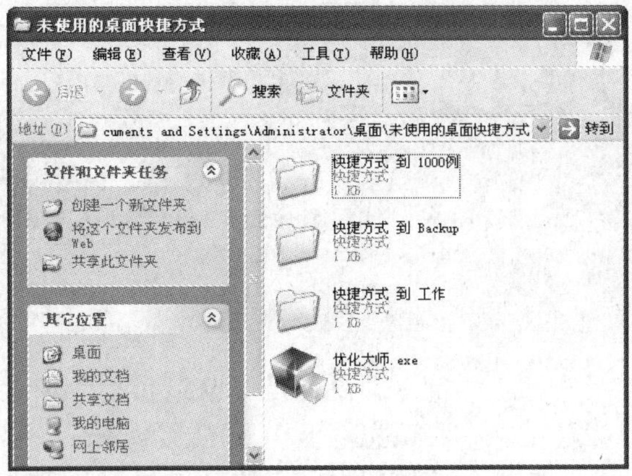

提示

删除注册表键值后，如果快捷方式没有变化，仍然有箭头出现，可重启电脑或注销用户再登录即可去除箭头。

读书笔记

Chapter

03

键盘和鼠标的使用

键盘和鼠标是电脑最常用的输入设备。键盘主要用于向电脑中输入文字和各种信息，而电脑的大部分选择和确认操作都是由鼠标来完成的。所以，要熟练使用电脑，必须掌握鼠标和键盘的使用和设置方法。

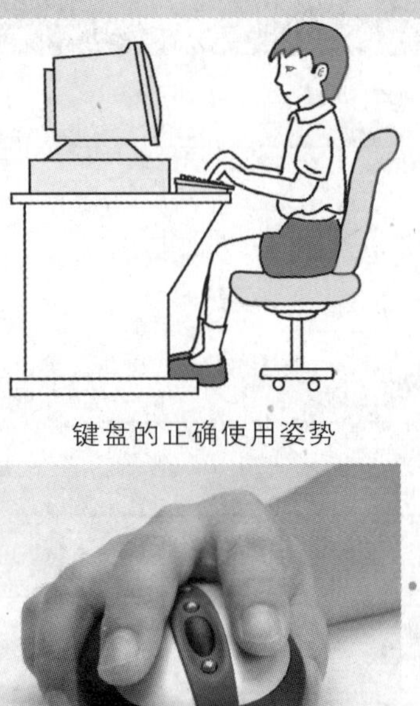

键盘的正确使用姿势

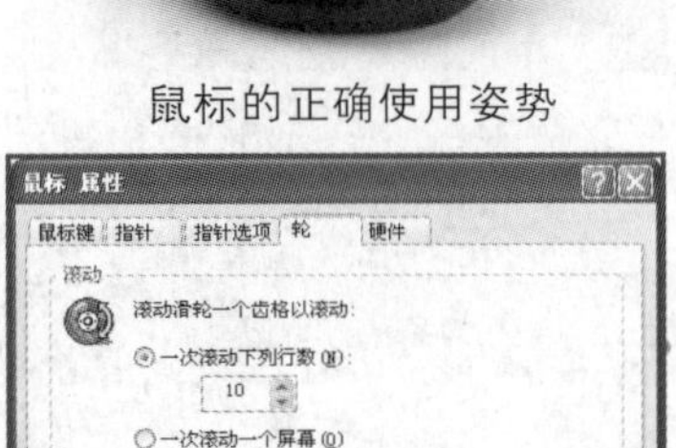

鼠标的正确使用姿势

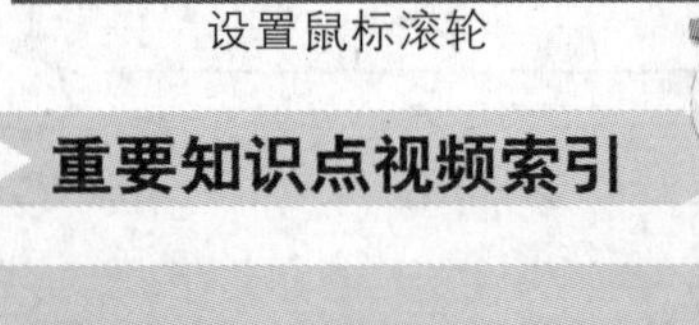

设置鼠标滚轮

重要知识点视频索引

本章建议学习时间:

本章建议学习时间为 45min，其中分配 25 min 学习使用与设置鼠标和键盘的相关知识，20 min 观看教学视频并进行练习。

学完本章后您可以:

- 熟练使用键盘
- 熟练使用鼠标
- 快速设置键盘性能
- 查看键盘属性
- 快速设置鼠标性能
- 查看鼠标属性

3.1 键盘的使用

键盘是最常用也是最主要的输入设备，通过键盘，用户可以将英文字母、汉字、数字、标点符号等输入到电脑中，从而实现向电脑输入数据、发出命令等。

3.1.1 使用键盘的正确姿势

操作键盘的姿势相当重要，如果姿势不当，会很容易造成疲劳，同时还会影响输入速度和正确率。键盘操作的正确姿势如下：

（1）座椅高度合适，坐姿端正自然，两脚平放，全身放松，上身挺直并稍微前倾。

（2）两肘贴近身体，下臂和手腕向上倾斜，与键盘保持相同的斜度；手指略弯曲，指尖轻放在基准键位上，左右手的大拇指轻轻放在空格键上。

（3）按键时，手抬起伸出要按键的手指按键，按键要轻巧，用力要均匀。

（4）稿纸宜置于键盘的左侧或右侧，便于视线集中在稿纸上。

3.1.2 键盘分区

目前，流行的键盘主要是 104 键键盘和 107 键键盘，主要可以分为 4 个键区：主键区、功能键区、控制键区和数字键区，如下图所示。

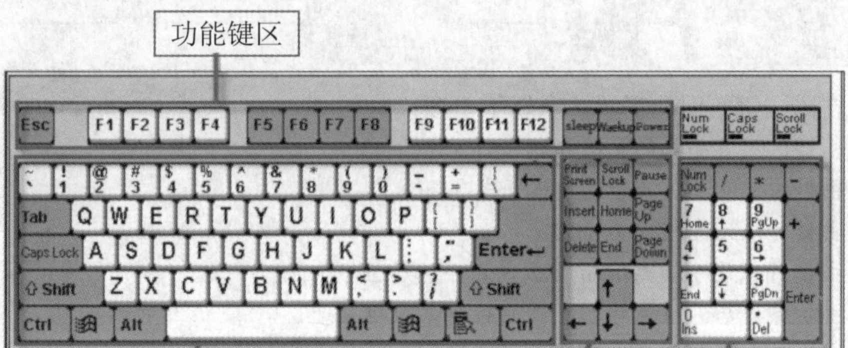

3.1.3 正确指法

利用键盘进行录入并不是靠 1 个手指来完成的，而是要靠 10 个手指分工合作，才能更快速高效地完成输入。所谓的手指分工是指通过手指和键位的搭配，将键盘上的全部字符合理地分配给 10 个手指，并明确每根手指在键盘上的活动范围。

除拇指外，其余 8 个手指都分配有一定的活动范围，具体的分配情况如下图所示。

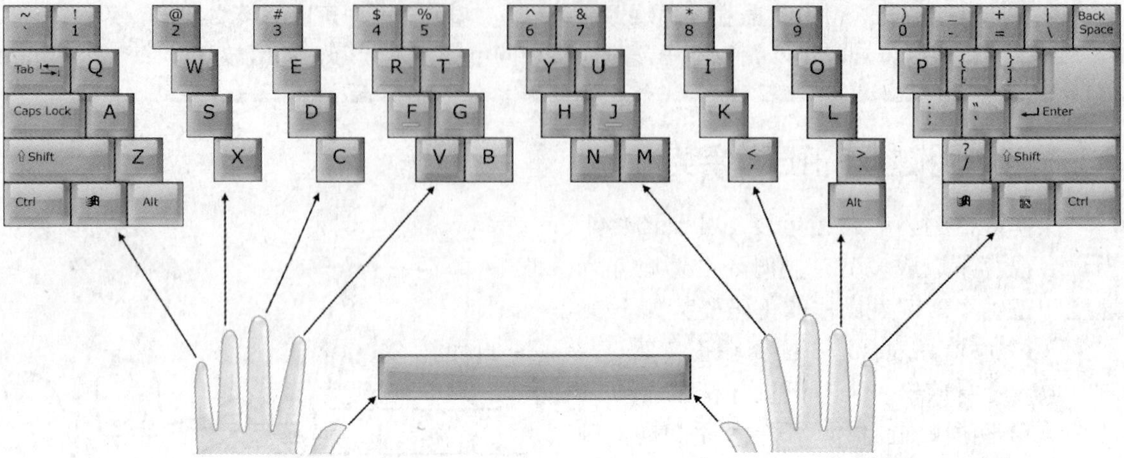

（左手）　　（右手）

在不敲击键盘时，用户的手指应放在固定的键位上，即基准键位，具体为 A、S、D、F、J、K、L 和：键，分别对应左手小指到食指和右手食指到小指，两个大拇指共同放在空格键上，如下图所示。

用户在敲击键盘时，需要注意以下事项：

- ❖ 击键时用各手指的第一指腹击键。
- ❖ 击键时第一指关节应与键面垂直。
- ❖ 击键时应由手指发力击下。
- ❖ 击键时先使手指离键面约 2~3cm，然后击下。
- ❖ 击键完成后，应使手指立即归位到基准键位上。
- ❖ 不击键的手指不要离开基准键位。
- ❖ 需要同时击两个键时，若两个键分别位于左右手区，则由左右手各击相对应的键。

提示

用户在进行键盘指法训练时，应将视线投注在屏幕或稿件上，不要注意键盘按键，凭借记忆敲击键盘，可以使用户快速熟记键盘，大大提高输入速度。

3.2 鼠标的使用

鼠标是电脑的重要输入设备之一，通过手动控制光标位置，电脑的大部分选择和确认操作都是由鼠标来完成的。目前常用的鼠标基本上都是由 3 个按键组成，分别为左键、右键和滚轮。

3.2.1 使用鼠标的正确姿势

在操作鼠标之前，先要学会其正确的握法：右手食指和中指自然放置在鼠标的左键和右键上，拇指横向放在鼠标左侧，无名指和小指放在鼠标的右侧，手掌心轻轻贴在鼠标后部分，拇指、无名指和小指轻轻握住鼠标，左右晃动手腕，移动鼠标位置。右图所示为鼠标的正确握法。

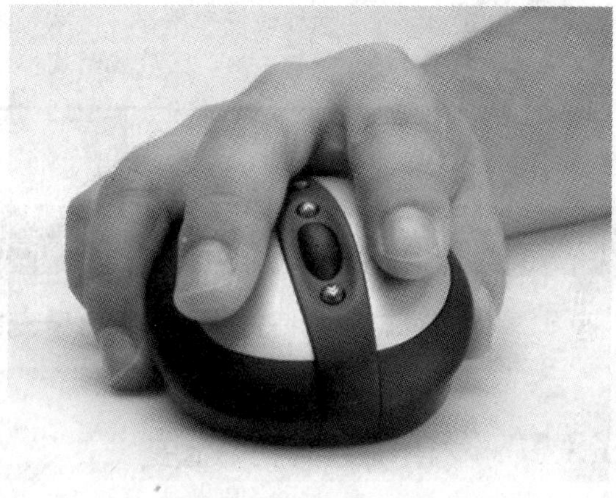

3.2.2 鼠标的基本操作

在 Windows XP 操作系统中，常用的鼠标操作有以下几种：

单击

单击鼠标操作是指用食指快速按下鼠标左键，然后快速释放，常用于对象的选择，如下图所示。

双击

双击鼠标操作是指连续、快速地按下两次鼠标左键，常用于打开某个对象，如下图所示。

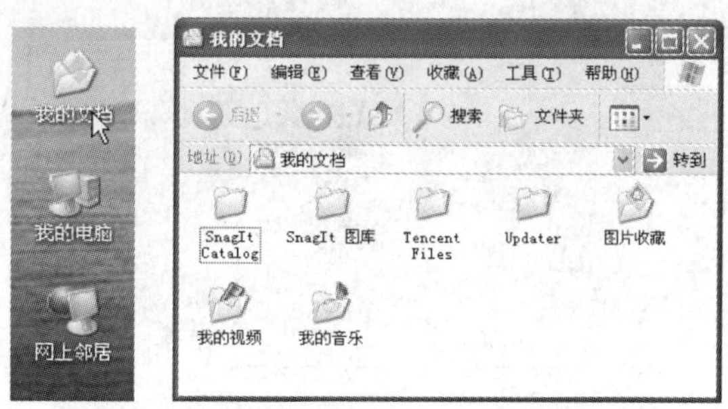

拖动

拖动鼠标操作是指按住鼠标左键不放，在平面上移动鼠标，常用于改变对象的位置，如下图所示。

右击

右击鼠标操作是指快速按下鼠标右键，然后快速释放，常用于打开某对象对应的快捷菜单，如下图所示。

提示

鼠标的拖动操作，还常常用于多个文件的选择。例如，在桌面的空白位置按住鼠标左键，然后拖动鼠标，使其指针经过多个图标，即可将其全部选中。

3.3 键盘的设置

用户可以根据自己的使用习惯设置键盘的属性，如响应速度等。

3.3.1 设置键盘响应速度

下面详细介绍键盘响应速度的具体设置方法。

STEP 01 选择“控制面板”选项

选择“开始”|“控制面板”命令，如下图所示。

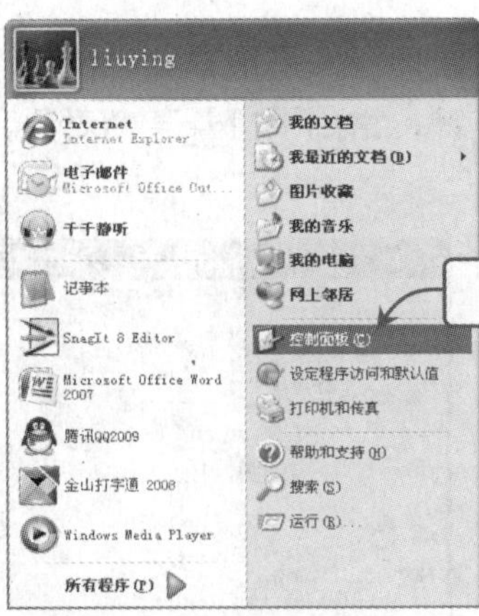

STEP 02 双击“键盘”图标

打开“控制面板”窗口，双击“键盘”图标，如下图所示。

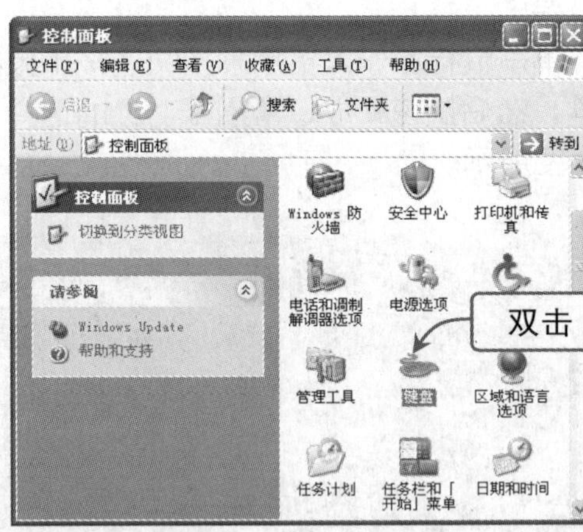

STEP 03 设置字符重复

弹出“键盘 属性”对话框，分别拖动“重复延迟”和“重复率”滑块，然后将光标定位到“单击此处并按住一个键以便测试重复率”文本框中，按住某个字母键进行测试，如下图所示。

STEP 04 设置光标闪烁频率

在“光标闪烁频率”选项组中拖动设置滑块，并同时观察左侧光标的闪烁间隔时间，调整到合适频率后，单击“确定”按钮，完成设置，如下图所示。

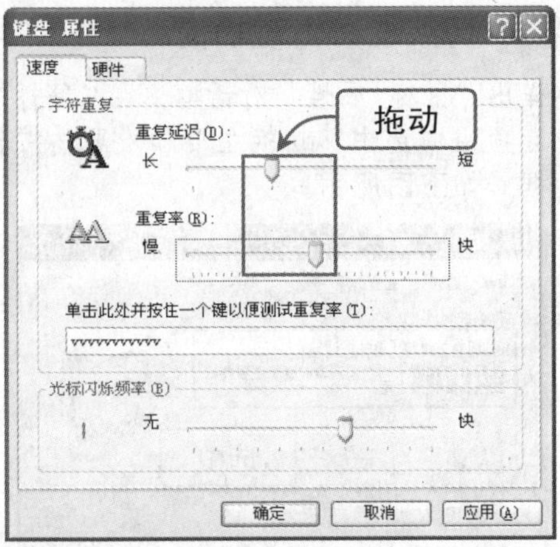

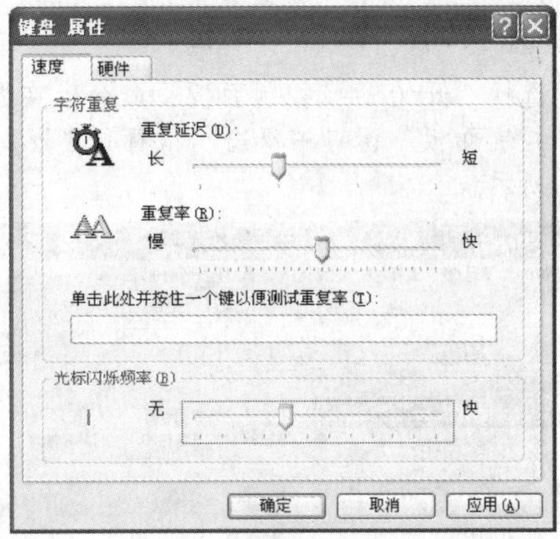

3.3.2 查看键盘属性

用户可以在“键盘 属性”对话框中，查看键盘的硬件属性，操作方法如下：

STEP 01 选择“硬件”选项卡

打开“键盘 属性”对话框，选择“硬件”选项卡，如下图所示。

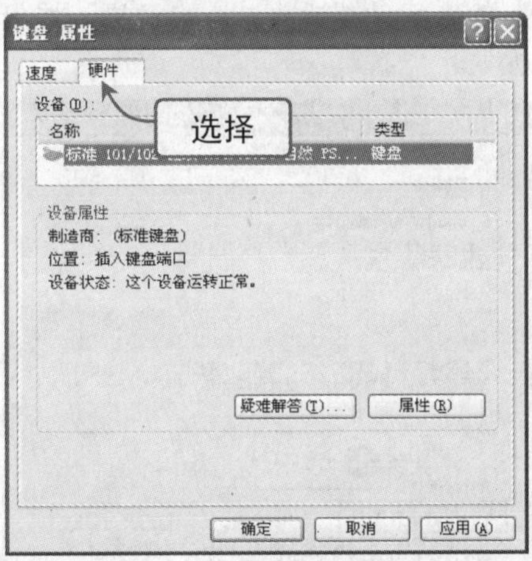

STEP 02 查看属性

单击“属性设备”选项组中的“属性”按钮，弹出键盘详细属性对话框，如下图所示。

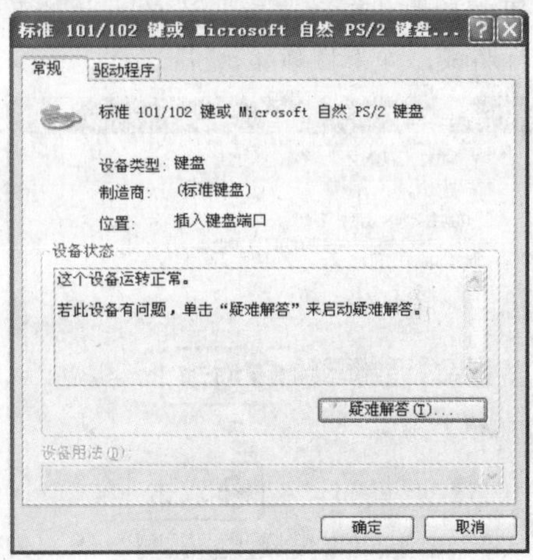

3.4 鼠标的设置

用户可以对鼠标进行个性化设置，如更改鼠标指针的样式、添加鼠标指针轨迹和阴影等，本节将进行详细介绍。

3.4.1 设置鼠标键

用户可以根据习惯将鼠标设置为左手控制，还可以设置鼠标的双击速度和单击锁定等，具体操作方法如下：

STEP 01 双击“鼠标”图标

选择“开始”|“控制面板”命令，在打开的“控制面板”窗口中双击“鼠标”图标，如下图所示。

STEP 02 切换左、右键功能

弹出“鼠标 属性”对话框，在“鼠标键配置”选项组中选中“切换主要和次要的按钮”复选框，如下图所示。

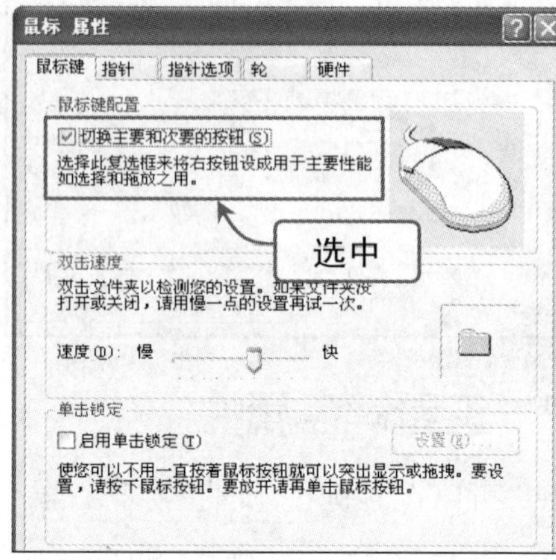

STEP 03 设置双击速度

在“双击速度”选项组中拖动“速度”滑块，调整双击鼠标的速度，并双击右侧的文件夹进行测试，如下图所示。

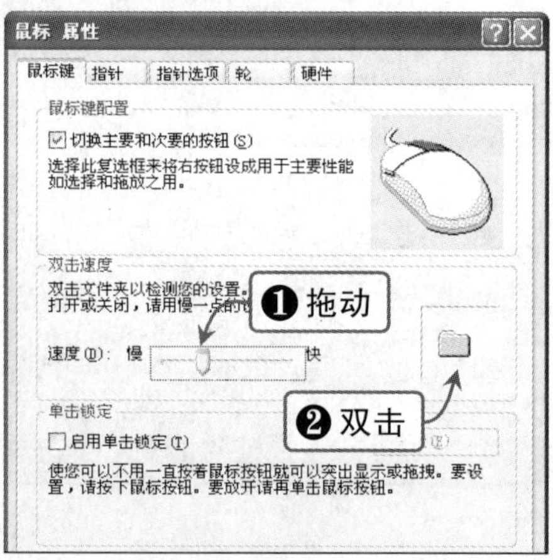

STEP 04 设置单击锁定

在“单击锁定”选项组中选中“启用单击锁定”复选框，激活并单击“设置”按钮，如下图所示。

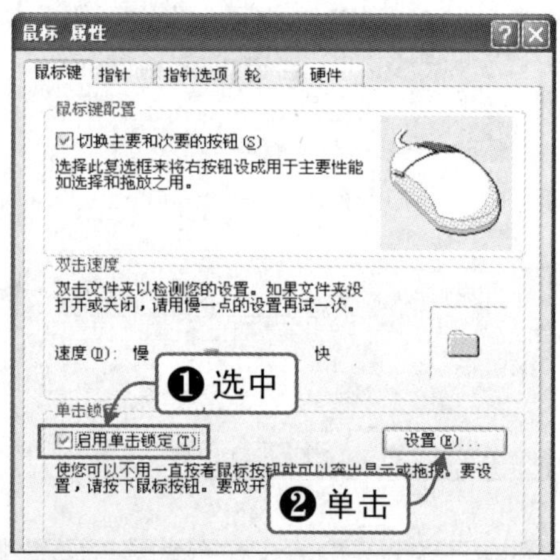

STEP 05 设置锁定时间

弹出“单击锁定的设置”对话框，向后拖动滑块，适当调长鼠标单击时锁定的时间，如下图所示。

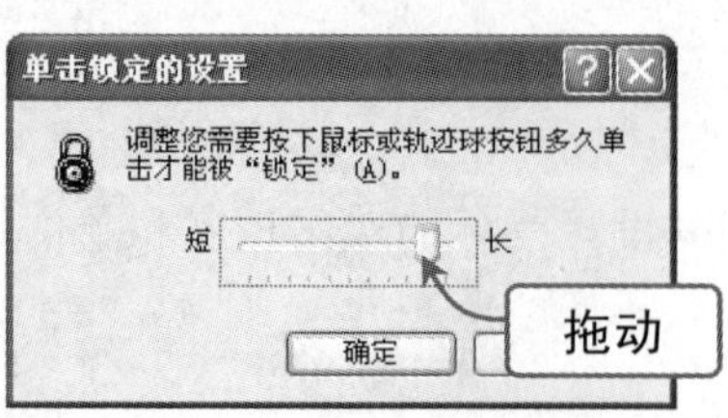

STEP 06 完成设置

依次单击“确定”按钮，关闭“鼠标 属性”对话框，完成鼠标键的设置。

提示

更改鼠标左、右键功能，可以满足习惯用左手工作的用户。在“鼠标 属性”对话框中选中“切换主要和次要的按钮”复选框即可。

3.4.2 更改鼠标指针样式

默认情况下，Windows XP 系统中的鼠标指针外形为↖形状，用户可以根据自己的喜好，打造另类的鼠标指针，将其设置为自己喜欢的形状，具体操作方法如下：

STEP 01 选择“指针”选项卡

在“鼠标 属性”对话框中选择，选择“指针”选项卡，在“自定义”列表框中选择“正常选择”选项，然后单击“浏览”按钮，如下图所示。

STEP 02 选择鼠标指针样式

弹出“浏览”对话框，选择鼠标指针样式，在“预览”框中预览效果，如下图所示。

STEP 03 添加样式

单击“打开”按钮，返回“鼠标 属性”对话框，此时选中的鼠标指针样式已经添加到“自定义”列表中并被选中，如下图所示。

STEP 04 应用样式

单击“应用”按钮，应用鼠标指针样式，然后单击“关闭”按钮，关闭对话框，此时的鼠标指针已经变成用户所选择的样式，效果如下图所示。

3.4.3 设置鼠标指针选项

用户可以通过“鼠标 属性”对话框，设置鼠标的移动速度、取默认按钮和可见性等属性，具体操作方法如下：

STEP 01 选择“指针选项”选项卡

在“控制面板”窗口中双击“鼠标”图标，在弹出的“鼠标 属性”对话框中选择“指针选项”选项卡，如下图所示。

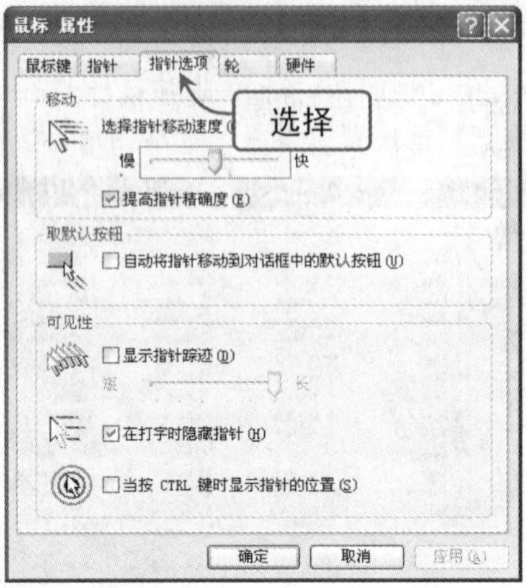

STEP 02 设置指针移动速度

在“移动”选项组中拖动“选择指针移动速度”滑块，调整鼠标指针在屏幕上的移动速度，如下图所示。

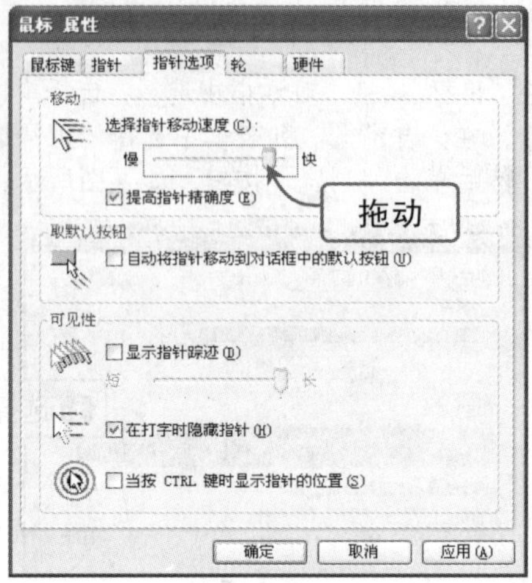

STEP 03 设置取默认按钮

在“取默认按钮”选项组中选中“自动将指针移动到对话框中的默认按钮”复选框，如下图所示。

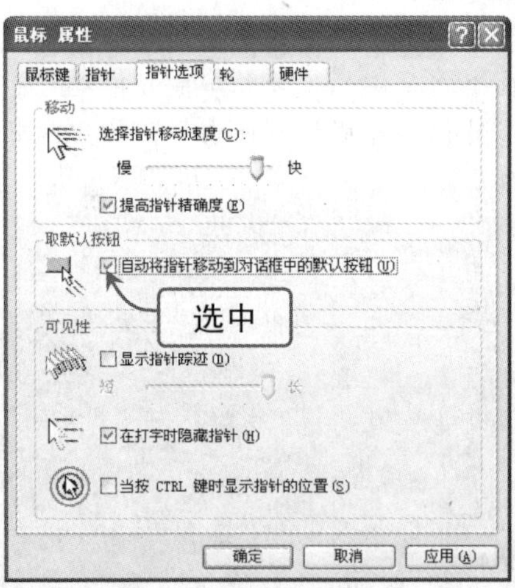

STEP 04 显示鼠标指针轨迹

在“可见性”选项组中选中“显示指针踪迹”复选框，并拖动下方的滑块，调整速度，如下图所示。

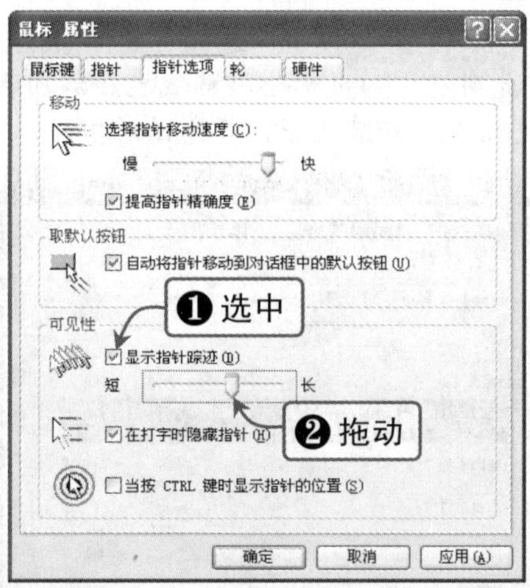

STEP 05 查看效果

单击“确定”按钮，完成设置，在桌面上移动鼠标指针，会产生如右图所示的轨迹效果；再次打开“鼠标 属性”对话框，鼠标会默认移动到“确定”按钮上。

外行上路

提高进阶

权威案例

百宝箱 技巧

3.4.4 设置鼠标滚轮

目前用户使用的鼠标中有的带有滚轮，因此“鼠标 属性”对话框中会多出一个“轮”选项卡。一般情况下，滚动滚轮一个齿格，屏幕自动滚动3行，用户可以根据自己的使用习惯，自定义修改滚动行数。另外，用户还可以将其设置为一次滚动一个屏幕，实现翻页功能。鼠标滚轮的具体设置方法如下：

STEP 01 选择“轮”选项卡

在“控制面板”窗口中双击“鼠标”图标，在弹出的“鼠标 属性”对话框中选择“轮”选项卡，如下图所示。

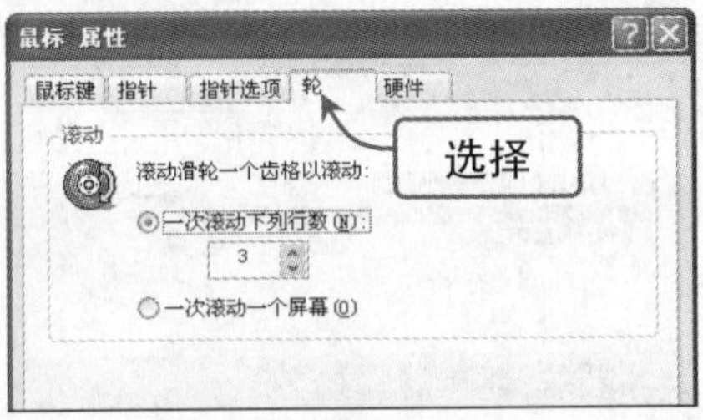

STEP 02 设置滚动行数

保持“一次滚动下列行数”单选按钮的选中状态，并在其下方的数值框中输入要滚动的行数，如下图所示。

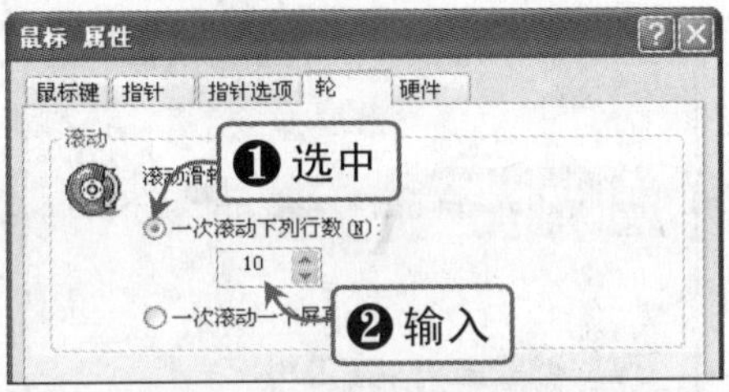

STEP 03 设置滚动屏幕

单击“确定”按钮，应用设置。若在“滚动”选项组中选中“一次滚动一个屏幕”单选按钮，如右图所示，单击“确定”按钮，则滚动滚轮时会以屏幕为单位进行滚动。

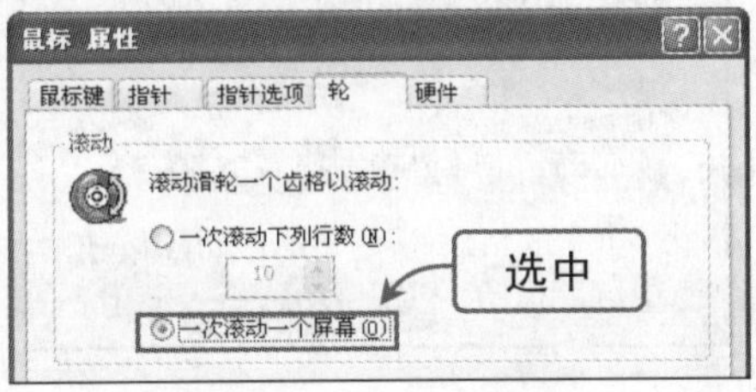

3.4.5 查看鼠标属性

用户还可以在“鼠标 属性”对话框中，查看鼠标的硬件属性，操作方法如下：

STEP 01 选择“硬件”选项卡

打开“鼠标 属性”对话框，选择“硬件”选项卡，如下图所示。

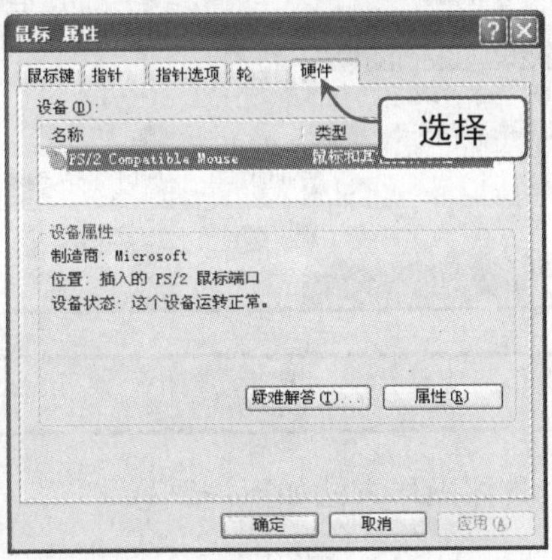

STEP 02 查看属性

单击“设备属性”选项组中的“属性”按钮，弹出鼠标属性对话框，如下图所示。

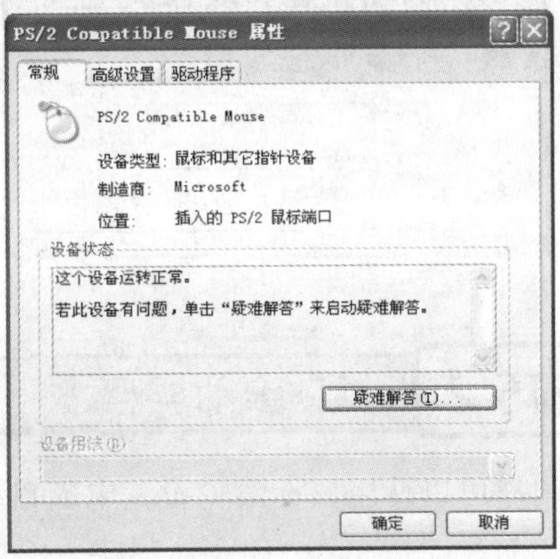

技巧百宝箱

技巧 1 鼠标左键实现“滚轮”功能

用户可通过下面介绍的方法，让鼠标左键具有与滚轮类似的功能。

STEP 01 打开“鼠标 属性”对话框

打开“控制面板”窗口，从中双击“鼠标”图标，弹出“鼠标 属性”对话框，如下图所示。

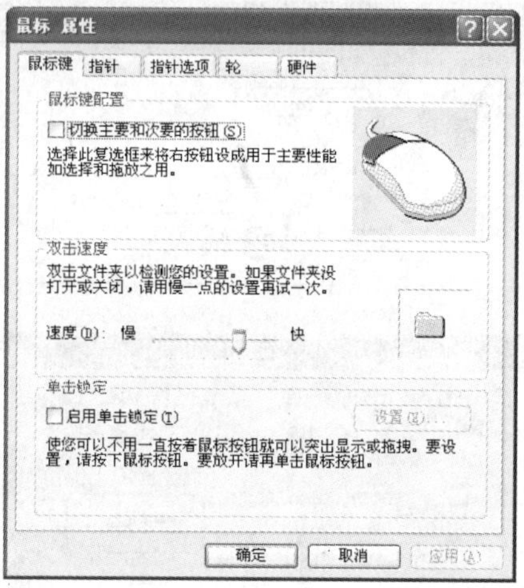

STEP 02 单击“设置”按钮

在“单击锁定”选项组中选中“启用单击锁定”复选框，并单击其后的“设置”按钮，如下图所示。

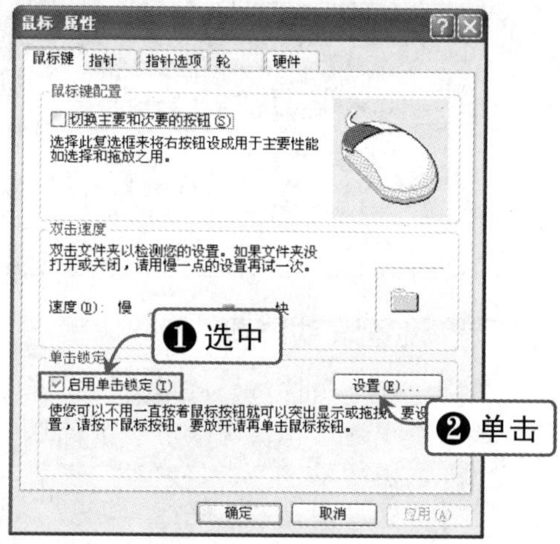

STEP 03 拖动滑块

弹出“单击锁定的设置”对话框，拖动滑块到“短”的一侧，调整锁定时间为最短，如下图所示。

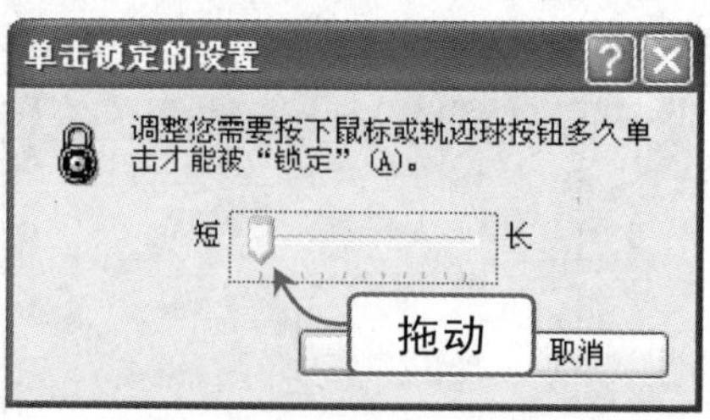

STEP 04 移动鼠标指针

依次单击“确定”按钮，打开一个窗口，在其滚动条上按住鼠标左键大约半秒，上下移动鼠标查看效果，如下图所示。

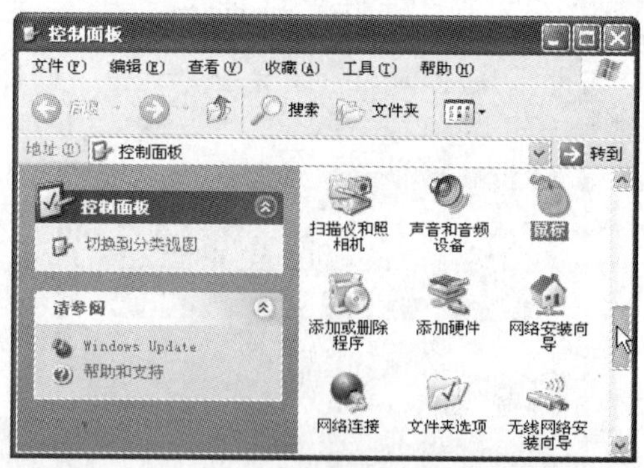

技巧 2 自动滚动屏幕

用户可以使用鼠标滚轮设置电脑自动滚动屏幕，具体操作方法如下：

STEP 01 打开文件

在“我的电脑”窗口中找到并双击要查看的文件，将其打开，如下图所示。

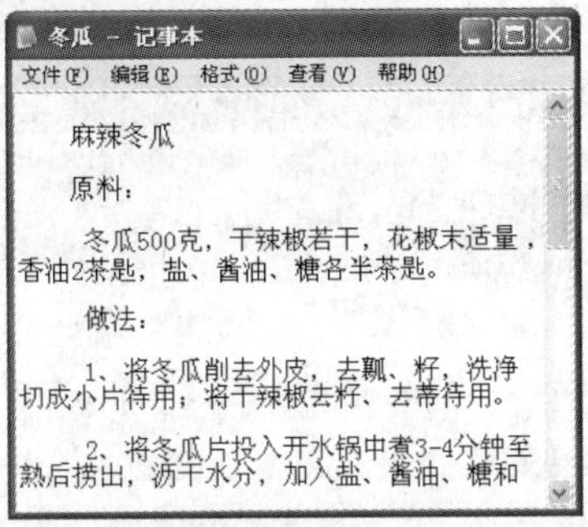

STEP 02 单击滚轮并移动鼠标

将鼠标指针置于文档靠上的部分，单击滚轮，会出现如下图所示的图标。

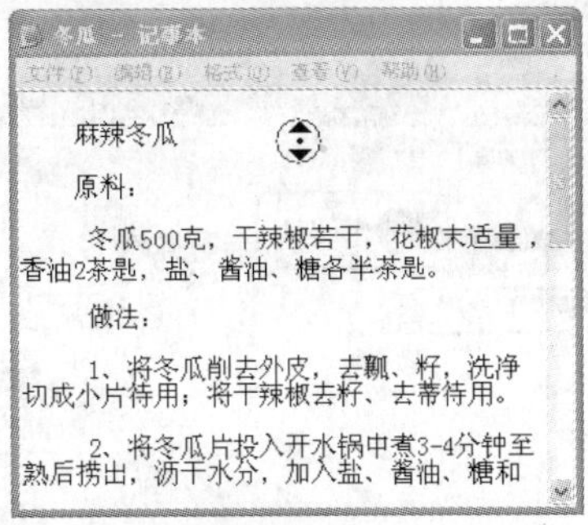

STEP 03 向下滚动屏幕

稍向下移动鼠标指针，此时屏幕将自动向下滚动，效果如下图所示。

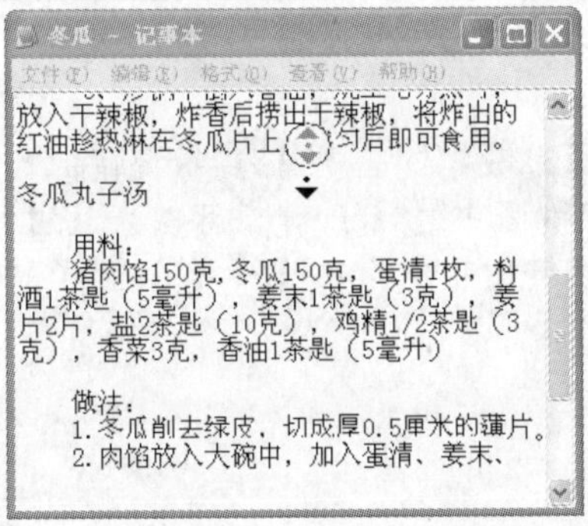

STEP 04 向上滚动屏幕

稍向上移动鼠标指针，此时屏幕将自动向上滚动，效果如下图所示。

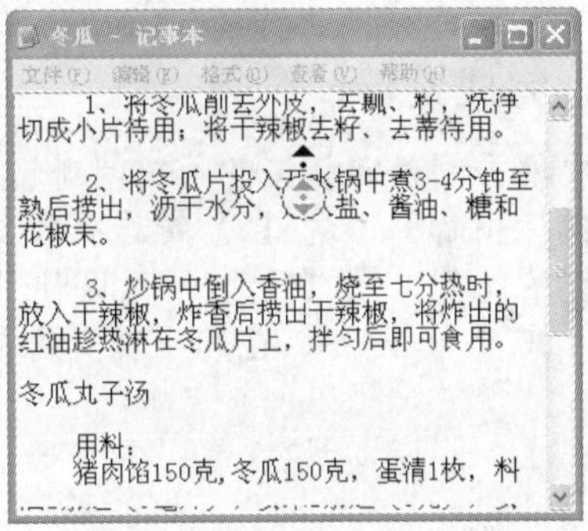

技巧 3 用键盘控制鼠标指针

为避免鼠标突然发生故障而影响工作，用户可以提前启动键盘的辅助功能，让键盘具有控制鼠标指针的作用，具体操作方法如下：

STEP 01 双击“辅助功能选项”图标

打开“控制面板”窗口，双击“辅助功能选项”图标，如下图所示。

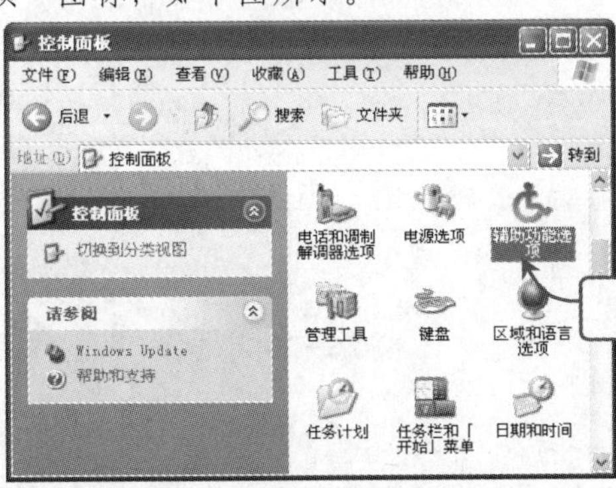

STEP 02 选择“鼠标”选项卡

弹出“辅助功能选项”对话框，选择“鼠标”选项卡，如下图所示。

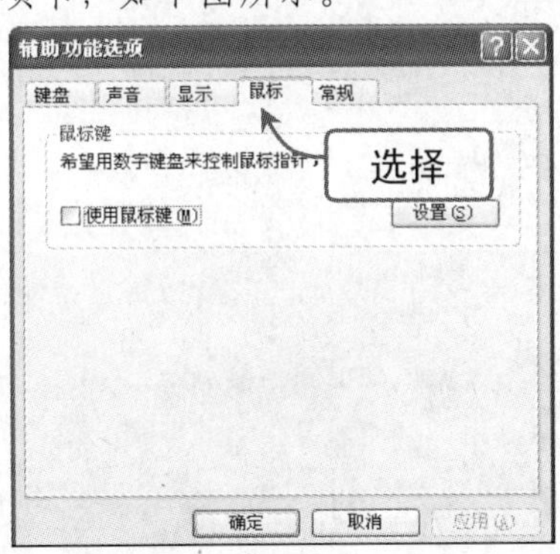

STEP 03 单击“设置”按钮

在“鼠标键”选项组中选中“使用鼠标键”复选框，然后单击后面的“设置”按钮，如下图所示。

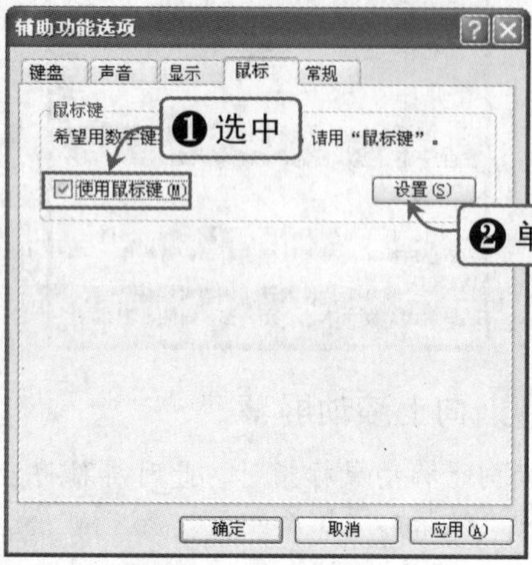

STEP 04 设置鼠标键

弹出“鼠标键的设置”对话框，在“指针速度”选项组中选中“按住 Ctrl 键来加速，按住 Shift 键来减速”复选框，如下图所示。

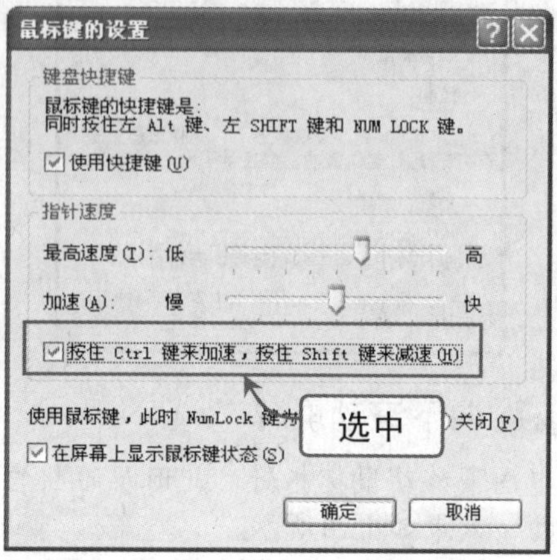

STEP 05 完成设置

依次单击“确定”按钮，关闭对话框，此时用户可通过数字键区上【5】键周围的 8 个数字键移动鼠标指针；通过【5】键选择或打开文件；按数字键区中的【/】键，可以让【5】键实现鼠标左键的功能；按【-】键，可以让【5】键实现鼠标右键的功能；在【5】键设置了鼠标左键功能时，按【+】键可以让其实现双击鼠标的功能。

Chapter

04

中文输入法的使用

电脑键盘是根据英文字母设计的，而中国的汉字数以万计，电脑键盘不可能为每一个汉字而造一个按键，因此，人们需要替汉字编输入码，用数个键来输入一个汉字。中文输入法的出现解决了中国人输入汉字的难题，为中国电脑科技的发展奠定了基础。

本章建议学习时间：

本章建议学习时间为 50min，其中分配 25 min 学习中文输入法的使用和设置相关知识，25 min 观看教学视频并进行练习。

学完本章后您可以：

- 添加和删除输入法
- 合理地管理输入法
- 使用智能 ABC 输入法
- 使用紫光华宇拼音输入法
- 高级设置输入法
- 安装和卸载字体

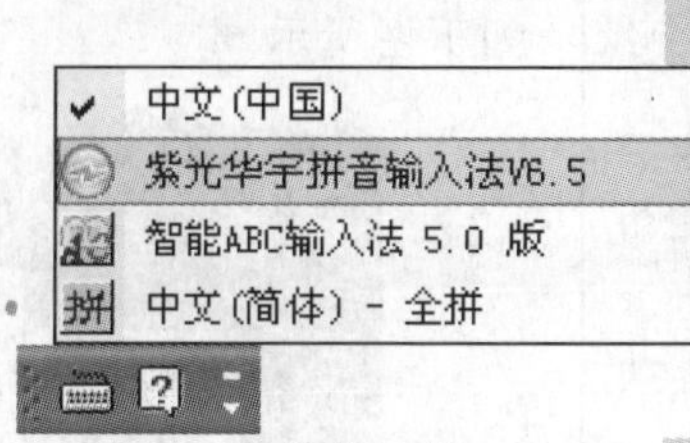

切换输入法

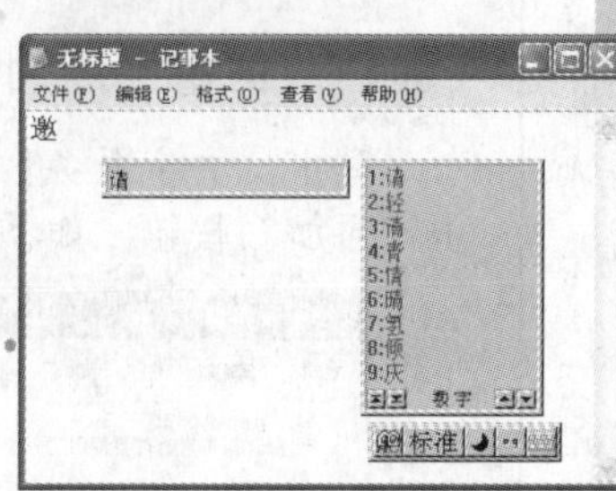

使用智能 ABC 输入法

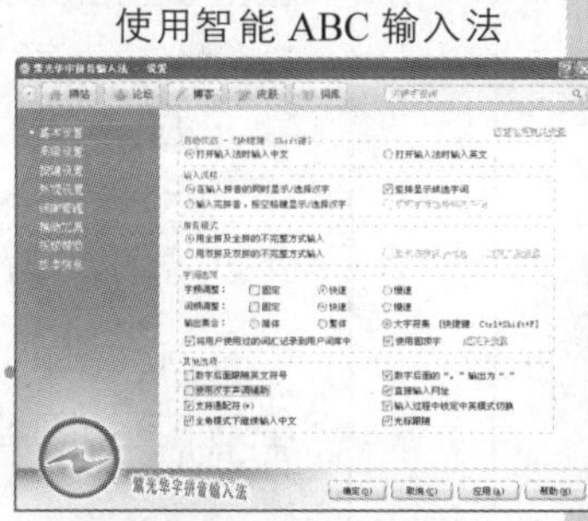

设置紫光华宇拼音输入法

重要知识点视频索引

4.1 添加与删除输入法

输入法是一种用于向电脑中输入文字的软件，一般情况下，要进行文字的输入，就必须使用输入法。

在语言栏中单击输入法图标，将弹出输入法菜单，如右图所示。菜单中所显示的输入法是 Windows 系统自带的输入法，这些输入法共同的特点是使用拼音进行输入，即“会拼音即能输入文字”。

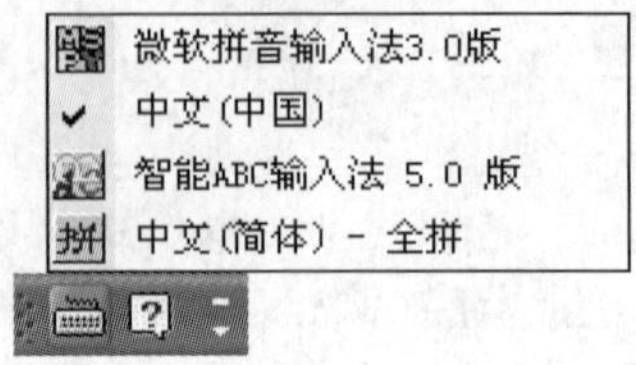

4.1.1 添加系统自带输入法

Windows XP 系统自带了多种输入法，用户可根据自己的使用习惯进行添加。下面将以郑码输入法为例，介绍系统自带输入法的添加方法。

STEP 01 还原语言栏

右击任务栏中语言栏上的输入法图标，在弹出的快捷菜单中选择“还原语言栏”命令，如下图所示。

STEP 02 选择“设置”命令

此时，语言栏将还原到桌面上，单击“选项”按钮，在弹出的下拉菜单中选择“设置”命令，如下图所示。

STEP 03 单击“添加”按钮

弹出“文字服务和输入语言”对话框，单击“添加”按钮，如下图所示。

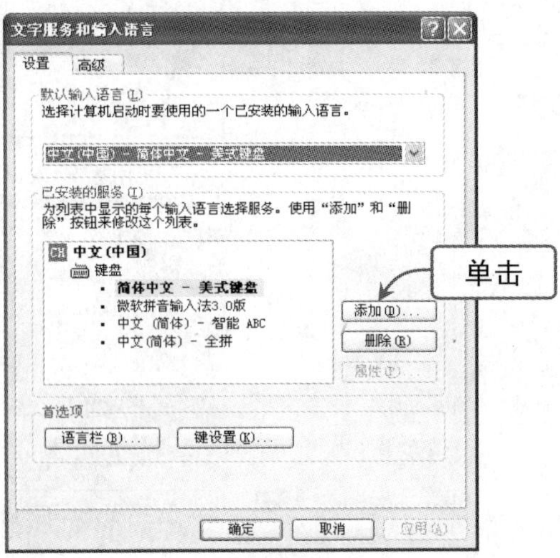

STEP 04 选择输入法

弹出“添加输入语言”对话框，在“键盘布局/输入法”下拉列表框中选择需要添加的郑码输入法，如下图所示。

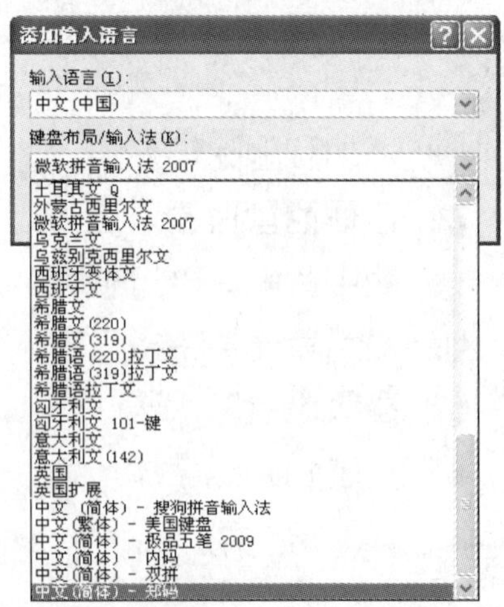

STEP 05 添加输入法

单击“确定”按钮，返回“文字服务和输入语言”对话框，此时郑码输入法已经添加到“已安装的服务”列表框中，如下图所示。

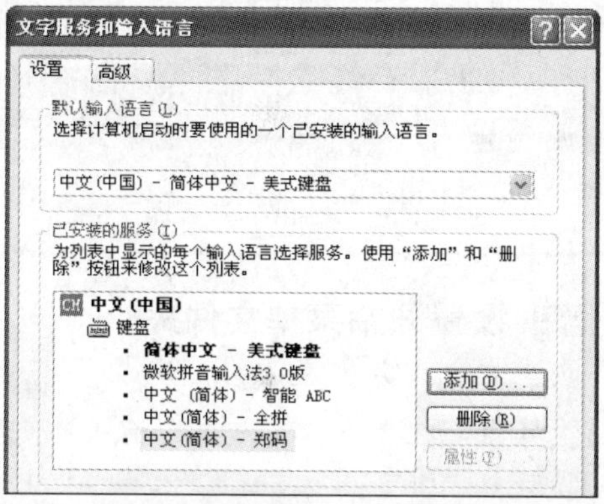

STEP 06 查看输入法

单击“确定”按钮，关闭对话框，完成输入法的添加，单击输入法图标，在弹出的输入法菜单中查看效果，如下图所示。

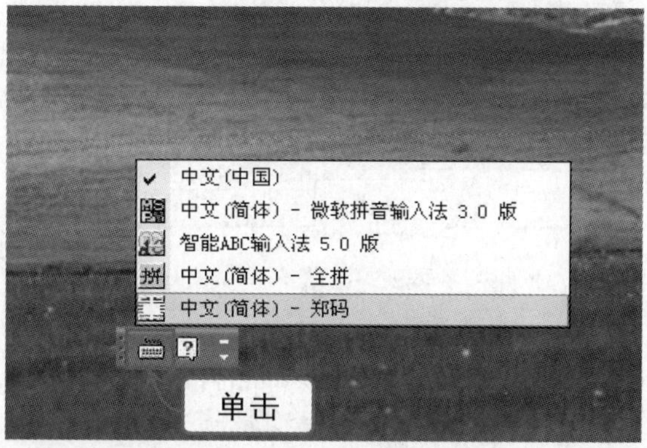

4.1.2 添加非系统自带输入法

除了系统自带输入法外，人们还根据需要研发了很多种输入法软件，搜狗拼音输入法以及王码五笔字型输入法等，这些软件各有各的特点，各有各得优势，但是需要另外安装才能使用。下面以紫光华宇拼音输入法为例，介绍添加非系统自带输入法的具体操作方法。

STEP 01 双击安装文件

打开“我的电脑”窗口，从中找到并双击紫光华宇拼音输入法的安装文件，如下图所示。

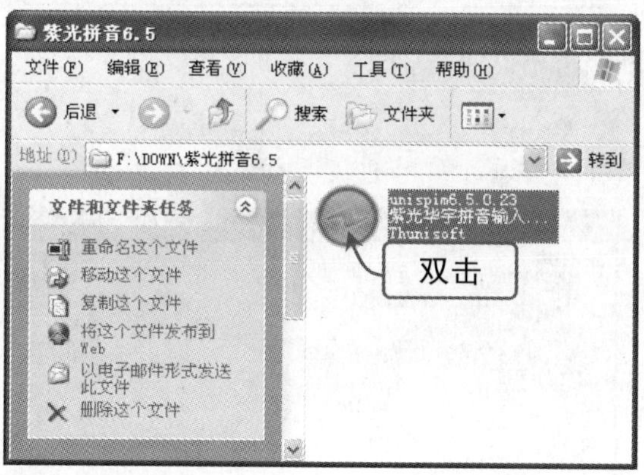

STEP 02 单击“下一步”按钮

启动紫光华宇拼音输入法安装向导，进入欢迎界面，单击“下一步”按钮，如下图所示。

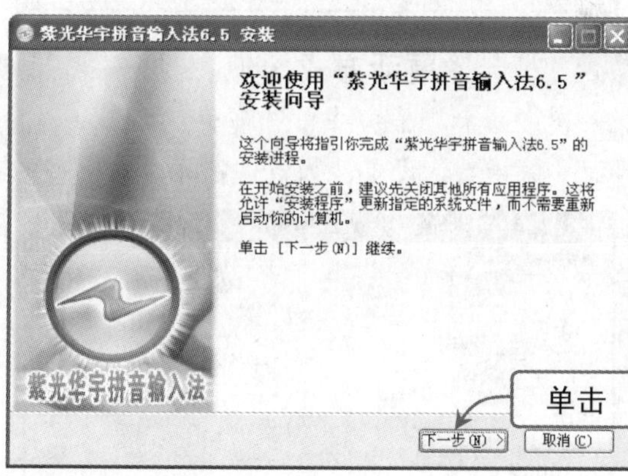

STEP 03 同意许可证协议条款

进入许可证协议界面，仔细阅读协议内容，然后选中“我接受‘许可证协议’中的条款”复选框，如下图所示。

STEP 04 选择安装组件

单击“下一步”按钮，取消选择“选定安装的组件”列表框中的“华宇搜索精灵”和“百度超级搜霸”复选框，如下图所示。

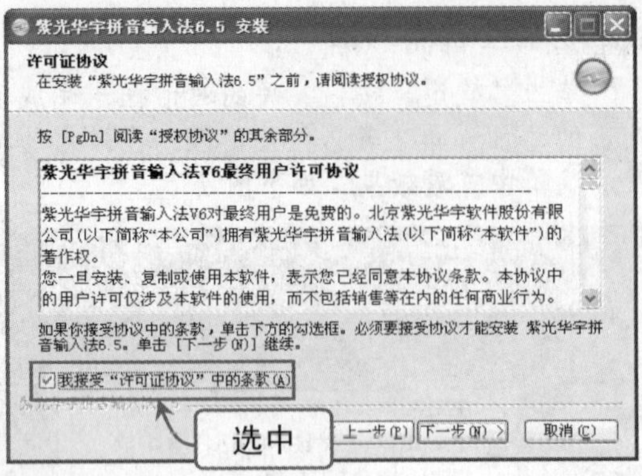

STEP 05 选择安装位置

单击"下一步"按钮，用户可在"目标文件夹"文本框中输入文件夹地址，或者单击"浏览"按钮选择文件夹，如下图所示。

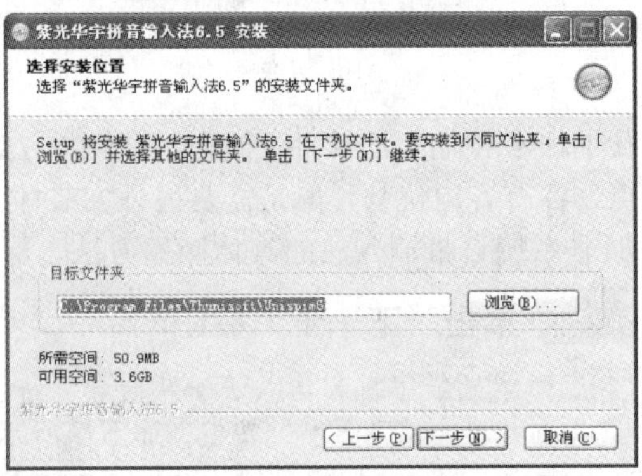

STEP 07 选择更新方式

单击"下一步"按钮，进入更新方式选择界面，保持默认设置，如下图所示。

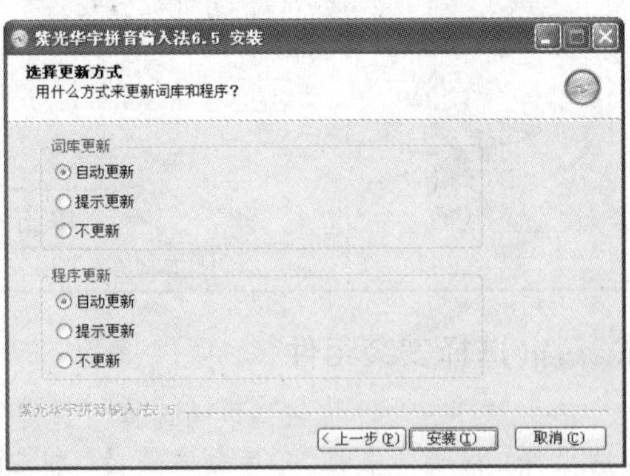

STEP 09 完成安装

安装完成后，取消选择"通过向导进行输入法的设置"和"将华宇网址之家设置为首页"复选框，如下图所示。

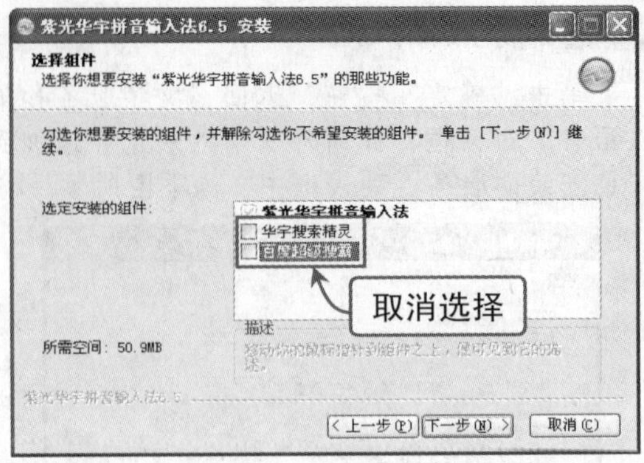

STEP 06 设置开始菜单文件夹

单击"下一步"按钮，进入开始菜单文件夹设置界面，在上方的文本框中输入要使用的名称，如下图所示。

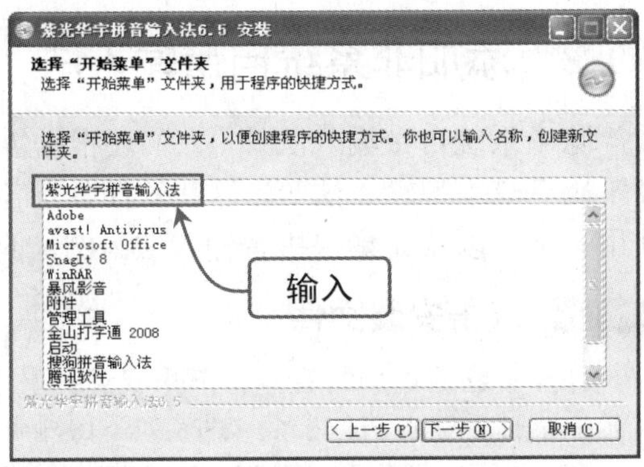

STEP 08 安装程序

单击"安装"按钮，向导开始安装输入法软件，并显示安装进度，如下图所示。

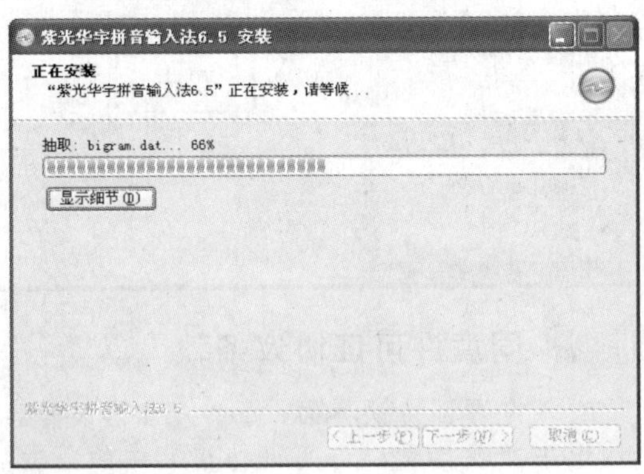

STEP 10 查看输入法

单击"完成"按钮，完成紫光华宇拼音输入法的安装，单击输入法图标，在弹出的输入法菜单中查看输入法，如下图所示。

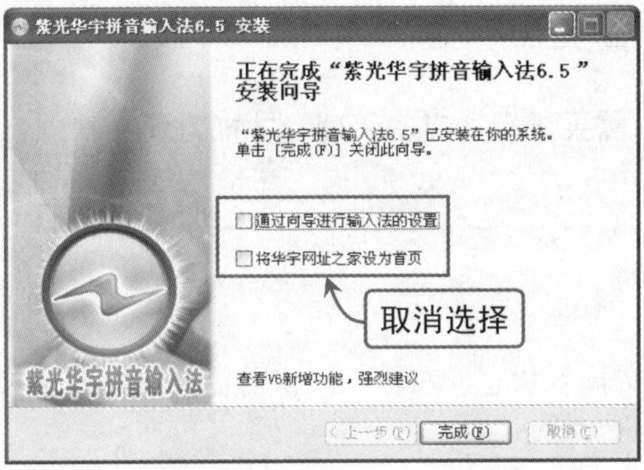

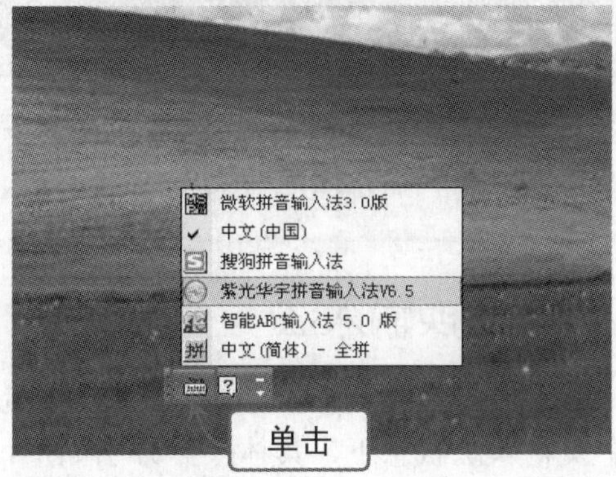

4.1.3 删除输入法

为方便切换和使用输入法，用户可以将不常使用的输入法从输入法菜单中删除。系统自带输入法和非系统自带输入法的删除方法一样，具体操作方法如下：

STEP 01 右击输入法图标

右击语言栏上的输入法图标，在弹出的快捷菜单中选择"设置"命令，如下图所示。

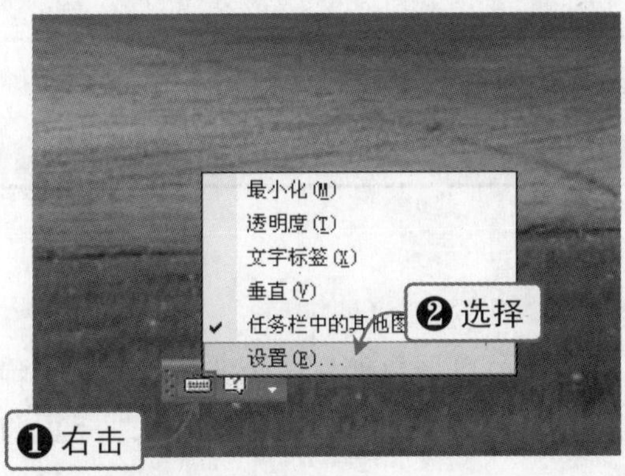

STEP 02 单击"删除"按钮

弹出"文字服务和输入语言"对话框，在输入法列表中选择要删除的输入法，然后单击"删除"按钮，如下图所示。

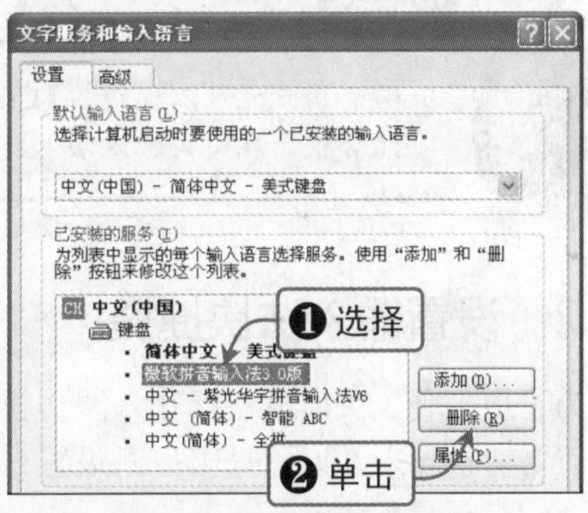

STEP 03 删除输入法

此时，在输入法列表中选中的输入法已经被删除，如下图所示。

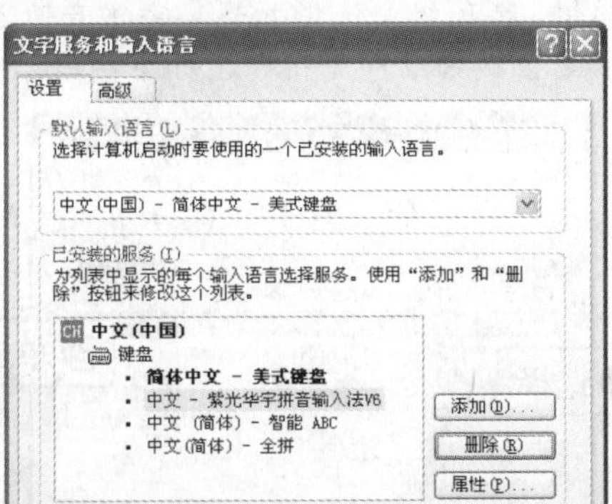

STEP 04 查看输入法

单击"确定"按钮，确认删除输入法，并打开输入法状态条查看效果，如下图所示。

4.2 输入法的管理

用户在电脑上安装了多个输入法后，需要进行适当的管理，才能方便、快捷地使用输入法进行文本录入。

4.2.1 切换输入法

Windows XP 操作系统在默认情况下处于英文输入状态，在输入汉字前需要先将其切换到中文输入法状态下，具体操作方法如下：

STEP 01 选择输入法

在语言栏中单击输入法按钮，弹出输入法菜单，选择“紫光华宇拼音输入法 V6.5”选项，如下图所示。

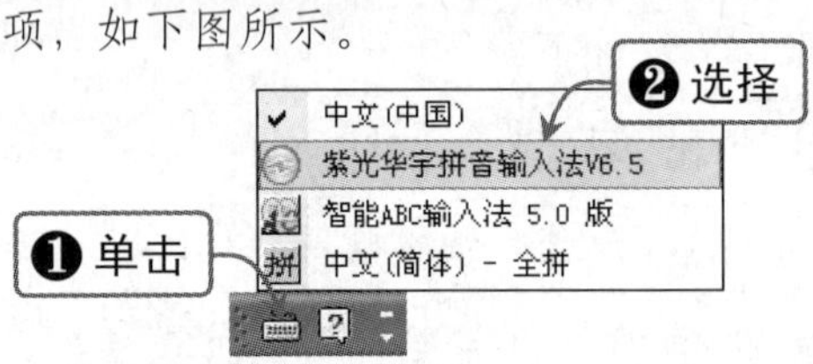

STEP 02 显示输入法状态条

此时，输入法图标将发生改变，并且会弹出输入法状态条，如下图所示。

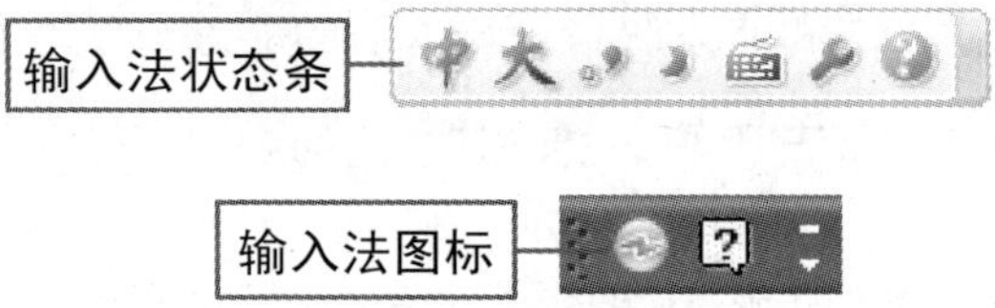

提示

用户还可以通过按【Ctrl + Shift】组合键，快速切换输入法；按【Ctrl + Space】组合键，在中文输入法和英文输入法之间进行切换。

4.2.2 设置输入法快捷键

为了更方便、快捷地进行输入法切换，用户可以为自己日常习惯使用的输入法设置快捷键，需要切换输入法时，只需按下设置好的快捷键，即可快速切换到对应的输入法。下面将详细介绍具体操作方法。

STEP 01 单击“键设置”按钮

打开“文字服务和输入语言”对话框，单击“首选项”选项组中的“键设置”按钮，如下图所示。

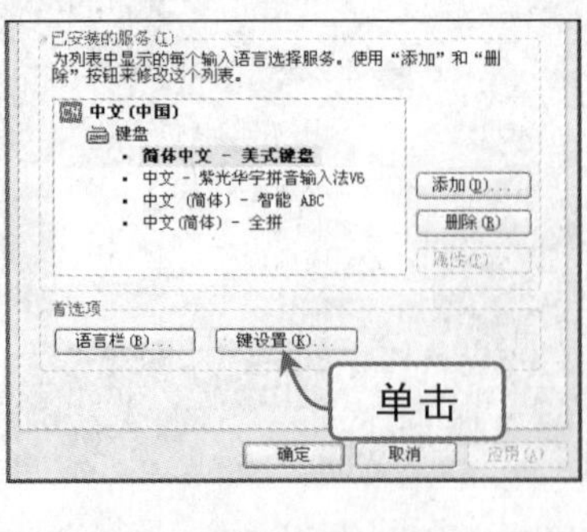

STEP 02 单击“更改按键顺序”按钮

弹出“高级键设置”对话框，在“输入语言的热键”选项组中选择紫光华宇拼音输入法，单击“更改按键顺序”按钮，如下图所示。

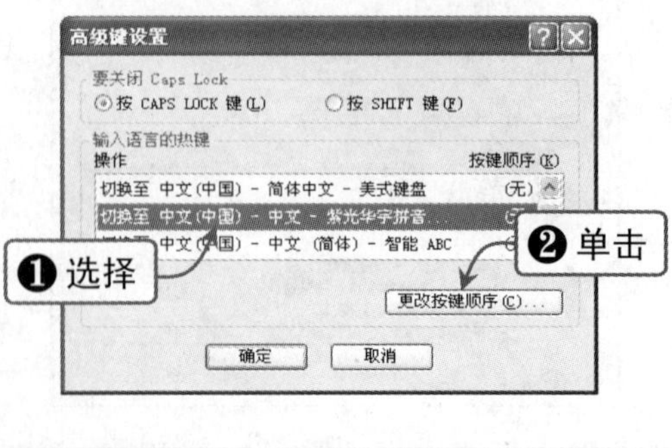

STEP 03 设置快捷键

弹出“更改按键顺序”对话框，选中 CTRL 单选按钮，并在其后的下拉列表框中选择按键，如下图所示。

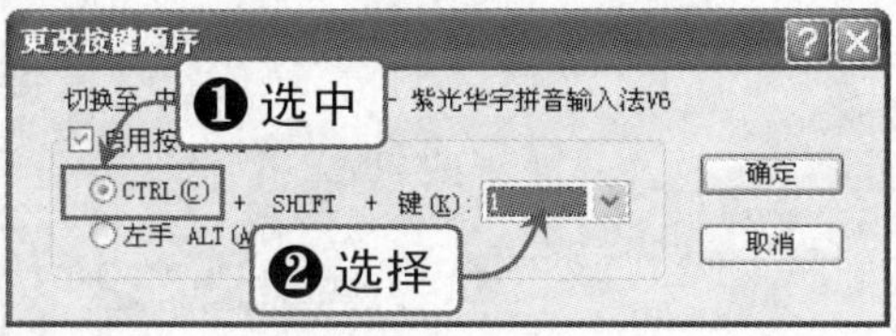

STEP 04 切换输入法

依次单击“确定”按钮，关闭对话框，完成设置，按【Ctrl+Shift+1】组合键，即可切换到设置的输入法，如下图所示。

4.3 智能 ABC 输入法

智能 ABC 输入法是 Windows XP 系统自带的输入法，它是国家信息标准化委员会推荐的汉字输入法。该输入法遵循国家语言文字的规范，按标准的汉语拼音、汉字笔画书写顺序并充分利用电脑的功能来处理汉字。

4.3.1 输入字词

智能 ABC 输入法特别适合初学电脑的用户使用，它简单易学、快速灵活，受到广大用户的青睐。下面将详细介绍使用该输入法输入字词的操作方法。

STEP 01 新建记事本文件

选择“开始”|“所有程序”|“附件”|“记事本”命令，打开记事本程序，并将输入法切换到智能 ABC 输入法，如下图所示。

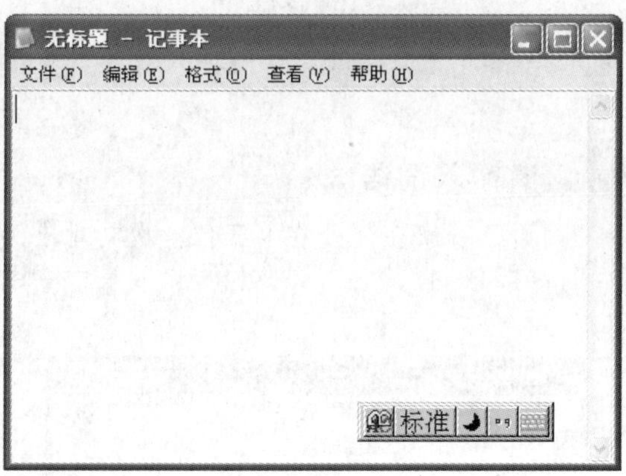

STEP 02 输入拼音

输入“邀”字的汉语拼音，即按【Y】、【A】和【O】键，此时将出现提示框，显示输入的拼音 yao，如下图所示。

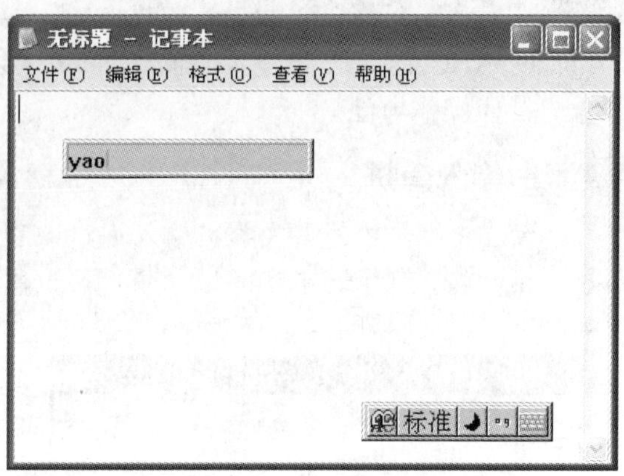

STEP 03 显示汉字提示框

按空格键，确认输入的拼音，此时，记事本中将显示汉字提示框，“邀”字排在第八位，如下图所示。

STEP 04 输入汉字

按汉字“邀”对应的数字键【8】，或者直接单击该汉字，即可将其输入到记事本文件中，如下图所示。

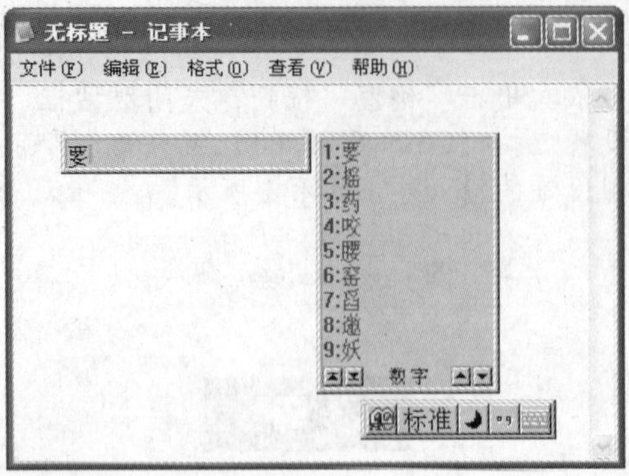

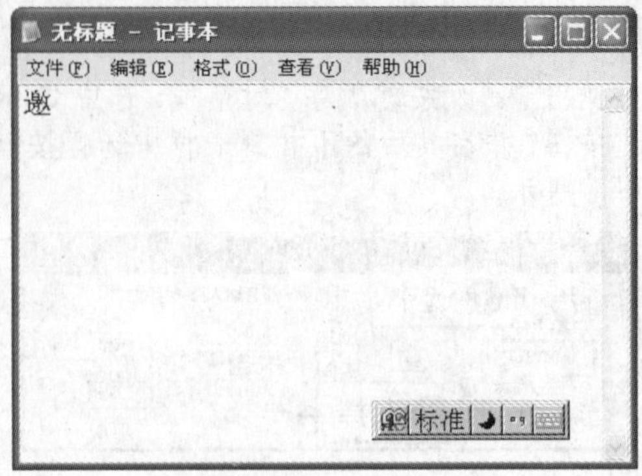

STEP 05 输入其他汉字

输入“请”字的拼音 qing，按空格键显示汉字提示框，“请”自排在第一位，如下图所示，按空格键即可将其输入。

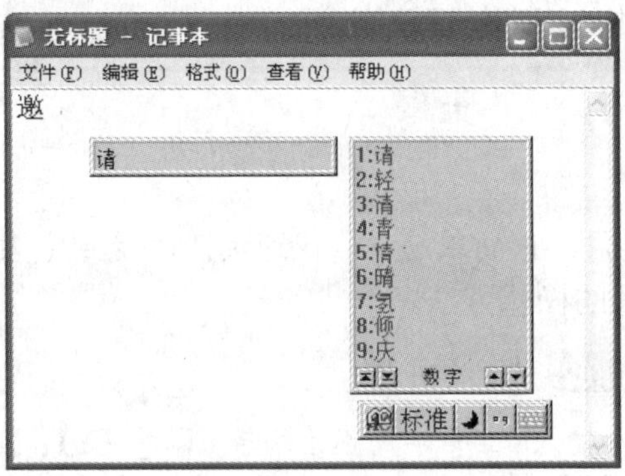

STEP 06 输入词语

输入词语“朋友”的拼音 pengyou，按空格键，直接显示该词语，如下图所示，按空格键即可将其输入。

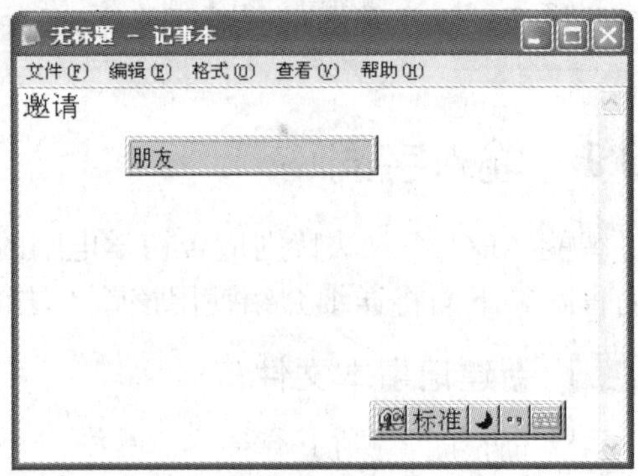

4.3.2 简拼输入

智能 ABC 输入法支持简拼输入，即不需要输入完整的汉语拼音，即可输入汉字，下面将介绍具体操作方法。

STEP 01 输入简拼

继续在记事本中输入文本。输入词语“石家庄”每个汉字的首字母 sjz，按空格键，将显示提示框，如下图所示。

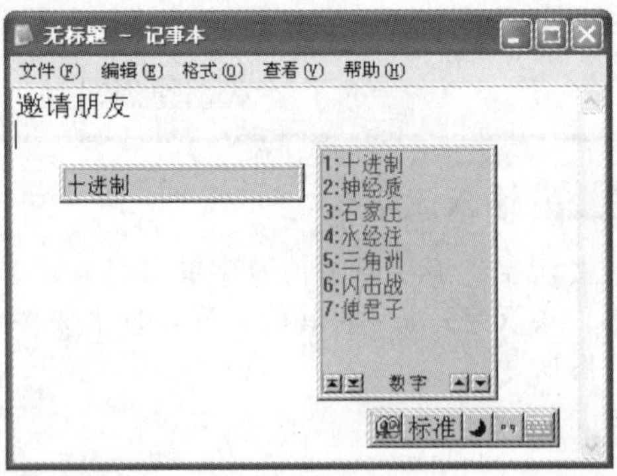

STEP 02 输入词语

词语“石家庄”处在第三位，按其对应的数字键【3】，将其输入到文档中，效果如下图所示。

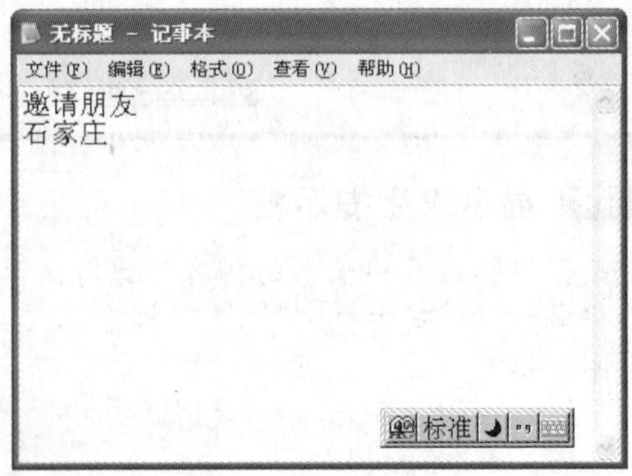

STEP 03 输入部分简拼

输入词语“天网恢恢”的部分简拼拼音tianwanghh，并按空格键，显示词语提示框，如下图所示。

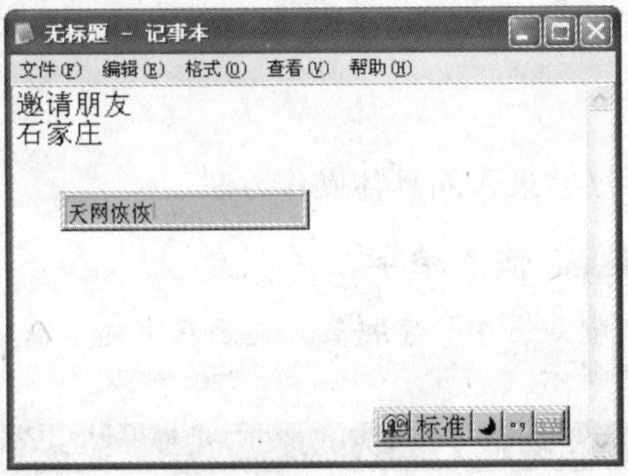

STEP 04 确认输入

按空格键，确认将词语输入到文档中，效果如下图所示。

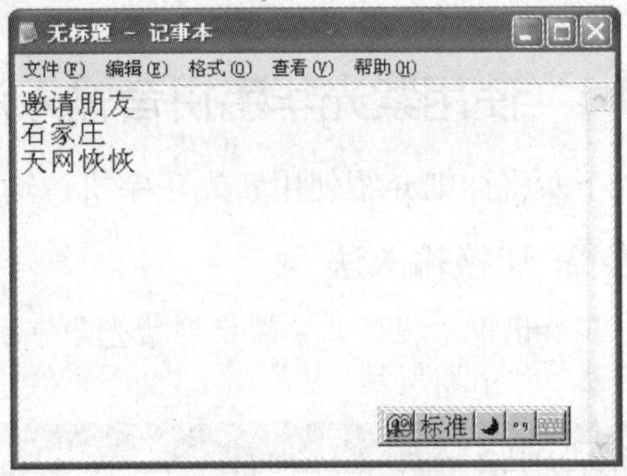

4.3.3 自定义词语

使用智能ABC输入法输入非常用词语或者是专业术语时，往往不能以词语的形式显示，而需要用户一个字一个字地选择，既费时又麻烦。这时，可以使用智能ABC输入法提供的自定义词语功能解决这个问题，具体操作方法如下：

STEP 01 选择“定义新词”命令

右击智能ABC输入法状态条的任意位置，在弹出的快捷菜单中选择“定义新词”命令，如下图所示。

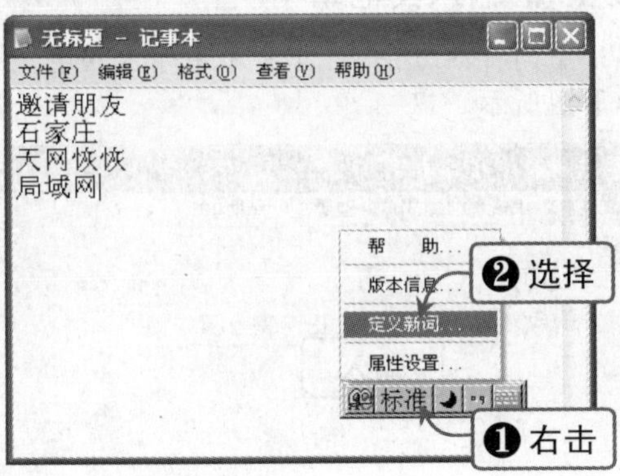

STEP 02 输入新词及外码

弹出“定义新词”对话框，在“新词”文本框中输入“局域网”，在“外码”文本框中输入jyw，并单击“添加”按钮，如下图所示。

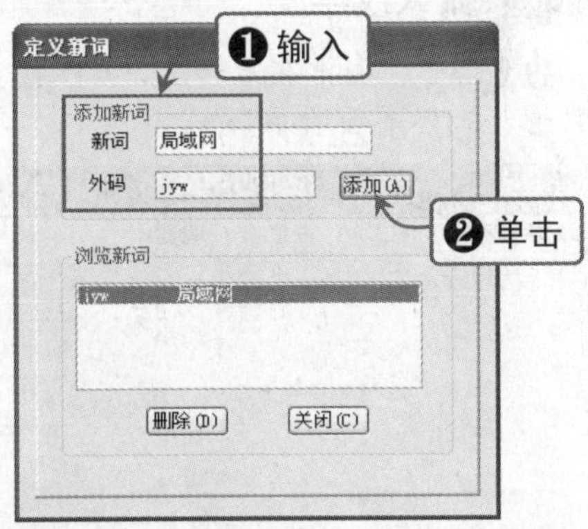

STEP 03 输入外码

单击“关闭”按钮，关闭对话框，完成词语的自定义设置，在记事本文档中输入编码jyw，并按空格键，此时词语提示框中将直接显示“局域网”，再按空格键可直接将其输入，如右图所示。

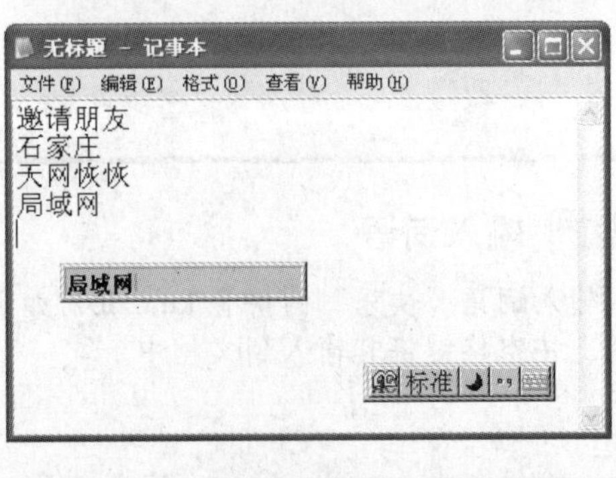

4.4 紫光华宇拼音输入法

紫光华宇拼音输入法是基于汉语拼音的中文字、词及短语的输入法，自 1999 年问世以来，便因其使用方便、快捷、智能等特点，受到各界人士的普遍欢迎。

4.4.1 使用紫光华宇拼音输入法

下面将详细介绍使用紫光华宇拼音输入法进行汉字录入的具体操作方法。

STEP 01 切换输入法

启动记事本程序，并切换到紫光华宇拼音输入法，如下图所示。

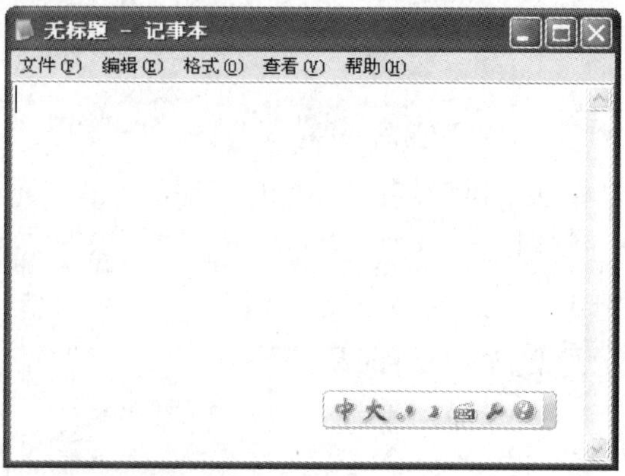

STEP 02 输入单字

输入“中”字拼音，显示汉字提示框，如下图所示。

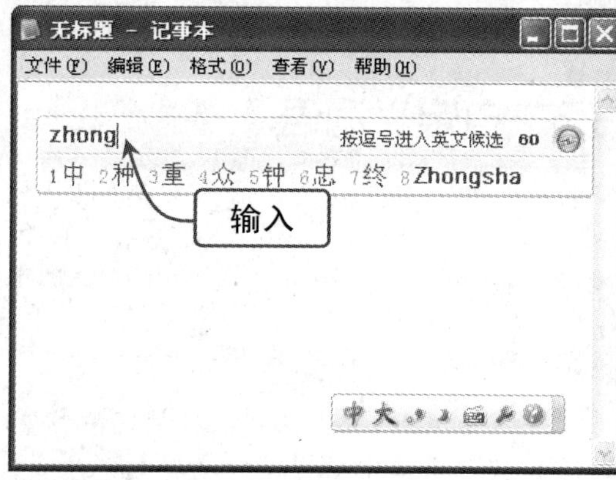

STEP 03 输入汉字

由于“中”字排在第一位，直接按空格键，即可输入，如下图所示。

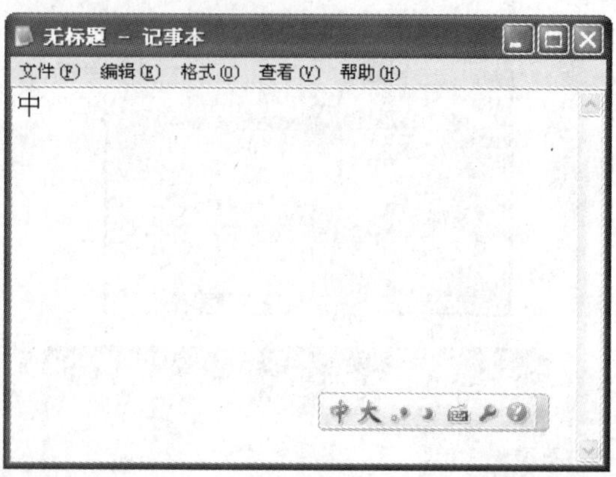

STEP 04 输入其他单字

用同样的方法，在记事本中输入汉字“秋”，如下图所示。

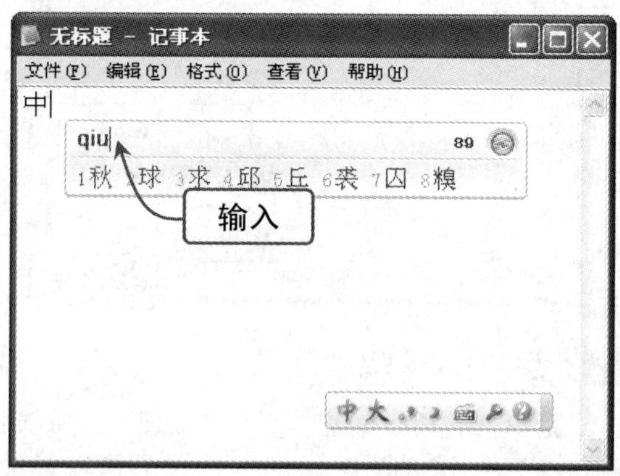

STEP 05 输入词语

输入词语“快乐”的拼音 kuai le，如下图所示，按空格键将其输入到文档中。

STEP 06 输入词语简拼

输入词语“工作顺利”的简拼 gzsl，显示提示框，如下图所示。

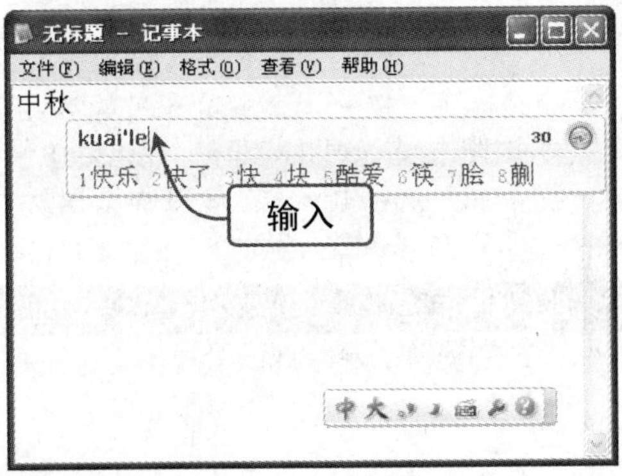

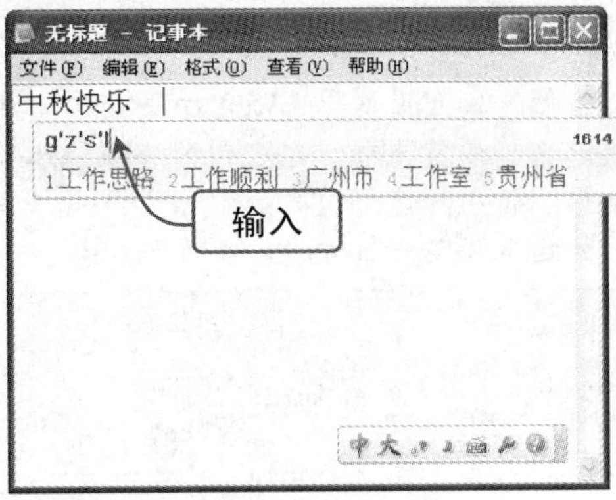

STEP 07 输入词语

按词语对应的数字键【2】，将词语输入到文档中，如下图所示。

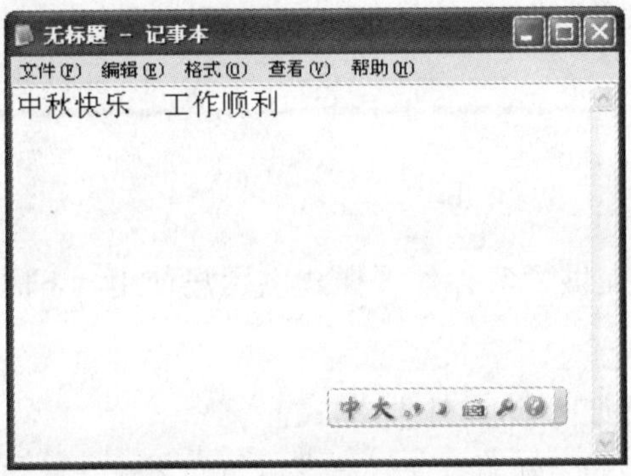

STEP 08 混拼输入词语

输入词语“心想事成”的混拼 xinxiangsc，按两次空格键，将其输入，如下图所示。

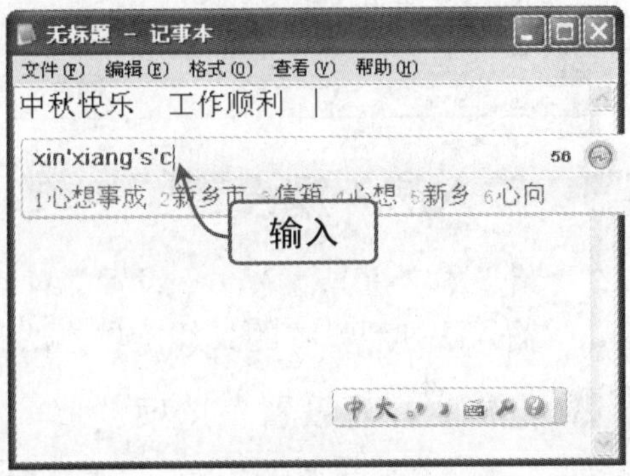

4.4.2 输入法基本设置

通过输入法基本设置，用户可以调整紫光华宇拼音输入法的启用状态、输入风格和拼音模式等，下面将介绍其具体设置方法。

STEP 01 单击“设置程序”按钮

切换到紫光华宇拼音输入法，单击状态条上的“设置程序”按钮，如下图所示。

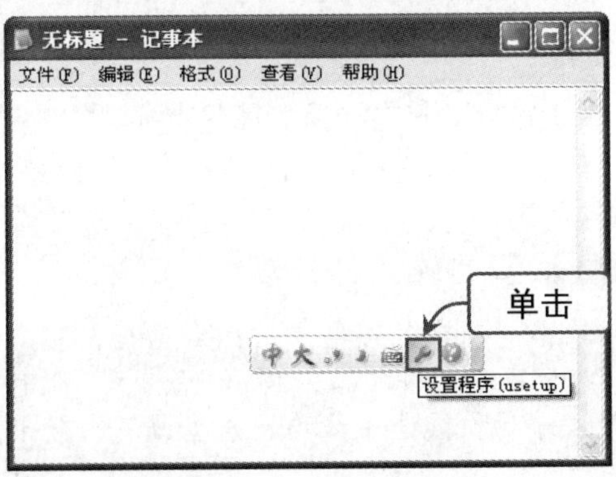

STEP 02 弹出设置对话框

弹出“紫光华宇拼音输入法 - 设置”对话框，在左侧列表中默认选中“基本设置”选项，如下图所示。

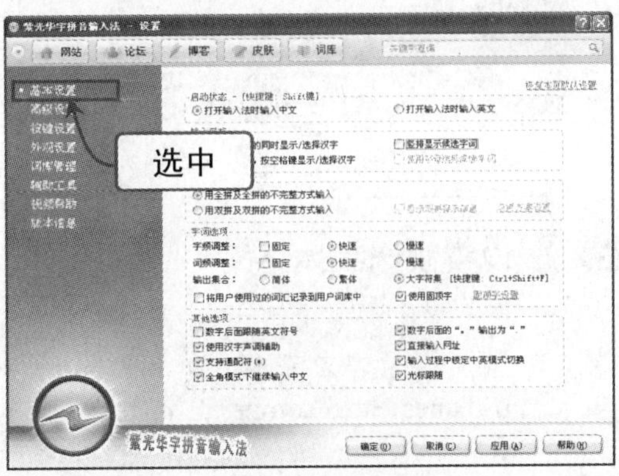

STEP 03 设置输入法

在右侧“输入风格”选项组中选中“竖排显示候选字词”复选框，在“字词选项”选项组中选择“将用户使用过的词汇记录到用户词库中”复选框，如下图所示。

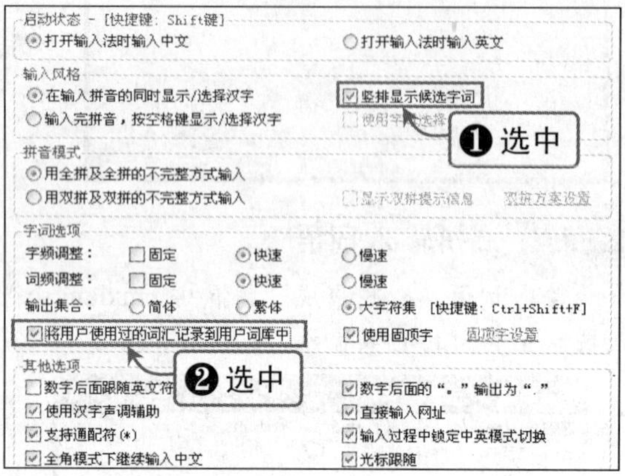

STEP 04 完成设置

单击“确定”按钮，应用输入法基本设置，在记事本文件中输入词语“草原”，此时的候选字提示框已经变成竖排形式，效果如下图所示。

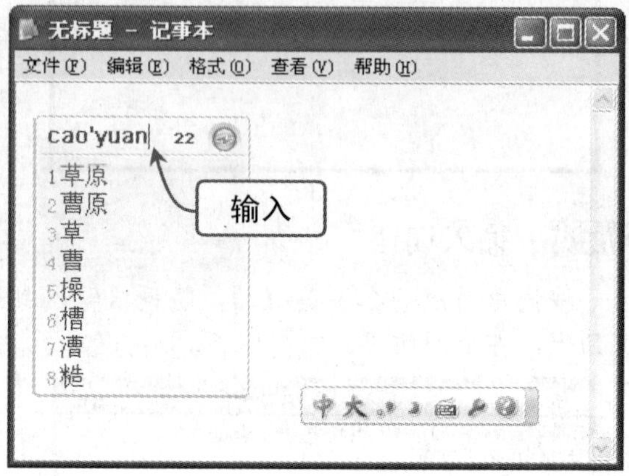

4.4.3 输入法外观设置

在“紫光华宇拼音输入法—设置”对话框中，提供了多种外观样式供用户使用。下面将详细介绍输入法外观设置的具体操作方法。

STEP 01 选择“外观设置”选项

打开“紫光华宇拼音输入法－设置”对话框，在左侧列表中选择“外观设置”选项，如下图所示。

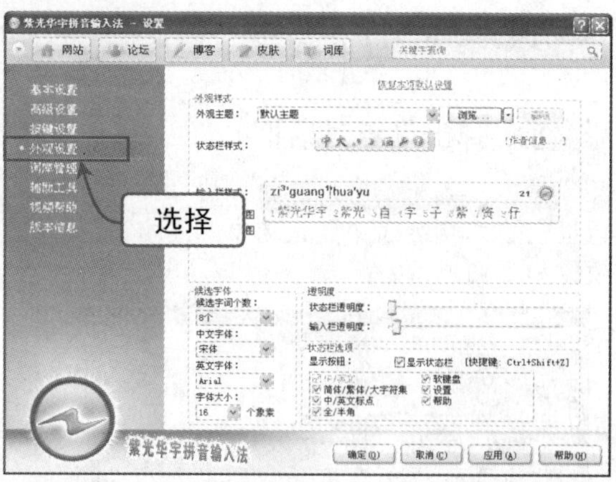

STEP 02 设置外观样式

在“外观样式”选项组的“外观主题”下拉列表框中选择“国色天香”选项，并选中“竖排效果图”复选框，如下图所示。

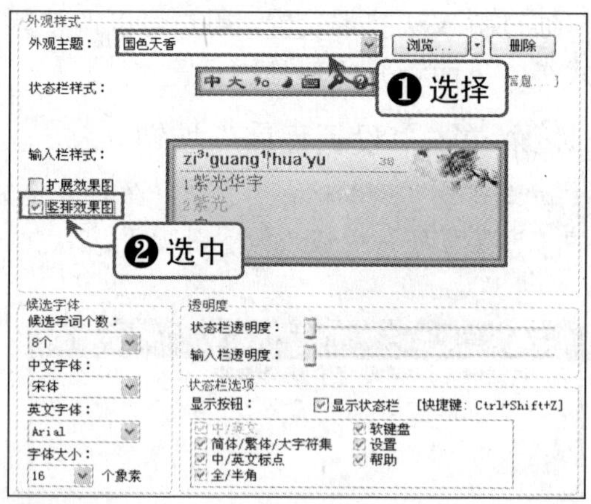

STEP 03 设置候选字体

在“候选字体”选项组中设置“候选字词个数”为“6个”、“中文字体”为“楷体”、“英文字体”为Times New Romar、“字体大小”为18，如下图所示。

STEP 04 查看输入法外观

单击“确定”按钮，关闭对话框，完成设置，在记事本文件中输入词语“蓝天”，此时的输入法外观和候选字体均已发生改变，效果如下图所示。

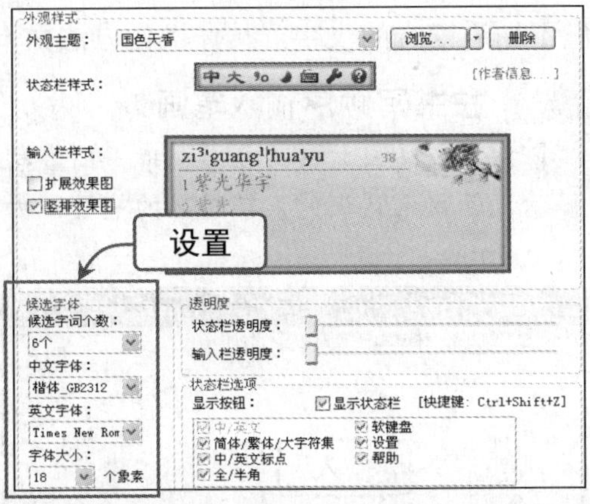

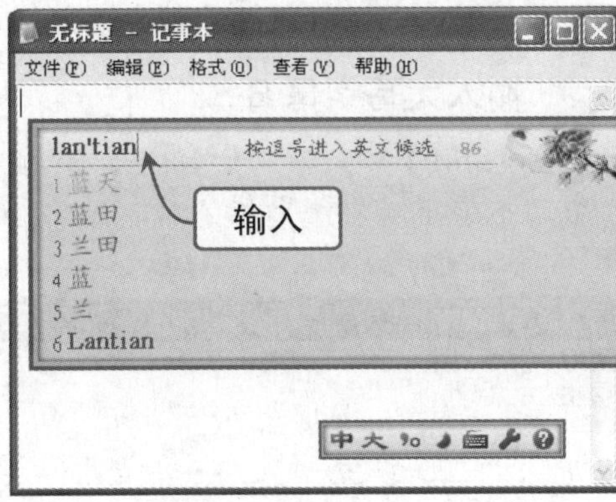

4.5 紫光华宇拼音输入法高级应用与设置

用户可以通过对紫光华宇拼音输入法进行高级应用与设置，实现一些除基本字词输入与设置以外的特殊功能。

4.5.1 输出不认识的字

在使用紫光华宇拼音输入法输入汉字时，若遇到不认识的字怎么办？用户可以使用输入法提供的“偏旁部首检字”功能来解决这个问题，如输入词语“勘察”，而第一个字“勘”不认识，可按如下方法输入该字：

STEP 01 选择“偏旁部首检字”命令

右击紫光华宇拼音输入法的状态条，在弹出的快捷菜单中选择“偏旁部首检字”命令，如下图所示。

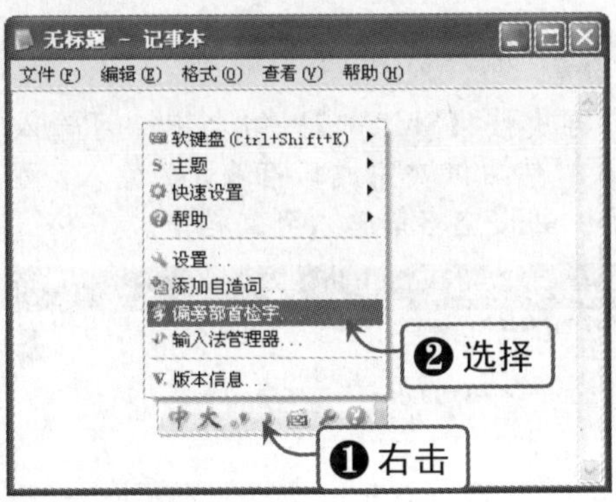

STEP 02 选择部首和汉字

弹出“偏旁部首检字”对话框，在“偏旁部首”列表框中选择部首“力”，在右侧按笔画数查找并选择汉字，如下图所示。

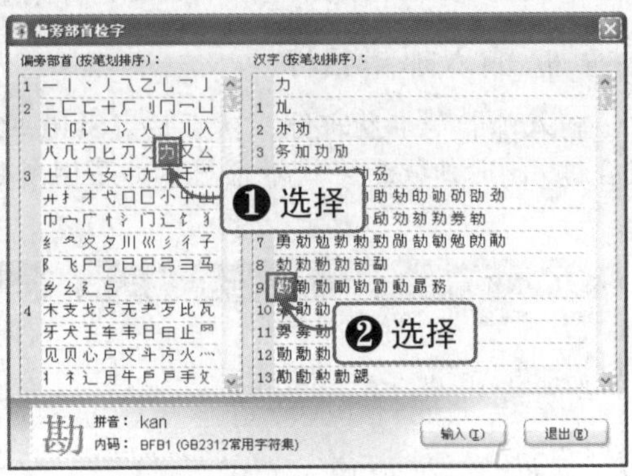

STEP 03 输入汉字

单击“输入”按钮，即可将该汉字输入到文档中，然后单击“退出”按钮，关闭对话框，输入另外一个汉字，效果如右图所示。

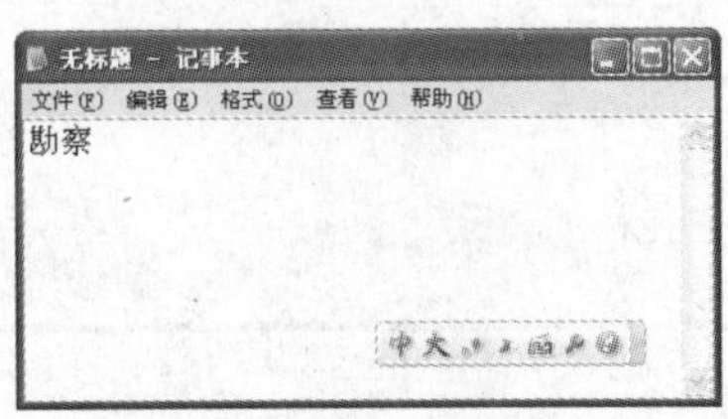

另外，用户也可以通过笔画来输入知道字形但不知道读音的汉字，具体操作方法如下：

STEP 01 输入大写字母 B

按住【Shift】键，输入大写字母 B，此时候选字提示框中显示笔画输入模式，如下图所示。

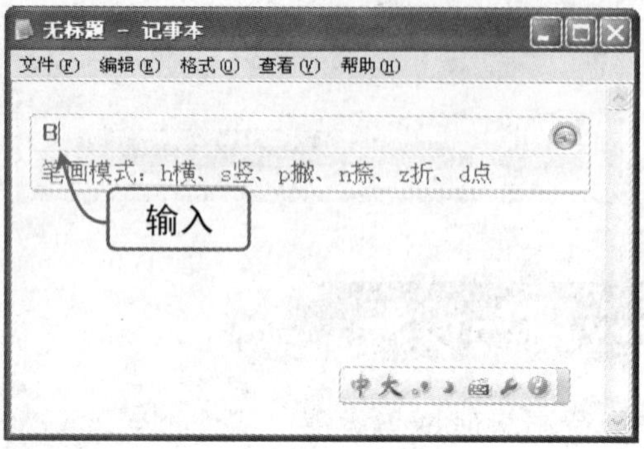

STEP 02 按书写顺序输入笔画

按照正确的书写顺序和提示框中的笔画按键提示，输入不认识的汉字对应的笔画，如下图所示。

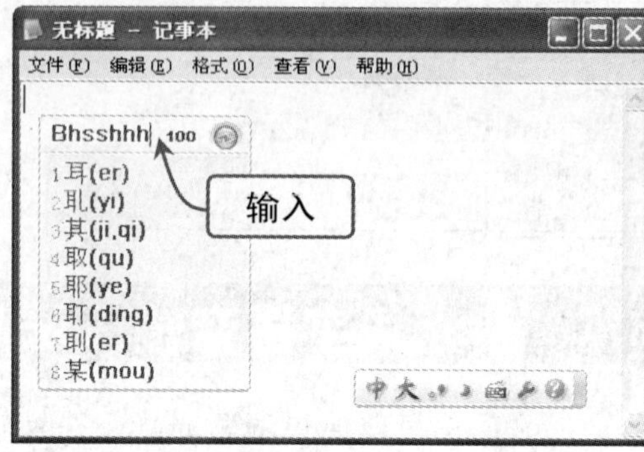

STEP 03 输入汉字

在按照正确顺序输入笔画的过程中，提示框中会显示所有可能的汉字和其对应的正确读音，当需要的汉字出现在提示框中时，按该字对应的数字键，即可将其输入，如右图所示。

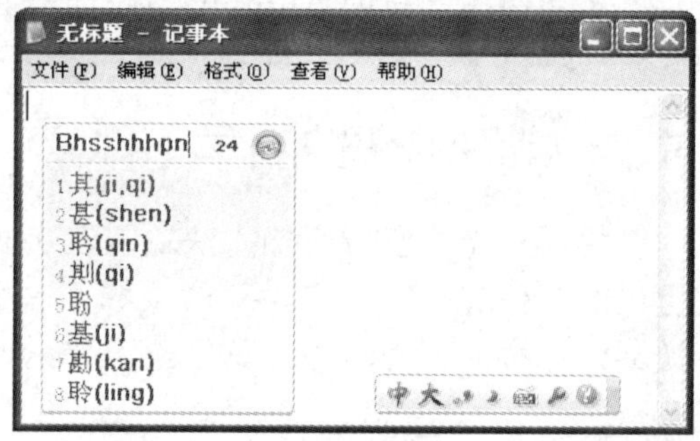

4.5.2 在中文状态下输入邮箱或者网站地址

下面将详细介绍如何在中文状态下输入邮箱或者网站地址的操作方法。

STEP 01 输入邮箱名称

输入邮箱的名称部分，然后按【Shift+2】组合键，此时的候选字提示框显示如下图所示。

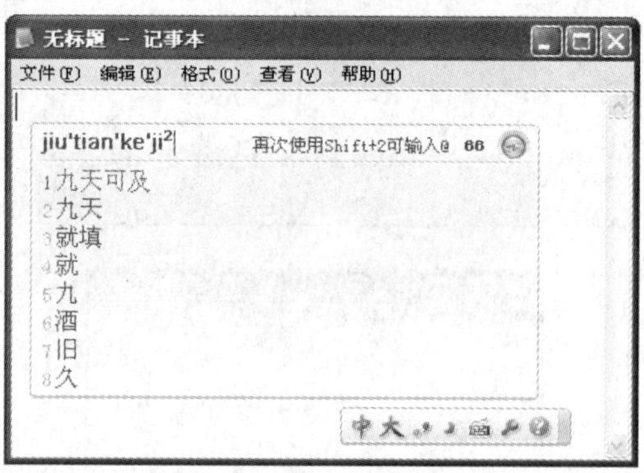

STEP 02 输入完成邮箱输入

再次按【Shift+2】组合键，可输入字符"@"，然后依次完成邮箱地址的输入，如下图所示，并按空格键输入到文档中。

STEP 03 输入网站地址

依次输入网站地址，输入法自动识别以"http:"、"www."和"ftp."等为网址输入的标识，可直接输入，如右图所示。

提示

用户在输入邮箱地址中的"@"符号时，必须按主键区中的【2】键，而不能使用数字键区中的【2】键。

提示

直接输入邮箱的方法只限于邮箱名称中不包含数字的情况，若邮箱名称中包含数字，可在输入邮箱前先输入字母 v 即可。

4.5.3 常用的字不随字频的设置而改变

紫光华宇拼音输入法提供固顶字功能，即把常用的字固定在前面位置，不随字频的调节而变化，如设置输入字母 d 的时候，总是"的"字排在第一位置，"地"字在第二位置，"得"在第三位置，具体操作方法如下：

STEP 01 打开输入法设置对话框

单击输入法状态条上的"设置程序"按钮，弹出"紫光华宇拼音输入法 - 设置"对话框，如下图所示。

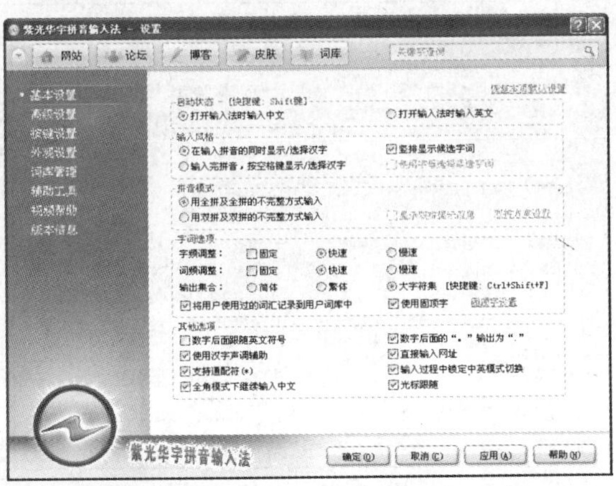

STEP 02 单击"固顶字设置"超链接

此时，"字词选项"选项组中的"使用固顶字"复选框默认呈选中状态，单击其后的"固顶字设置"超链接，如下图所示。

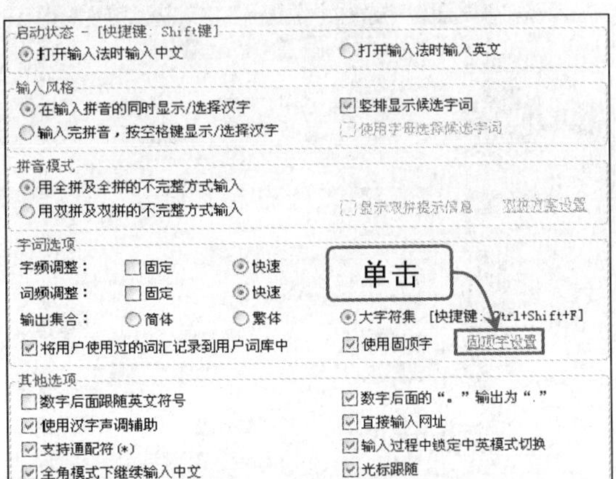

STEP 03 编辑固顶字

弹出"固顶字"对话框，在固顶字列表中选择 d 选项，在"固顶字"文本框中按先后顺序输入要固定显示的文本，如下图所示。

STEP 04 输入 d

单击"确定"按钮，关闭对话框，输入字母 d，此时候选字提示框中前三个字分别为"的、地、得"，如下图所示。

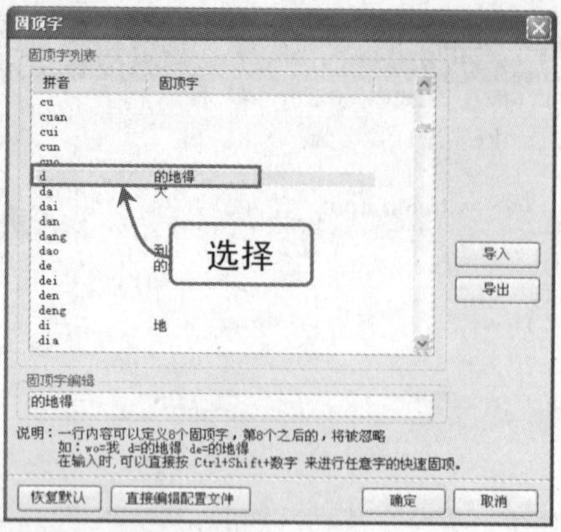

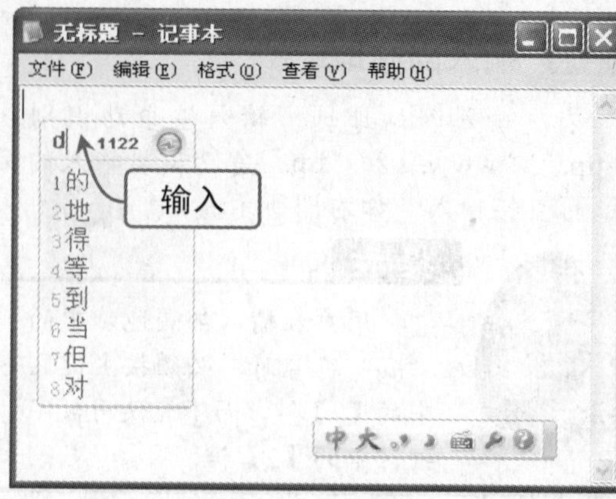

提示

紫光华宇拼音输入法对于每个拼音可定义 8 个固顶汉字，被定义固顶汉字后，这些字会一直处于首位置，不随该拼音选字的频率而改变位置。

4.5.4 使用声调辅助快速输入

紫光华宇拼音输入法提供了声调辅助输入的功能，即按【shift】和【1】、【2】、【3】或【4】键，输入带有声调的汉字。默认情况下，输入法中的该功能没有开启，需要用户手动开启，具体操作方法如下：

STEP 01 打开输入法设置对话框

单击输入法状态条上的“设置程序”按钮，弹出“紫光华宇拼音输入法 - 设置”对话框，如下图所示。

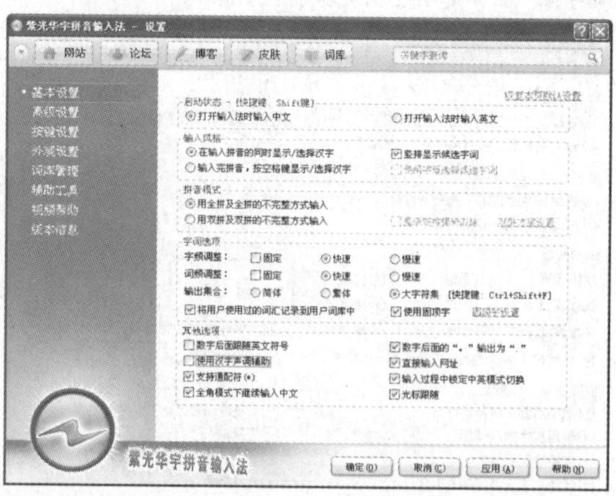

STEP 02 选择声调辅助选项

在“其他选项”选项组中选中“使用汉字声调辅助”复选框，如下图所示。

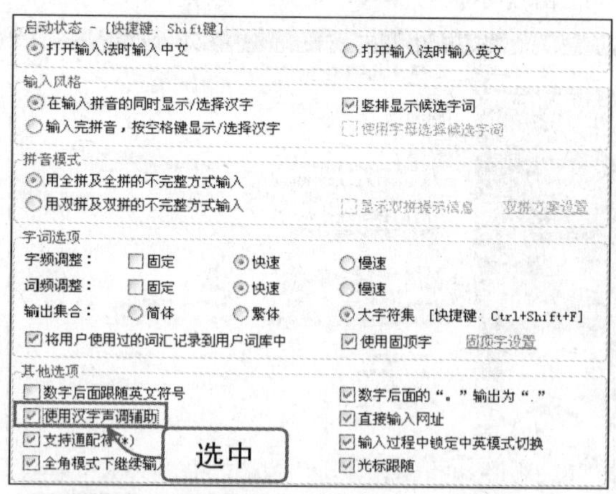

STEP 03 输入拼音

单击“确定”按钮，完成设置，在记事本文件中输入拼音 hua，候选字提示框中将显示所有拼音为 hua 的汉字，如下图所示。

STEP 04 输入声调

按【Shift+4】组合键，输入声调，此时候选字提示框中将显示所有拼音为 hua，声调为 4 声的汉字，如下图所示。

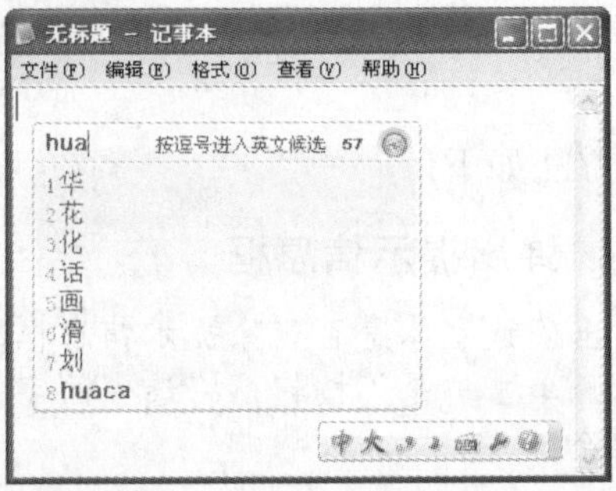

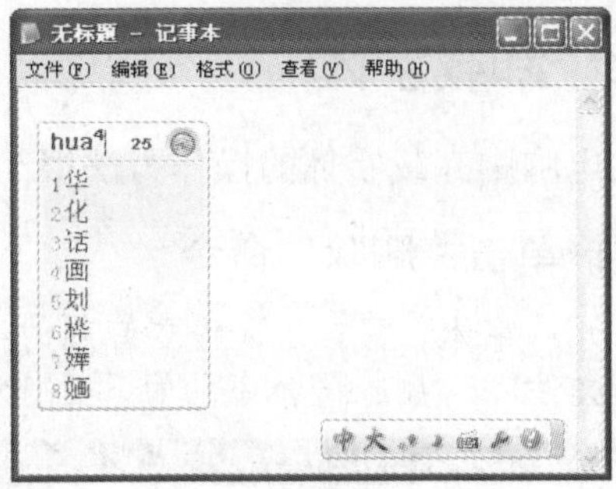

4.6 字体的安装与卸载

若用户经常使用电脑进行文档编辑和排版等工作，仅使用系统自带的字体是远远不够的，还需要用户在电脑中安装其他字体以满足需求。

4.6.1 安装字体

用户可通过“控制面板”窗口，在电脑中添加新字体，以满足用户的需求，具体操作方法如下：

STEP 01 双击“字体”图标

打开“控制面板”窗口，从中双击“字体”图标，如下图所示。

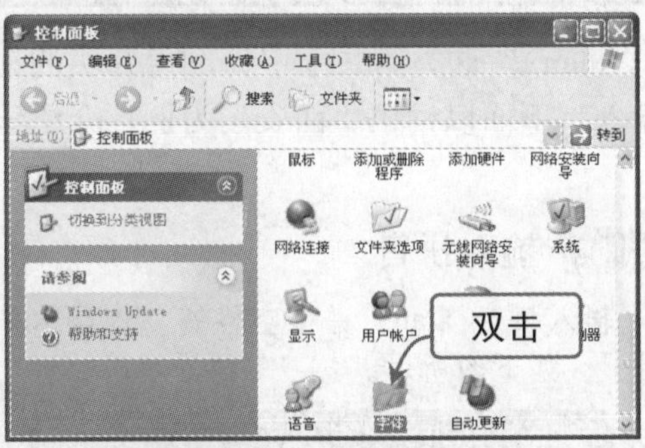

STEP 02 单击“安装新字体”命令

打开“字体”窗口，选择“文件”|“安装新字体”命令，如下图所示。

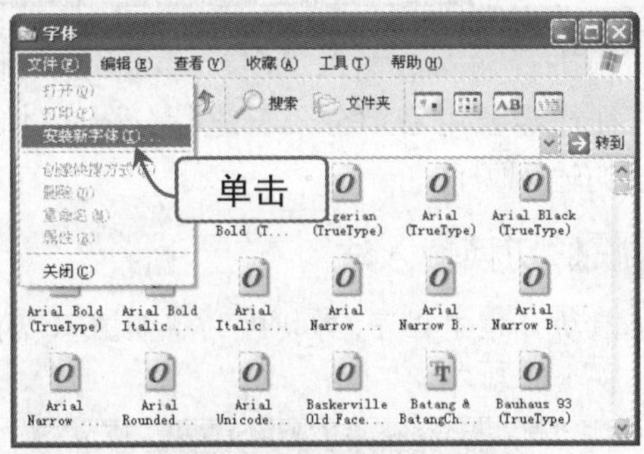

STEP 03 选择文件夹

弹出“添加字体”对话框，在“驱动器”下拉列表框中选择存储字体的文件夹所在驱动器，在“文件夹”列表框中选择字体所在文件夹，如下图所示。

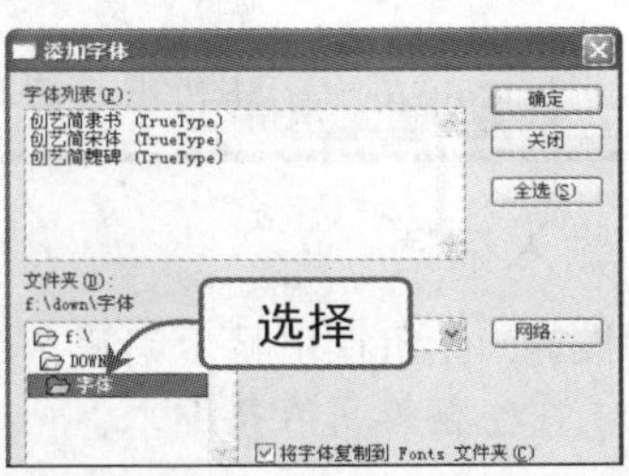

STEP 04 安装字体

单击“全选”按钮，选中所有要安装的字体，然后单击“确定”按钮，开始安装字体，并显示当前安装进度，如下图所示。安装完成后，单击“确定”按钮即可。

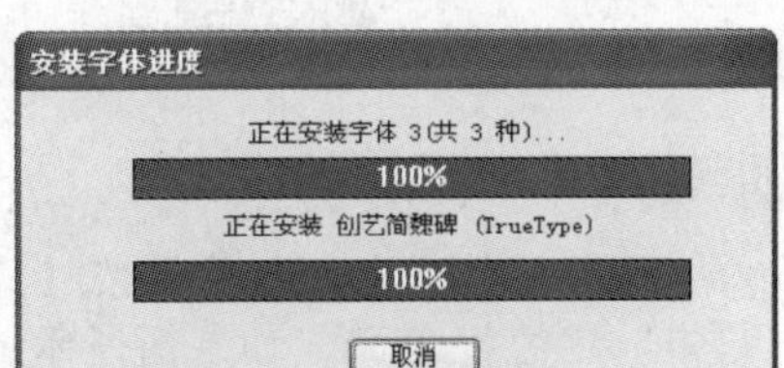

4.6.2 卸载字体

在电脑中卸载字体的操作方法很简单，具体操作方法如下：

STEP 01 单击“删除”命令

打开“字体”窗口，选择要卸载的字体，选择“文件”|“删除”命令，如下图所示。

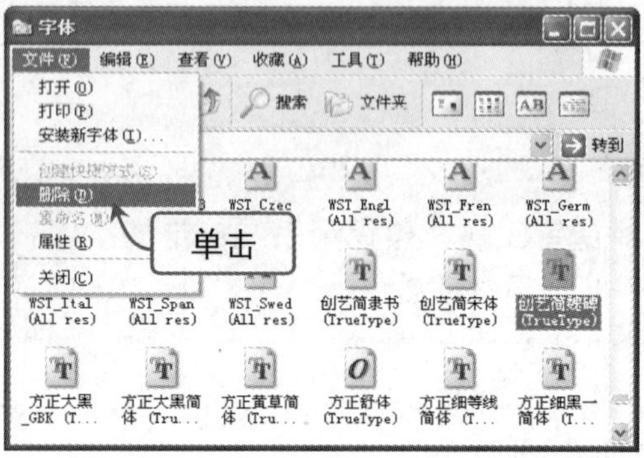

STEP 02 弹出提示信息框

弹出确认字体是否删除提示信息框，如下图所示，单击“是”按钮，将选中的字体从电脑中删除。

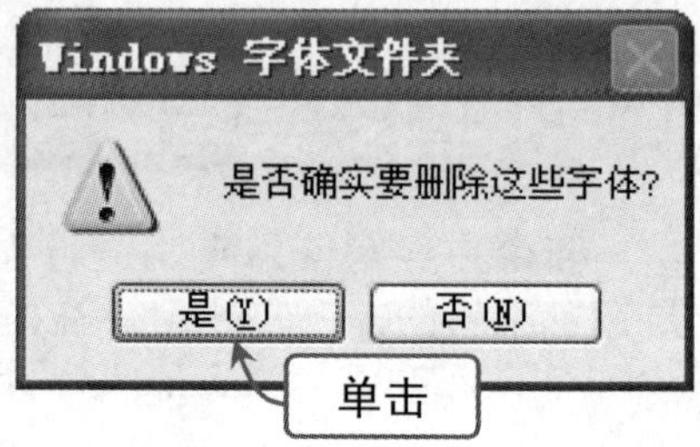

技巧百宝箱

技巧 1 巧用音节分隔符

用拼音输入法输入“皮袄（piao）”和“谜案（mian）”这类第二个字为韵母开头的词语时，往往需要用音节分隔符进行分隔，才能正确输入。下面以词语“西安”为例，介绍该类词语的输入方法。

STEP 01 切换输入法

启动记事本程序，并切换到智能 ABC 输入法，如下图所示。

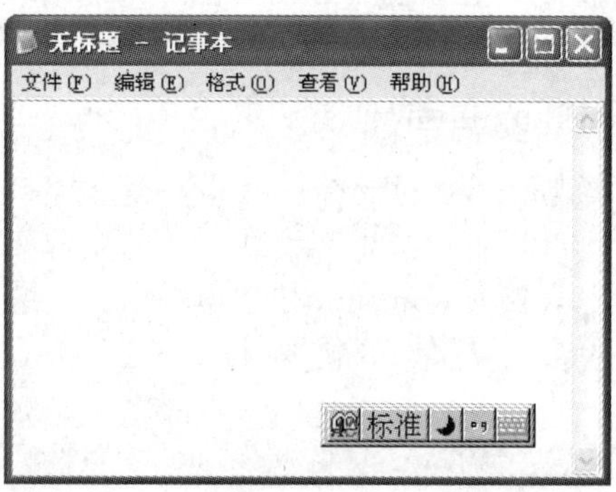

STEP 02 输入拼音

输入拼音 xian，并按空格键，将显示单字“先”，如下图所示。

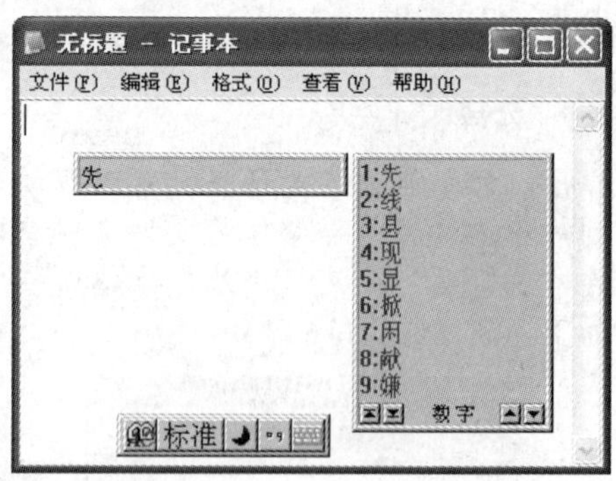

STEP 03 输入带分隔符的拼音

输入“西”字的拼音 xi，然后按【'】键，再输入“安”字的拼音 an，如下图所示。

STEP 04 输入词语

按空格键，提示框中显示词语“西安”，如下图所示，按空格键可直接输入。

外行上路
提高进阶
权威案例
百宝箱 技巧

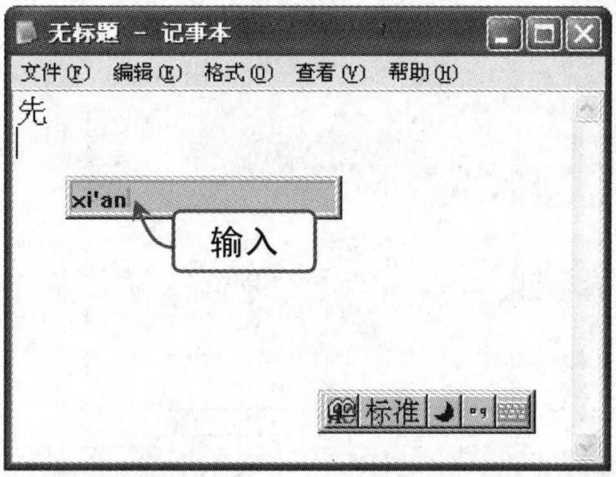

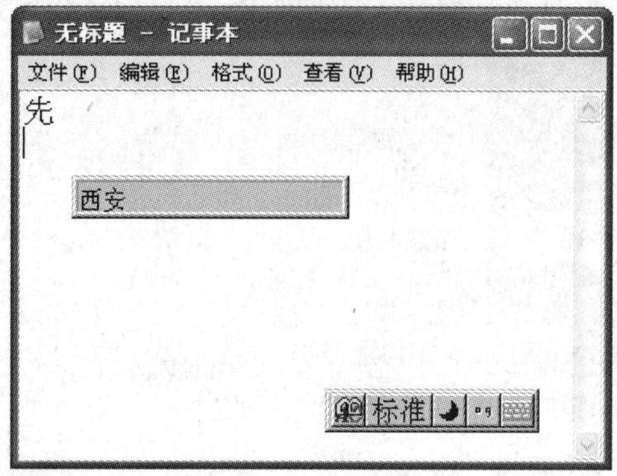

技巧 2 使用智能 ABC 快速输入单位

用户可以使用智能 ABC 快速输入单位，具体方法为先输入热键 i，然后再输入单位缩写，按空格键即可输入。下面以输入单位“厘米”为例，介绍具体操作方法。

STEP 01 输入单位缩写

切换到智能 ABC 输入法，输入热键 i 和单位缩写 cm，如下图所示。

STEP 02 选择输入法

按空格键，即可在文档中输入单位“厘米”，如下图所示。

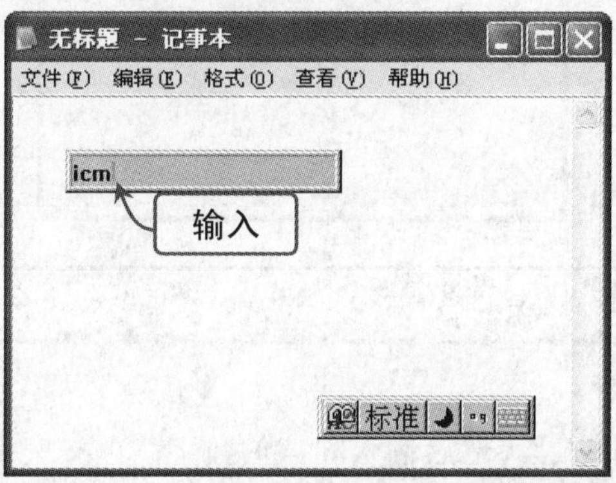

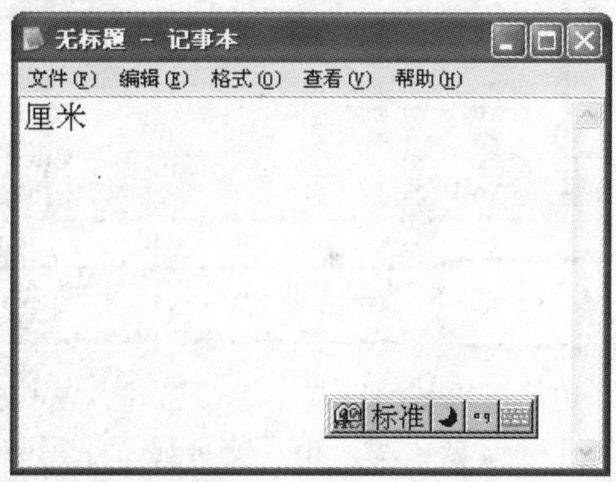

技巧 3 使用紫光华宇拼音输入法实现重复输入

紫光华宇拼音输入法为用户提供了重复输入的功能，按【Ctrl+↓】组合键，将会显示用户最近输入字词的候选单，用户可从中直接进行选择；而按【Ctrl+↑】组合键，可重复输入最近输入的字词或标点，可以非常快捷地输入重叠词。

默认情况下，重复输入功能处于关闭状态，用户可按如下操作方法启动并使用该功能：

STEP 01 打开输入法设置对话框

单击输入法状态条上的“设置程序”按钮，弹出“紫光华宇拼音输入法 - 设置”对话框，如下图所示。

STEP 02 选择复选框

在左侧列表中选择“高级设置”选项，在右侧“高级选项”选项组中选中“记忆并可选择输入最近输入过的字词（Ctrl+↓和 Ctrl+↑键）”复选框，如下图所示。

STEP 03 按【Ctrl+↓】组合键

单击“确定”按钮，完成设置，按【Ctrl+↓】组合键，可显示最近输入的字词，如下图所示。

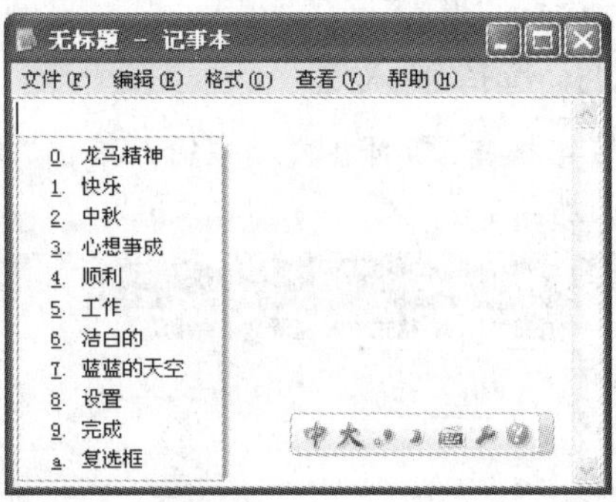

STEP 04 按【Ctrl+↑】组合键

按【Ctrl+↑】组合键，可输入最近一次输入的字词，如下图所示。

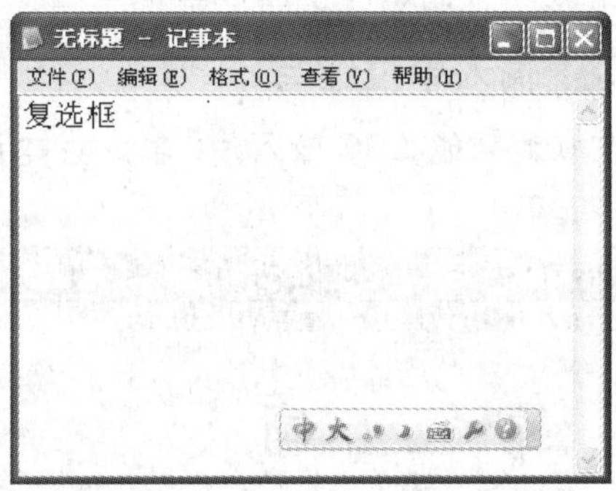

技巧 4 使用紫光华宇拼音输入法输入大写数字

用户可以使用紫光华宇拼音输入法快捷地输入大写数字，方法为先输入热键 I（注意：字母 I 一定要大写，小写将会显示小写数字单位模式），然后输入阿拉伯数字，再按空格键即可，具体操作步骤如下：

STEP 01 输入热键和数字

切换到紫光华宇拼音输入法，输入热键 I，提示框显示当前为大写数字单位模式，如下图所示。

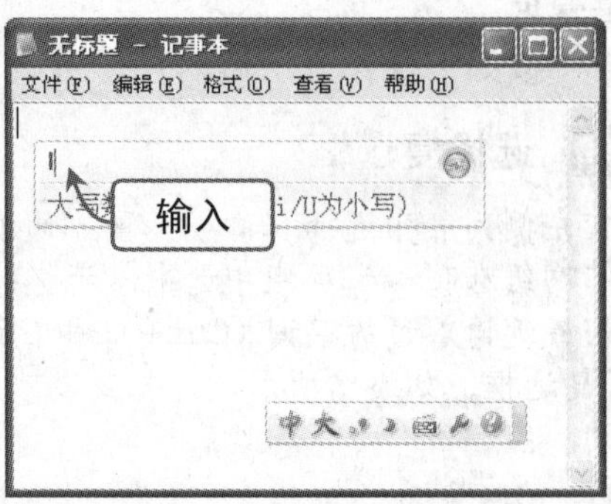

STEP 02 输入数字

继续输入阿拉伯数字，此时候选字提示框中将显示输入数字的大写模式，如下图所示，按空格键，即可将其输入。

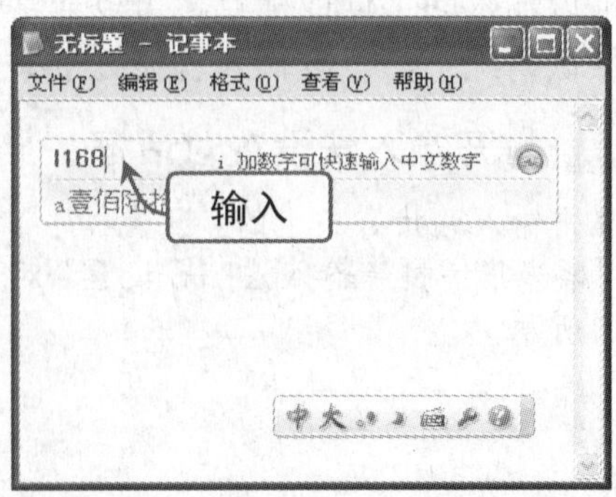

Chapter 05 文件的组织与管理

文件和文件夹是 Windows XP 系统中最基础的组成部分。一般情况下，几乎所有的任务都要涉及文件和文件夹的操作。因此，文件和文件夹的组织与管理方法，是学习和使用电脑的重中之重，读者必须熟练掌握。

本章建议学习时间：

本章建议学习时间为 55min，其中分配 30 min 学习文件和文件夹的操作与设置，25min 观看教学视频并进行练习。

学完本章后您可以：

- 在电脑中查看文件和文件夹
- 简单操作文件和文件夹
- 移动和复制文件和文件夹
- 设置文件和文件夹的属性
- 高级操作文件和文件夹
- 保护文件和文件夹的安全

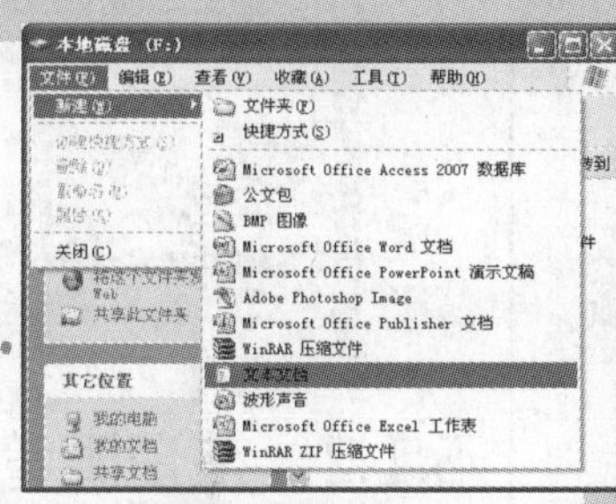

新建文件

搜索文件

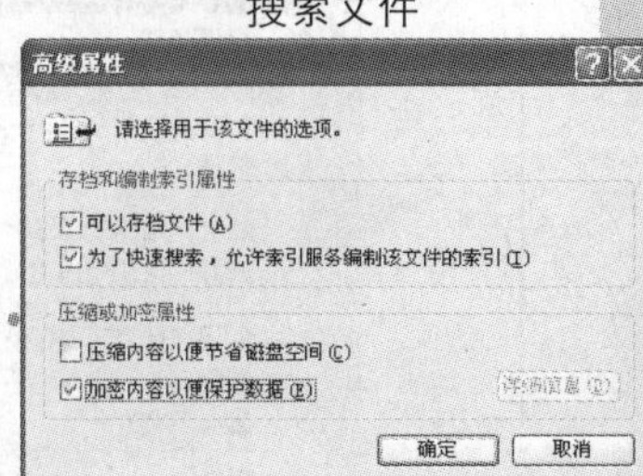

加密文件

重要知识点视频索引

5.1 浏览文件和文件夹

用户存储到电脑中的信息一般都以文件的形式存在，并保存在不同的文件夹中。用户可以在“我的电脑”窗口中进行查看，也可以通过资源管理器进行查看。

5.1.1 在“我的电脑”窗口中查看

打开“我的电脑”窗口，用户可以查看到电脑上的所有磁盘，双击任意本地磁盘，均可将其打开并查看其中的文件和文件夹，具体操作步骤如下：

STEP 01 查看文件夹

打开“我的电脑”窗口，双击“本地磁盘(F:)”图标，将该磁盘打开，查看其中的文件夹，如下图所示。

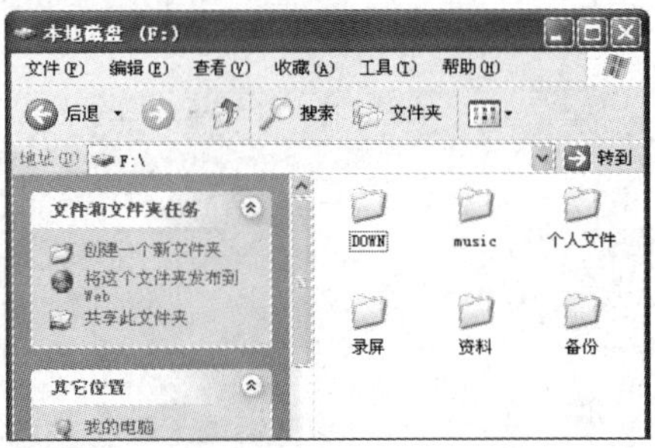

STEP 02 查看文件

双击其中的文件夹，将其打开，可从中浏览存储的文件，如下图所示。

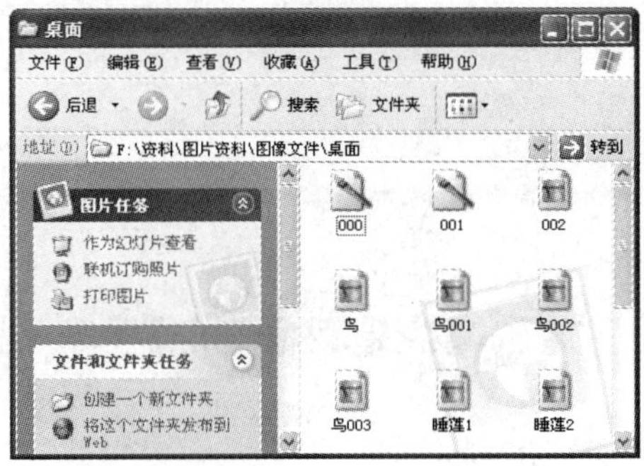

5.1.2 在资源管理器中查看

Windows 资源管理器是一个功能强大的文件管理工具，下面将详细讲解通过资源管理器查看文件和文件夹的操作方法。

STEP 01 右击“我的电脑”图标

右击桌面上“我的电脑”图标，在弹出的快捷菜单中选择“资源管理器”命令，如下图所示。

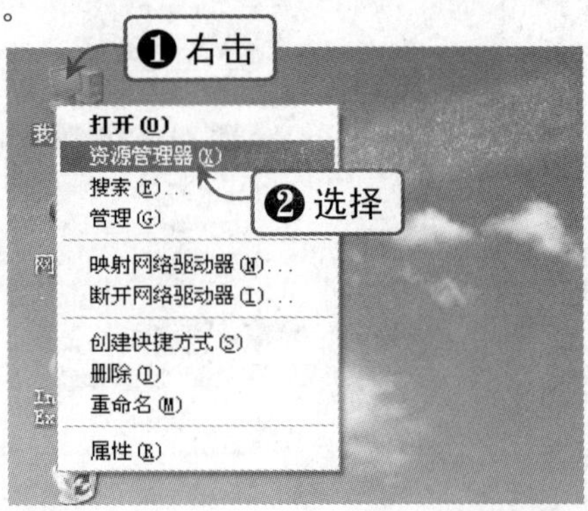

STEP 02 单击“下一步”按钮

打开资源管理器，单击“文件夹”任务窗格中磁盘或文件夹前的⊞按钮，将在右窗格中显示其包含的所有文件，如下图所示。

提示

用户还可以通过下面 3 种方法打开资源管理器：

方法一：选择“开始”|“所有程序”|“附件”|“Windows 资源管理器”命令；

方法二：右击“开始”按钮，在弹出的快捷菜单中选择“资源管理器”命令；

方法三：打开“我的电脑”窗口，单击工具栏上的“文件夹”按钮。

5.1.3 切换文件和文件夹查看方式

文件和文件夹的查看方式主要有“缩略图”、“平铺”、“图标”、“列表”和“详细信息”5 种，下面将详细介绍具体的切换方法和各种查看方式的显示效果。

STEP 01 打开目标文件夹

打开“我的电脑”窗口，打开目标文件夹，此时该文件夹中的文件和文件夹以“图标”方式显示，如下图所示。

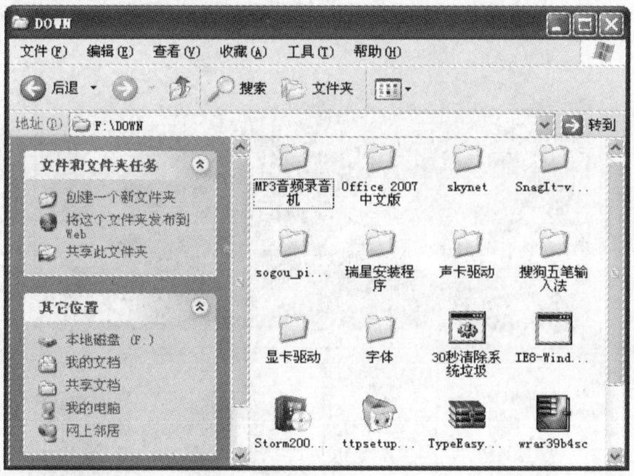

STEP 02 选择“缩略图”选项

单击窗口工具栏上的“查看”下拉按钮，在弹出的下拉菜单中选择“缩略图”选项，如下图所示。

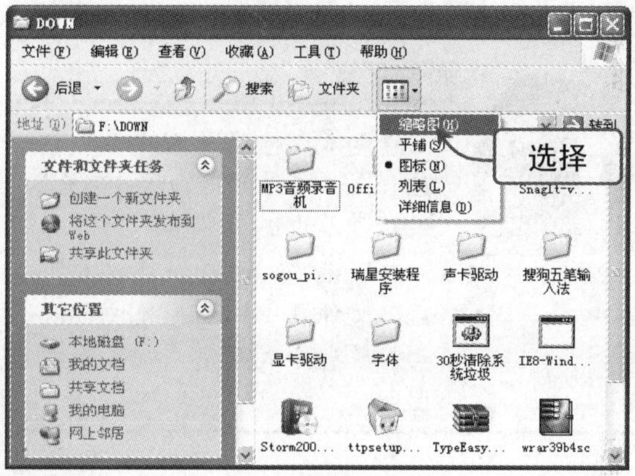

STEP 03 显示缩略图

此时，文件夹中的文件和文件夹将以缩略图的形式显示，效果如下图所示。

STEP 04 选择“平铺”选项

在“查看”下拉菜单中选择“平铺”选项，效果如下图所示。

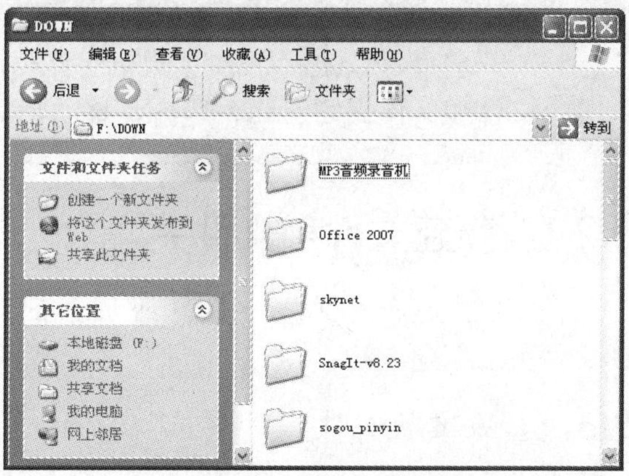

STEP 05 选择“列表”选项

在“查看”下拉菜单中选择“列表”选项，效果如下图所示。

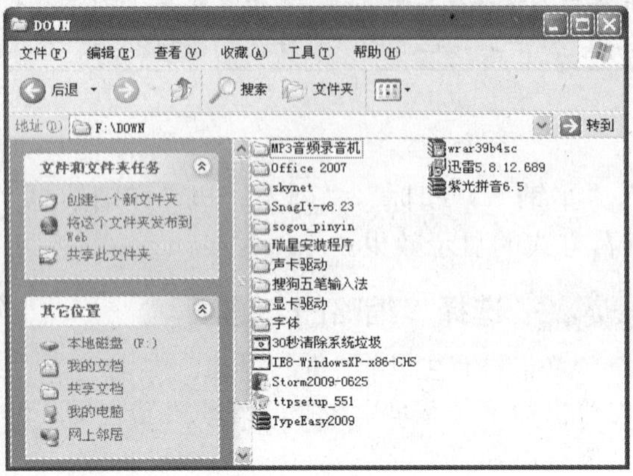

STEP 06 选择“详细信息”选项

在“查看”下拉菜单中选择“详细信息”选项，效果如下图所示。

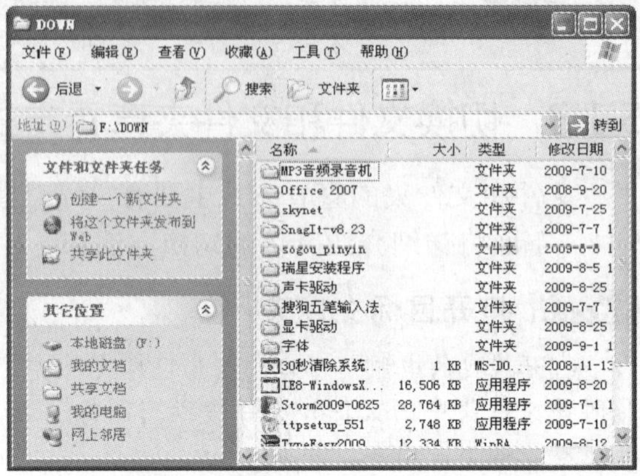

提示

如果文件夹存储的文件中包含图片文件的话，则“查看”下拉菜单中还会多出一个“幻灯片”选项，选择该查看方式后，文件夹中的图片文件将以幻灯片的方式显示，效果如右图所示。

5.2 文件和文件夹的基本操作

用户在认识和了解文件和文件夹后，即可对文件和文件夹进行操作，包括文件和文件夹的创建、选择、移动、复制和重命名等。

5.2.1 新建文件和文件夹

在使用电脑的过程中，用户几乎时时刻刻都能用到文件和文件夹，下面将详细介绍文件和文件夹的创建方法。

Work1 新建文件夹

电脑中文件夹的数量是没有规定的，用户可以根据自己的需要新建文件夹，并使用这些文件夹将电脑中的文件进行分类管理。新建文件夹的操作方法有以下几种：

方法一：通过任务窗格新建

打开需要新建文件夹的目标文件夹，单击“文件和文件夹任务”任务窗格中的“创建一个新文件夹”超链接，可新建文件夹，如下图所示。

方法二：通过菜单命令新建

打开需要新建文件夹的目标文件夹，选择“文件”|“新建”|“文件夹”命令，也可以新建文件夹，如下图所示。

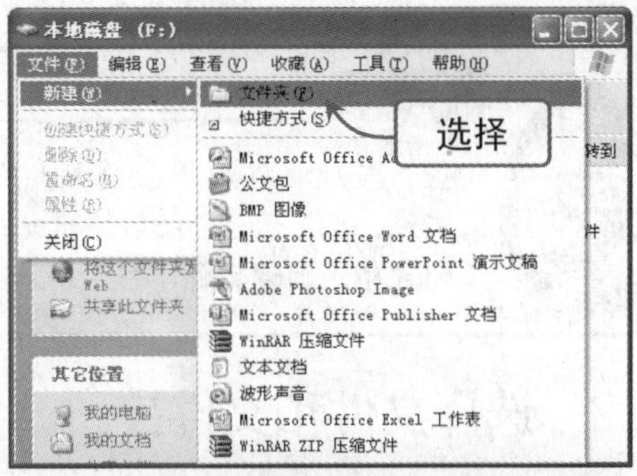

方法三：通过快捷菜单命令新建

在打开的目标文件夹的空白处右击，在弹出的快捷菜单中选择“新建”|“文件夹”命令，同样可以新建空白文件夹，如右图所示。

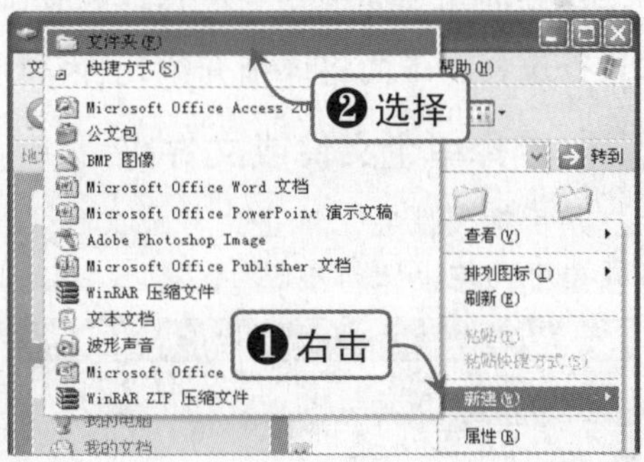

Work2 新建文件

用户可以根据自己的使用需要创建不同类型的文件，其方法与新建文件夹一样，有多种，下面以记事本为例，详细介绍几种常用的方法。

方法一：通过菜单命令新建

打开需要新建文件的目标文件夹，选择“文件”|“新建”|“文本文档”命令，可以新建记事本文件，如下图所示。

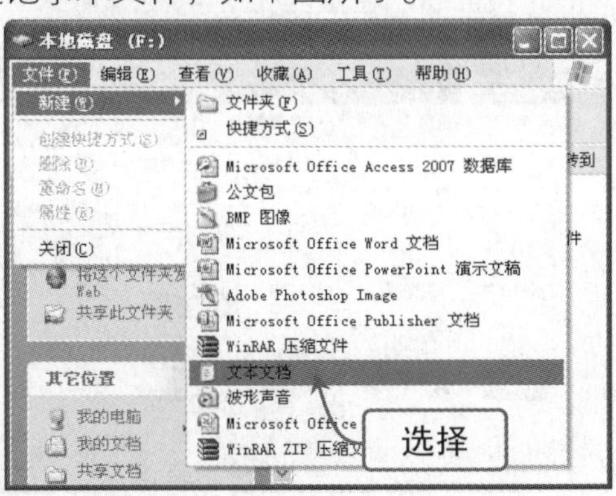

方法二：通过快捷菜单命令新建

打开需要新建文件的目标文件夹，右击空白处，在弹出的快捷菜单中选择“新建”|“文本文档”命令，也可以新建记事本文件，如下图所示。

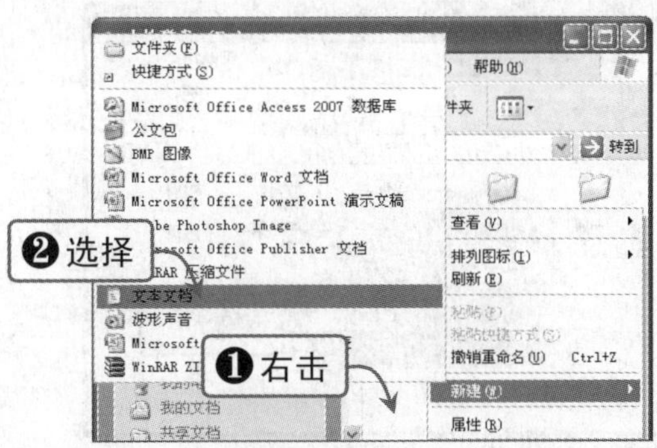

方法三：通过程序新建

每个文件都可通过与其对应的应用程序进行创建，单击“开始”按钮，在弹出的菜单中选择“所有程序”|“附件”|“记事本”命令，如右图所示，启动记事本程序的同时新建一个空白文档。

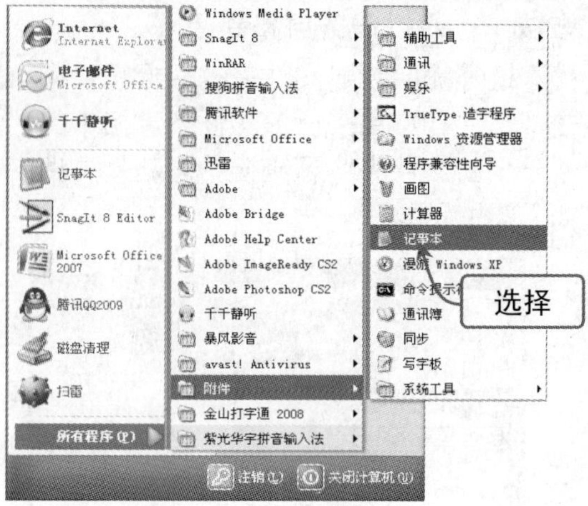

提示

用户通过应用程序新建的文件，若没有进行任何编辑就关闭程序，则该文件不能被保存。

5.2.2 选择文件和文件夹

选择文件和文件夹是文件管理最基础的操作之一，几乎所有对文件和文件夹的操作都需要先进行选择。下面将详细介绍几种常用的文件和文件夹选择的操作方法。

STEP 01 选择单个文件或文件夹

打开目标文件夹，单击文件或文件夹，即可将其选中，如下图所示。

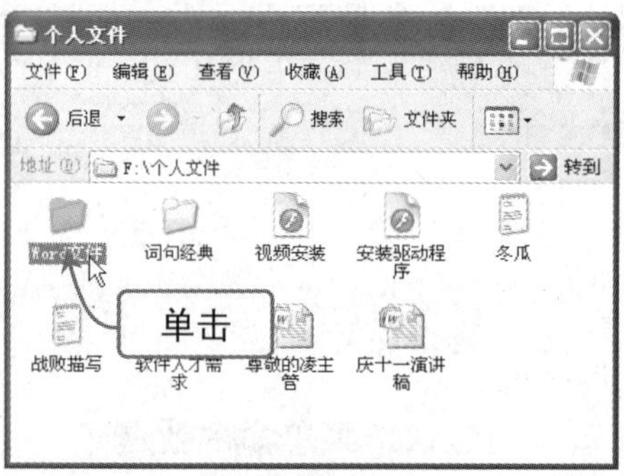

STEP 02 选择连续多个文件或文件夹

选中第一个文件，按住【Shift】键的同时单击最后一个文件，如下图所示。

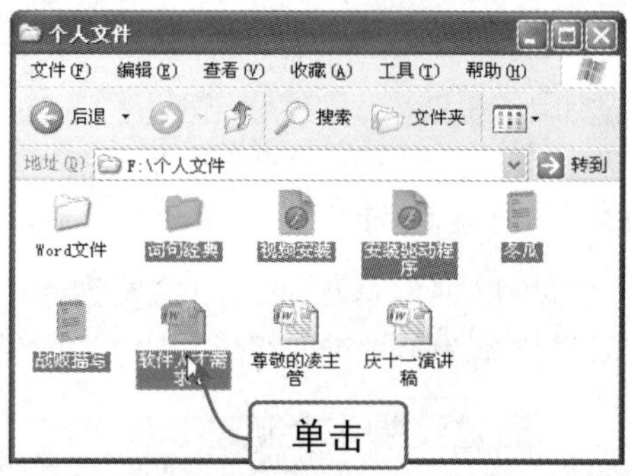

STEP 03 选择矩形文件块

在要选择文件的左上角空白处按住鼠标左键，向右下角拖动即可，如下图所示。

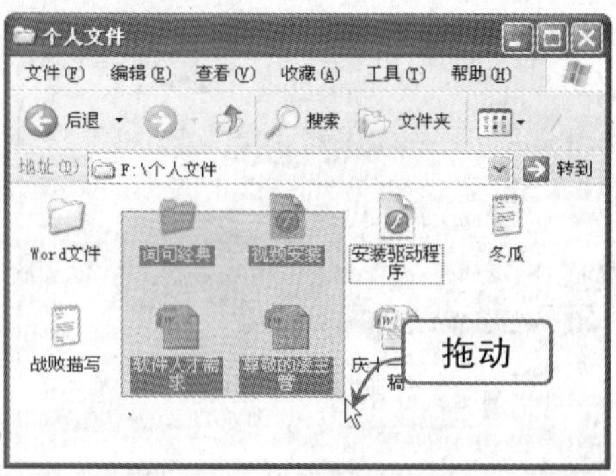

STEP 04 选择多个不连续文件或文件夹

按住【Ctrl】键的同时，依次单击要选择的文件和文件夹，如下图所示。

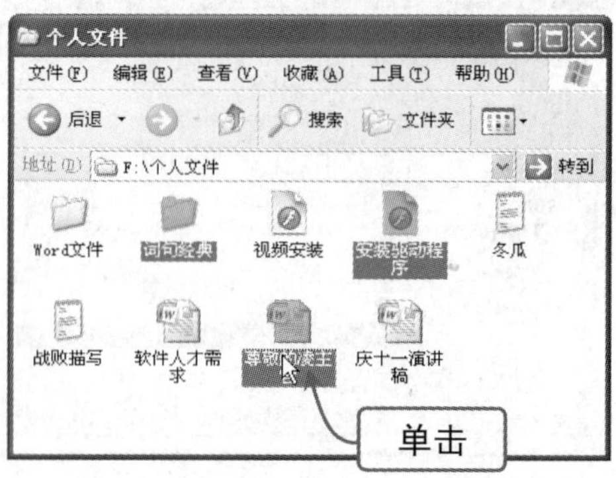

STEP 05 反选文件或文件夹

选中不需要选择的文件或文件夹，选择“编辑”|“反向选择”命令，如下图所示。

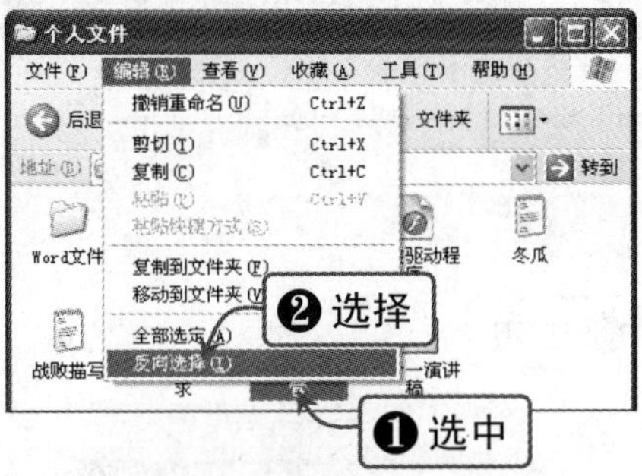

STEP 06 选择全部文件和文件夹

选择“编辑”|“全部选定”命令，或者按【Ctrl+A】组合键，可选择全部文件和文件夹，如下图所示。

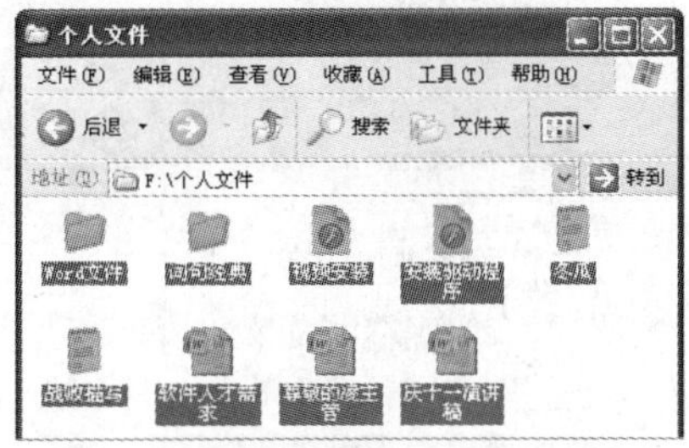

5.2.3 移动或复制文件和文件夹

在实际操作中，用户经常需要将文件和文件夹移动或复制到其他位置上，这时就要用到移动或复制命令，下面将详细介绍操作方法。

Work1 移动文件或文件夹

STEP 01 选择文件夹

打开文件所在文件夹，选择要移动的文件或文件夹，如下图所示。

STEP 02 选择“剪切”命令

右击文件夹，在弹出的快捷菜单中选择“剪切”命令，如下图所示。

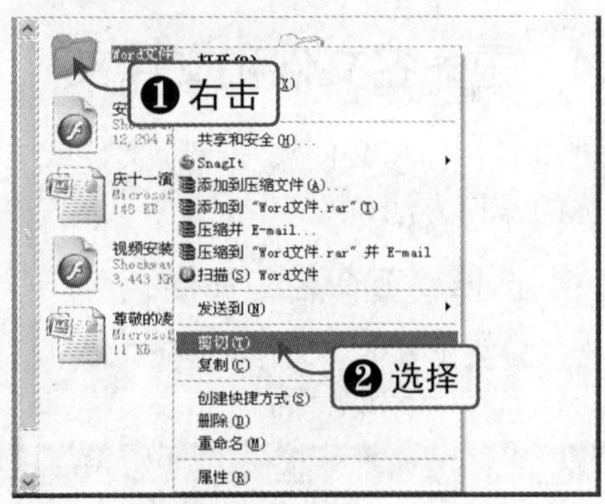

STEP 03 选择“粘贴”命令

切换到目标文件夹，右击空白处，在弹出的快捷菜单中选择“粘贴”命令，如下图所示。

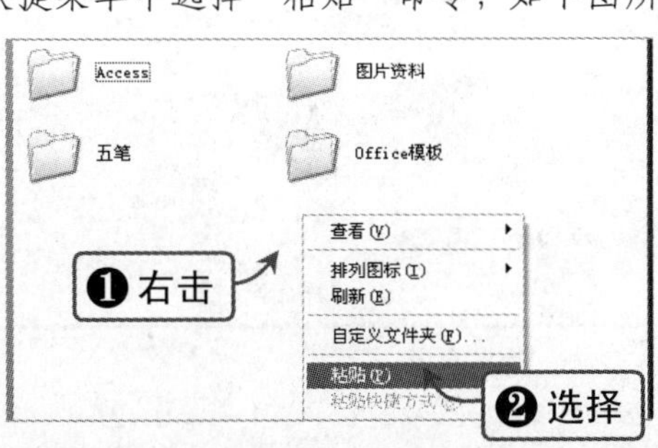

STEP 04 移动文件夹

此时，文件夹已经被移动到目标文件夹中，如下图所示，切换到原来的文件夹时会发现，选中的文件夹已经不存在了。

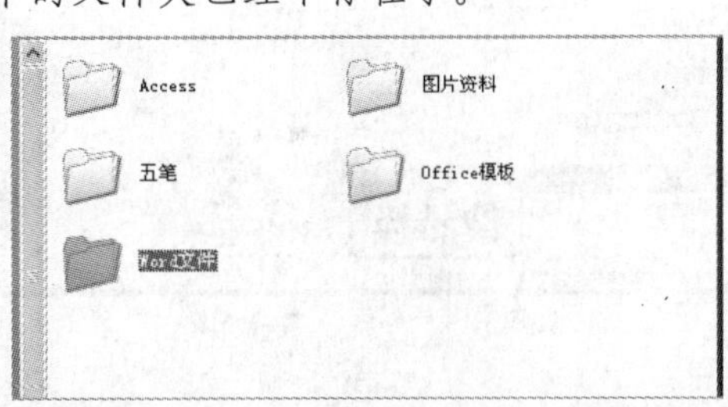

Work2 复制文件或文件夹

STEP 01 选择“复制”命令

右击要复制的文件，在弹出的快捷菜单中选择“复制”命令，如下图所示。

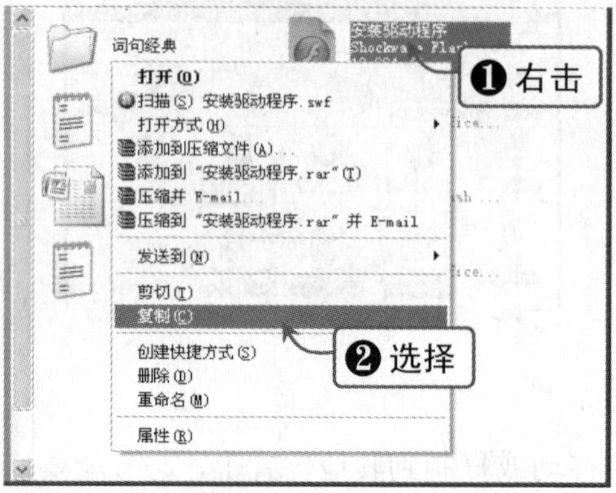

STEP 02 选择“粘贴”命令

切换到目标文件夹，右击空白处，在弹出的快捷菜单中选择“粘贴”命令，如下图所示。

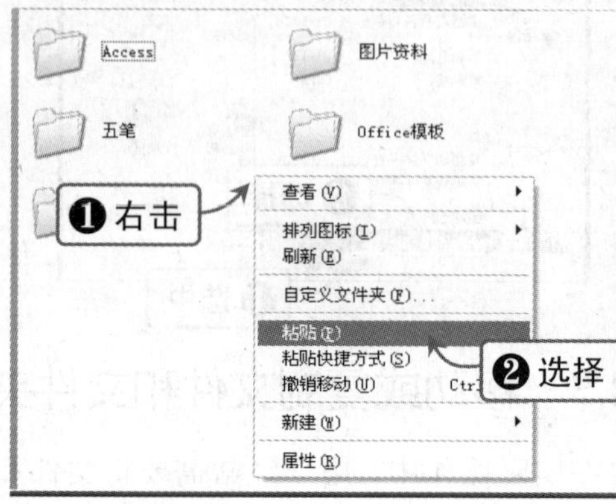

提示

用户可以通过快捷键实现文件和文件夹的移动或复制，操作方法为：按【Ctrl+X】组合键，剪切文件或文件夹，按【Ctrl+V】组合键，进行粘贴，将其移动到目标位置；按【Ctrl+C】组合键，复制文件或文件夹，按【Ctrl+V】组合键，将其粘贴，实现文件或文件夹的复制。

5.2.4 重命名文件和文件夹

重命名文件和文件夹是指给文件或文件夹重新取一个方便记忆和查找的名字，下面将介绍具体的操作方法。

STEP 01 选择“重命名”命令

选择需要重命名的文件，选择“文件”|“重命名”命令，如下图所示。

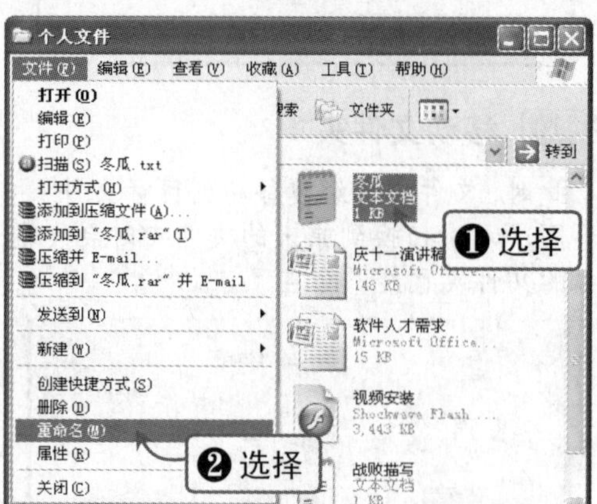

STEP 02 输入新名称

此时文件处于可编辑状态，直接输入新名称，如下图所示。

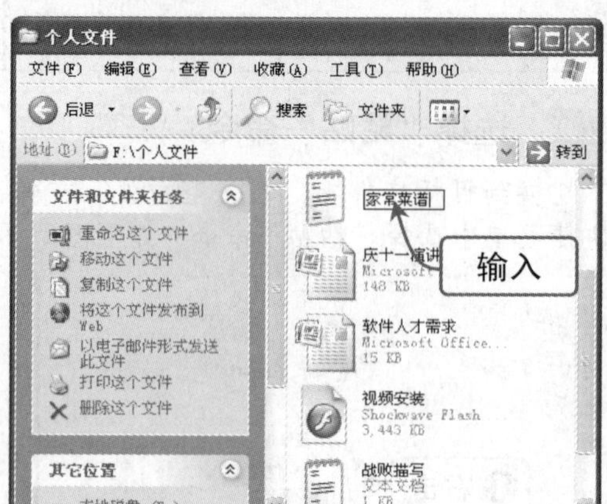

STEP 03 确认名称输入

单击文件夹的空白位置，确认文件名称的输入，如右图所示。

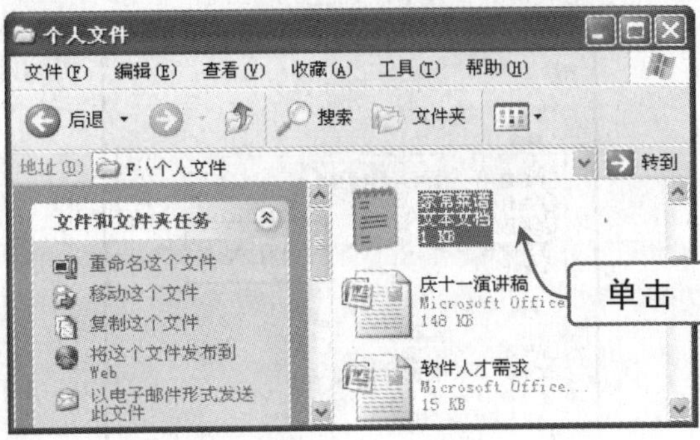

提示

重命名文件的快捷方法为：先选择要重命名的文件或文件夹，隔几秒后再次单击该文件或文件夹，即可将其切换到可编辑状态。

5.3 设置文件和文件夹属性

通过设置文件和文件夹属性，用户可以根据需要更改文件的摘要等属性，以及文件夹的显示图标等属性。

5.3.1 设置文件属性

下面以 Word 文档为例，介绍设置文件属性的具体操作方法。

STEP 01 选择“属性”命令

在“我的电脑”窗口中找到要设置属性的 Word 文档，右击该文件，在弹出的快捷菜单中选择“属性”命令，如下图所示。

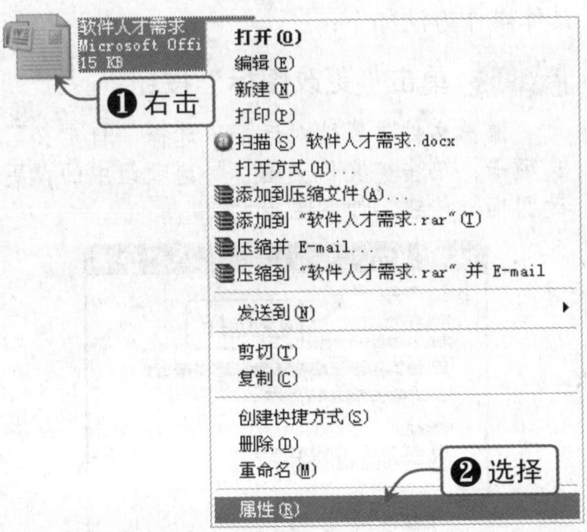

STEP 02 单击“高级”按钮

弹出文件属性对话框，选择“摘要”选项卡，单击下方的“高级”按钮，如下图所示。

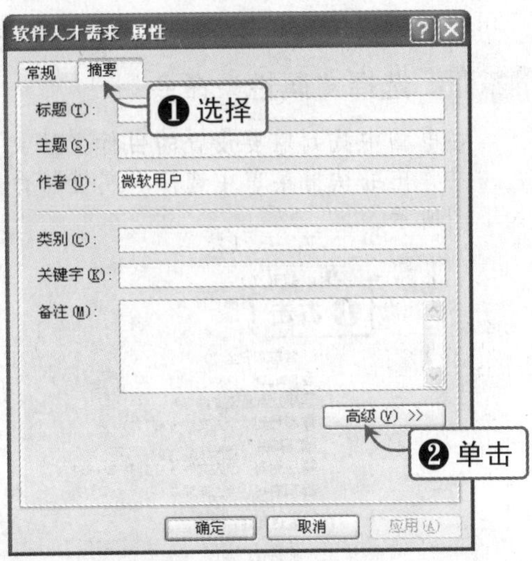

STEP 03 设置“标题”属性

在展开的高级选项设置界面中单击“标题”选项后面的“值”列，在激活的文本框中输入标题，如下图所示。

STEP 04 设置其他属性

用同样的方法，设置“主题”为“技术文章”、“类别”为“报告”、“关键字”为“人才需求”，如下图所示。

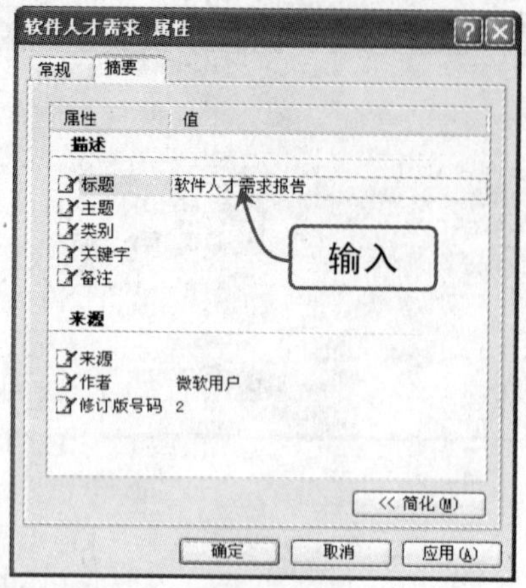

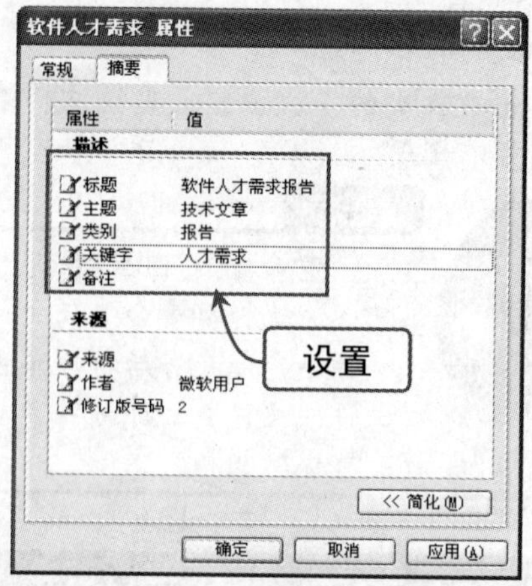

STEP 05 查看设置效果

单击“确定”按钮，完成文件属性设置，将鼠标指针放置在设置后的文件上，将弹出属性提示框，显示文件的属性，效果如右图所示。

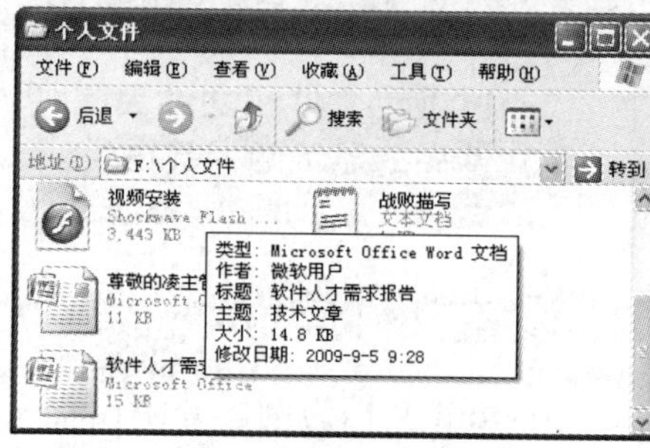

5.3.2 自定义文件夹属性

文件夹的作用是存放资源文件，它可以协助用户管理电脑资源。每一个文件夹对应一块本地磁盘空间，它提供了指向对应空间的地址。默认情况下，文件夹由图标和名称组成，用户可以根据需要，自定义设置文件夹的属性，具体操作方法如下：

STEP 01 选择“属性”命令

在电脑中找到需要设置的目标文件夹并右击，在弹出的快捷菜单中选择“属性”命令，如下图所示。

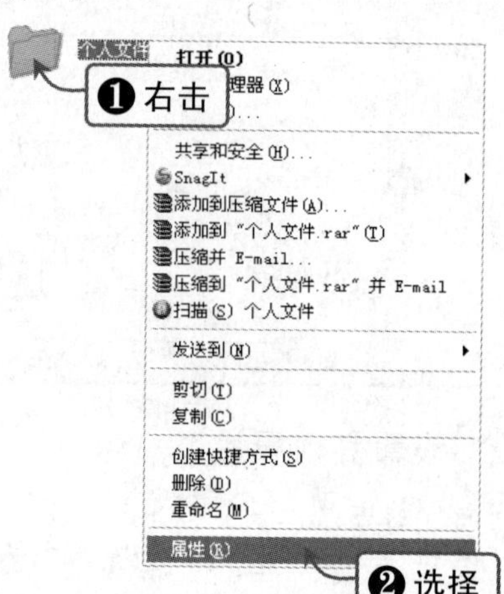

STEP 02 单击“更改图标”按钮

弹出文件夹属性对话框，选择“自定义”选项卡，单击“文件夹图标”选项组中的“更改图标”按钮，如下图所示。

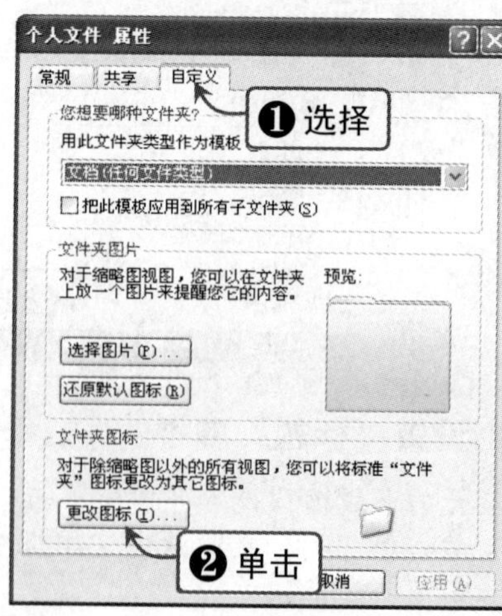

STEP 03 选择图标

弹出更改图标对话框，在“从以下列表选择一个图标”列表框中拖动滚动条，查找并选择图标，如下图所示。

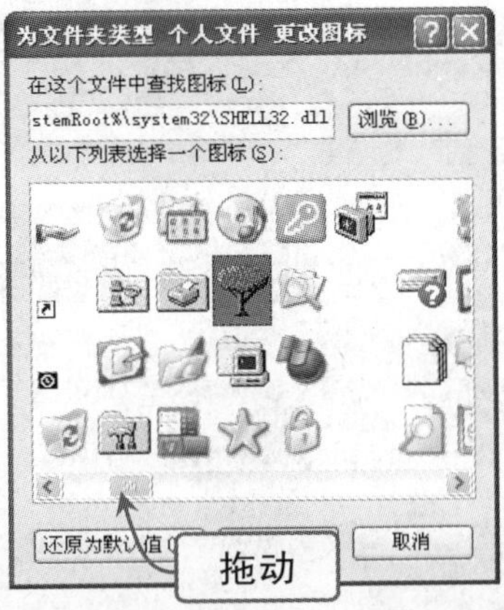

STEP 04 查看文件夹图标

选择图标后，依次单击“确定”按钮，关闭对话框，完成设置，此时文件夹的图标已经更改，效果如下图所示。

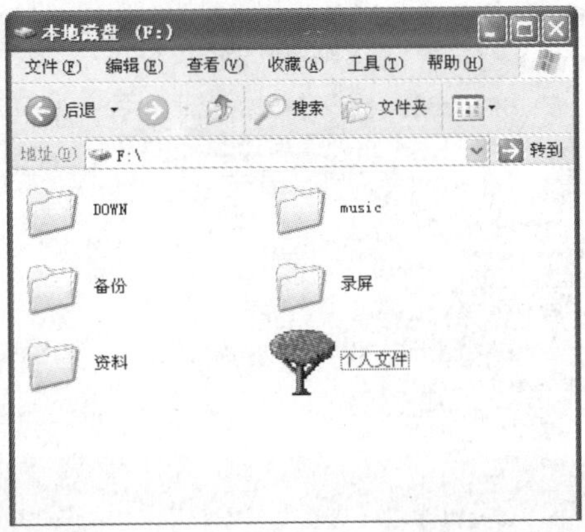

5.4 文件和文件夹的高级操作

要想更有序、合理地管理电脑中的文件和文件夹，仅掌握基础操作是不够的，还需要掌握文件和文件夹的高级操作，如搜索文件和文件夹、显示文件的扩展名和在不同的窗口中打开文件夹等。

5.4.1 搜索指定格式文件

用户可以使用 Windows 提供的搜索功能，搜索需要的文件，还可以通过指定文件的格式，进行快速搜索，具体操作方法如下：

STEP 01 打开“搜索结果”窗口

选择“开始”|“搜索”命令，打开“搜索结果”窗口，单击左侧“图片、音乐或视频”超链接，如下图所示。

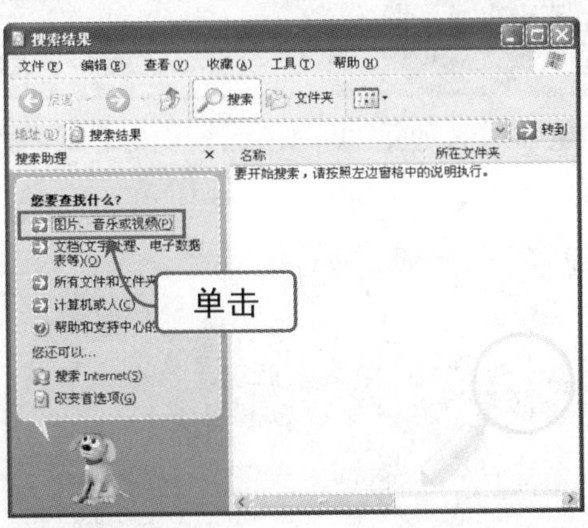

STEP 02 输入文件名

选中“图片和相片”复选框，然后在“全部或部分文件名”文本框中输入“勿忘我”，如下图所示。

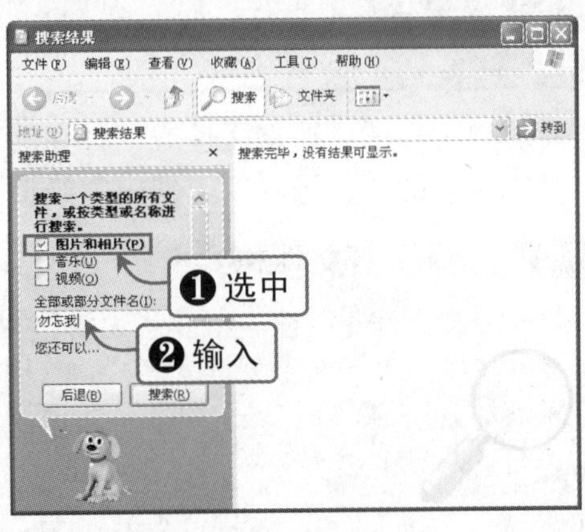

STEP 03 搜索文件

单击“搜索”按钮，开始搜索所有名称中包含“勿忘我”的图片、相片或视频文件，如下图所示。

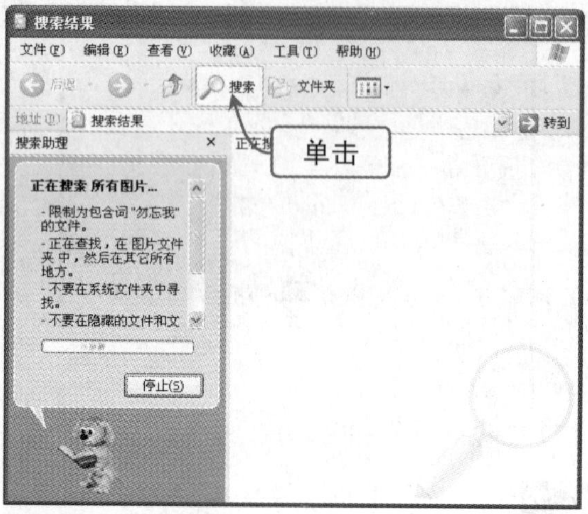

STEP 04 完成搜索

搜索过程中，系统会在右窗格中显示搜索到的符合条件的文件，用户可通过双击文件进行查看，如下图所示。

STEP 05 输入文件名

单击左窗格中的“更改文件名或关键词”超链接，在显示的文本框中输入文本，并选中“只搜索文件名”单选按钮，如下图所示。

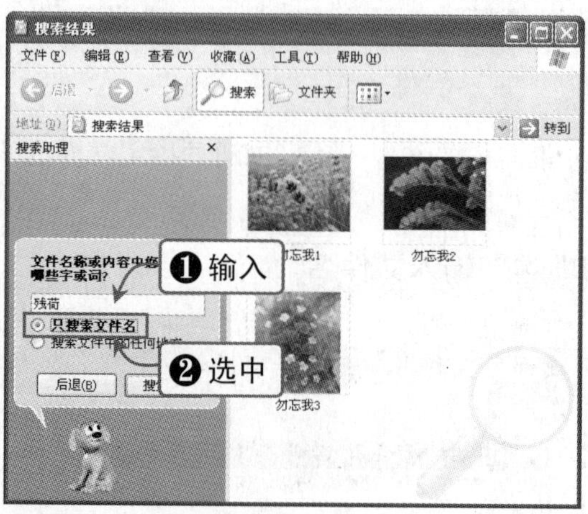

STEP 06 搜索文件并显示

单击“搜索”按钮，系统开始搜索文件，并在右窗格中显示所有搜索到的符合条件的文件，如下图所示。

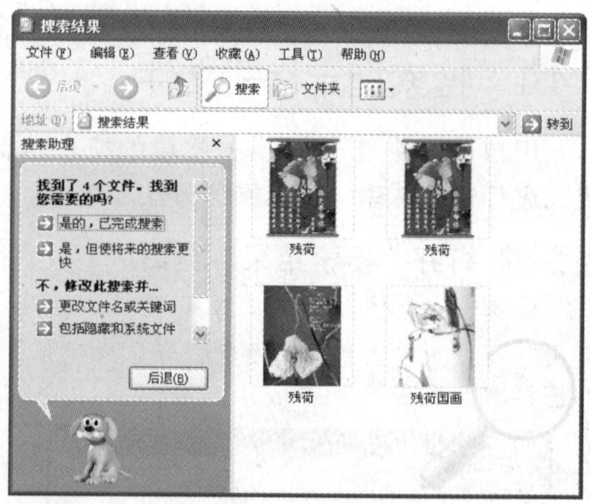

若用户不知道要搜索文件或文件夹的名称，而是知道其他信息，如上次修改时间、大小或文档中包含的词语等，便可使用高级搜索功能进行搜索，具体操作方法如下：

STEP 01 选择搜索文件格式

打开“搜索结果”窗口，单击左窗格中的“文档（文字处理、电子数据表等）”超链接，如下图所示。

STEP 02 选择修改时间

在左窗格的“上次修改时间”选项组中选中“上个星期内”单选按钮，并单击下面的“更多高级选项”超链接，如下图所示。

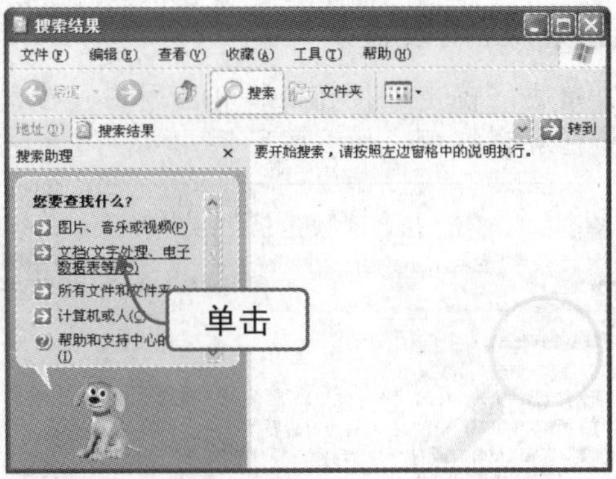

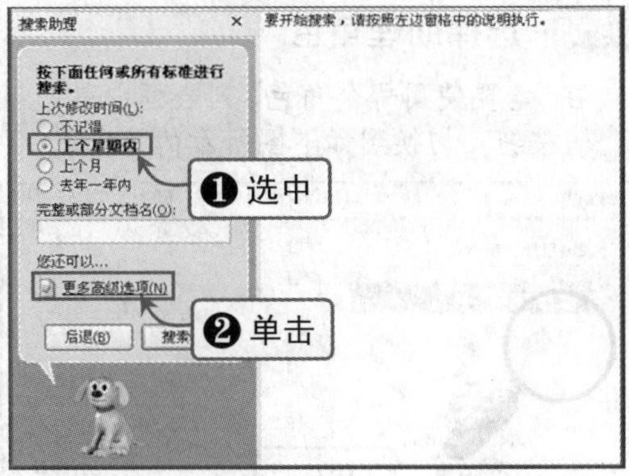

STEP 03 设置搜索条件

展开高级选项，在“文档中的一个字或词组”文本框中输入“冬瓜”，并选中“小（小于100KB）”单选按钮，如下图所示。

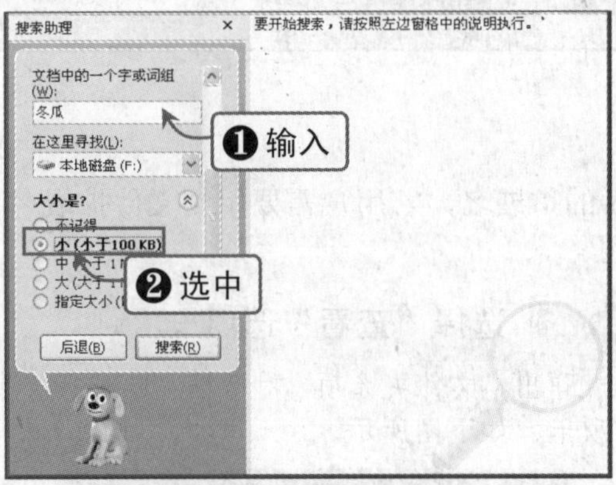

STEP 04 完成搜索

单击“搜索”按钮，系统开始搜索符合条件的文件，并将搜索结果显示在右窗格中，如下图所示。

5.4.2 更改搜索首选项

用户可以通过更改搜索首选项重新设置搜索功能，具体操作方法如下：

STEP 01 单击“改变首选项”超链接

打开“搜索结果”窗口，在左窗格中单击“改变首选项”超链接，如下图所示。

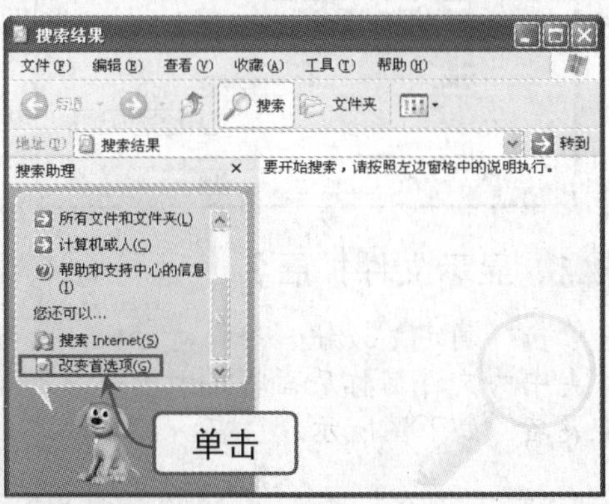

STEP 02 选择操作

在“您想怎样使用搜索助理”选项组中单击“使用一个不同的角色”超链接，如下图所示。

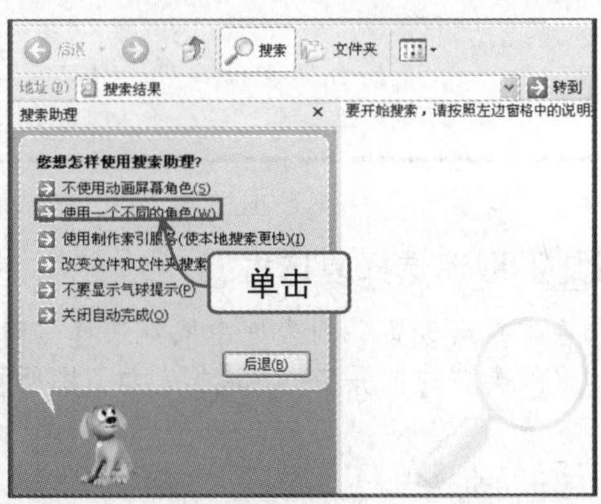

STEP 03 选择助理角色

在“您要使用哪个角色”列表框中单击“下一个”按钮，切换到如下图所示的角色。

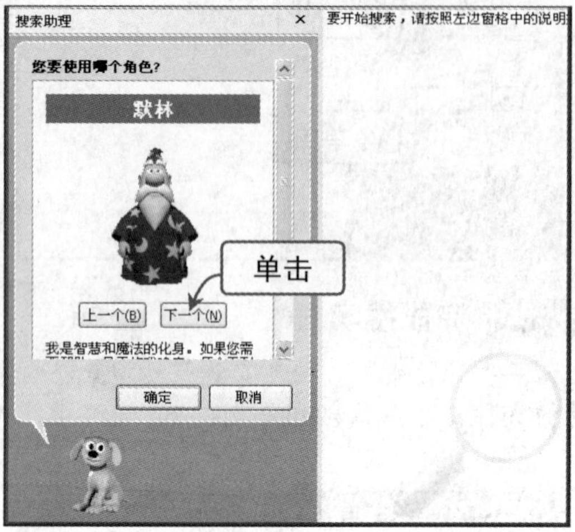

STEP 04 应用设置

单击“确定”按钮，将其应用到“搜索助理”任务窗格中，如下图所示。

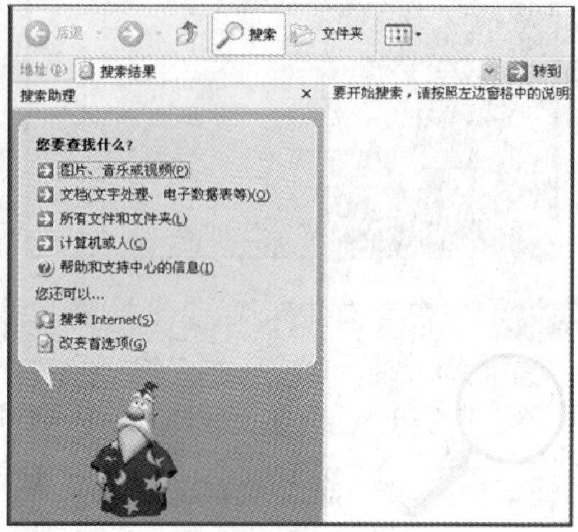

5.4.3 显示文件扩展名

默认情况下，Windows XP 系统中不显示文件的扩展名，若用户需要用到文件扩展名，可将其显示出来，具体操作方法如下：

STEP 01 选择“文件夹选项”命令

打开任意文件夹，选择“工具”|“文件夹选项”命令，如下图所示。

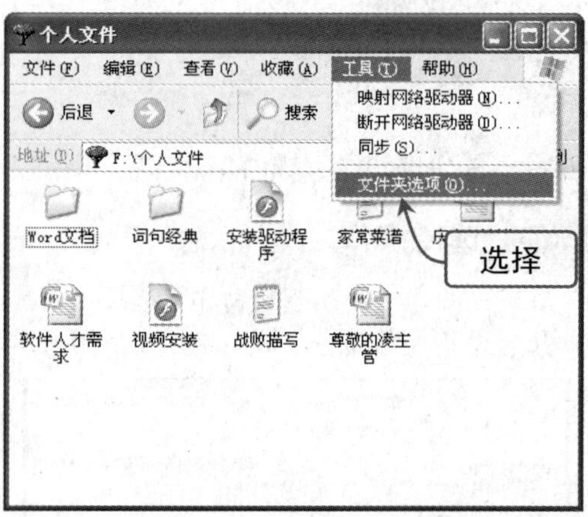

STEP 02 选择“查看”选项卡

弹出“文件夹选项”对话框，选择“查看”选项卡，如下图所示。

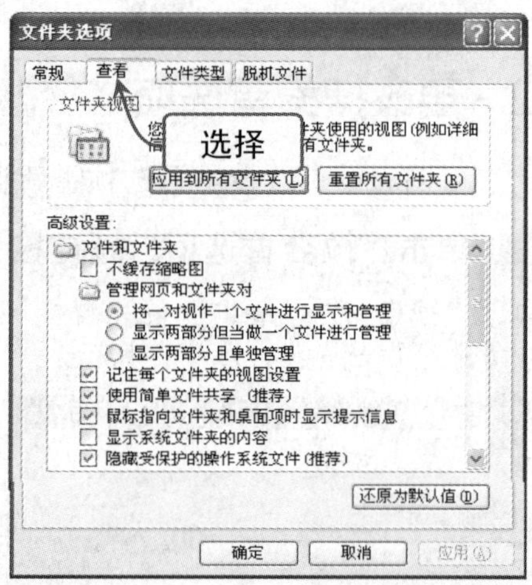

STEP 03 取消选择复选框

在“高级设置”列表框中取消选择“隐藏已知文件类型的扩展名”复选框，如下图所示。

STEP 04 显示文件扩展名

单击“确定”按钮，关闭对话框，此时，文件夹中的文件名称后面将显示出标志其类型的扩展名，如下图所示。

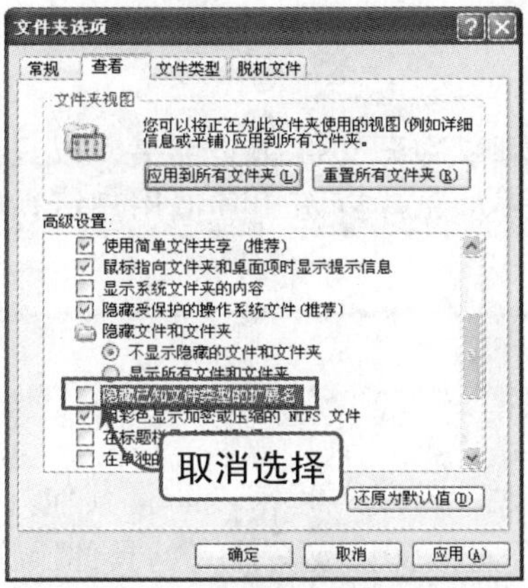

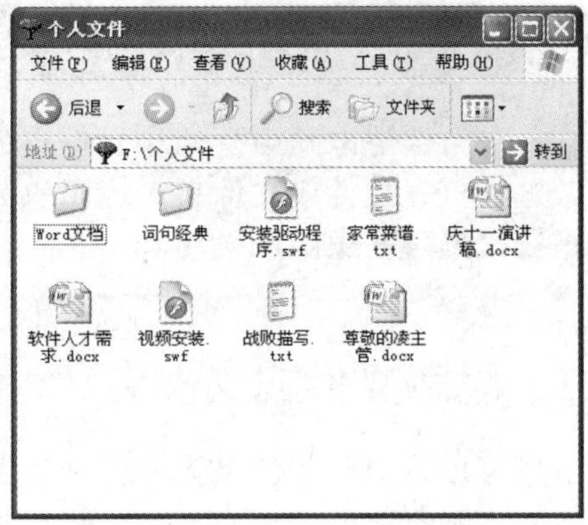

5.4.4 在不同窗口中打开文件夹

在 Windows XP 操作系统中，默认在原文件夹窗口中打开新的文件夹窗口，用户可以根据需要改变浏览文件夹的方式，具体操作方法如下：

STEP 01 打开“文件夹选项”对话框

在打开的文件夹窗口选择“工具”|“文件夹选项”命令，弹出“文件夹选项”对话框，如下图所示。

STEP 02 选中单选按钮

在“浏览文件夹”选项组中选中“在不同窗口中打开不同的文件夹”单选按钮，如下图所示。

STEP 03 打开新文件夹

单击“确定”按钮，完成设置，打开任意包含文件夹的文件夹，双击其中的文件夹，此时，将在新的窗口中打开该文件夹，效果如右图所示。

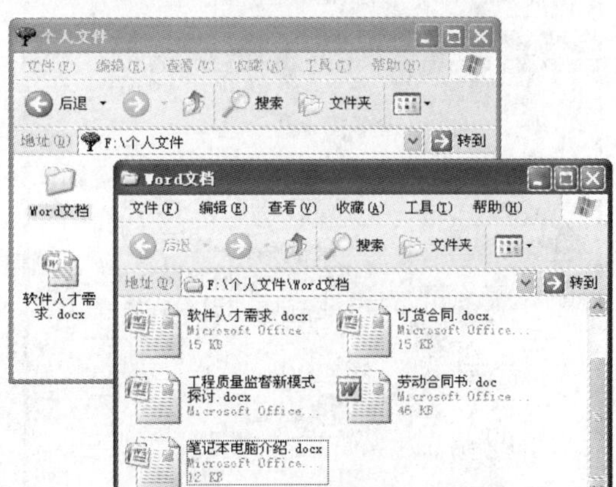

提示

若用户习惯单击打开文件和文件夹，可以在“文件夹选项”对话框的“打开项目的方式”选项组中选中“通过单击打开项目（指向时选定）”单选按钮。

5.5 文件和文件夹的安全

为保障电脑中文件和文件夹的安全，用户可以隐藏文件和文件夹、以只读方式打开文件或文件夹，还可以为文件和文件夹加密，以防止其他用户进行查看、编辑等操作。

5.5.1 隐藏文件或文件夹

用户可以将电脑中的私人文件或者其他重要的个人文件隐藏起来，防止其他人进行浏览、修改或删除等操作。下面以记事本文件为例，介绍隐藏文件或文件夹的具体操作方法。

STEP 01 选择“属性”命令

右击要隐藏的记事本文件，在弹出的快捷菜单中选择“属性”命令，如下图所示。

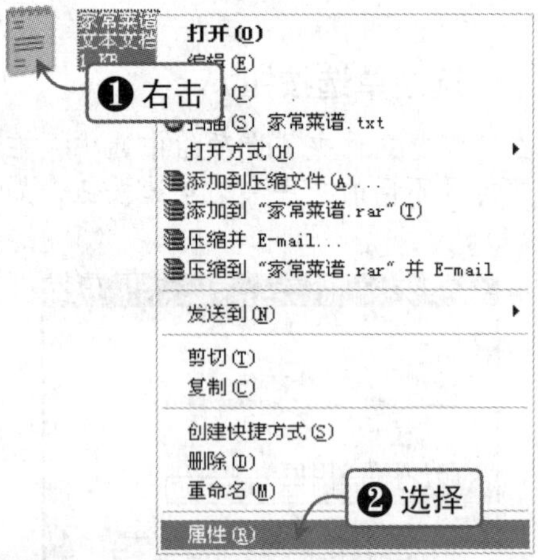

STEP 02 选择“隐藏”复选框

弹出文件属性对话框，在“属性”选项组中选中“隐藏”复选框，如下图所示。

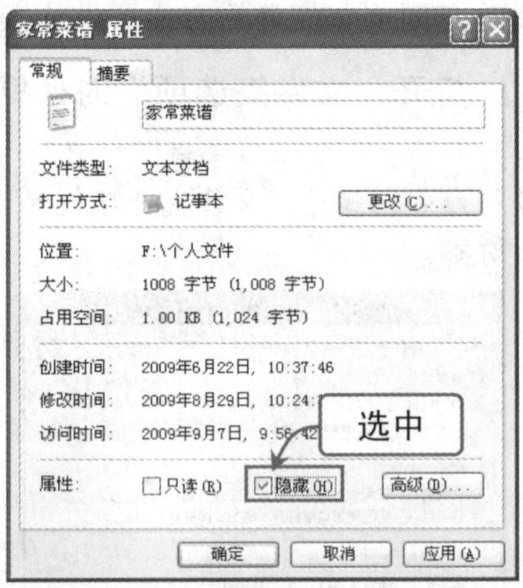

STEP 03 刷新文件夹

单击“确定”按钮，此时文件将以半透明状态显示，右击空白处，在弹出的快捷菜单中选择“刷新”命令，如下图所示。

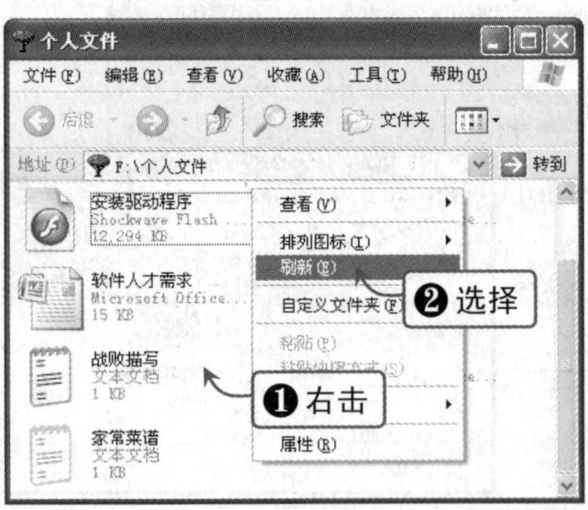

STEP 04 隐藏文件

刷新文件夹后，属性设置为隐藏的文件已经在文件夹中消失，效果如下图所示。

提示

若用户需要查看或使用已经隐藏的文件或文件夹，可以在文件夹窗口中选择“工具”|“文件夹选项”命令，在弹出的“文件夹选项”对话框中选择“查看”选项卡，在“高级设置”列表框中选中“显示所有文件和文件夹”单选按钮即可。

5.5.2 以只读方式打开文件或文件夹

以只读方式打开文件或文件夹，可以防止对该文件或文件夹进行修改和删除操作，其设置方法如下：

STEP 01 选择“属性”命令

右击要设置以只读方式打开的文件夹，在弹出的快捷菜单中选择“属性”命令，如下图所示。

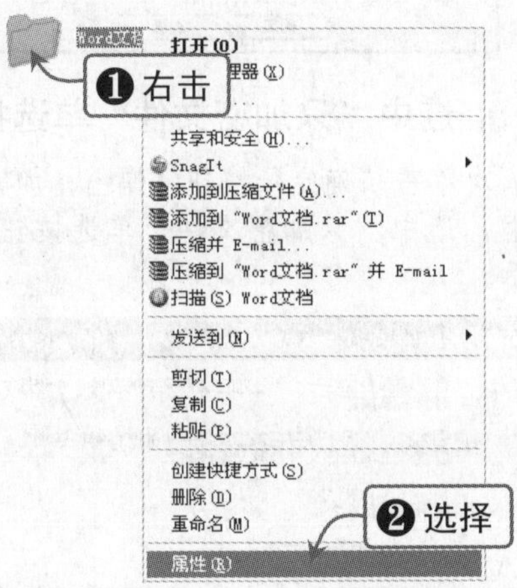

STEP 02 选择“只读”复选框

弹出文件夹属性对话框，在“属性”选项组中选中“只读”复选框，如下图所示。

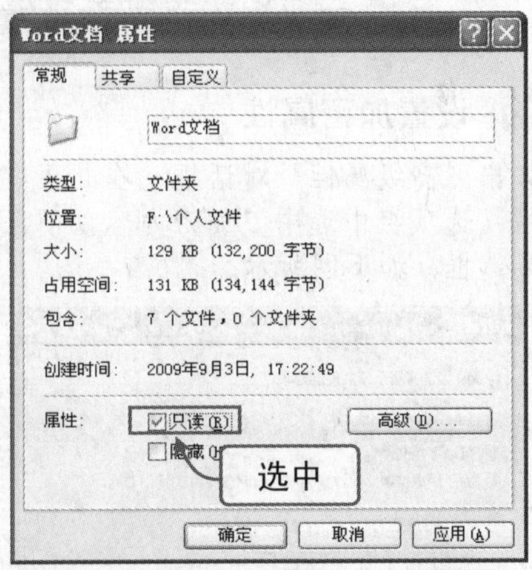

STEP 03 设置子文件和文件夹

单击“确定”按钮，弹出“确认属性更改”对话框，如下图所示。

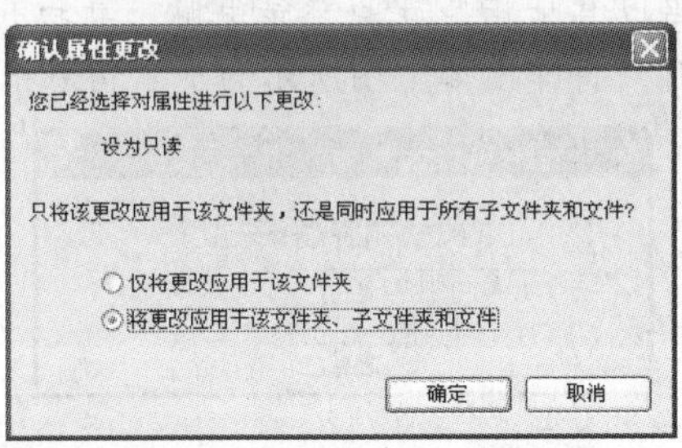

STEP 04 修改文件

保持默认设置，单击“确定”按钮，打开文件夹中的任意文件，并对其进行修改，保存文件时，将弹出“另存为”对话框，需要用户将修改后的文件保存到电脑的其他位置。

提示

设置为只读属性的文档，用户只能进行阅读，不能对其进行修改并保存。

5.5.3 加密文件或文件夹

若一台电脑有多个用户使用，则可以使用 Windows XP 操作系统提供的加密功能为文件或文件夹进行加密，以保证其安全。加密后的文件或文件夹，只能由加密时使用的用户账户打开，其他账户不能打开。下面以 Word 文档为例，介绍加密的具体操作方法。

STEP 01 选择“属性”命令

右击要加密的文件，在弹出的快捷菜单中选择“属性”命令，如下图所示。

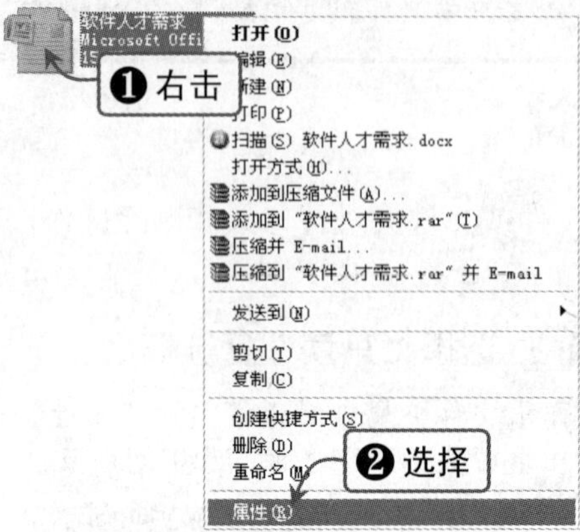

STEP 02 单击“高级”按钮

弹出文件属性对话框，单击“属性”选项组中的“高级”按钮，如下图所示。

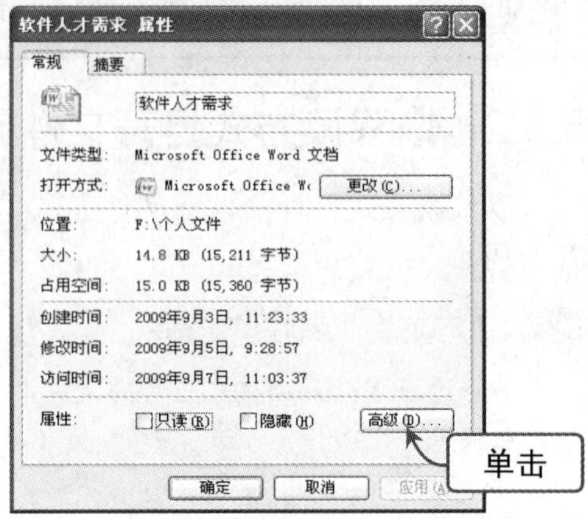

STEP 03 设置加密属性

弹出“高级属性”对话框，在“压缩或加密属性”选项组中选中“加密内容以便保护数据”复选框，如下图所示。

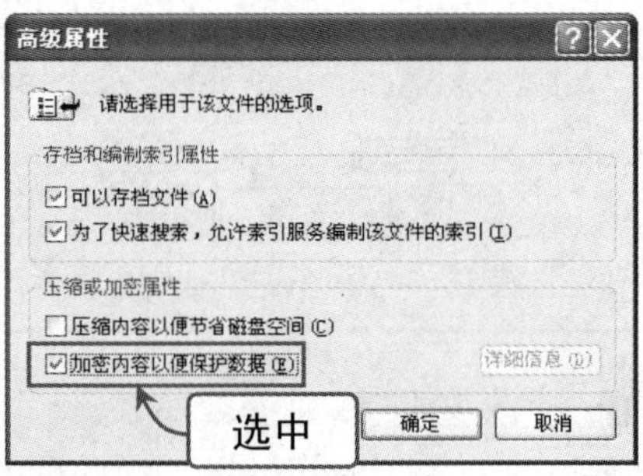

STEP 04 选中“只加密文件”单选按钮

依次单击“确定”按钮，弹出“加密警告”对话框，选中“只加密文件”单选按钮，如下图所示。

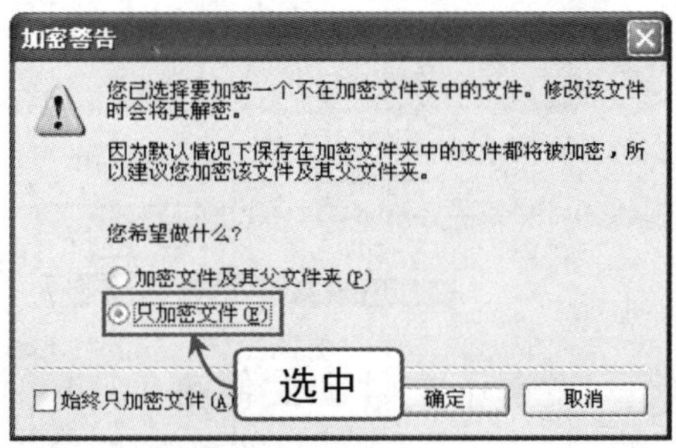

STEP 05 完成加密文件

单击“确定”按钮，完成设置，此时被加密的文件名变成绿色，如下图所示。

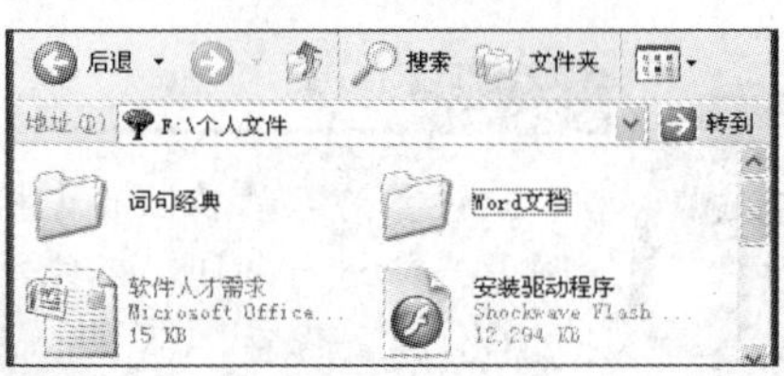

STEP 06 查看加密文件

当以其他用户账户登录电脑，并打开加密文件时，将弹出如下图所示的提示信息框。

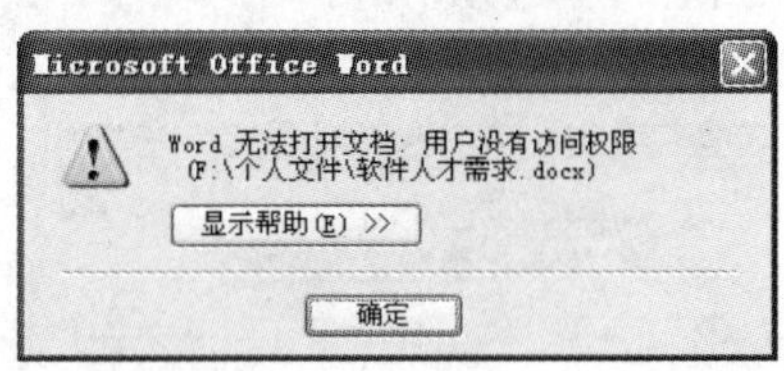

提示

使用 Windows XP 操作系统提供的加密功能的前提是，准备加密的文件或文件夹所在磁盘必须采用 NTFS 文件系统。同时，由于加密/解密功能在启动时还不能够起作用，因此系统文件或系统目录中的文件是不能被加密的，否则将无法启动电脑。另外，NTFS 文件系统提供的文件与文件夹压缩功能，不能与文件加密功能同时使用，但 ZIP、RAR 等压缩软件压缩的文件不在此限制内。

技巧百宝箱

技巧 1 批量重命名文件

如果要重命名的文件很多，一个一个地修改既费时又费力。用户可以一次性命名所有文件，具体操作方法如下：

STEP 01 按【F2】键

打开“我的电脑”窗口，找到并选中所有要重命名的文件，按【F2】键，切换到其中一个文件的命名文本框中，如下图所示。

STEP 02 输入名称

输入名称，按【Enter】键进行确认，此时选中的所有文件被重新命名，并按升序顺序进行排序，如下图所示。

技巧 2 隐藏文件夹窗口的左窗格

打开任意文件夹窗口，用户会发现左窗格中显示了“文件和文件夹任务”、“其他位置”和“详细信息”3 个任务窗格，若用户平时不常用到它们，可将其隐藏，下面介绍具体的操作方法。

STEP 01 选择“文件夹选项”命令

打开任意文件夹窗口，选择“工具”|“文件夹选项”命令，如下图所示。

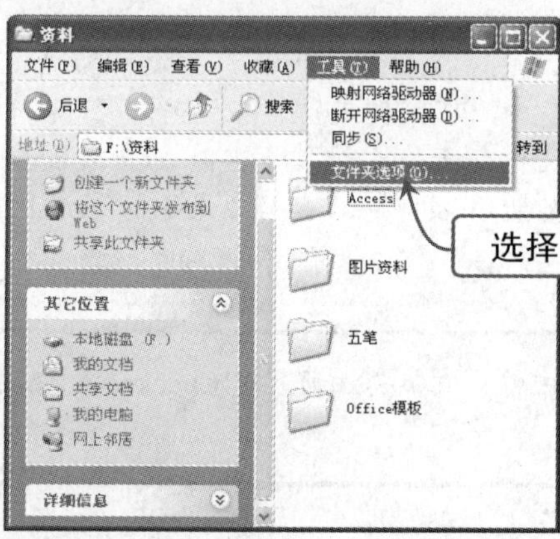

STEP 02 选择任务

弹出“文件夹选项”对话框，在“任务”选项组中选中“使用 Windows 传统风格的文件夹”单选按钮，如下图所示。

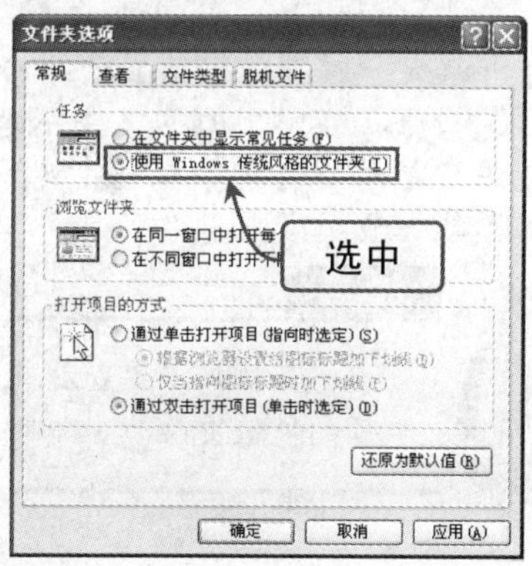

STEP 03 改变文件夹风格

单击“确定”按钮，完成设置。此时，文件夹窗口中的“文件和文件夹任务”、“其他位置”和“详细信息”任务窗格已经消失，效果如右图所示。

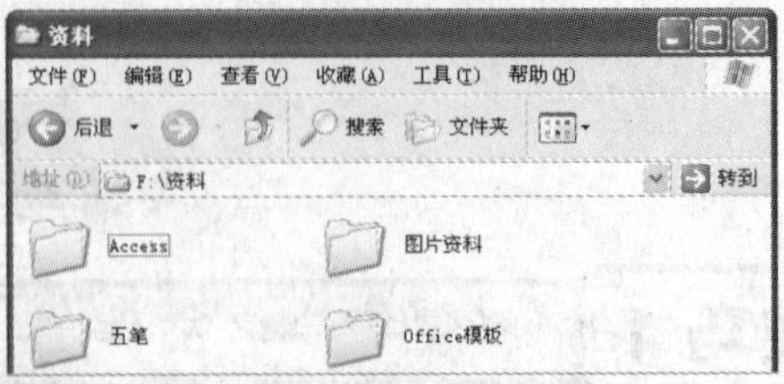

技巧 3 彻底隐藏文件或文件夹

为防止其他用户通过更改“文件夹选项”设置将隐藏文件或文件夹显示出来，用户可以将重要文件彻底隐藏，具体操作方法如下：

STEP 01 输入 regedit 命令

选择“开始”|“运行”命令，弹出“运行”对话框，在“打开”组合框中输入 regedit 命令，并单击“确定”按钮，如下图所示。

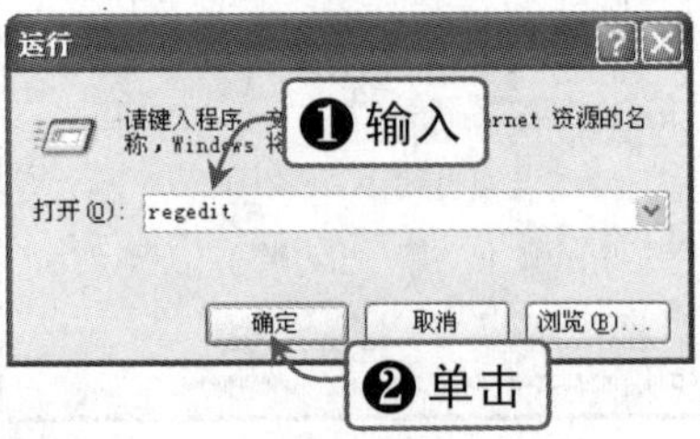

STEP 02 展开子键

打开“注册表编辑器”窗口，依次展开到 HKEY_LOCAL_MACHINE\SOFTWARE\Microsoft\Windows\CurrentVersion\Explorer\Advanced\Folder\Hidden\SHOWALL 子键，如下图所示。

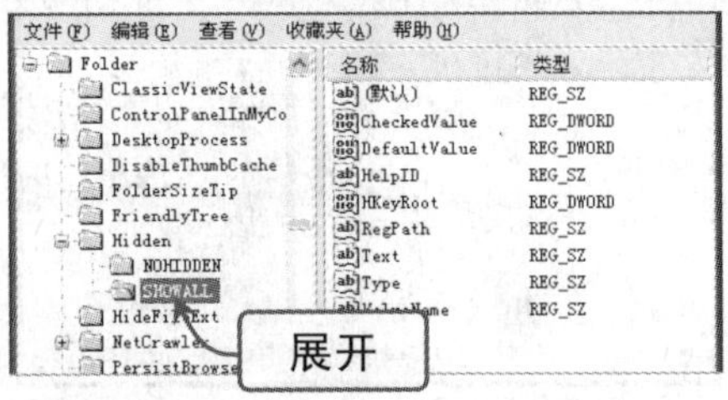

STEP 03 选择“修改”命令

右击右窗格中的 CheckedValue 键值，在弹出的快捷菜单中选择“修改”命令，如下图所示。

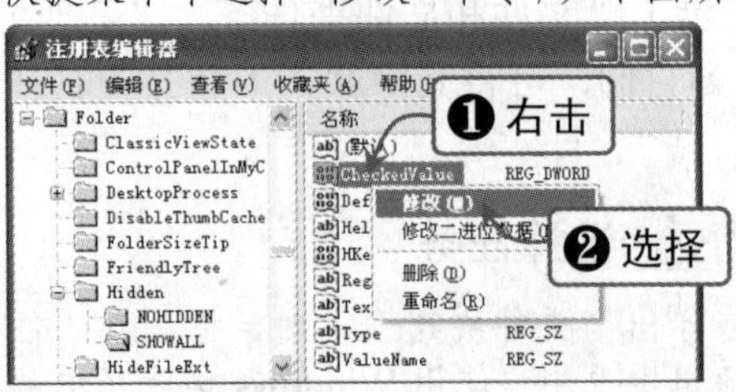

STEP 04 输入数值数据

弹出“编辑 DWORD 值”对话框，在“数值数据”文本框中输入数值 0，其他选项保持默认设置，如下图所示。

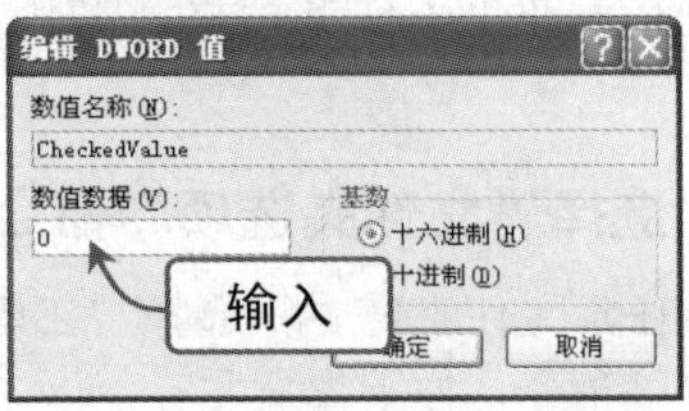

STEP 05 隐藏文件夹

单击“确定”按钮，按前面介绍的方法隐藏文件夹后，在文件夹窗口中选择“工具”|“文件夹选项”命令，在弹出的“文件夹选项”对话框中选择“查看”选项卡，在“高级设置”列表框中选中“显示所有文件和文件夹”单选按钮，显示所有文件和文件夹，此时，已经隐藏了的文件夹不能被显示出来。

提示

若用户需要查看或使用彻底隐藏的文件，直接将注册表中 CheckedValue 选项的键值更改为 1 即可。

Chapter 06

Windows XP 系统的设置

在 Windows XP 操作系统中，用户不但可以随心所欲地设置系统的一些显示属性，如背景、屏保等，还能够根据自己的需要设置“开始”菜单、任务栏以及回收站等。在本章的学习中，读者不但能够更加深刻地认识 Windows XP 操作系统，并且能够为读者今后打造个性化的系统环境奠定基础。

本章建议学习时间：

本章建议学习时间为 50min，其中分配 25 min 学习桌面和窗口的基础知识，25min 观看教学视频并上机练习。

学完本章后您可以：

- 设置系统显示属性
- 设置“开始”菜单
- 设置任务栏
- 管理回收站

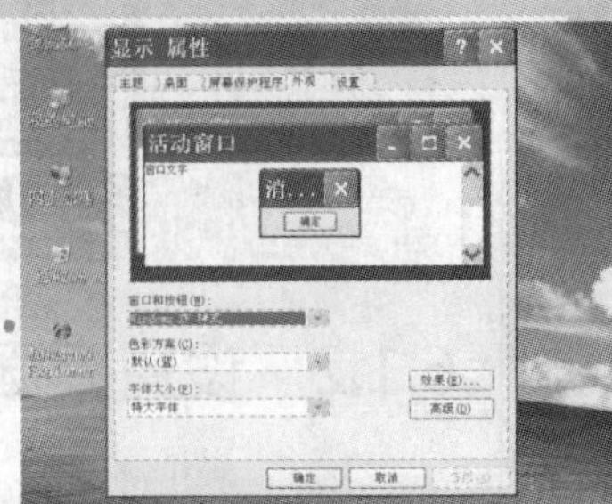

设置特定字体

分组显示

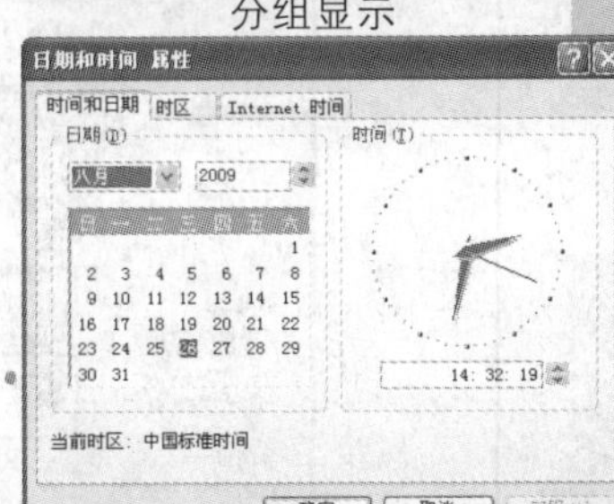

调整时间和日期

重要知识点视频索引

6.1 系统显示属性的设置

用户可从根据自己的喜好和习惯，在“显示 属性”对话框中对系统的桌面主题、背景、图标、屏保、外观等显示属性进行设置，以满足用户要求。

6.1.1 打开“显示 属性”对话框

打开“显示 属性”对话框的方法主要有以下两种。

方法一：使用桌面快捷菜单

在桌面任意空白处右击，在弹出的快捷菜单中选择“属性”命令，如下图所示。可弹出“显示 属性”对话框。

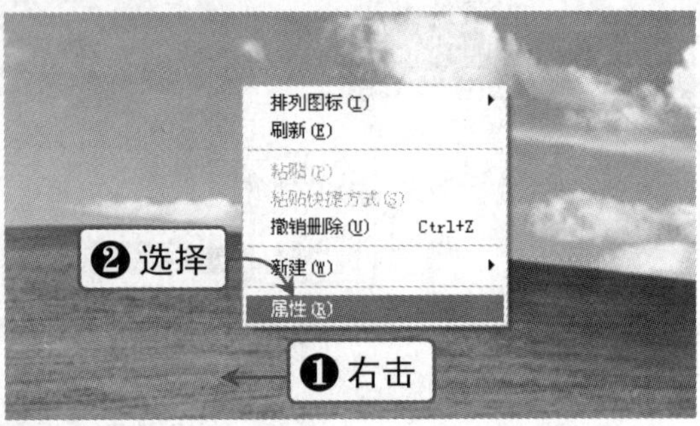

方法二：通过控制面板

在“控制面板”窗口中双击“显示”图标，如下图所示。

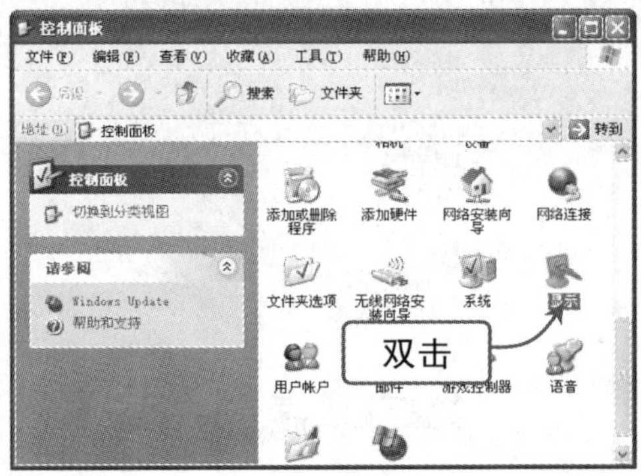

6.1.2 设置桌面背景图案

用户可以对 Windows XP 操作系统的桌面进行自定义设置，将电脑中自己喜爱的图片设置为桌面背景。其具体操作方法如下：

STEP 01 选择背景图片

打开“显示 属性”对话框，选择“桌面”选项卡，在“背景”列表框中选择自己喜欢的背景图片，如下图所示。

STEP 02 应用背景

单击“应用”按钮，将应用该背景图片，效果如下图所示。

STEP 03 浏览其他图片

在“显示 属性”对话框中的“桌面”选项卡中单击“浏览”按钮，弹出“浏览”对话框，在“查找范围”下拉列表框中选择其他图片的存储位置，然后在下方的列表框中选择要设置为背景的图片，如右图所示，单击“打开”按钮即可。

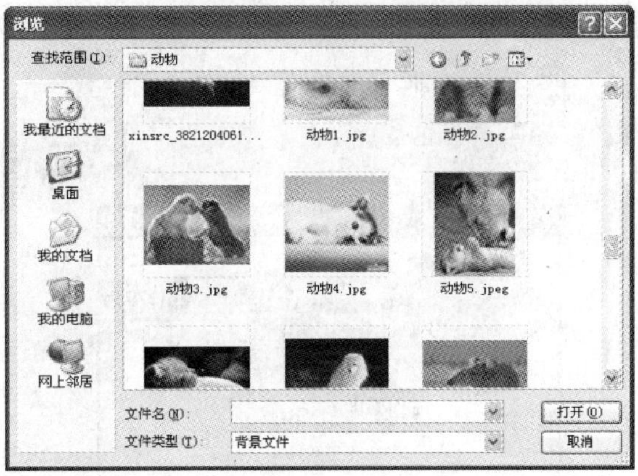

6.1.3 设置屏保

用户可以设置屏幕保护程序，以保护在较长一段时间内不运行电脑程序情况下的显示器屏幕。其具体设置方法如下：

STEP 01 选择屏保

在“显示 属性”对话框中，选择“屏幕保护程序”选项卡，在“屏幕保护程序”下拉列表框中选择“图片收藏幻灯片”选项，如下图所示。

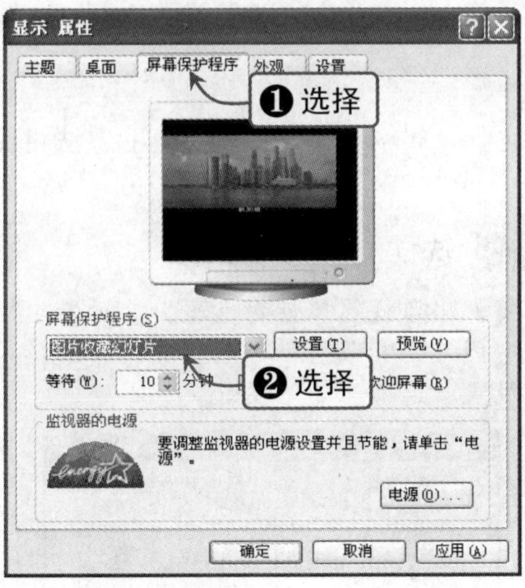

STEP 02 设置屏保程序的属性

单击“设置”按钮，在弹出的对话框中设置更换图片的频率、图片的尺寸等属性，如下图所示。设置完成后单击“确定”按钮，返回“显示 属性”对话框，单击“应用”按钮即可。

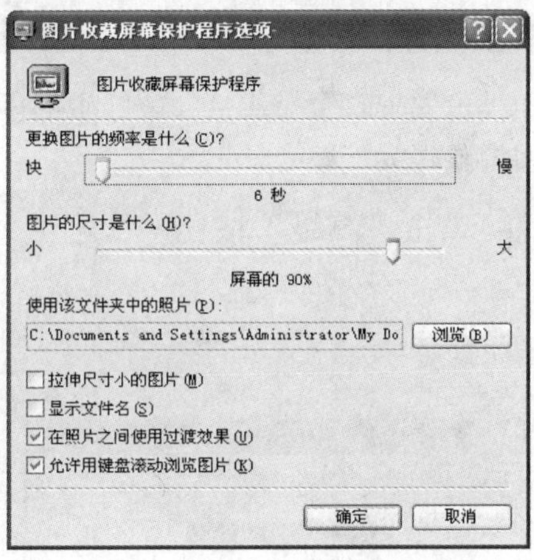

6.1.4 显示设置

用户可通过“显示 属性”对话框设置屏幕分辨率、DPI、刷新频率等显示属性，下面将详细介绍这些知识。

Work1 设置屏幕分辨率

设置屏幕分辨率的具体操作方法如下：

STEP 01 调整分辨率

在“显示 属性”对话框中，选择“设置”选项卡，调整调节按钮，设置屏幕分辨率为 1280×1024 像素，如下图所示。

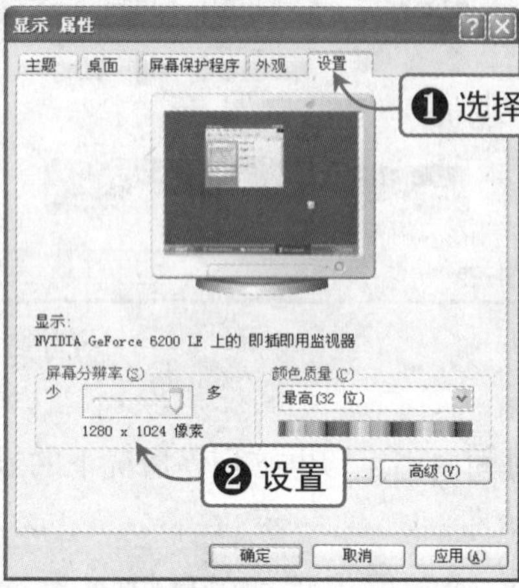

STEP 02 应用效果

单击“应用”按钮，稍等片刻，将应用该屏幕分辨率，效果如下图所示。

提示

CRT 显视器通常显示 800×600 像素或 1024×768 像素的分辨率。而液晶显视器可以更好地支持更高的分辨率。是否能够增加屏幕分辨率取决于显视器的大小和功能及视频卡的类型。

Work2 DPI 设置

如果设置屏幕分辨率后，电脑中的图标和字体太小，为方便查看，可按如下方法将图标和字体调整得大一些：

STEP 01 单击“高级”按钮

打开“显示 属性”对话框，在“设置”选项卡中单击“高级”按钮，如下图所示。

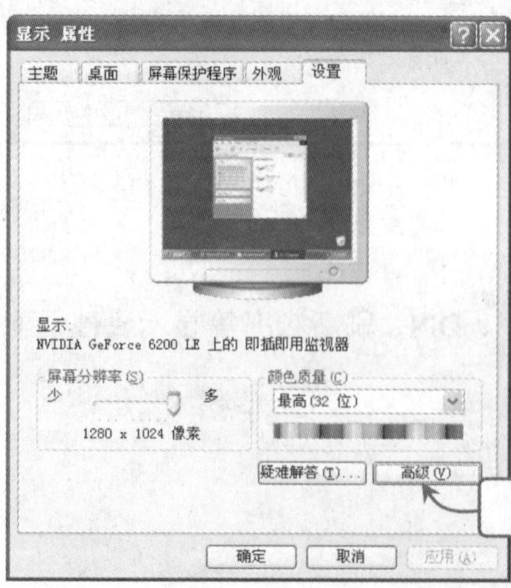

STEP 02 选择 DPI 设置选项

将弹出监视器属性对话框，在“常规”选项卡中的“DPI 设置”下拉列表框中选择“自定义设置”选项，如下图所示。

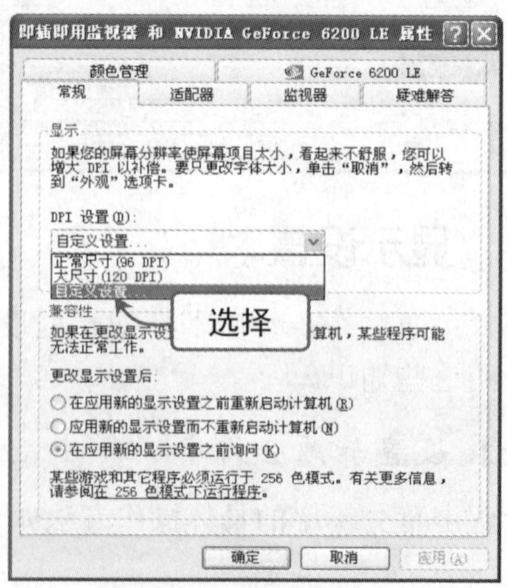

STEP 03 设置缩放百分比

在弹出的“自定义 DPI 设置”对话框中设置缩放百分比为150%，如下图所示。

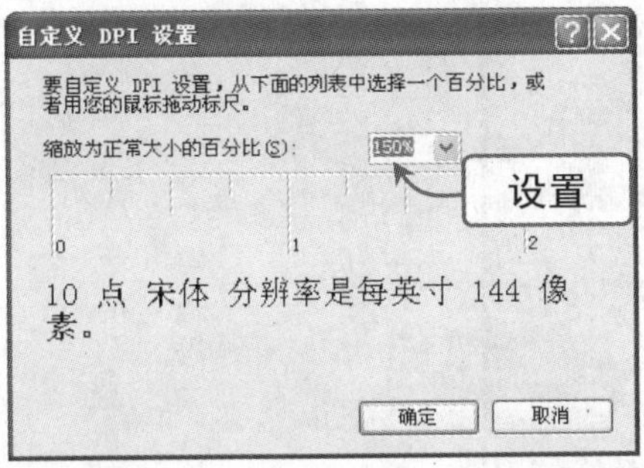

STEP 04 完成 DPI 设置

单击“确定”按钮，弹出“更改 DPI 设置”提示信息框，单击“确定”按钮，返回监视器属性对话框，单击“确定”按钮，弹出“常规”提示信息框，单击“是”按钮，如下图所示，返回“显示 属性”对话框，单击“关闭”按钮，重启计算机即可。

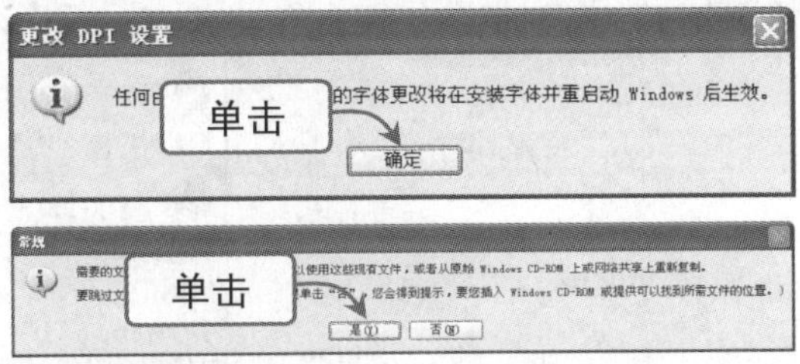

Work3 设置字体大小

要使屏幕上的文本字体更具可读性，可调整其字体的大小，具体操作方法如下：

STEP 01 设置字体大小

在“显示 属性”对话框中，选择“外观”选项卡，在“字体大小”下拉列表框中选择“特大字体”选项，如下图所示。

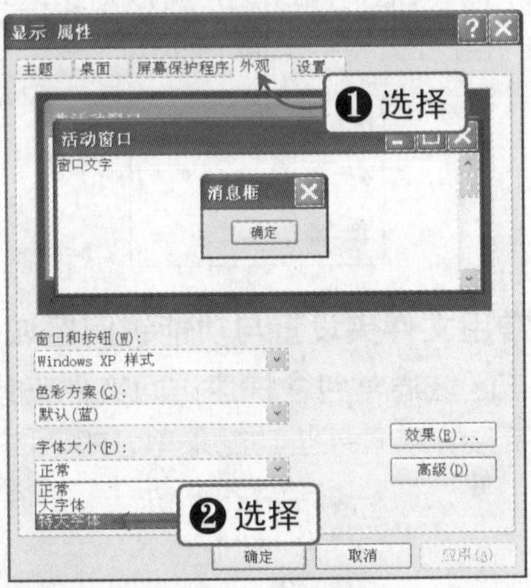

STEP 02 设置效果

设置为特大字体后的窗口显示效果如下图所示。

6.2 “开始”菜单的设置

“开始”菜单用于存放启动程序或打开窗口的命令，用户可根据使用习惯自定义设置“开始”菜单的样式和内容。

6.2.1 “开始”菜单的组成

“开始”菜单是任务栏的组成部分之一，单击任务栏左侧的“开始”按钮，可弹出

"开始"菜单。另外，按键盘上的 Windows 徽标键，也可弹出"开始"菜单，"开始"菜单如下图所示。

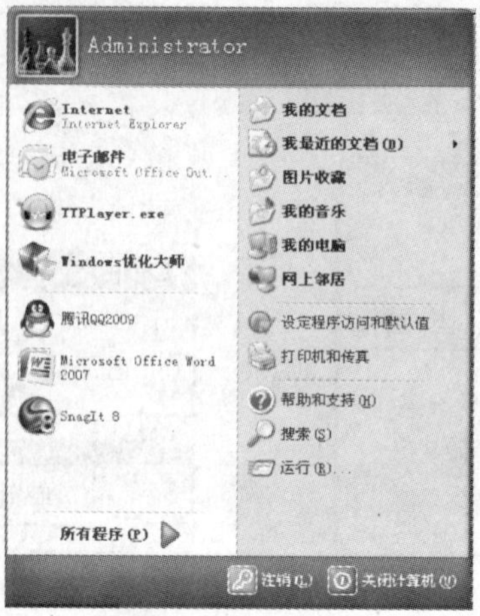

"开始"菜单中包含 4 部分，分别如下：

程序快捷方式图标区域

该区域中可放置一些固定的程序快捷方式图标，以方便用户操作，如下图所示。

最近使用程序快捷方式图标区域

该区域中将自动显示用户最近使用的程序的快捷方式图标，Windows 中有一个默认的图标显示数量，在该区域中只能显示一定数量的程序，如下图所示。用户可以对该区域中所显示的程序图标数量进行更改。

"所有程序"子菜单

"所有程序"子菜单中将显示电脑中安装的所有应用程序，如下图所示。

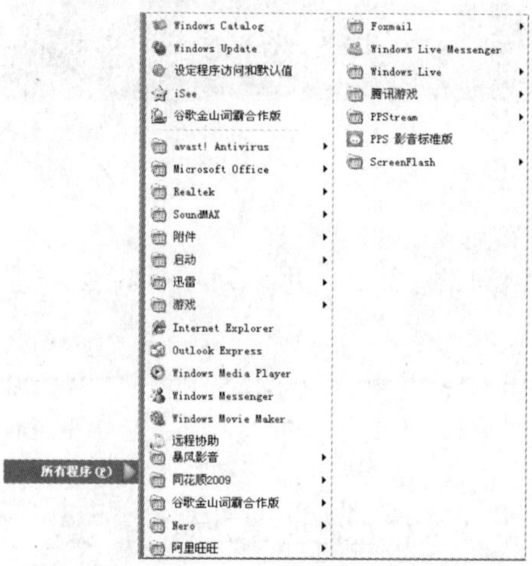

常用文件夹设置与功能访问区域

该区域通常包含快速访问文件夹或文件的超链接，或者某些功能菜单，如下图所示。

6.2.2 设置“开始”菜单样式

Windows XP 系统中有两种“开始”菜单的样式，一种是 Windows XP 系统“开始”菜单的样式，一种是 Windows 系统的经典“开始”菜单样式，用户可随时进行自定义设置，具体操作方法如下：

STEP 01 选择“属性”命令

在“开始”菜单的空白区域，在弹出的快捷菜单中选择“属性”命令，如下图所示。

STEP 02 设置“开始”菜单样式

弹出“任务栏和「开始」菜单属性”对话框，用户可设置“开始”菜单为 Windows XP 样式或经典样式，如选中“经典「开始」菜单”单选按钮，如下图所示。

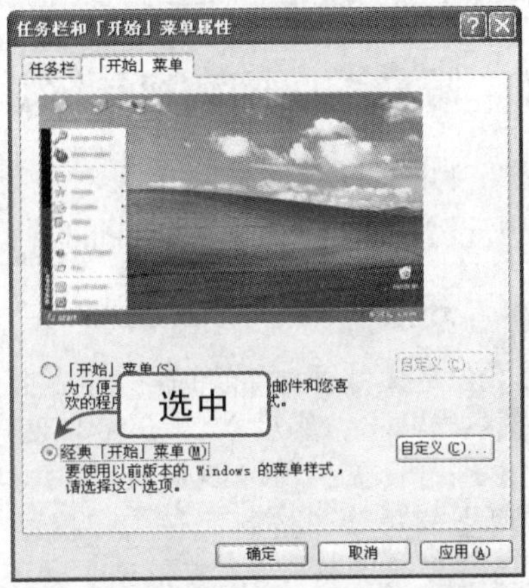

6.2.3 “开始”菜单的常规设置

如果用户需要设置“开始”菜单中程序图标的大小、最近使用程序快捷方式图标区域中程序图标的数目等，可按如下方式进行操作。

STEP 01 单击“自定义”按钮

在“任务栏和「开始」菜单属性”对话框中，选中“「开始」菜单”单选按钮，然后单击其右侧的“自定义”按钮，如下图所示。

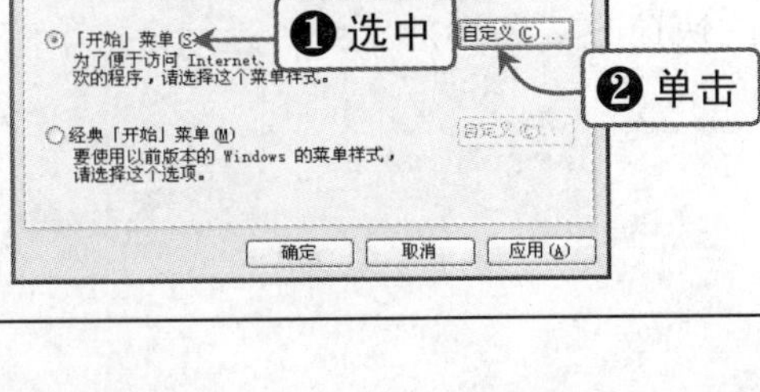

STEP 02 自定义设置

将弹出“自定义「开始」菜单”对话框，从中设置图标大小、常用程序快捷方式图标数目等，如下图所示。

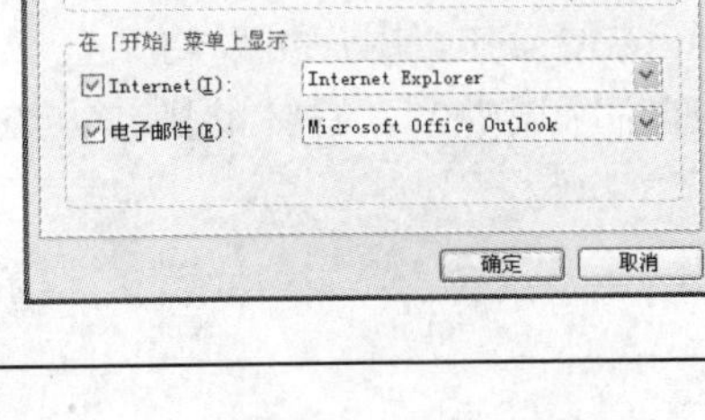

STEP 03 设置后的效果

单击“确定”按钮，返回“任务栏和「开始」菜单属性”对话框，单击“应用”按钮，应用设置，“开始”菜单效果如右图所示。

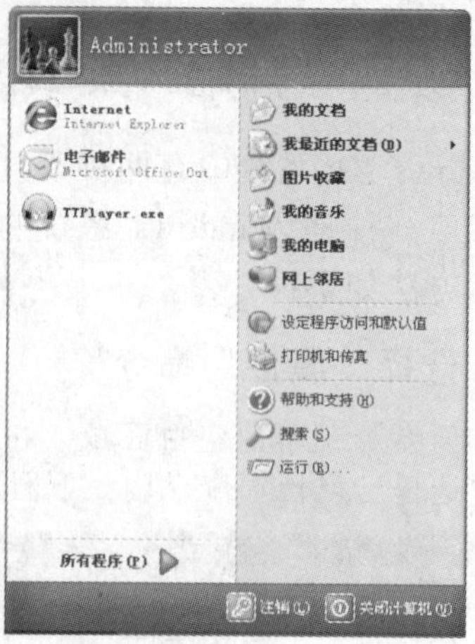

提示

用户可根据自己的习惯来设“开始”菜单，以方便操作。

6.2.4 “开始”菜单的高级设置

在“自定义「开始」菜单”对话框的“高级”选项卡中，用户可设置“开始”菜单的常用文件夹设置与功能访问区域中的项目数量、显示方式等。其具体设置方法如下：

STEP 01 “开始”菜单高级设置

在“自定义「开始」菜单”对话框中，选择“高级”选项卡，然后在“「开始」菜单项目”列表框中进行设置，将“我的文档”、“我的电脑”、“网上邻居”、“控制面板”、“网络连接”等设置为“显示为链接”，其他设置为不显示，如下图所示。

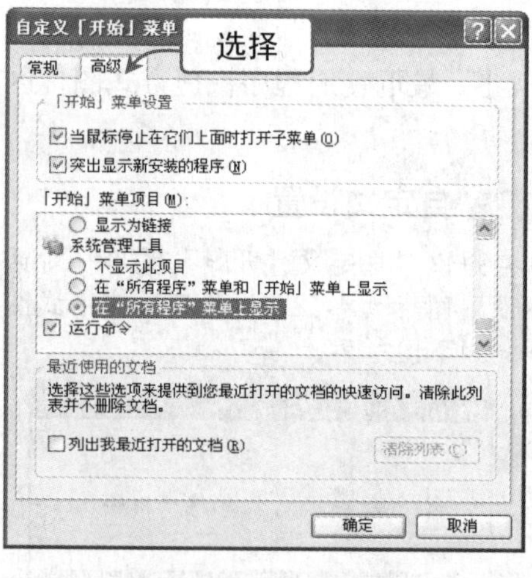

STEP 02 设置后的效果

单击“确定”按钮，返回“任务栏和「开始」菜单属性”对话框，单击“应用”按钮应用设置，“开始”菜单效果如下图所示。

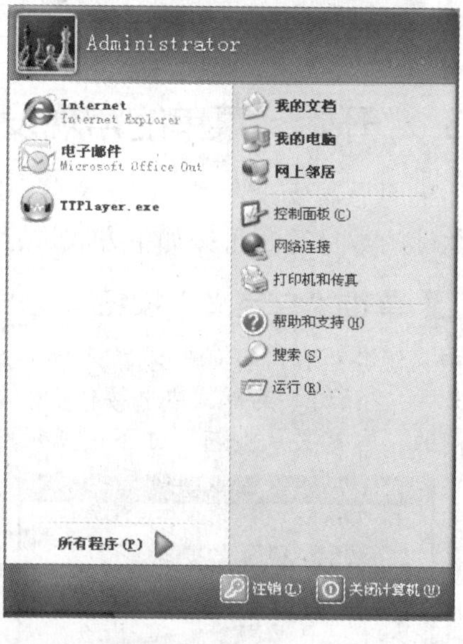

6.2.5 在“开始”菜单中添加程序快捷方式图标

为了方便操作，用户可以将某些应用程序的快捷方式图标放置到“开始”菜单的程序快捷方式图标区域中。其具体的操作方法如下：

STEP 01 添加快捷方式图标

选择“开始”|“所有程序”|“Windows 优化大师”命令，然后在 Windows 优化大师程序上右击，在弹出的快捷菜单中选择“附到「开始」菜单”命令，如下图所示。

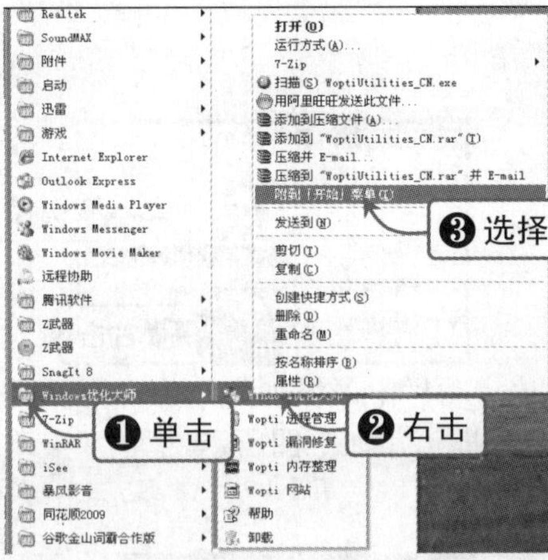

STEP 02 显示图标

将在“开始”菜单的程序快捷方式图标区域中显示添加的程序快捷方式图标，如下图所示。

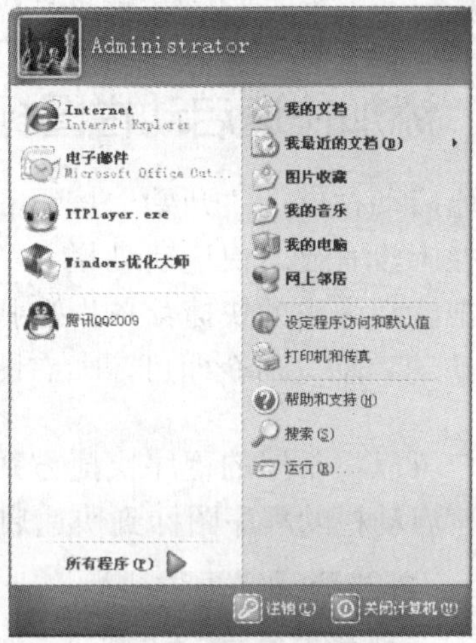

6.3 任务栏的基本设置

任务栏位于屏幕的最下方，任务栏包括“开始”菜单、快速启动栏、任务图标区域以及通知区域 4 部分。本节将详细介绍设置任务栏的基本知识。

6.3.1 隐藏任务栏

桌面上的任务栏能够被隐藏，隐藏任务栏后，将鼠标指针移动到任务栏所在的屏幕区域，可显示任务栏。隐藏任务栏的具体操作方法如下：

STEP 01 选择“属性”命令

在任务栏的空白处右击，在弹出的快捷菜单中选择“属性”命令，如下图所示。

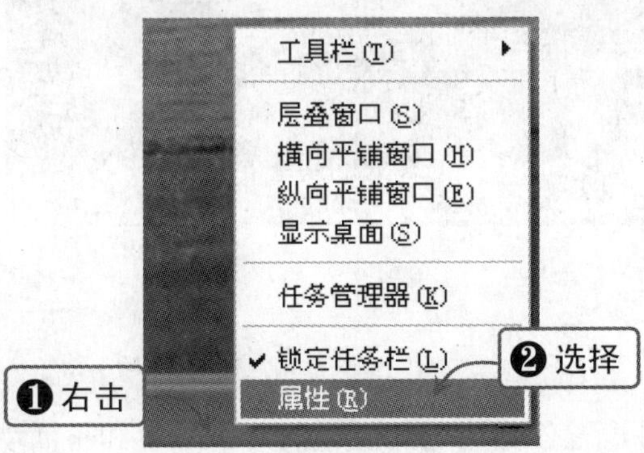

STEP 02 选中“自动隐藏任务栏”复选框

弹出“任务栏和「开始」菜单属性”对话框，从中选中“自动隐藏任务栏”复选框即可，如下图所示。

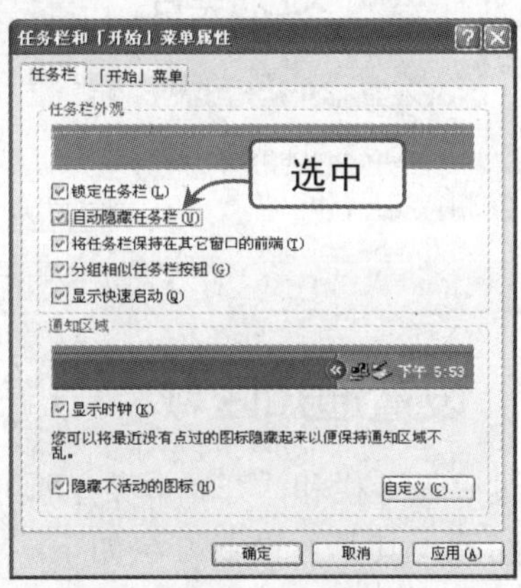

提示

将任务栏解除锁定后，拖动任务栏边缘至屏幕边缘，也可隐藏任务栏，但是采用这种方法隐藏任务栏后，将鼠标指针移动到任务栏所在的屏幕区域，任务栏不会弹出显示在屏幕中，用户需要使用拖动的方法，拖出任务栏。

6.3.2 添加快速启动栏图标

快速启动栏位于“开始”按钮右侧，如果任务栏中没有显示快速启动栏，可在任务栏中右击，在弹出的快捷菜单中选择“工具栏”|“快速启动”命令即可，如右图所示。

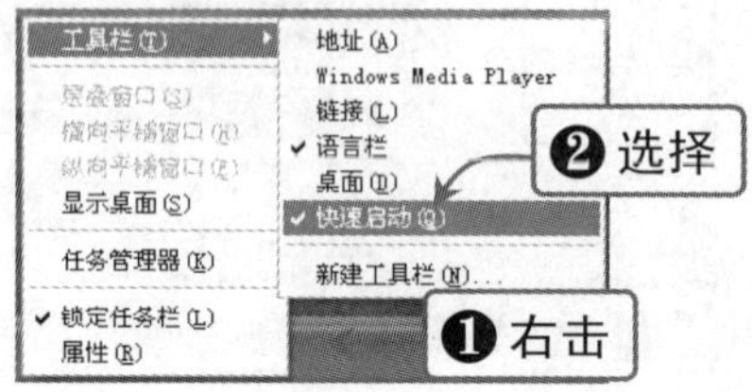

用户可以将常用的程序快捷方式图标添加到快速启动栏中。添加方法为：拖动将要添加到快速启动栏的程序图标到快速启动栏中，释放鼠标即可，如下图所示。

6.3.3 分组显示

在任务栏中分组显示相似任务图标的具体操作方法如下：

STEP 01 选中相应的复选框

打开“任务栏和「开始」菜单属性”对话框，从中选中“分组相似任务栏按钮”复选框，如下图所示。

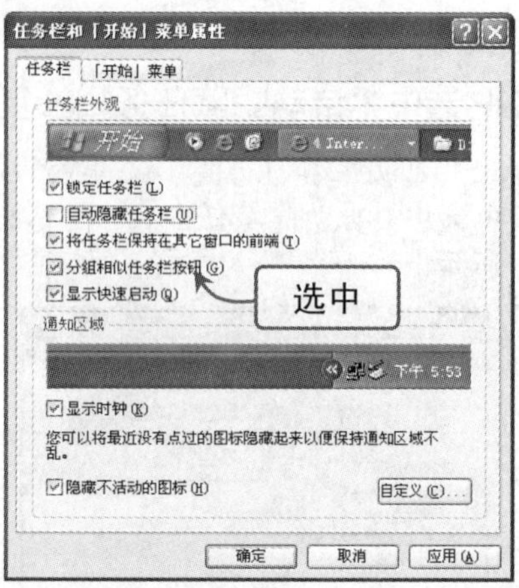

STEP 02 分组效果

单击“确定”按钮，完成设置，当打开多个程序或文件时，超出任务图标区域的范围，将自动进行分组，效果如下图所示。

6.3.4 设置通知区域

通过“任务栏和「开始」菜单属性”对话框可设置任务栏通知区域的时钟显示和不活动图标的隐藏，其具体设置方法如下：

STEP 01 选中相应的复选框

在“任务栏和「开始」菜单属性”对话框中选中“隐藏不活动的图标”复选框，如下图所示。

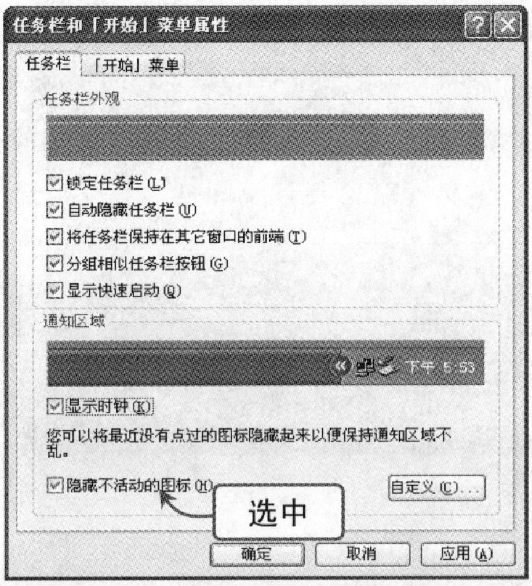

STEP 02 隐藏不活动图标

单击“确定”按钮，完成设置后，通知区域中不活动图标将隐藏，如下图所示。

STEP 03 显示隐藏的图标

单击通知区域左侧的“显示隐藏的图标”按钮，可显示隐藏的图标，如下图所示。

6.4 自定义设置任务栏

用户可自行调整任务栏的高度、移动任务栏的位置，并且自定义隐藏通知区域的图标、调整时间、设置 Internet 时间同步等。下面将详细介绍这些知识。

6.4.1 调整与移动任务栏

调整与移动任务栏的具体操作方法如下：

STEP 01 选择“锁定任务栏”命令

在任务栏的空白位置右击，在弹出的快捷菜单中选择“锁定任务栏”命令，如下图所示。

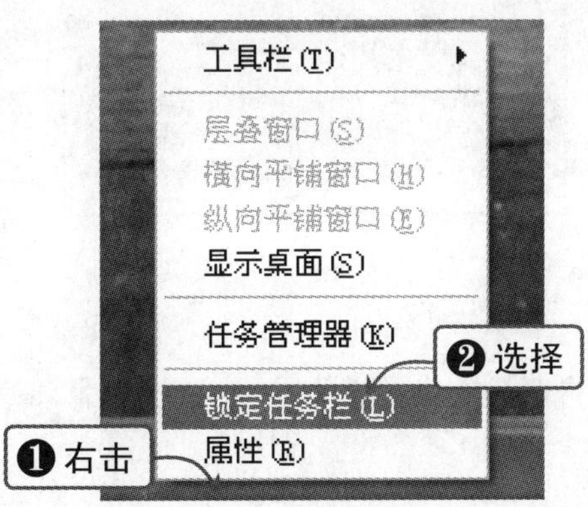

STEP 02 调整任务栏

将鼠标指针移动到任务栏上边缘位置，向上拖动鼠标，调整任务栏的宽度，如下图所示。

STEP 03 移动到屏幕上方

在任务栏上按住鼠标左键，拖动鼠标至窗口上方，释放鼠标后，任务栏将被移动到屏幕上方，如下图所示。

STEP 04 移动到屏幕右侧

将任务栏拖动到屏幕右侧，效果如下图所示。

6.4.2 自定义隐藏通知区域图标

除了可设置不活动图标的隐藏外，用户还可以自定义设置通知区域的隐藏图标。其具体设置方法如下：

STEP 01 单击“自定义”按钮

在“任务栏和「开始」菜单属性”对话框中单击“通知区域”选项组中的“自定义”按钮，如下图所示。

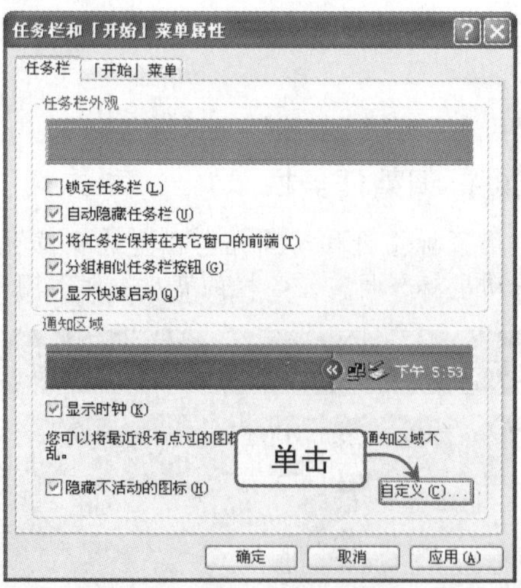

STEP 02 设置为“总是隐藏”

弹出“自定义通知”对话框，将“QQ旋风2”项目设置为“总是隐藏”，如下图所示。

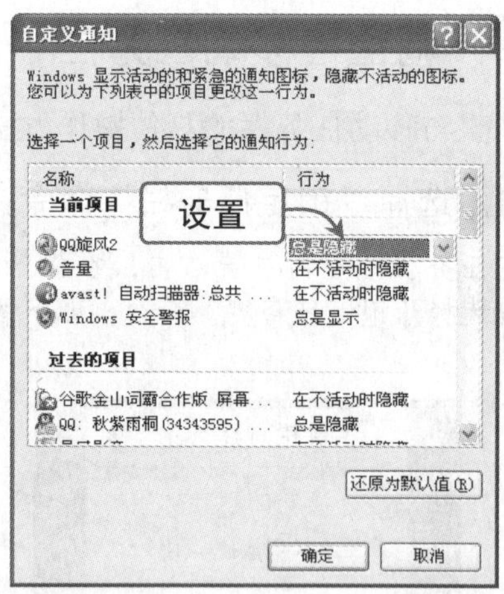

STEP 03 隐藏图标

依次单击“确定”按钮，完成设置，在通知区域将隐藏QQ旋风程序图标，单击“显示隐藏的图标”按钮才会显示该图标，如下图所示。

6.4.3 调整日期和时间

启动电脑后，在通知区域将显示当前时间，将鼠标指针移动到时间上将显示当前日期。如果时间显示不正确，用户可通过“日期和时间 属性”对话框来调整，其具体操作方法如下：

STEP 01 选择相应的选项

在“控制面板”窗口中双击“日期和时间”图标，如下图所示。

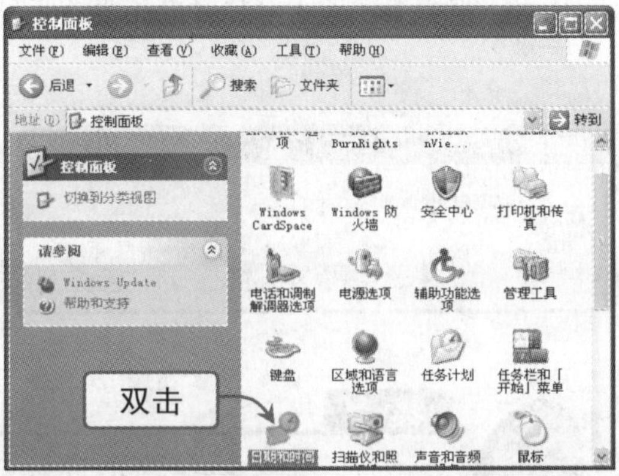

STEP 02 调整时间和日期

弹出“日期和时间 属性”对话框，在“时间和日期”选项卡中可调整日期和时间，如下图所示。

6.4.4 同步 Internet 时间

在用户电脑与网络连接的情况下，可以将时间设置为自动与 Internet 时间服务器同步。其具体设置方法如下：

STEP 01 选择相应的选项

双击通知区域中的时间，将弹出“日期和时间 属性”对话框，选择“Internet 时间”选项卡，如下图所示。

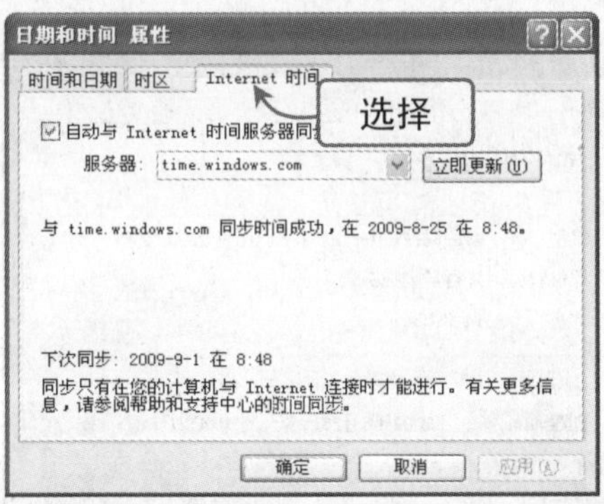

STEP 02 更新时间

选择 Internet 时间服务器，单击“立即更新”按钮，会自动将电脑显示时间与服务器时间进行同步，如下图所示。

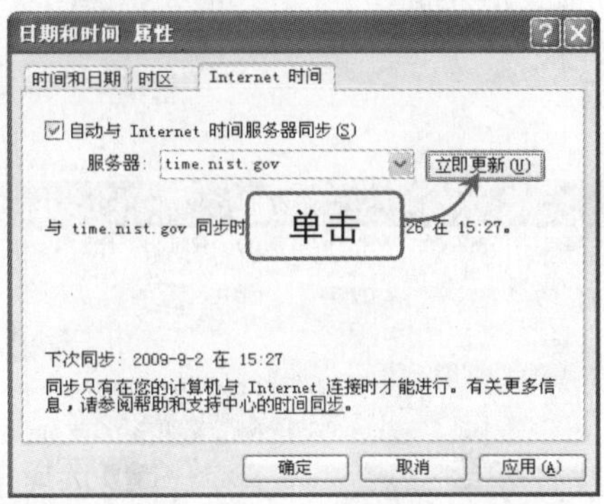

6.5 回收站的利用

回收站用于存放被删除的文件或文件夹。从硬盘删除文件或文件夹时，Windows 将其放在“回收站”中，并且“回收站”的图标从“空”更改为“满”。

6.5.1 清空回收站和还原项目

删除到回收站中的项目仍然占用硬盘空间，需要用户手动进行删除。另外，可以将回收站中的项目恢复或还原到原位置。

Work1 清空回收站

STEP 01 单击超链接

双击“回收站”图标，打开“回收站”窗口，单击其任务窗格中的“清空回收站”超链接，如下图所示。

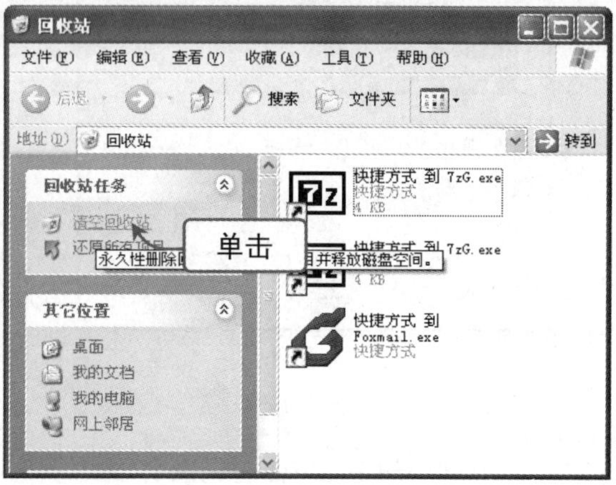

STEP 02 确认删除提示信息框

弹出“确认删除多个文件”提示信息框，如下图所示。

提示

当回收站充满后，Windows自动清除“回收站”中的空间以存放最近删除的文件和文件夹。

Work2 还原项目

STEP 01 还原文件

打开“回收站”窗口，选择要还原的文件，如“复件 第 2 章.doc”，如下图所示，单击“还原此项目”超链接，将该文档还原到原来的存储目录中。

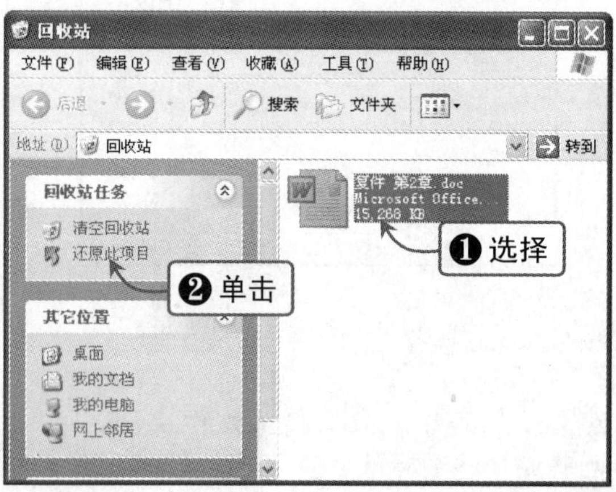

STEP 02 属性对话框

如果在要还原的文件上双击，将弹出该文件的属性对话框，单击“还原”按钮，也可进行还原，如下图所示。

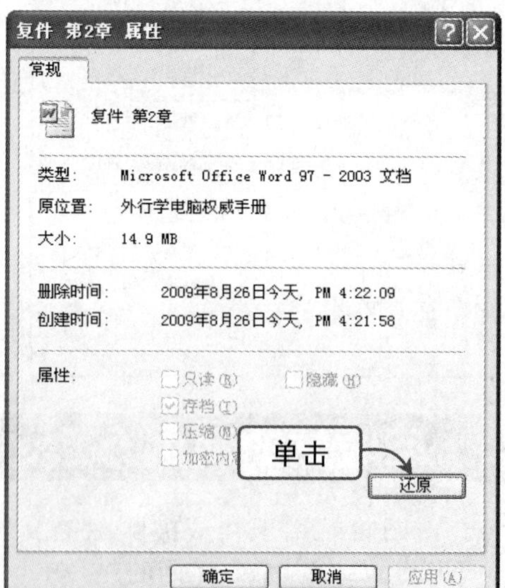

提示

从软盘或网络驱动器中删除的项目将被永久删除，不能发送到回收站。

6.5.2 回收站的管理

用户可以设置删除文件或文件夹时，不通过回收站，直接将文件或文件夹删除，也可以限定“回收站”的大小以限制它占用硬盘空间的大小。另外，Windows 为每个分区或硬盘分配一个“回收站”。如果硬盘已经分区，或者如果电脑中有多个硬盘，也可以为每个“回收站”指定不同的大小。

STEP 01 弹出快捷菜单

右击桌面上的“回收站”图标，在弹出的快捷菜单中选择“属性”命令，如下图所示。

STEP 02 弹出“回收站 属性”对话框

弹出“回收站 属性”对话框，其中默认选中“所有驱动器均使用同一设置”单选按钮，可同时设置各个磁盘如下图所示。

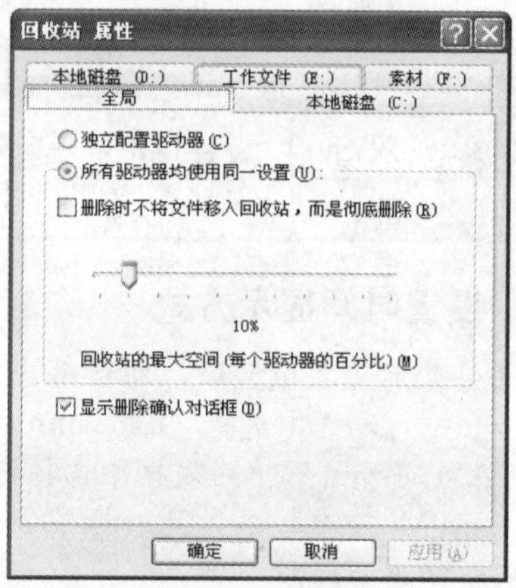

STEP 03 选中相应的单选按钮

选中“独立配置驱动器”单选按钮，如下图所示。

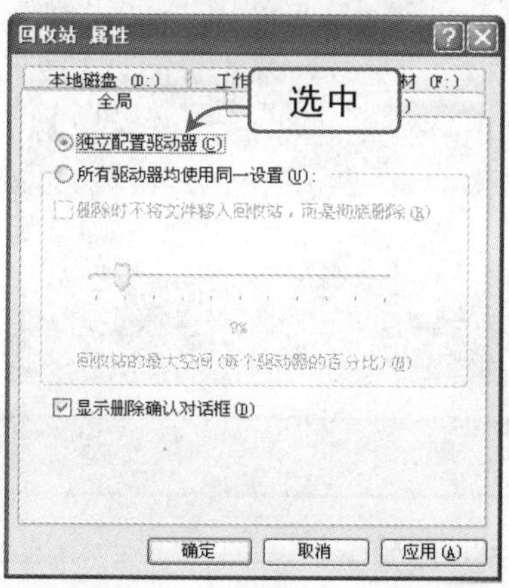

STEP 04 设置属性

选择“本地磁盘 (D:)”选项卡，从中单独设置 D 盘回收站的属性，如下图所示。

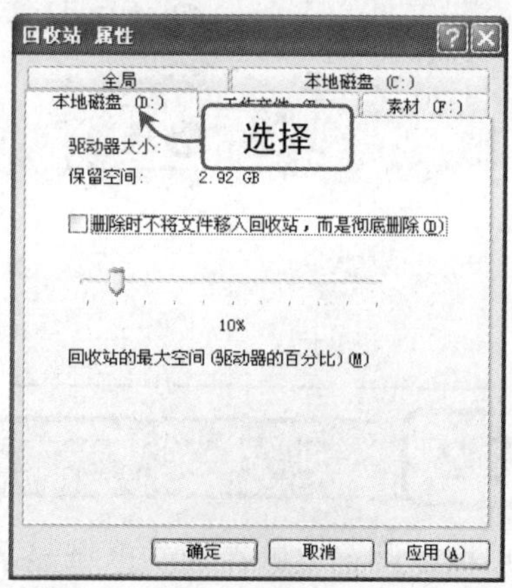

技巧百宝箱

技巧 1 自定义时间的显示方式

自定义时间显示方式的具体操作方法如下：

STEP 01 双击图标

打开“控制面板”窗口，双击“区域和语言选项”图标，如下图所示。

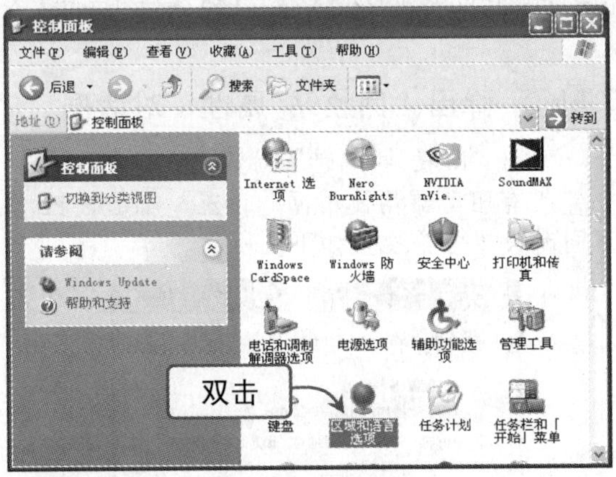

STEP 02 单击“自定义”按钮

弹出“区域和语言选项”对话框，单击“自定义”按钮，如下图所示。

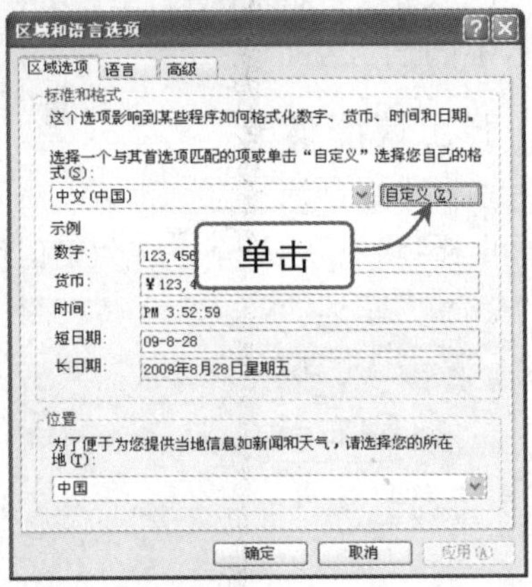

STEP 03 设置时间显示方式

弹出“自定义区域选项”对话框，在“时间格式”下拉列表框中选择“tt h：mm：ss”选项，在“AM 符号”下拉列表框中选择“上午”选项，在“PM 符号”下拉列表框中选择“下午”选项，如下图所示。

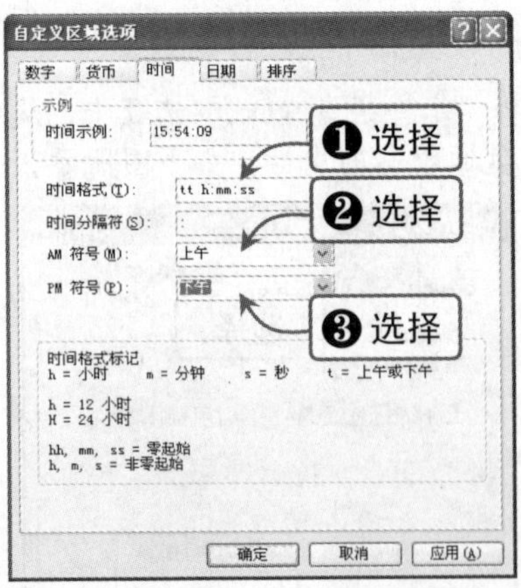

STEP 04 设置属性

依次单击“确定”按钮，关闭所有对话框，完成设置，在任务栏的通知区域将按新的时间显示方式显示时间，如下图所示。

技巧 2 在通知区域显示星期

用户可以设置电脑在通知区域显示星期，具体操作步骤如下：

STEP 01 打开“控制面板”窗口

在“控制面板”窗口中双击“区域和语言选项”图标，如下图所示。

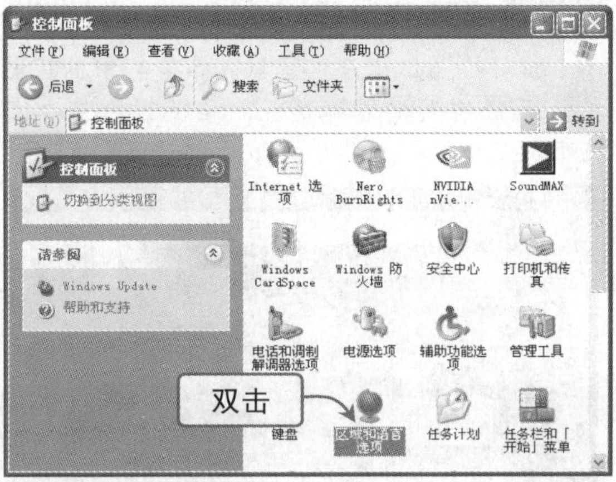

STEP 02 弹出“自定义区域选项”对话框

弹出“自定义区域选项”对话框，选择“日期”选项卡，在“长日期格式”下拉列表框中选择“yyyy'年'M'月'd'日'”选项，然后在其后面输入“dddd”，如下图所示。

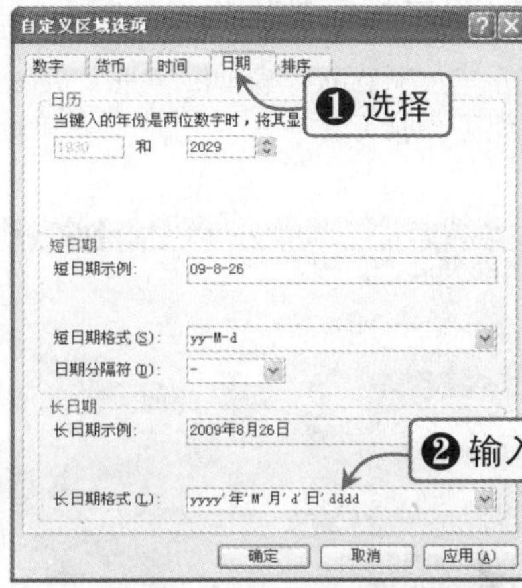

STEP 03 显示星期

依次单击“确定”按钮，关闭所有对话框，然后将鼠标指针移动到任务栏通知区域的时间上，将会显示日期和星期，效果如右图所示。

技巧 3 让通知区域显示音量图标

将音量控制图标添加到任务栏的通知区域，能够方便用户调节电脑的音量。在通知区域显示音量图标的具体操作方法如下：

STEP 01 双击相应的图标

打开“控制面板”窗口，双击“声音和音频设备”图标，如下图所示。

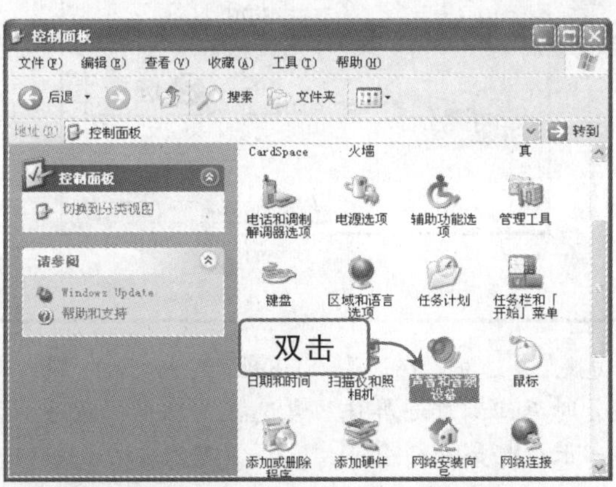

STEP 02 选中相应的复选框

弹出“声音和音频设备 属性”对话框，在“音量”选项卡中选中“将音量图标放入任务栏”复选框，单击“确定”按钮即可，如下图所示。

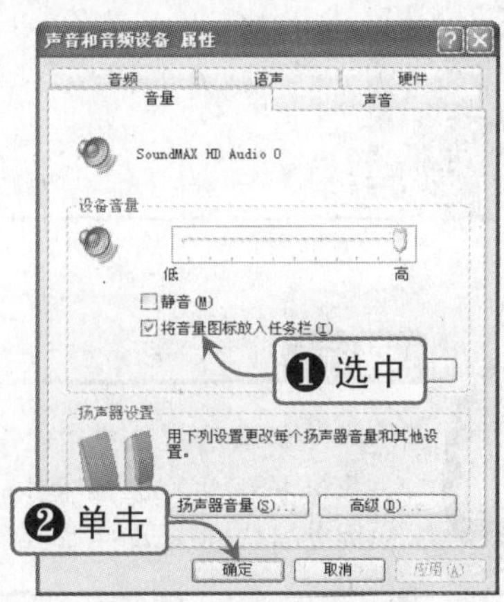

技巧 4 设置屏保密码来保护电脑

为防止离开时其他用户查看自己电脑中的重要资料，可为自己的电脑设置屏保密码，其操作方法如下：

STEP 01 双击相应的图标

打开“控制面板”窗口，双击“用户账户”图标，如下图所示。

STEP 02 单击相应的超链接

打开“用户账户”窗口，单击其中的“更改账户登录或注销的方式”超链接，如下图所示。

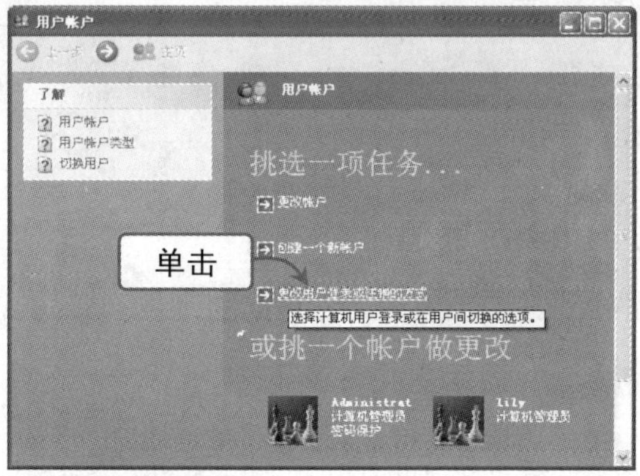

STEP 03 取消选择复选框

在打开的窗口中取消选择“使用快速用户切换”复选框，如下图所示。

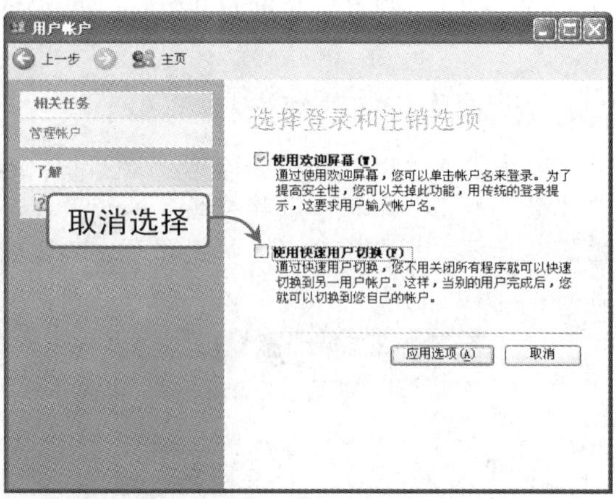

STEP 04 设置屏保选项

打开“显示属性”对话框，选择一种屏保，并选中“在恢复时使用密码保护”复选框，如下图所示。

提示

如果用户选中“使用快速用户切换”复选框，在“显示 属性”对话框的“屏幕保护程序”选项卡中，选中“恢复时返回到欢迎屏幕”复选框，从屏保程序恢复时，进入欢迎屏幕，要进入用户账户也要输入密码。

STEP 05 提示输入密码

当电脑长时间无人使用时运行屏保程序，当用户要使用电脑时，将弹出如下图所示的对话框。要求用户输入密码，才能进入系统。

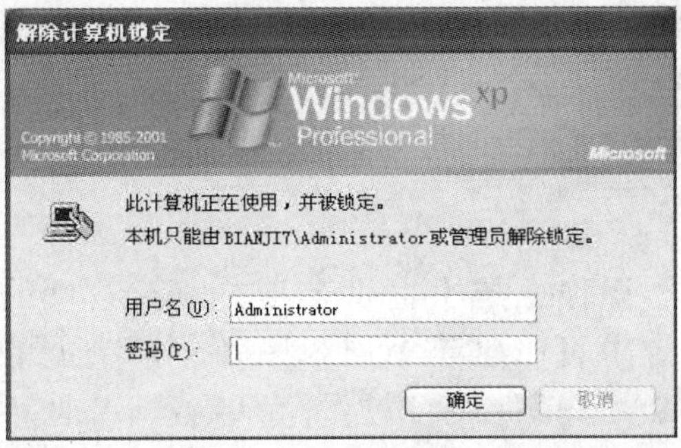

提示

这里要输入的密码应为用户账户的密码。

读书笔记

Chapter 07

用户账户管理

Windows XP 操作系统中提供了用户账户管理的功能，利用该功能，在同一个系统中可以创建不同权限、不同类型的用户账户，这样不但能够方便多个用户共同使用同一台电脑，并且还能够在一定程度上保证系统的安全性，防止私人信息泄露。

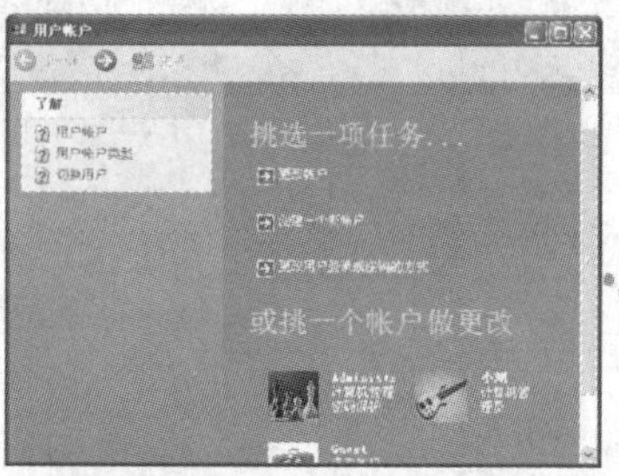

创建用户账户

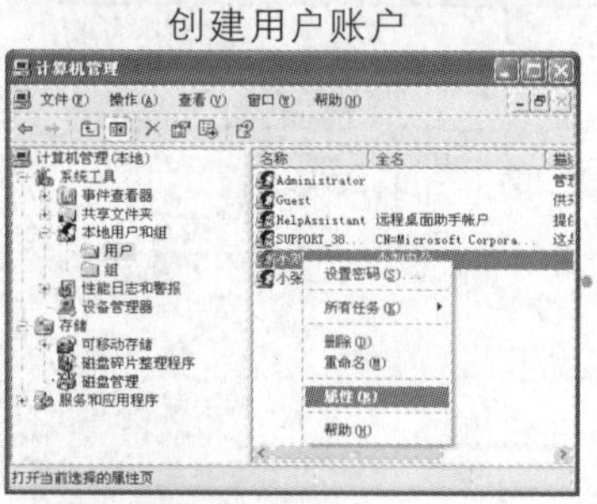

禁用账户

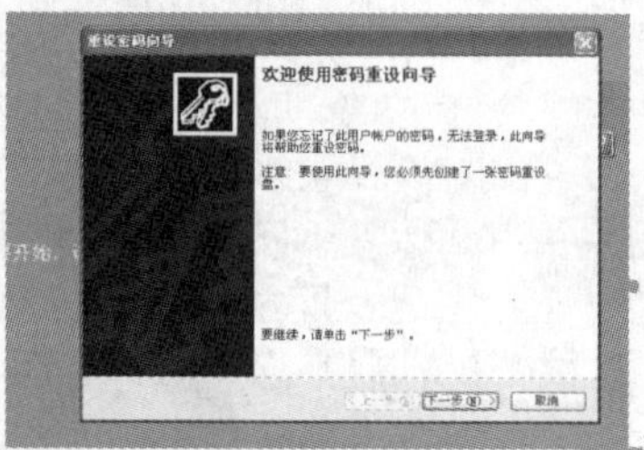

使用密码重设向导

重要知识点视频索引

本章建议学习时间：

本章建议学习时间为 50min，其中分配 25 min 学习用户账户管理的知识，25min 观看教学视频并进行实践练习。

学完本章后您可以：

- 创建用户账户
- 管理账户
- 对账户进行高级管理
- 切换账户
- 注销用户账户

7.1 用户账户分类

在 Windows XP 操作系统中有 3 种类型的用户账户，分别为计算机管理员账户、受限账户以及来宾账户，下面将详细介绍各种类型账户的定义及其权限。

❖ 计算机管理员账户：专门为可以对计算机进行系统更改、安装程序和访问计算机上所有文件的人而设置的。只有拥有计算机管理员账户的人才拥有对计算机上其他用户账户的完全访问权。计算机管理员账户可以创建和删除计算机上的用户账户；可以为计算机上其他用户账户创建账户密码；可以更改其他人的账户名、图片、密码和账户类型；无法将自己的账户类型更改为受限制账户类型，除非至少有一个其他用户在该计算机上拥有计算机管理员账户类型。这样可以确保计算机上总是至少有一个人拥有计算机管理员账户。

❖ 受限用户：针对要禁止某些用户更改大多数计算机设置和删除重要文件而设计了受限用户账户。受限用户无法安装软件或硬件，但可以访问已经安装在计算机上的程序。可以更改其账户图片，还可以创建、更改或删除其密码。但是无法更改其账户名或者账户类型。

❖ 来宾账户：为了用于那些在计算机上没有用户账户的人。来宾账户没有密码，所以使用来宾账户可以快速登录系统。来宾账户无法安装软件或硬件，但可以访问已经安装在计算机上的程序，可以接受电子邮件或者浏览 Internet；无法更改来宾账户类型，但是可以更改来宾账户图片。

7.2 创建用户账户

Windows XP 操作系统具有强大的用户管理功能，可向电脑中添加用户账户，可允许不同的用户使用不同的账户类型以不同的权限访问计算机上的文件和程序。

7.2.1 创建计算机管理员账户

创建账户时，应该以系统管理员的身份登录系统，然后在“用户账户”窗口中创建不同类型的用户账户，下面介绍创建计算机管理员账户的操作方法：

STEP 01 打开“控制面板”窗口

打开“控制面板”窗口，双击“用户账户”图标，如下图所示。

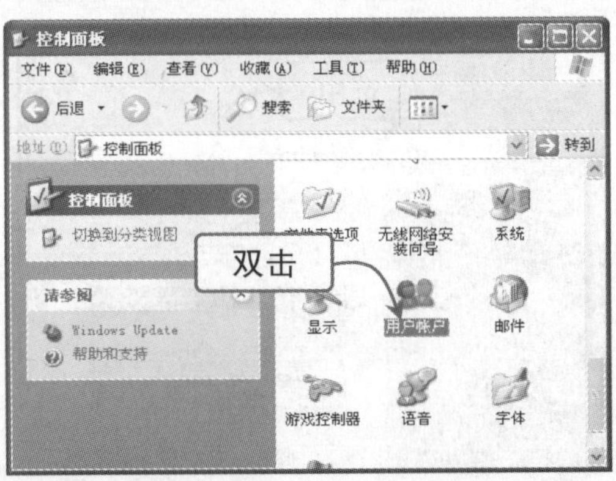

STEP 02 单击相应的超链接

打开“用户账户”窗口，单击“创建一个新账户”超链接，如下图所示。

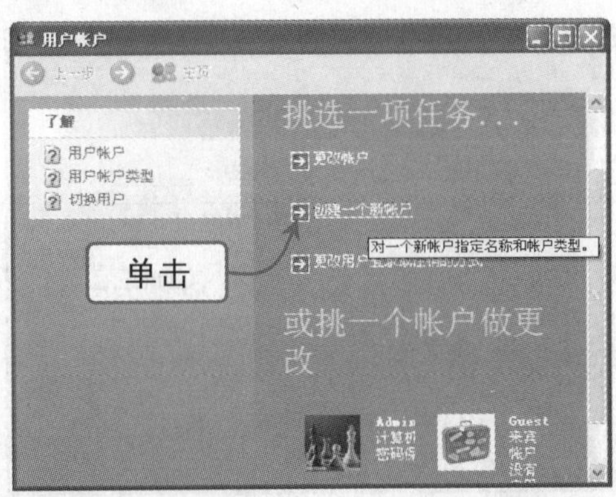

STEP 03 输入新账户名称

在打开的窗口的"为新账户键入一个名称"文本框中输入新账户的名称，如下图所示。

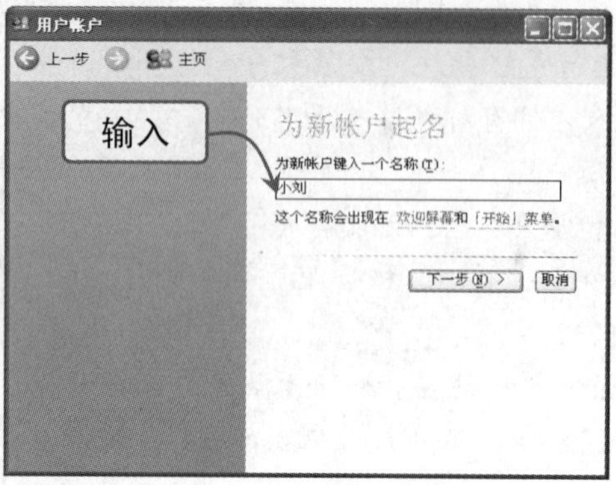

STEP 04 选择账户类型

单击"下一步"按钮，打开如下图所示的窗口，在首次创建用户账户时只能选中"计算机管理员"单选按钮，单击"创建账户"按钮，创建账户。

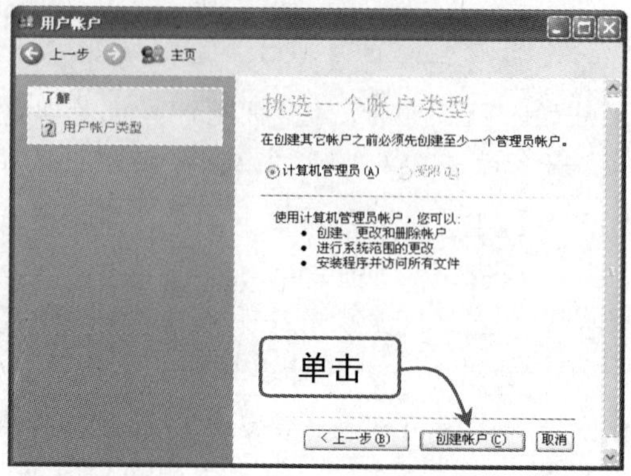

STEP 05 创建的账户

完成创建账户操作后，在"用户账户"窗口中将显示创建的用户账户，如右图所示。

提示

创建用户账户后，当再次登录计算机时，Administrator账户将自动隐藏。

7.2.2 创建受限账户

创建受限账户与创建计算机管理员账户的方法基本相同，创建方法如下：

STEP 01 输入新账户名称

在"用户账户"窗口中单击"创建一个新账户"超链接，在打开的窗口中输入新账户的名称，如下图所示。

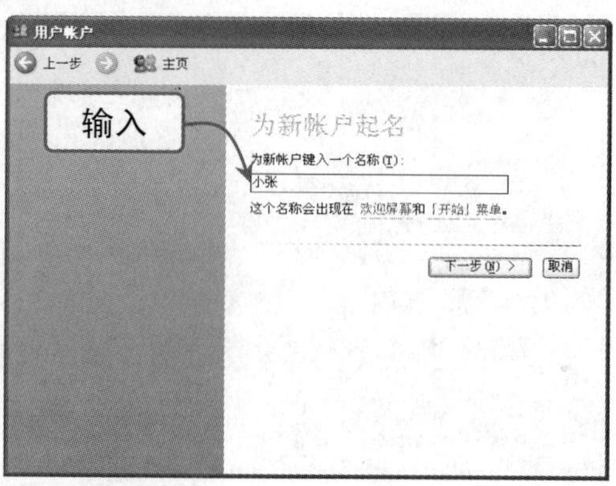

STEP 02 选择账户类型

单击"下一步"按钮，在打开的窗口中选中"受限"单选按钮，如下图所示。

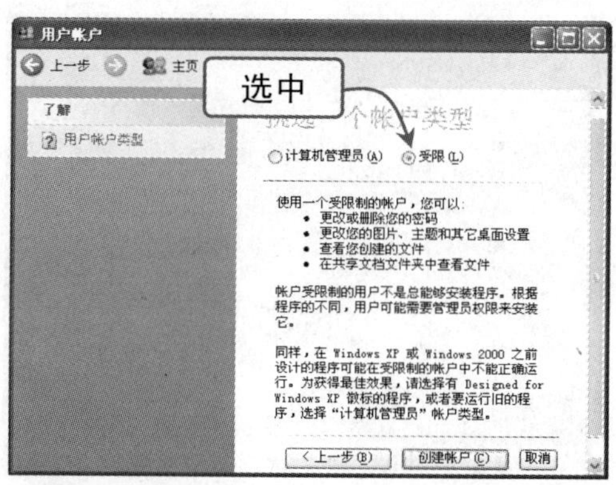

STEP 03 创建账户

单击“创建账户”按钮，创建受限账户。在“用户账户”窗口中将显示创建的受限账户，如右图所示。

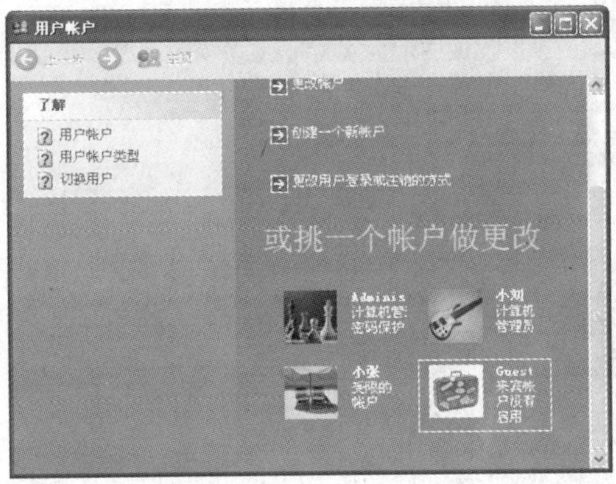

> **提示**
>
> 安装Windows XP操作系统时，系统会自动创建administrator超级管理员账户。

7.3 账户的管理

当在电脑中创建了多个用户账户后，对账户的管理变得非常重要。本节将介绍创建账户密码、更改账户类型、更改账户名称、更改账户图片等有关账户管理方面的知识。

7.3.1 创建账户密码

在创建用户账户后，以系统管理员身份登录可为当前用户或其他用户创建密码。下面以administrator账户身份登录，为“小刘”账户创建密码具体操作方法如下：

STEP 01 选择账户

在“用户账户”窗口中选择计算机管理员账户“小刘”，如下图所示。

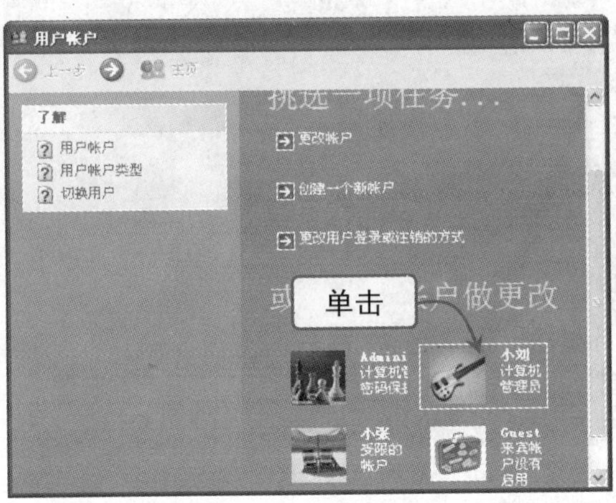

STEP 02 单击“创建密码”超链接

在打开的窗口中单击“创建密码”超链接，如下图所示。

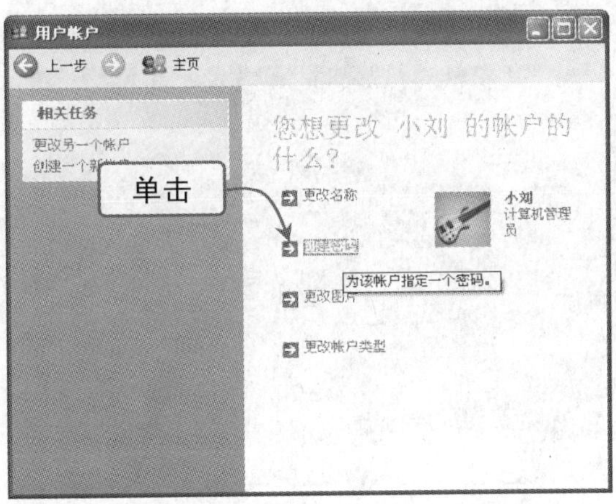

STEP 03 设置密码和密码提示

在打开的窗口中输入账户密码并确认，然后输入一个密码提示，当用户忘记账户密码时，可提醒用户，如下图所示。

STEP 04 显示密码保护

单击“创建密码”按钮，完成密码的创建，在用户账户窗口中将显示该账户为密码保护账户，如下图所示。

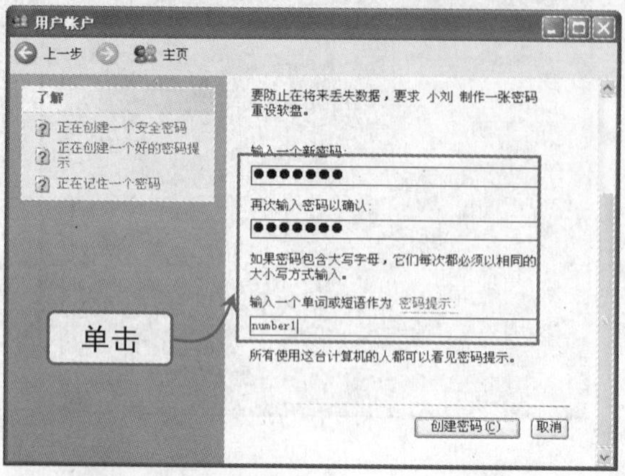

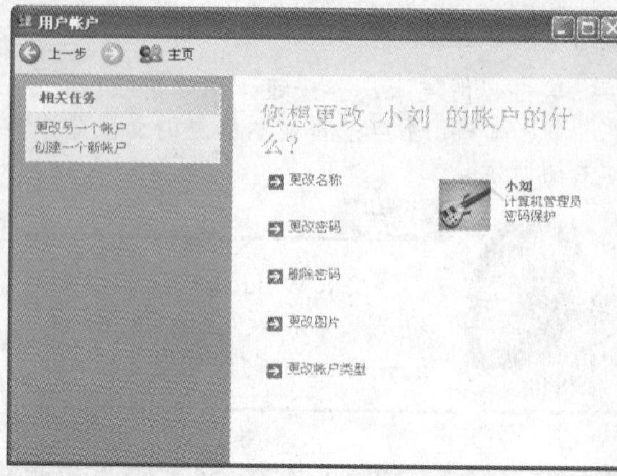

提示

为了增强电脑的安全性，应该使用具有强保密性的密码。所谓具有强保密性的密码应该至少有7位字符，并且应该是字母、数字和符号的组合。

7.3.2 更改用户账户类型

系统管理员除了可创建新的用户账户外，还可以对创建的用户账户的类型进行更改，具体操作方法如下：

STEP 01 选择账户

在“用户账户”窗口中，选择受限账户“小张”，如下图所示。

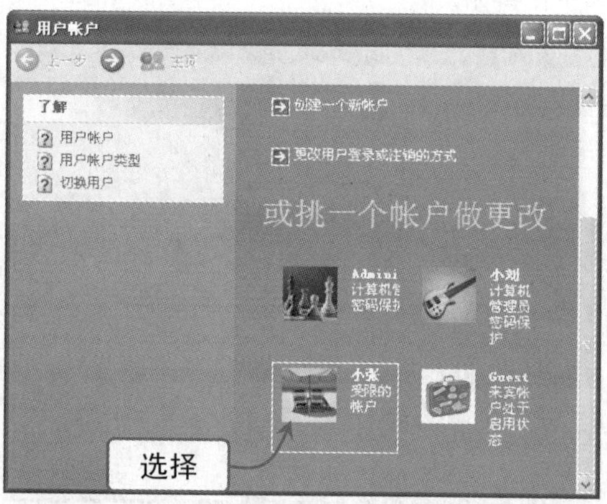

STEP 02 单击“更改账户类型”超链接

在弹出的窗口中，单击“更改账户类型”超链接，效果如下图所示。

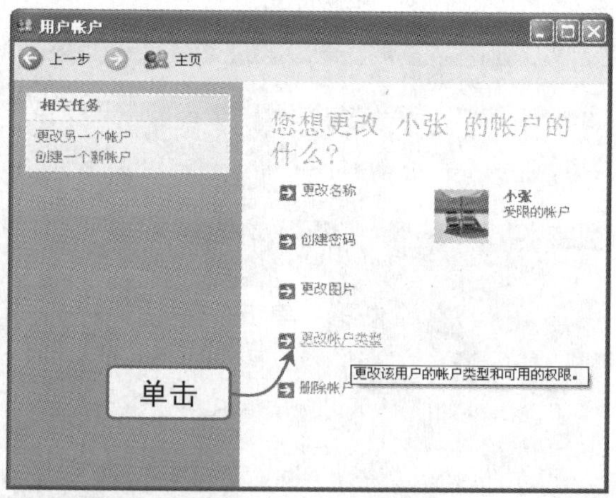

STEP 03 选择账户类型

在打开的窗口中选中“计算机管理员”单选按钮，如下图所示。

STEP 04 完成更改

单击“更改账户类型”按钮，完成更改账户类型设置，受限账户“小张”，将改为计算机管理员账户，如下图所示。

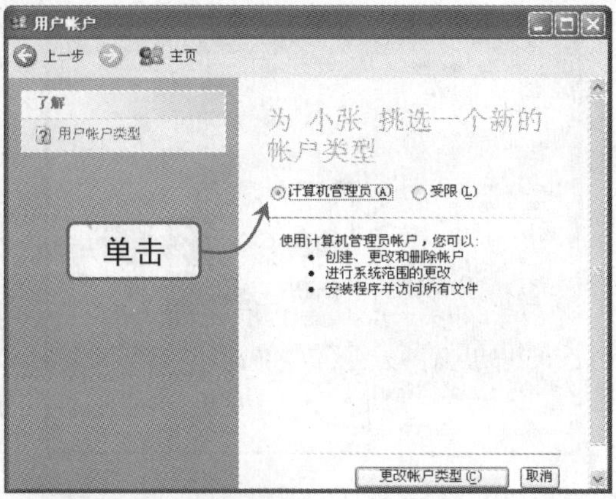

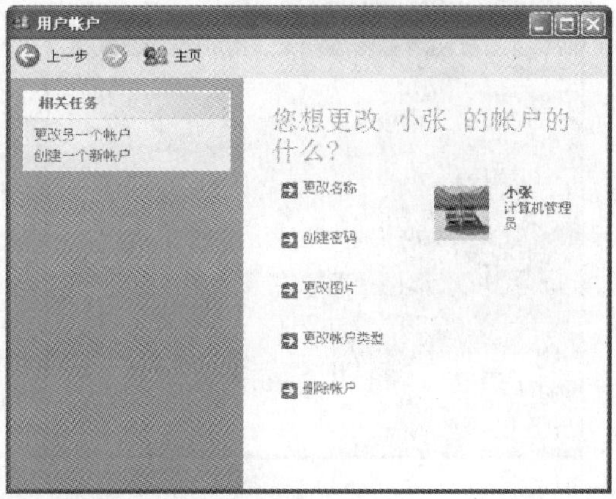

提示

当电脑中只有一个计算机管理员账户时，不能将其账户类型更改为受限账户类型。

7.3.3 更改管理员账户名称

用户账户的名称也可以进行更改，其具体操作方法如下：

STEP 01 单击“更改名称”超链接

在用户账户窗口中单击“更改名称”超链接，如下图所示。

STEP 02 输入新名称

在打开的窗口中，输入一个新的账户名称，单击“改变名称”按钮即可，如下图所示。

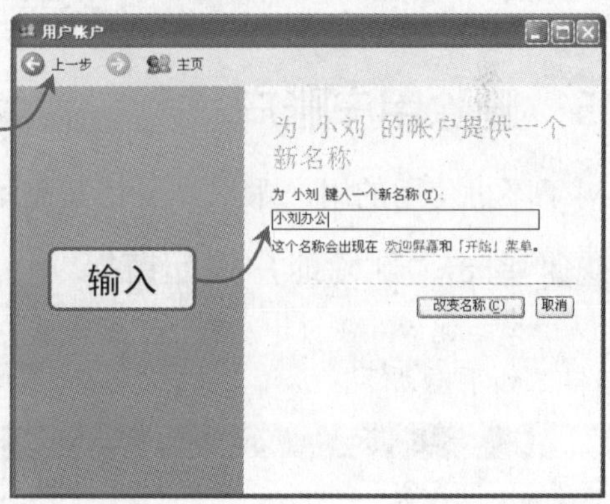

7.3.4 更改账户图片

创建账户后，系统会为创建的账户自动分配一个账户图片，在欢迎屏幕或“用户账户”窗口中将显示该账户图片，这些图片是可以被更改的，具体更改方法如下：

STEP 01 使用桌面快捷菜单

在“用户账户”窗口中单击“更改图片”超链接，如下图所示。

STEP 02 单击“浏览图片”超链接

在打开的窗口的图片列表框中可选择账户图片，如果要应用其他图片，可单击“浏览图片”超链接，如下图所示。

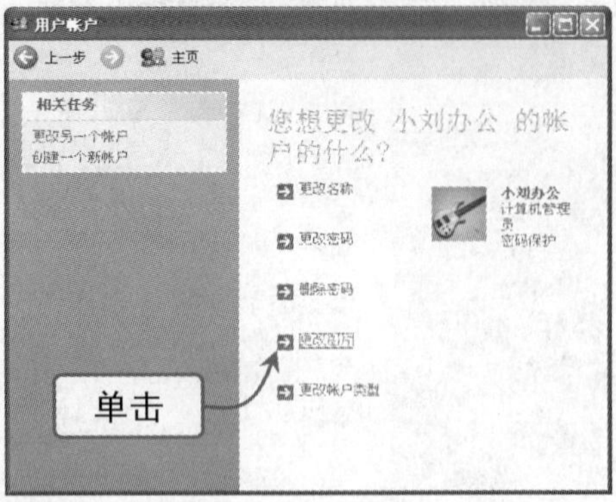

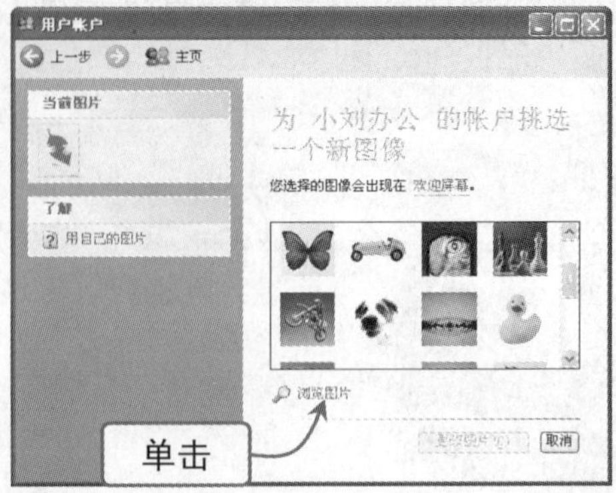

STEP 03 选择图片

在弹出的“打开”对话框中双击需要的账户图片，如下图所示。

STEP 04 应用图片效果

应用图片后的效果如下图所示。

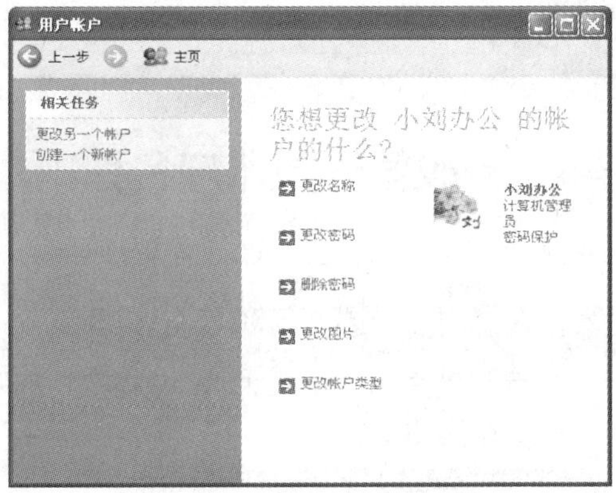

7.3.5 删除用户账户

对于不再使用的用户账户，可将其删除。其具体操作方法如下：

STEP 01 单击“删除账户”超链接

在“用户账户”窗口中，单击“删除账户”超链接，如下图所示。

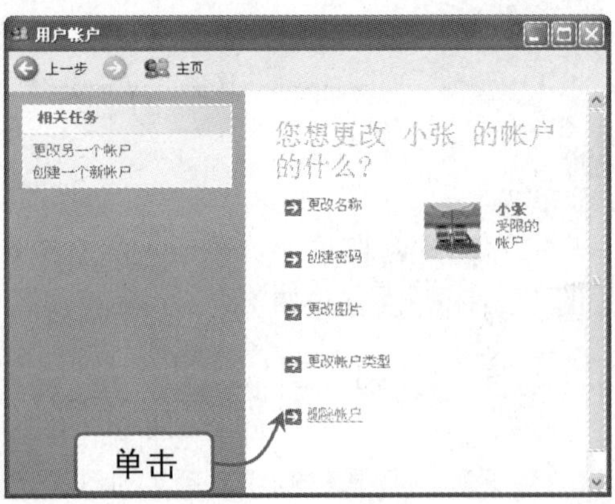

STEP 02 删除用户账户

在打开的窗口中单击“删除文件”按钮即可，如下图所示。

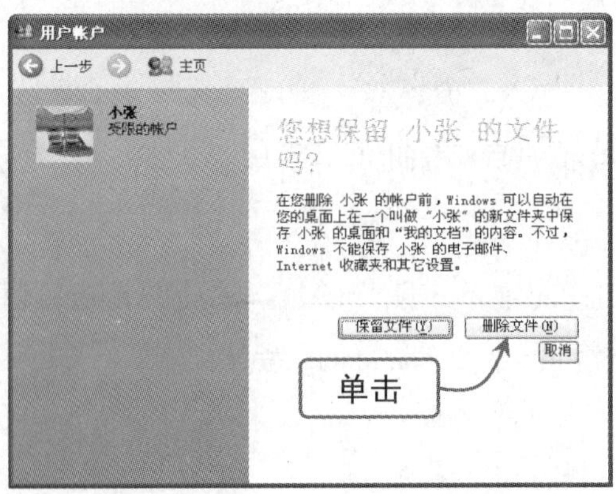

7.4 账户的高级管理

本节将介绍有关账户的高级管理知识，包括如何禁用账户、启用来宾账户、密码还原向导的使用等内容。

7.4.1 禁用用户账户

以管理员或 Administrators 组成员的身份登录，能够将用户账户禁用。禁用用户账户的具体操作方法如下：

STEP 01 双击“管理工具”图标

在“控制面板”窗口中双击“管理工具”图标，如下图所示。

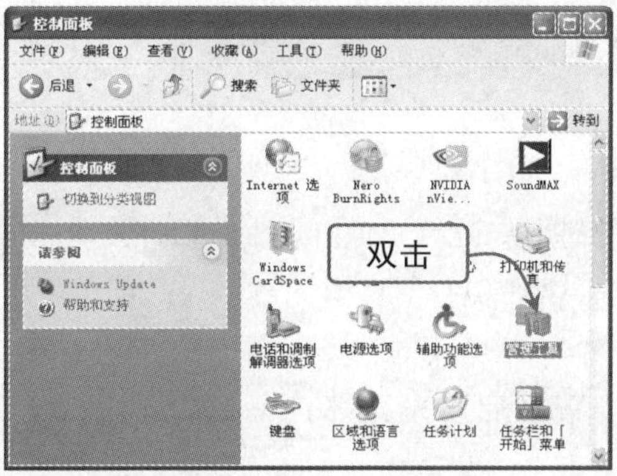

STEP 02 打开“管理工具”窗口

在打开的“管理工具”窗口中，双击“计算机管理”图标，如下图所示。

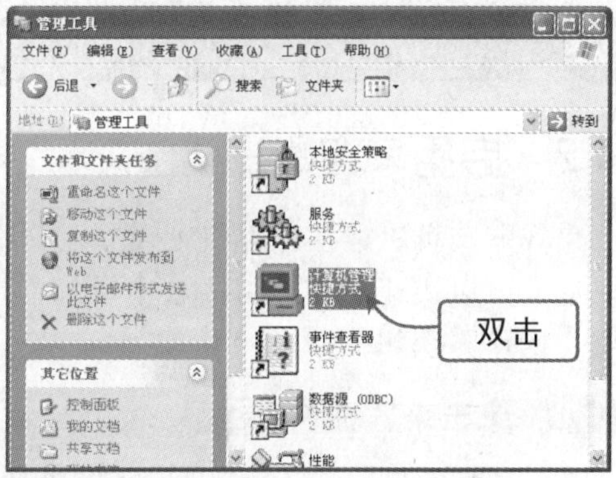

STEP 03 选择“属性”命令

打开“计算机管理”窗口，在左侧的窗格中依次选择“计算机管理（本地）”|“系统工具”|“本地用户和组”|“用户”选项，在右侧的账户“小刘”上右击，在弹出的快捷菜单中选择“属性”命令，如下图所示。

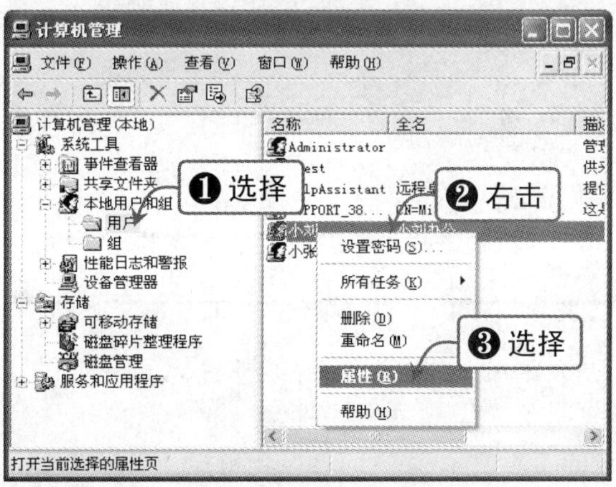

STEP 04 选中相应的复选框

在弹出的“小刘 属性”对话框中选中“账户已停用”复选框，如下图所示。

STEP 05 禁用账户

单击“确定”按钮，禁用该账户，禁用账户后，“用户账户”窗口中将不再显示该账户，如下图所示。

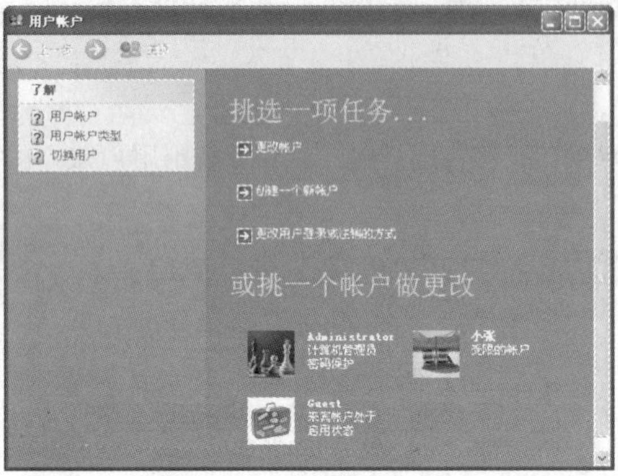

STEP 06 欢迎屏幕

在欢迎屏幕中，禁用的账户也将不再显示，效果如下图所示。

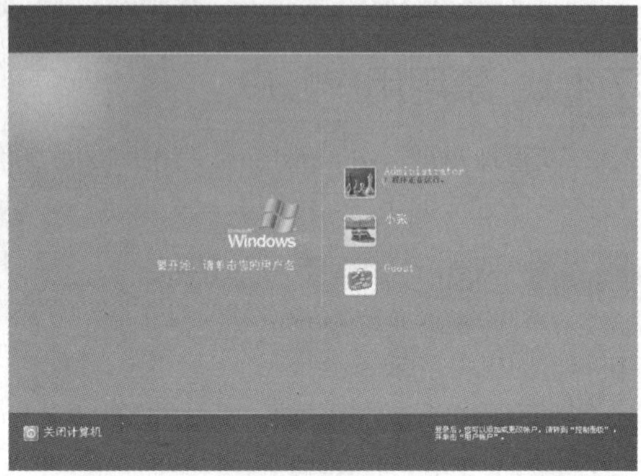

7.4.2 启用来宾账户

来宾账户可以让在计算机上没有用户账户的任何用户访问计算机。来宾账户没有密码，所以他们可以快速登录，以接收电子邮件或者浏览 Internet。要使用来宾账户，首先要将其启用，操作方法如下：

STEP 01 单击来宾账户

在“用户账户”窗口中，单击来宾账户图标，如下图所示。

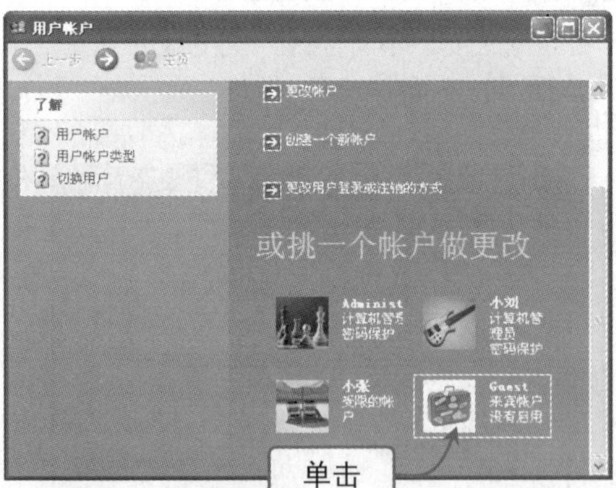

STEP 02 启动来宾账户

在打开的窗口中单击“启用来宾账户”按钮即可，如下图所示。

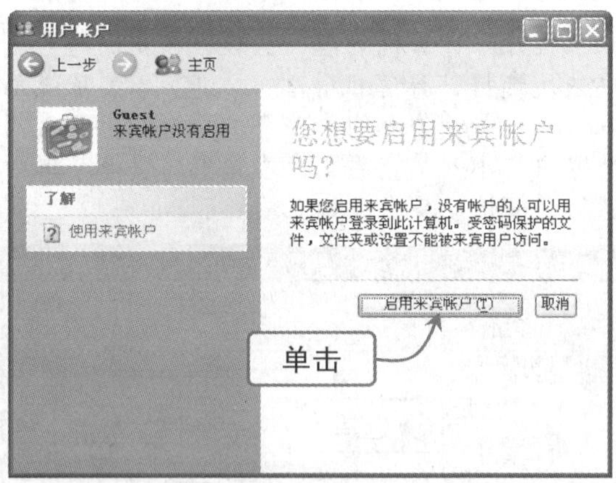

提示

要再次禁用来宾账户，可在“用户账户”窗口中单击来宾账户，在打开的窗口中单击“禁用来宾账户”超链接即可。

7.4.3 忘记密码向导的使用

忘记密码向导允许用户创建密码重设盘，如果用户在登录系统时忘记密码，可以使用密码重设盘恢复用户账户和个人计算机设置。

Work1 创建密码重设盘

STEP 01 选择账户

在“用户账户”窗口中，选择计算机管理员账户“小刘办公”，如下图所示。

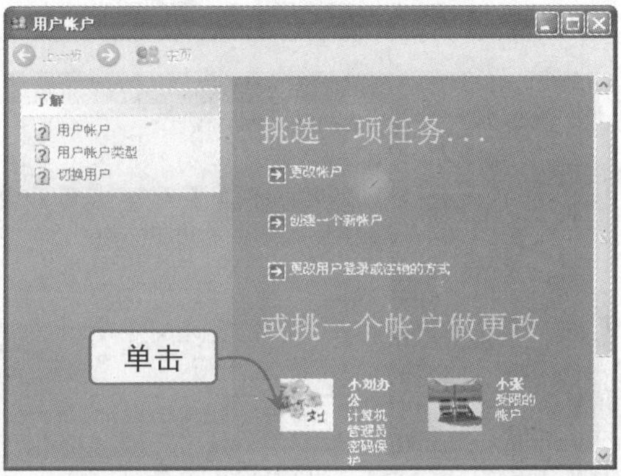

STEP 02 单击相关超链接

在打开窗口的左侧任务窗格中单击“阻止一个已忘记的密码”超链接，如下图所示。

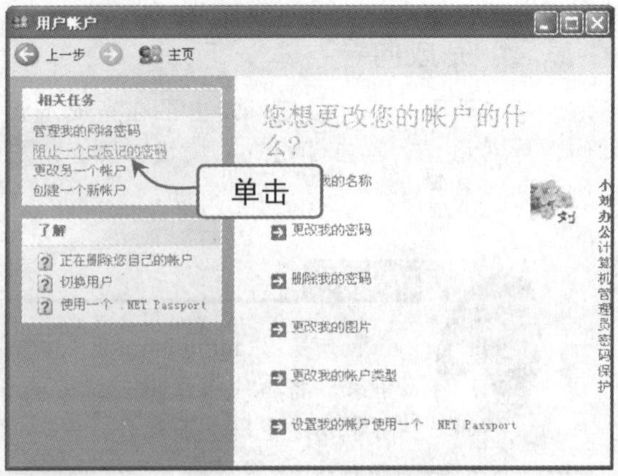

STEP 03 弹出密码向导

弹出“忘记密码向导”对话框，如下图所示。

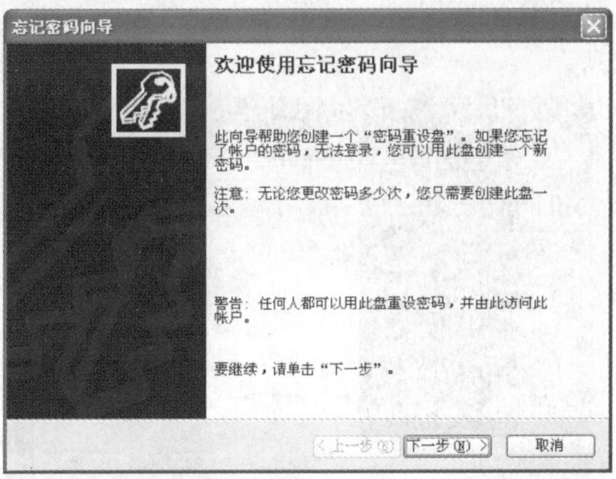

STEP 04 提示插入磁盘

单击“下一步”按钮，弹出如下图所示的对话框，提示插入格式化的磁盘。

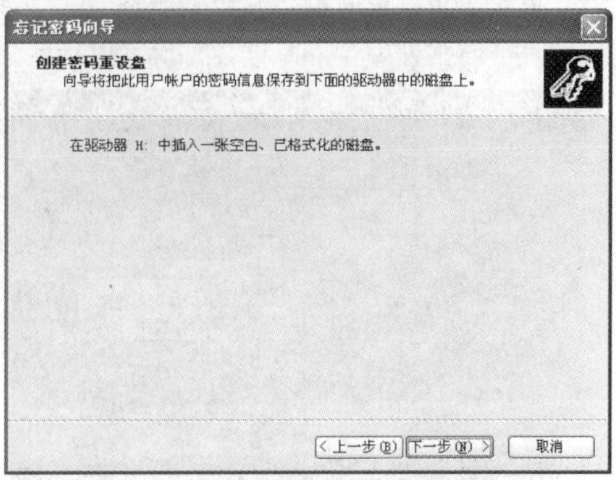

STEP 05 输入账户密码

插入磁盘后，单击“下一步”按钮，在弹出的对话框中输入当前用户账户的密码，如下图所示。

STEP 06 创建重置磁盘

单击“下一步”按钮，将创建密码重置磁盘，如下图所示。

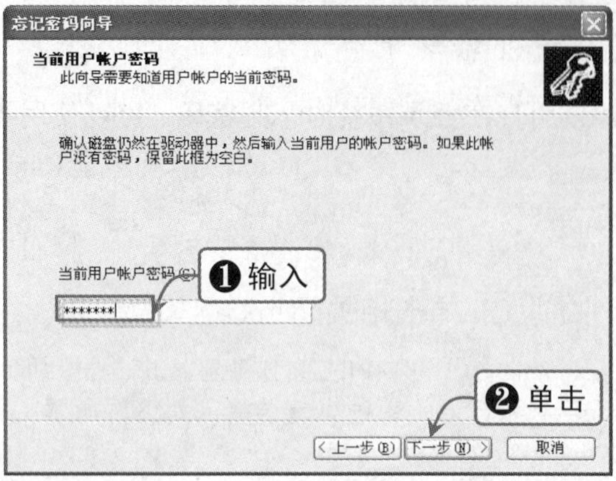

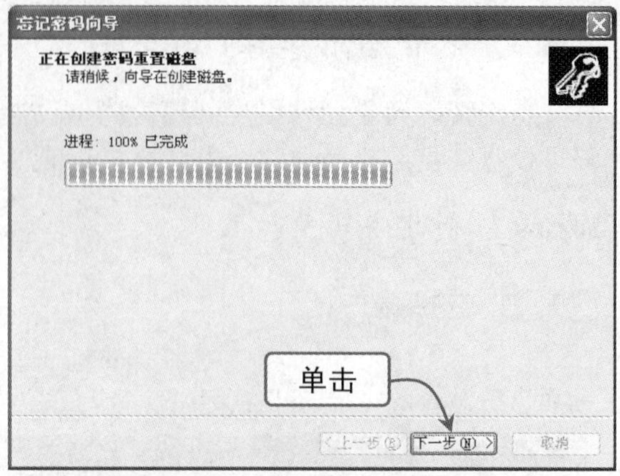

STEP 07 完成向导

单击“下一步”按钮，弹出正在完成忘记密码向导对话框，单击“完成”按钮即可，如右图所示。

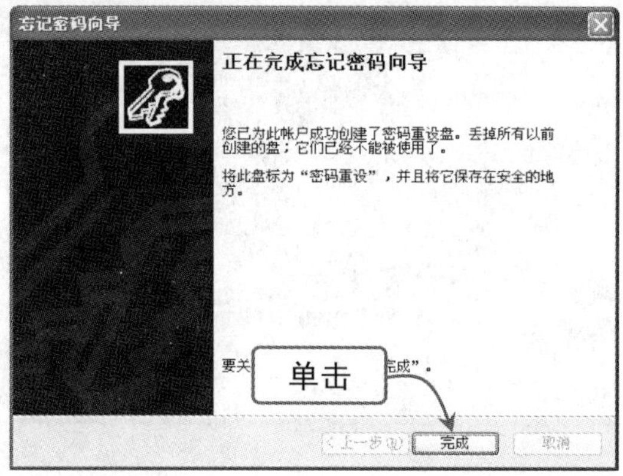

提示

如果以 administrator 账户登录，将不能够使用忘记密码向导创建密码重置磁盘。

Work2 使用密码重设向导

STEP 01 单击超链接

在登录用户账户时，如果忘记密码，单击“使用密码重设磁盘”超链接，如下图所示。

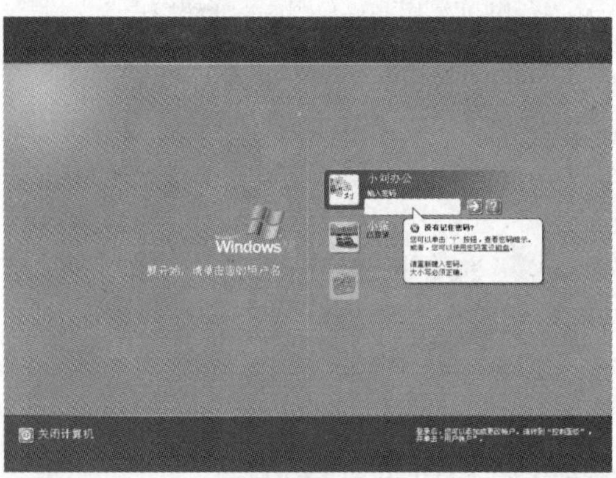

STEP 02 弹出“重设密码向导”对话框

弹出“重设密码向导”对话框，如下图所示。

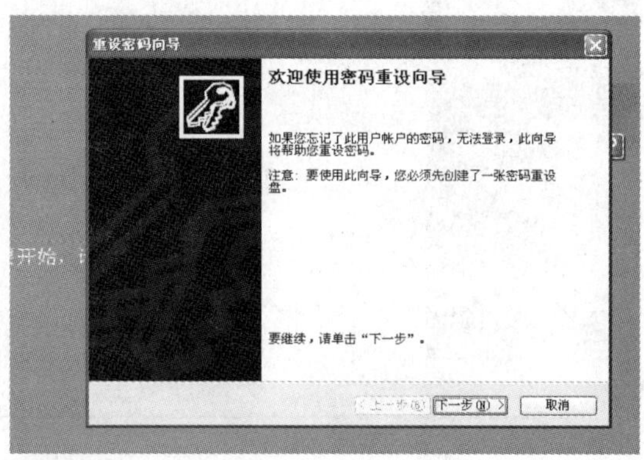

STEP 03 插入密码重设盘

单击“下一步”按钮，将弹出如下图所示的对话框，提示插入密码重设盘。

STEP 04 输入新密码

单击“下一步”按钮，在弹出的对话框中输入一个新的密码并确认，然后输入一个密码提示，如下图所示。

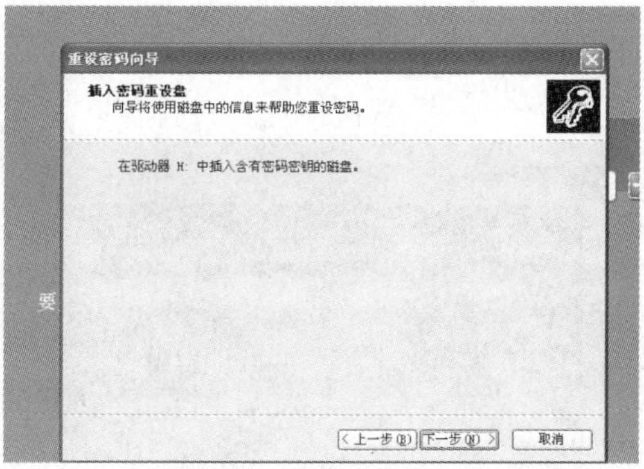

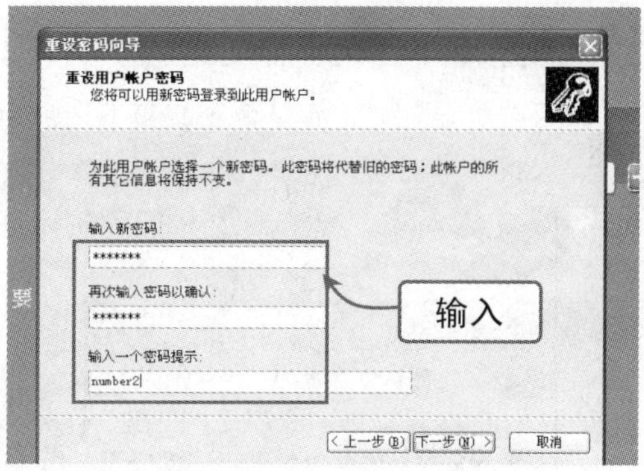

STEP 05 正在完成向导

单击“下一步”按钮，在弹出的对话框中提示正在完成密码重设向导，如下图所示。

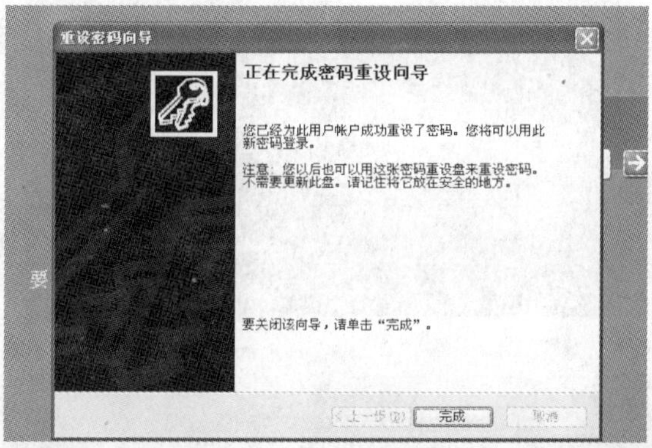

STEP 06 输入新密码登录

单击“完成”按钮，完成密码重设操作，返回到欢迎屏幕中输入新的密码登录即可，如下图所示。

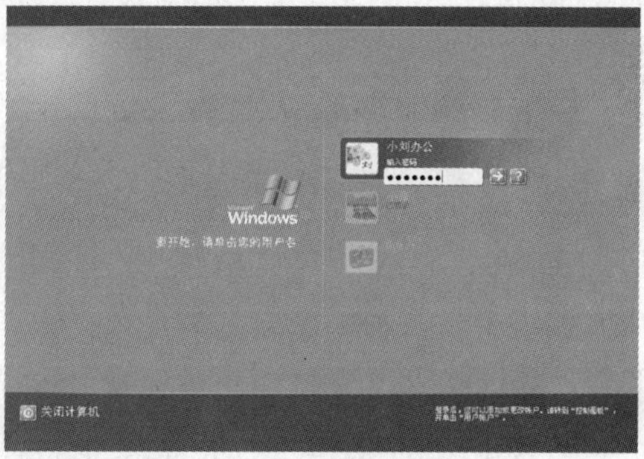

7.5 切换账户

在 Windows XP 操作系统中，开启快速用户切换功能，能够使用户在不关闭程序的情况下切换到其他用户账户。切换账户的具体操作方法如下：

STEP 01 单击相关的超链接

在“用户账户”窗口中单击“更改用户登录或注销的方式”超链接，如下图所示。

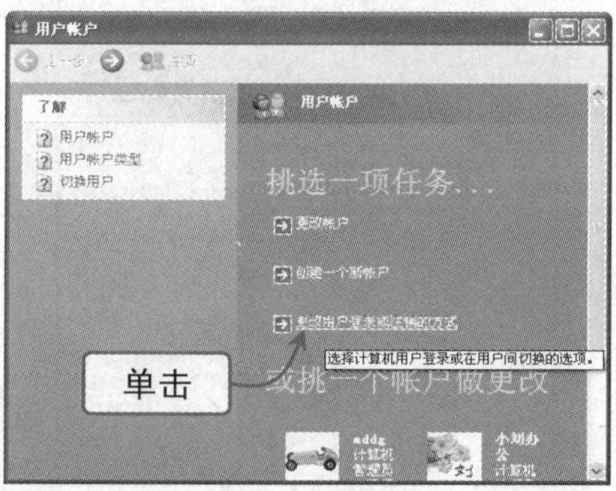

STEP 02 选中相关复选框

在打开的窗口中选中“使用快速用户切换”复选框，单击“应用选项”按钮，如下图所示。

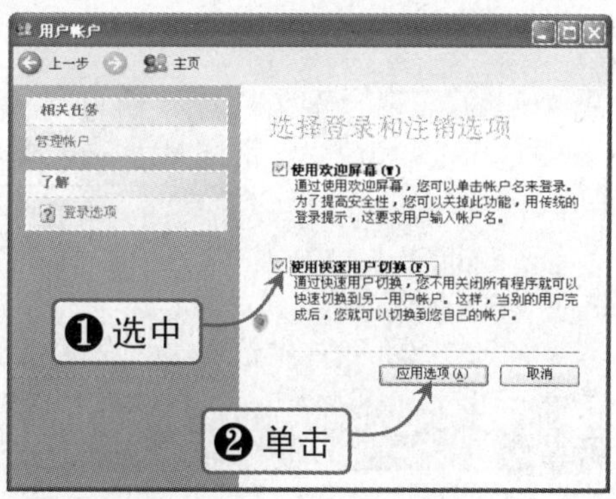

STEP 03 选择“注销”命令

选择“开始”|“注销”命令，如下图所示。

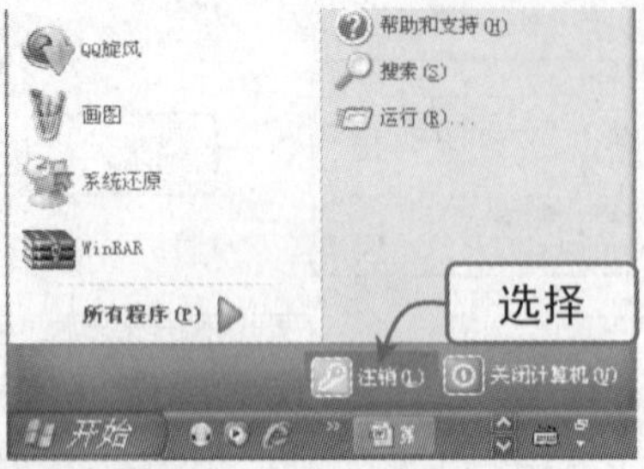

STEP 04 “注销 Windows”对话框

弹出“注销 Windows”对话框，如下图所示。

STEP 05 选择账户登录

单击“切换用户”按钮，将弹出欢迎屏幕，选择要登录的用户账户，如有密码，输入密码登录即可，如右图所示。

提示

在作为网络域成员的电脑中，不能应用快速用户切换功能。

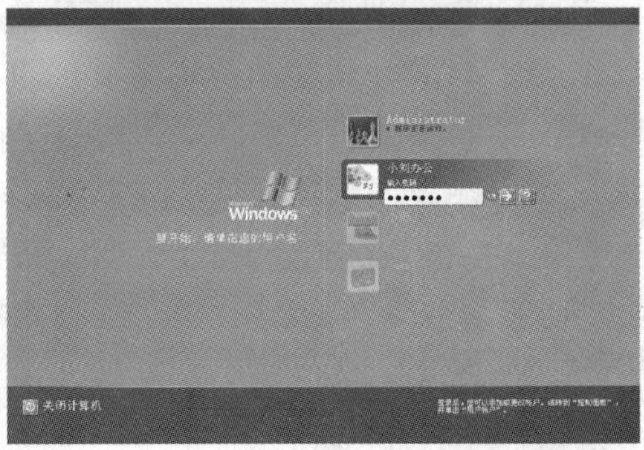

7.6 注销用户账户

当不需要在某个用户账户下进行操作时，可将该账户注销。其具体操作方法如下：

STEP 01 注销用户

选择“开始”|“注销”命令，弹出“注销 Windows”对话框，如下图所示，单击“注销”按钮，即可注销当前运行的用户账户，弹出欢迎屏幕，让用户重新选择登录账户。

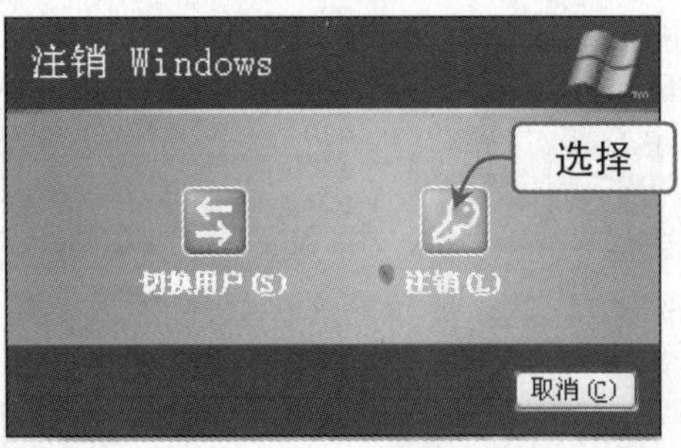

STEP 02 “Windows 任务管理器”窗口

按【Ctrl+Alt+Del】组合键，打开“Windows 任务管理器”窗口，选择“用户”选项卡，在其中的列表中选择要注销的用户账户，如下图所示。

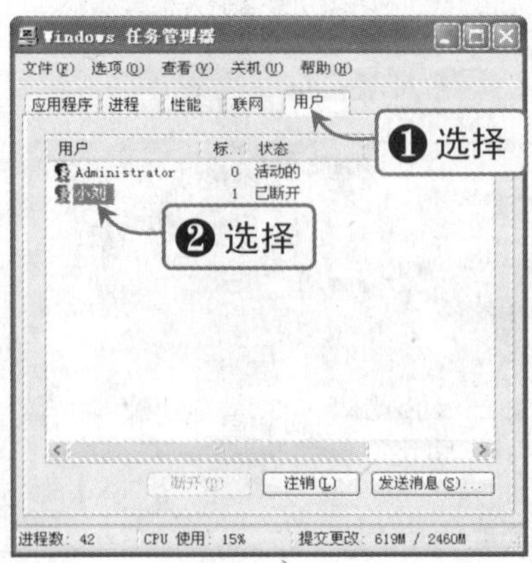

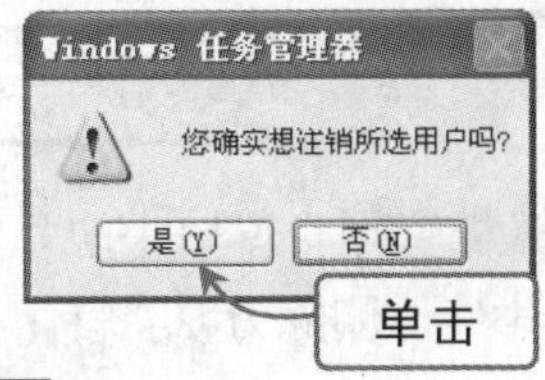

STEP 03 确认对话框

单击“注销”按钮，将弹出如右图所示的对话框，单击“是”按钮即可注销该账户。

技巧百宝箱

技巧 1 在“本地用户和组”中创建用户账户

以系统管理员身份登录，在“计算机管理”窗口中，可创建新的用户账户。下面将介绍其创建方法。

STEP 01 双击“管理工具”图标

在“控制面板”窗口中双击“管理工具”图标，如下图所示。

STEP 02 双击“计算机管理”图标

在打开的“管理工具”窗口中，双击“计算机管理”图标，如下图所示。

STEP 03 选择“新用户”命令

打开“计算机管理”窗口，在左侧窗格中选择“计算机管理”|“系统工具”|“本地用户和组”|“用户”选项，在右侧窗格的空白位置右击，在弹出的快捷菜单中选择“新用户”命令，如下图所示。

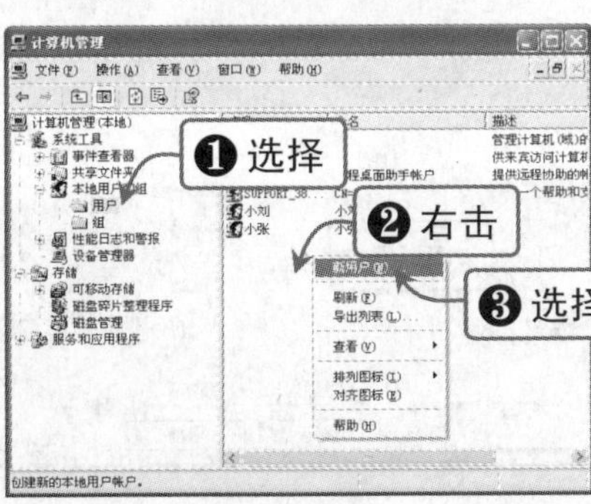

STEP 04 返回“快捷方式”对话框

在弹出的“新用户”对话框中，输入用户名称和密码，并选中“密码永不过期”复选框，单击“创建”按钮即可，如下图所示。

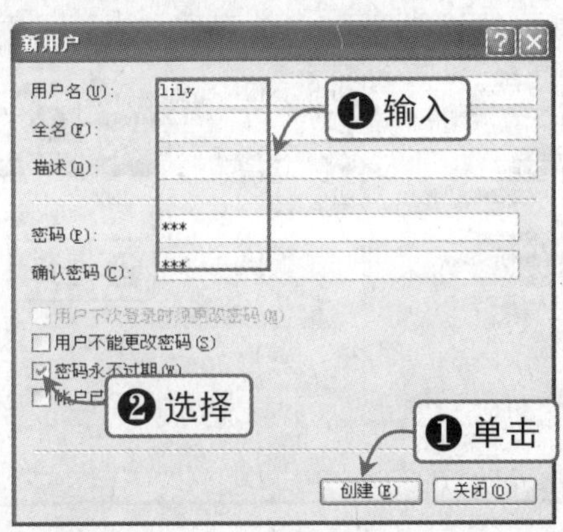

技巧 2 在“本地用户和组”中删除用户账户

在“计算机管理”窗口中也可以删除用户账户，甚至可以删除用户首次创建的计算机管理员账户，其具体删除方法如下：

STEP 01 选择“删除”命令

在“计算机管理”窗口中，在要删除的用户账户上右击，在弹出的快捷菜单中选择“删除”命令，如下图所示。

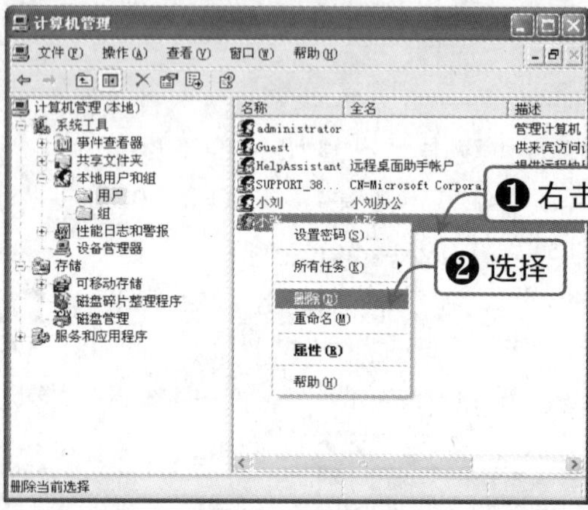

STEP 02 确认删除

弹出“本地用户和组”提示信息框，单击“是”按钮即可，如下图所示。

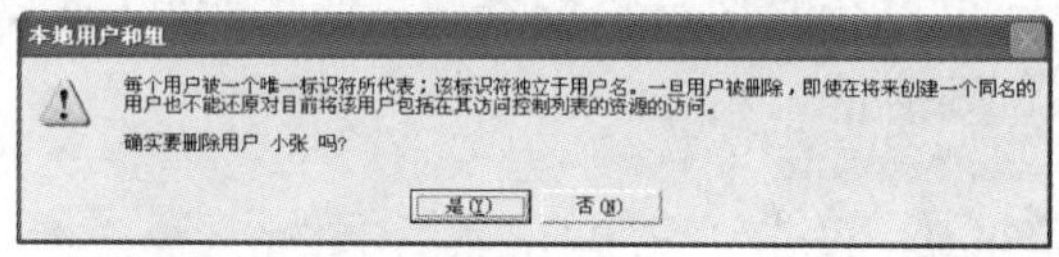

提示

在“用户账户”窗口中不能够删除用户首次创建的计算机管理员账户。

技巧 3 更改用户权限

要更改用户账户的权限，将其添加到相应的权限组中即可，其操作方法如下：

STEP 01 选择“属性”命令

在“计算机管理”窗口中，右击要修改权限的用户账户，在弹出的快捷菜单中选择“属性”命令，如下图所示。

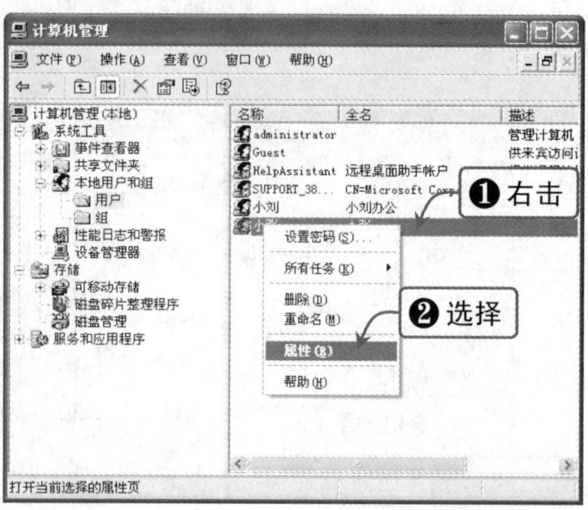

STEP 02 单击“添加”按钮

弹出“小张 属性”对话框，单击“添加”按钮，如下图所示。

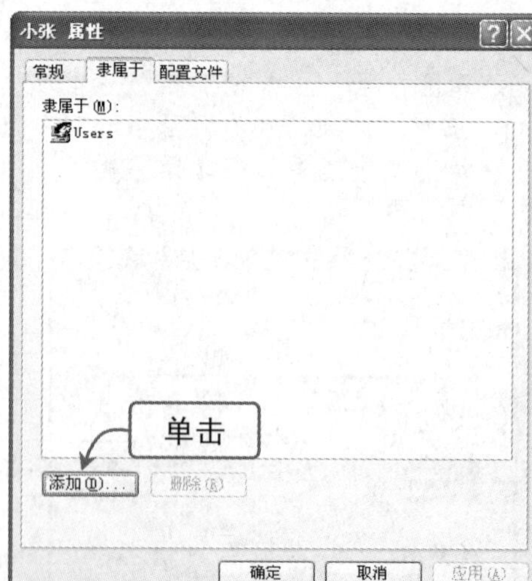

STEP 03 弹出“选择组”对话框

弹出“选择组”对话框，保持默认设置的对象类型为“组”、“查找位置”为BIANJI77，单击其中的“高级”按钮，如下图所示。

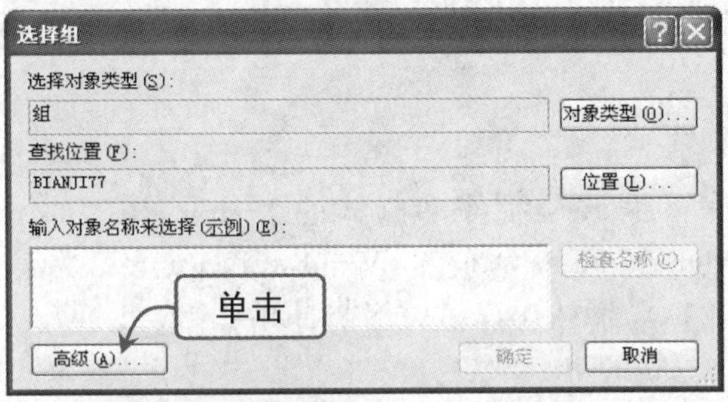

提示

BIANJI77为本地计算机名。

STEP 04 显示组

在展开的对话框中单击“立即查找”按钮，在对话框下方将显示相应的组，如下图所示。

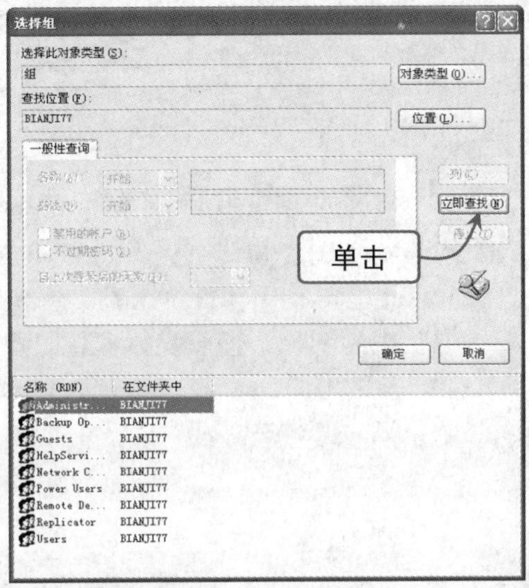

STEP 05 添加的组

选择相应的组，单击“确定”按钮，即可添加组，如下图所示。

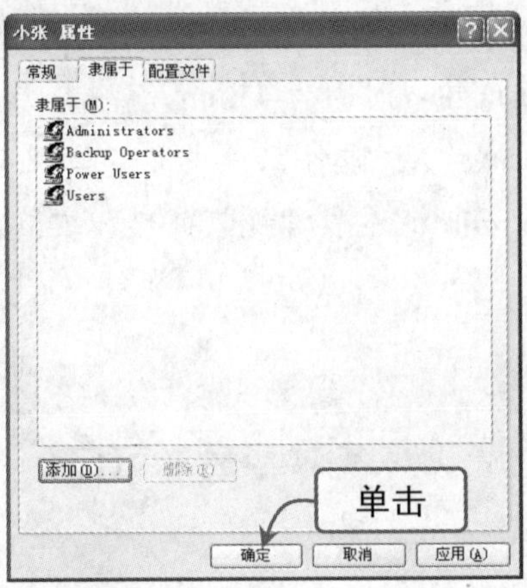

STEP 06 直接输入组名

在“选择组”对话框中，也可通过在“输入对象名称来选择”文本框中直接输入要添加到的组名称，单击“确定”按钮来添加组，如下图所示。

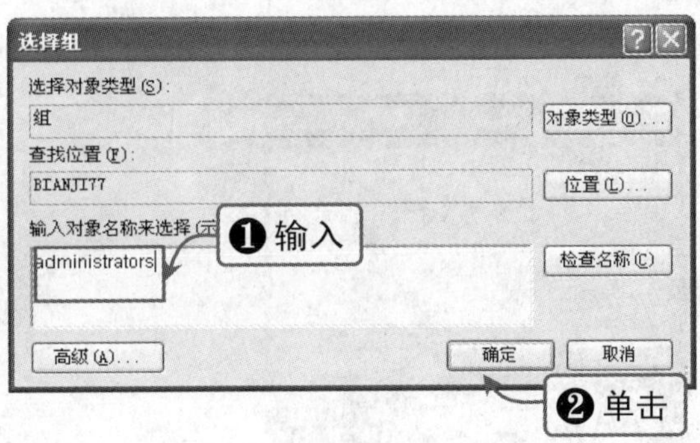

Chapter

08

多媒体程序的使用

Windows XP 操作系统中自带了许多播放与制作多媒体的工具，如Windows 图片和传真查看器、Windows Media Player 播放器、Windows Movie Maker 电影制作软件等工具，熟练使用此类多媒体程序，可以方便用户浏览电脑中的图片、播放媒体文件以及制作简单的小电影等。

本章建议学习时间:

本章建议学习时间为 45min，其中分配 25min 学习 Windows XP 操作系统中多媒体程序使用的知识，20min 观看教学视频并进行实践练习。

学完本章后您可以:

- 使用 Windows 图片和传真查看器
- 使用 Windows Media Player
- 使用 Windows Movie Maker

放大图片

播放媒体库文件

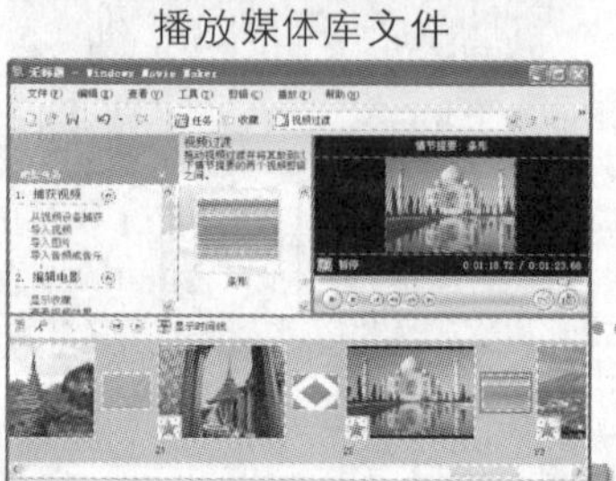

显示视频过渡

重要知识点视频索引

DVD

8.1 Windows 图片和传真查看器

使用 Windows 图片和传真查看器可以浏览图片、翻转图片、放大图片以及打印图片等，本节将介绍 Windows 图片和传真查看器的知识和使用方法。

8.1.1 浏览图片

如果用户电脑中有很多图片，电脑中不用安装任何图片浏览工具，使用系统自带的 Windows 图片和传真查看器，即可查看相应的图片文件。使用 Windows 图片和传真查看器浏览图片的具体操作方法如下：

STEP 01 打开图片所在的文件夹

打开电脑中要浏览的图片所在的文件夹，如下图所示。

STEP 02 选择相应的选项

右击要进行浏览的图片，在弹出的快捷菜单中选择“打开方式”|“Windows 图片和传真查看器”命令，如下图所示。

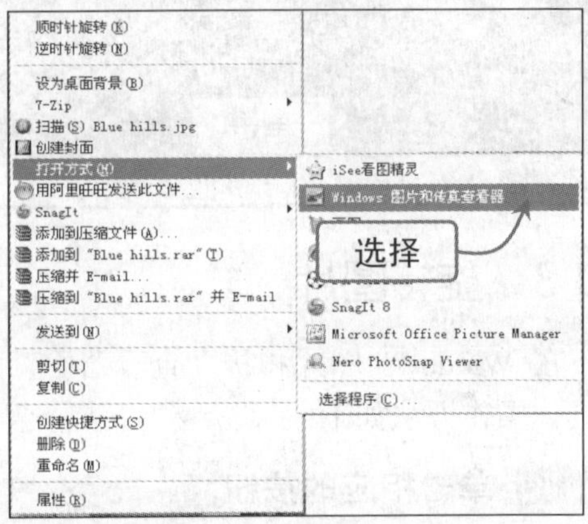

STEP 03 浏览图片

将打开 Windows 图片和传真查看器，其中显示要浏览的图片，如下图所示。

STEP 04 浏览图片

单击 Windows 图片和传真查看器下方的按钮，将继续浏览下一张图片，如下图所示。

8.1.2 以幻灯片方式浏览图片

用户使用 Windows 图片和传真查看器可以以幻灯片方式来浏览图片，无须用户手动单击相应按钮。其具体操作方法如下：

STEP 01 单击相应的按钮

在 Windows 图片和传真查看器中，单击  按钮，如下图所示。

STEP 02 幻灯片放映

开始幻灯片放映，将陆续显示该图片所在的文件夹中的所有图片，如下图所示。

8.1.3 旋转图片

在 Windows 图片和传真查看器中，用户可选择图片的角度，从不同的角度浏览图片，其具体操作方法如下：

STEP 01 单击相应的按钮

在 Windows 图片和传真查看器中，单击  按钮，如下图所示。

STEP 02 旋转图片

将图片进行顺时针旋转，效果如下图所示。

STEP 03 继续旋转

单击按钮，继续顺时针旋转，显示的图片效果如下图所示。

STEP 04 逆时针旋转

继续单击按钮，将图片旋转为最初状态，单击按钮，将图片进行逆时针旋转，效果如下图所示。

8.1.4 放大图片

当浏览图片时，如果想更加清楚地查看图片中某一部分的图像，可以对图片进行放大，具体操作方法如下：

STEP 01 打开图片

将要放大显示的图片在 Windows 图片和传真查看器中打开，如下图所示。

STEP 02 放大图片

单击下方的按钮，将放大图片，继续单击该按钮，将继续放大图片，如下图所示。

8.1.5 复制图片

在 Windows 图片和传真查看器中，可以直接复制正在浏览的图片，其具体操作方法如下：

STEP 01 单击相应的按钮

在 Windows 图片和传真查看器中，单击按钮，如下图所示。

STEP 02 弹出“复制到”对话框

弹出“复制到”对话框，在其中选择复制到的位置，并且输入复制图片的名称，如下图所示。

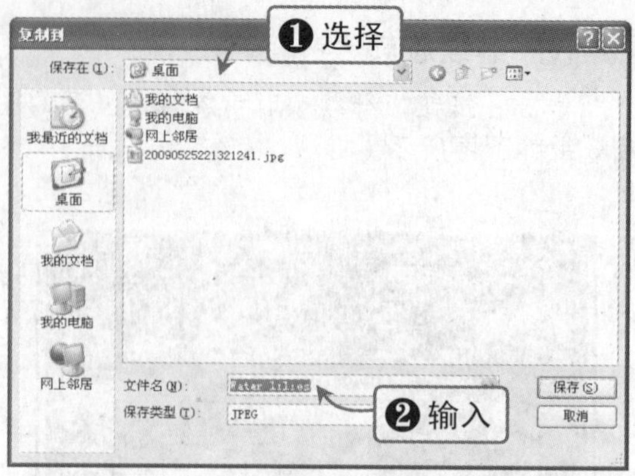

STEP 03 复制的图片

单击“保存”按钮，将图片以输入的名称复制到选择的位置，效果如右图所示。

> **提示**
>
> 使用 Windows 图片和传真查看器复制图片，方便用户在浏览时进行复制操作。

8.1.6 打印图片

当使用 Windows 图片和传真查看器浏览图片时，可随时将喜欢的图片打印出来。在 Windows 图片和传真查看器中打印图片的具体操作方法如下：

STEP 01 打开图片

在 Windows 图片和传真查看器中打开要打印的图片，如下图所示。

STEP 02 弹出“照片打印向导”对话框

单击“打印”按钮，弹出“照片打印向导”对话框，单击“下一步”按钮，如下图所示。

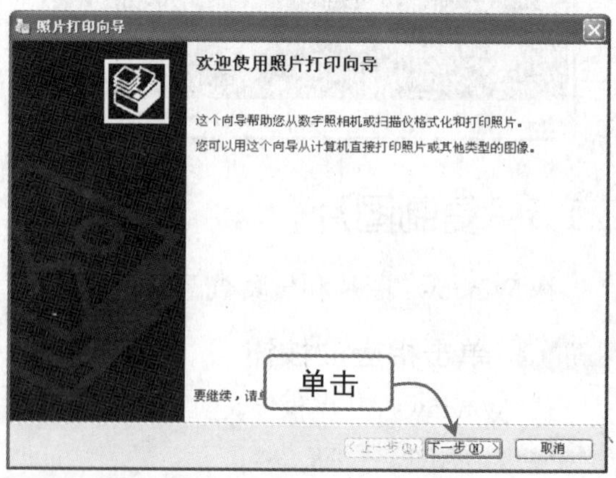

STEP 03 选择图片

在弹出的对话框中选择要打印的图片，如下图所示。

STEP 04 选择打印机

单击“下一步”按钮，在弹出的对话框中选择要使用的打印机，单击“打印首选项”按钮，如下图所示。

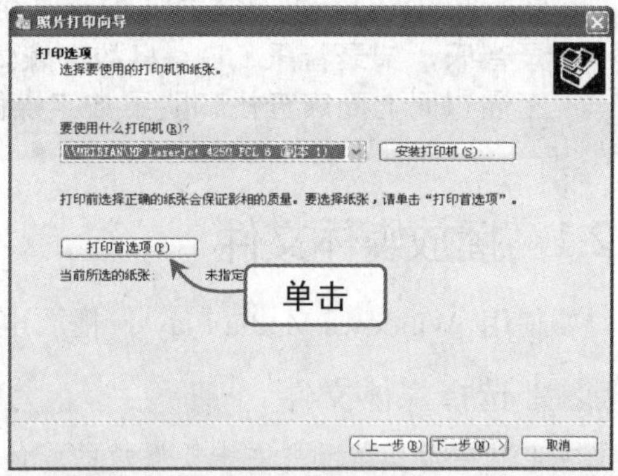

STEP 05 设置打印属性

在弹出的打印属性对话框中设置纸张的尺寸和类型，如下图所示，单击“确定”按钮。

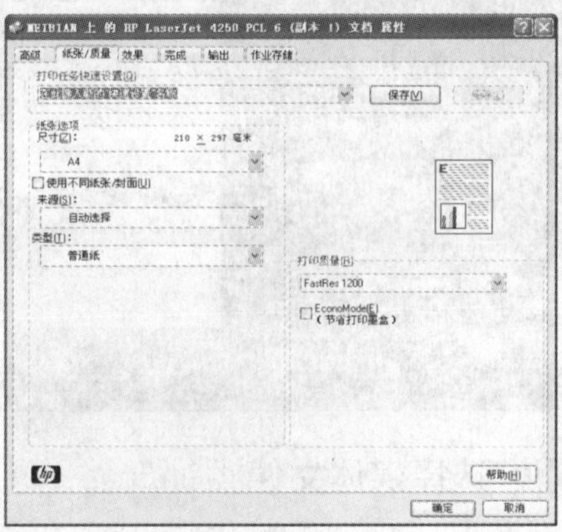

STEP 06 选择布局

返回“照片打印向导”对话框，单击“下一步”按钮，在弹出的选择布局对话框中选择一种打印布局，如下图所示。

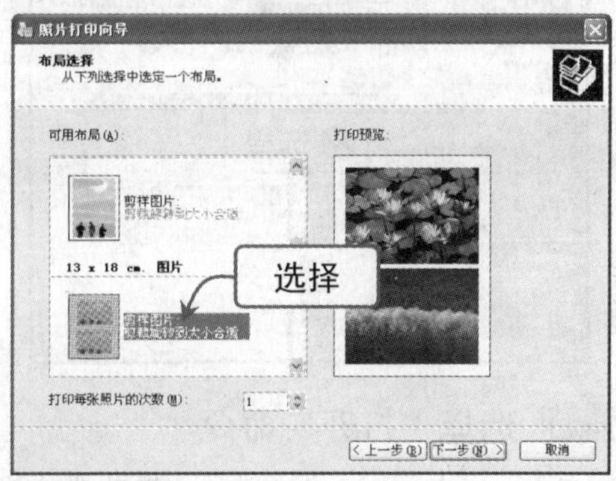

STEP 07 正在准备打印

单击“下一步”按钮，弹出如下图所示的对话框，显示准备打印。

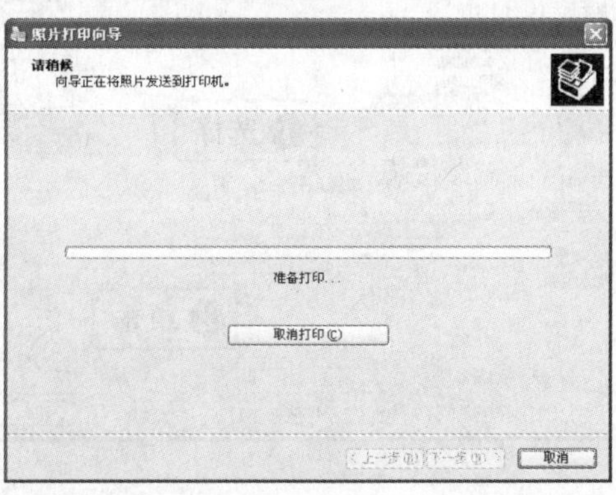

STEP 08 完成向导

弹出完成照片打印向导对话框，单击“完成”按钮即可，如下图所示。

8.2 Windows Media Player 播放器

Windows Media Player 是 Windows XP 操作系统中自带的一款播放器，可以使用 Windows Media Player 查找和播放用户电脑上的数字媒体文件、播放 CD 和 DVD，以及来自 Internet 的数字媒体内容。此外，可以从音频 CD 翻录音乐，刻录音乐 CD，将数字媒体文件同步到便携设备，并且可以在 Internet 上通过网上商店查找和购买数字媒体内容。

8.2.1 播放媒体文件

要使用 Windows Media Player 播放电脑中的数字媒体文件，可按照如下方法操作。

STEP 01 选择媒体文件

在电脑磁盘中找到并右击要播放的媒体文件，在弹出的快捷菜单中选择“打开方式”|Windows Media Player 命令，如下图所示。

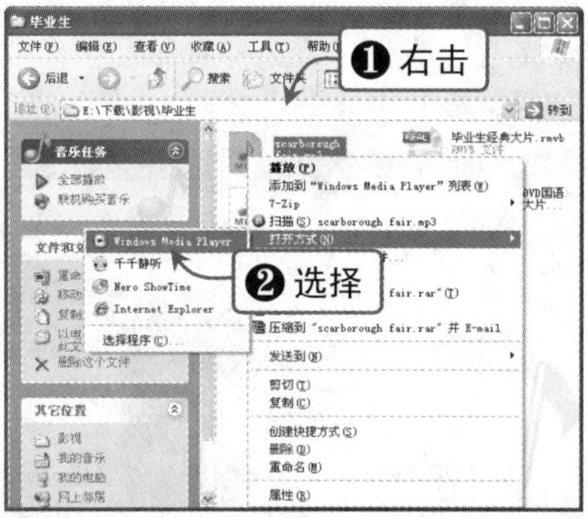

STEP 02 播放媒体文件

打开多媒体播放器并开始播放该媒体文件，如下图所示。

STEP 03 选择“打开”命令

右击 Windows Media Player 播放器的标题栏，在弹出的快捷菜单中选择“文件”|“打开”命令，如下图所示。

STEP 04 选择媒体文件

在弹出的“打开”对话框中选择要播放的文件，如下图所示。单击“打开”按钮即可播放媒体文件。

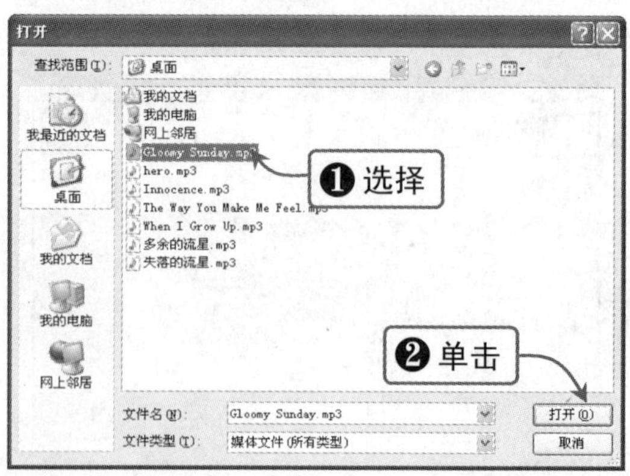

8.2.2 添加到媒体库

使用 Windows Media Player 中的媒体库可以帮助用户组织电脑中的整个数字媒体集，包括音乐、视频和图片。将文件添加到媒体库，为播放这些文件、刻录混合 CD、创建播放列表、将文件与便携式音乐及视频播放机同步，以及与家庭网络上的其他设备共享文件提供了方便。下面介绍将媒体文件添加到媒体库的具体操作方法：

STEP 01 选择“添加到媒体库” 命令

打开 Windows Meidia Player 播放器，单击“媒体库”按钮下方的下拉按钮，在弹出的下拉菜单中选择“添加到媒体库”命令，如下图所示。

STEP 02 选择要监视的文件

弹出“添加到媒体库”对话框，选中“我的文件夹以及我可以访问的其他用户的文件夹”单选按钮，如下图所示。

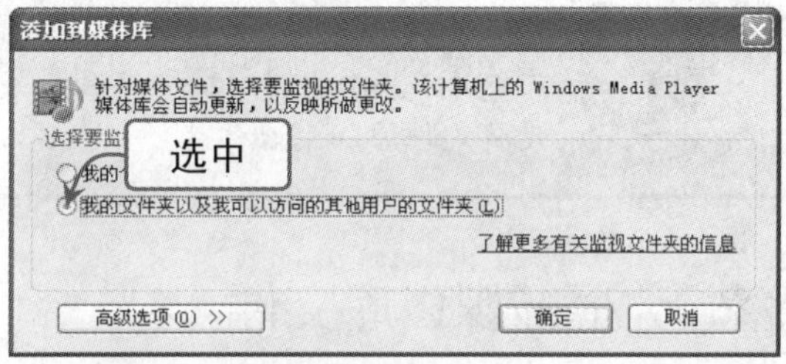

提示

将文件添加到媒体库，方便用户进行文件的播放操作。

STEP 03 单击“添加”按钮

单击“高级选项”按钮，在展开的“添加到媒体库”对话框中单击“添加”按钮，如下图所示。

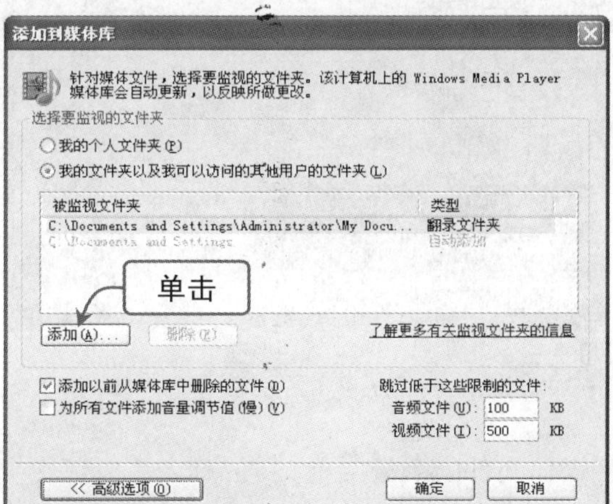

STEP 04 选择监视文件夹

在弹出的“添加文件夹”对话框中选择要监视的文件夹，如下图所示。

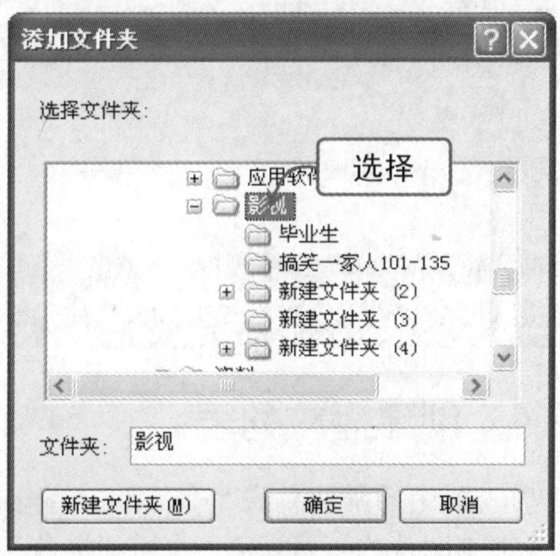

STEP 05 正在添加

单击"确定"按钮，将选择的文件添加到媒体库，如下图所示。

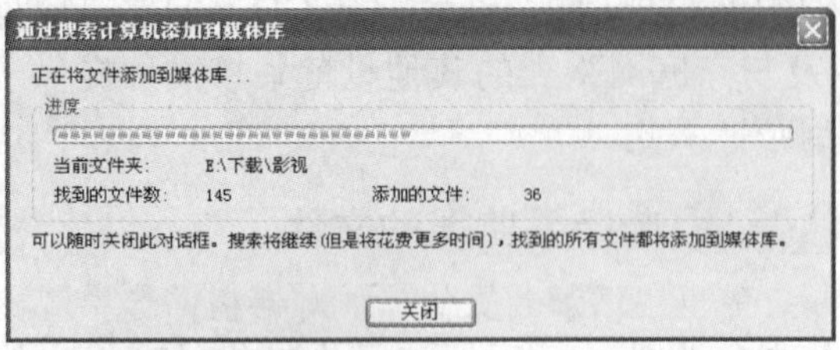

提示

播放电脑中的文件时，如果文件不在媒体库中，播放器会自动将文件添加到媒体库。

STEP 06 显示添加文件

完成操作后，在媒体库中将显示添加的文件，如下图所示。

8.2.3 播放媒体库文件

使用Windows Media Player播放器播放媒体库中文件的方法很简单，可按如下方法操作：

STEP 01 打开媒体库

在Windows Media Player播放器中，单击"媒体库"按钮，打开媒体库，在左侧的列表中展开"媒体库"选项，双击"最近添加项"选项，如下图所示。

STEP 02 正在播放

将开始播放媒体库中最近添加的项目，单击"正在播放"按钮，显示正在播放的媒体文件，效果如下图所示。

8.2.4 创建播放列表

播放器中的播放列表是包含一个或多个数字媒体文件的列表类型。播放列表可以包含歌曲、视频或图片的任意组合。添加到播放列表中的项目会按照它们在列表中出现的顺序播放。下面将向读者介绍创建播放列表的方法。

Work1 将“正在播放”列表中的文件创建为播放列表

STEP 01 选择“将播放列表另存为”命令

在 Windows Media Player 播放器中，单击“正在播放”下拉按钮，在弹出的下拉菜单中选择“将播放列表另存为”命令，如下图所示。

STEP 02 保存播放列表

弹出“另存为”对话框，选择播放列表的保存位置，并命名播放列表，如下图所示。

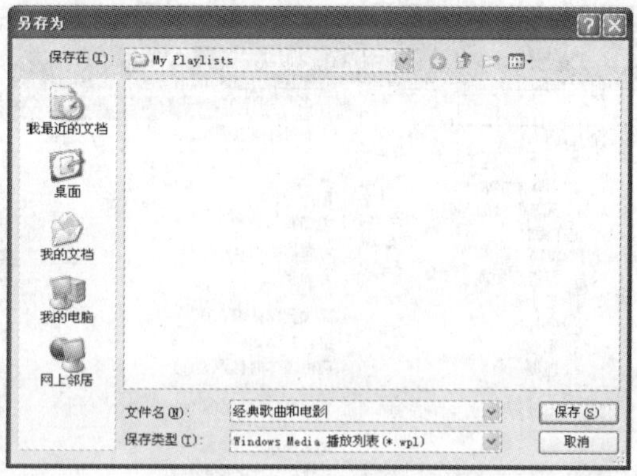

STEP 03 显示播放列表

单击“保存”按钮，保存播放列表，此时播放窗口右侧将显示当前播放列表名称，如下图所示。

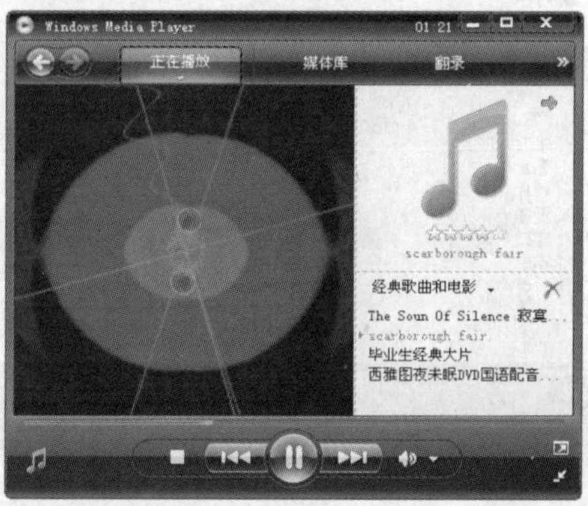

STEP 04 查看保存的播放列表

在播放列表的保存位置可查看保存的播放列表，如下图所示。

STEP 05 媒体库中显示创建的播放列表

单击“媒体库”按钮，在左侧的播放列表中也将显示创建的播放列表，如右图所示。

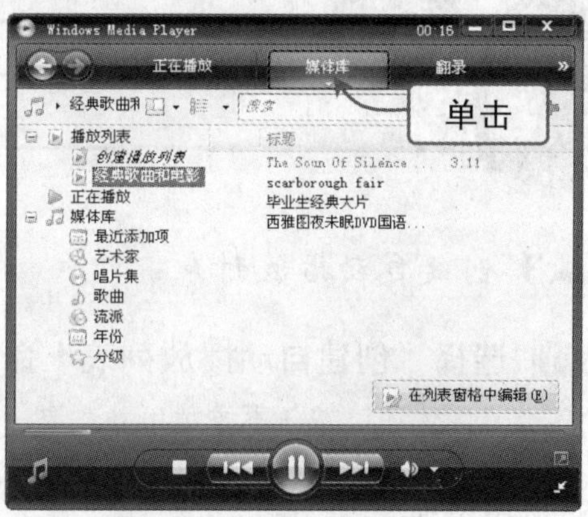

提示

创建播放列表后，方便了用户下次播放该列表中的媒体文件。

Work2 创建自定义播放列表

STEP 01 选择“创建播放列表”命令

单击“媒体库”按钮下方的下拉按钮，在弹出的下拉菜单中选择“创建播放列表”命令，如下图所示。

STEP 02 输入要创建列表的名称

在窗口右侧的文本框中输入要创建列表的名称，如下图所示。

STEP 03 创建并保存播放列表

将媒体库或电脑中任意保存位置的媒体文件拖动到下方的列表中，单击“保存播放列表”按钮即可，如右图所示。

提示

可将一个媒体文件同时添加到多个播放列表中。

提示

通过媒体库窗口左侧的“播放列表”中的选项，也可创建新的播放列表。

Work3 创建自动播放列表

STEP 01 选择“创建自动播放列表”命令

单击“媒体库”按钮下方的下拉按钮，在弹出的下拉菜单中选择“创建自动播放列表”命令，如下图所示。

STEP 02 输入播放列表名称

弹出“新建自动播放列表”对话框，在“自动播放列表的名称”文本框中输入播放列表名称，如下图所示。

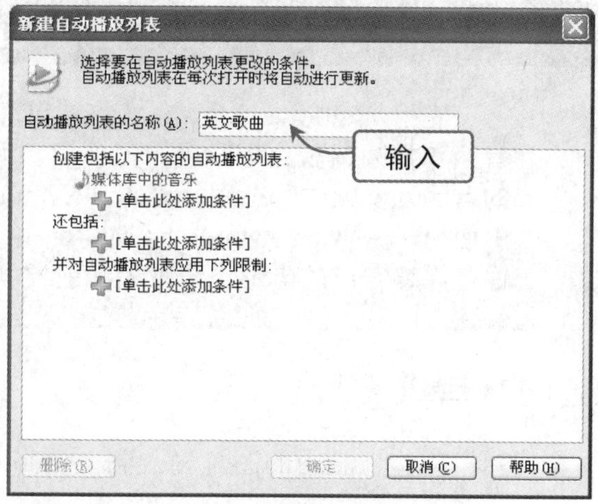

STEP 03 选择条件

单击图标或“单击此处添加条件”超链接，将显示下拉列表框，在其下拉列表框中可选择自动创建播放列表的条件，如下图所示。

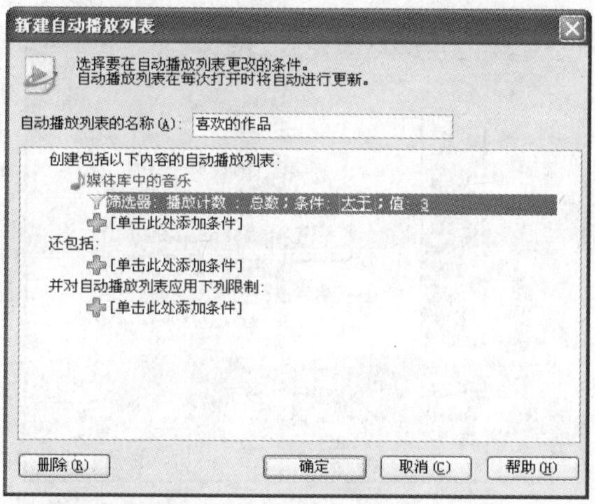

STEP 04 选择媒体类型并添加条件

用同样的方法，选择媒体库中的媒体类型，并添加条件，如下图所示。

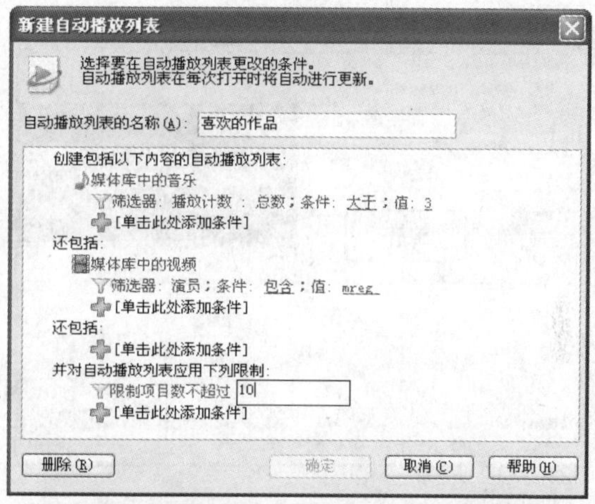

STEP 05 创建自动播放列表

完成添加条件操作后，单击“确定”按钮，系统将根据添加的条件创建自动播放列表，效果如右图所示。

提示

在创建自动播放列表时，用户可添加多个自动筛选条件。

8.3 Windows Movie Maker 电影制作软件

使用 Windows Movie Maker 可通过摄像机、Web 摄像机或其他视频源将音频和视频捕获到电脑中，然后将捕获的内容应用到电影中。也可以将电脑中的音频、视频或静态图片导入到 Windows Movie Maker 中，然后在制作的电影中使用，在 Windows Movie Maker 中完成对音频与视频内容的编辑后，就可以保存最终完成的电影，与家人和朋友共同分享了。

8.3.1 导入图片

用户可以将电脑中的图片导入到 Windows Movie Maker 中用于制作影片，其导入方法如下：

STEP 01 单击“导入图片”超链接

打开 Windows Movie Maker 应用程序，在“电影任务”任务窗格中单击“导入图片”超链接，如下图所示。

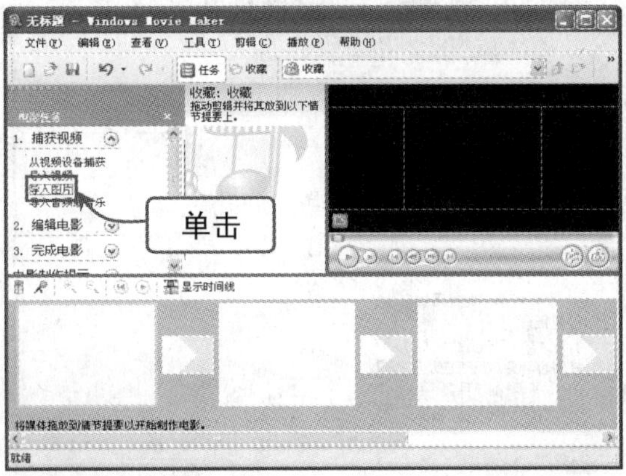

STEP 02 选择导入图片

弹出“导入文件”对话框，选择要导入的图片，如下图所示。

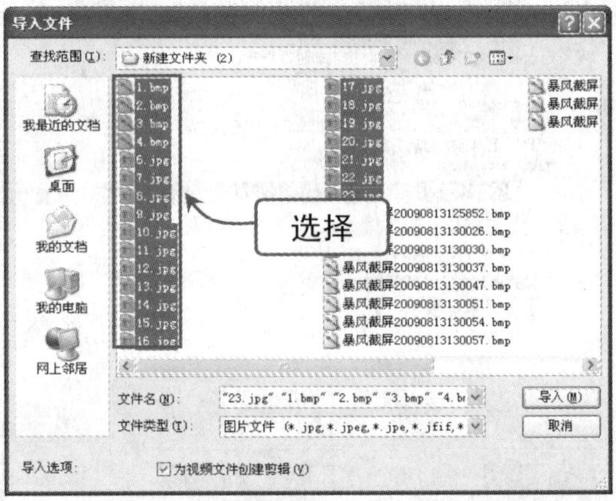

STEP 03 完成导入

单击“导入”按钮，导入图片，效果如右图所示。

提示

用户可按导入图片的方法，导入视频文件。

8.3.2 导入音乐

向 Windows Movie Maker 中导入音乐的方法与导入图片的方法相似，方法如下：

STEP 01 单击“导入音频或音乐”超链接

单击“电影任务”任务窗格中的“导入音频或音乐”超链接，如下图所示。

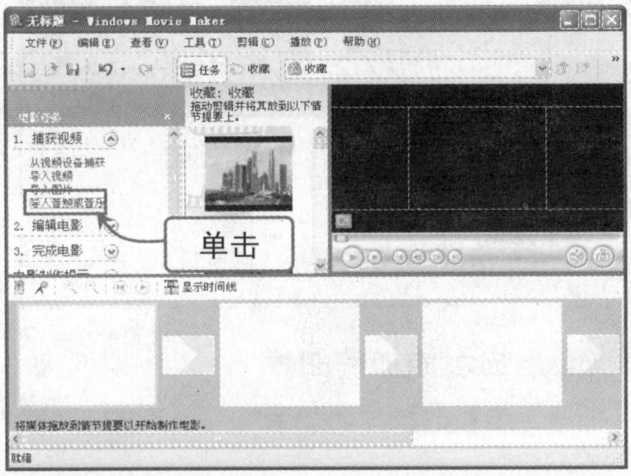

STEP 02 选择导入文件

弹出“导入文件”对话框，选择要导入的音频文件，如下图所示。

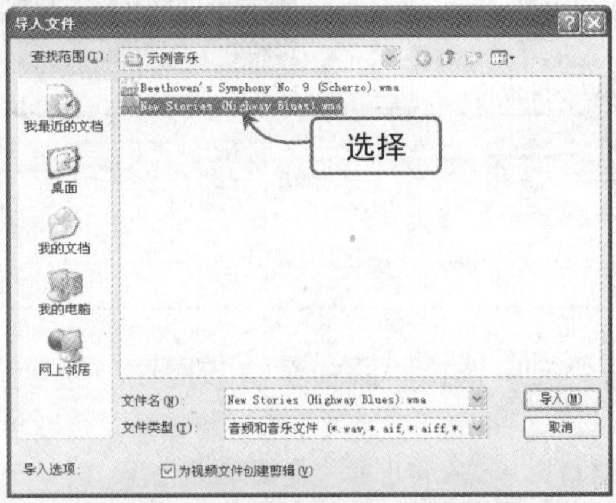

STEP 03 导入音乐

单击“导入”按钮，将导入音频文件，如右图所示。

提示

可将音频文件直接拖动到 Windows Movie Maker 中。

提示

要从 Windows Movie Maker 中删除音频文件，只需选择要删除的文件，按【Delete】键即可。

8.3.3 编辑电影

制作电影时，首先要将导入或捕获的视频、音频或图片添加到情节提要/时间线中，然后完成添加过渡和效果等编辑工作。下面将详细介绍其编辑方法。

Work1 添加情节提要

STEP 01 添加至情节提要

用鼠标将窗口中间“收藏”列表框中相应的图片拖动到情节提要中，如下图所示。

STEP 02 显示添加的图片

释放鼠标后，情节提要中将显示添加的图片，效果如下图所示。

STEP 03 选择“添加至情节提要”选项

在“收藏”列表框中右击要添加至情节提要的图片，在弹出的快捷菜单中选择“添加至情节提要”命令，如下图所示。

STEP 04 显示添加的图片

将所选择的图片添加至情节提要中，效果如下图所示。

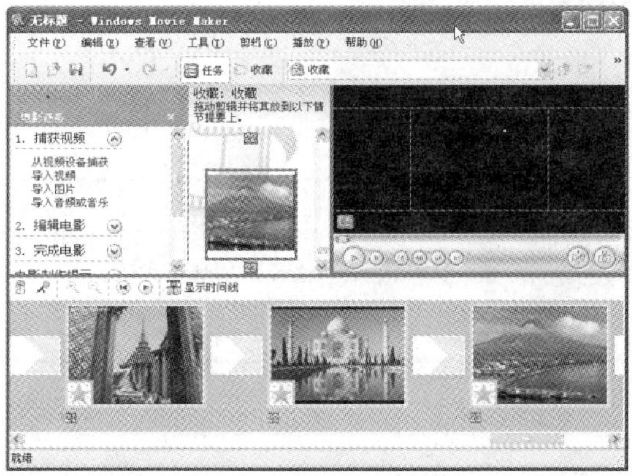

提示

按住【Shift】键的同时，在情节提要中选择多个图片之间的▢图标，然后在“视频过渡”列表框中选择一个过渡并右击，在弹出的快捷菜单中选择“添加至情节提要”命令，即可在所选图片之间添加该过渡。

Work2 添加视频效果

STEP 01 添加视频效果

单击窗口工具栏中的“收藏”按钮，在窗口左侧的“收藏”任务窗格中选择“视频效果”选项，然后在情节提要中选择要添加视频效果的图片，并在“视频效果”列表框中的“缓慢放大”效果上右击，在弹出的快捷菜单中选择“添加至情节提要”命令，如下图所示。

STEP 02 显示添加的视频效果

添加视频效果后，将鼠标指针移动到情节提要中添加效果的图片左下角，将显示添加的效果，如下图所示。

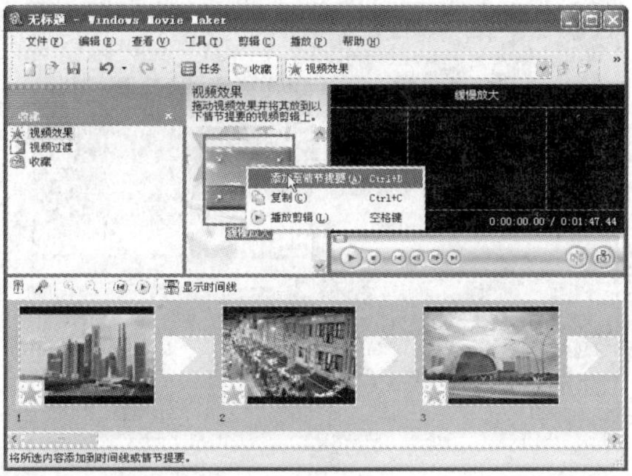

STEP 03 添加其他视频效果

用同样的方法为其他图片添加视频效果，如右图所示。

提示

视频效果决定了视频剪辑、图片或片头在项目及最终电影中的显示方式。

Work3 添加视频过渡

STEP 01 添加视频过渡

在情节提要中选中第一张和第二张图片中间的□图标，然后在“视频过渡”列表框中选择“擦除，正常向右”选项并右击，在弹出的快捷菜单中选择“添加至情节提要”命令，如下图所示。

STEP 02 显示视频过渡

添加视频过渡后，在情节提要中将显示添加的视频过渡，如下图所示。

STEP 03 使用控制按钮

用同样的方法，添加其他图片之间的过渡，效果如右图所示。

提示

视频过渡控制着电影从播放一段剪辑或一张图片过渡到播放下一段剪辑或下一张图片。

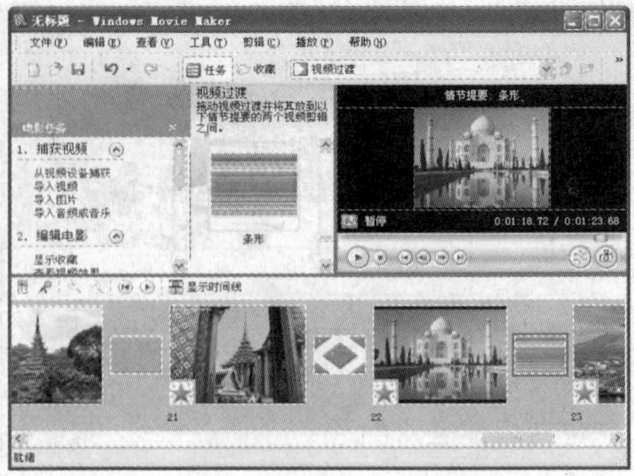

Work4 添加片头片尾

STEP 01 单击“制作片头或片尾”超链接

在窗口左侧的“电影任务”任务窗格中单击“制作片头或片尾”超链接，如下图所示。

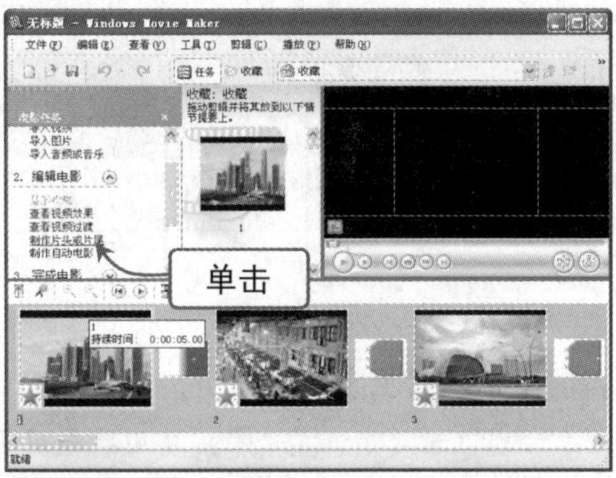

STEP 02 选择片头添加的位置

在窗口左侧将显示“要将片头添加到何处”任务窗格，单击“在电影开头添加片头”超链接，如下图所示。

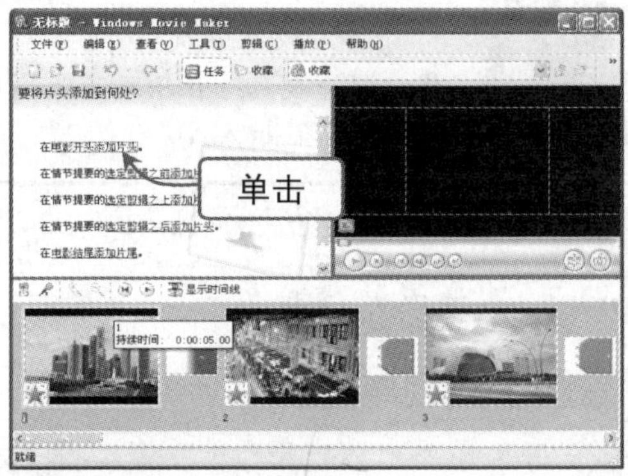

STEP 03 输入片头文本

在弹出的“输入片头文本”任务窗格中，输入片头文本，如下图所示。

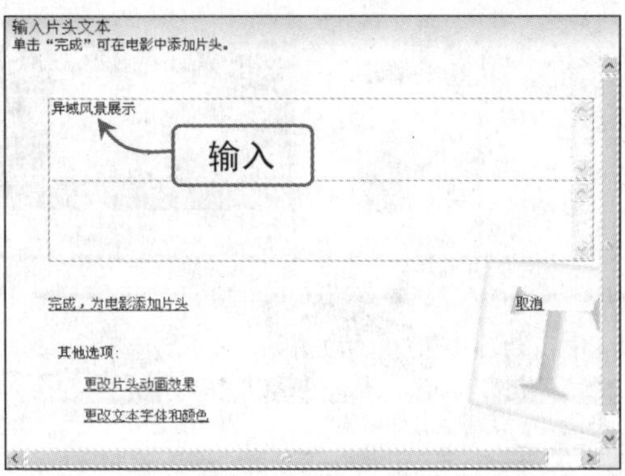

STEP 04 设置动画效果

单击“更改片头动画效果”超链接，在弹出的“选择片头动画”任务窗格中，为片头文字设置“滚动，透视”动画效果，如下图所示。

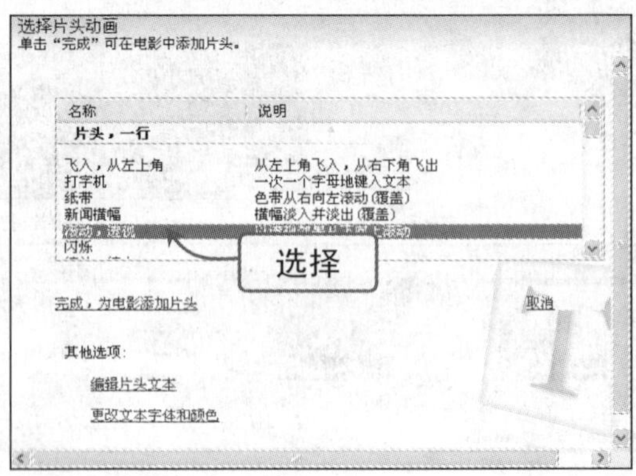

STEP 05 设置文本字体和颜色

单击“更改文本字体和颜色”超链接，在弹出的“选择片头字体和颜色”任务窗格中，设置片头文字的“字体”为“华文楷体”，背景颜色为蓝色，字体颜色为红色，“透明度”为9%，如下图所示。

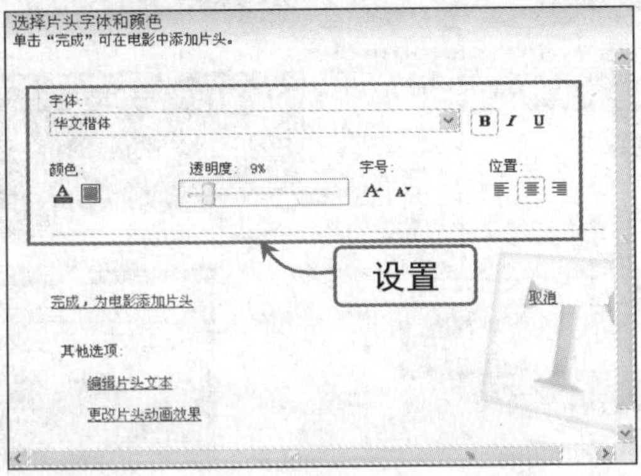

STEP 06 添加电影结尾

单击“完成，为电影添加片头”超链接，完成添加电影片头操作。在“要将片头添加到何处”任务窗格中，单击“在电影结尾添加片尾”超链接，如下图所示。

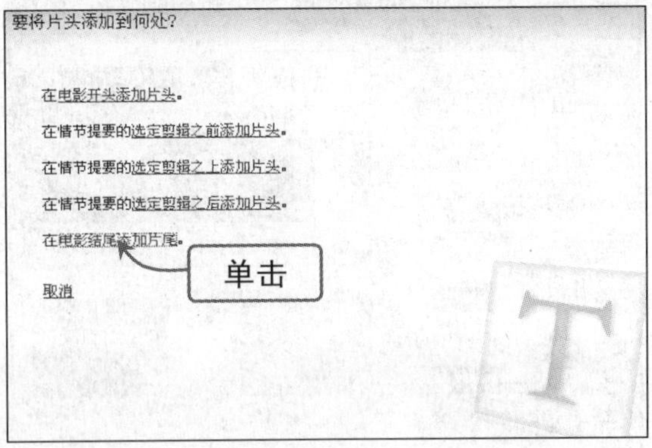

STEP 07 输入片尾文字

在弹出的任务窗格中输入片尾文字，如下图所示。

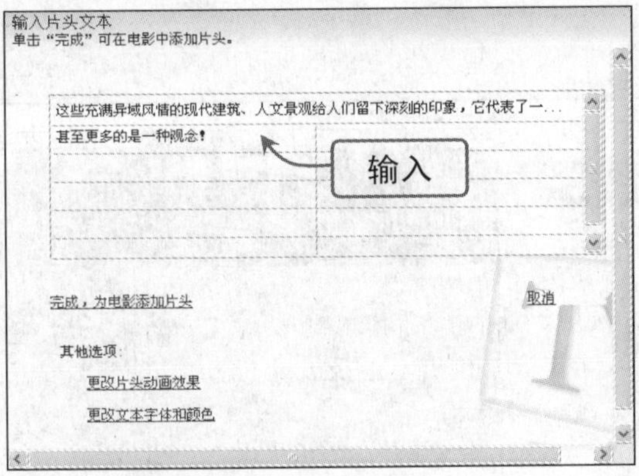

STEP 08 设置文字字体和颜色

单击“更改文本字体和颜色”超链接，在弹出的任务窗格中设置片尾位置的字体为“华文新魏”，背景颜色为深蓝色，字体颜色为白色，如下图所示。

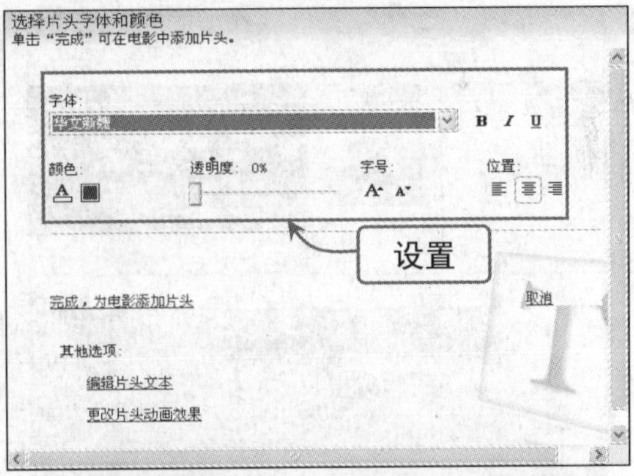

STEP 09 预览片尾文字效果

完成电影片尾文字设置后，在窗格右侧的预览窗格中可查看片尾效果，如右图所示。

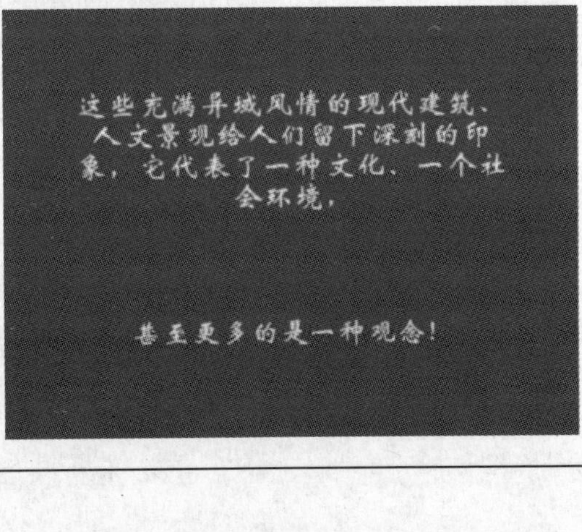

提示

通过向电影添加基于文本信息的片头和片尾，可增强电影的效果。

Work5 添加音乐

STEP 01 选择“时间线”命令

选择“查看”|“时间线”命令，如下图所示。

STEP 02 选择“添加到时间线”命令

窗口下方将显示时间线，在“收藏”列表框的音乐文件上右击，在弹出的快捷菜单中选择“添加到时间线”命令，如下图所示。

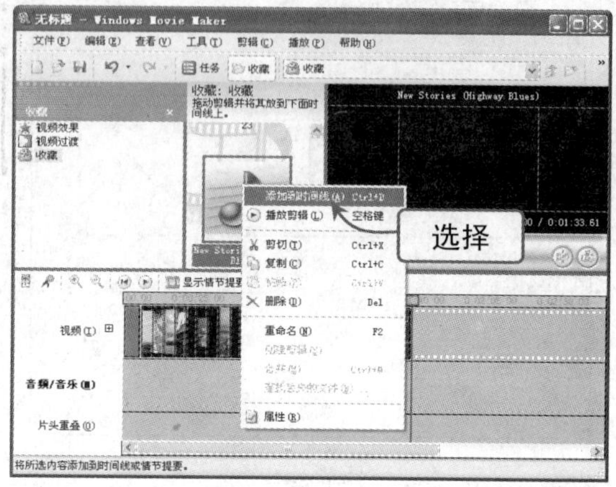

STEP 03 添加音乐

将所选的音乐添加到正在制作的电影中，然后将鼠标指针移动到情节提要中的片尾文字右边缘位置，如下图所示。

STEP 04 调整片尾文字显示时间

向右拖动片尾文字，让片尾文字的显示时间更长些，如下图所示。

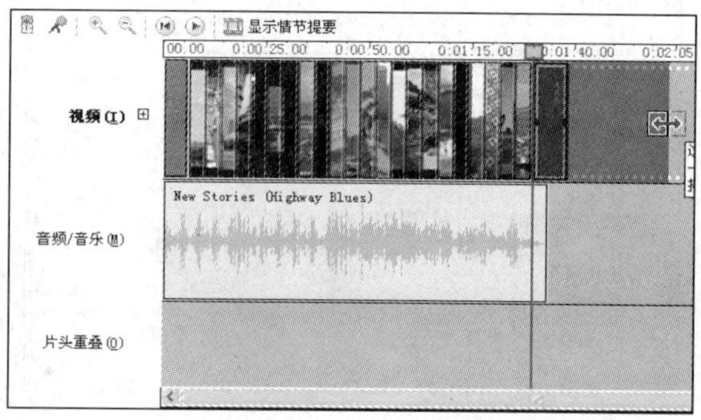

8.3.4 预览并保存电影文件

制作好电影后，可通过预览查看是否对制作的电影满意，满意后，可将电影文件进行保存，以方便日后观赏。预览并保持电影文件的具体操作方法如下：

STEP 01 单击“播放”按钮

制作好电影后，单击时间线 00:00 位置，然后在窗口右侧的预览窗格中单击“播放”按钮，如下图所示。

STEP 02 预览效果

在预览窗格中可预览制作的电影效果，如下图所示。

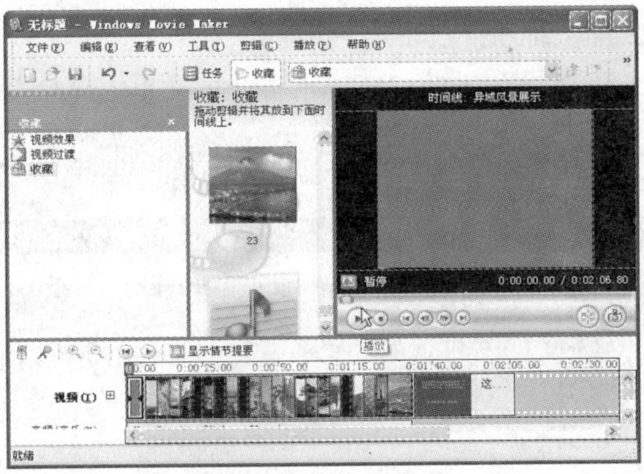

STEP 03 选择“保存电影文件”命令

用户对制作的电影效果满意后，选择“文件”|“保存电影文件”命令，如下图所示。

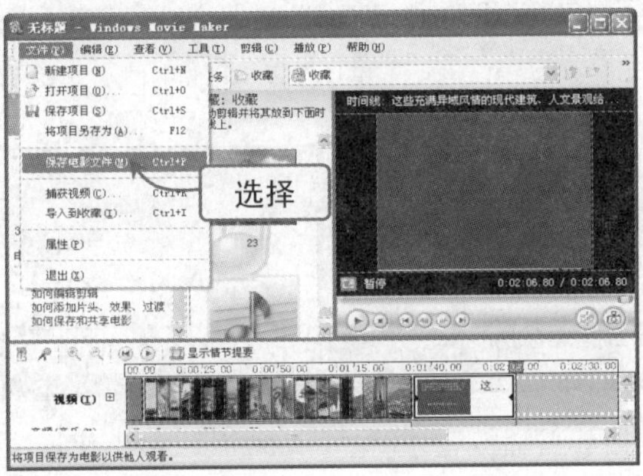

STEP 04 选择保存位置

弹出“保存电影向导”对话框，在其中选择“我的电脑”选项，如下图所示。

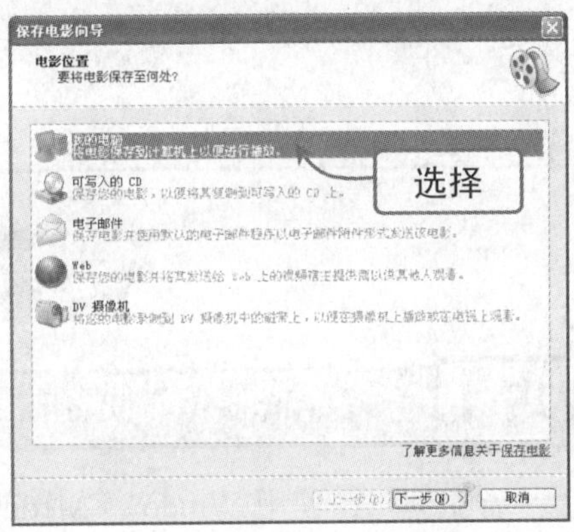

STEP 05 输入文件名

单击“下一步”按钮，在弹出的对话框中输入电影的保存文件名，并选择保存电影文件的具体位置，如下图所示。

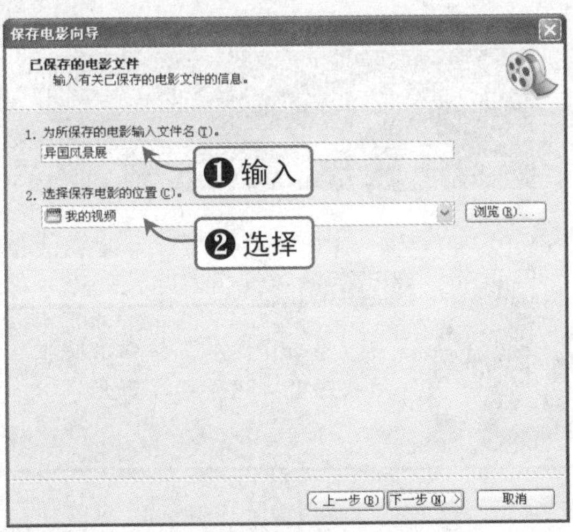

STEP 06 保持默认设置

单击“下一步”按钮，在弹出的对话框中保持默认设置，如下图所示。

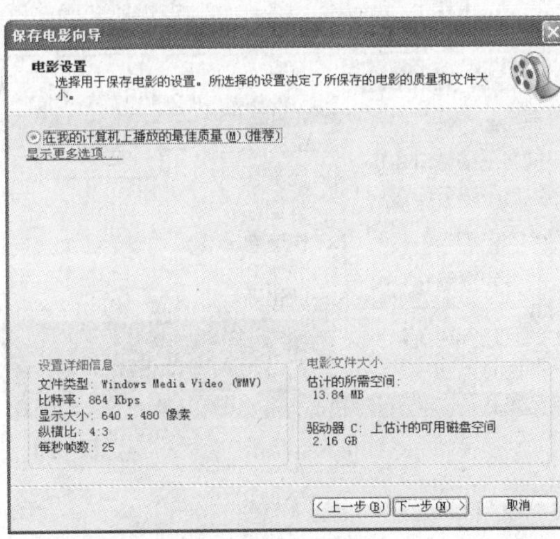

STEP 07 正在保存

单击“下一步”按钮，在弹出的对话框中显示正在保存电影，如下图所示。

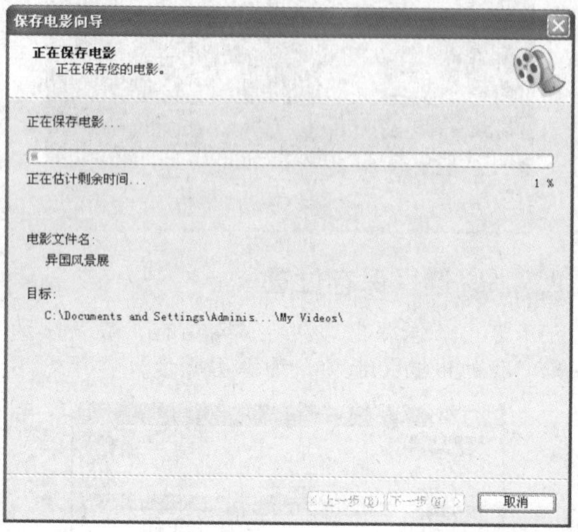

STEP 08 完成向导

完成保存电影后，单击“下一步”按钮，在弹出的对话框中显示正在完成保存电影向导，单击“完成”按钮即可，如下图所示。

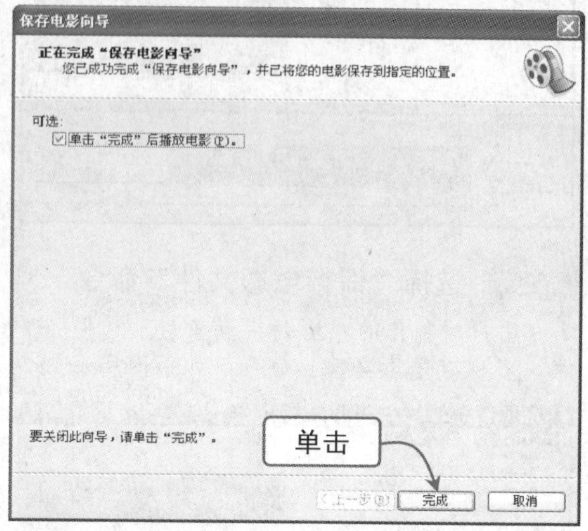

技巧百宝箱

技巧 1 将 Windows Media Player 播放器以最小化模式显示

为节省空间，在使用 Windows Media Player 播放器播放音乐时，可以将其以最小化模式显示。其具体操作方法如下：

STEP 01 选择 Windows Media Player 命令

启动 Windows Media Player 应用程序，在任务栏上右击，在弹出的快捷菜单中选择“工具栏”| Windows Media Player 命令，如下图所示。

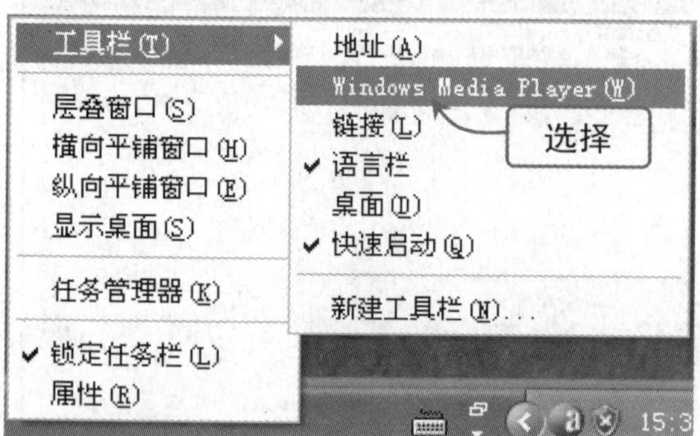

STEP 02 最小化模式

最小化应用程序后，在任务栏上将显示最小化的 Windows Media Player 播放器，如下图所示。

提示

单击“还原”按钮，将把该程序窗口还原到桌面上。

STEP 03 显示媒体文件信息

将鼠标指针移动到最小化的 Windows Media Player 播放器上，将显示当前正在播放的媒体文件信息，如下图所示。

STEP 04 显示可视化窗口

单击“显示视频和可视化效果窗口”按钮，将弹出可视化窗口，效果如下图所示。

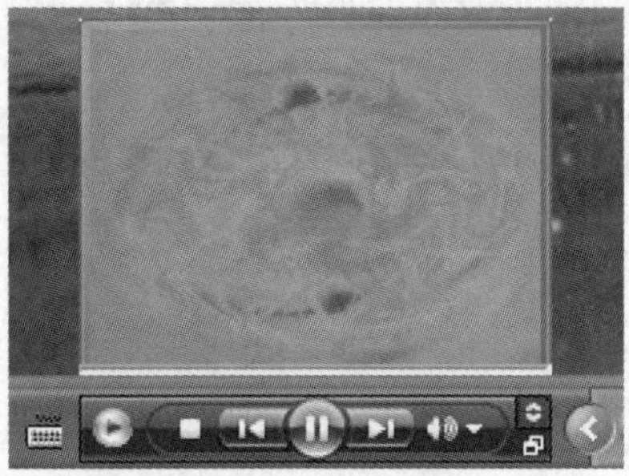

技巧 2 在 Windows Media Player 中添加歌词

在 Windows Media Player 中，用户可以手动为媒体库中的歌曲添加歌词。在播放歌曲时，添加的歌词在窗口下方可静态显示，也可以动态显示，与播放进度同步。

Work1 添加静态歌词

STEP 01 选择“高级标记编辑器”命令

切换到“媒体库”选项卡，右击要添加歌词的歌曲标题，在弹出的快捷菜单中选择“高级标记编辑器”命令，如下图所示。

STEP 02 切换到“歌词”选项卡

弹出“高级标记编辑器”对话框，切换到“歌词”选项卡，如下图所示。

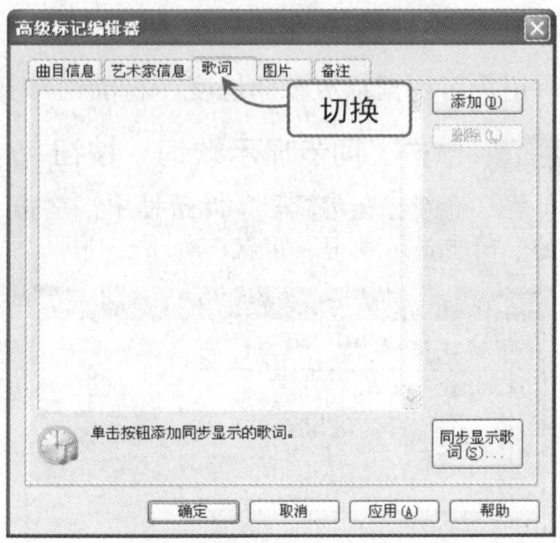

STEP 03 输入歌词

单击“添加”按钮，将显示“语言”下拉列表框和“文本”列表框，选择歌词语言，并输入歌词，单击“确定”按钮，如下图所示。

STEP 04 开启歌词显示功能

右击 Windows Media Player 窗口的标题栏，在弹出的快捷菜单中选择“播放”|“字幕”|“开（如果可用）”命令，如下图所示。

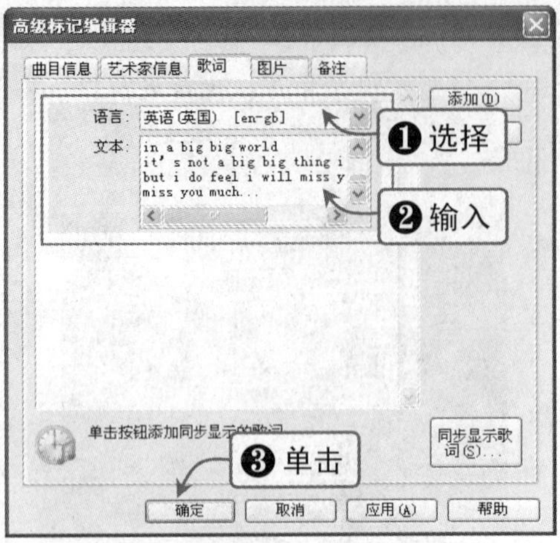

STEP 05 显示歌词

当播放该歌曲时，在可视化窗口下方将显示添加的歌词，效果如右图所示。

提示

用户可以从网上搜索歌曲的歌词，然后将其复制到“歌词”文本框中，即可快速添加歌词。

Work2 添加同步歌词

用户可根据播放歌曲进度，将歌词与其同步显示。其具体设置方法如下：

STEP 01 单击“同步显示歌词”按钮

在“高级标记编辑器”对话框中，单击下方的“同步显示歌词”按钮，如下图所示。

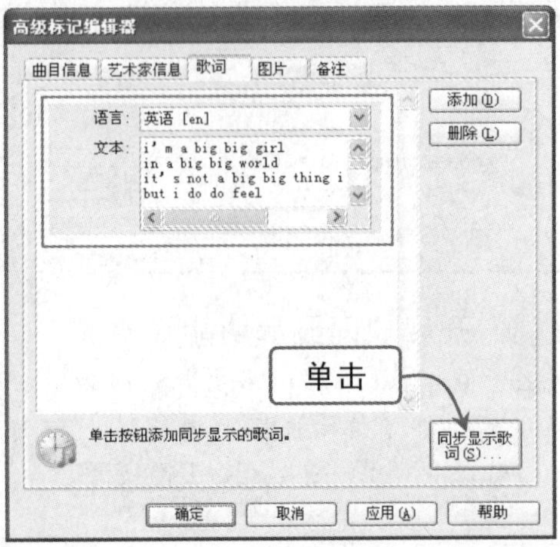

STEP 02 设置同步

弹出“同步显示歌词”对话框，在窗口下方用户可根据歌曲进度调整时间线位置，同步歌词，如下图所示。

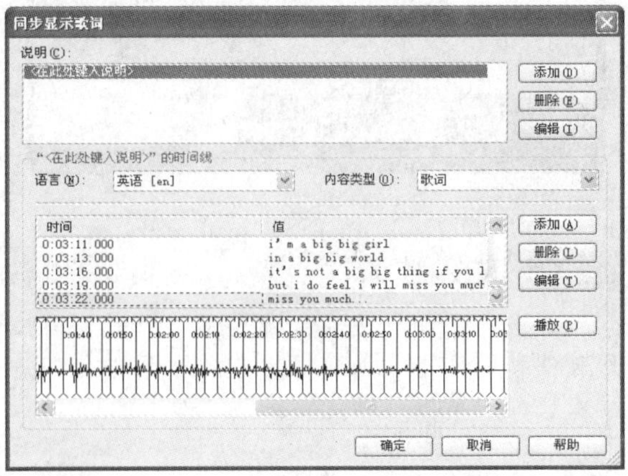

外行上路
提高进阶
权威案例
百宝箱 技巧

STEP 03 同步显示歌词

当播放该歌曲时，将同步显示歌词，如右图所示。

提示

在同步歌词时，一般情况下，都需要用户自动调整时间线的位置，否则显示的歌词与歌曲进度将不一致。

技巧 3 更改添加图片和过渡的持续时间

在 Windows Movie Maker 中，所添加图片和视频过渡的持续时间是可以更改的，其具体更改方法如下：

STEP 01 选择“选项”命令

打开 Windows Movie Maker 程序窗口，选择“工具”|“选项”命令，如下图所示。

提示

在“选项”对话框的“高级”选项卡中，还可以设置指定的视频属性、电子邮件附件大小等。

STEP 02 设置持续时间

弹出“选项”对话框，选择“高级”选项卡，设置所添加的图片和过渡的持续时间即可，如下图所示。

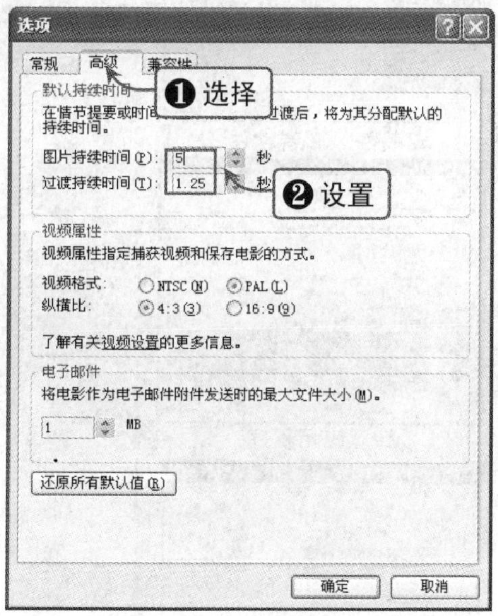

Chapter 09

应用程序的安装与管理

安装好操作系统后，为了使计算机更好的工作，需要安装应用程序并对应用程序进行管理，本章主要介绍应用程序的安装与管理，包括安装/删除Windows组件、安装常用软件、卸载应用程序、结束应用程序、创建新任务、结束进程、关闭开机自动运行程序等内容。通过本章的学习可以安装与卸载应用程序并进行管理。

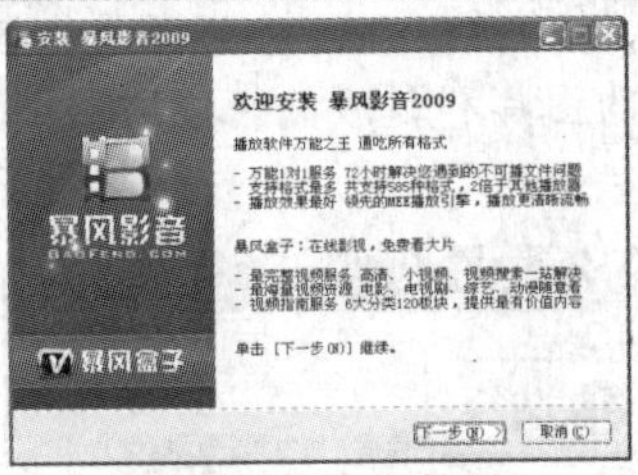

安装暴风影音软件

卸载应用程序

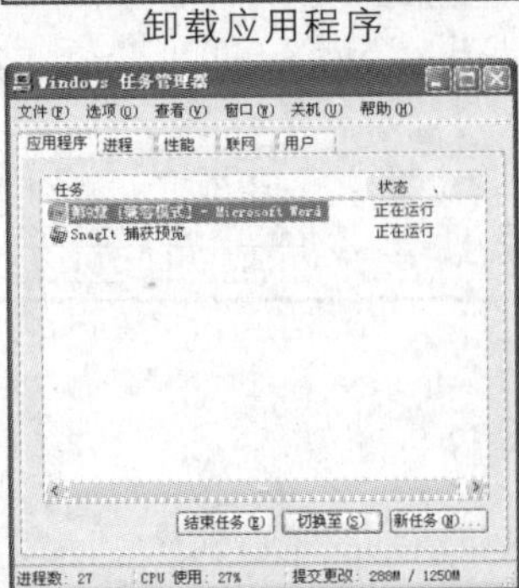

结束应用程序

重要知识点视频索引

本章建议学习时间：

本章建议学习时间为50min，其中分配25min学习应用程序的安装与卸载基础知识，25min时间观看教学视频并进行练习。

学完本章后您可以：

- 安装Windows组件
- 安装常用软件
- 卸载应用程序
- 使用任务管理器管理程序
- 关闭开机自动运行程序

9.1 安装应用程序

安装应用程序是电脑使用者必须掌握的基本操作之一，下面通过介绍安装Windows 组件和暴风影音软件为例，讲解应用程序的安装方法和技巧，读者应该熟练掌握。

9.1.1 安装 Windows 组件

Windows 组件是 Windows 系统中必不可少的应用程序，安装系统后，只是安装了部分组件，在使用过程中对于需要的组件需要用户自行安装，下面详细介绍 Windows 组件的安装过程。

STEP 01 打开“控制面板”窗口

选择“开始”|“控制面板”命令，打开“控制面板”窗口，如下图所示。

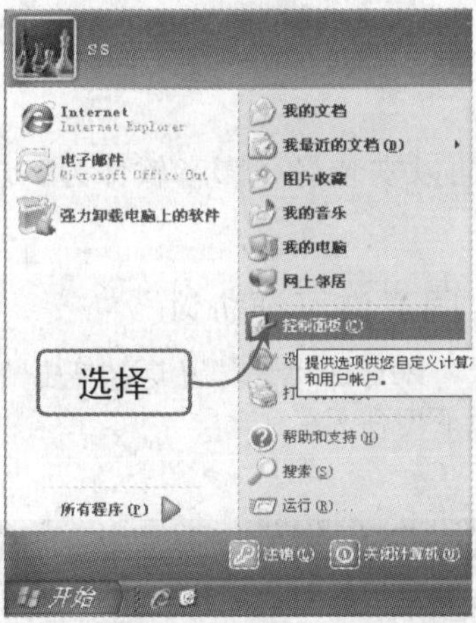

STEP 02 打开“添加或删除程序”窗口

在“控制面板”窗口中双击“添加或删除程序”图标，如下图所示。

STEP 03 打开“Windows 组件向导”窗口

在“添加或删除程序”窗口中单击“添加/删除 Windows 组件”按钮，如下图所示。

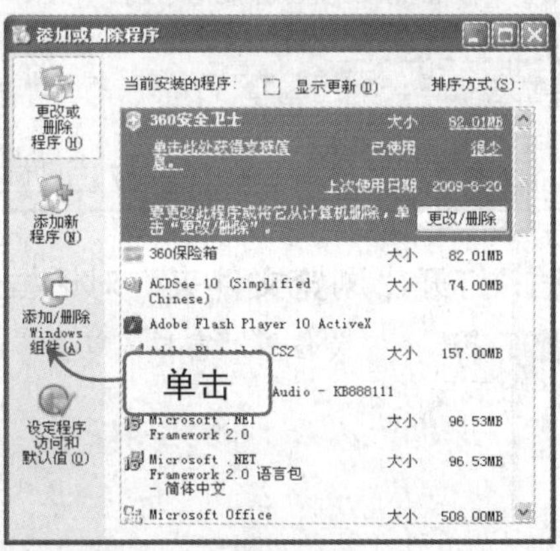

STEP 04 选择组件

选中 Windows Media Player 前的复选框，如下图所示。

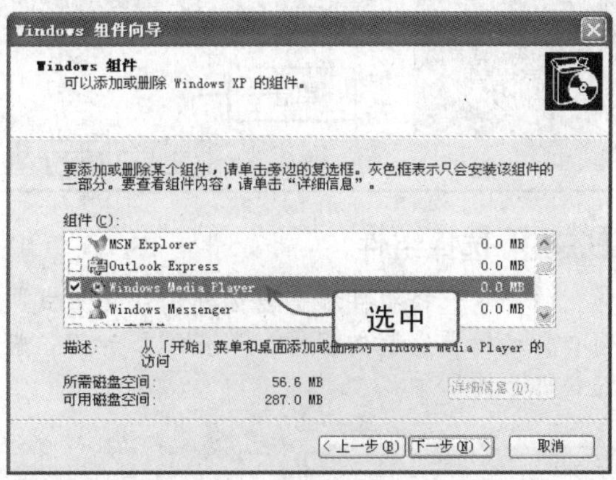

STEP 05 配置组件

开始配置组件，配置完成后弹出“完成 Windows 组件向导”对话框，单击“完成”按钮，如下图所示。

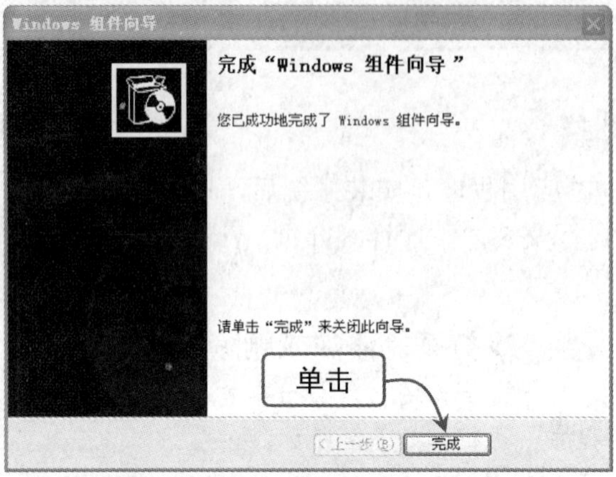

STEP 06 组件安装成功

所选组件已成功安装到计算机中，如下图所示。

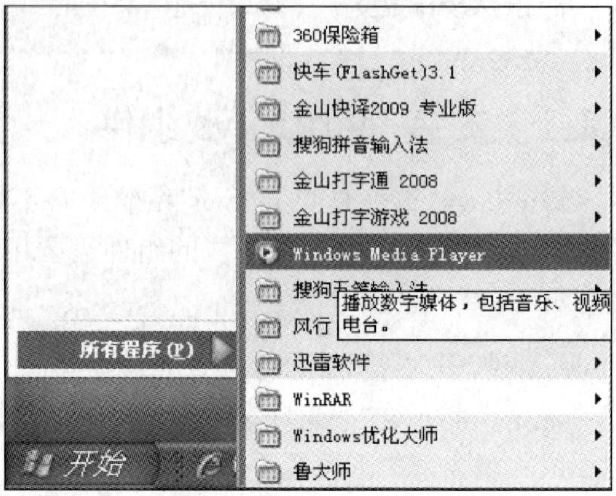

9.1.2 安装常用软件

在实际工作中，经常需要安装不同的常用软件，下面以安装暴风影音软件为例进行详细讲解。

STEP 01 运行安装文件

双击“暴风影音”图标，打开“安装暴风影音 2009”窗口，单击“下一步”按钮，如下图所示。

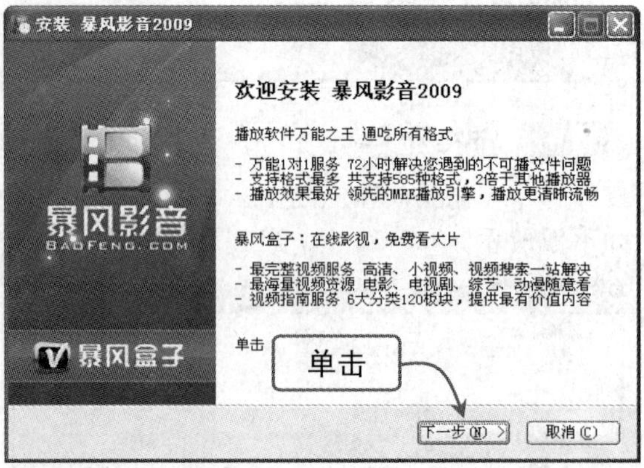

STEP 02 同意许可证协议

打开“许可证协议”窗口，单击“我接受”按钮，如下图所示。

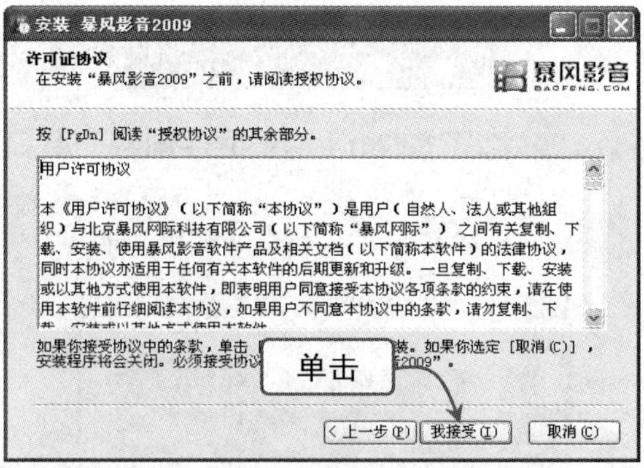

STEP 03 选择组件

打开“选择组件和需要创建的快捷方式”窗口，选择要安装的组件，单击“下一步”按钮，如下图所示。

STEP 04 打开“浏览文件夹”对话框

打开“选择安装位置”窗口，单击“浏览”按钮，如下图所示。

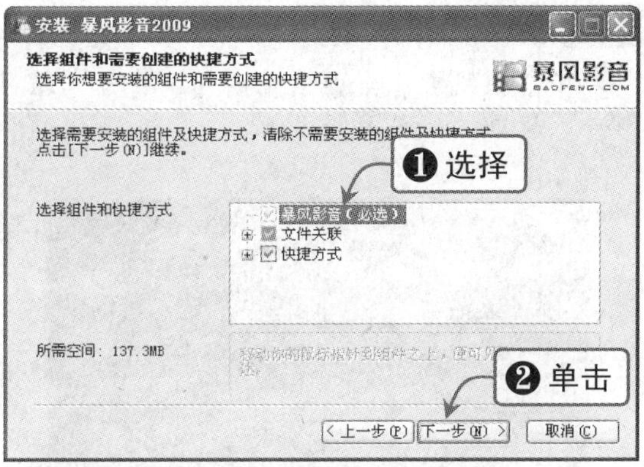

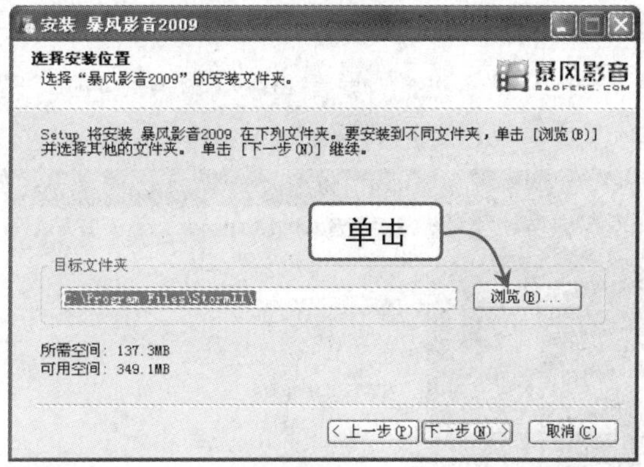

STEP 05 选择安装位置

弹出“浏览文件夹”对话框，选择安装位置，单击“确定”按钮，如下图所示。

STEP 06 打开“安装暴风影音 2009”窗口

取消选中“安装百度工具栏”复选框，单击“安装”按钮，如下图所示。

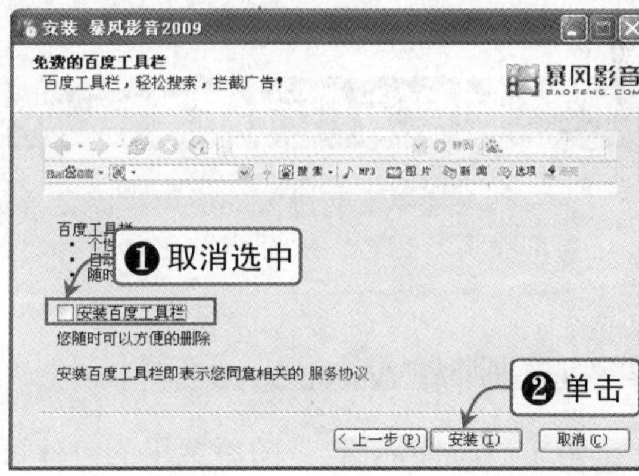

STEP 07 开始安装暴风影音软件

系统开始安装暴风影音 2009，并显示安装进度，如下图所示。

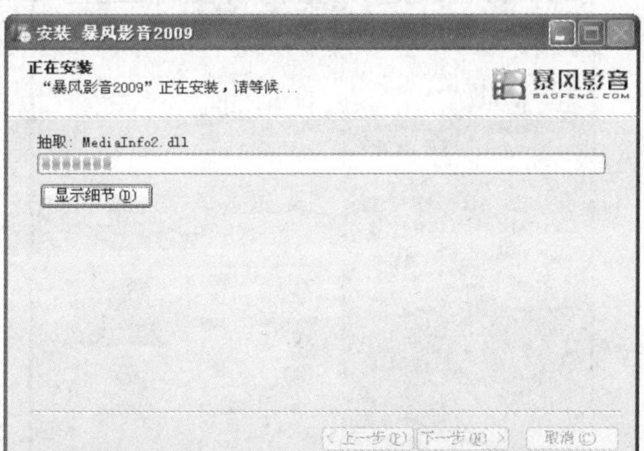

STEP 08 选择推荐软件

在打开的窗口中取消选中推荐软件复选框，单击“下一步”按钮，如下图所示。

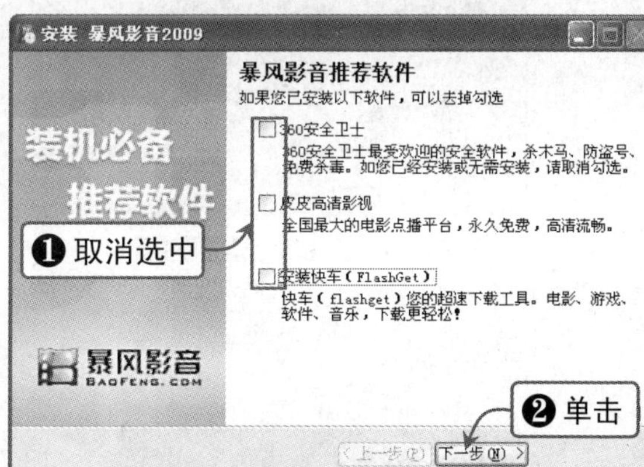

STEP 09 安装完成

打开“安装暴风影音 2009”窗口，单击“完成”按钮，如下图所示。

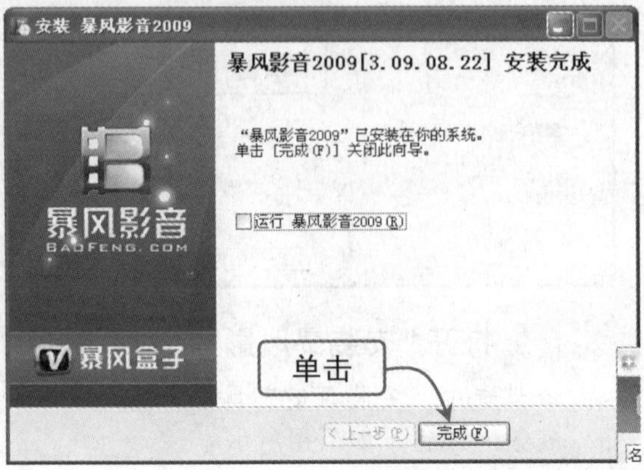

STEP 10 运行“暴风影音 2009”

双击暴风影音桌面快捷图标，打开“暴风影音”窗口，如下图所示。

9.2 卸载应用程序

电脑中安装过多的应用程序会导致系统运行速度变慢，对于不常用的程序，可以将其卸载，保证电脑正常运行。

9.2.1 删除 Windows 组件

对于 Windows 自带的不常用的组件可以将其卸载，释放占用空间，下面介绍卸载 Windows 组件的方法。

STEP 01 打开“控制面板”窗口

选择“开始”|“控制面板”命令，如下图所示。

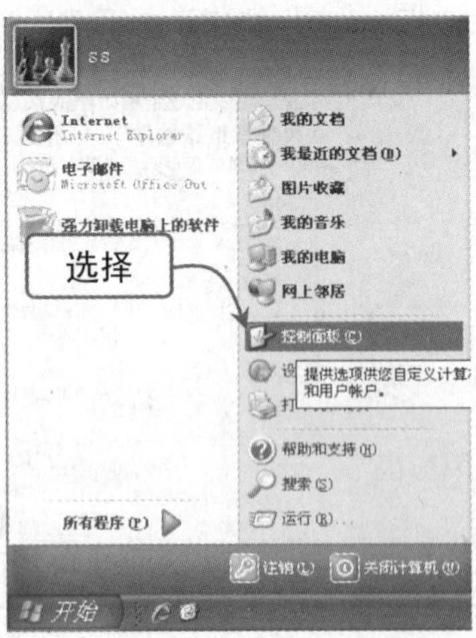

STEP 02 打开“添加或删除程序”窗口

在“控制面板”窗口中双击“添加或删除程序”图标，如下图所示。

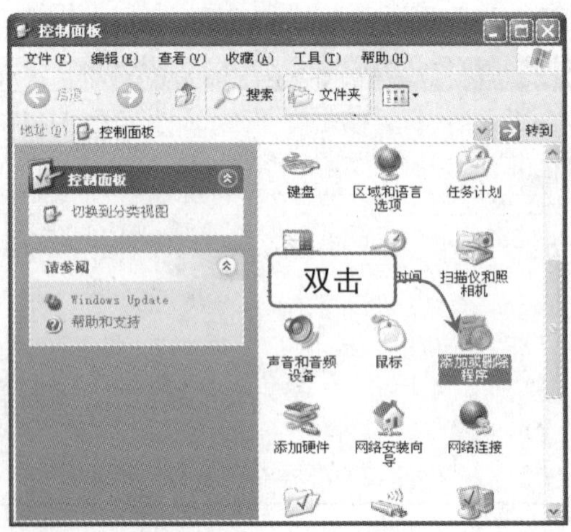

STEP 03 打开“Windows 组件向导”对话框

打开“添加或删除程序”窗口，单击“添加/删除 Windows 组件”按钮，如下图所示。

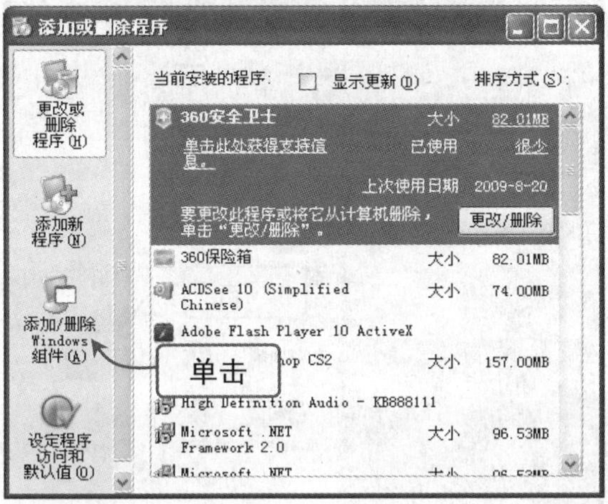

STEP 04 选择要卸载的组件

弹出“Windows 组件”对话框，选中要卸载组件前的复选框，单击“下一步”按钮，如下图所示。

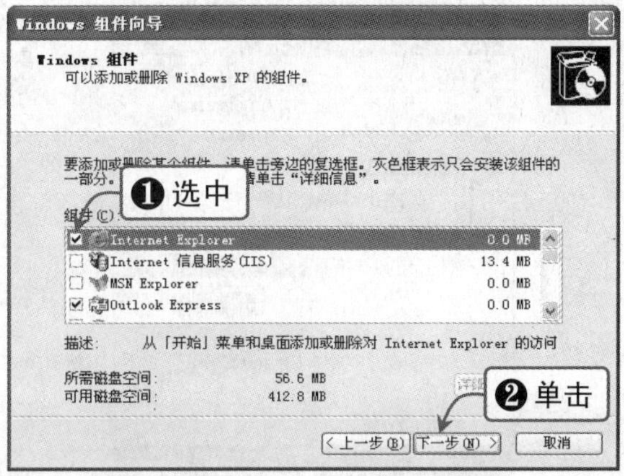

STEP 05 卸载组件

弹出“正在配置组件”对话框，开始配置组件，并进行卸载，如下图所示。

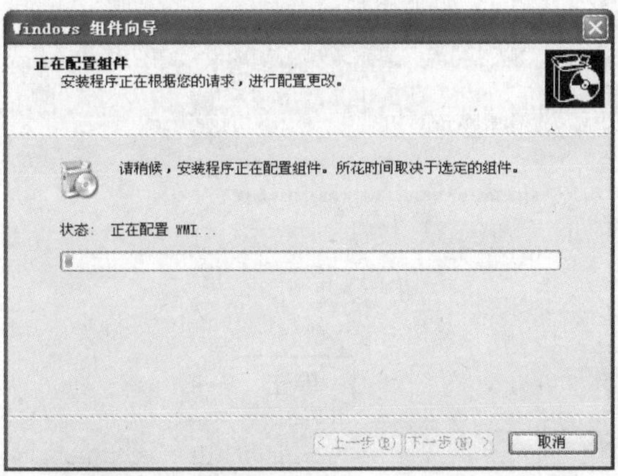

STEP 06 卸载完成

弹出“完成 Windows 组件向导”对话框，单击“完成”按钮，卸载成功，如下图所示。

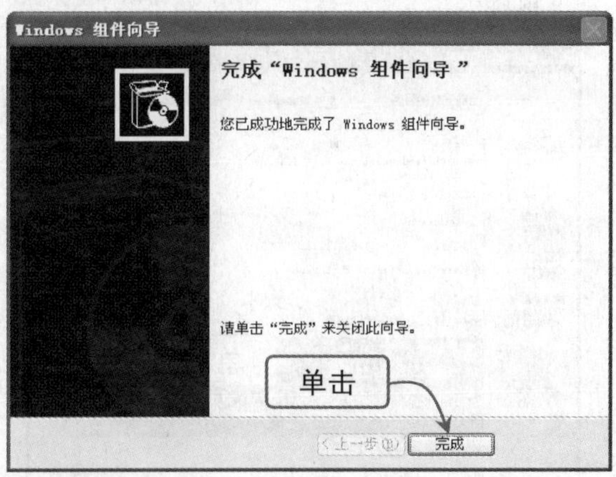

提示

在打开的“Windows 组件向导”对话框中，若是某些组件对应的复选框显示为灰色，则表示当前只安装了该组件中的部分子组件。

9.2.2 卸载应用程序

对于不常用的软件，可以将其卸载，以节约更多的电脑资源，提高电脑的运行速度，下面以卸载“风行”软件为例介绍卸载应用程序的方法。

STEP 01 打开“控制面板”窗口

选择“开始”|“控制面板”命令，如下图所示。

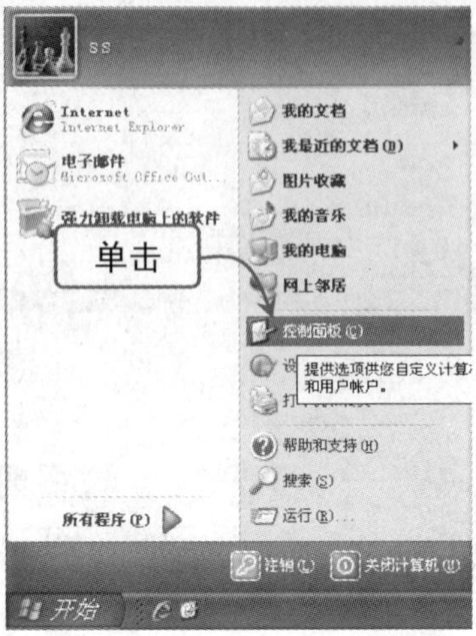

STEP 02 打开“添加或删除程序”窗口

在“控制面板”窗口中双击“添加或删除程序”图标，如下图所示。

STEP 03 打开“卸载风行网络电影”窗口

选中要删除的软件，单击“删除”按钮，如下图所示。

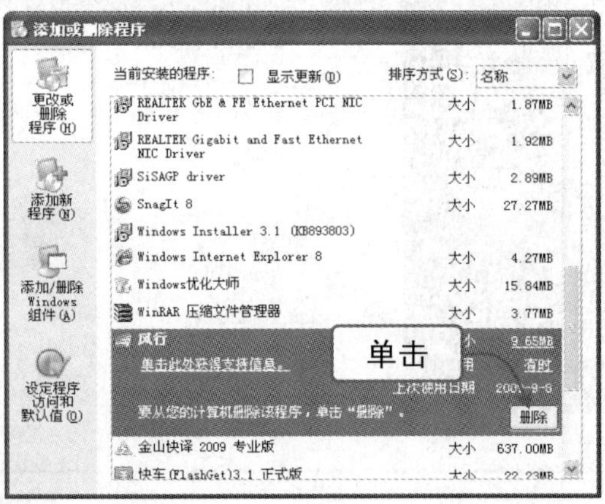

STEP 04 卸载风行

打开“卸载风行网络电影”窗口，单击“卸载”按钮，如下图所示。

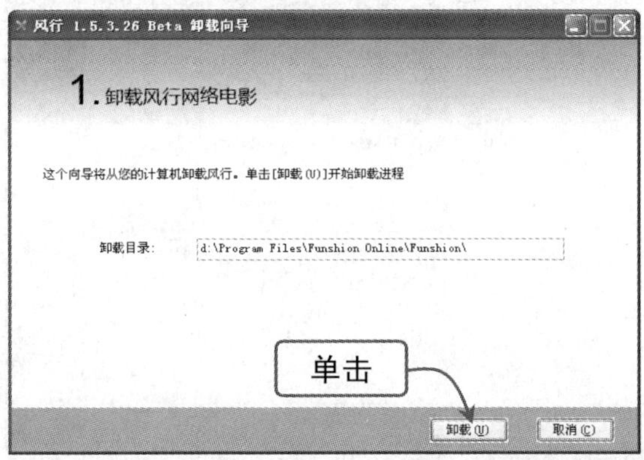

STEP 05 卸载完成

开始卸载软件，单击“关闭”按钮，并删除文件，如右图所示。

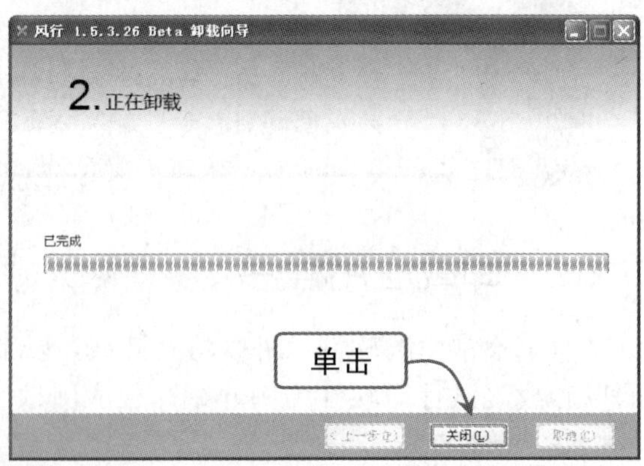

9.3 使用 Windows 任务管理器应用程序

任务管理器提供正在电脑上运行的程序和进程的相关信息，还显示常用的度量进程性能的单位，如果连接到网络，还可以查看网络状态并迅速了解网络是如何工作的。

9.3.1 启动 Windows 任务管理器

Windows 任务管理器是 Windows XP 操作系统自带的软件，启动任务管理器的方法有多种，下面介绍最常用的启动方法。

STEP 01 选择“任务管理器”命令

右击任务栏空白处，在弹出的快捷菜单中选择“任务管理器”命令，如下图所示。

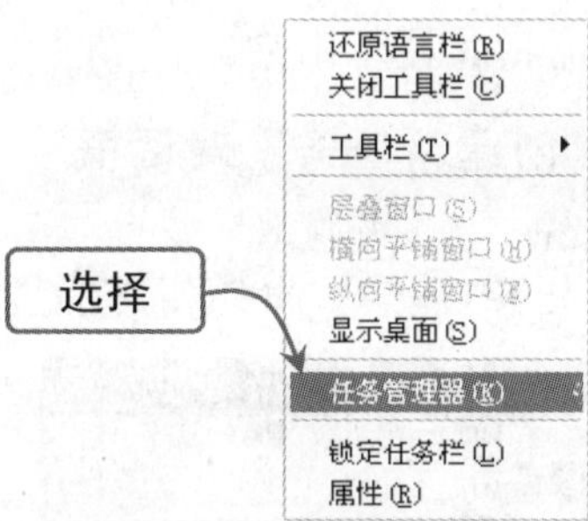

STEP 02 打开“Windows 任务管理器”窗口

打开“Windows 任务管理器”窗口，如下图所示。

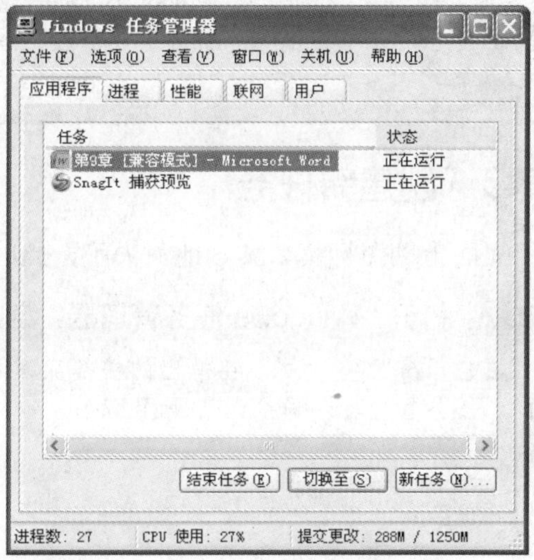

提示

用户可以通过快捷键快速打开“Windows 任务管理器”窗口，具体方法为：按【Ctrl+Alt+Del】组合键。

9.3.2 结束应用程序

有些应用程序正常情况下无法关闭，可以通过任务管理器结束某些应用程序。

STEP 01 打开“Windows 任务管理器”窗口

右击任务栏空白处，在弹出的快捷菜单中选择“任务管理器”命令，如下图所示。

STEP 02 结束应用程序

打开“Windows 任务管理器”窗口，选择“应用程序”选项卡，选中要结束的应用程序，单击“结束任务”按钮，如下图所示。

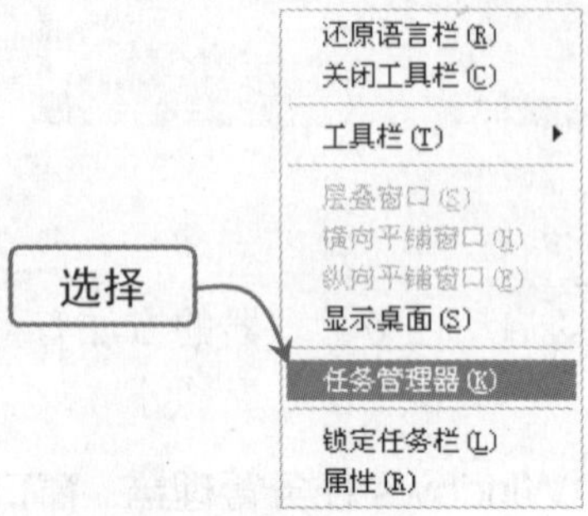

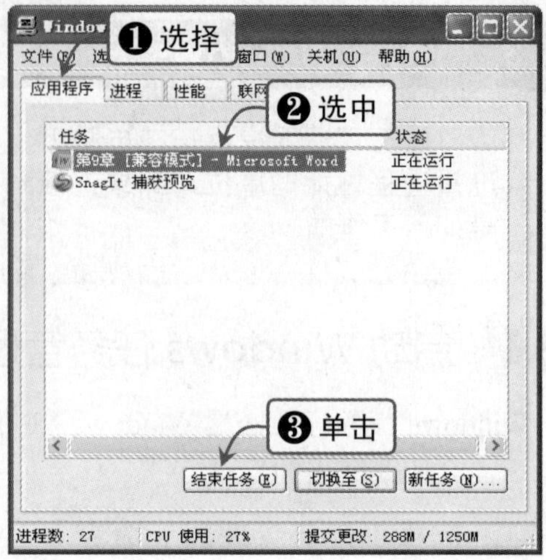

提示

打开“Windows 任务管理器”窗口，选择“应用程序”选项卡，按下【Ctrl】键选择多个需要关闭的应用程序，单击“结束任务”按钮，可以同时关闭多个应用程序。

9.3.3 创建新任务

桌面上的图标莫名其妙地消失了，此时可以通过任务管理器将其显示出来。

STEP 01 打开“Windows 任务管理器”窗口

右击任务栏空白处，在弹出的快捷菜单中选择“任务管理器”命令，如下图所示。

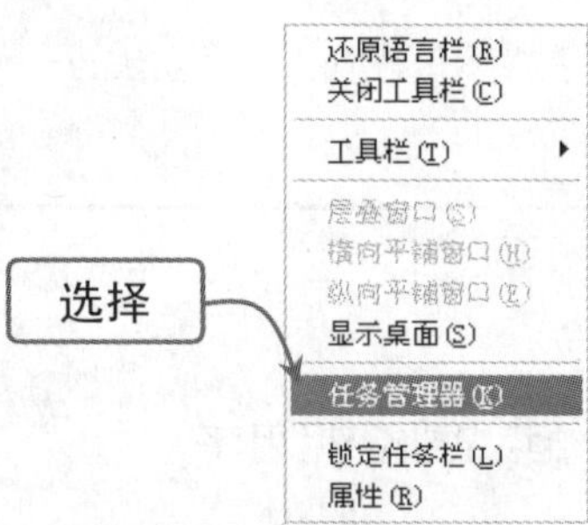

STEP 02 打开“创建新任务”对话框

打开“Windows 任务管理器”窗口，选择“文件”|“新建任务”命令，如下图所示。

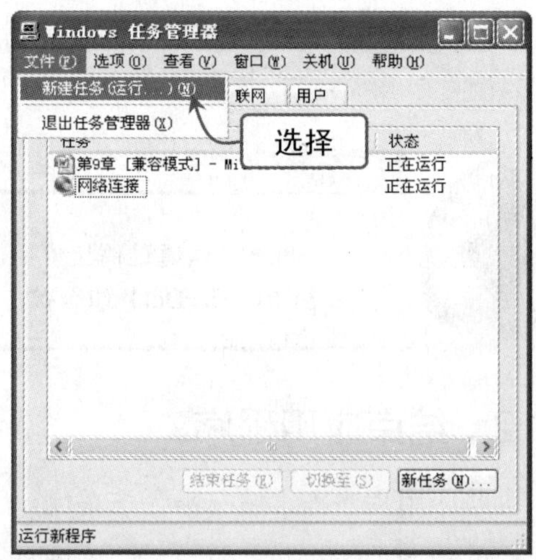

STEP 03 创建新任务

弹出“创建新任务”对话框，在“打开”下拉列表中输入 explorer.exe，单击“确定”按钮，如下图所示。

STEP 04 显示桌面图标

返回桌面的同时显示桌面图标，如下图所示。

外行上路
提高进阶
权威案例
百宝箱 技巧

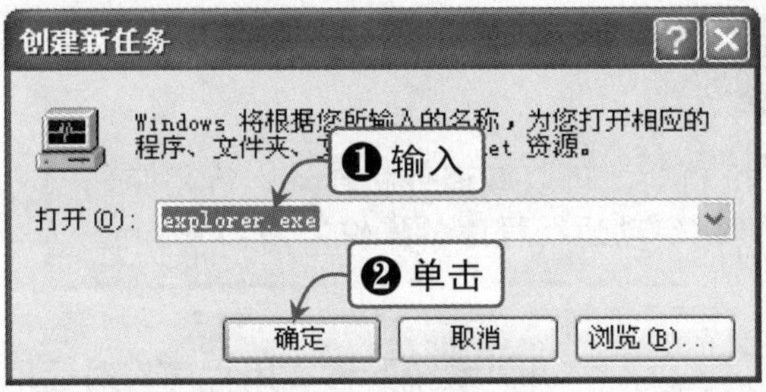

提示

单击“应用程序”选项卡中的“新任务”按钮，在弹出的“创建新任务”对话框中输入任务名称，单击“确定”按钮，同样可以启动应用程序。

9.3.4 结束进程

在使用电脑过程中如果遇到死机的情况，有些进程暂时无法关闭，此时可以通过任务管理器结束进程，下面讲解如何结束进程。

STEP 01 打开“Windows 任务管理器”窗口

右击任务栏空白处，在弹出的快捷菜单中选择“任务管理器”命令，如下图所示。

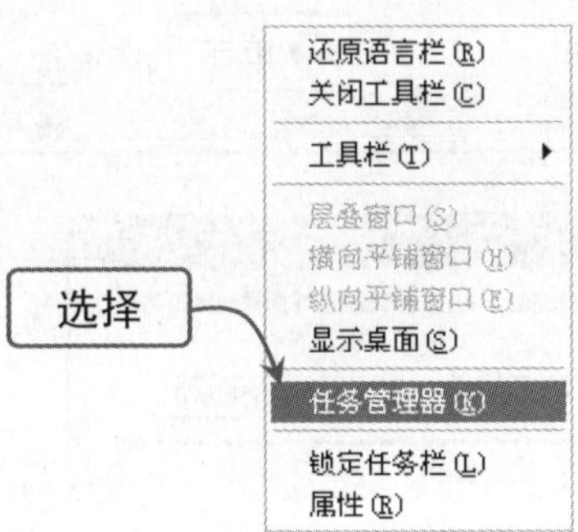

STEP 02 结束进程

在“Windows 任务管理器”窗口中选择“进程”选项卡，在进程列表中选择要结束的进程，单击“结束进程”按钮，如下图所示。

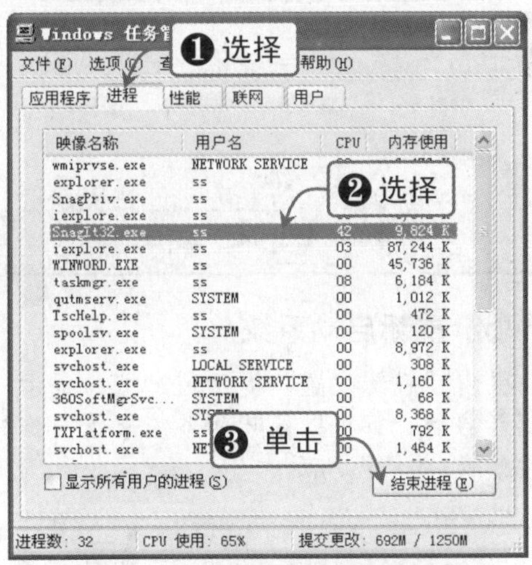

STEP 03 弹出提示信息框

弹出“任务管理器警告”提示信息框，单击“是”按钮，如右图所示。

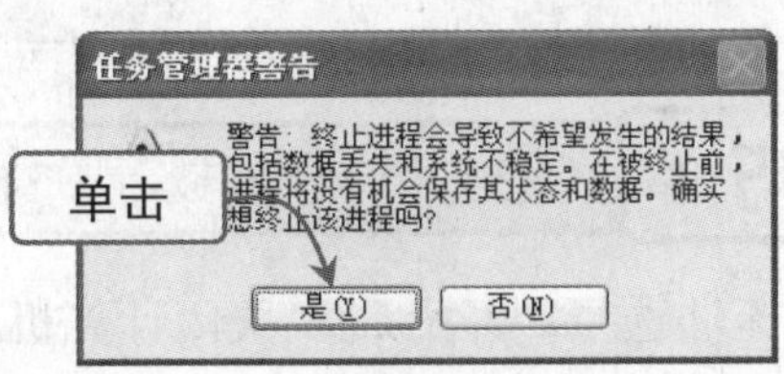

9.4 关闭开机自动运行程序

安装软件时，由于某些软件设为开机启动，可以取消开机自动运行程序，提高开机运行速度，下面详细介绍关闭开机自动运行程序的操作方法。

STEP 01 打开“运行”对话框

选择“开始”|“运行”命令，如下图所示。

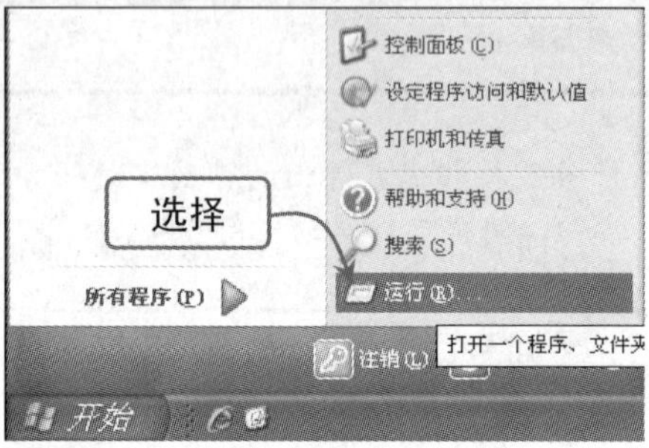

STEP 02 打开“系统配置实用程序”对话框

弹出“运行”对话框，在“打开”下拉列表框中输入 msconfig，单击“确定”按钮，如下图所示。

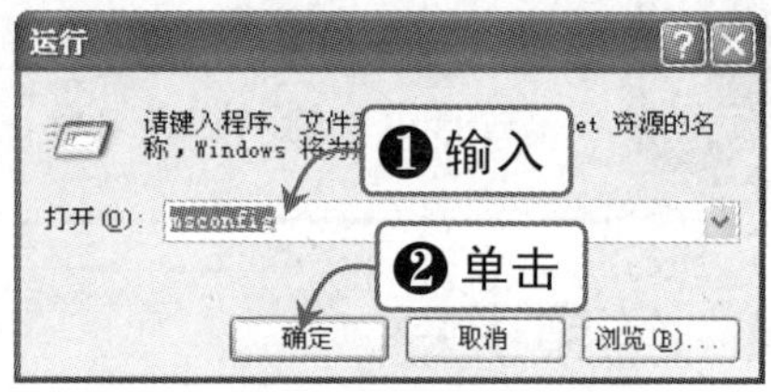

STEP 03 显示启动项目

弹出“系统配置实用程序”对话框，选择“启动”选项卡，如下图所示。

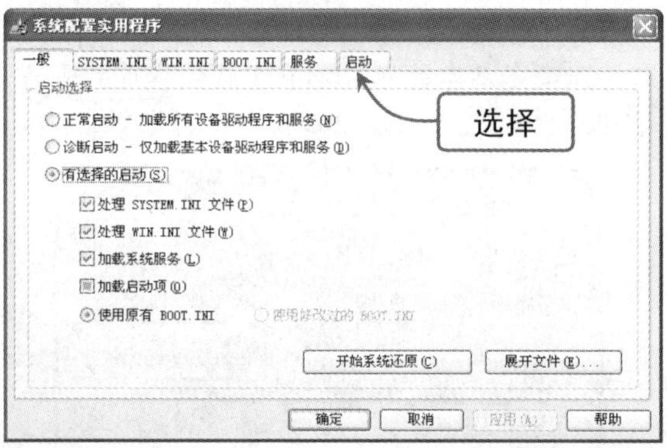

STEP 04 选择取消启动的项目

选中取消启动的项目前的复选框，单击“确定”按钮，如下图所示。

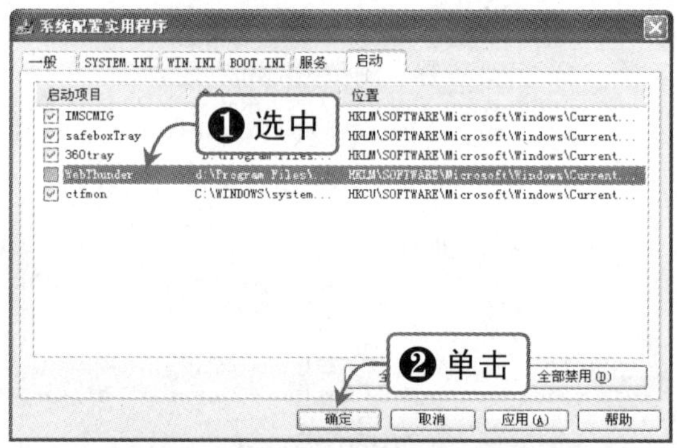

STEP 05 重新启动系统

弹出“系统配置”提示信息框，提示“必须重新启动计算机以便某些系统配置所作的更改生效”，如右图所示。

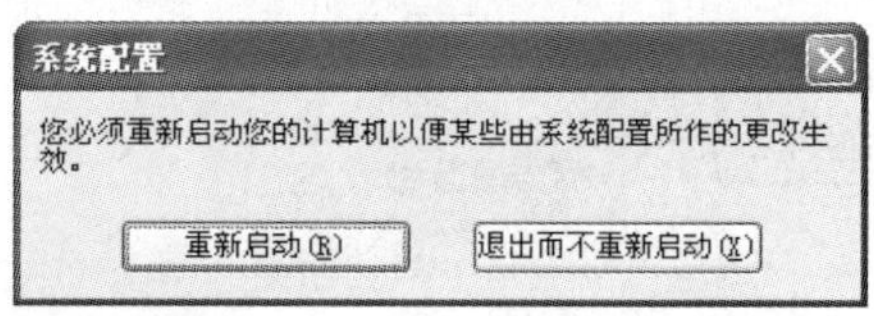

技巧百宝箱

技巧 1 任务管理器救急关机

当无法选择“开始”|“关闭计算机”命令关闭计算机时，可以通过任务管理器关闭计算机，具体操作步骤如下：

STEP 01 打开任务管理器窗口

右击任务栏空白处，在弹出的快捷菜单中选择“任务管理器”命令，如下图所示。

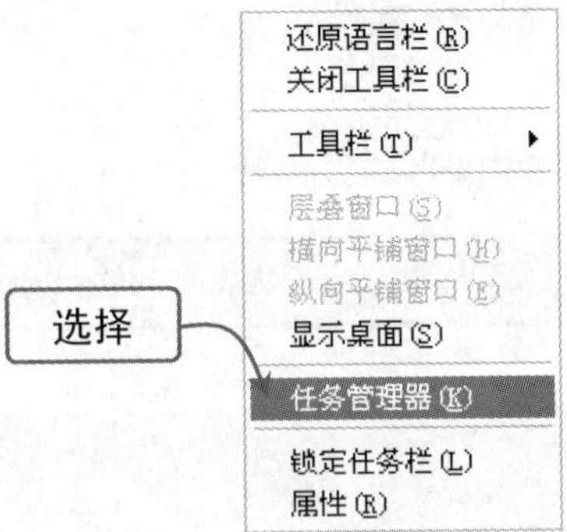

STEP 02 关闭计算机

打开“Windows 任务管理器”窗口，选择“关机”|“关闭”命令，如下图所示。

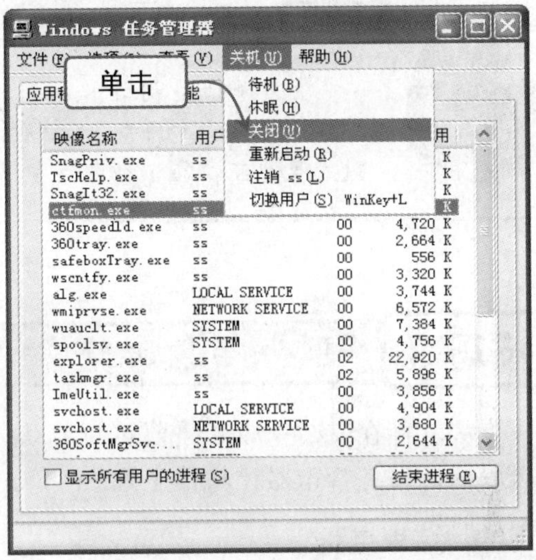

技巧 2 为杂乱的窗口排序

在操作过程中可能会同时打开多个窗口，此时需要将窗口以某种形式摆放在桌面上，手工操作非常麻烦，可以通过任务管理器管理窗口，下面详细介绍如何使用任务管理器管理窗口。

STEP 01 打开“Windows 任务管理器”窗口

右击任务栏空白处，在弹出的快捷菜单中选择“任务管理器”命令，如下图所示，打开“Windows 任务管理器”窗口。

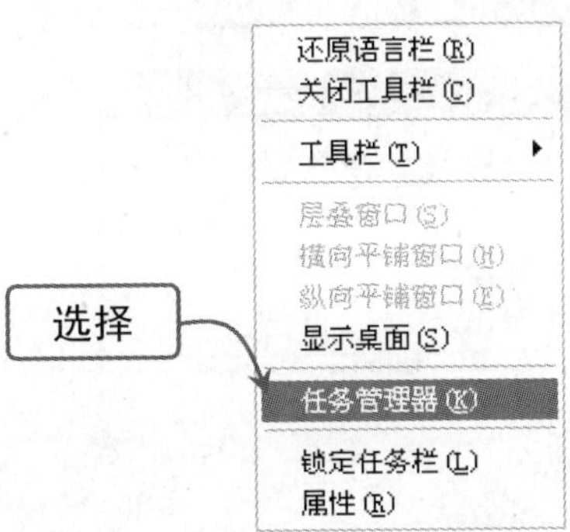

STEP 02 管理窗口

在应用程序列表中按住【Ctrl】键选择多个应用程序，右击选中的应用程序，在弹出的快捷菜单中选择“横向平铺”命令，如下图所示。

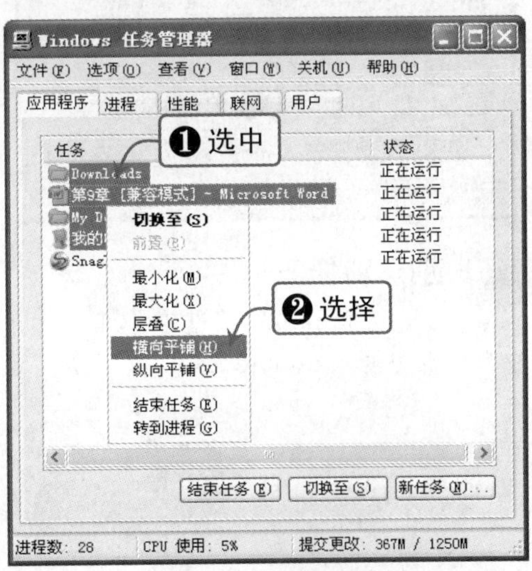

STEP 03 窗口平铺

所选窗口已经平铺，效果如右图所示。

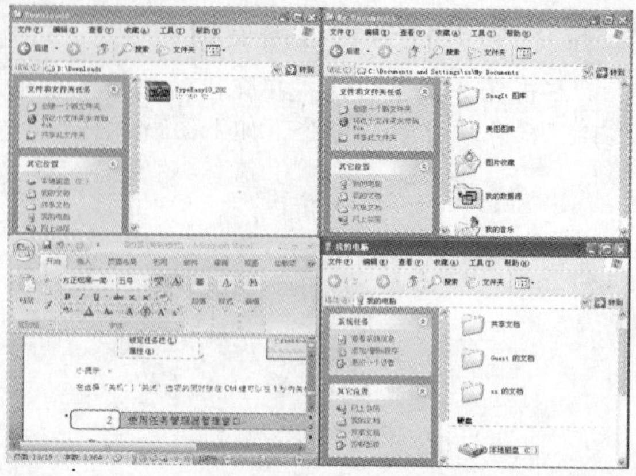

提示

在选择“关闭计算机”|“关闭”命令的同时按住【Ctrl】键可以在1秒内关机。

技巧 3 快速刷新注册表

许多软件在安装完成后需要重新启动计算机，其实这仅仅是为了让注册表更新，此时我们可以通过任务管理器让软件生效。

STEP 01 结束进程

在“Windows 任务管理器”窗口中选择“进程”选项卡，在列表中选择“explorer.exe”选项，单击“结束进程”按钮，如下图所示。

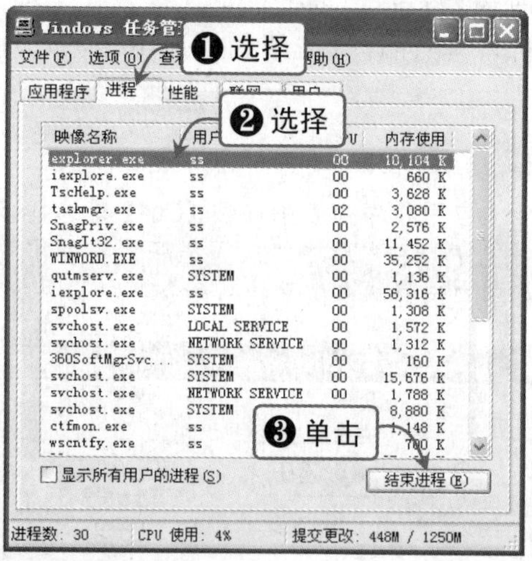

STEP 02 打开“创建新任务”对话框

此时桌面图标已经消失，打开“Windows 任务管理器”窗口，选择“应用程序”选项卡，单击“新任务”按钮，如下图所示。

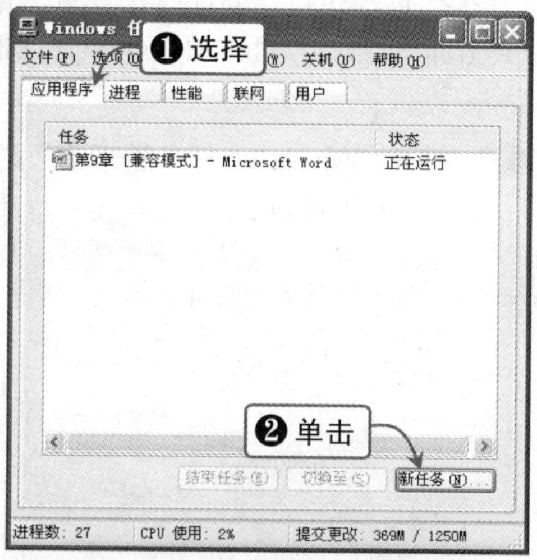

STEP 03 创建新任务

弹出“创建新任务”对话框，在“打开”下拉列表框中输入 explorer.exe，如右图所示。

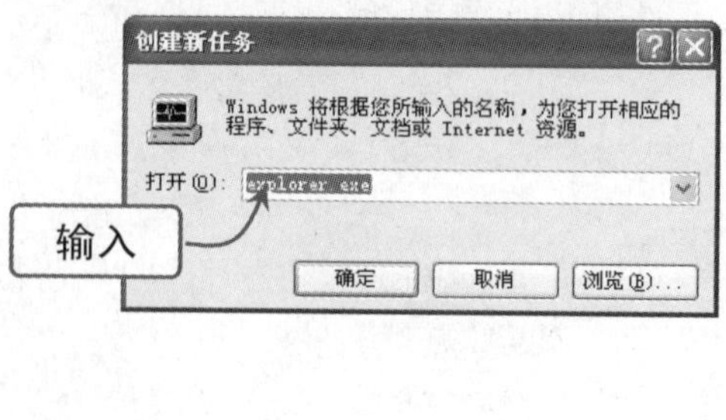

Chapter 10

常用办公设备的使用

在进行电脑操作时，经常需要使用一些办公设备，如打印机、扫描仪、传真机等。本章将详细介绍打印机的分类、安装方法以及使用方法，传真机的分类及使用方法，扫描仪的安装及使用方法，刻录机的使用方法及注意事项以及其他办公设备的使用方法及注意事项等知识。通过对本章的学习，读者可以正确使用办公设备。

本章建议学习时间：

本章建议学习时间为 50min，其中分配 25 min 学习常用办公设备的基本知识，25min 观看教学视频并进行动手实践。

学完本章后您可以：

- 认识并使用打印机
- 认识并使用传真机
- 掌握其他办公设备的使用方法
- 安装并使用扫描仪
- 认识并使用刻录机
- 了解刻录机在使用时的注意事项

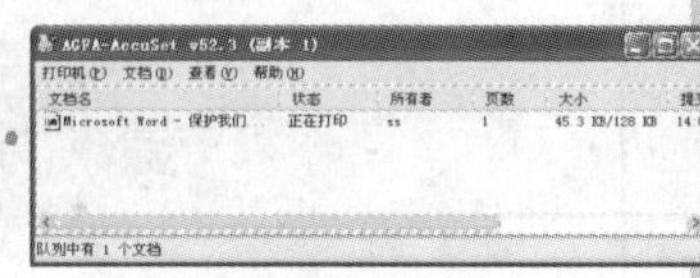

使用打印机

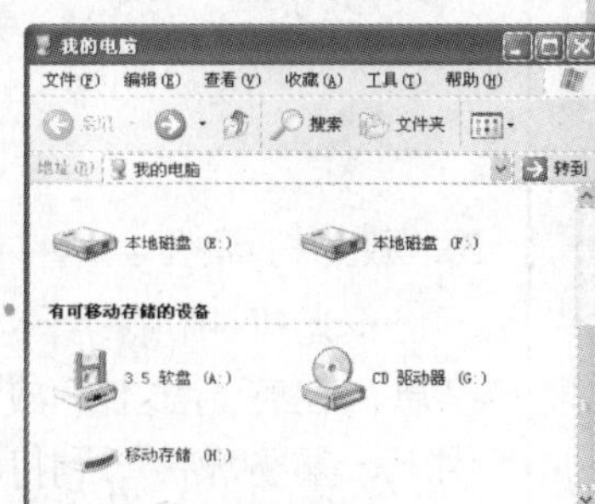

使用 U 盘

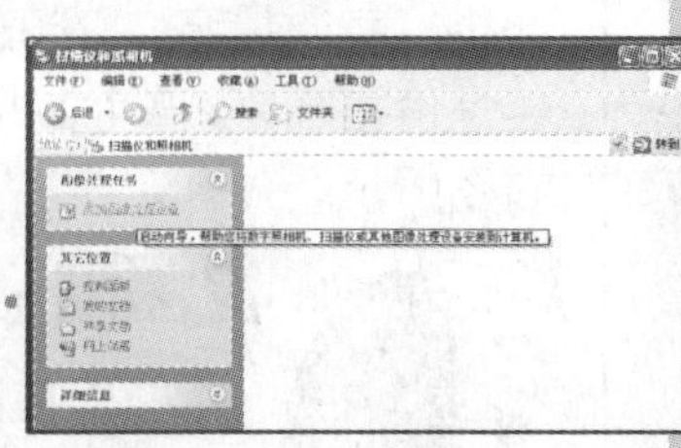

添加扫描仪

重要知识点视频索引

10.1 打印机

随着办公自动化水平的日益提升，打印机已成为不可缺少的办公设备之一。

10.1.1 打印机的分类

目前市场上流行的打印机主要分为针式打印机、喷墨打印机和激光打印机 3 种，下面介绍打印机的分类。

1. 针式打印机

针式打印机使用机械式的像针一样粗细的金属棒击打染有颜色的尼龙带，将其颜色印在纸上。其速度慢、精度低，但因耗材成本低，可以连续高速打印，在办公领域仍有着不可替代的地位。针式打印机按针头数分为 9 针和 24 针，9 针打印机由于打印效果不佳，已逐渐被淘汰，下图即为一台常见的针式打印机。

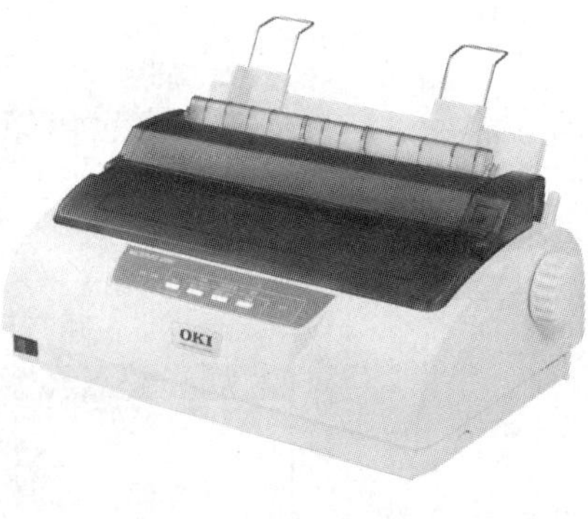

2. 喷墨打印机

喷墨打印机靠喷头将墨水喷在纸上完成打印任务。喷墨打印机具有结构简单，可靠性好，价格便宜，噪音小，打印速度快，分辨率高，字迹清晰等优点，喷墨打印机按喷墨技术分为连续式和随机式，爱普生 R230 喷墨打印机如下图所示。

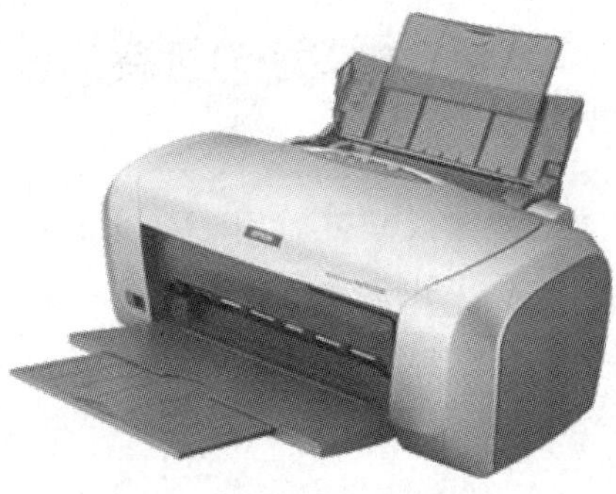

3. 激光打印机

激光打印机采用激光束扫描将要输入的信息，在感光鼓上形成静电潜像，在电流作用下，墨粉像被印到打印纸上一样，墨粉中树脂溶化粘在纸上形成图形式字符。激光打印机打字质量高，打印速度快，打印噪音小，但是价格高，爱普生 EPL-2180 激光打印机如右图所示。

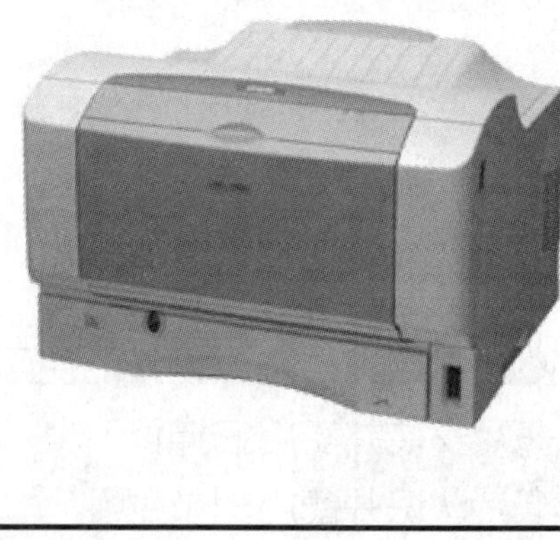

提示

随着科技的不断进步，打印机的发展也是日新月异。打印机发展趋势呈现出高端市场网络化、彩色化，中端市场彩色商务需求凸显，低端市场更看重使用成本的状态。

10.1.2 安装打印机

安装打印机分为硬件安装与软件安装。硬件安装是把打印机与主板上的接口连接，并接通电源。应该先打开打印机电源再启动计算机，开机后系统自动检测到新硬件，并提示用户指定打印机驱动程序软件，下面详细介绍如何安装打印机驱动程序软件。

STEP 01 打开“添加打印机向导”对话框

选择“开始”|“打印机和传真”命令，打开“打印机和传真”窗口，单击“添加打印机”超链接。

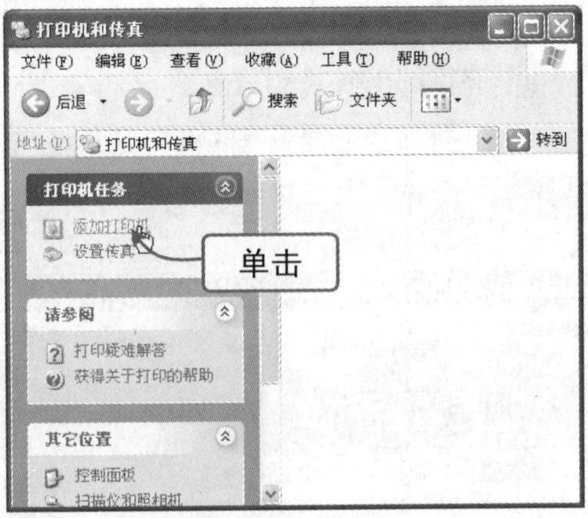

STEP 02 直接单击“下一步”按钮

弹出“添加打印机向导”对话框，单击“下一步”按钮，如下图所示。

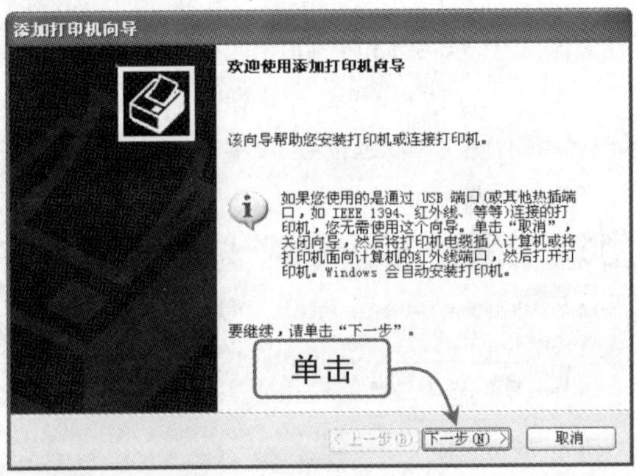

STEP 03 保持默认设置

弹出“本地或网络打印机”对话框，保持默认设置，单击“下一步”按钮，如下图所示。

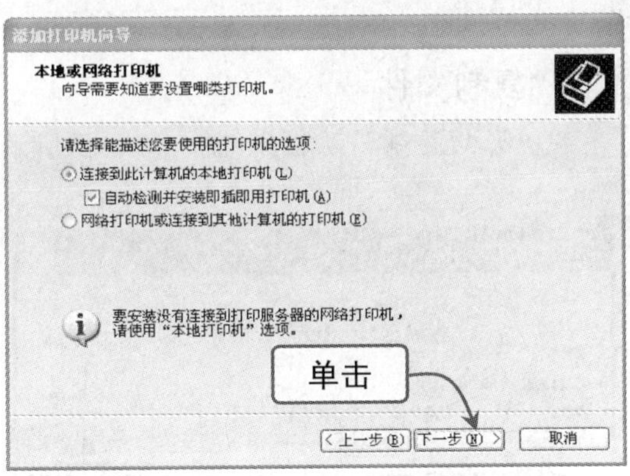

STEP 04 选择打印机端口类型

弹出“选择打印机端口”对话框，选择打印机端口类型，此处选择“LPT1:（推荐的打印机端口）”选项，单击“下一步”按钮，如下图所示。

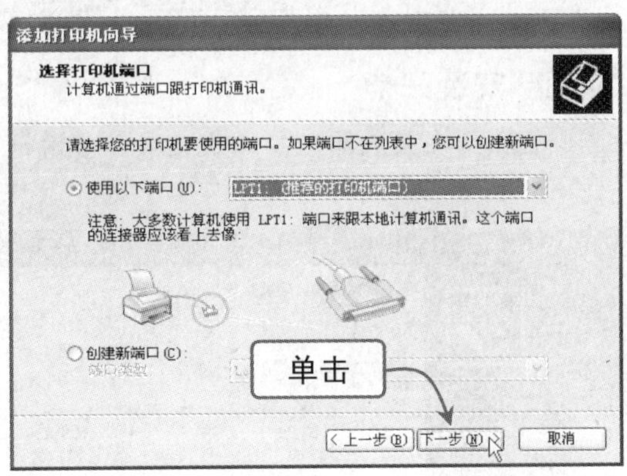

STEP 05 选择打印机的厂商及型号

弹出“安装打印机软件”对话框，在“厂商”列表框中选择打印机生产厂商，在“打印机”列表框中选择打印机型号，单击“下一步”按钮，如下图所示。

STEP 06 重命名打印机

弹出“命名打印机”对话框，在“打印机名”文本框中输入打印机名称，选中“是”单选按钮，单击“下一步”按钮，如下所示。

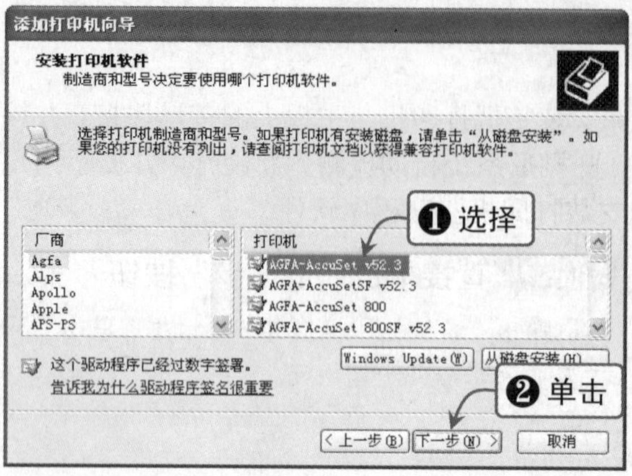

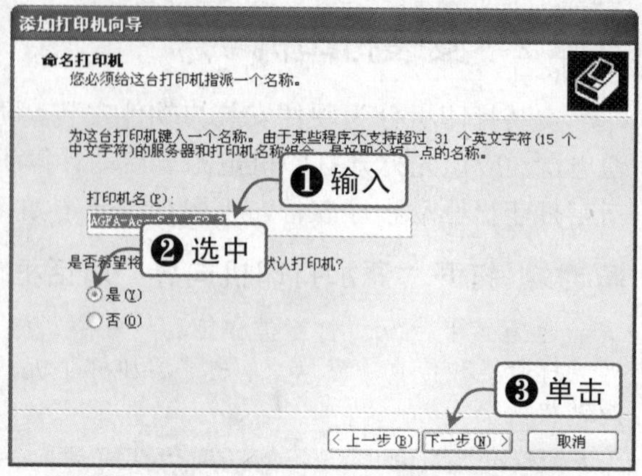

STEP 07 不共享打印机

弹出"打印机共享"对话框，选中"不共享这台打印机"单选按钮，单击"下一步"按钮，如下图所示。

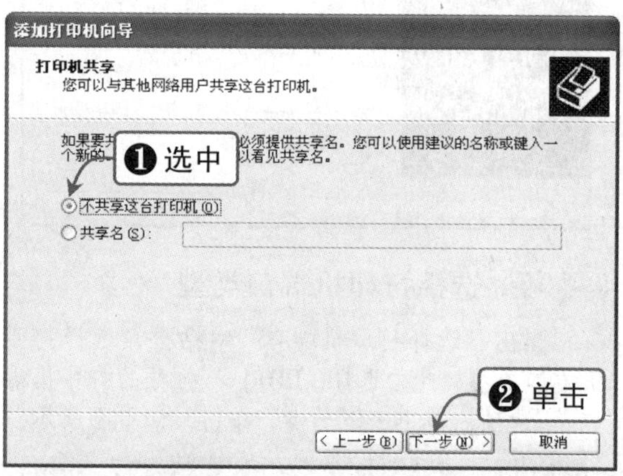

STEP 08 不打印测试页

弹出"打印测试页"对话框，选中"否"单选按钮，单击"下一步"按钮，如下图所示。

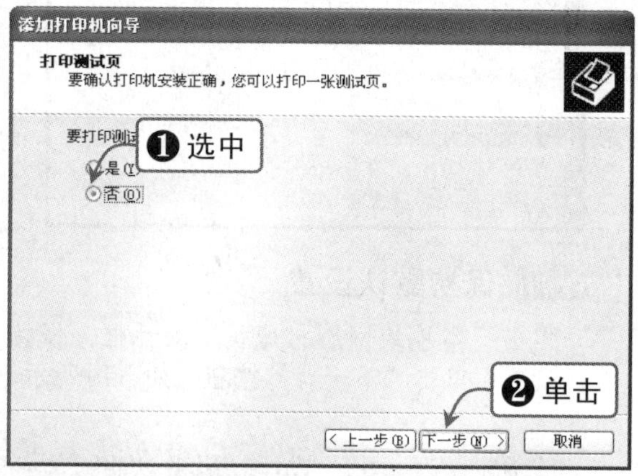

STEP 09 安装完毕

弹出"正在完成添加打印机向导"对话框，单击"完成"按钮，如下图所示。

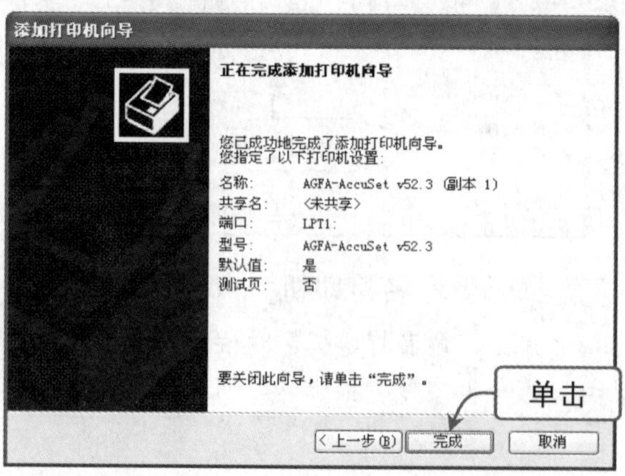

STEP 10 复制文件

系统开始复制驱动程序文件，如下图所示。

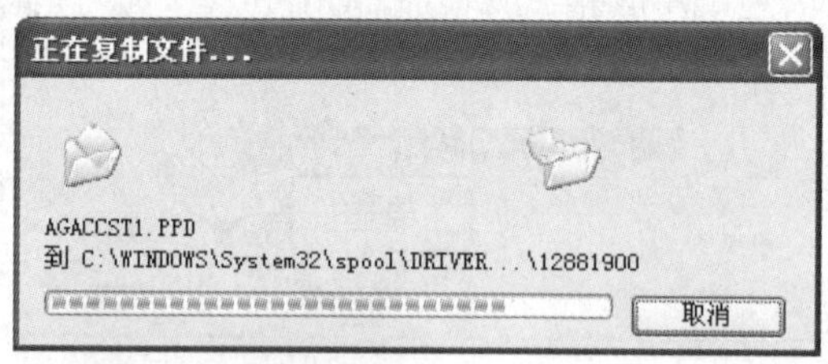

提示

复制文件是一个由程序自动完成的过程，不需要用户进行任何操作。

10.1.3 打印机的使用

打印机在办公操作中主要用于打印文档，下面详细介绍如何操作并使用打印机。

Work1 打印文档

文档编辑完成后即可打印，下面以实例说明如何打印文档。

STEP 01 打开“打印”对话框

单击 Office 按钮，在下拉菜单中选择“打印”|“打印”选项，如下图所示。

STEP 02 设置打印属性

弹出“打印”对话框，选择本次打印使用的打印机，设定打印文档的范围，单击“确定”按钮，如下图所示。

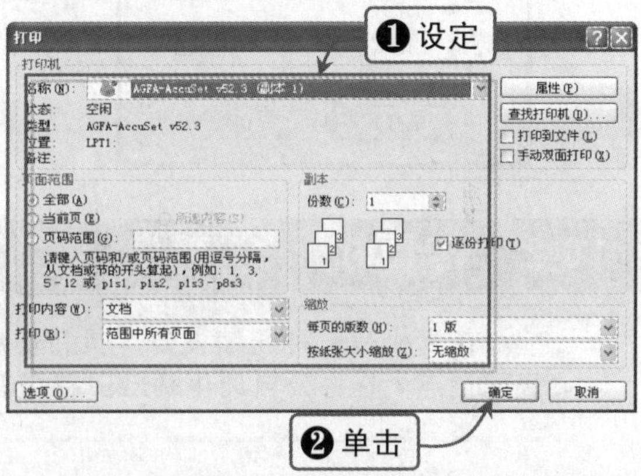

Work2 查看打印管理器窗口

双击任务栏上的打印机小图标，打开打印管理器窗口，打印管理器显示了打印文档的名称、状态、所有者、页数、大小、提交时间和端口等信息，打印管理器如下图所示。

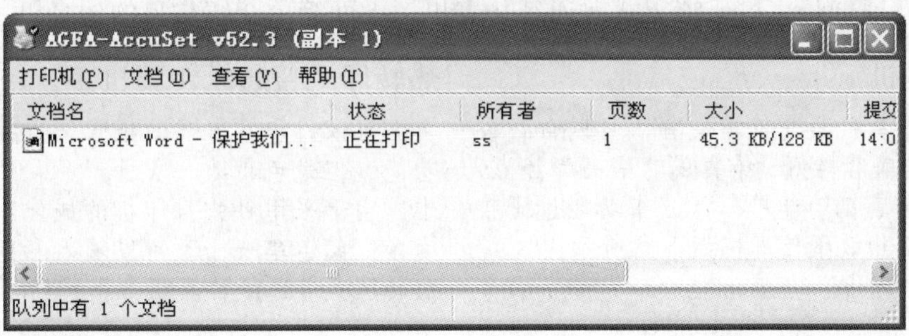

Work3 暂停或清除打印文档

如果出现打印错误时，需要暂停或取消打印任务。下面介绍如何暂停或取消打印任务，具体操作步骤如下：

STEP 01 暂停打印任务

右击要暂停的任务，在弹出的快捷菜单中选择“暂停”命令，如下图所示。

STEP 02 取消打印任务

右击要取消的打印任务，在弹出的快捷菜单中选择“取消”命令，如下图所示。

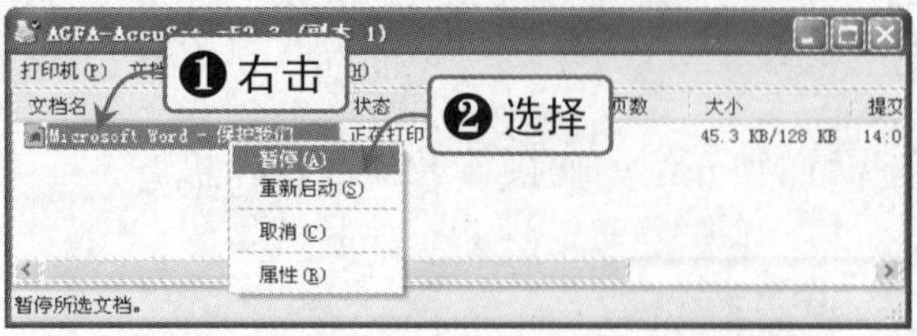

STEP 03 弹出提示信息框

弹出"打印机"提示信息框，提示"确实要取消所选打印作业吗？"，单击"是"按钮，如下图所示。

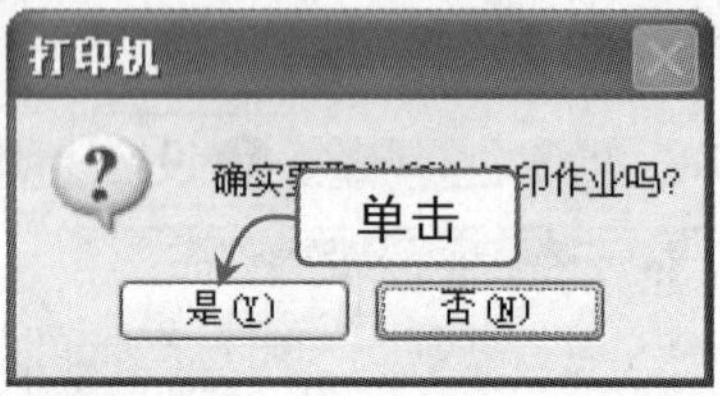

STEP 04 删除打印作业

开始删除所选打印作业，打印文档正在从打印队列中被删除，如下图所示。

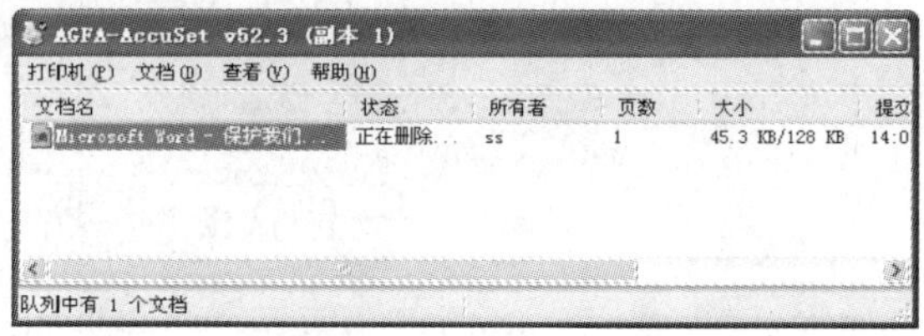

10.2 传真机

传真机是一种通信设备，具有信息传送速度快、接收副本质量高、安全性高等优点，在办公自动化领域占有极其重要的地位。

10.2.1 传真机的分类

传真机按传送色彩可分为黑白传真机和彩色传真机。按占用频带可分为窄带传真机和宽带传真机。目前市场上常见的传真机可以分为四大类：热敏纸传真机、热转印式普通纸传真机、激光式普通纸传真机、喷墨式普通纸传真机，下面简单介绍常见的传真机。

热敏纸传真机

热敏纸传真机具有价格便宜，可以自行设置接收方式，兼容性好，传真成功率高等优点，但是热敏纸传真机功能单一，分布功能也比较差，松下 932 热敏纸传真机如下图所示。

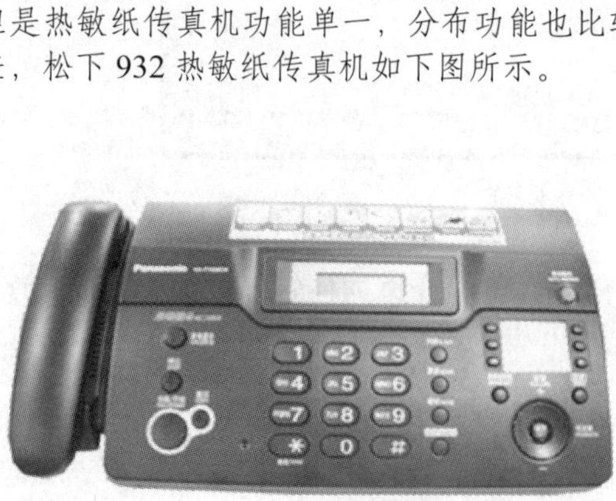

热转印式普通纸传真机

可以打印在普通的纸张上，并且具有复印功能，但是色带为一次性产品，加大了耗材成本，由于采用针式打印机的成像原理，成像速度慢，颜色单一，不可以输入彩色图像，兄弟热转印式普通纸传真机如下图所示。

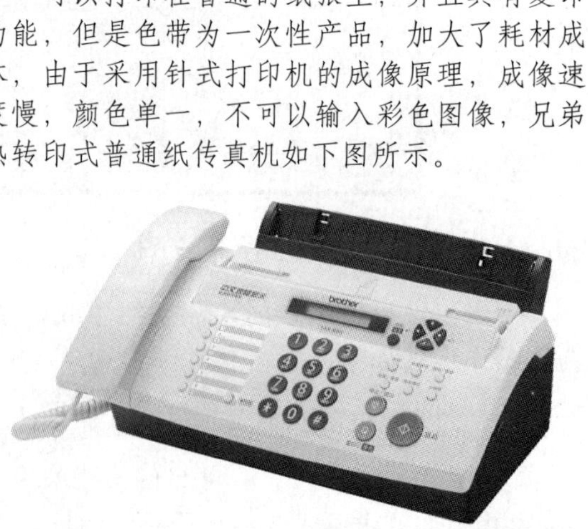

激光式普通纸传真机

激光式普通纸传真机也称为激光一体机，能够集合打印、复印、传真、扫描等功能，打印速度快、文本打印清晰，具备智能管理功能，支持电脑传真，节省纸张，不支持网络 LAN 接口，不支持独立的网络打印，佳能 L240 激光式普通纸传真机如下图所示。

喷墨式普通纸传真机

具有功能多样性，发送传真方便快捷，但是不支持自动识别功能，对线路要求极高，三星 SF-3100T 传真机如下图所示。

10.2.2 正确使用传真机发送传真

传真机是用来在网络上传输图片、文件、图表及数据等信息的通信设备，下面介绍如何正确使用传真机，具体操作步骤如下：

STEP 01 启动传真机

启动传真机，此时传真按钮点亮，如下图所示。

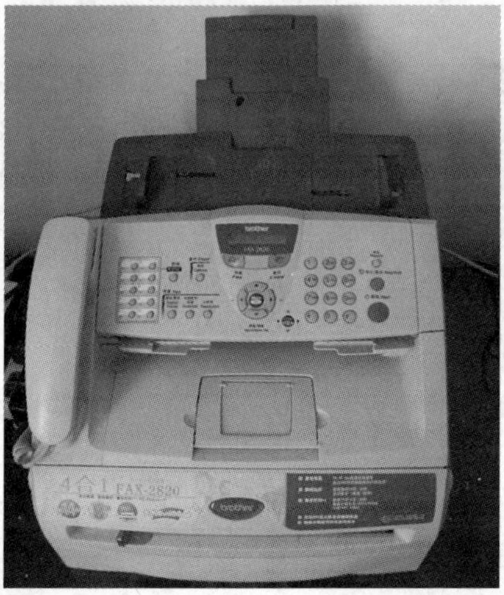

STEP 02 准备就绪等待对方信号

纸以背面朝上，正面朝下的形式放入进纸口，开始拨号等待对方应答，如下图所示。

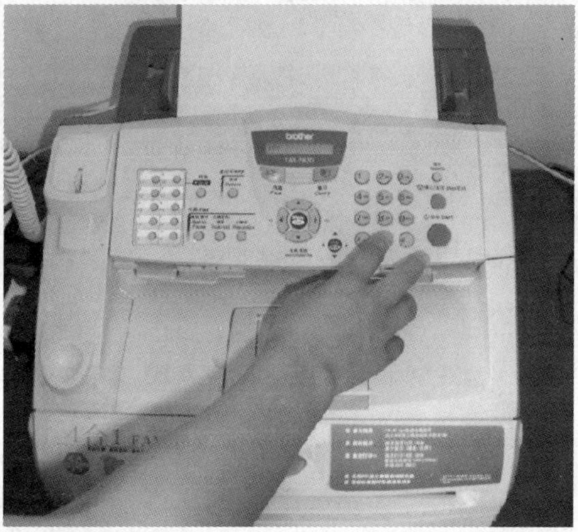

STEP 03 接收应答信号并启动

收到对方应答信号后，单击“启动”按钮准备发送传真，如下图所示。

STEP 04 发送传真

开始发送传真，如下图所示。

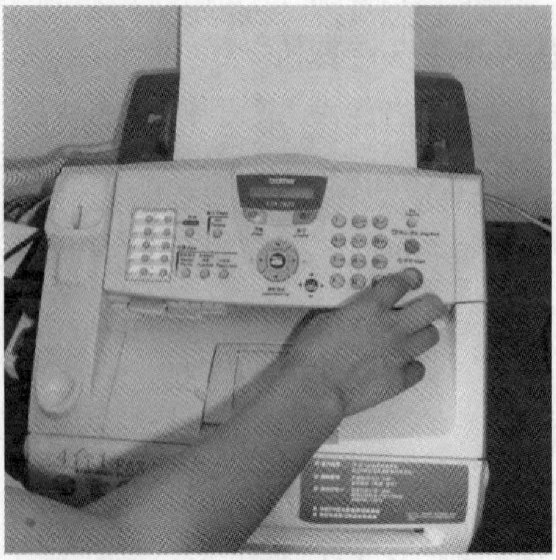

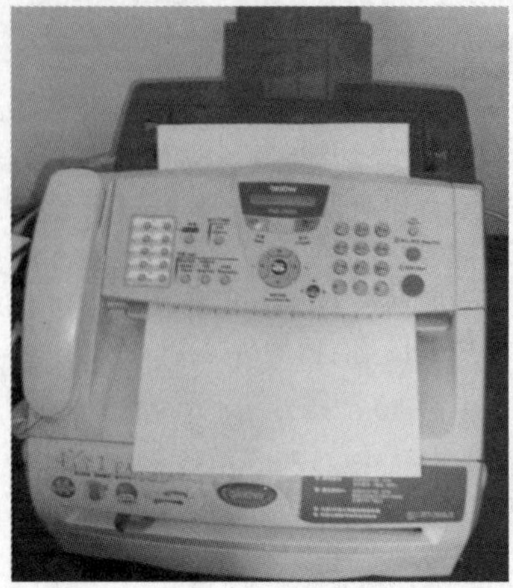

10.3 其他办公设备

除了打印机、传真机之外还有一些其他常用的办公设备，如移动存储设备、数码照相机等，下面介绍移动存储设备以及数码照相机的相关知识。

10.3.1 移动存储设备的使用

常用的移动存储设备有 U 盘、移动硬盘、光盘等，下面以 U 盘为例介绍如何将文件发送到 U 盘。

STEP 01 连接电脑

将 U 盘与主机 USB 接口相连接，在任务栏最右边出现图标，打开“我的电脑”窗口，显示“移动存储”标识，如下图所示。

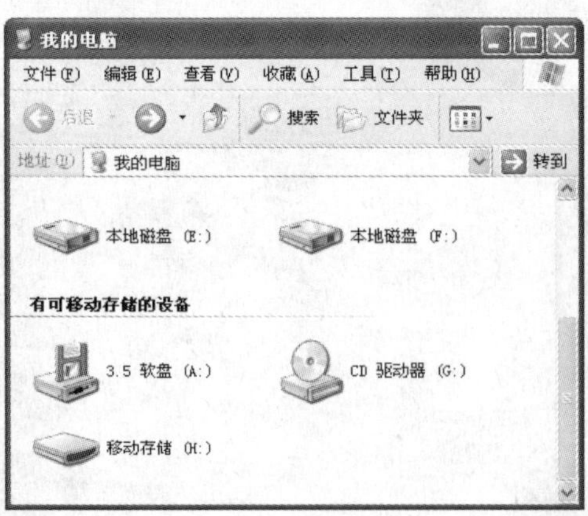

STEP 02 发送文件到 U 盘

右击要发送的文件，在弹出的快捷菜单中选择“发送到”|“4428430（H:）”命令，如下图所示。

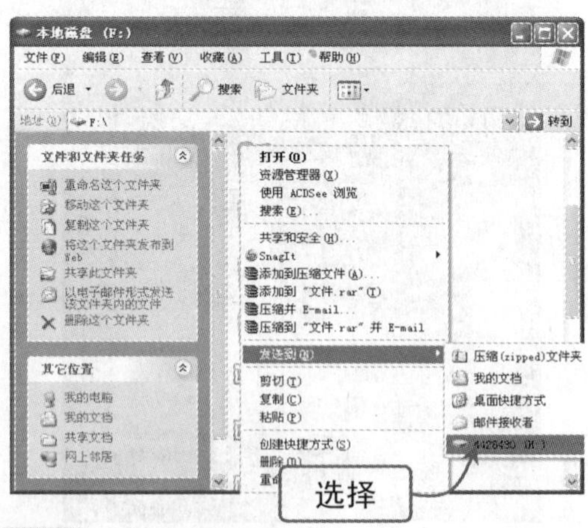

STEP 03 删除移动存储设备

单击任务栏上的图标，弹出如下图所示提示框。

STEP 04 安全移除硬件

弹出“安全地移除硬件”提示气球，提示“‘USB Mass Storage Device’设备现在可安全地从系统移除”，如下图所示。

10.3.2 对U盘进行优化

为了充分发挥U盘的性能，在操作系统中应对其进行优化，具体操作步骤如下：

STEP 01 打开属性对话框

右击U盘图标，在弹出的快捷菜单中选择“属性”命令，如下图所示。

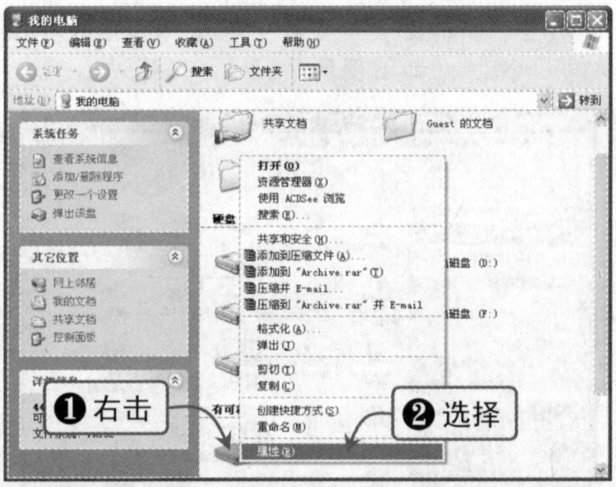

STEP 02 设置U盘的属性

弹出U盘属性对话框，选择“硬件”选项卡，选择U盘所在的磁盘驱动器，单击“属性”按钮，如下图所示。

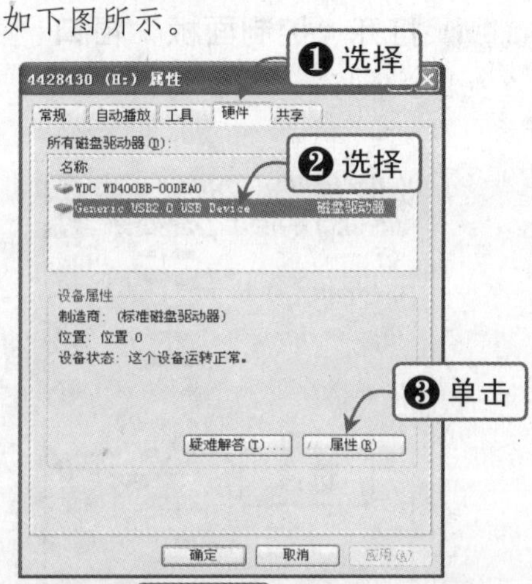

STEP 03 设置策略

弹出“Generic USB2.0 USB Device属性”对话框，选择“策略”选项卡，选中“为提高性能而优化”单选按钮，单击“确定”按钮，如右图所示，返回“属性”对话框，单击“确定”按钮。

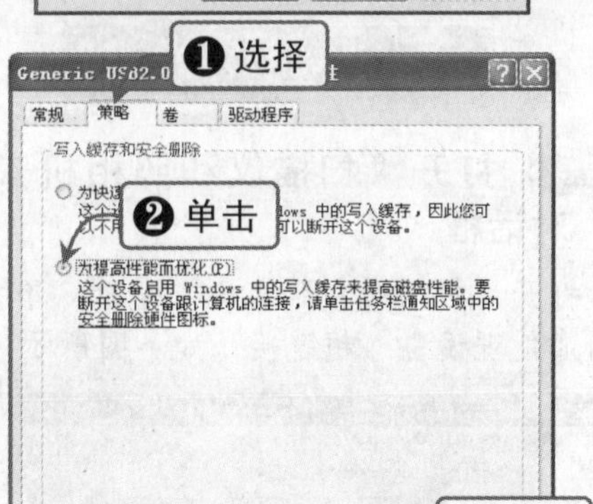

10.3.3 U盘使用注意事项

为了延长U盘的使用寿命，要正确使用U盘，在使用过程中应注意以下两点：

❖ U盘一般有写保护开关，但应该在U盘插入计算机接口之前切换，不要在U盘工作状态下进行切换。

❖ 有些U盘为文件分配表预留的空间较小，在复制大量单个小文件时容易报错，此时应该把多个小文件压缩成一个大文件后再进行复制。

10.4 扫描仪

扫描仪是一种功能强大的输入设备，可以将图片、照片和各类图纸图形以及文稿资料等输入到电脑中，对这些图像信息进行处理、使用、存储等。

10.4.1 扫描仪的安装

扫描仪的安装同打印机的安装一样，需要先将其与主机相连接，然后安装驱动程序才能使用，具体操作步骤如下：

STEP 01 打开“控制面板”窗口

选择“开始”|“控制面板”命令，如下图所示。

STEP 02 打开“扫描仪和照相机”窗口

在“控制面板”窗口中双击“扫描仪和照相机”图标，如下图所示。

STEP 03 打开“扫描仪和照相机安装向导”对话框

打开“扫描仪和照相机”窗口，单击“添加图像处理设备”超链接，如下图所示。

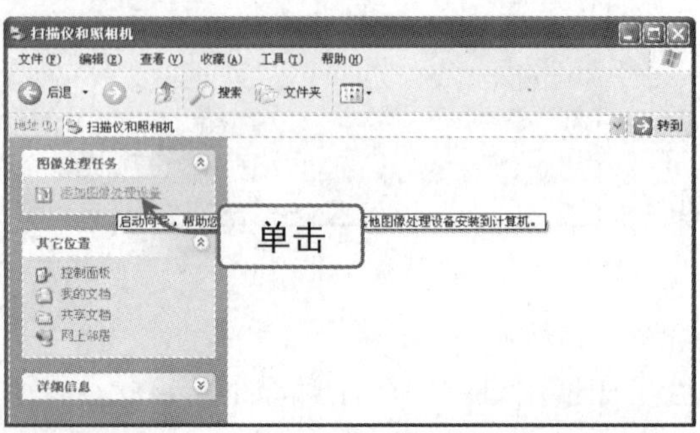

STEP 04 单击“下一步”按钮

弹出“扫描仪和照相机安装向导”对话框，单击“下一步”按钮，如下图所示。

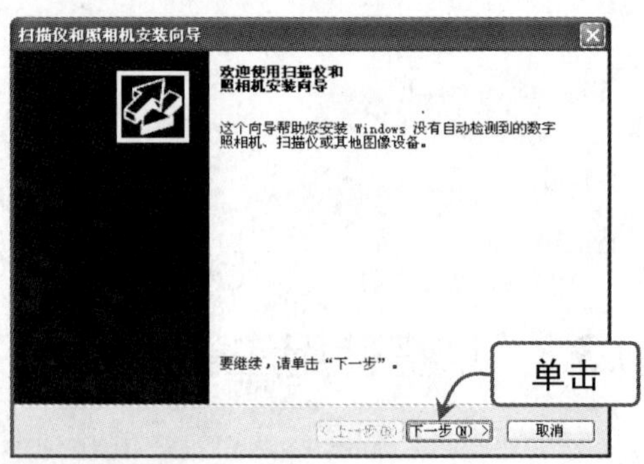

STEP 05 选择扫描仪生产厂商和型号

弹出“要安装哪个扫描仪或照相机”对话框，选择扫描仪生产厂商和型号，单击“下一步”按钮，如下图所示。

STEP 06 输入设备名称

弹出“设备名是什么”对话框，在“名称”文本框中输入设备名称或保持默认名称，单击“下一步”按钮，如下图所示。

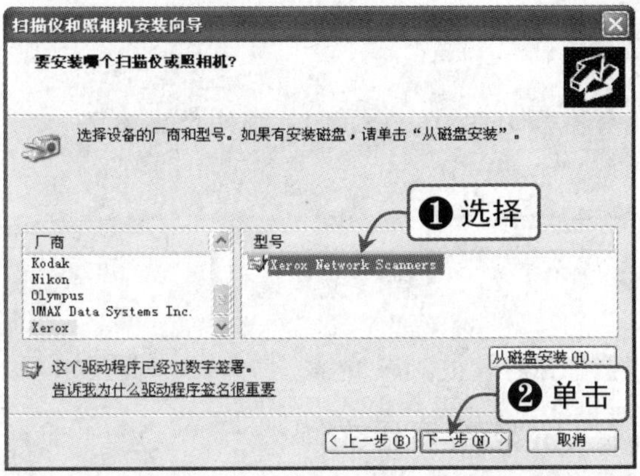

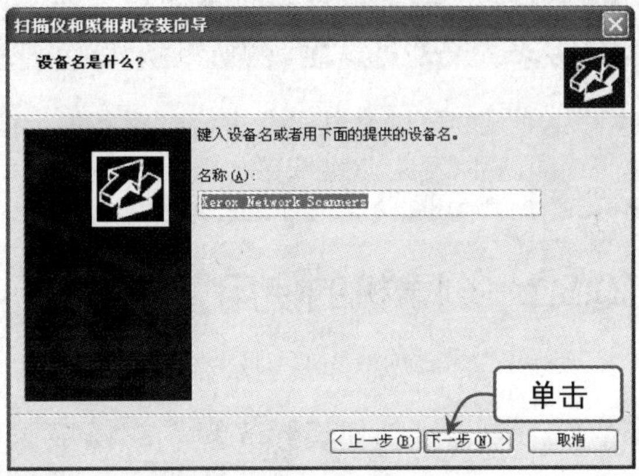

STEP 07 扫描仪安装完成

弹出“正在完成扫描仪和照相机安装向导”对话框，单击“完成”按钮，如下图所示。

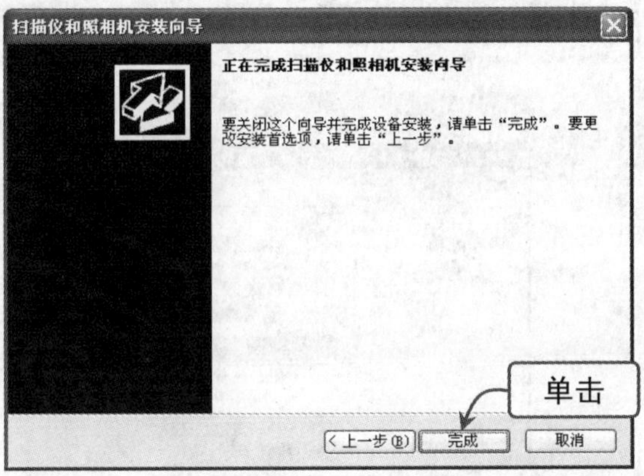

STEP 08 驱动程序安装成功

打开“扫描仪和照相机”窗口，扫描仪驱动程序安装成功，如下图所示。

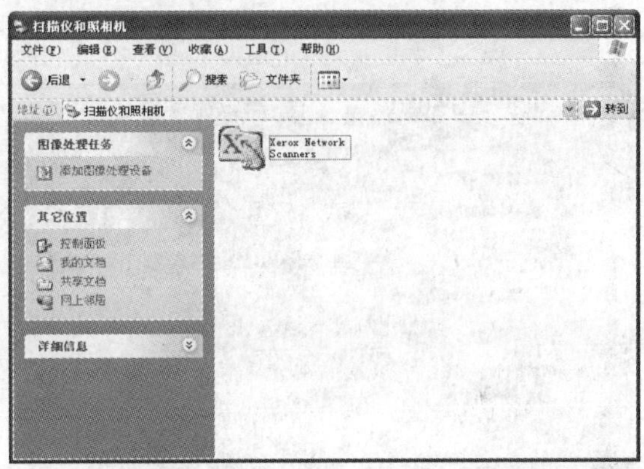

10.4.2 扫描仪的使用

安装驱动程序后，即可使用扫描仪进行扫描，如何更好地使用扫描仪呢？有如下注意事项：

1. 不要忘记锁定扫描仪

扫描仪采用包含光学透镜等在内的精密光学系统，结构薄弱，为了避免损坏光学组件，通常设有专门的锁定/解锁机构。

2. 不要用有机溶剂清洁扫描仪

为了防止损坏扫描仪的外壳以及光学元件，不要用有机溶剂清洁扫描仪。

3. 不要带电接插扫描仪

为了防止烧毁主板，接插时必须先关闭计算机。

4. 不要使用太高的分辨率

为了提高扫描仪的识别率，不要把扫描仪的分辨率设置过高。

5. 不要在震荡的环境中使用扫描仪

扫描仪如果摆放不平稳，扫描仪在工作过程中需要消耗额外的功率来寻找扫描切入点，很难保证达到理想的扫描仪垂直分辨率。

6. 不要频繁开关扫描仪

确保扫描仪在计算机打开之前接通电源，频繁开关对扫描仪本身不利。

10.5 刻录机

刻录机可以用来进行数据备份、信息交流、制作 VCD/DVD、制作个人电子相册以及企业宣传等。

10.5.1 刻录机的使用

刻录机的主要用途是刻录光盘，下面介绍如何使用刻录机刻录光盘，具体操作步骤如下：

STEP 01 单击“制作音频光盘”超链接

在 Nero 主界面中将光标移动到音频图标处，在展开的列表中单击“制作音频光盘”超链接，如下图所示。

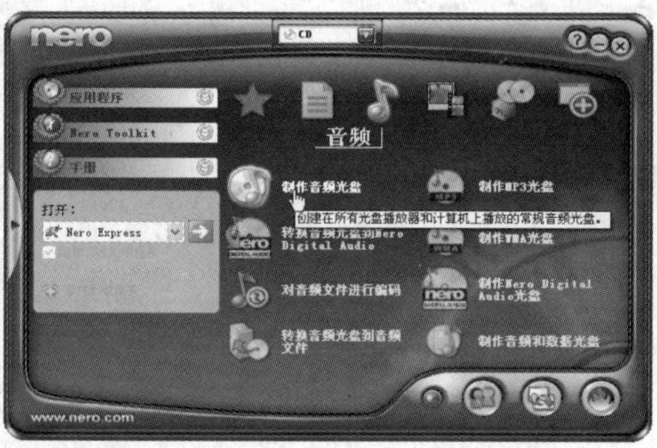

STEP 02 选择音乐文件

弹出“我的音乐 CD”窗口，单击“添加”按钮，在弹出的“选择文件及文件夹”窗口中选择要刻录的音乐文件，单击“添加”按钮，如下图所示。

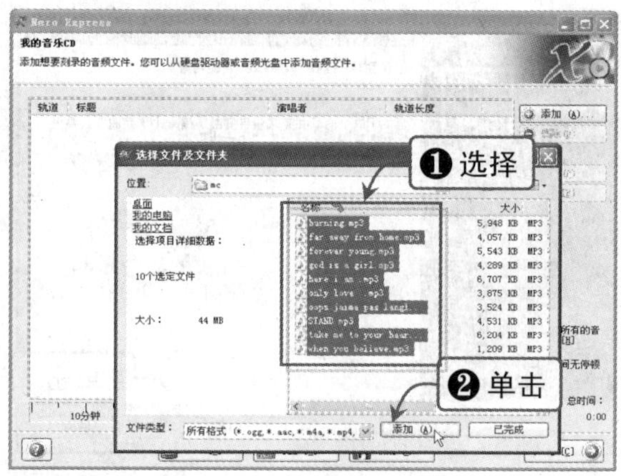

STEP 03 添加音乐文件

开始添加音乐文件，并显示音乐的时间，如下图所示。

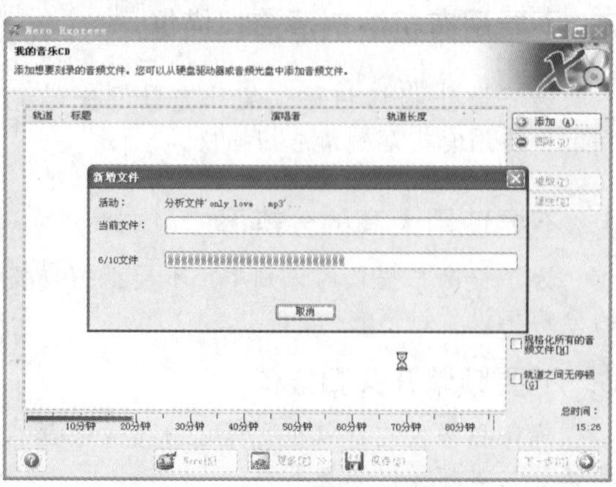

STEP 04 调整音乐文件顺序

添加完音乐文件后，可以拖动音乐文件，调整前后播放顺序，单击“下一步”按钮，如下图所示。

STEP 05 刻录设置

打开“最终刻录设置”窗口，设置当前刻录机、标题、演唱者、写入速度，以及刻录份数等参数，设置完成后单击“刻录”按钮，如下图所示。

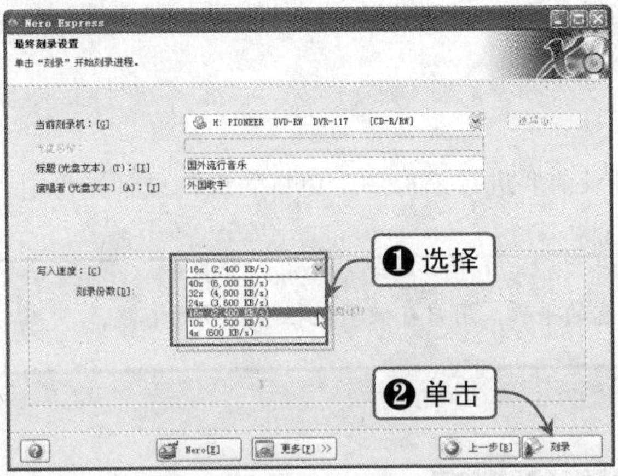

STEP 06 刻录并显示进度

开始刻录并显示当前刻录进度，如下图所示。

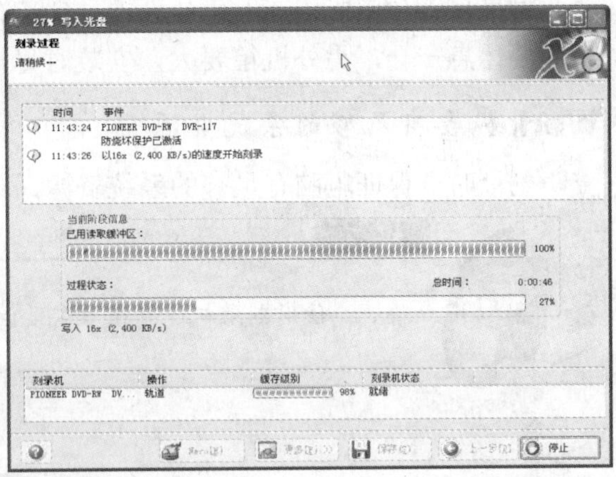

STEP 07 刻录完成弹出提示信息框

刻录完成后，弹出提示信息框，单击“确定”按钮，如下图所示。

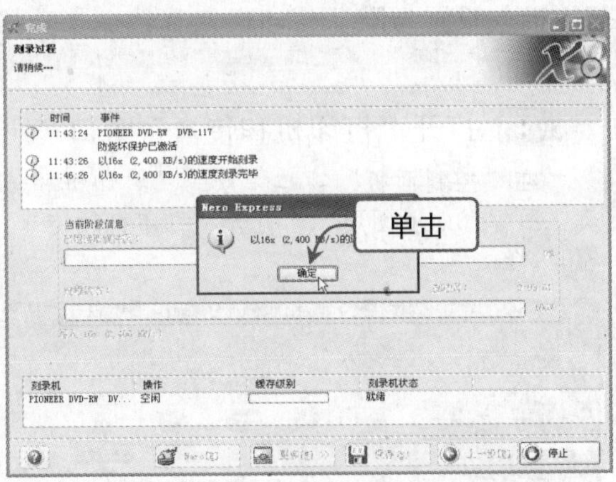

STEP 08 退出程序

在窗口中单击“下一步”按钮，弹出“退出”窗口，单击“退出”按钮，即可退出程序，如下图所示。

10.5.2 刻录机使用注意事项

刻录机是非常精密的仪器，使用不当会缩短它的使用寿命，导致刻录出的光盘中的数据丢失，应该正确使用和维护刻录机。

Work1 防尘、防潮，保持刻录机卫生

激光头一旦有灰尘会导致数据刻录错误，托盘不要长时间暴露在外，避免灰尘进入刻录机内部，要时刻保持良好的工作环境，减少外界环境对它的影响。

Work2 减少刻录机的使用率，延长刻录机的使用寿命

电脑上有光盘的话，尽量避免使用刻录机读取光盘，减少刻录机的使用频率，延长刻录机的使用寿命，并且需要电源能够提供平衡的电压和稳定的电流。

Work3 不要连续使用刻录机

刻录机在使用时需要一定的功率才能溶化染色剂，发热量极大，使用时不要连续刻录，中间要休息一会，另外机箱要大，安装时尽量远离硬盘。

Work4 要有足够的系统资源

刻录时要保证电脑有足够的系统资源，刻录前要进行杀毒，避免将病毒刻录到光盘中。

提示

使用刻录机还有很多需要注意的事项，用户在使用过程中要多加留意。

技巧百宝箱

技巧 1 添加网络共享打印机

下面介绍在局域网内如何添加网络共享打印机并设置为默认打印机，具体操作步骤如下：

STEP 01 打开“控制面板”窗口

选择“开始”|“控制面板”命令，如下图所示，打开“控制面板”窗口。

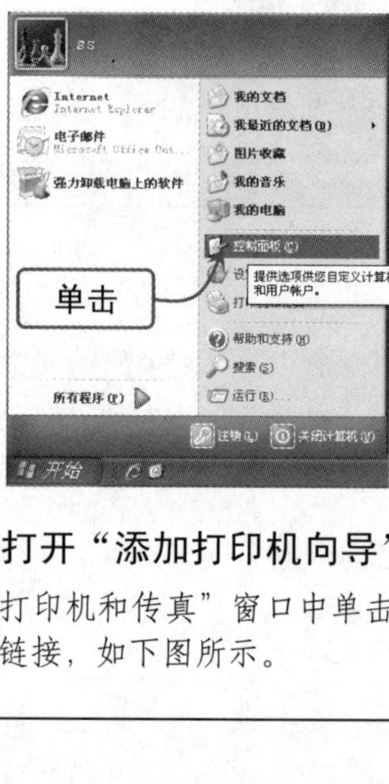

STEP 02 打开“打印机和传真”窗口

在“控制面板”窗口中双击“打印机和传真”图标，如下图所示，打开“打印机和传真”窗口。

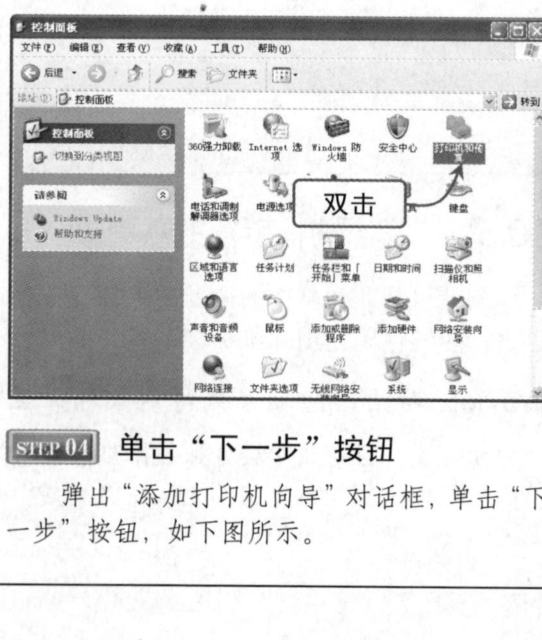

STEP 03 打开“添加打印机向导”对话框

在“打印机和传真”窗口中单击“添加打印机”超链接，如下图所示。

STEP 04 单击“下一步”按钮

弹出“添加打印机向导”对话框，单击“下一步”按钮，如下图所示。

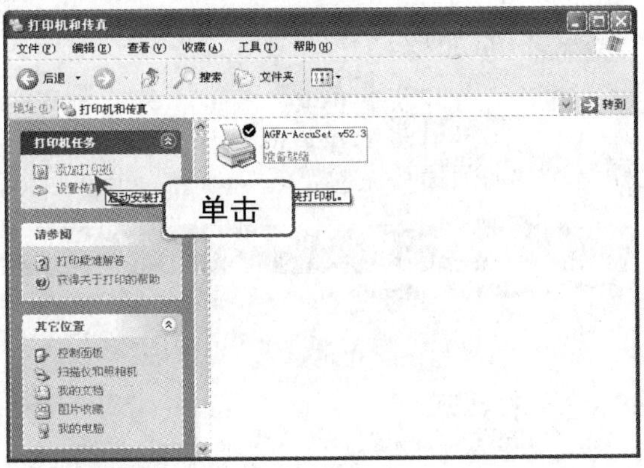

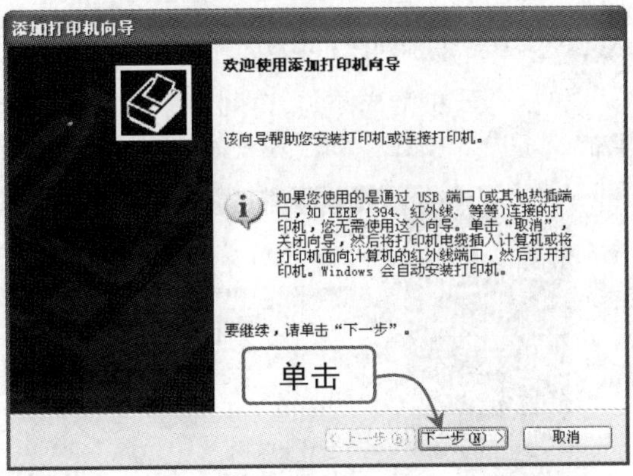

STEP 05 选中"网络打印机或连接到其他计算机的打印机"单选按钮

弹出"本地或网络打印机"对话框，选中"网络打印机或连接到其他计算机的打印机"单选按钮，单击"下一步"按钮，如下图所示。

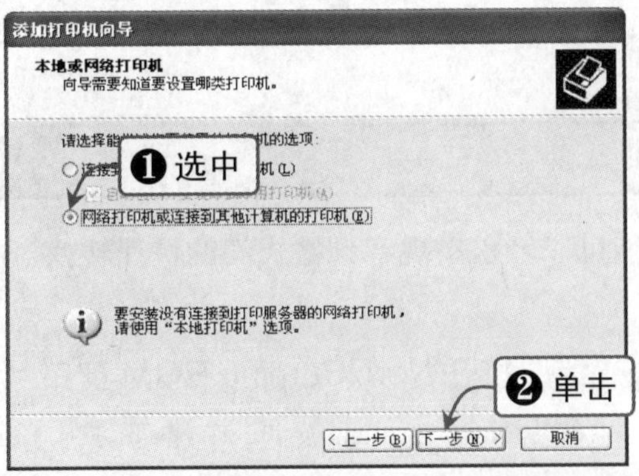

STEP 06 打开"浏览打印机"对话框

弹出"指定打印机"对话框，选中"浏览打印机"单选按钮，单击"下一步"按钮，如下图所示。

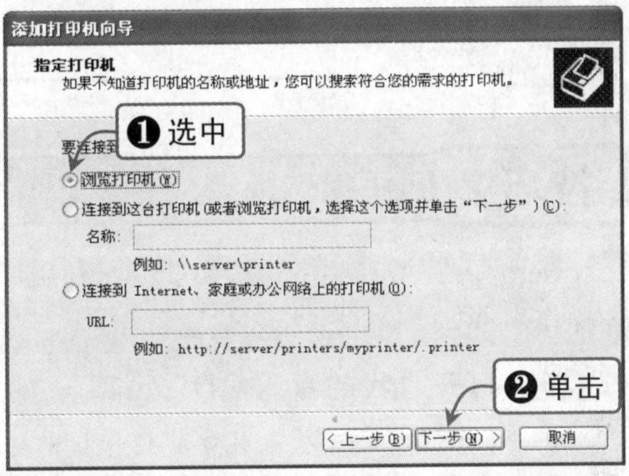

STEP 07 选择打印机

弹出"浏览打印机"对话框，在"共享打印机"列表框中选择要共享的网络打印机，单击"下一步"按钮，弹出"连接到打印机"提示信息框，单击"是"按钮，如下图所示。

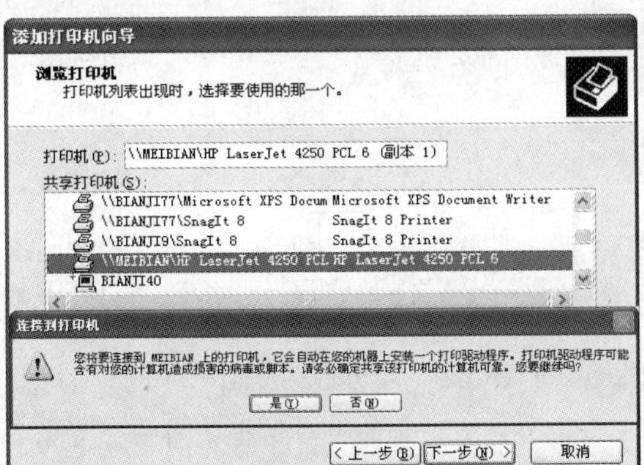

STEP 08 设置默认打印机

弹出"默认打印机"对话框，选中"是"单选按钮，单击"下一步"按钮，如下图所示。

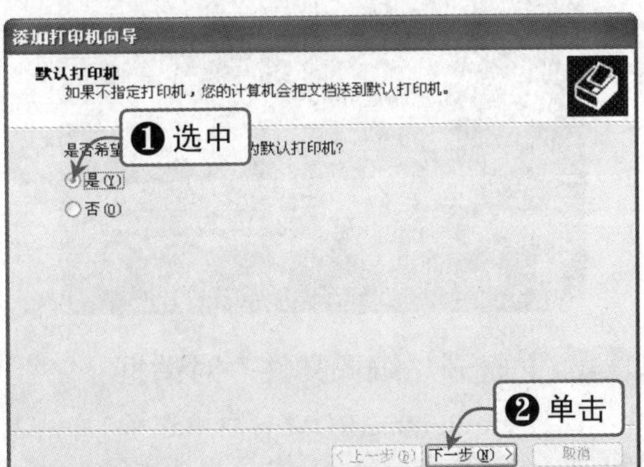

STEP 09 完成添加打印机

弹出“正在完成添加打印机向导”对话框，单击“完成”按钮，如下图所示。

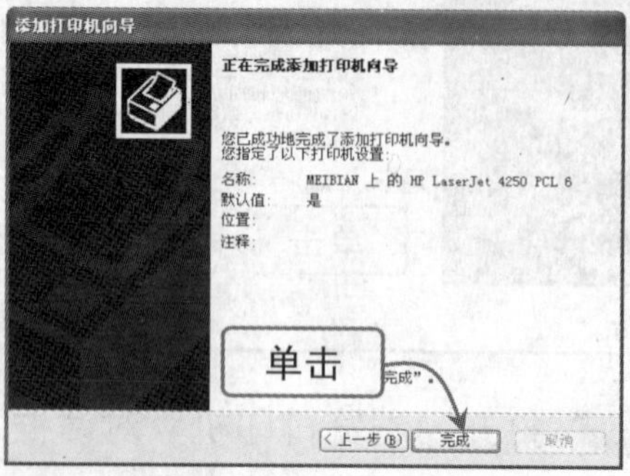

STEP 10 添加成功

打开“打印机和传真”窗口，网络打印机添加成功，并且将添加的网络打印机设为默认打印机，如下图所示。

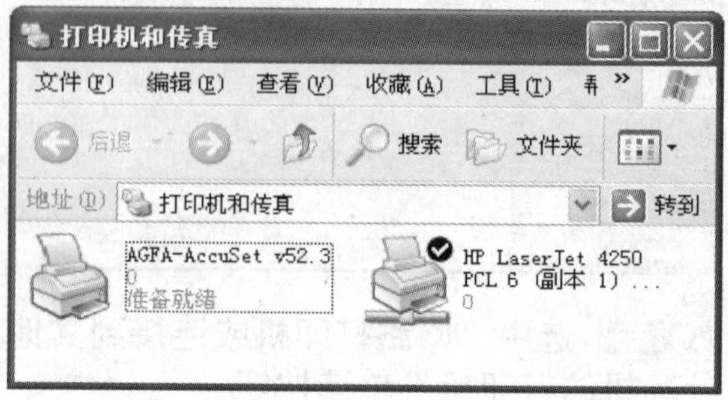

提示

将打印机设置为默认打印机，可以省去用户选择打印机的操作，提高工作效率。

技巧 2 快速转换音频格式

Nero 内置了音频格式转换功能，利用该功能可以轻松实现音频格式间的快速转换，具体操作步骤如下：

STEP 01 打开“我的音乐 CD”窗口

在 Nero 主界面中将鼠标移动到音频光盘处，在展开的列表中单击“制作音频光盘”超链接，如下图所示。

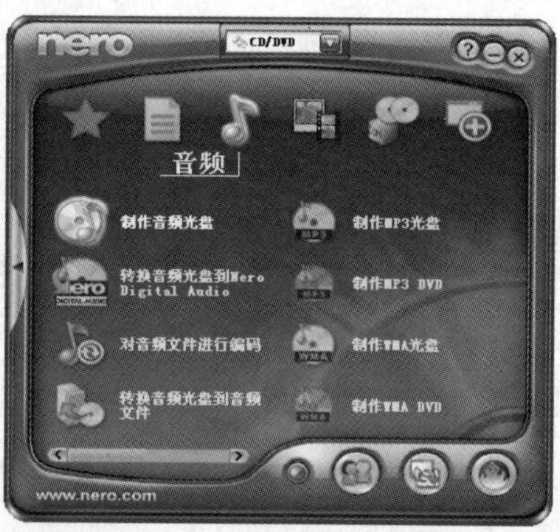

STEP 02 打开 Nero Burning ROM 窗口

弹出 Nero Express 窗口，单击下方的 Nero 按钮，如下图所示。

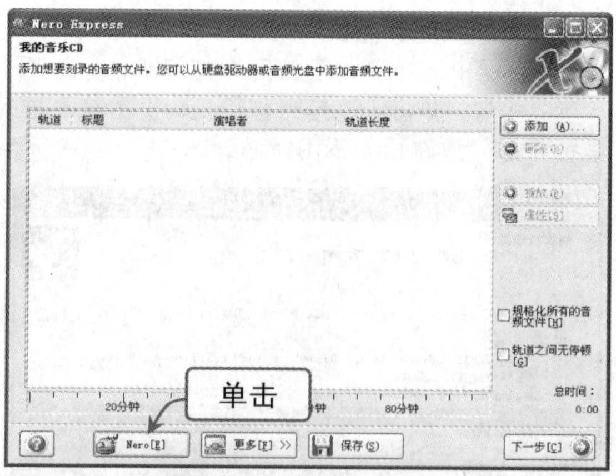

STEP 03 打开“编码文件”对话框

在 Nero Burning ROM 窗口中选择“其他选项”|“编码文件”命令，如下图所示。

STEP 04 单击“增加”按钮

弹出“编码文件”对话框，单击“增加”按钮，如下图所示。

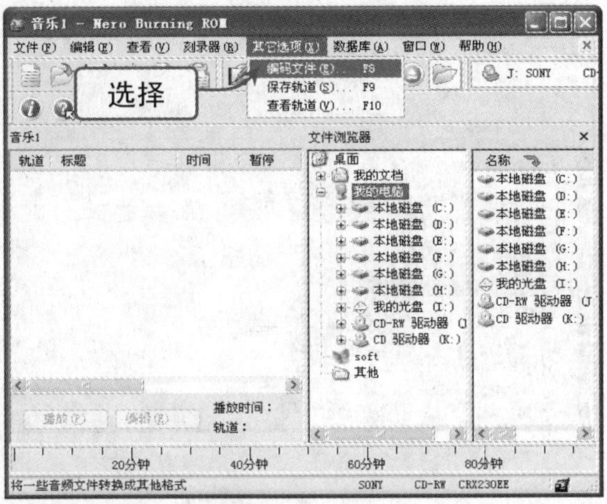

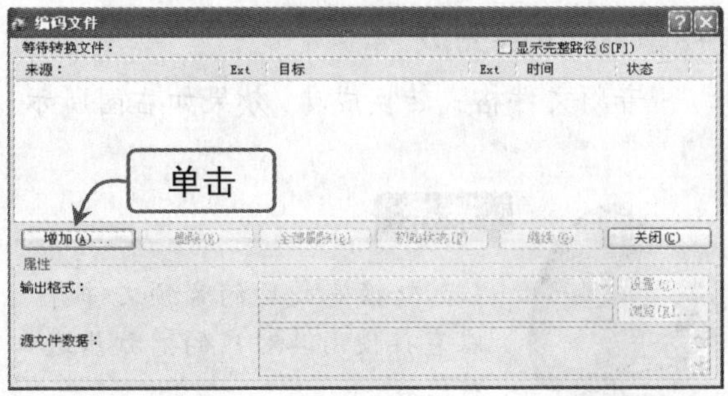

STEP 05 打开音频文件

弹出“打开”对话框，选择要打开的音频文件，单击“打开”按钮，如下图所示。

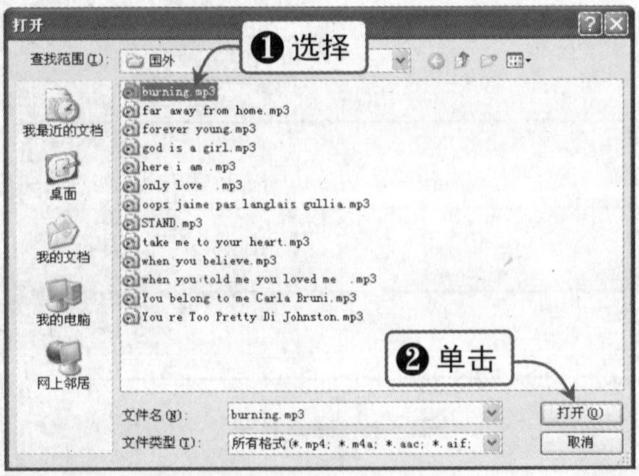

STEP 06 打开“另存为”对话框

返回“编码文件”对话框，在“输出格式”下拉列表框中选择目标格式，然后单击“浏览”按钮，如下图所示。

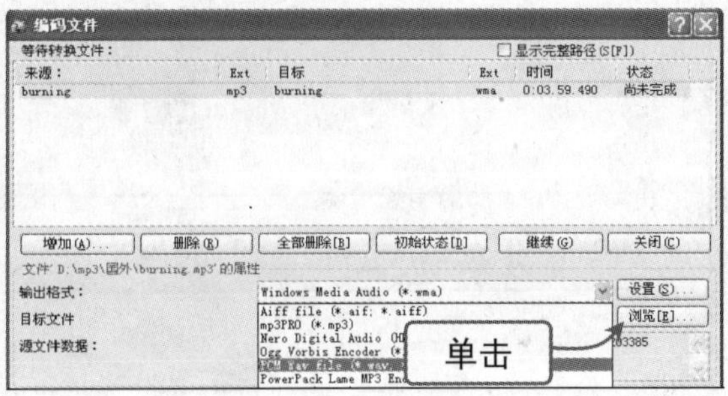

STEP 07 保存音频文件

弹出“另存为”对话框，选择存储位置，输入音频文件名称，单击“保存”按钮，如下图所示。

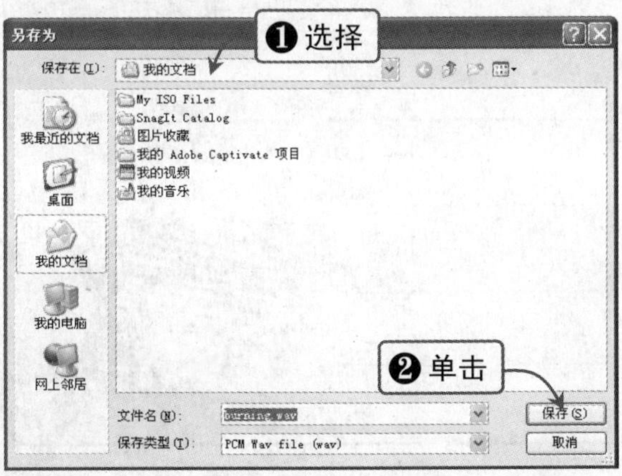

STEP 08 处理音频文件

返回“编码文件”对话框，单击“继续”按钮，弹出“处理”对话框，处理音频文件，如下图所示。

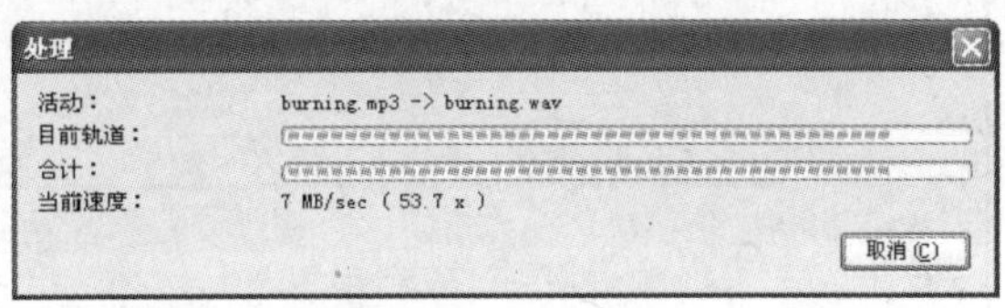

提示

由于用户选择的音频文件转换类型不同，所以处理时使用的时间也就不同。

STEP 09 转换完成

音频文件格式转换成功，效果如右图所示。

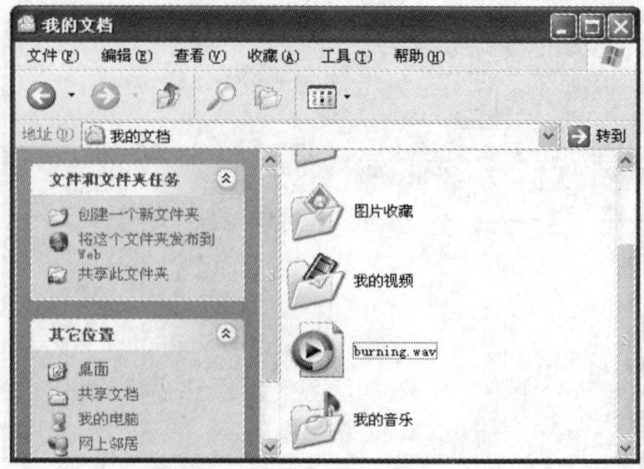

提示

转换完成后的音频文件可以直接使用其对应的播放器进行播放。

读书笔记

Chapter 11

常用软件的应用

在进行电脑办公操作过程中，除了会用到一些辅助硬件设备外，还会用到一些常用的辅助软件，如压缩软件、图片处理软件、翻译软件、媒体播放软件及音乐播放软件等。本章将详细介绍媒体播放软件——暴风影音、压缩/解压缩软件-WinRAR、翻译软件——金山词霸、音乐播放软件——千千静听、图片处理软件——ACDSee、等内容。

本章建议学习时间：

本章建议学习时间为 50min，其中分配 25 min 学习常用软件的基础知识，25min 观看教学视频并进行练习。

学完本章后您可以：

- 应用播放媒体软件
- 使用压缩软件
- 使用翻译软件
- 使用音乐播放软件
- 使用图片处理软件

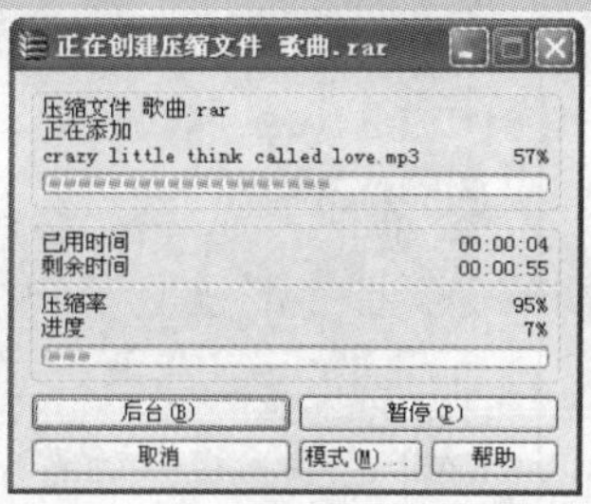

压缩文件

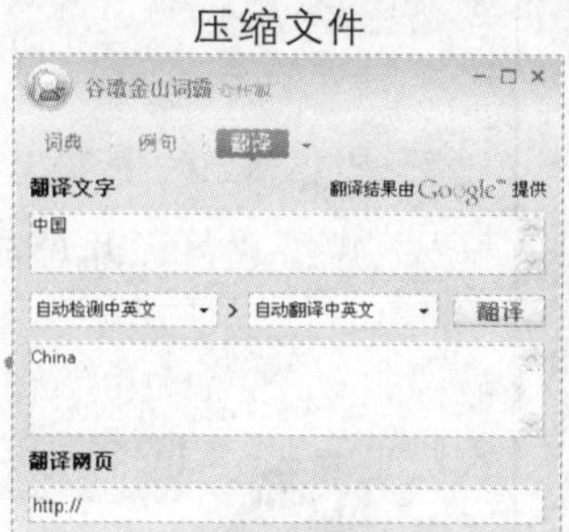

使用翻译软件

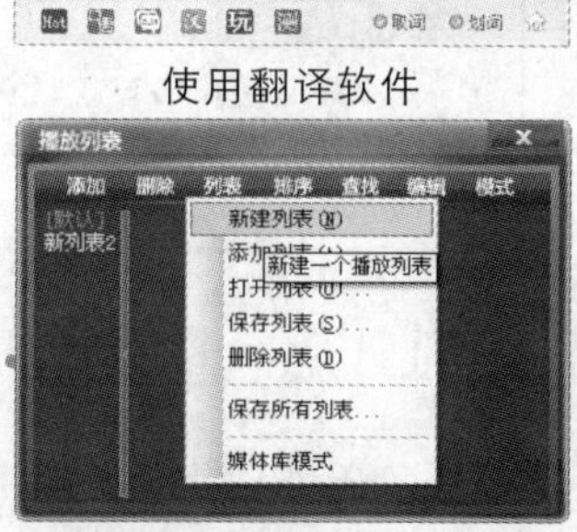

新建播放列表

重要知识点视频索引

11.1 媒体播放软件的应用

暴风影音以其强大的功能深受广大用户喜爱，在媒体播放软件行业占有相当重要的位置。为了更好地应用暴风影音播放软件，下面介绍暴风影音的一些相关知识。

11.1.1 加载字幕

有一些电影没有字幕，看起来不是很方便，通过暴风影音软件可以为无字幕的电影加载字幕，具体操作步骤如下：

STEP 01 选择“手动载入字幕”选项

单击“主菜单”按钮，在下拉菜单中选择“文件”|“手动载入字幕”命令，如下图所示。

STEP 02 选择字幕

弹出“打开”对话框，选择要加载的字幕，单击“打开”按钮，如下图所示。

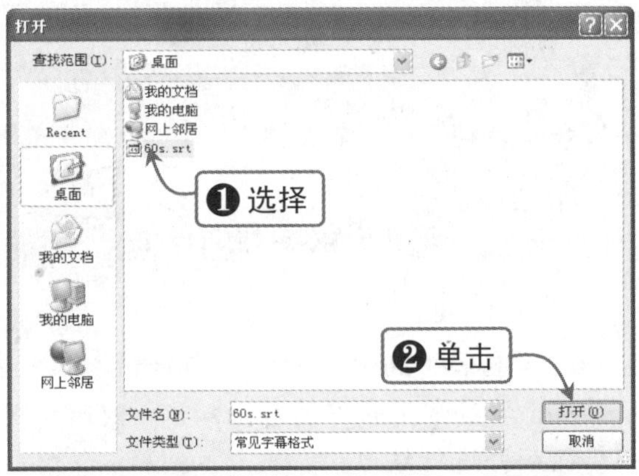

STEP 03 载入字幕

在播放的影片中成功载入字幕，效果如右图所示。

提示

常见的字幕文件格式有SRT、SUB、IDX、SMI、SSA和ASS等。

11.1.2 截图

在播放电影时如何把精彩的片段保存下来呢，可以通过暴风影音的截图功能，具体操作步骤如下：

STEP 01 打开“另存为”对话框

单击“主菜单”按钮，在下拉菜单中选择“文件”|“截屏”命令，如下图所示。

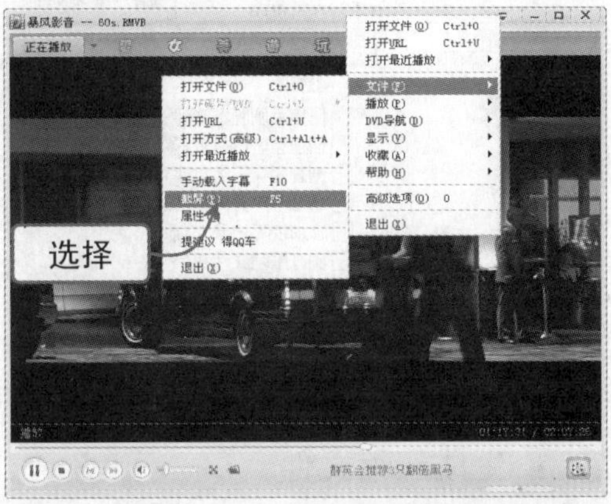

STEP 02 保存截图

弹出“另存为”对话框，选择保存位置，输入名称，单击“保存”按钮，如下图所示。

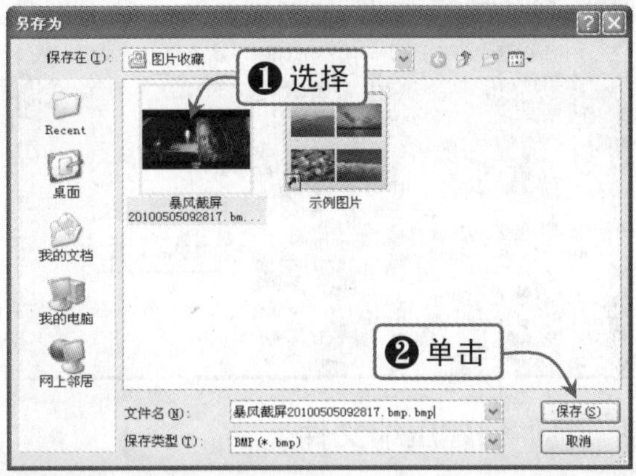

STEP 03 截图

单击要截屏的画面，如下图所示。

STEP 04 显示截图

打开截图画面，效果如下图所示。

11.2 压缩软件的使用

WinRAR 是一款功能强大的压缩文件管理软件，使用方便、压缩率高、速度快并且具有可分割压缩大型文件的功能。

11.2.1 使用 WinRAR 压缩文件

为了节省磁盘空间、提高系统利用率，可以把某些文件创建为压缩文件，具体操作步骤如下：

STEP 01 打开“压缩文件名和参数”对话框

右击要压缩的文件，在弹出的快捷菜单中选择“添加到压缩文件”命令，如下图所示。

STEP 02 设置压缩参数

弹出“压缩文件名和参数”对话框，输入压缩文件名称，设置保存路径，单击“确定”按钮，如下图所示。

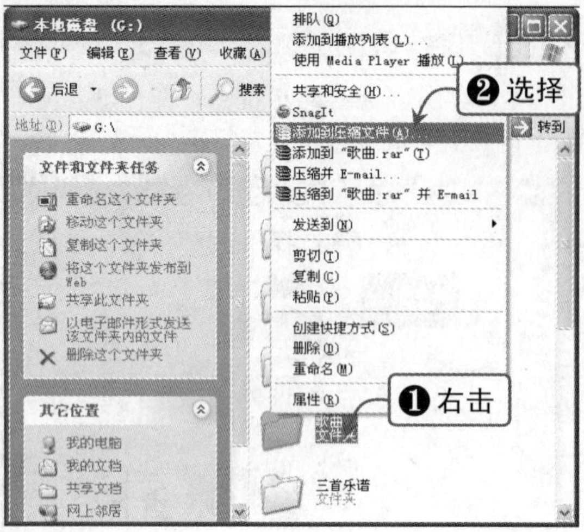

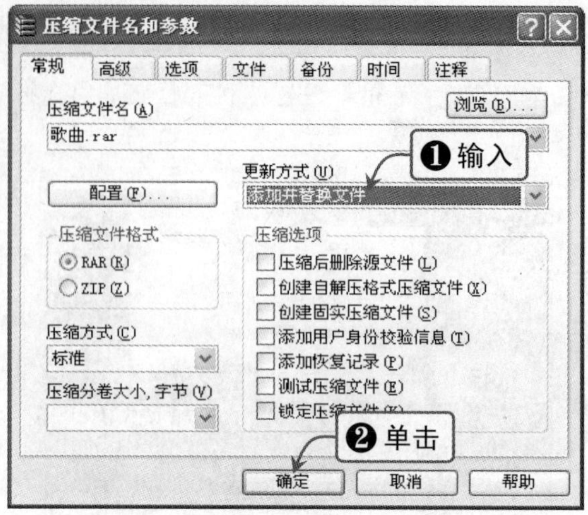

STEP 03 创建压缩文件

弹出“正在创建压缩文件 歌曲.rar”窗口，开始创建压缩文件，并显示压缩进度，如下图所示。

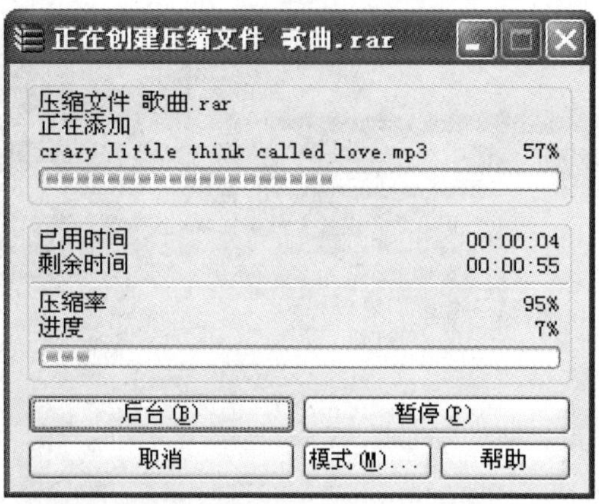

STEP 04 生成压缩文件

压缩文件成功，效果如下图所示。

提示

右击需要压缩的文件，在弹出的快捷菜单中选择“添加到‘歌曲.rar’”命令，无须进行设置，可以直接在保留源文件夹的基础上，创建名称为“歌曲.rar”的压缩文件。

11.2.2 锁定压缩文件

在压缩包中删除文件后，WinRAR 会自动更新它，被删除的文件无法找回。为了避免误删压缩包里的文件可以将其锁定，具体操作步骤如下：

STEP 01 打开 WinRAR 窗口

选择“开始”|“所有程序”|WinRAR|WinRAR 命令，打开 WinRAR 窗口，如下图所示。

STEP 02 打开“压缩文件”对话框

在 WinRAR 窗口中选择要锁定的压缩文件，选择“命令”|“锁定压缩文件”命令，如下图所示。

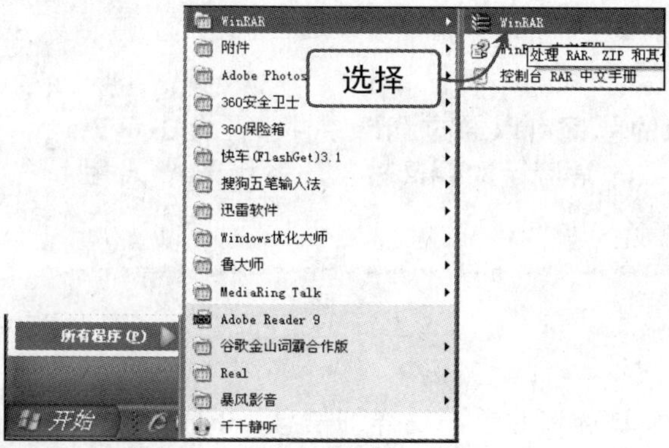

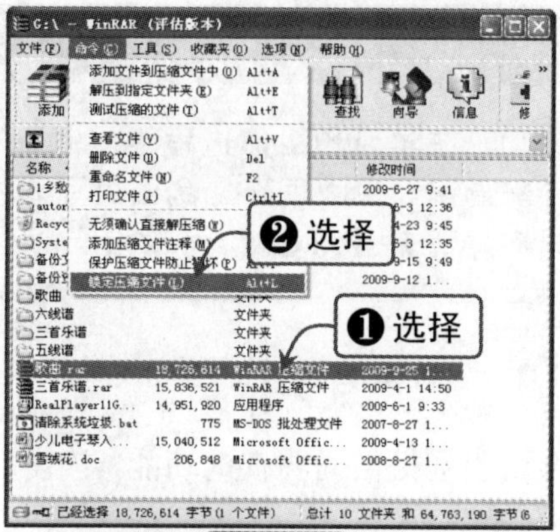

STEP 03 锁定压缩文件

弹出“压缩文件”对话框，选择“选项”选项卡，选中“禁止修改压缩文件”复选框，单击“确定”按钮，如右图所示。

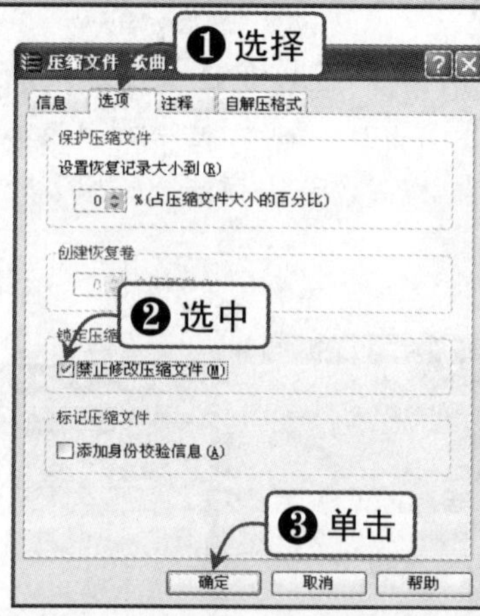

提示

用户在修改锁定的压缩文件中的文件时，将会弹出提示信息框，提示该操作错误。

11.2.3 加密压缩文件

使用 WinRAR 可以加密压缩重要文件，具体操作步骤如下：

STEP 01 打开“输入默认密码”对话框

打开创建的压缩文件，选择“文件”|“设置默认密码”命令，如下图所示。

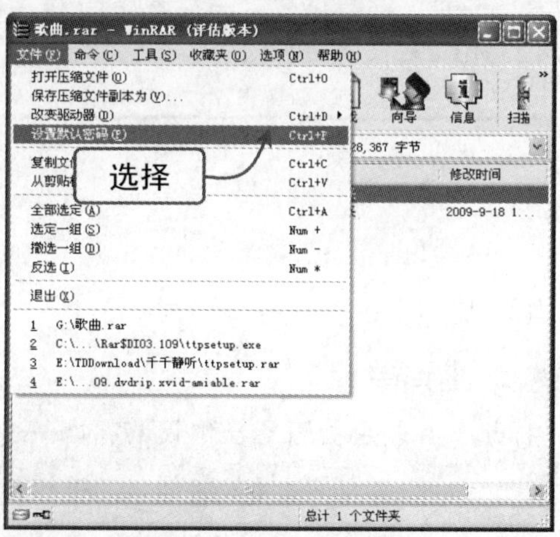

STEP 02 输入默认密码

弹出“输入默认密码”对话框，输入密码，单击“确定”按钮，如下图所示。

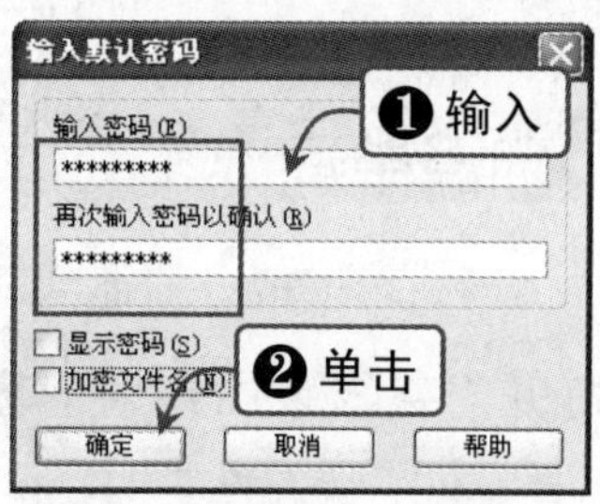

11.3 翻译软件

在学习和工作过程中，遇到不认识的单词可以通过翻译软件——金山词霸来查询。金山词霸是金山公司研发的一款非常流行的翻译软件，适用于个人用户，支持中、日、英三语查询。

11.3.1 查询单词

金山词霸提供词典查询功能，该功能显示所要查询的单词的详细信息，下面介绍如何查询单词。

STEP 01 打开“谷歌金山词霸”窗口

选择“开始”|“所有程序”|“谷歌金山词霸合作版”|“谷歌金山词霸合作版”命令，如下图所示。

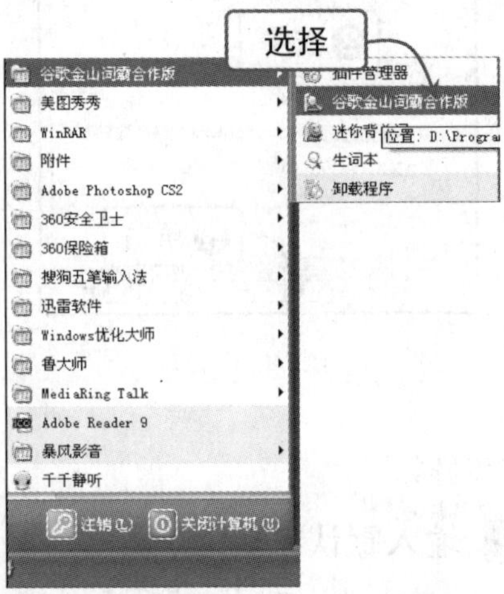

STEP 02 查询单词

打开“谷歌金山词霸合作版”窗口，选择“词典”选项卡，在列表框中输入要查询的单词，单击“查词”按钮，在列表框中显示单词的详细信息，如下图所示。

提示

金山词霸软件含部分本地词库，仅23MB，轻巧易用。

11.3.2 翻译单词

使用金山词霸可以很方便地翻译单词，具体操作步骤如下：

STEP 01 打开“谷歌金山词霸”窗口

选择“开始”|“所有程序”|“谷歌金山词霸合作版”|“谷歌金山词霸合作版”命令，如下图所示。

STEP 02 查询单词

打开“谷歌金山词霸合作版”窗口，选择“翻译”选项卡，在“翻译文字”文本框中输入要翻译的文字，单击“翻译”按钮，在下方的文本框中显示翻译结果，如下图所示。

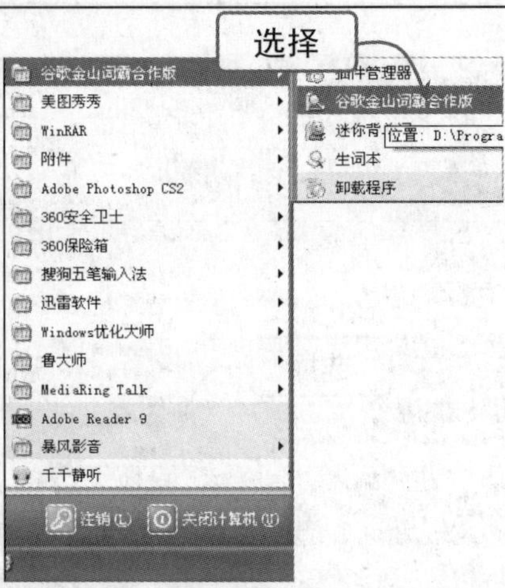

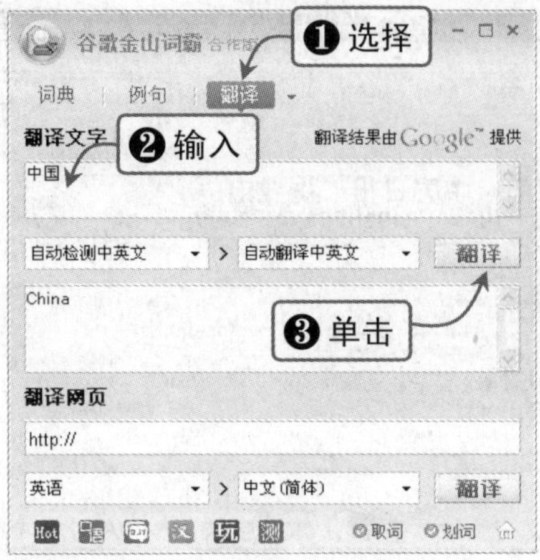

提示

金山词霸还添加了 70 万条例句库，帮助用户随心所欲地写出流利的英语句子，而不是简单地提供不准确的中英文翻译。只需少量的改动，即可以得到满意的英语翻译句子。

11.3.3 屏幕取词

金山词霸提供屏幕取词功能，可以使用户方便快捷地查询不认识的单词，具体操作步骤如下：

STEP 01 打开“谷歌金山词霸”窗口

选择“开始”|“所有程序”|“谷歌金山词霸合作版”|“谷歌金山词霸合作版”选项，如下图所示。

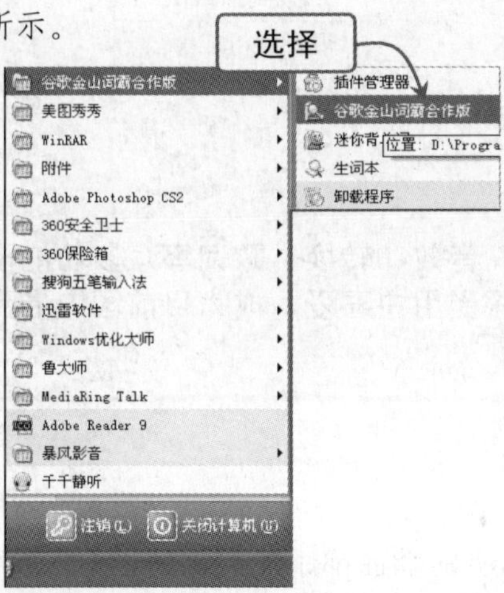

STEP 02 单击“取词”按钮

打开“谷歌金山词霸合作版”窗口，单击“取词”按钮，如下图所示。

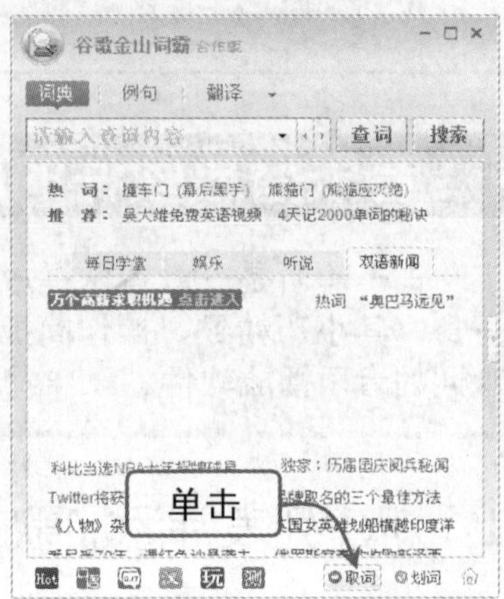

STEP 03 屏幕取词

鼠标指向需要翻译的单词，在鼠标指针右下角出现一个窗口显示选择的单词、读音、解释等信息，如下图所示。

STEP 04 设置取词方式

在窗口中单击“选项”按钮，在下拉菜单中选择“Ctrl+鼠标取词”命令，如下图所示。

STEP 05 取词

选择需要进行翻译的单词，按【Ctrl】键，在鼠标指针右下角出现解释窗口，如下图所示。

STEP 06 开启屏幕取词

在任务栏中右击金山词霸图标，在弹出的快捷菜单中选择“开启屏幕取词”选项，在屏幕取词关闭时快速启动该功能，如下图所示。

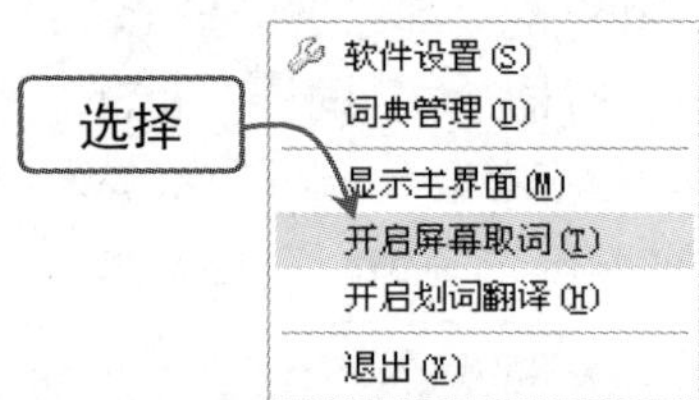

11.4 音乐播放软件的应用

千千静听是一款音乐播放软件，集播放、音效、转换、歌词等众多功能于一身。其小巧精致、操作简捷、功能强大，深受用户喜爱，成为目前国内最受欢迎的音乐播放软件。

11.4.1 新建列表并添加歌曲

在千千静听中可以新建播放列表，将好听的或常听的歌曲都添加到该列表中，下次直接打开列表，即可播放该列表中的歌曲。

STEP 01 打开“千千静听”窗口

选择“开始”|“所有程序”|“千千静听”命令，打开“千千静听”窗口，如下图所示。

STEP 02 新建列表

在“播放列表”窗口中选择“列表”|“新建列表”命令，如下图所示。

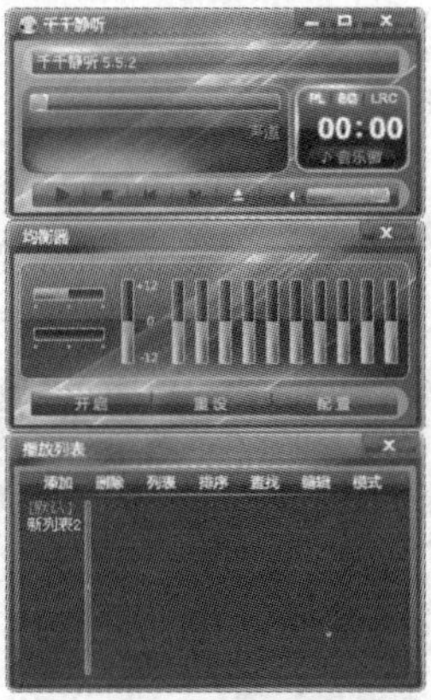

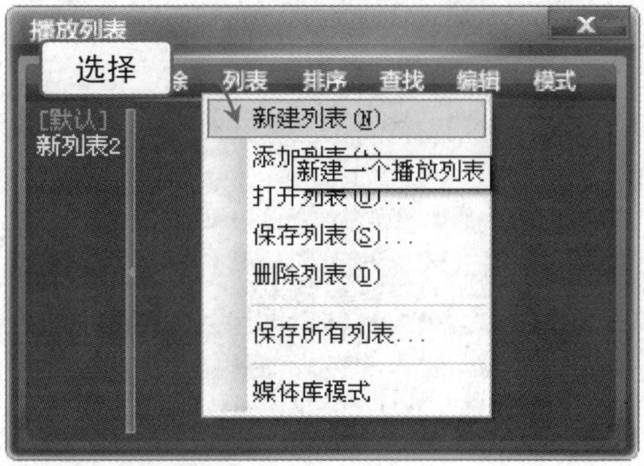

STEP 03 完成新建列表

在“播放列表”窗口的左侧列表中完成列表2的创建，效果如下图所示。

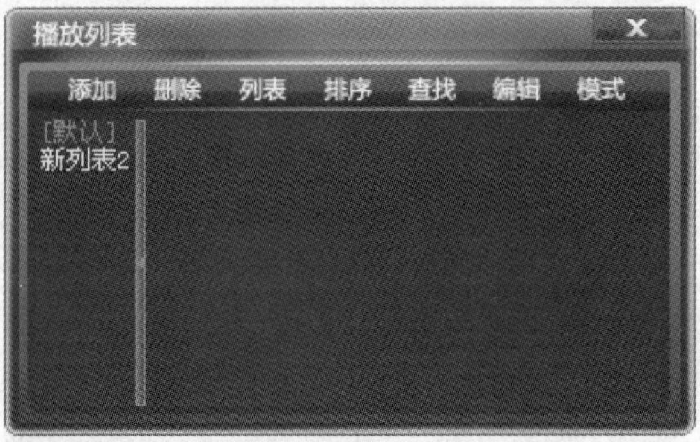

STEP 04 打开“打开”对话框

在“播放列表”窗口中选择“添加”|“文件”命令，如下图所示。

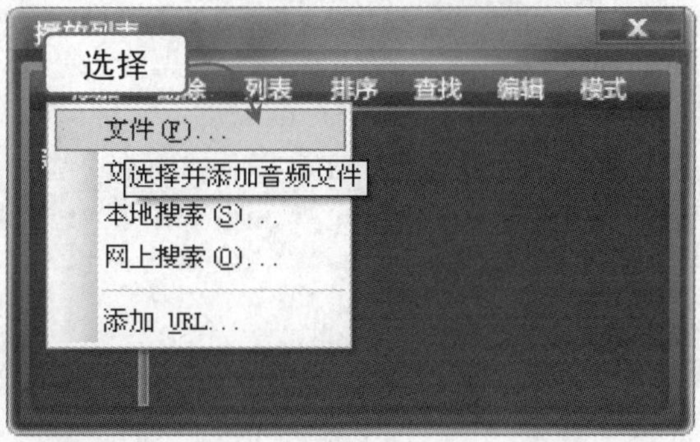

STEP 05 选择歌曲

弹出“打开”对话框，选择要添加的歌曲，单击“打开”按钮，如下图所示。

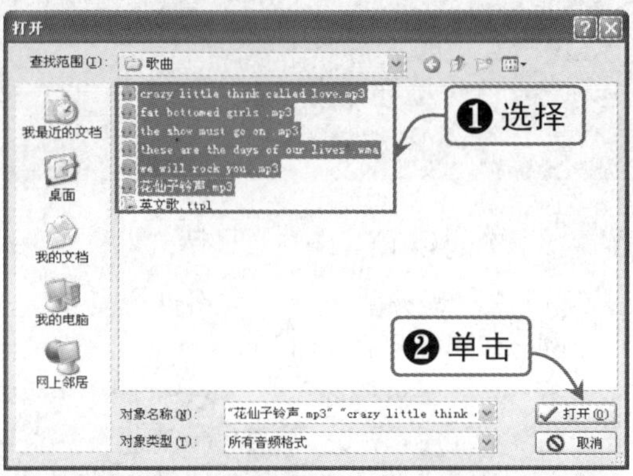

STEP 06 歌曲添加成功

此时歌曲已经添加到播放列表窗口中的新列表2中，效果如下图所示。

11.4.2 设置歌词显示方式

千千静听提供了歌词秀功能，在歌词秀窗口中可以显示歌曲的歌词并设置歌词显示效果，具体操作步骤如下：

STEP 01 设置歌词显示方式

单击千千静听"主菜单"按钮，在下拉菜单中选择"歌词秀"|"显示方式"|"卡拉 OK 方式"命令，如下图所示。

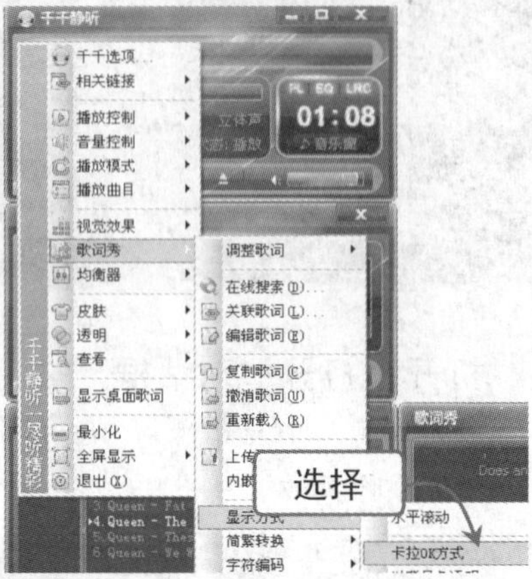

STEP 02 歌词显示效果

歌词以卡拉 OK 方式显示，效果如下图所示。

提示

播放器中正在播放的歌词在屏幕上以高亮的方式显示。

STEP 03 选择"显示桌面歌词"选项

单击"主菜单"按钮，在下拉菜单中选择"显示桌面歌词"命令，如下图所示。

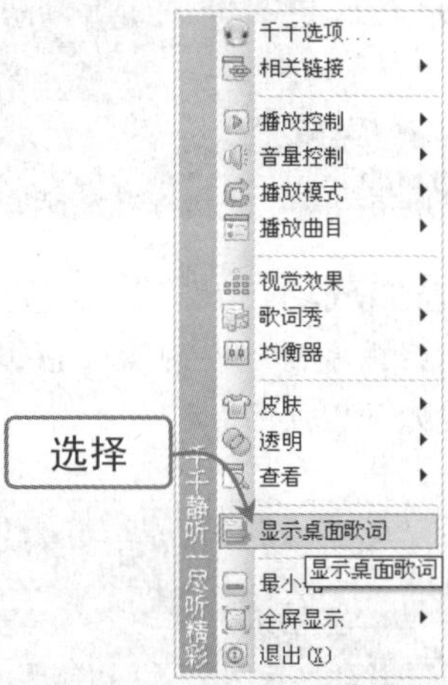

STEP 04 显示桌面歌词

歌词在桌面上显示，效果如下图所示。

STEP 05 单击"返回窗口模式"按钮

将鼠标指向歌词会显示千千静听工具条，单击"返回窗口模式"按钮，如下图所示。

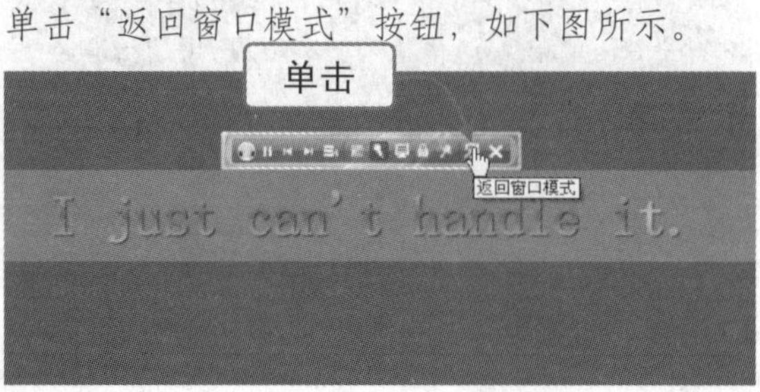

STEP 06 歌词以窗口模式显示

返回"歌词秀"窗口，歌词以窗口模式显示，效果如下图所示。

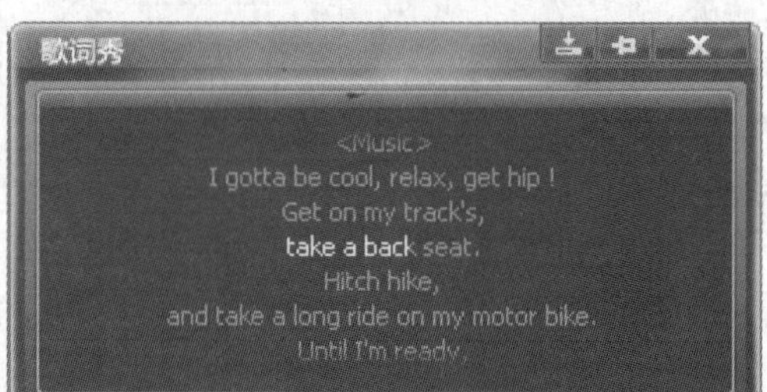

11.5 图片处理软件的应用

ACDSee是目前最为流行的数字图像处理软件，它广泛应用于图片的获取、管理、浏览、优化等，在图片处理工具中功能较为完善。

11.5.1 浏览图片

在ACDSee中有多种浏览图片的方式，下面介绍缩略图浏览、胶片浏览以及幻灯片视图浏览3种方式。

STEP 01 缩略图浏览

在ACDSee 10窗口中的“文件夹”列表框中选择要查看的图片文件，所有图片以缩略图形式在右侧的浏览区显示，鼠标指向缩略图，在缩略图下方显示该图片的大图，如下图所示。

STEP 02 胶片浏览

单击“查看”按钮，在弹出的下拉菜单中选择“胶片”命令，图片以胶片形式在浏览区显示，效果如下图所示。

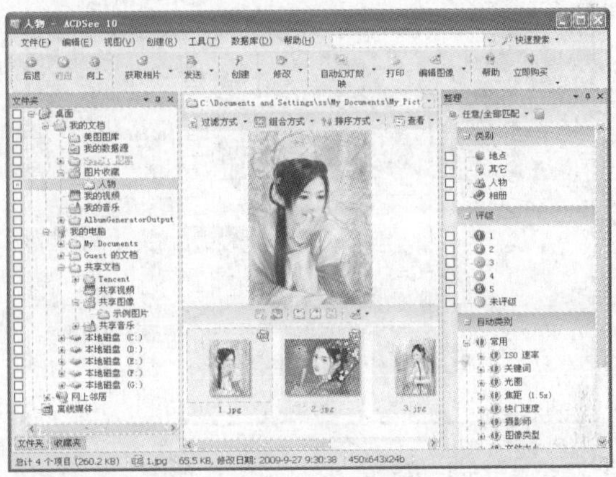

STEP 03 幻灯片设置

单击“自动幻灯片放映”按钮，在弹出的下拉菜单中选择“设置”命令，弹出“幻灯放映属性”对话框，设置幻灯片切换效果，单击“确定”按钮，如下图所示。

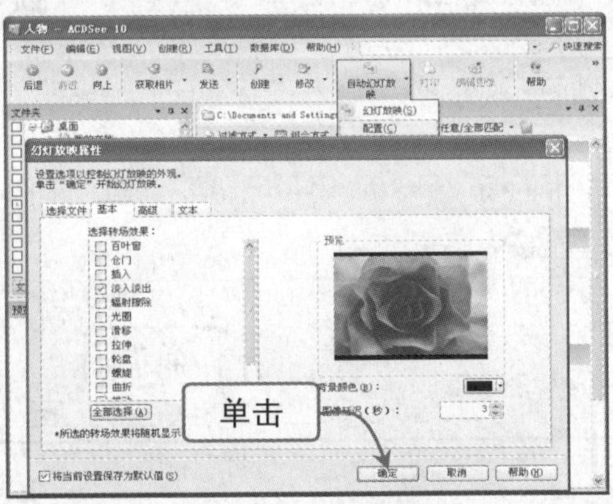

STEP 04 幻灯片浏览

设置完成后，单击“自动幻灯片放映”按钮，图片以幻灯片形式在浏览区域显示，效果如下图所示。

11.5.2 编辑图片

ACDSee 不仅可以用来浏览图片，同时还具有编辑功能，可以调整图片的大小、改变图片的方向以及转换图片的格式等，下面介绍在 ACDSee 中如何编辑图片。

Work1 批量改变图片方向

ACDSee 提供改变图片方向的功能，当文件夹中有多个图片需要调整方向时可以使用批量改变图片方向功能，具体操作步骤如下：

STEP 01 打开“批量旋转/翻转图像”对话框

选中多张要旋转的图片，单击“批量旋转/翻转图像”按钮，如下图所示，打开“批量旋转/翻转图像”对话框。

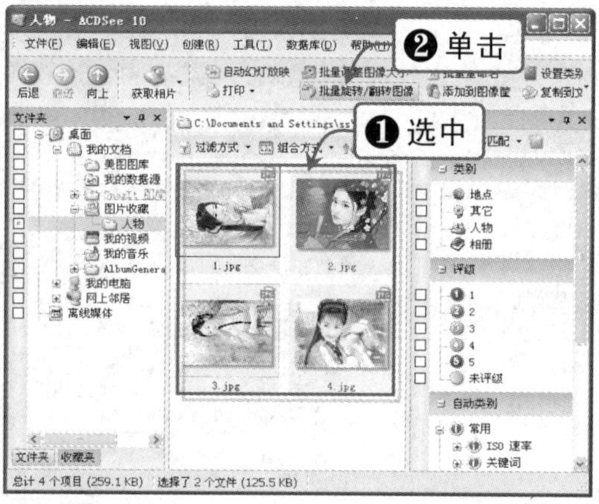

STEP 02 打开“批量图像旋转/翻转选项”对话框

单击要旋转的角度按钮，单击“选项”按钮，打开“批量图像旋转/翻转选项”对话框，如下图所示。

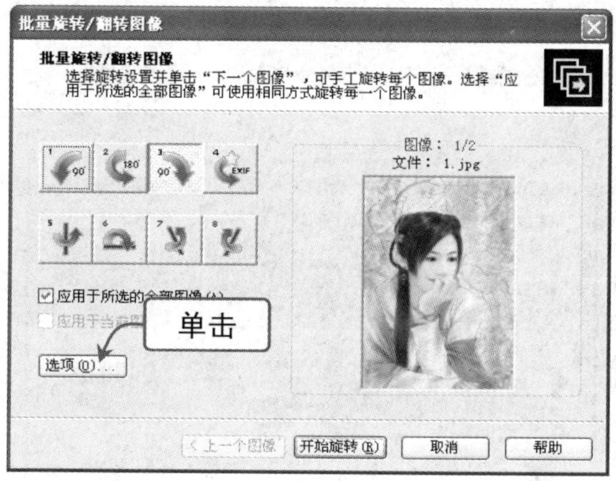

STEP 03 旋转设置

选中“删除/替换原始文件”单选按钮，单击“确定”按钮，返回“批量旋转/翻转图像”对话框，单击“开始转换”按钮，如下图所示。

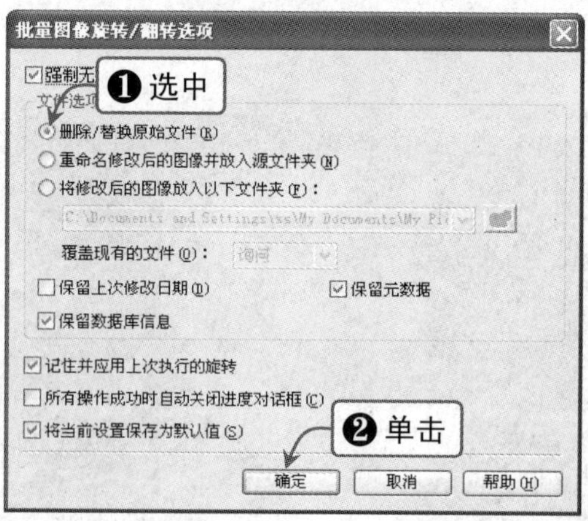

STEP 04 处理图片

弹出“正在旋转文件”对话框，开始处理图片，并显示处理进度，处理结束后，单击“完成”按钮，如下图所示。

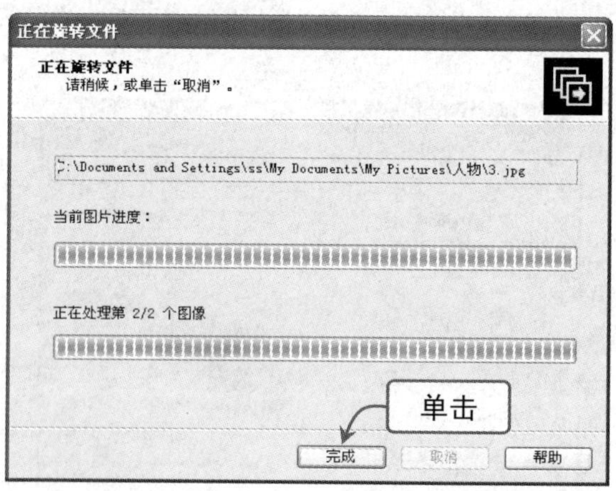

STEP 05 图片旋转成功

所选图片已经改变方向，效果如右图所示。

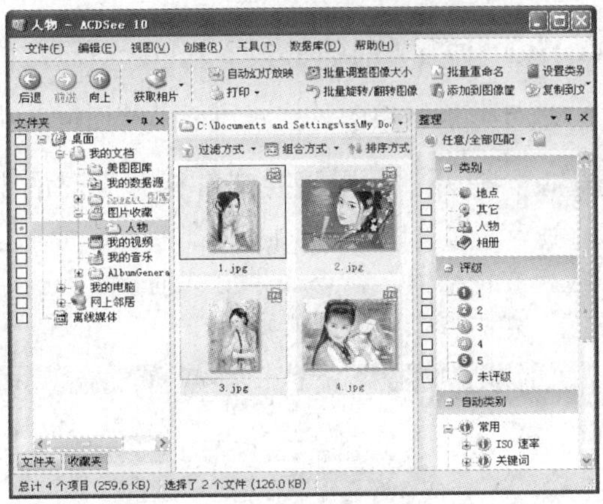

提示

若不删除旋转前的图片，可以在“批量图像旋转/翻转选项”对话框的“文件选项”选项组中选择其他合适的单选按钮。

Work2 批量调整图片大小

通过 ACDSee 可以批量调整图片的大小，具体操作步骤如下：

STEP 01 打开“批量调整图像大小”对话框

选中要调整大小的多张图片，单击工具栏上的“批量调整图像大小”按钮，如下图所示。

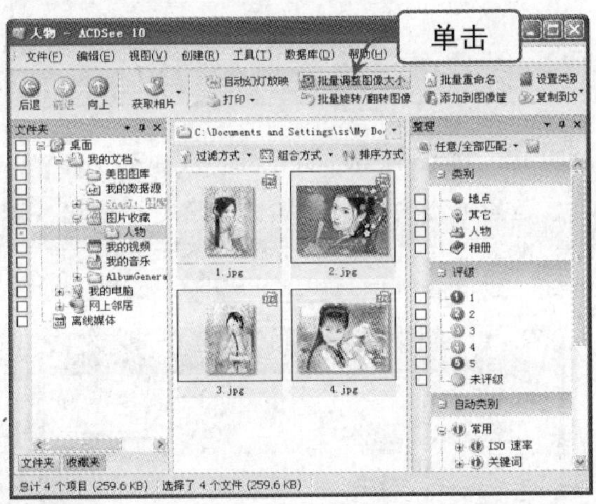

STEP 02 设置图片大小

弹出“批量调整图像大小”对话框，设置图片大小，单击“开始调整大小”按钮，如下图所示。

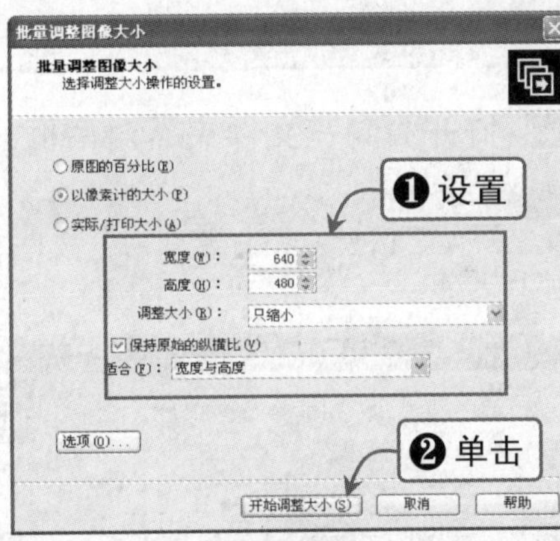

STEP 03 处理图片

弹出“批量调整图像大小”对话框，开始处理图片，处理结束后单击“完成”按钮，如下图所示。

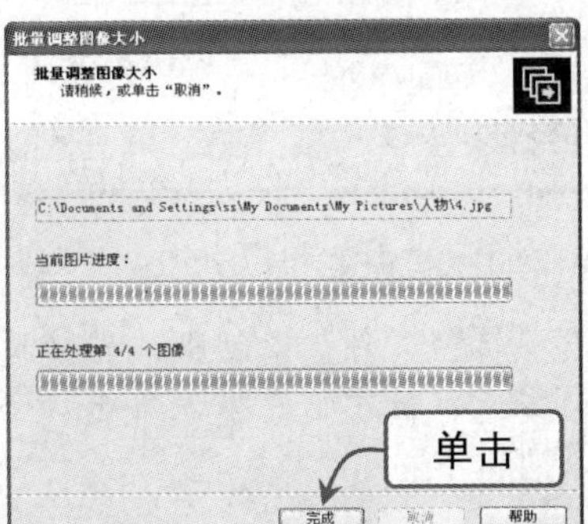

STEP 04 图片大小调整成功

所选图片大小调整成功，效果如下图所示。

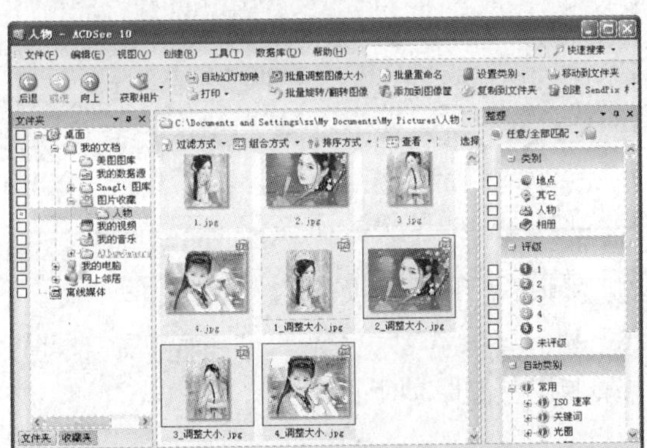

Work3 批量转换图片格式

通过批量转换图片格式可以节省时间、提高工作效率，下面介绍如何批量转换图片格式。

STEP 01 打开“批量转换文件格式”对话框

选中要转换格式的多张图片，选择“工具”|“转换文件格式”命令，弹出“批量转换文件格式”对话框，如下图所示。

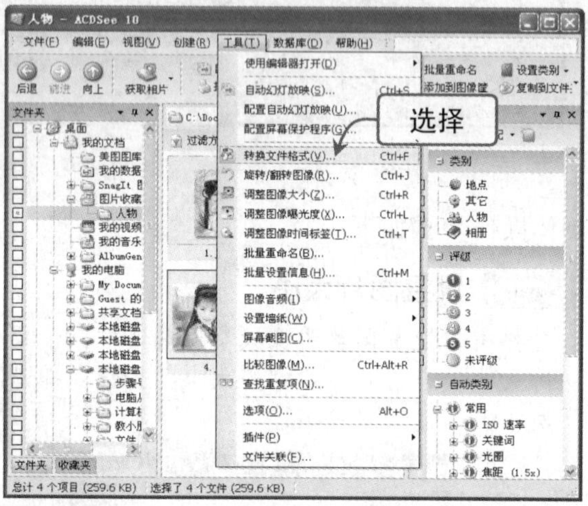

STEP 02 选择格式

选择“格式”选项卡，在列表框中选择要转换成的格式，单击“格式设置”按钮，如下图所示。

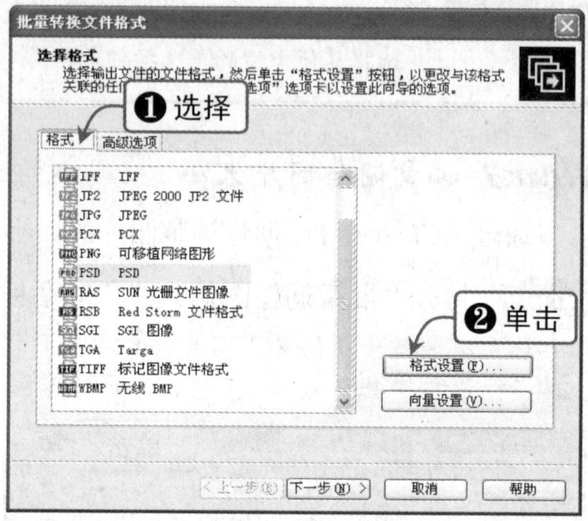

STEP 03 打开“浏览文件夹”对话框

弹出“设置输出选项”对话框，单击“浏览”按钮，如下图所示，打开“浏览文件夹”对话框。

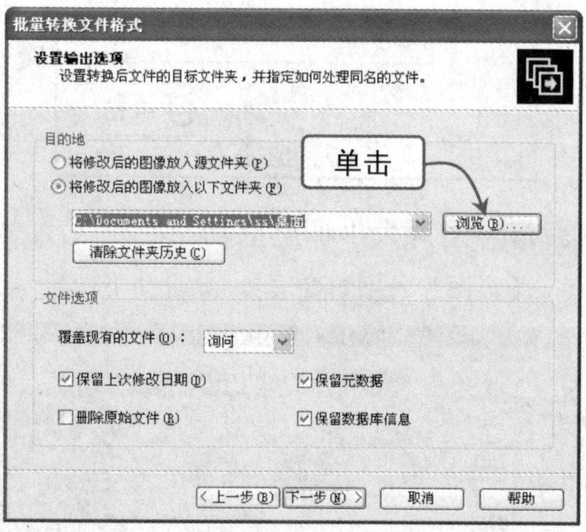

STEP 04 选择输出文件夹

选择输出文件夹，单击“确定”按钮，返回“设置输出选项”对话框，单击“下一步”按钮，如下图所示。

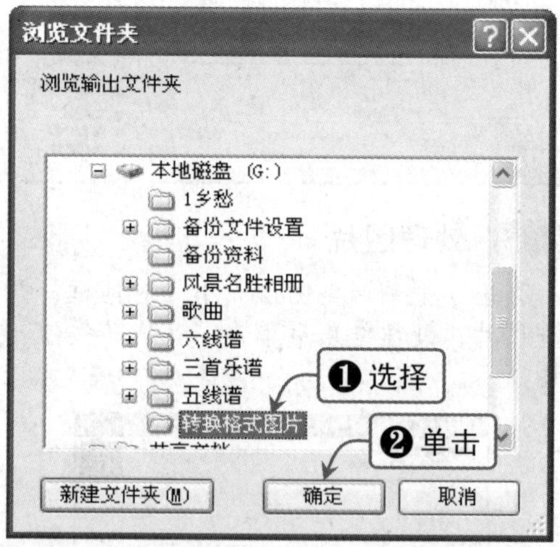

STEP 05 打开“转换文件”对话框

弹出“设置多页选项”对话框，单击“开始转换”按钮，如下图所示。

STEP 06 弹出提示信息框

弹出“转换文件”对话框，转换过程中弹出“数据丢失”提示信息框，单击“全是”按钮，如下图所示。

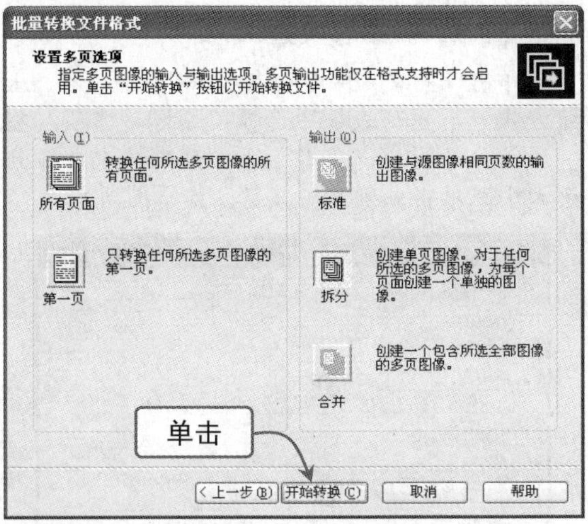

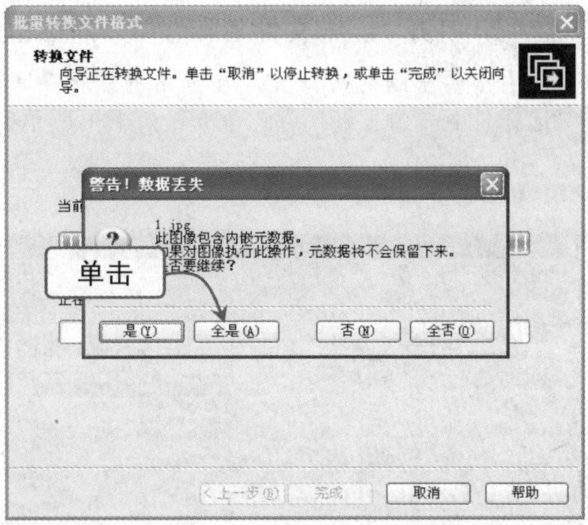

STEP 07 处理图片

转换结束后，单击“完成”按钮，如下图所示。

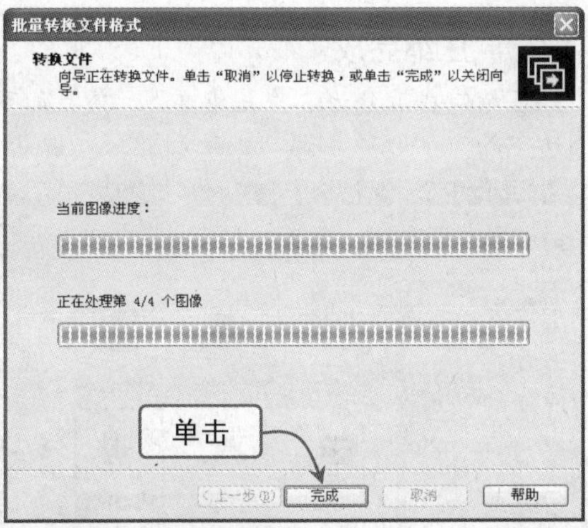

STEP 08 图片格式转换成功

所选图片均由 jpg 格式转换为 psd 格式，效果如下图所示。

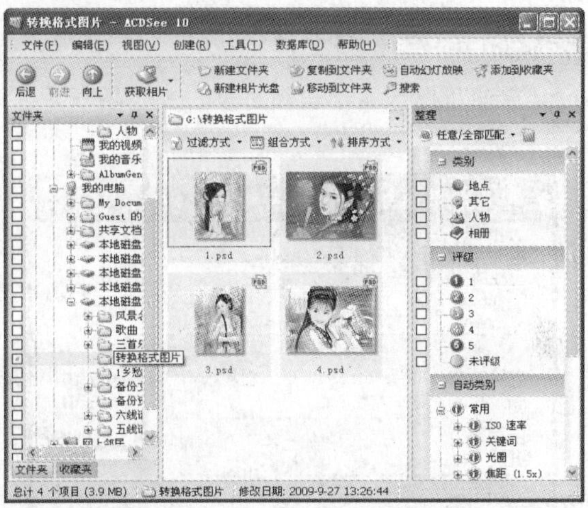

提示

用户可以将图片转换为多种格式，但是转换格式时要注意，不同格式的图片显示效果也不同。例如，转换成 JPEG 格式后，所占空间将会大大缩小，但是由于该格式采用破坏性压缩，可能导致文字或图像模糊。

技巧百宝箱

技巧 1 分卷压缩

发送大型文件时由于文件占用的空间太大而无法传送，此时可以采用分卷压缩的方式，其具体操作方法如下：

STEP 01 打开“压缩文件名和参数”对话框

右击要压缩的文件夹，在弹出的快捷菜单中选择“添加到压缩文件”命令，如下图所示。

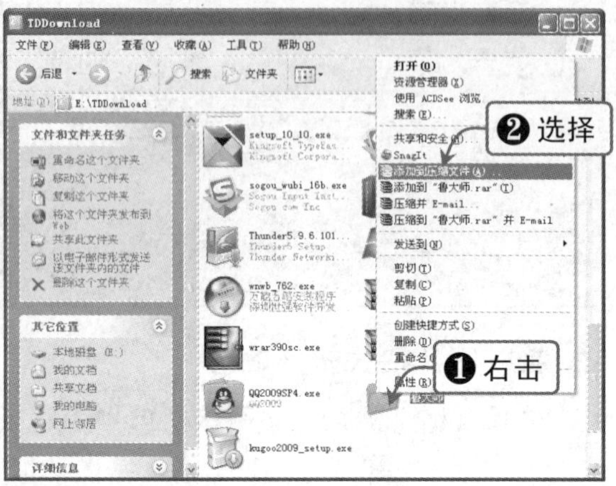

STEP 02 压缩参数设置

弹出“压缩文件名和参数”对话框，在“压缩方式”下拉列表框中选择“最好”选项，在“压缩分卷大小，字节”下拉列表框中选择分卷大小，单击“确定”按钮，如下图所示。

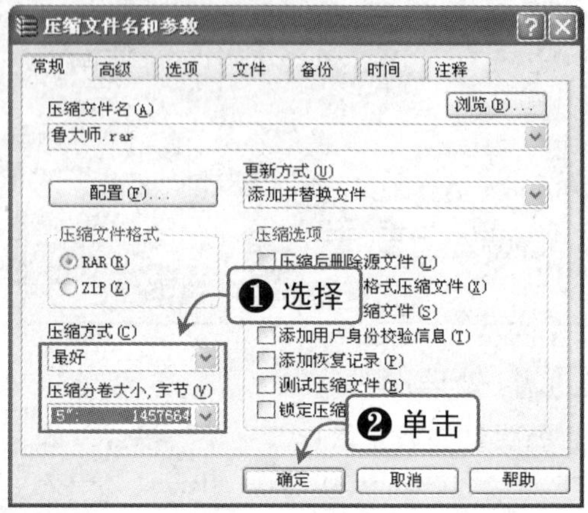

STEP 03 创建压缩文件

开始压缩并显示压缩进度，如下图所示。

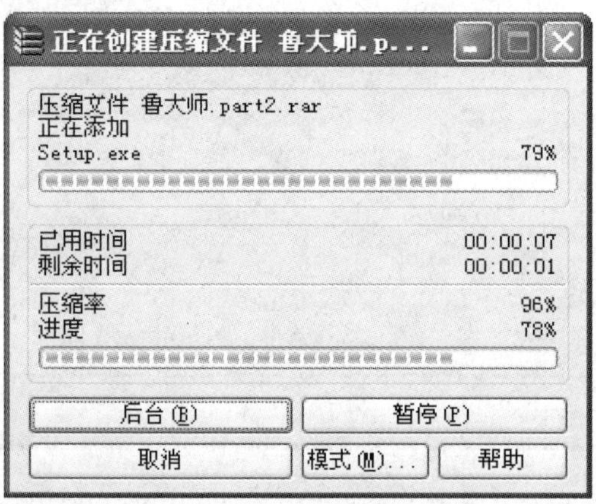

STEP 04 压缩完成

压缩完成后分为 3 个压缩文件，效果如下图所示。

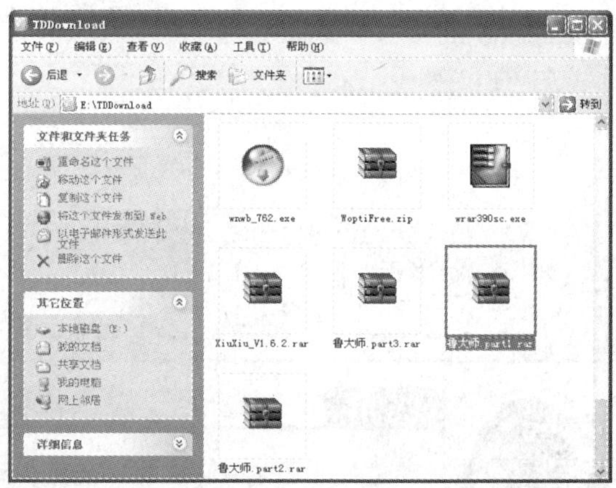

技巧 2 设置层叠关联菜单

安装 WinRAR 软件后，右键菜单变长了，通过设置可以使其折叠，具体操作方法如下：

STEP 01 打开“设置”对话框

打开 WinRAR 窗口，选择“选项”|“设置”命令，如下图所示。

STEP 02 选中“层叠右键关联菜单”复选框

弹出“设置”对话框，选择“综合”选项卡，选中“层叠右键关联菜单”复选框，单击“确定”按钮，如下图所示。

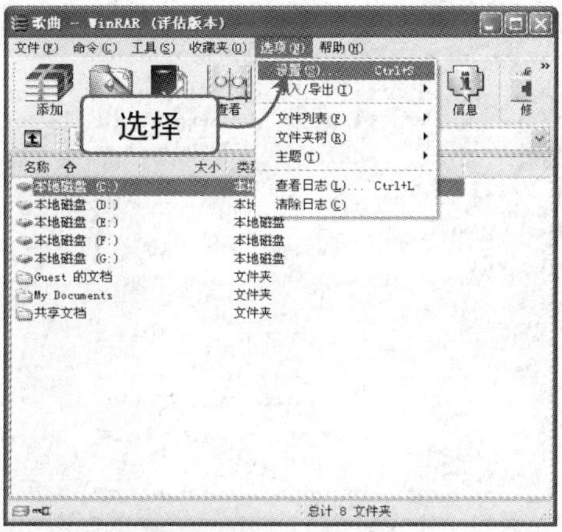

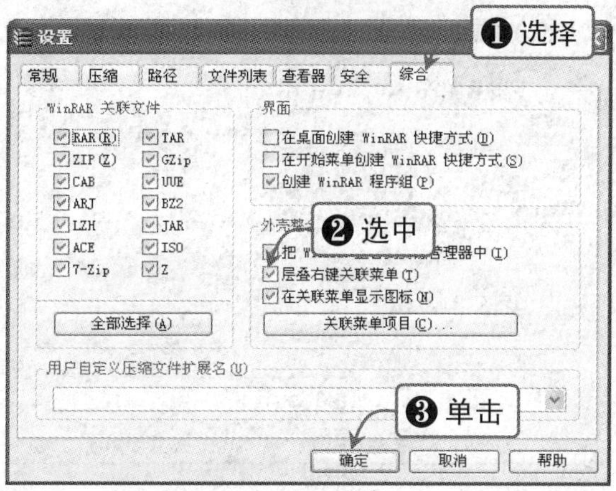

提示

在“设置”对话框的“外壳整合”选项组中单击“关联菜单项目”按钮，在弹出的对话框中可设置关联菜单中显示的菜单项。

技巧 3 制作网页相册

在 ACDSee 中可以把图片编辑成一个网页相册，便于管理和收藏图片，其操作方法如下：

STEP 01 打开“样式设置”对话框

打开 ACDSee 窗口，在文件列表窗格中选择要共享的图像，选择“创建”|“创建 HTML 相册”命令，如下图所示。

STEP 02 选择图库样式

弹出“创建 HTML 相册”对话框，在“网页样式”列表框中选择图库样式，单击“下一步”按钮，如下图所示。

STEP 03 自定义图库

弹出“自定义图库”对话框，在“图库标题”文本框中输入网页标题，在“文件夹设置”选项组中，单击“浏览”按钮，选择保存 HTML 相册的文件夹，单击“下一步”按钮，如下图所示。

STEP 04 略图与图像设置

弹出“略图与图像”对话框，保持默认设置，单击“下一步”按钮，如下图所示。

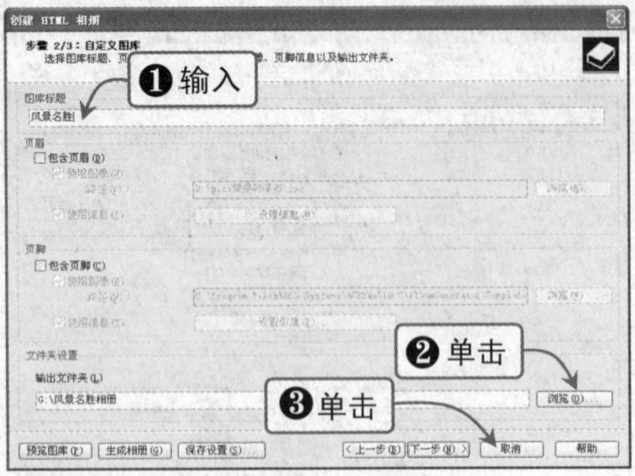

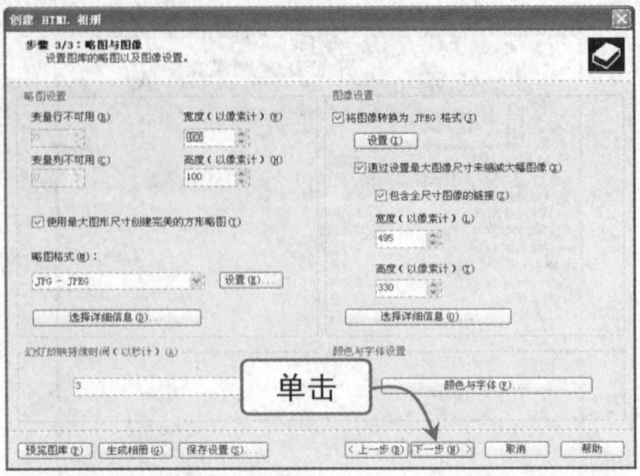

STEP 05 相册创建成功

弹出"HTML 相册已经创建"对话框，单击"单击此处查看相册"超链接，如下图所示。

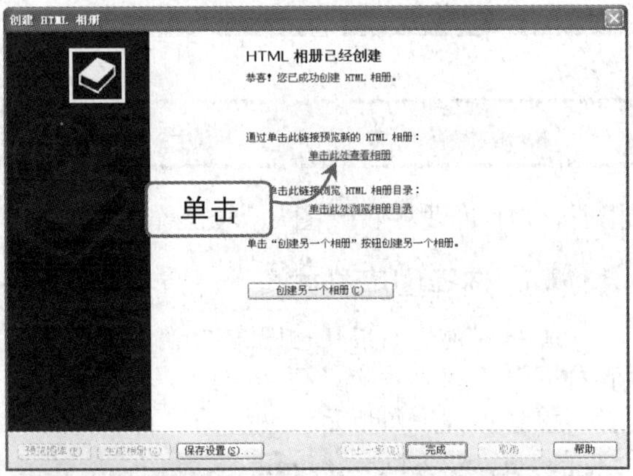

STEP 06 浏览 HTML 相册

打开"风景名胜"网页窗口，相册效果如下图所示。

Chapter 12

网络的安装与浏览器的使用

网络已经进入世界的每个角落，在一定程度上影响和改变着人们的生活和工作方式。网络给人们的生活、工作与学习带来了便利。本章将详细介绍如何安装 ADSL 设备及连接互联网、Internet Explorer 浏览器的使用、设置 IP 地址和工作组、进行资源共享、收藏夹的使用等内容。通过学习本章，读者可以更好地设置并使用网络。

本章建议学习时间：

本章建议学习时间为 50min，其中分配 25 min 学习网络基础知识，25min 观看教学视频并进行练习。

学完本章后您可以：

- 使用 ADSL 宽带上网
- 使用 Internet Explorer 浏览器
- 设置 Internet Explorer 浏览器
- 共享电脑资源
- 使用 IE 收藏夹
- 设置 IE 浏览器的安全

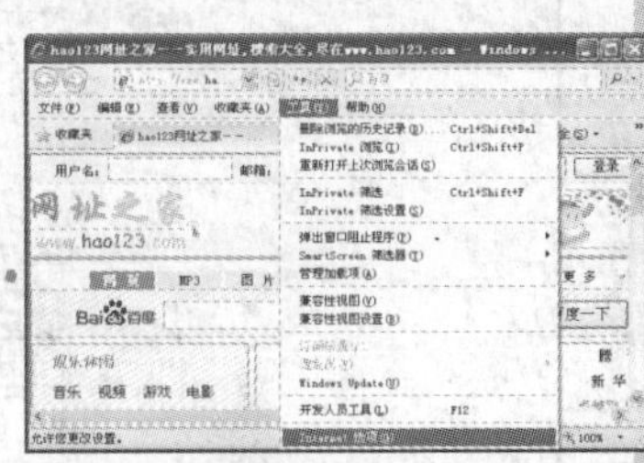

设置 IE 主页

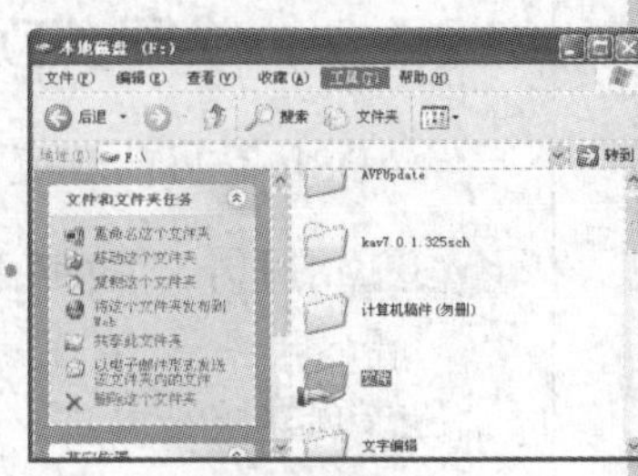

共享文件夹

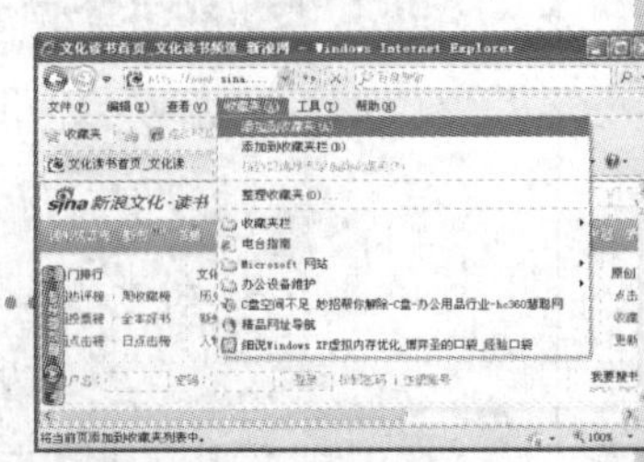

添加网页到收藏夹

重要知识点视频索引

12.1 使用 ADSL 宽带上网

ADSL 是一种通过普通电话线为家庭、办公室提供宽带数据传输服务的技术，是目前较为流行的上网方式。

12.1.1 安装 ADSL 设备

首先要准备一块 10/100M bit/s 自适应网卡，一个 ADSL Modem，准备齐全后就可以开始安装了，下面介绍如何安装 ADSL 设备。

STEP 01 连接滤波器、分离器和电话机

将电话线与滤波器标有 Line 的一端相连接，将一根两端都是水晶头的电话线一头插在分离器上标有 Phone 的接口中，另一头插在电话机上，如下图所示。

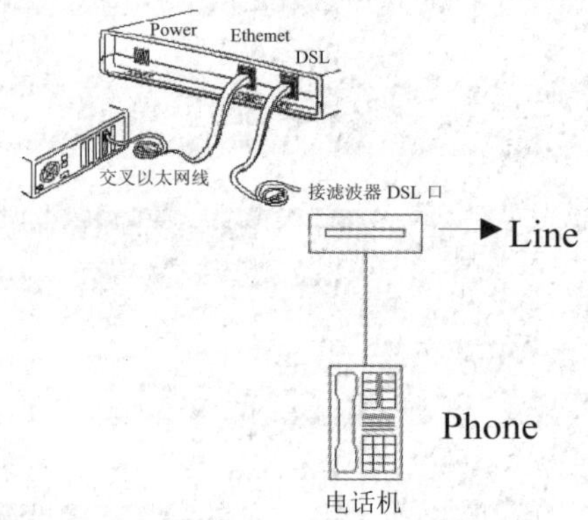

STEP 02 连接 ADSL Modem

将两端都是水晶头的另一根电话线一头插在分离器上标有 Modem 的接口中，另一头插在 ADSL Modem 相应的接口中，网线一端插在网卡接口上，一端插在 ADSL Modem 的相应接口中，并接通 ADSL Modem 电源。下图所示是一根常用的交叉网线。

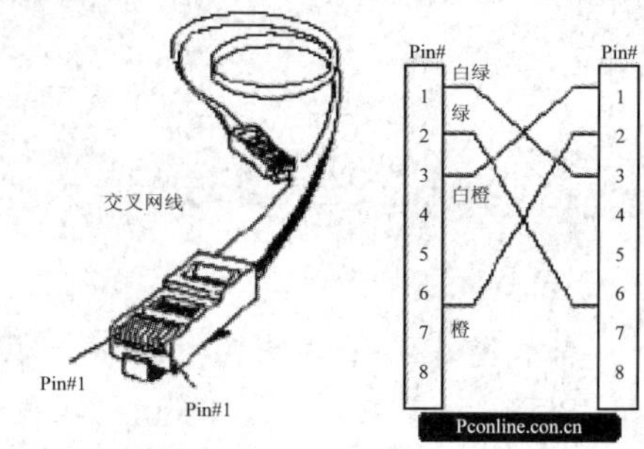

12.1.2 使用 ADSL 连接互联网

ADSL 是目前较流行的宽带上网方式，下面详细介绍如何使用 ADSL 连接互联网。

STEP 01 打开“新建连接向导”对话框

选择“开始”|“所有程序”|“附件”|“通讯”|“创建连接向导”命令，如下图所示。

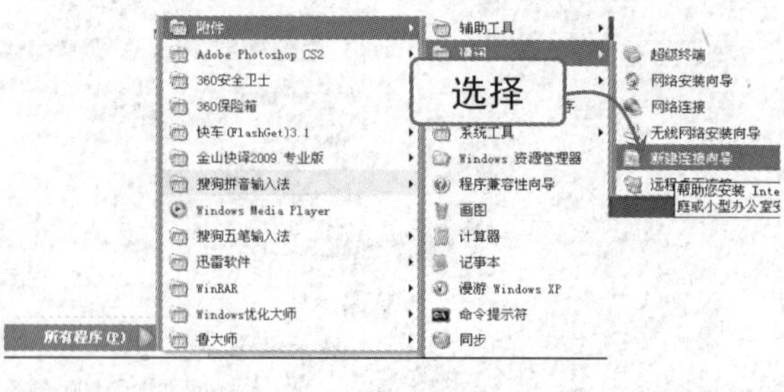

STEP 02 打开“网络连接类型”对话框

弹出“新建连接向导”对话框，单击“下一步”按钮，如下图所示。

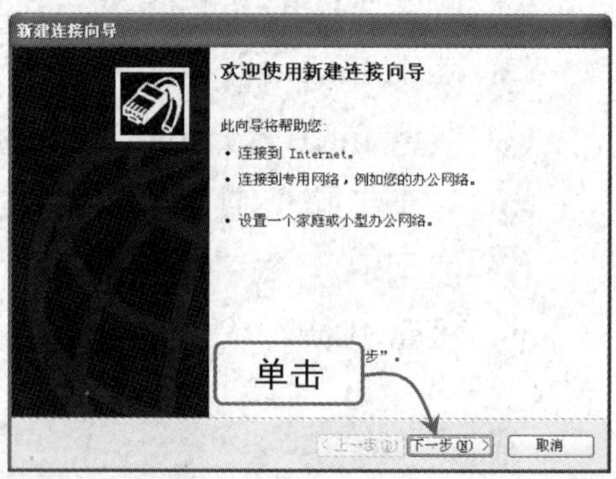

STEP 03 选择连接类型

在“网络连接类型”对话框中选中“连接到 Internet”单选按钮，单击“下一步”按钮，如下图所示。

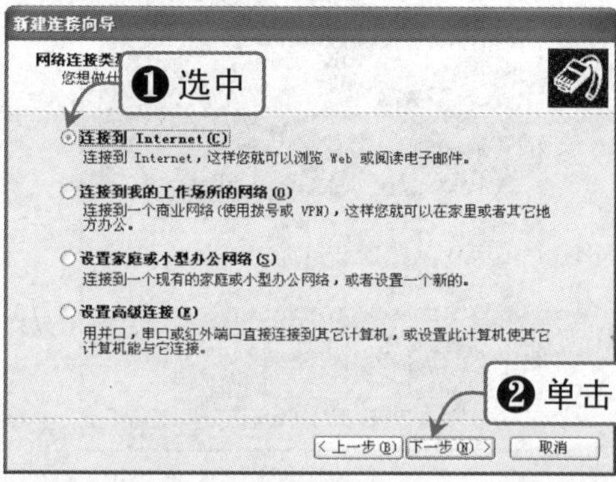

STEP 04 选择连接方式

弹出“准备好”对话框，选中“手动设置我的连接”单选按钮，单击“下一步”按钮，如下图所示。

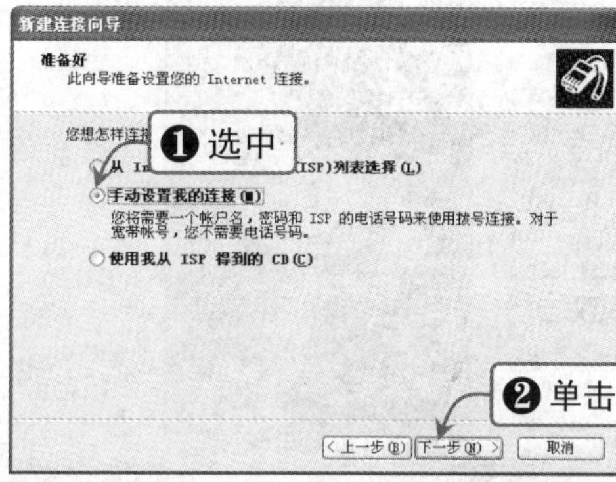

STEP 05 选择连接方式

弹出“Internet 连接”对话框，选中“用要求用户名和密码的宽带连接来连接”单选按钮，单击“下一步”按钮，如下图所示。

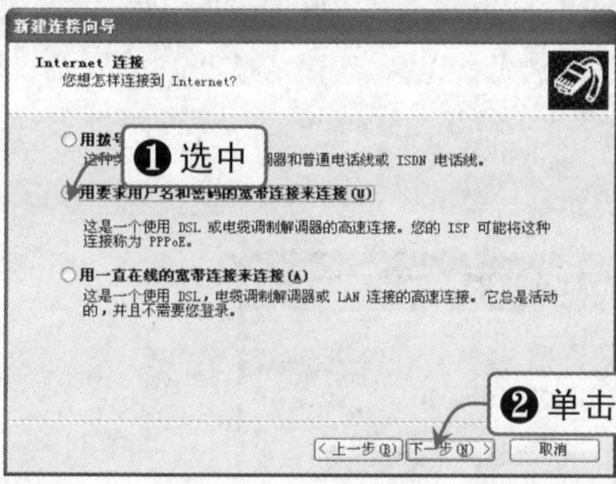

STEP 06 输入 ISP 名称

弹出“连接名”对话框，在“ISP 名称”文本框中输入提供宽带服务的 ISP 名称，这里输入 ADSL，单击“下一步”按钮，如下图所示。

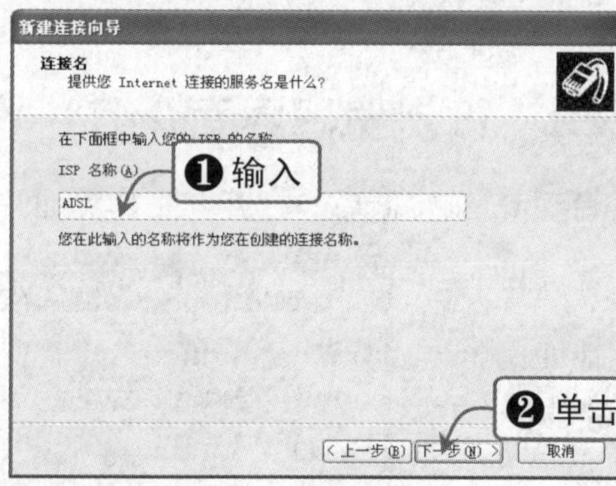

STEP 07 输入用户名和密码

弹出“Internet 账户信息”对话框，输入用户名和密码，单击“下一步”按钮，如下图所示。

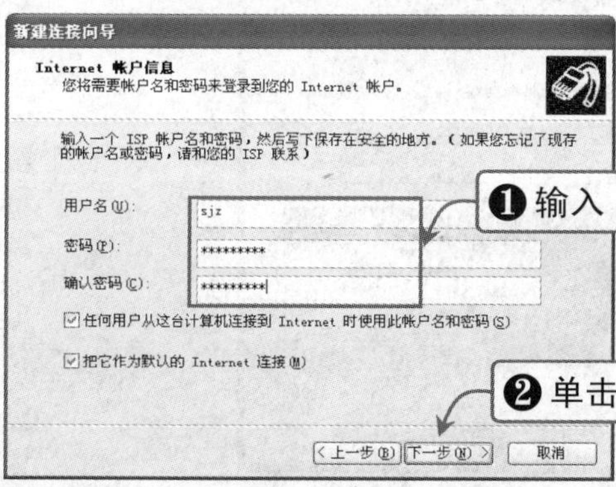

STEP 08 添加桌面快捷方式

在弹出的对话框中选中“在我的桌面上添加一个到此链接的快捷方式”复选框，单击“完成”按钮，如下图所示。

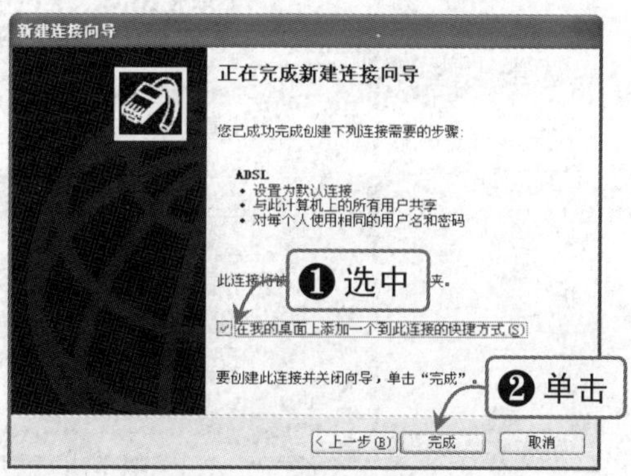

STEP 09 拨号连接

桌面快捷方式添加成功后，在桌面上双击ADSL快捷图标，如下图所示。

STEP 10 拨号连接

弹出“连接 ADSL”对话框，输入用户名和密码，单击“连接”按钮，如下图所示。

12.2 Internet Explorer 浏览器

Internet Explorer（IE）浏览器是通向Internet世界的一扇窗户，通过这扇窗户，将Internet世界尽收眼底，下面来认识一下IE浏览器。

12.2.1 IE 浏览器界面介绍

启动IE浏览器后，打开其工作界面，如下图所示。

标题栏：位于 IE 浏览器工作界面的最上面，左侧显示网页名称，右侧由控制窗口大小的“最小化”按钮、“最大化”按钮和“关闭”按钮组成。

地址栏：用于输入要浏览的网页网址，也可以在下拉列表中选择最近访问过的网址。

菜单栏：位于址地栏下面，由 6 个菜单组成，用于保存网页、复制网页、收藏网页，同时还可以对 IE 浏览器进行设置。

选项卡区：显示所有打开网页的名称。

命令栏：由常用命令组成，可以收发邮件、返回主页以及进行安全设置等。

网页浏览区：IE 的主要组成部分，显示当前打开的网页信息。

状态栏：显示浏览器当前操作的状态信息。

12.2.2 浏览网页

浏览网页是网上冲浪中最简单、最重要的事情。可以通过工具栏浏览、脱机浏览及查看历史记录浏览。

Work1 通过地址栏浏览

在地址栏中输入网址，即可打开要浏览的网页，下面以浏览新浪网页为例详细介绍如何通过地址栏浏览网页。

STEP 01 输入网站地址

在 IE 浏览器地址栏中输入 www.sina.com.cn，如下图所示，按【Enter】键。

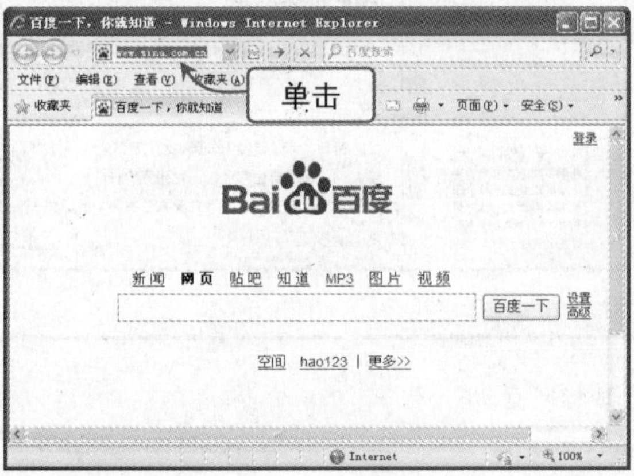

STEP 02 最大化效果

将窗口最大化显示，此时标题栏右侧的“最大化”按钮变为“向下还原”按钮，如下图所示。

Work2 利用网页中的超链接浏览网页

超链接是网页中的一段文字或图像，通常将鼠标停留在有超链接功能的文字或图像上时，鼠标指针会变为手形状，单击该文字或图像，便可链接到其他网页，下面以单击新浪网页的“手机”超链接为例进行详细介绍。

STEP 01 单击超链接

在新浪网页中单击“手机”超链接，如下图所示。

STEP 02 进入目标链接网页

进入“手机”网页，即可进行浏览，如下图所示。

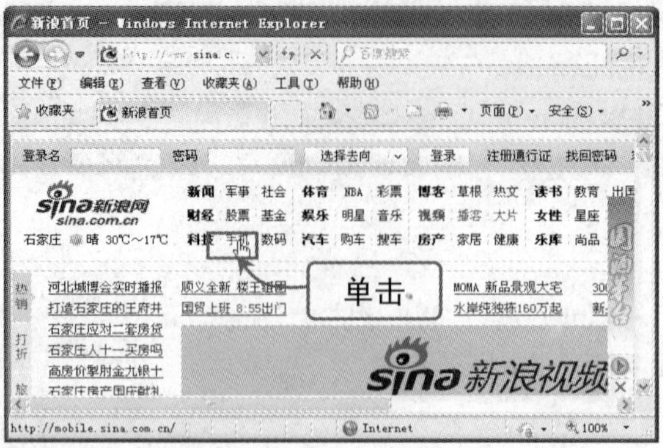

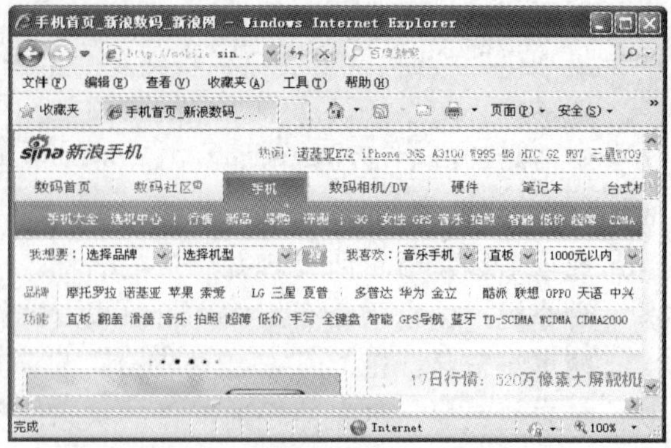

Work3 脱机浏览

IE 浏览器提供了脱机功能，即使在断开网络的情况下也可以浏览网页，下面介绍如何进行脱机浏览网页。

STEP 01 打开小说网页

打开《西游记》小说网页，选择“文件”|“脱机工作”命令，如下图所示。

STEP 02 脱机浏览

选择“查看”|“浏览器栏”|“历史记录”命令，在历史记录窗格中单击超链接即可打开相关网页，如下图所示。

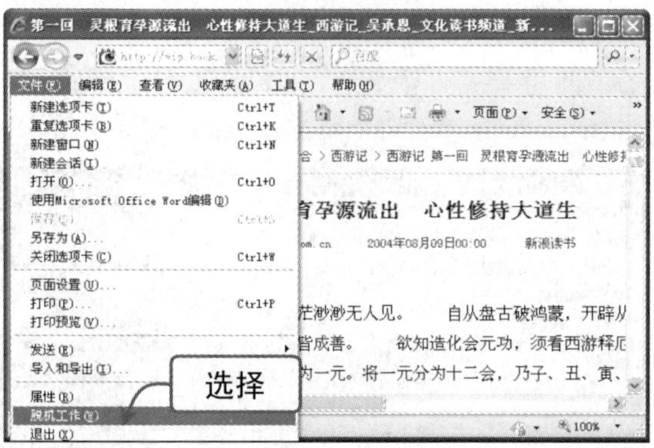

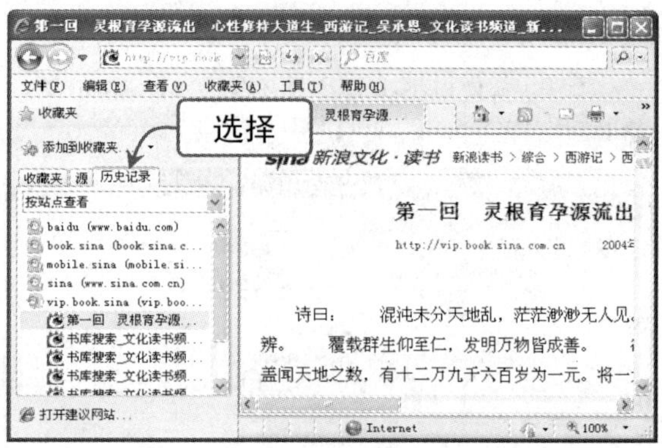

提示

使用脱机浏览，可以快速打开目标网页。

12.2.3 设置主页

可以把经常使用的网站设为主页，以后打开 IE 浏览器时，可直接打开该页面，方便用户浏览。

STEP 01 打开“Internet 选项”对话框

在 IE 浏览器窗口中选择“工具”|“Internet 选项”命令，弹出“Internet 选项”对话框，如下图所示。

STEP 02 设置主页

选择“常规”选项卡，在“主页”列表框中输入要设为主页的网址，此处为 www.hao123.com，单击“使用当前页”按钮，单击“确定”按钮，如下图所示。

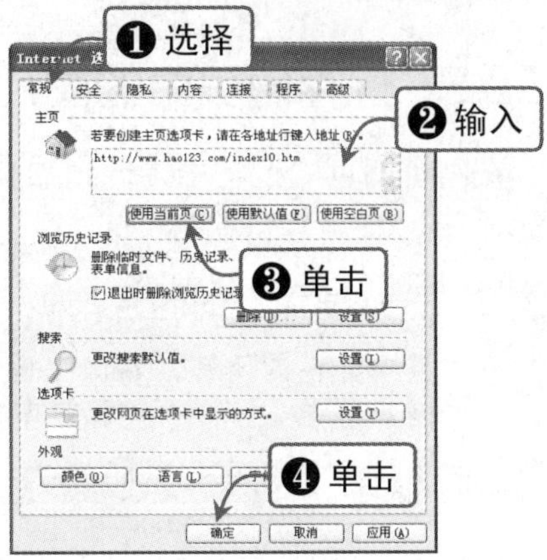

12.2.4 保存网页

在浏览网页时，如果当前网页比较有用，可以将其保存下来，具体操作步骤如下：

STEP 01 选择“另存为”命令

选择“文件”|“另存为”命令，如下图所示。

STEP 02 设置保存位置和名称

弹出“保存网页”对话框，选择保存位置及名称，单击“保存”按钮，如下图所示。

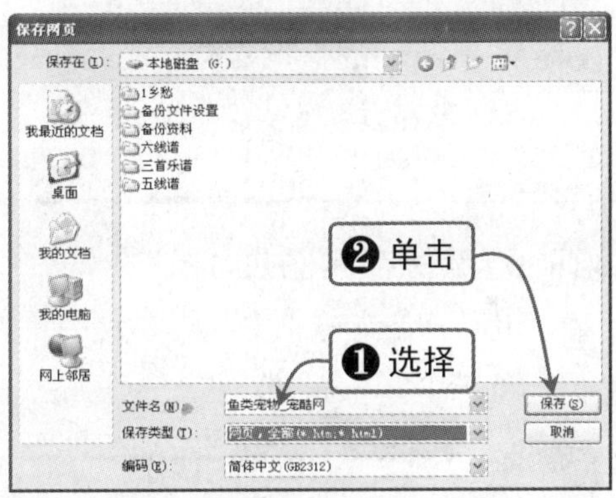

STEP 03 保存网页

开始保存网页并显示进度，如下图所示。

STEP 04 浏览保存的网页

网页保存完毕后，在“我的电脑”窗口中找到保存网页的位置，双击打开网页文件即可浏览，如下图所示。

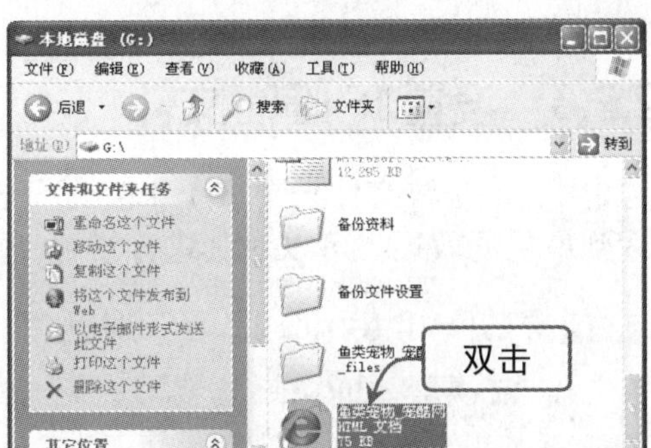

12.2.5 保存网页中的图片

在浏览网页的过程中，遇到漂亮的图片可以将其保存下来，以备以后使用，具体操作步骤如下：

STEP 01 选择要保存的图片

右击需要保存的图片，在弹出的快捷菜单中选择“图片另存为”命令，如下图所示。

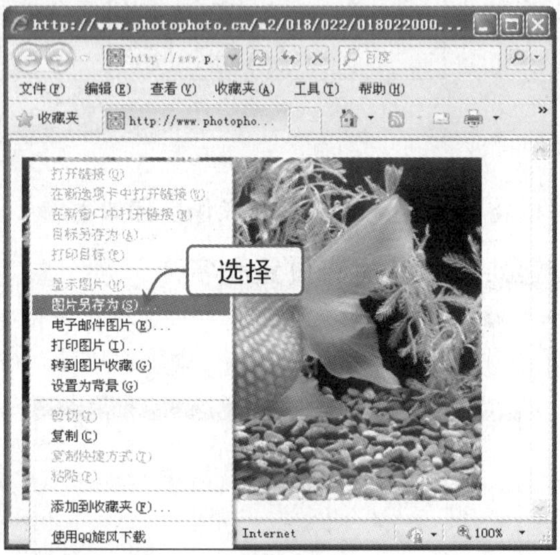

STEP 02 设置保存位置及名称

弹出“保存图片”对话框，指定保存位置及名称，单击“保存”按钮，如下图所示。

STEP 03 查看保存的图片

在“我的电脑”窗口中找到存放图片的位置，双击该图片即可打开，如右图所示。

提示

在网页中右击图片，在弹出的快捷菜单中选择“打印图片”命令，可以将该图片使用本地打印机打印出来。

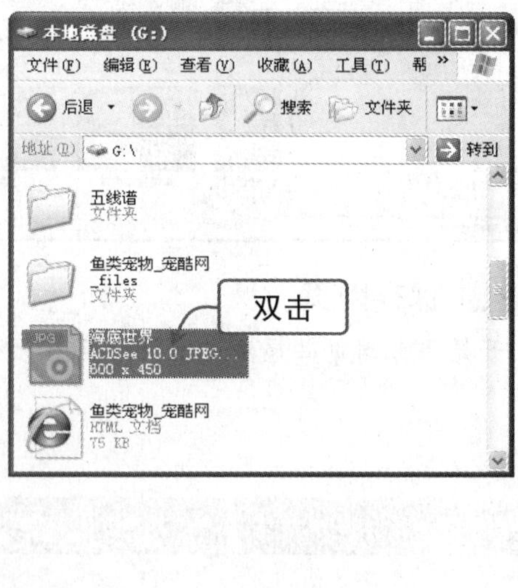

12.2.6 设置 IE 临时文件

由于 IE 临时文件夹存储了用户查看过的网页内容，可以提高日后的浏览速度，但是为了达到最优的效果，可以对其进行设置，具体操作步骤如下：

STEP 01 打开“Internet 选项”对话框

选择“工具”|“Internet 选项”命令，弹出“Internet 选项”对话框，如下图所示。

STEP 02 打开“Internet 临时文件和历史记录设置”对话框

在“Internet 选项”对话框中单击“浏览历史记录”选项组中的“设置”按钮，如下图所示。

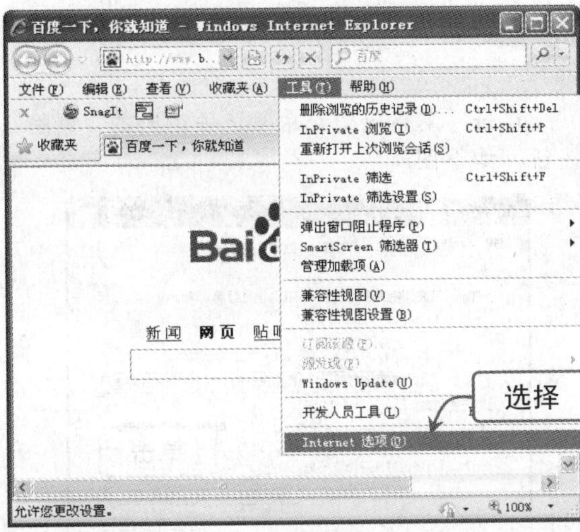

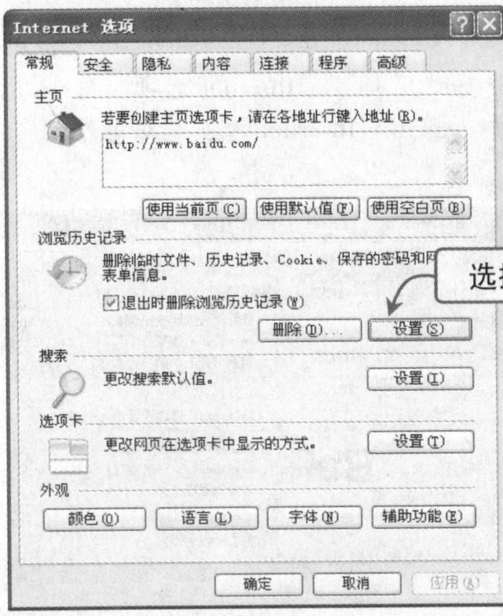

STEP 03 打开“浏览文件夹”对话框

弹出“Internet 临时文件和历史记录设置”对话框，调整“Internet 临时文件”选项组中的“要使用的磁盘空间”微调按钮，单击“移动文件夹”按钮，如下图所示。

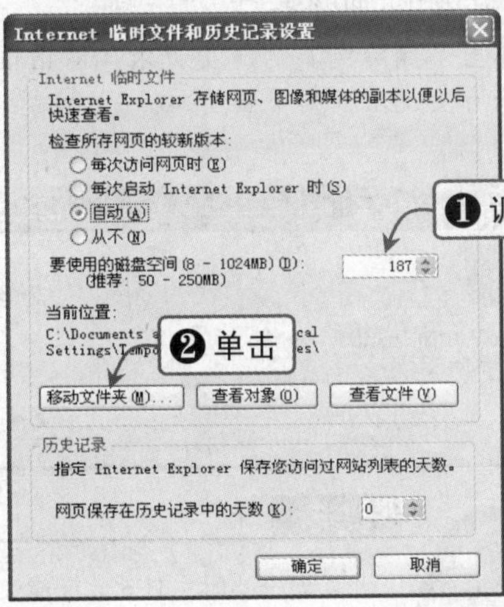

STEP 04 选择存放位置

弹出“浏览文件夹”对话框，选择存放临时文件的位置，单击“确定”按钮，如下图所示。

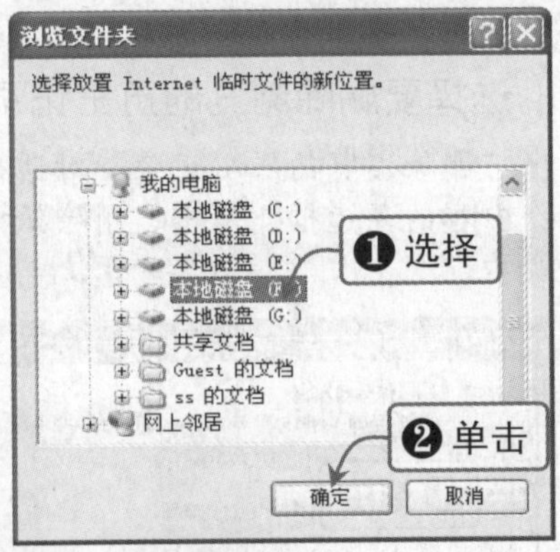

提示

选择的存放临时文件的目标文件夹最好为平时不常使用的磁盘。

STEP 05 弹出“注销”提示信息框

弹出“注销”提示信息框，提示“Windows 将重启动以完成对 Internet 临时文件的移动，是否继续？”，单击“是”按钮，如右图所示。

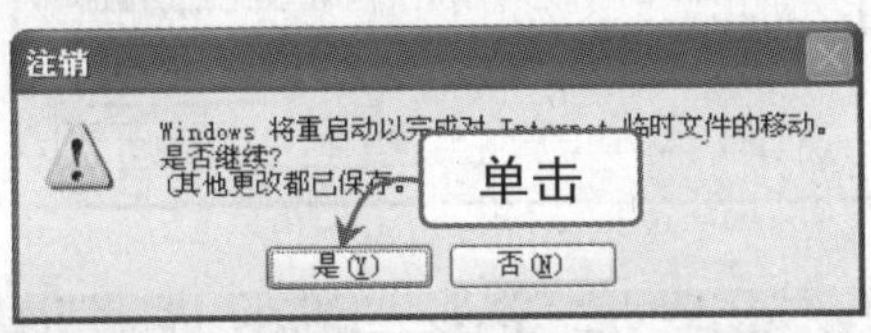

12.2.7 删除 IE 临时文件

IE 临时文件占用了大量的磁盘空间，同时也暴露了用户的网上行踪。删除 IE 临时文件的具体操作步骤如下：

STEP 01 打开“Internet 选项”对话框

选择“工具”|“Internet 选项”命令，如下图所示，弹出“Internet 选项”对话框。

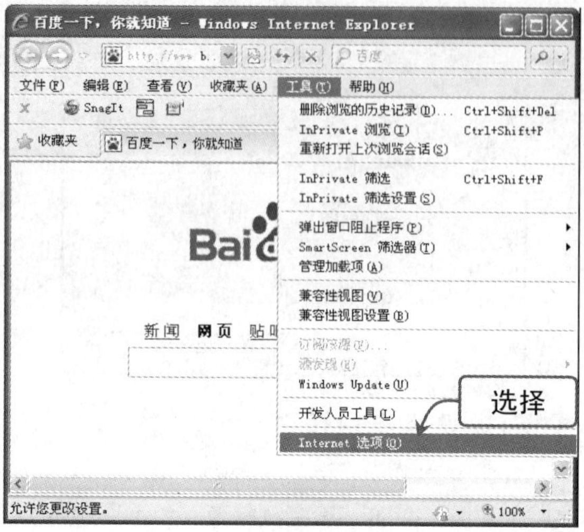

STEP 02 打开“删除浏览的历史记录”对话框

单击“浏览历史记录”选项组中的“删除”按钮，如下图所示。

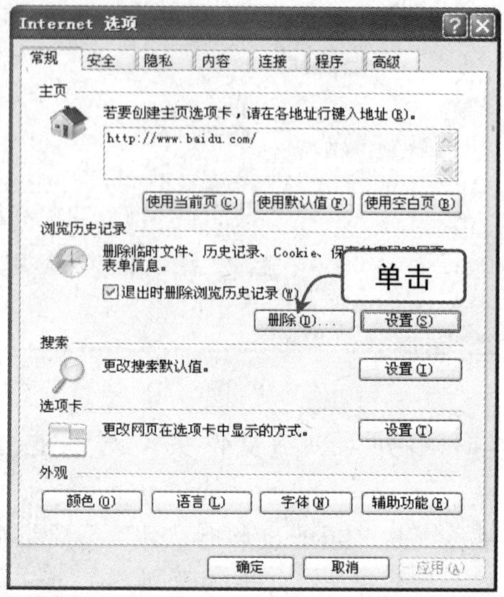

STEP 03 选择要删除浏览的历史记录

弹出“删除浏览的历史记录”对话框，选中要删除内容的复选框，单击“删除”按钮，如下图所示。

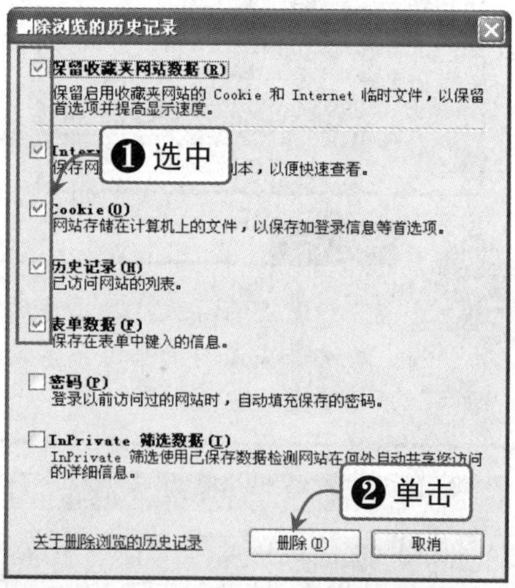

STEP 04 删除临时文件

弹出“删除浏览的历史记录”对话框，开始删除历史记录，如下图所示。

提示

删除临时文件时，可能会连同 Internet 上需要的信息一并删除，从而造成不便，如必须重新输入以前存储的网站登录密码。

12.3 资源共享

通过局域网可以实现软硬件资源的共享，给工作和学习带来方便，下面详细介绍如何在局域网中进行资源共享。

12.3.1 共享文件夹

将本地电脑中的文件夹共享到局域网，局域网中的其他用户可以访问该文件夹，设置共享文件夹的具体操作步骤如下：

STEP 01 选择“共享和安全”命令

在“我的电脑”窗口中右击要共享的文件夹，在弹出的快捷菜单中选择“共享和安全”命令，如下图所示。

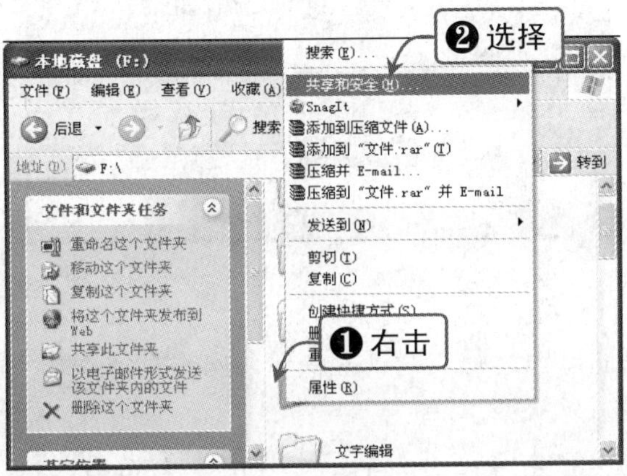

STEP 02 设置共享

在弹出的对话框中选中“在网络上共享这个文件夹”复选框，在“共享名”文本框中输入文件夹在局域网中的名称，单击“确定”按钮，如下图所示。

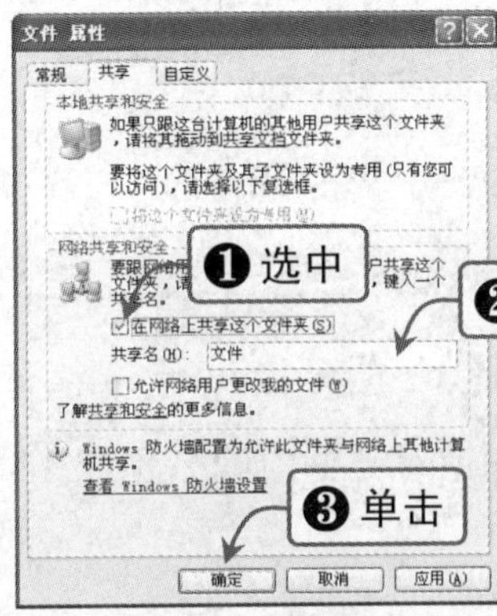

STEP 03 文件夹共享成功

此时文件夹图标显示为 ，表示此文件夹已经共享成功，如右图所示。

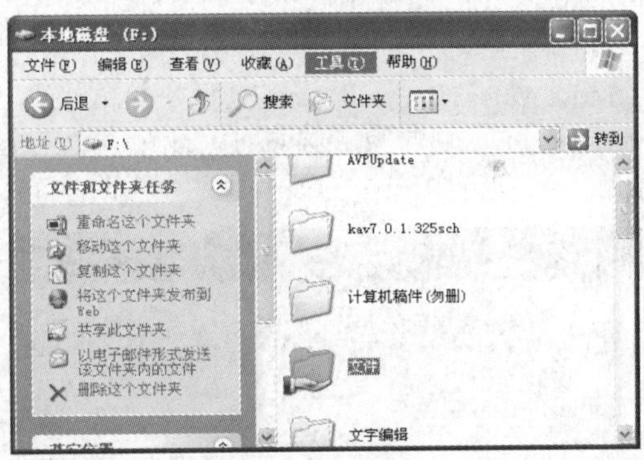

提示

取消共享的方法为：在文件属性对话框中取消选择相应复选框即可。

12.3.2 访问局域网中的共享资源

在局域网中有多种访问共享资源的方式，可以通过“网上邻居”窗口访问，也可以通过“运行”对话框访问。

Work1 通过“网上邻居”窗口访问

通过“网上邻居”窗口访问共享资源是最常用的方法，下面介绍如何通过“网上邻居”窗口访问局域网中的共享资源。

STEP 01 单击“查看工作组计算机”超链接

双击“网上邻居”图标，打开“网上邻居”窗口，窗口中显示了局域网上所有的共享资源，

STEP 02 双击要访问电脑的图标

在打开的窗口中列出工作组中所有的电脑，双击要访问的电脑图标，如下图所示。

单击“网络任务”任务窗格中的“查看工作组计算机”超链接，如下图所示。

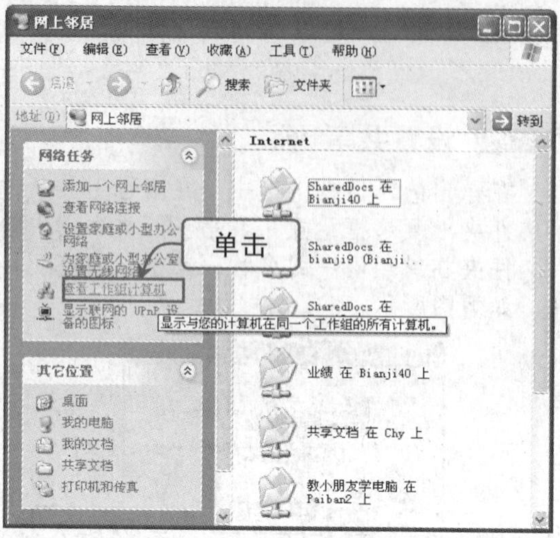

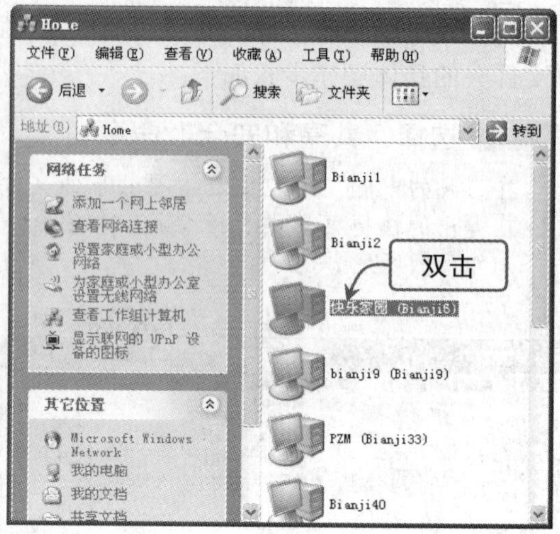

Work2 通过“运行”对话框访问

如果知道对方的电脑名称或 IP 地址，可以通过“运行”对话框快速访问，具体操作步骤如下：

STEP 01 打开“运行”对话框

选择“开始”|“运行”命令，弹出“运行”对话框，在“打开”下拉列表框中输入“\\”，再输入要访问的电脑名称或 IP 地址，如下图所示。

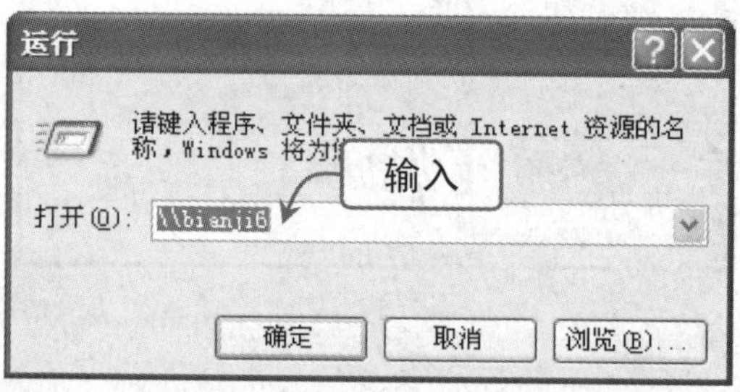

STEP 02 打开访问电脑的共享资源窗口

单击“确定”按钮打开要访问电脑的共享资源，如下图所示。

12.4 使用收藏夹

网络中的资源非常丰富，可以通过收藏夹将其收藏，方便以后浏览。

12.4.1 添加网页到收藏夹

对于有兴趣的网页可以将其添加到收藏夹中，具体操作步骤如下：

STEP 01 打开“添加收藏”对话框

选择“收藏夹”|“添加到收藏夹”命令，如下图所示。

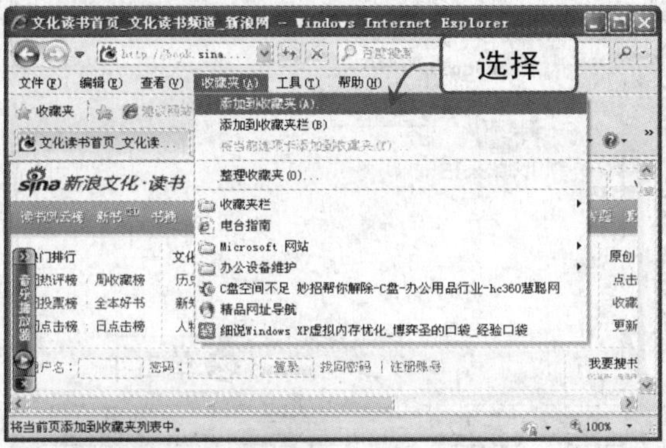

STEP 02 添加到收藏夹

弹出“添加收藏”对话框，在“名称”文本框中输入网页的名称，单击“添加”按钮，如下图所示。

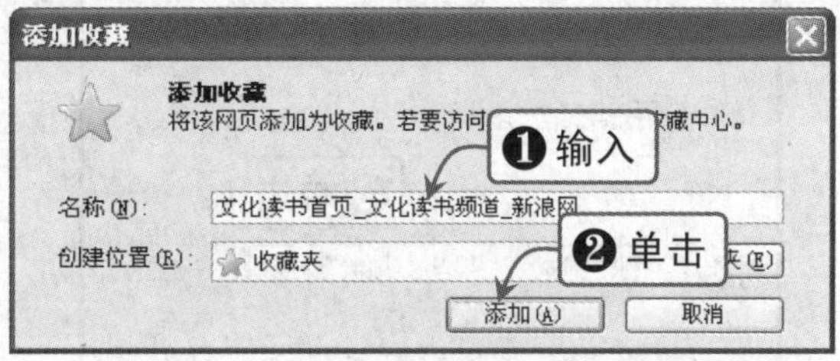

提示

单击 IE 浏览器界面上的“收藏夹”按钮，在弹出的任务窗格中单击“添加到收藏夹”按钮，可快速将当前打开的网页添加到收藏夹中。

12.4.2 整理收藏夹

当网页添加到收藏夹后，可以随时对收藏夹进行整理。

STEP 01 打开“整理收藏夹”对话框

选择“收藏夹”|“整理收藏夹”命令，如下图所示。

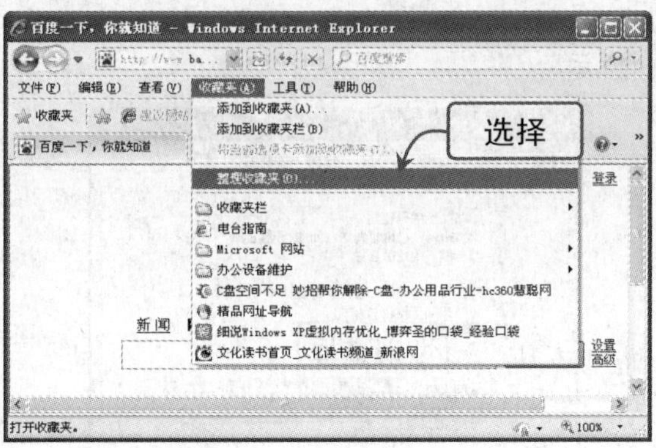

STEP 02 创建新文件

弹出“整理收藏夹”对话框，单击“新建文件夹”按钮，如下图所示。

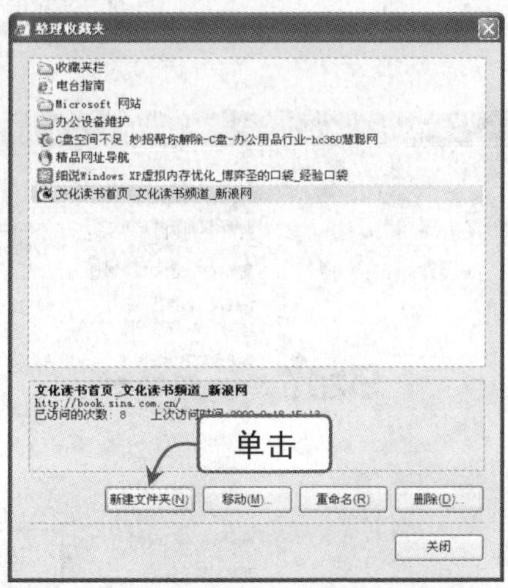

STEP 03 打开“浏览文件夹”对话框

输入文件夹名称，选中要移动的网页，单击“移动”按钮，如下图所示。

STEP 04 将网页移动至文件夹

弹出“浏览文件夹”对话框，选择目标文件夹，单击“确定”按钮，如下图所示。

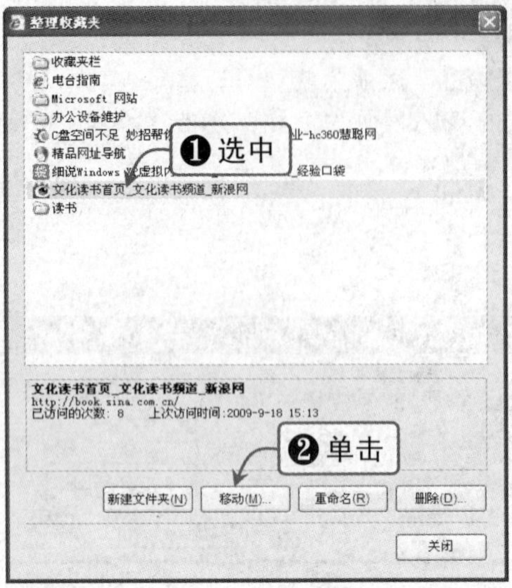

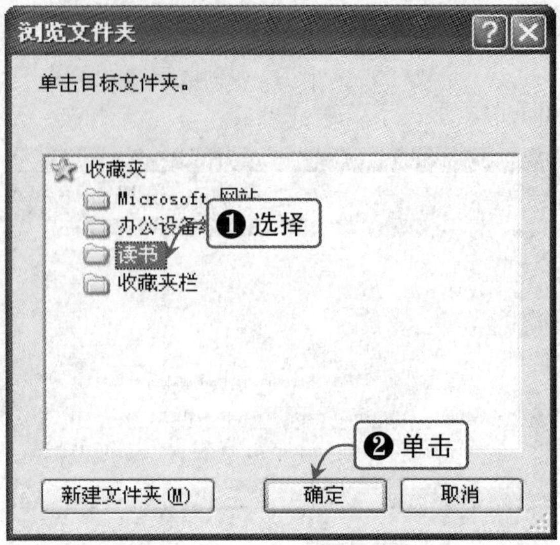

12.5 IE 浏览器的安全设置

在浏览网站时，屏幕会源源不断地跳出很多垃圾窗口，甚至会突然死机，下面介绍如何进行 IE 浏览器的安全设置，具体操作步骤如下。

12.5.1 避免出现垃圾窗口

通过对 IE 浏览器进行安全设置来避免垃圾窗口的弹出，具体操作步骤如下：

STEP 01 打开“Internet 属性”对话框

选择“工具”|“Internet 选项”命令，如下图所示。

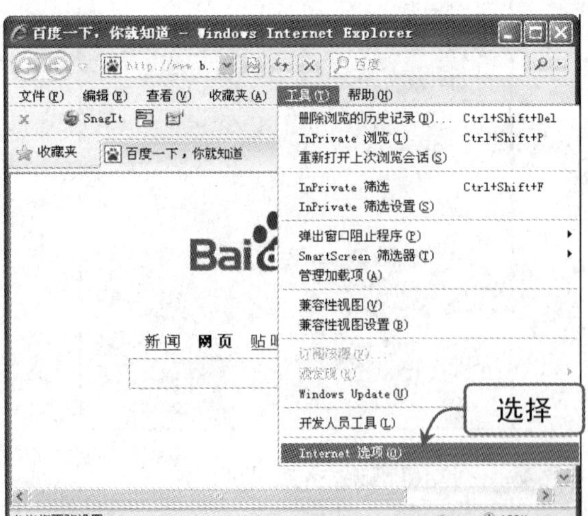

STEP 02 禁用脚本调试

弹出“Internet 属性”对话框，取消选择“禁用脚本调试（Internet Explorer）”复选框，如下图所示。

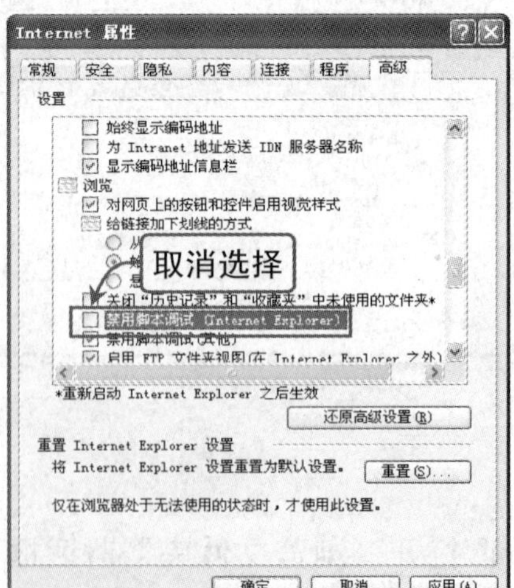

STEP 03 打开“安全设置-Internet 区域”对话框

选择“安全”选项卡，单击“自定义级别”按钮，如下图所示。

STEP 04 安全设置

弹出“安全设置-Internet 区域”对话框，选中“Java 小程序脚本”选项组中的“禁用”单选按钮，单击“确定”按钮，如下图所示。

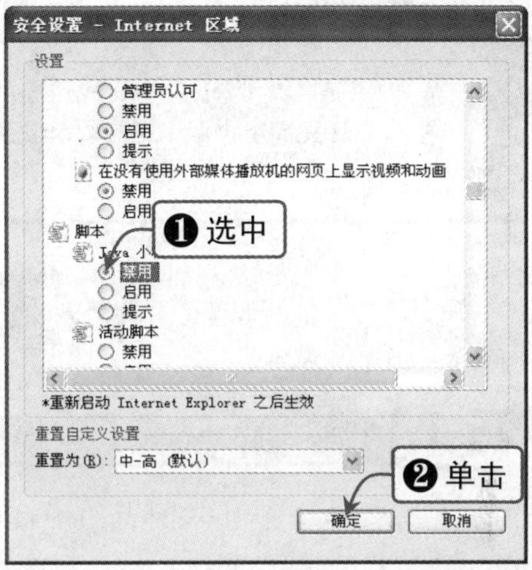

提示

用户可以通过自定义 Internet 安全级别设置，有效地防范网页恶意代码。操作方法为：将“安全设置—Internet 区域中”对话框中的“设置”列表框中与 ActiveX 和 Java 相关的脚本控件全部禁用。

12.5.2 清除开机后自动打开的网页

当不小心进入一些不良网站后，IE 主页被非法修改，甚至每次开机后 IE 浏览器自动启动并访问那些不良网站，下面介绍如何清除开机后自动打开的网页，具体操作步骤如下：

STEP 01 打开“运行”对话框

选择“开始”|“运行”命令，弹出“运行”对话框，如下图所示。

STEP 02 输入 msconfig 命令

在“打开”下拉列表框中输入 msconfig 命令，单击“确定”按钮，如下图所示。

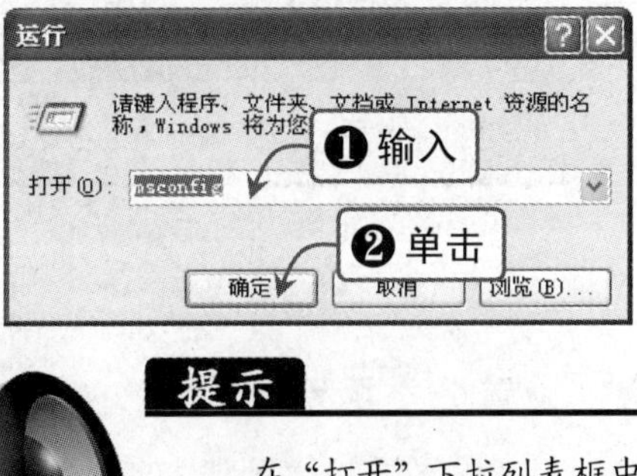

提示

在“打开”下拉列表框中输入命令，可打开相应窗口，输入 cmd 命令，可打开 DOS 窗口。

STEP 03 取消选择开机自动打开的网页

选择“启动”选项卡，在列表框中取消选择开机后自动打开的网页的网址命名复选框，单击“确定”按钮，如右图所示。

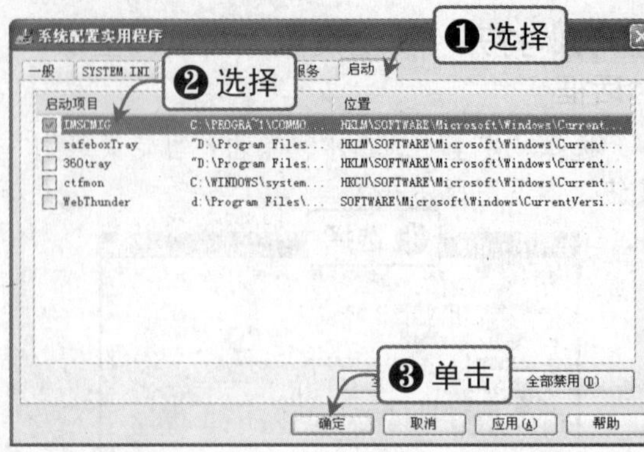

提示

取消部分开机启动项不仅可以提高安全性，还可以加快开机速度。

技巧百宝箱

技巧 1 开启 IE 内容审查程序

为了更有效地屏蔽互联网上的不良信息，可以启用 IE 内容审查程序，具体操作步骤如下：

STEP 01 选择“Internet 选项”命令

选择“工具”|“Internet 选项”命令，如下图所示。

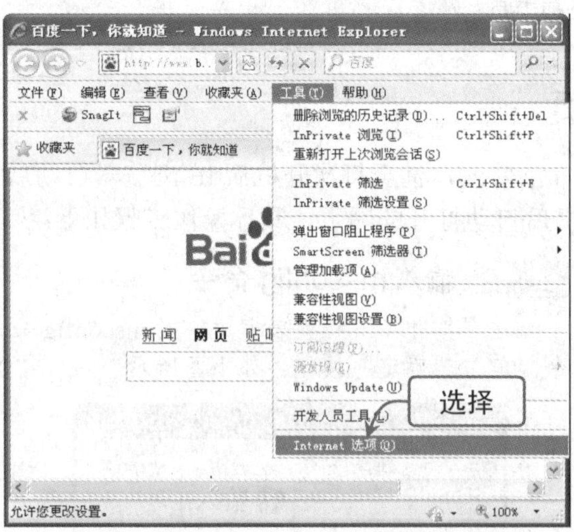

STEP 02 打开“内容审查程序”对话框

弹出“Internet 选项”对话框，选择“内容”选项卡，单击“内容审查程序”选项组中的“启用”按钮，如下图所示。

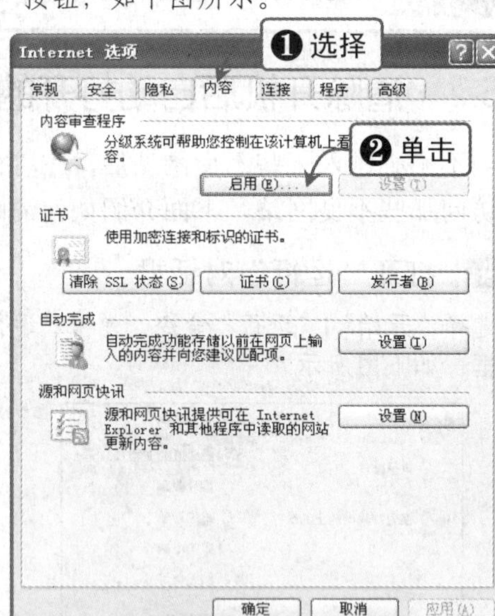

STEP 03 设置分类级别

弹出“内容审查程序”对话框，在“请选择类别，查看分组类别”列表框中选择类别选项，用鼠标拖动调节滑块，设置分级类别，如下图所示。

STEP 04 创建监护人密码

弹出“创建监护人密码”对话框，输入密码，单击“确定”按钮，如下图所示。

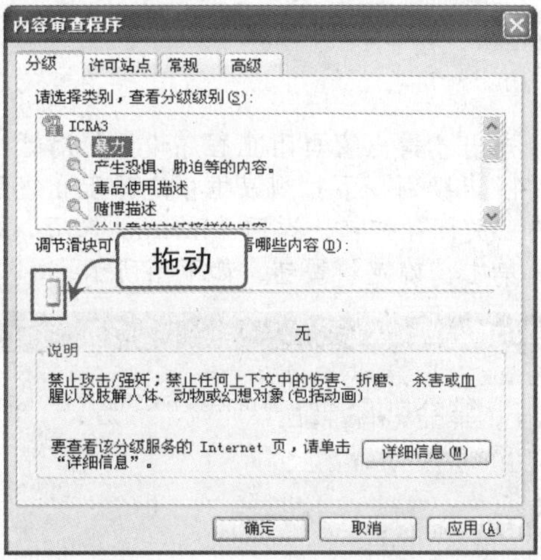

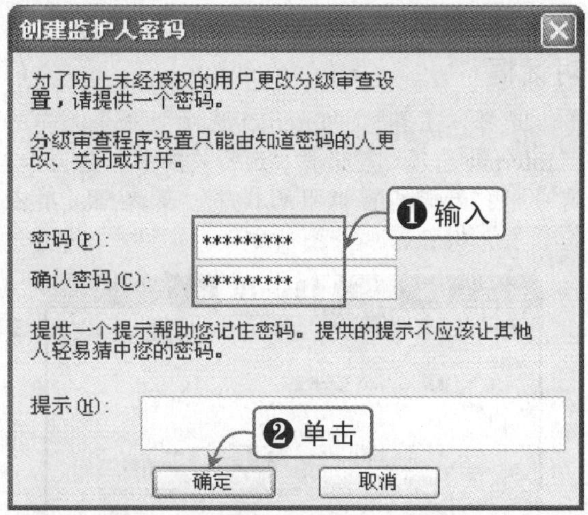

技巧 2 使用 IE 代理

使用代理服务器浏览网页可以隐藏 IP、提高网络安全性，同时还可以加快对某些网站的访问速度，具体操作步骤如下：

STEP 01 打开“局域网（LAN）设置”对话框

选择“工具”|“Internet 选项”命令，弹出“Internet 选项”对话框，选择“连接”选项卡，单击“局域网设置”按钮，如下图所示。

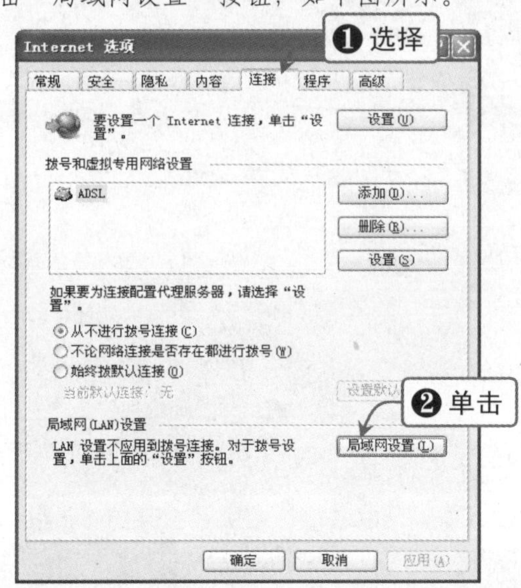

STEP 02 局域网设置

弹出“局域网（LAN）设置”对话框，选中“为 LAN 使用代理服务器”复选框，输入 IP 地址及端口号，单击“确定”按钮，如下图所示。

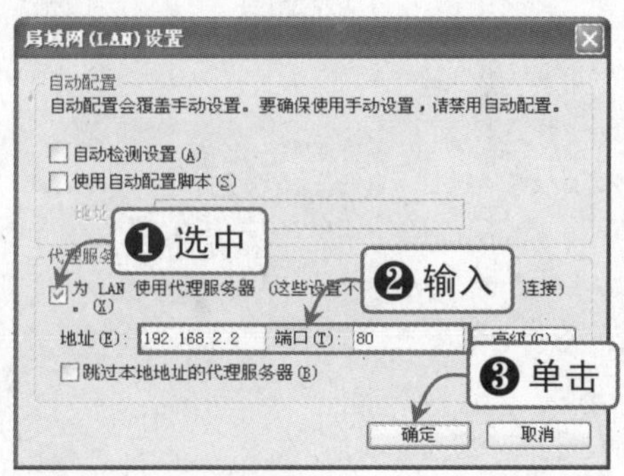

提示

单击“高级”按钮，在弹出的对话框中可对代理服务器进行高级设置。

技巧 3 屏蔽弹出广告窗口

在浏览网站时，会自动弹出广告窗口，影响正常浏览，通过设置可以阻止弹出这类广告窗口，具体操作步骤如下：

STEP 01 打开“弹出窗口阻止程序设置”对话框

选择“工具”|“Internet 选项”命令，弹出“Internet 选项”对话框，选择“隐私”选项卡，选中“打开弹出窗口阻止程序”复选框，单击“设置”按钮，如下图所示。

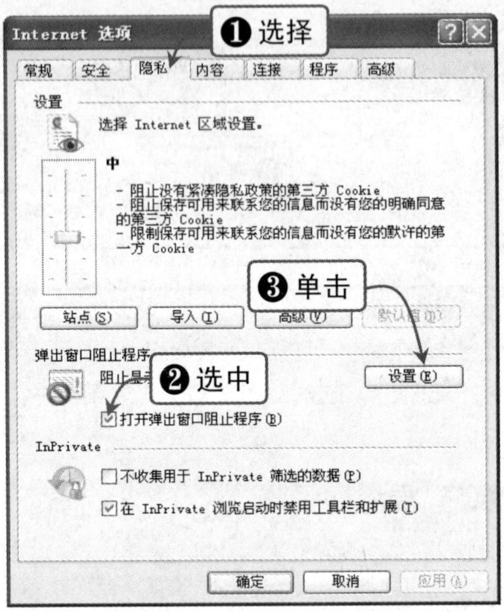

STEP 02 筛选级别设置

弹出“弹出窗口阻止程序设置”对话框，在“阻止级别”下拉列表框中选择阻止级别，单击“关闭”按钮，返回“Internet 选项”对话框，单击“确定”按钮，如下图所示。

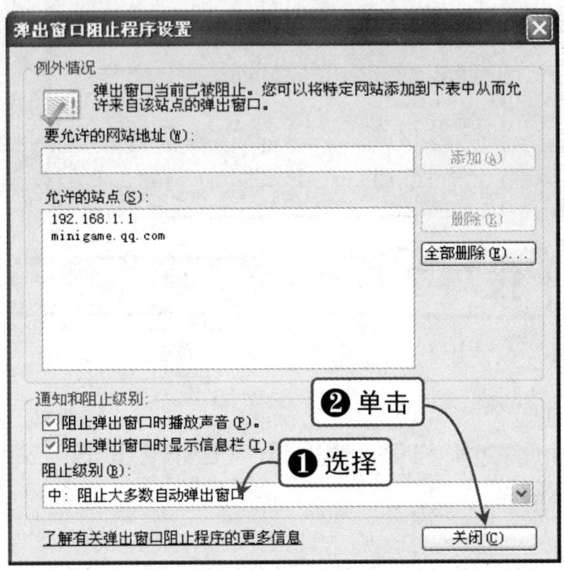

Chapter

13

搜索与下载网络资源

随着科技的发展，网络逐步进入人们的日常生活，网络上的资源丰富多彩，人们如何能够从五花八门的资源中快速找到自己所需的资源，并且将其保存到自己的电脑中或其他存储工具中，这就要借助网络中的搜索引擎以及下载工具了，本章将介绍有关搜索引擎和下载工具的知识。

本章建议学习时间：

本章建议学习时间为 50min，其中分配 25 min 学习搜索引擎和下载工具的知识，25min 观看教学视频并进行实践练习。

学完本章后您可以：

- 熟练使用搜索引擎
- 使用浏览器下载资源
- 使用下载工具下载资源

搜索电脑维修相关内容

搜索资源

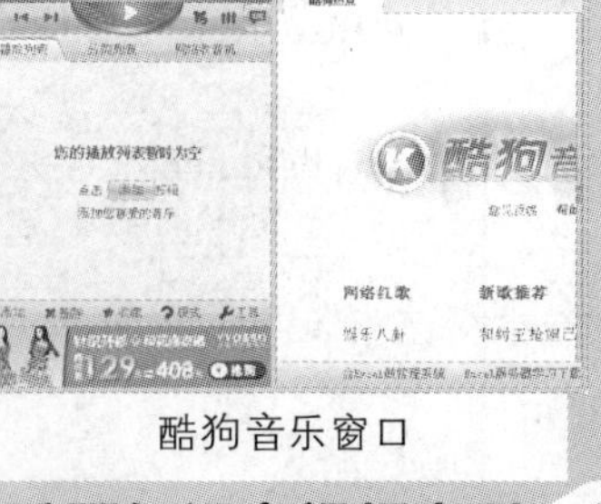

酷狗音乐窗口

重要知识点视频索引

13.1 搜索引擎的使用

搜索引擎是指根据一定的策略，运用特定的程序自动从网络上搜集信息，并且对信息进行组织和处理后，为用户提供检索服务的系统。从用户的角度来看，搜索引擎是一个包含搜索框的页面，当用户在搜索框中输入搜索关键字后，浏览器会将输入的关键字提交给搜索引擎，搜索引擎就会返回与用户输入内容相关的信息列表。

13.1.1 搜索引擎的分类

从技术分类上来说，搜索引擎可分为3类：全文搜索、目录索引搜索以及元搜索。

全文搜索引擎的代表有 Google、百度等，它们从网络上提取各个网站的信息（以网页文字为主），建立起数据库，并能检索与用户查询条件相匹配的记录，按一定的排列顺序返回结果。根据搜索结果的不同来源，又可将全文搜索引擎分为两类，一类拥有自己的检索程序（indexer），俗称“蜘蛛”（spider）程序或“机器人”（robot）程序，能自建网页数据库，搜索结果直接从自身的数据库中调用，另一类则是租用其他搜索引擎的数据库，并按自定的格式排列搜索结果，如 Lycos 搜索引擎。

目录索引搜索实际上只是按目录分类的网站链接列表。用户完全可以按照分类目录找到所需的信息，不依靠关键词（keywords）进行查询。目录索引中最具代表性的有 Yahoo、新浪等。

元搜索引擎接受用户查询请求后，同时在多个搜索引擎上搜索，并将结果返回给用户。著名的元搜索引擎有 InfoSpace、Dogpile、Vivisimo 等。

13.1.2 使用百度搜索网页

百度是全球最大的中文搜索引擎，于2000年1月由李彦宏、徐勇两人在北京中关村创立，致力于向网络用户提供简单、可依赖的信息获取方式。用户通过百度搜索引擎可以搜到世界上最新最全的中文信息。百度目前提供网页搜索、MP3 搜索、图片搜索、新闻搜索、搜索风云榜、硬盘搜索等服务，同时也提供多项满足用户更加细分需求的搜索服务，如地图搜索、国学搜索、教育网站搜索等服务；另外，百度率先创立了以贴吧、知道为代表的搜索社区，将无数网民的智慧融入到了搜索领域。

Work1 简单搜索

STEP 01 打开百度首页

在 IE 浏览器中输入百度网址 www.baidu.com，按【Enter】键，打开百度首页，在其中的搜索框中输入拼音 xima，将在弹出的下拉列表中显示相关的关键词，如下图所示。

STEP 02 得到搜索结果

选择要查询的关键词，单击“百度一下”按钮，将得到搜索结果，如下图所示。

外行上路
提高进阶
权威案例
技巧百宝箱

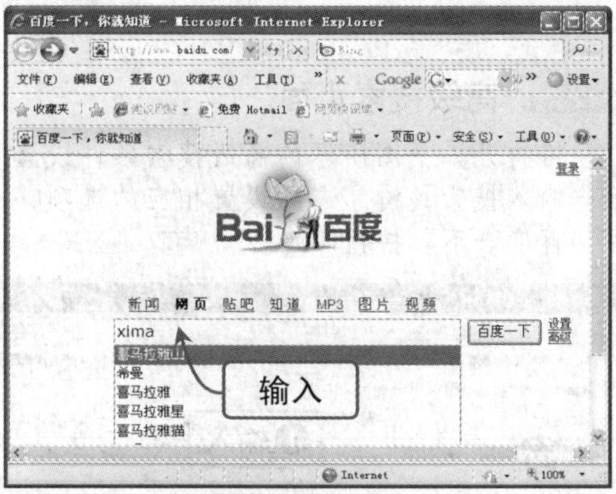

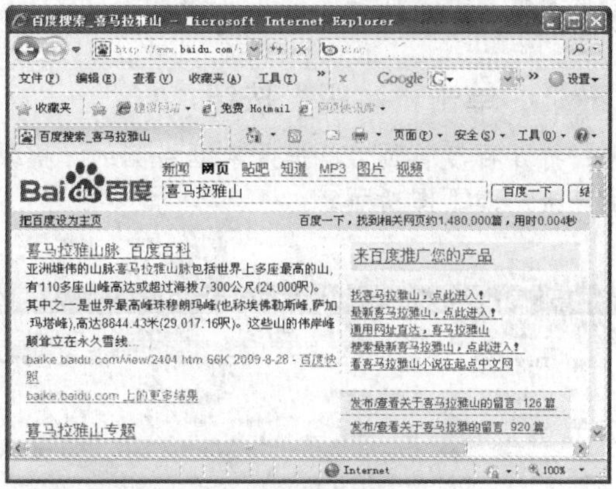

STEP 03 查看相关搜索关键词

如果用户对搜索得到的结果不满意，可向下拖动窗口右侧的滚动条，查看窗口最下方的相关搜索关键词，如下图所示。

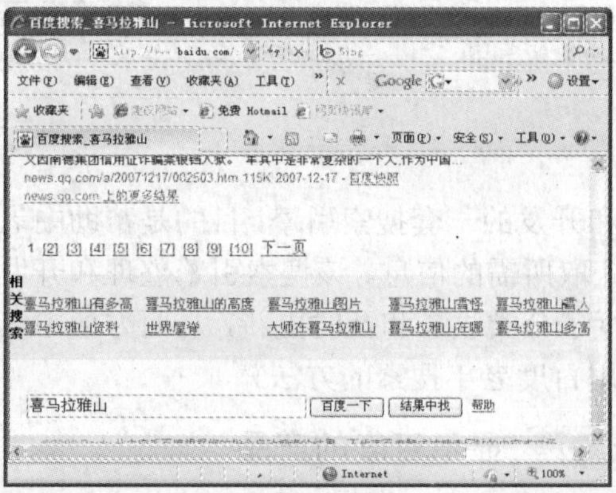

STEP 04 搜索到的相关结果

单击要搜索的关键词超链接，将搜索出与该关键词相关的内容，如下图所示。

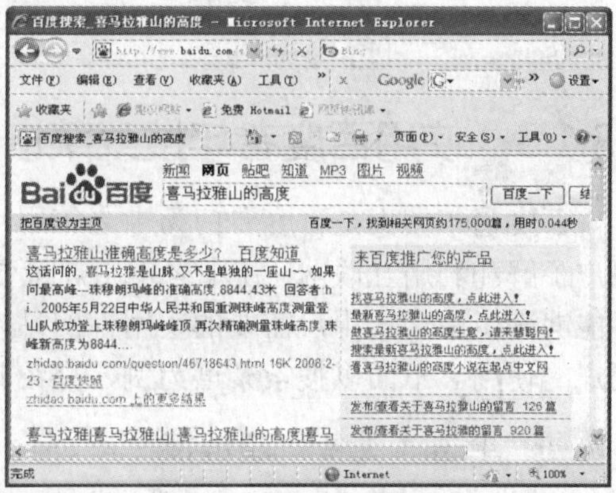

Work2 多关键字搜索

STEP 01 输入关键词

打开百度首页，在搜索框中输入关键词“中国 青岛”，如下图所示。

STEP 02 显示搜索结果

单击“百度一下”按钮，将显示更加精确的搜索结果，如下图所示。

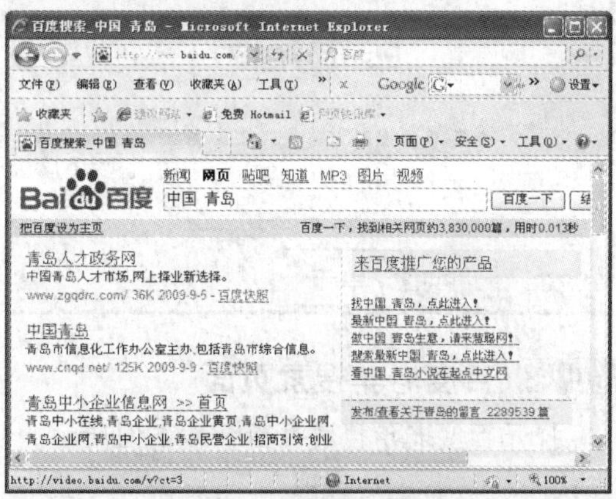

Work3 高级搜索

STEP 01 单击“高级”按钮

打开百度首页，单击搜索框右侧的“高级”超链接，如下图所示。

STEP 02 高级搜索页面

将打开如下图所示的高级搜索条件设置页面，输入搜索关键字，并设置相应的选项，单击“百度一下”按钮即可。

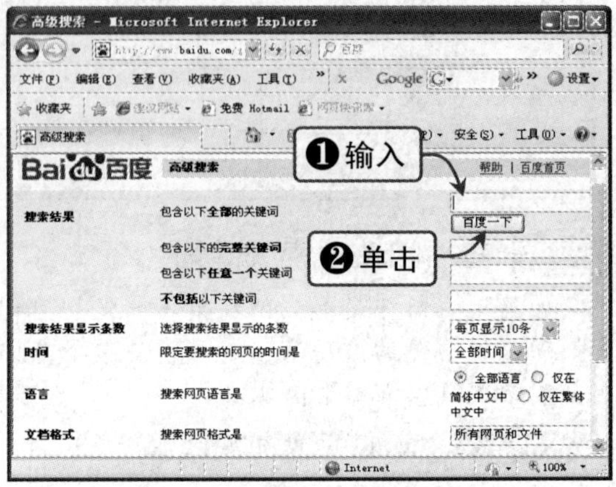

13.1.3 使用百度老年搜索菜谱

百度老年搜索是百度专门为中老年用户设计和开发的一套搜索引擎，目的是帮助中老年用户了解和利用互联网，让中老年用户最便捷地获取所需的信息。该搜索引擎整理和开发出了能够满足中老年用户需要的实用性网站，并进行了分类收录和及时更新，从而方便中老年用户的使用。下面以搜索菜谱为例，介绍具体使用百度老年搜索的方法。

STEP 01 单击“更多”超链接

打开百度首页，单击“更多”超链接，如下图所示。

STEP 02 显示百度的产品

在弹出的页面中将显示百度的产品，单击“老年搜索”超链接，如下图所示。

STEP 03 百度老年搜索页面

打开百度老年搜索页面，如下图所示。

STEP 04 单击相应的超链接

拖动滚动条，单击页面中的“菜谱”超链接，如下图所示。

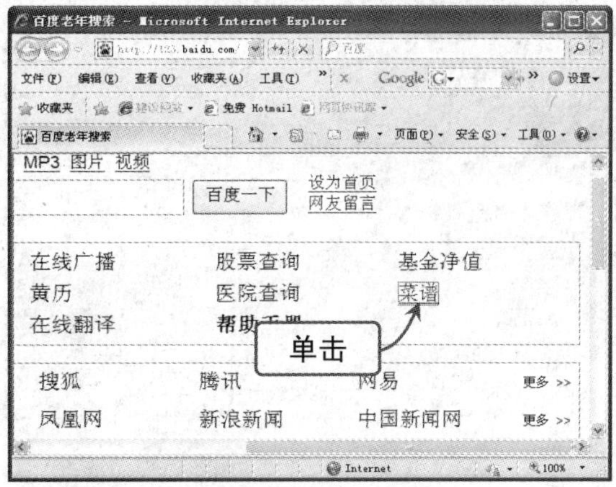

STEP 05 单击菜谱超链接

打开菜谱页面，选择要搜索的菜谱，如单击“拔丝苹果”超链接，如下图所示。

STEP 06 显示相关信息

将打开有关该菜谱的具体介绍页面，如下图所示。

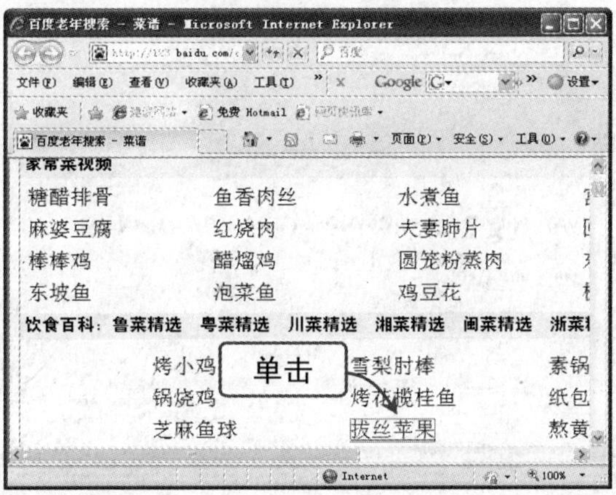

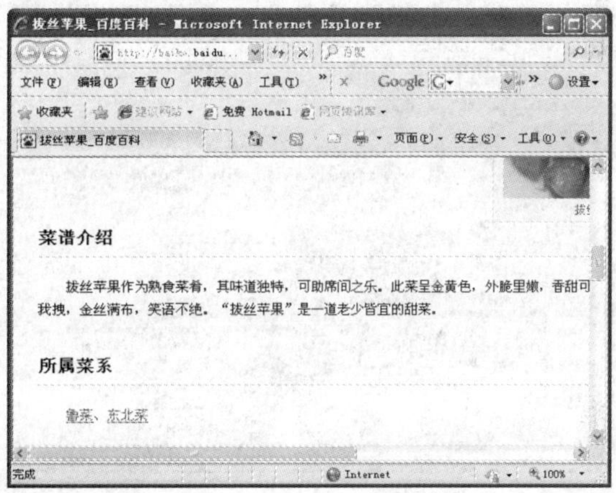

13.1.4 使用 Google 搜索英文网页

Google 创立于 1997 年，经过多年的迅速发展，已成为目前规模最大的搜索引擎，并向 AOL、Compuserve、Netscape 等其他门户和搜索引擎提供后台网页查询服务。Google 除了向用户提供常规及高级搜索功能外，还提供特别主题搜索，如 Apple Macintosh、Linux 和大学院校搜索等。Google 允许以多种语言，如英语、日语、中文等 30 多种语言进行搜索，下面以使用 Google 中文搜索引擎搜索英文网页为例，介绍使用 Google 搜索引擎的知识。

STEP 01 打开 Google 中文页面

在 IE 浏览器的地址栏中输入网址 www.google.cn，打开 Google 中文页面，单击搜索框右侧的“语言”超链接，如下图所示。

STEP 02 设置搜索选项

在打开页面的“搜索”文本框中输入关键字，并设置语言，然后单击“翻译并搜索”按钮，如下图所示。

STEP 03 单击英文网站链接

在打开的页面中显示搜索出的结果，单击右侧的英文网站链接，如下图所示。

STEP 04 打开英文网页

将打开英文网页，效果如下图所示。

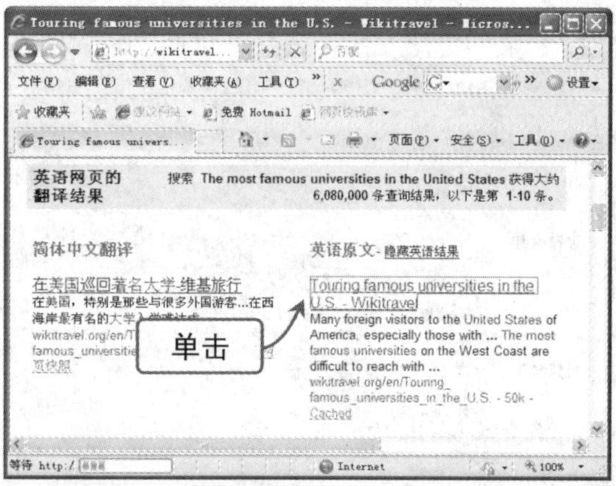

提示

搜索英文网站后，在打开的搜索结果页面中，其左侧显示了英文网站的翻译页面链接，用户可参照翻译内容查看英文网站。

13.1.5 使用雅虎搜索音乐

雅虎也是使用较为广泛的搜索引擎，为全球超过 5 亿的独立用户提供服务。下面介绍使用雅虎搜索音乐的知识。

STEP 01 打开雅虎搜索引擎

在 IE 浏览器中输入网址 http://cn.yahoo.com/，打开 Yahoo 中文网页的首页，如下图所示。

STEP 02 弹出生活服务页面

单击该页面中的“音乐”超链接，将打开如下图所示的页面。

STEP 03 输入关键字

在搜索框中输入要搜索的音乐名称，如下图所示。

STEP 04 搜索结果

单击“搜索”按钮，将搜索出相应的信息，如下图所示。

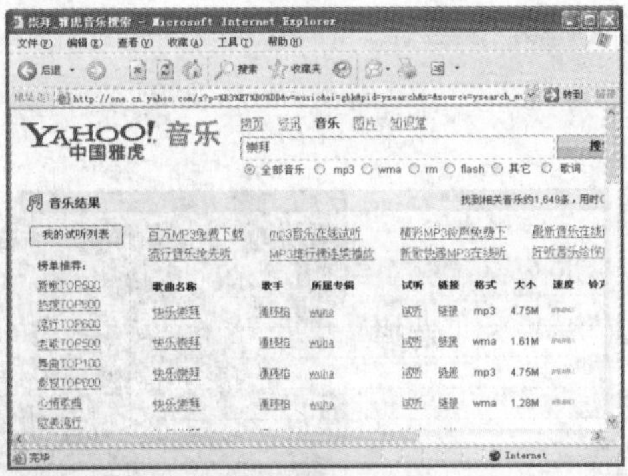

13.1.6 使用狗狗搜索影视作品

狗狗搜索引擎是迅雷旗下的专业下载资源搜索引擎，功能强大，集合网页搜索、影视下载资源搜索、音乐搜索、软件搜索、游戏搜索等众多搜索功能，是一个很实用的下载搜索引擎。下面以搜索影视作品为例，介绍使用狗狗搜索的方法。

STEP 01 打开狗狗搜索引擎

在 IE 浏览器中，输入网址 http://gougou.com/，打开狗狗搜索首页面，在搜索框中输入关键字，如下图所示。

STEP 02 得到搜索结果

单击“狗狗搜索”按钮，将搜索出结果，如下图所示。

13.2 使用浏览器下载资源

IE 浏览器是重要的下载工具，在电脑中没有安装任何下载工具时，可以使用系统中的 IE 浏览器下载网络资源。

13.2.1 保存网页内容

下面介绍将整个网页保存在电脑中的方法。

STEP 01 选择相应的命令

打开要保存的网页，选择“文件”|“另存为”命令，如下图所示。

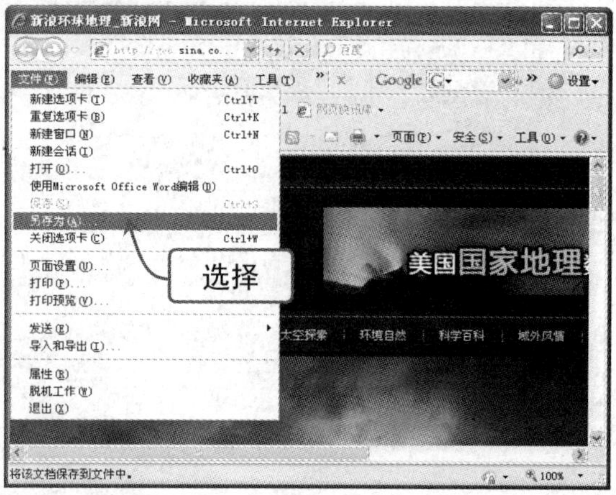

STEP 02 打开“保存网页”对话框

弹出“保存网页”对话框，选择保存位置和保存类型，如下图所示。

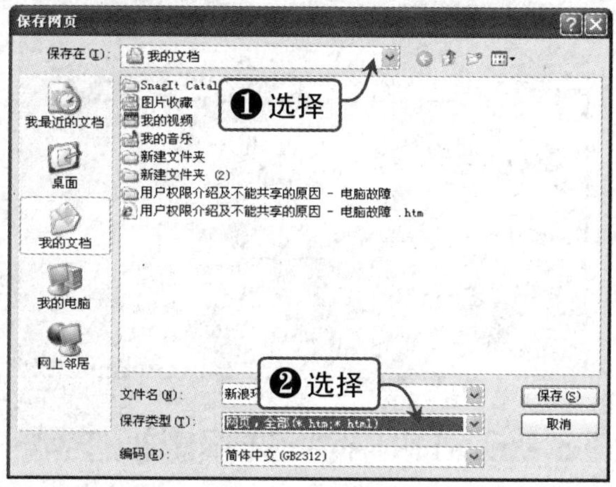

STEP 03 显示保存进度

单击“保存”按钮，弹出“保存网页”提示信息框，显示正在保存的进度，如下图所示。

STEP 04 显示保存的网页文件

保存完成后，在所保存的位置将显示保存的网页文件，效果如下图所示。

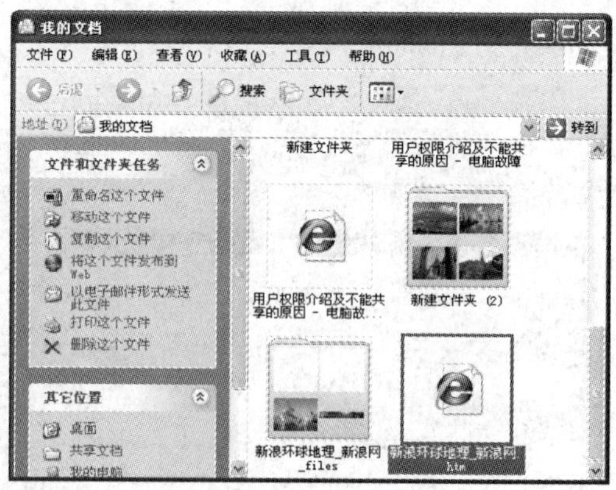

13.2.2 下载网页中的图片

如果用户要将网页中喜欢的图片下载保存到电脑中，可按如下方法进行操作。

STEP 01 选择快捷菜单命令

右击网页中要保存的图片，在弹出的快捷菜单中选择“图片另存为”命令，如下图所示。

STEP 02 打开“保存图片”对话框

弹出“保存图片”对话框，选择保存位置，并输入保存名称，如下图所示，单击“保存”按钮即可。

13.2.3 下载其他资源

使用 IE 浏览器除了可以下载网页文件和图片外，还可以将网络上提供的软件、资料等资源下载下来，具体操作方法如下：

STEP 01 选择要下载的资源

打开新浪软件下载首页，单击要下载的资源，如“谷歌地球免费版 5.1.3506.3999 Beta”，如下图所示。

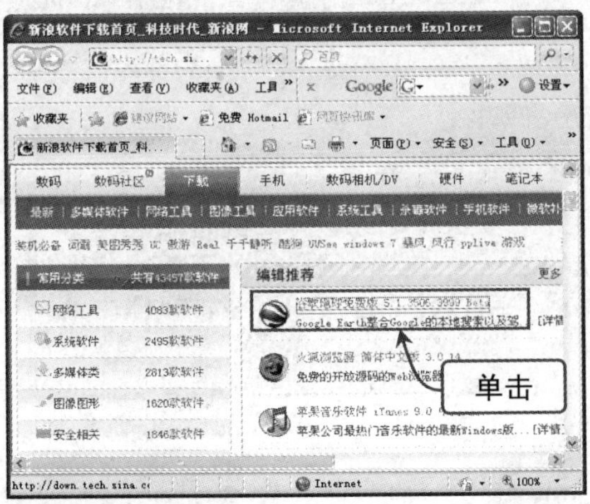

STEP 02 显示相关信息

打开显示该资源详细信息的页面，单击“点击下载”按钮，如下图所示。

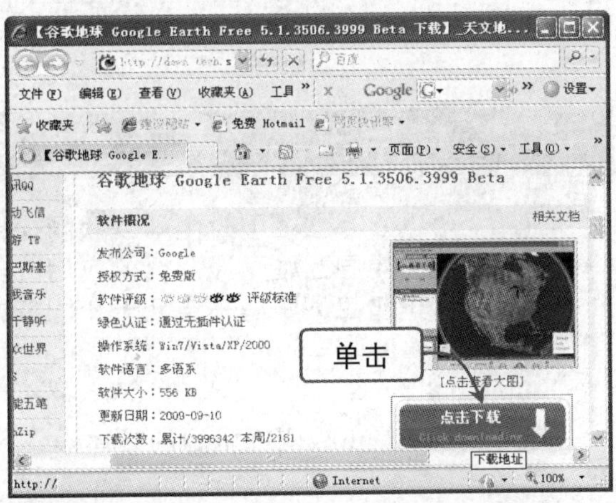

STEP 03 选择下载点

在弹出的页面中选择下载点，如选择“河北下载点”，如下图所示。

STEP 04 单击“保存”按钮

弹出“文件下载-安全警告”对话框，单击“保存”按钮，如下图所示。

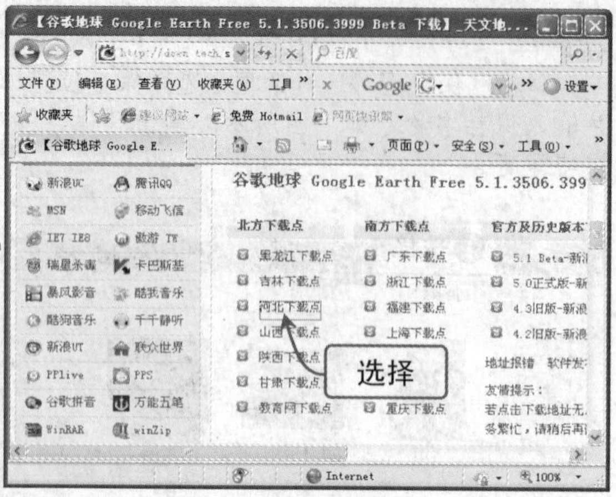

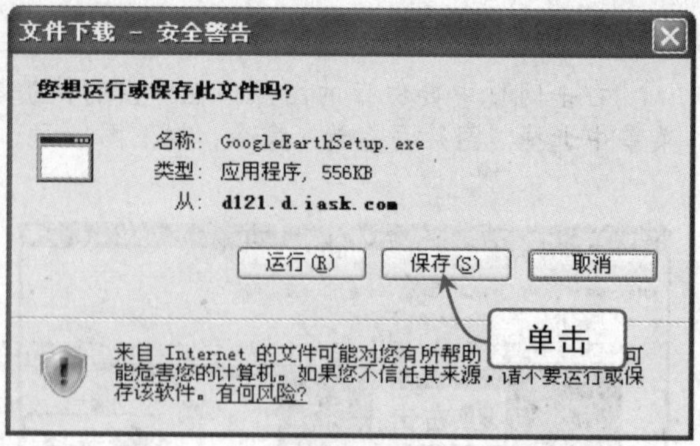

STEP 05 打开“另存为”对话框

弹出“另存为”对话框，选择保存位置，并输入保存名称，如下图所示。

STEP 06 使用桌面快捷菜单

单击“保存”按钮，在弹出的对话框中将显示下载进度，如下图所示。下载完毕后，关闭该对话框。

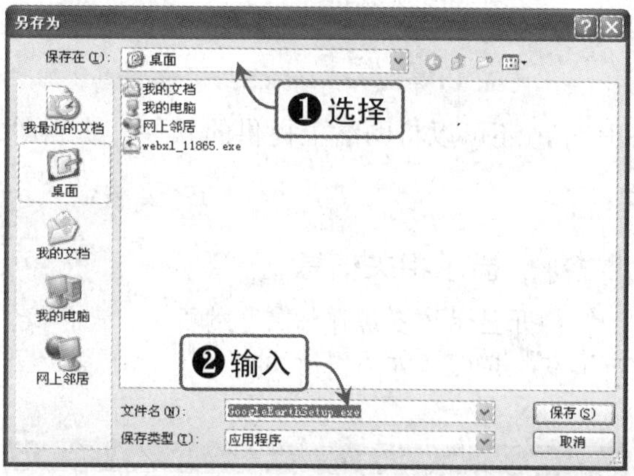

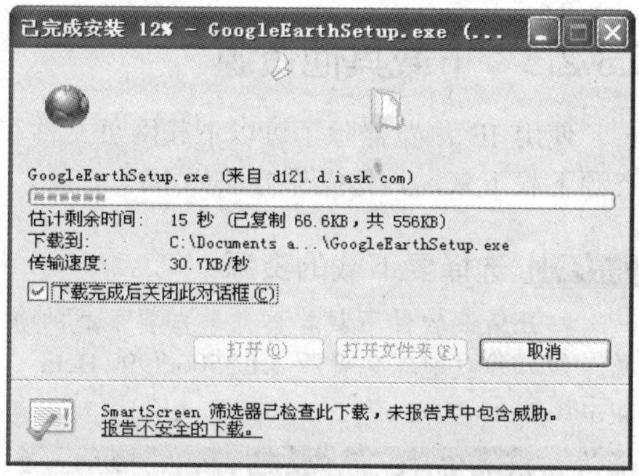

13.3 使用迅雷工具下载网络资源

“迅雷”立足于为全球互联网提供最好的多媒体下载服务，经过艰苦努力已经成为中国互联网最流行的应用服务软件之一，作为中国最大的下载服务提供商，迅雷每天服务来自几十个国家或地区，超过数千万次的下载，赢得广大用户的青睐。

使用迅雷工具下载网络资源的具体操作方法如下：

STEP 01 输入关键字

打开迅雷应用程序窗口，在右上方的搜索框中输入要搜索的关键字，如“酷狗音乐下载 2009”，如下图所示。

STEP 02 显示搜索结果

单击“资源搜索”按钮，将打开显示搜索结果的页面，单击“下载地址 1：hack44 下载”超链接，如下图所示。

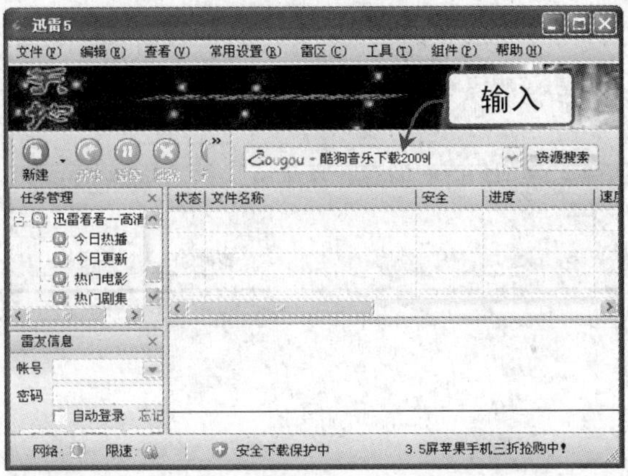

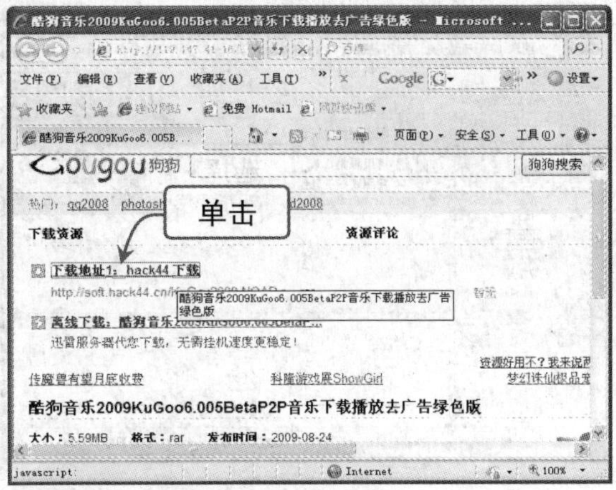

STEP 03 建立下载任务

弹出“建立新的下载任务”对话框，在“存储目录”下拉列表框中设置保存的路径，如下图所示。

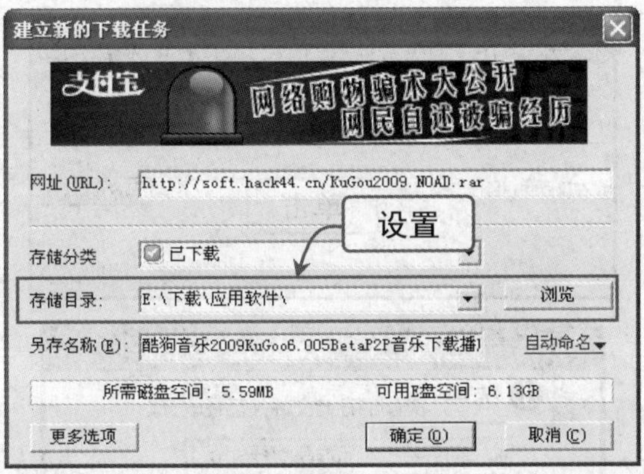

STEP 04 开始下载资源

单击“确定”按钮，将开始下载资源，在迅雷应用程序窗口中可显示下载进度等信息，如下图所示。

13.4 迅雷工具的管理

用户使用迅雷工具时，也可以对该工具的一些属性进行修改，以满足自己的需要。下面介绍有关设置文件的保存路径、监视属性等内容。

13.4.1 设置下载文件的保存路径

为了方便用户对电脑资源的管理，用户可自定义下载文件的保存路径。其具体操作方法如下：

STEP 01 选择相应的命令

在迅雷应用程序窗口中，选择“常用设置”|“存储目录”命令，如下图所示。

STEP 02 修改存储目录

弹出“修改存储目录”对话框，单击“浏览”按钮，如下图所示。

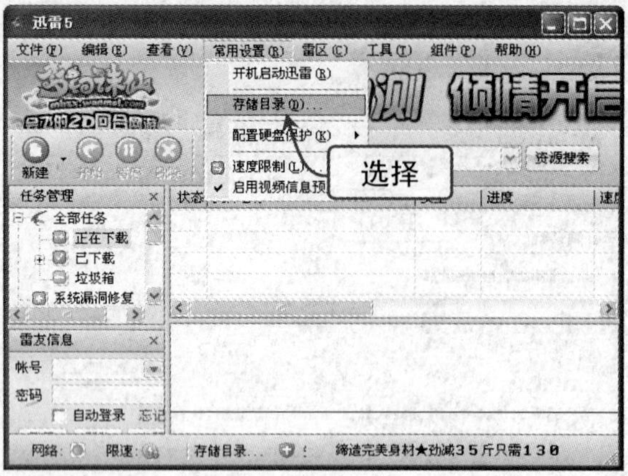

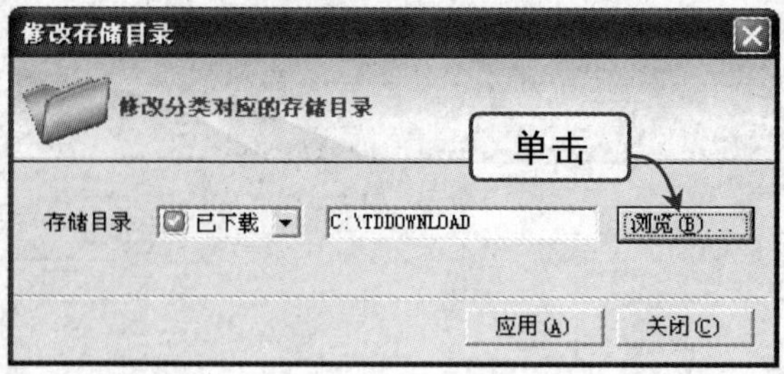

STEP 03 选择保存目录

弹出“浏览文件夹”对话框，在其中选择合适的路径，如下图所示。

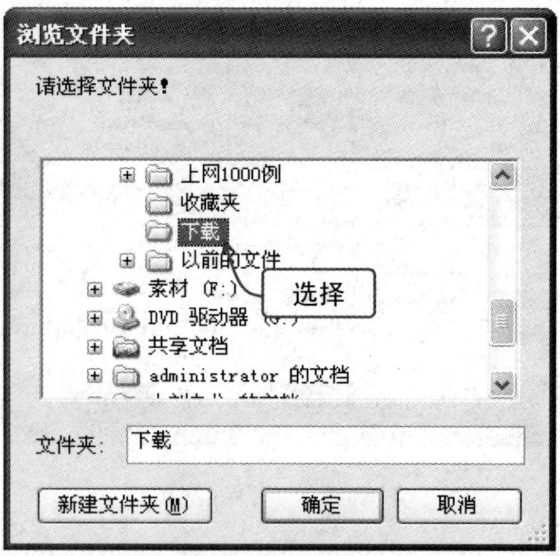

STEP 04 应用修改

单击“确定”按钮，返回“修改存储目录”对话框，单击“应用”按钮，弹出“迅雷 5”对话框，选中“修改子类别的存储文件夹”复选框，如下图所示。单击“确定”按钮即可。

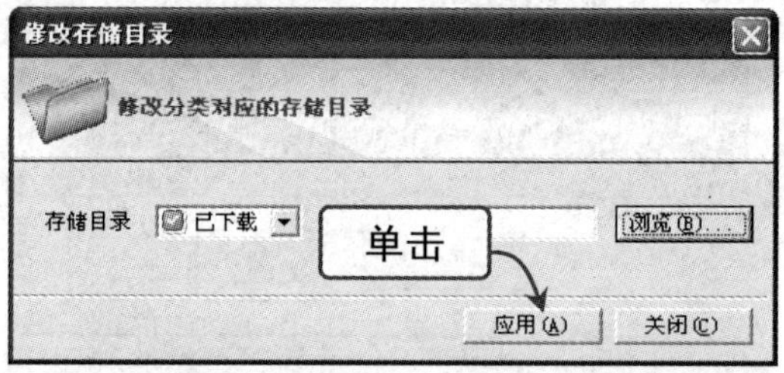

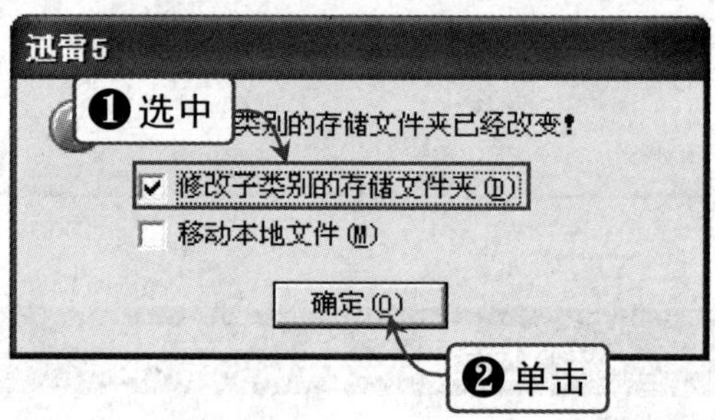

13.4.2 设置监视属性

用户可设置迅雷的监视属性。例如，让迅雷工具监视浏览器，即将迅雷工具设置为 IE 浏览器的默认下载工具，当用户单击浏览器中的某些链接，发现有监视文件的类型时，会自动弹出“建立新的下载任务”对话框，等用户进行设置后，可下载资源。其具体操作方法如下：

STEP 01 选择相应的命令

在迅雷程序窗口中选择“工具”|“配置”命令，如下图所示。

STEP 02 打开“配置”对话框

弹出“配置”对话框，在左侧的列表框中选择“监视”选项，然后在右侧的“浏览器”选项组中选中“监视浏览器”复选框，如下图所示，然后单击“确定”按钮，关闭该对话框。

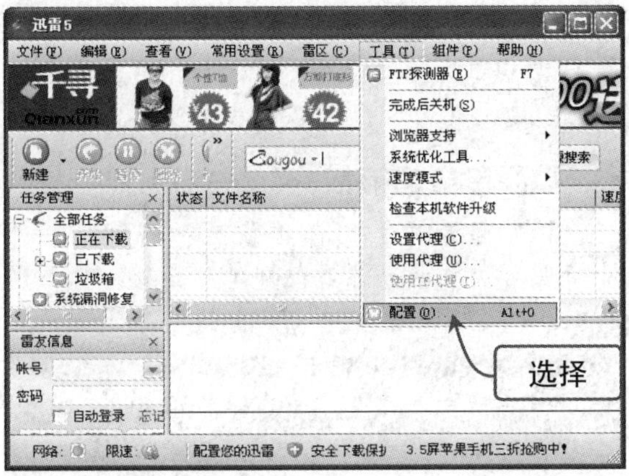

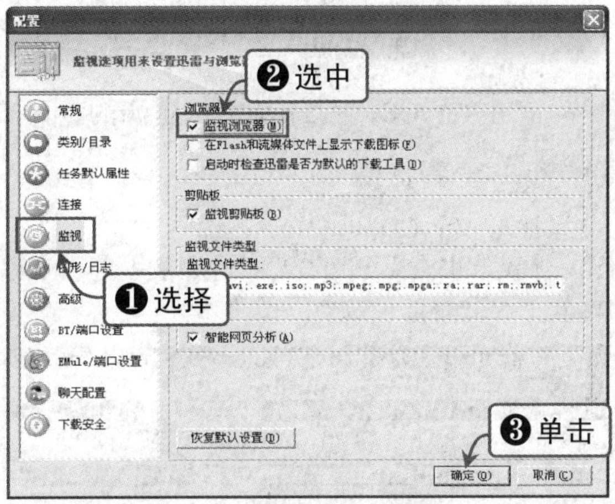

STEP 03 单击“下载”按钮

打开要下载的资源所在的网页，单击“下载”按钮，如下图所示。

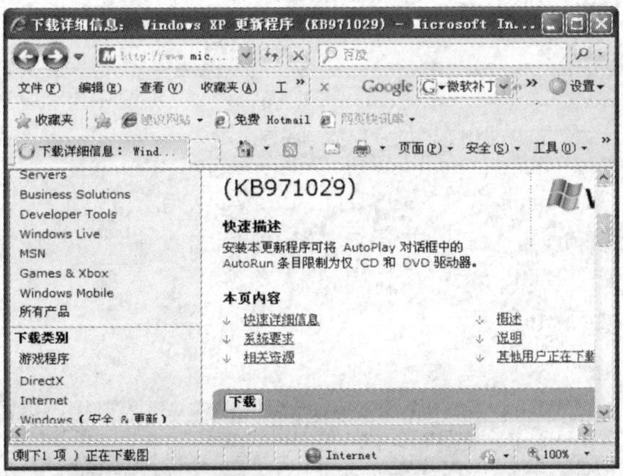

STEP 04 打开“建立新的下载任务”对话框

弹出“建立新的下载任务”对话框，如下图所示。设置好存储分类和存储目录后，单击“确定”按钮即可开始下载。

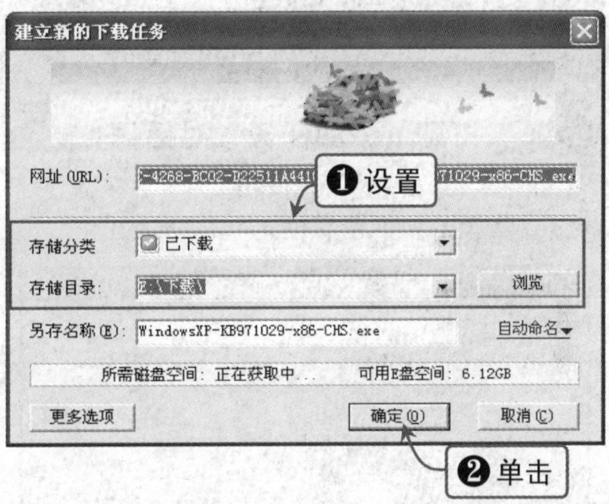

提示

如果不设置迅雷的监视浏览器属性，单击“下载”按钮后，将使用浏览器下载资源。

13.5 使用 VeryCD 电驴下载网络资源

eMule 是一个完全免费且开放源代码的 P2P 资源下载和分享软件，VeryCD 电驴是在 eMule 的基础上全新开发的新版本，具有更快的下载和上传速度、更简便的操作界面，以及更多新增的人性化功能。用户使用该软件可以在整个 eMule 网络中搜索资源，并且可以从网络中的多点同时下载需要的资源，还可以快速上传分享文件。

13.5.1 下载资源

使用 VeryCD 电驴下载网络资源的具体操作方法如下：

STEP 01 查看资源

打开 VeryCD 电驴应用程序窗口，在“资源”选项卡中查看它的资源，然后单击电影《大战外星人》超链接，如下图所示。

STEP 02 单击超链接

打开显示该电影详细信息和资源下载地址的页面，单击资源下载地址超链接，如下图所示。

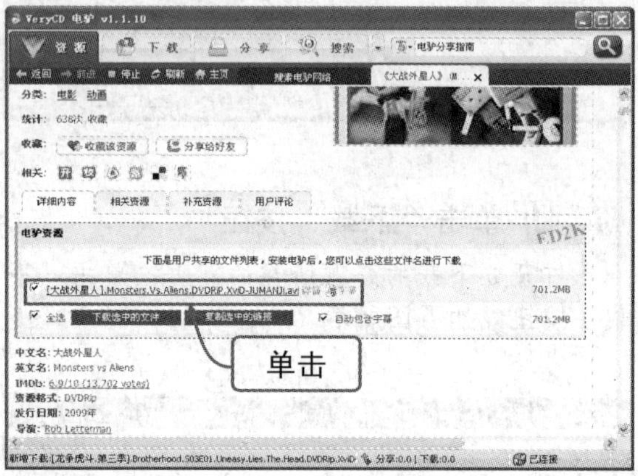

STEP 03 打开“添加任务”对话框

弹出“添加任务”对话框，从中设置资源的保存位置，如下图所示。

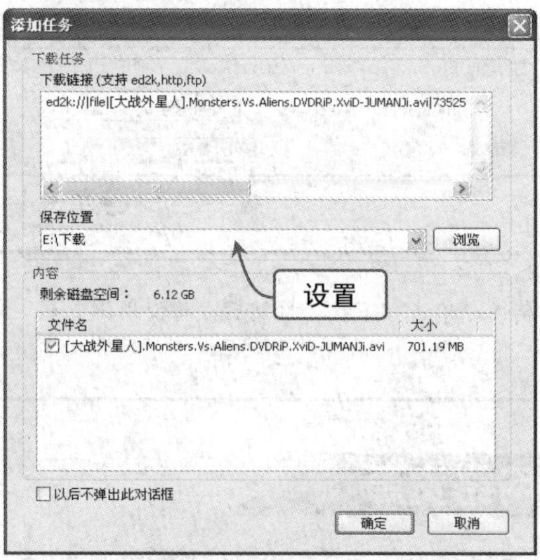

STEP 04 开始下载资源

单击“确定”按钮，VeryCD 电驴开始下载该资源。在下载窗口中，可显示正在下载资源的下载进度、下载速度以及文件大小等信息，如下图所示。

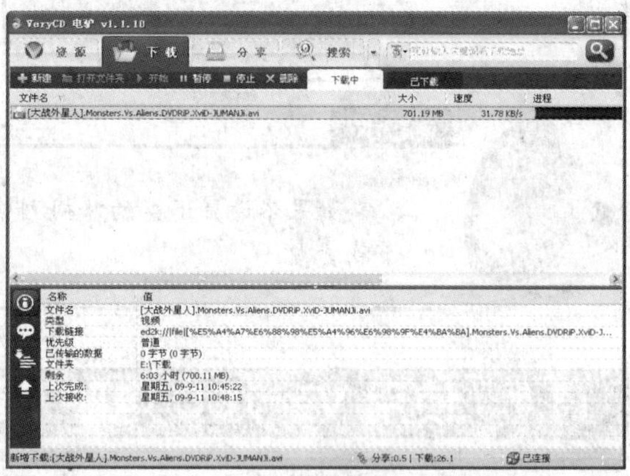

13.5.2 搜索资源

在 VeryCD 电驴的程序窗口中，可利用搜索框搜索需要的资源，然后进行下载。其具体搜索方法如下：

STEP 01 输入搜索内容

在 VeryCD 电驴应用程序窗口上方的搜索框中输入要搜索的内容，如“变形金刚 2”，如下图所示。

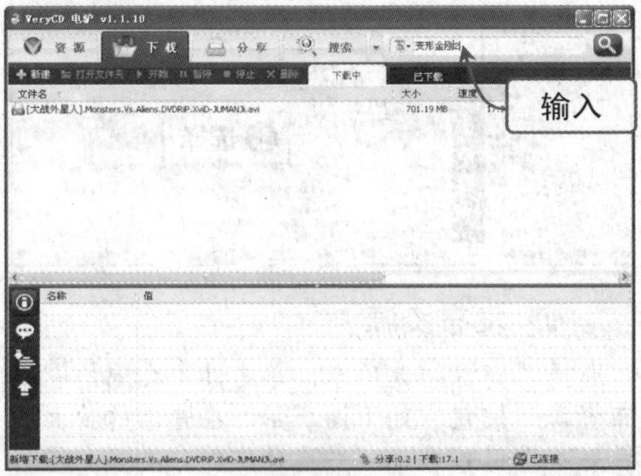

STEP 02 显示搜索结果

单击🔍按钮开始搜索资源，并在窗口下方的列表框中显示搜索到的资源，如下图所示。

13.5.3 分享资源

用户可以将自己电脑中的文件设置为共享，以方便和网友分享资源。另外，还可将电脑中的资源发布到服务器上，一旦发布的资源成为精华，就会被推荐到 VeryCD 首页，让数万网友共同分享。下面介绍共享与发布资源的具体操作方法：

STEP 01 选择“分享”选项卡

在 VeryCD 电驴程序窗口中，选择“分享”选项卡，如下图所示。

STEP 02 选择要分享的资源文件夹

在窗口左侧的列表中选择要与网友分享的资源所在的文件夹，如“毕业生”文件夹，如下图所示。

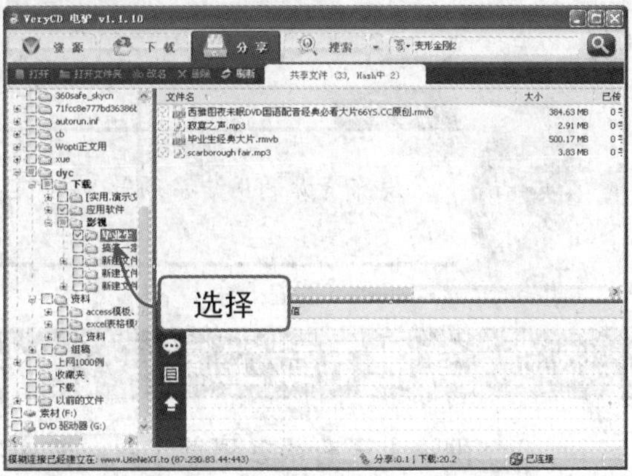

STEP 03 选择“发布”命令

用户还可以将电脑中的资源进行发布，如右击影片“西雅图夜未眠”文件，在弹出的快捷菜单中选择“优先级（上传限制）”|“发布”命令，如下图所示。

STEP 04 选择“显示文件链接”命令

右击“西雅图夜未眠”文件，在弹出的快捷菜单中选择“显示文件链接”命令，如下图所示。

STEP 05 复制文件链接地址

将弹出如下图所示的对话框，单击“复制到剪贴板”按钮，将文件链接地址复制到剪贴板中。

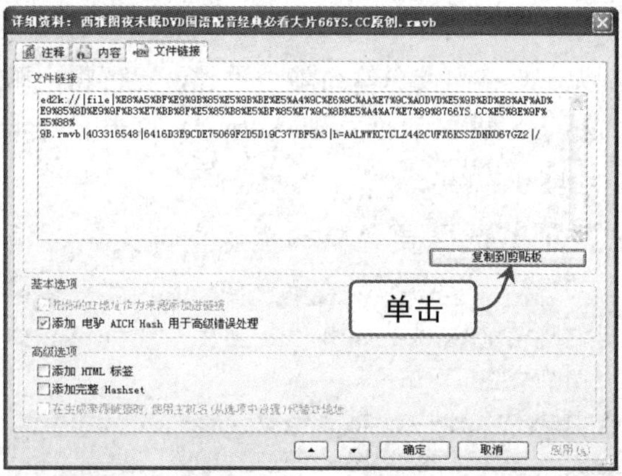

STEP 06 发布资源

选择“资源”选项卡，单击其主页中的“发布资源”按钮，如下图所示，在弹出的页面中粘贴文件链接地址，并选择文件分类等，即可发布资源。

提示

发布资源的用户必须是 VeryCD 的注册用户，并且等级至少铜光盘以上。

13.6 其他下载工具

网络上还有很多下载工具，其中不乏优秀者，这里向读者介绍一些较为著名的下载工具，读者可根据自己的兴趣选择使用。

13.6.1 使用酷狗音乐软件下载音乐

酷狗音乐软件是专业的 P2P 音乐共享软件，拥有超过数亿的共享文件资料，深受全球用户的喜爱。另外，该软件实行多源下载，让用户能够以更快更高的效率下载搜索的歌曲。使用酷狗音乐软件下载音乐的具体操作方法如下：

STEP 01 打开程序窗口

打开酷狗音乐应用程序窗口，如下图所示。

STEP 02 展开列表

单击窗口右侧的▌按钮，展开相应的音乐分类列表，选择“欧美音乐疯向标”选项，如下图所示。

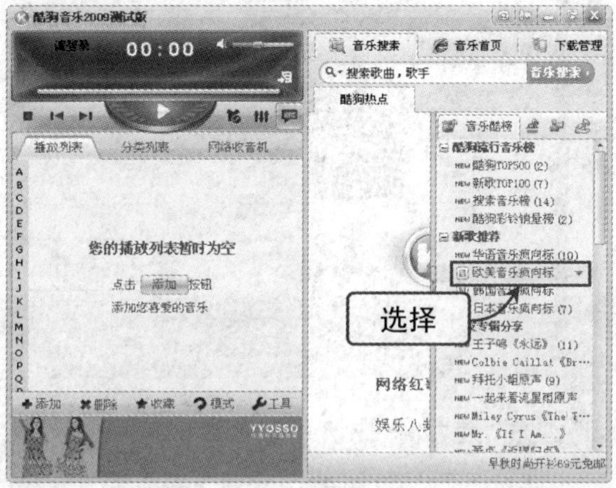

STEP 03 选择要下载的音乐

在左侧显示相关音乐列表，选择要下载的歌曲，单击其右侧的⇩图标，将开始下载该歌曲，如下图所示。

STEP 04 显示下载进度

选择“下载管理”选项卡，可查看下载进度，如下图所示。

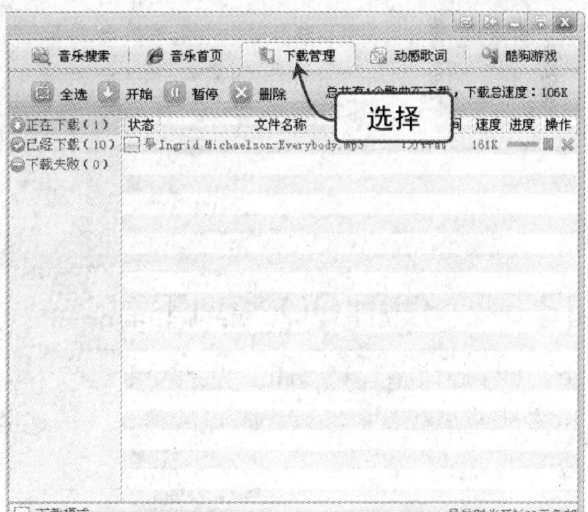

13.6.2 使用极速酷 6 下载影视作品

极速酷 6 是酷 6 网专门研发的用于提高其视频观看速度的小软件，使用该软件也可以以较高的速度下载影视作品。使用极速酷 6 下载影视作品的方法如下：

STEP 01 单击“下载”超链接

启动极速酷6应用程序，在右侧的“高清”选项卡中，单击电影“捉迷藏”中的“下载”超链接，如下图所示。

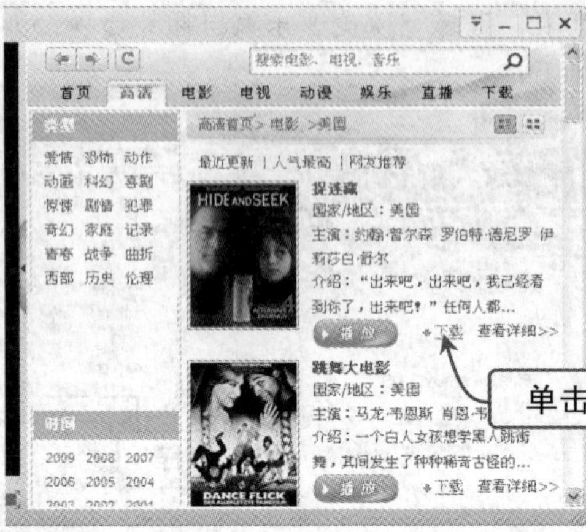

STEP 02 打开“下载文件选择”对话框

弹出“下载文件选择”对话框，保持其中的默认设置，如下图所示。

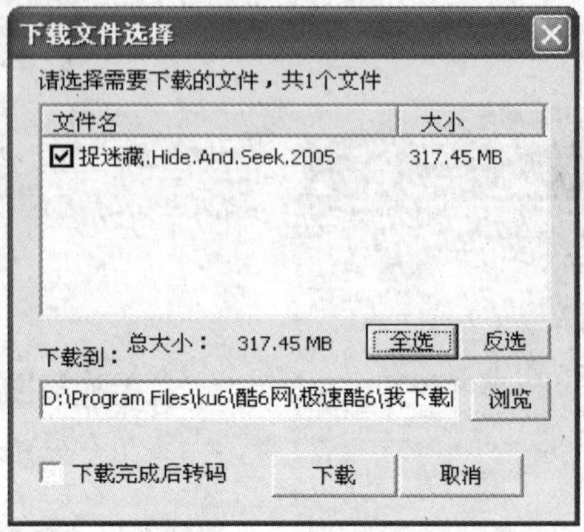

STEP 03 显示下载进度

单击“下载”按钮，开始下载电影，切换到“下载”选项卡，将显示下载进度，如右图所示。

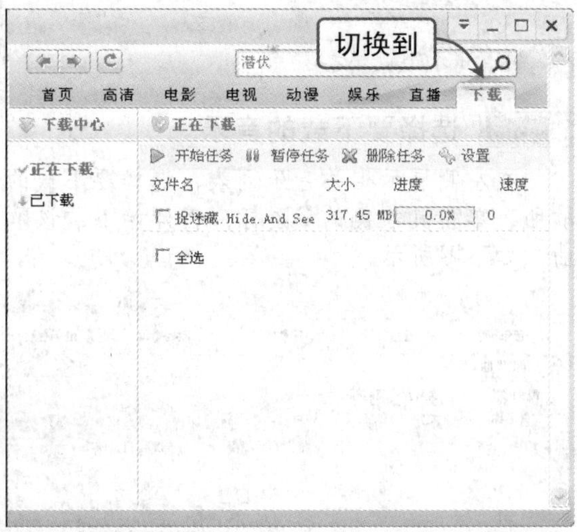

提示

下载时显示的信息和其他下载工具下载资源时显示的信息基本相同。

13.6.3 使用 QQ 旋风下载

QQ 旋风是腾讯公司开发的一款绿色下载软件，它支持多个任务同时进行，每个任务使用多地址下载、多线程、断点续传、线程连续调度优化等。下面介绍使用 QQ 旋风下载网络资源的方法。

STEP 01 QQ 旋风资源库

启动 QQ 旋风应用程序，将自动显示其资源库，在其中将显示可下载的资源分类，如下图所示。

STEP 02 查看排行榜

切换到“排行榜”选项卡，然后查看电影排行榜，单击电影“十亿韩元”超链接，如下图所示。

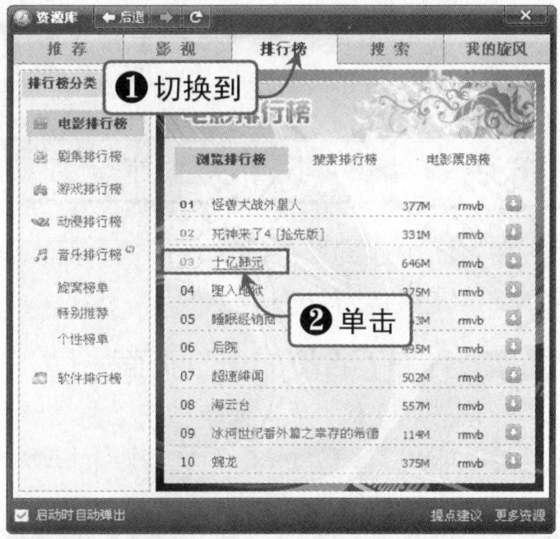

STEP 03 单击“立即下载”按钮

显示该电影的情节简介等相关信息，单击其中的“立即下载”按钮，如下图所示。

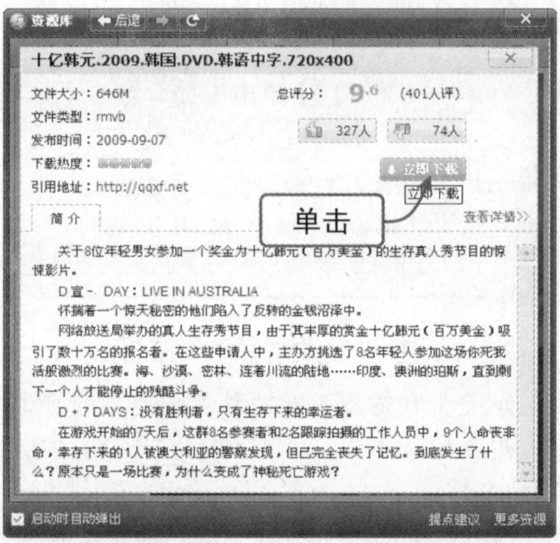

STEP 04 新建任务

弹出“新建任务—QQ旋风2”对话框，保留其中的默认设置，如下图所示。

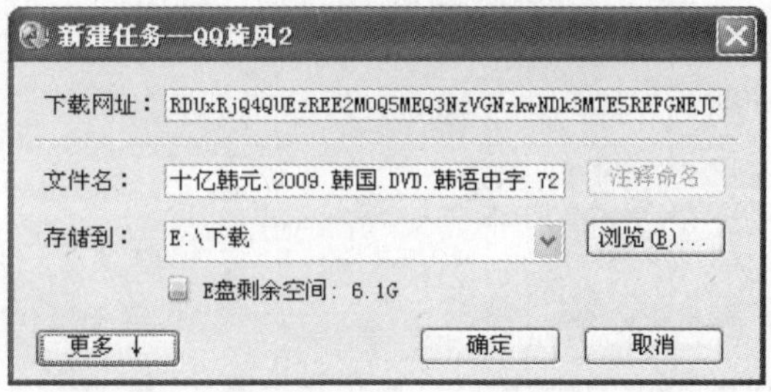

提示

在“存储到”下拉列表框中可重新选择存储路径。

STEP 05 显示下载进度

单击“确定”按钮，可开始下载电影，在QQ旋风程序窗口中将显示下载进度信息，如右图所示。

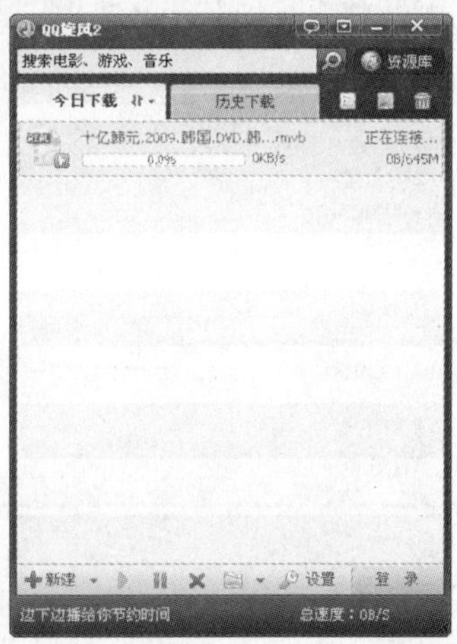

提示

切换到“历史下载”选项卡，在其中可查看先前下载的资源。

技巧百宝箱

技巧 1　使用百度知道

在生活中遇到了难题无法解决，可以通过“百度知道”的互动问答平台，让广大网友来帮你，具体操作方法如下：

STEP 01　打开“百度知道”页面

打开百度首页，单击搜索框上方的“知道”超链接，打开“百度知道”网页，如下图所示。

STEP 02　搜索问题答案

在搜索框中输入搜索的关键字“电脑自动重启的原因”，然后单击“搜索答案”按钮，即可搜索到所需的答案，如下图所示。

STEP 03　显示答案

单击“已解决问题”超链接，将弹出相关的网页，显示问题的答案，如下图所示。

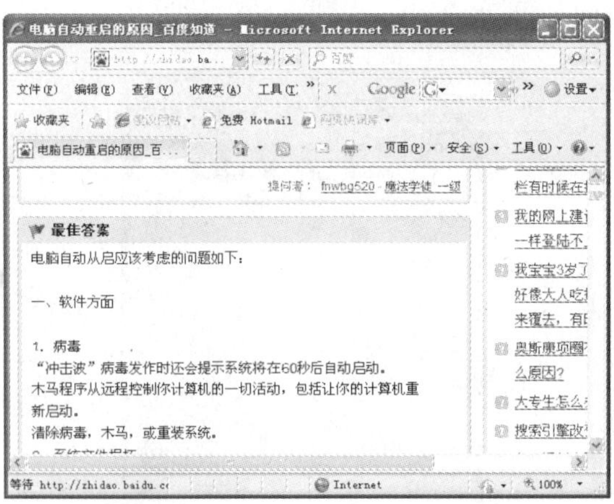

STEP 04　单击“我要提问”按钮

如果没有得到满意的答案，可在搜索框中输入问题后，单击“我要提问”按钮，如下图所示。

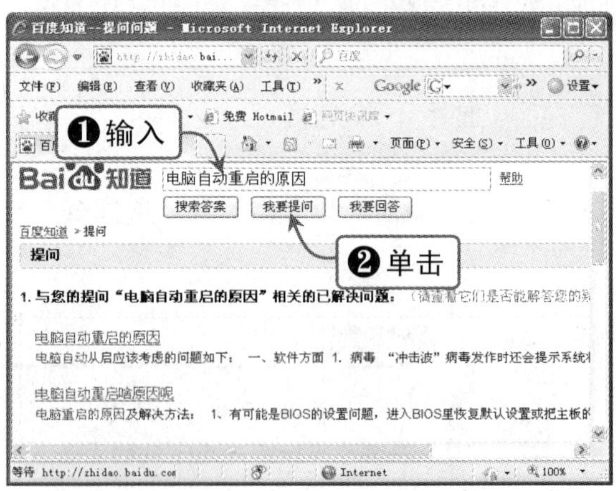

STEP 05 设置提问问题的相关选项

在弹出的网页中输入详细的问题补充说明，并选择问题分类，设置奖励积分，如下图所示。

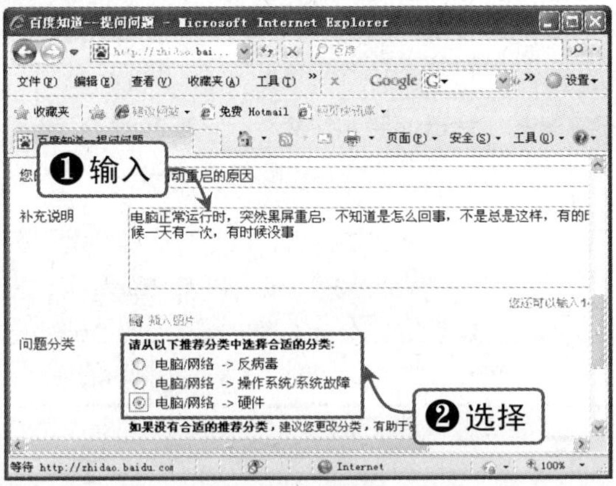

STEP 06 提交问题成功

单击“提交问题”按钮，即可提交问题，如下图所示。

技巧 2 使用 Google 地图

Google 提供了电子地图，供用户搜索不熟悉的地点，以及乘车路线等，具体操作方法如下：

STEP 01 输入要搜索的地址

打开 Google 地图页面，在搜索框中输入要搜索的地址，如“北京王府井”，如下图所示。

STEP 02 标示位置

单击“搜索地图”按钮，将搜索出该地址，并在下方的地图上标出其位置，如下图所示。

STEP 03 搜索路线

单击»按钮，将展开左侧的面板，单击其中的“搜索路线”超链接，然后在下方的文本框中输入 A 地和 B 地两个地址，即从 A 地到 B 地，并选择“公交”选项，如下图所示。

STEP 04 显示乘车路线

单击“搜索路线”按钮，在面板下方将显示从 A 地到 B 地的乘车路线，如下图所示。

提示

在搜索路线时，当用户输入一个起始地和目的地后，在“搜索路线”下方会显示更加具体的地址，用户可根据实际情况进行选择。

技巧 3 使用迅雷助手快速下载和升级常用软件

使用迅雷软件中的迅雷助手可快速下载和升级常用的软件，其具体操作方法如下：

STEP 01 显示迅雷软件助手页面

打开迅雷应用程序窗口，单击上方的“迅雷助手”按钮，将显示迅雷软件助手页面，如下图所示。

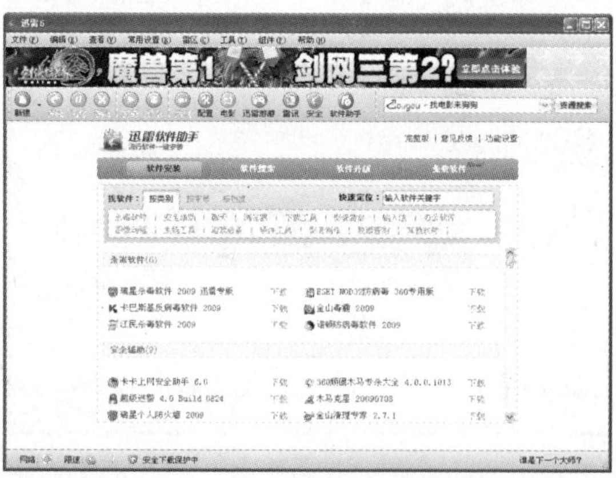

STEP 02 单击“下载”超链接

单击“办公软件”超链接，在下方的列表框中显示可下载的办公软件，单击 Adobe Reader 9.1 软件右侧的“下载”超链接，如下图所示。

STEP 03 建立新的下载任务

弹出“建立新的下载任务”对话框，保持其中的默认设置，单击“确定”按钮，即可下载，如下图所示。

STEP 04 选中要升级的软件

切换到“软件升级”选项卡，选中“选择全部稳定版”复选框，然后单击“下载选中升级”按钮，如下图所示。

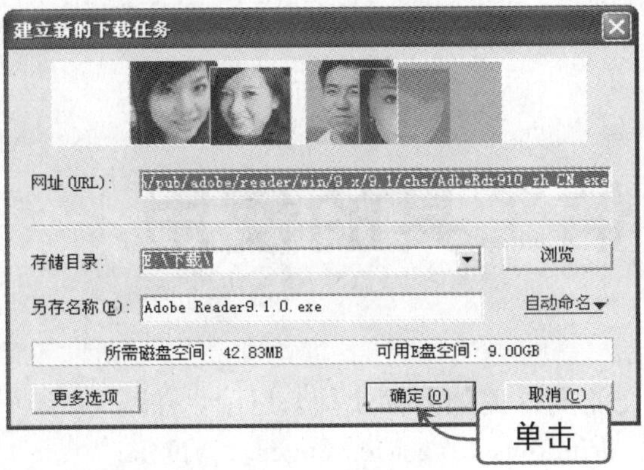

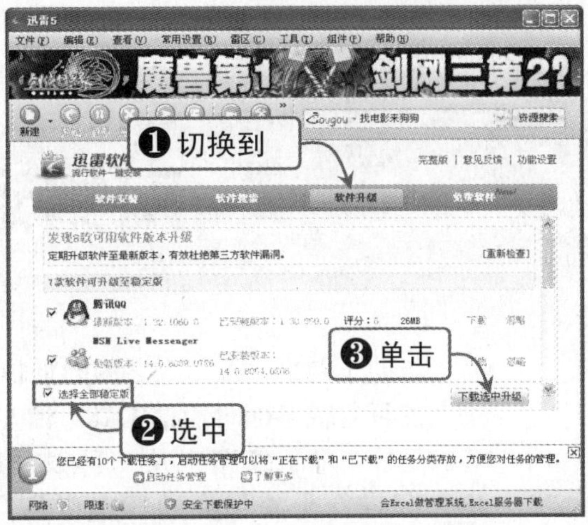

STEP 05 显示提示信息

弹出如下图所示的相关提示信息框，单击“确定”按钮即可。

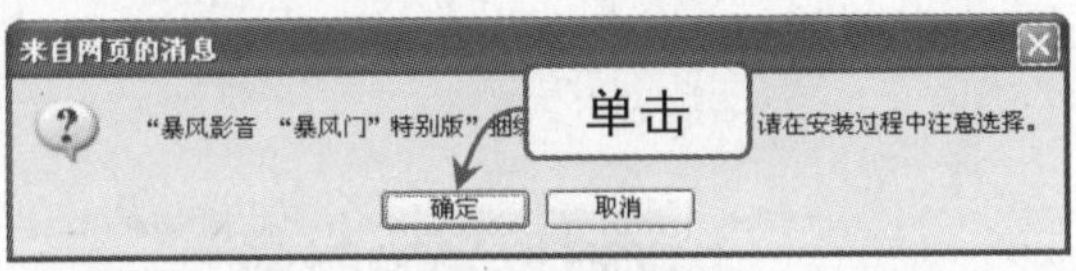

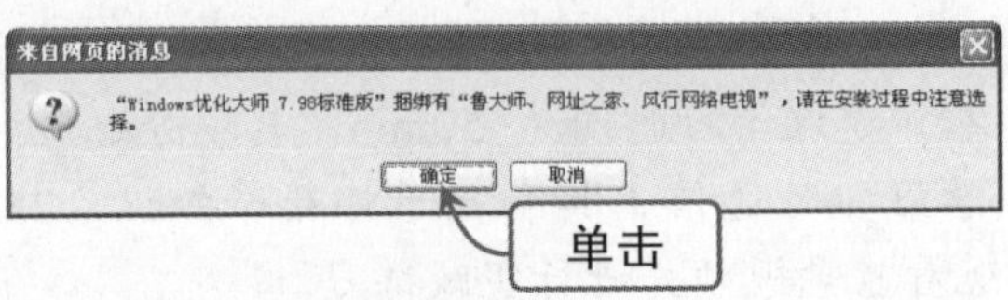

STEP 07 建立下载任务

单击“确定”按钮，弹出“建立新的下载任务”对话框，保存其中默认的设置，如右图所示，单击“确定”按钮，即可开始下载升级包。

提示

单击“更多选项”按钮，可设置下载线程、线程数目等下载属性。

STEP 06 选择 URL

弹出“选择要下载的 URL”对话框，保持其中默认的设置，如下图所示。

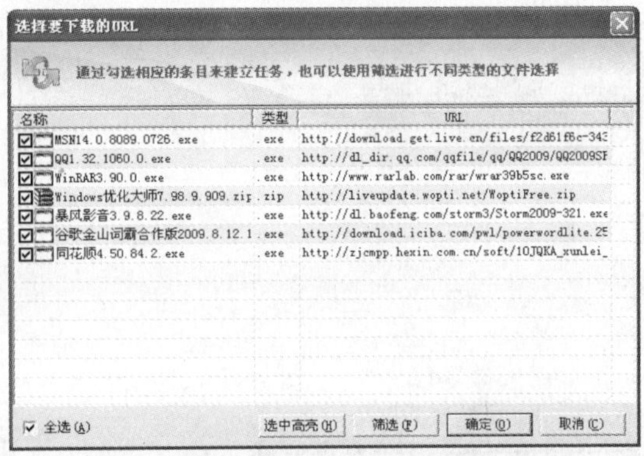

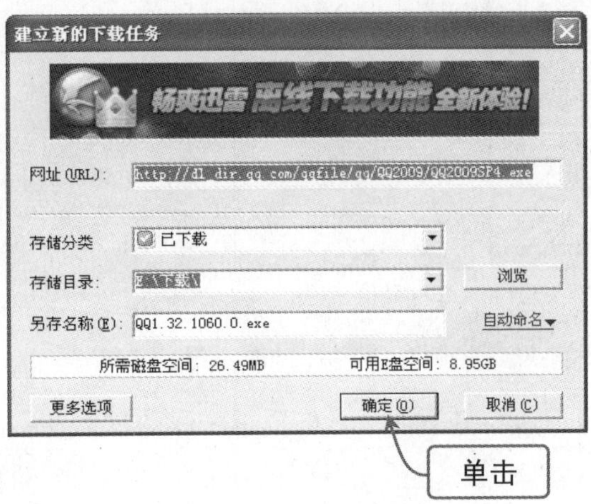

Chapter

14 网络通信工具的使用

借助于网络，人与人之间的通信与交流变得更加方便快捷。目前，在网络上流行着很多即时通信工具，像QQ、Windows Live Messenger、百度Hi等。另外，电子邮箱也是一种以网络为平台，通过互发电子邮件，让用户之间进行交流和沟通。本章将介绍这些知识内容，从而使读者能够熟练掌握这些工具的使用方法。

发送文件

进入邮箱

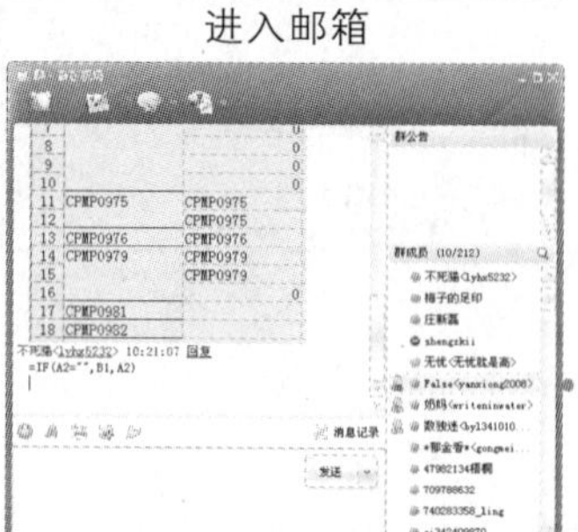

加入群

重要知识点视频索引

DVD

本章建议学习时间：

本章建议学习时间为 50min，其中分配 25 min 学习即时通信工具和电子邮箱等知识，25 min 观看教学视频并进行实践练习。

学完本章后您可以：

- 熟练使用即时通信工具
- 使用免费的电子邮箱
- 使用邮件客户端工具收发邮件
- 使用聊天工具进行多人讨论

14.1 即时通信工具的使用

随着互联网的发展，越来越多的即时通信工具陆续出现，即时通信工具的出现，更加丰富与满足了人与人之间的交流。目前，较为流行的即时通信工具有 QQ、Windows Live Messenger、新浪 UC、网易泡泡、百度 Hi 以及阿里旺旺等。

14.1.1 即时通信

申请或注册一个通信工具账号并登录，使用该工具即可和好友进行即时通信。下面以 QQ 聊天工具为例，介绍即时通信的方法。

STEP 01 弹出 QQ 程序面板

登录 QQ，将弹出 QQ 程序面板，如下图所示。

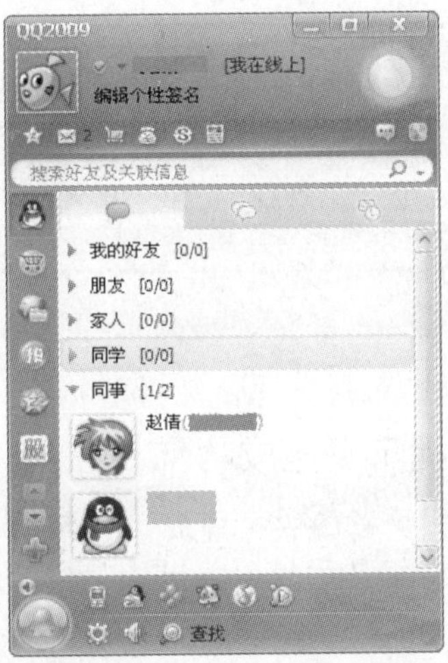

STEP 02 打开联系窗口

双击要联系的好友头像，将打开与该好友联系的消息窗口，在窗口下方的文本区中输入通信内容，如下图所示。

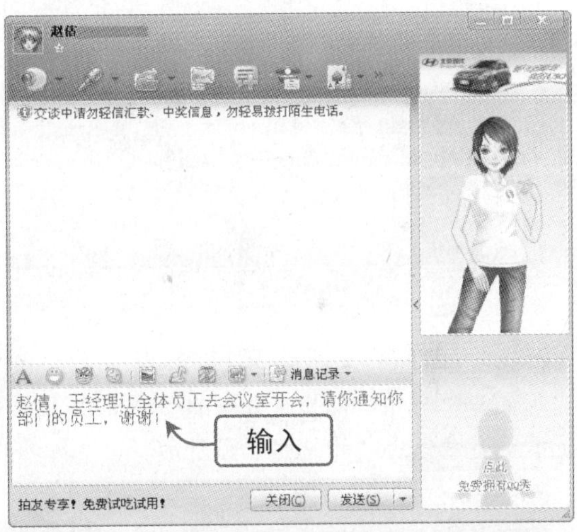

STEP 03 收到的回复信息

单击“发送”按钮，将发送内容，当好友看到消息并回复后，回复的内容将显示在窗口上方的区域中，如右图所示。

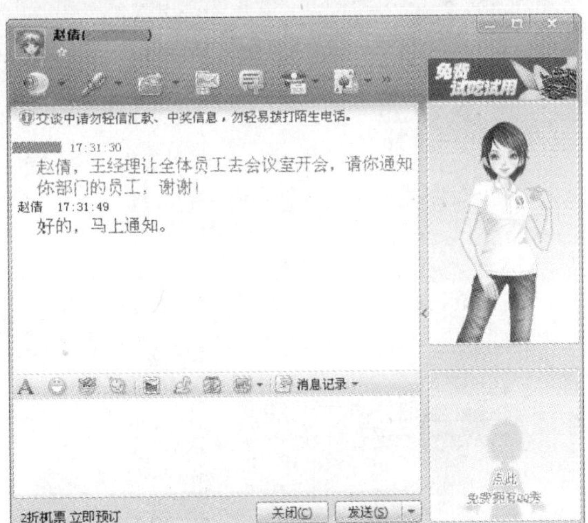

提示

默认情况下，输入要发送的消息后，按【Ctr+Enter】组合键，可快速发送消息，用户也可更改发送信息的快捷键，更改方法为：单击“发送”按钮右侧的下拉按钮，在弹出的下拉菜单中选择“按 Enter 键发送消息”命令即可。

14.1.2 传送文件

使用通信工具传送文件是通信工具最基本的功能之一，下面以使用 QQ 为例，介绍传送文件的具体操作方法。

Work1 直接传送文件

STEP 01 选择相关的选项

双击好友头像，在打开的窗口中单击下图所示的文件夹的下拉按钮，在弹出的下拉菜单中选择“直接发送”命令。

STEP 02 选择发送文件

弹出“打开”对话框，在其中选择要发送的文件，如下图所示。

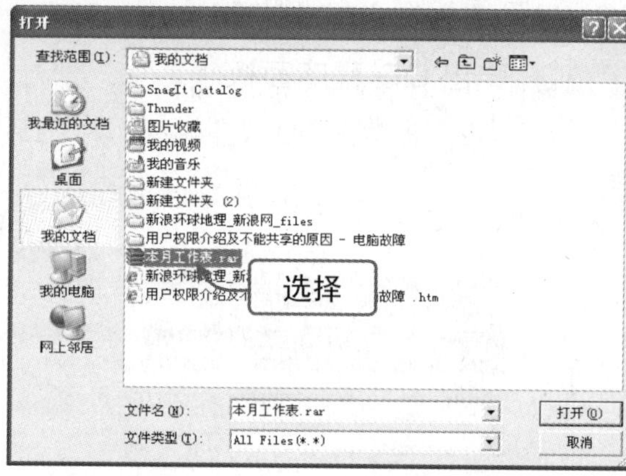

STEP 03 显示要发送的文件

单击“打开”按钮，在消息窗口的右侧将显示正要发送的文件，如下图所示。

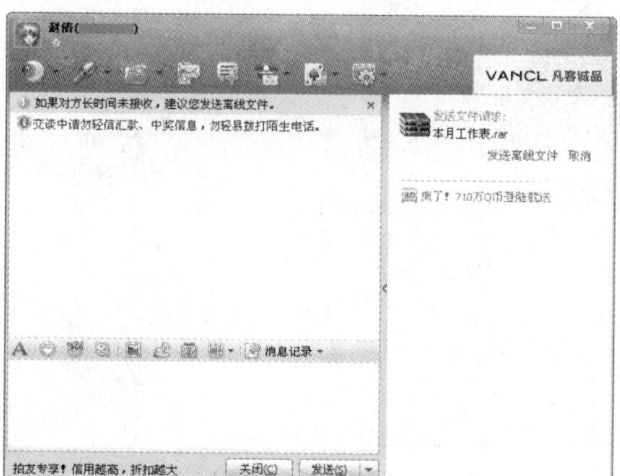

STEP 04 提示发送成功

当对方同意接收文件后，将开始传送文件，传送完毕，将显示提示发送成功的消息，如下图所示。

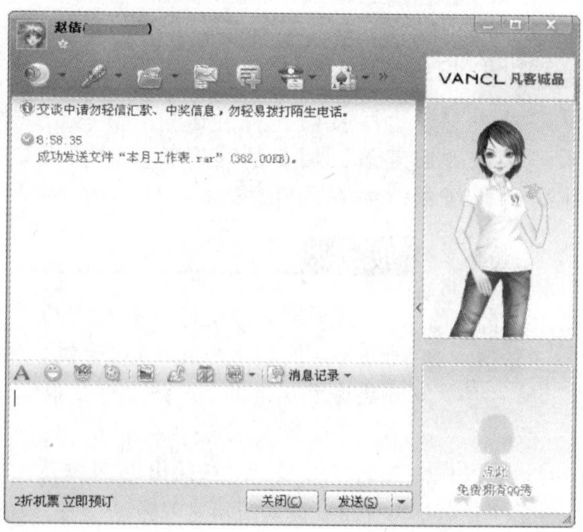

Work2 用 QQ 中转站传送文件

STEP 01 单击“网络硬盘”按钮

在 QQ 程序主界面中单击“网络硬盘”按钮，如下图所示。

STEP 02 单击“上传”按钮

QQ 主界面中将显示我的网络存储，在其中打开“文件中转”文件夹，然后单击“上传”按钮，如下图所示。

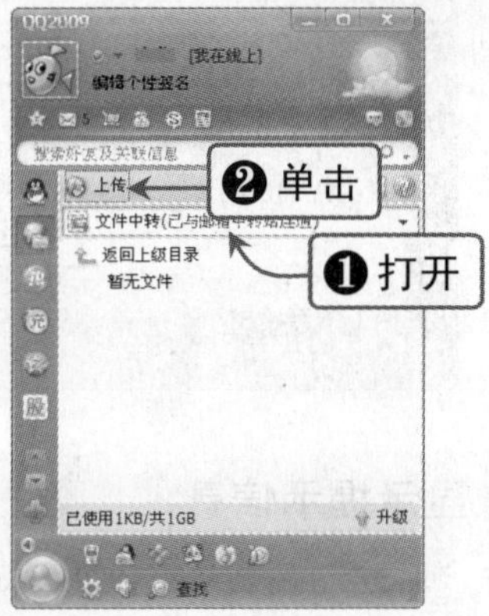

STEP 03 单击“添加”按钮

在弹出的“上传文件列表”对话框中单击“添加”按钮，如下图所示。

STEP 04 选择上传文件

弹出“打开”对话框，从中选择要上传到“文件中转”文件夹中的文件，如下图所示。

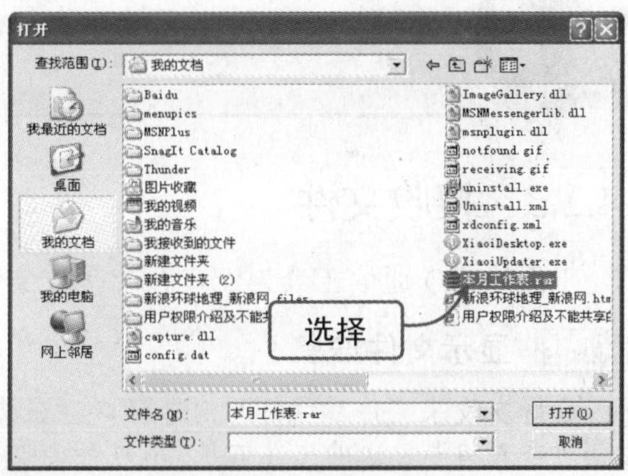

STEP 05 显示上传进度

单击“打开”按钮，开始上传文件，在“上传文件列表”对话框中将显示上传进度，如下图所示。

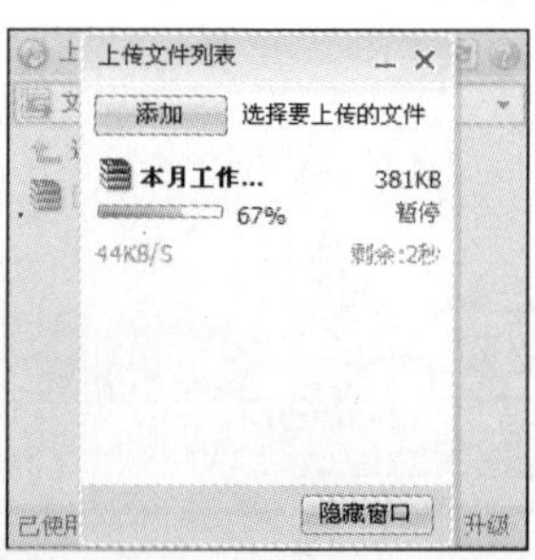

STEP 06 显示上传的文件

上传成功后，在“文件中转”文件夹中将显示上传的文件，如下图所示。

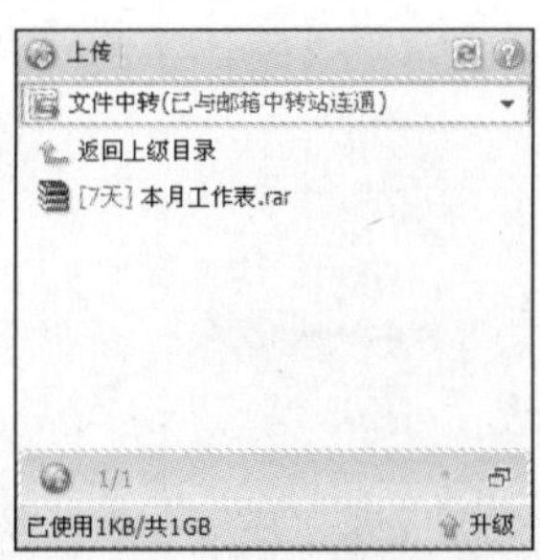

STEP 07 单击“转发”超链接

单击上传的文件，在其下方将显示相关的超链接，单击“转发”超链接，如下图所示。

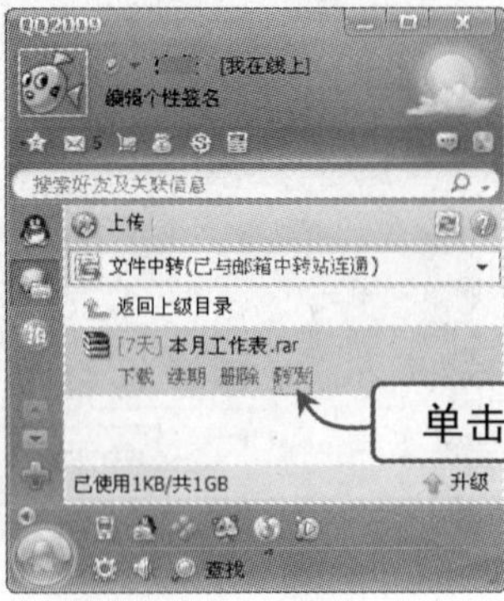

STEP 08 选择的好友

弹出“共享”对话框，从中选择要发送该文件的好友，如下图所示。

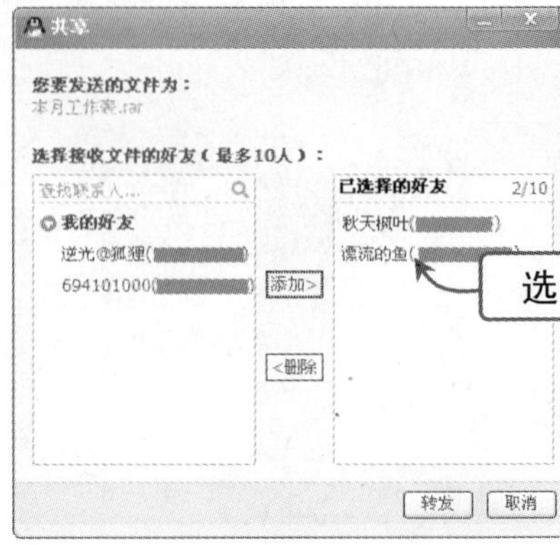

STEP 09 显示提示信息

单击“转发”按钮，将文件发送给好友，并弹出如右图所示的提示信息框，单击“确定”按钮即可。

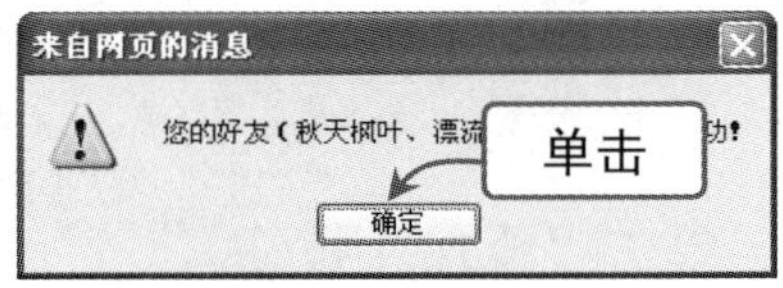

提示

当好友收到转发文件后，可将其下载到本地磁盘中，以方便日后使用。

14.1.3 接收文件

下面以 QQ 通信工具为例，介绍接收文件的方法。

STEP 01 显示文件信息

当好友发来文件后，打开消息窗口，在其右侧可查看将要发送的文件信息，用户可接收、另存为或者拒绝接收文件，如下图所示。

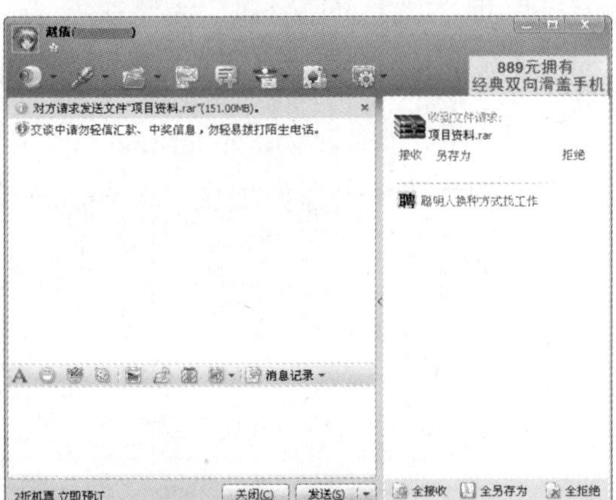

STEP 02 打开“另存为”对话框

单击“另存为”超链接，在弹出的“另存为”对话框中选择要接收文件的保存位置，并设置保存文件名，如下图所示。

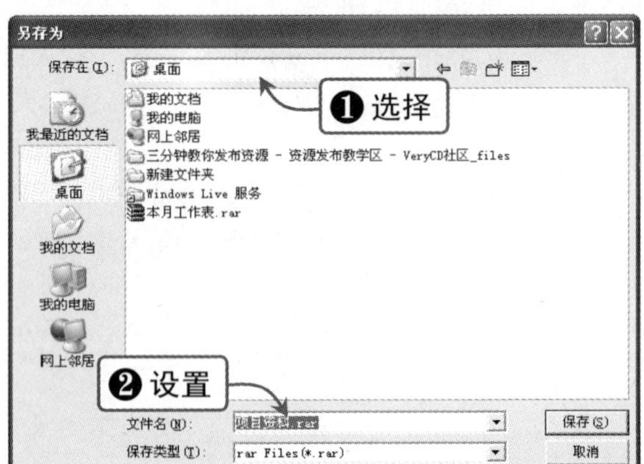

STEP 03 显示传送进度

单击“保存”按钮，开始传送文件，在窗口右侧将显示传送进度，如下图所示。

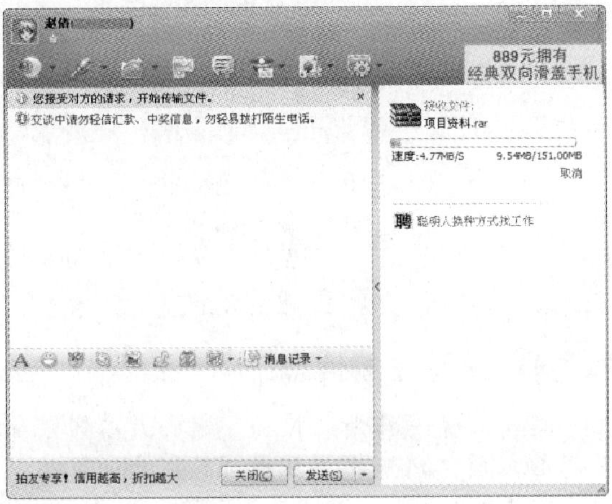

STEP 04 传动完成

传送完毕，将显示完成信息，并显示“打开文件”和“打开文件夹”超链接，用户单击不同的链接来选择打开文件或文件夹，如下图所示。

14.1.4 更改状态

用户可将通信工具中当前的状态更改为忙碌、空闲、隐身等状态，以提醒对方当前是否适合进行通信。例如，如果用户更改状态为忙碌，则提醒对方，当前用户正忙，如果没有重要的事情，请不要打扰。下面以设置 Windows Live Messenger 中用户状态为例，介绍其设置方法。

STEP 01 设置状态

单击 Windows Live Messenger 主界面中的名称下拉按钮，在弹出的下拉菜单中选择“忙碌”命令，如下图所示。

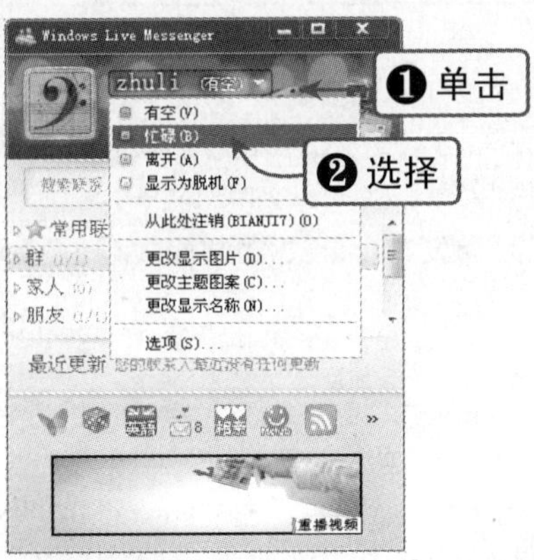

STEP 02 显示为忙碌状态

在 Windows Live Messenger 主界面中将显示此时的登录状态为忙碌，如下图所示，在对方的好友列表中也将显示为忙碌状态。

提示

在不同的软件中，用户设置不同的状态后，再接收好友消息时会有不同的提示，甚至在某些状态下没有提示。另外，当对方发来消息时，如果用户正处于某些状态，对方将收到自动回复。

14.2 免费电子邮箱的使用

电子邮箱是以网络为平台，为用户提供收发信件服务的网络电子邮局，是因特网中最重要的信息交流和沟通工具。使用电子邮箱，用户可以在任何地方、任何时间收发信件，解决了时空的限制问题，大大提高了工作效率，为办公自动化商业活动提供了很大便利。

14.2.1 申请免费的电子邮箱账号

要使用电子邮箱，首先要申请一个邮箱账号，用户可根据自己的需要，选择申请免费或收费的电子邮箱账号。下面以申请免费的电子邮箱账号为例，介绍具体的申请方法。

STEP 01 打开邮箱登录界面

打开 TOM 网邮箱登录页面，如下图所示。

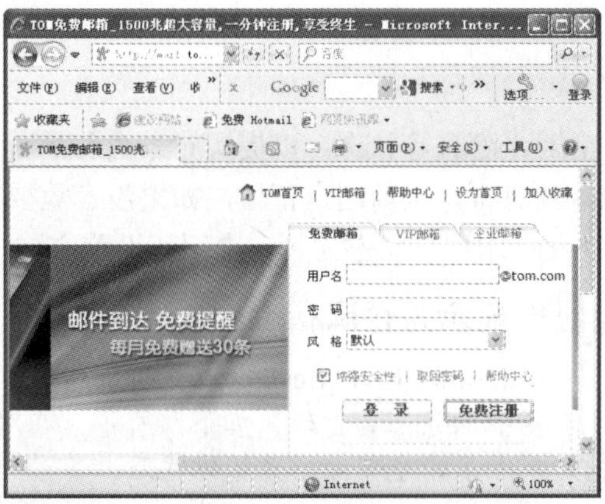

STEP 02 填写注册信息

单击“免费注册”按钮，将打开填写注册信息的页面，从中填写注册邮箱账号所需的信息，如下图所示。

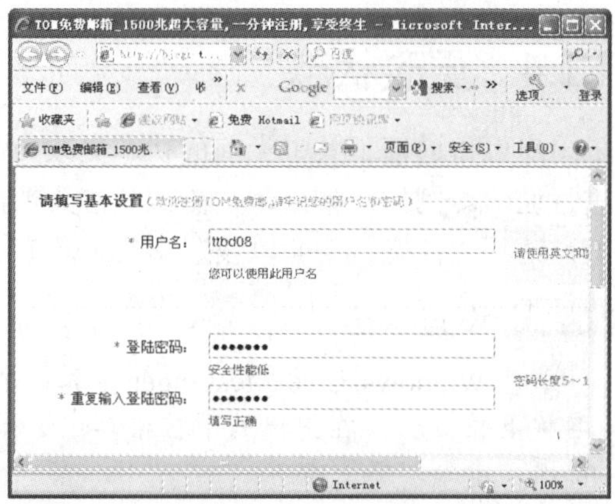

STEP 03 注册成功

单击页面下方的“提交注册”按钮，成功注册邮箱账号，在打开的页面中显示提示信息，如下图所示。

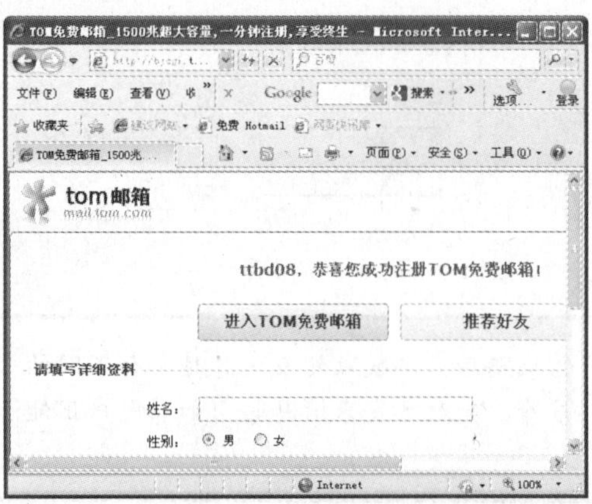

STEP 04 打开邮箱

单击“进入 TOM 免费邮箱”按钮，可打开该邮箱，如下图所示。

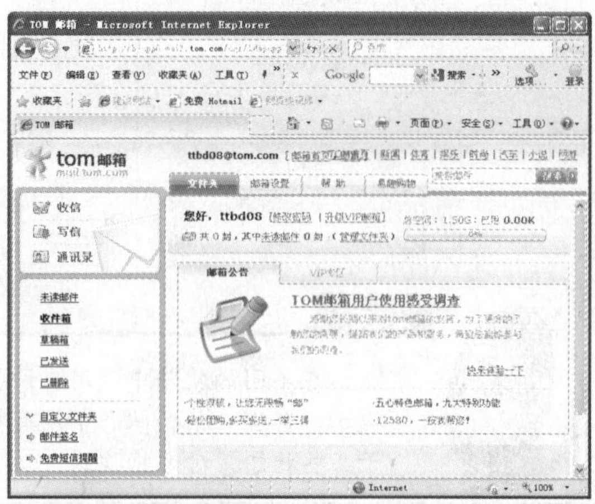

14.2.2 发送电子邮件

利用电子邮箱，用户不但可以发送普通信、挂号信以及加急信，还可以要求系统在对方收到信件后发送回执等。另外，还有定时发送、转发、多址投送等功能，下面介绍发送电子邮件的方法。

STEP 01 单击“写信”超链接

登录电子邮箱页面，单击“写信”超链接，如下图所示。

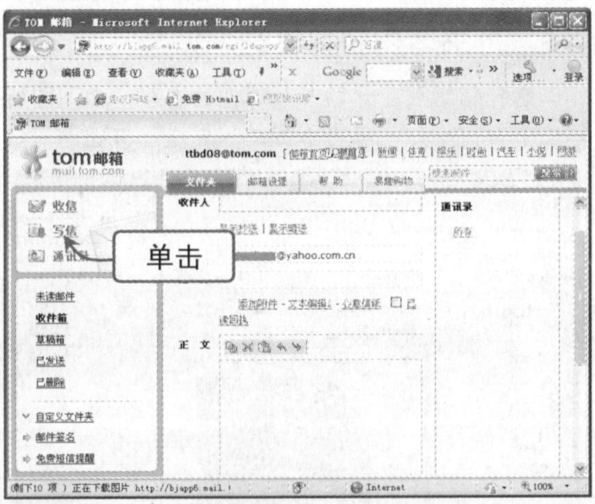

STEP 02 单击“添加附件”超链接

将显示写信页面，填写收件人邮箱地址、主题，然后单击“添加附件”超链接，如下图所示。

STEP 03 单击“浏览”按钮

打开添加附件页面，单击其中的“浏览”按钮，如下图所示。

STEP 04 选择附件文件

弹出“选择要加载的文件”对话框，从中选择要发送的附件，如下图所示。

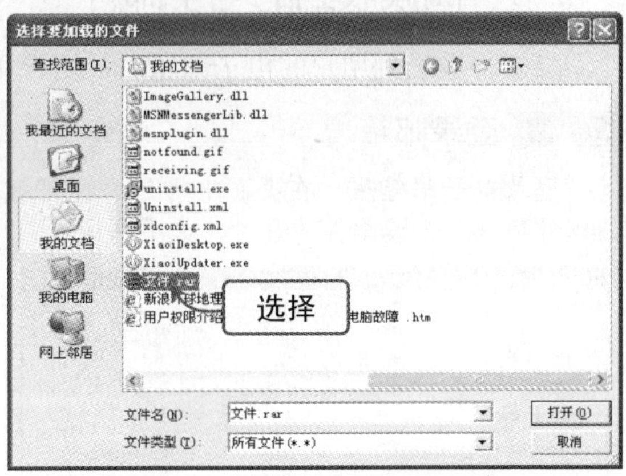

STEP 05 单击“粘贴”按钮

单击“打开”按钮，返回到添加附件页面，选中添加附件文件的路径，单击“粘贴”按钮，如下图所示。

STEP 06 单击“心意信纸”超链接

单击“完成”按钮，返回到写信页面中，其中将显示添加的附件，然后单击“心意信纸”超链接，如下图所示。

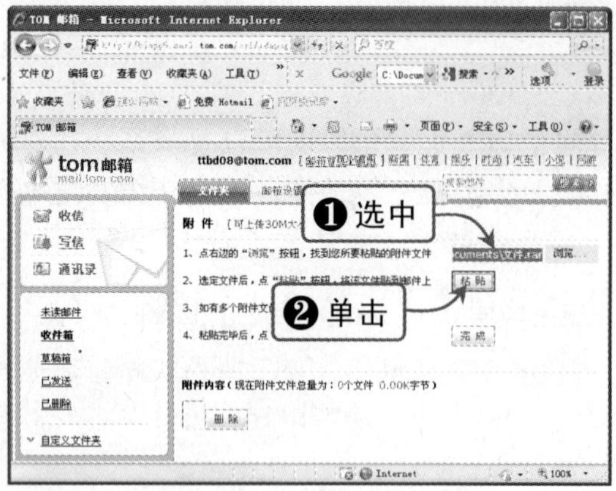

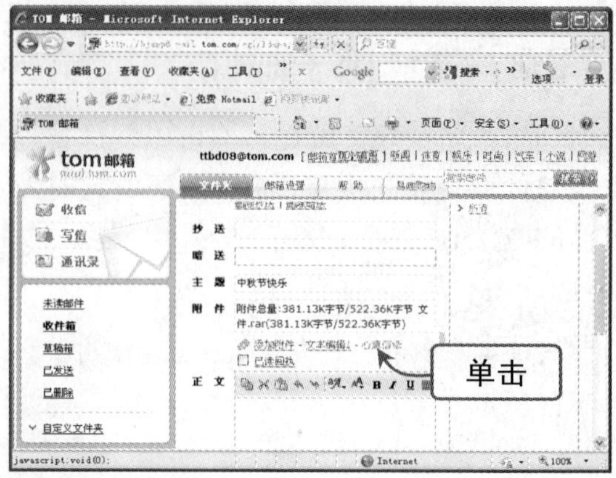

STEP 07 选择信纸

在“心意信纸”面板中选择要应用的信纸，如“月夜送暖”，如下图所示。

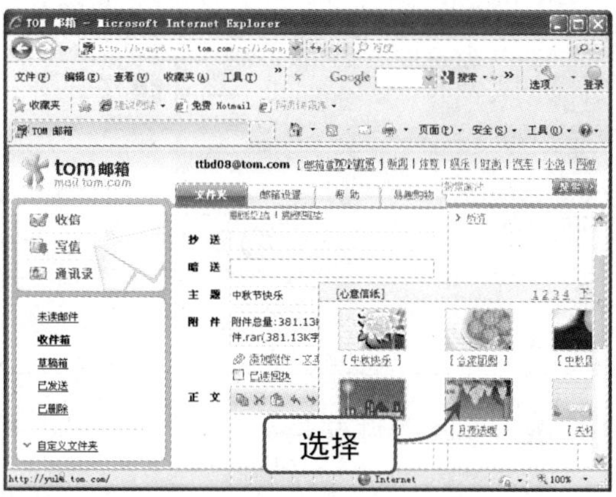

STEP 08 书写内容并发送

选择信纸后，开始书写邮件的内容，如下图所示。书写完毕后，单击下方的“发送”按钮即可。

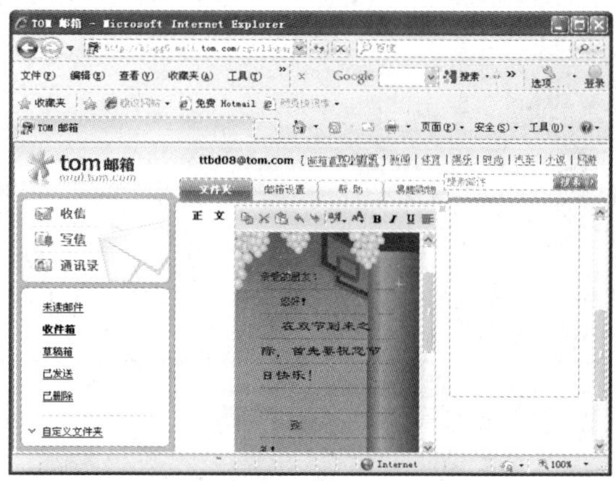

14.2.3 阅读收到的电子邮件

当邮件发送到用户的电子邮箱后，用户可按如下方法阅读邮件。

STEP 01 登录邮箱

登录电子邮箱后，在页面中将显示收件箱的邮件数量和未读邮件的数量，如下图所示。

STEP 02 打开收件箱

单击页面左侧的“收件箱”超链接，打开收件箱页面，如下图所示。

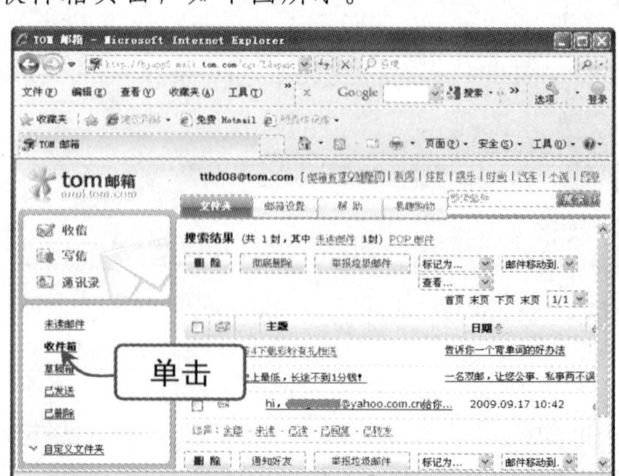

STEP 03 打开邮件

单击收件箱中显示的邮件主题超链接，将打开该邮件，如下图所示。

STEP 04 显示贺卡信息

单击邮件中的超链接，将显示发送的贺卡，效果如下图所示。

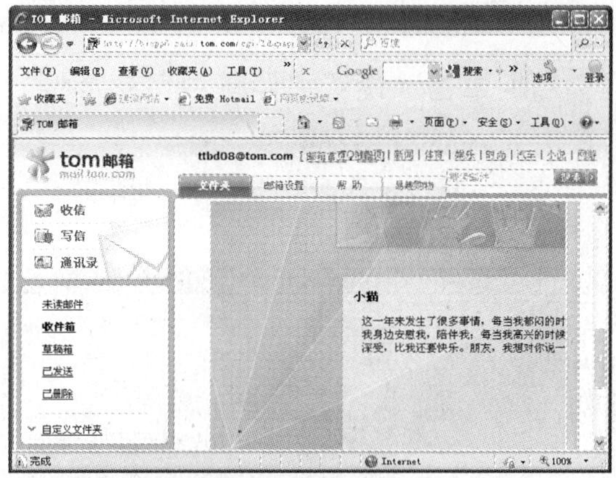

14.2.4 快速回复电子邮件

快速回复电子邮件的具体操作方法如下：

STEP 01 弹出下拉菜单

打开并阅读电子邮件后，要回复发件人，可将鼠标指针移动到“回复”按钮上，将弹出下拉菜单，如下图所示。

STEP 02 发送邮件页面

在下拉菜单中选择“回复”命令，将打开发送邮件的页面，输入发送的邮件信息，发送邮件即可，如下图所示。

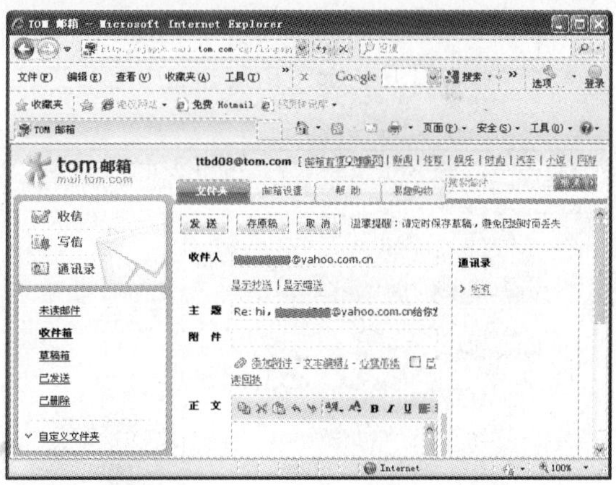

14.3 客户端邮件收发工具的使用

邮件客户端通常指使用IMAP/APOP/POP3/SMTP/ESMTP协议收发电子邮件的软件。用户不需要登录邮箱就可以收发邮件。世界上有很多种著名的邮件客户端，如Windows自带的Outlook Express，Microsoft Office的Outlook以及腾讯的FoxMail等。

14.3.1 设置邮件账户

要使用邮件客户端工具收发电子邮件，首先要设置一个邮件账户，下面以 Windows 自带的 Outlook Express 为例，介绍设置邮件账户的具体操作方法。

STEP 01 单击“设置邮件账户”超链接

启动 Outlook Express 应用程序，将打开其程序窗口，单击“设置邮件账户”超链接，如下图所示。

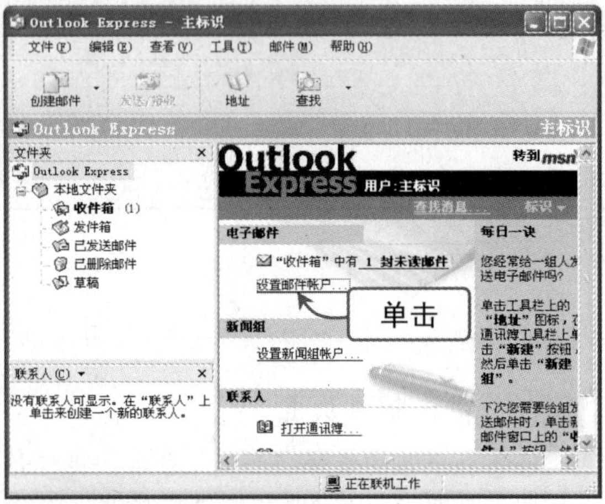

STEP 02 输入账户显示名称

弹出“Internet 连接向导”对话框，输入账户的显示名称，如下图所示。

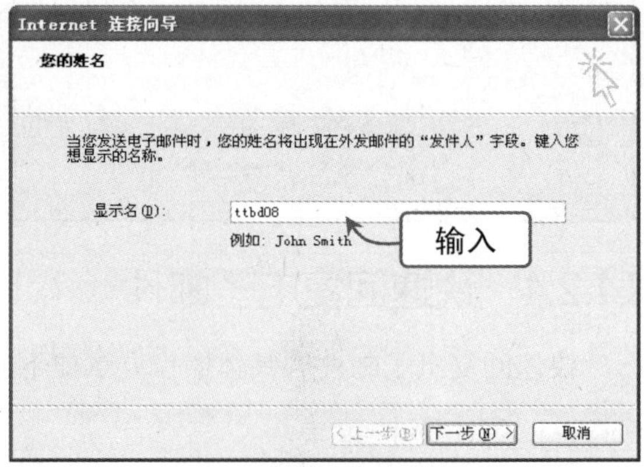

STEP 03 输入邮箱地址

单击“下一步”按钮，在弹出的对话框中输入电子邮箱地址，如下图所示。

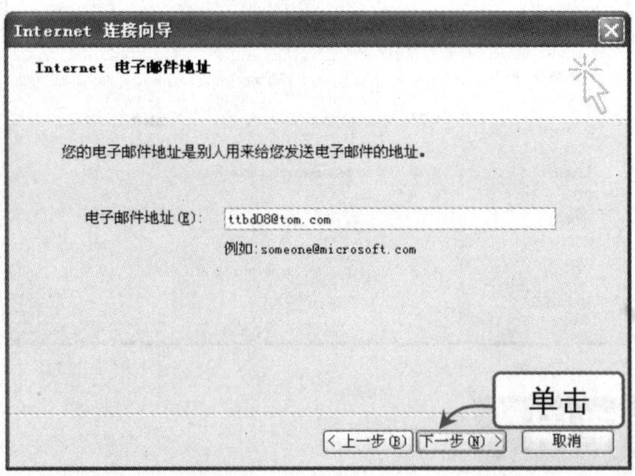

STEP 04 设置邮箱接收和发送服务器

单击“下一步”按钮，在弹出的对话框中输入电子邮箱发送和接受邮件的服务器，如下图所示。

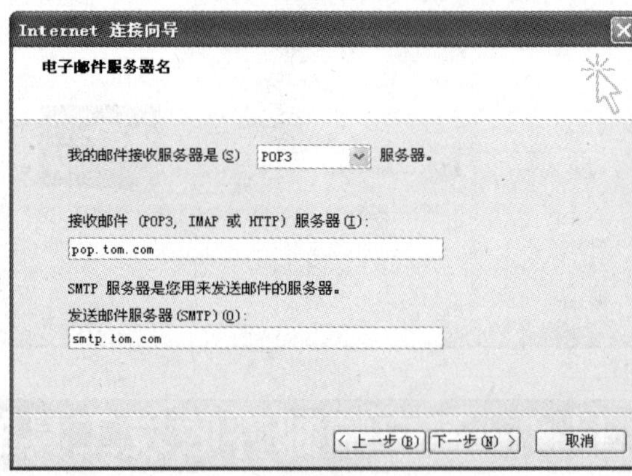

STEP 05 输入账户名和密码

单击“下一步”按钮，在弹出的对话框中输入账户名和密码，如下图所示。

STEP 06 成功设置账户

单击“下一步”按钮，在弹出的对话框中显示成功设置账户信息，如下图所示。单击“完成”按钮即可。

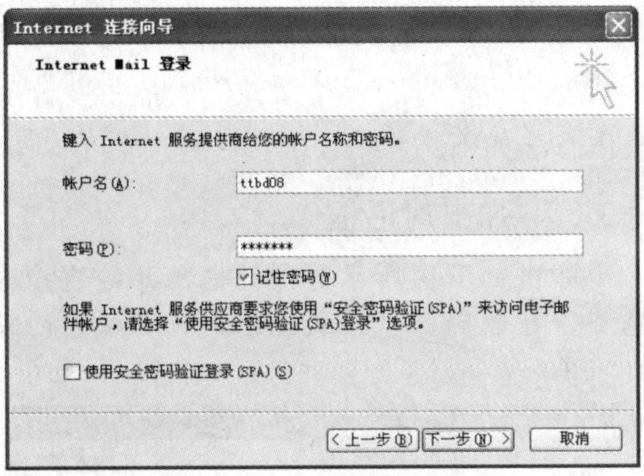

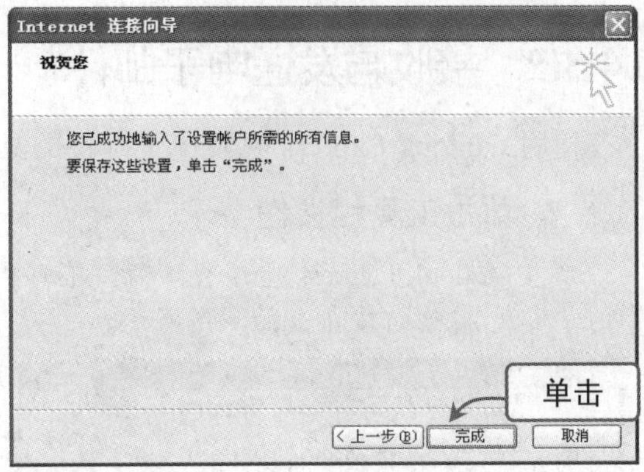

STEP 07 选择相关命令

在程序窗口中选择"工具"|"账户"命令，如下图所示。

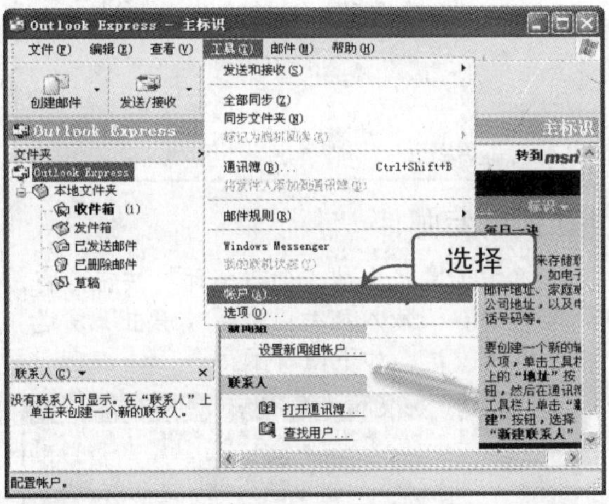

STEP 08 单击"属性"按钮

弹出"Internet 账户"对话框，选择"邮件"选项卡，选择其中的账户，单击"属性"按钮，如下图所示。

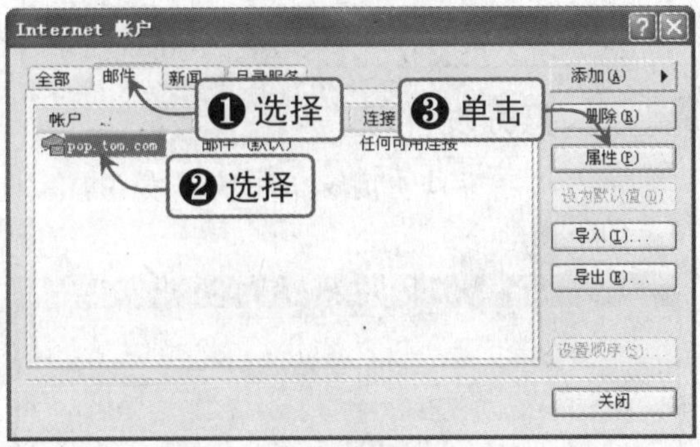

STEP 09 选中相应的复选框

弹出邮件账户属性对话框，选择"服务器"选项卡，选中"我的服务器要求身份验证"复选框，如下图所示。

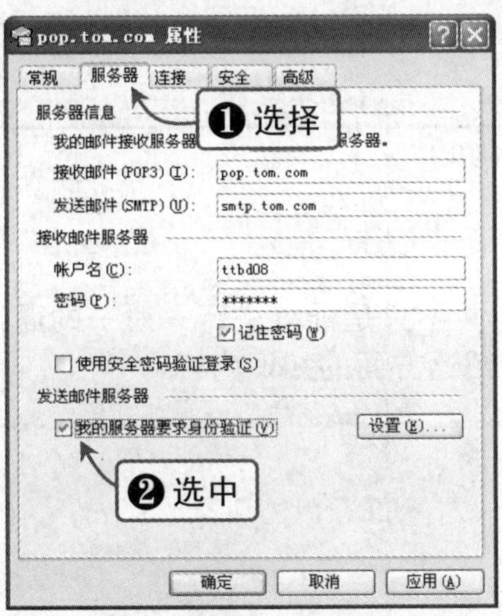

STEP 10 选中相应单选按钮

单击"设置"按钮，在弹出的对话框中选中"使用与接收邮件服务器相同的设置"单选按钮，如下图所示。单击"确定"按钮即可。

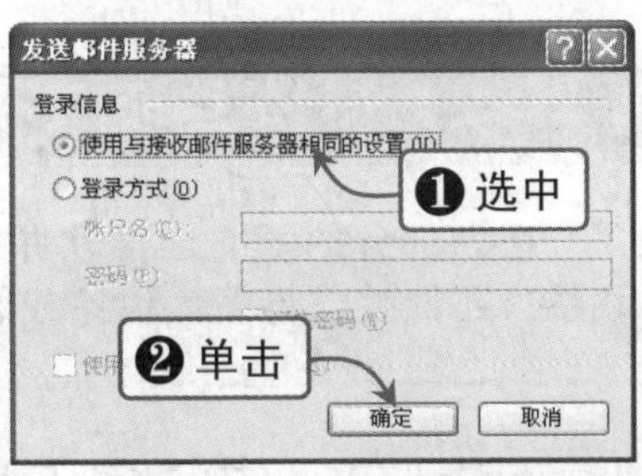

14.3.2 接收与发送电子邮件

使用 Outlook Express 收发电子邮件的具体操作方法如下：

STEP 01 单击工具栏按钮

单击 Outlook Express 应用程序窗口工具栏中的“发送/接收”按钮，如下图所示。

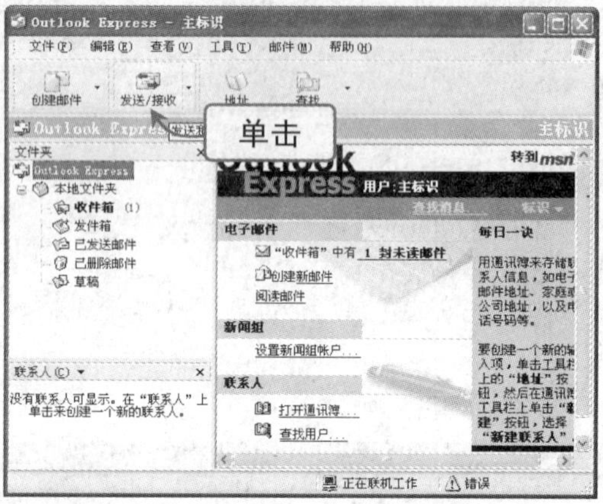

STEP 02 弹出对话框

弹出如下图所示的对话框，开始连接服务器，接收邮件，接收完毕，将自动关闭该对话框。

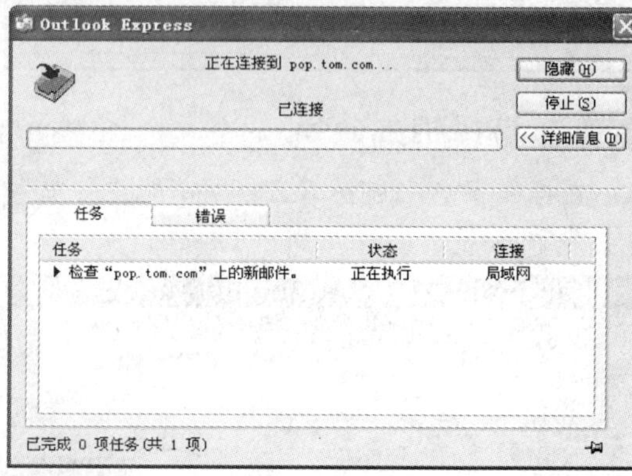

STEP 03 打开发件箱

单击程序窗口左侧窗格中的“发件箱”选项，如下图所示。

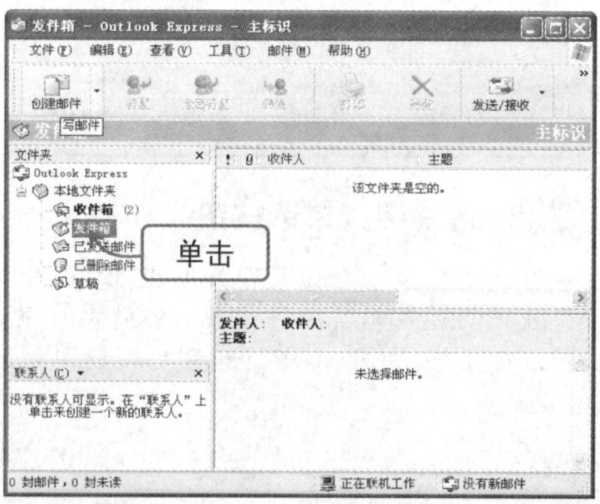

STEP 04 写邮件

单击工具栏中的“创建邮件”按钮，将打开写信窗口，输入相关内容后，单击“发送”按钮即可发送，如下图所示。

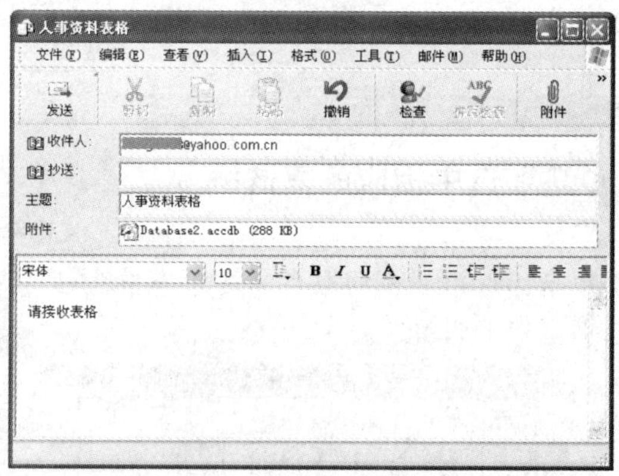

14.4 多人讨论与聊天

在大部分的即时通信软件中，它们的功能并不只是能够进行一对一的通信联系，还能够进行多人讨论或聊天，本节将介绍这方面的知识内容。

14.4.1 使用 QQ 进行多人讨论

使用 QQ 软件进行多人讨论的具体操作方法如下：

STEP 01 单击相应的按钮

打开与好友聊天窗口，单击“邀请好友进行多人会话”按钮，如下图所示。

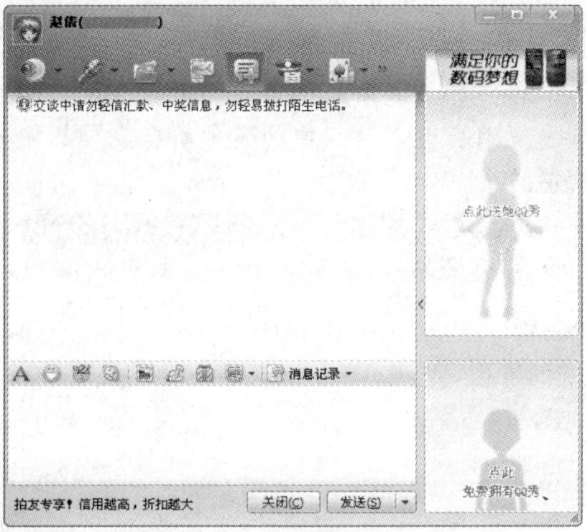

STEP 02 添加好友

弹出“选择联系人”对话框，在其中选择要加入讨论组的联系人，如下图所示。

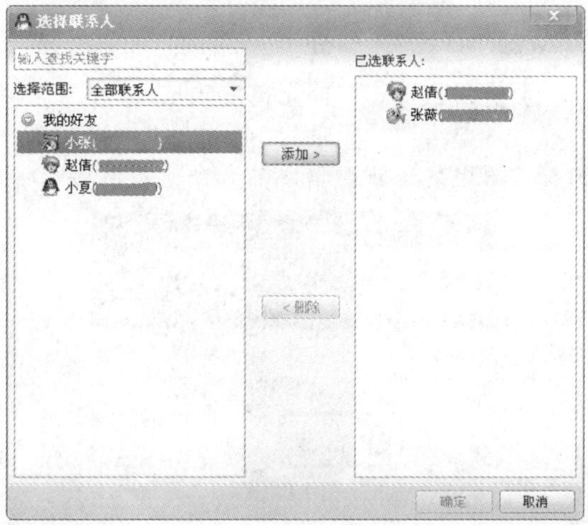

STEP 03 显示添加的成员

单击“确定”按钮，添加讨论成员，在聊天窗口右侧将显示添加的成员，如下图所示。

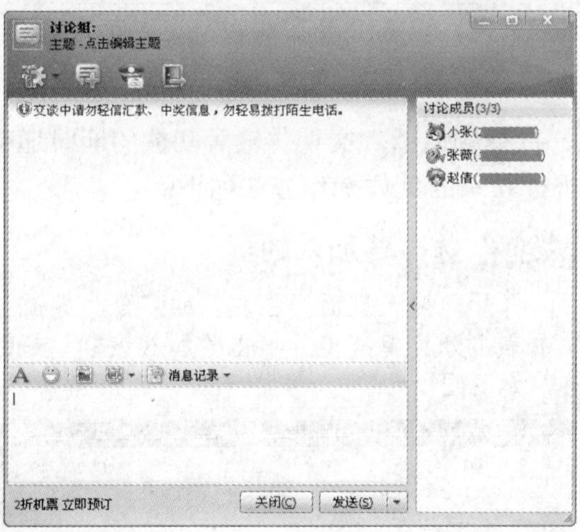

STEP 04 输入讨论内容

在聊天窗口的文本区中输入讨论内容，如下图所示。

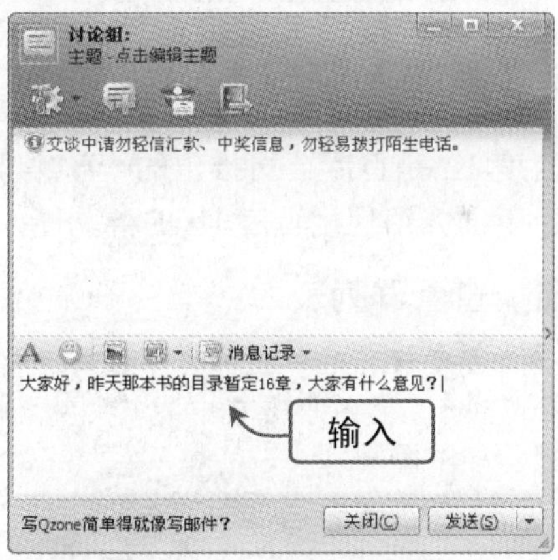

STEP 05 发送讨论内容

单击“发送”按钮，可发送讨论内容，该讨论组中的所有成员都可以看见发送的内容，其他成员发送的相关内容也将显示在聊天窗口中，如右图所示。

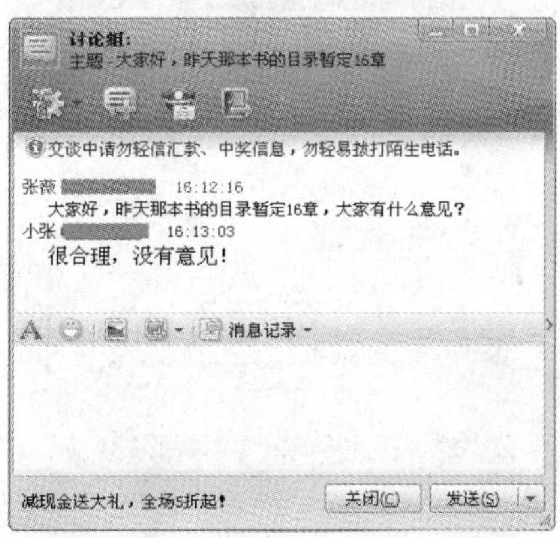

14.4.2 使用 Windows Live Messenger 进行多人聊天

使用 Windows Live Messenger 进行多人聊天的具体操作方法如下：

STEP 01 右击组名称

打开 Windows Live Messenger 程序主窗口，右击组名称“同事”，在弹出的快捷菜单中选择“向组发送即时消息”命令，如下图所示。

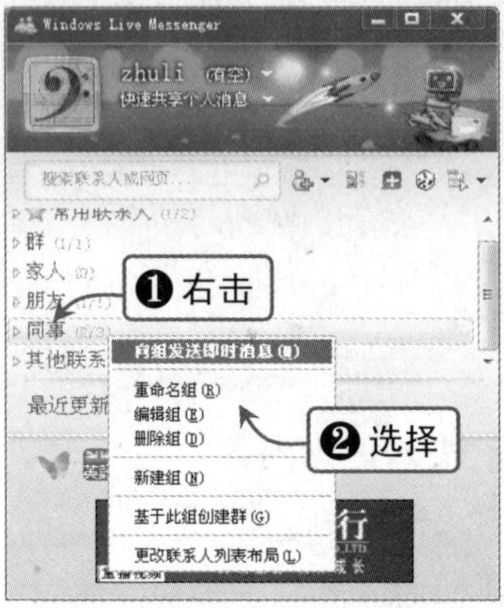

STEP 02 打开消息窗口

打开如下图所示的窗口，当该组中任何成员发送消息时，该组中的其他所有成员都能收到消息。

14.4.3 加入百度 Hi 中的群

百度 Hi 是百度公司推出的一款集文字消息、音视频通话、文件传输等功能的即时通信软件。下面介绍使用百度 Hi 的群功能，与多人进行联系的具体操作方法如下：

STEP 01 查看群列表

登录百度 Hi，在其主界面中选择“查看群列表”选项卡，然后单击其中的“我要查找群”超链接，如下图所示。

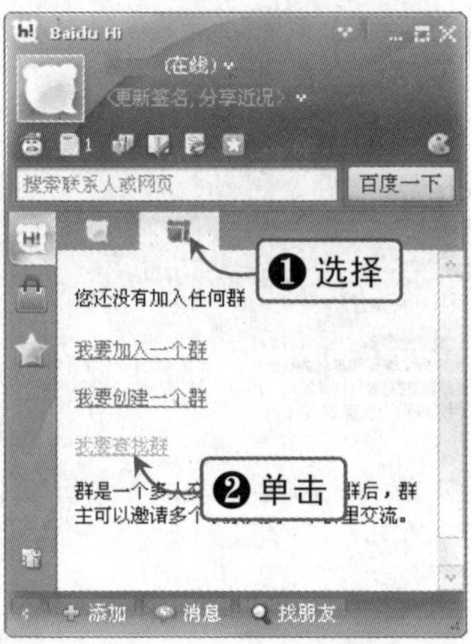

STEP 02 选择要加入的群

打开群搜索页面，在左侧的“分类导航”栏中单击分类超链接，单击“加入该群”超链接，如下图所示。

STEP 03 打开“添加”对话框

弹出“添加”对话框，如下图所示。

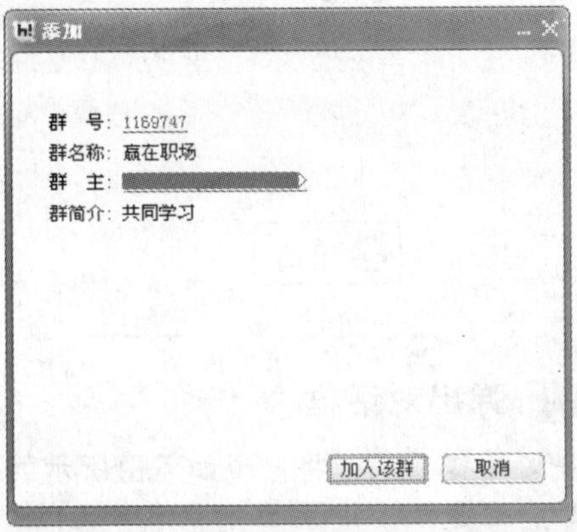

STEP 04 成功加入群

单击“加入该群”按钮，将加入选择的群，加入成功后，“添加”对话框中给出提示，如下图所示。

STEP 05 弹出会话窗口

单击“开始会话”按钮，将弹出会话窗口，可与群中的成员进行交流，如右图所示。

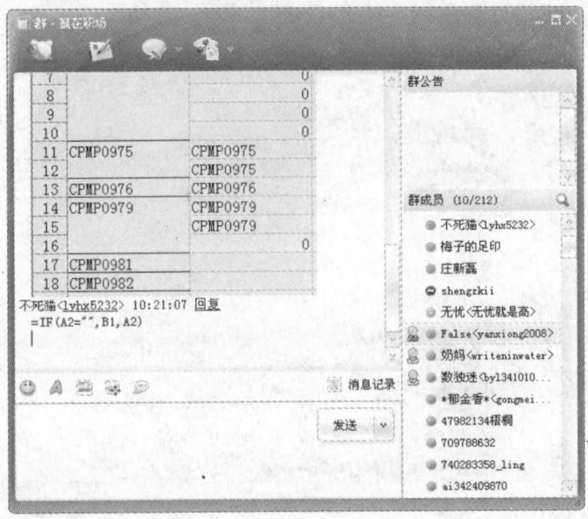

提示

在群中发送的消息，群中所有的成员均可查看。

技巧百宝箱

技巧 1 巧用远程协助功能

使用 MSN 提供的远程协助功能，能够向好友请求远程协助，以解决自己的电脑故障。其具体操作方法如下：

STEP 01 选择“请求远程协助”命令

单击“显示菜单”下拉按钮，在弹出的下拉菜单中选择“操作”|“请求远程协助”命令，如下图所示。

STEP 02 选择联系人

打开“选择一个联系人”窗口，选择联系人 anni，单击“确定”按钮，如下图所示。

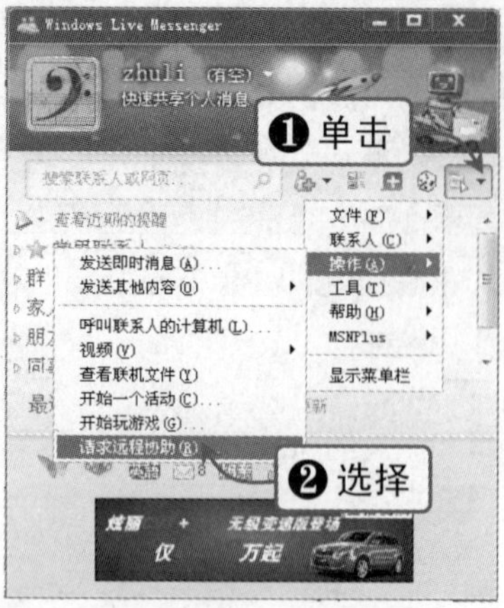

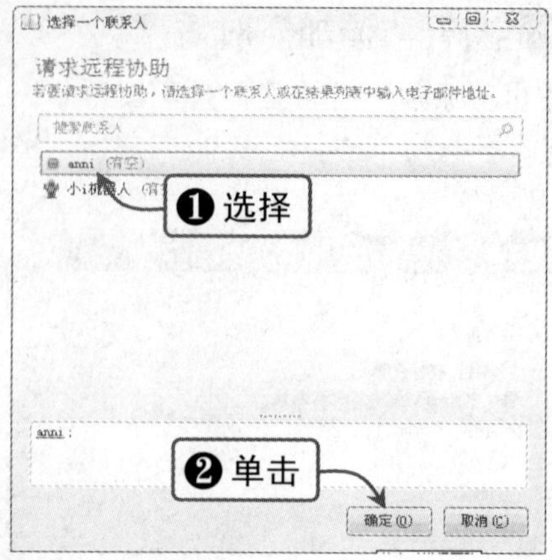

STEP 03 选择程序

单击“确定”按钮，将打开如下图所示的消息窗口，并在其中显示邀请了对方使用远程协助，正在等待对方接受，如下图所示。

STEP 04 弹出对话框

当对方接受后，将出现如下图所示的对话框，单击“是”按钮即可。

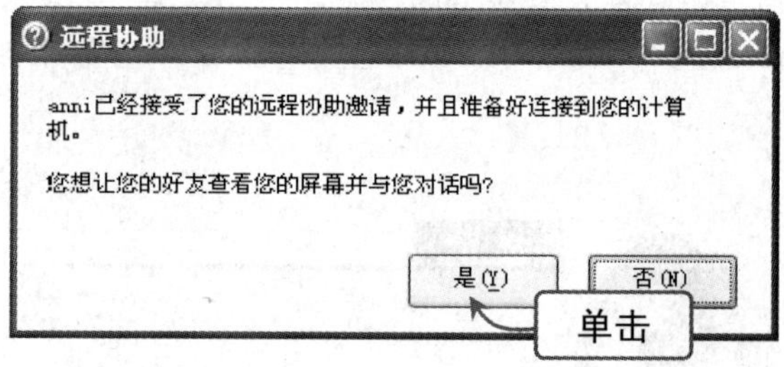

STEP 05 打开“远程协助”窗口

打开“远程协助”窗口，在该窗口中可向对方发送消息，如下图所示。

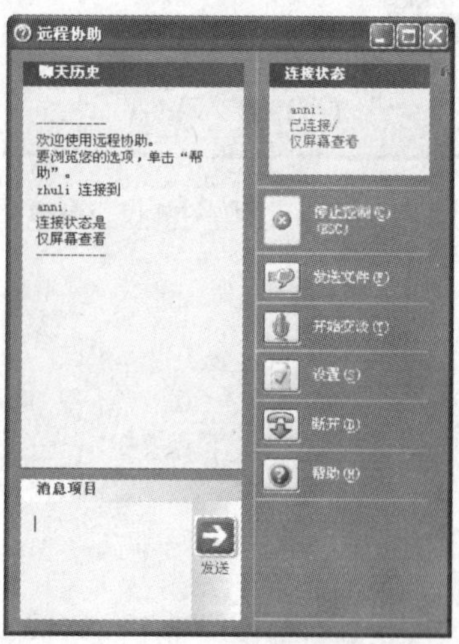

STEP 06 弹出网页对话框

对方可发送请求要求控制用户的电脑，此时，将会弹出如下图所示的对话框。

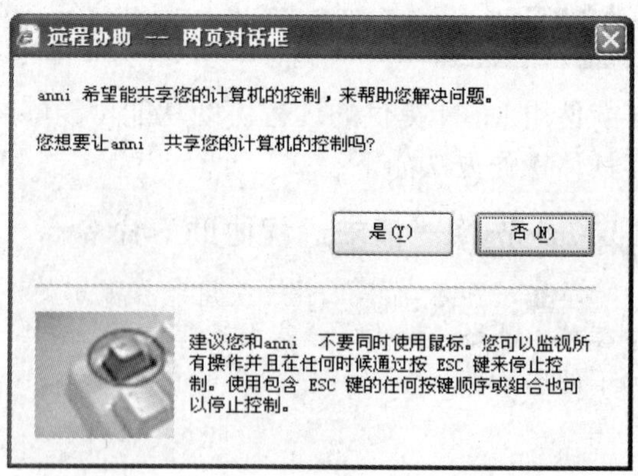

STEP 07 显示消息

单击“是”按钮，接受请求，“远程协助”窗口中将显示对方已经控制用户电脑的消息，如下图所示。

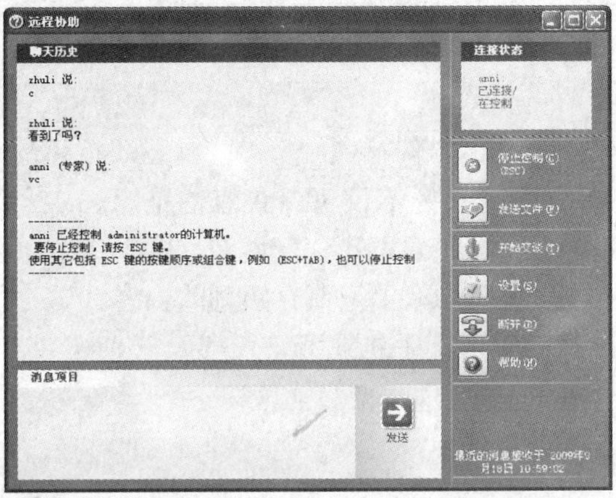

STEP 08 控制用户电脑

此时，在对方的“远程协助”窗口中，对方可进行操作，控制用户的电脑，如下图所示。

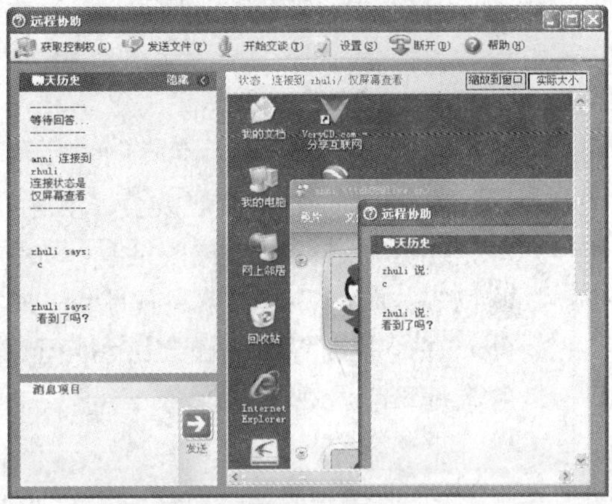

STEP 09 提示信息框

当故障排除后，对方断开控制电脑操作时，将弹出如右图所示的提示信息框，单击“确定”按钮即可。

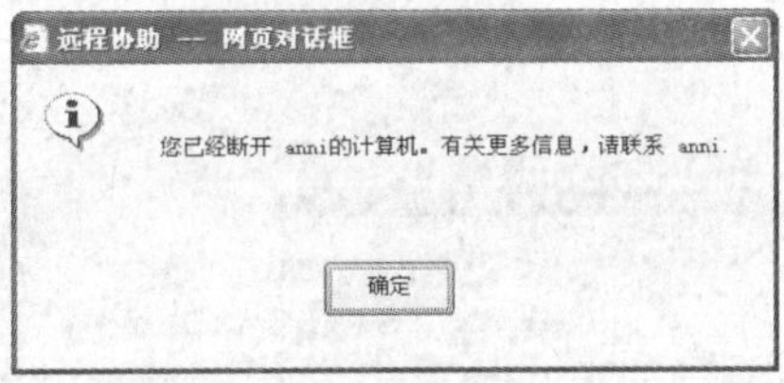

技巧 2 收取其他邮箱邮件

通过 POP 设置，用户可以在邮箱中收取其他邮箱的邮件而不需要登录多个邮箱。下面以 TOM 邮箱为例，介绍设置使用该邮箱收取其他邮箱邮件的具体操作方法。

STEP 01 登录邮箱

登录 TOM 邮箱，切换到“邮箱设置”选项卡，然后单击“POP 邮件”超链接，如下图所示。

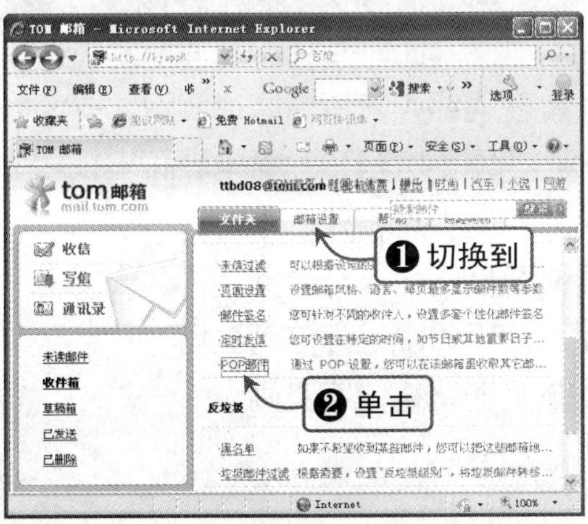

STEP 02 POP 设置

在打开的页面中设置 POP 收件服务器名称、邮箱名称等，然后单击“新建”按钮即可，如下图所示。

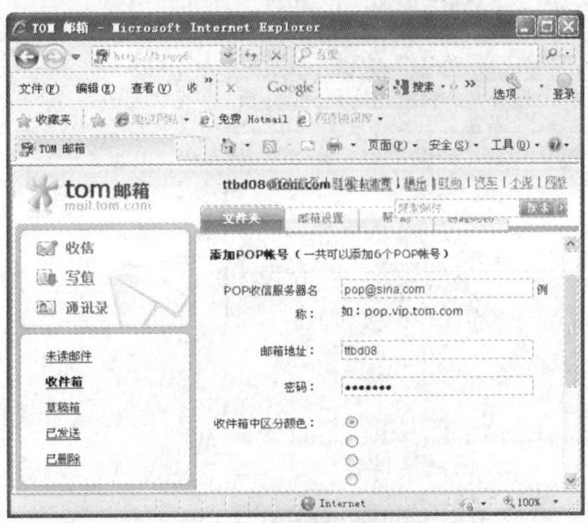

Chapter 15

网络娱乐与信息服务

互联网的快速发展改变了人们的生活，在网络上不仅可以获取信息服务，还可以进行娱乐休闲活动，如看新闻、听广播、看电影、玩游戏、网上购物等。本章将带领读者体验网上娱乐与信息服务，除了上面介绍到的内容外，在提高进阶部分还会讲到网上看病、查询股票、手机业务、查询天气、谷歌地球以及博客等服务。

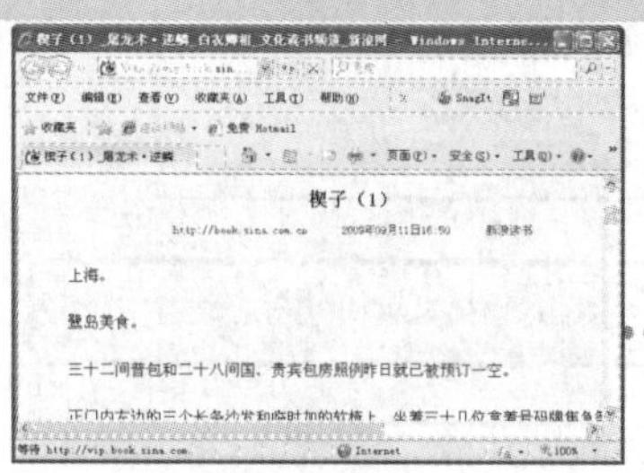

阅读电子图书

网上看电影

开通网络博客

重要知识点视频索引

本章建议学习时间：

由于本章内容较多，建议学习时间为 100min，其中分配 45min 学习获取新闻知识以及休闲方式的内容，20min 学习获取在线服务，25min 学习网络博客的部分。

学完本章后您可以：

- 在网络中获取新闻或知识
- 在网上听音乐、看电影和电视剧
- 在网上玩游戏、逛商城
- 获取网络在线服务
- 使用谷歌地球进行查询
- 开通网络博客空间

15.1 获取新闻或知识

随着互联网的发展，人们的生活、娱乐、工作方式都发生了很大改变，传统的获取新闻和知识的方式已经远远不能满足人们的需要，越来越多的人已经习惯并喜欢在网络上进行阅读和学习。

15.1.1 阅读电子报纸

人们日常阅读的纸质报纸有着信息量小、易损坏、不易查阅等局限性，因此很多比较畅销的报纸和杂志都在网络上出版了电子版。电子报纸不仅信息量大，而且方便查阅，用户可以通过网络免费阅读报纸信息。

STEP 01 搜索电子报纸

在百度主页的搜索文本框中输入电子报纸的关键字，例如“人民日报电子版”，单击“百度一下”按钮，如下图所示。

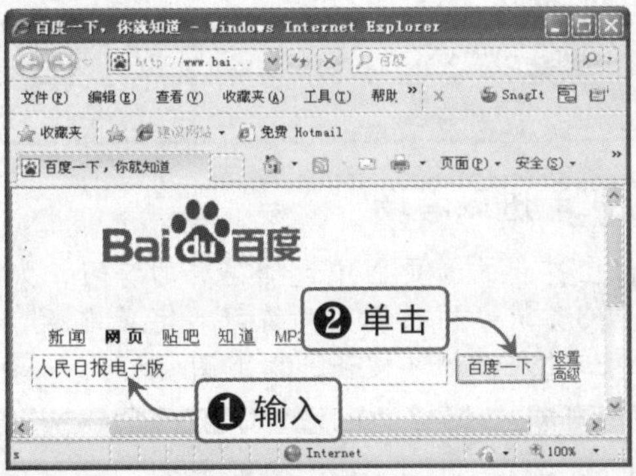

STEP 02 单击超链接

在搜索结果中单击需要打开的超链接，如下图所示。

STEP 03 打开电子报纸

在打开的新网页中显示《人民日报》的电子版，在此可以预览到电子版报纸的大致内容，其版式与纸质报纸几乎完全相同，如下图所示。

STEP 04 阅读新闻

单击电子报纸中想要阅读的板块，即可跳转到该板块的详细内容页面进行阅读，如下图所示。

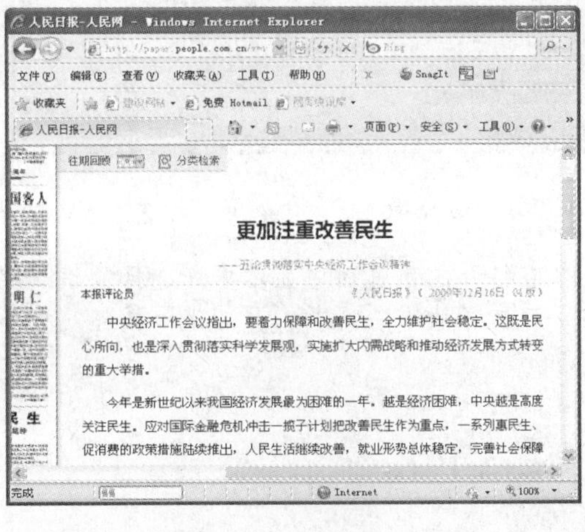

15.1.2 在线模拟考试

目前很多大型的考试网站都设立了在线模拟考试功能，用户不仅能在网上搜索到大量试题，还能进入模拟考试系统进行在线自测。下面以学易网为例介绍在线模拟考试。

STEP 01 打开网站主页

在浏览器的地址栏中输入网站地址 http://www.studyez.com，打开学易网站主页，如下图所示。

STEP 02 进入“在线考场”

单击主页上的“在线考场”按钮，如下图所示。

STEP 03 单击试题超链接

在打开的新页面中选择试题种类，单击试题超链接，如“江西公务员考试行测模拟试题五”超链接，如下图所示。

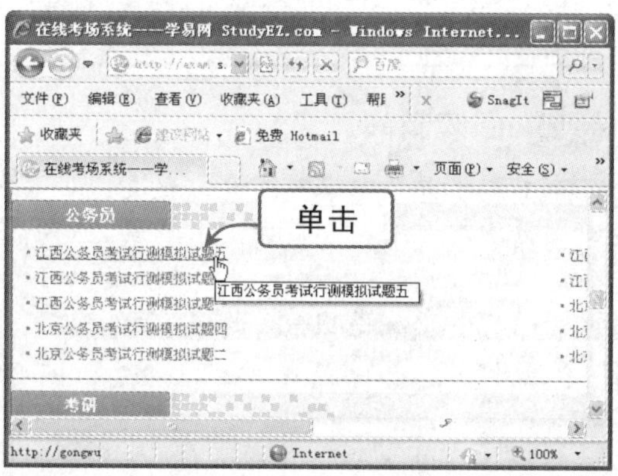

STEP 04 进入考场

在打开的新页面中选择需要的练习，如单击“公务员考试行测系列练习：定义判断”右侧的“进入考场”按钮，如下图所示。

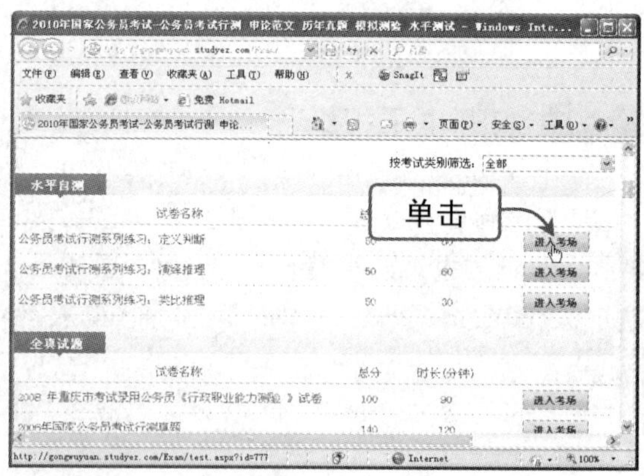

STEP 05 准备答题

在打开的新页面中显示出所选择的试卷名称，单击“我准备好了，开始吧”按钮，如下图所示。

STEP 06 开始答题

在新页面中显示出试卷的所有问题，阅读题目，选中每道题目下方你认为正确的选项前的单选按钮，如下图所示。

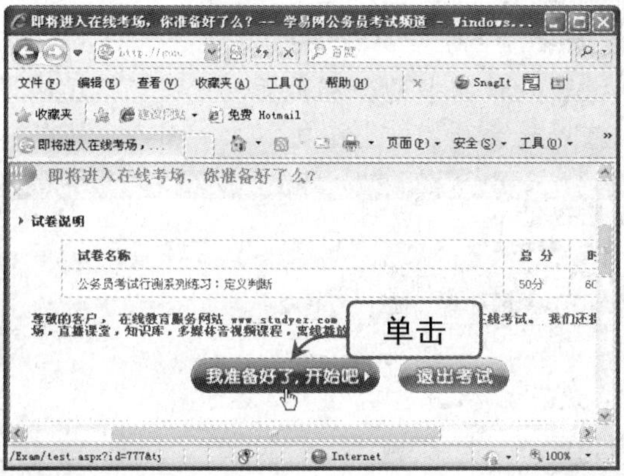

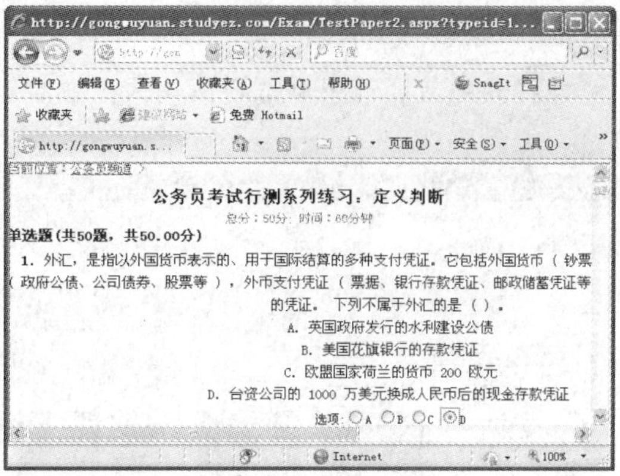

STEP 07 提交试卷

回答完所有问题后，单击“交卷”按钮，如下图所示。

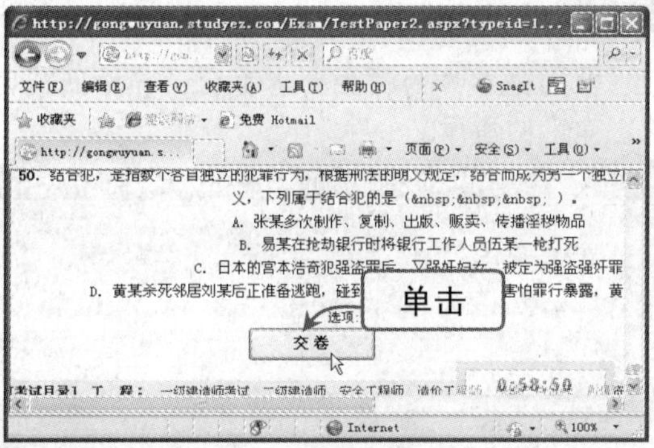

STEP 08 确认交卷

弹出提示信息框，单击“确定”按钮，如下图所示。

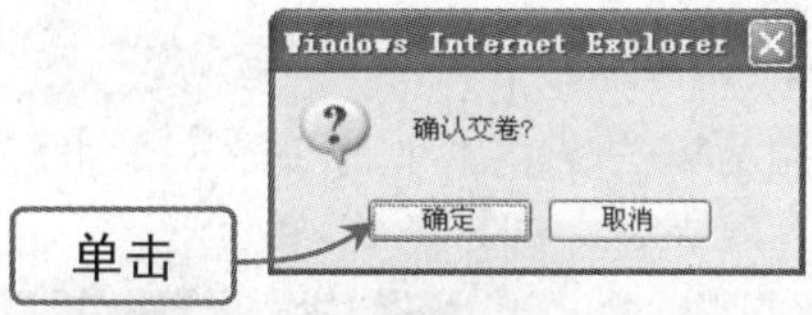

提示

单击“取消”按钮，可以暂不交卷，重新回到试卷答题。

15.1.3 阅读电子图书

对于喜欢读书的用户来说，在网上阅读电子图书不失为一种既省钱又能获取知识的好途径，下面就为大家介绍一下在网上阅读电子图书的方法。

STEP 01 打开读书频道

在 IE 浏览器的地址栏中输入新浪网站网址 www.sina.com.cn，单击“读书”超链接，如下图所示。

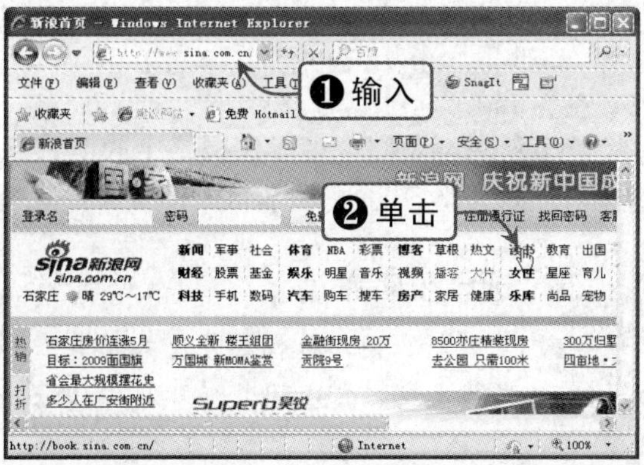

STEP 02 隐藏桌面图标

在打开的页面上方显示图书的分类，单击“小说馆”超链接，如下图所示。

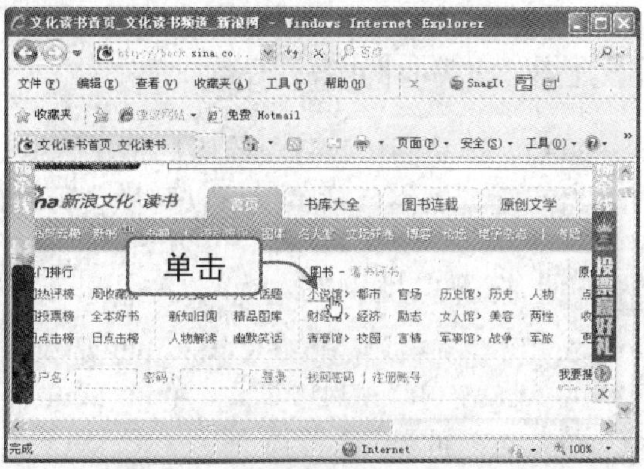

STEP 03 选择电子图书

在打开的新页面中单击要阅读的图书超链接，如下图所示。

STEP 04 打开介绍页面

进入该图书的介绍页面，里面包括了小说的内容提要等，如下图所示。

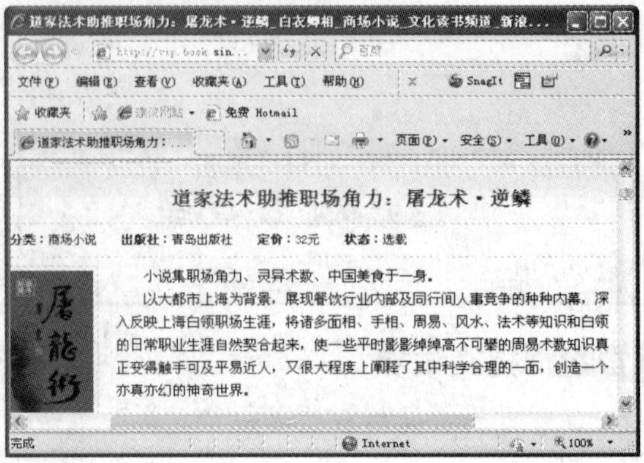

STEP 05 选择目录

图书介绍的下方是整本书的目录，单击需要阅读的篇章超链接，如下图所示。

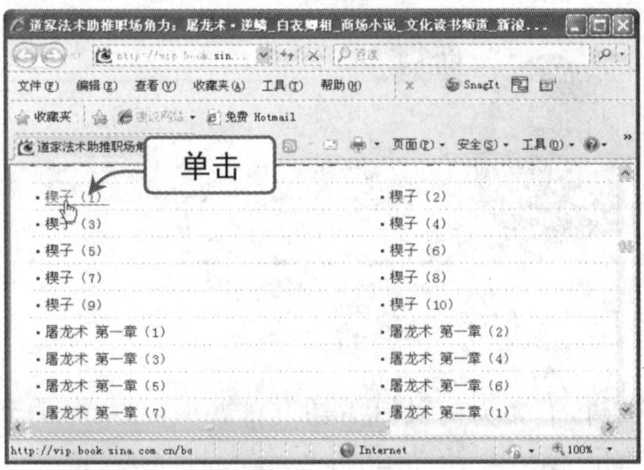

STEP 06 阅读图书

进入该篇章的详细内容页面，开始阅读内容，如下图所示。

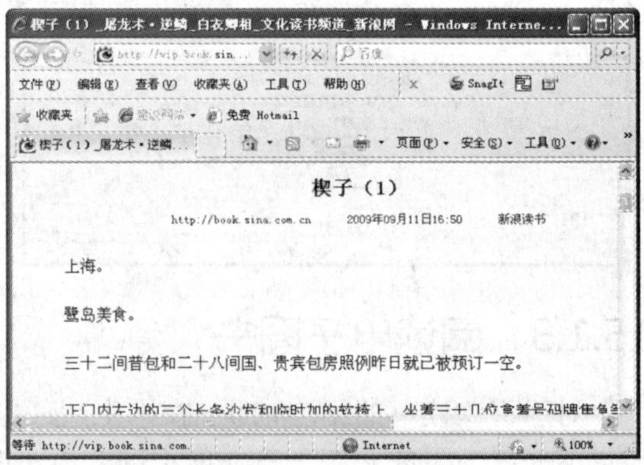

提示

在图书目录中，阅读过的篇章链接将以不同颜色显示，作为区分。

15.1.4 收听网络广播

以前，都是利用收音机收听广播，但是自从有了互联网，人们也可以在网络上收听在线的电台广播，网络广播不仅可以同步收听电台直播，还可以收听过去的节目。

STEP 01 打开广播网站

在 IE 浏览器的地址栏中输入 http://www.cnr.cn，打开中国广播网的主页，单击“直播点播”超链接，如下图所示。

STEP 02 选择收听频道

在打开的新页面中选择要收听的频道，单击“音乐之声”超链接，如下图所示。

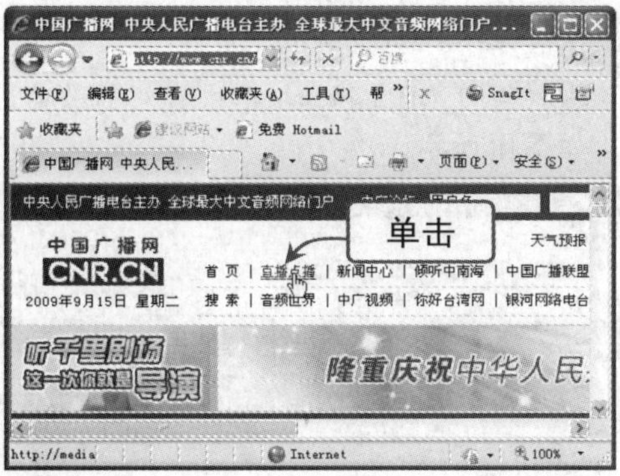

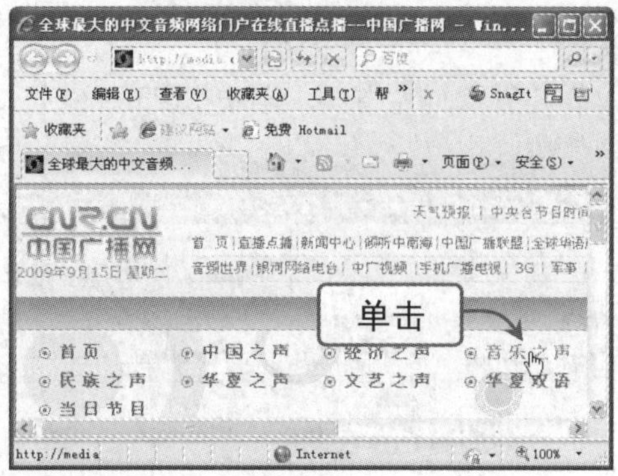

STEP 03 收听直播节目

即可在打开的页面中收听该节目的直播，如下图所示。

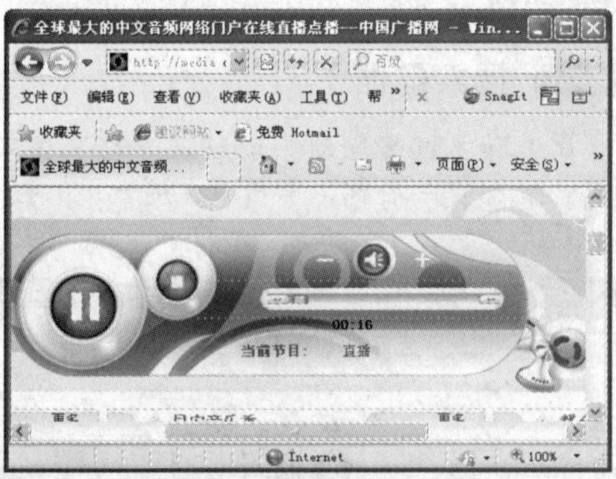

STEP 04 单击往期节目超链接

若想收听以往的节目，则可单击页面下方的往期节目超链接，如下图所示。

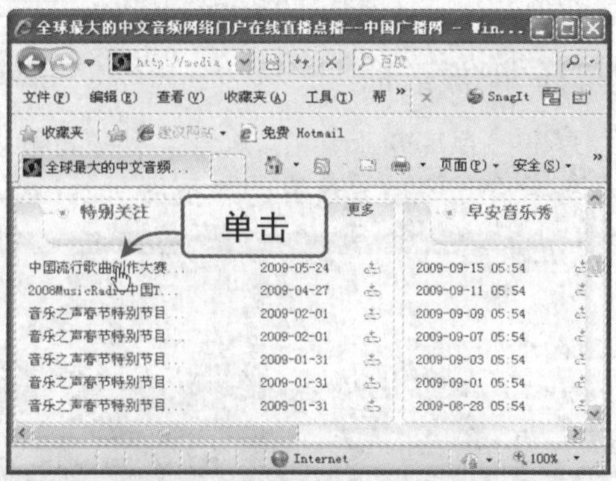

STEP 05 收听往期节目

即可在新打开的页面中收听往期的节目，如右图所示。

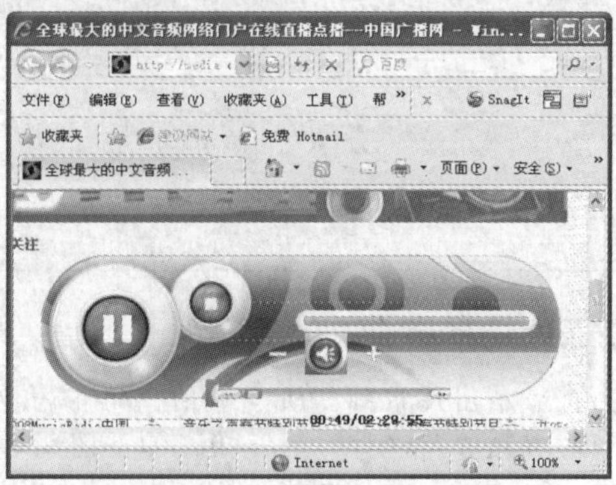

提示

利用弹出页面中的播放器，可以暂停或重新开始节目的收听。

15.2 网络休闲方式

网络的发展改变了人们的娱乐休闲方式，在网络世界中，人们可以听音乐、看电影、购物等，它让我们的娱乐生活更加丰富多彩。

15.2.1 网上听音乐

在网络上我们可以搜索到各种格式和质量的音乐，网络上有许多免费的音乐，不仅可以下载，还可以在线试听。这里主要介绍如何在线试听音乐。

STEP 01 打开 MP3 榜单

打开百度网站首页，单击 MP3 超链接，如下图所示。

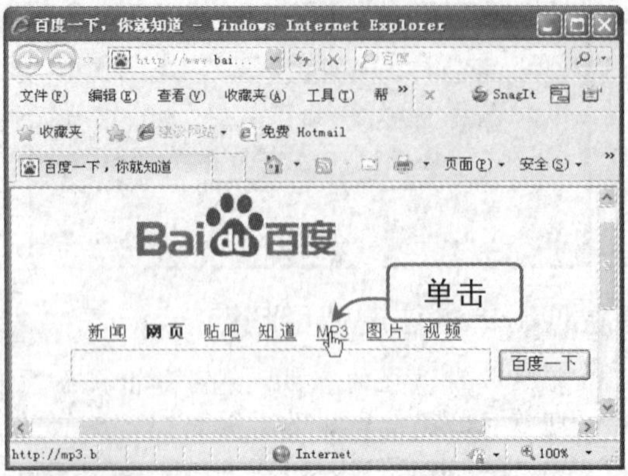

STEP 02 选择试听歌曲

进入百度 MP3 榜单，单击喜欢的歌曲超链接，如下图所示。

STEP 03 播放歌曲

弹出"百度音乐盒"，开始下载缓冲歌曲，缓冲完毕后开始播放歌曲，如下图所示。

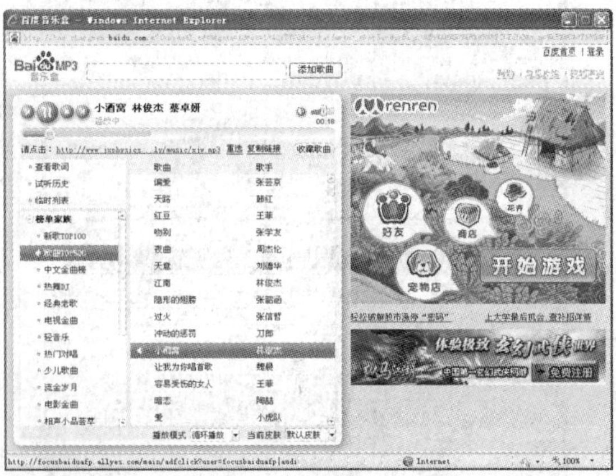

STEP 04 搜索歌曲

若想快速搜索到想听的歌曲，则在搜索文本框中输入歌曲名称，单击"百度一下"按钮，如下图所示。

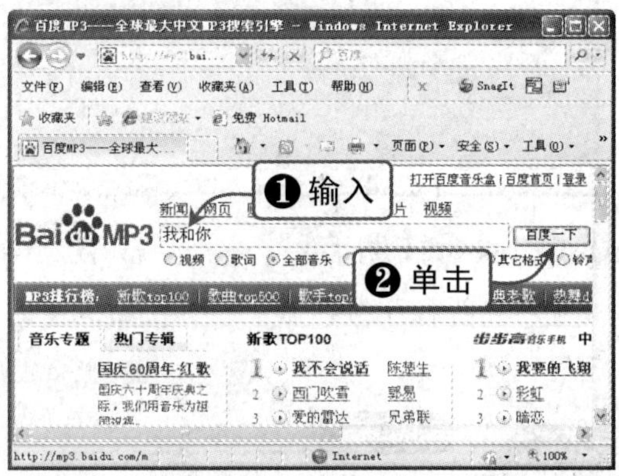

STEP 05 选择歌曲

将显示出搜索到的所有歌曲，单击需要试听歌曲右侧的"试听"超链接，如下图所示。

STEP 06 试听歌曲

打开"百度音乐盒"，开始试听歌曲，如下图所示。

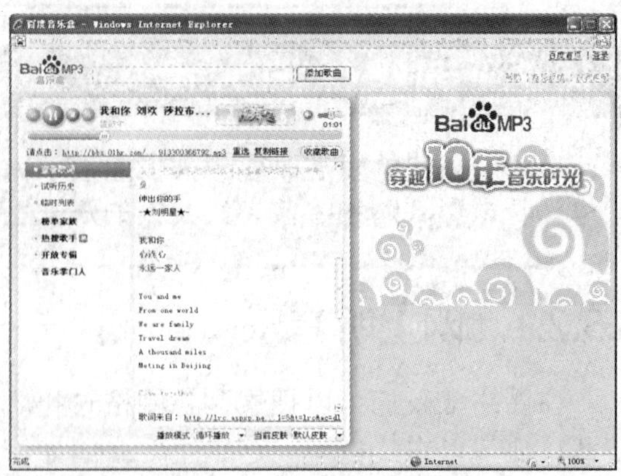

15.2.2 网上看电影

迅雷看看是一款基于 P2P Streaming 技术的播放插件，它是向用户提供包括电影、电视剧、动漫、综艺等各类节目、电视台线上直播、高清晰下载等一体的多媒体视频点播平台。使用迅雷看看的前提是先在本地计算机中安装迅雷看看插件。

STEP 01 打开迅雷主页

在 IE 浏览器的地址栏中输入网址 http://www.xunlei.com，进入迅雷首页，单击“电影”超链接，如下图所示。

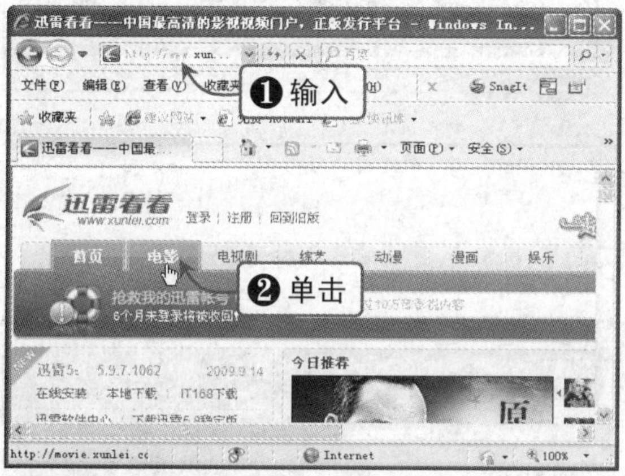

STEP 02 选择影片

打开“电影频道”，单击想要观看的电影超链接，如下图所示。

STEP 03 播放影片

影片开始缓冲，缓冲完毕后开始播放，效果如下图所示。

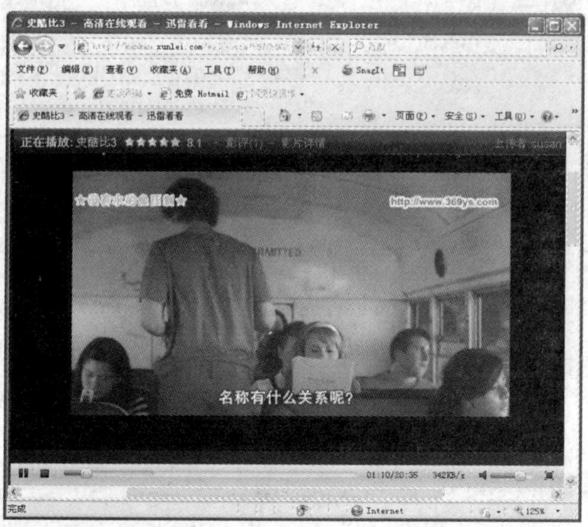

STEP 04 搜索影片

若想快速找到要收看的影片，则在首页的搜索文本框中输入搜索关键字，单击“搜索”按钮，如下图所示。

STEP 05 选择影片

显示搜索到的全部影片，单击想要收看影片的超链接，如下图所示。

STEP 06 播放影片

此时开始缓冲影片，缓冲完毕后开始播放，如下图所示。

提示

若想全屏收看影片，则单击页面右下方的“全屏”按钮■，如下图（左）所示。

若想退出全屏模式，则单击页面右下方的■按钮，或按【Esc】键，如下图（右）所示。

15.2.3 收看网络电视

传统收看电视节目的方式是通过电视机，如今更多人喜欢在网络上收看网络电视，因为网络电视不仅节目种类繁多，还可以任意点播，不受时间和电视台的限制，体育、新闻、电影、电视、综艺想看就看。目前流行的网络电视软件主要有风行网络电视、PPLive、PPStream、QQ 网络电视等，下面以 PPlive 为例介绍网络电视的收看过程。

STEP 01 启动 PPlive

双击桌面上的 PPlive 网络电视快捷方式，如下图所示。

STEP 02 打开 PPlive 界面

启动 PPlive，可以看到软件的界面，右侧的列表框中显示了所有可供收看的节目，如下图所示。

STEP 03 播放视频节目

在右侧节目列表框中展开节目列表，双击想要收看的节目，缓冲完毕后开始播放，如下图所示。

STEP 04 收藏节目

若想收藏某节目，则将鼠标悬停在某节目名称上方，此时在右侧出现一个悬浮窗口，单击“收藏”按钮，如下图所示。

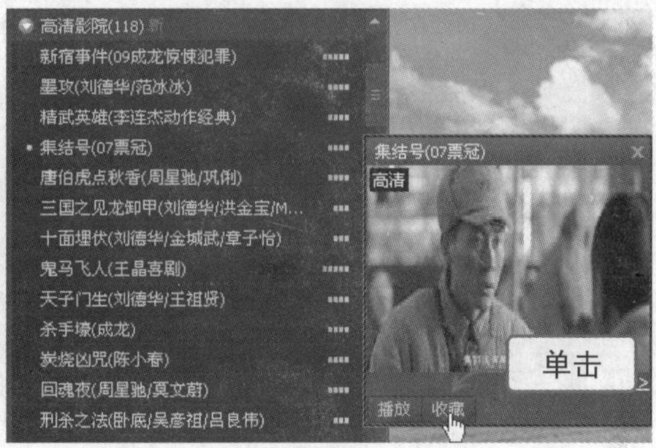

STEP 05 查看收藏夹

切换到“收藏”选项卡，可看到已收藏的节目列表，如下图所示。

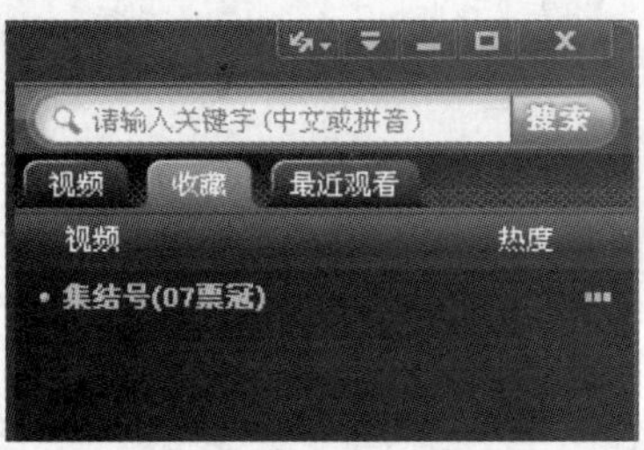

STEP 06 搜索视频节目

返回“视频”选项卡，在搜索文本框中输入要搜索的节目关键字，在下方列表中自动出现搜索结果，如下图所示。

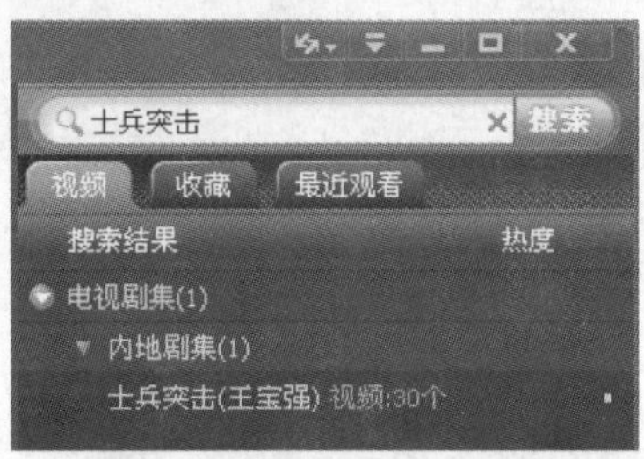

STEP 07 选择节目

将鼠标悬停在某节目名称上方，会在右侧出现的悬浮窗口中显示该节目的目录，单击需要收看的集数，如下图所示。

STEP 08 播放视频

开始播放选中的视频节目，如下图所示。

提示

若想全屏收看节目，则单击界面下方的“全屏”按钮，如下图（左）所示。此时视频收看窗口将布满整个屏幕，若想退出全屏，则按【Esc】键即可，如下图（右）所示。

15.2.4 网上玩游戏

在闲暇时间，用户可以玩一些在线游戏，但是一般大型的网游不仅对显卡要求较高，而且容易上瘾，因此推荐用户玩些休闲小游戏，例如QQ游戏，只要有QQ账号就可以玩。下面以QQ游戏中的对对碰游戏为例介绍一下QQ游戏的玩法。

STEP 01 双击“QQ游戏”图标

下载并安装QQ游戏后，双击桌面上的“QQ游戏”快捷方式图标，如下图所示。

STEP 02 登录账号

弹出“QQ游戏2009”登录对话框，输入QQ账号和密码，单击“登录”按钮，如下图所示。

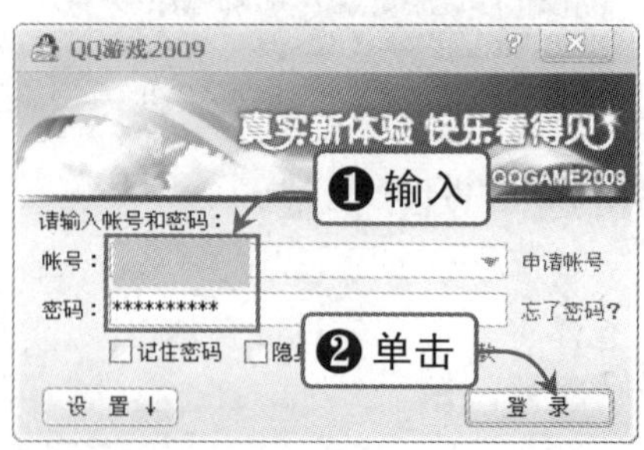

STEP 03 选择游戏

进入 QQ 游戏大厅，在左侧游戏列表窗口中双击想要玩的游戏，如下图所示。

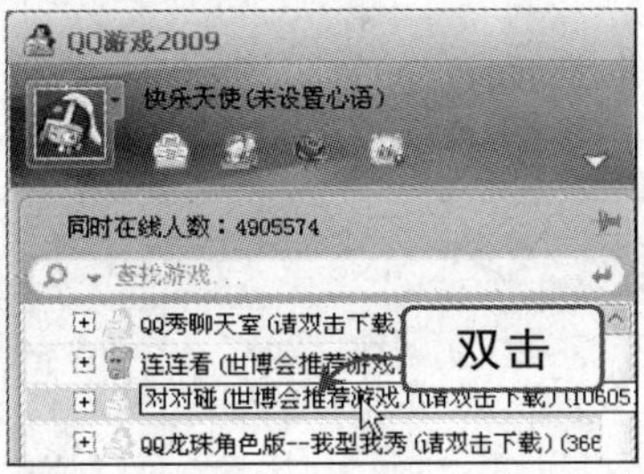

STEP 04 确认下载游戏

弹出提示信息框，单击“确定”按钮，如下图所示。

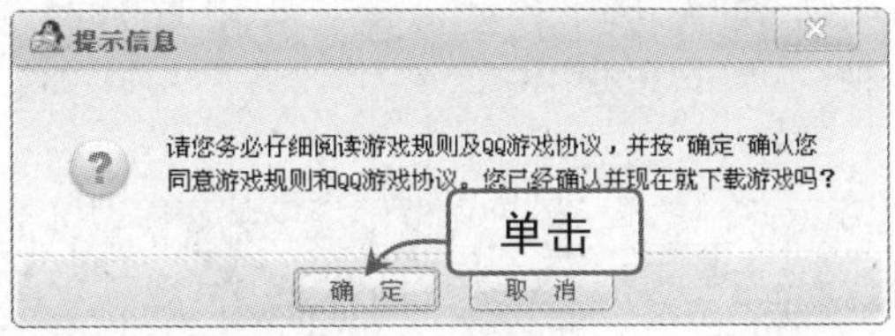

STEP 05 下载游戏

弹出“QQ 游戏更新”对话框，开始下载游戏，并显示下载进度，如下图所示。

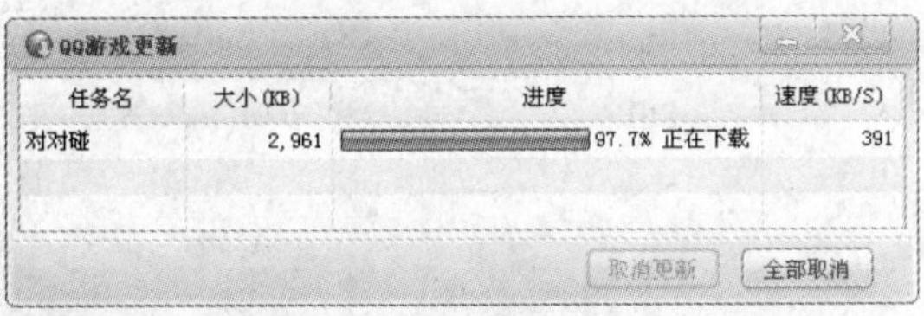

STEP 06 安装游戏

游戏下载完成后，开始安装所下载的游戏，并显示安装进度，如下图所示。

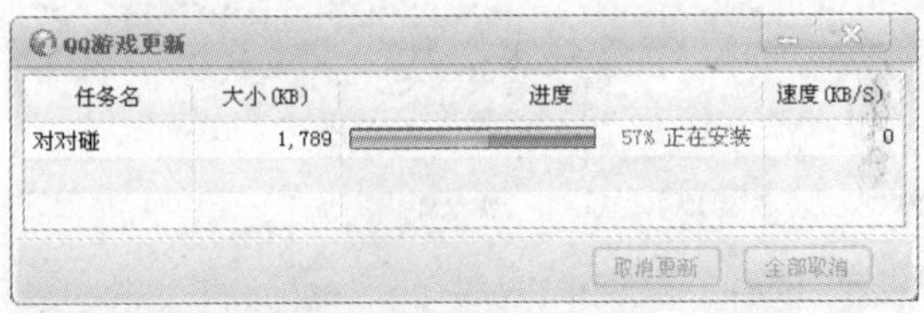

STEP 07 安装成功

安装完成后，弹出提示信息框，单击“确定”按钮，如下图所示。

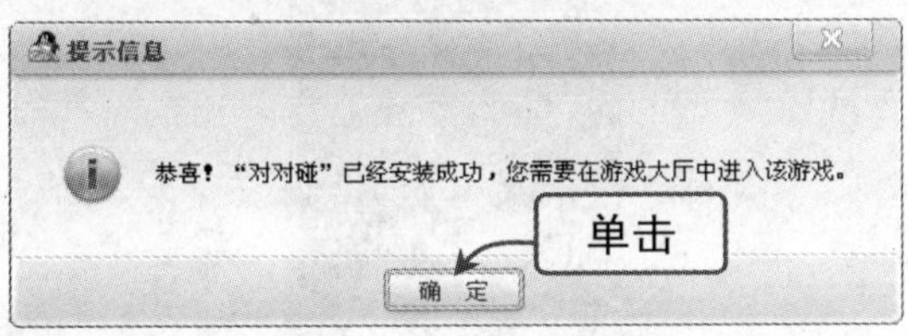

STEP 08 进入房间

返回 QQ 游戏窗口中，双击进入游戏场区和游戏房间，如下图所示。

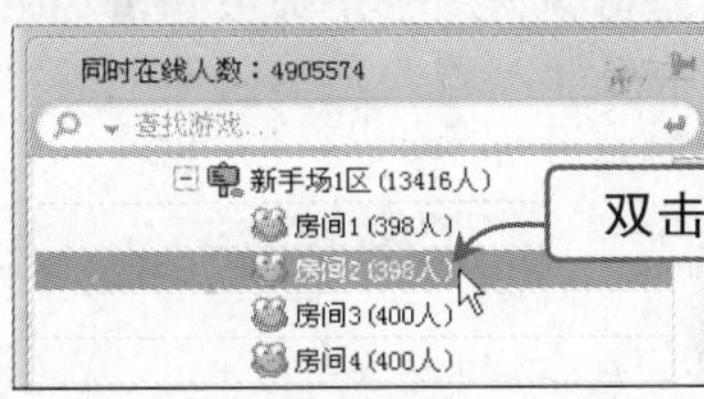

STEP 09 抢占座位

选择没有开始游戏并且人数未满的游戏桌，单击一个空闲座位，如下图所示。但是如果用户速度不够快，则可能被其他用户抢占了该座位，此时只能选择其他位置。

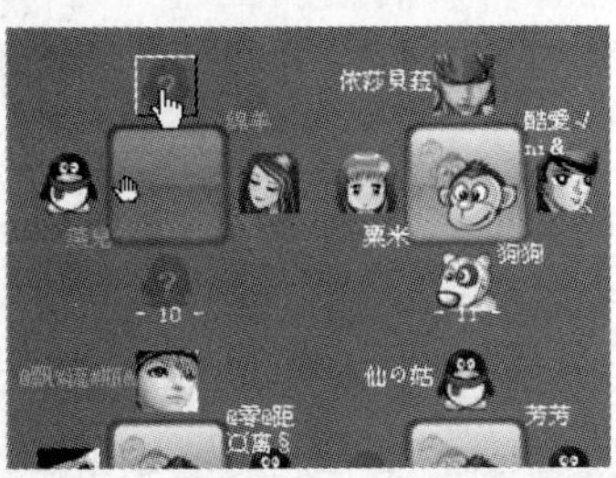

STEP 10 开始游戏

进入座位后，会显示出参加游戏的用户名以及各自的分数等级，单击“开始”按钮，进入准备游戏状态，如下图所示。

STEP 11 交换相邻头像

游戏开始后，选中相邻（横、竖）的两个头像，则这两个头像的位置发生互换，如果互换成功则消去头像，否则取消位置交换，如下图所示。

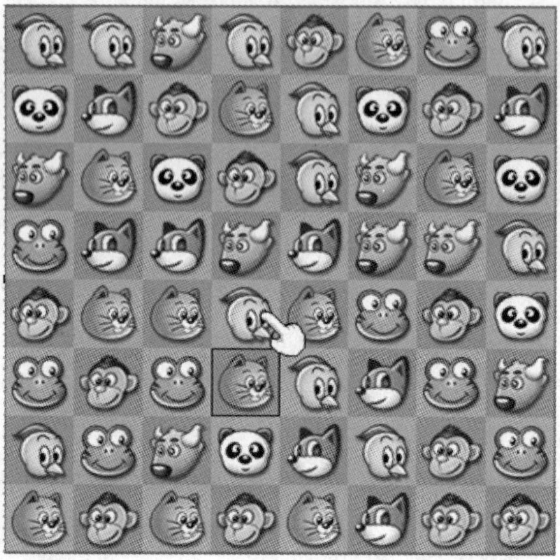

STEP 12 消去头像

互换后如果横排或竖排有3个以上相同的头像，则消去这几个相同的头像，如果互换后没有可以消去的头像，则选中的两个头像换回原来的位置。消去后的空格由上面的头像掉下来补齐，如右图所示。

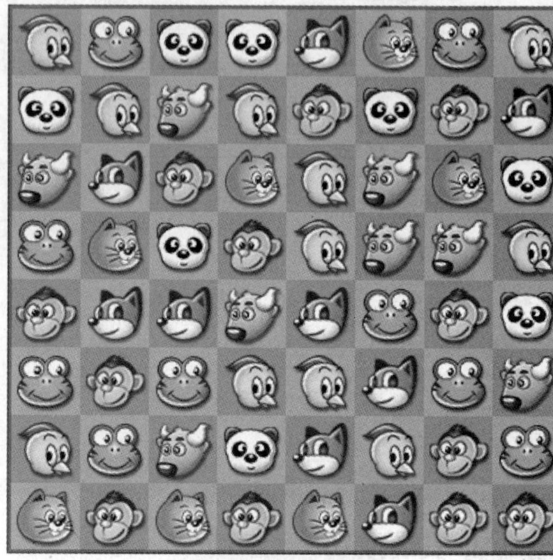

STEP 13 游戏结束

在最短时间内消去全部头像者为胜，游戏结束后，会在个人用户形象处看到自己的得分与名次，如右图所示。

15.2.5 逛网上商城

随着互联网在中国的进一步普及应用，网上购物逐渐成为人们的网上行为之一。网上购物突破了传统商务的障碍，无论对消费者、企业还是市场都有着巨大的吸引力和影响力。下面以淘宝网为例来介绍一下网上购物。

Work1 注册用户

STEP 01 打开注册页面

在 IE 浏览器的地址栏中输入网址 http://www.taobao.com，打开淘宝网首页，单击“免费注册”超链接，如下图所示。

STEP 02 选择注册方式

在弹出的新页面中选择注册方式，再次单击“邮箱注册”下方的“点击进入”按钮，如下图所示。

STEP 03 填写注册信息

在打开的新页面中填写电子邮箱、会员名、密码等注册信息，输入验证码后，单击“同意以下协议，提交注册”按钮，如下图所示。

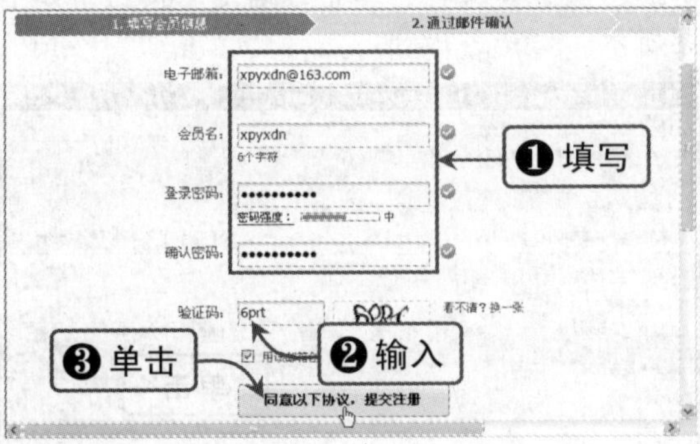

STEP 04 激活账户

在打开的新页面中出现提示信息，提示需要激活账户，单击“登录邮箱”按钮，如下图所示。

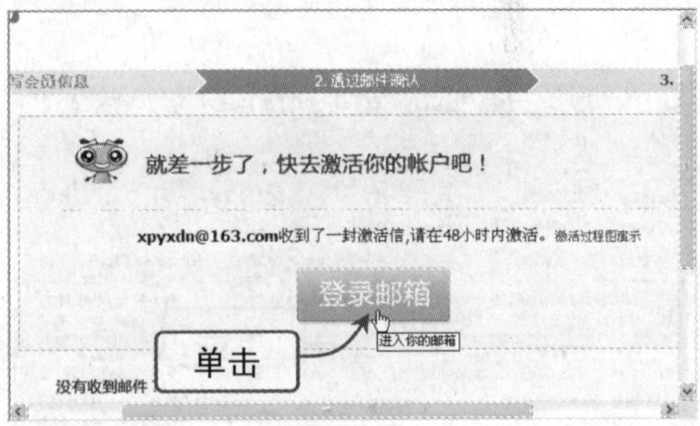

STEP 05 登录邮箱

页面自动跳转到注册邮箱的登录页面，输入用户名和密码，单击“登录”按钮，如下图所示。

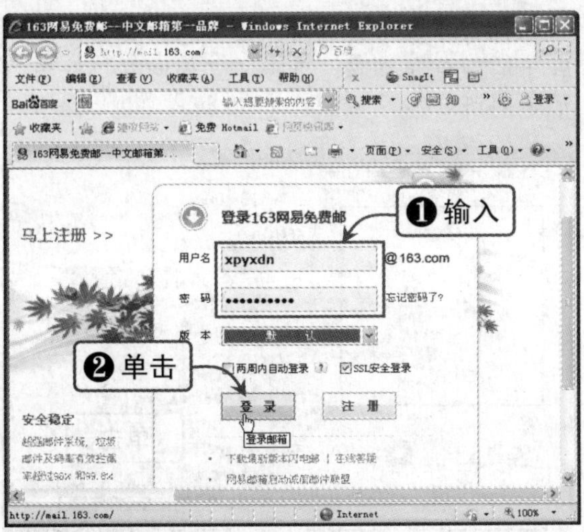

STEP 06 完成注册

打开淘宝网发送的激活邮件，单击“完成注册”按钮，如下图所示。

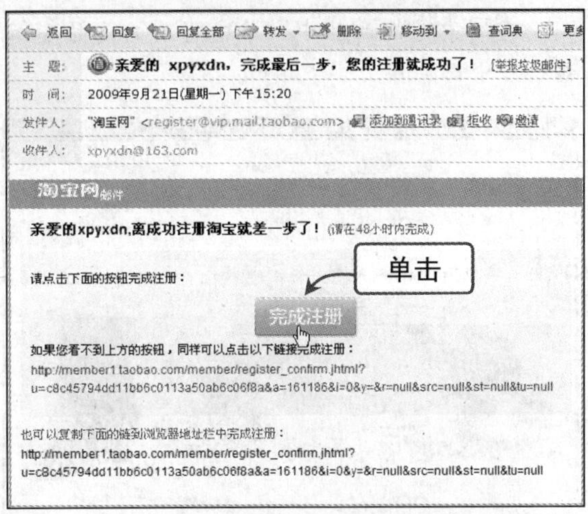

STEP 07 注册成功

弹出提示信息，提示用户注册成功，如右图所示。此后用户即可在淘宝网上购物了。

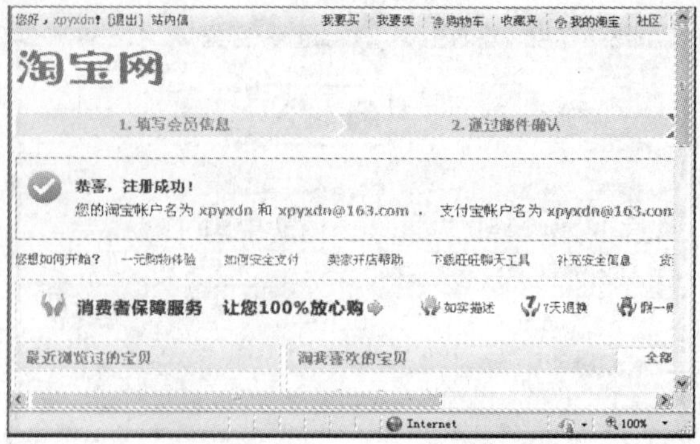

提示

“淘宝网”是亚洲最大的网上交易平台，提供各类服饰、美容、家居、数码、母婴、食品、书籍等商品，是网民喜爱的电子商务平台。

Work2 购买商品

STEP 01 选择商品分类

在淘宝网首页中，选择需要购买商品的种类超链接，如“女鞋/单鞋/靴子”超链接，如下图所示。

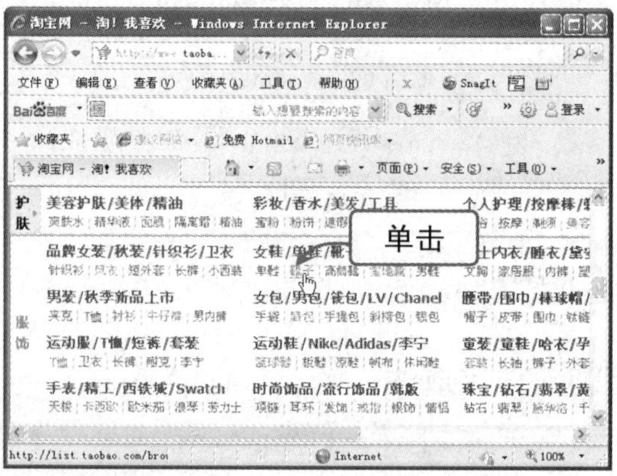

STEP 02 设置更多筛选条件

在打开的页面中单击“更多筛选条件”区域的各个下拉按钮，在下拉列表中选择鞋码、材质、颜色等条件，单击“确定”按钮，如下图所示。

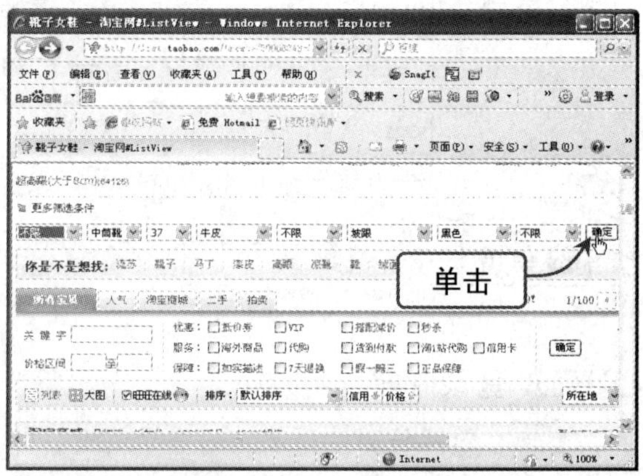

STEP 03 选择商品

在搜索出的商品中，单击喜欢的商品超链接，如下图所示。

STEP 04 购买商品

将打开显示该商品详细信息的页面，选择鞋子的颜色和尺码，单击“立刻购买”按钮，如下图所示。

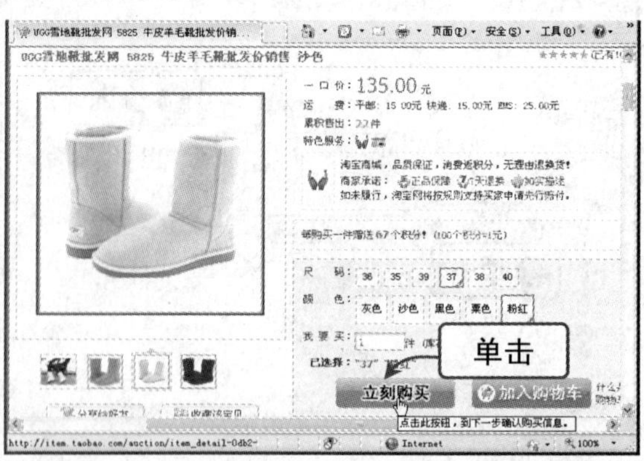

STEP 05 确认购买信息

在打开的页面中输入收货地址和联系方式，并确认购买信息，如下图所示。

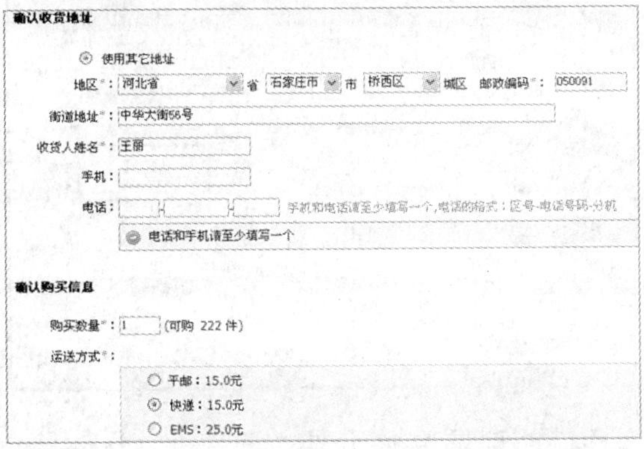

STEP 06 确认提交订单

购买信息填写完毕后，输入验证码，单击“确认无误，购买”按钮，如下图所示。

STEP 07 付款到支付宝

进入支付页面，选择“支付宝余额付款”选项卡，输入支付密码，单击“确认无误，付款”按钮，如下图所示。

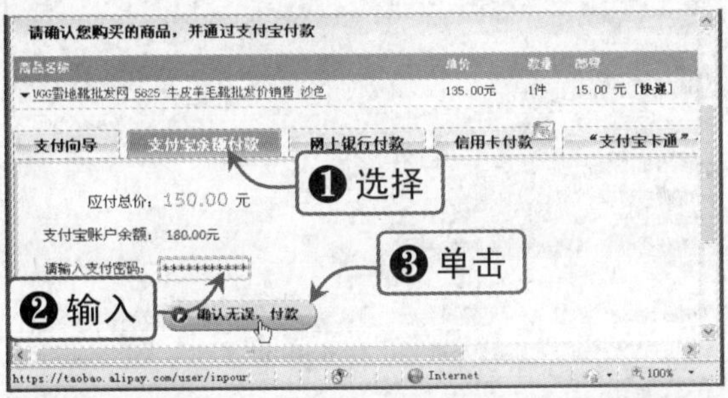

STEP 08 支付成功

弹出提示付款成功的页面，如下图所示。此后用户就需要等待卖家发货，收货验证后，支付货款并给出评价即可。

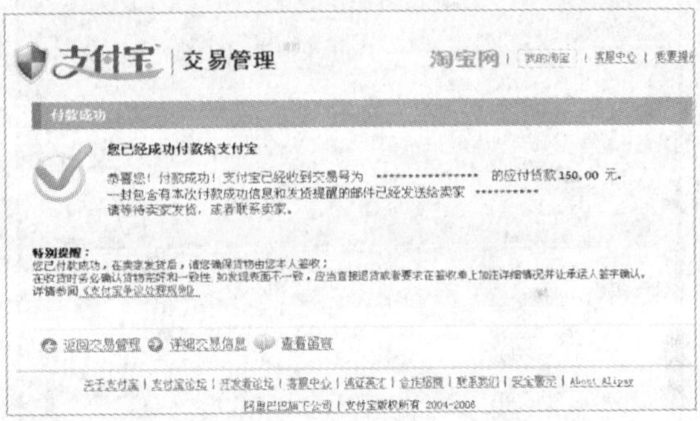

15.3 获取在线服务

随着网络的逐步发展，人们可以在网上得到越来越多的生活便利，足不出户就能享受到各种服务机构提供的全方位在线服务。

15.3.1 网上寻医问药

生了大病要上医院，可是平常的小病或者预防疾病的常识我们可以去一些医药保健网站了解一下，通过提问或查询，我们可以学到关于一些疾病的预防或治疗的知识。

Work1 搜狐健康频道

STEP 01 打开搜狐健康频道网页

在 IE 浏览器中输入网址 http://health.sohu.com，打开搜狐健康频道，如下图所示。

STEP 02 选择身体部位

找到网页下方的小人，单击小人身上的某个部位超链接，如下图所示。

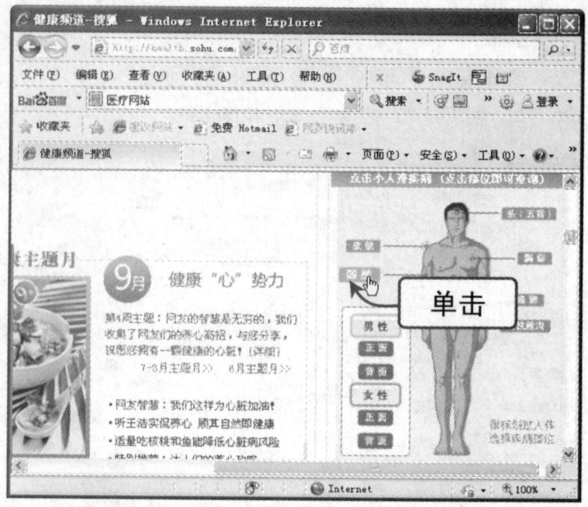

STEP 03 选择疾病

进入该部位常见病页面，单击需要查看的疾病超链接，如下图所示。

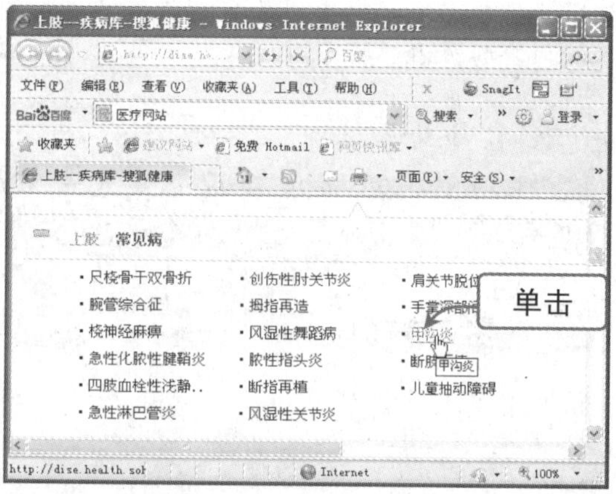

STEP 04 查看疾病介绍

在打开的页面中显示出该疾病的介绍以及防治等知识，如下图所示。

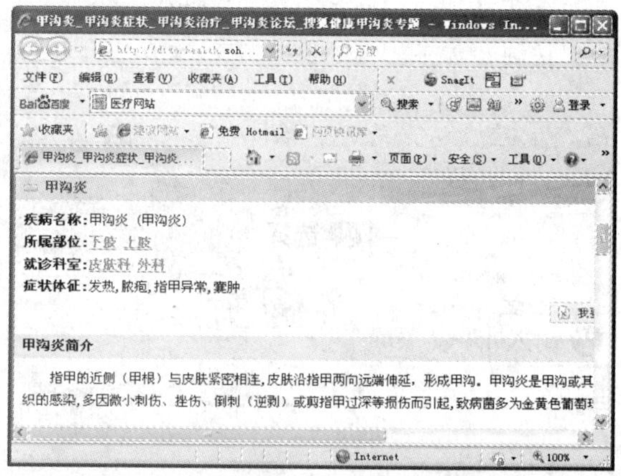

Work2 医疗网站推荐

有问必答网：http://www.120ask.com，这里可以在线提问也可以为别人答疑解惑，并提供咨询和搜索疾病的功能。

就医网：http://www.91.cn，提供就医指南、就医热点、大众健康、医疗保健等咨询。

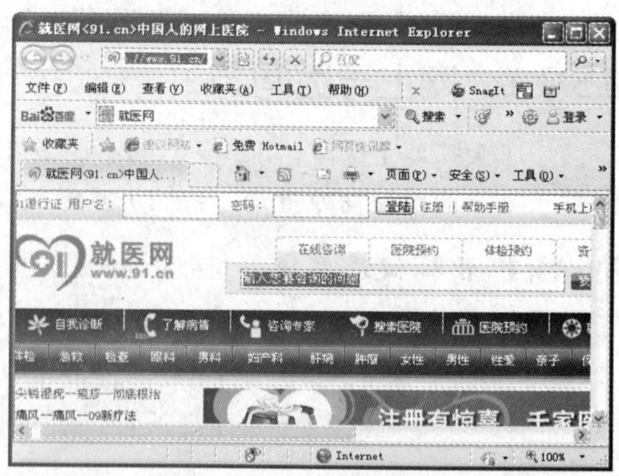

15.3.2 网上查看股票行情

随着网络信息资源的发展，许多人都选择了网上炒股，下面我们以证券之星网站为例，介绍一下如何在网站搜索并查看股票行情。

STEP 01 打开证券之星网站

在 IE 浏览器中输入网址 http://www.stockstar.com，打开证券之星网站，如下图所示。

STEP 02 搜索股票

在搜索栏中输入要查找的股票代码或股票名称，单击“搜索”按钮，如下图所示。

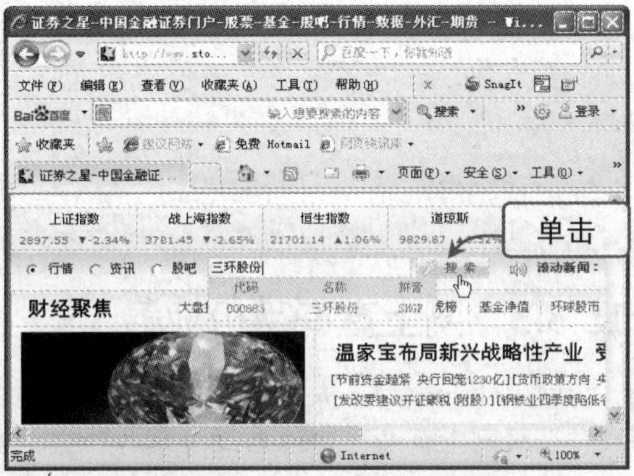

STEP 03 查看股票行情

显示查询结果，可看到该股票的基本资料，单击“行情”超链接，如下图所示。

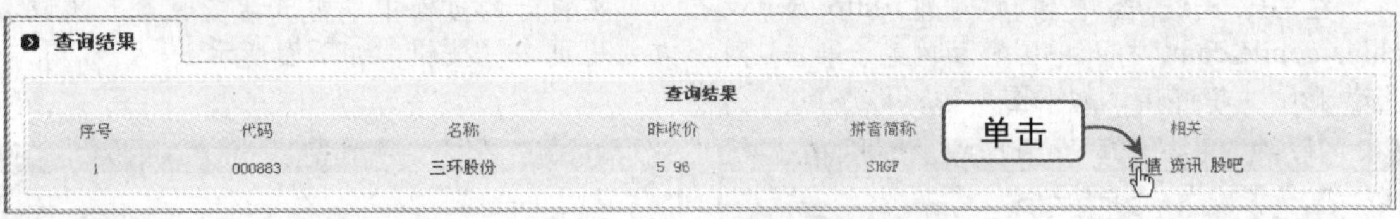

STEP 04 显示股票详细情况

显示该股票的详细情况，如下图所示。

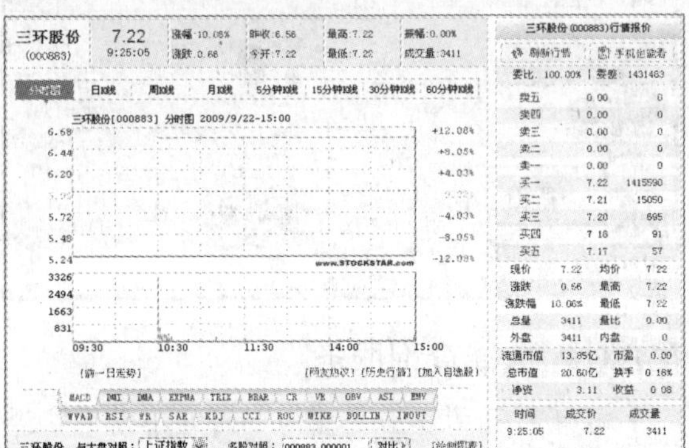

STEP 05 进入股吧

单击下方“三环股份”吧右侧的“进入三环股份吧”超链接，如下图所示。

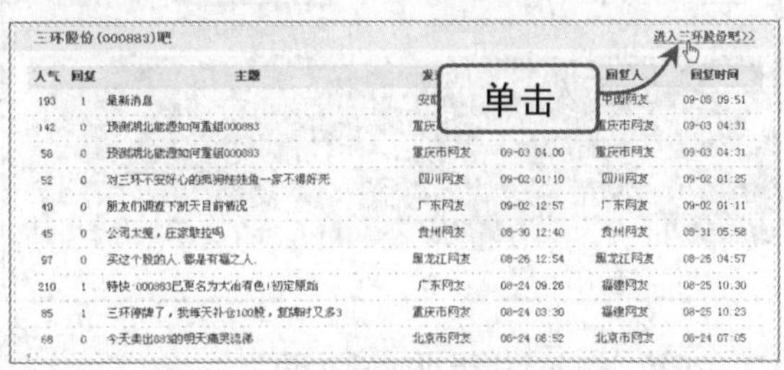

STEP 06 浏览股吧

进入股吧，此时可以查看吧中帖子，也可发表帖子或投票，如下图所示。

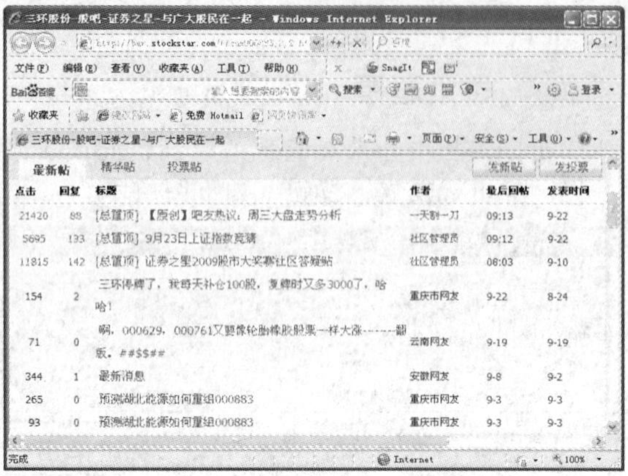

提示

进入股吧后单击页面右上方“天天问天天答”超链接，用户可提出问题或回答网友问题，方便股民更好地交流，用法类似于百度知道。

15.3.3 网上查询手机业务

网上营业厅是各大通信运营商为了方便客户办理查询电信业务而开办的专用网站，用户通过登录网上营业厅可以自助办理各种电信业务、查询和缴纳话费、查询通话记录等功能。网上营业厅可以使用户免去劳顿之苦，不用再为办理业务而奔波，在营业厅排队。

STEP 01 打开中国移动网站

在 IE 浏览器中输入网址 http://www.chinamobile.com，打开中国移动网站，单击“网上营业厅”超链接，如下图所示。

STEP 02 选择话费服务

在打开的页面中单击“话费服务”区域下方的“更多”按钮，如下图所示。

STEP 03 进入话费服务页面

在打开页面中的文本框中输入手机号码，单击 GO 按钮，如下图所示。

STEP 04 选择查询服务

在新打开的页面左侧的“网站小助手”浮动窗口中单击“账户余额查询”超链接，如下图所示。

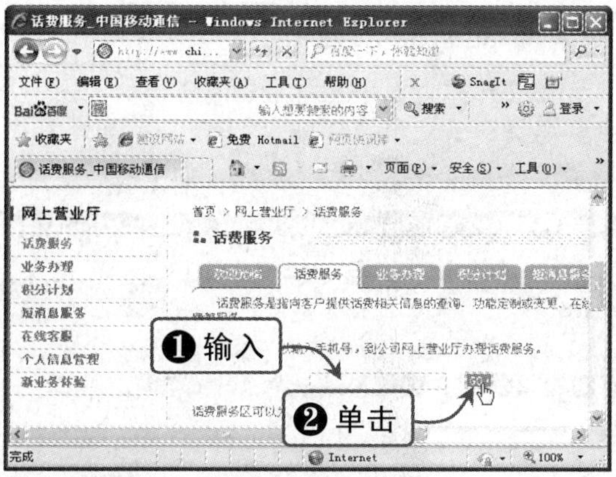

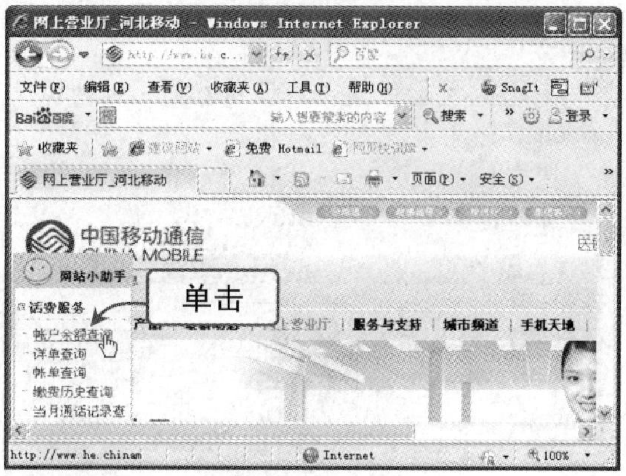

STEP 05 网上营业厅登录

在打开页面的“网上营业厅登录”窗格中输入手机号、服务密码和验证码，选中“已阅读并接受业务办理协议”复选框，单击“登录”按钮，如右图所示。

STEP 06 余额查询

登录后，可看到余额查询页面变成橘黄色，选择要查询的业务前的单选按钮，如“账户最新余额”，单击“查询”按钮，如下图所示。

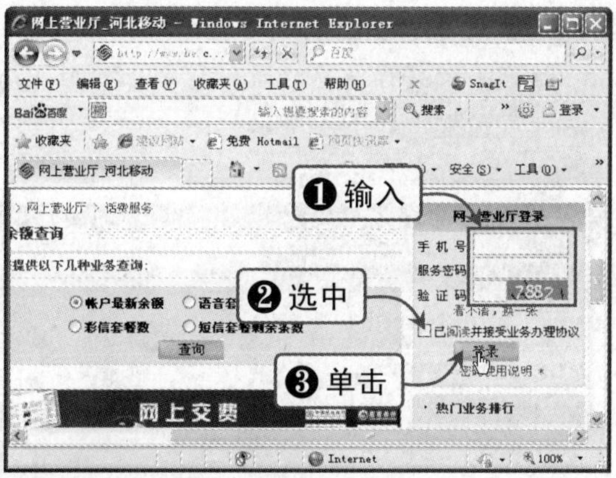

STEP 07 显示查询结果

即可显示查询结果，如右图所示。

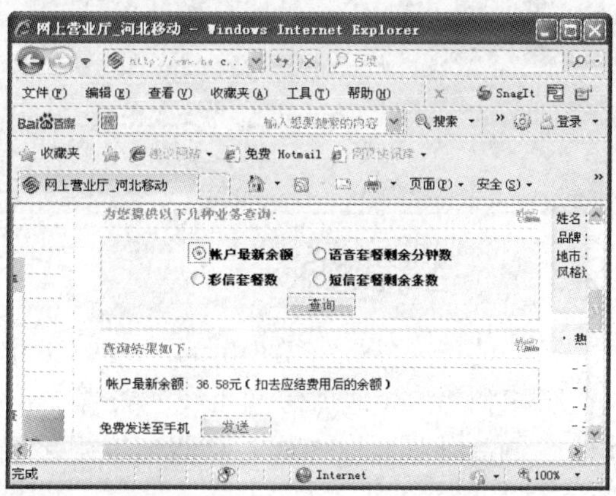

提示

在页面中单击“发送”按钮可以将查询到的信息免费发送至用户的手机上。

15.3.4 网上查询天气预报

电视上的天气预报往往不能满足用户随时查询的特点，因此网上查询天气就为出行提供了更便捷的条件。下面以中国天气网为例，详细介绍网上查询天气预报。

STEP 01 选择查询省份

在IE浏览器中输入网址http://www.weather.com.cn，打开中国天气网首页，单击“天气预报”搜索栏，在弹出的下拉列表中单击要查询的省份超链接，如下图所示。

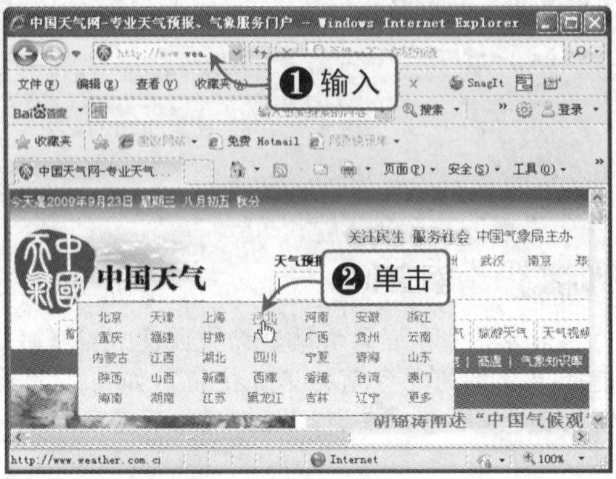

STEP 02 选择查询城市

在打开的页面中显示了所选省份的地图，单击需要查询的城市超链接，会出现一个悬浮窗口，显示出该城市的基本天气状况，如下图所示。

STEP 03 查询城市详细天气

若想查询该城市更加详细的天气状况，则单击悬浮窗口，在弹出的新页面中显示了该城市的详细天气预报，如下图所示。

STEP 04 查看未来三天天气

鼠标向下拖动滚轮，可看到未来三天该城市的天气预报，如下图所示。

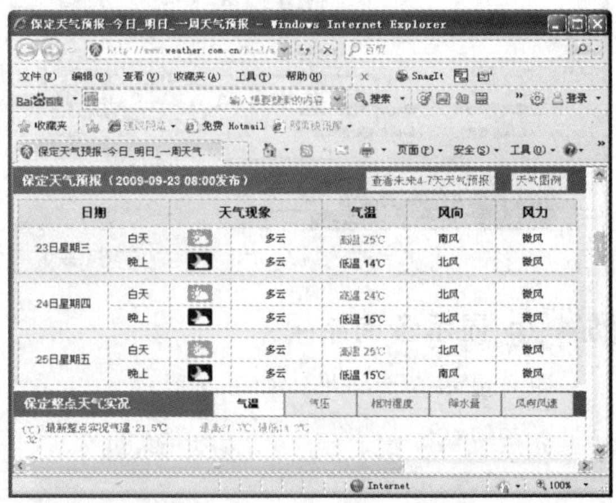

15.3.5 谷歌地球

谷歌地球（Google Earth）是一款Google公司开发的虚拟地球仪软件，它把卫星照片、航空照相和GIS（地理信息系统）布置在一个地球的三维模型上。用户可以通过下载客户端软件，免费浏览全球各地的高清晰度卫星图片。

Work1 查找地点

STEP 01 启动谷歌地球软件

下载并安装好谷歌地球软件后，双击程序启动图标，如下图所示。

STEP 02 选择国家或地区

启动谷歌地球软件，双击需要查看的国家或地区，如下图所示。

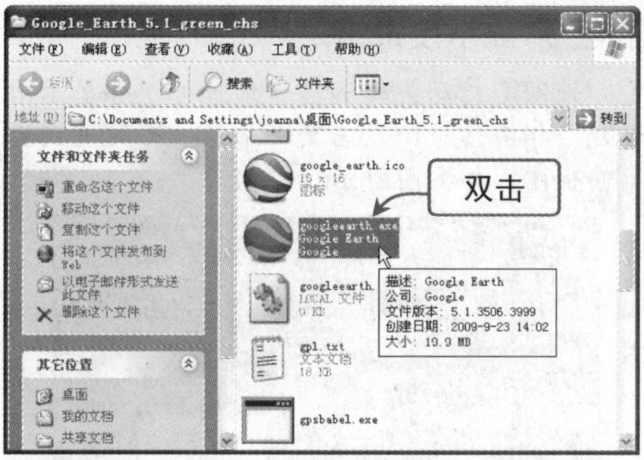

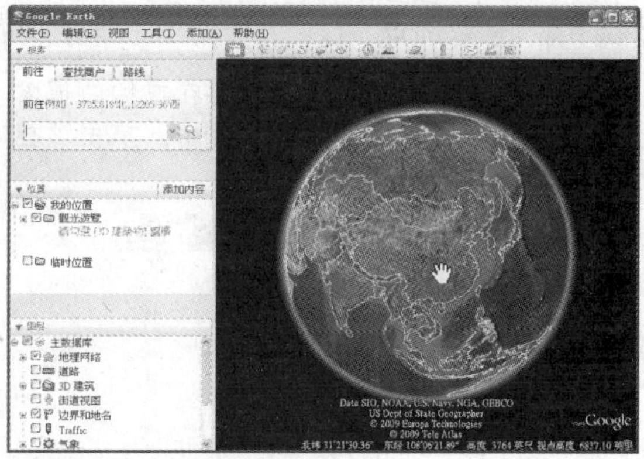

STEP 03 选择省市

进入国家或地区的版图，出现国家的省份、自治区和直辖市，双击需要查看的省份或城市，如下图所示。

STEP 04 选择景点

进入城市地图，显示出该城市主要的景点及建筑，单击需要查看的景点，如下图所示。

STEP 05 预览景点图片

即可预览该景点的清晰实物图片，如下图所示。

STEP 06 查看街道近景俯视图

以相同的方法找到需要查看的街道，双击鼠标，视图会由远及近，显示街道的清晰俯视图，如下图所示。

STEP 07 搜索地点

若想快速找到目标地点，则在左侧的搜索文本框中输入要查找地点的关键字，单击“搜索”按钮，如下图所示。

STEP 08 显示搜索结果

地图会自动跳转到搜索地址处，并显示附近几个相关地址，双击某个地址，即可看到近景俯视图，如下图所示。

Work2 查找行车距离和路线

STEP 01 设置起始地点

找到起始地点，在地点的坐标上右击，在弹出的快捷菜单中选择“从此处出发的路线”命令，如下图所示。

STEP 02 出现起始地点坐标

此时左侧的搜索文本框中的“路线”选项卡下的第一个文本框中出现了起始地点的名称和地理坐标，如下图所示。

STEP 03 设置目标地点

找到目标地点，在地点的坐标上右击，在弹出的快捷菜单中选择“以此处为目的地的路线”命令，如下图所示。

STEP 04 出现目标地点坐标

此时左侧的搜索文本框中的“路线”选项卡下的第二个文本框中出现了目标地点的名称和地理坐标，如下图所示。

STEP 05 出现行车路线和距离

单击“搜索”按钮，在左侧的窗格中出现行车路线和距离，如下图所示。

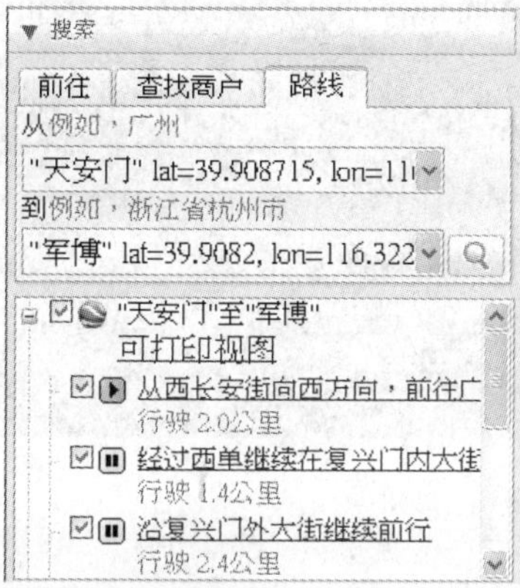

STEP 06 查看全程距离和行车时间

在右侧的地图中，出现一条紫色的线代表行车路线，单击路线上的任意位置，出现一个“路线”信息框，其中显示了全程的距离和行车时间，如下图所示。

提示

谷歌地球软件是不断更新和升级的，用户应及时下载最新版本的软件，以确保信息的准确性。

Work3 查看火星图片

STEP 01 选择火星地图

启动谷歌地球，单击工具栏中的按钮，在弹出的下拉菜单中选择“火星”选项，如下图所示。

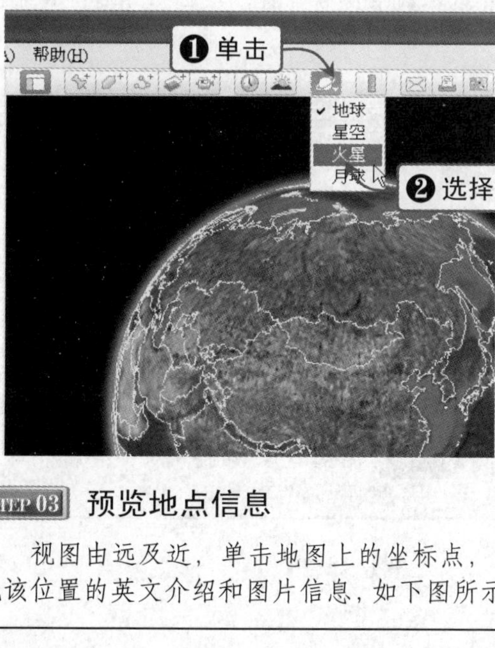

STEP 02 选择查看区域

出现火星地图，用上面的方法，双击需要查看的区域，如下图所示。

STEP 03 预览地点信息

视图由远及近，单击地图上的坐标点，出现该位置的英文介绍和图片信息，如下图所示。

STEP 04 显示近景图片

双击该地点，将显示近景地图，可看到火星表面的陆地图片，如下图所示。

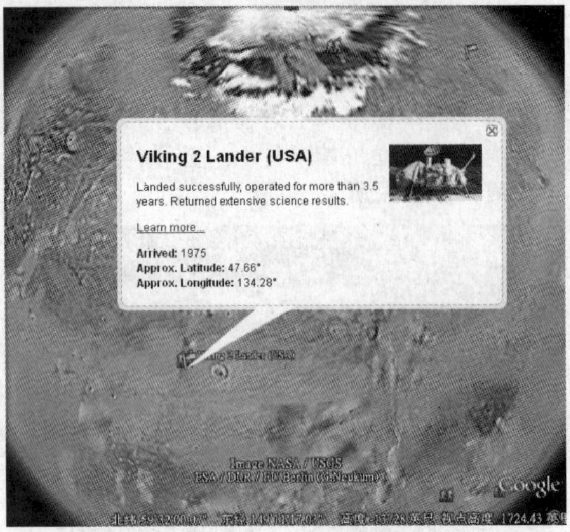

15.4 开通网络博客空间

博客（blog）是一种简易的个人信息发布方式，它相当于个人的虚拟空间。用户可以在博客中记录和发布个人的生活故事、闪现的灵感等，还可以文会友，进行深度交流沟通。

15.4.1 申请开通新浪博客

在使用博客前首先要申请开通博客，目前最流行的就是新浪博客，下面介绍开通新浪博客的过程。

STEP 01 进入新浪博客首页

在 IE 浏览器中输入网址 http://www.sina.com，打开新浪首页，单击“博客”超链接，如下图所示。

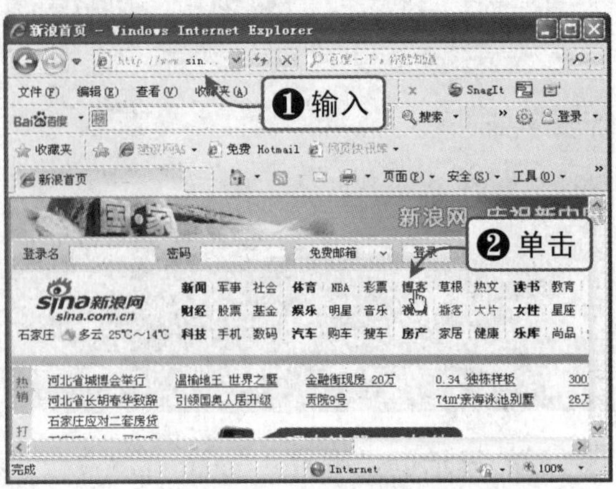

STEP 02 开通博客

进入新浪博客首页，单击“开通博客”按钮，如下图所示。

STEP 03 填写注册信息

填写注册信息，输入验证码，单击“完成”按钮，如下图所示。

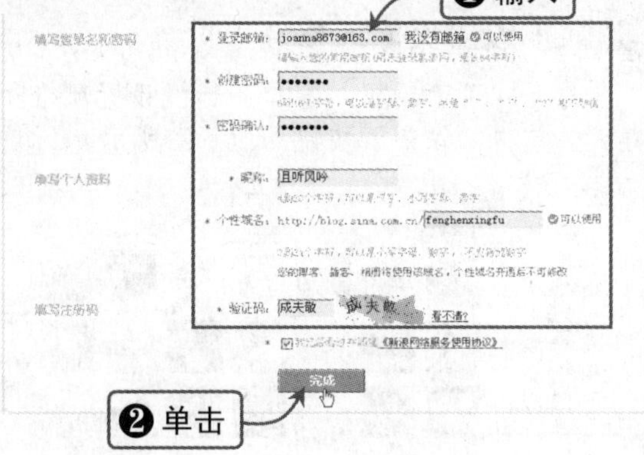

STEP 04 验证邮箱地址

在新页面中显示注册成功信息，提示验证邮箱地址，如下图所示。

STEP 05 确认邮件

登录注册邮箱，打开新浪邮件，单击确认超链接，如下图所示。

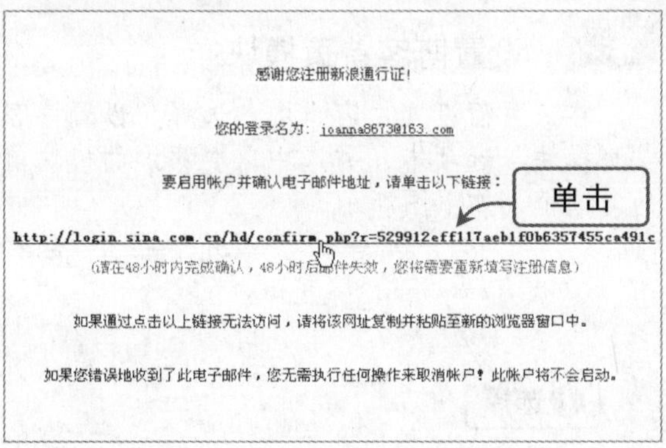

STEP 06 登录通行证

出现注册通行证成功提示信息，输入登录邮箱和密码，单击“登录”按钮，如下图所示。

STEP 07 成功登录博客

登录到已申请的博客，进入个人博客空间页面，如右图所示。

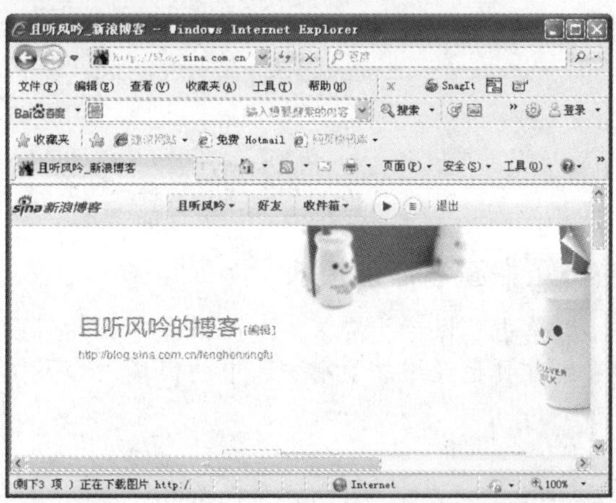

提示

此时的博客页面是系统随机给的，用户也可以自己更换。

15.4.2 管理博客

拥有了自己的博客后，用户就可以按自己的喜好设置博客的风格、版式以及权限等内容。

STEP 01 进入页面设置

在个人博客主页中单击“页面设置”超链接，如下图所示。

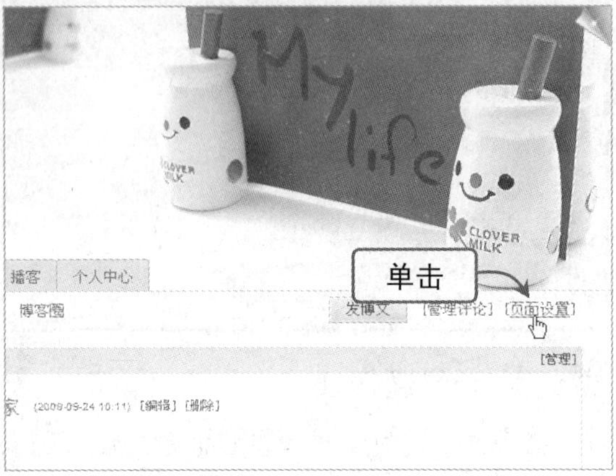

STEP 02 设置页面风格

打开“页面设置”窗口，选择设置风格和样式，单击“保存”按钮，如下图所示。

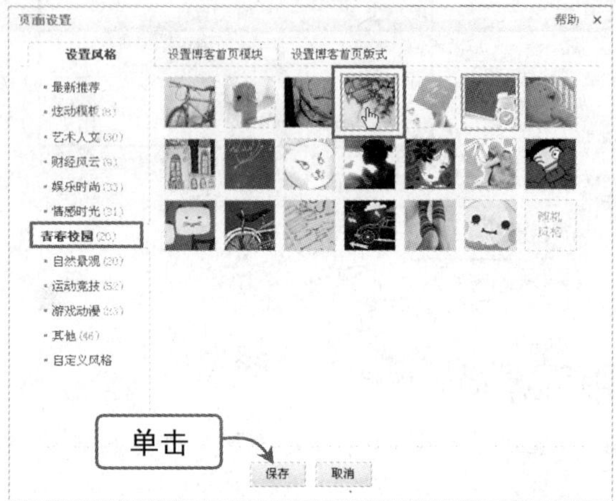

STEP 03 更换模板

此时返回博客主页，可以看到模板已经更换，如下图所示。

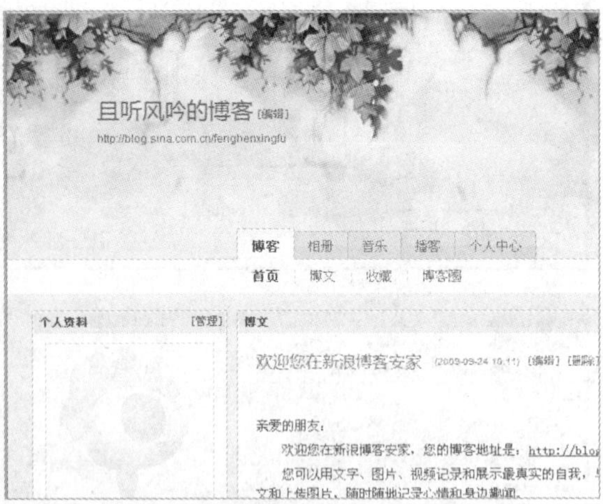

STEP 04 设置博客首页模块

在“页面设置”窗口中，选择“设置博客首页模块”选项卡，并选中需要添加的模块前的复选框，如下图所示。

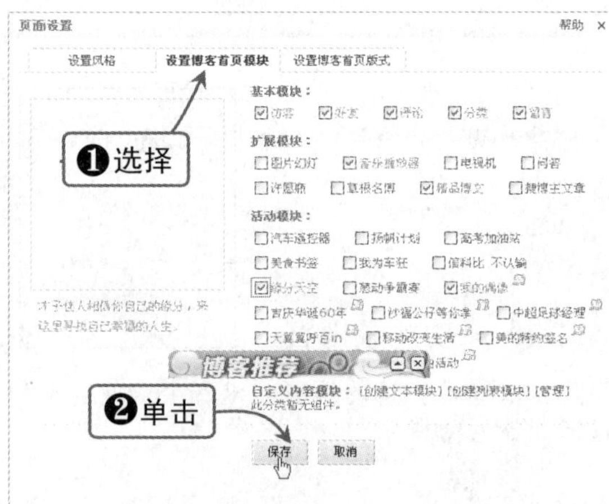

STEP 05 查看添加模块

单击“保存”按钮，返回博客首页，可以看到首页已经添加了刚才选中的模块，如下图所示。

STEP 06 设置评论权限

还可以管理博客评论权限，单击首页“管理评论”超链接，如下图所示。

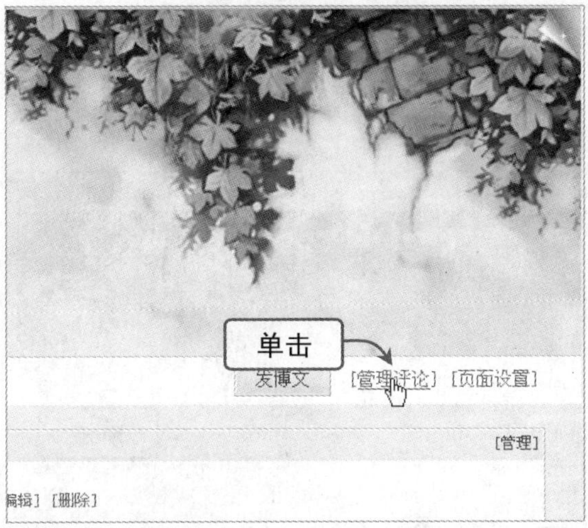

STEP 07 打开"博客评论"窗口

在打开的新页面中自动进入"博客评论"选项，并打开"博客评论"窗口，如下图所示。

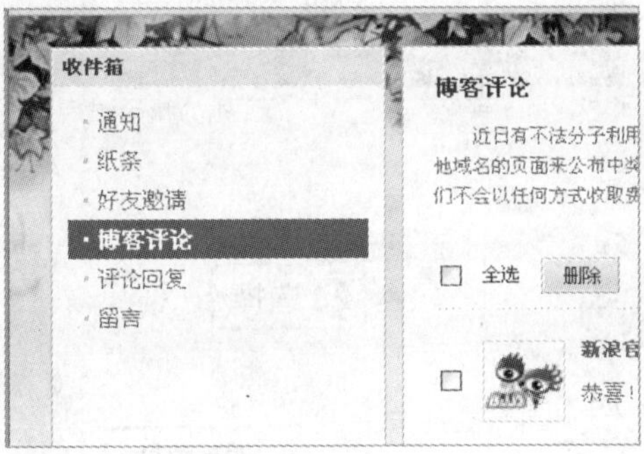

STEP 08 单击"评论设置"超链接

单击"博客评论"窗口右上角的"评论设置"超链接，如下图所示。

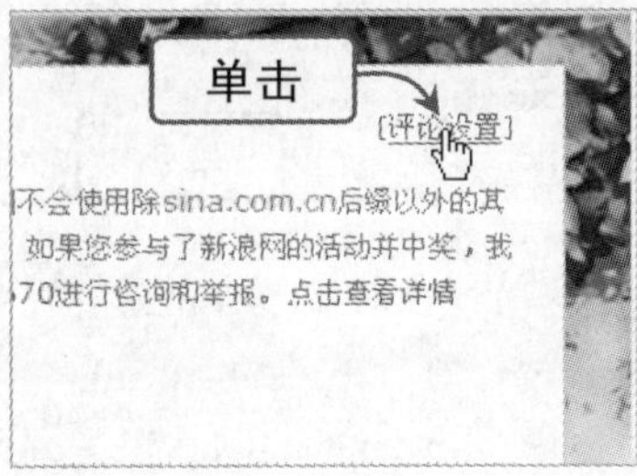

STEP 09 进行评论设置

弹出"博客评论设置"对话框，选中相应的单选按钮，单击"确定"按钮，如右图所示。

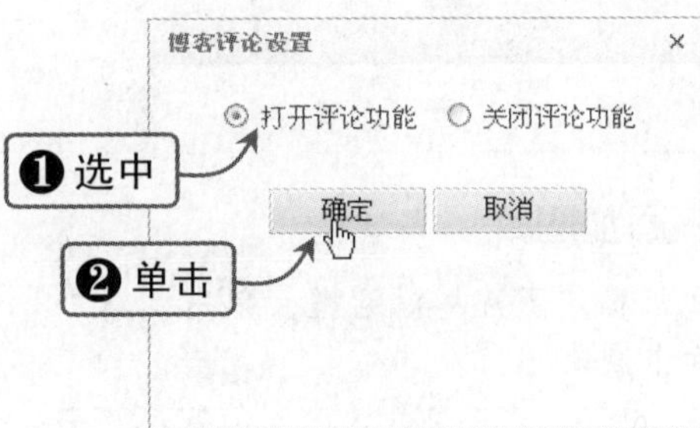

提示

用户还可以在"页面设置"窗口中选择"设置博客首页板式"选项卡，从中进行博客首页版式的设置。

15.4.3 在博客中写日志

在博客中，用户可以撰写并发表日志，可供其他用户浏览，用户也可浏览其他人的博客日志，以此来互相交流。

外行上路
提高进阶
权威案例
百宝箱技巧

STEP 01 **发博文**

在个人博客主页中单击“发博文”按钮，如下图所示。

STEP 02 **输入日志内容**

在打开的页面中输入日志标题和内容，单击“插入图片”按钮，如下图所示。

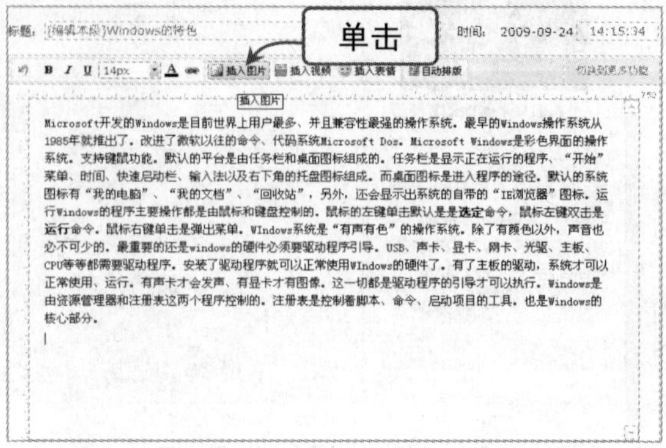

STEP 03 **浏览本地图片**

弹出“插入图片”对话框，单击“浏览”按钮，如下图所示。

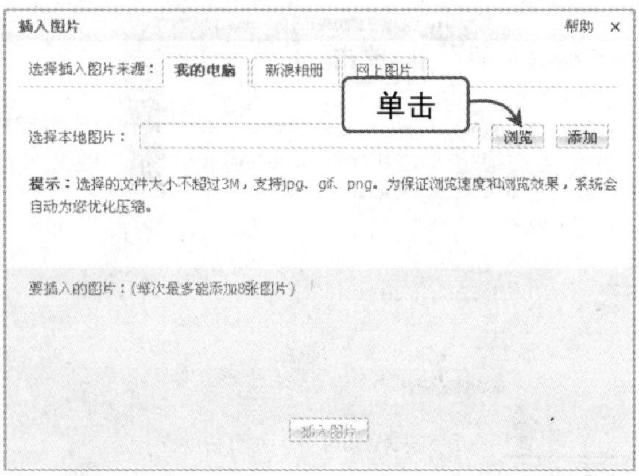

STEP 04 **选择图片**

弹出“选择要加载的文件”对话框，选择要插入的图片，单击“打开”按钮，如下图所示。

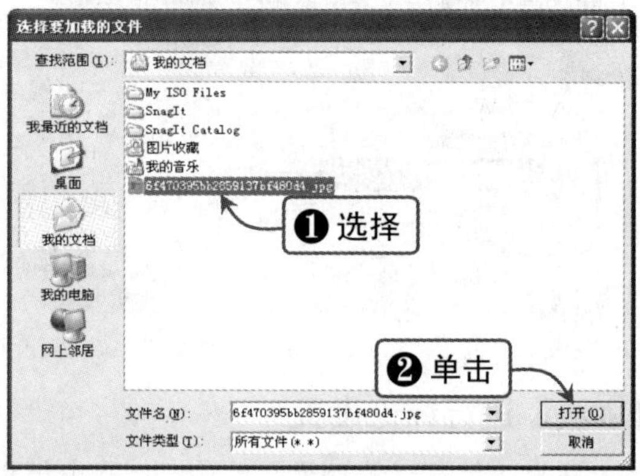

STEP 05 **添加图片**

返回“插入图片”对话框，单击“添加”按钮，如下图所示。

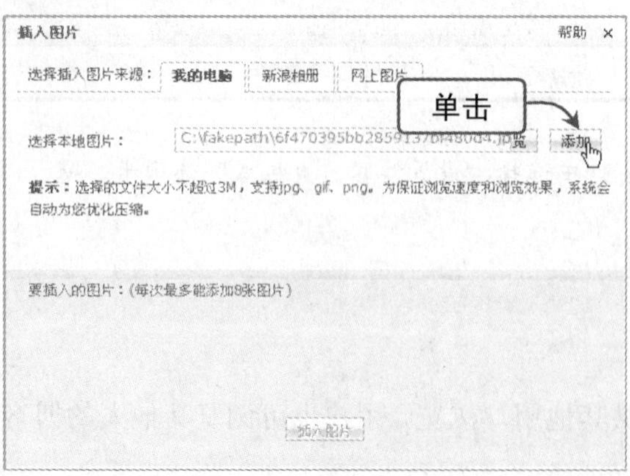

STEP 06 **插入图片**

可预览到添加图片的效果，单击“插入图片”按钮，如下图所示。

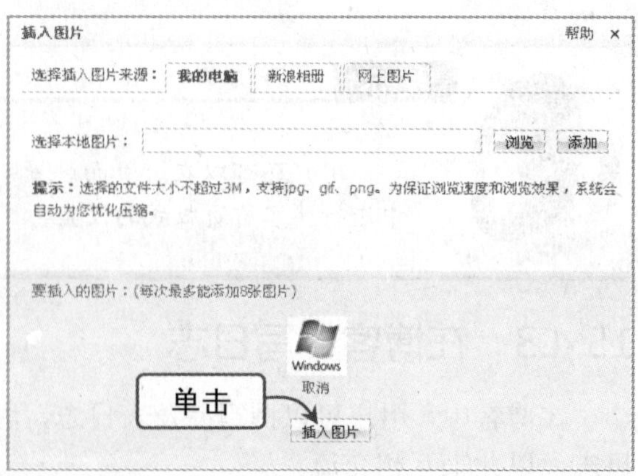

STEP 07 发表博文

返回日志编辑页面，编辑好内容后单击“发博文”按钮，如下图所示。

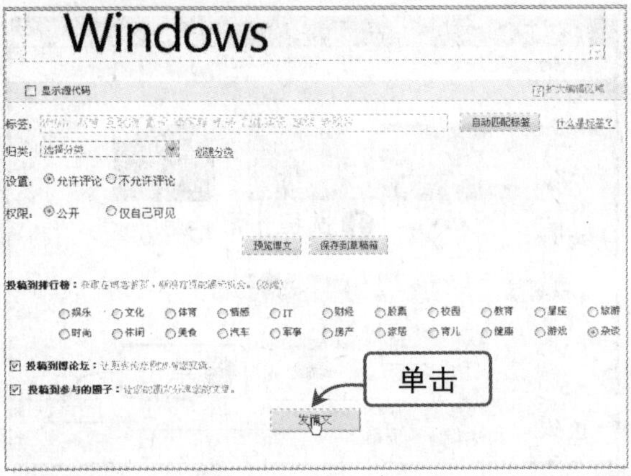

STEP 08 发表成功

弹出提示信息框，单击“确定”按钮，如下图所示。

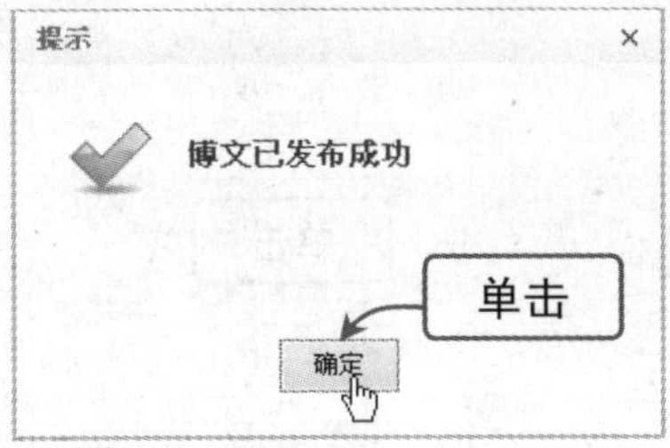

STEP 09 浏览博文

发表成功后返回博客，可浏览发表后的博文，如右图所示。

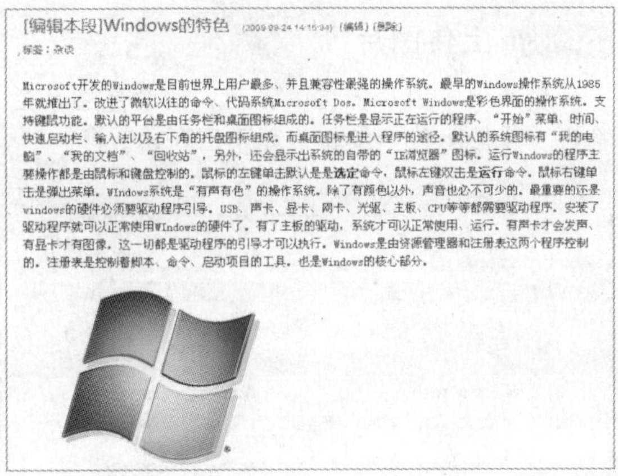

提示

为了保证浏览速度，用户应对要插入的图片进行处理，使其大小不超过 3 M。

15.4.4 上传照片

在博客中除了能够发表文章外，还可以在相册中上传照片，与好友分享精彩的瞬间。传到相册中的图片还可以插入到文章中。

STEP 01 进入相册

在博客首页单击“相册”超链接，如下图所示。

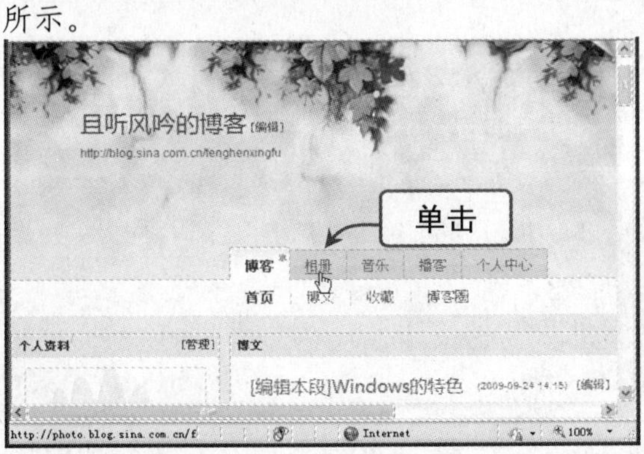

STEP 02 上传图片

进入相册，此时相册为空，单击“上传图片”按钮，如下图所示。

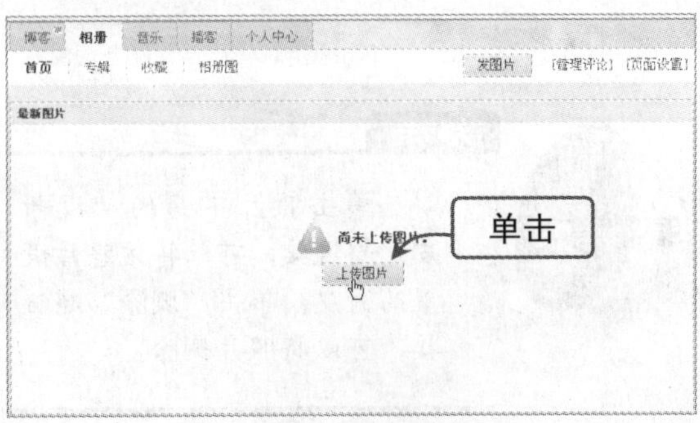

STEP 03 浏览本地图片

打开“照片上传”页面，单击“浏览”按钮，如下图所示。

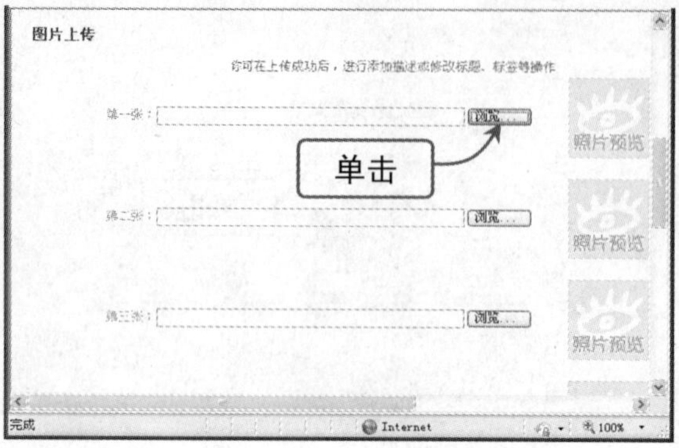

STEP 04 选择图片

弹出“选择要加载的文件”对话框，选择要插入的图片，单击“打开”按钮，如下图所示。

STEP 05 上传图片

返回到“图片上传”页面，添加完图片后单击“开始上传”按钮，如下图所示。

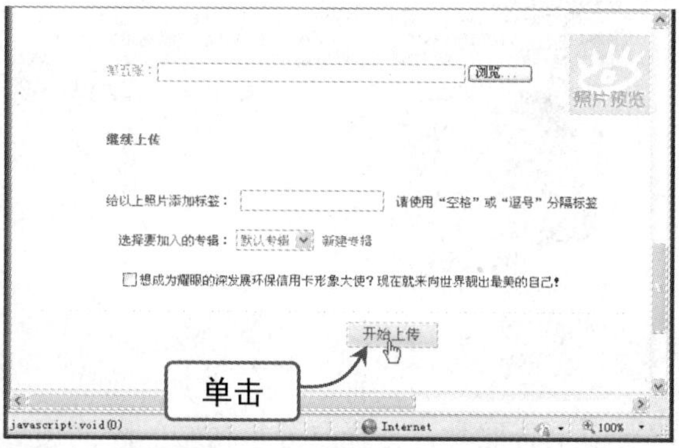

STEP 06 上传成功

图片上传完毕后出现提示上传成功的信息，单击“返回个人相册首页面”超链接，如下图所示。

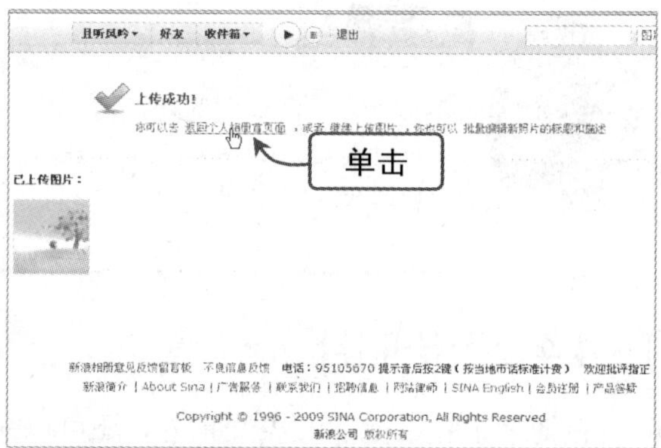

STEP 07 预览图片

返回相册，可以预览已经被传到相册中的图片，如右图所示。

提示

单击照片下面的“设封皮”超链接，可以将该照片设置为封皮；单击“删除”超链接，可以将照片删除。

15.4.5 评论他人博客中的文章

新浪博客中有很多名人博客和热门文章，用户可以去访问他人博客并浏览文章，还可以对他人的文章进行评论。

STEP 01 选择博文专题

在新浪博客首页单击需要浏览的博文专题超链接，如下图所示。

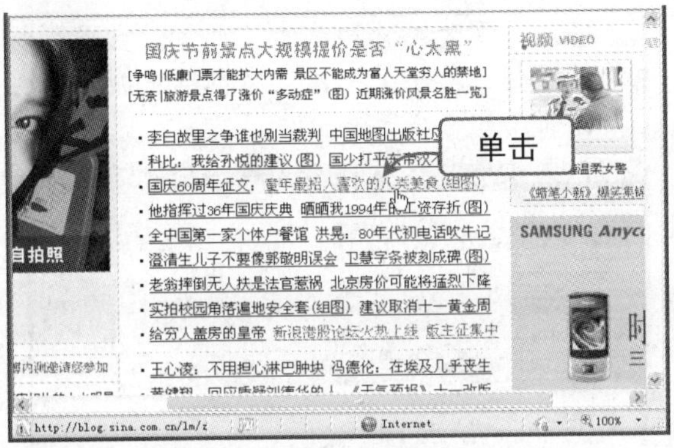

STEP 02 选择文章

进入博文专题页面，单击文章超链接，如下图所示。

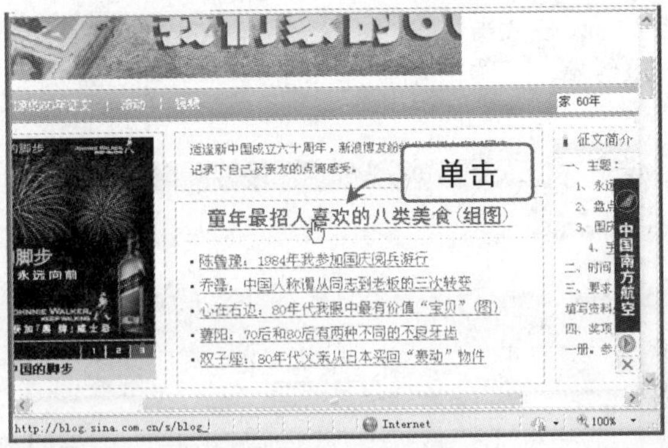

STEP 03 浏览博文

打开博文，即可阅读整篇文章，如下图所示。

STEP 04 发表评论

阅读完毕后若想发表评论，则可在页面最下方的“发评论”文本框中输入评论内容，然后输入验证码，最后单击“发评论”按钮，如下图所示。

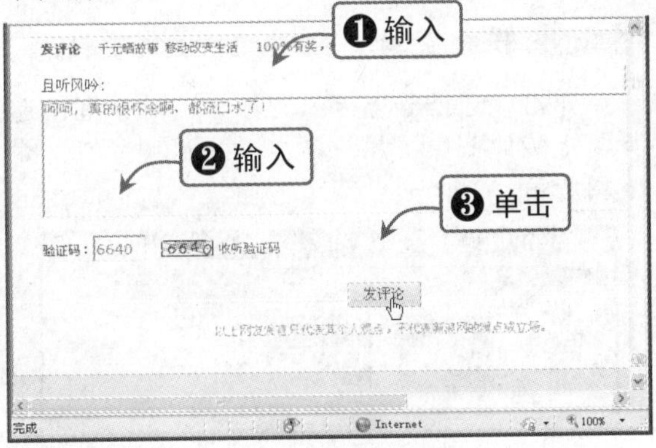

STEP 05 发表成功

发表成功后即可在文章的留言列表中看到自己的评论，如右图所示。

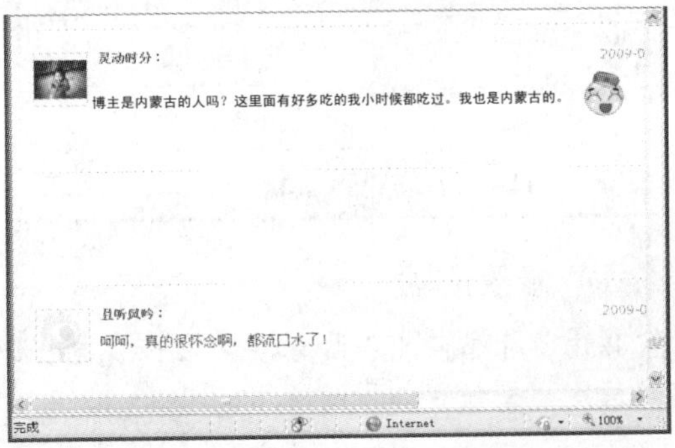

提示

评论是网友之间交流的一种方式，应遵守基本的交流规则，不要出现不礼貌的文字。

技巧百宝箱

技巧 1 修改博客昵称和头像

博客的用户头像默认是空的，用户可自行上传和修改头像，此外，博客昵称也是可以更改的。

STEP 01 管理个人资料

在博客首页的“个人资料”处单击“管理”超链接，如下图所示。

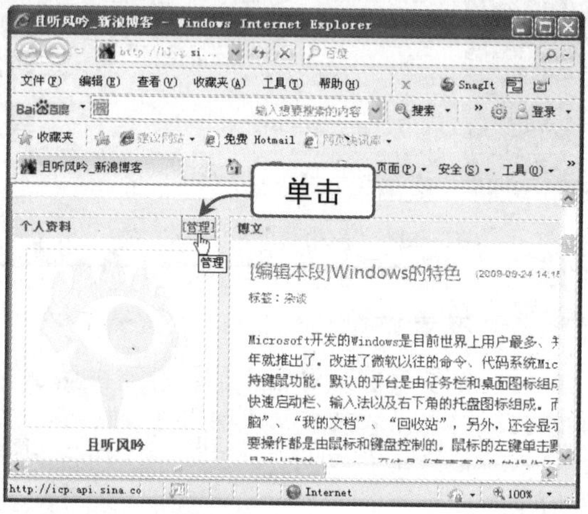

STEP 02 修改昵称和头像

进入“修改昵称和头像”页面，在文本框中输入昵称，单击“头像”文本框右侧的“浏览”按钮，如下图所示。

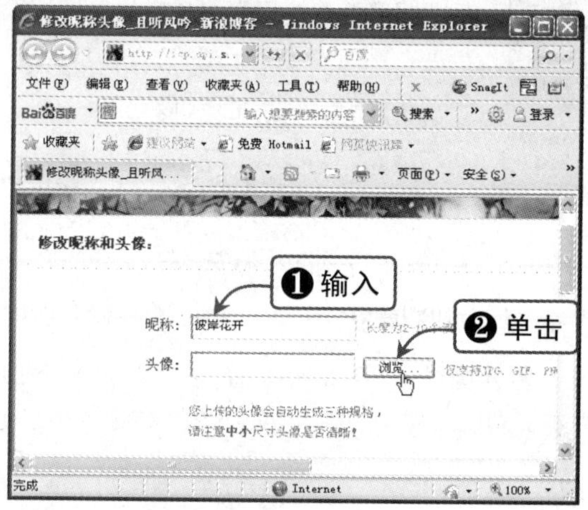

STEP 03 选择图片

弹出“选择要上传的文件自”对话框，选择要上传的头像图片，单击“打开”按钮，如下图所示。

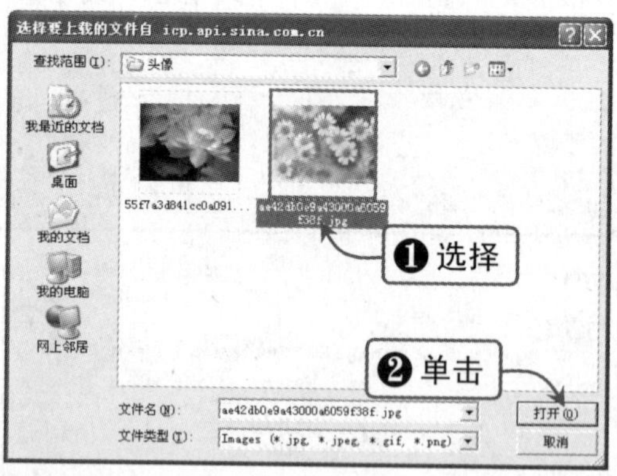

STEP 04 调整并保存头像

头像上传成功，拖动图像预览区域的方框，调节头像位置和缩略比例，调整完毕后单击“保存”按钮，如下图所示。

STEP 05 修改成功

弹出提示信息框，提示头像修改成功，单击“确定”按钮，如下图所示。

STEP 06 查看修改效果

返回博客，即可看到博客昵称已经更改，“个人资料”区域的头像已经变为上传的新头像，如下图所示。

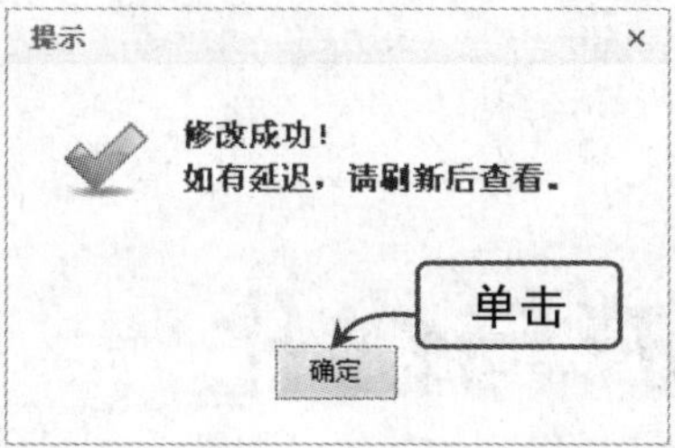

技巧 2 添加好友

如果遇到志同道合或者兴趣相投的朋友，想要更方便地浏览他的博客和文章，则可以加他为好友，以后即可快速访问他的博客。

STEP 01 加好友

在想要加为好友的博客的“个人资料”区域，单击“加好友”按钮，如下图所示。

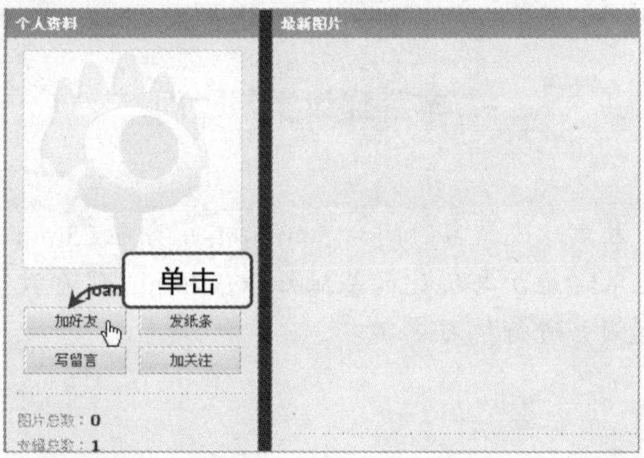

STEP 02 输入验证信息

弹出“加好友”对话框，输入验证信息和验证码，单击“加好友”按钮，如下图所示。

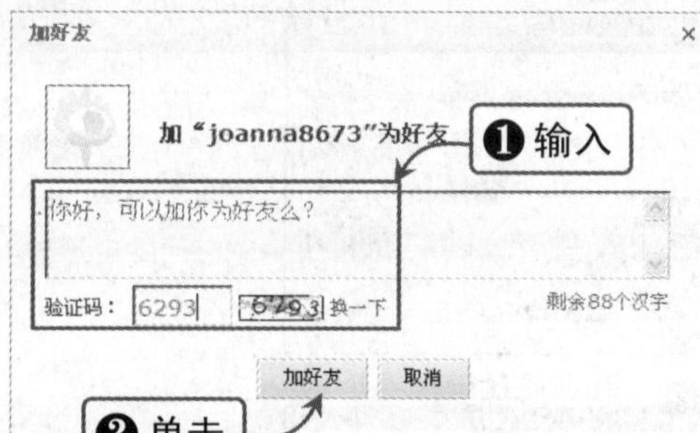

STEP 03 确认邀请

弹出“加好友”提示信息框，单击“确定”按钮，等待对方确认，如下图所示。

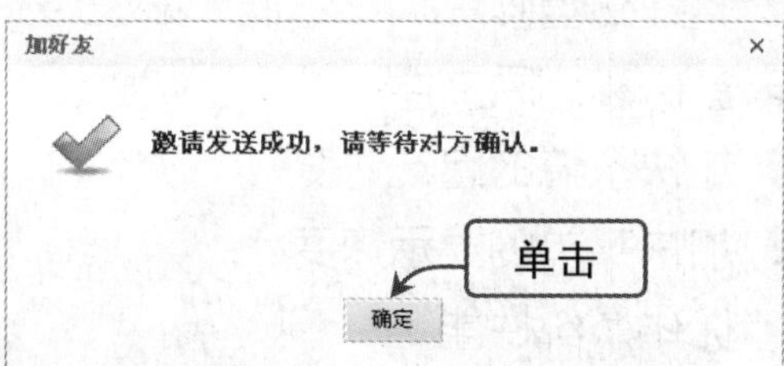

STEP 04 双方已成为好友

若对方验证成功，并加用户为好友，则在下次登录博客时，会自动跳转到收件箱的“通知”选项，出现提示通知，提示双方已互为好友，如下图所示。

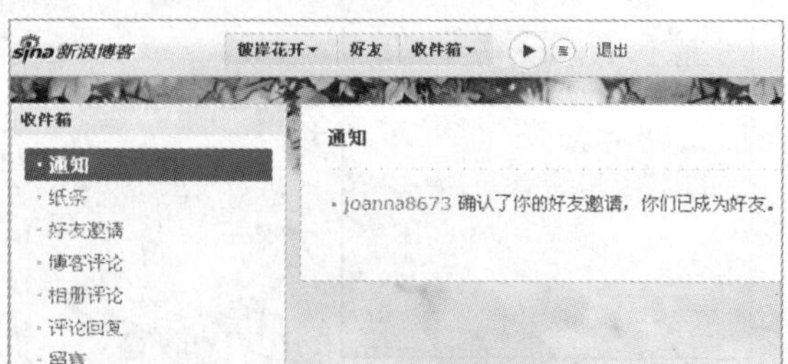

Chapter 16

系统的维护与优化

电脑需要用户的细心呵护才能更好地发挥它的性能，延长电脑的寿命。本章将介绍电脑维护与优化方面的知识，如使用系统工具清理磁盘垃圾、整理磁盘碎片、备份与还原文件、还原系统、优化系统启动速度以及对系统性能进行优化等内容。通过对本章的学习，可以更好地对系统进行维护与优化。

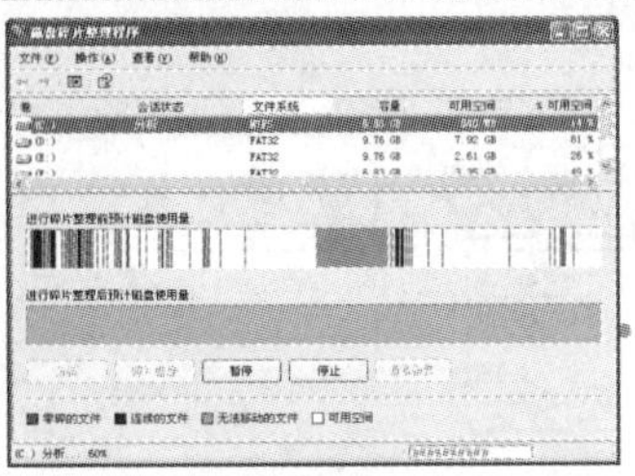

整理磁盘碎片

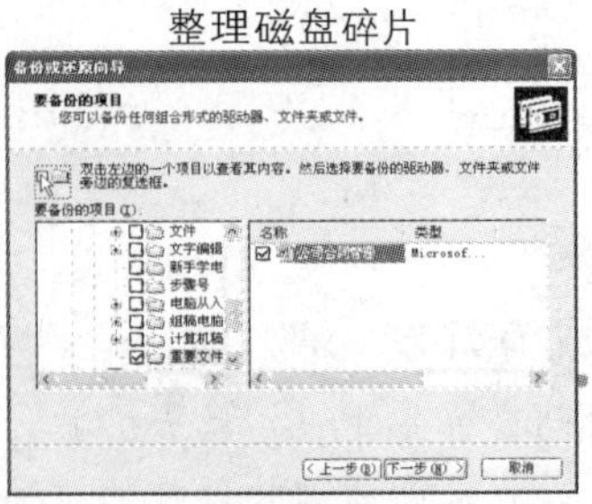

备份文件

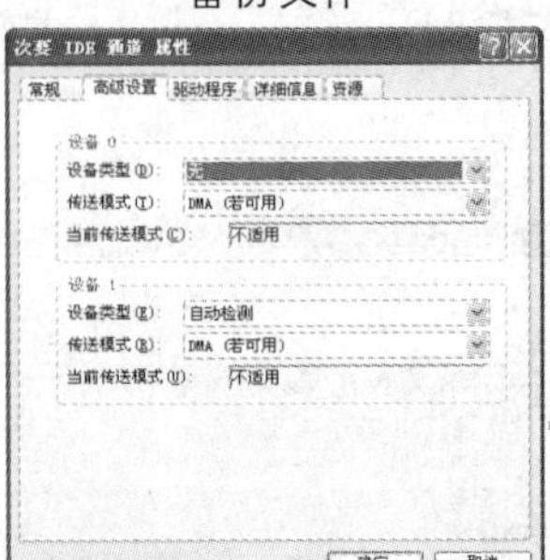

修改次要 IDE 通道属性

重要知识点视频索引

DVD

本章建议学习时间：

本章建议学习时间为 50min，其中分配 25min 学习系统维护与优化的基础知识，25min 观看教学视频并进行练习。

学完本章后您可以：

- 清理磁盘垃圾文件
- 整理磁盘碎片
- 备份和还原文件
- 加快系统的启动速度
- 加快菜单的显示速度
- 优化系统性能

16.1 系统工具的使用

使用电脑时间过长，系统中会产生大量的垃圾文件、磁盘碎片等，占用了大量的内存资源，影响电脑的运行速度。需要定期对系统进行维护、优化、清理，以保证电脑能正常运行。一些意外事故或病毒可能导致计算机文件被破坏，甚至系统崩溃，因此需要对系统进行备份，有时还要对系统或文件进行还原。

16.1.1 清理磁盘垃圾文件

电脑在使用过程中会产生大量的临时文件和垃圾文件，要定期清理磁盘，以提高磁盘的容量和系统存储速度，下面介绍清理磁盘中垃圾文件的方法。

STEP 01 打开“选择驱动器”对话框

选择“开始”|“所有程序”|“附件”|“系统工具”|“磁盘清理”命令，如下图所示。

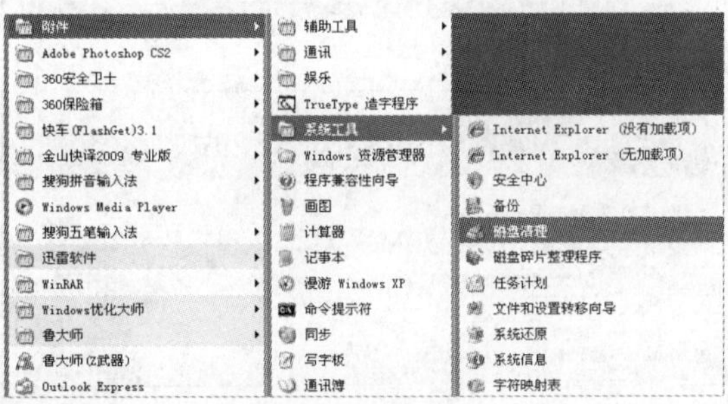

STEP 02 选择要清理的磁盘驱动器

弹出“选择驱动器”对话框，在“驱动器”下拉列表框中选择要清理的磁盘驱动器，单击“确定”按钮，如下图所示。

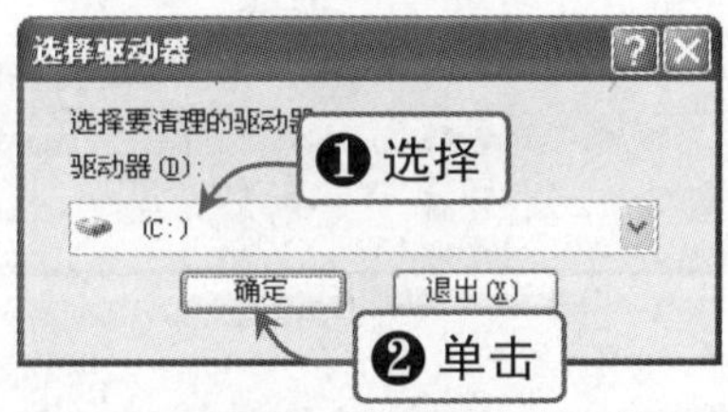

STEP 03 计算释放磁盘空间

弹出“磁盘清理”对话框，开始计算可释放的磁盘空间，如下图所示。

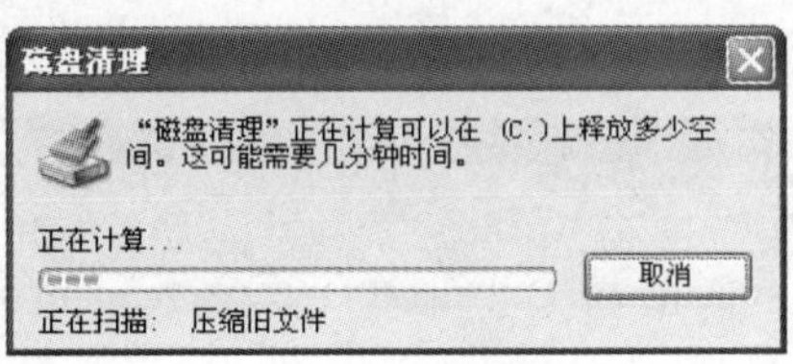

STEP 04 选中要删除文件的复选框

计算完毕后，弹出“(C:) 的磁盘清理”对话框，选择要删除的文件，单击“确定”按钮，如下图所示。

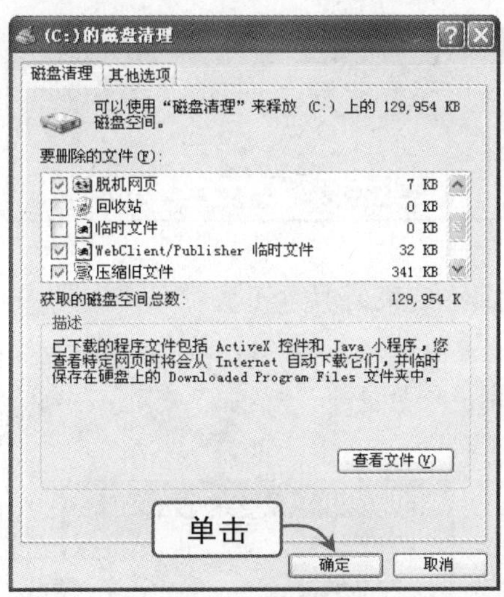

STEP 05 确认操作

弹出“(C:) 的磁盘清理”提示信息框，提示“您确信要执行这些操作吗？”，单击“是”按钮，如下图所示。

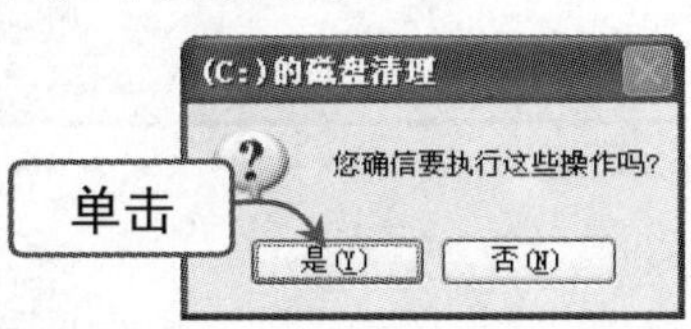

STEP 06 清理磁盘

弹出“磁盘清理”对话框，开始清理磁盘，如右图所示。

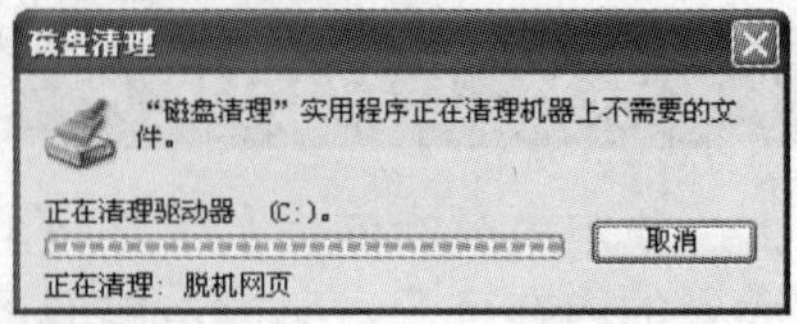

16.1.2 整理磁盘碎片

磁盘碎片指硬盘中一个完整的文件被分割成不连续的几块，通过整理磁盘碎片可以提高电脑的运行速度，下面介绍整理磁盘碎片的方法。

STEP 01 选择“磁盘碎片整理程序”命令

选择“开始”|“所有程序”|“附件”|“系统工具”|“磁盘碎片整理程序”命令，如下图所示。

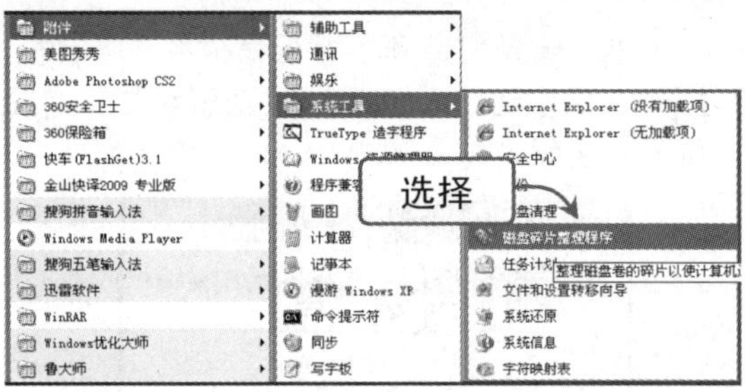

STEP 02 分析磁盘

打开“磁盘碎片整理程序”窗口，选择要整理的 C 盘，单击“分析”按钮，系统自动对 C 盘进行分析，如下图所示。

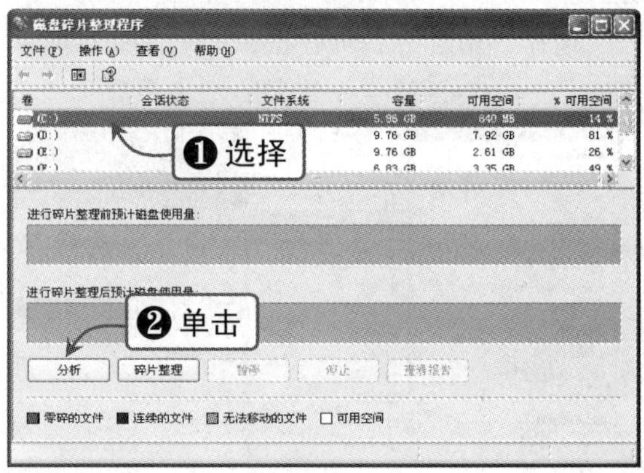

STEP 03 提示应该进行碎片整理

分析完毕后，弹出提示信息框，提示“您应该对该卷进行碎片整理”，单击“碎片整理”按钮，如下图所示。

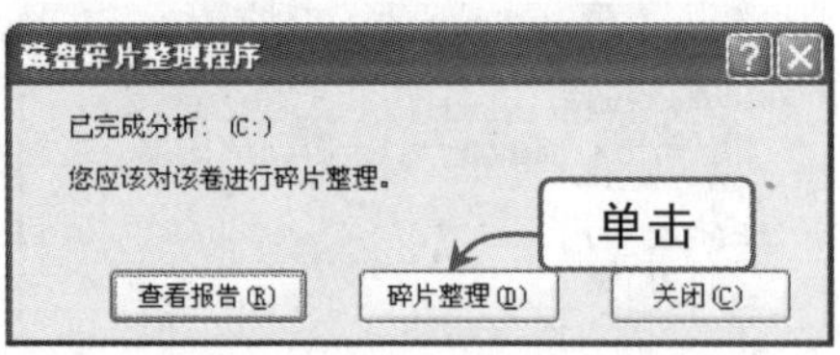

STEP 04 打开“磁盘碎片整理程序”窗口

打开“磁盘碎片整理程序”窗口，开始整理磁盘，如下图所示。

STEP 05 结束碎片整理

碎片整理完毕后，弹出提示信息框，提示“已完成碎片整理”，单击“关闭”按钮，如下图所示。

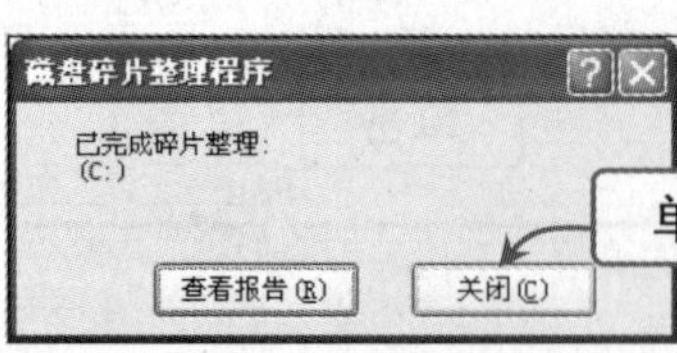

16.1.3 备份与还原文件

为了避免磁盘中的文件遭到破坏，可以对重要文件进行备份，必要时可以利用备份的文件进行恢复。Windows XP 不仅能够对文件进行备份与还原，还可以对操作系统进行备份与还原。

Work1 备份文件

STEP 01 启动备份向导

选择“开始”|“所有程序”|“附件”|“系统工具”|“备份”命令，如下图所示。

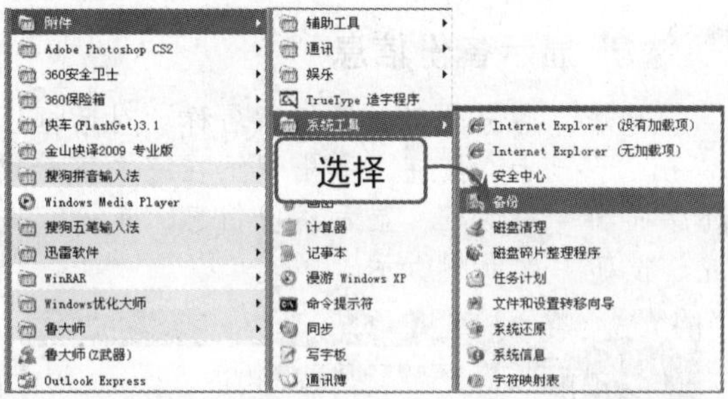

STEP 02 打开“备份或还原向导”对话框

弹出“备份或还原向导”对话框，单击“下一步”按钮，如下图所示。

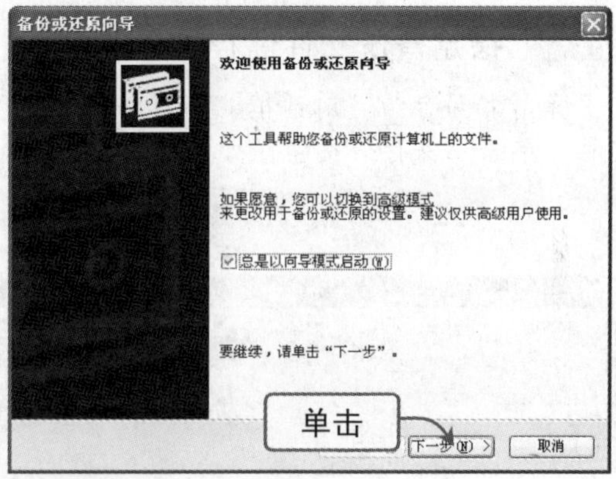

STEP 03 选中“备份文件和设置”单选按钮

弹出“备份或还原”对话框，选中“备份文件和设置”单选按钮，单击“下一步”按钮，如下图所示。

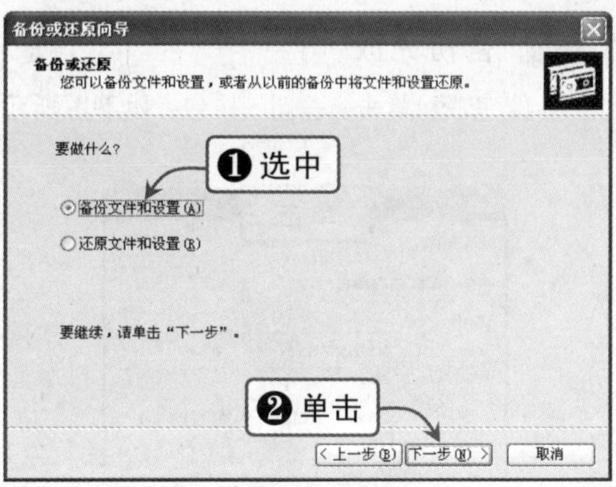

STEP 04 选中“让我选择要备份的内容”单选按钮

弹出“要备份的内容”对话框，选中“让我选择要备份的内容”单选按钮，单击“下一步”按钮，如下图所示。

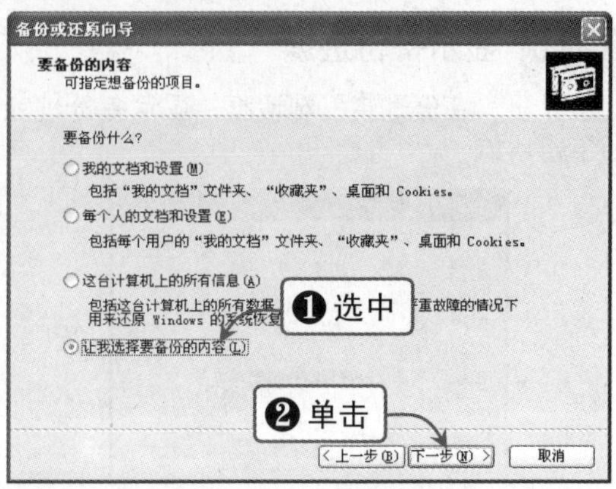

STEP 05 选择要备份的文件

弹出“要备份的项目”对话框，在“要备份的项目”列表框中选择要备份文件所在的磁盘或文件夹，在“名称”列表框中选择要备份的文件或文件夹，单击“下一步”按钮，如下图所示。

STEP 06 单击“浏览”按钮

弹出“备份类型、目标和名称”对话框，指定备份文件保存的位置和名称，单击“浏览”按钮，如下图所示。

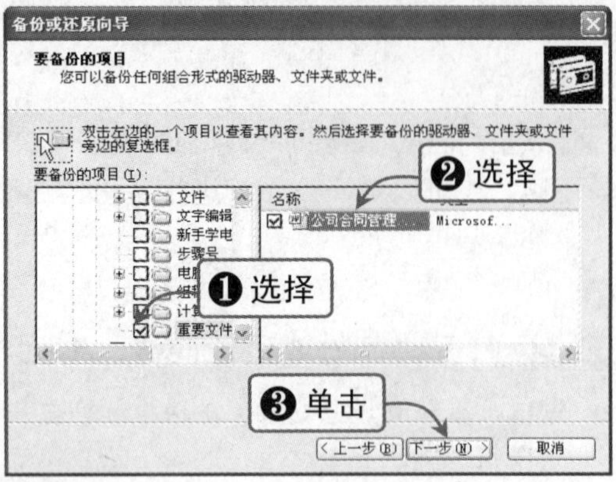

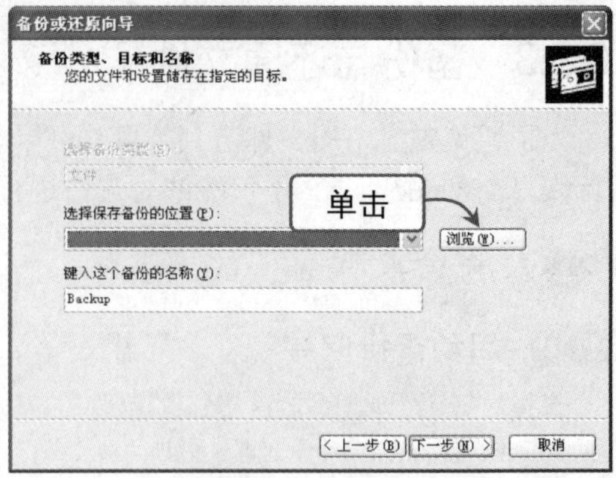

STEP 07 指定备份文件保存位置及名称

弹出“另存为”对话框，指定保存位置及名称，单击“保存”按钮，如下图所示。

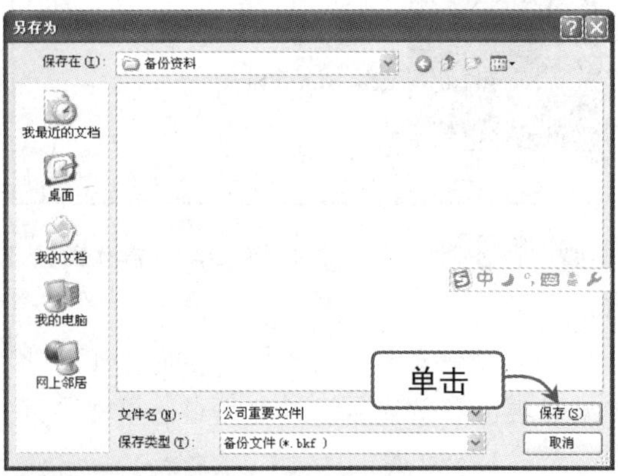

STEP 08 显示备份信息

返回“备份类型、目标和名称”对话框，单击“下一步”按钮，弹出“正在完成备份或还原向导”对话框，显示备份信息，单击“完成”按钮，如下图所示。

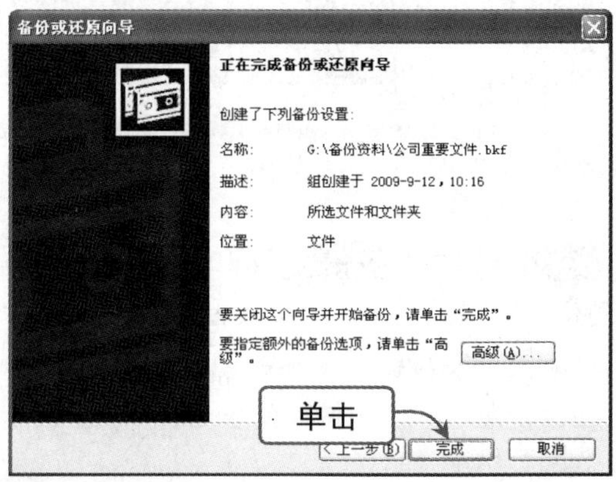

STEP 09 显示备份进度

弹出“备份进度”对话框，显示备份进度，如下图所示。

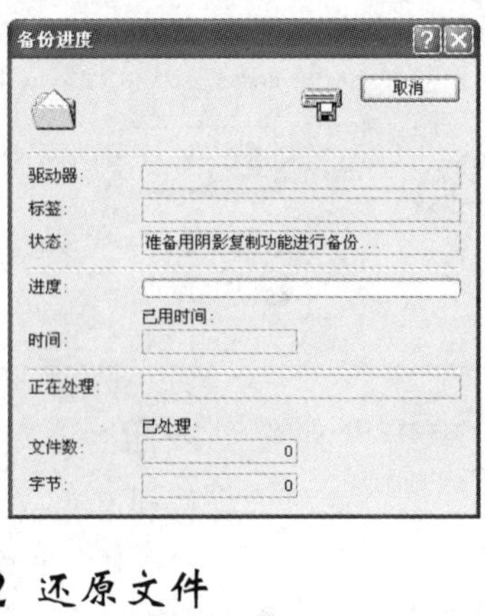

STEP 10 备份完成

备份完成，单击“关闭”按钮，如下图所示。

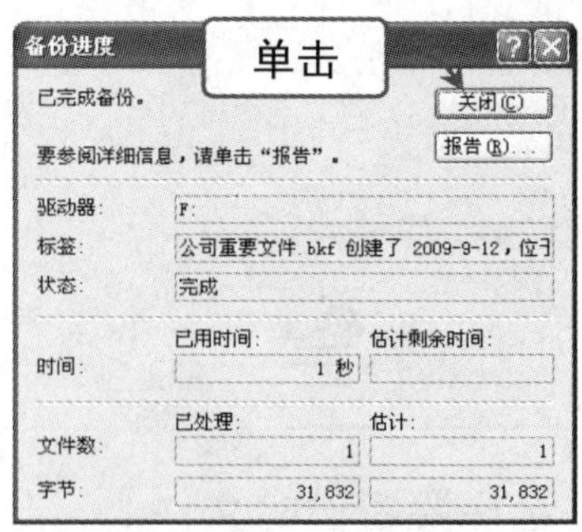

Work2 还原文件

当原文件遭到破坏时，可以通过“备份或还原向导”对文件进行还原，具体操作步骤如下：

STEP 01 打开“备份或还原向导”对话框

选择“开始”|“所有程序”|“附件”|“系统工具”|“备份”命令，打开“备份或还原向导”对话框，如下图所示。

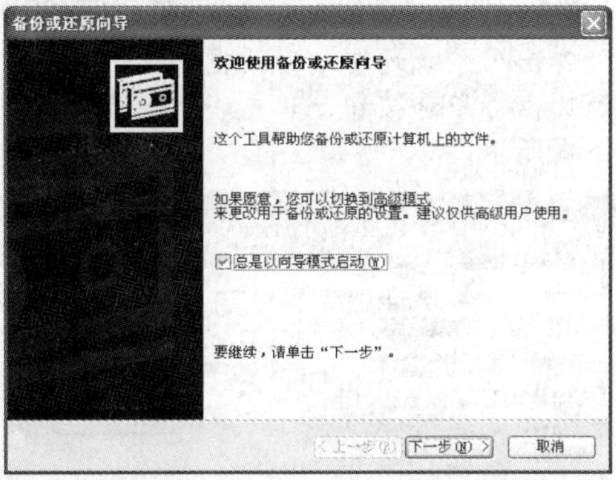

STEP 02 选中“还原文件和设置”单选按钮

选中“还原文件和设置”单选按钮，单击“下一步”按钮，如下图所示。

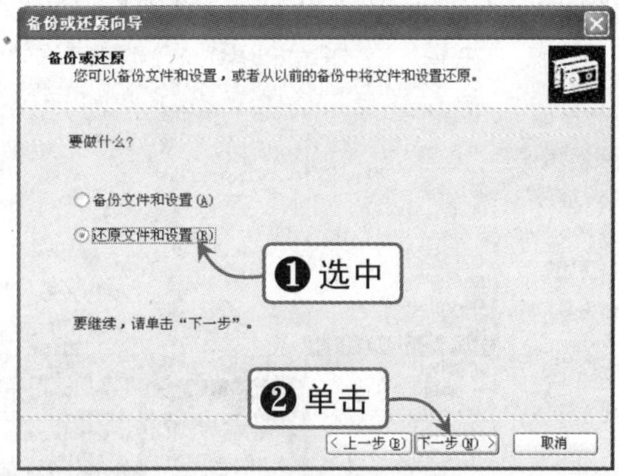

STEP 03 选择要还原的备份项目

弹出“还原项目”对话框，在“要还原的项目”列表框中双击要还原的备份项目，在“名称”列表框中选择还原位置，单击“下一步”按钮，如下图所示。

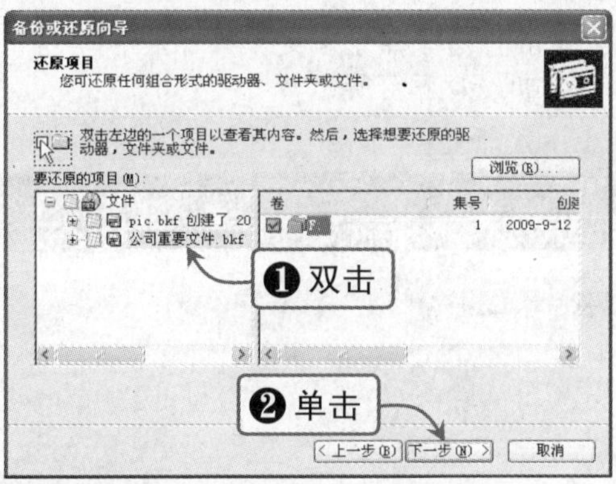

STEP 04 开始还原文件

弹出“正在完成备份或还原向导”对话框，显示还原信息，单击“完成”按钮，如下图所示。

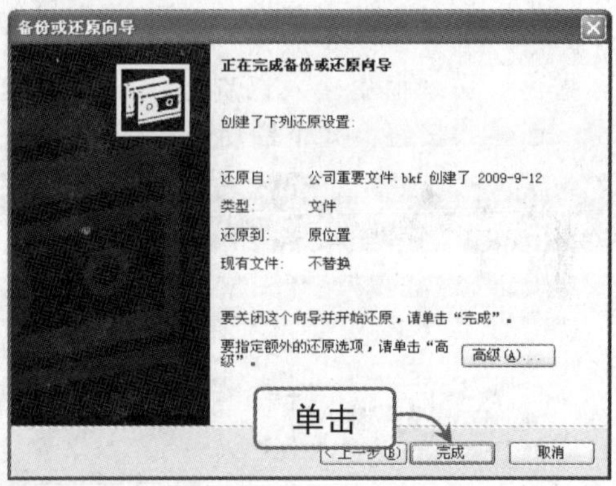

STEP 05 显示还原进度

弹出“还原进度”对话框，显示还原进度，如下图所示。

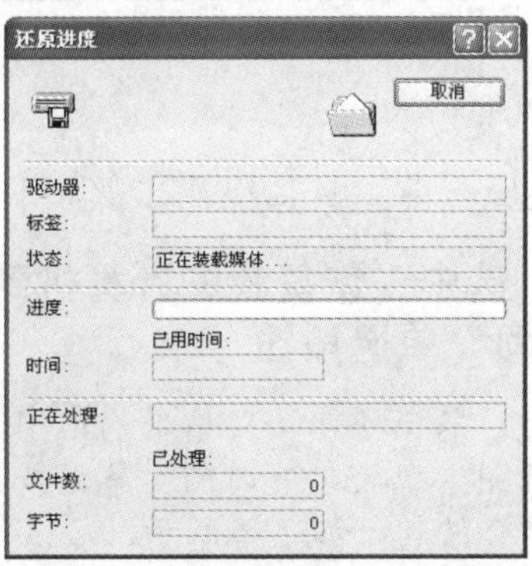

STEP 06 还原完成

还原完成，单击“关闭”按钮，如下图所示。

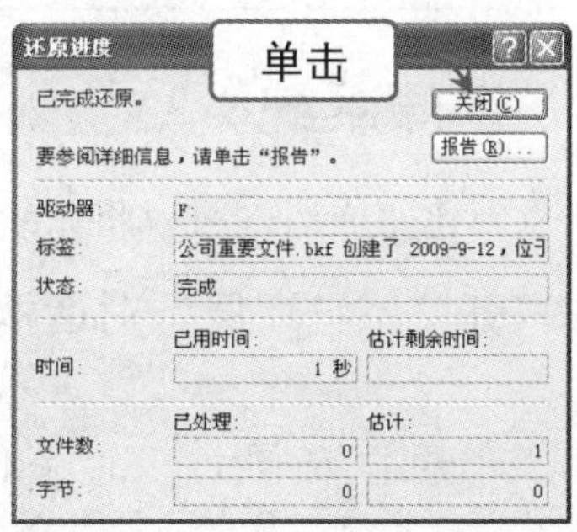

16.1.4 创建系统还原点

系统还原时首先要创建系统还原点，当系统还原时，计算机将返回到较早的还原点时间。

STEP 01 打开“系统还原”对话框

选择“开始”|“所有程序”|“附件”|“系统工具”|“系统还原”命令，如下图所示。

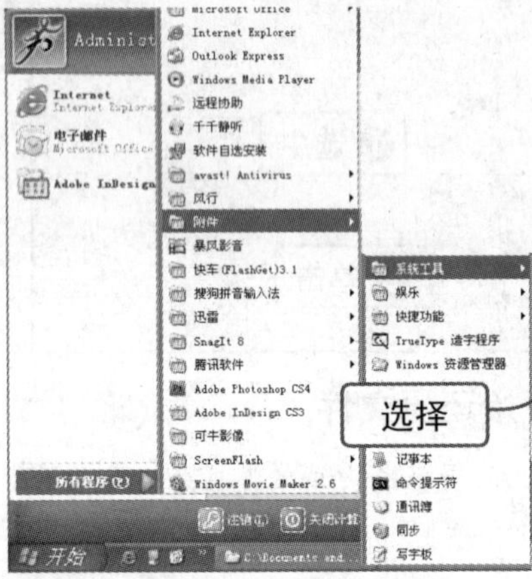

STEP 02 选中“创建一个还原点”单选按钮

弹出“系统还原”对话框，选中“创建一个还原点”单选按钮，单击“下一步”按钮，如下图所示。

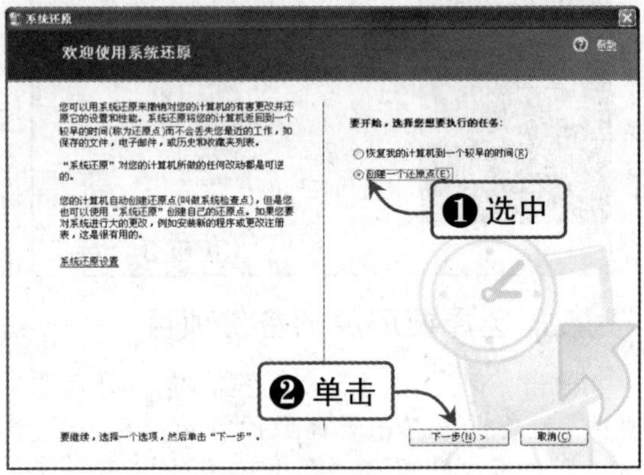

STEP 03 创建还原点

弹出“创建一个还原点”对话框，在“还原点描述”文本框中输入识别还原点的名称，单击“创建”按钮，如下图所示。

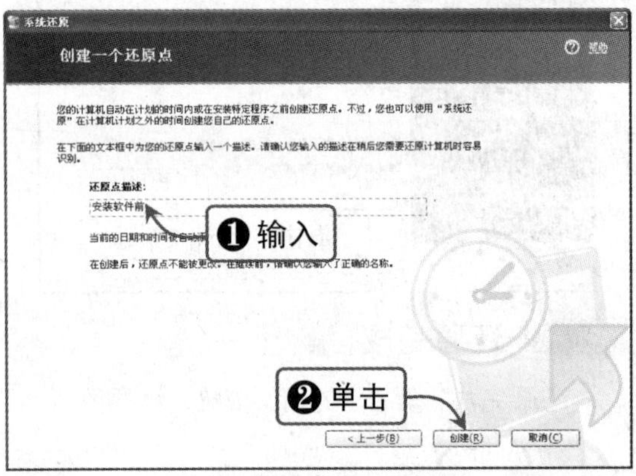

STEP 04 还原点创建完成

弹出“还原点已创建”对话框，单击“关闭”按钮，如下图所示。

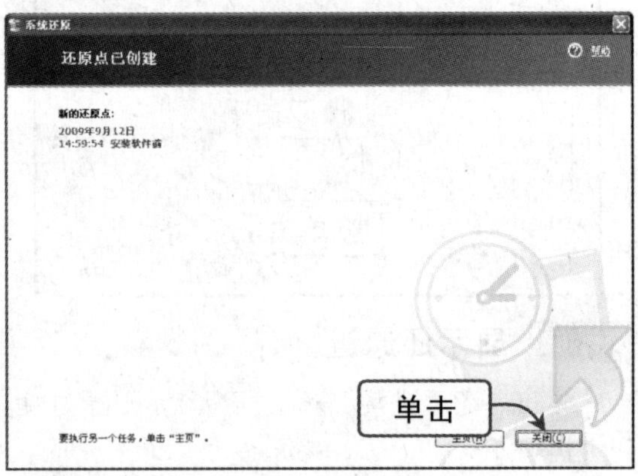

16.1.5 还原系统

还原点创建完成后，可以将系统还原到设置好的还原点前，具体操作步骤如下：

STEP 01 打开“系统还原”对话框

选择“开始”|“所有程序”|“附件”|“系统工具”|“系统还原”命令，如下图所示。

STEP 02 选中“恢复我的计算机到一个较早的时间”单选按钮

弹出“系统还原”对话框，选中“恢复我的计算机到一个较早的时间”单选按钮，单击“下一步”按钮，如下图所示。

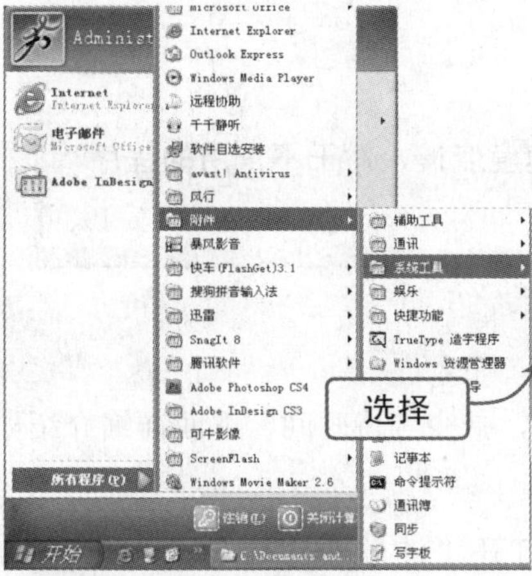

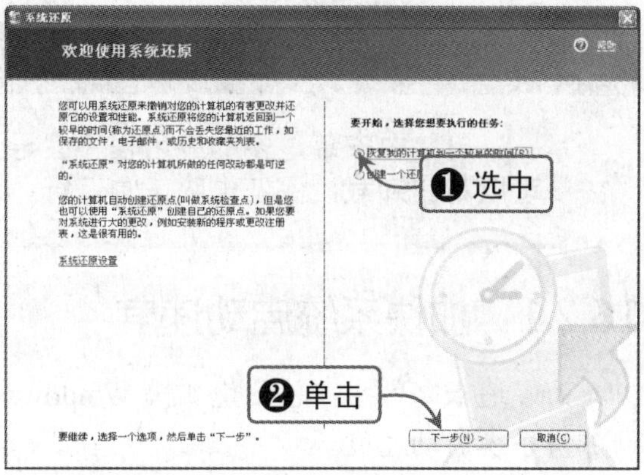

STEP 03 选择还原点

弹出“选择一个还原点”对话框，在日历中单击正确的还原日期，在列表框中选择还原点，单击“下一步”按钮，如下图所示。

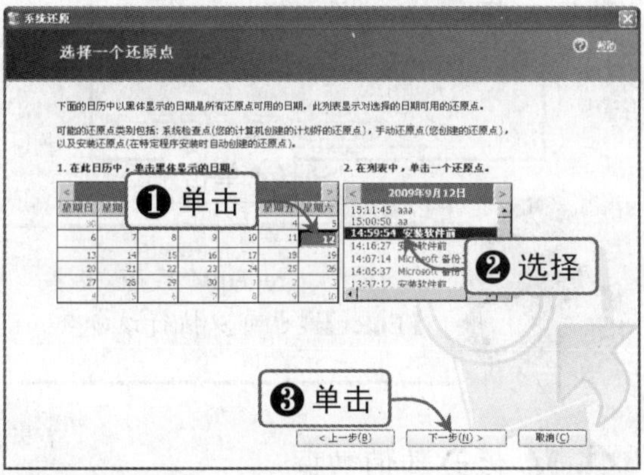

STEP 04 确认还原点选择

弹出“确认还原点选择”对话框，单击“下一步”按钮，如下图所示。

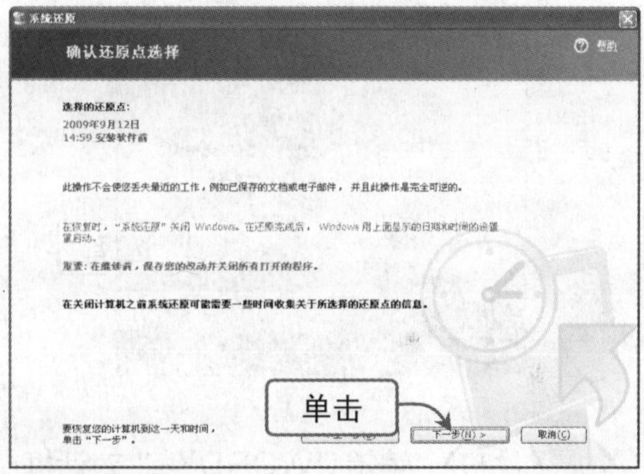

STEP 05 系统还原

此时重新启动计算机并进行系统还原，如下图所示。

提示

随着用户电脑配置的不同，还原速度有快有慢，用户只需耐心等待即可。

STEP 06 恢复完成

重启计算机后，继续进行还原操作，还原完成后弹出“恢复完成”对话框，单击“确定”按钮，如下图所示。

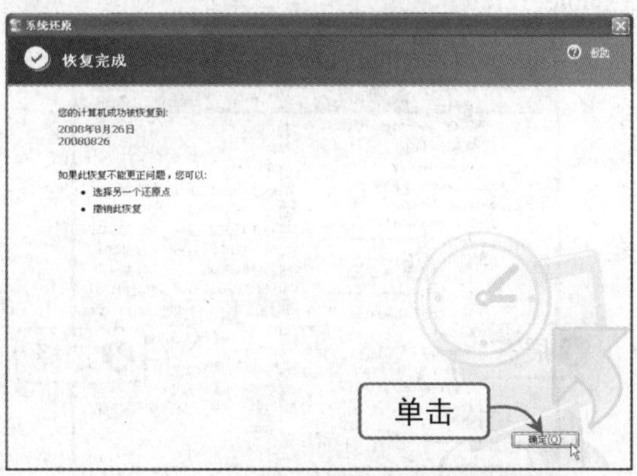

16.2 系统的启动速度优化

电脑中安装过多的应用程序会导致系统运行速度变慢，对于不常用的程序，可以将其卸载，保证电脑正常运行。

16.2.1 加快系统启动速度

为了追求高效率，总希望加快 Windows XP 启动速度，减少等待时间，下面详细介绍如何加快系统启动速度。

STEP 01 打开“运行”窗口

选择“开始”|“运行”命令，如下图所示。

STEP 02 打开“注册表编辑器”窗口

弹出“运行”对话框，在“打开”组合框中输入 regedit，单击“确定”按钮，如下图所示。

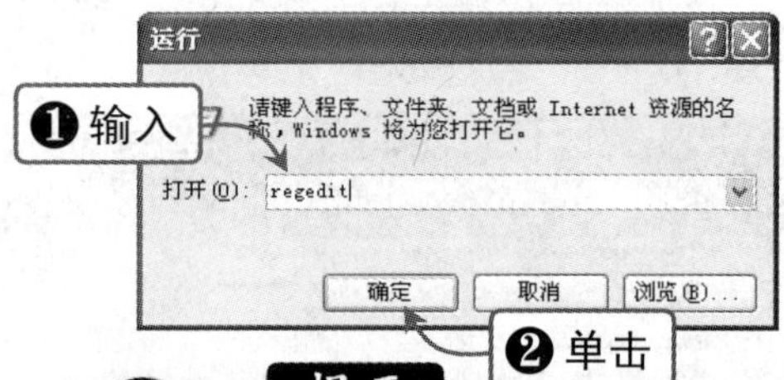

提示

输入 regedit 后直接按【Enter】键也可以执行该命令。

STEP 03 打开“编辑 DWORD 值”对话框

在“注册表编辑器”窗口左窗格中依次展开 HKEY_LOCAL_MACHINE SYSTEM\CurrentControlSet\Session Manager\Memory Manager\PrefetchParameters 分支，在右窗格中右击 EnablePrefetcher 选项，在弹出的快捷菜单中选择“修改”命令，如下图所示。

STEP 04 修改数值数据

弹出“编辑 DWORD 值”对话框，在“数值数据”文本框中将原来的数据改为 1，单击“确定”按钮，如下图所示。

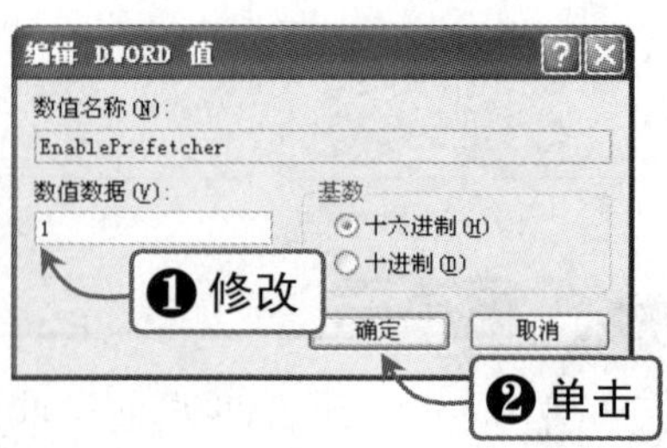

STEP 05 打开“系统属性”对话框

右击“我的电脑”图标，在弹出的快捷菜单中选择“属性”命令，如下图所示。

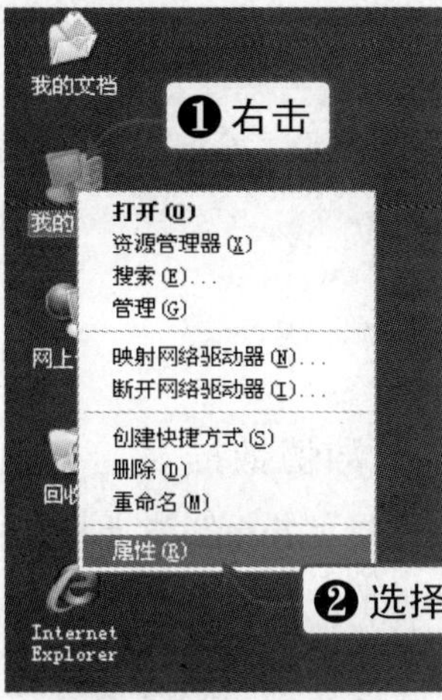

STEP 06 打开“设备管理器”窗口

弹出“系统属性”对话框，选择“硬件”选项卡，单击“设备管理器”按钮，如下图所示。

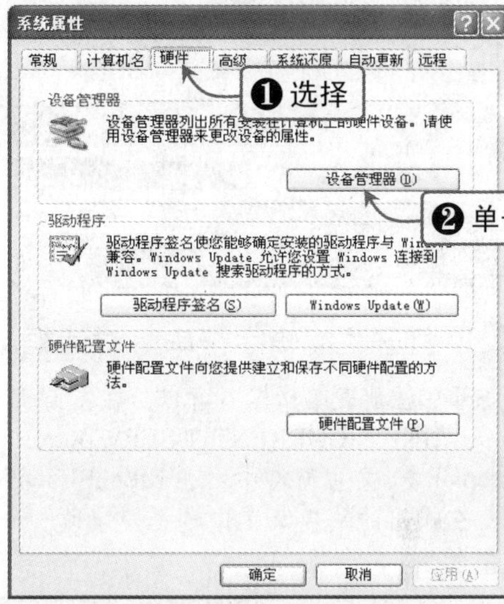

STEP 07 打开“次要IDE通道属性”对话框

打开“设备管理器”窗口，展开“IDE ATA/ATAPI控制器”选项，双击“次要IDE通道”选项，如下图所示。

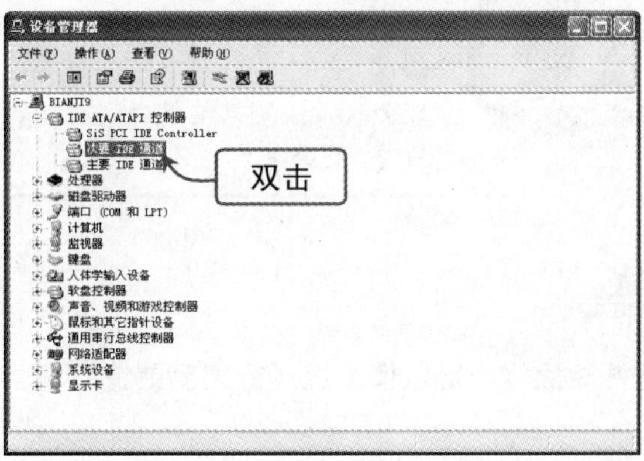

STEP 08 修改“次要IDE通道属性”

弹出“次要IDE通道属性”对话框，将“设备0”选项组中的“设备类型”修改为“无”，单击“确定”按钮，如下图所示。主要IDE通道属性设置相同。

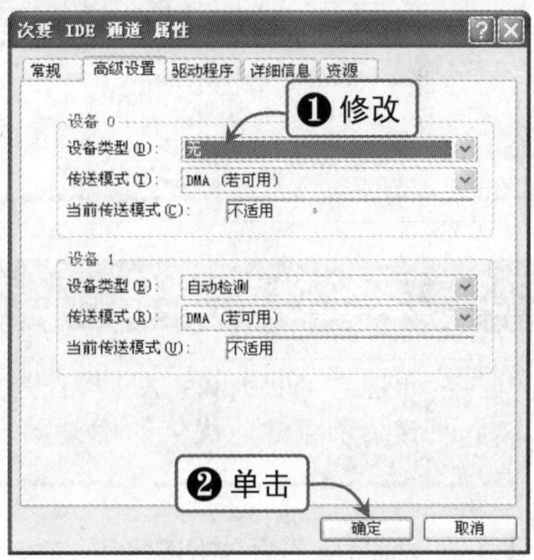

16.2.2 加快菜单显示速度

下面介绍如何加快菜单显示速度，具体操作步骤如下：

STEP 01 打开“运行”对话框

选择“开始”|“运行”命令，如下图所示。

STEP 02 打开“注册表编辑器”窗口

弹出“运行”对话框，在“打开”组合框中输入 regedit，单击“确定”按钮，如下图所示。

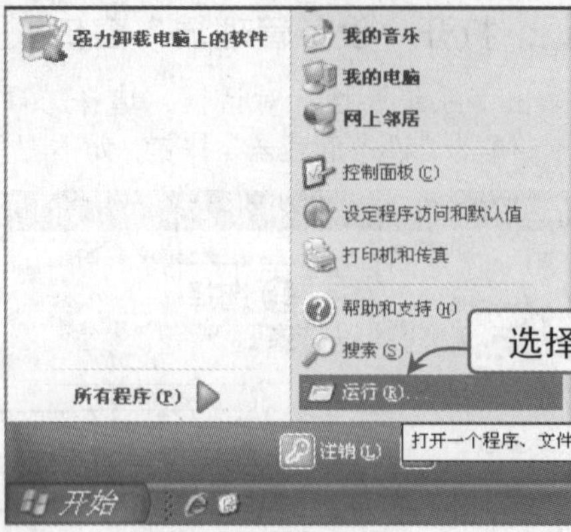

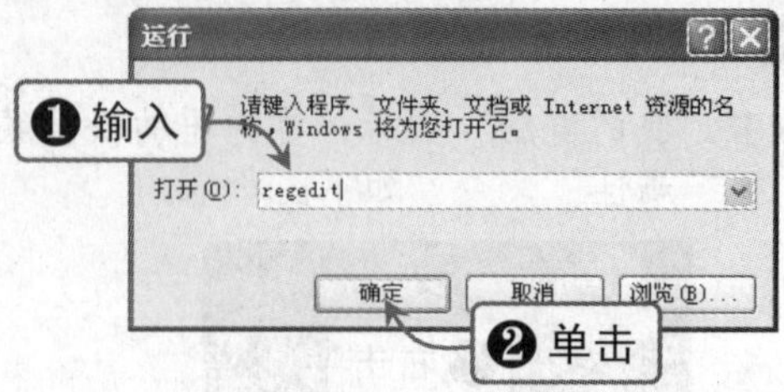

STEP 03 打开“编辑字符串”对话框

打开“注册表编辑器”窗口，在左窗格中依次展开 HKEY_CURRENT_USER\ControlPanal\Desktop 分支，在右窗格中右击 MenuShowDelay 命令，在弹出的快捷菜单中选择“修改”命令，如下图所示。

STEP 04 输入数值数据

弹出“编辑字符串”对话框，在“数值数据”文本框中输入小于 100 的数字，单击“确定”按钮，如下图所示。

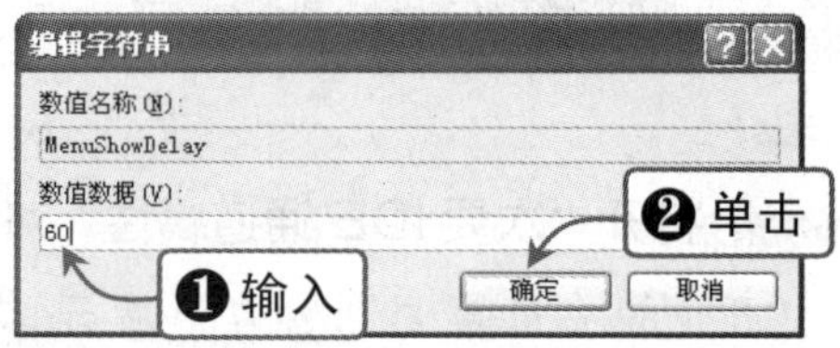

提示

默认值为 400，数值数据修改为小于 100 的数字，但不能为 0，否则只要触碰到所有程序，整条菜单就显示出来了。

16.3 系统性能优化

通过对 Windows XP 操作系统进行性能优化，可以使系统运行速度更快，下面介绍系统性能优化的相关知识。

16.3.1 关闭“系统还原”功能

Windows 任务管理器是 Windows XP 系统自带的软件，启动任务管理器的方法有多种，下面介绍最常用的启动方法。

STEP 01 打开“运行”对话框

选择“开始”|“运行”命令，如下图所示。

STEP 02 打开“组策略”窗口

弹出“运行”对话框，在“打开”组合框中输入 gpedit.msc，单击“确定”按钮，如下图所示。

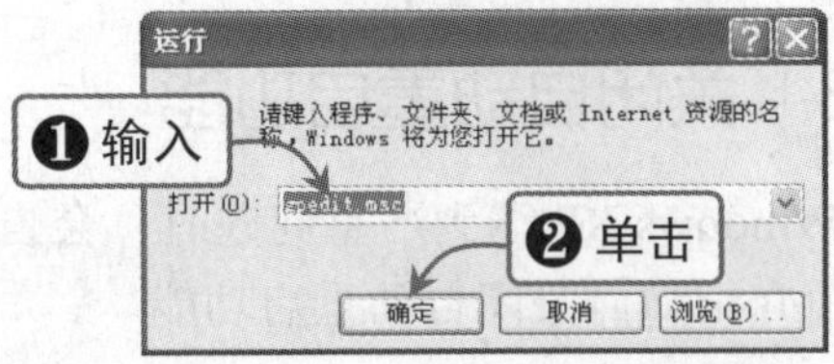

STEP 03 打开“关闭系统还原属性”对话框

打开“组策略”窗口，在“‘本地计算机’策略”窗格中依次展开“计算机配置”\“管理模板”\“系统”\“系统还原”选项，在右侧“设置”窗格中双击“关闭系统还原”选项，如下图所示。

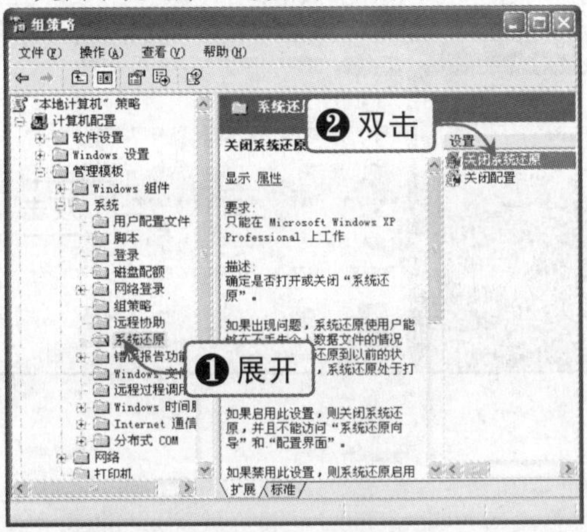

STEP 04 设置“关闭系统还原”

弹出“关闭系统还原属性”对话框，选中“已启用”单选按钮，单击“确定”按钮，如下图所示。

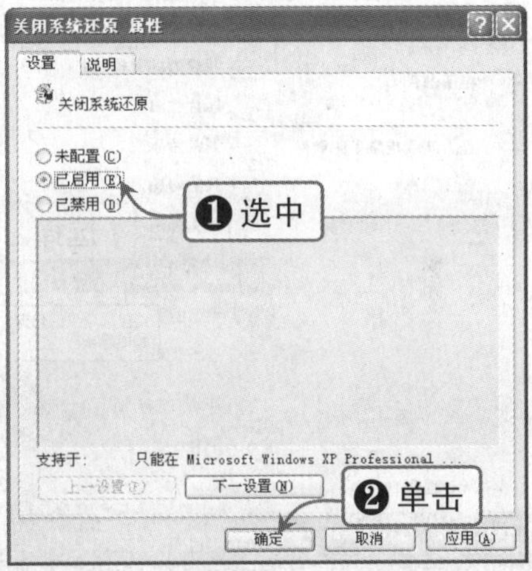

16.3.2 关闭自动更新功能

自动更新功能在平时有些用户用不到，可以将其关闭，具体操作步骤如下：

STEP 01 打开“系统属性”对话框

右击“我的电脑”图标，在弹出的快捷菜单中选择“属性”命令，如下图所示。

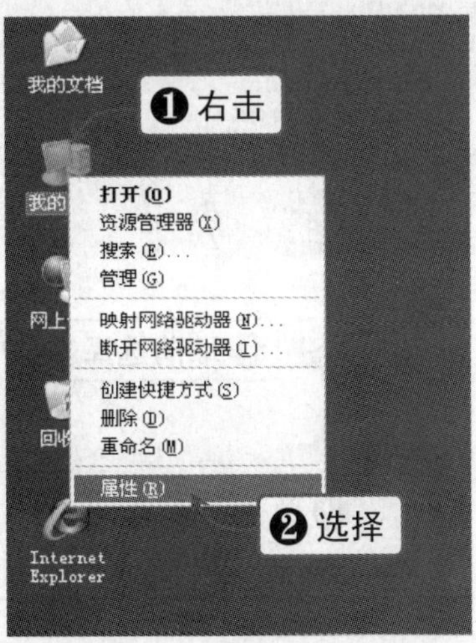

STEP 02 设置自动更新

弹出“系统属性”对话框，选择“自动更新”选项卡，选中“关闭自动更新”单选按钮，单击“确定”按钮，如下图所示。

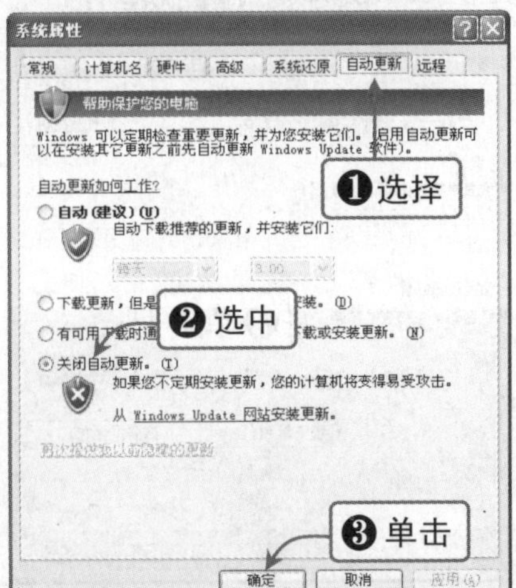

16.3.3 关闭自动重启功能

当 Windows XP 遇到严重问题时，会自动重新启动，导致一些正在编辑的文件会丢失，下面详细介绍如何关闭自动重启功能。

STEP 01 打开“控制面板”窗口

选择“开始”|“控制面板”命令，如下图所示。

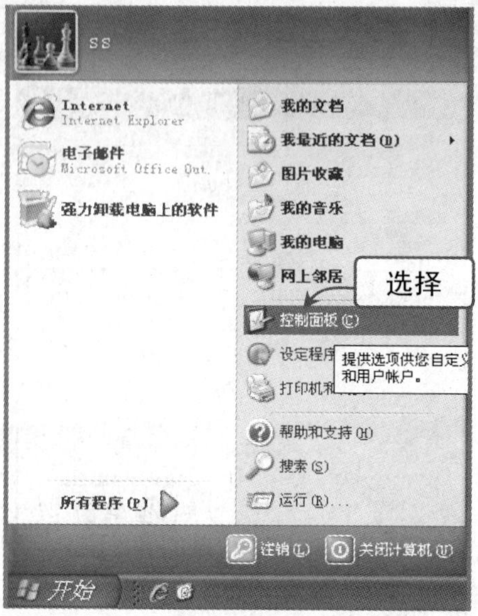

STEP 02 打开“系统属性”对话框

在“控制面板”窗口中双击“系统”图标，如下图所示。

STEP 03 打开“启动和故障恢复”对话框

弹出“系统属性”对话框，选择“高级”选项卡，单击“启动和故障恢复”选项组中的“设置”按钮，如下图所示。

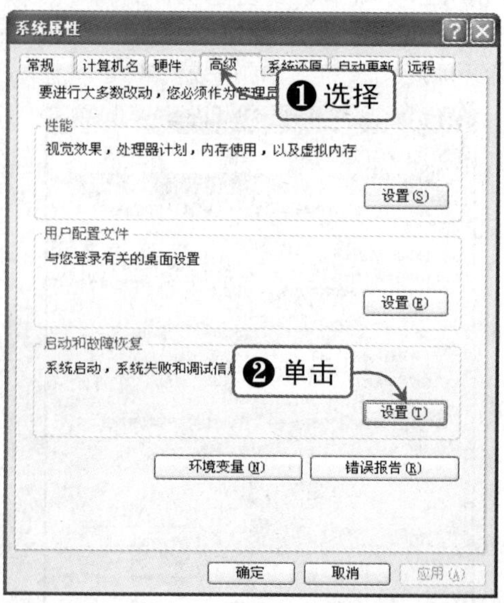

STEP 04 设置启动和故障恢复属性

弹出“启动和故障恢复”对话框，取消选择“系统失败”选项组中的“自动重新启动”复选框，单击“确定”按钮，如下图所示。

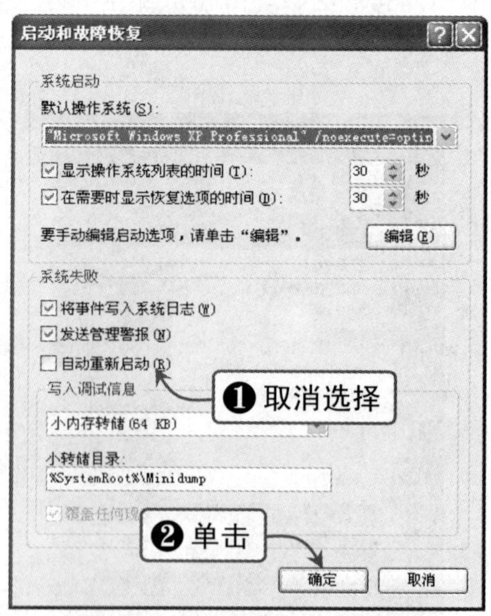

16.3.4 关闭自动播放功能

默认情况下，将光盘插入光驱或者插上 U 盘、移动硬盘，Windows XP 的自动播放功能就读取驱动器，为了减少病毒运行的可能性，可将该功能关闭，下面详细介绍如何关闭自动播放功能。

STEP 01 打开“运行”对话框

选择“开始”|“运行”命令，如下图所示。

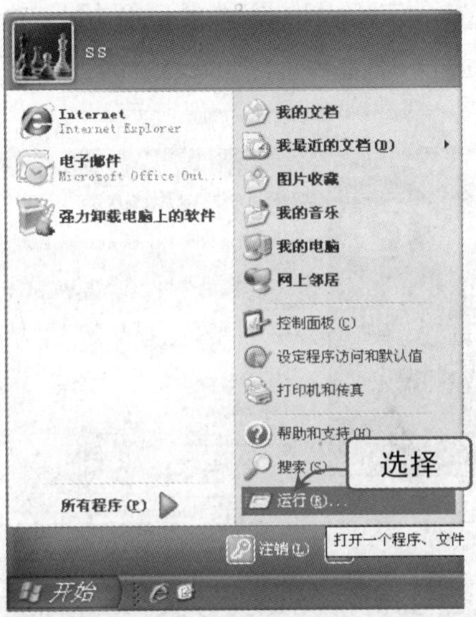

STEP 02 打开“组策略”窗口

弹出“运行”对话框，在“打开”组合框中输入 gpedit.msc，单击“确定”按钮，如下图所示。

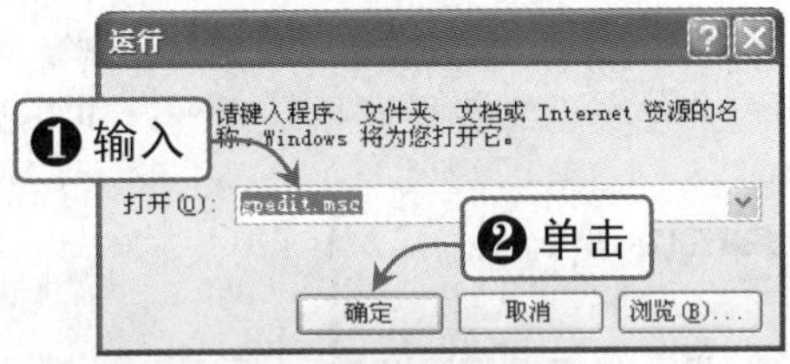

提示

gpedit.msc 是 Windows 组策略编辑器的命令，运用其可以对电脑的各个对象的设置进行管理和配置，使电脑各部件可以更好地协同工作。

STEP 03 打开“关闭自动播放属性”对话框

打开“组策略”窗口，在“‘本地计算机’策略”窗格中依次展开“计算机配置”\“系统”选项，在右侧“设置”窗格中双击“关闭自动播放”选项，如下图所示。

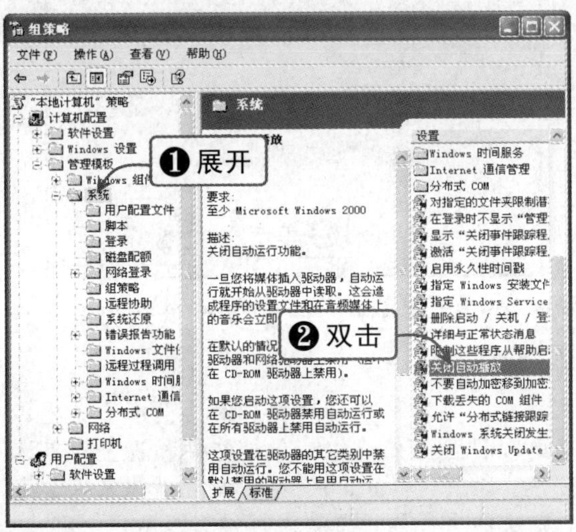

STEP 04 设置“关闭自动播放属性”

弹出“关闭自动播放属性”对话框，选中“已启用”单选按钮，在“关闭自动播放”下拉列表框中选择“所有驱动器”选项，单击“确定”按钮，如下图所示。

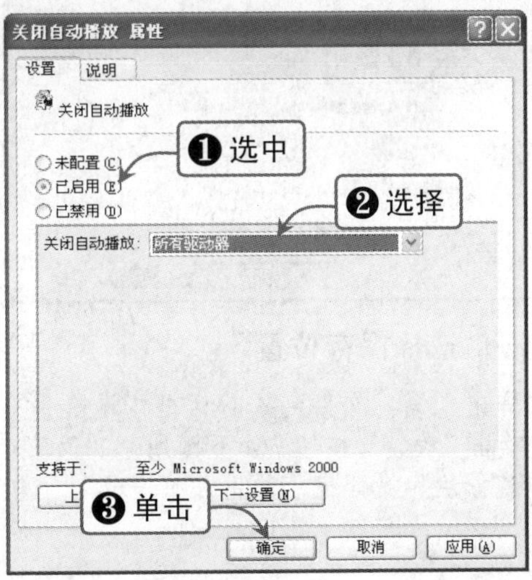

技巧百宝箱

技巧 1 转移资料

可以将数据文件和个人设置转移到其他计算机中，也可以转移到同一台计算机的其他位置，下面详细介绍如何转移文件和设置。

STEP 01 打开“文件和设置转移向导”对话框

选择“开始”|“所有程序”|“附件”|“系统工具”|“文件和设置转移向导”命令，如下图所示。

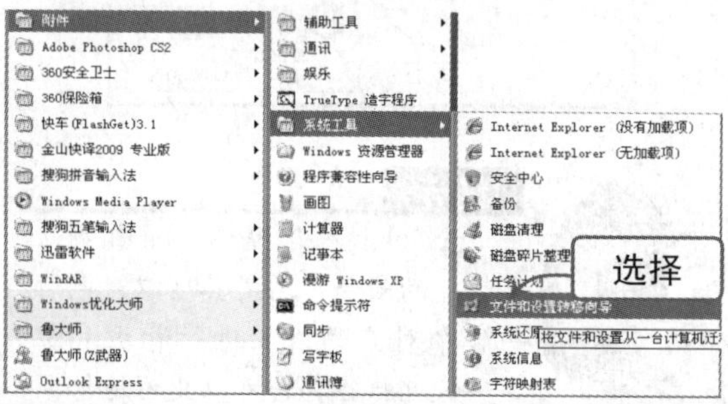

STEP 02 打开“这是哪台计算机”对话框

弹出“文件和设置转移向导”对话框，单击“下一步”按钮，如下图所示。

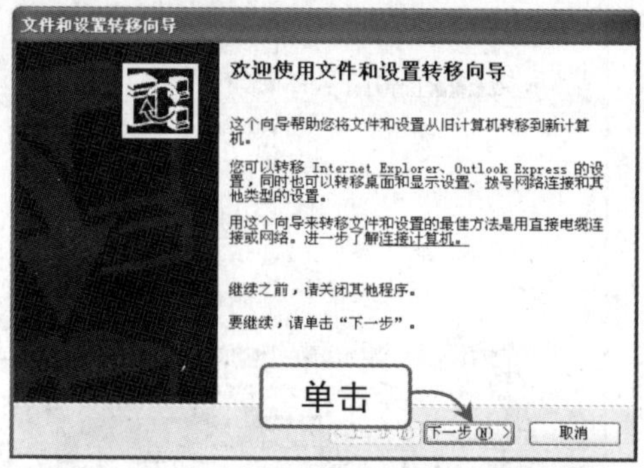

STEP 03 打开“选择转移方法”对话框

在“这是哪台计算机”对话框中选中“旧计算机”单选按钮，单击“下一步”按钮，如下图所示。

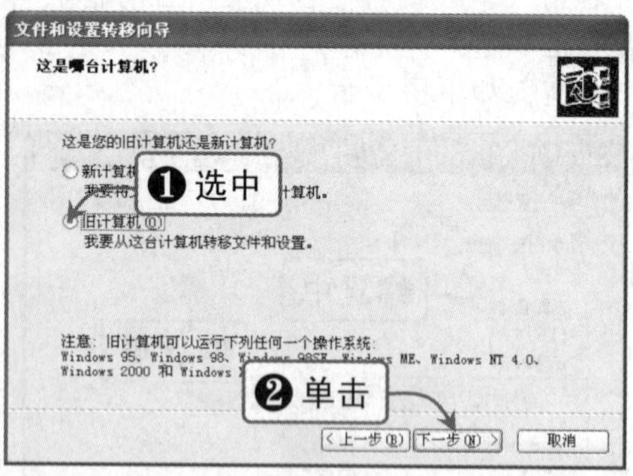

STEP 04 打开“浏览文件夹”对话框

在“选择转移方法”对话框中选中“其他（例如，可移动驱动器或网络驱动器）”单选按钮，单击“浏览”按钮，如下图所示。

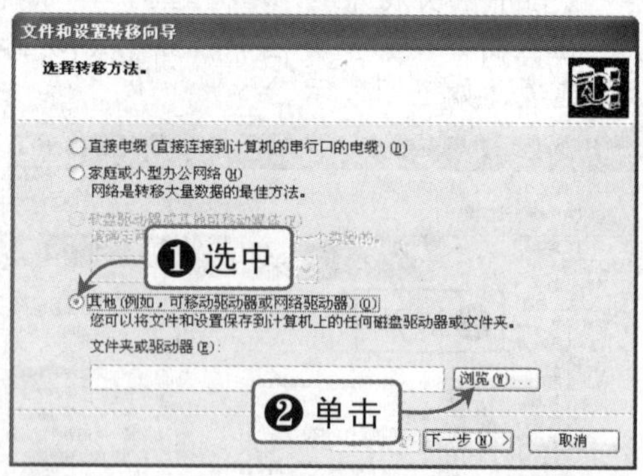

STEP 05 选择保存位置

弹出“浏览文件夹”对话框，选择保存位置，单击“确定”按钮，如下图所示。返回“选择转移方法”对话框，单击“下一步”按钮。

STEP 06 打开“选择自定义文件和设置”对话框

在“要转移哪些项目”对话框中选择要转移的项目。此处选中“包括文件和设置”单选按钮，选中“单击‘下一步’时由我来选择一个自定义的文件和设置列表（供高级用户使用）”复选框，单击“下一步“按钮，如下图所示。

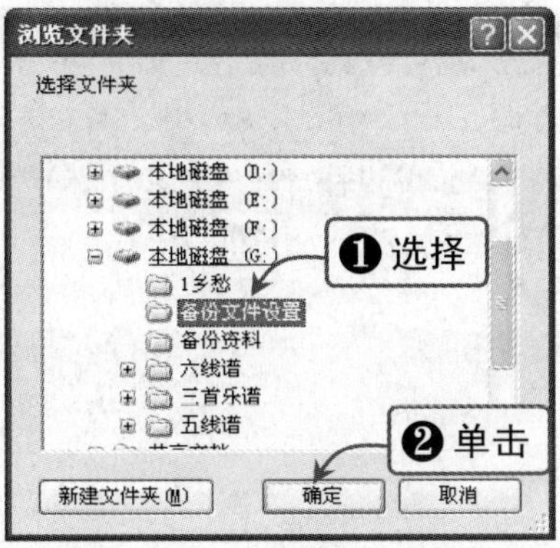

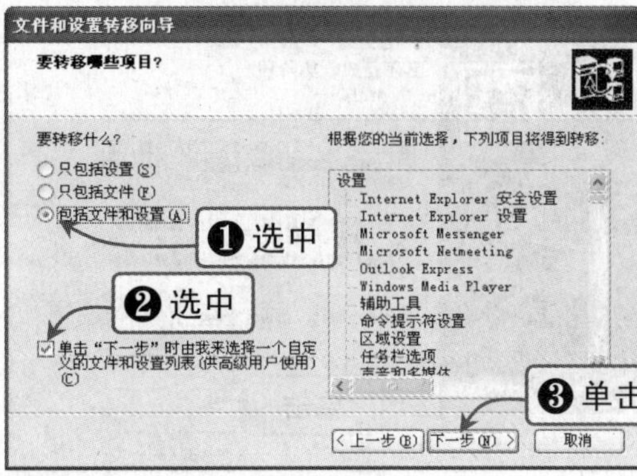

STEP 07 打开“浏览文件夹”对话框

在“选择自定义文件和设置”对话框中选中要备份的项目，单击“添加文件夹”按钮，如下图所示。

STEP 08 选择要添加的备份项目

在“浏览文件夹”对话框中选择要添加的文件夹，单击“确定”按钮，如下图所示。

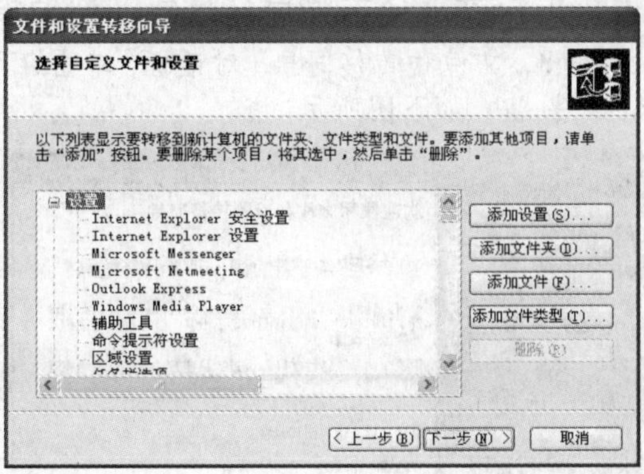

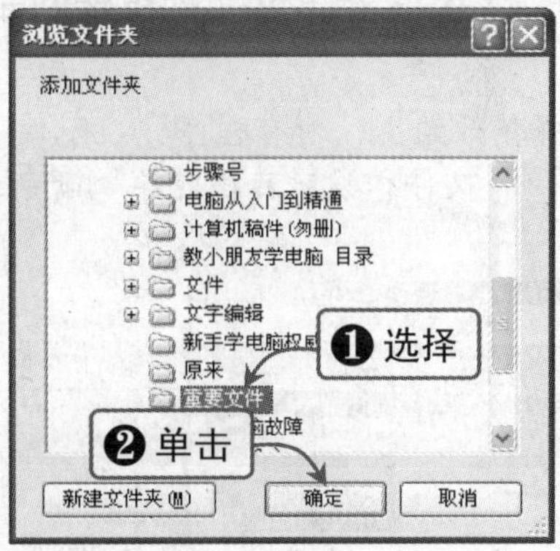

STEP 09 查看添加的备份项目

在“选择自定义文件和设置”对话框中可以查看已添加的备份项目，单击“下一步”按钮，如下图所示。

STEP 10 收集设置的项目

程序收集设置的项目，如下图所示。

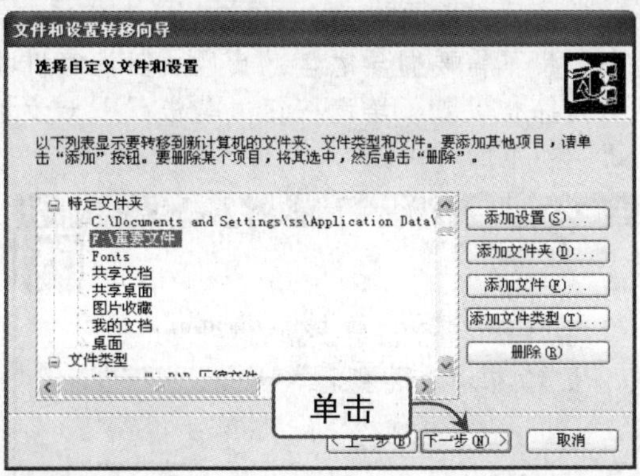

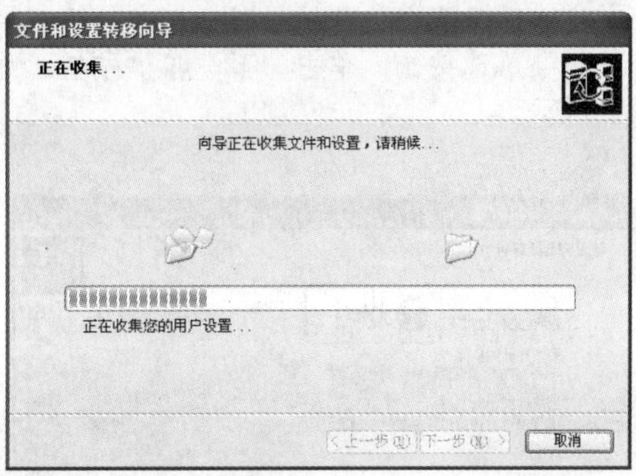

STEP 11 收集完成

操作完毕后，弹出“正在完成收集阶段”对话框，单击“完成”按钮，如下图所示。

STEP 12 备份成功

打开保存设置的文件夹，可以看到文件已经备份成功，如下图所示。

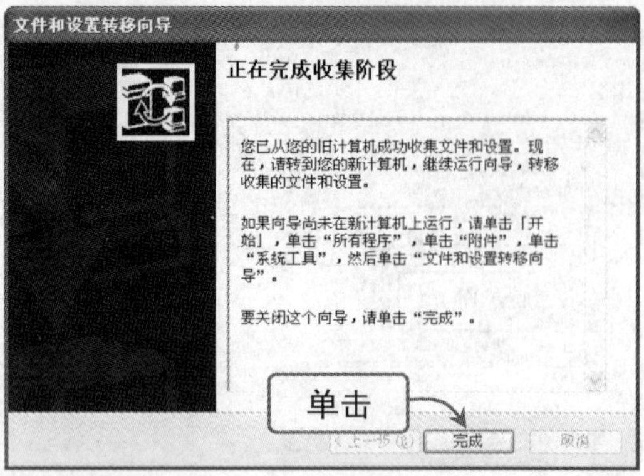

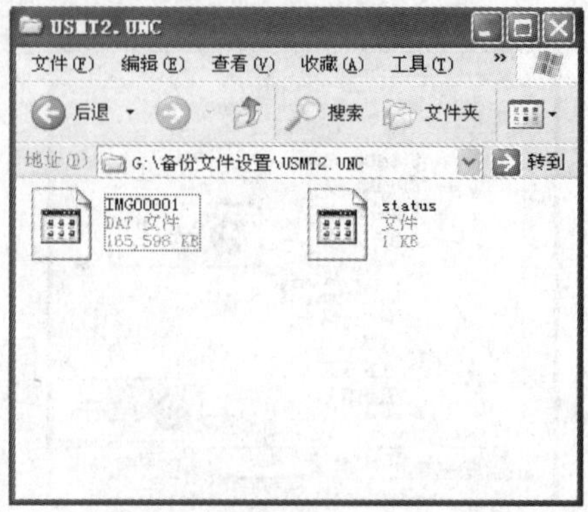

技巧 2 还原资料

利用"文件和设置转移向导"可以将资料还原，具体操作步骤如下：

STEP 01 打开"文件和设置转移向导"对话框

选择"开始"|"所有程序"|"附件"|"系统工具"|"文件和设置转移向导"命令，如下图所示。

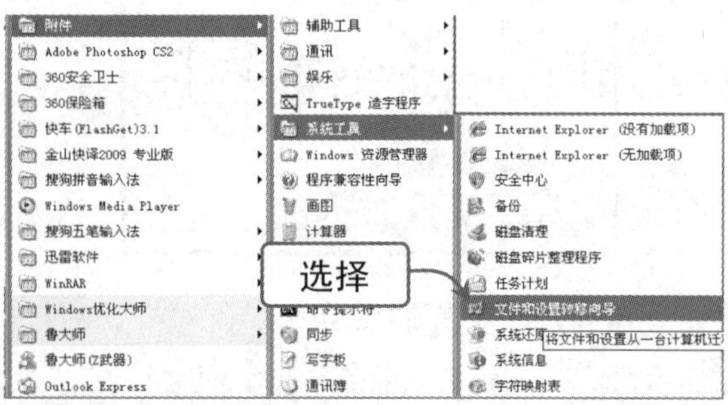

STEP 02 打开"这是哪台计算机"对话框

弹出"文件和转移向导"对话框，单击"下一步"按钮，如下图所示。

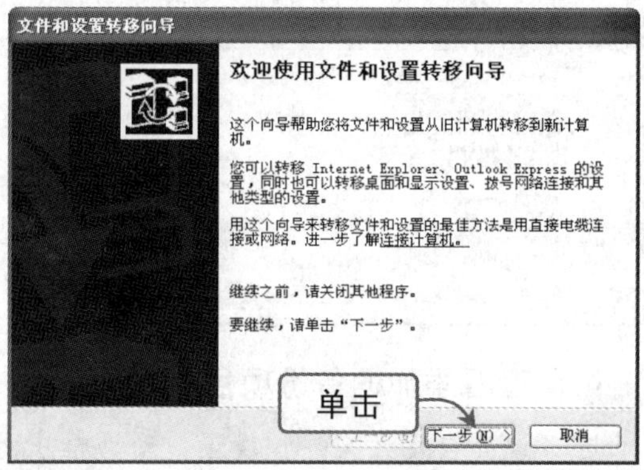

STEP 03 选择计算机

在"这是哪台计算机"对话框中选中"新计算机"单选按钮，单击"下一步"按钮，如下图所示。

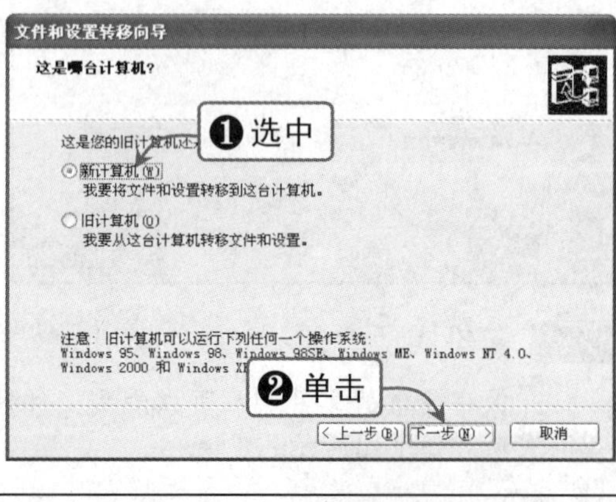

STEP 04 选择是否需要 CD

弹出"您有 Windows XP CD 吗"对话框，选中"我不需要向导磁盘，我已从旧计算机收集了文件和设置"单选按钮，单击"下一步"按钮，如下图所示。

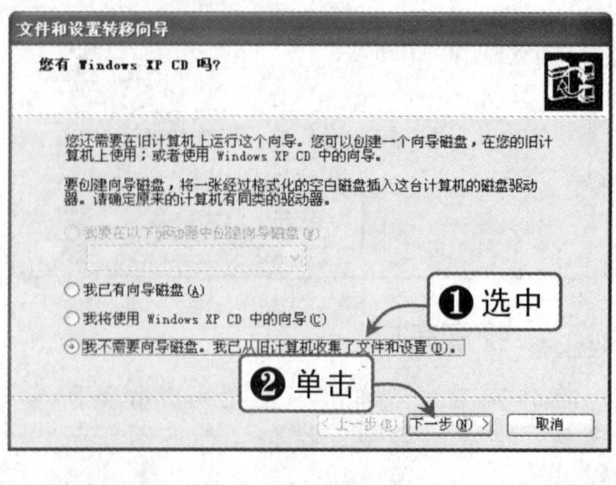

STEP 05 打开“浏览文件夹”对话框

弹出“文件和设置在哪儿”对话框，选中“其他（例如，可移动驱动器或网络驱动器）”单选按钮，单击“浏览”按钮，如下图所示。

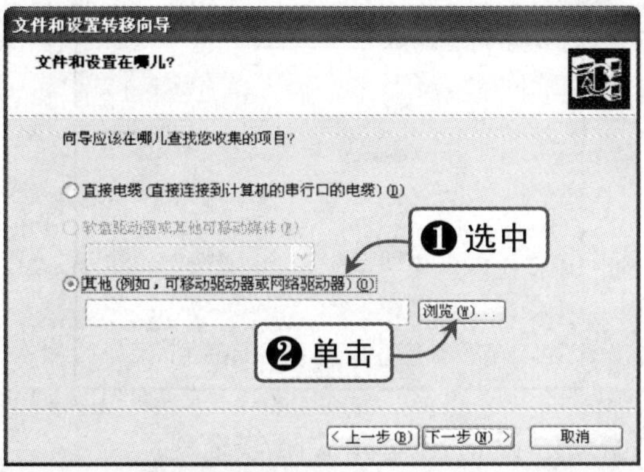

STEP 06 选择文件夹

在“浏览文件夹”对话框中选择要还原的文件夹，单击“确定”按钮，如下图所示。

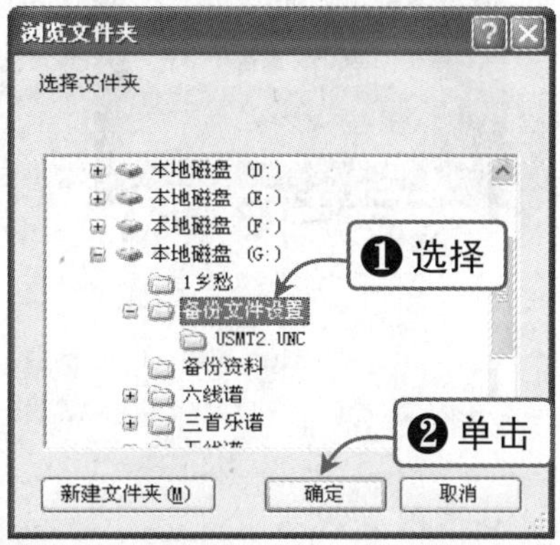

STEP 07 还原备份项目

开始还原备份项目，并显示进度，如下图所示。

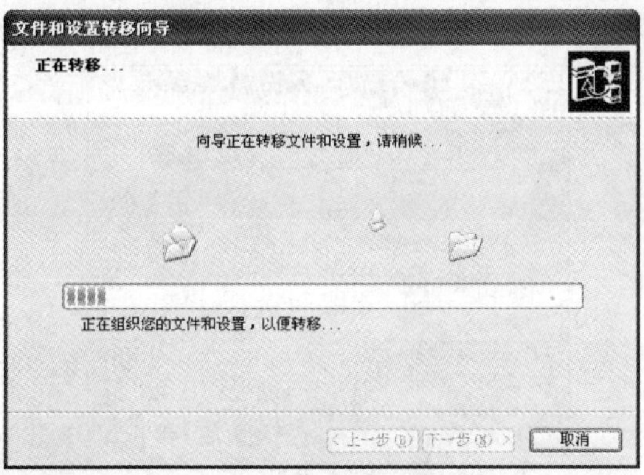

STEP 08 还原完成

在“完成文件和设置转移向导”对话框中单击“完成”按钮，完成还原操作，如下图所示。

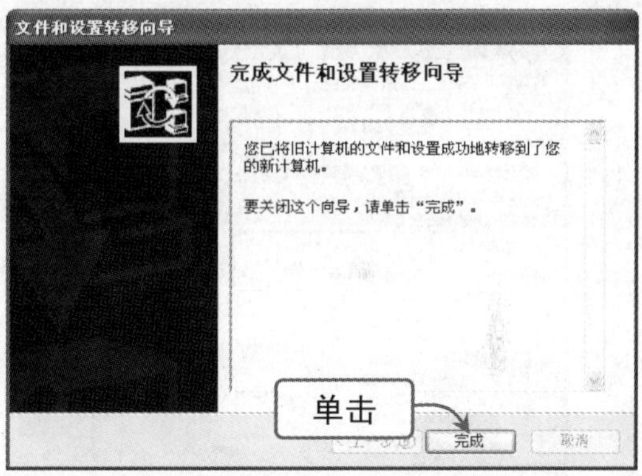

STEP 09 弹出提示信息框

弹出“文件和设置转移向导”提示信息框，提示“要使改动生效，您需要注销。要立即注销吗？”，单击“是”按钮，如右图所示。

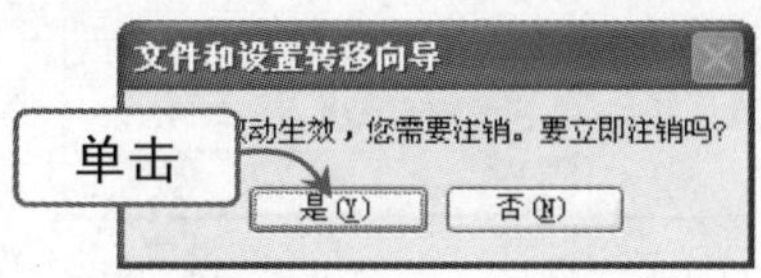

技巧 3 对 Windows XP 系统进行常规优化

通过对系统的视觉效果、启动和故障恢复、错误报告等选项进行处理，达到优化系统的效果，具体操作步骤如下：

STEP 01 打开“系统属性”对话框

右击“我的电脑”图标，在弹出的快捷菜单中选择“属性”命令，如下图所示。

STEP 02 打开“性能选项”对话框

弹出“系统属性”对话框，选择“高级”选项卡，在“性能”选项组中单击“设置”按钮，如下图所示。

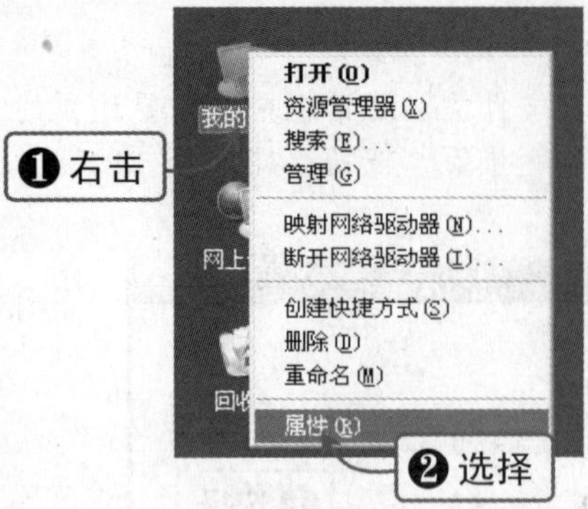

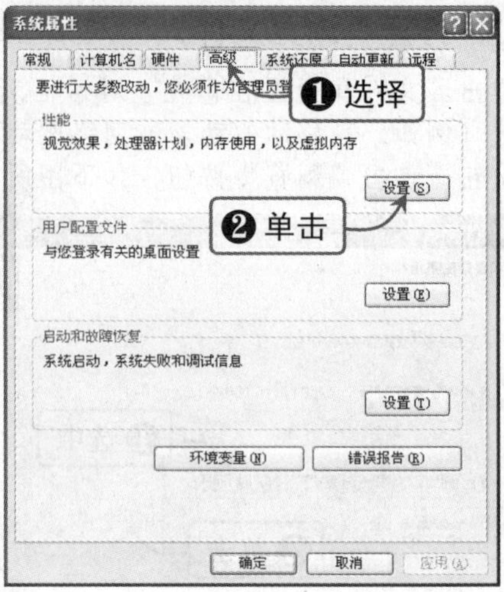

STEP 03 设置视觉效果

弹出“性能选项”对话框，选择“视觉效果”选项卡，选中“调整为最佳性能”单选按钮，单击“确定”按钮，如下图所示。

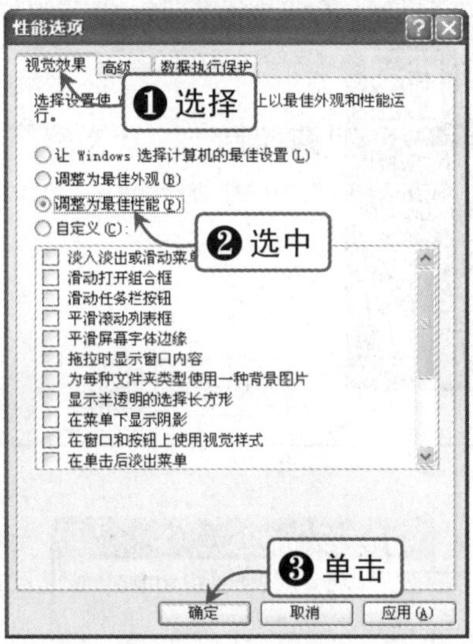

STEP 04 设置启动和故障恢复

弹出“启动和故障恢复”对话框，取消选择“将事件写入系统日志”、“发送管理警报”、“自动重新启动”复选框，在“写入调试信息”下拉列表框中选择“无”选项，单击“确定”按钮，如下图所示。

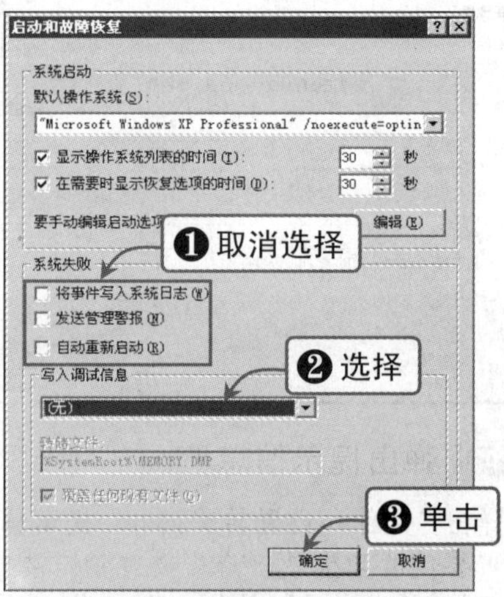

STEP 05 错误汇报设置

返回“系统属性”对话框，单击“错误报告”按钮，弹出“错误汇报”对话框，选中“禁用错误汇报”单选按钮，选中“但在发生严重错误时通知我”复选框，单击“确定”按钮，如右图所示。

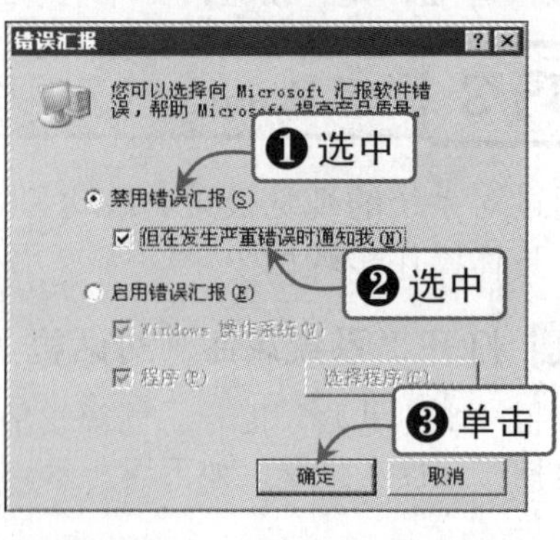

Chapter

17

电脑安全与防范

随着电脑的普及和互联网的发展，网络日益成为人们工作、学习、交流和通信必不可少的重要工具，但是，与此同时，网络上的病毒也日益猖獗起来，很多用户都遭受了很大的损失。为了保证电脑的正常工作，远离病毒和黑客的威胁，掌握基础的网络安全知识是非常必要的，本章为读者介绍一些查杀病毒和木马的实用方法。

本章建议学习时间：

本章建议学习时间为70min，其中分配5min认识电脑病毒与木马，15min学习使用卡巴斯基全功能安全软件，15min学习查杀木马，15 min学习防火墙的使用，20min观看教学视频并进行学习。

学完本章后您可以：

- 认识电脑病毒和木马
- 使用卡巴斯基全功能安全软件
- 使用360安全卫士木马云
- 使用木马克星
- 使用木马清道夫2009
- 使用Windows防火墙

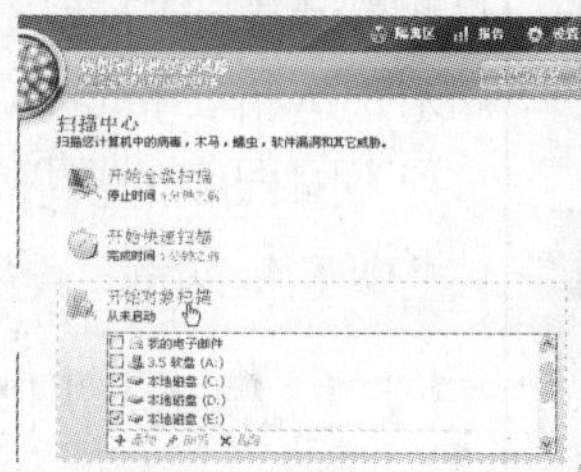

使用卡巴斯基扫描病毒

使用木马克星查杀木马

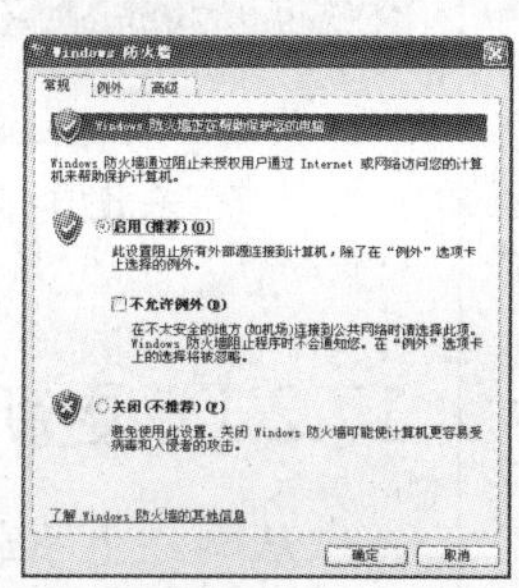

启动Windows防火墙

DVD 重要知识点视频索引

17.1 认识电脑中的病毒与木马

在学会如何查杀病毒之前，首先来认识一下什么是病毒与木马，以及它们对电脑系统的危害。

17.1.1 认识电脑病毒

电脑病毒是指“编制或者在电脑程序中插入的破坏电脑功能或者破坏数据，影响电脑使用并且能够自我复制的一组指令或者程序代码”，它具有以下几个特征：

寄生性

电脑病毒寄生在其他程序之中，当执行这个程序时，病毒就起破坏作用，而在未启动这个程序之前，它是不易被人发觉的。

传染性

计算机病毒具有传染性，一旦病毒被复制或产生变种，其速度之快令人难以预防。当它侵入电脑后，就会搜寻符合传染条件的程序或存储介质，将自身的复制品或其变体传染到其中。

破坏性

计算机中毒后，可能会导致正常的程序无法运行，把计算机内的文件删除或使其受到不同程度的损坏。通常表现为增加、删除、修改、移动等。

隐蔽性

电脑病毒具有很强的隐蔽性，有的可以通过病毒软件检查出来，有的根本就查不出来，有的时隐时现、变化无常，这些病毒处理起来很困难。

17.1.2 认识木马

在电脑中，木马是隐藏性的、自发性的、可被用来进行恶意行为的程序，多不会直接对电脑产生危害，而是以控制为主。

木马的传播方式主要有两种：一种是通过 E-mall，控制端将木马程序以附件的形式附带在邮件中发送出去，收信人只要打开附件系统就会感染木马；另一种是软件下载，一些非正规的网站以提供软件下载为名义，将木马捆绑在软件安装程序上，下载后，只要运行这些程序，木马就会自动安装。

17.2 卡巴斯基全功能安全软件

Kaspersky（卡巴斯基）杀毒软件，是比较优秀的杀毒软件，它以无与伦比的杀毒能力著称。下面介绍卡巴斯基全功能安全软件 2010 版的使用。

17.2.1 更新数据库

从网站上下载并安装卡巴斯基全功能安全软件后，由于版本可能并不是最新的，所以需要先更新数据库，使病毒数据库最新最全，此后再进行杀毒操作。

STEP 01 启动卡巴斯基全功能安全软件

选择“开始”|“所有程序”|“卡巴斯基全功能安全软件 2010”|“卡巴斯基全功能安全软件 2010”命令，如下图所示。

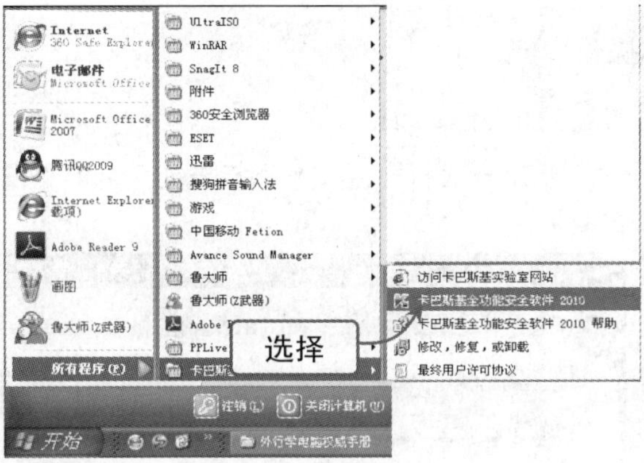

STEP 02 修复数据库

启动卡巴斯基全功能安全软件，可以看到界面最上方的提示信息“您的计算机存在风险”|“数据库严重过期”，单击“立即修复”按钮，如下图所示。

STEP 03 下载更新

进入“更新中心”窗口，开始下载更新文件，并显示更新进度，如下图所示。

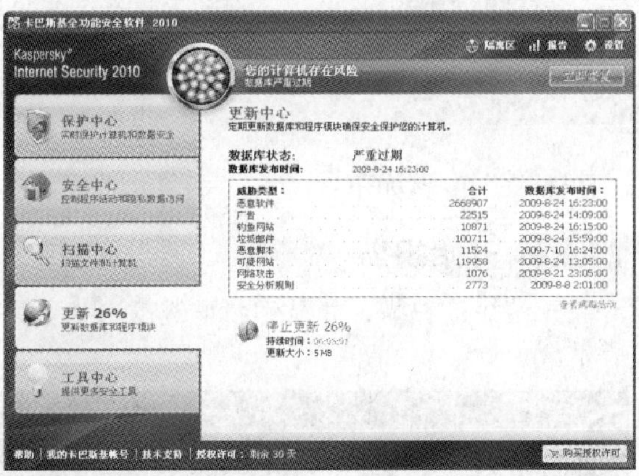

STEP 04 更新完毕

更新完毕后出现提示信息“需要重启”，如下图所示。

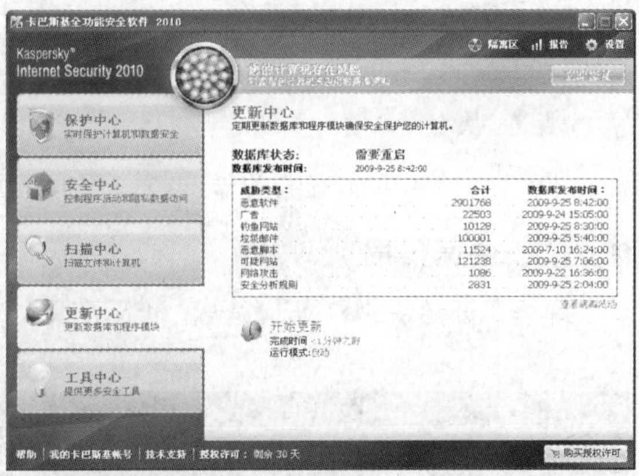

STEP 05 重启电脑

退出卡巴斯基杀毒软件，重启电脑使设置生效，再次打开卡巴斯基会看到更新中心显示的病毒库状态为“最新”，如右图所示。

提示

及时更新病毒库才能使电脑处于最佳防御状态。

17.2.2 使用卡巴斯基扫描病毒

病毒库升级到最新版本后，用户就可以使用卡巴斯基进行杀毒了。下面介绍 3 种杀毒方式：全盘扫描、快速扫描和对象扫描。

Work1 全盘扫描

扫描全部本地磁盘，占用时间较长。具体操作步骤如下：

STEP 01 全盘扫描

启动卡巴斯基，选择“扫描中心”选项，单击“开始全盘扫描”按钮，如下图所示。

STEP 02 开始扫描

开始全盘扫描，并显示扫描进度，如下图所示。

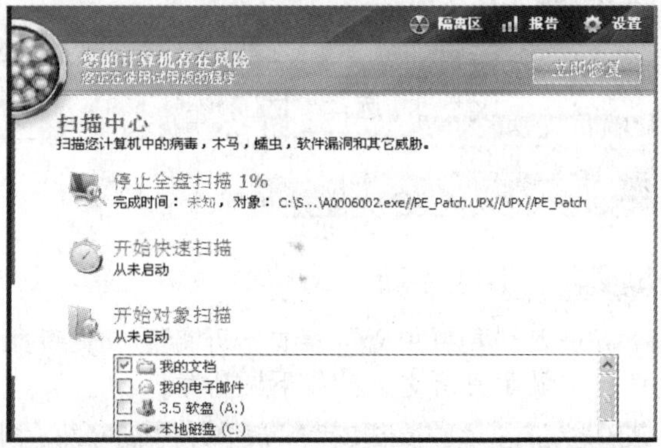

Work2 快速扫描

只扫描易感染病毒的关键部位，用时较短。具体操作步骤如下：

STEP 01 快速扫描

单击“开始快速扫描”按钮，如下图所示。

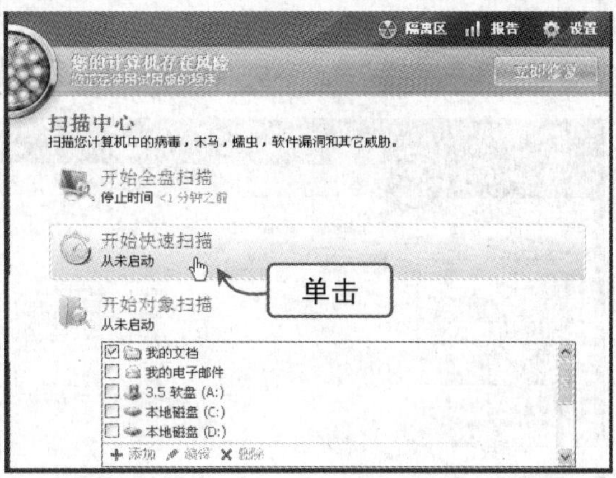

STEP 02 开始扫描

开始快速扫描，并显示扫描进度，如下图所示。

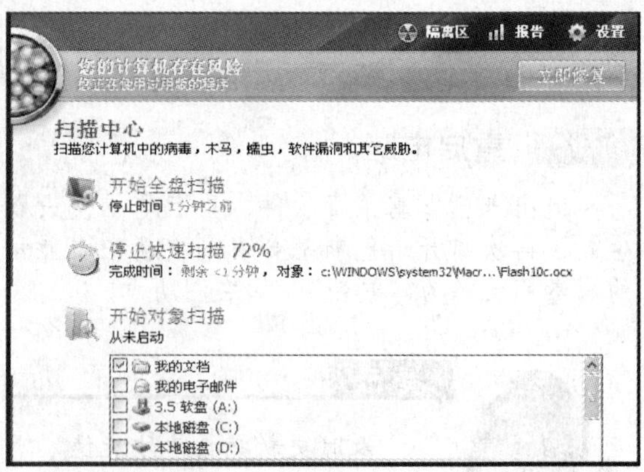

Work3 对象扫描

可以自主选择扫描的磁盘对象。具体操作步骤如下：

STEP 01 选择扫描对象

在“开始对象扫描”列表区域中选择要扫描的磁盘前面的复选框，单击“开始对象扫描”按钮，如下图所示。

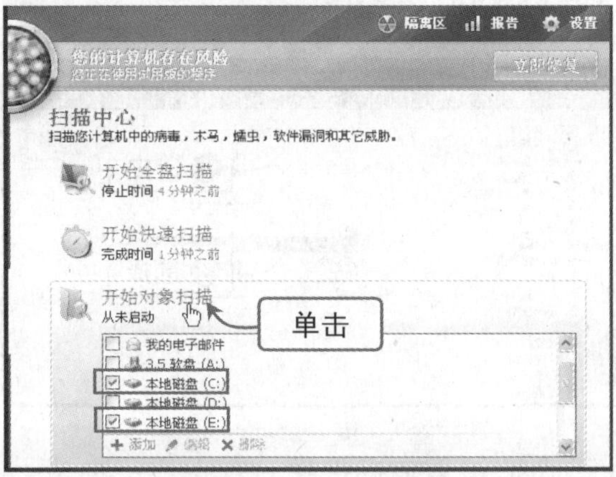

STEP 02 开始对象扫描

开始对象扫描，并显示进度，如下图所示。

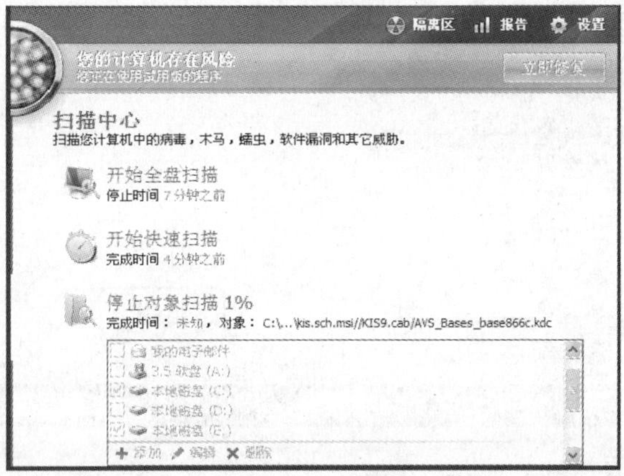

17.2.3 保护与安全设置

卡巴斯基的保护中心可以保护电脑免受恶意程序和非法访问的威胁，同时还可保障用户安全访问网络。

STEP 01 进入保护中心

启动卡巴斯基，选择“保护中心”选项，单击“文件和隐私数据安全”按钮，如下图所示。

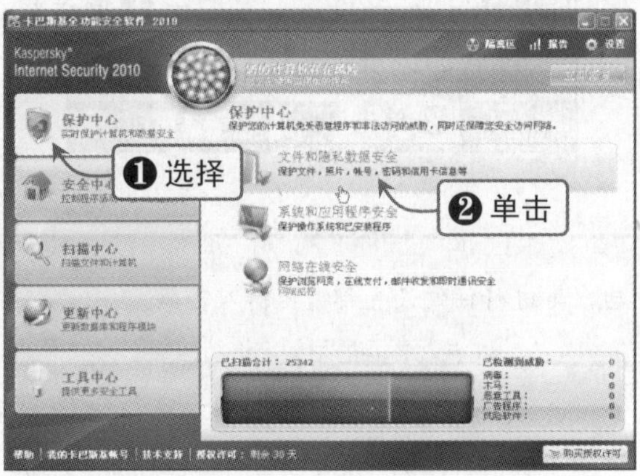

STEP 02 停止保护

可以看到列表中的选项右侧灯亮的为开启状态，灯没亮的为未开启状态，若想停止某选项的保护，则单击右侧的绿灯，如下图所示。

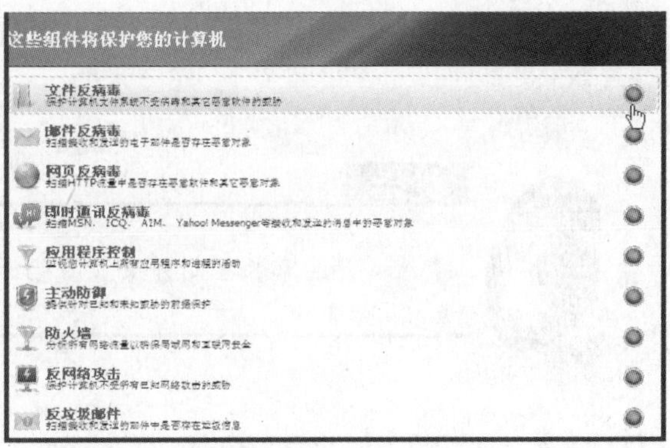

STEP 03 组件被停止

此时在桌面右下角弹出一个提示信息框，提示“部分保护组件被停止”，如下图所示。

STEP 04 指示灯变暗

返回保护中心，可以看到原来的选项右侧的灯已经变暗，如下图所示。

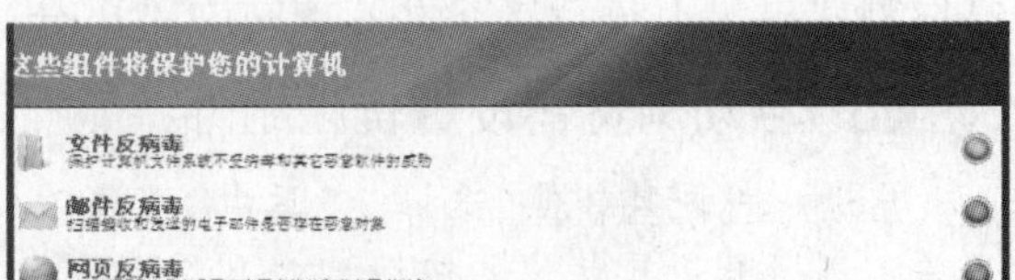

STEP 05 设置家长控制

卡巴斯基还可以设置家长控制，单击“家长控制”右侧的指示灯，如下图所示。

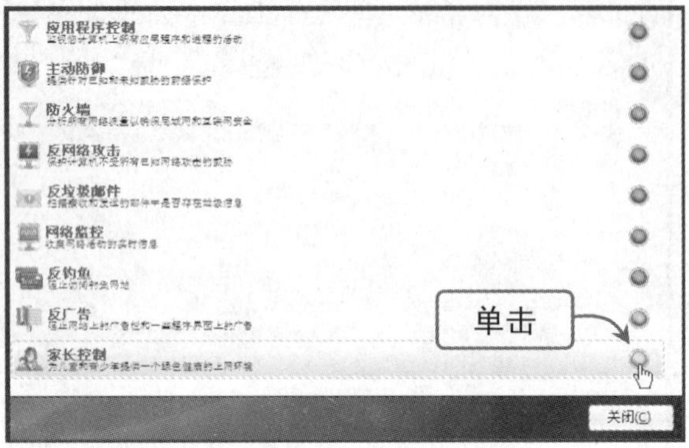

STEP 06 开启家长控制

弹出“设置”对话框，选中“开启家长控制”复选框，在“当前运行角色”下拉列表框中选择“家长”选项，如下图所示。

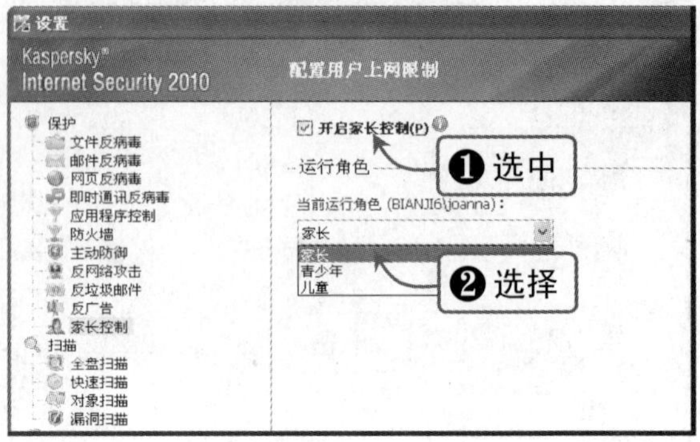

STEP 07 确认设置

弹出“设置”提示信息框，单击“是”按钮，如下图所示。

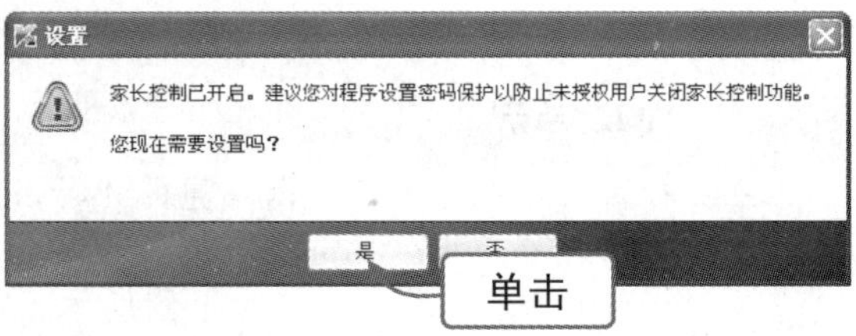

STEP 08 设置密码保护

弹出“密码保护”对话框，输入新密码并确认，选择密码保护范围，单击“确定”按钮，如下图所示。

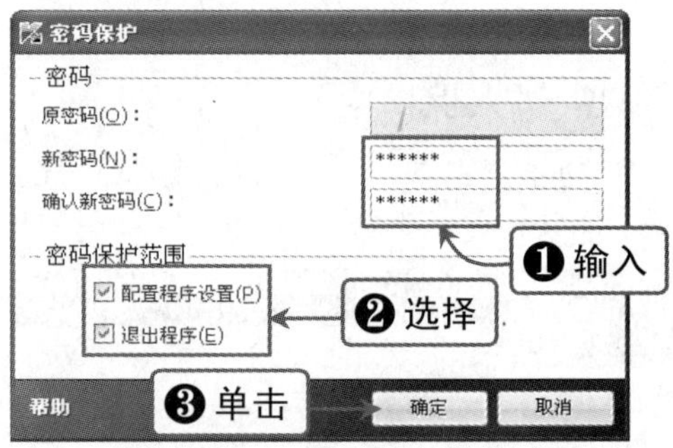

提示

开启家长控制并设置密码保护后，再进行任何设置都需要输入密码。

17.2.4 浏览器设置优化

卡巴斯基的“浏览器设置优化”组件可以分析浏览器的设置，并评估它们可能对安全的影响。如果存在配置对安全构成风险的话，它还可以修复这些设置。运行浏览器配置向导可以检测计算机上是否已经安装最新的浏览器，这些设置是否存在潜在的漏洞。

STEP 01 启动浏览器设置优化组件

启动卡巴斯基软件，选择“工具中心”选项，单击“浏览器设置优化”按钮，如下图所示。

STEP 02 运行浏览器配置向导

弹出“浏览器配置向导”对话框，单击“下一步”按钮，如下图所示。

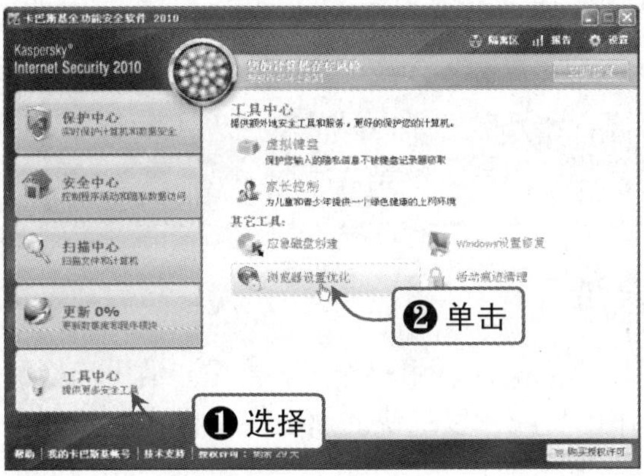

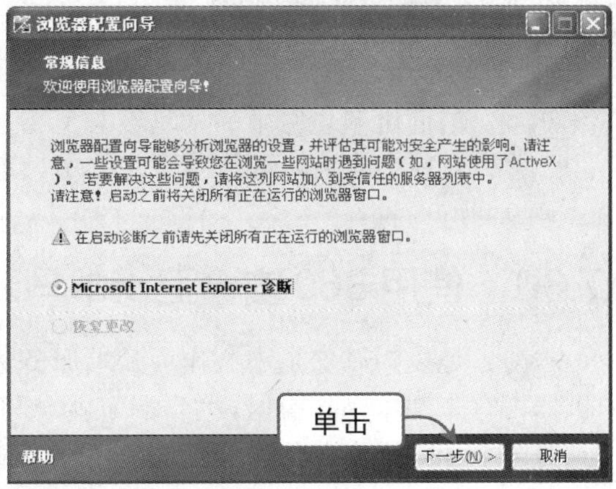

STEP 03 搜索问题

开始搜索浏览器问题，并显示进度，如下图所示。

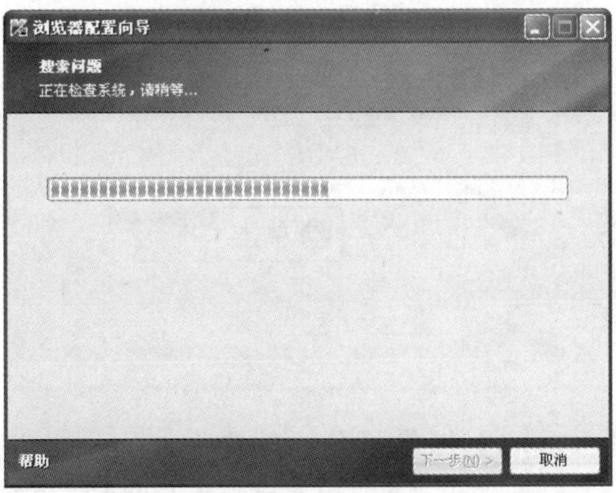

STEP 04 选择操作

搜索问题完成，选中“建议操作”列表区域下的操作复选框，单击“下一步”按钮，如下图所示。

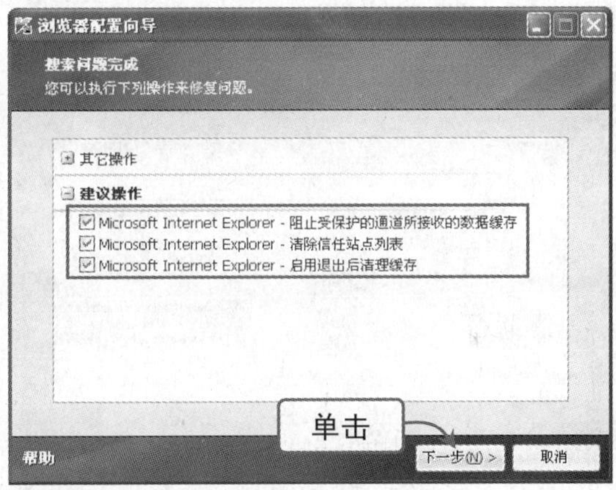

STEP 05 修复问题

开始修复浏览器设置，并显示进度，如下图所示。

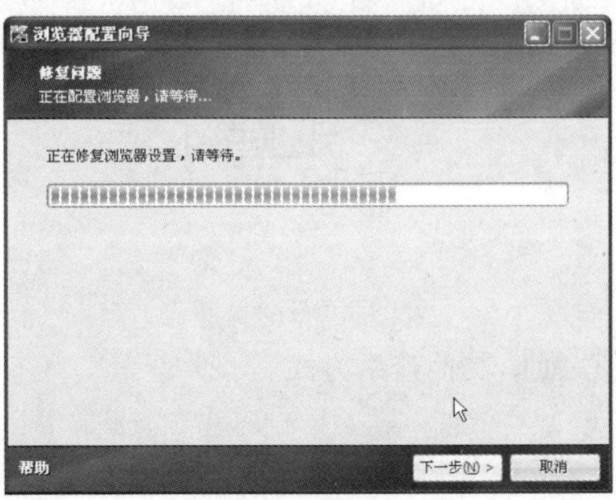

STEP 06 配置完成

浏览器配置向导完成，单击“完成”按钮，如下图所示。

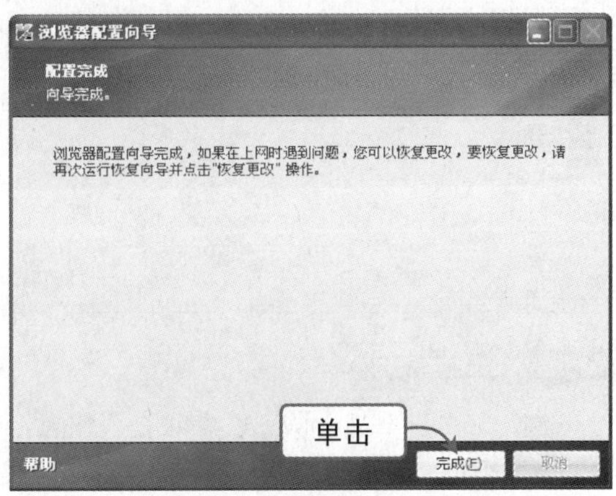

17.3 查杀木马

前面讲了电脑中的木马及其危害，下面介绍几款查杀木马的软件。目前比较流行且评价较高的有 360 安全卫士、木马克星、木马杀客等软件。

17.3.1 使用 360 安全卫士木马云查杀

木马云是以 360 安全中心作为云端服务器，以广大的 360 用户作为客户端，当用户检测到机器内有未知木马病毒时，“云端”就会马上作出反应，以最快的速度接受样本，然后共享到每一个 360 用户，从源头上避免了木马病毒对其他用户的攻击和侵害。

STEP 01 启动 360 安全卫士

下载并安装好 360 安全卫士后，启动程序，即可看到软件界面，如下图所示。

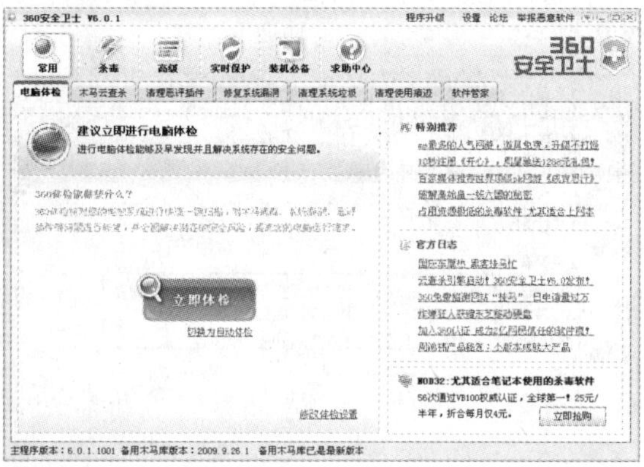

STEP 02 快速扫描

选择“云查杀”选项卡，单击“快速扫描”超链接，如下图所示。

STEP 03 开始查杀

开始查杀木马，并显示进度，如下图所示。

STEP 04 上传需要分析的文件

查杀完毕，弹出“是否需要上传分析的文件”提示信息框，单击“上传”按钮，如下图所示。

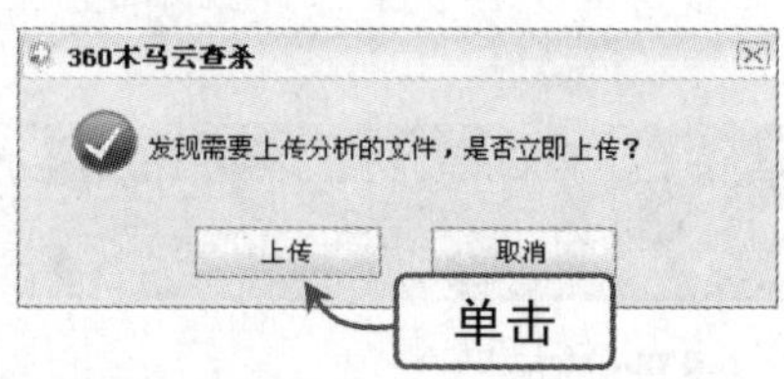

STEP 05 扫描完成

返回 360 安全卫士，可以看到查杀结果，如下图所示。

STEP 06 其他查杀方式

返回“云查杀”选项卡，还可以选择其他查杀方式，如下图所示，在此不再赘述。

外行上路
提高进阶
权威案例
百宝箱技巧

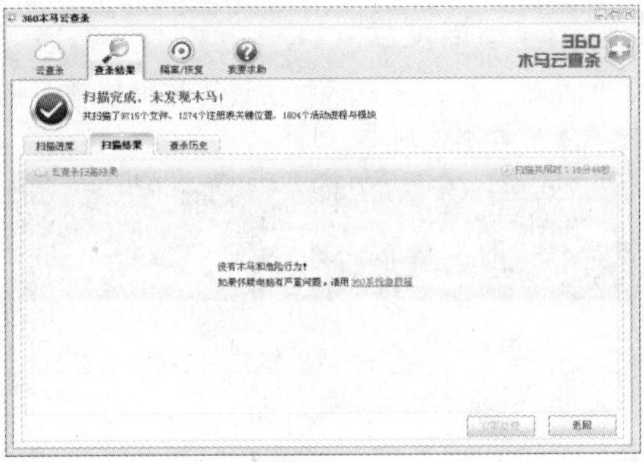

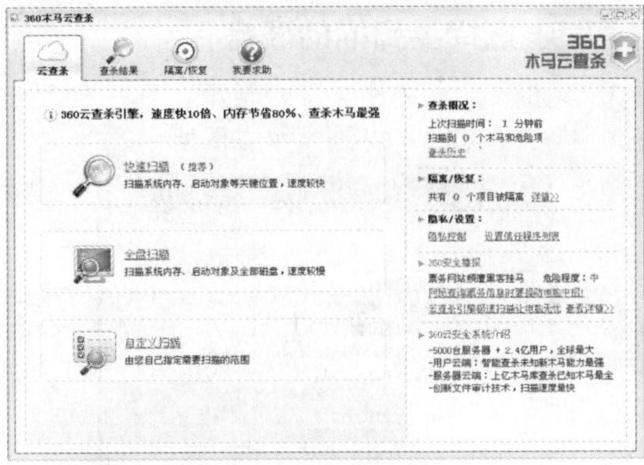

17.3.2 木马克星

木马克星是动态监视网络与静态特征字扫描的完美结合，可以查杀 3759 种木马，除采用传统病毒库查杀木马外，还能智能查杀未知变种木马。

STEP 01 启动木马克星

双击桌面上的“木马克星”快捷方式图标，如下图所示。

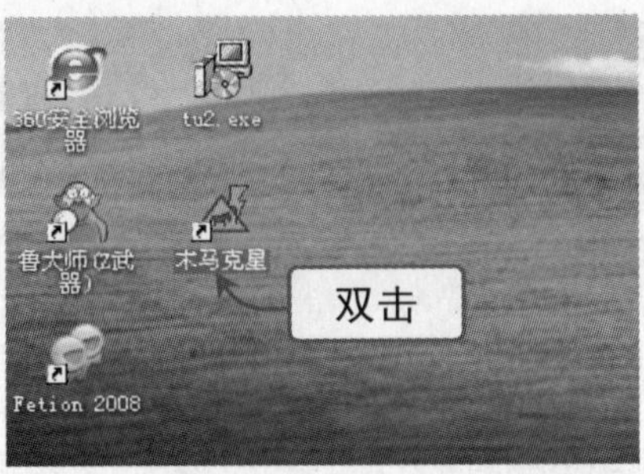

STEP 02 自动扫描

启动木马克星，将自动运行扫描程序，如下图所示。

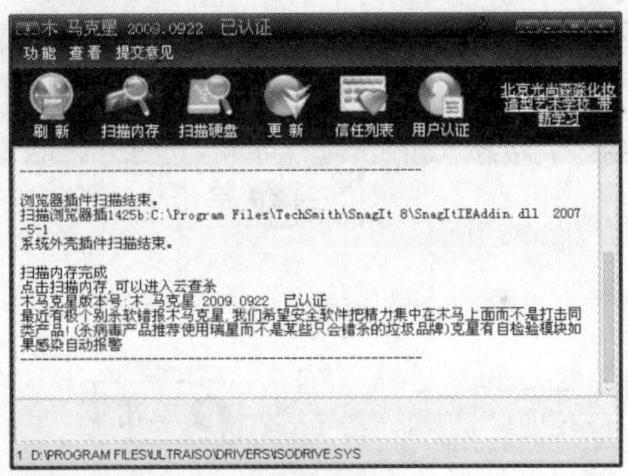

STEP 03 扫描内存

单击“扫描内存”按钮，将进行内存扫描，如下图所示。

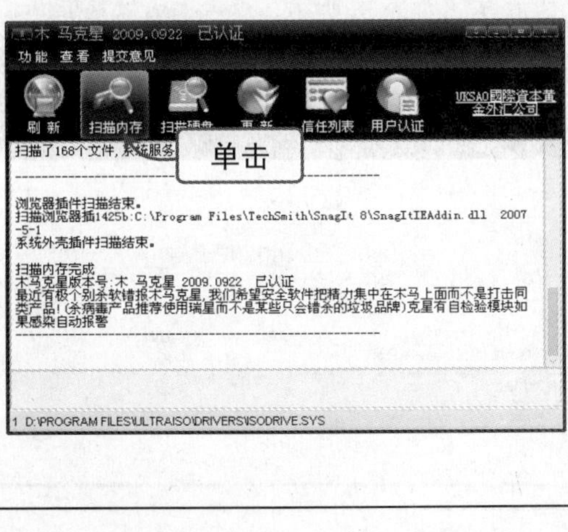

STEP 04 更改扫描目标硬盘

单击“扫描硬盘”按钮，系统默认扫描 C 盘，若想更改，则单击“浏览”按钮，如下图所示。

STEP 05 选择要扫描的硬盘

弹出“浏览文件夹”对话框，选择磁盘分区，单击“确定”按钮，如右图所示。

STEP 06 扫描硬盘

开始扫描，并显示扫描过程详细信息，扫描完毕后如下图所示。

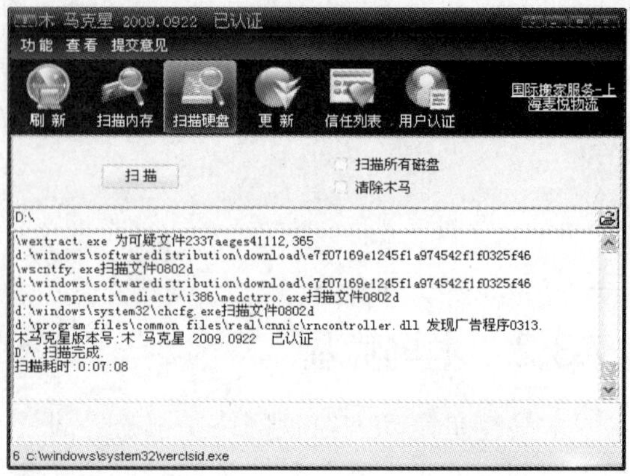

STEP 07 更新病毒库

单击“更新”按钮，可以看到病毒库的日期，若需要更新，则单击“开始”按钮，如下图所示。

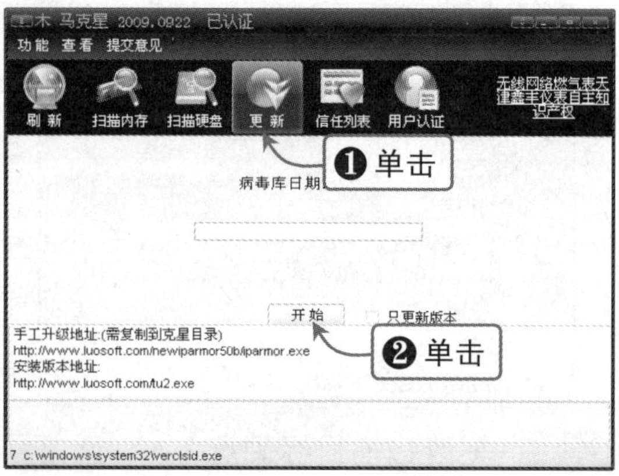

STEP 08 开始更新

开始更新，并显示更新进度，如下图所示。

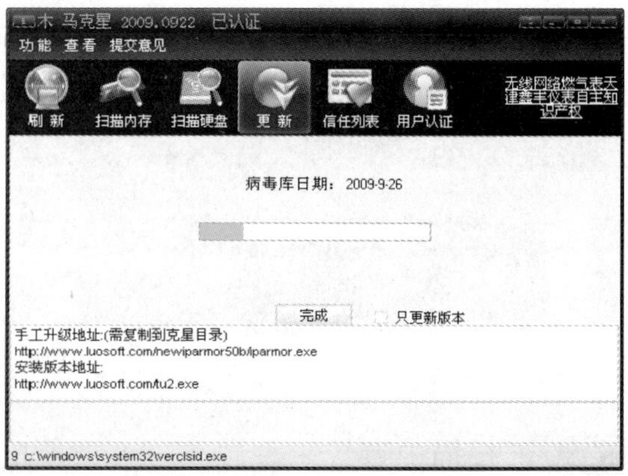

STEP 09 更新完成

更新完毕后弹出提示信息框，单击“确定”按钮，如下图所示。

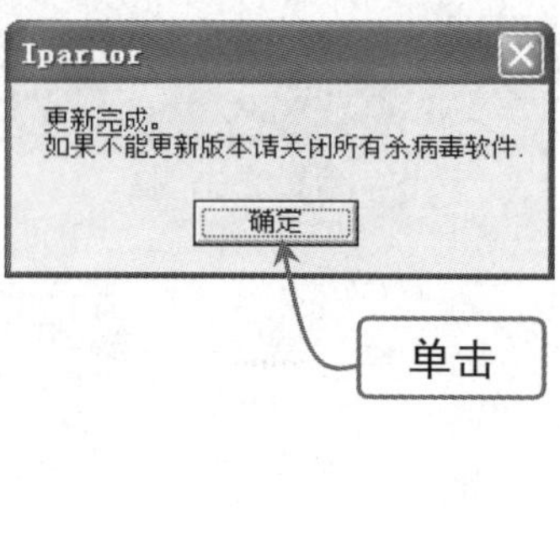

STEP 10 病毒库已为最新版本

返回病毒库，可以看到病毒库已经成为最新的版本，如下图所示。

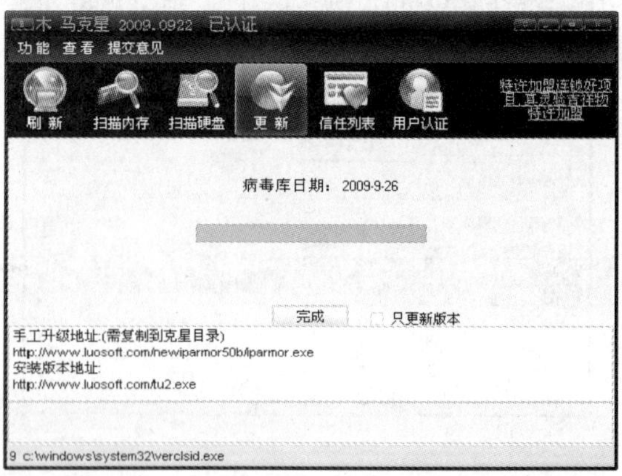

17.3.3 木马清道夫 2009

Windows 木马清道夫是一款专门查杀并可辅助查杀木马的专业级反木马信息安全产品，可自动查杀近 10 万种木马，配合手动分析可以 100%对未知木马进行查杀。它不仅可以查杀木马，还可以分析出后门程序、黑客程序等。

STEP 01 升级木马库

双击木马清道夫图标，首次使用该软件会弹出“升级木马库”对话框，如下图所示。

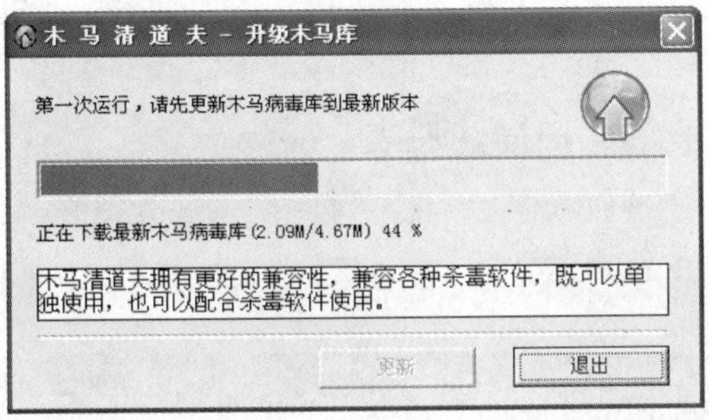

STEP 02 启动程序

启动木马清道夫，单击“扫描进程”按钮，如下图所示。

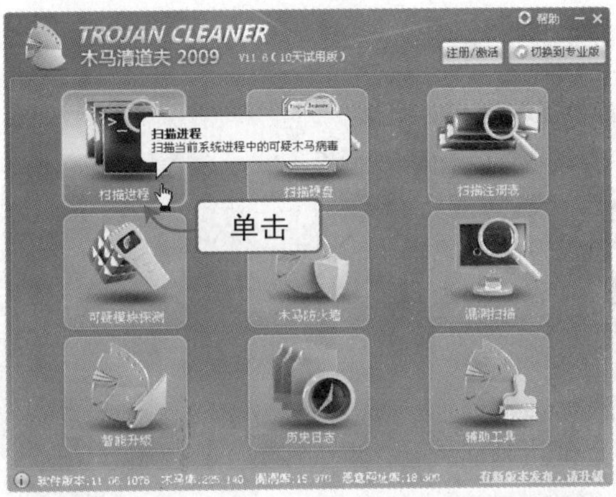

STEP 03 扫描进程

弹出“扫描进程”对话框，单击“扫描”按钮，如下图所示。

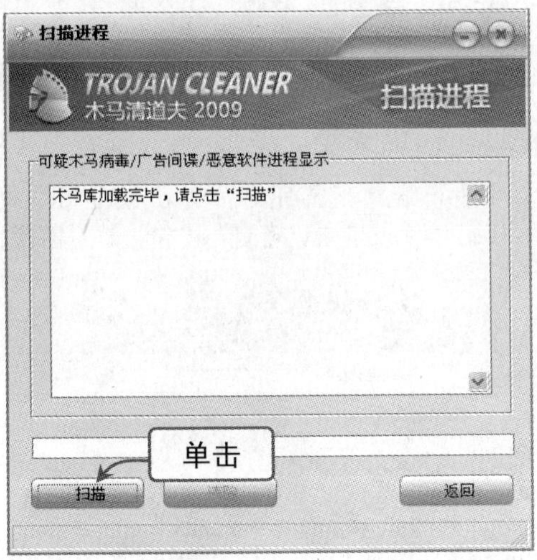

STEP 04 开始扫描

开始扫描，并显示扫描进度，如下图所示。

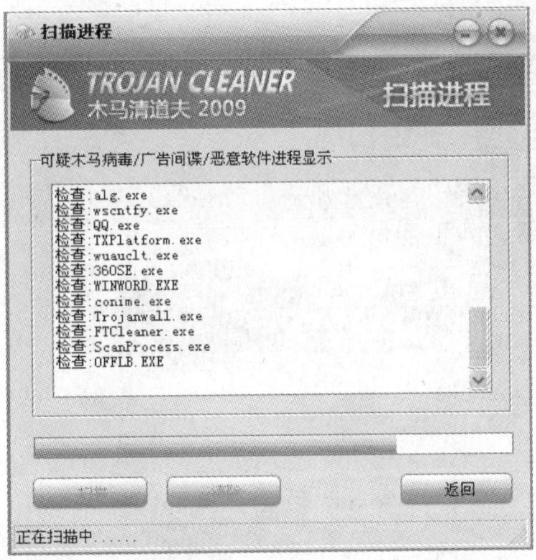

STEP 05 扫描完毕

扫描完毕后弹出提示信息框，显示扫描结果，单击“确定”按钮，如右图所示。

STEP 06 高速扫描磁盘

返回程序主界面，单击“扫描磁盘”按钮，在弹出的菜单中选择“高速扫描磁盘”命令，如下图所示。

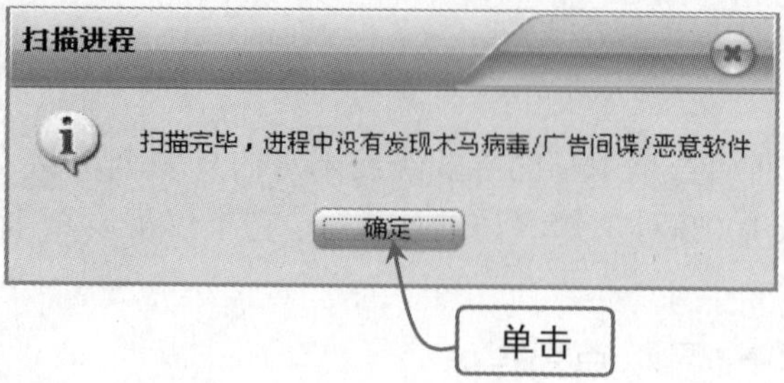

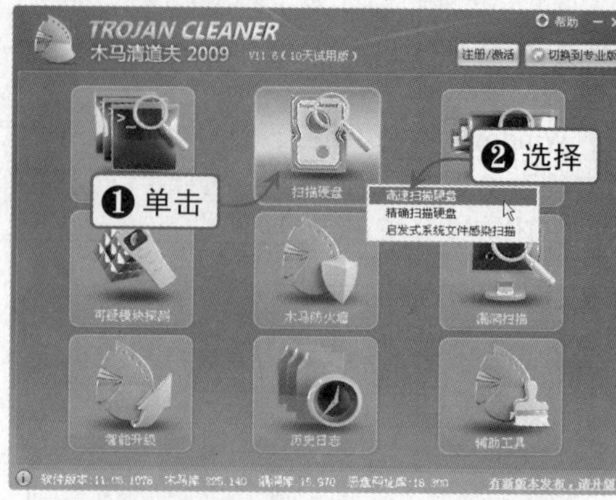

STEP 07 开始扫描

弹出“高速扫描磁盘”对话框，单击“扫描”按钮开始扫描，如下图所示。扫描完毕后的结果将显示在对话框中。

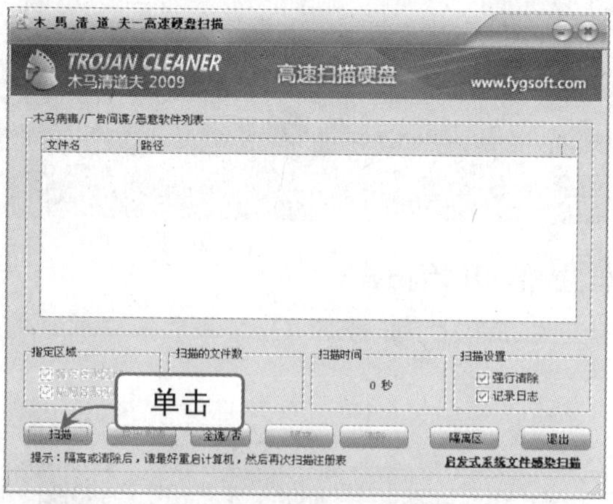

STEP 08 扫描注册表

返回程序主界面，单击“扫描注册表”按钮，如下图所示。

STEP 09 开始扫描

弹出“扫描注册表”对话框，单击“开始”按钮，如下图所示。

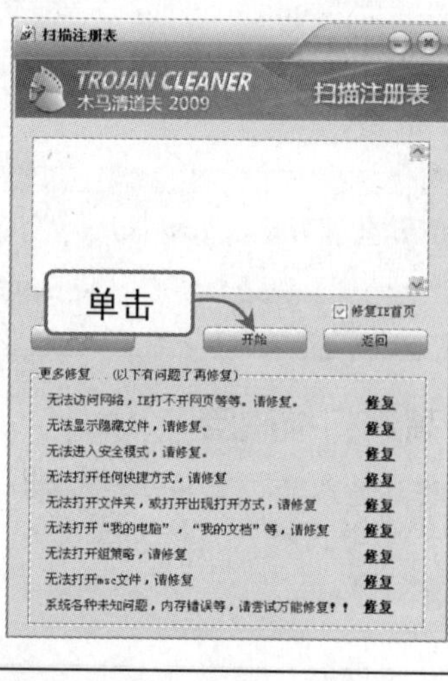

STEP 10 扫描完毕

开始扫描，扫描完毕后弹出提示信息框，显示扫描结果，单击“确定”按钮，如下图所示。

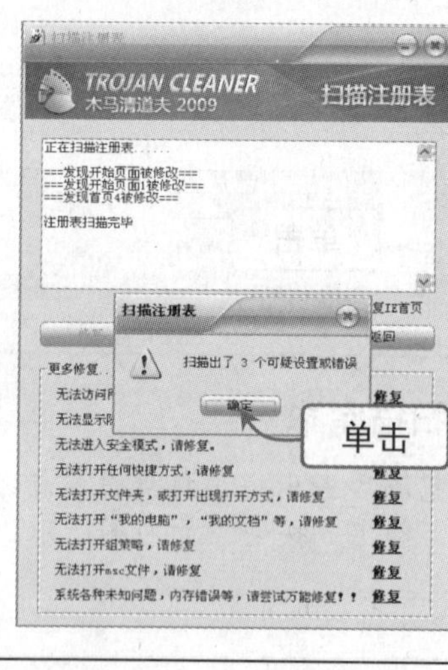

STEP 11 探测可疑模块

返回程序主界面，单击“可疑模块探测”按钮，在弹出的菜单中选择“探测可疑模块（未知木马探测）”命令，如下图所示。

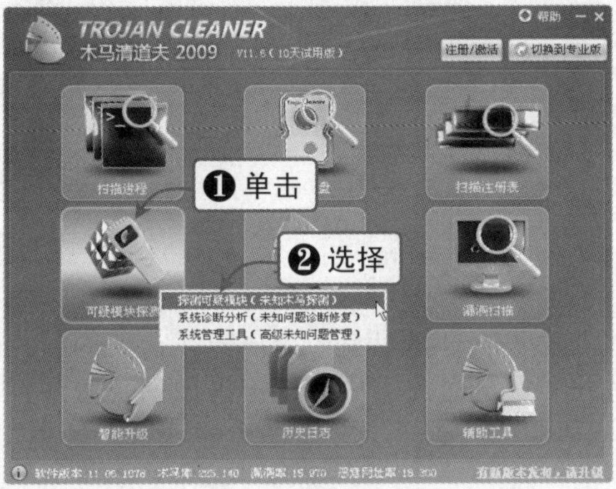

STEP 12 开始探测

弹出“可疑模块探测”对话框，单击“开始探测”按钮，如下图所示。

STEP 13 确认探测

弹出提示信息框，单击“是”按钮，开始探测。

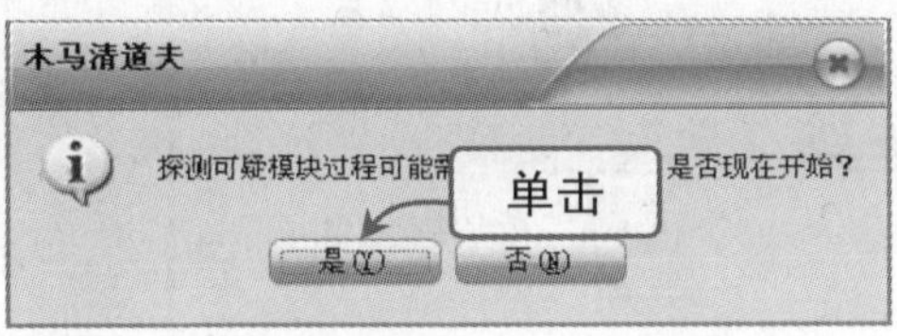

STEP 14 探测中

开始探测，并显示探测进度，如下图所示。

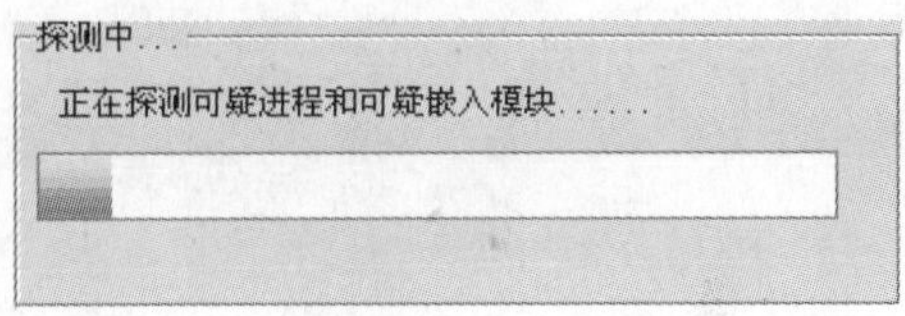

STEP 15 上报可疑项

探测完毕后在对话框内显示出探测到的可疑项，单击“上报”按钮，如下图所示。

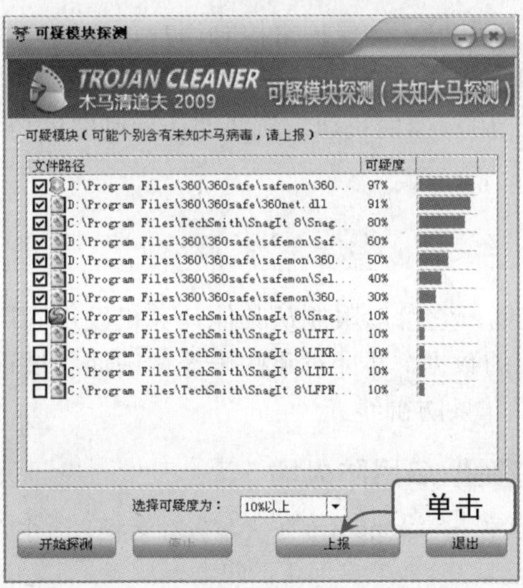

STEP 16 完成上报

开始压缩可疑模块，上报完毕后弹出提示信息框，单击“确定”按钮，如下面两图所示。

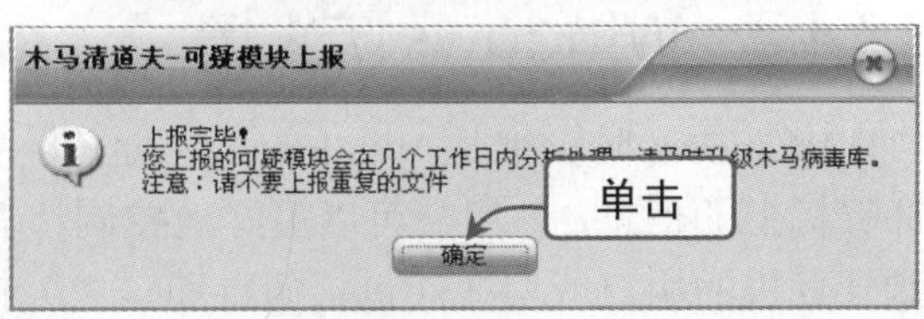

17.4 使用防火墙

随着网络上病毒的肆虐，仅仅使用杀毒软件是远远不够的，做好前期的预防和保护工作才能更好地防止病毒的入侵，这就需要使用一个能够很好地实时监测病毒的防火墙。

17.4.1 防火墙介绍

Work1 防火墙的基本概念

防火墙就是一个位于计算机和它所连接的网络之间的软件或硬件，该计算机流入/流出的所有网络通信均要经过此防火墙。说通俗些防火墙就是一个屏障，它使因特网（Internet）与内部网（Intranet）之间建立起一个安全网关，从而保护内部网免受非法用户的侵入。

下面是某公司防火墙的示意图。

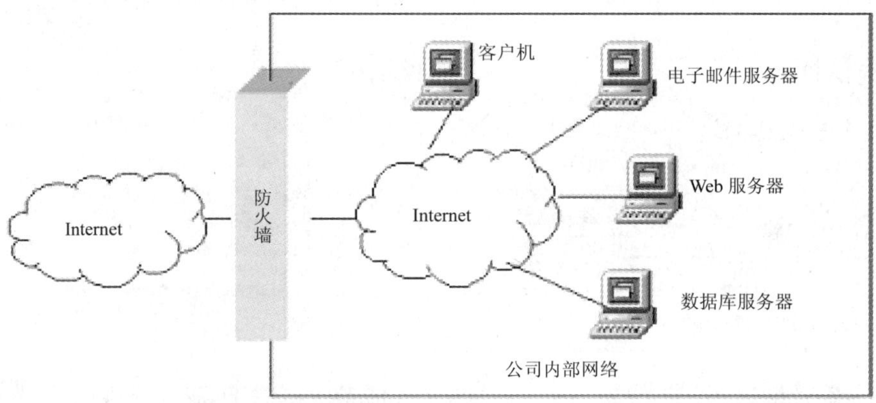

Work2 防火墙的功能

防火墙有以下几个方面的作用：

（1）保护数据的完整性。可依靠设定用户的权限和文件保护来控制用户访问敏感性信息，可以限制一个特定用户能够访问信息的数量和种类。

（2）保护网络的有效性。有效性是指一个合法用户如何快速、简便地访问网络的资源。

（3）保护数据的机密性。加密敏感数据。

17.4.2 Windows 防火墙

Windows 防火墙是 Windows 系统自带的防火墙，它可以限制从其他计算机发送到用户计算机上的信息，使用户可以更好地控制计算机上的数据，并针对那些未经邀请而尝试连接到计算机的用户或程序（包括病毒和蠕虫）提供了一条防御线。

STEP 01 打开 Windows 防火墙

打开“控制面板”窗口，双击“Windows 防火墙”图标，如下图所示。

STEP 02 启用防火墙

弹出“Windows 防火墙”对话框，选中“启用（推荐）”单选按钮，如下图所示。

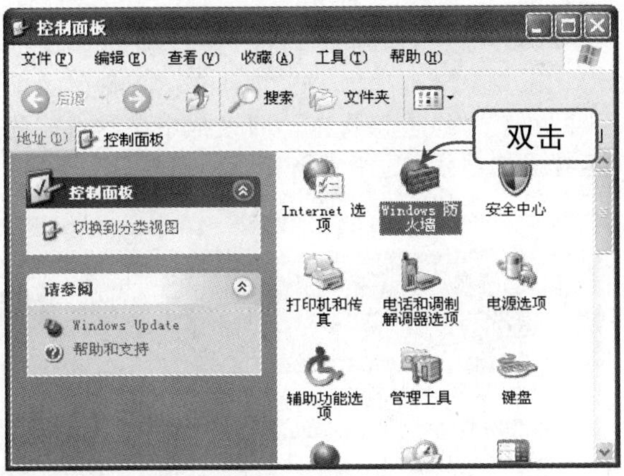

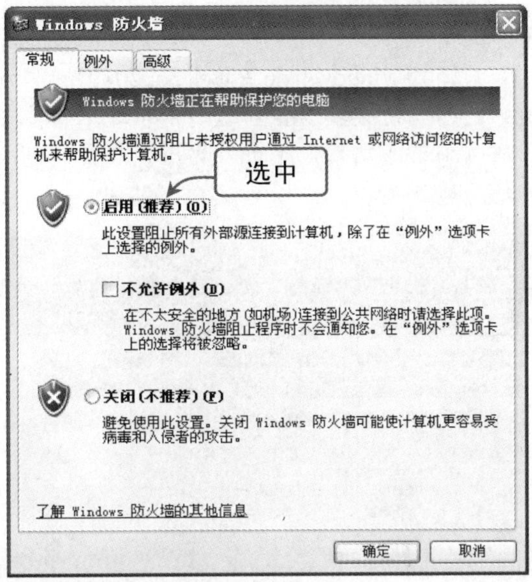

STEP 03 设置网络连接

选择“高级”选项卡，单击“网络连接设置”选项组中的“设置”按钮，如下图所示。

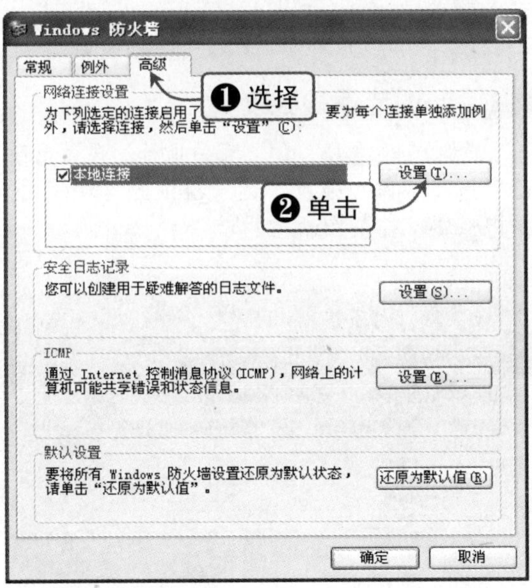

STEP 04 选择例外服务

弹出“高级设置”对话框，在“服务”列表框中选中要作为例外的服务，如下图所示。然后依次单击“确定”按钮，开启防火墙。

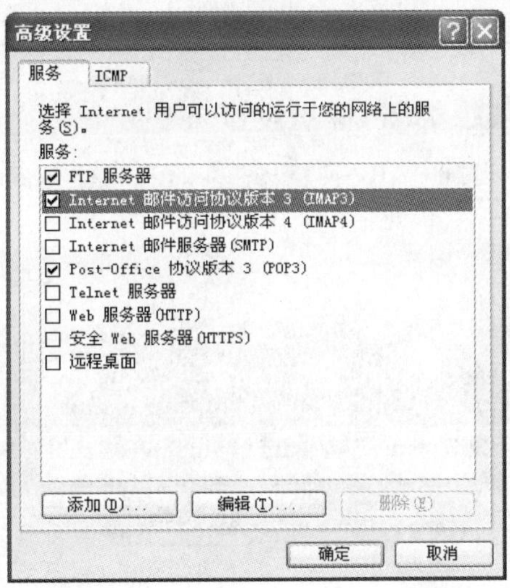

17.4.3 Windows 木马防火墙

Window 木马防火墙是一款专门针对木马病毒而设计的专业木马防火墙产品，它具有人性化的操作界面、准确的实时监控、先进的各种辨别技术、主动式的在线升级、庞大的木马病毒库、完美的与 Windows 操作系统结合等特色，而且不占用 CPU 资源、不影响系统速度、实时保护计算机系统和网络。

STEP 01 木马防火墙设置

启动“Windows 木马防火墙 2009”，自动进入“木马防火墙设置”选项卡，选中需要的设置前面的复选框，单击“应用”按钮，如下图所示。

STEP 02 终止进程

选择“网络防御”|“网络连接规则”选项卡，在“网络连接状态”列表框中显示当前的网络连接进程，选中需要停止的进程，单击“终止进程”按钮，如下图所示。

STEP 03 ARP 保护设置

选择“ARP 网络保护”选项卡，单击“开启保护”按钮，如下图所示。

STEP 04 调节保护强度

此时“网关 IP”和“网关地址”自动更改，还可拖动“保护强度”选项组中的滑块，调节保护强度，如下图所示。

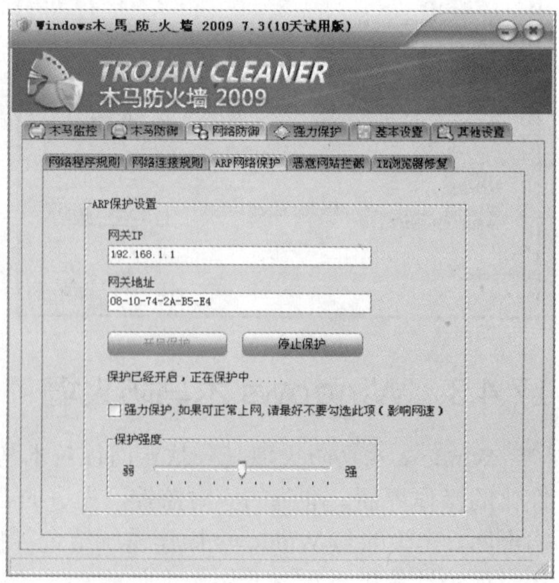

STEP 05 开启进程保护

选择“强力保护”|“系统自身保护”选项卡，单击“开启进程保护”按钮，如下图所示。

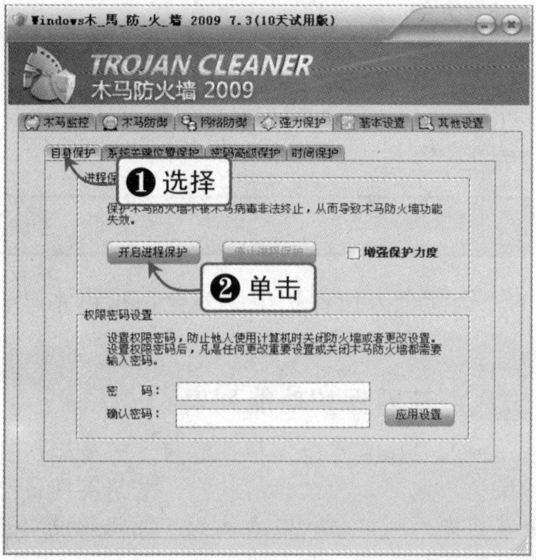

STEP 06 权限密码设置

此时进程保护已成为开启状态，在“权限密码设置”选项组中设置密码，单击“应用设置”按钮，如下图所示。设置密码后任何重要设置的更改都需要输入密码。

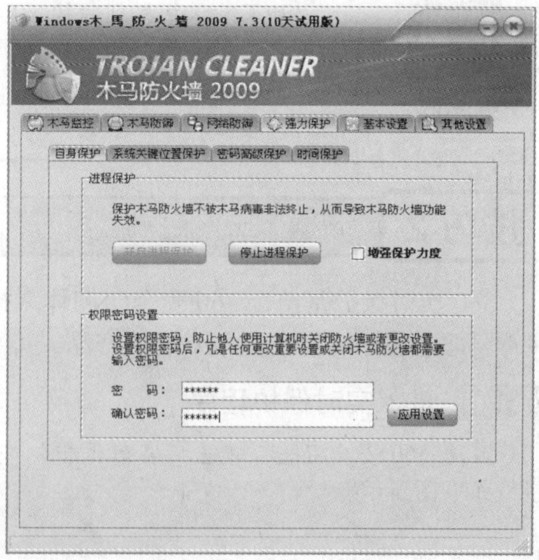

技巧百宝箱

技巧 1 清理恶评插件

“恶评插件”介于正常软件和病毒之间，通常强制安装，安装后会在用户电脑上弹出广告，或者劫持 IE，自动打开广告网页或者病毒网页等，给用户带来实质危害。下面介绍 360 安全卫士的清理恶评插件功能。

STEP 01 扫描恶评插件

启动 360 安全卫士，选择“清理恶评插件”选项卡，单击“开始扫描”按钮，如下图所示。

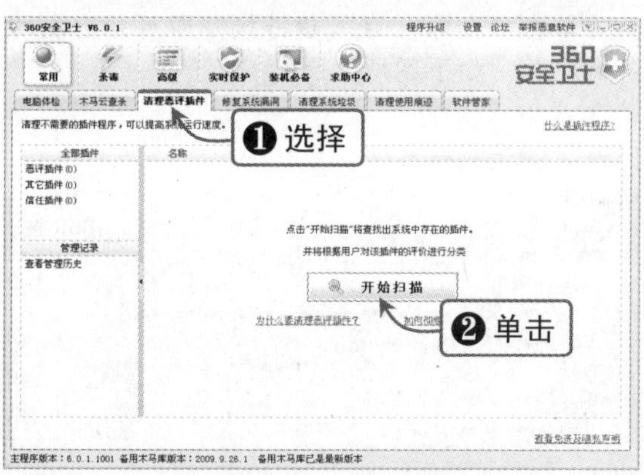

STEP 02 开始扫描

开始扫描并检测插件，同时弹出提示信息框，显示扫描进度，如下图所示。

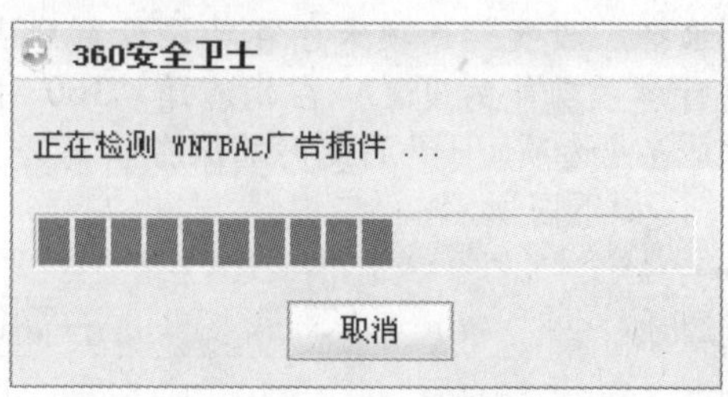

STEP 03 显示扫描结果

扫描完毕后显示扫描结果，如右图所示。若扫描到恶评插件单击“立即清理”按钮即可。

提示

如果确认扫描到的插件是非恶意插件，选中该插件，然后单击“信任选中插件”按钮，将其忽略。

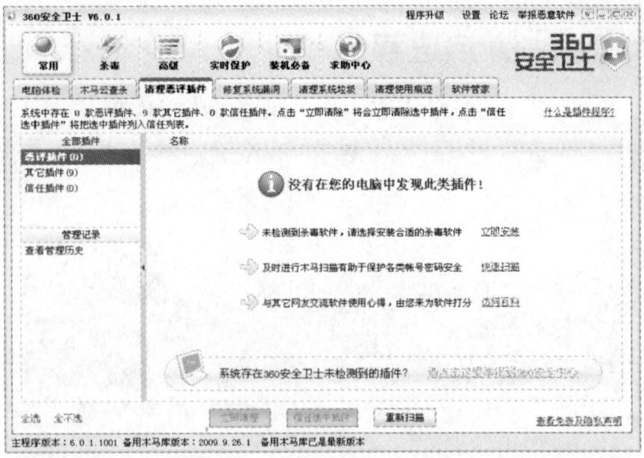

技巧 2 设置实时保护

360 实时保护是结合 360 安全防御体系打造的一个能全方位保护电脑安全，抵御木马、病毒、恶意程序等有害程序入侵的产品。

STEP 01 进入实时保护程序

启动 360 安全卫士，单击“实时保护”按钮，如下图所示。

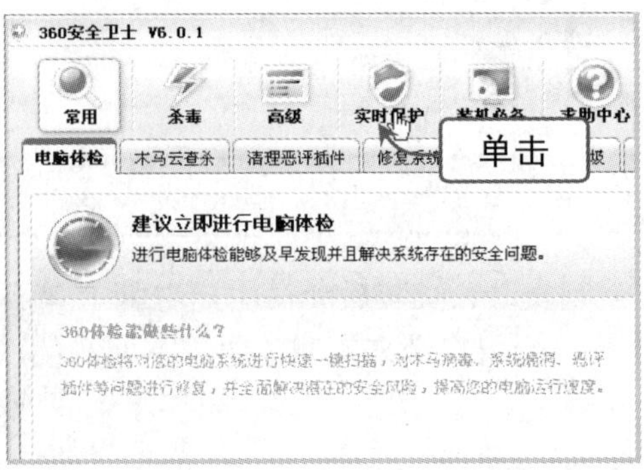

STEP 02 查看保护功能列表

进入“360 实时保护”程序，可看到所有的保护功能列表和各自的状态，若想关闭或启用某功能，则单击状态右侧的“关闭”或“开启”超链接即可，如下图所示。

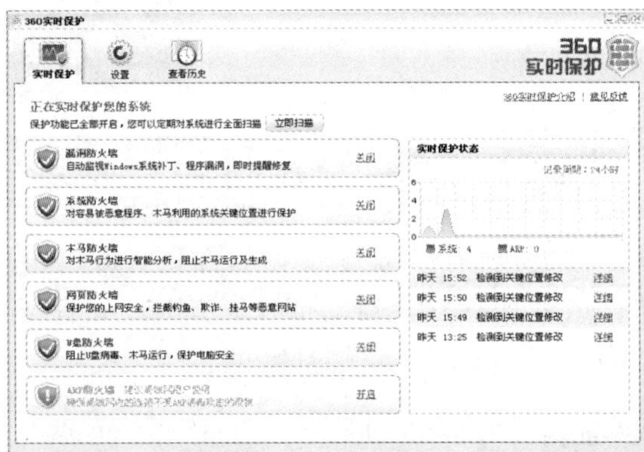

STEP 03 设置“360 主动防御服务”

选择“设置”选项卡，在功能设置列表中可进行各项功能的设置，在此选择“360 主动防御服务”选项，可看到此时的服务状态为“已关闭”，如下图所示。

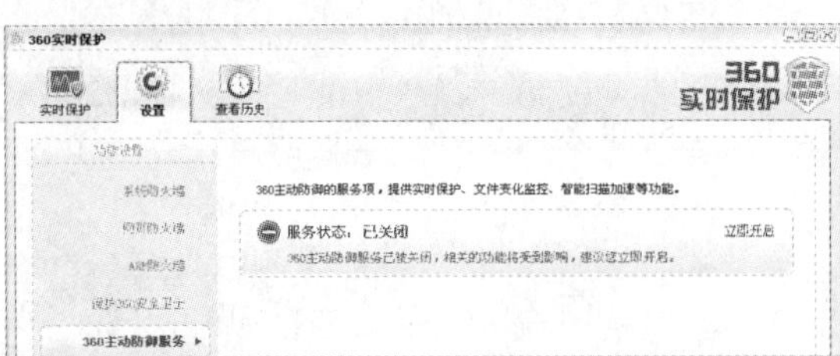

STEP 04 开启主动防御服务

单击“立即开启”超链接，即可开启主动防御服务，如下图所示。

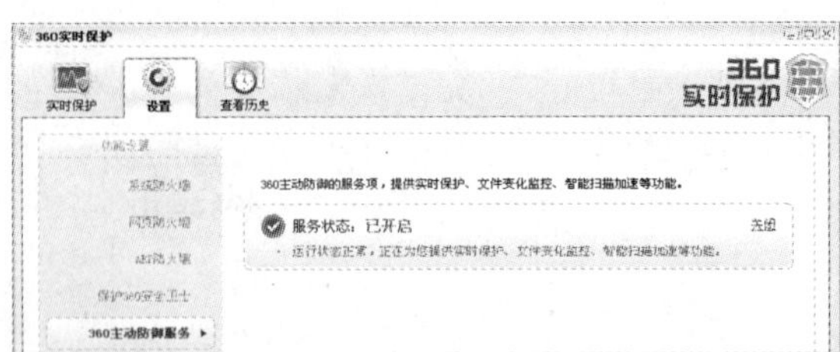

Chapter

18

电脑常见故障排除

在使用电脑的过程中会遇到各种故障，如硬件故障、软件故障及网络故障等。本章主要介绍常见的硬件故障、操作系统故障、局域网故障、上网故障、常用软件故障及故障排除方法等内容。通过本章的学习，可以排除电脑常见故障，保障计算机正常工作。

本章建议学习时间：

本章建议学习时间为 50min，其中分配 25min 学习电脑常见故障排除基础知识，25min 观看教学视频。

学完本章后您可以：

- 排除硬件的基本故障
- 解决基本的操作系统故障
- 解决上网时的常见故障
- 解决局域网的常见故障
- 解决常用软件故障

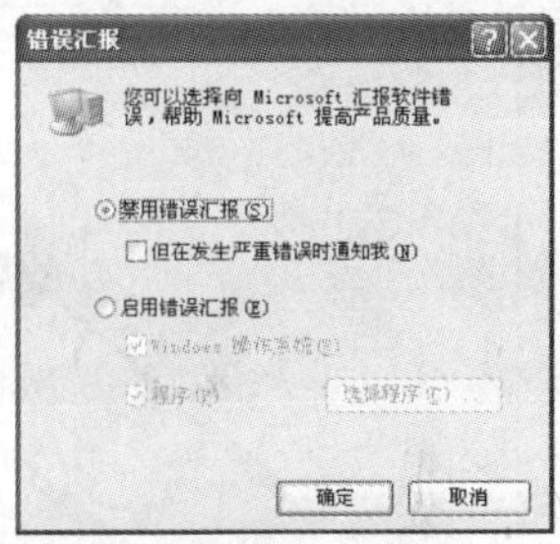

设置错误汇报

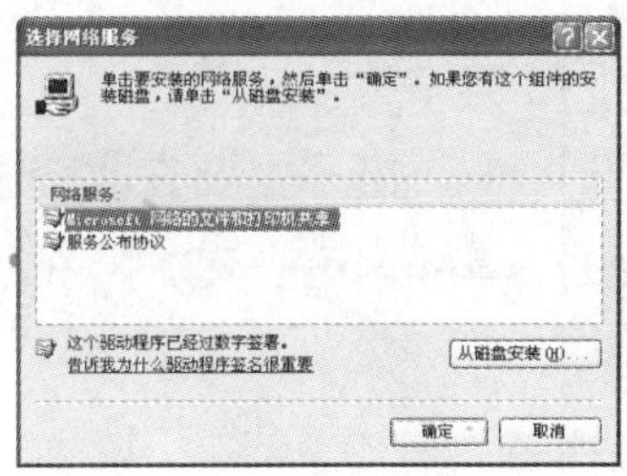

添加网络服务

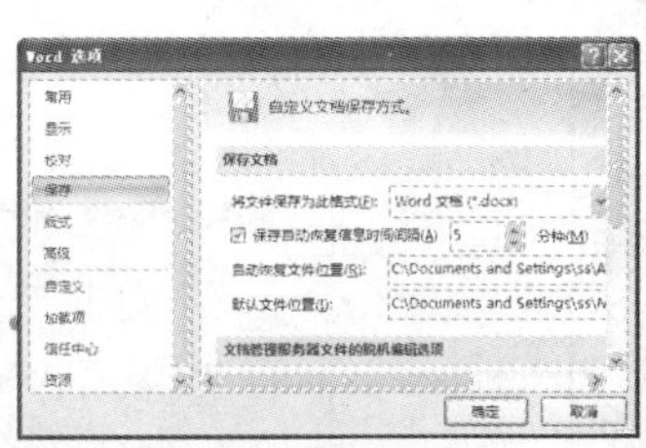

设置文档保存时间

重要知识点视频索引

18.1 硬件故障排除

电脑故障通常可分为硬件故障和软件故障，硬件故障是指电脑硬件系统使用不当或硬件物理损坏所造成的故障，下面介绍几种常见硬件故障及其处理方法，供读者参考。

18.1.1 常见电脑故障维修工具

在对电脑进行维修时，需要准备一些必备的电脑维修工具，如螺丝刀、尖嘴钳等。下面简单介绍一下常用的电脑故障维修工具。

螺丝刀

螺丝刀主要有"一"字型和"十"字型螺丝刀，很多螺丝刀带有磁性或可以进行多种工作组合，可以轻松吸取并安装各种型号的螺丝。下图为"一"字型和"十"字型螺丝刀。

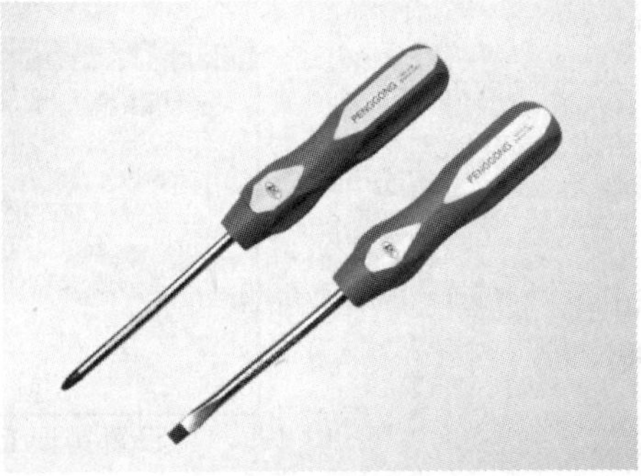

尖嘴钳

尖嘴钳主要用来拔一些小的原件，如跳线帽或主板的支撑架等，尖嘴钳的外形如下图所示。

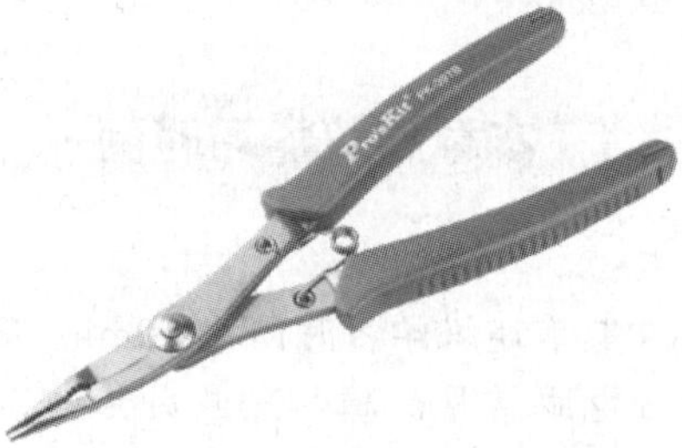

镊子

镊子主要在改变主板或硬盘上的跳线设置时使用，镊子的外形如下图所示。

毛刷和清洁剂

毛刷主要用于清除机箱内主板和各种板卡上积存的灰尘，清洁剂主要用于对接触不良或灰尘过多的元器件进行清洗，如下图所示为一套毛刷和清洁剂。

万用表

用于检测电脑配件的电阻、电压和电流是否正常，以及是否发生电路问题。万用表分为指针式万用表和数字式万用表两种类型，如下图所示。

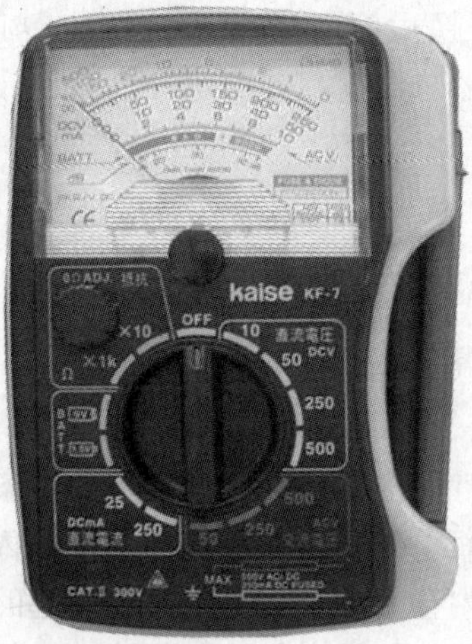

18.1.2 主板故障

Work1 主板不加电

【故障现象】

一块主板曾因一个电子元件烧坏而返修，维修后试用正常，但装入机箱后却发现主板电源指示灯不亮，电脑不能启动。

【分析处理】

因为修复后试用正常，所以怀疑是电源损坏所致，但更换电源后，故障依然存在。于是怀疑电源对主板供电不足，导致主板不能正常加电工作，再用一个新的电源后，故障依然没有排除。最后怀疑安装主板时螺丝拧得过紧引起主板变形，将主板拆下，仔细观察后发现主板已经发生了轻微形变。主板两端向上翘起，而中间相对下陷。

最后将变形的主板矫正后，再将其装入机箱，加电后一切正常。

Work2 电脑工作一段时间后死机

【故障现象】

一台电脑开机连续工作几小时后，电脑突然黑屏没有任何反应，重新开机，故障依旧。如果自然冷却一段时间后再开机，又可以工作一段时间。

【分析处理】

打开机箱并按下电源开关后仔细检查，机箱电源指示灯亮，电源风扇、CPU 散热风扇都可以正常运转，说明电脑的电源没有问题。关机后检查各个板卡和所有接插件，排除了接触不良的可能性后，再一次开机检查，故障依然。

由于故障是在正常工作的情况下出现的，并且没有打开过机箱，所以可以排除静电损坏芯片的情况。于是怀疑稳压供电系统有问题，拔除主板上的所有板卡、插接件、拧下固定螺丝后取下主板仔细查看，没有发现任何烧焦变色的零件。接着分别检查主板上3路稳压电路的降压功率管，最后发现3只引脚中两只的焊点已经褪色发暗，用万用表的电阻挡测试，产生短路。用相同型号的管子替换后打开电源，一切恢复正常。

18.1.3 内存与硬盘故障

Work1 内存与主板不兼容

【故障现象】

一台电脑经常无故死机。

【分析处理】

此类故障的产生一般是由于采用了几种不同芯片的内存条，由于各个内存条的速度不同，产生了一个时间差，从而导致电脑死机，针对此故障可以在CMOS内设置降低内存速度予以解决。否则，只能使用同型号内存。另外，也可能是内存条与主板接触不良引起的电脑随机性死机，此类现象比较常见，还有一种可能就是内存条与主板不兼容，此类现象一般比较少见。

首先检查内存条与主板接触是否良好，重插一遍内存条后，故障依然存在，接着检查是否有不同型号的内存，排除了由于型号不同的原因引起的故障。最后怀疑是内存与主板不兼容，当用其他型号的内存替换后，故障消失。

Work2 硬盘经常停转

【故障现象】

电脑使用过程中硬盘经常停转或死机。

【分析处理】

出现这种情况可能是由于市电电压不稳定、硬盘供电不足、硬盘马达故障等问题。先用万用表测量市电电压，如果发现电压过低或者不稳定应该使用稳压器。测量电脑电源的电压输出是否正常，或者是否有电源接口接触不良的情况。这种情况可更换电源或者换一个电源接口即可解决。如果是硬盘的马达有问题，最好更换硬盘。

18.1.4 显卡与显示器故障

Work1 显卡散热不良引起花屏

【故障现象】

一台电脑在使用一段时间后出现字符混乱，显示图形时出现花屏。

【分析处理】

出现这种故障时，首先怀疑是否是病毒引起的，若用杀毒软件杀毒没有发现病毒，则怀疑是否是显卡的原因，用另外一款显卡替换后显示正常，因此确定花屏现象是显卡的原因。重新换回原显卡，当出现字符混乱时，用手触摸显卡的主控芯片，看芯片温度是否过高，若显卡的主芯片温度很高，则表明是由散热不良引起的。遇到这种情况，可以试着在显卡上加一块散热片或一个小风扇即可排除故障。

Work2 显示器上产生显示斑点

【故障现象】

CRT 显示器上出现彩色斑点。

【分析处理】

产生这种情况的原因主要是磁场干扰。首先检查是否将有磁场的物体放置到了显示器附近，如手机、收音机和音箱等，若发现，则将这些物体远离显示器。若故障仍未排除，可以使用显示器自带的消磁功能；若仍不能解决问题，就只能到专业的维修部门进行维修。

18.2 操作系统故障排除

操作系统在使用的过程中常常会出现这样或那样的故障，造成电脑无法使用。下面介绍一些常见故障的解决方法，使读者能够自己处理一些常见问题。

18.2.1 解决系统假死

长时间使用 Windows XP 操作系统后，有时运行会很不流畅，甚至会不响应鼠标键盘的操作。很多时候是系统的假死。和真正的死机不同，假死完全可以被“救活”。假死的根源在于 explorer.exe（整个图形界面的驱动）程序。下面介绍拯救系统假死的方法。

STEP 01 打开 Windows 任务管理器

按【Ctrl+Alt+Del】组合键，打开“Windows 任务管理器”窗口，选择“进程”选项卡，选择 explorer.exe 进程，单击“结束进程”按钮，如下图所示。

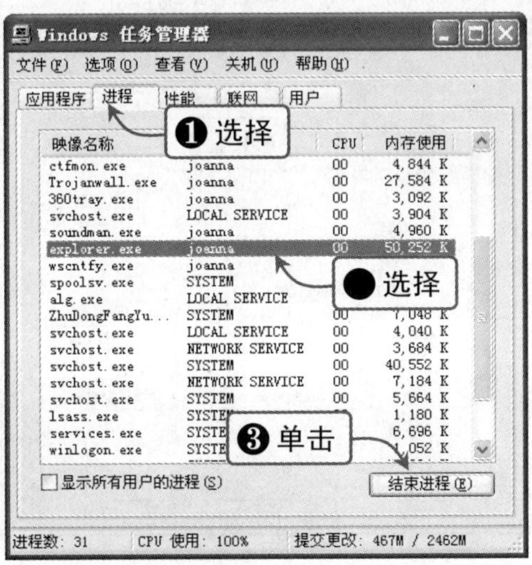

STEP 02 弹出提示信息框

弹出“任务管理器警告”提示信息框，提示“终止进程会导致不希望发生的结果，包括数据丢失和系统不稳定。在被终止前，进程将没有机会保存其状态和数据。确实想终止该进程吗？”，单击“是”按钮，如下图所示。

STEP 03 打开“创建新任务”对话框

在“Windows 任务管理器”中选择“文件”|“新建任务”命令，如下图所示。

STEP 04 创建新任务

弹出“创建新任务”对话框，在“打开”下拉列表框中输入 explorer.exe，单击“确定”按钮，如下图所示。

18.2.2 虚拟内存不足

在使用电脑的过程中，由于虚拟内存的值设置得太小，有时会提示“虚拟内存太低”。

STEP 01 打开“系统属性”对话框

右击“我的电脑”图标，在弹出的快捷菜单中选择“属性”命令，如下图所示。

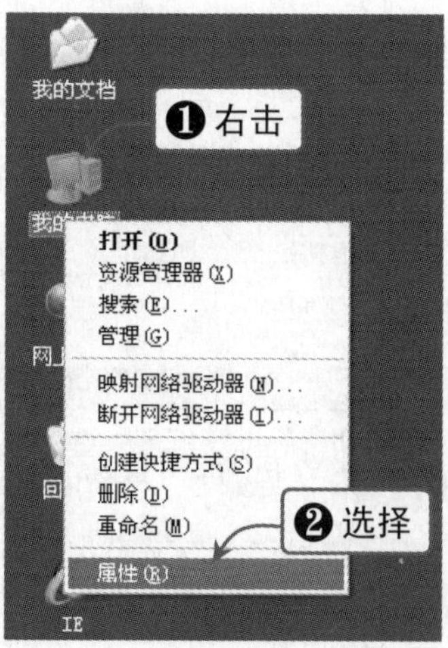

STEP 02 打开“性能选项”对话框

弹出“系统属性”对话框，选择“高级”选项卡，单击“性能”选项组中的“设置”按钮，如下图所示。

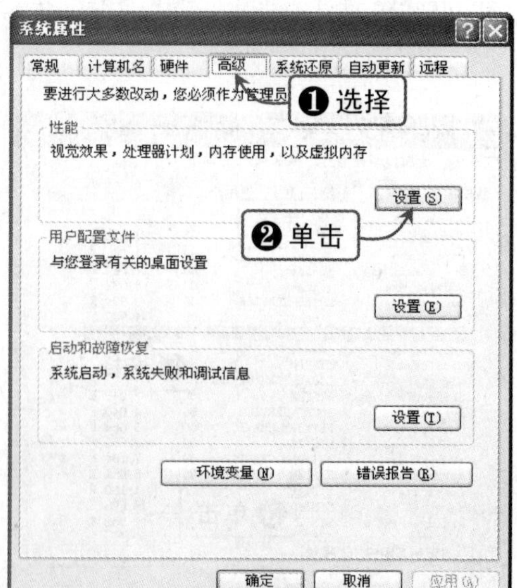

STEP 03 打开“虚拟内存”对话框

弹出“性能选项”对话框，选择“高级”选项卡，单击“更改”按钮，如下图所示。

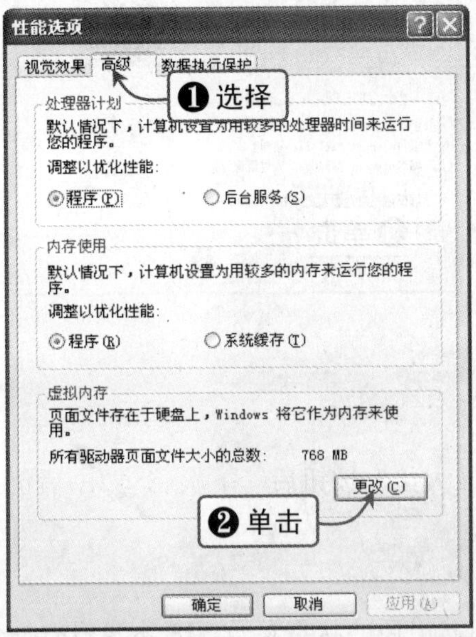

STEP 04 修改虚拟内存大小

弹出“虚拟内存”对话框，在“初始大小”和“最大值”数值框中输入虚拟内存数值，单击“设置”按钮，然后单击“确定”按钮，如下图所示。

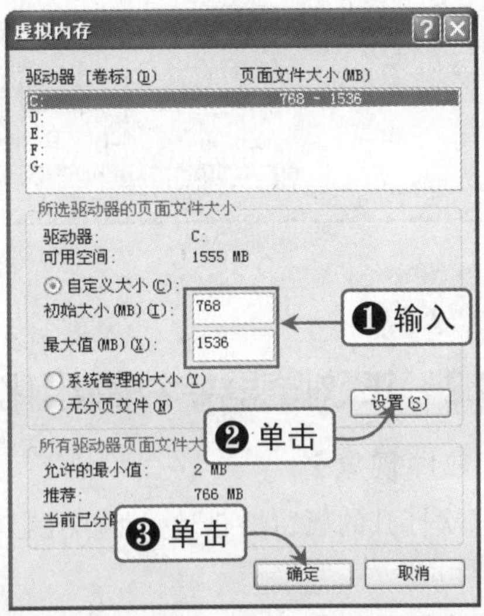

18.3 上网故障排除

上网时经常遇到各种问题，如图片无法浏览、上网时经常死机等，下面介绍如何排除上网过程中遇到的故障。

18.3.1 出现运行错误

【故障现象】

使用 IE 浏览网页时弹出“出现运行错误，是否纠正错误”对话框，单击“否”按钮，可以继续上网浏览。

【分析处理】

可能是所浏览网站本身的问题，也可能是由于 IE 对某些脚本不支持，解决方法如下：

（1）升级 IE 到最新版本。

（2）对 IE 浏览器进行设置。

STEP 01 打开“Internet 选项”对话框

启动 IE 浏览器，选择“工具”|“Internet 选项”命令，如下图所示。

STEP 02 设置 Internet 选项

弹出“Internet 选项”对话框，选择“高级”选项卡，选中“禁止脚本调试”复选框，单击“确定”按钮，如下图所示。

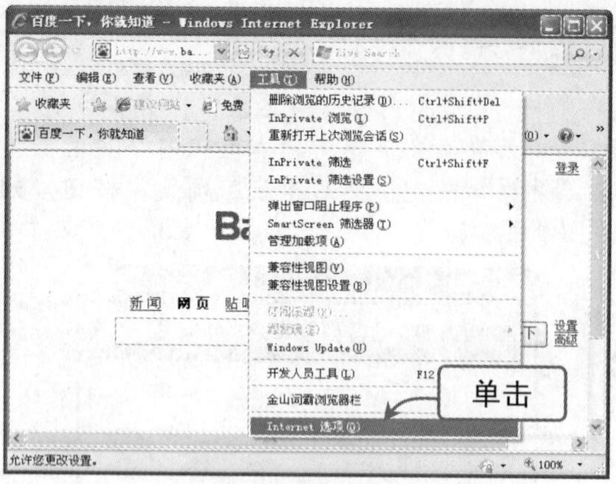

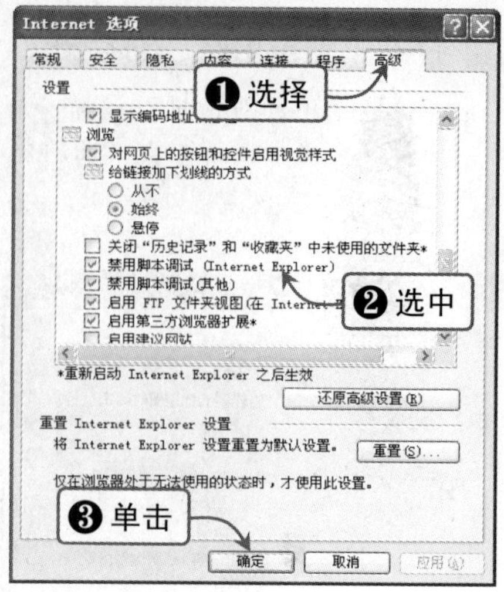

18.3.2 IE 浏览器始终最小化显示

【故障现象】

每次打开的新窗口总是以最小化显示，单击“最大化”按钮后，下次启动 IE 后仍是最小化窗口。

【分析处理】

IE 具有“自动记忆功能”，它能保存上一次关闭窗口后的状态参数，IE 本身没有提供相关设置选项，可以借助修改注册表来实现，具体操作步骤如下：

STEP 01 打开“运行”对话框

选择“开始”|“运行”命令，如下图所示。

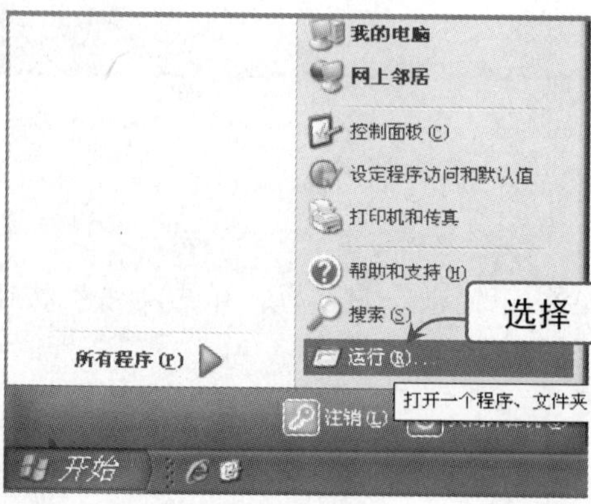

STEP 02 打开“注册表编辑器”窗口

弹出“运行”对话框，在“打开”列表框中输入 regedit，单击“确定”按钮，如下图所示。

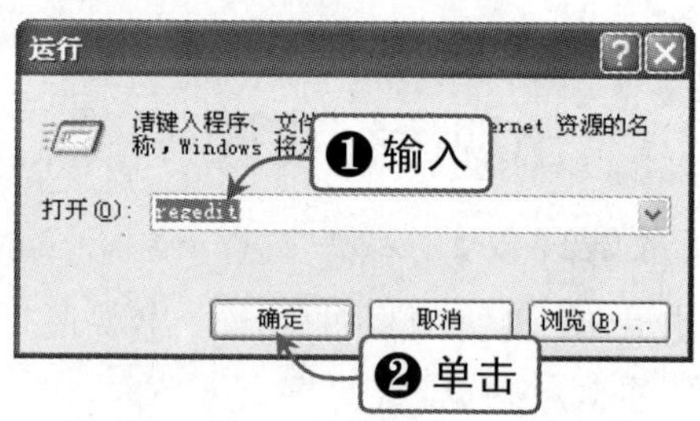

STEP 03 设置注册表选项

打开“注册表编辑器”窗口，在左窗格中依次展开 HKEY_CURRENT_USER\Software\Microsoft\InternetExplorer\Desktop\Old WorkAreas 分支，在右窗格中右击 Old WorkAreaRects 选项，在弹出的快捷菜单中选择“删除”命令，如下图所示。

STEP 04 设置注册表选项

在左窗格中依次展开 HKEY_CURRENT_USER\Software\Microsoft\InternetExplorer\Main 分支，在右窗格中右击 Window_Placement 选项，在弹出的快捷菜单中选择“删除”命令，如下图所示。

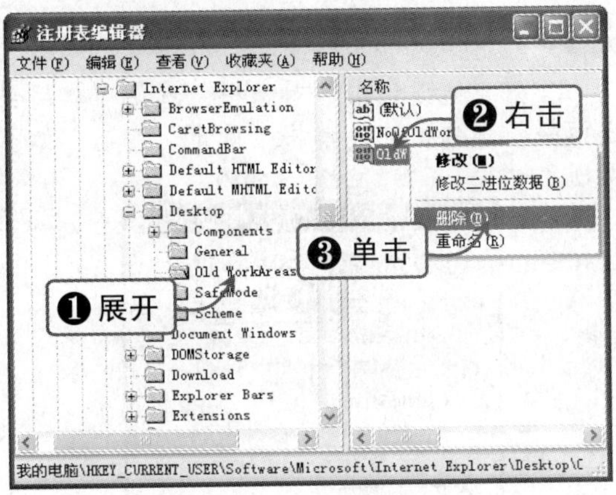

STEP 05 重新启动计算机

退出“注册表编辑器”窗口，重新启动电脑，打开 IE 浏览器，将窗口最大化，单击“还原”按钮，再单击“最大化”按钮，关闭 IE 窗口，重新打开即可。

18.3.3 发送错误报告

【故障现象】

使用 IE 浏览器浏览网页时，出现“Microsoft Internet Explorer 遇到问题需要关闭…… ”信息提示。单击“发送错误报告”按钮，创建错误报告；单击“不发送”按钮，关闭所有 IE 窗口；单击“关闭”按钮，关闭 IE 窗口。

【分析处理】

由于系统默认选择了发送错误报告选项，取消即可，解决方法如下：

STEP 01 打开“控制面板”窗口

选择“开始”|“控制面板”命令，如下图所示。

STEP 02 打开“系统属性”对话框

打开“控制面板”窗口，双击“系统”图标，打开“系统属性”对话框，如下图所示。

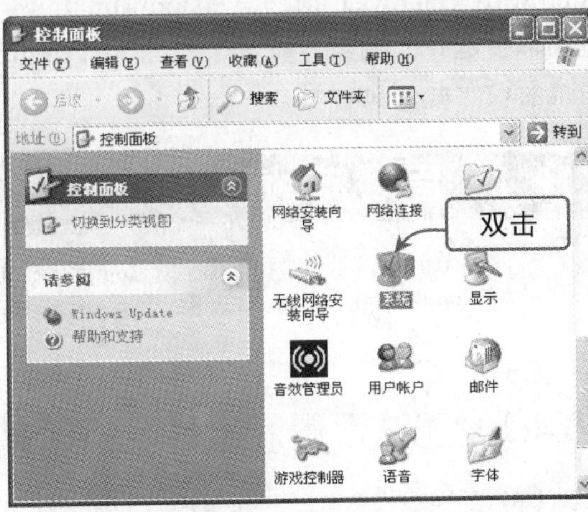

STEP 03 打开“错误汇报”对话框

在“系统属性”对话框中选择“高级”选项卡，单击“错误报告”按钮，如下图所示。

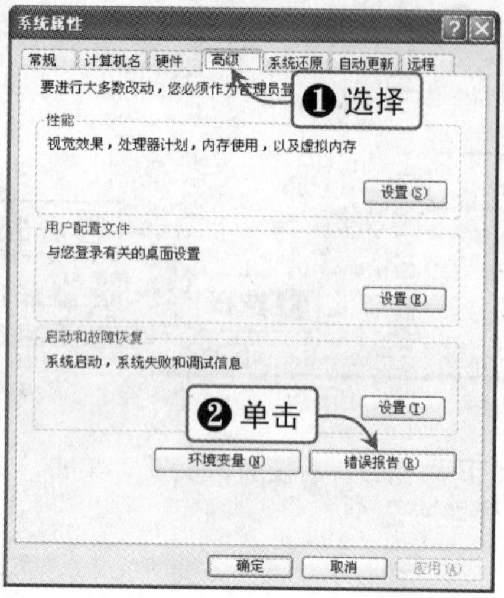

STEP 04 禁用错误汇报

弹出“错误汇报”对话框，选中“禁用错误汇报”单选按钮，单击“确定”按钮，如下图所示。

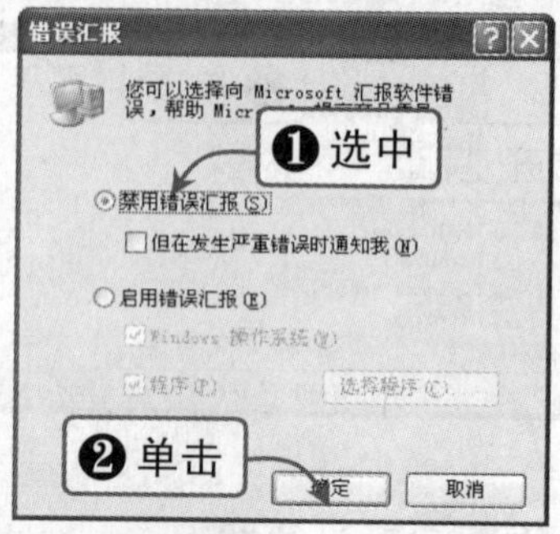

提示

用户可以选中“但在发生严重错误时通知我”复选框，以避免重大问题的发生。

18.3.4 IE 起始页被修改

【故障现象】

用户浏览某些网页后，IE 浏览器的起始页被改为其他网站，并且通过选项设置修改后仍然无效。

【分析处理】

可能是由于恶意网页对注册表进行了修改，重新设置注册表即可，解决方法如下：

打开“运行”对话框，在“打开”下拉列表框中输入 regedit，单击“确定”按钮，打开“注册表编辑器”窗口，在左窗口中依次展开 HKEY_LOCAL_MACHINE\SOFTWARE\Microsoft\Windows\Current Version\Run 分支，在右窗口中右击 registry.exe 选项，在弹出的快捷菜单中选择“删除”命令，删除 C:\Program Files 路径下的自动运行程序 registry.exe，然后重新设置起始页即可。

18.4 局域网故障排除

Windows 窗口是 Windows 系统中最基本的操作对象之一，窗口操作是用户在操作电脑时经常涉及的，因此读者首先要学习关于窗口的操作知识。

18.4.1 无法设置“文件及打印共享”服务

【故障现象】

在电脑中已经安装了网上和各种网络通信协议，但“文件及打印共享”呈灰色不可用状态，无法进行设置。

【分析处理】

此故障是由于没有安装“Microsoft 网络上的文件与打印共享”组件，添加该组件后即可进行设置，具体操作步骤如下：

STEP 01 打开“网络连接”窗口

右击“网上邻居”图标，在弹出的快捷菜单中选择“属性”命令，如下图所示。

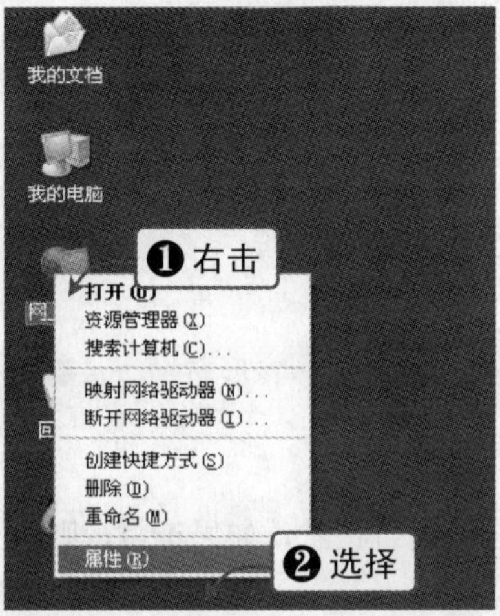

STEP 02 打开“本地连接属性”对话框

打开“网络连接”窗口，右击“本地连接”图标，在弹出的快捷菜单中选择“属性”命令，如下图所示。

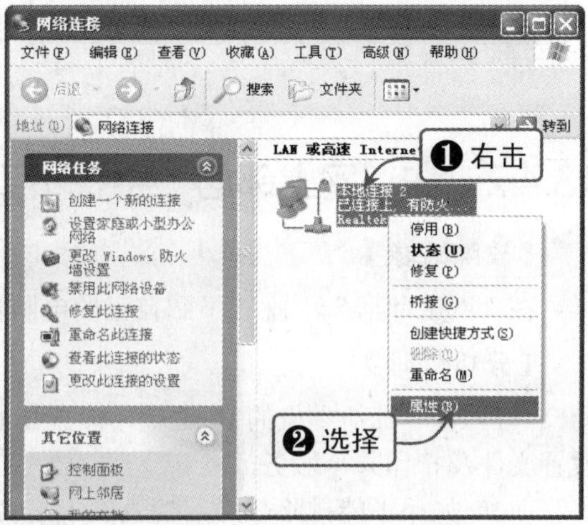

STEP 03 打开“选择网络组件类型”对话框

在“本地连接属性”对话框中单击“安装”按钮，如下图所示。

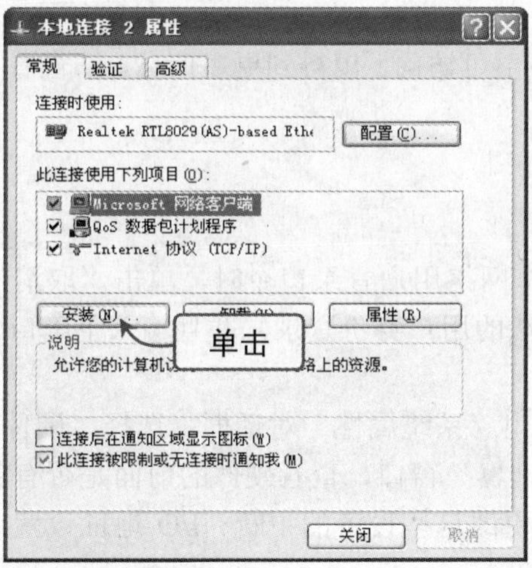

STEP 04 选择网络组件类型

弹出“选择网络组件类型”对话框，在“单击要安装的网络组件类型”列表框中选择“服务”选项，单击“添加”按钮，如下图所示。

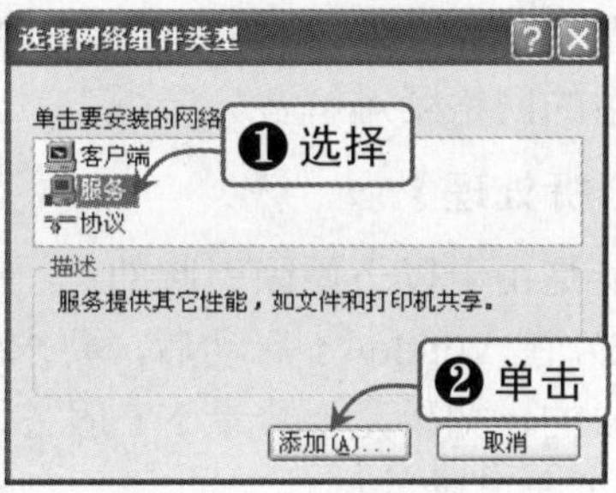

STEP 05 选择网络服务

弹出“选择网络服务”对话框，在“网络服务”列表框中选择“Microsoft 网络的文件和打印机共享”选项，单击“确定”按钮，如下图所示。

STEP 06 服务安装成功

所选服务已成功安装，单击“关闭”按钮，重新启动计算机，如下图所示。

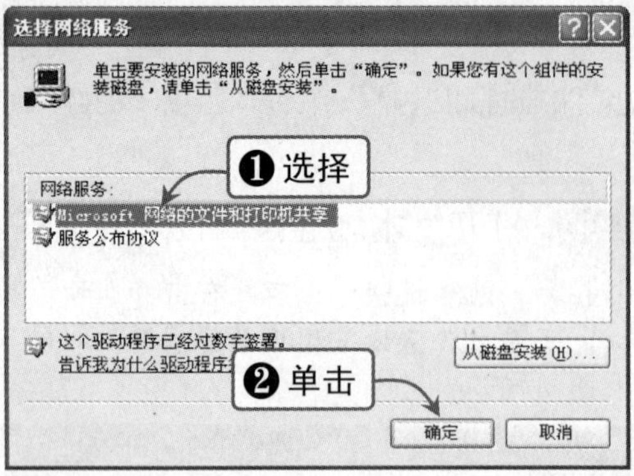

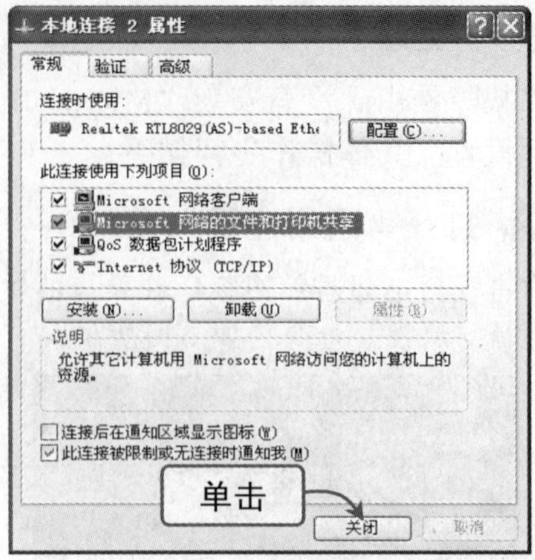

18.4.2 在“网上邻居”中找不到本机

【故障现象】

在“网上邻居”中既看不到自己的电脑也看不到别人的电脑。

【分析处理】

（1）查看其他主机的 IP 地址，检查其他电脑的连接是否正常，如果正常，则检查是否设置文件及打印共享服务。

（2）如果不能排除故障，检查网卡是否装好、是否安装协议、IP 地址设置是否正确。

（3）如果故障仍然不能排除，检查是否以合法用户身份登录。

18.4.3 查看“网上邻居”时提示“无法浏览网络”信息

【故障现象】

查看“网上邻居”时提示“无法浏览网络，网络不可访问。想得到更多信息，请查看‘帮助索引中的网络疑难解答’专题”。

【分析处理】

可能是由于以下原因引起的：

（1）在 Windows 启动后，要求输入 Microsoft 网络用户登录口令时，单击“取消”按钮所造成的，如果是要登录 NT 服务器，必须以合法的用户身份登录，并且输入正确口令。

（2）与其他的硬件起冲突。

在“控制面板”窗口中双击“系统”图标，弹出“系统属性”对话框，选择“硬件”选项卡，单击“设备管理器”按钮，打开“设备管理器”窗口，查看硬件的前面是否有黄色的问号、感叹号或红色的问号。如果有，必须手工更改这些设备的中断、I/O 地址设置或将其删除后，重新安装硬件驱动程序。

18.4.4 可以 Ping 通 IP 地址，但不可以 Ping 通域名

【故障现象】

可以 Ping 通 IP 地址，但不可以 Ping 通域名。

【分析处理】

TCP/IP 协议中的“DNS 设置”不正确，检查其中的配置。对于对等网，“主机”是自己机器本身的名字，“域”不需要填写，DNS 服务器应该填写自己的 IP。对于服务器/工作站网，“主机”应该填写服务器的名字，“域”填写局域网服务器设置的域，DNS 服务器应该填写服务器的 IP。

18.5 常见软件故障

在使用软件的过程中经常遇到各种故障，本节详细介绍电脑使用过程中软件故障的解决方法。

18.5.1 Word 意外关闭，未保存的内容丢失

【故障现象】

在使用 Word 编辑文档时，遇到突然断电或死机等情况时，重新启动 Word 后没有保存的修改内容自动丢失了。

【分析处理】

启用自动恢复功能，具体操作步骤如下：

STEP 01 打开“Word 选项”对话框

启动 Word 程序，单击 Office 按钮，在下拉菜单中单击“Word 选项”按钮，弹出“Word 选项”对话框，如下图所示。

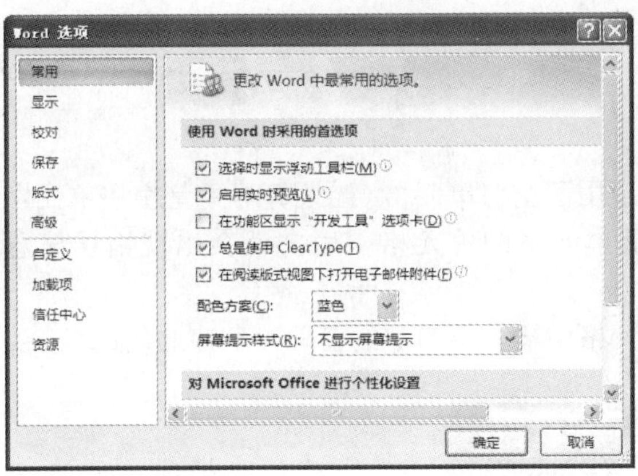

STEP 02 设置保存自动恢复时间间隔

在左侧列表中选择“保存”选项，在右侧“保存文档”选项组中选中“保存自动恢复信息时间间隔”复选框，在数值框中输入时间，如下图所示。

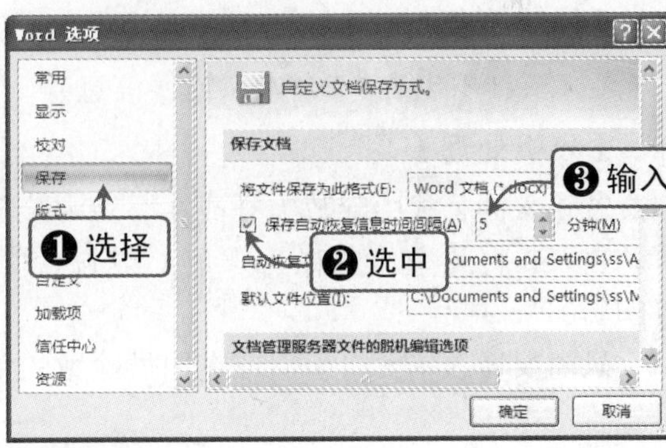

18.5.2 输入公式的单元格显示错误信息

【故障现象】

使用 Excel 时，包含公式的单元格没有正确显示计算结果，却显示了一个错误信息：“###”。

【分析处理】

方法一：

可能是由于单元格中输入的数据太长，或者是单元格中公式的运算结果太长，超过了单元格的最大显示范围，通过调整单元格列宽来解决。

方法二：

也可能是单元格格式不正确，如下例中单元格格式为日期型，输入的内容为数值型，下面修改单元格格式为数值型，具体操作步骤如下：

STEP 01 打开“设置单元格格式”对话框

右击选中的单元格，在弹出的快捷菜单中选择“设置单元格格式”命令，如下图所示。

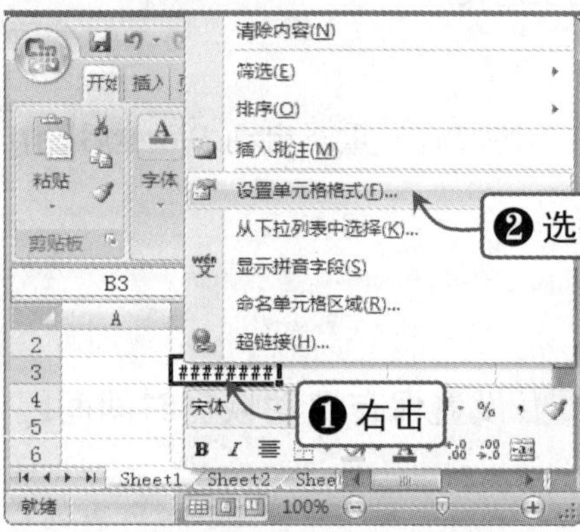

STEP 02 选择单元格格式

弹出“设置单元格格式”对话框，在“分类”列表框中选择单元格格式并进行设置，单击“确定”按钮即可，如下图所示。

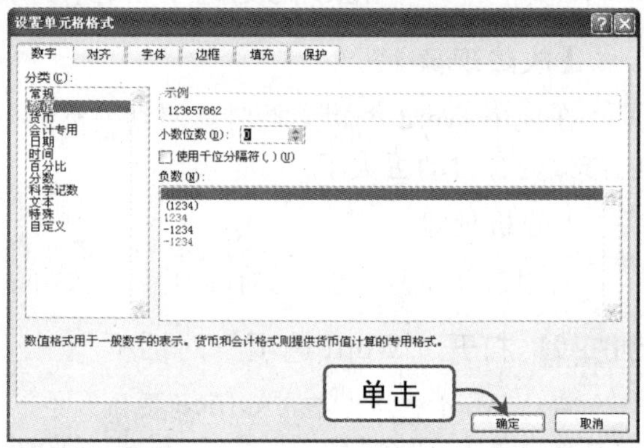

18.5.3 在 Excel 中出现“#DIV/0”错误信息

【故障现象】

在 Excel 中出现“DIV/0”错误信息

【分析处理】

若输入的公式中除数为 0 或在公式中除数使用了空白单元格（当运算对象是空白单元格时，Excel 将此空值解释为零值）或包含零值单元格的单元格引用，就会出现错误信息“DIV/0！”。

只需要修改单元格引用或在用做除数的单元格中输入不为零的值即可解决此问题。

技巧百宝箱

技巧 1 Excel 无法排序

【故障现象】

无法对工作表中某区域进行排序，并出现 This operation requires the merged cells to be identically sized 错误提示。

【分析处理】

由于该区域中的单元格有些已被合并或者是合并后的大小不相同，Excel 无法正确判断如何排序。只要将该区域内的所有单元格拆分或者合并为大小相同的单元格即可。

技巧 2 不停显示~$Normal.dot

【故障现象】

即使正常关闭 Word，再次打开时，仍然会自动打开~$Normal.dot。

【分析处理】

该故障多是由于在修改 Normal.dot 时，Word 异常退出所致。进入“C:\Documents and Settings\用户名\Application Data\Microsoft\Templates”目录，删除~$Normal.dot 文件。

技巧 3 如何打开破损的 Word 文件

【故障现象】

对于一个已经损坏了但又特别重要的 Word 文件，如何打开呢？大家可以试试如下的方法。

【分析处理】

STEP 01 打开“打开”对话框

在 Word 中，单击 Office 按钮，在弹出的下拉菜单中选择“打开”命令，如下图所示。

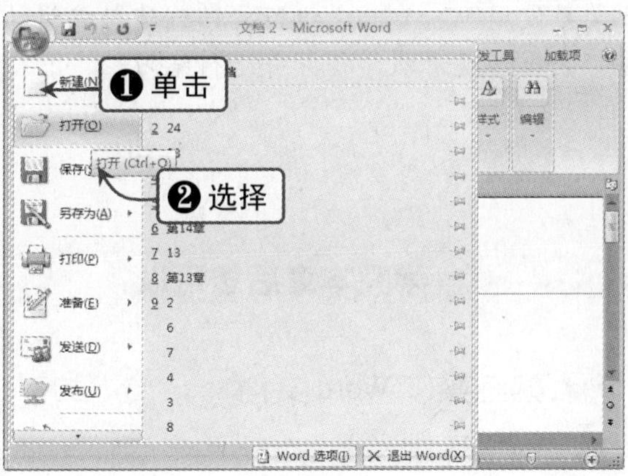

STEP 02 选择文件类型

弹出“打开”对话框，在列表框中选择已经损坏的文件，在“文件类型”下拉列表框中选择“从任意文件中还原文本（*.*）”选项，单击“打开”按钮，如下图所示。

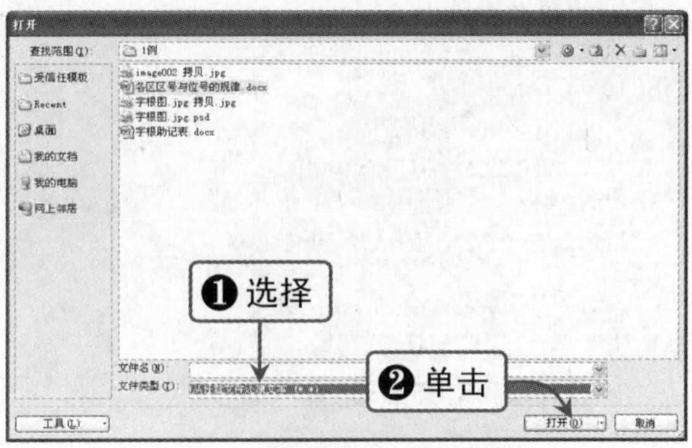

Chapter 19

Word 文档的创建与编辑

Office 2007 是微软最新的 Office 系列软件，而 Word 是其核心组件之一，是电脑办公必不可少的应用程序。使用 Word 2007 之初，首先要掌握文档的基本操作及录入和编辑文本内容的方法，这也是使用 Word 进行其他操作的基础。

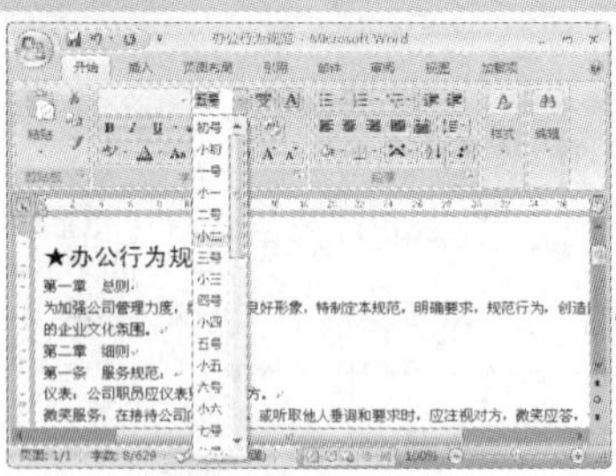

设置文本字号

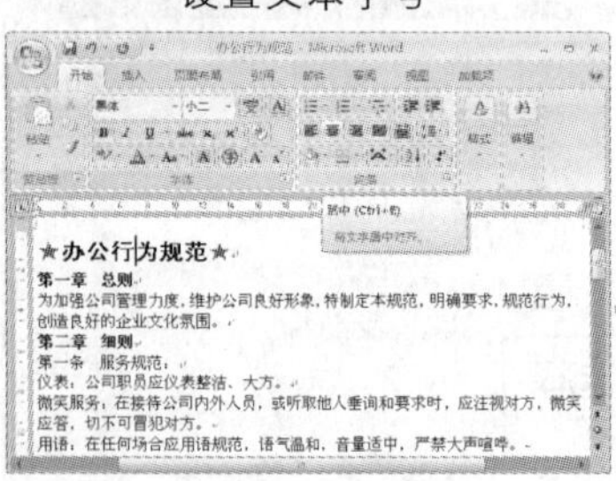

设置段落对齐方式

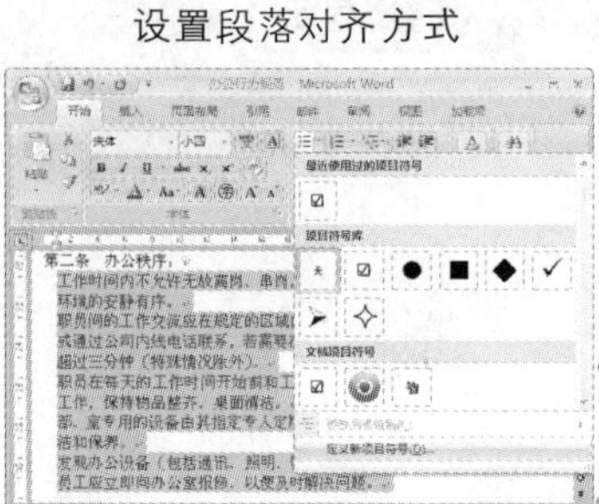

设置项目符号

重要知识点视频索引

DVD

本章建议学习时间：

本章建议学习时间为 55min，其中分配 30 min 学习使用 Word 2007 进行文档创建与编辑的方法，25min 观看教学视频并进行练习。

学完本章后您可以：

- 熟练操作 Word 文档
- 简单操作文本
- 设置文本常见格式
- 简单设置段落格式
- 对段落进行高级设置
- 应用中文版式

19.1 Word 文档的操作

Word 2007 是 Office 2007 中的重要组件之一，是一款非常优秀的字处理软件，具有强大的文字处理功能，可以帮助用户方便、快捷地创建精美文档。

19.1.1 Word 2007 工作界面

Word 2007 相较以前的版本，最显著的变化就是其全新的工作界面。选择“开始”|“所有程序”|Microsoft Office|Microsoft Office Word 2007 命令，启动 Word 2007 程序，打开其工作界面，如下图所示。

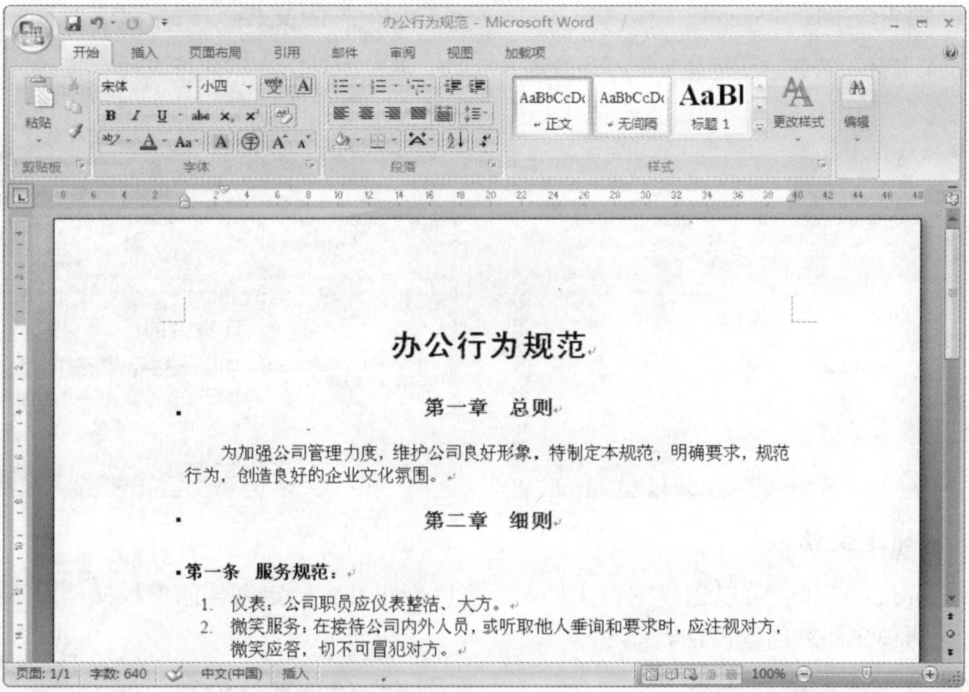

用户会惊奇地发现，以往的菜单栏和工具栏没有了，取而代之的是简单明了的功能区选项卡，几乎所有的常用功能都合理地分配到不同选项卡中，并且重新设计的工具图标使用户更容易辨认。

19.1.2 文档的常规操作

在使用 Word 2007 创建文档前，需要先掌握其常规操作，下面进行具体介绍。

Work1 打开与关闭文档

STEP 01 单击 Office 按钮

在打开的 Word 2007 文档窗口中单击 Office 按钮，在弹出的下拉菜单中选择“打开”命令，如下图所示。

STEP 02 选择文档

弹出“打开”对话框，按照保存路径依次展开文件夹，找到并选择要打开的文档，如下图所示。

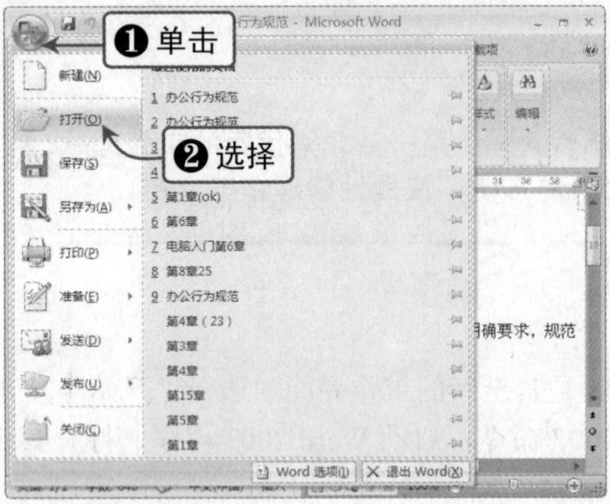

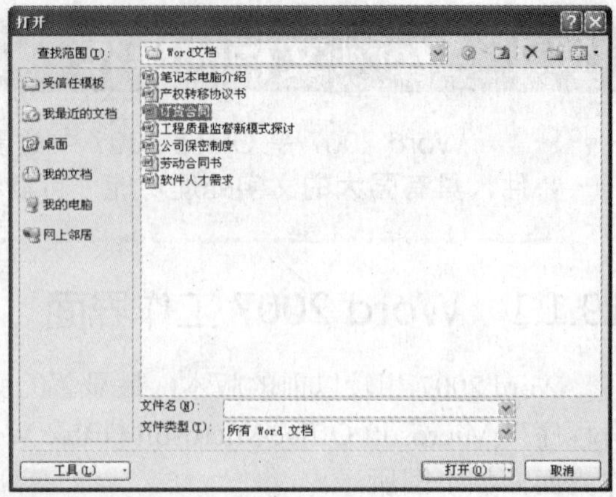

STEP 03 打开文档

单击“打开”按钮，可将该文档打开，如下图所示。

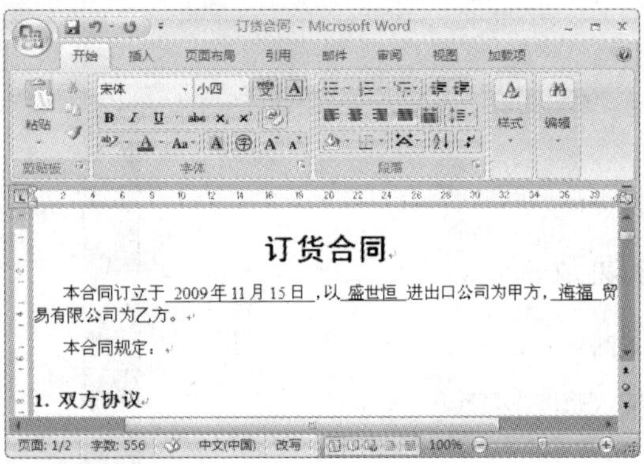

STEP 04 关闭文档

单击标题栏右侧的“关闭”按钮，可将文档关闭，如下图所示。

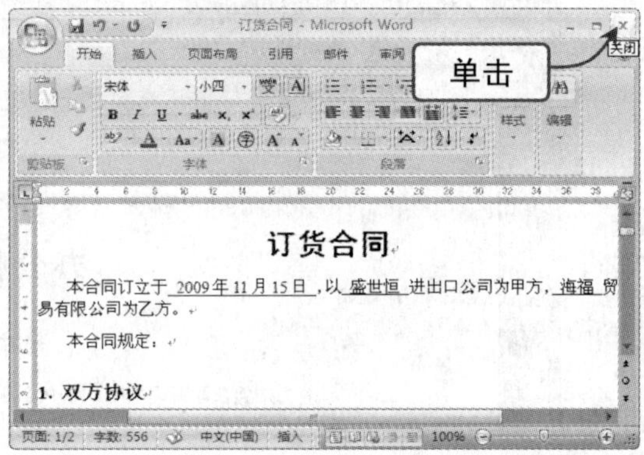

Work2 新建文档

在 Word 2007 中，可以创建空白文档，还可以创建具有一定格式的模板文档，下面将详细介绍这两种文档的创建方法。

STEP 01 选择“新建”命令

单击 Office 按钮，在弹出的下拉菜单中选择“新建”命令，如下图所示。

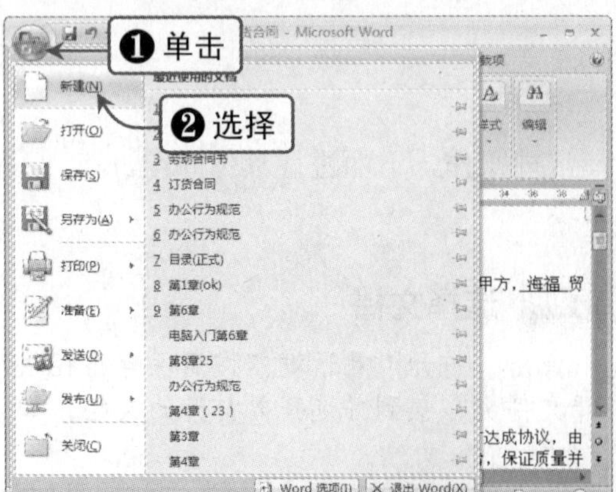

STEP 02 保持默认设置

弹出“新建文档”对话框，默认选中“空白文档”选项，如下图所示。

STEP 03 新建空白文档

单击“创建”按钮，即可新建一个空白文档，并根据新建文档的个数自动命名，如下图所示。

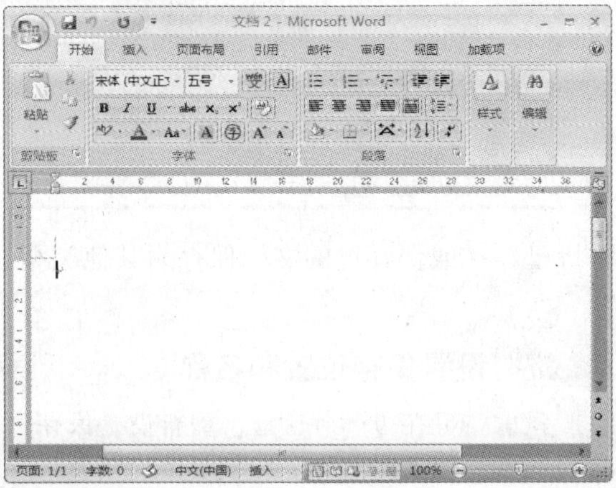

STEP 04 选择模板

再次打开“新建文档”对话框，在对话框左侧选择“已安装的模板”选项，在中间列表中选择模板，如下图所示。

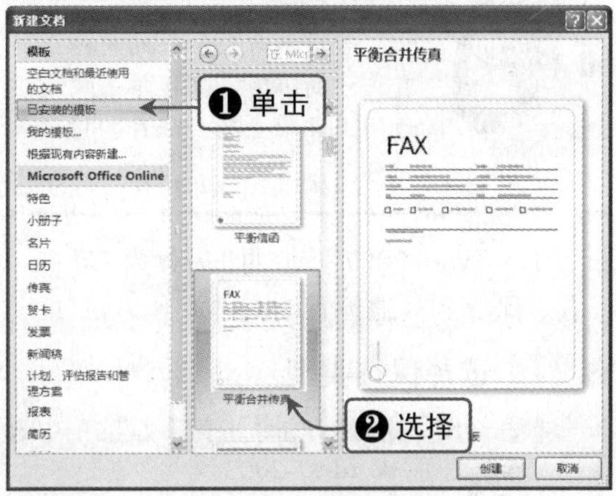

STEP 05 新建模板文档

单击“创建”按钮，即可新建一个模板文档，如右图所示。

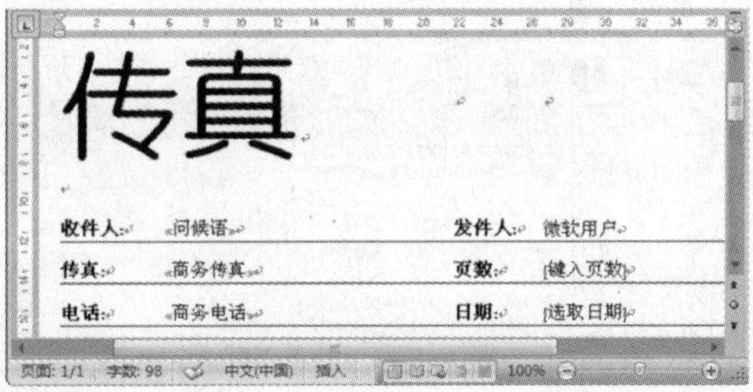

Work3 保存文档

创建新文档后，建议用户先保存后再进行编辑，以防止因为出现特殊情况而导致内容丢失。保存新建文档的具体操作方法如下：

STEP 01 选择“保存”命令

单击 Office 按钮，在弹出的下拉菜单中选择“保存”命令，如下图所示。

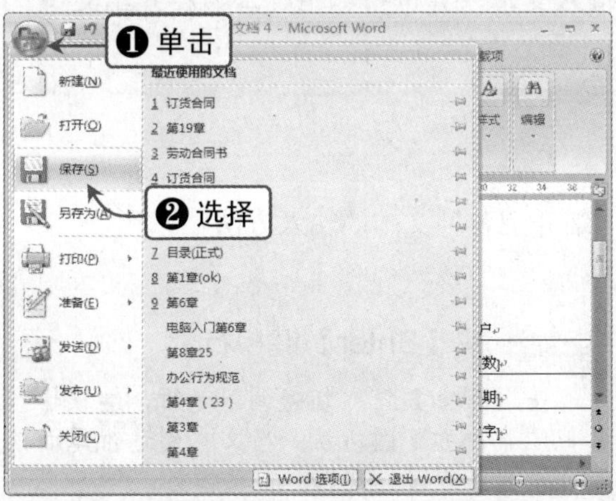

STEP 02 设置保存位置、名称和类型

弹出“另存为”对话框，选择保存位置，并设置名称和保存类型，如下图所示。

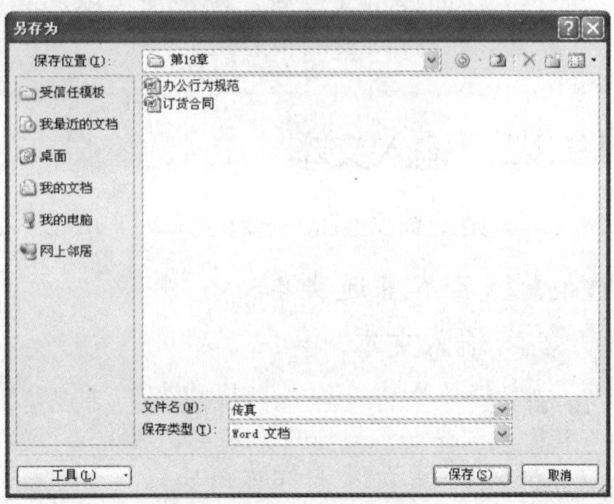

STEP 03 保存文档

单击“保存”按钮，即可将该文档保存到目标文件夹中，如右图所示。

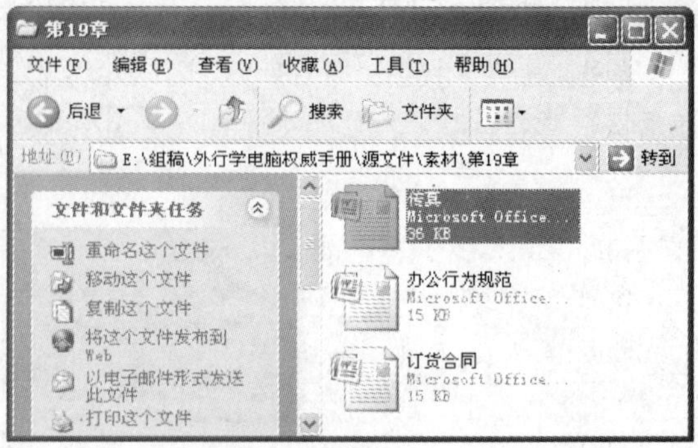

> **提示**
>
> 若用户希望保存的是对已有文档的编辑，直接单击快速访问工具栏上的“保存”按钮即可。

使用 Word 2007 提供的“另存为”功能，可以将已存在或保存过的文档保存为其他类型，或者是保存到其他位置，具体操作方法如下：

STEP 01 选择保存类型

单击 Office 按钮，在弹出的下拉菜单中选择“另存为”|“Word 97-2003 文档”命令，如下图所示。

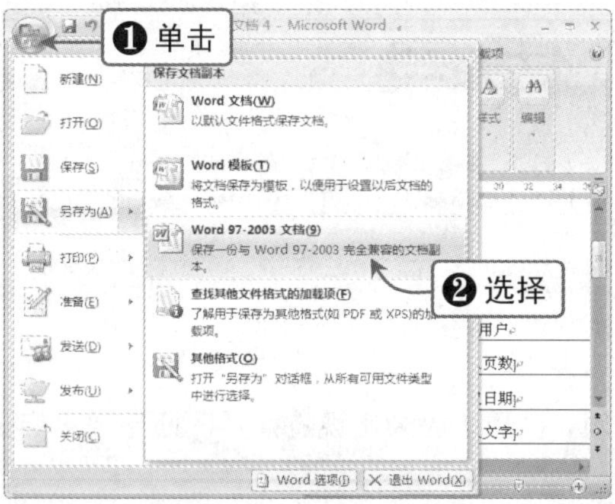

STEP 02 设置保存位置和名称

弹出“另存为”对话框，重新设置保存位置和名称，如下图所示，然后单击“保存”按钮即可。

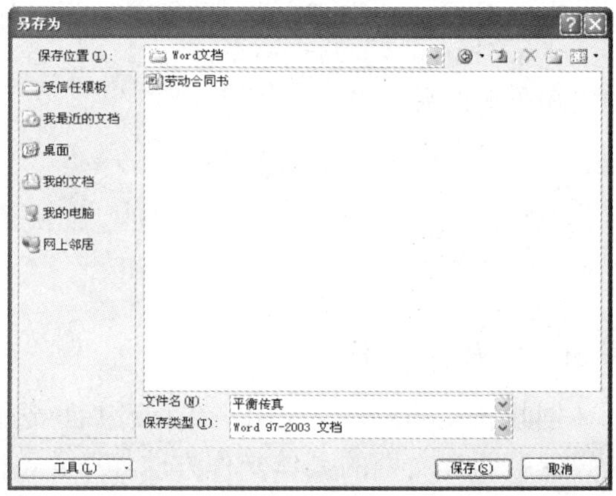

19.2 文本的简单编辑

创建了文档后，用户便可以向其中输入文本，并进行编辑。本节将介绍文本的各种简单编辑方法。

19.2.1 输入文本

文本是一篇文档最主要的组成部分，下面详细介绍各种文本的输入方法。

Work1 输入普通文本

STEP 01 输入文本

新建一个空白文档，并以“办公行为规范”为名称进行保存，切换到常用中文输入法，输入“办公行为规范”，如下图所示。

STEP 02 按【Enter】键换行

按【Enter】键，切换到下一行，继续输入其他文本，如下图所示。当文本到达行尾而该段并没有结束时，文档会自动换行。

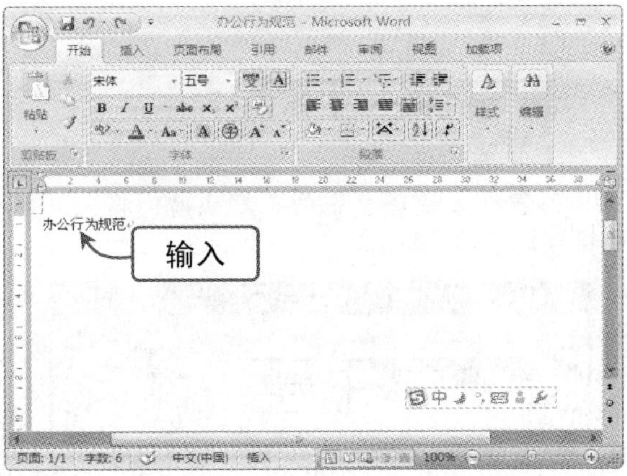

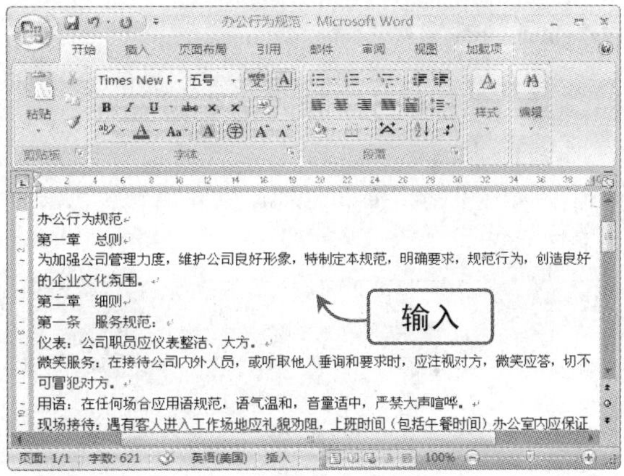

Work2 输入特殊符号

STEP 01 选择“更多”选项

将光标定位到第一段段首，单击“插入”选项卡下“特殊符号”组中的“符号”下拉按钮，在弹出的下拉面板中选择“更多”选项，如下图所示。

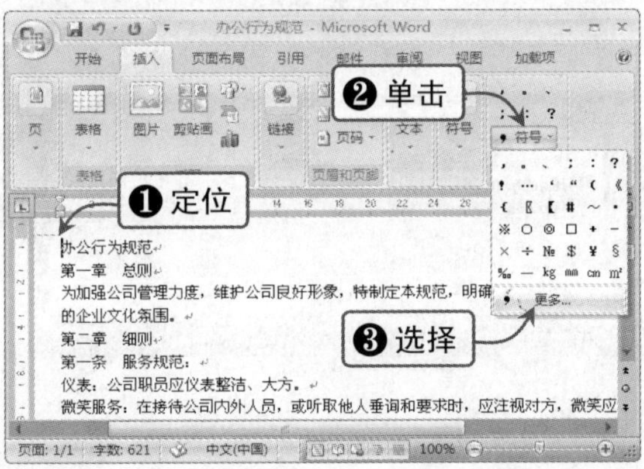

STEP 02 选择特殊符号

弹出“插入特殊符号”对话框，选择“特殊符号”选项卡，在符号列表中选择实心五角星符号，如下图所示。

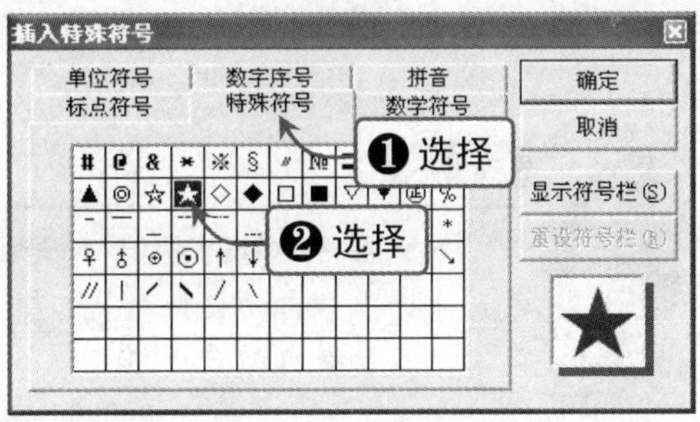

STEP 03 插入符号

单击“确定”按钮，即可将选中的特殊符号添加到文档中，效果如下图所示。

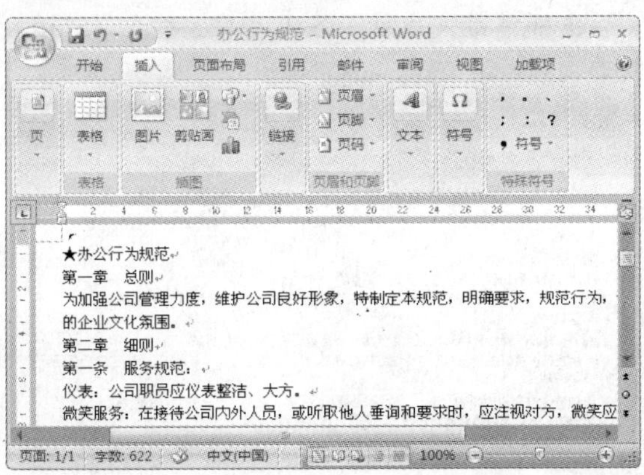

STEP 04 插入其他符号

用同样的方法，在第一段的段尾插入特殊符号，效果如下图所示。

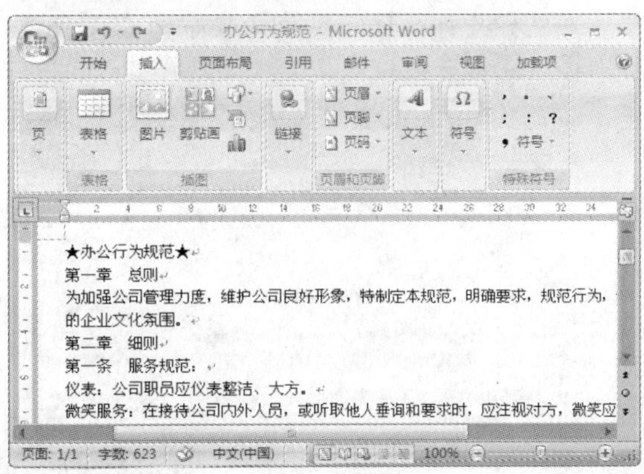

Work3 输入日期和时间

STEP 01 单击“日期和时间”按钮

按【Enter】键，插入空行，单击“插入”选项卡下“文本”组中的“日期和时间”按钮，如下图所示。

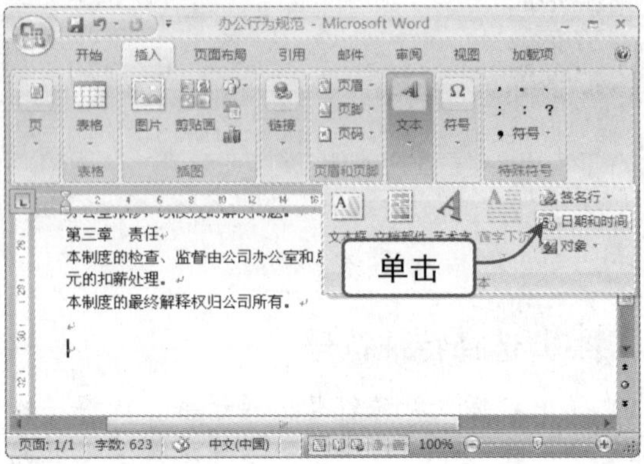

STEP 02 按【Enter】键换行

弹出“日期和时间”对话框，在“可用格式”列表框中选择合适的日期或时间格式，如下图所示。

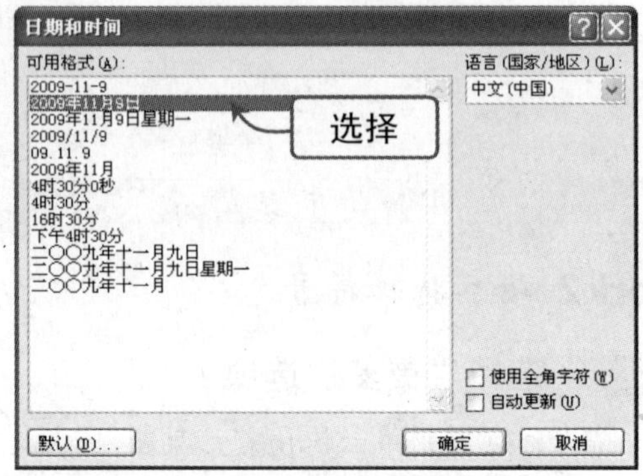

STEP 03 插入时间

单击“确定”按钮，即可将当前系统时间按选定的格式插入到文档中，效果如右图所示。

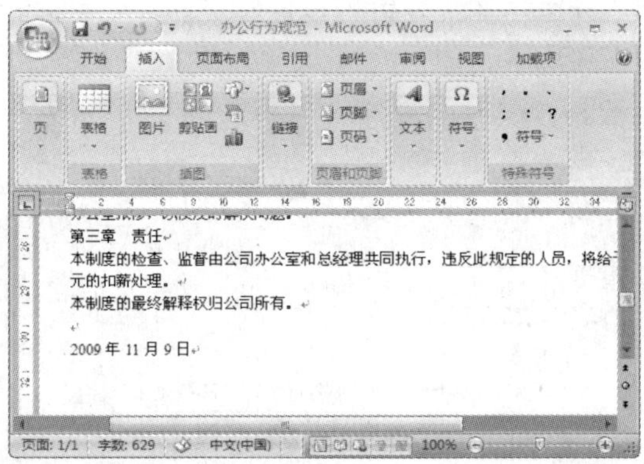

提示

在“日期和时间”对话框中选中“自动更新”复选框，则日期会自动更新。

19.2.2 选择文本

在对文本进行编辑操作前，需要先选择文本。由于操作不同，用户需要选择不同的文本，下面将详细介绍几种不同的文本选择方法。

STEP 01 选择单个文本

将鼠标指针放置在要选择文字的左侧，拖动鼠标，即可将其选中，如下图所示。

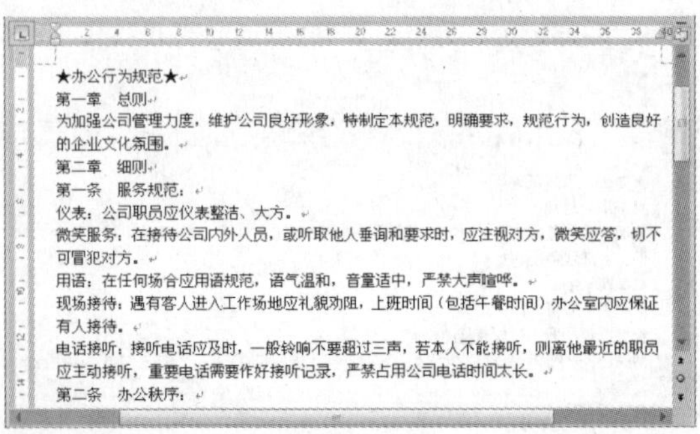

STEP 02 选择连续文本

选择连续文本的开头几个字，按住【Shift】键的同时单击结尾处文本即可，如下图所示。

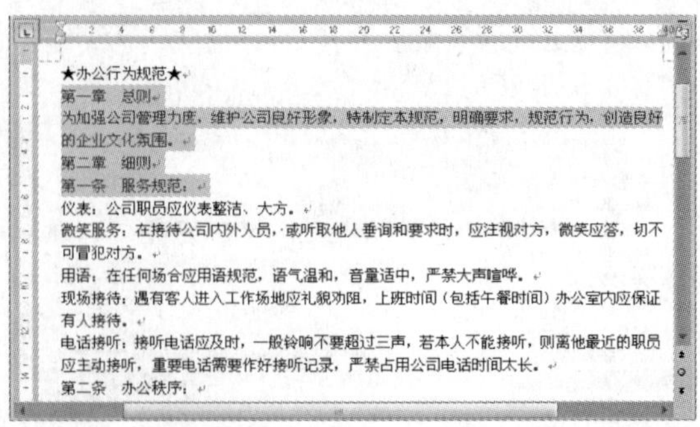

STEP 03 选择不连续文本

选择不连续文本的第一部分，然后在按住【Ctrl】键的同时依次选择其他要选择的文本即可，如下图所示。

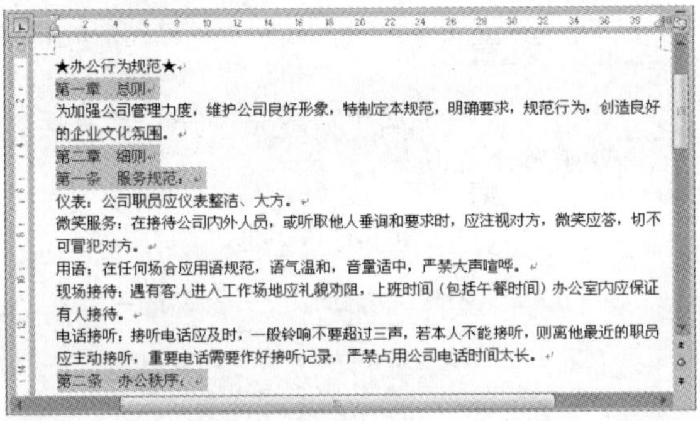
★办公行为规范★
第一章 总则
为加强公司管理力度，维护公司良好形象，特制定本规范，明确要求，规范行为，创造良好的企业文化氛围。
第二章 细则
第一条 服务规范：
仪表：公司职员应仪表整洁、大方。
微笑服务：在接待公司内外人员，或听取他人垂询和要求时，应注视对方，微笑应答，切不可冒犯对方。
用语：在任何场合应用语规范，语气温和，音量适中，严禁大声喧哗。
现场接待：遇有客人进入工作场地应礼貌劝阻，上班时间（包括午餐时间）办公室内应保证有人接待。
电话接听：接听电话应及时，一般铃响不要超过三声，若本人不能接听，则离他最近的职员应主动接听，重要电话需要作好接听记录，严禁占用公司电话时间太长。
第二条 办公秩序：

STEP 04 选择词语

将鼠标指针放置在要选择词语的前面或中间位置，双击鼠标即可将该词语选中，如下图所示。

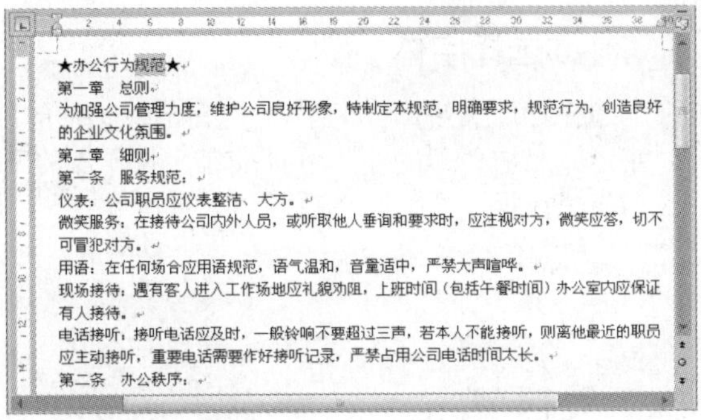
★办公行为规范★
第一章 总则
为加强公司管理力度，维护公司良好形象，特制定本规范，明确要求，规范行为，创造良好的企业文化氛围。
第二章 细则
第一条 服务规范：
仪表：公司职员应仪表整洁、大方。
微笑服务：在接待公司内外人员，或听取他人垂询和要求时，应注视对方，微笑应答，切不可冒犯对方。
用语：在任何场合应用语规范，语气温和，音量适中，严禁大声喧哗。
现场接待：遇有客人进入工作场地应礼貌劝阻，上班时间（包括午餐时间）办公室内应保证有人接待。
电话接听：接听电话应及时，一般铃响不要超过三声，若本人不能接听，则离他最近的职员应主动接听，重要电话需要作好接听记录，严禁占用公司电话时间太长。
第二条 办公秩序：

STEP 05 选择一行文本

将鼠标指针移动到要选择行文本的左侧，当其呈↗形状时单击，即可将指针对应行文本选中，如下图所示。

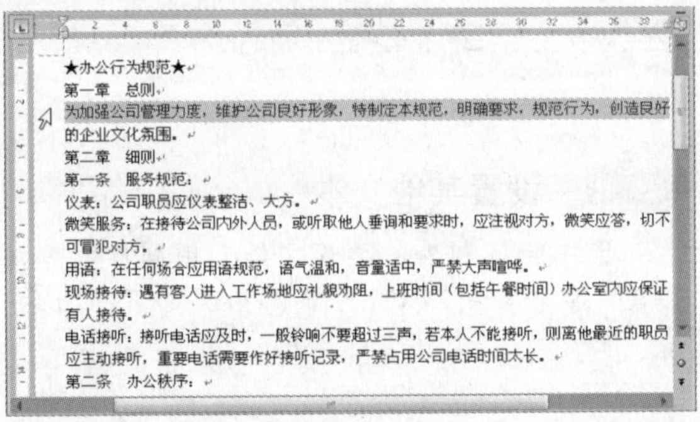
★办公行为规范★
第一章 总则
为加强公司管理力度，维护公司良好形象，特制定本规范，明确要求，规范行为，创造良好的企业文化氛围。
第二章 细则
第一条 服务规范：
仪表：公司职员应仪表整洁、大方。
微笑服务：在接待公司内外人员，或听取他人垂询和要求时，应注视对方，微笑应答，切不可冒犯对方。
用语：在任何场合应用语规范，语气温和，音量适中，严禁大声喧哗。
现场接待：遇有客人进入工作场地应礼貌劝阻，上班时间（包括午餐时间）办公室内应保证有人接待。
电话接听：接听电话应及时，一般铃响不要超过三声，若本人不能接听，则离他最近的职员应主动接听，重要电话需要作好接听记录，严禁占用公司电话时间太长。
第二条 办公秩序：

STEP 06 选择多行文本

将鼠标指针移动到多行文本的第一行左侧，当其呈↗形状时向下拖动鼠标到目标位置即可，如下图所示。

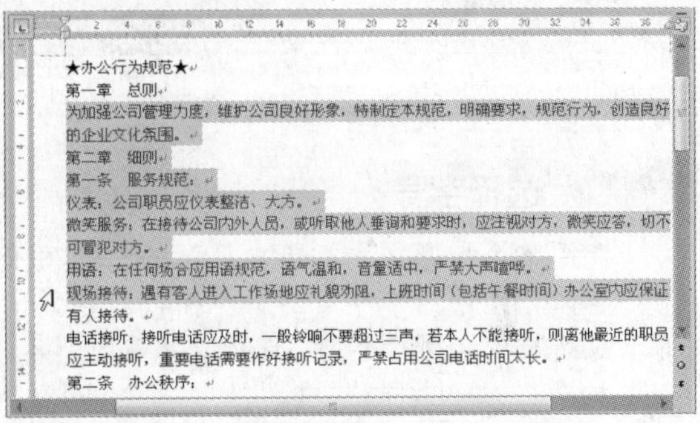
★办公行为规范★
第一章 总则
为加强公司管理力度，维护公司良好形象，特制定本规范，明确要求，规范行为，创造良好的企业文化氛围。
第二章 细则
第一条 服务规范：
仪表：公司职员应仪表整洁、大方。
微笑服务：在接待公司内外人员，或听取他人垂询和要求时，应注视对方，微笑应答，切不可冒犯对方。
用语：在任何场合应用语规范，语气温和，音量适中，严禁大声喧哗。
现场接待：遇有客人进入工作场地应礼貌劝阻，上班时间（包括午餐时间）办公室内应保证有人接待。
电话接听：接听电话应及时，一般铃响不要超过三声，若本人不能接听，则离他最近的职员应主动接听，重要电话需要作好接听记录，严禁占用公司电话时间太长。
第二条 办公秩序：

STEP 07 选择段落文本

将鼠标指针放置在段落左侧，或者是段落中间的任意位置，双击鼠标即可选中该段落，如下图所示。

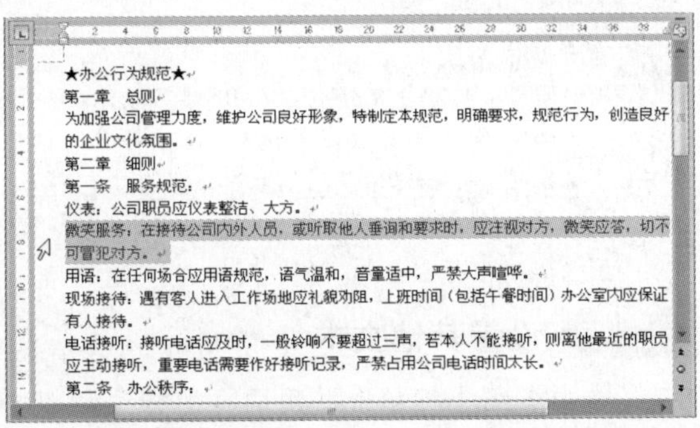
★办公行为规范★
第一章 总则
为加强公司管理力度，维护公司良好形象，特制定本规范，明确要求，规范行为，创造良好的企业文化氛围。
第二章 细则
第一条 服务规范：
仪表：公司职员应仪表整洁、大方。
微笑服务：在接待公司内外人员，或听取他人垂询和要求时，应注视对方，微笑应答，切不可冒犯对方。
用语：在任何场合应用语规范，语气温和，音量适中，严禁大声喧哗。
现场接待：遇有客人进入工作场地应礼貌劝阻，上班时间（包括午餐时间）办公室内应保证有人接待。
电话接听：接听电话应及时，一般铃响不要超过三声，若本人不能接听，则离他最近的职员应主动接听，重要电话需要作好接听记录，严禁占用公司电话时间太长。
第二条 办公秩序：

STEP 08 选择整篇文档

将鼠标指针放置在文档左侧，连续三次单击，或者按【Ctrl+A】组合键，可选中整篇文档，如下图所示。

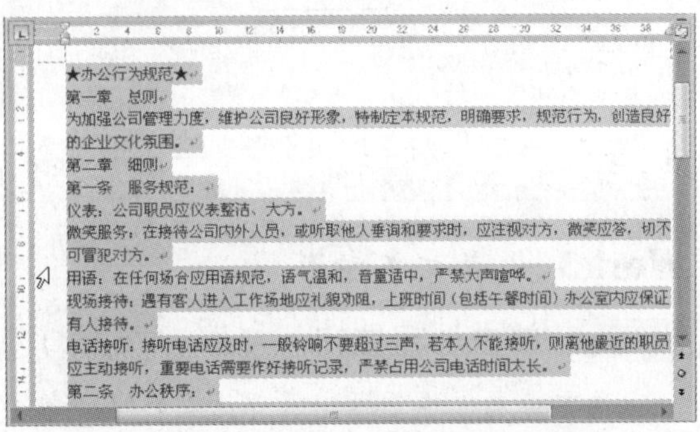
★办公行为规范★
第一章 总则
为加强公司管理力度，维护公司良好形象，特制定本规范，明确要求，规范行为，创造良好的企业文化氛围。
第二章 细则
第一条 服务规范：
仪表：公司职员应仪表整洁、大方。
微笑服务：在接待公司内外人员，或听取他人垂询和要求时，应注视对方，微笑应答，切不可冒犯对方。
用语：在任何场合应用语规范，语气温和，音量适中，严禁大声喧哗。
现场接待：遇有客人进入工作场地应礼貌劝阻，上班时间（包括午餐时间）办公室内应保证有人接待。
电话接听：接听电话应及时，一般铃响不要超过三声，若本人不能接听，则离他最近的职员应主动接听，重要电话需要作好接听记录，严禁占用公司电话时间太长。
第二条 办公秩序：

19.2.3 设置文本格式

文本的格式包括文本的字体、字形、字号和颜色等，下面将分别介绍具体设置方法。

Work1 设置文本字体

STEP 01 选择字体

选择标题文字部分，单击“开始”选项卡下“字体”组中的“字体”下拉按钮，在弹出的下拉列表中选择“黑体”选项，如下图所示。

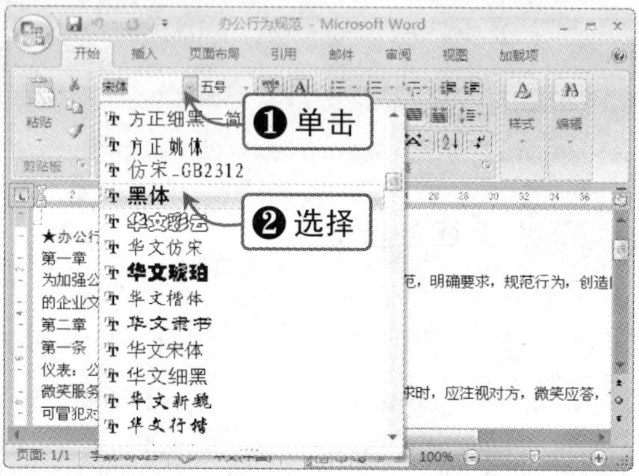

STEP 02 设置效果

此时，文档中选中的文本字体已经发生变化，效果如下图所示。

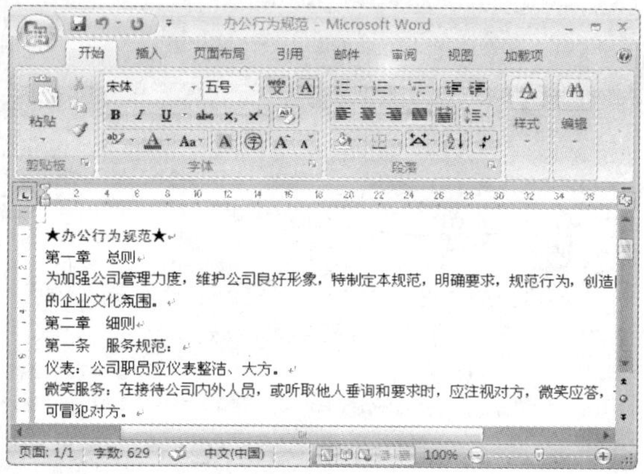

Work2 设置文本字号

STEP 01 选择字号

选择整个标题文本，单击“开始”选项卡下“字体”组中的“字号”下拉按钮，在弹出的下拉列表中选择“小二”选项，如下图所示。

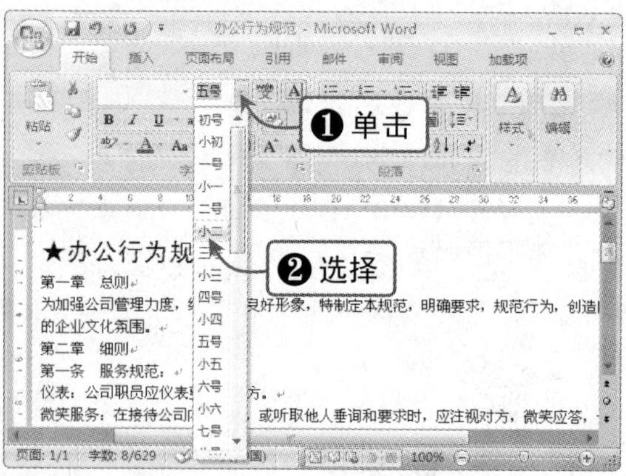

STEP 02 设置其他文本

选中除标题外的整篇文档，用同样的方法设置“字号”为“小四”，最终效果如下图所示。

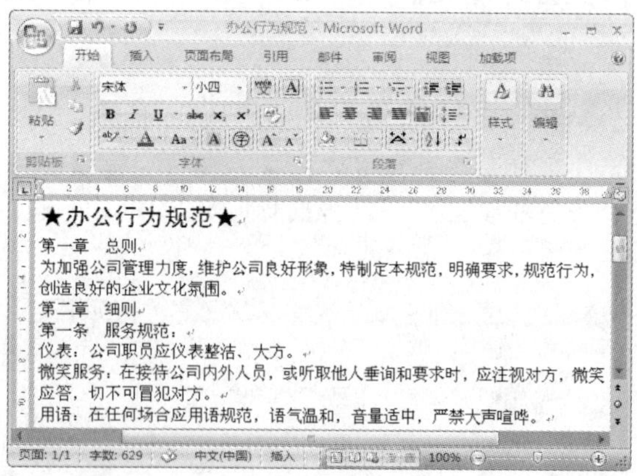

Work3 设置文本字形

STEP 01 单击加粗按钮

选中标题，在显示出的浮动工具栏中单击**B**按钮，如下图所示。

STEP 02 设置其他文本

选中各级小标题，并用同样的方法加粗文本，效果如下图所示。

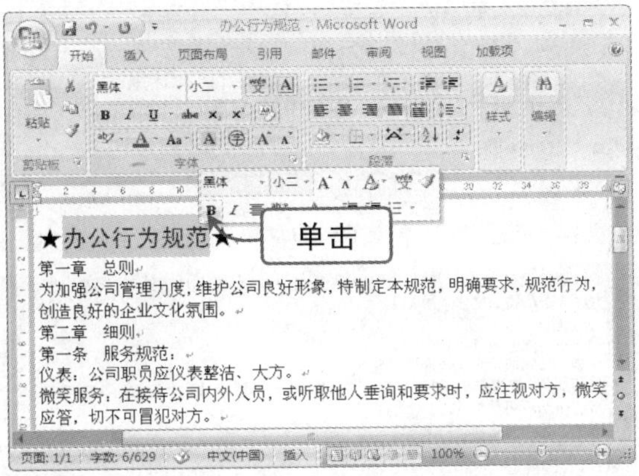

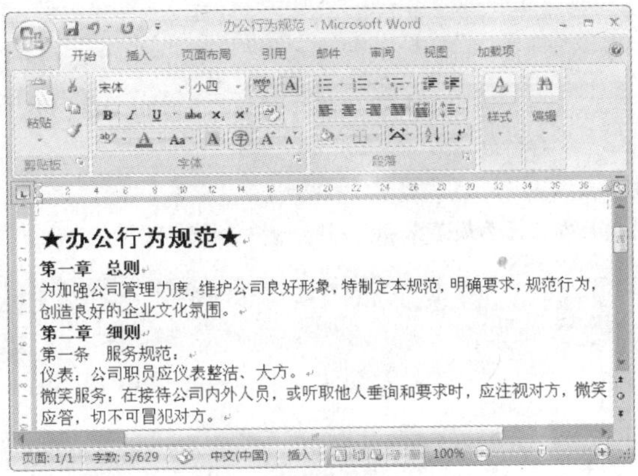

Work4 设置文本颜色

STEP 01 单击“蓝色”色块

选中标题中的特殊符号，单击浮动工具栏中的颜色下拉按钮，在弹出的下拉面板中单击“蓝色”色块，如下图所示。

STEP 02 设置其他符号

用同样的方法将标题中的每一个特殊符号也设置成蓝色，效果如下图所示。

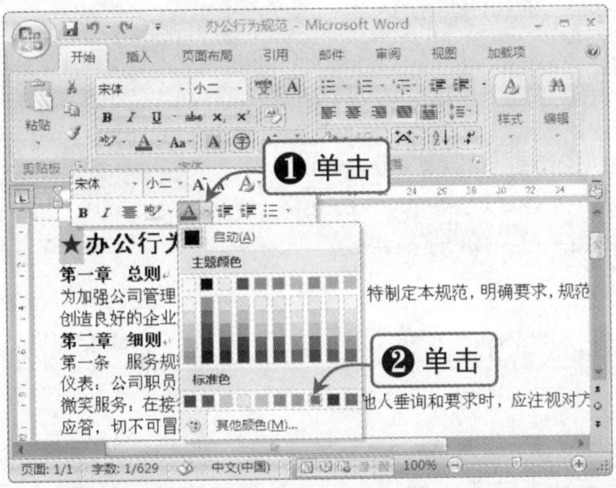

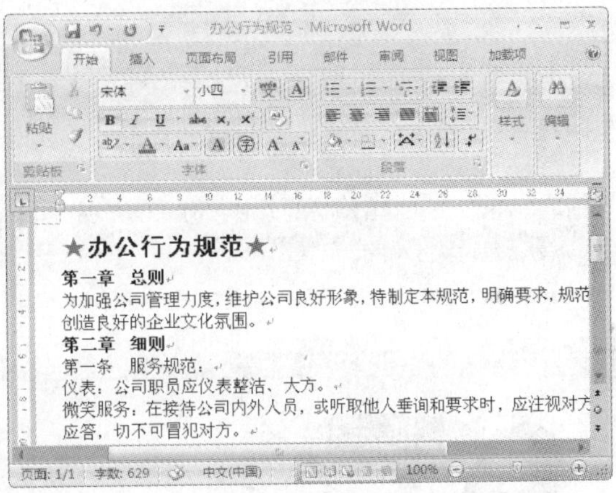

19.3 段落的简单编辑

设置完文本格式后，用户可以根据需要，简单设置文档段落格式，包括对齐方式、缩进和间距等，本节将进行详细介绍。

19.3.1 设置段落对齐方式

段落的对齐方式包括左对齐、居中对齐、右对齐、两端对齐和分散对齐等几种。Word 2007 中默认的段落对齐方式为两端对齐，要设置为其他对齐方式，可按如下方法进行操作：

STEP 01 单击“居中”按钮

将光标定位到标题中，单击“开始”选项卡下“段落”组中的“居中”按钮，如下图所示。

STEP 02 居中对齐段落

此时，标题文本将水平对齐到文档的中间位置，效果如下图所示。

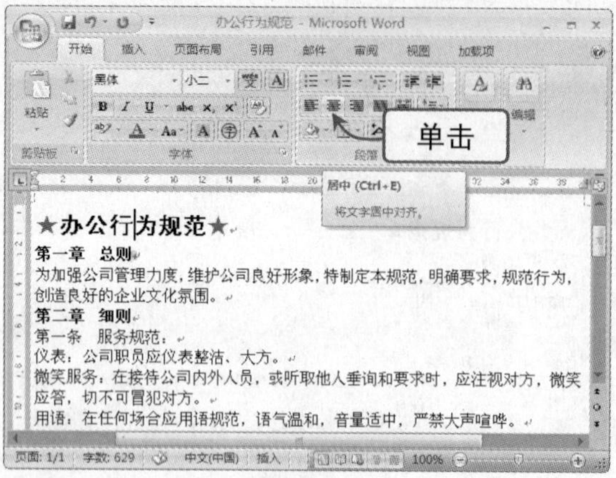

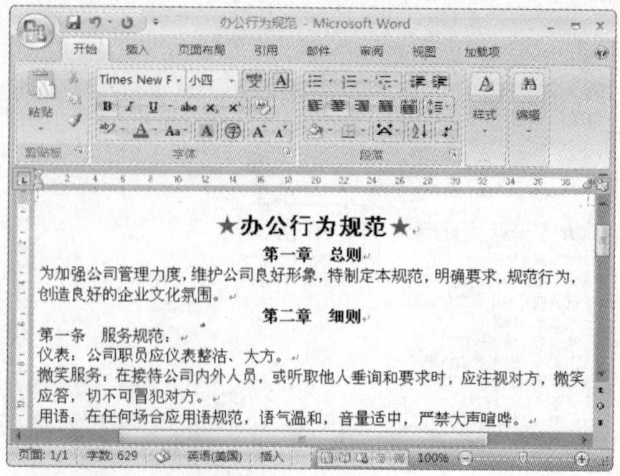

STEP 03 单击“文本右对齐”按钮

将光标定位到落款文本，单击“段落”组中的“文本右对齐”按钮，如下图所示。

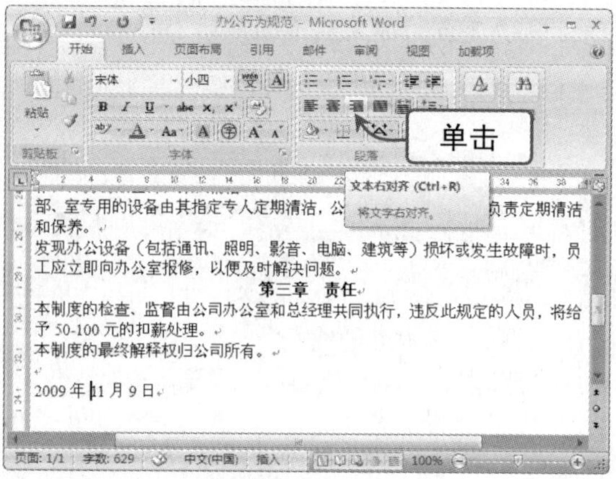

STEP 04 查看设置效果

此时，落款文本将右对齐到文档的最右侧，效果如下图所示。

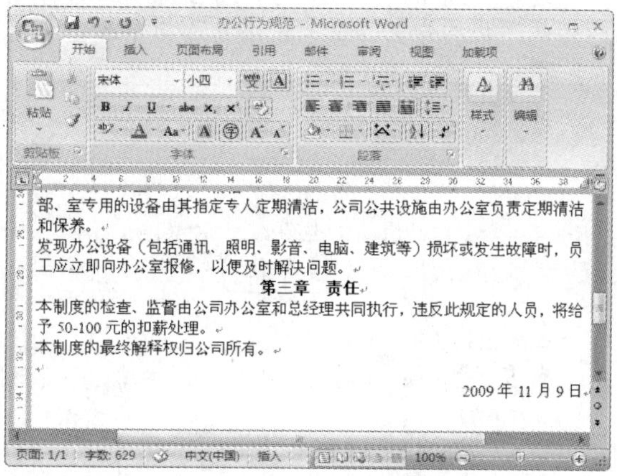

提示

用户还可以通过快捷键进行段落对齐设置，按【Ctrl+L】组合键可左对齐，按【Ctrl+E】组合键可居中对齐，按【Ctrl+R】组合键可右对齐，按【Ctrl+J】组合键可两端对齐，按【Ctrl+Shift+J】组合键可进行分散对齐。

19.3.2 设置段落缩进

我们在日常书写文档时，都有段首空两个汉字的习惯。而使用 Word 创建文档，如果每开始一段都要在段首敲 4 个半角空格，会很麻烦。用户可以使用 Word 提供的“段落缩进”功能，轻松设置段落的首行缩进和整体缩进等，具体设置方法如下：

STEP 01 单击“段落”按钮

将光标定位到正文第一段文本中，单击“开始”选项卡下“段落”组右下角的按钮，如下图所示。

STEP 02 选择“首行缩进”选项

弹出“段落”对话框，在“缩进”选项组的“特殊格式”下拉列表框中选择“首行缩进”选项，如下图所示。

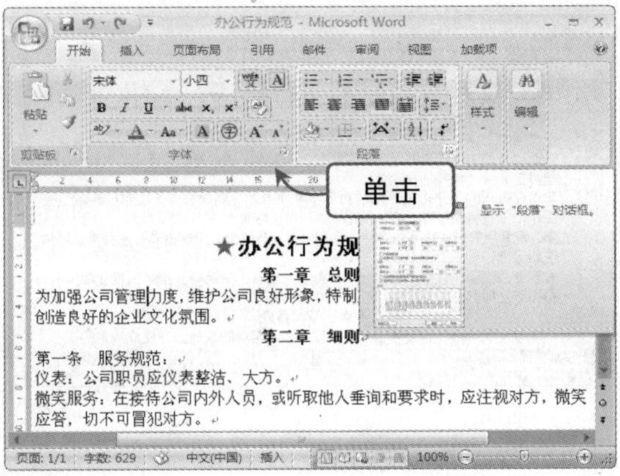

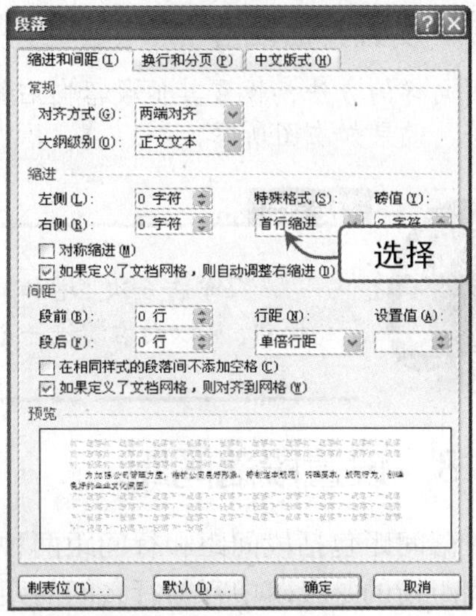

STEP 03 应用首行缩进

单击“确定”按钮，此时光标所在段落的首行向右缩进两个字符，效果如下图所示。

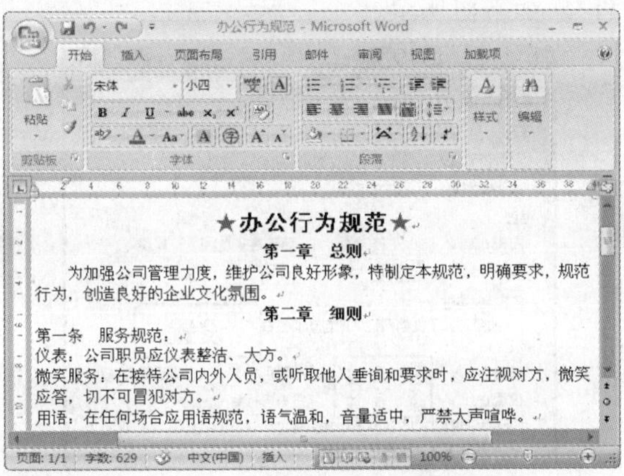

STEP 04 设置其他段落

用同样的方法，设置其他段落为首行缩进两个字符，效果如下图所示。

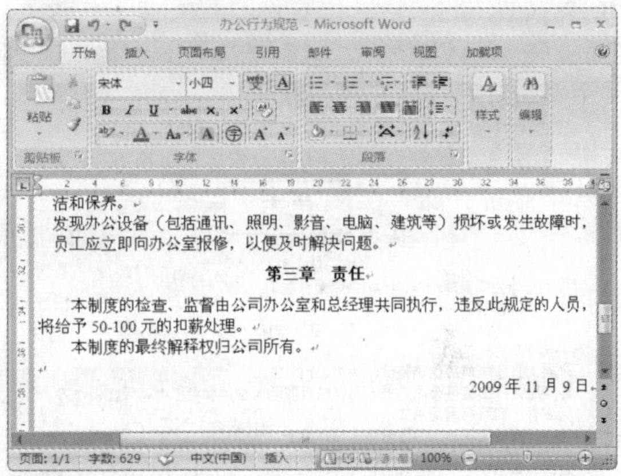

STEP 05 单击“增加缩进量”按钮

选择文本，单击“段落”组中的“增加缩进量”按钮，如下图所示。

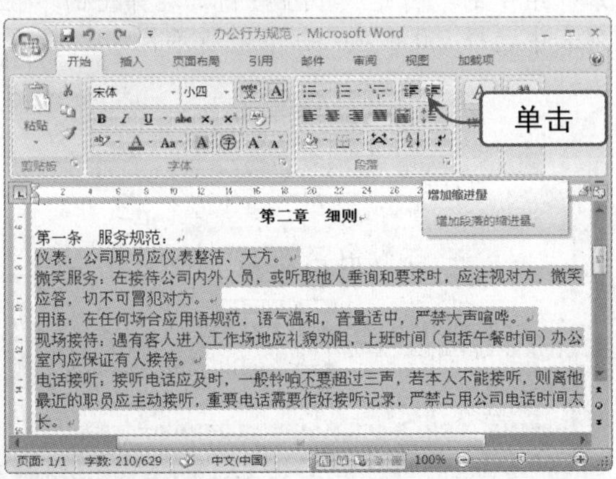

STEP 06 应用缩进

此时，选定的段落文本将向右缩进一个字符，效果如下图所示。

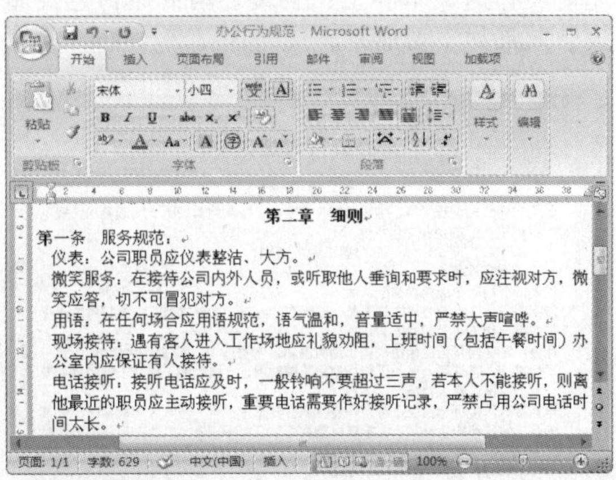

STEP 07 设置其他段落

用同样的方法，设置其他段落向右缩进一个字符，效果如右图所示。

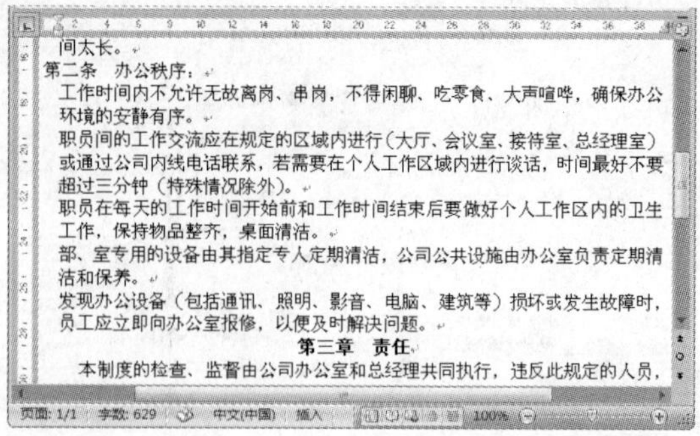

提示

每单击一次“增加缩进量”按钮，可以向右缩进一个字符。

19.3.3 设置段落间距

段落间距包括段间距和行间距两种，顾名思义，段间距指的就是段落与段落之间的距离，而行间距指的是段落中行与行之间的距离。下面将详细介绍段间距和行间距的设置方法。

STEP 01 单击“段落”按钮

将光标定位到标题文本中，单击“开始”选项卡下“段落”组右下角的按钮，下图所示。

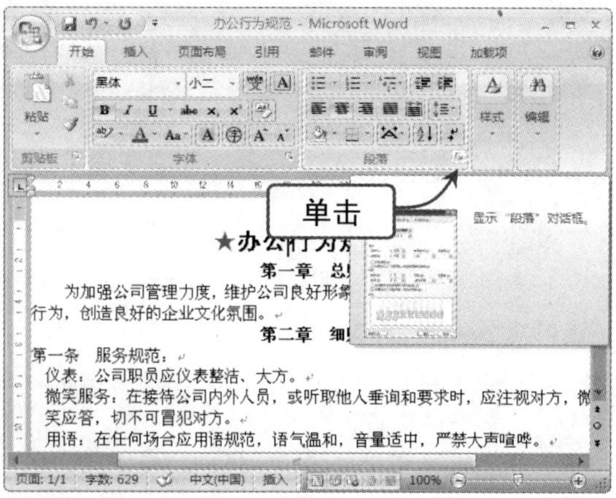

STEP 02 设置间距

弹出“段落”对话框，在“间距”选项组中设置“段前”为“0.4 行”、“段后”为“0.8 行”，如下图所示。

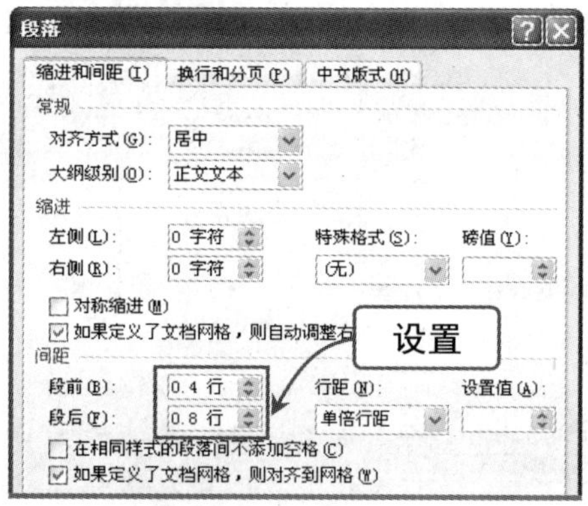

STEP 03 设置候选字体

单击“确定”按钮，完成段间距的设置，此时，标题文本和上、下文之间的距离已经增大，效果如下图所示。

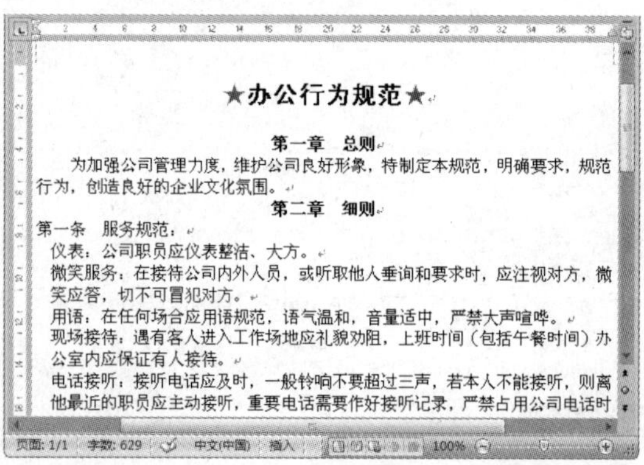

STEP 04 查看输入法外观

将光标定位到第一个小标题中，单击“段落”组中的“行距”下拉按钮，在弹出的下拉列表中选择 2.0 选项，如下图所示。

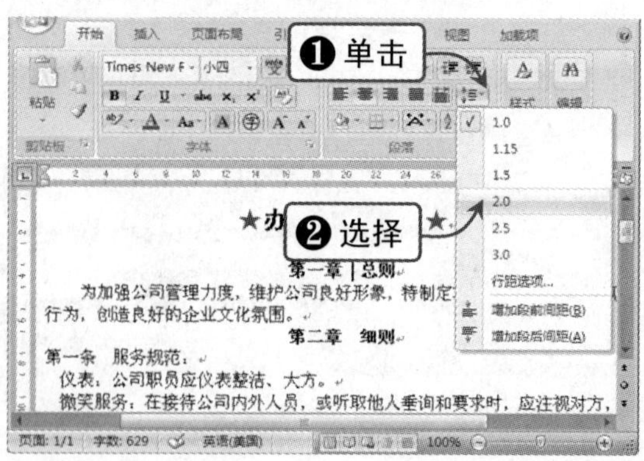

STEP 05 设置其他小标题

用同样的方法，设置其他两个小标题的行距均为 2.0，效果如右图所示。

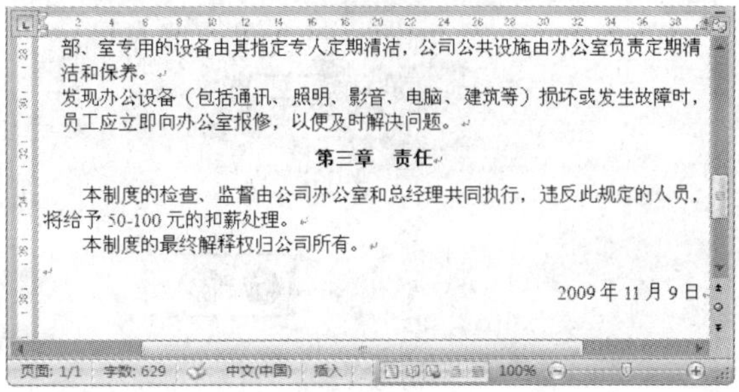

提示

用户也可以通过“段落”对话框中的“行距”下拉列表框来设置行距。

19.4 文本的高级设置

掌握了 Word 2007 中文本的基本操作后，即可制作简单文档了。但对于那些具有特殊需求的用户来说，还需要掌握文本的高级操作，才能制作出符合条件的文档。例如，理科出版物中经常需要输入公式、上标和下标，而一些报纸、杂志上的文章中的文字则需要添加特殊效果等。

19.4.1 输入上标和下标

在 Word 中编辑文本的时候，尤其是在编辑数学或化学习题和试卷时，需要为某些字符设置上标或者下标，如水的分子式 H_2O。下面将详细介绍上标和下标的具体输入方法。

STEP 01 单击“上标”按钮

在文档中输入数学表达式，选中要作为上标的部分，单击“开始”选项卡下“字体”组中的“上标”按钮，如下图所示。

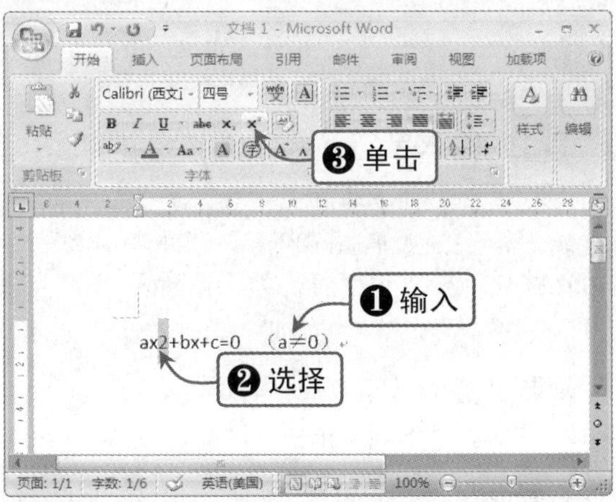

STEP 02 设置上标

此时，被选中的部分将显示为上标，效果如下图所示。

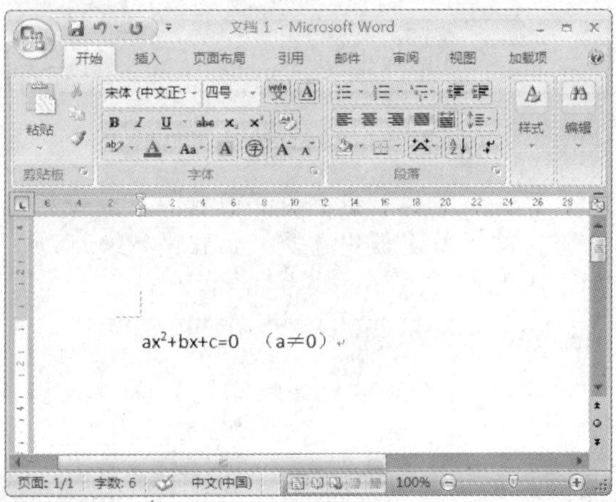

STEP 03 单击“下标”按钮

输入化学表达式，选中要作为下标的部分，单击“字体”组中的“下标”按钮，如下图所示。

STEP 04 设置其他下标

此时，被选中的部分将显示为下标，用同样的方法，设置其他需要设置为下标的部分，如下图所示。

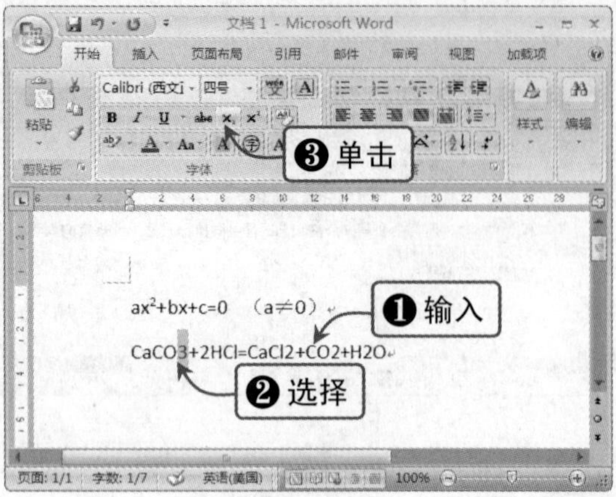

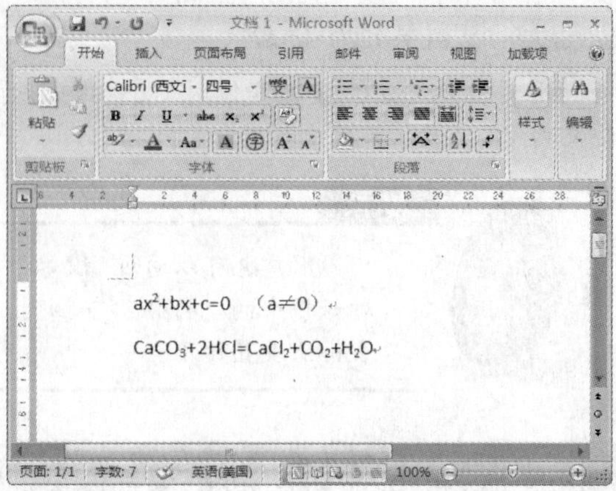

19.4.2 输入复杂公式

下面将以输入和差化积公式为例，介绍在 Word 2007 中输入复杂公式的具体操作方法。

和差化积公式：$\sin\alpha+\sin\beta=2\sin(\frac{\alpha+\beta}{2})\cos(\frac{\alpha-\beta}{2})$

STEP 01 单击“公式”按钮

新建空白文档，单击“插入”选项卡下“符号”组中的“公式”按钮，如下图所示。

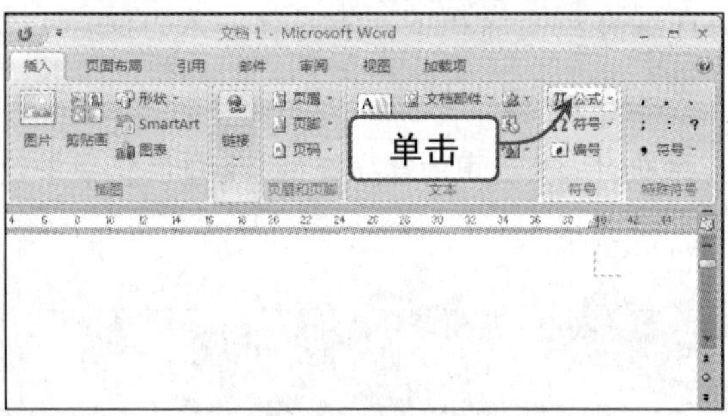

STEP 02 激活“设计”选项卡

此时，文档中显示公式文本框，并自动激活“设计”选项卡，如下图所示。

STEP 03 选择“正弦函数”选项

单击“结构”组中的“函数”下拉按钮，在弹出的下拉面板中选择“正弦函数”选项，如下图所示。

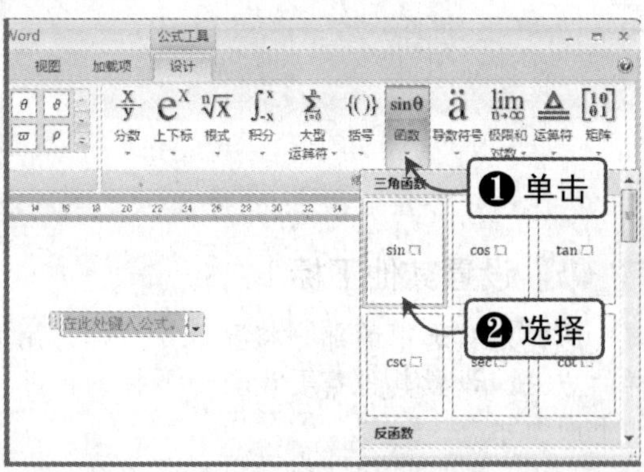

STEP 04 输入字符 α

公式文本框中将插入正弦函数 sin⬚，单击虚线方格⬚，并单击“符号”组中符号列表中的 α 按钮，输入该字符，如下图所示。

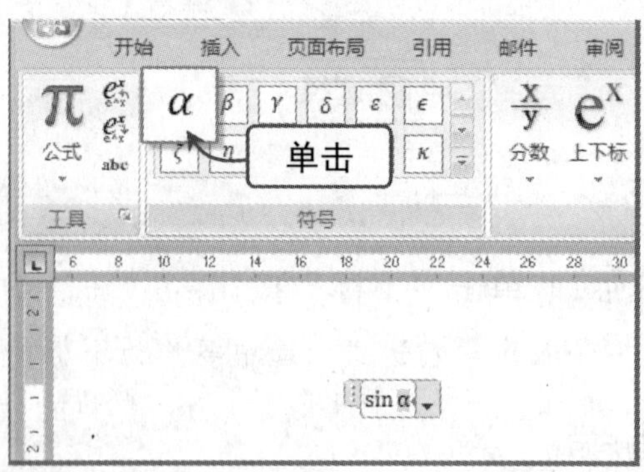

STEP 05 输入其他三角函数

输入运算符，并用同样的方法输入其他三角函数，效果如下图所示。

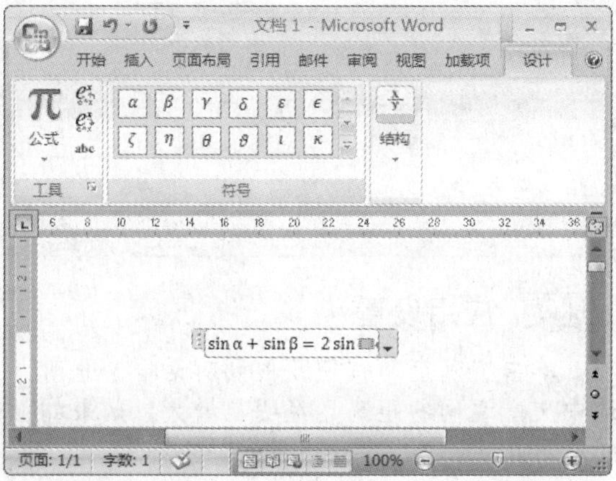

STEP 06 选择括号

单击正弦函数中的虚线方格⬚，单击"结构"组中的"括号"下拉按钮，在弹出的下拉面板中选择如下图所示的选项。

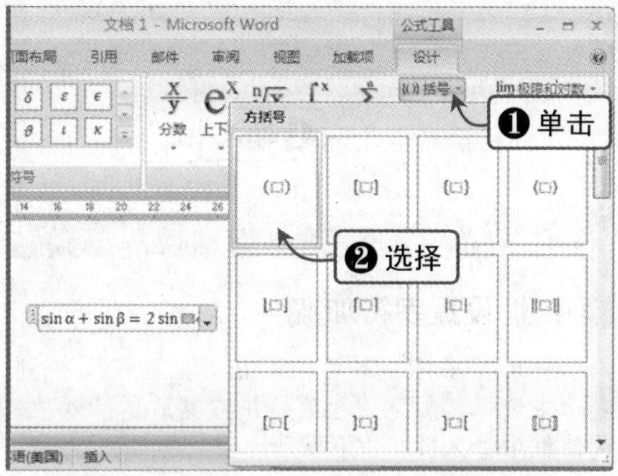

STEP 07 选择分数样式

将括号添加到公式文本框中，选择虚线方格⬚，单击"结构"组中的"分数"下拉按钮，在弹出的下拉面板中选择"分数(竖式)"选项，如下图所示。

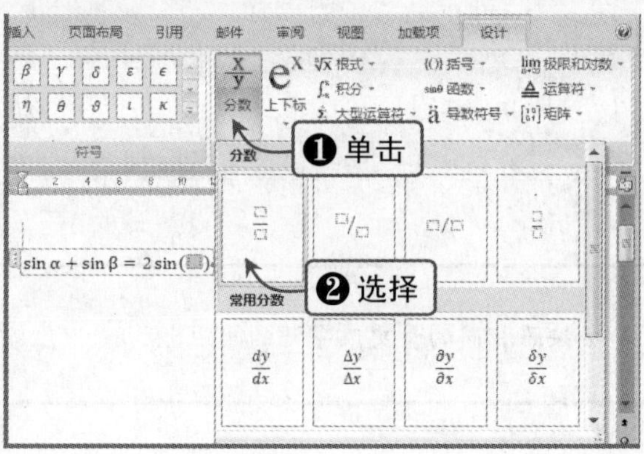

STEP 08 完成公式输入

将分数添加到公式文本框中，单击分数线下方的小方框，输入分母，然后单击分数线上方的小方框，输入分子，用同样的方法，完成公式的输入，如下图所示。

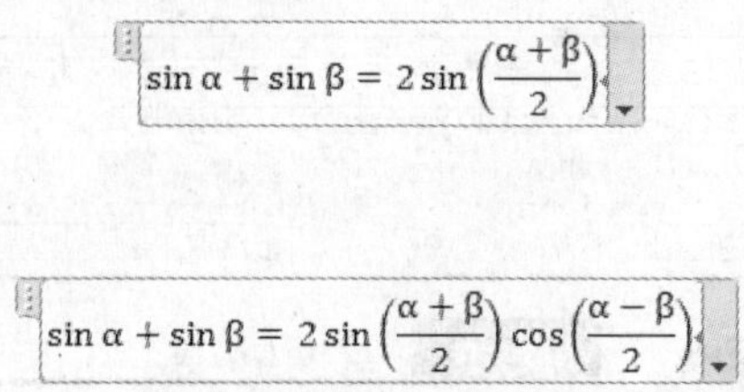

19.4.3 设置字符间距

字符间距在默认情况下采用标准状态，用户可以根据需要，增加或减小字符之间的距离，具体操作方法如下：

STEP 01 输入文本并设置格式

在新建的空白文档中输入文本，并设置其"字号"为"四号"，如下图所示。

STEP 02 单击"字体"按钮

选中文本，单击"开始"选项卡下"字体"组右下角的⧉按钮，如下图所示。

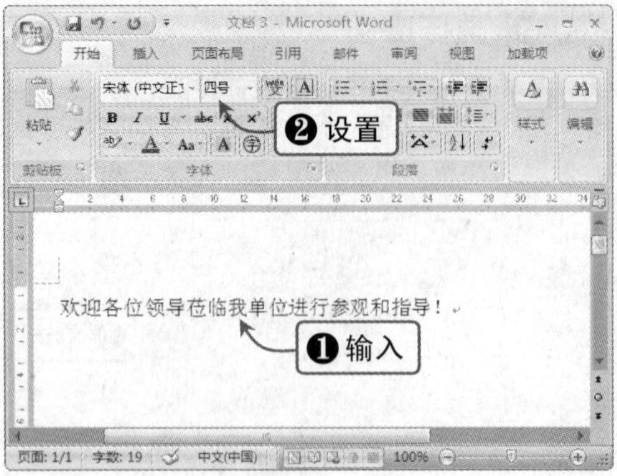

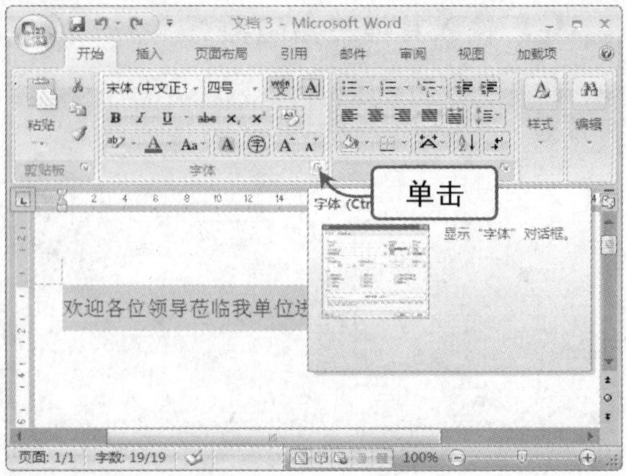

STEP 03 设置字符加宽

弹出"字体"对话框，在"间距"下拉列表框中选择"加宽"选项，并在其后的"磅值"数值框中输入 4，如下图所示。

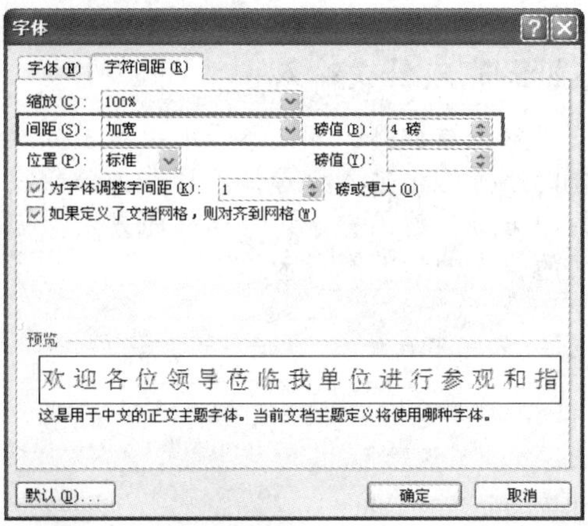

STEP 04 应用设置

单击"确定"按钮，关闭对话框，此时，选中文本之间的距离已经明显增大，效果如下图所示。

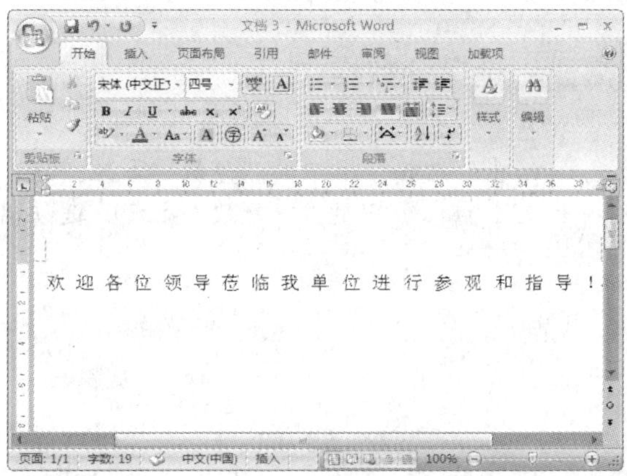

提示

选择"加宽"或"紧缩"选项，会按照相同的量更改字符的间距。

19.4.4 复制字符格式

用户可以使用 Word 2007 提供的"格式刷"工具，轻松实现字符格式的复制，具体操作方法如下：

STEP 01 设置文本格式

打开"保密制度"素材文件，选择第一个小标题，设置"字体"为"黑体"，效果如下图所示。

STEP 02 单击"格式刷"按钮并选择文本

再次选中第一个小标题，单击"剪贴板"组中的"格式刷"按钮，当鼠标指针呈🖌I形状时，拖动鼠标选中两个小标题，如下图所示。

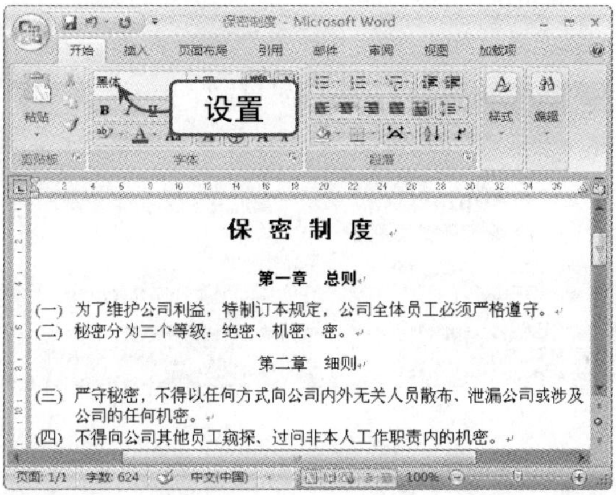

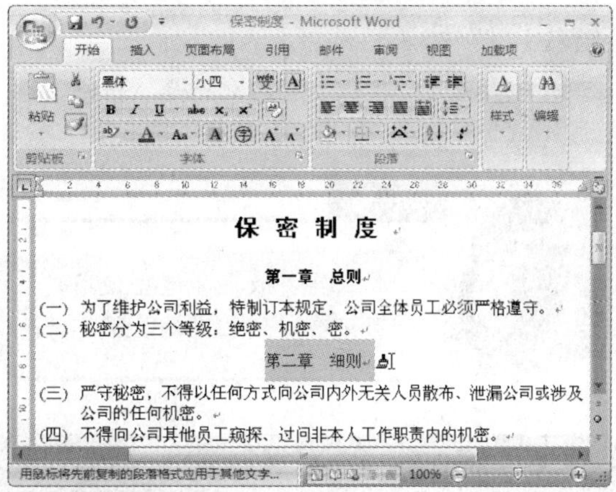

STEP 03 复制格式

此时，第一个小标题的文本格式已经复制到第二个小标题中，效果如下图所示。

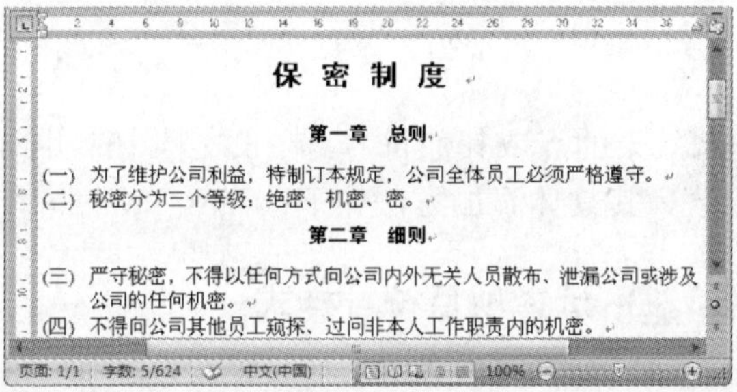

STEP 04 设置其他小标题

用同样的方法，将字符格式复制到其他小标题中，效果如下图所示。

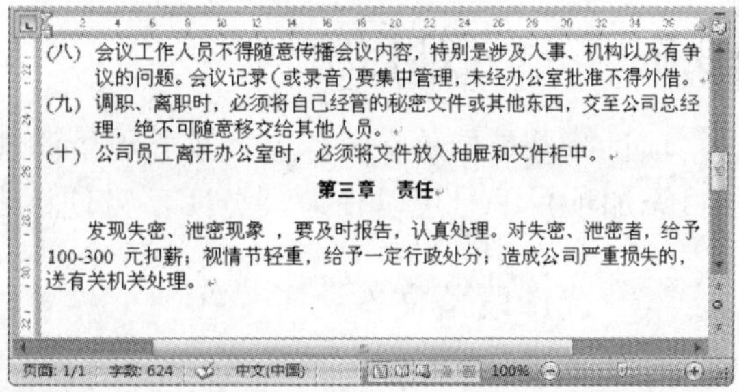

19.4.5 添加字符效果

用户可以为文档中的字符添加一些特殊效果，如删除线、空心、阳文和阴文等，具体添加方法如下：

STEP 01 单击“字体”按钮

选择标题文本，单击“字体”组右下角的按钮，如下图所示。

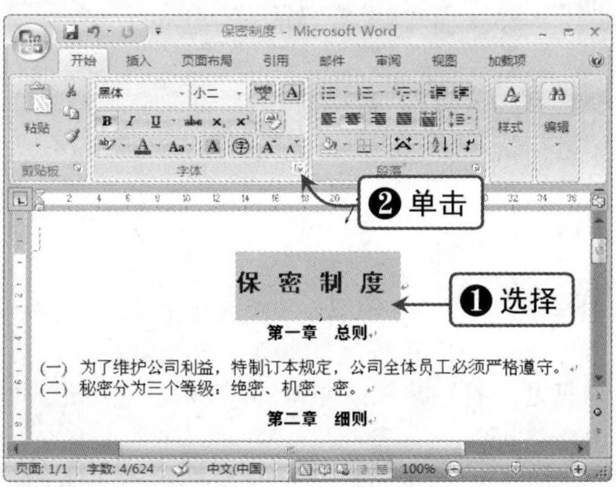

STEP 02 选择“阴文”复选框

弹出“字体”对话框，在“效果”选项组中选中“阴文”复选框，如下图所示。

STEP 03 应用效果

单击“确定”按钮，关闭对话框，将阴文效果应用到标题文本中，此时的文档如右图所示。

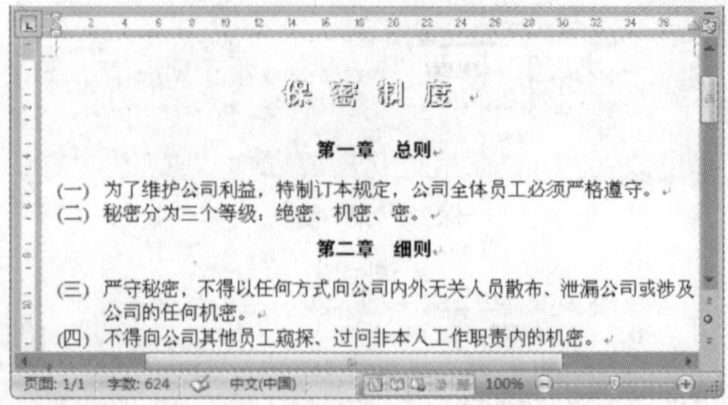

提示

字符效果要适当使用，否则会起到相反的效果。

19.5 段落的高级设置

若用户经常使用电脑进行文档编辑和排版等工作，还需要掌握段落的各种高级设置，如项目符号和编号的添加，以及中文版式的使用。

19.5.1 插入项目符号

项目符号是指放在段落文本前，用于添加强调效果的点或其他符号。在长文档中为并列项目添加项目编号可以使调理分明，方便读者阅读。其具体添加方法如下：

STEP 01 选择段落文本

打开“办公行为规范”文档，选择要添加项目符号的段落文本，单击“段落”组中的“项目符号”下拉按钮，如下图所示。

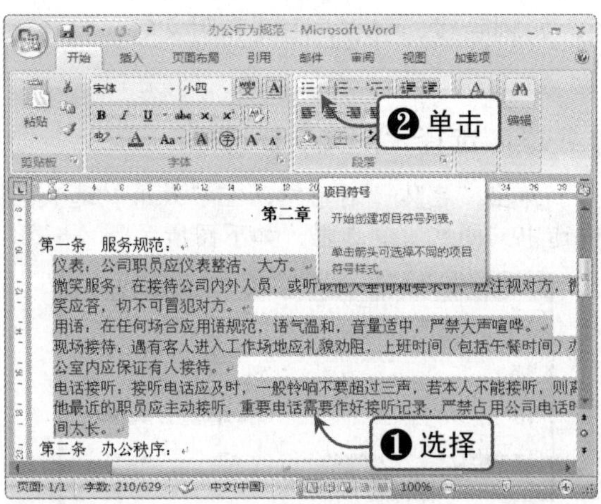

STEP 02 选择项目符号样式

在弹出的下拉面板的项目符号列表中选择需要的样式，并在文档中预览添加效果，如下图所示。

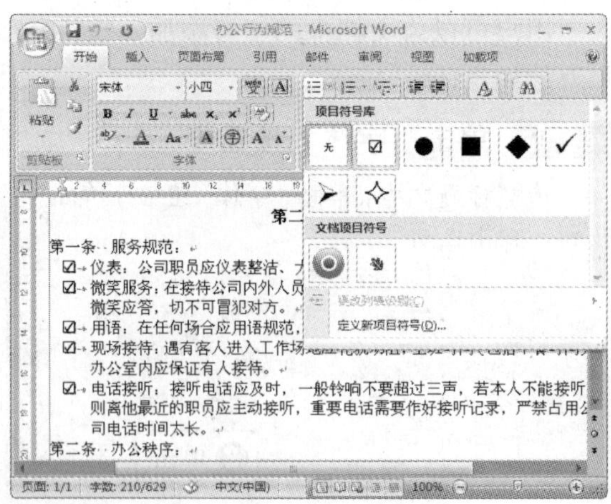

STEP 03 选择“定义新项目符号”选项

选择其他需要添加项目符号的文本，在“项目符号”下拉面板中选择“定义新项目符号”选项，如下图所示。

STEP 04 单击“图片”按钮

弹出“定义新项目符号”对话框，在“项目符号字符”选项组中单击“图片”按钮，如下图所示。

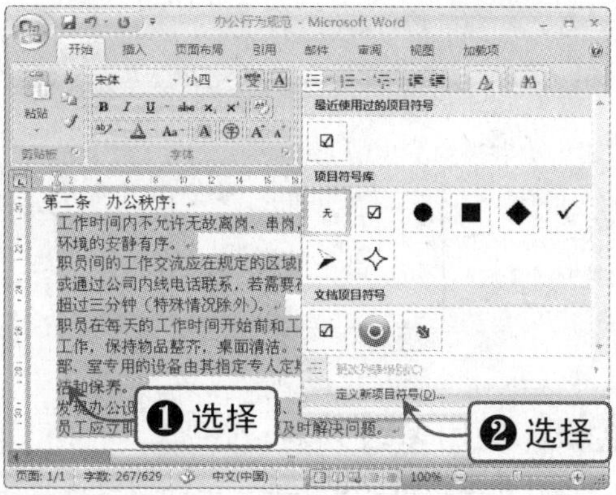

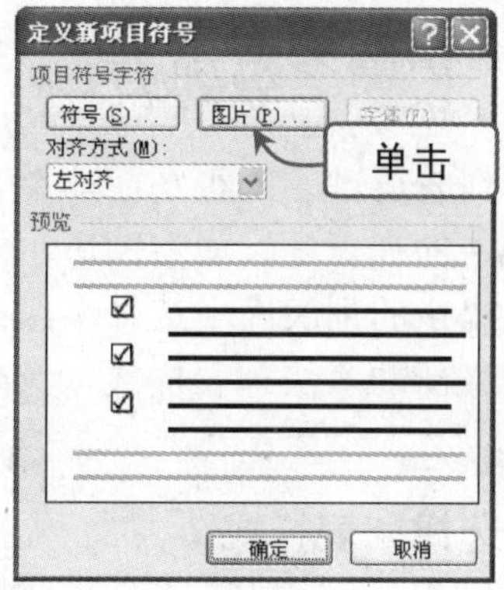

STEP 05 选择图片

弹出“图片项目符号”对话框，在图片列表框中选择图片，如下图所示。

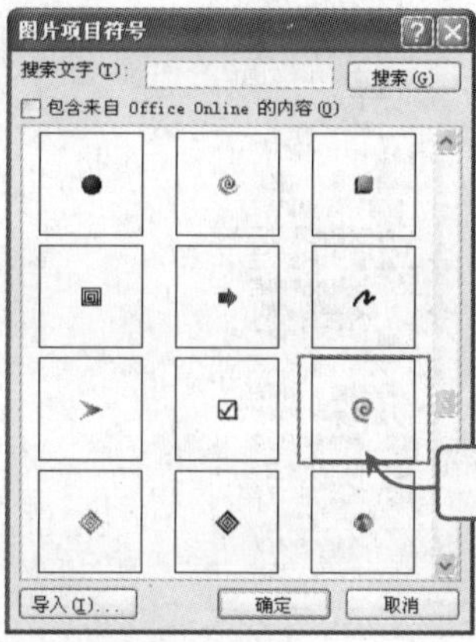

STEP 06 应用项目符号

依次单击“确定”按钮，然后将图片项目符号应用到文档中，效果如下图所示。

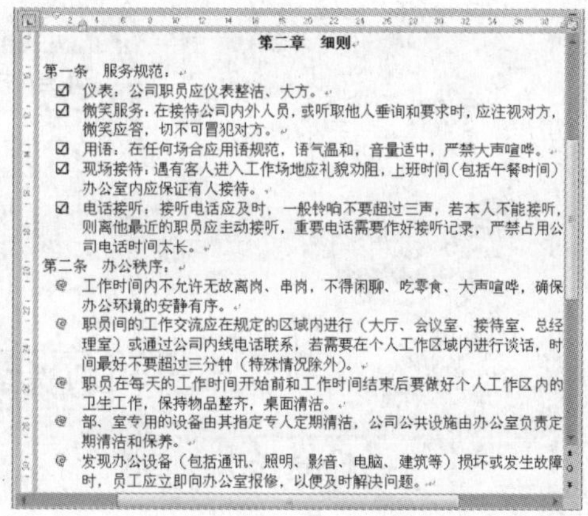

19.5.2 插入编号

在长文档中添加编号，可以使文档结构更加清晰、合理，重点突出，其添加方法如下：

STEP 01 单击“编号”下拉按钮

重新打开“办公行为规范”文档，选择文本，单击“段落”组中的“编号”下拉按钮，弹出如下图所示的下拉面板。

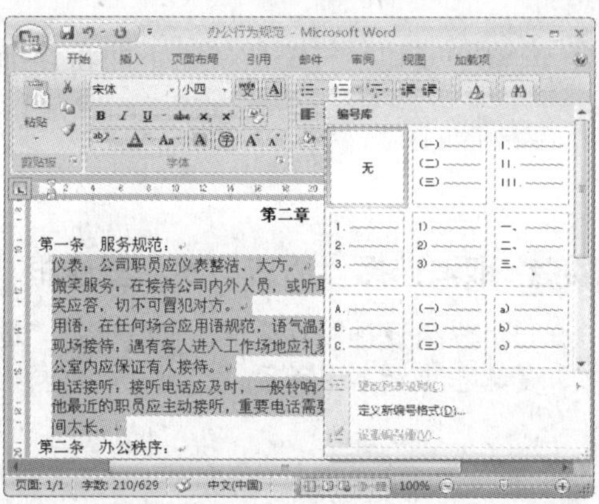

STEP 02 应用编号

选择编号样式，将其应用到段落中，并用同样的方法设置其他段落，效果如下图所示。

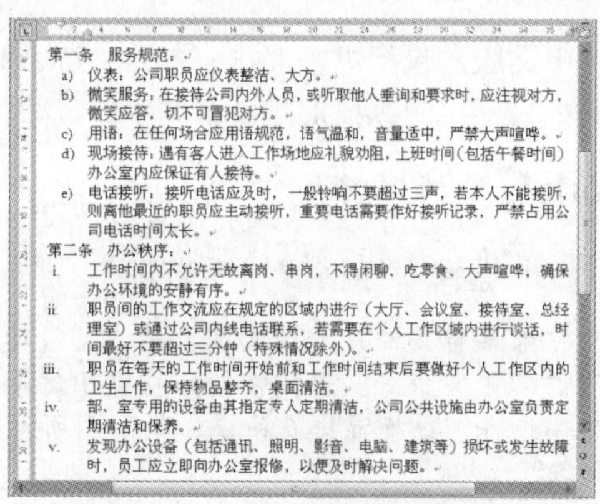

19.5.3 设置多级列表

多级列表通过不同级别而非单个级别来显示文档中的列表项，如右图所示。用户可以从程序提供的列表库中选择多级列表，也可以自定义新的多级列表样式，具体设置方法如下：

1. Lorem
   1.1 Ipsum
      1.1.1 Dolor

STEP 01 选择列表样式

打开素材文档，选择文本，单击“段落”组中的“多级列表”下拉按钮，在弹出的下拉面板中选择如下图所示的列表样式。

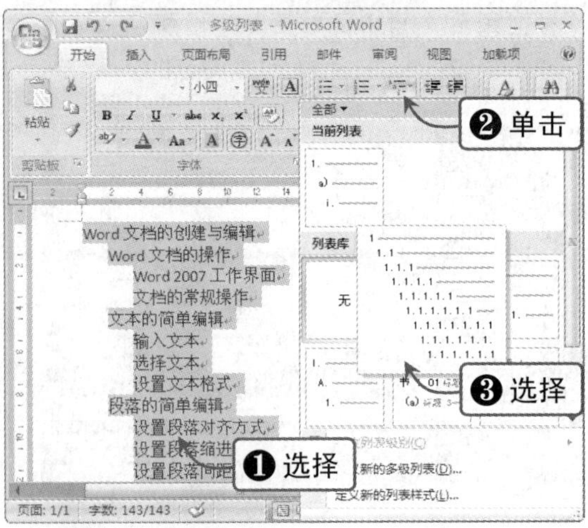

STEP 02 应用多级列表

此时，文档中被选中的文本按照缩进量的不同，自动添加编号，并分为多级显示，效果如下图所示。

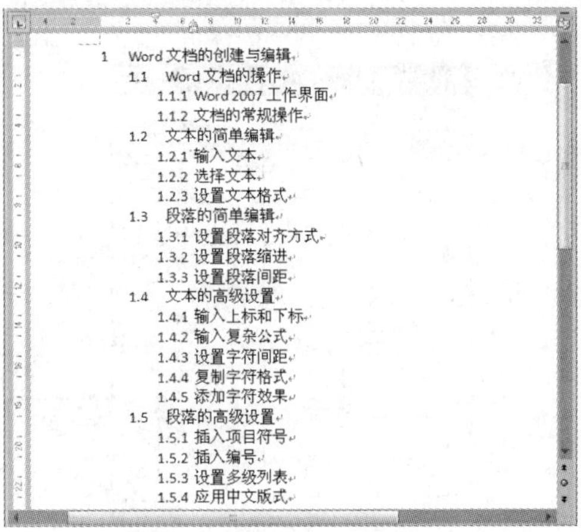

提示

在输入目录结构时，需要在不同分级前适当缩进一定量的字符，否则添加多级列表后将不能显示出级别。

19.5.4 应用中文版式

中文版式包括纵横混排、合并字符、双行合一、调整宽度和字符缩放等，下面将详细介绍其中最常用的纵横混排及合并字符。

Work1 纵横混排

STEP 01 选择“纵横混排”选项

打开素材文件并选择文本，单击“段落”组中的“中文版式”下拉按钮，在弹出的下拉菜单中选择“纵横混排”命令，如下图所示。

STEP 02 取消选择“适应行宽”复选框

弹出“纵横混排”对话框，取消选择“适应行宽”复选框，如下图所示。

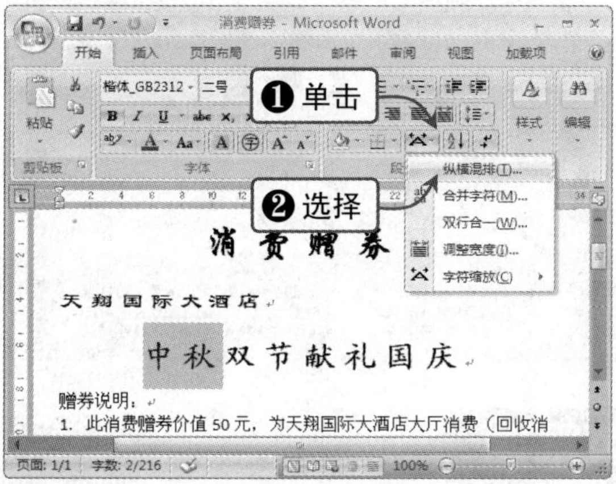

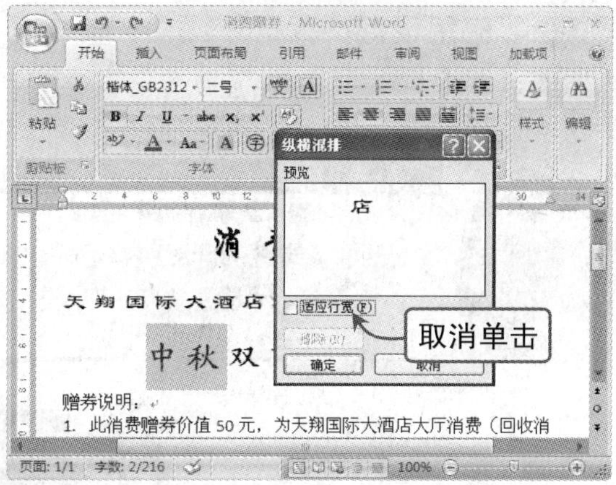

STEP 03 应用纵横混排

单击“确定”按钮，完成设置，效果如下图所示。

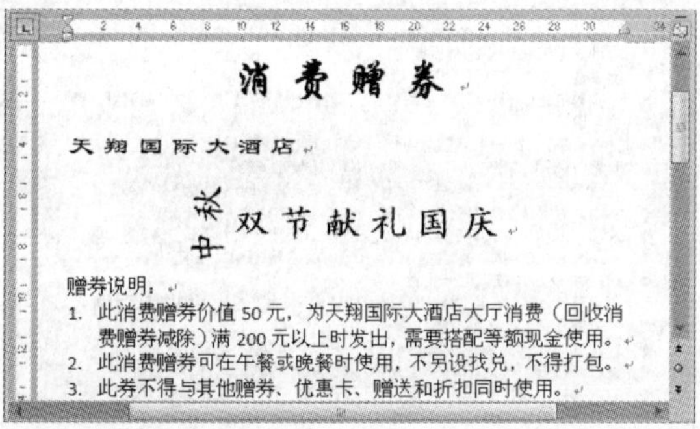

STEP 04 设置其他文本

用同样的方法，设置其他需要纵横混排的文本，效果如下图所示。

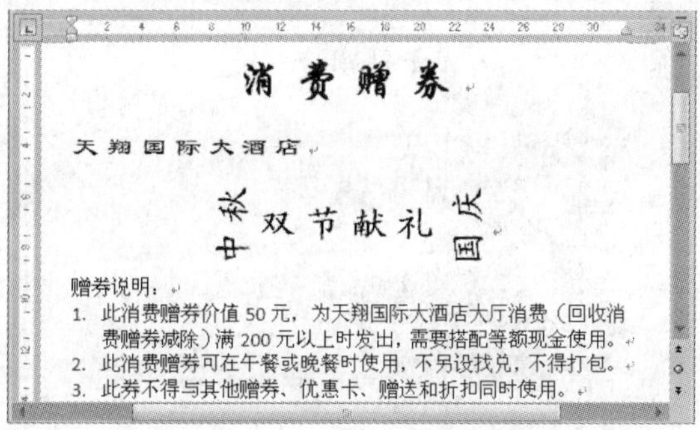

Work2 合并字符

STEP 01 选择“合并字符”选项

选择文本，单击“段落”组中的“中文版式”下拉按钮，在弹出的下拉菜单中选择“合并字符”命令，如下图所示。

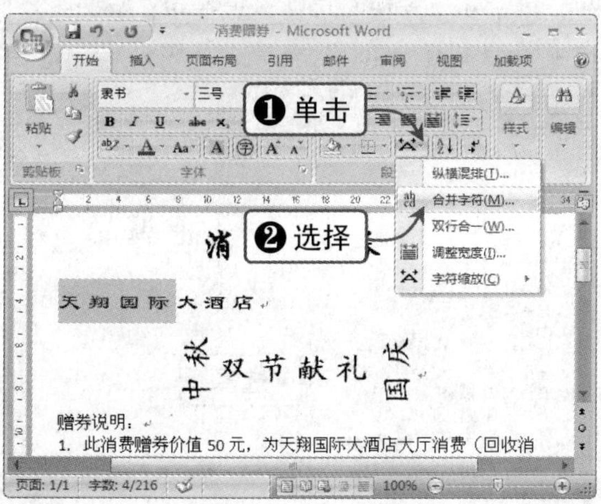

STEP 02 选择声调辅助选项

弹出“合并字符”对话框，在“字号”下拉列表框中选择16选项，其他选项保持默认，如下图所示。

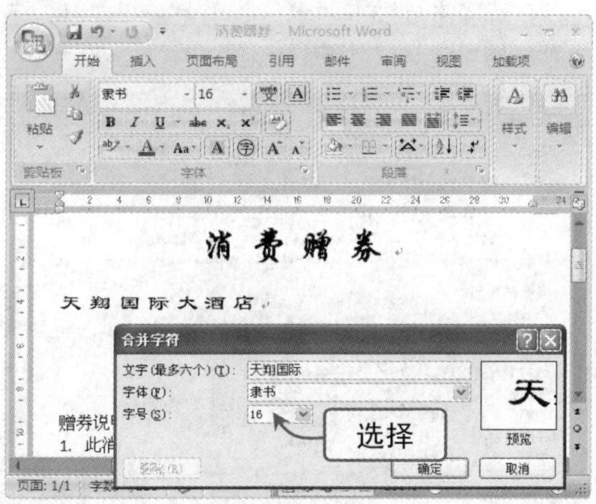

STEP 03 应用设置

单击“确定”按钮，完成设置，此时选中的文本已经合并，效果如右图所示。

提示

选中合并后的字符，打开“合并字符”对话框，从中单击“删除”按钮，即可删除合并效果。

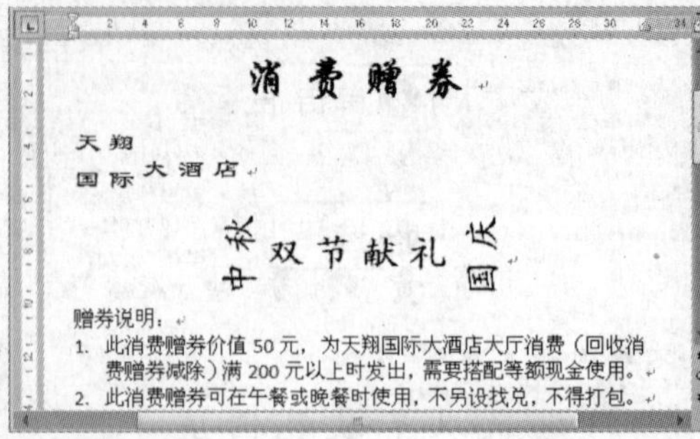

权威案例

案例 考勤制度

本案例的最终效果如下图所示。

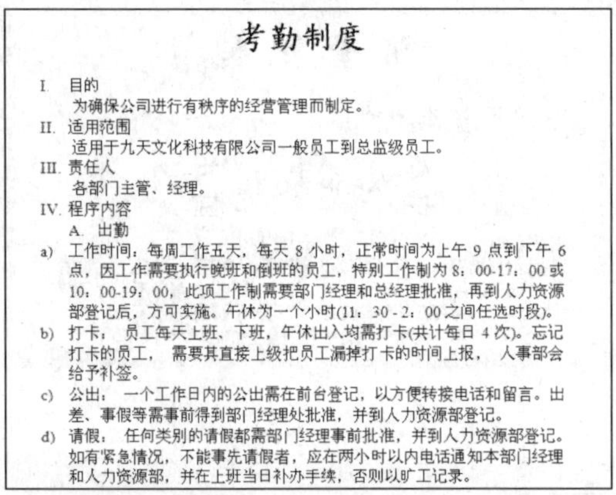

考勤制度

I. 目的

为确保公司进行有秩序的经营管理而制定。

II. 适用范围

适用于九天文化科技有限公司一般员工到总监级员工。

III. 责任人

各部门主管、经理。

IV. 程序内容

A. 出勤

a) 工作时间：每周工作五天，每天 8 小时，正常时间为上午 9 点到下午 6 点，因工作需要执行晚班和倒班的员工，特别工作制为 8：00-17：00 或 10：00-19：00，此项工作制需要部门经理和总经理批准，再到人力资源部登记后，方可实施。午休为一个小时(11：30 - 2：00 之间任选时段)。

b) 打卡： 员工每天上班、下班，午休出入均需打卡(共计每日 4 次)。忘记打卡的员工， 需要其直接上级把员工漏掉打卡的时间上报， 人事部会给予补签。

c) 公出： 一个工作日内的公出需在前台登记，以方便转接电话和留言。出差、事假等需事前得到部门经理处批准，并到人力资源部登记。

d) 请假： 任何类别的请假都需部门经理事前批准，并到人力资源部登记。如有紧急情况，不能事先请假者，应在两小时以内电话通知本部门经理和人力资源部，并在上班当日补办手续，否则以旷工记录。

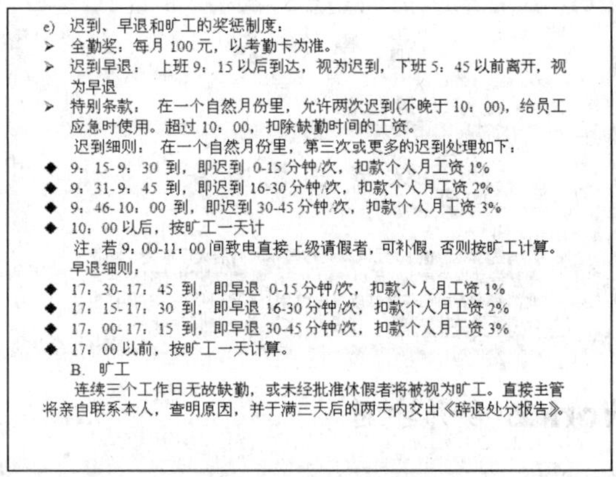

e) 迟到、早退和旷工的奖惩制度：

➢ 全勤奖：每月 100 元，以考勤卡为准。

➢ 迟到早退： 上班 9：15 以后到达，视为迟到， 下班 5：45 以前离开，视为早退

➢ 特别条款： 在一个自然月份里，允许两次迟到(不晚于 10：00)，给员工应急时使用。超过 10：00，扣除缺勤时间的工资。

迟到细则： 在一个自然月份里，第三次或更多的迟到处理如下：

◆ 9：15-9：30 到，即迟到 0-15 分钟/次，扣款个人月工资 1%

◆ 9：31-9：45 到，即迟到 16-30 分钟/次，扣款个人月工资 2%

◆ 9：46-10：00 到，即迟到 30-45 分钟/次，扣款个人月工资 3%

◆ 10：00 以后，按旷工一天计

注：若 9：00-11：00 间致电直接上级请假者，可补假，否则按旷工计算。

早退细则：

◆ 17：30-17：45 到，即早退 0-15 分钟/次，扣款个人月工资 1%

◆ 17：15-17：30 到，即早退 16-30 分钟/次，扣款个人月工资 2%

◆ 17：00-17：15 到，即早退 30-45 分钟/次，扣款个人月工资 3%

◆ 17：00 以前，按旷工一天计算。

B. 旷工

连续三个工作日无故缺勤，或未经批准休假者将被视为旷工。直接主管将亲自联系本人，查明原因，并于满三天后的两天内交出《辞退处分报告》。

具体制作方法如下：

STEP 01 选择“小四”选项

打开“考勤制度”素材文件，选中整篇文档，在“开始”选项卡下“字体”组中的“字号”下拉列表框中选择“小四”选项，如下图所示。

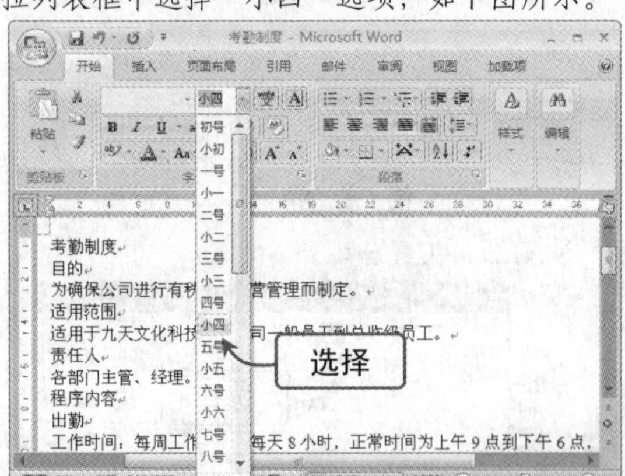

STEP 02 选择“黑体”选项

选中标题文本，在“开始”选项卡下“字体”组中的“字体”下拉列表框中选择“楷体”选项，如下图所示。

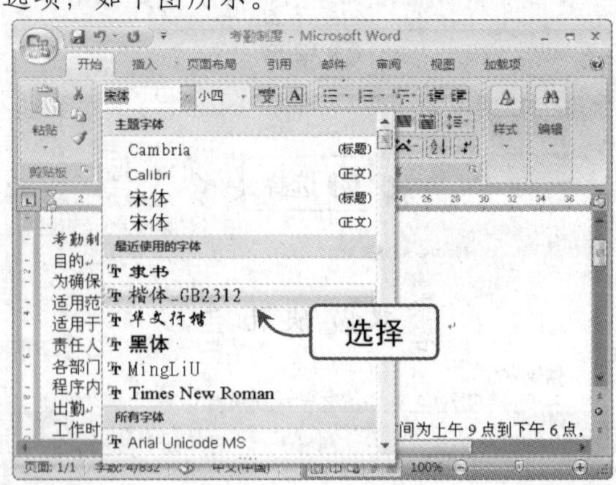

STEP 03 设置字号、字形并对齐文本

再次选中标题文本，在弹出的浮动工具栏中设置“字号”为“小一”，并单击“加粗”和“居中”按钮，如下图所示。

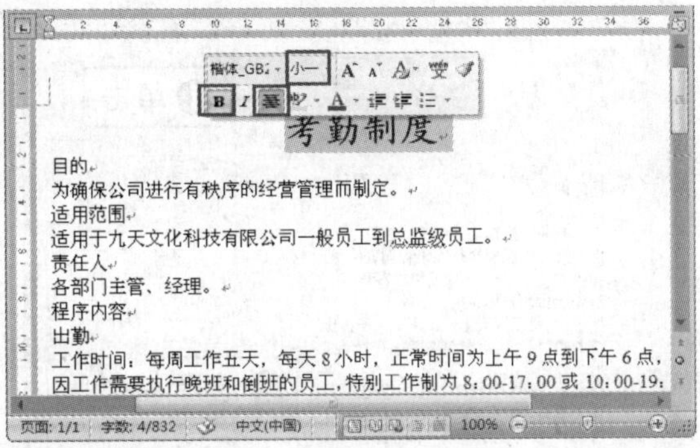

STEP 04 单击“段落”按钮

保持标题的选中状态，单击“开始”选项卡下“段落”组右下角的按钮，如下图所示。

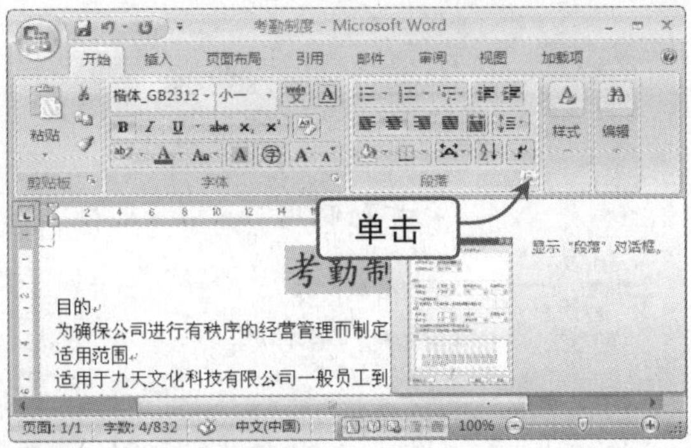

STEP 05 设置段间距

弹出“段落”对话框，设置“段前”和“段后”间距分别为0.4行和0.8行，如下图所示。

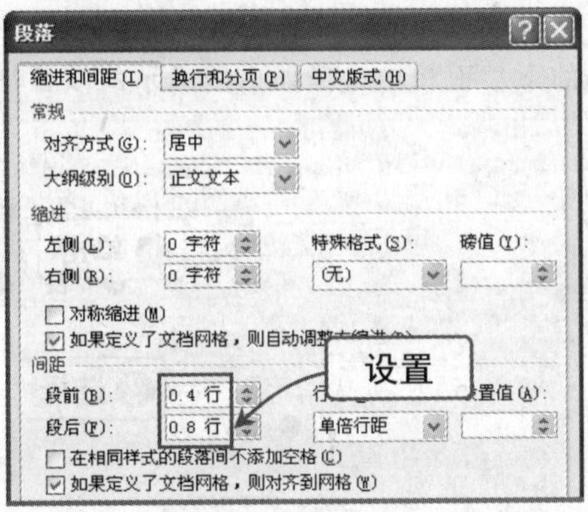

STEP 06 应用设置

单击“确定”按钮，此时标题与正文之间的距离增大，效果如下图所示。

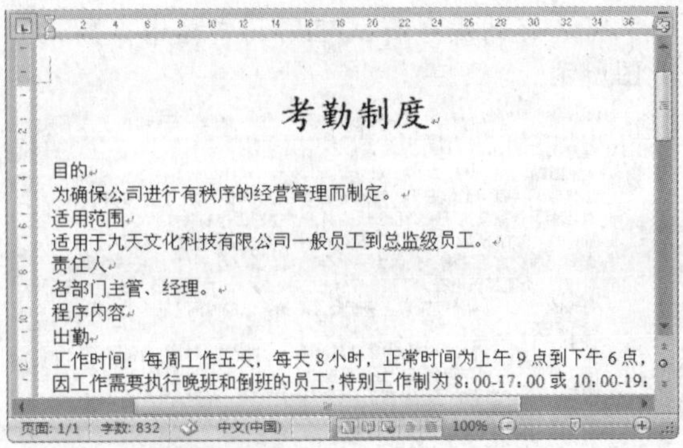

STEP 07 插入空格

将光标定位到要作为二级标题的文本前面，按两次空格键，插入空格，效果如下图所示。

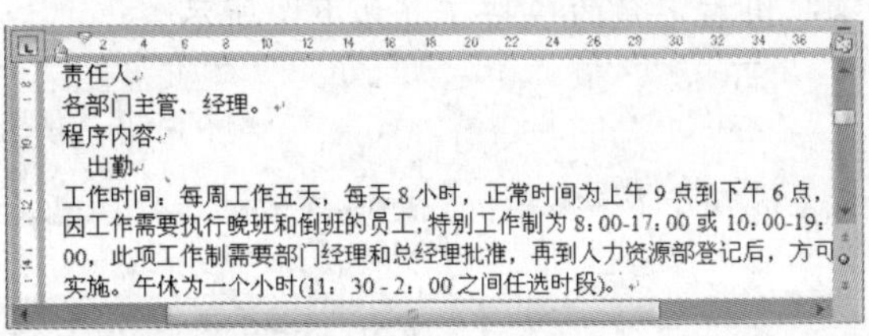

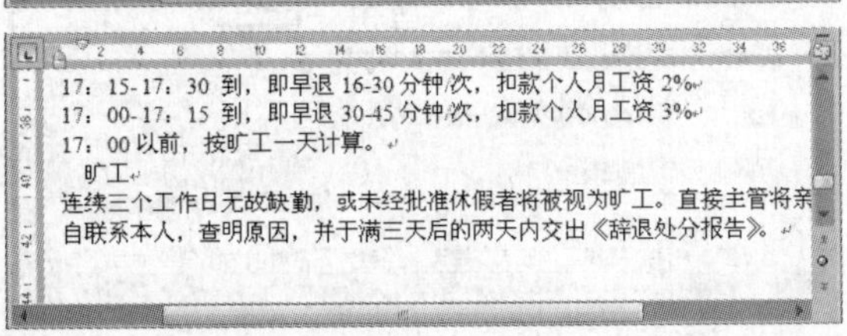

STEP 08 选择多级列表样式

选中要作为标题的文本，单击“段落”组中的“多级列表”下拉按钮，在弹出的下拉面板中选择如下图所示的列表样式。

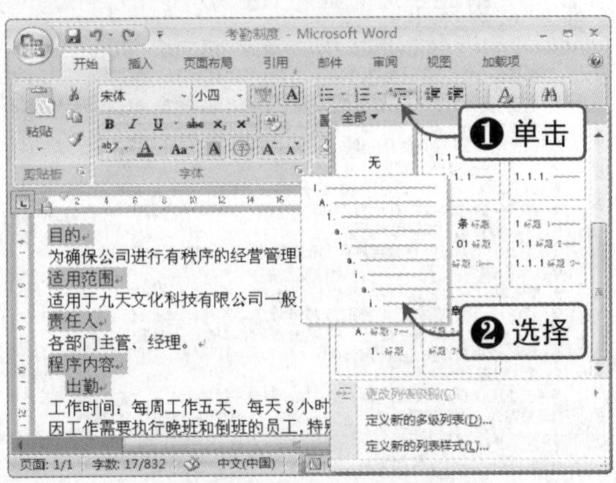

STEP 09 应用多级列表

将选中的多级列表应用到文档中，效果如下图所示。

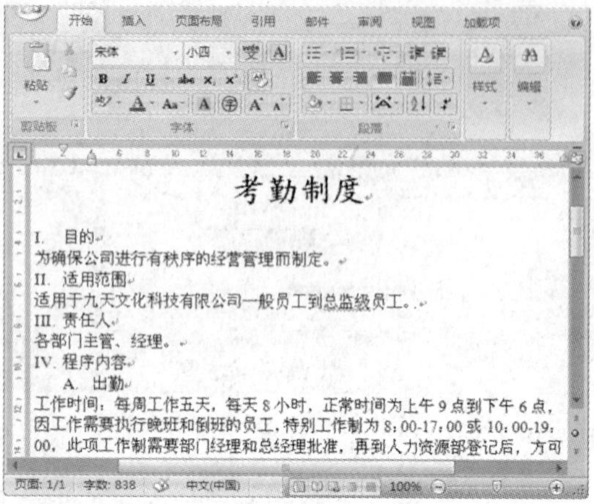

STEP 10 选择编号样式

选择文本，单击“段落”组中的“编号”下拉按钮，在弹出的下拉面板中选择如下图所示的编号样式。

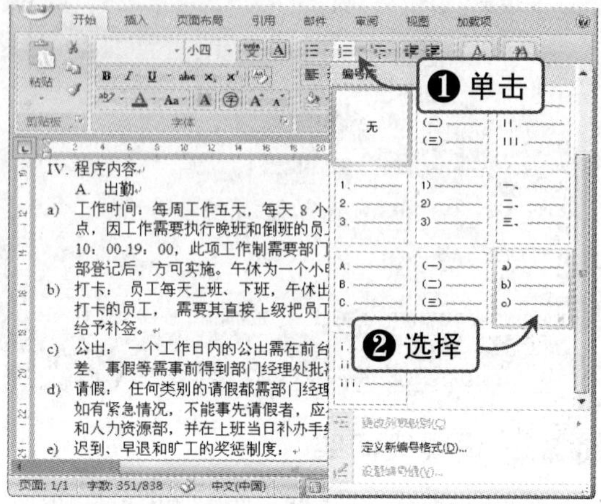

STEP 11 应用编号

将选定的编号样式应用到文档中，效果如下图所示。

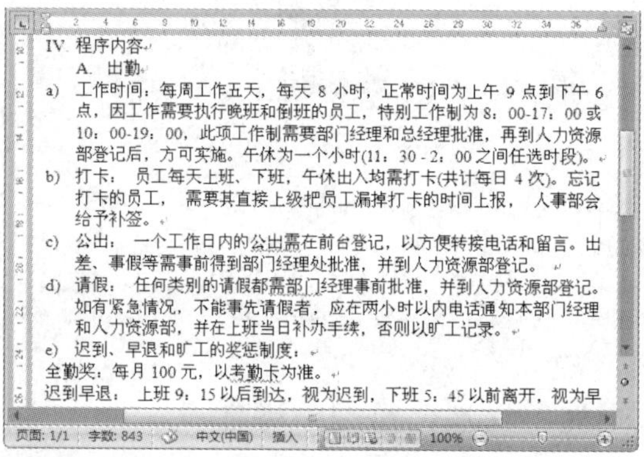

STEP 12 选择项目符号

选择文本，单击“项目符号”下拉按钮，在弹出的下拉面板中选择如下图所示的项目符号。

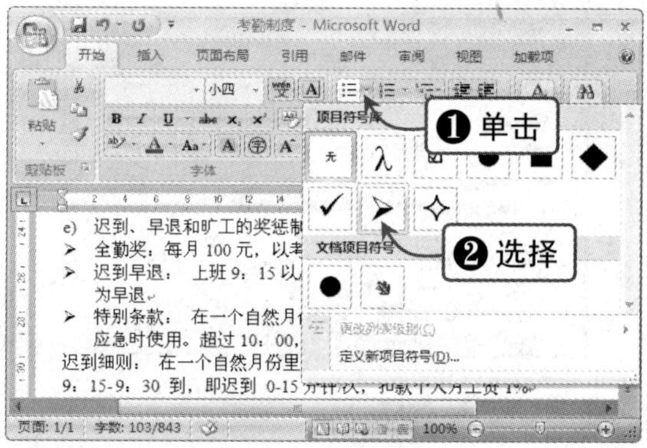

STEP 13 继续添加项目符号

用同样的方法，为其他文本添加项目符号，效果如下图所示。

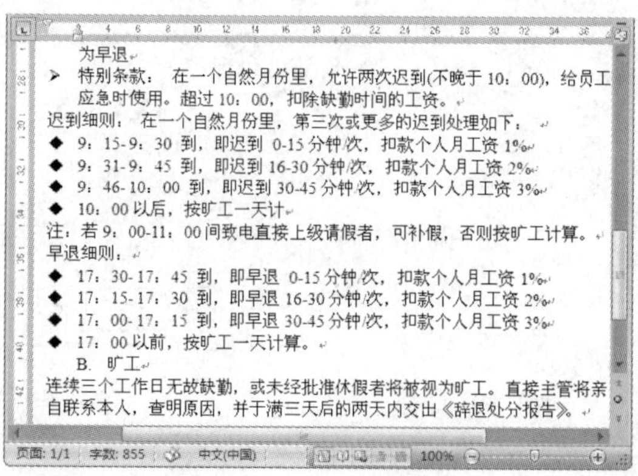

STEP 14 单击“段落”按钮

选择需要设置段落缩进的文本，单击“段落”组右下角的按钮，如下图所示。

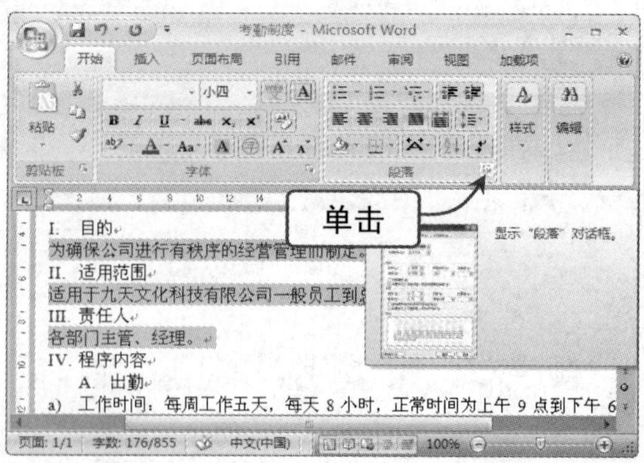

STEP 15 设置首行缩进

弹出“段落”对话框，在“缩进”选项组的“特殊格式”下拉列表框中选择“首行缩进”选项，如下图所示。

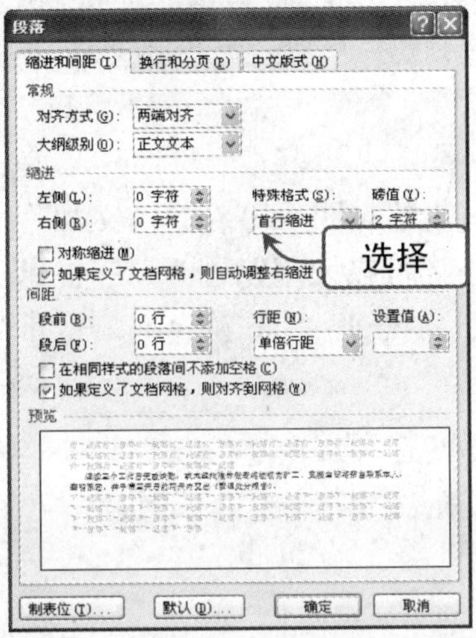

STEP 16 完成设置

单击“确定”按钮，完成设置，效果如下图所示。此时，整篇文档设置完成。

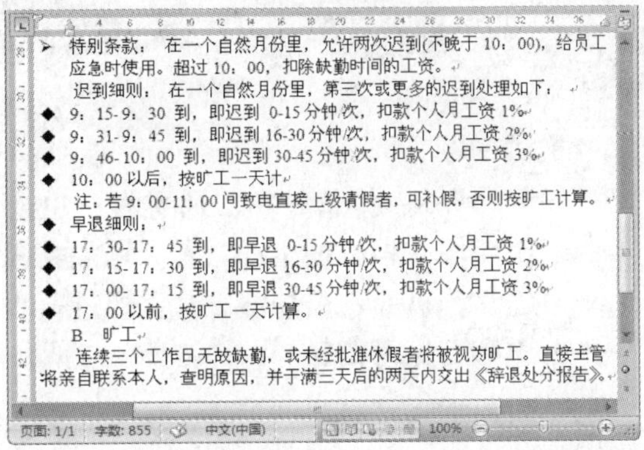

读书笔记

Chapter 20 文档的修饰与设置

Word 擅长处理普通文本，也擅长编辑带有表格和图形等对象的文档，从而使文档更加生动，大大增加其吸引力。用户还可以使用 Word 2007 提供的文档页面布局功能，对文档进行页面设置和版式排列，使其符合人们日常文档写作习惯。

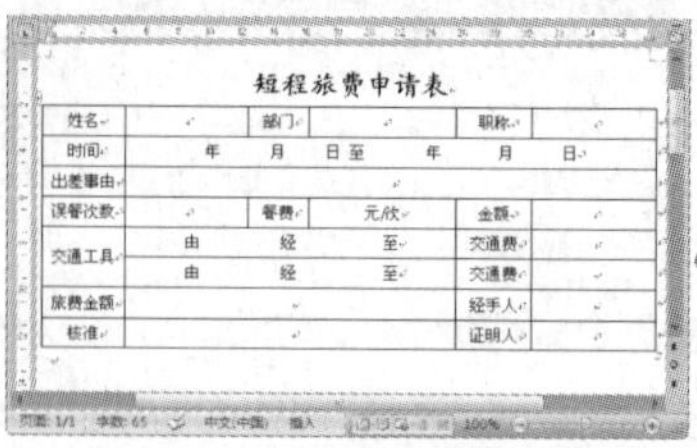

插入并编辑表格

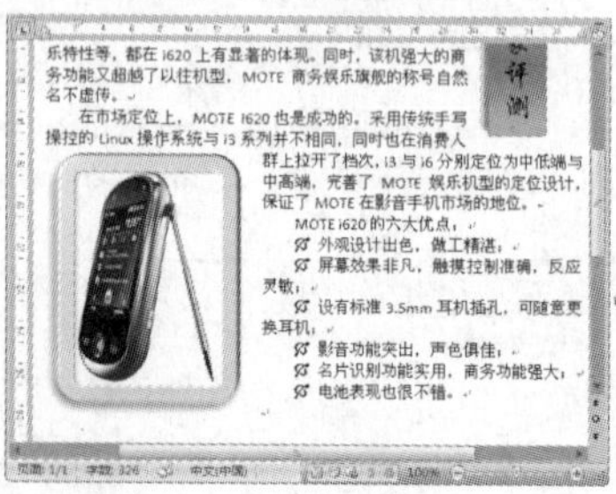

插入并编辑图片

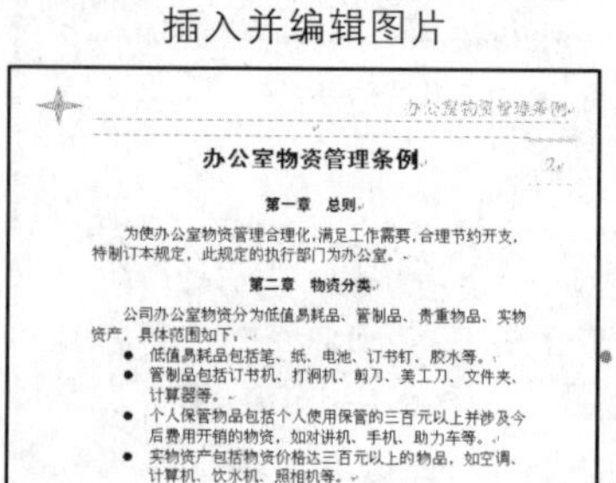

添加页眉

重要知识点视频索引

本章建议学习时间：

本章建议学习时间为 55min，其中分配 30 min 学习文档修饰与设置的操作方法，25min 观看教学视频并进行练习。

学完本章后您可以：

- 插入并简单编辑表格
- 在文档中插入艺术字等对象
- 简单设置文档页面
- 对图片进行高级操作
- 插入封面和超链接等对象
- 插入并编辑页眉和页脚

20.1 插入表格

一般表格由行和列组成，行与列相交处形成的方框称为单元格。用户可以在表格中输入文本，也可以插入图形等其他对象。

20.1.1 创建表格

制作不同用途的表格，其格式也不相同，所以用户在创建表格前应先进行整体规划。下面以创建一个8行6列的表格为例，介绍表格常用的创建方法，具体操作步骤如下：

STEP 01 输入标题

创建空白文档，以“短程旅费申请表”为名称进行保存，然后输入标题并设置格式，如下图所示。

STEP 02 “插入表格”选项

单击“插入”选项卡下“表格”组中的“表格”下拉按钮，在弹出的下拉面板中选择“插入表格”选项，如下图所示。

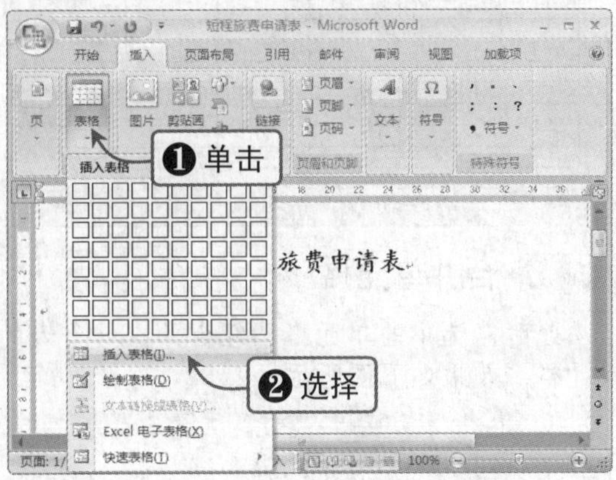

STEP 03 设置行列数

弹出“插入表格”对话框，分别设置“列数”和“行数”为6和8，如下图所示。

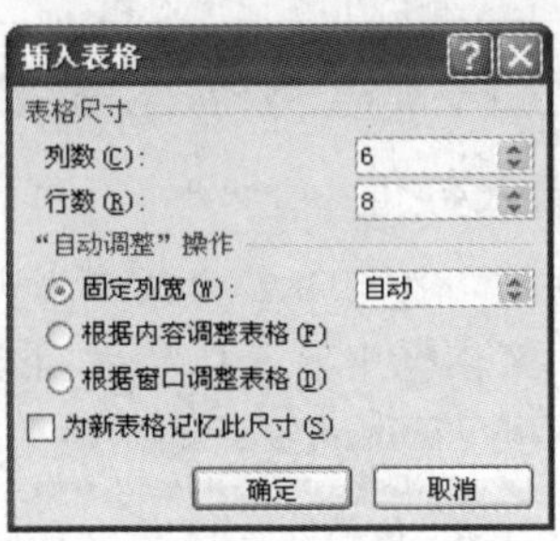

若用户要创建的表格小于等于8行10列，可以通过在“表格”下拉面板中的网格线上拖动鼠标的方法创建表格。具体操作步骤为：单击“表格”下拉按钮，在弹出的下拉面板中的网格线上移动鼠标指针，确定要创建的表格大小后，单击即可，如右图所示。

STEP 04 创建表格

单击“确定”按钮，在文档中创建一个8行6列的表格，效果如下图所示。

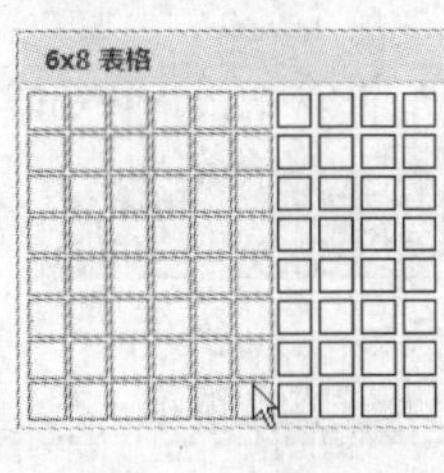

20.1.2 编辑表格

创建完表格后，用户即可根据需要对表格进行编辑，如合并单元格、调整行高和列宽、输入数据并设置格式等，下面继续以上一节创建的表格为例，介绍编辑单元格的方法。

STEP 01 选择单元格

将鼠标指针放置在第二行第二个单元格左侧，当指针呈形状时向右拖动鼠标，选择单元格，如下图所示。

STEP 02 单击“合并单元格”按钮

单击“布局”选项卡下“合并”组中的“合并单元格”按钮，如下图所示。

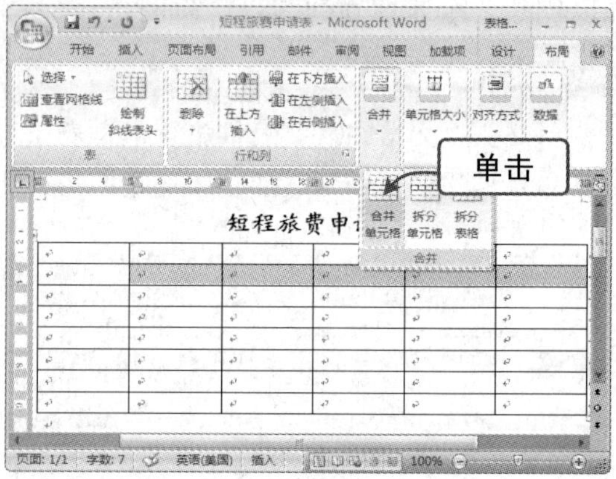

STEP 03 合并单元格

此时，选中的单元格已经合并成一个大的单元格，效果如下图所示。

STEP 04 合并其他单元格

用同样的方法，合并其他单元格，效果如下图所示。

STEP 05 选择表格

单击表格左上角的按钮，选中整个表格，如下图所示。

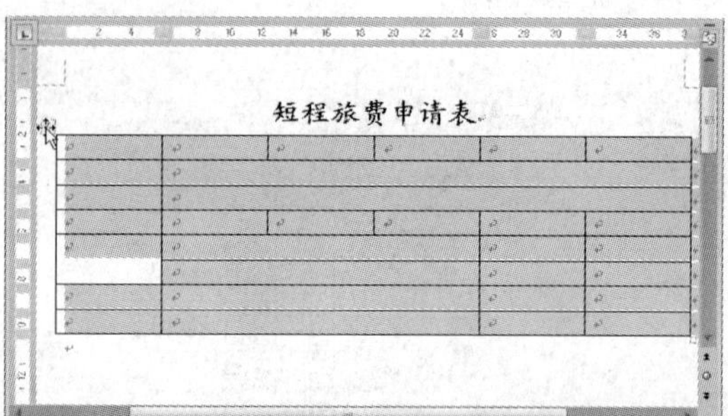

STEP 06 输入数值

在“布局”选项卡下“单元格大小”组中的“高度”文本框中输入 0.7，如下图所示。

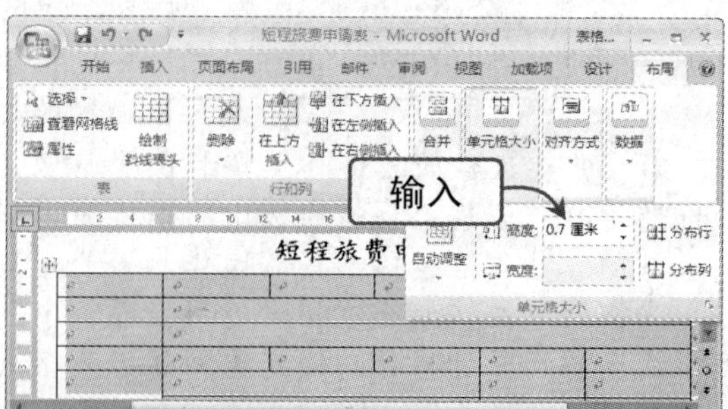

STEP 07 设置单元格高度

按【Enter】键，应用设置，此时的表格效果如下图所示。

STEP 08 输入数据

在表格中输入数据，并设置相应的格式，效果如下图所示。

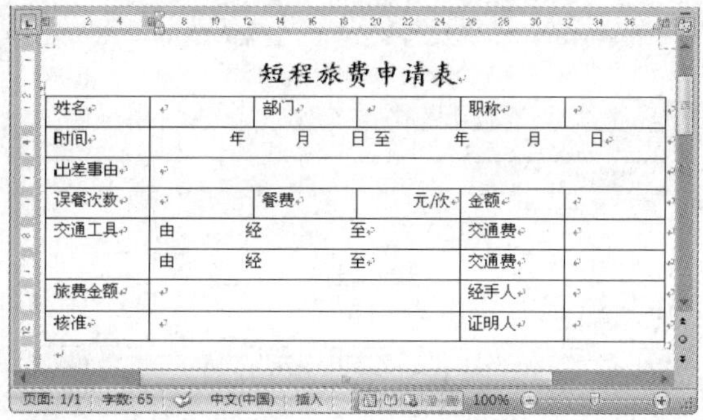

STEP 09 拖动鼠标

将鼠标指针放置在第一列单元格右侧边框上，当指针呈+||+形状时拖动鼠标，调整单元格宽度，如下图所示。

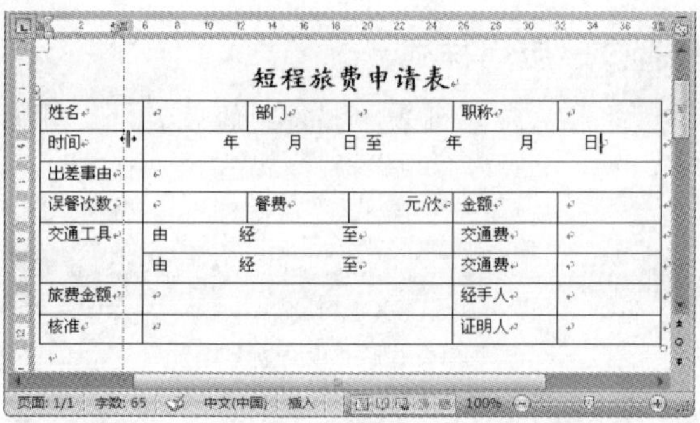

STEP 10 调整其他单元格宽度

用同样的方法，适当调整其他单元格的宽度，效果如下图所示。

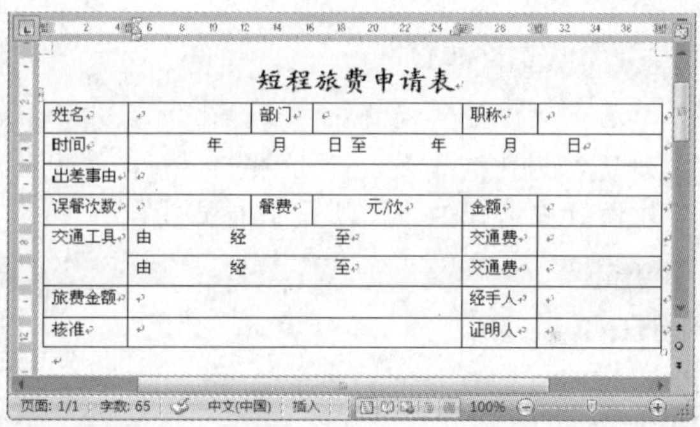

STEP 11 单击“水平居中”按钮

选中整个表格，单击“布局”选项卡下“对齐方式”组中的“水平居中”按钮，如下图所示。

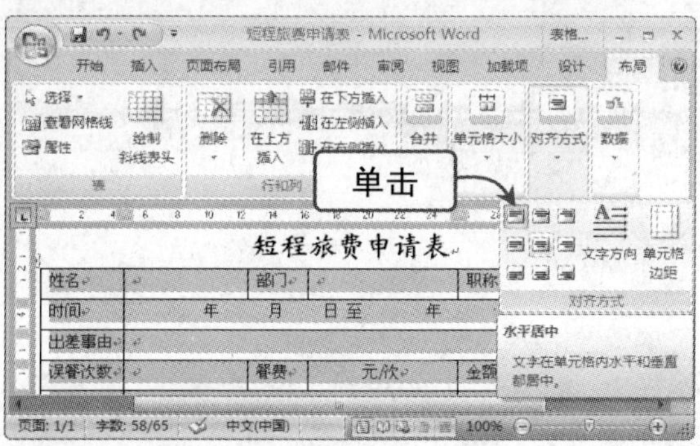

STEP 12 对齐数据

单击文档其他位置，取消表格的选中状态，此时对齐数据后的效果如下图所示。

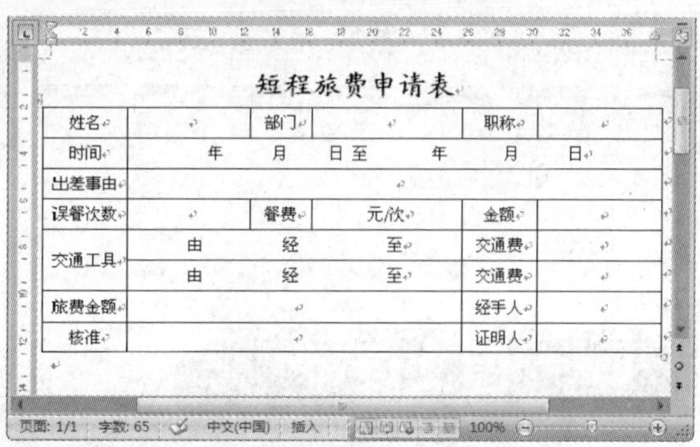

STEP 13 单击“分散对齐”按钮

选择单元格，单击“开始”选项卡下“段落”组中的“分散对齐”按钮，如下图所示。

STEP 14 完成表格编辑

适当调整表格格式，完成表格的编辑，效果如下图所示。

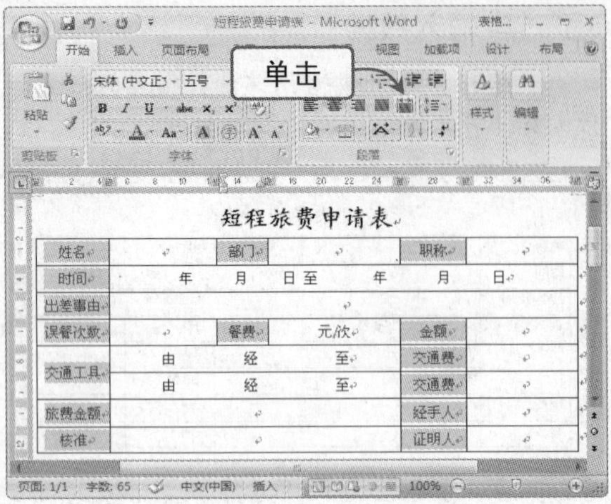

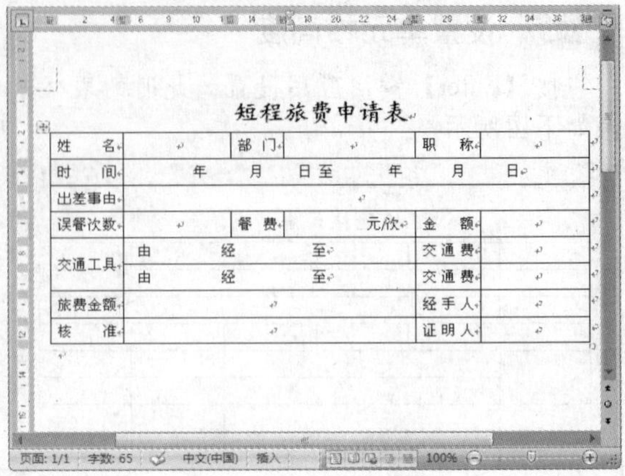

20.1.3 套用表格样式

用户可以适当美化表格，使其更清晰美观，如套用 Word 2007 自带的样式，具体操作方法如下：

STEP 01 选择样式

单击“设计”选项卡下“表样式”组中样式列表右侧的“其他”下拉按钮，在弹出的下拉面板中选择如下图所示的样式。

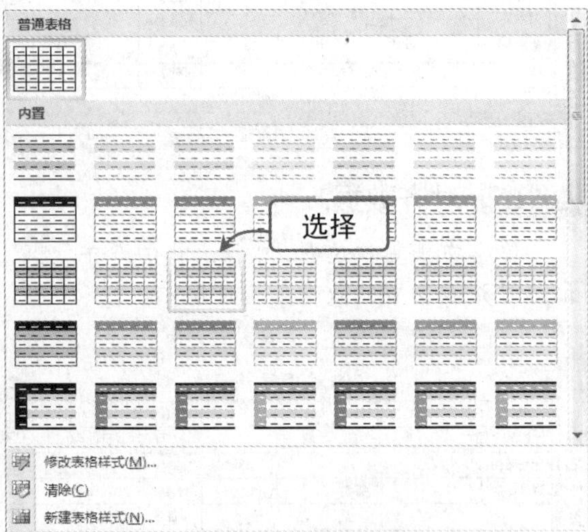

STEP 02 应用样式

将样式应用到表中，得到的效果如下图所示。

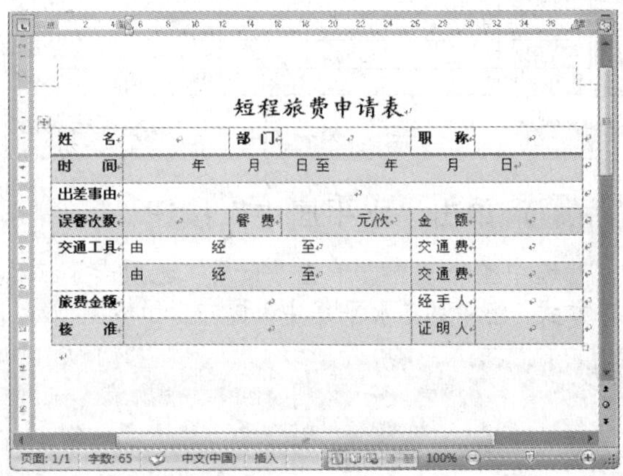

20.2 图文混排

Word 2007 不但具有很强的表格编排功能，也擅长编辑带有图形对象的文档。它的图文混排功能非常强大，用户可以插入多种格式的图形文件。

20.2.1 添加艺术字

艺术字是一个文字样式库，用户可以将艺术字添加到 Word 文档中，以制作出装饰性效果，如带阴影的文字或镜像（反射）文字等。用户可以直接输入艺术字，也可以将现有文字转换为艺术字，并像更改形状中的任何其他文字那样更改艺术字，下面将进行详细介绍。

STEP 01 单击“艺术字”下拉按钮

打开“手机评测”素材文件，选择标题文本，单击“插入”选项卡下“文本”组中的“艺术字”下拉按钮，如下图所示。

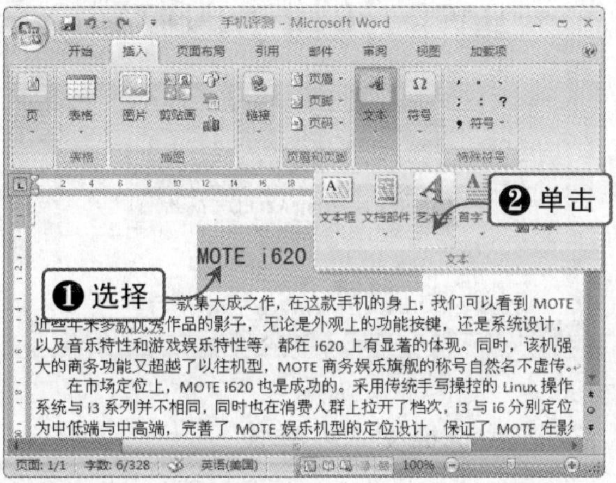

STEP 02 选择艺术字样式

弹出艺术字样式下拉面板，从中选择“艺术字样式 14”选项，如下图所示。

STEP 03 设置字体格式

弹出“编辑艺术字文字”对话框，在“字体”下拉列表框中选择楷体，并单击“加粗”按钮，如下图所示。

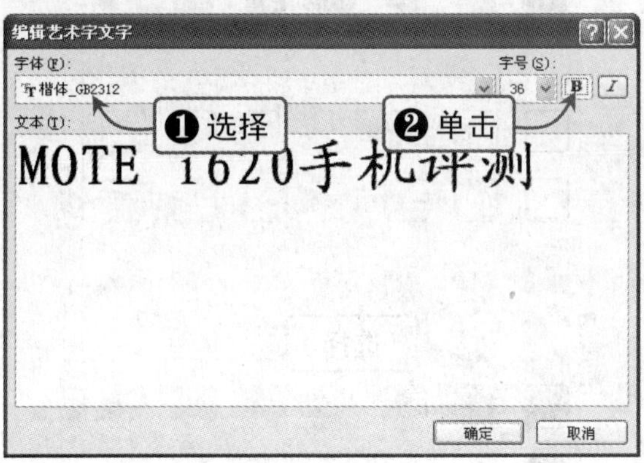

STEP 04 应用艺术字

单击“确定”按钮，将选定的艺术字样式应用到标题文本中，效果如下图所示。

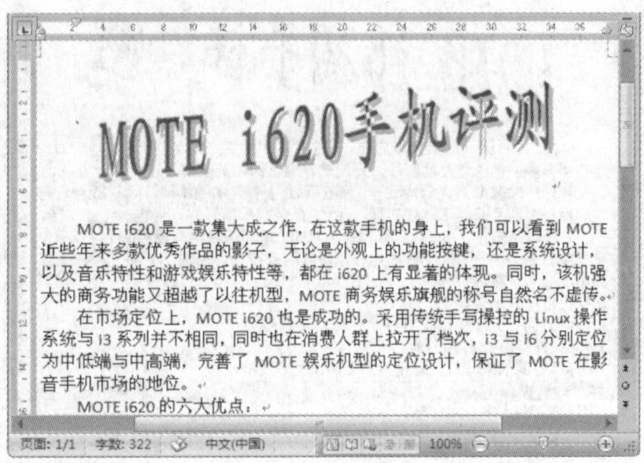

20.2.2 应用文本框

文本框是用于存放文本的容器，用户可以通过它在文档的任何位置放置文本。下面将详细介绍文本框的使用方法。

STEP 01 选择“绘制竖排文本框”选项

单击“插入”选项卡下“文本”组中的“文本框”下拉按钮，在弹出的下拉面板中选择“绘制竖排文本框”选项，如下图所示。

STEP 02 绘制文本框

此时，鼠标指针呈十字形状，将其移动到文档的合适位置后拖动鼠标，即可绘制文本框，如下图所示。

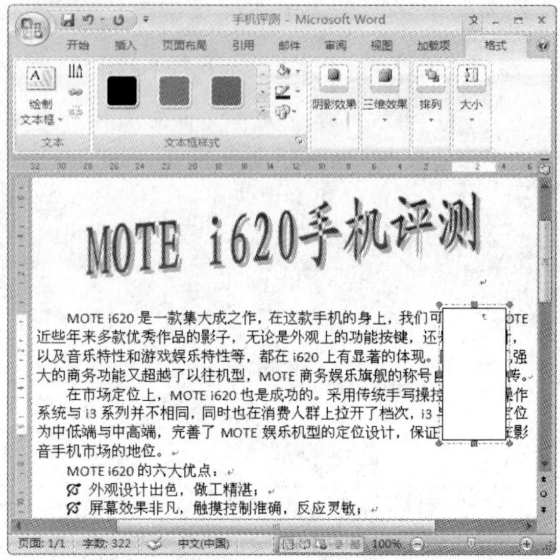

STEP 03 输入文本并设置格式

在文本框中输入文本，设置“字体”为“华文行楷”、“字号”为“二号”，并拖动其周围8个控制点，适当调整文本框大小，效果如下图所示。

STEP 04 选择文本框样式

保持文本框的选中状态，单击“格式”选项卡下“文本框样式”组中样式列表右侧的“其他”下拉按钮，在弹出的下拉面板中选择如下图所示的文本框样式。

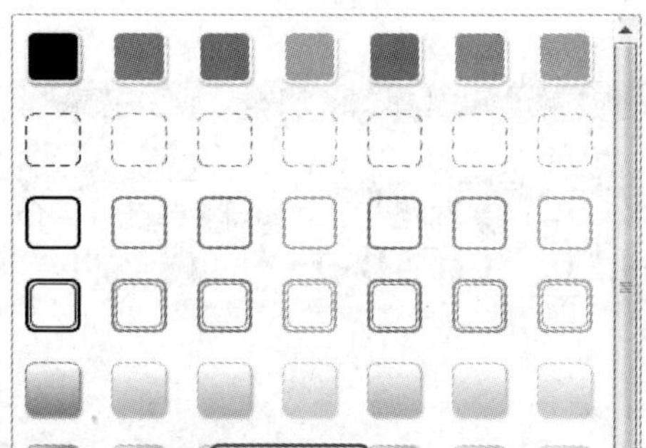

STEP 05 应用样式

将样式应用到文本框上得到的效果如下图所示。

STEP 06 选择阴影样式

单击“阴影效果”组中的“阴影效果”下拉按钮，在弹出的下拉面板中选择如下图所示的阴影样式。

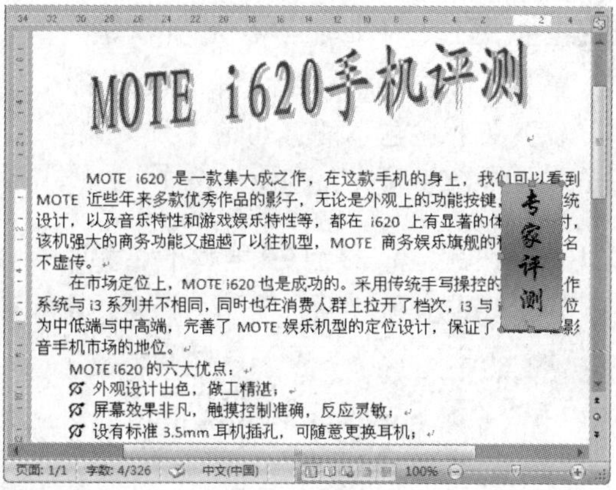

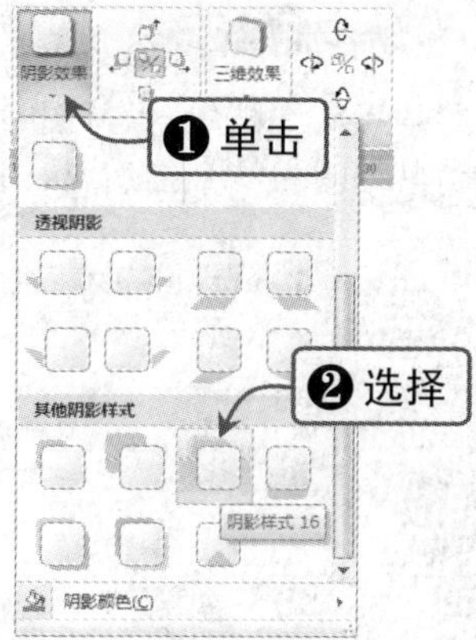

STEP 07 选择“四周型环绕”命令

单击“排列”组中的“文字环绕”下拉按钮，在弹出的下拉菜单中选择“四周型环绕”命令，如下图所示。

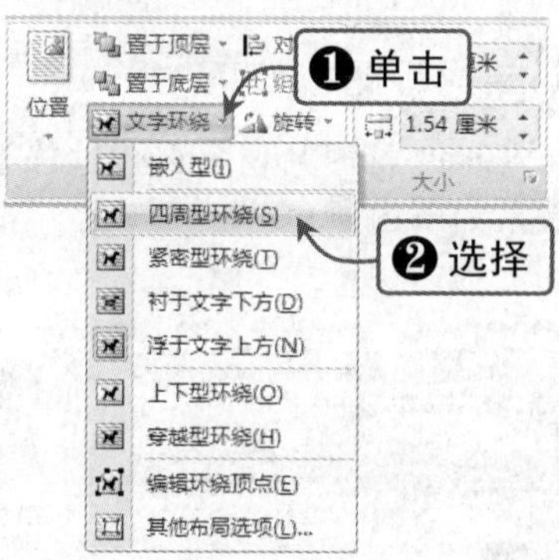

STEP 08 调整文本框位置

设置完毕后，拖动文本框，将其调整到合适位置，效果如下图所示。

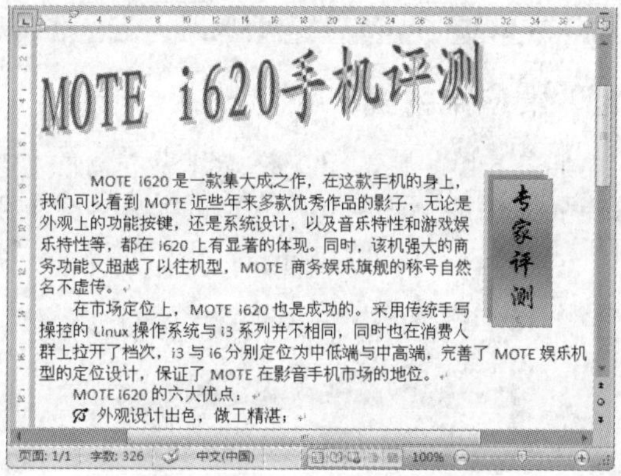

20.2.3 插入图片

用户可在文档中插入图片，以美化文档，具体操作步骤如下：

STEP 01 单击“图片”按钮

将光标定位到文档中，单击“插入”选项卡下“插图”组中的“图片”按钮，如下图所示。

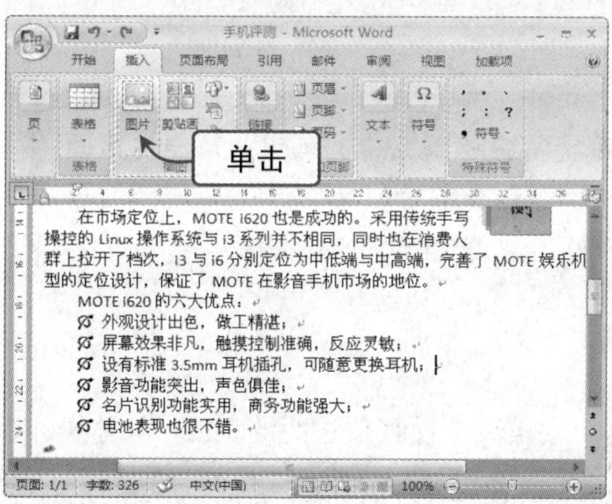

STEP 02 选择图片

弹出“插入图片”对话框，在文件列表中选择要插入的图片，然后单击“插入”按钮，如下图所示。

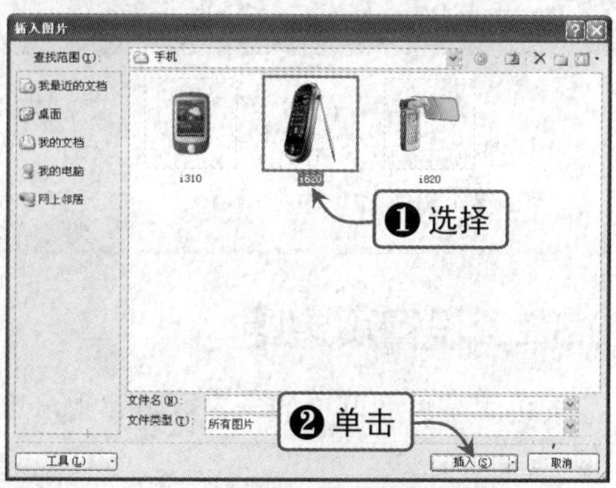

STEP 03 **拖动控制点**

将图片插入到文档中，保持图片的选中状态，用鼠标拖动其周围的8个控制点，调整大小，效果如下图所示。

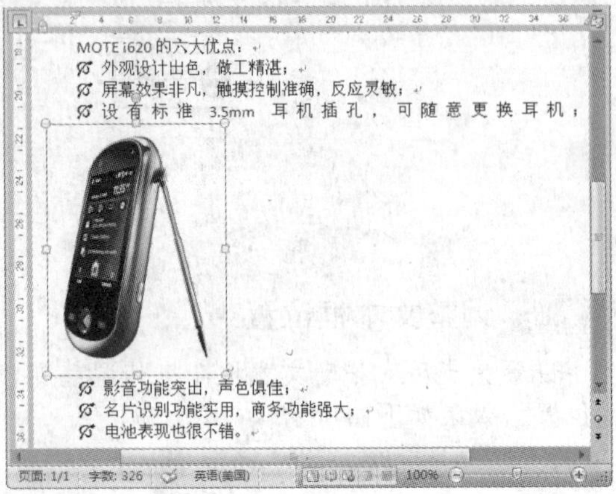

STEP 04 **选择“四周型环绕”命令**

单击“格式”选项卡下“排列”组中的“文字环绕”下拉按钮，在弹出的下拉菜单中选择“四周型环绕”命令，如下图所示。

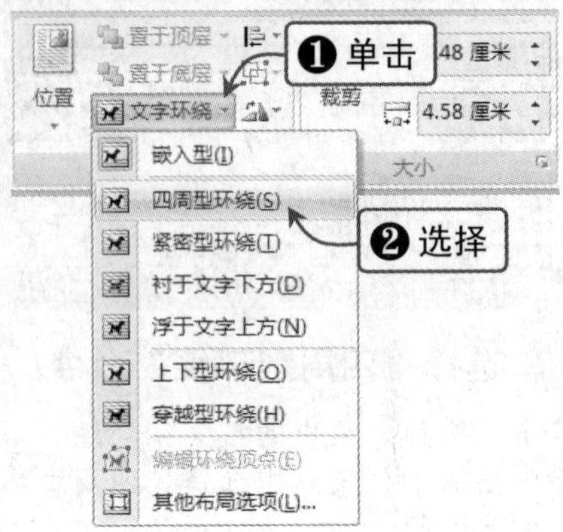

STEP 05 **应用样式**

单击“图片样式”中样式列表右侧的“其他”下拉按钮，在弹出的下拉面板中选择如下图所示的选项。

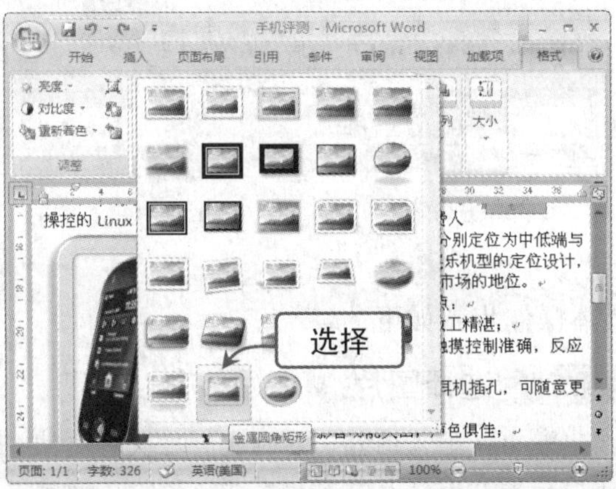

STEP 06 **完成设置**

拖动鼠标，将图片调整到合适位置，此时的文档效果如下图所示。

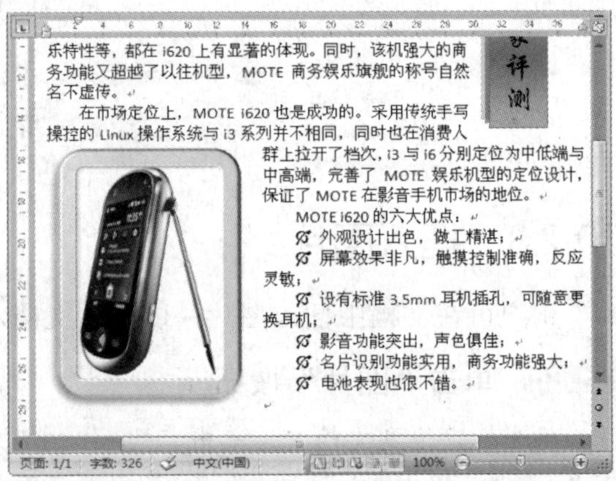

20.3 简单页面设置

在使用 Word 2007 进行文档排版时，经常会遇到这样的需求：需要在页面的外侧留白、指定纸张的大小以及文档分栏等。本节将介绍一些简单常用的页面设置知识。

20.3.1 设置页边距

页边距是页面四周的空白区域，用户可根据个人需要，设置页边距的宽度，具体操作步骤如下：

STEP 01 单击“页面设置”按钮

打开“试用合同书”素材文件，单击“页面布局”选项卡下“页面设置”组中右下角的按钮，如下图所示。

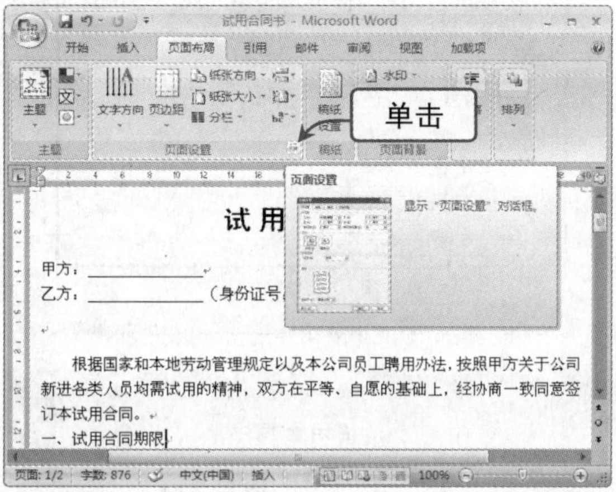

STEP 02 设置页边距

弹出“页面设置”对话框，设置“多页”为“对称页边距”，“内侧”和“外侧”分别为2.8厘米和2厘米、“装订线”为0.3厘米，如下图所示。

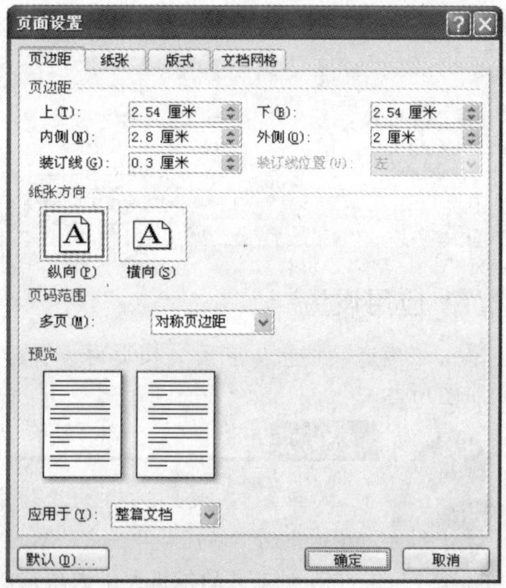

STEP 03 应用设置

单击“确定”按钮，将设置应用到文档中，奇数页效果如下图所示。

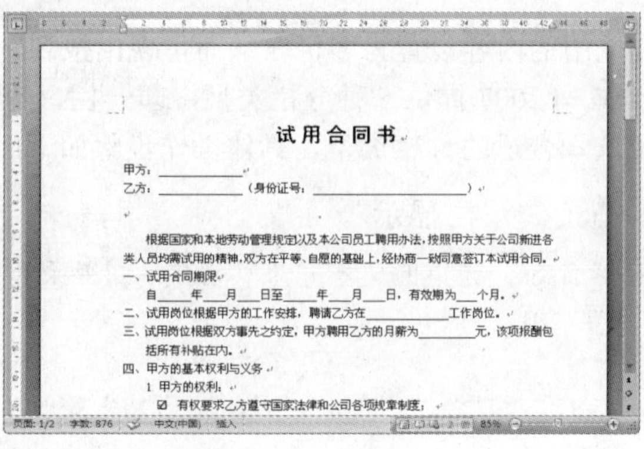

STEP 04 切换到偶数页

将文档切换到偶数页，文档装订线显示到与奇数页对称位置，效果如下图所示。

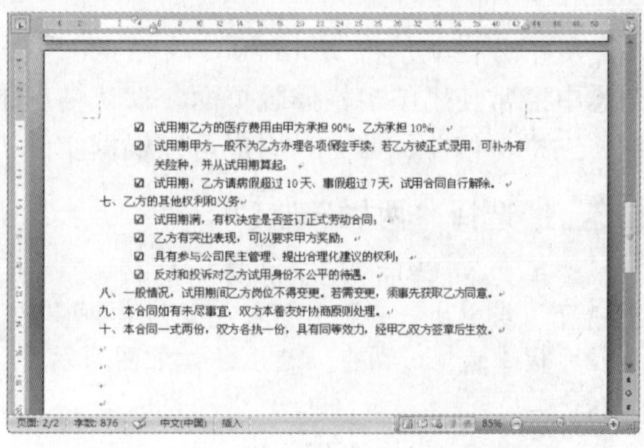

20.3.2 设置纸张大小

用户可根据需求，设置文档纸张的大小。下面以创建17厘米×21厘米的文档为例，介绍纸张大小的具体设置方法。

STEP 01 选择“其他页面大小”选项

单击“页面布局”选项卡下“页面设置”组中的“纸张大小”下拉按钮，在弹出的下拉面板中选择“其他页面大小”选项，如下图所示。

STEP 02 输入页面宽度和高度

弹出“页面设置”对话框，在“纸张大小”选项组的“宽度”和“高度”数值框中输入17和21，如下图所示。

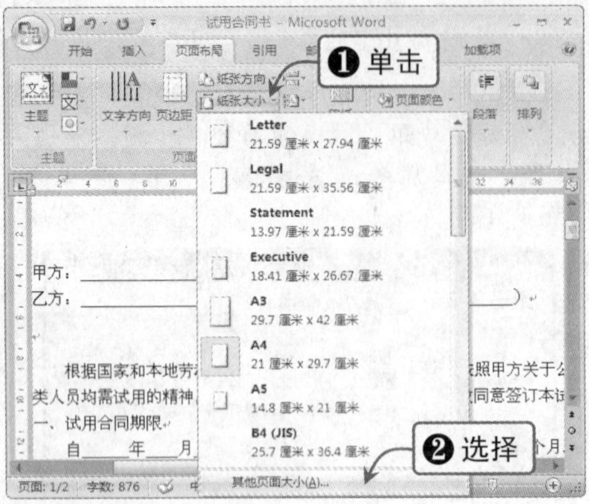

STEP 03 **应用设置**

单击“确定”按钮，应用文档页面设置，效果如右图所示。

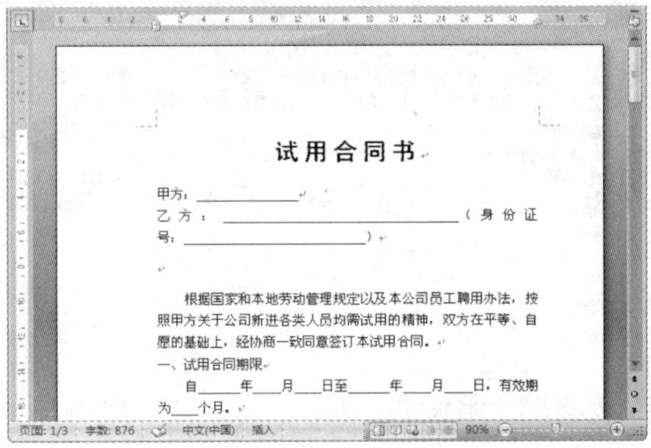

提示

单击“纸张大小”下拉按钮，在弹出的下拉面板中选择 Word 2007 预定义的纸张大小选项，可以快速改变文档纸张大小。

20.3.3 文档分栏

所谓分栏就是将 Word 2007 文档全部页面或选中的内容设置为多栏，从而呈现出报刊、杂志中经常使用的多栏排版页面。默认情况下，Word 2007 提供 5 种分栏类型，即一栏、两栏、三栏、偏左、偏右。用户可以根据实际需要选择合适的分栏类型，具体操作步骤如下：

STEP 01 **选择“两栏”选项**

选择文本，单击“页面布局”选项卡下“页面设置”组中的“分栏”下拉按钮，在弹出的下拉面板中选择“两栏”选项，如下图所示。

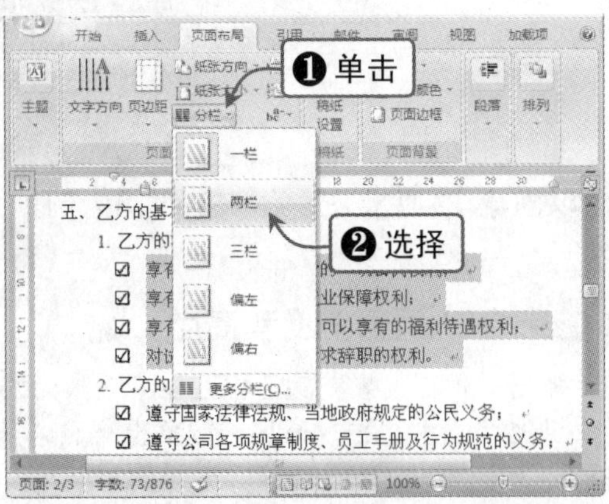

STEP 02 **双栏显示**

此时，选中的文本分为双栏显示，效果如下图所示。

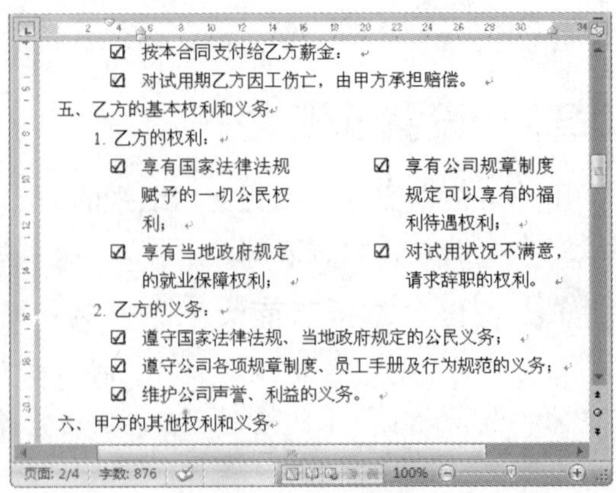

外行上路
提高进阶
权威案例
百宝箱 技巧

20.4 图片高级设置

用户可以对插入到文档中的图片进行高级设置，如压缩图片、获取图片文件等。

20.4.1 压缩图片

图文并茂的文件能显示文档处理的专业性，但是当文档插入太多图片后，无形中也增加了文件的体积。为解决这一问题，Word 2007 提供了图片压缩功能，具体设置方法如下：

STEP 01 单击“压缩图片”按钮

在文档中选择要压缩的图片，单击“格式”选项卡下“调整”组中的“压缩图片”按钮，如下图所示。

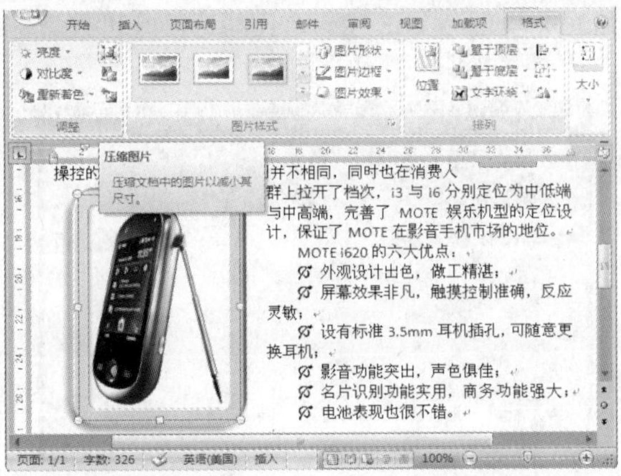

STEP 02 单击“选项”按钮

弹出“压缩图片”对话框，选中“仅应用于所选图片”复选框，单击“选项”按钮，如下图所示。

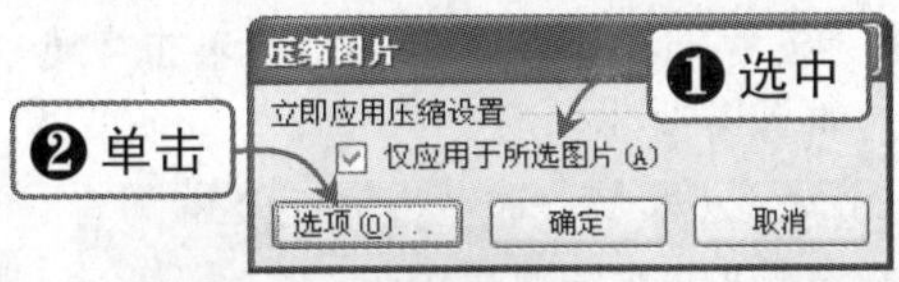

提示

若是在该对话框中不选中“仅应用于所选图片”复选框，直接单击“确定”按钮，则文档中的所有图片均会被压缩。

STEP 03 压缩设置

弹出“压缩设置”对话框，选中“电子邮件（96 ppi）：尽可能缩小文档以便共享”单选按钮，如右图所示，然后依次单击“确定”按钮，完成设置。关闭文档，查看文档属性，此时文档的大小已经发生变化。

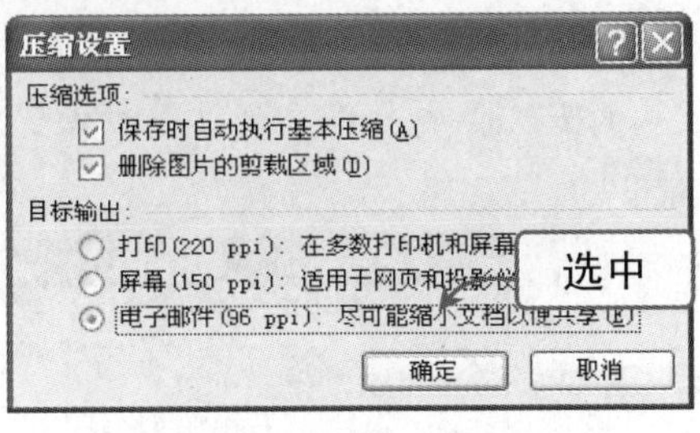

20.4.2 获取文档中的图片

如果需要将 Word 文档中的图片提取出来，除了将其复制到“画图”等软件外，还可以使用 Word 保存功能进行提取，具体操作方法如下：

STEP 01 选择“另存为”命令

单击 Office 按钮，在弹出的下拉菜单中选择“另存为”命令，如下图所示。

STEP 02 选择“网页”选项

弹出“另存为”对话框，在“保存类型”下拉列表框中选择“网页”选项，如下图所示。

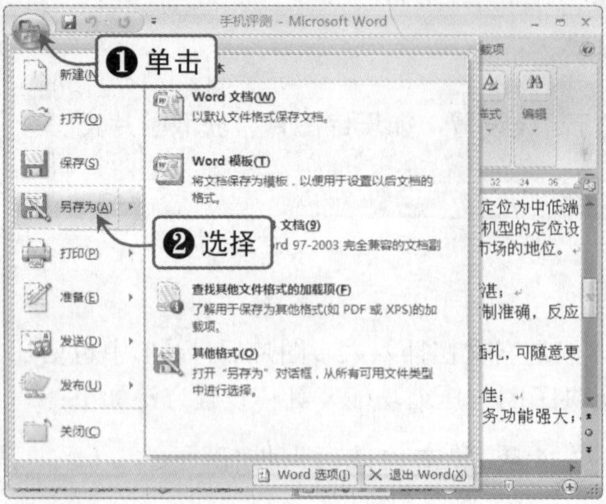

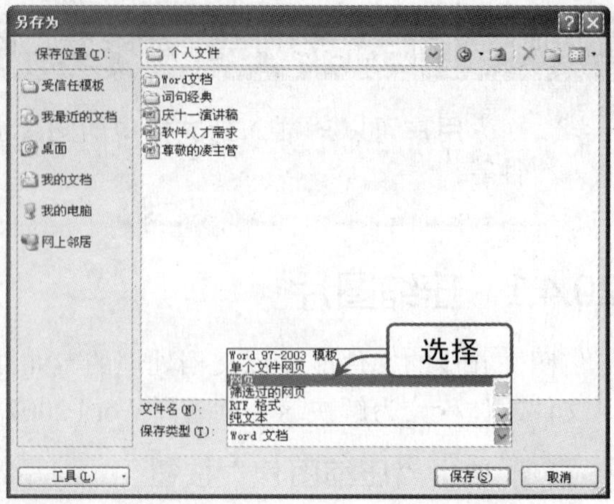

STEP 03 显示兼容问题

弹出“Microsoft Office Word 兼容性检查器”对话框，显示出现的兼容性问题，单击“继续”按钮，如下图所示。

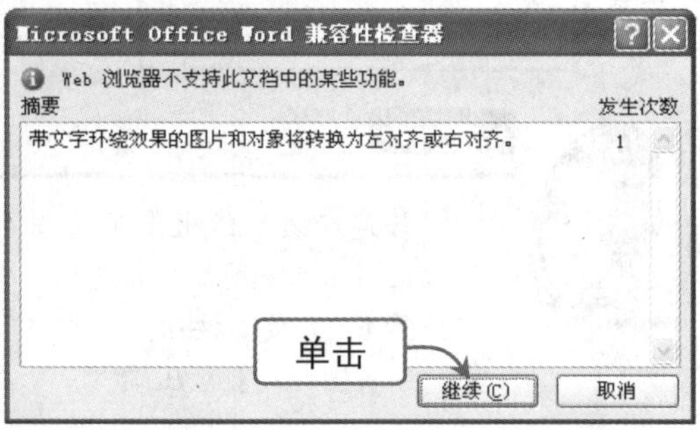

STEP 04 查看保存文件

关闭文档，打开网页保存文件夹，此时，用户会发现 Word 在保存文档的同时还会创建一个同名文件夹，如下图所示。

STEP 05 查看图片

双击打开文件夹，用户可以从中找到插入到 Word 文档中的所有图片，并由程序自动命名，如下图所示。

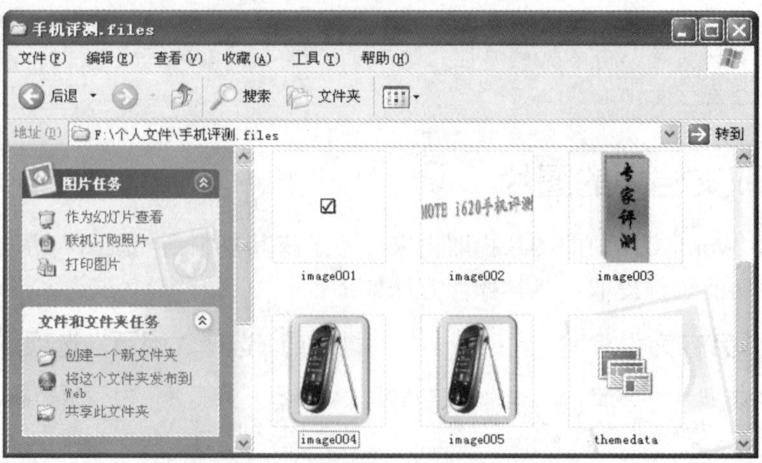

20.5 插入其他对象

用户除了可以在文档中添加艺术字、文本框和图片等，还可以插入其他对象（如封面、超链接）以及页眉和页脚等。

20.5.1 插入封面

用户可为文档添加程序自带的完全格式化的封面，具体操作方法如下：

STEP 01 单击“封面”下拉按钮

打开素材文件，将光标定位到文档第一页中，单击“插入”选项卡下“页”组中的“封面”下拉按钮，如下图所示。

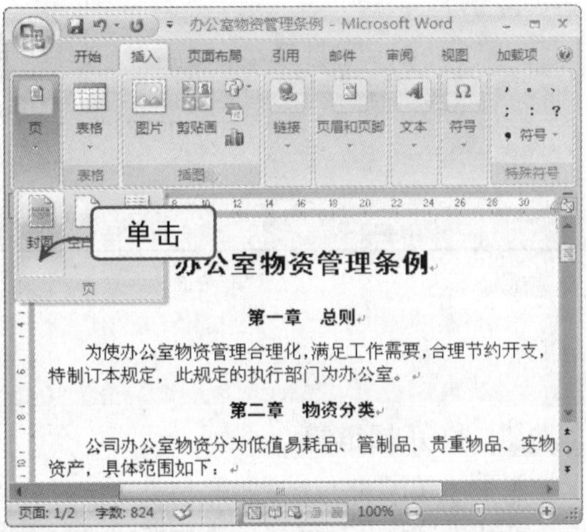

STEP 02 选择“拼板型”样式

在弹出的下拉面板中选择“拼板型”样式，如下图所示。

STEP 03 应用封面

此时，在文档的第一页前自动添加封面页，效果如下图所示。

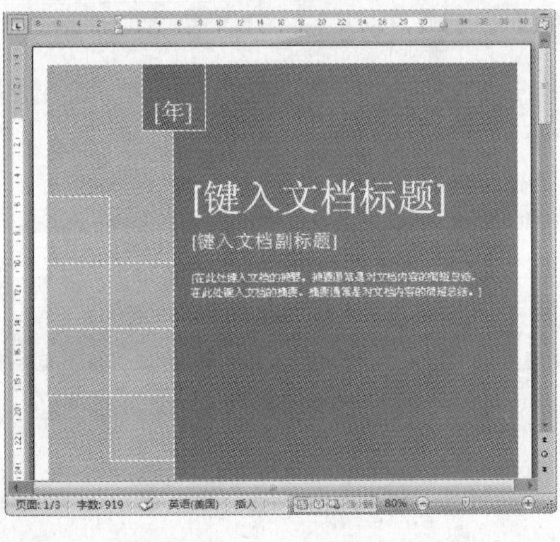

STEP 04 输入内容

在封面的各个占位符中输入内容，并设置文本格式，效果如下图所示。

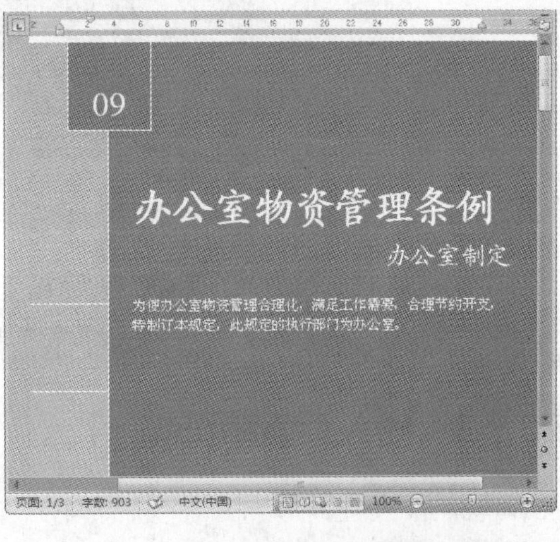

20.5.2 添加超链接

微软将超链接功能渗透到 Microsoft Office 办公套装软件的各个组件中。用户可以通过超链接，轻松转向其对应的 Internet 中的文件和 HTML 网页，或者是 Intranet 上的 HTML 网页，以及新闻组、Gopher、Telnet 或 FTP 站点等。下面将详细介绍通过添加超链接，打开其他文件的具体操作方法。

STEP 01 单击“超链接”按钮

选择要建立超链接的文本，单击“插入”选项卡下“链接”组中的“超链接”按钮，如下图所示。

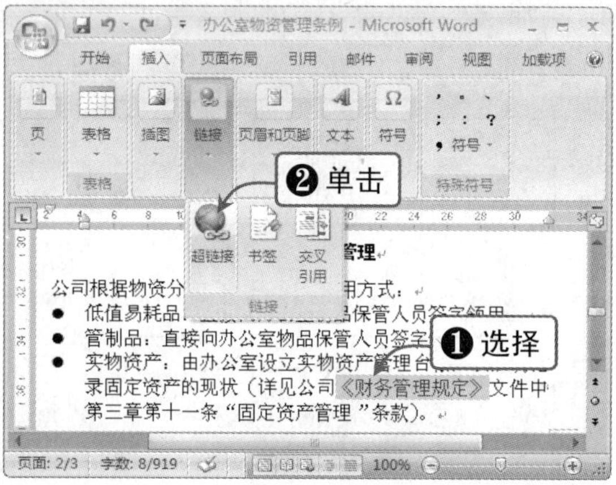

STEP 02 选择源文件

弹出“插入超链接”对话框，在“查找范围”下拉列表框中选择目标文件夹，在文件列表中选择源文件，如下图所示。

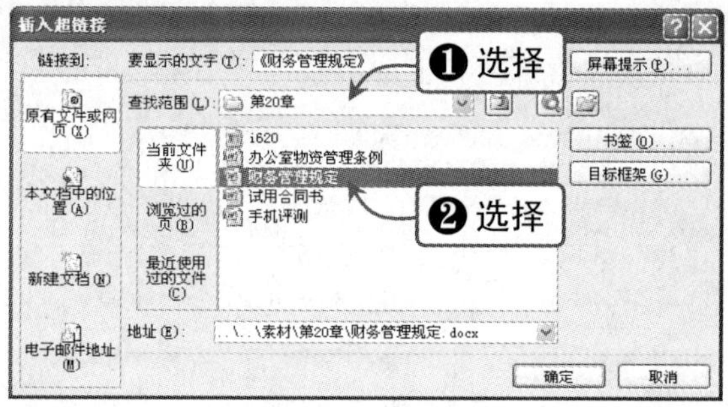

STEP 03 插入超链接

单击“确定”按钮，此时选定文本将变成蓝色，并在其下方显示下画线，将鼠标指针置于其上，弹出如下图所示的提示框。

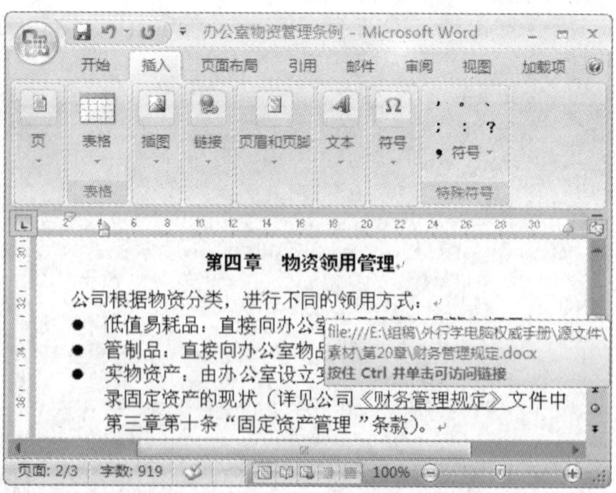

STEP 04 打开超链接

按住【Ctrl】键，在鼠标指针变成手形时单击，即可快速打开超链接对应的文件，如下图所示。

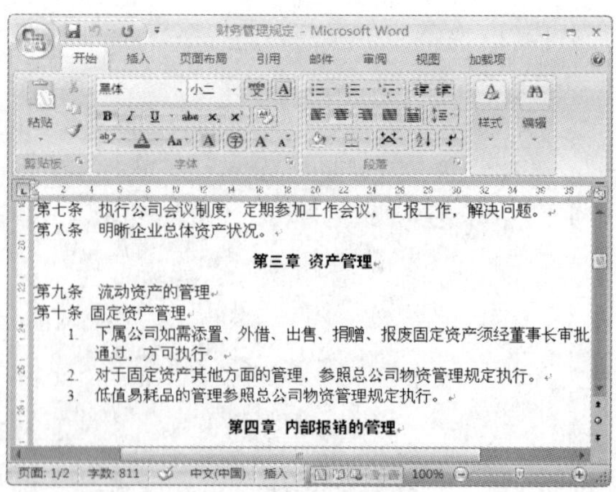

20.5.3 插入页眉和页脚

页眉和页脚是文档中每个页面的顶部、底部和两侧页边距中的区域。可以在页眉和页脚中插入文本或图形等对象（如页码、时间和日期、公司徽标、文档标题等）。下面将详细介绍插入页眉和页脚的操作方法。

STEP 01 单击“页眉”下拉按钮

单击“插入”选项卡下“页眉和页脚”组中的“页眉”下拉按钮，如下图所示。

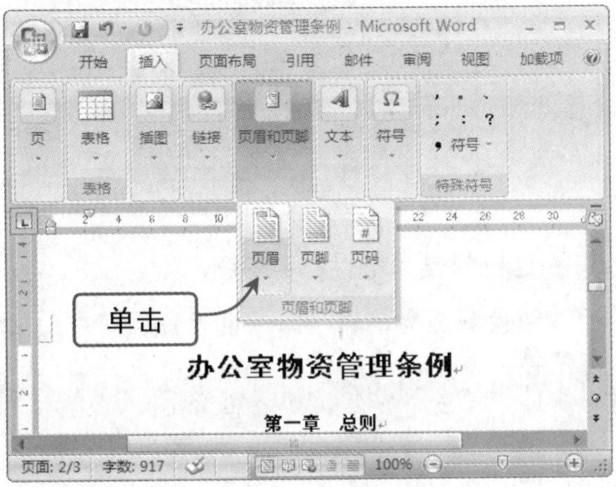

STEP 02 选择“堆积型”选项

在弹出的下拉面板中选择“堆积型”选项，如下图所示。

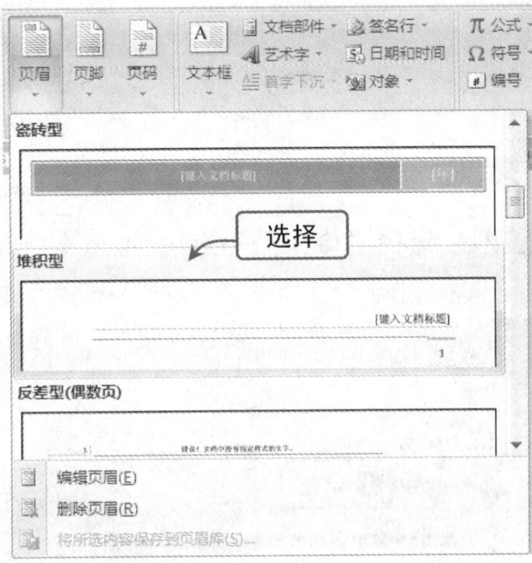

STEP 03 单击“图片”按钮

此时，文档页面上方的页眉部分呈可编辑状态，单击“设置”选项卡下“插入”组中的“图片”按钮，如下图所示。

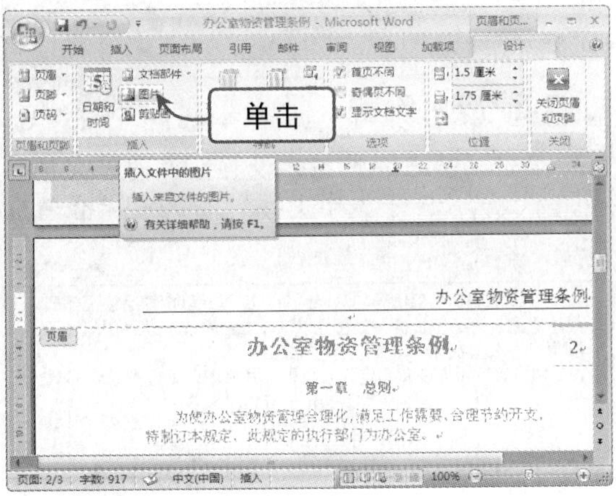

STEP 04 选择图片

弹出“插入图片”对话框，在“查找范围”下拉列表框中选择目标文件夹，在文件列表中选择要添加的图片，如下图所示。

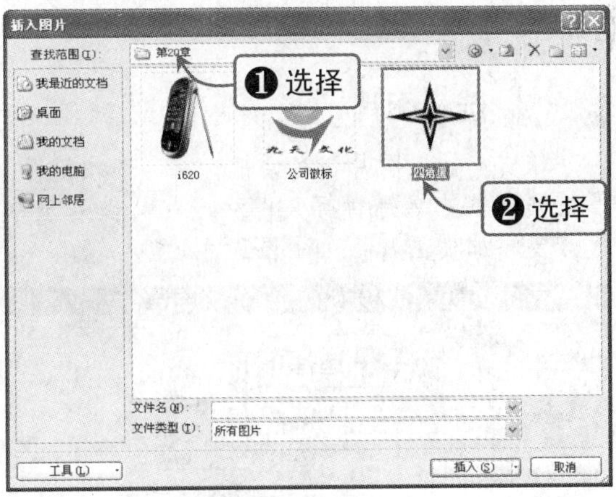

STEP 05 选择“浮于文字上方”命令

单击“插入”按钮，将图片插入到页眉中，单击“格式”选项卡下“排列”组中的“文字环绕”下拉按钮，在弹出的下拉菜单中选择“浮于文字上方”选项，如下图所示。

STEP 06 关闭页眉和页脚

调整图片大小，并将其拖动到合适位置，单击“设计”选项卡下“关闭”组中的“关闭页眉和页脚”按钮，关闭页眉和页脚，查看效果，如下图所示。

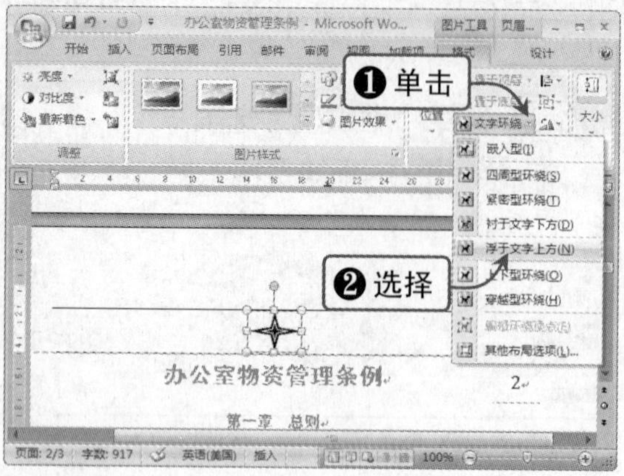

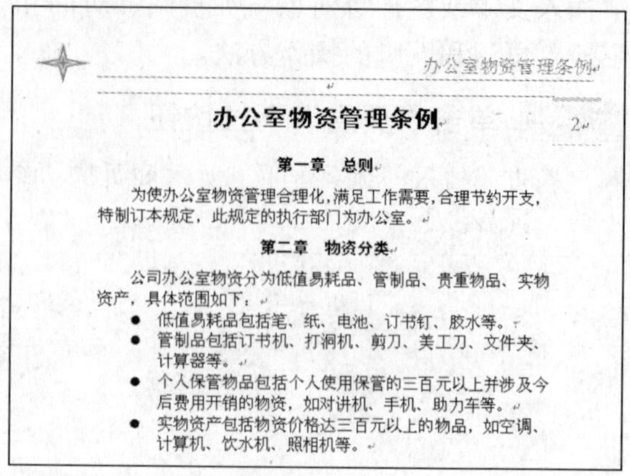
办公室物资管理条例

办公室物资管理条例 2

第一章 总则

为使办公室物资管理合理化，满足工作需要，合理节约开支，特制订本规定，此规定的执行部门为办公室。

第二章 物资分类

公司办公室物资分为低值易耗品、管制品、贵重物品、实物资产，具体范围如下：

- 低值易耗品包括笔、纸、电池、订书钉、胶水等。
- 管制品包括订书机、打洞机、剪刀、美工刀、文件夹、计算器等。
- 个人保管物品包括个人使用保管的三百元以上并涉及今后费用开销的物资，如对讲机、手机、助力车等。
- 实物资产包括物资价格达三百元以上的物品，如空调、计算机、饮水机、照相机等。

STEP 07 选择“堆积型”选项

单击“插入”选项卡下“页眉和页脚”组中的“页脚”下拉按钮，在弹出的下拉面板中选择“堆积型”选项，如下图所示。

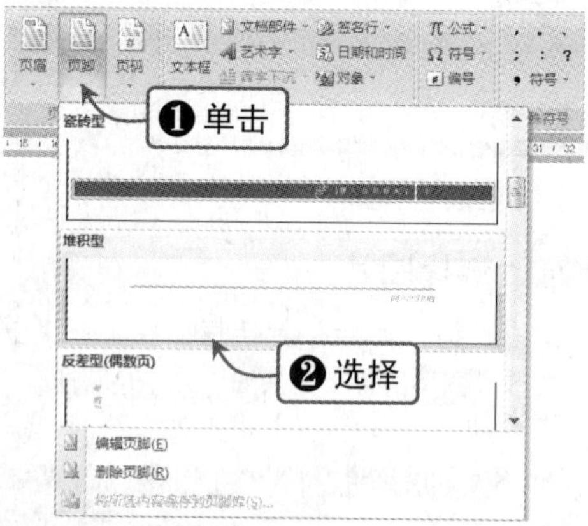

STEP 08 单击“图片”按钮

切换到页脚编辑状态，设置占位符中的文本字体，然后单击“设计”选项卡下“插入”组中的“图片”按钮，如下图所示。

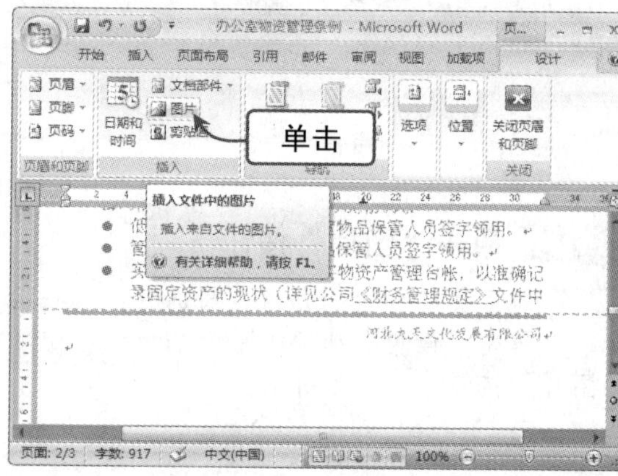

STEP 09 选择图片

弹出“插入图片”对话框，在“查找范围”下拉列表框中选择目标文件夹，在文件列表中选择要添加的图片，如下图所示。

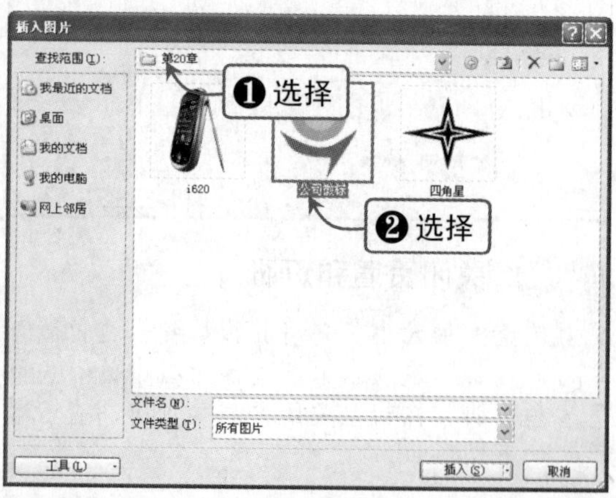

STEP 10 应用设置

单击“插入”按钮，设置图片的“文字环绕”方式为“浮于文字上方”，调整图片位置和大小，效果如下图所示。

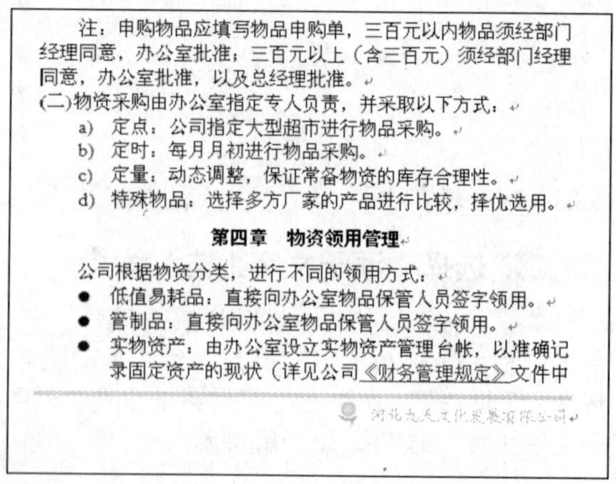
注：申购物品应填写物品申购单，三百元以内物品须经部门经理同意，办公室批准；三百元以上（含三百元）须经部门经理同意，办公室批准，以及总经理批准。

(二)物资采购由办公室指定专人负责，并采取以下方式：

a) 定点：公司指定大型超市进行物品采购。
b) 定时：每月月初进行物品采购。
c) 定量：动态调整，保证常备物资的库存合理性。
d) 特殊物品：选择多方厂家的产品进行比较，择优选用。

第四章 物资领用管理

公司根据物资分类，进行不同的领用方式：

- 低值易耗品：直接向办公室物品保管人员签字领用。
- 管制品：直接向办公室物品保管人员签字领用。
- 实物资产：由办公室设立实物资产管理台帐，以准确记录固定资产的现状（详见公司《财务管理规定》文件中

河北九天文化发展有限公司

权威案例

案例 招聘启事

本案例的最终效果如下图所示。

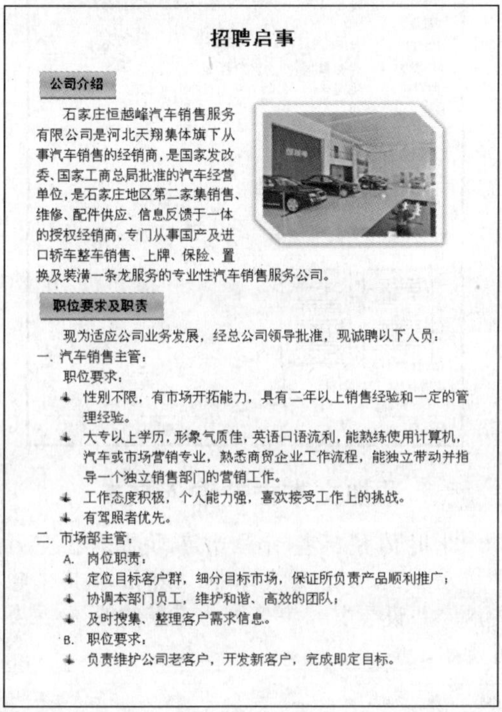

招聘启事

公司介绍

石家庄恒越峰汽车销售服务有限公司是河北天翔集体旗下从事汽车销售的经销商，是国家发改委、国家工商总局批准的汽车经营单位，是石家庄地区第二家集销售、维修、配件供应、信息反馈于一体的授权经销商，专门从事国产及进口轿车整车销售、上牌、保险、置换及装潢一条龙服务的专业性汽车销售服务公司。

职位要求及职责

现为适应公司业务发展，经总公司领导批准，现诚聘以下人员：

一. 汽车销售主管：

职位要求：

- 性别不限，有市场开拓能力，具有二年以上销售经验和一定的管理经验。
- 大专以上学历，形象气质佳，英语口语流利，能熟练使用计算机，汽车或市场营销专业，熟悉商贸企业工作流程，能独立带动并指导一个独立销售部门的营销工作。
- 工作态度积极，个人能力强，喜欢接受工作上的挑战。
- 有驾照者优先。

二. 市场部主管：

A. 岗位职责：

- 定位目标客户群，细分目标市场，保证所负责产品顺利推广；
- 协调本部门员工，维护和谐、高效的团队；
- 及时搜集、整理客户需求信息。

B. 职位要求：

- 负责维护公司老客户，开发新客户，完成即定目标。

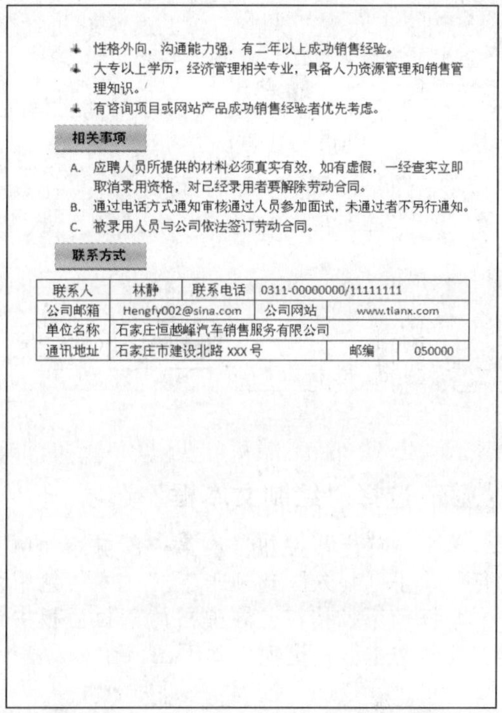

- 性格外向，沟通能力强，有二年以上成功销售经验。
- 大专以上学历，经济管理相关专业，具备人力资源管理和销售管理知识。
- 有咨询项目或网站产品成功销售经验者优先考虑。

相关事项

A. 应聘人员所提供的材料必须真实有效，如有虚假，一经查实立即取消录用资格，对已经录用者要解除劳动合同。

B. 通过电话方式通知审核通过人员参加面试，未通过者不另行通知。

C. 被录用人员与公司依法签订劳动合同。

联系方式

联系人	林静	联系电话	0311-00000000/11111111	
公司邮箱	Hengfy002@sina.com	公司网站	www.tianx.com	
单位名称	石家庄恒越峰汽车销售服务有限公司			
通讯地址	石家庄市建设北路 xxx 号		邮编	050000

具体操作步骤如下：

STEP 01 单击“纸张大小”下拉按钮

打开“招聘启事”素材文件，单击“页面布局”选项卡下“页面设置”组中的“纸张大小”下拉按钮，如下图所示。

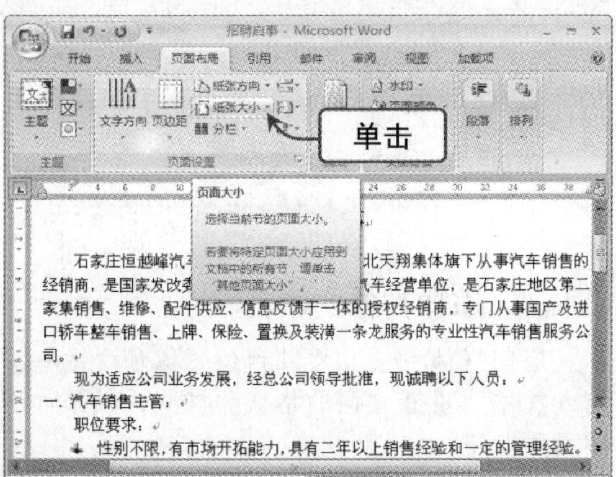

STEP 02 选择 B5 选项

在弹出的下拉面板中选择 B5 选项，更改纸张的大小，如下图所示。

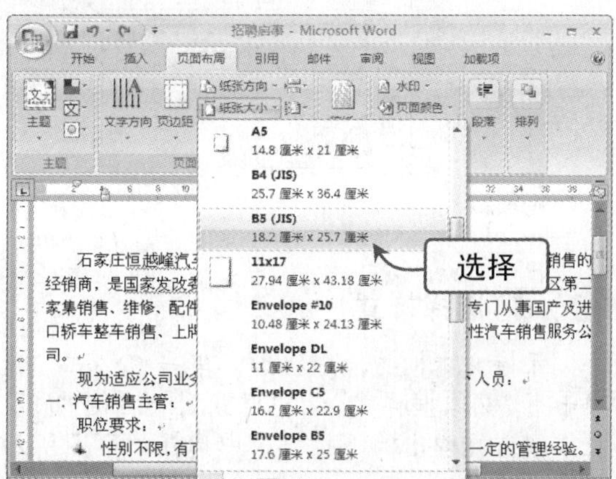

STEP 03 选择“自定义边距”选项

单击“页面设置”组中的“页边距”下拉按钮，在弹出的下拉面板中选择“自定义边距”选项，如下图所示。

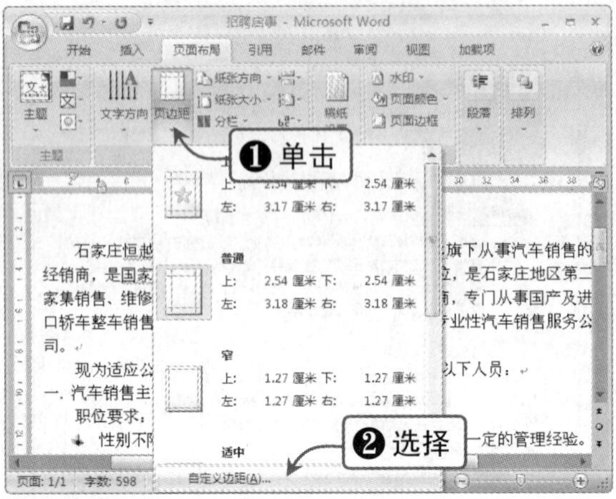

STEP 04 设置页边距

弹出“页面设置”对话框，在“页码范围”选项组中的“多页”下拉列表框中选择“对称页边距”选项，设置“内侧”和“外侧”分别为2.8厘米和2厘米，如下图所示。

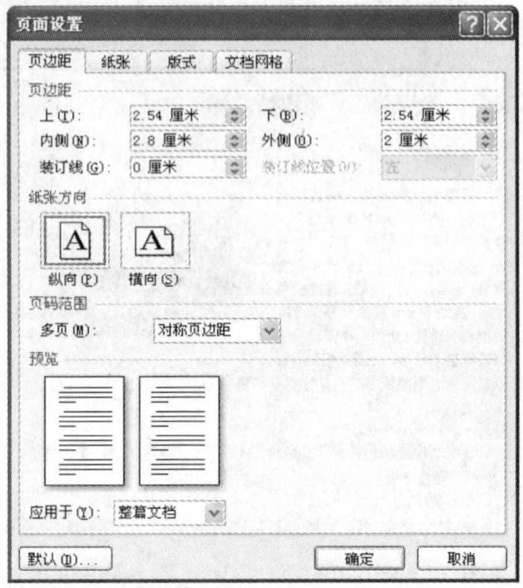

STEP 05 选择“绘制文本框”选项

单击“确定”按钮，在第一段前添加两个空行，单击“插入”选项卡下“文本”组中的“文本框”下拉按钮，在弹出的下拉面板中选择“绘制文本框”选项，如下图所示。

STEP 06 添加文本框并输入文本

此时的鼠标指针呈十字形状，在空行位置拖动鼠标，绘制文本框，然后在其中输入文本，并设置其“字体”为“黑体”，效果如下图所示。

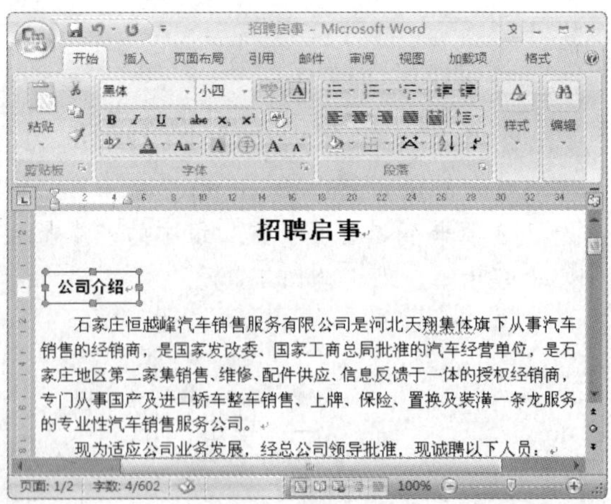

STEP 07 选择样式

保持文本框的选中状态，单击“格式”选项卡下“文本框样式”组中样式列表右侧的下拉按钮，在弹出的下拉面板中选择如下图所示的样式。

STEP 08 添加其他文本框

用同样的方法，在其他位置添加文本框，输入文本，设置相同的格式和样式，效果如下图所示。

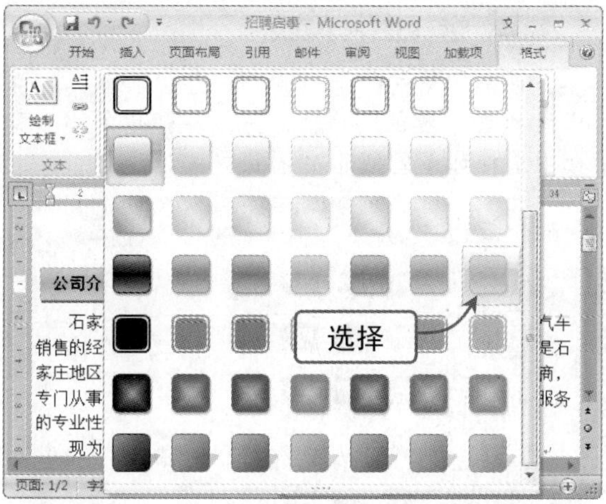

STEP 09 单击“图片”按钮

将光标定位到第一段文本中，单击“插入”选项卡下“插图”组中的“图片”按钮，如下图所示。

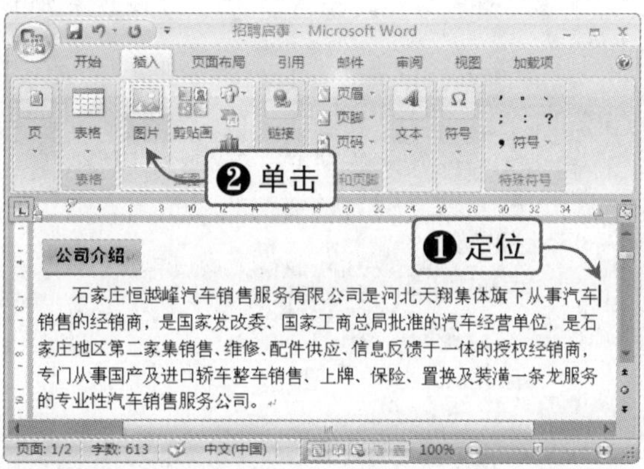

STEP 11 调整图片大小

单击“插入”按钮，将图片插入到文档中，并拖动鼠标适当调整图片大小，效果如下图所示。

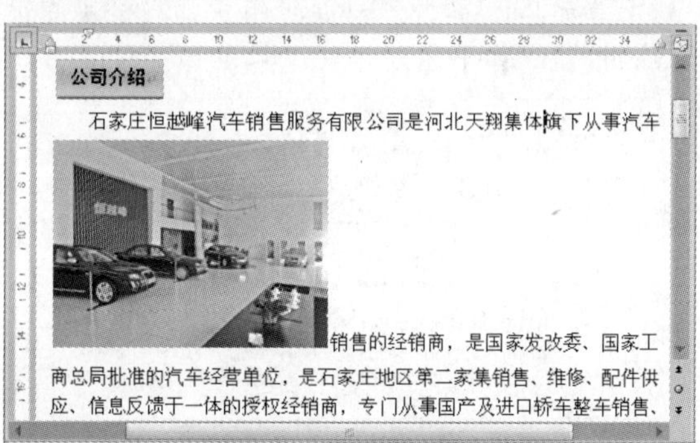

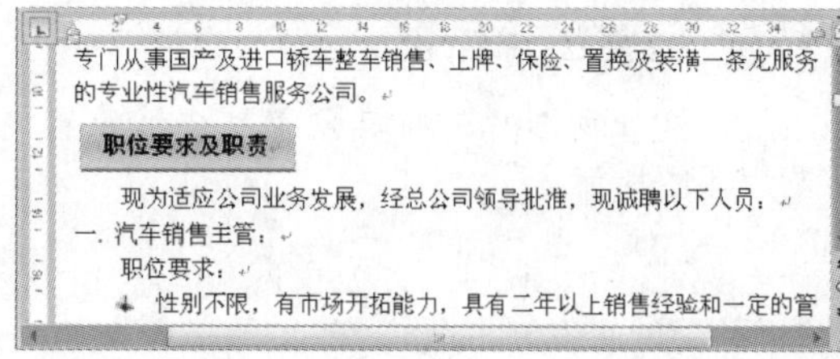

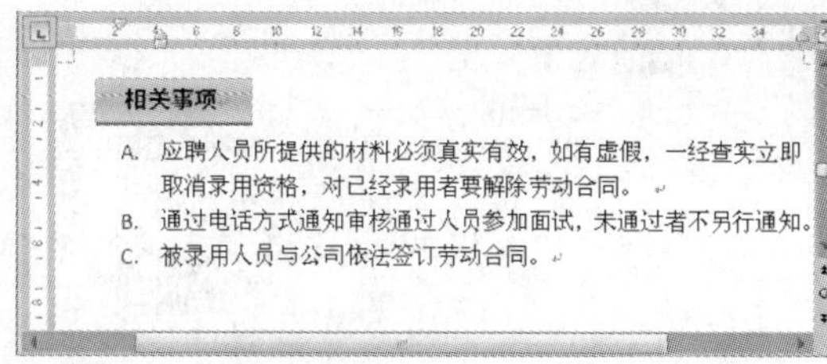

STEP 10 选择图片

弹出“插入图片”对话框，在“查找范围”下拉列表框中选择目标文件夹，在下方的文件列表中选择图片，如下图所示。

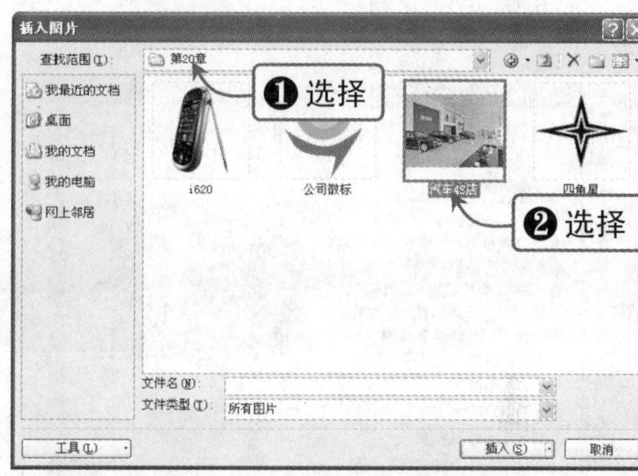

STEP 12 选择“四周型环绕”命令

单击“格式”选项卡下“排列”组中的“文字环绕”下拉按钮，在弹出的下拉菜单中选择“四周型环绕”命令，如下图所示。

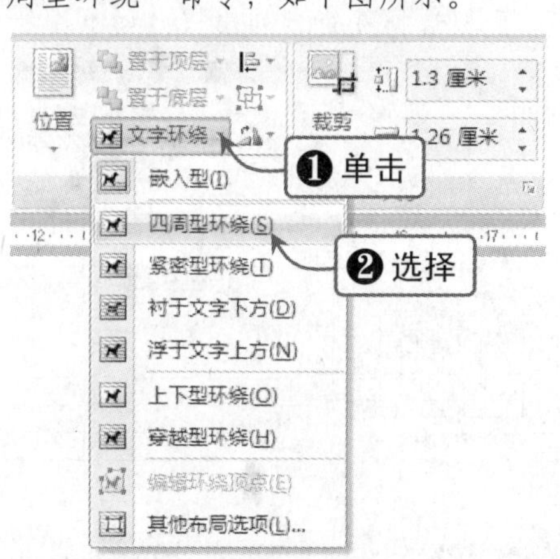

STEP 13 调整图片位置

用鼠标拖动图片，将其调整到合适位置，效果如下图所示。

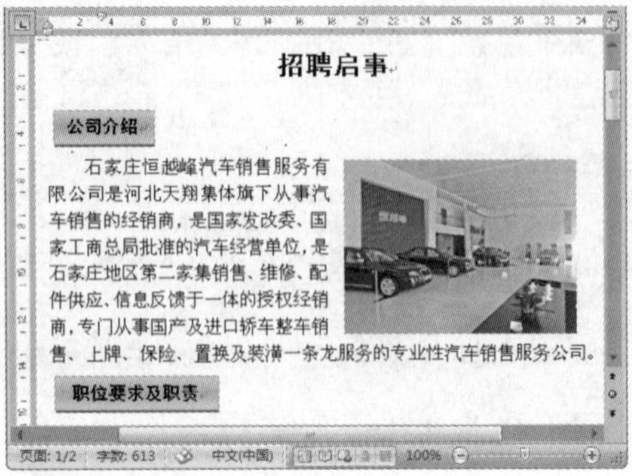

STEP 14 选择图片样式

单击“格式”选项卡下“图片样式”组中样式列表右侧的下拉按钮，在弹出的下拉面板中选择如下图所示的图片样式。

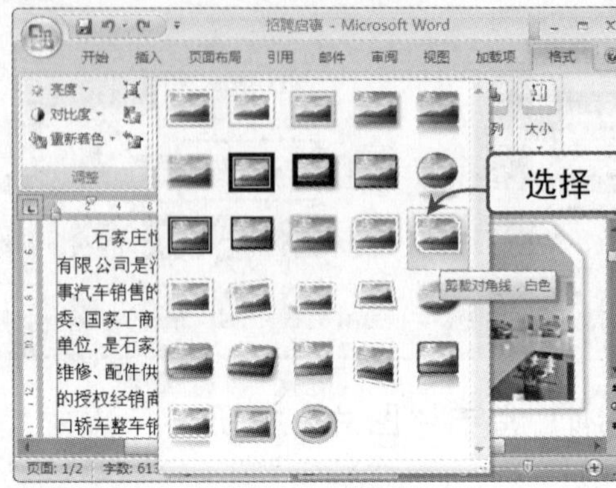

STEP 15 应用图片样式

应用选定图片样式后，得到的效果如下图所示。

STEP 16 插入空行和文本框

在文档的结尾处插入 3 个空行，效果如下图所示。

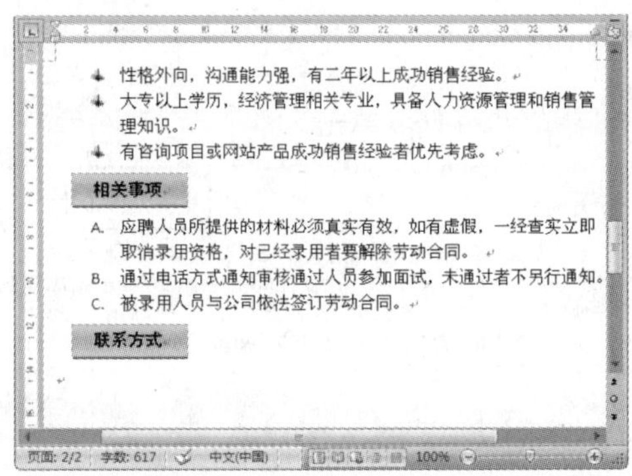

STEP 17 选择表格

定位光标，单击“插入”选项卡下“表”组中的“表格”下拉按钮，在弹出的下拉面板中移动鼠标选择 4 行 6 列表格，如下图所示。

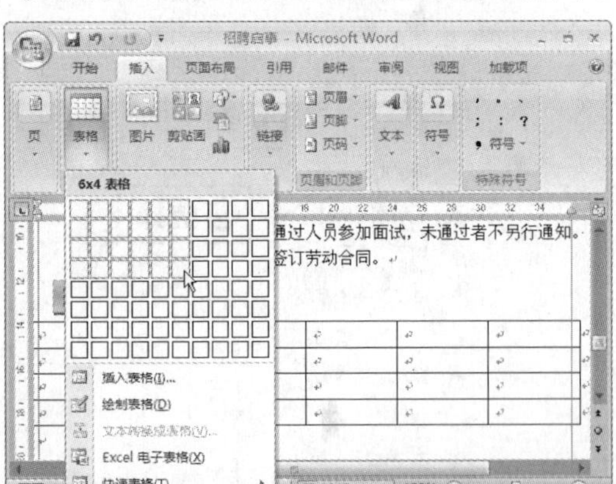

STEP 18 单击“合并单元格”按钮

在文档中单击添加表格，选择第 1 行最后 3 个单元格，单击“合并”组中的“合并单元格”按钮，如下图所示。

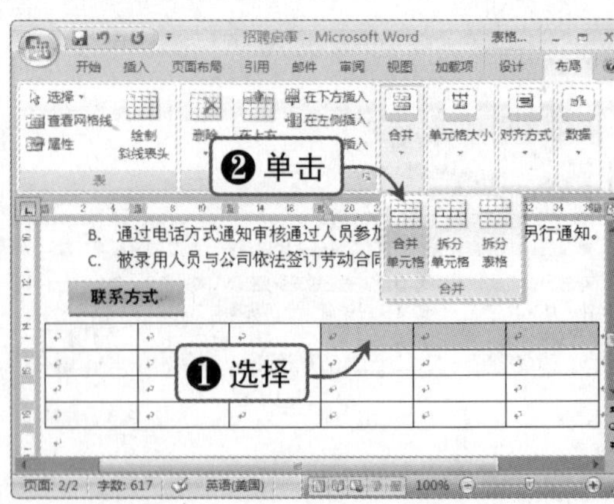

STEP 19 合并单元格效果

将选定的单元格合并为一个单元格，效果如下图所示。

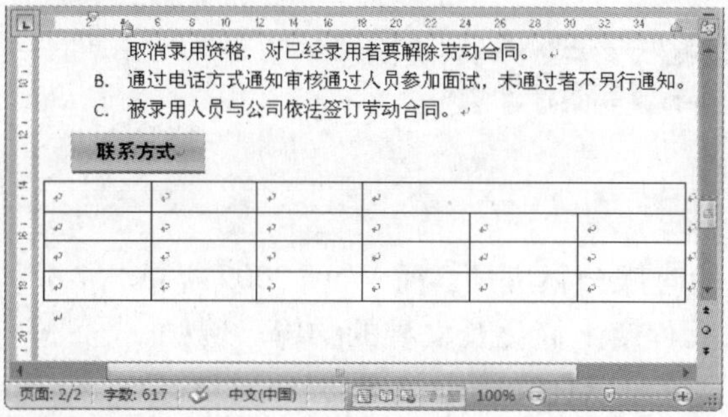

STEP 20 合并其他单元格

用同样的方法，合并其他单元格，效果如下图所示。

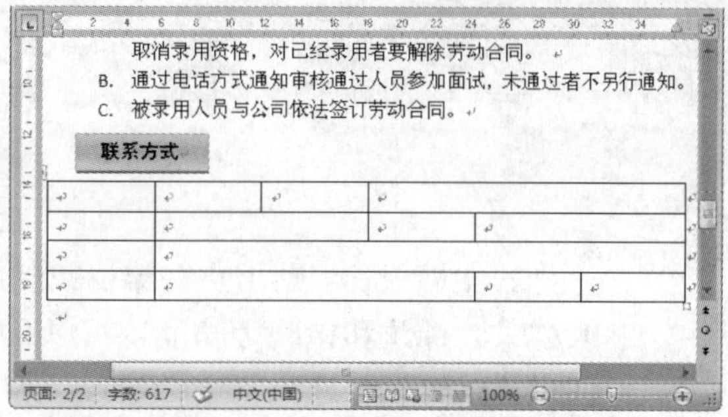

STEP 21 输入文本并设置字号

在表格中输入数据，并设置其“字号”为“小四”，效果如下图所示。

STEP 22 单击“水平居中”按钮

选择第一个单元格，单击“对齐方式”组中的“水平居中”按钮，如下图所示。

STEP 23 对齐其他单元格

完成单元格文本的对齐设置，并使用同样的方法设置其他需要对齐文本的单元格，效果如右图所示。至此，整个“招聘启事”文档编辑完成，最终效果参见前文。

Chapter 21 长文档的编排

若文档很长，则用户在编辑或制作的时候会很麻烦。而 Word 2007 提供的样式、标注和审阅等功能，可以在很大程度上简化长文档的编辑。例如，使用样式可以快速统一文档格式，使用目录可以在文档中快速切换到目标位置，使用自动检查功能可以检查拼写与语法错误。

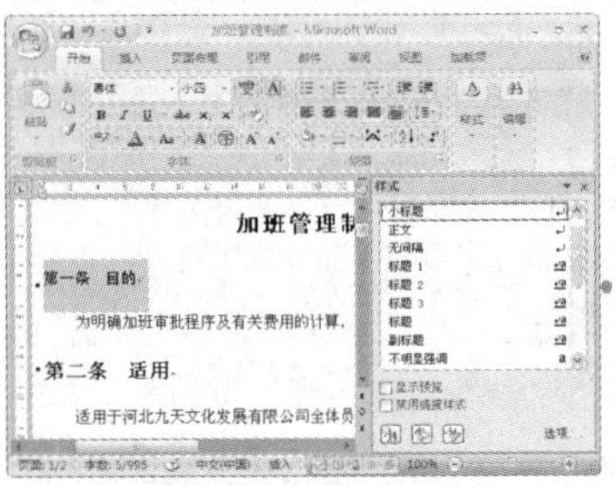

应用自定义样式

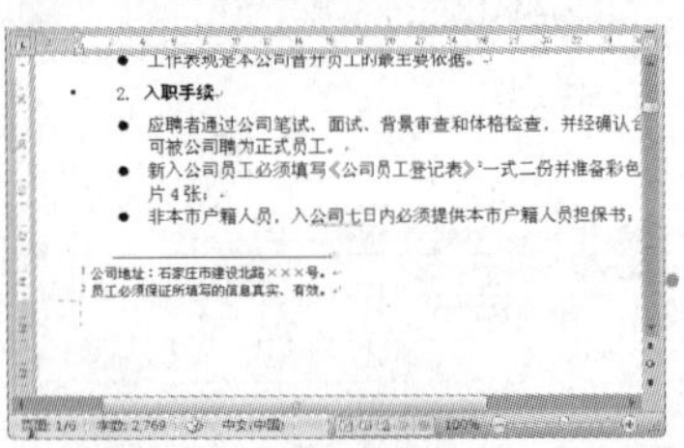

添加脚注

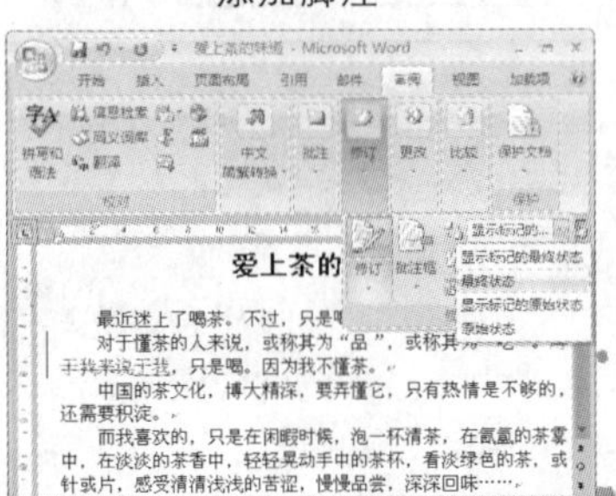

修订文档

重要知识点视频索引

本章建议学习时间：

本章建议学习时间为 55min，其中分配 30 min 学习长文档的编辑和排版方法，25min 观看教学视频并进行练习。

学完本章后您可以：

- 创建并应用样式
- 为文档添加目录
- 添加脚注和尾注
- 在文档中插入批注
- 修订文档
- 检查拼写和语法

21.1 样式的应用

样式是一套预先调整好的文本格式，包括字体、字号、缩进等。样式可以应用于几个字，也可以应用于段落文本，并且所有样式都是一次完成的。

21.1.1 使用样式快速格式化文档

用户可以使用 Word 2007 提供的多种内置样式快速格式化文档，具体操作方法如下：

STEP 01 定位光标

打开素材文件，将光标定位到文档中要应用样式的第一个小标题中，如下图所示。

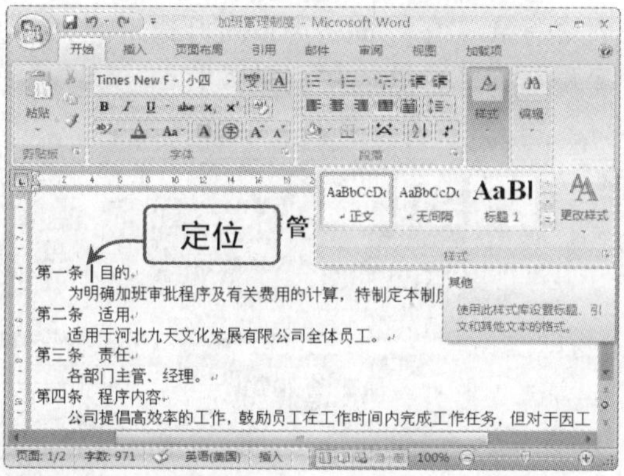

STEP 02 选择样式

单击“开始”选项卡下“样式”组中样式列表右侧的下拉按钮，在弹出的下拉面板中选择“标题 2”选项，如下图所示。

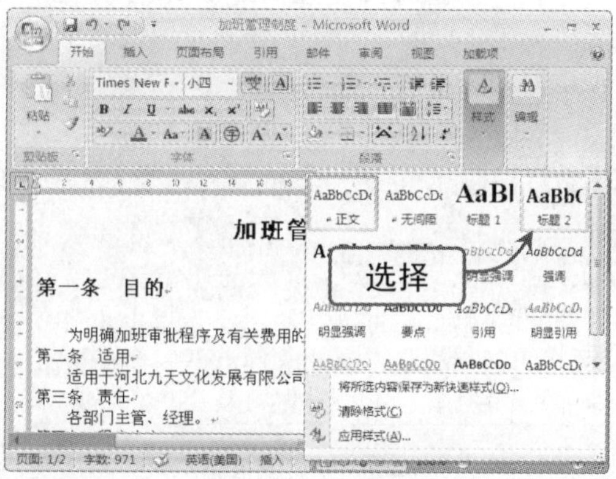

STEP 03 应用样式

将样式应用到文档中，快速设置小标题样式，效果如下图所示。

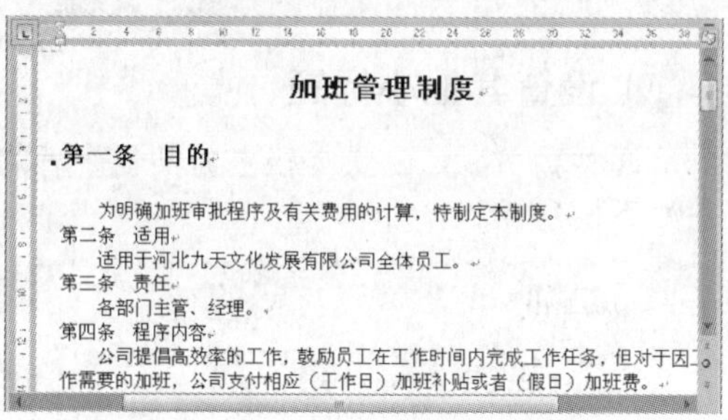

STEP 04 设置其他小标题样式

用同样的方法，为其他小标题套用样式，格式化文本，效果如下图所示。

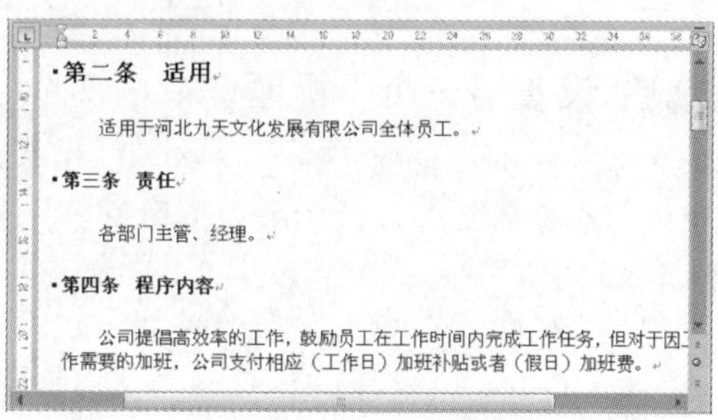

21.1.2 自定义新样式

若 Word 2007 提供的预定义样式不能满足用户的要求，用户可以自定义新样式。下面继续以上一节的素材文件为例，介绍自定义新样式的操作方法。

STEP 01 单击“样式”按钮

选择文本，单击“开始”选项卡下“样式”组右侧的按钮，如下图所示。

STEP 02 单击“新建样式”按钮

弹出“样式”任务窗格，单击底部的“新建样式”按钮，如下图所示。

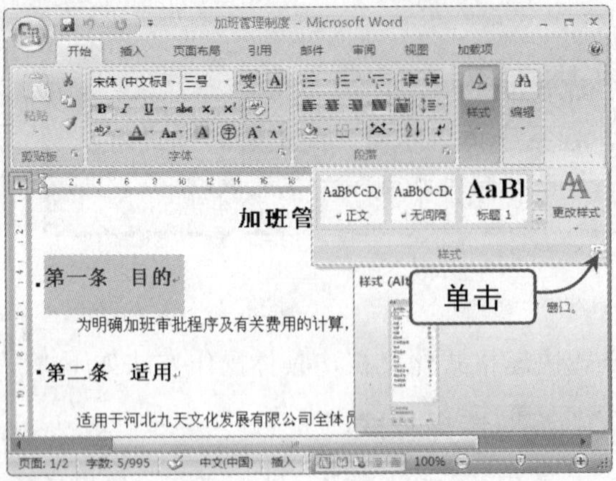

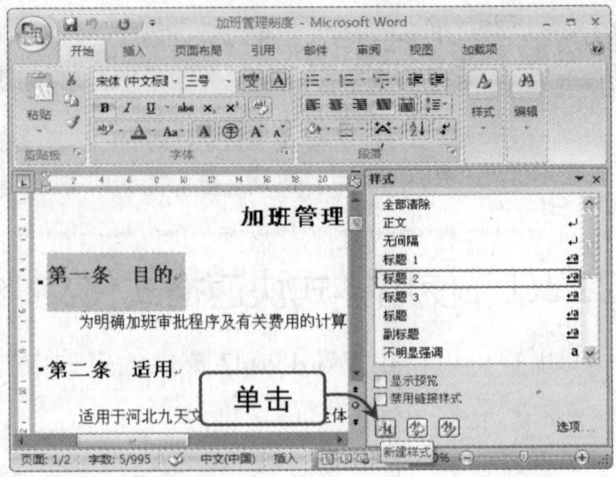

STEP 03 设置样式

弹出“根据格式设置创建新样式”对话框，设置“名称”为“小标题”、“后续段落样式”为“正文”、“字体”为“黑体”、“字号”为“小四”，如下图所示。

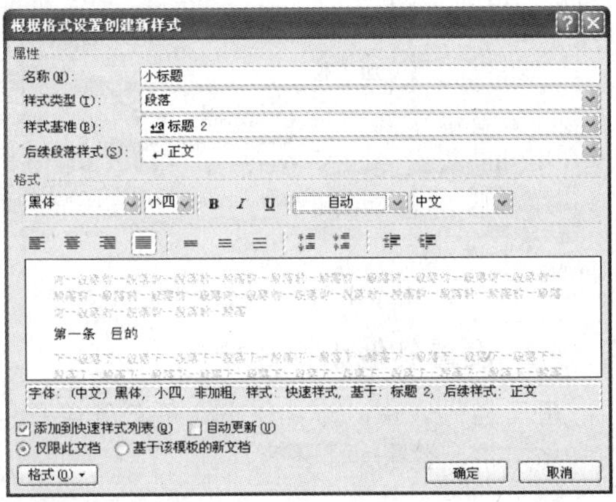

STEP 04 应用样式

单击“确定”按钮，此时，新建样式将显示在“样式”任务窗格中，同时选中的文本也将应用新样式，效果如下图所示。

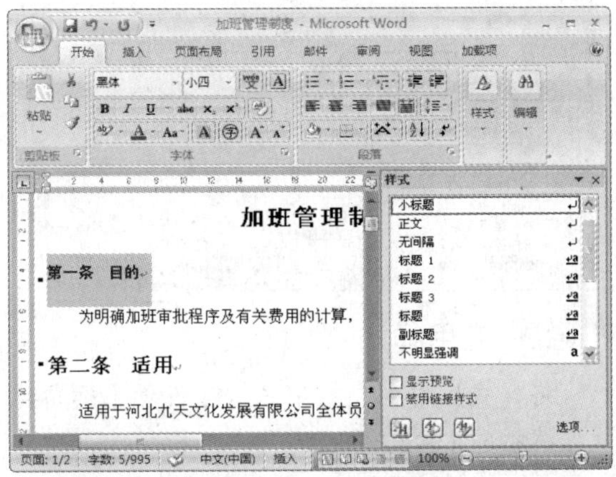

STEP 05 设置下一个小标题

选择下一个小标题，单击“样式”任务窗格中的“小标题”样式，效果如下图所示。

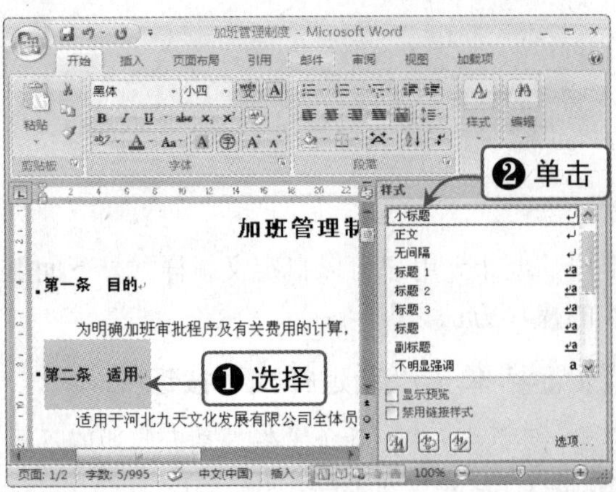

STEP 06 设置其他小标题

用同样的方法，设置文档中的其他小标题，效果如下图所示。

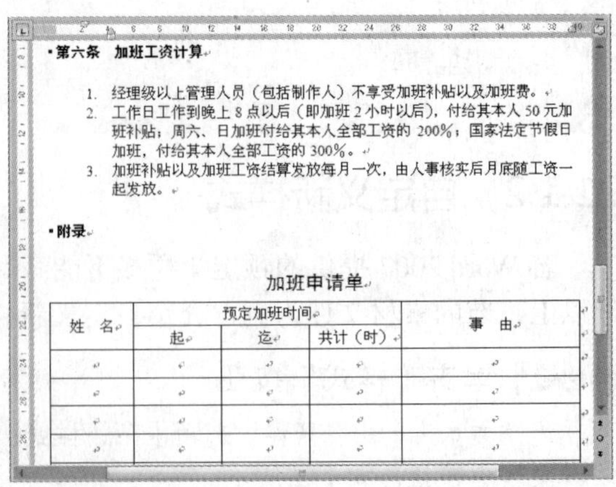

21.1.3 设置样式快捷键

通过为 Word 2007 中的样式指定快捷键，用户可以为 Word 文档中的文本或段落快速应用合适的样式，而无须在样式列表中进行查找，具体操作方法如下：

STEP 01 选择“修改”命令

选择要设置快捷键的样式，单击其后的下拉按钮，在弹出的下拉菜单中选择“修改”命令，如下图所示。

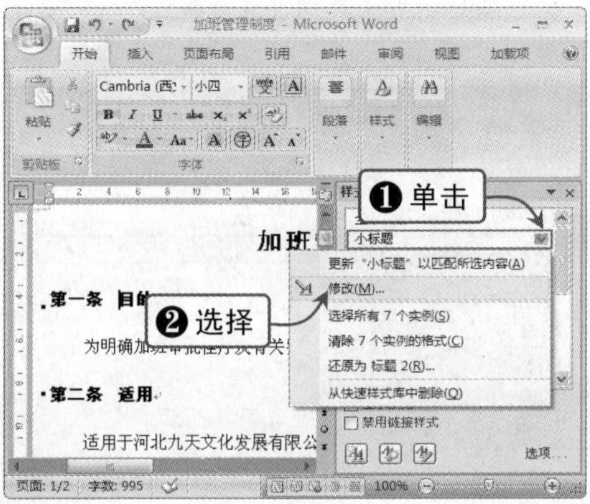

STEP 02 选择“快捷键”命令

弹出“修改样式”对话框，单击其底部的“格式”下拉按钮，在弹出的下拉菜单中选择“快捷键”命令，如下图所示。

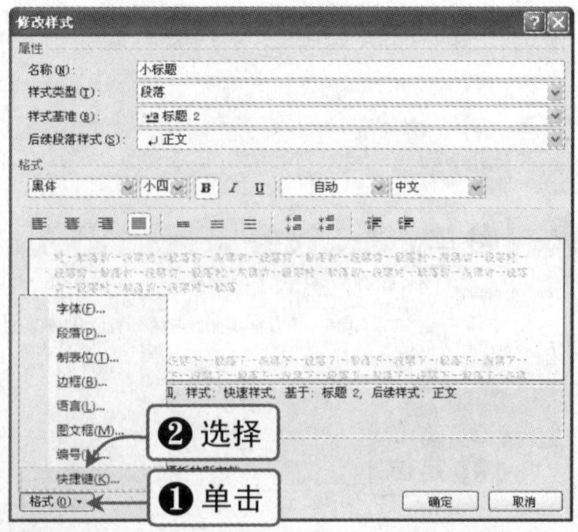

STEP 03 设置快捷键

弹出“自定义键盘”对话框，将光标定位到“请按新快捷键”文本框中，并按【Alt+B】组合键，如下图所示。

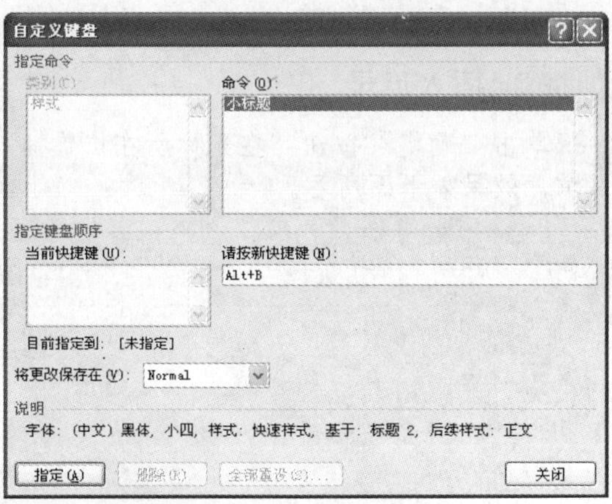

STEP 04 应用样式

单击“指定”按钮，再依次单击“关闭”和“确定”按钮，关闭对话框，选择文本，按【Alt+B】组合键应用样式，如下图所示。

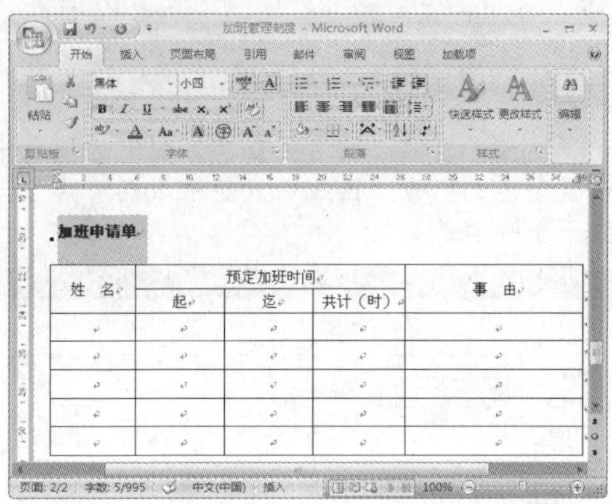

21.2 添加目录

为了方便查看内容较长的文档，用户可通过 Word 2007 在其中添加目录。Word 2007 提供了一个目录样式库，其中包含多种目录样式供用户选择。

方法一：

单击“引用”选项卡下“目录”组中的“目录”下拉按钮，在弹出的下拉面板中选择目录样式即可。

方法二：

用户还可以通过自定义的方法，为文档添加目录，具体操作方法如下：

STEP 01 单击“目录”下拉按钮

打开“员工手册”素材文件，将光标定位到文档末尾，单击“引用”选项卡下“目录”组中的“目录”下拉按钮，如下图所示。

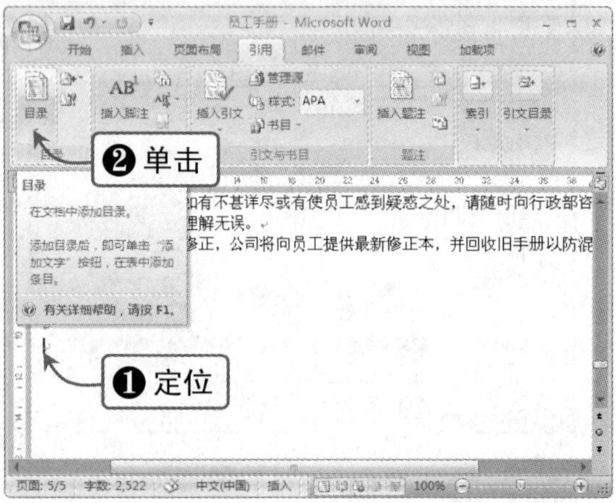

STEP 02 选择“插入目录”选项

弹出目录样式下拉面板，从中选择“插入目录”选项，如下图所示。

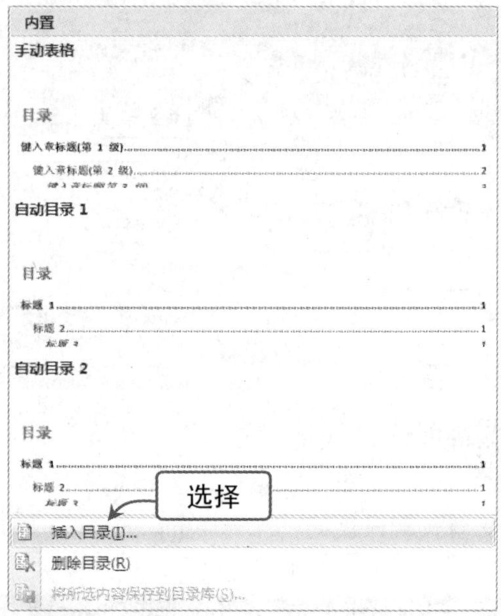

STEP 03 设置目录

弹出“目录”对话框在“常规”选项组中设置“格式”为“正式”、“显示级别”为 2，如下图所示。

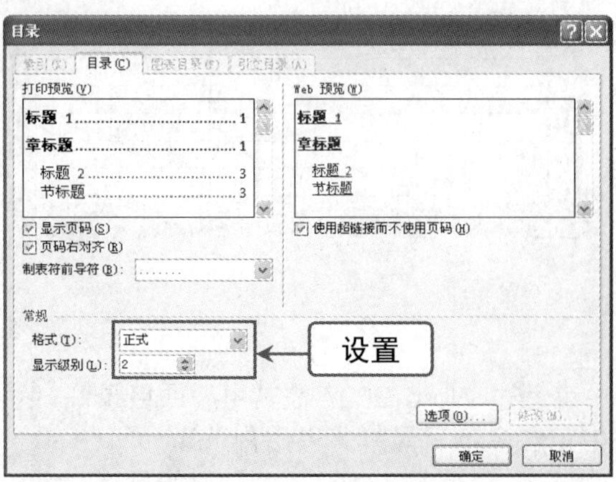

STEP 04 插入目录

单击“确定”按钮，在光标所在位置插入目录，效果如下图所示。

STEP 05 放置鼠标指针到目录上

将鼠标放置在要切换到的目标位置，按住【Ctrl】键，此时鼠标指针呈手形状，效果如下图所示。

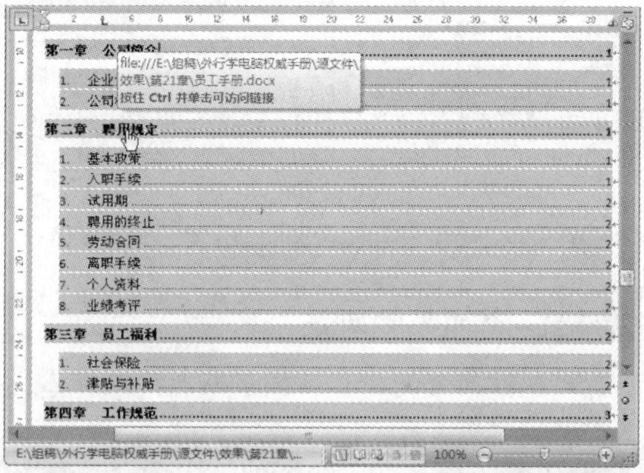

STEP 06 切换到目标位置

单击目录，文档将切换到目录对应的目标文档处，效果如下图所示。

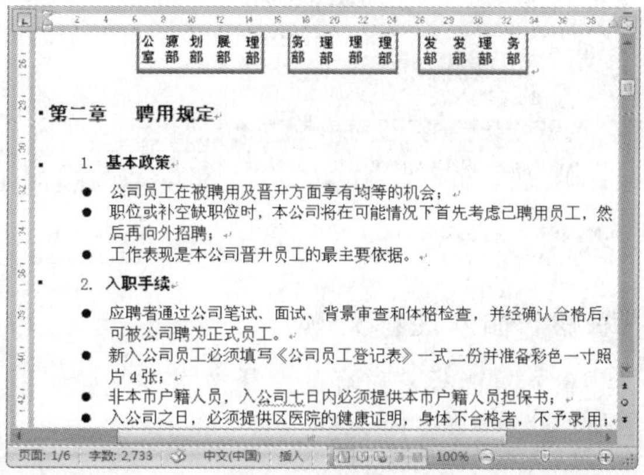

21.3 脚注和尾注

脚注和尾注用于在打印文档时为文档中的文本提供解释、批注以及相关的参考资料。用户可使用脚注对文档内容进行注释说明，而使用尾注说明引用的文献，其示意图如下图所示。其中，1 为脚注和尾注引用标记、2 为分隔符线、3 为脚注文本、4 为尾注文本。

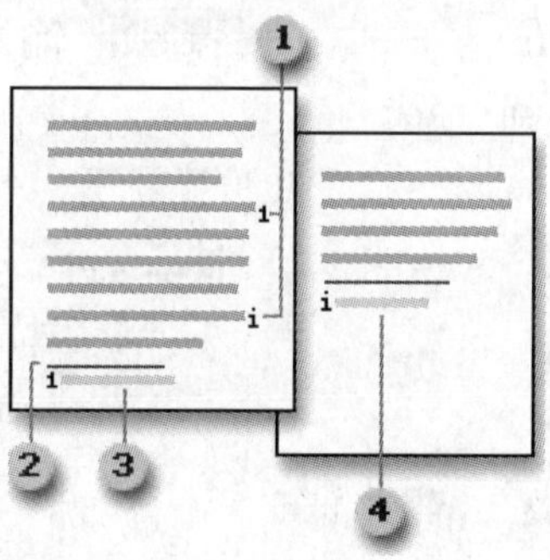

21.3.1 添加脚注和尾注

插入脚注和尾注的操作方法很简单，首先需要确定脚注和尾注的插入位置，再使用相应的工具进行添加即可，具体操作方法如下：

STEP 01 单击“插入脚注”按钮

打开“员工手册”素材文件，单击“引用”选项卡下“脚注”组中的“插入脚注”按钮，如下图所示。

STEP 02 显示脚注

此时，文档该页的底部将显示一条横线，并显示脚注编号，同时光标所在位置会显示同样的编号，如下图所示。

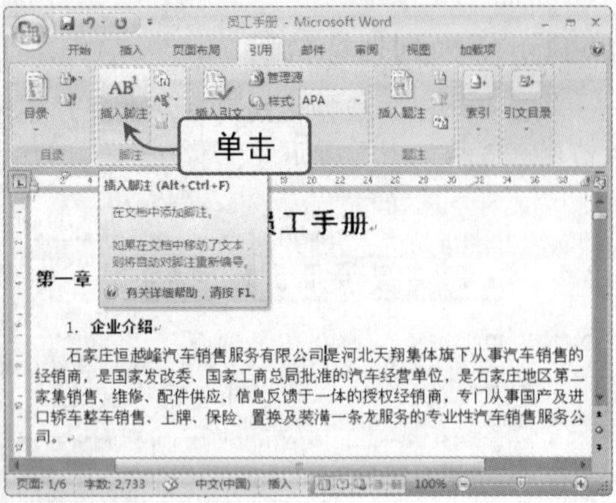

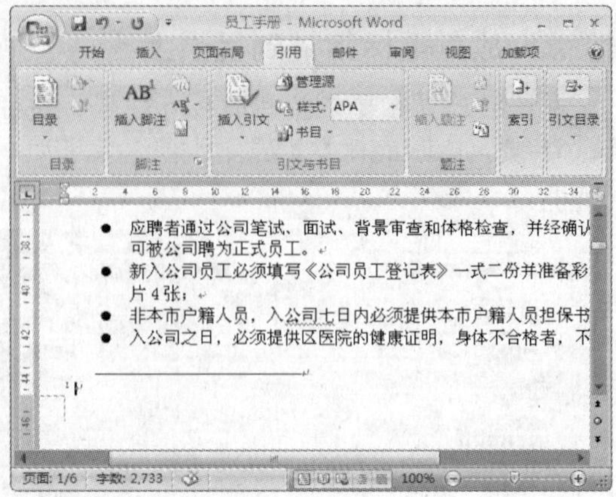

STEP 03 输入注释文本

输入对光标前内容的注释文本，效果如下图所示。

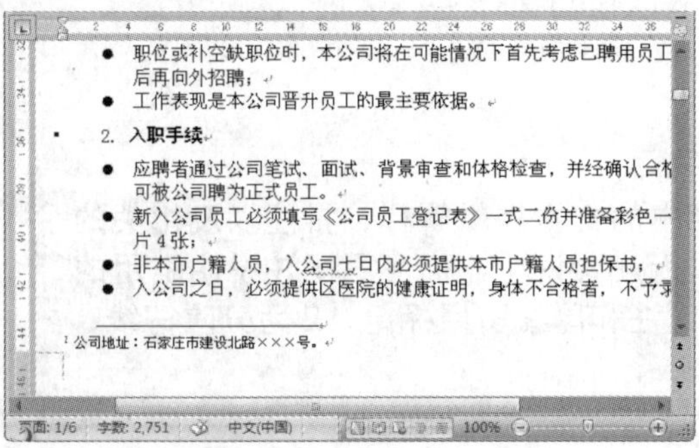

STEP 04 添加其他脚注

用同样的方法，在文档中添加其他脚注，效果如下图所示。

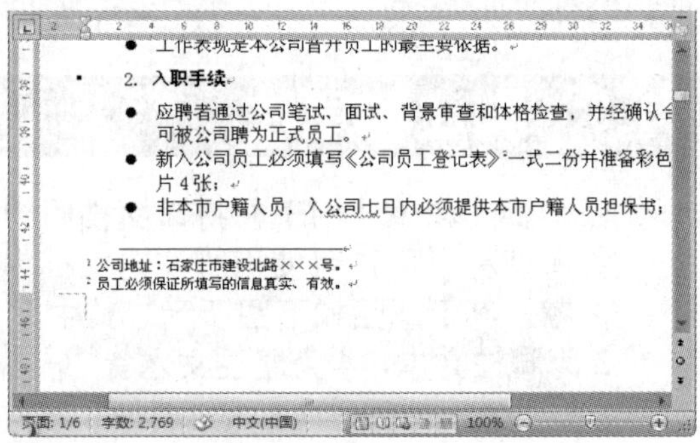

STEP 05 单击“插入尾注”按钮

定位光标，单击“脚注”组中的“插入尾注”按钮，如下图所示。

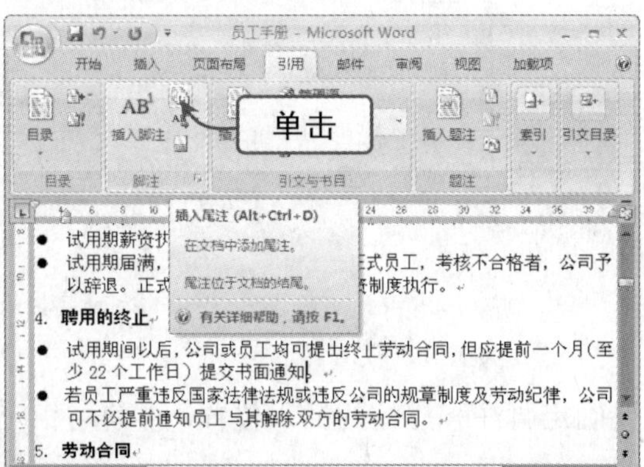

STEP 06 输入尾注内容

此时文档末尾将显示编号，直接输入尾注内容即可，效果如下图所示。

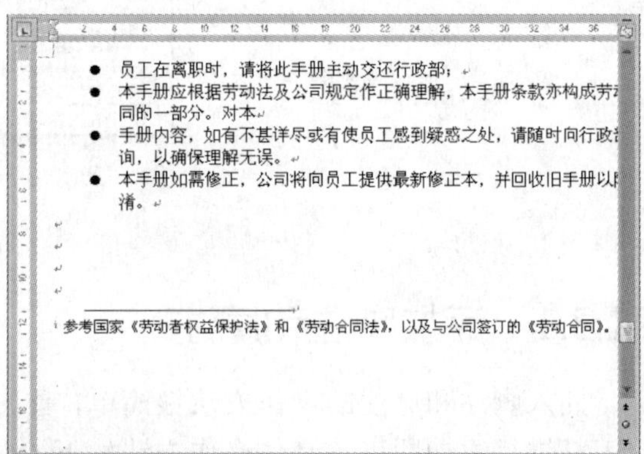

STEP 07 查看脚注

将鼠标指针放置在文档中的脚注编号上，将弹出如下图所示的提示框，显示对应的脚注内容。

STEP 08 查看尾注

将鼠标指针放置在文档中的尾注编号上，将弹出如下图所示的提示框，显示对应的尾注内容。

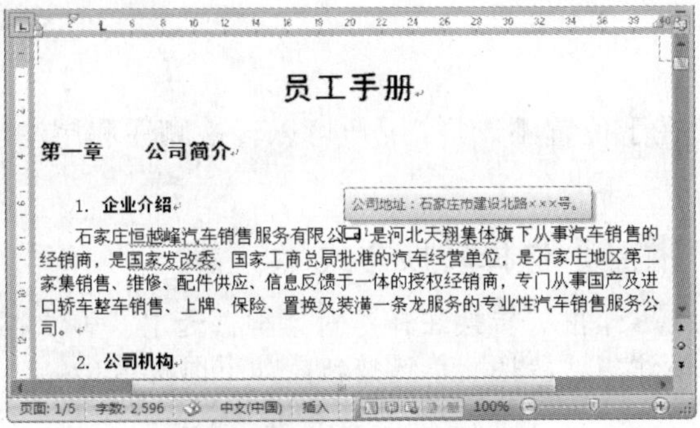

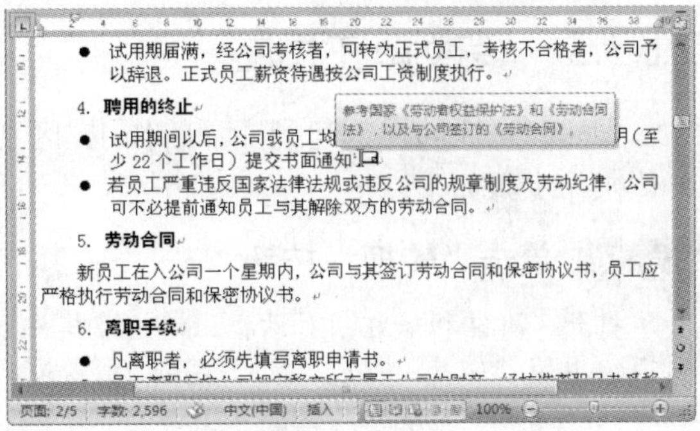

21.3.2 编辑脚注和尾注

插入到文档中的脚注和尾注采用默认格式，用户可根据需要进行编辑操作，方法如下：

STEP 01 单击“脚注和尾注”按钮

单击“引用”选项卡下“脚注”组中右下角的按钮，如下图所示。

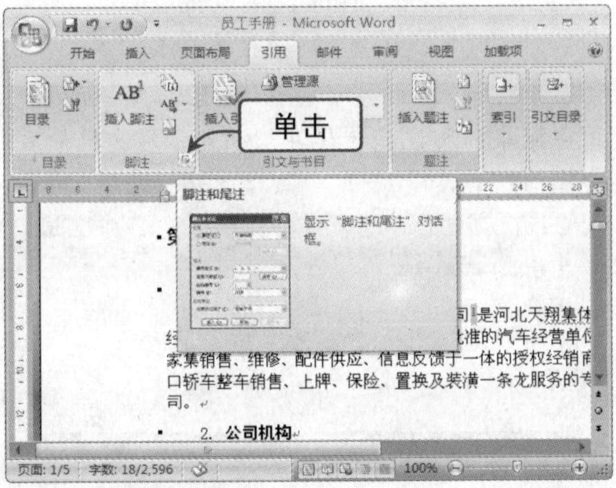

STEP 02 选择编号格式

弹出“脚注和尾注”对话框，在“编号格式”下拉列表框中选择如下图所示的选项。

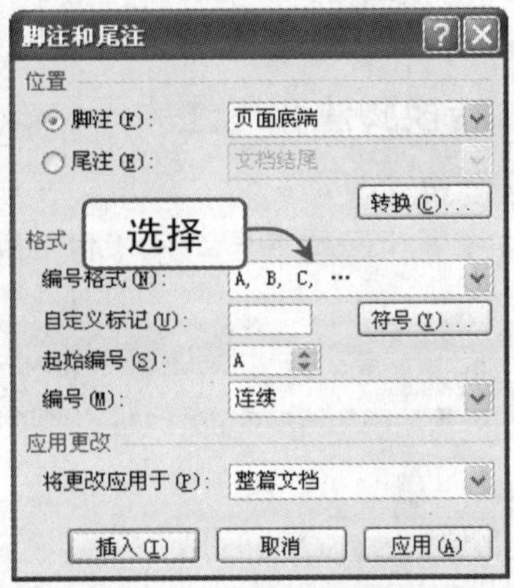

STEP 03 应用编号

单击“应用”按钮，应用选定的编号格式，效果如下图所示。

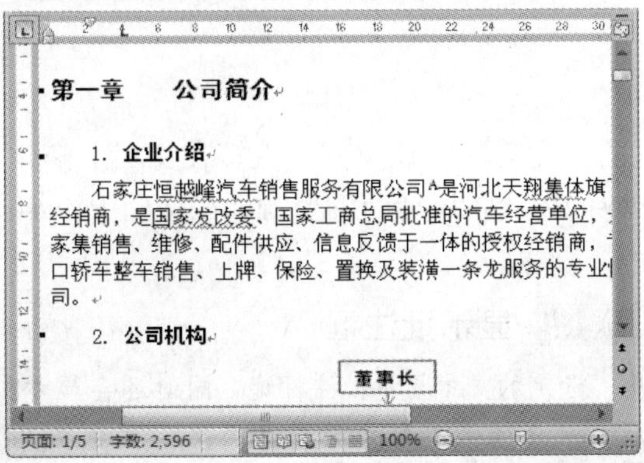

STEP 04 设置字体格式

选择脚注或尾注，用户可以使用“字体”组中的工具设置其字体格式，如下图所示。

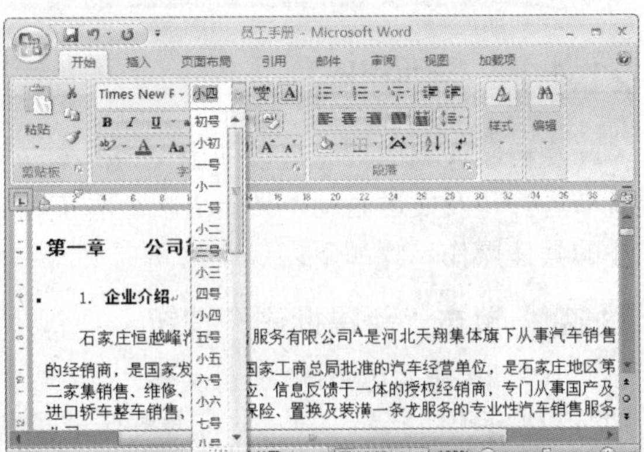

21.3.3 转换脚注和尾注

脚注和尾注同样都起到注释的作用，区别仅在于位置不一样，用户可以转换脚注和尾注，具体操作步骤如下：

STEP 01 单击“转换”按钮

打开“脚注和尾注”对话框，单击“尾注”选项组中的“转换”按钮，如下图所示。

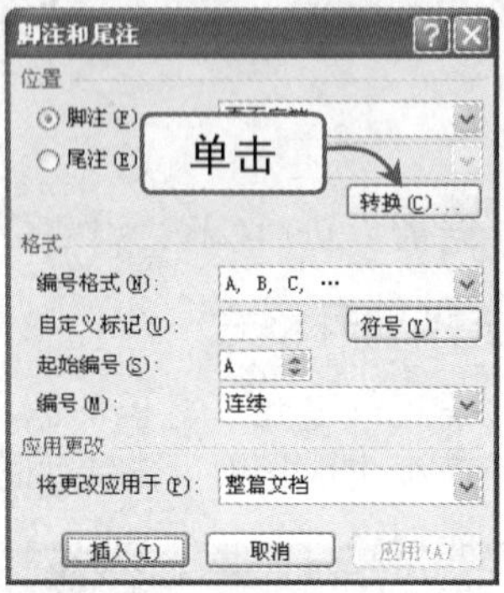

STEP 02 选择转换方式

弹出“转换注释”对话框，选中“脚注和尾注相互转换”单选按钮，如下图所示。

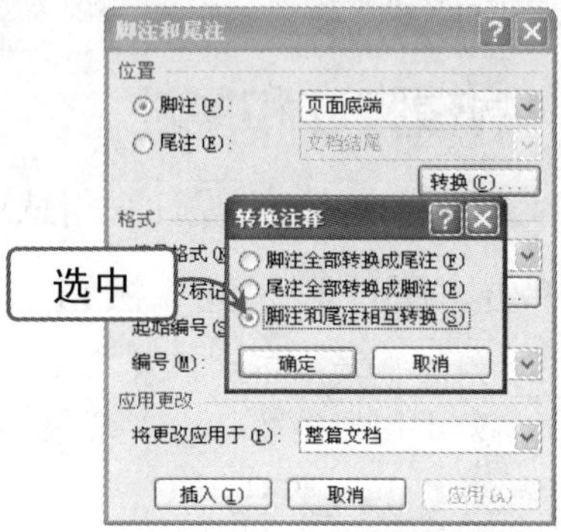

STEP 03 转换脚注和尾注

依次单击“确定”和“应用”按钮，此时文档中原来的脚注变为尾注，并显示在文档最后，而尾注变为脚注，显示在当页文档下方，效果如下图所示。

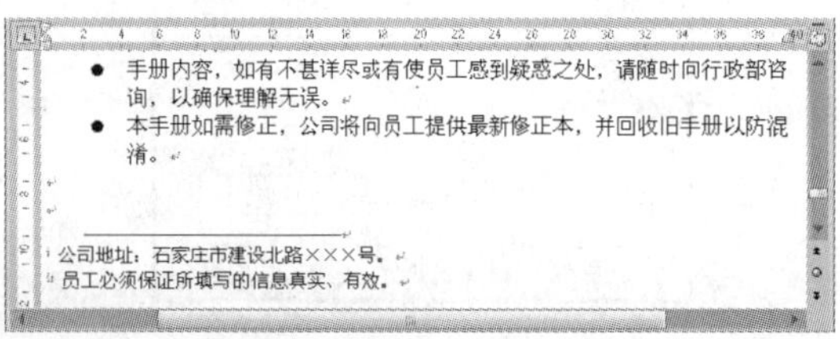

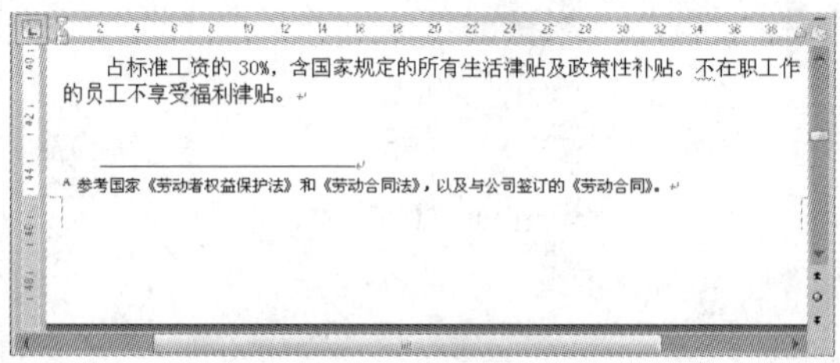

21.4 插入批注与审阅文档

使用 Word 2007 的批注和审阅功能，可以标记对文档进行的各种编辑操作。

21.4.1 添加批注

文档制作完成后，可以使用 Word 2007 提供的批注功能，让审阅者直接在文档上修改，既节省打印及发送时间，又能清晰查看审阅者修改的内容，还能节约资源。在文档中添加批注的具体操作步骤如下：

STEP 01 单击“新建批注”按钮

打开“爱上茶的味道”素材文件，单击“审阅”选项卡下“批注”组中的“新建批注”按钮，如下图所示。

STEP 02 显示批注框

选定的文本显示批注标记，同时还会显示批注框及连线，光标自动定位到批注框中的审阅用户后面，如下图所示。

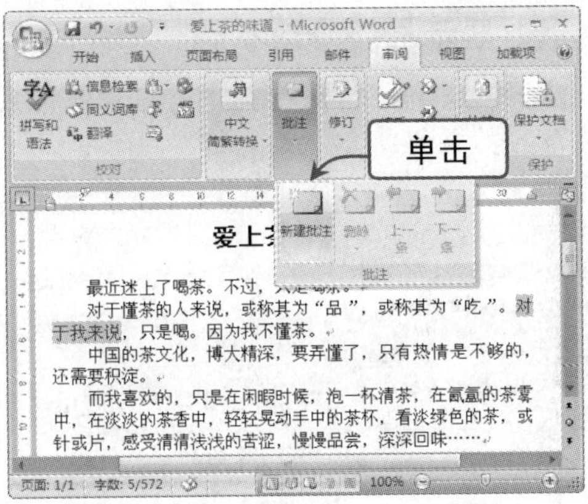

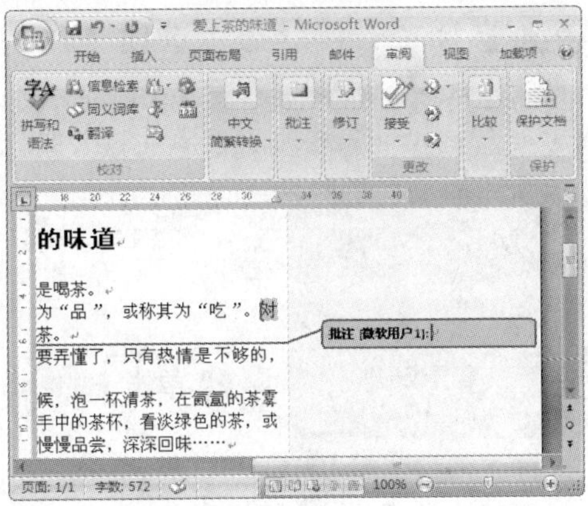

STEP 03 输入批注内容

在批注框中输入批注内容，如下图所示，输入完成后单击页面的任意位置，确认输入。

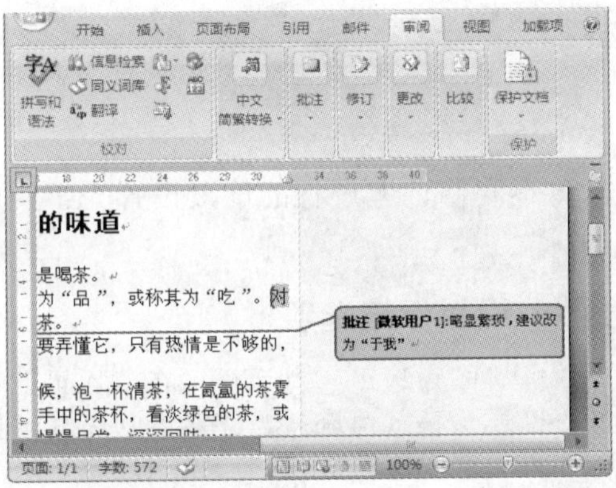

STEP 04 添加其他批注

用同样的方法，在文档中添加其他批注，效果如下图所示。

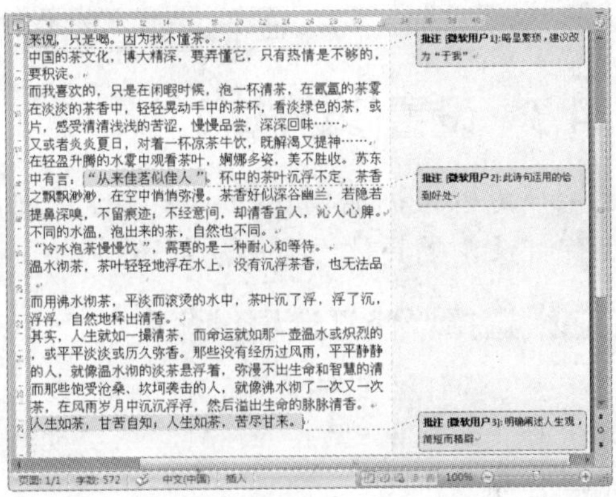

21.4.2 修订文档

除了在文档中添加批注外，用户还可以进行直接修订，具体操作方法如下：

STEP 01 选择“修订”选项

打开素材文件，单击“审阅”选项卡“修订”组中的“修订”下拉按钮，在弹出的下拉菜单中选择“修订”选项，如下图所示。

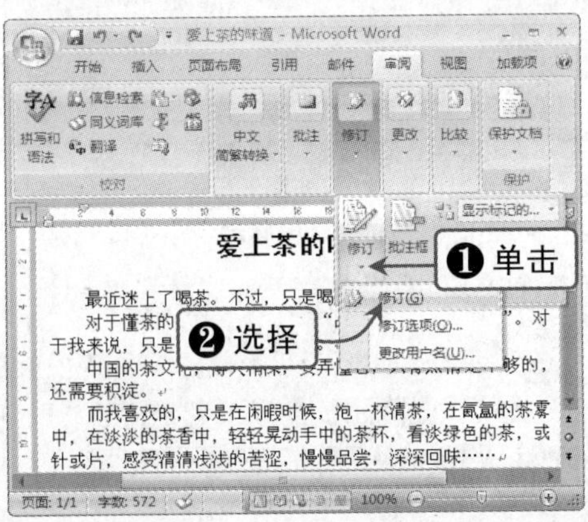

STEP 02 修改文档

进入修订状态后，选择需要修改的文本并进行适当的修改，被修改文本将显示为红色并在左侧显示一条竖线，如下图所示。

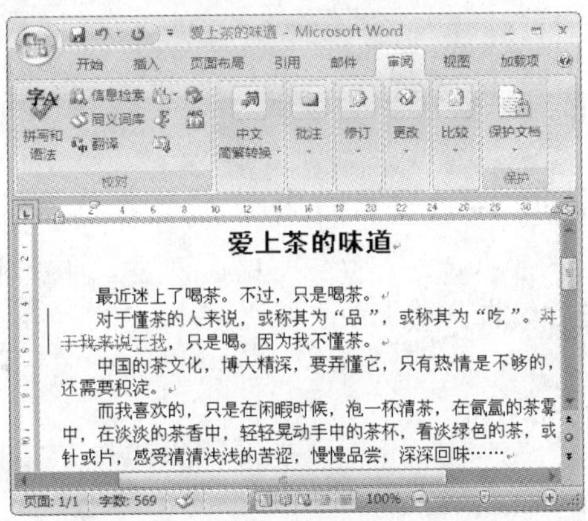

STEP 03 选择“最终状态”选项

单击“修订”组中的“显示以供审阅”下拉列表框，在弹出的下拉列表中选择“最终状态”选项，如下图所示。

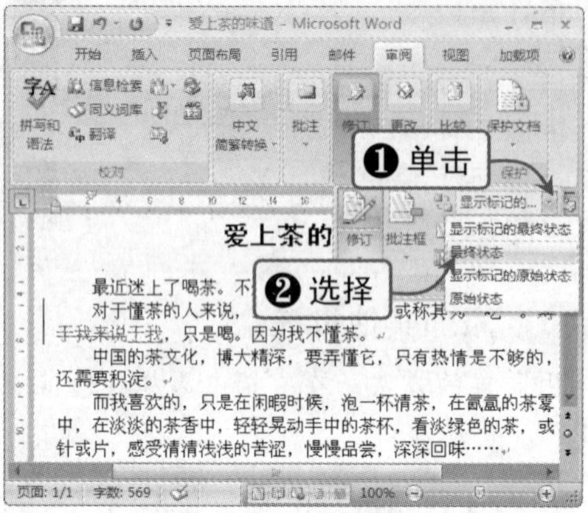

STEP 04 显示最终修改状态

此时，文档中的修改标记全部隐藏，只显示修改后的最终状态，效果如下图所示。

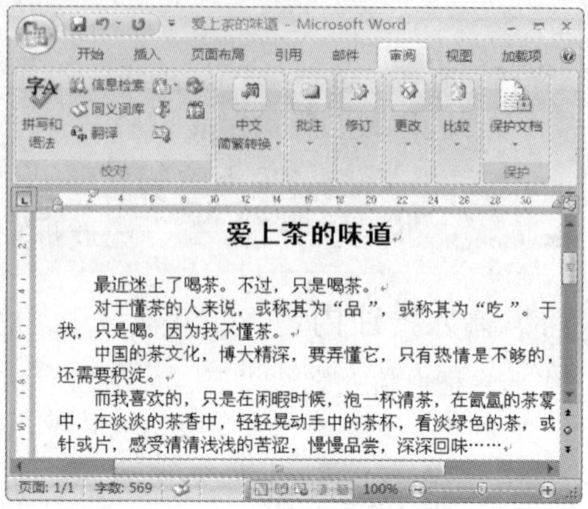

21.4.3 设置修订选项

用户可以根据需要轻松设置修订选项，如可以将不同修订人进行的修改设置为不同颜色。修订选项的具体设置方法如下：

STEP 01 选择“修订选项”命令

单击“修订”组中的“修订”下拉按钮，在弹出的下拉菜单中选择“修订选项”命令，如下图所示。

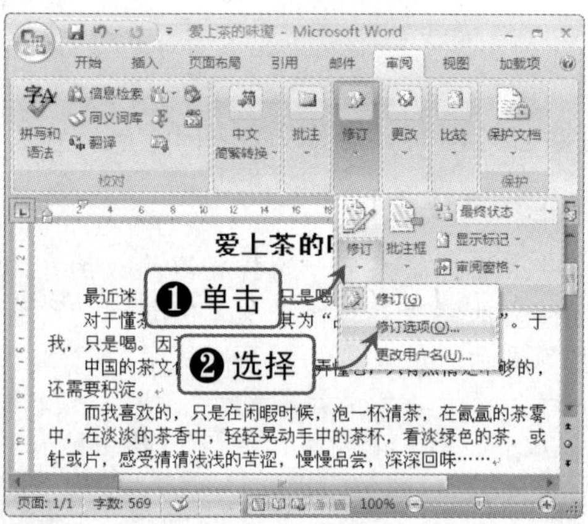

STEP 02 设置标记选项

弹出“修订选项”对话框，在“标记”选项组中设置“插入内容”为“双下划线”、“修订行”为“右侧框线”，如下图所示。

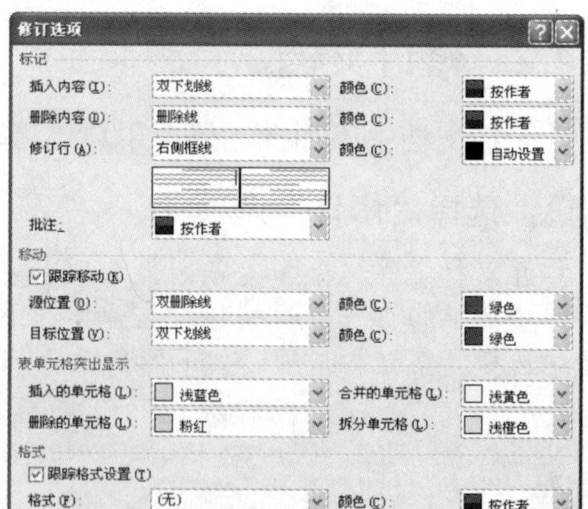

STEP 03 查看设置效果

单击“确定”按钮，完成设置，重新对文档进行编辑，效果如右图所示。

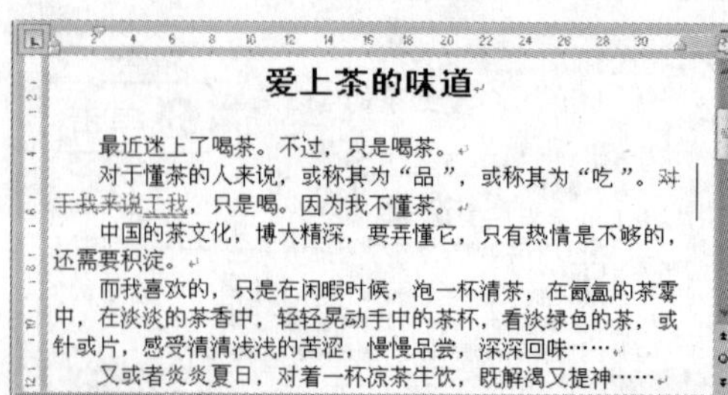

21.4.4 合并审阅文档

如果发送一个文档给多名审阅者进行审阅，并且每名审阅者都返回修订后的文档，可以使用 Word 2007 提供的文档合并功能，将修订后的文档合并到一起。用户可以一次合并两个文档，直到将所有审阅者的修订都合并到单个文档中为止，具体操作方法如下：

STEP 01 选择“审阅”选项卡

打开“爱上茶的味道 1”素材文件，选择“审阅”选项卡，如下图所示。

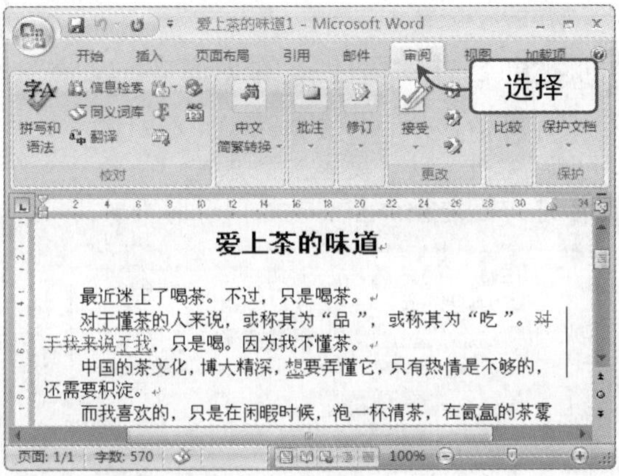

STEP 02 选择“合并”命令

在“比较”组中单击“比较”下拉按钮，在弹出的下拉菜单中选择“合并”命令，如下图所示。

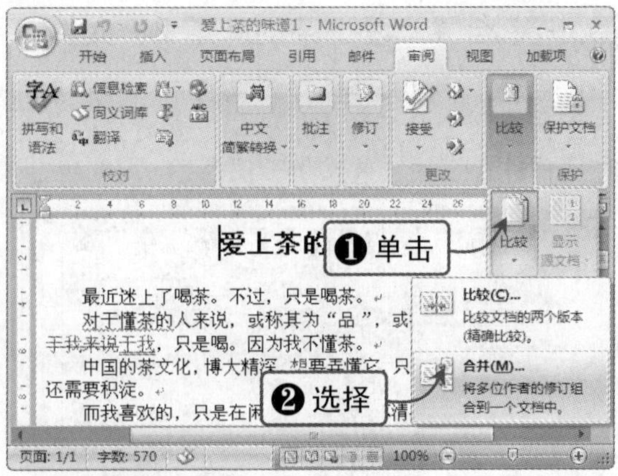

STEP 03 单击“浏览原始内容”按钮

弹出“合并文档”对话框，单击“原文档”下拉列表框右侧的“浏览原始内容”按钮，如下图所示。

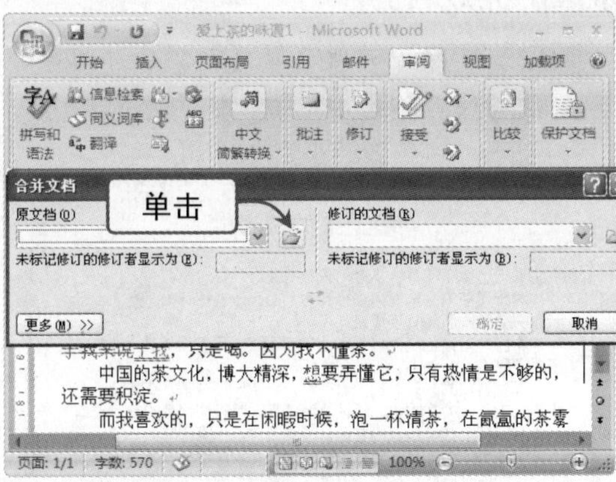

STEP 04 选择文档

弹出“打开”对话框，在“查找范围”下拉列表框中选择目标文件夹，在文件列表中选择要合并的文档，如下图所示。

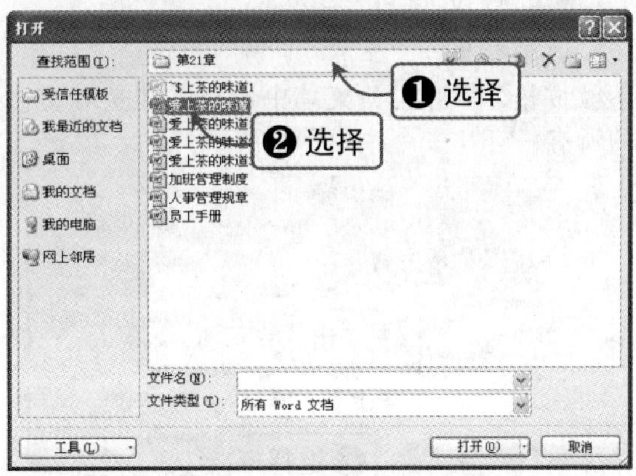

STEP 05 添加修订的文档

单击“打开”按钮，将其添加到“原文档”下拉列表框中，并用同样的方法，添加“修订的文档”，如下图所示。

STEP 06 合并文档

单击“确定”按钮，将原文档和修订的文档合并为一个文档，并用红色标记显示修订部分，效果如下图所示。

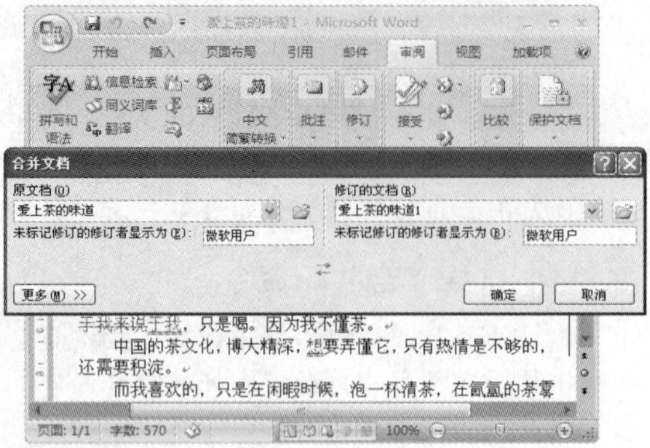

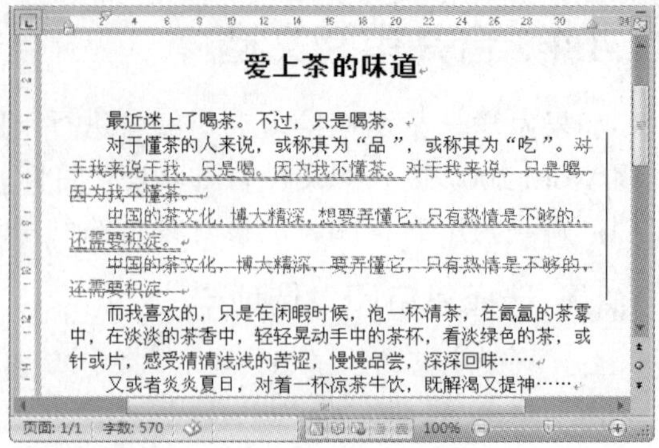

STEP 07 合并“爱上茶的味道 2”文件

将合并后的文档保存到电脑中，并以其为原文档，以“爱上茶的味道 2”素材文件为修订文档进行合并，效果如下图所示。

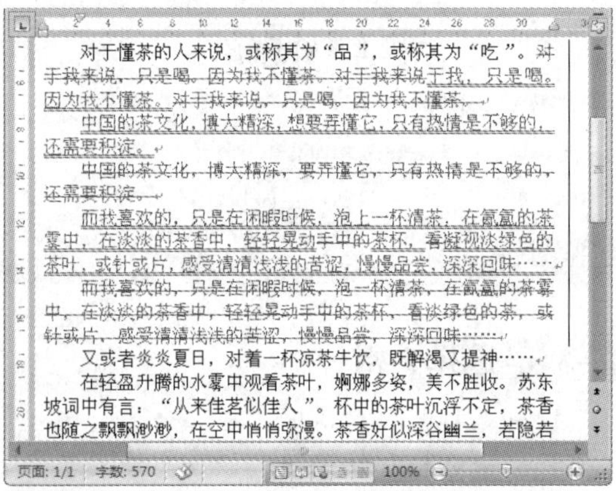

STEP 08 合并“爱上茶的味道 3”文件

再次将合并后的文档保存到电脑中，并以其为原文档，以“爱上茶的味道 3”素材文件为修订文档进行合并，效果如下图所示。

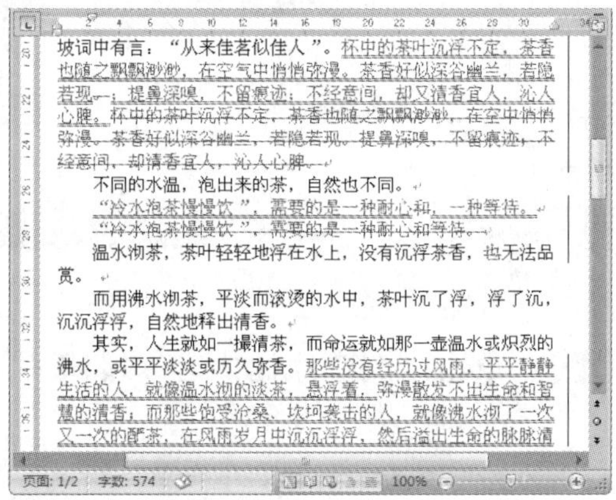

STEP 09 接受修订

完成合并后，单击“更改”组中的“接受”下拉按钮，在弹出的菜单中选择“接受对文档的所有修订”命令，如下图所示。

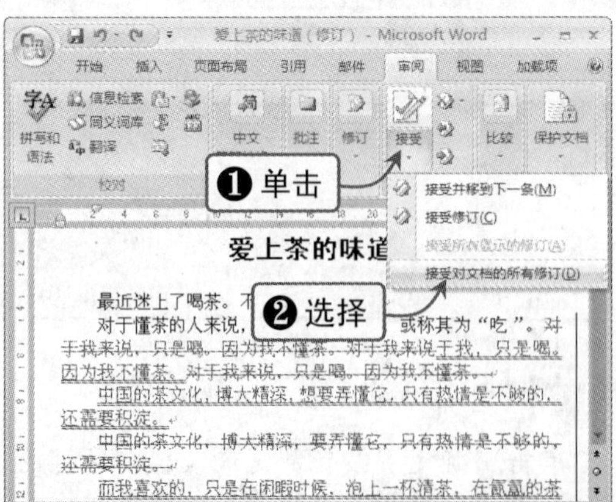

STEP 10 完成合并

此时，文档中的所有修订标记全部隐藏，并显示修订后的文本，效果如下图所示。

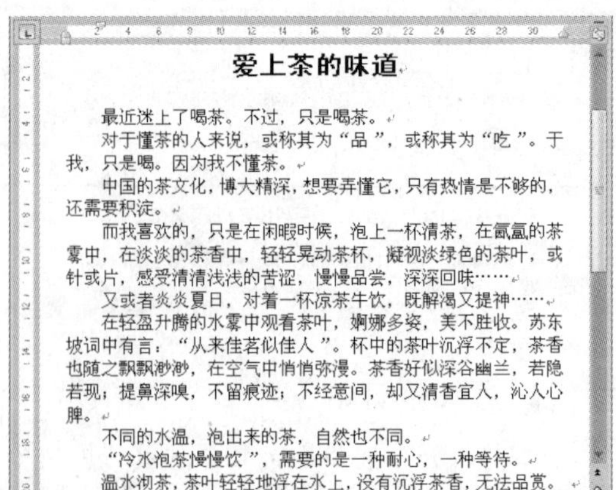

21.5 拼写与语法检查

用户在输入文本时。经常会遇到文本下方出现红色或绿色波浪线的情况，这是 Word 2007 自动对文档进行了拼写和语法检查，表示该处可能出现了拼写或语法错误（红色波浪线表示拼写错误，绿色波浪线表示语法错误）。例如，将 river 错拼成 rivr，则该单词的下方将出现红色波浪线。

21.5.1 更正拼写和语法错误

当文档中出现了拼写或语法错误，并用红色或绿色波浪线标出时，用户可使用 Word 提供的更正功能进行错误更正，具体操作方法如下：

STEP 01 单击"拼写和语法"按钮

打开"深秋随感"素材文件，单击"审阅"选项卡下"校对"组中的"拼写和语法"按钮，如下图所示。

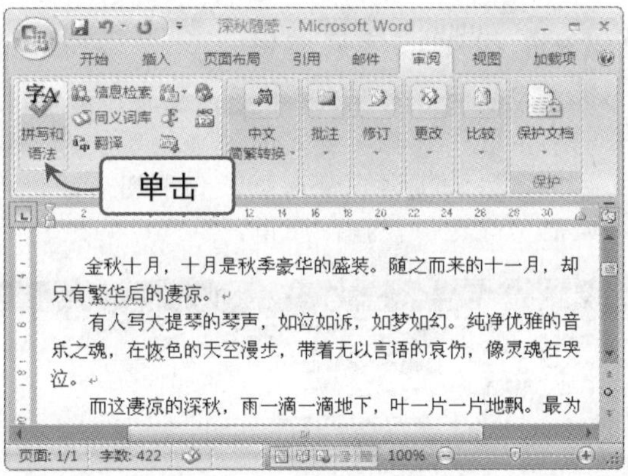

STEP 02 查看错误

弹出"拼写和语法：中文（中国）"对话框，在"输入错误或特殊用法"文本框中将以绿色标识出错文本，如下图所示。

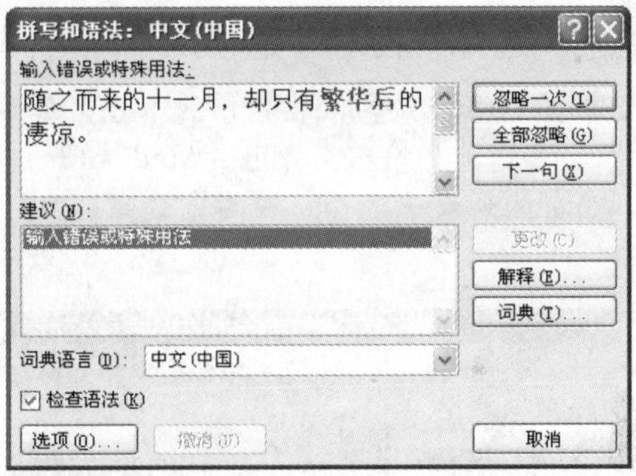

STEP 03 更改错误

直接在"输入错误或特殊用法"文本框中进行修改，然后单击"更改"按钮，如下图所示。

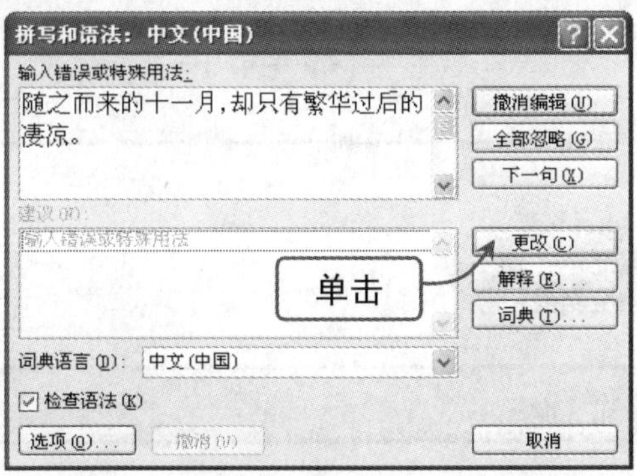

STEP 04 查看更改效果

单击"取消"按钮，关闭对话框，此时，文档中原来标识错误的波浪线已经消失，如下图所示。

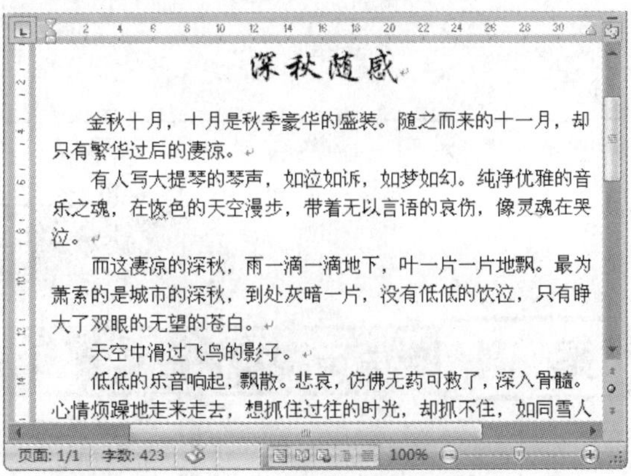

STEP 05 更改拼写错误

再次打开"拼写和语法：中文（中国）"对话框，更改拼写错误，如下图所示。

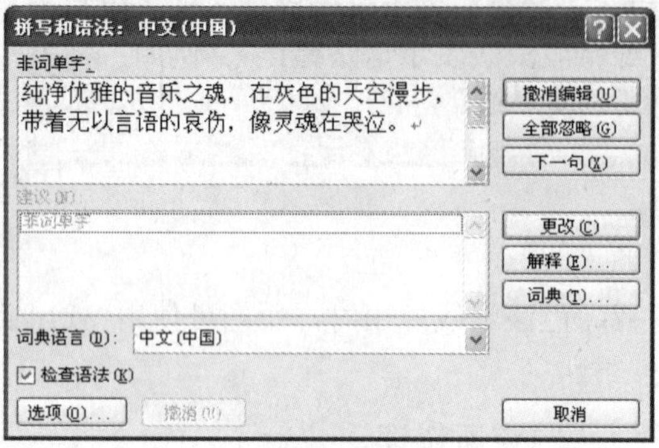

STEP 06 弹出提示信息框

单击"更改"按钮，将弹出提示信息框，提示用户拼写和语法检查完毕，如下图所示。直接单击"确定"按钮将对话框关闭即可。

21.5.2 取消自动检查

若用户不需要 Word 2007 自动检查拼写和检查错误，可将其关闭，具体操作方法如下：

STEP 01 选择"校对"选项

单击 Office 按钮，在弹出的下拉菜单中单击"Word 选项"按钮，弹出"Word 选项"对话框，在左侧列表中选择"校对"选项，如下图所示。

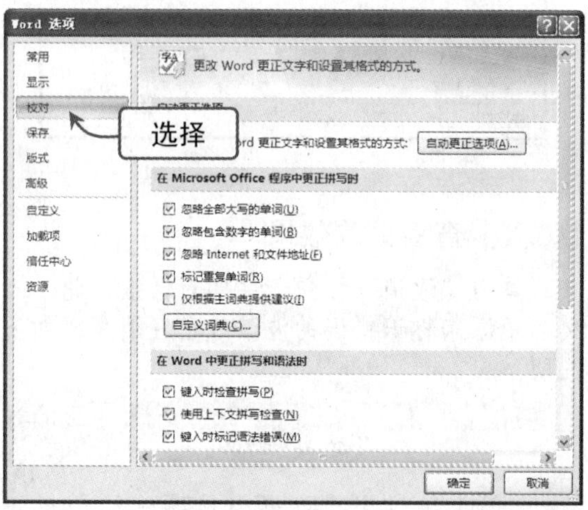

STEP 02 取消选择复选框

在右侧的"在 Word 中更正拼写和语法时"选项组中取消选择"键入时检查拼写"和"键入时标记语法错误"复选框，如下图所示，然后单击"确定"按钮，应用设置。

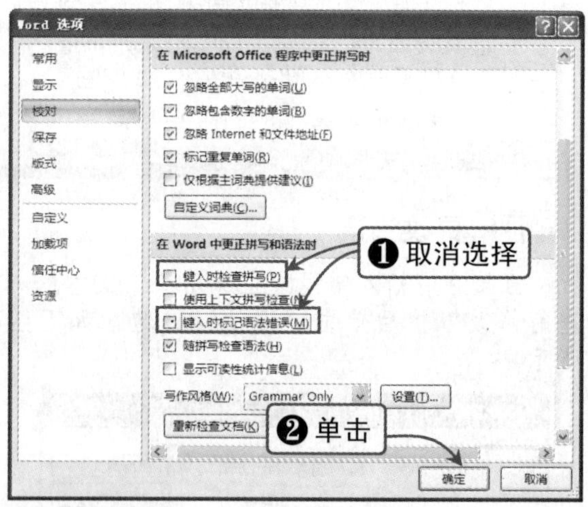

权威案例

案 例 关于提高供应链可靠性策略分析

本案例部分页码的最终效果如下图所示。

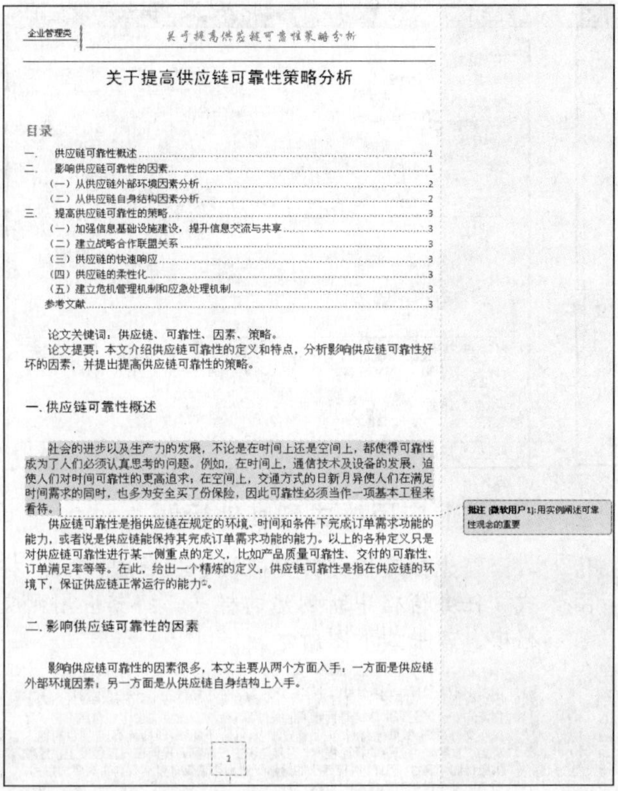
企业管理类 | 关于提高供应链可靠性策略分析

关于提高供应链可靠性策略分析

目录

论文关键词：供应链、可靠性、因素、策略。

论文提要：本文介绍供应链可靠性的定义和特点，分析影响供应链可靠性好坏的因素，并提出提高供应链可靠性的策略。

一. 供应链可靠性概述

社会的进步以及生产力的发展，不论是在时间上还是空间上，都使得可靠性成为了人们必须认真思考的问题。例如，在时间上，通信技术及设备的发展，迫使人们对时间可靠性的更高追求；在空间上，交通方式的日新月异使人们在满足时间需求的同时，也多为安全买了份保险，因此可靠性必须当作一项基本工程来看待。

批注 [微软用户 1]: 用实例阐述可靠性观念的重要

供应链可靠性是指供应链在规定的环境、时间和条件下完成订单需求功能的能力，或者说是供应链能保持其完成订单需求功能的能力。以上的各种定义只是对供应链可靠性进行某一侧重点的定义，比如产品质量可靠性、交付的可靠性、订单满足率等等。在此，给出一个精炼的定义：供应链可靠性是指在供应链的环境下，保证供应链正常运行的能力[1]。

二. 影响供应链可靠性的因素

影响供应链可靠性的因素很多，本文主要从两个方面入手：一方面是供应链外部环境因素；另一方面是从供应链自身结构上入手。

1

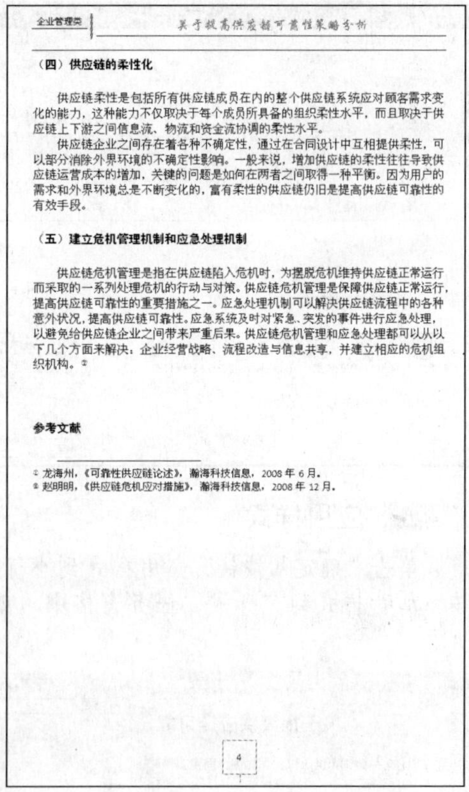
企业管理类 | 关于提高供应链可靠性策略分析

（四）供应链的柔性化

供应链柔性是包括所有供应链成员在内的整个供应链系统应对顾客需求变化的能力，这种能力不仅取决于每个成员所具备的组织柔性水平，而且取决于供应链上下游之间信息流、物流和资金流协调的柔性水平。

供应链企业之间存在着各种不确定性，通过在合同设计中互相提供柔性，可以部分消除外界环境的不确定性影响。一般来说，增加供应链的柔性往往导致供应链运营成本的增加，关键的问题是如何在两者之间取得一种平衡。因为用户的需求和外界环境总是不断变化的，富有柔性的供应链仍旧是提高供应链可靠性的有效手段。

（五）建立危机管理机制和应急处理机制

供应链危机管理是指在供应链陷入危机时，为摆脱危机维持供应链正常运行而采取的一系列处理危机的行动与对策。供应链危机管理是保障供应链正常运行，提高供应链可靠性的重要措施之一。应急处理机制可以解决供应链流程中的各种意外状况，提高供应链可靠性。应急系统及时对紧急、突发的事件进行应急处理，以避免给供应链企业之间带来严重后果。供应链危机管理和应急处理都可以从以下几个方面来解决：企业经营战略、流程改造与信息共享，并建立相应的危机组织机构。[2]

参考文献

[1] 龙海州，《可靠性供应链论述》，瀚海科技信息，2008 年 6 月。
[2] 赵明明，《供应链危机应对措施》，瀚海科技信息，2008 年 12 月。

4

具体制作方法如下：

STEP 01 单击“样式”按钮

打开“关于提高供应链可靠性策略分析”素材文件，单击“开始”选项卡下“样式”组右下角的按钮，如下图所示。

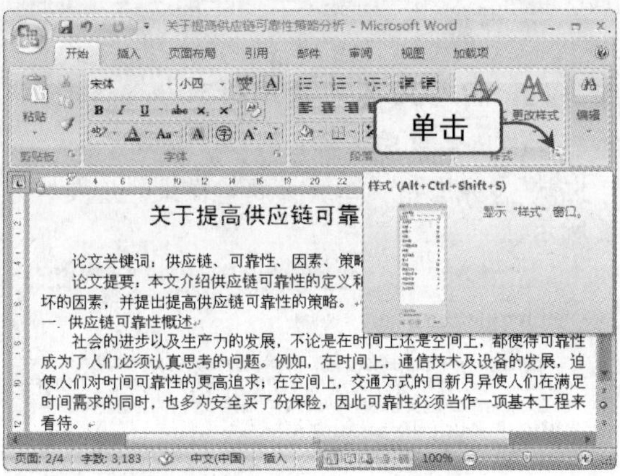

STEP 02 单击“新建样式”按钮

弹出“样式”任务窗格，将光标定位到第一个小标题中，然后单击“新建样式”按钮，如下图所示。

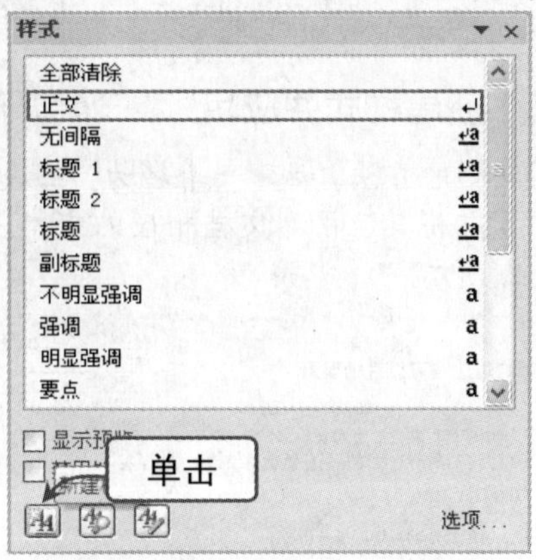

STEP 03 设置样式属性

弹出“根据格式设置创建新样式”对话框，在“属性”选项组中设置“名称”为“一级标题”、“样式基准”为“标题 1”、“后续段落样式”为“正文”，如下图所示。

STEP 04 设置样式格式并预览效果

在“格式”选项组中设置“字体”为“黑体”、“字号”为“四号”，单击“加粗”按钮，将其弹起，然后在下方的预览框中查看样式效果，如下图所示。

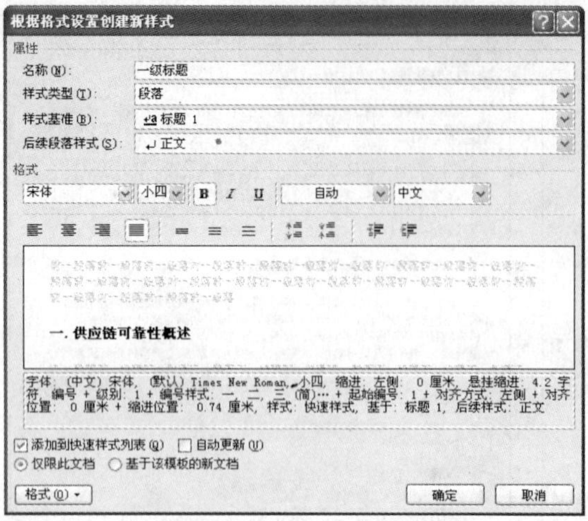

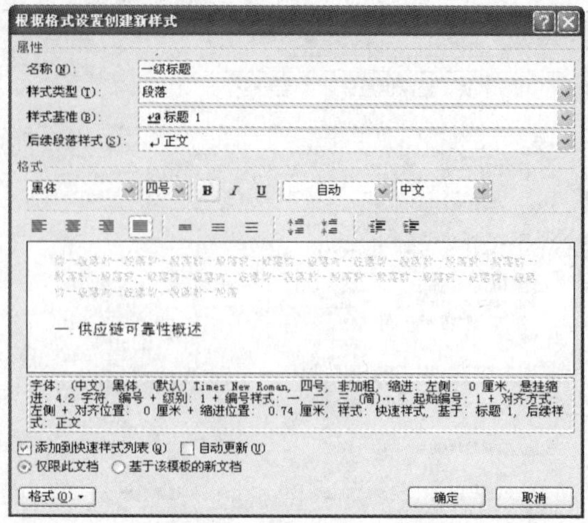

STEP 05 应用样式

单击“确定”按钮，应用样式到小标题中，并添加新样式到“样式”任务窗格中，如下图所示。

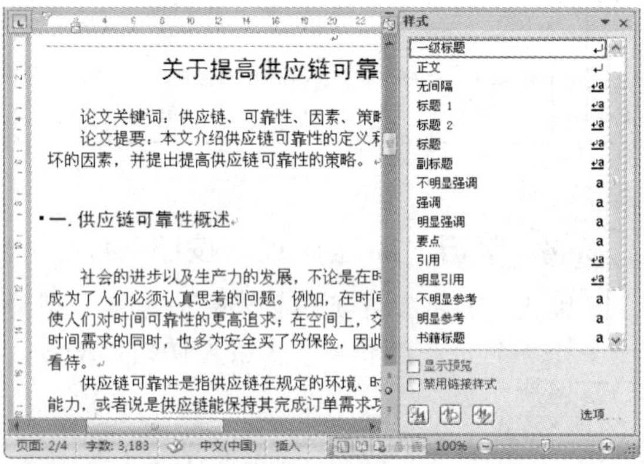

STEP 06 应用样式到其他标题

将光标定位到其他同级小标题中，单击“样式”任务窗格中新创建的样式，将其应用到文档中，效果如下图所示。

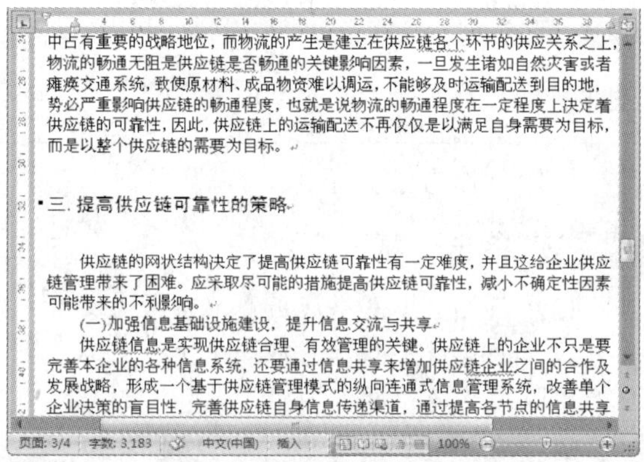

STEP 07 新建样式并应用

用同样的方法，新建一个名为“二级标题”的样式，并将其应用到文档相应的文本上，效果如下图所示。

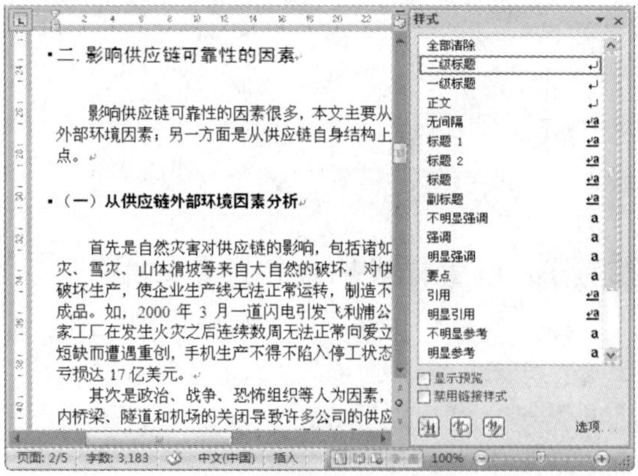

STEP 08 输入文本并套用样式

在文档末尾插入适当空行，输入文本“参考文献”，并套用“二级标题”样式，效果如下图所示。

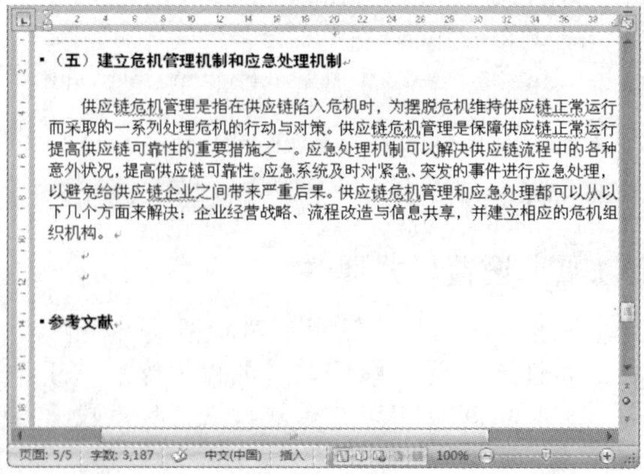

STEP 09 单击“插入尾注”按钮

将光标定位到文档第二段文本中，单击“引用”选项卡下“脚注”组中的“插入尾注”按钮，如下图所示。

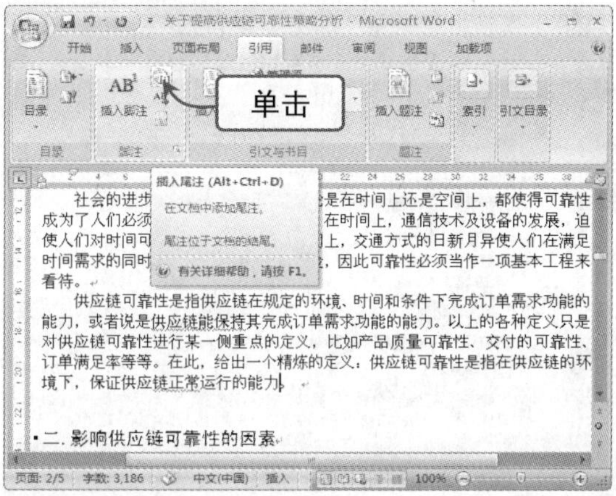

STEP 10 输入尾注内容

此时的文档结尾将显示尾注分隔线，并自动进行编号，输入对应文本的注释内容，如下图所示。

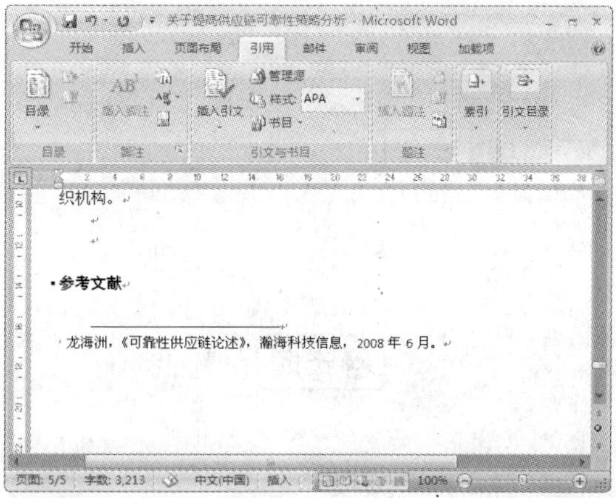

STEP 11 添加其他尾注

用同样的方法，添加其他尾注内容，效果如下图所示。

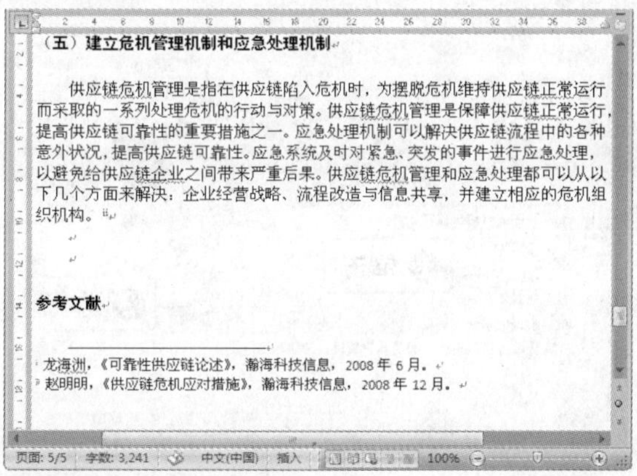

STEP 12 单击“脚注和尾注”按钮

单击“脚注”组右下角的按钮，如下图所示。

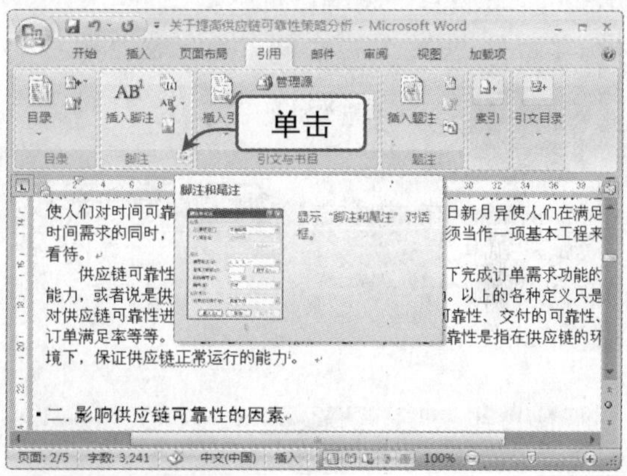

STEP 13 选择编号格式

弹出“脚注和尾注”对话框，在“编号格式”下拉列表框中选择如下图所示的编号格式。

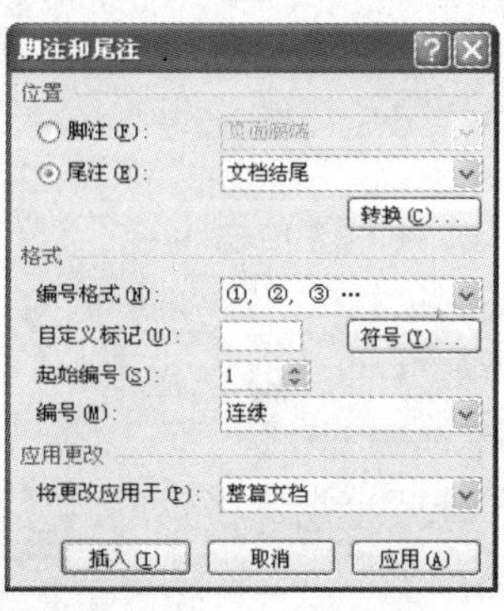

STEP 14 更改脚注样式

单击“应用”按钮，此时文档中尾注样式已经更改，效果如下图所示。

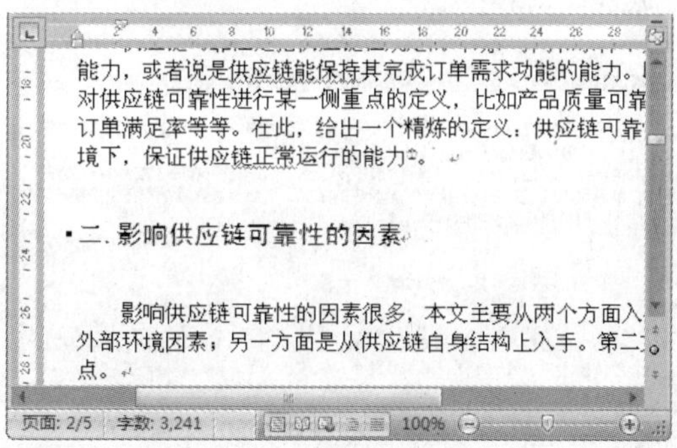

STEP 15 选择目录样式

将光标定位在文档第一段段首，单击“目录”组中的“目录”下拉按钮，在弹出的下拉面板中选择如下图所示的选项。

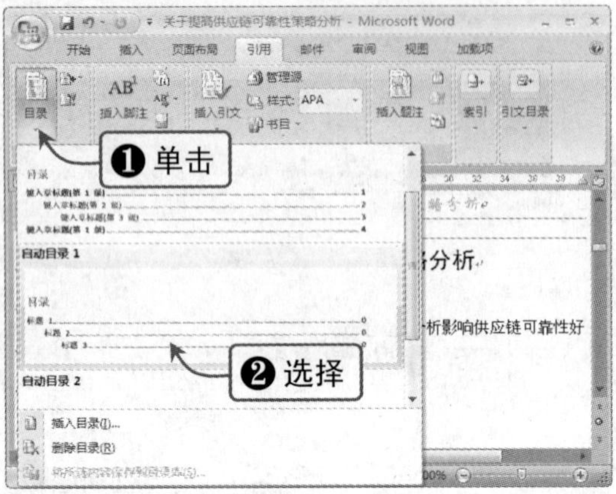

STEP 16 插入目录

在文档的开始位置插入目录，效果如下图所示。

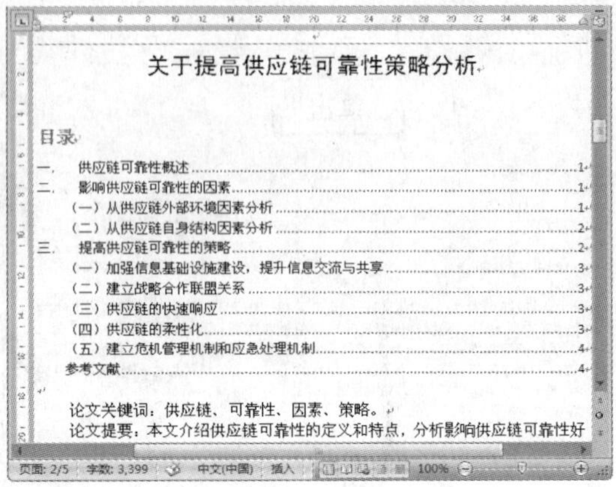

STEP 17 添加批注

选择文本，单击“审阅”选项卡下“批注”组中的“新建批注”按钮，在文档中添加批注，并输入批注内容，如下图所示。

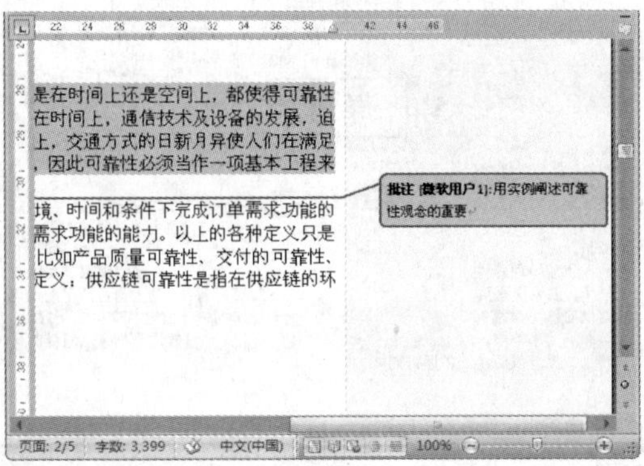

STEP 18 选择“修订”命令

单击“修订”组中的“修订”下拉按钮，在弹出的下拉菜单中选择“修订”命令，进入修订状态，如下图所示。

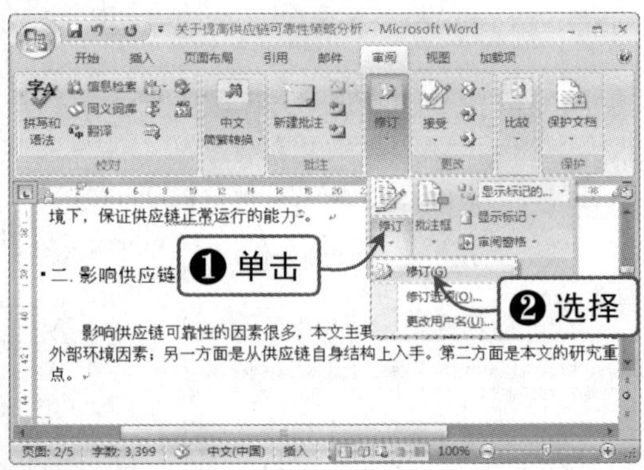

STEP 19 修订文档

选择要删除的文本，按【Delete】键将其删除，此时，被删除的文本将显示为红色，并显示删除线，如下图所示。

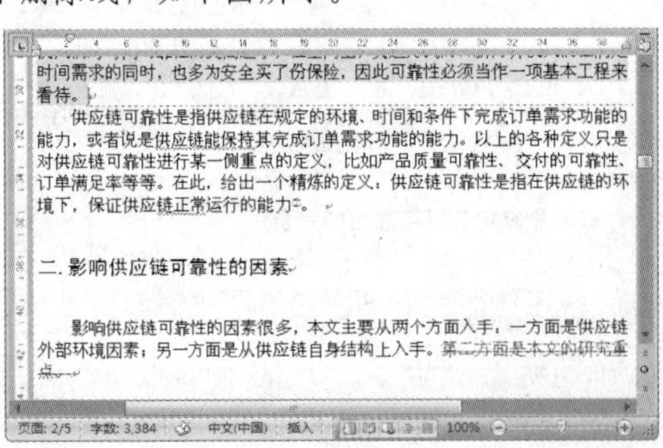

STEP 20 接受修订

修订其他文本，单击“更改”组中的“接受”下拉按钮，在弹出的下拉菜单中选择“接受对文档的所有修订”命令，如下图所示。

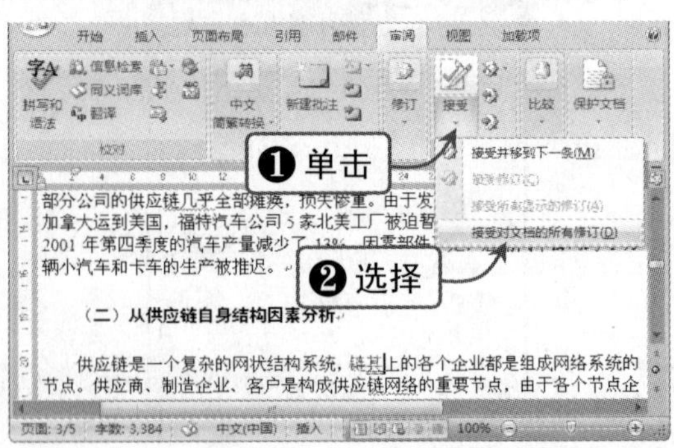

STEP 21 单击“拼写和语法”按钮

单击“校对”组中的“拼写和语法”按钮，如下图所示。

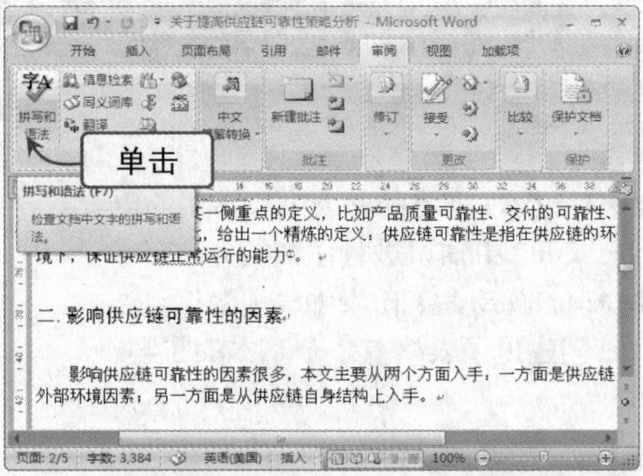

STEP 22 修改文档拼写和语法错误

弹出“拼写和语法：中文（中国）”对话框，如下图所示，从中修改文档拼写和语法错误，完成文档的编辑。

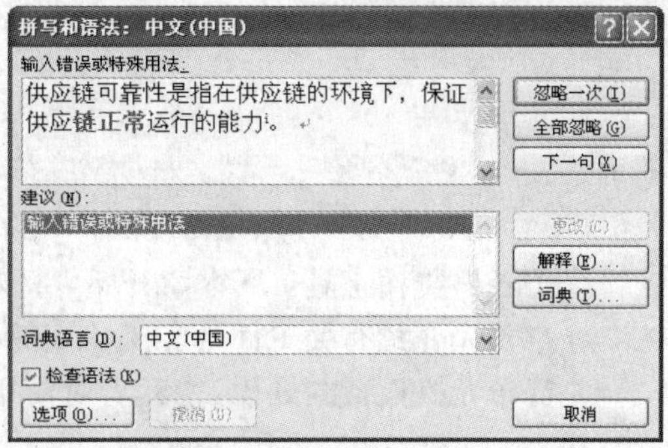

● 读书笔记

Chapter 22

Excel 工作表的创建与编辑

Excel 2007 是 Office 2007 中的重要组件之一，是电脑办公中最常用的电子表格制作工具，从本章开始，将对 Excel 2007 中知识进行详细的介绍。本章首先介绍有关工作簿和工作表的基本知识，以及在工作表中输入数据，进行单元格设置的知识，使读者对使用 Excel 创建电子表格有一个基本的了解。

移动或复制工作表

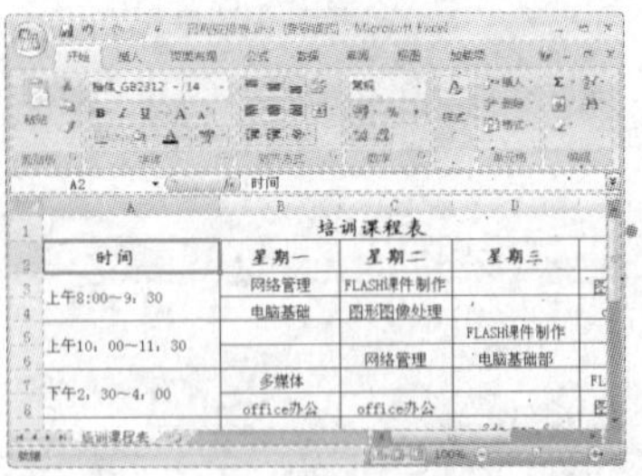

设置行高和列宽

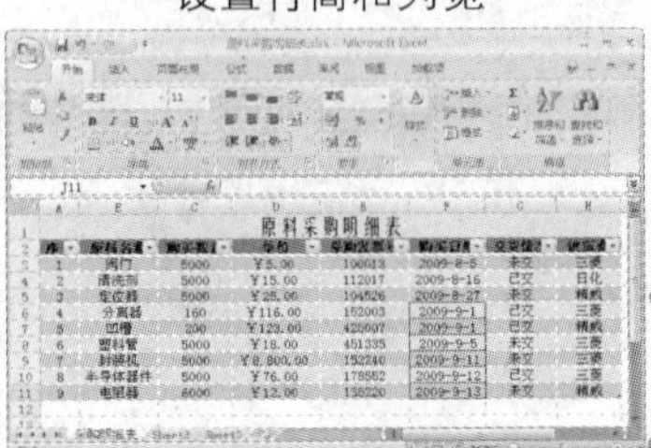

制作原料采购明细表

重要知识点视频索引

本章建议学习时间：

本章建议学习时间为 50min，其中分配 25 min 学习工作表创建的基础知识，25min 观看教学视频并进行实际练习。

学完本章后您可以：

- 创建工作表
- 处理工作表
- 设置单元格
- 快速填充单元格数据
- 快速设置单元格格式

22.1 工作簿和工作表

Excel 2007 是 Office 2007 套装软件的组件之一，是一款专门用于制作电子表格的办公软件。启动 Excel 2007 应用程序所创建的文件为工作簿，而每个工作簿文件中会包含一个或多个工作表。默认情况下，一个工作簿文件中包含 3 张工作表，如下图所示。而工作簿中最多可以包含 255 张工作表。

在 Excel 应用程序窗口的下方，将显示该工作簿中包含的工作表标签，如 Sheet1、Sheet2 等，单击不同的工作表标签，将切换到相应的工作表中（如当前工作表为 Sheet1）。工作表中包含有 256 列和 65 536 行，行和列的交叉点就是一个单元格，单元格是电子表格中最小的工作单位。在工作表中，单元格显示为有边框形式，而实际上它是没有边框的，在打印预览中看不到它，打印时也不会被打印出来。

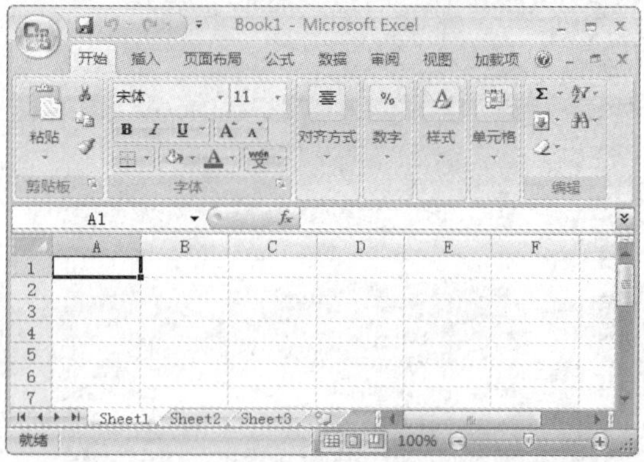

22.1.1 创建工作簿

启动 Excel 应用程序会自动创建新的空白工作簿，在工作簿文件中，用户可通过相应的操作继续创建新的空白工作簿，还可以根据已有的模板或已有的内容来创建新的工作簿。

Work1 工作簿的创建

创建工作簿的具体操作步骤如下：

STEP 01 选择“新建”命令

启动 Excel 2007 应用程序，可创建一张空白工作簿。单击程序窗口中的 Office 按钮，在弹出的下拉菜单中选择“新建”命令，如下图所示。

STEP 02 弹出“新建工作簿”对话框

弹出“新建工作簿”对话框，在“模板”列表框中选择“空白文档和最近使用的文档”选项，然后在对话框中间的列表中选择“空工作簿”选项，如下图所示。

STEP 03 创建新的空白工作簿

单击“创建”按钮，将创建名称为 Book2 的空白工作簿，效果如下图所示。

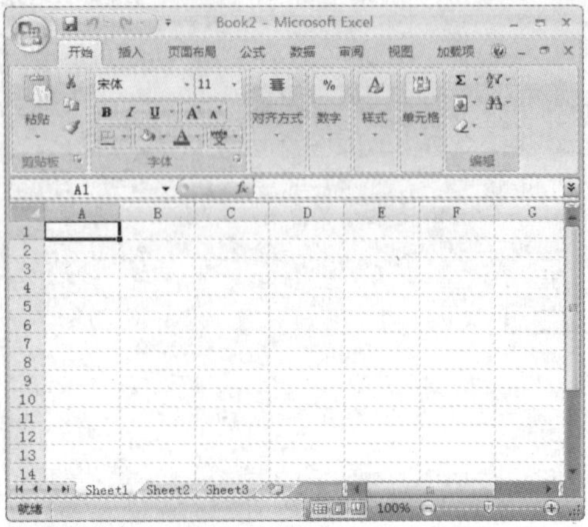

STEP 04 选择模板

单击 Office 按钮，在弹出的下拉菜单中选择“新建”选项，再次打开“新建工作簿”对话框，在“模板”列表框中选择“已安装的模板”选项，然后在中间的列表框中选择“贷款分期付款”模板，如下图所示。

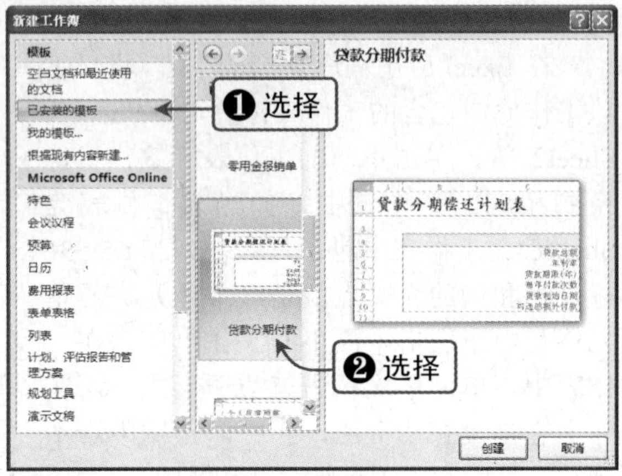

STEP 05 根据模板创建工作簿

单击“创建”按钮，根据选择的模板创建一张工作簿，效果如右图所示。

提示

用户还可以根据已有的工作簿来创建新的工作簿，具体操作方法与根据已有模板创建工作簿的方法类似，这里不再赘述。

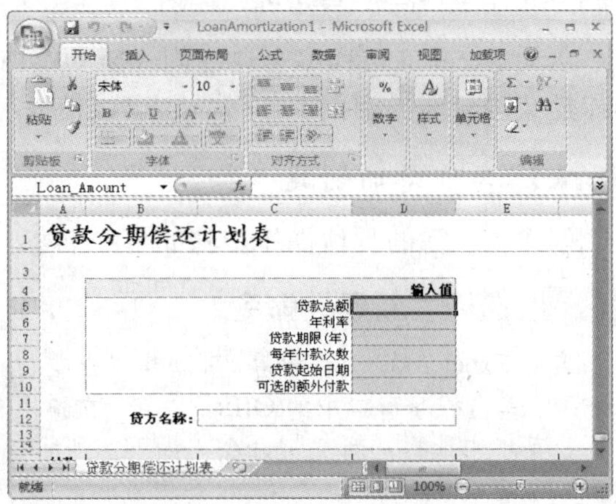

Work2 下载模板

如果电脑中用于创建新工作簿的模板不能满足用户的需要，可以从网站上下载模板，以创建出更多种类的新工作簿，满足工作需要。下载模板的具体操作方法如下：

STEP 01 选择模板

打开“新建工作簿”对话框，在“模板”列表框中选择“费用报表”选项，然后在中间的列表框中选择“差旅费报表”模板，如下图所示。

STEP 02 完成下载

单击“下载”按钮，将开始下载该模板，下载完毕后，将打开该模板，如下图所示。

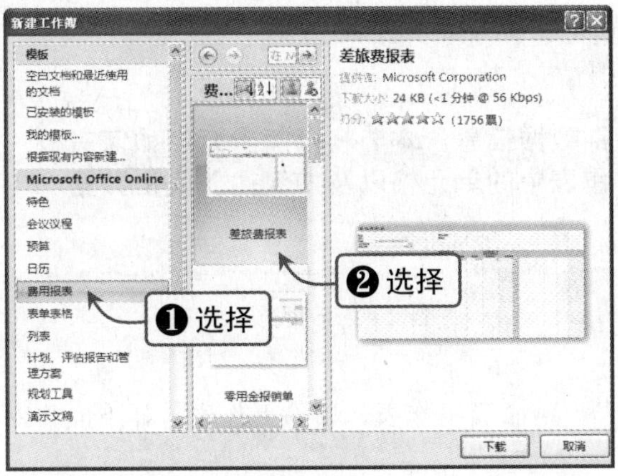

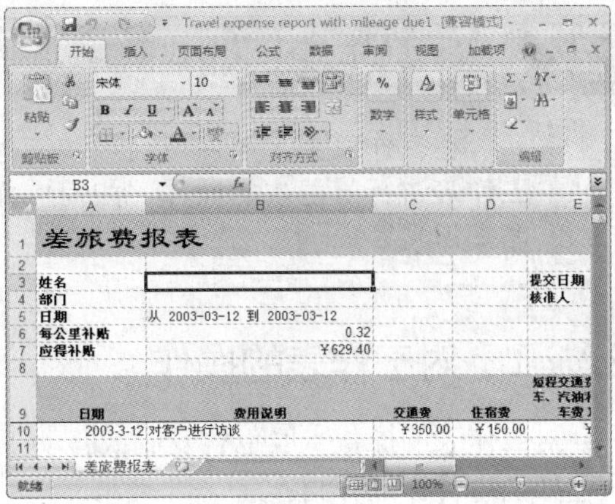

22.1.2 创建工作表

打开工作簿文件后，如果默认的 3 个工作表不能满足用户的需要，可在其中创建更多的工作表，具体创建方法如下：

STEP 01 选择“插入”命令

在任意工作表标签上右击（如右击 Sheet2 工作表标签），在弹出的快捷菜单中选择“插入”命令，如下图所示。

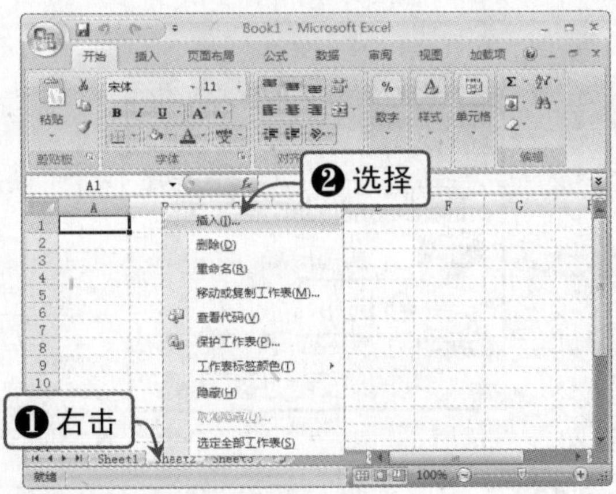

STEP 02 打开“插入”对话框

弹出“插入”对话框，保持默认选中的“工作表”选项，如下图所示。

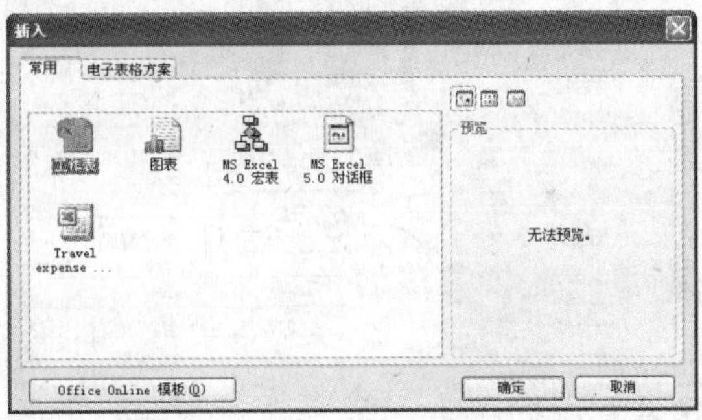

STEP 03 插入新的工作表

单击“确定”按钮，在 Sheet2 工作表之前插入一张新的空白工作表，如右图所示。

提示

单击“开始”选项卡下“单元格”组中的“插入”按钮右侧的下拉按钮，在弹出的下拉菜单中选择“插入工作表”命令，也可插入新的工作表。

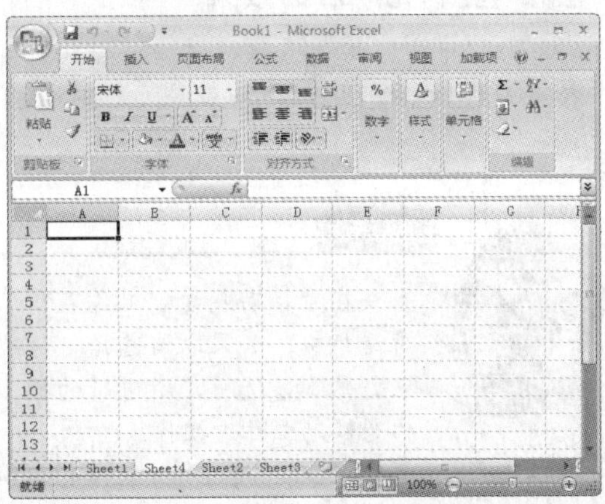

22.2 工作表的处理

在工作表中，用户可组织和管理各种数据信息。本节将向读者介绍如何对工作表进行最基本的操作，如何操作工作表中的单元格以及如何输入表格数据等知识内容。

22.2.1 对工作表的操作

对工作表的操作一般包含复制或移动工作表、重命名工作表、删除工作表等，下面将对这些知识进行详细介绍。

Work1 复制工作表

复制工作表和移动工作表的方法基本相同，下面只介绍复制工作表的具体操作方法。

STEP 01 选择相应的选项

在要复制的工作表标签上右击，在弹出的快捷菜单中选择“移动或复制工作表”命令，如下图所示。

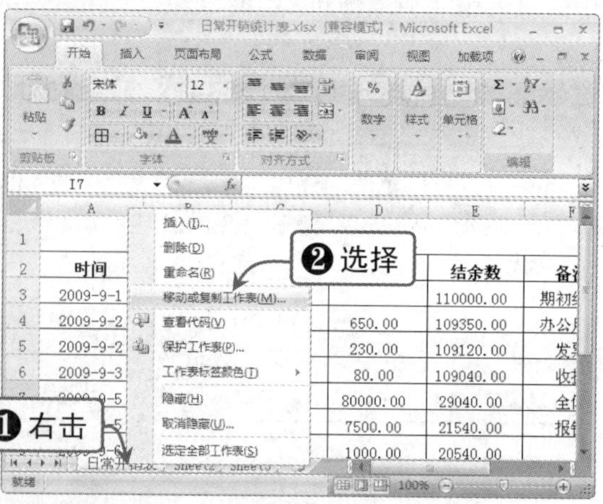

STEP 02 弹出“移动或复制工作表”对话框

弹出“移动或复制工作表”对话框，在“工作簿”下拉列表框中选择Book2选项，并选中“建立副本”对话框，如下图所示。

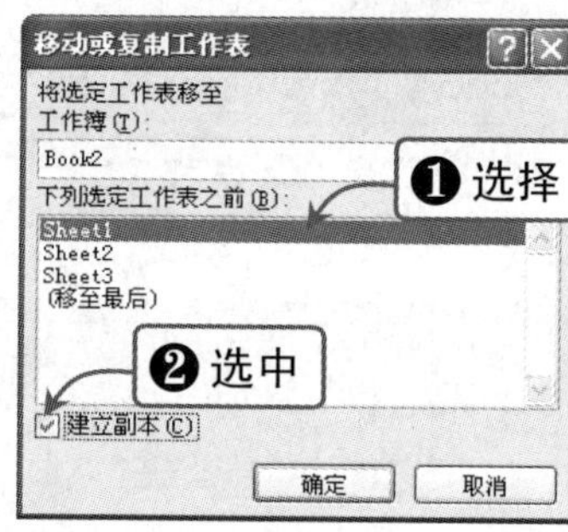

STEP 03 复制完成后的效果

单击“确定”按钮，将“日常开销表”工作表复制到Book2工作簿中，效果如右图所示。

提示

在“移动或复制工作表”对话框中，如果取消选择“建立副本”复选框，所进行的操作为移动工作表操作。

Work2 重命名工作表

为了便于区分不同的工作表，可以重命名工作表，其具体操作方法如下：

STEP 01 选择相应的命令

单击"开始"选项卡下"单元格"组中的"格式"下拉按钮，在弹出的下拉菜单中选择"重命名工作表"命令，如下图所示。

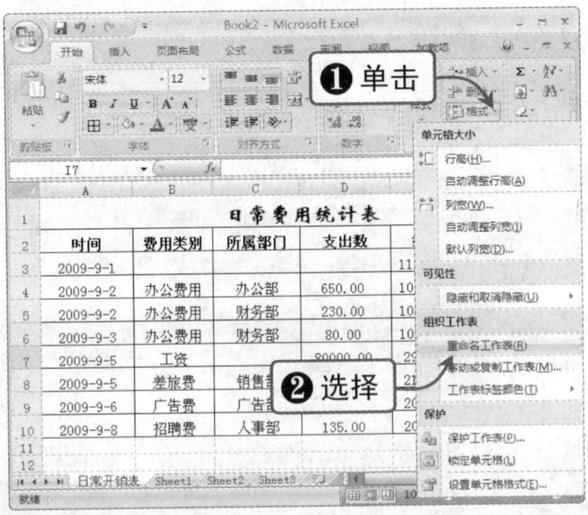

STEP 02 重命名工作表

该工作表的标签将反白显示，如下图所示，在其上直接输入新的工作表名称即可。

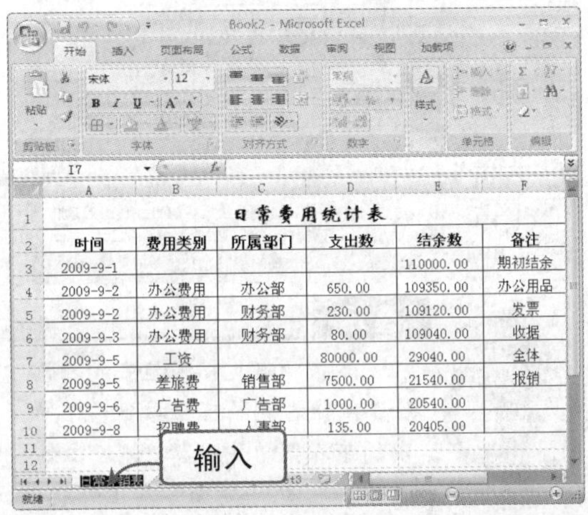

Work3 更改工作表标签的颜色

工作表标签的颜色也可以更改，其具体操作方法如下：

STEP 01 选择相应的快捷菜单命令

在相应的工作表标签上右击（如右击"费用表"工作表标签），在弹出的快捷菜单中选择"工作表标签颜色"|"红色，强调文字颜色 2"命令，如下图所示。

STEP 02 查看更改后的工作表标签颜色

"费用表"工作表标签将显示为红色，效果如下图所示。

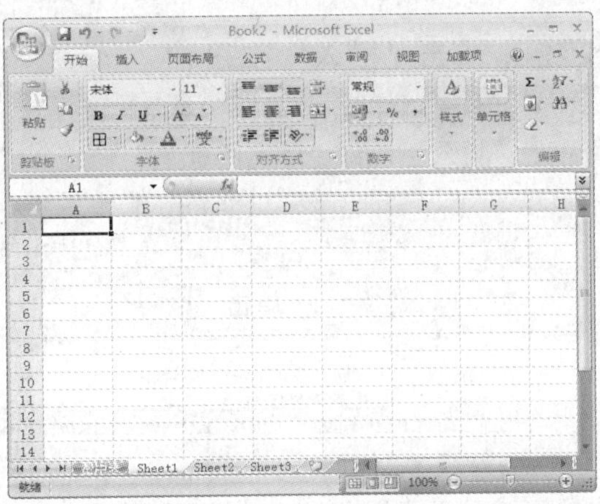

Work4 删除工作表

在 Excel 2007 中，用户可以很容易地删除无用的工作表，其具体操作方法如下：

STEP 01 选择“删除”命令

在要删除的工作表标签上右击，在弹出的快捷菜单中选择“删除”命令，如下图所示。

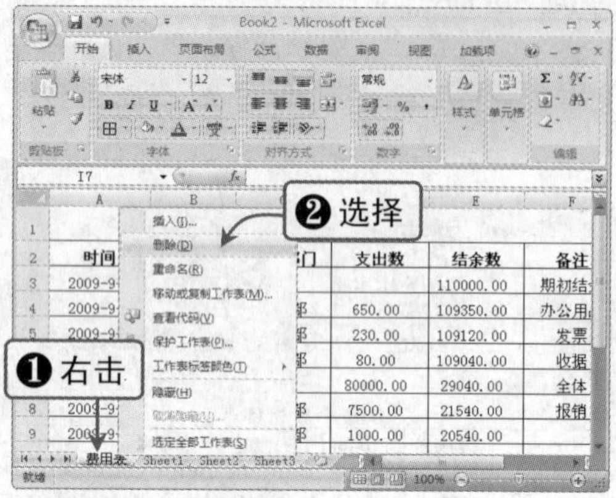

> **提示**
>
> 单击“单元格”组中的“删除”按钮右侧的下拉按钮，在弹出的下拉菜单中选择“删除工作表”命令，也可删除当前工作表。

STEP 02 弹出提示信息框

将弹出如下图所示的提示信息框，单击“删除”按钮即可。

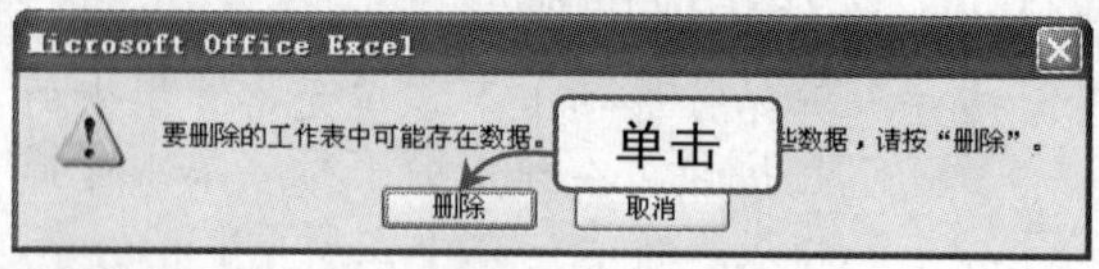

STEP 03 删除工作表

“费用表”工作表将被删除，效果如下图所示。

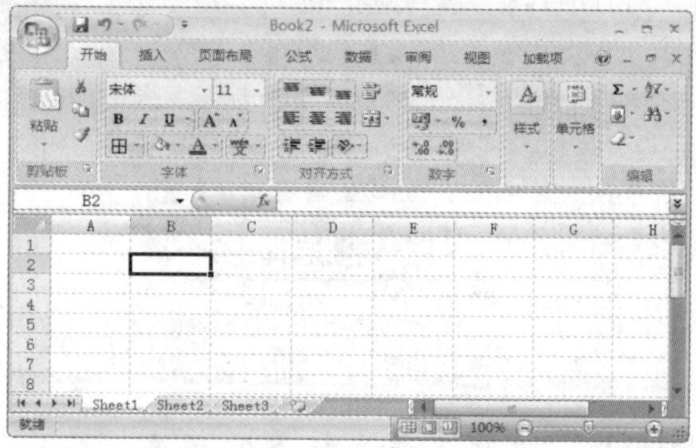

22.2.2 工作表中的单元格

单元格包含在工作表中，所以单元格也是Excel中最小的操作单元，在创建电子表格的过程中，不可避免地要对单元格进行各种操作，本节首先来介绍有关单元格操作的知识。

Work1 插入单元格

插入单元格的具体操作方法如下：

STEP 01 单击“插入”按钮

选择单元格区域D2:D10，单击“单元格”组中的“插入”按钮，如下图所示。

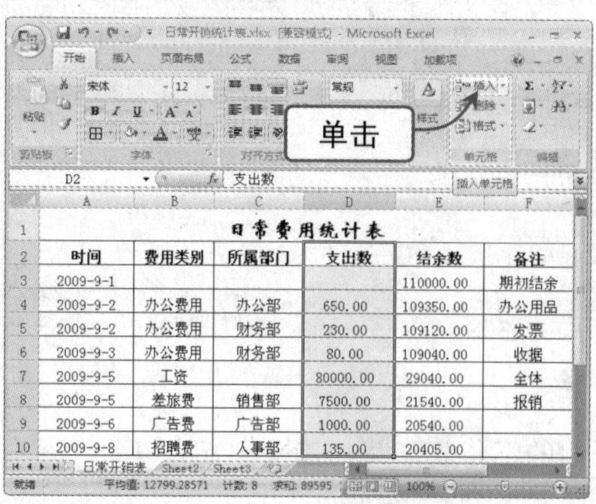

STEP 02 插入单元格

将在所在单元格区域的左侧插入相同数量的单元格，效果如下图所示。

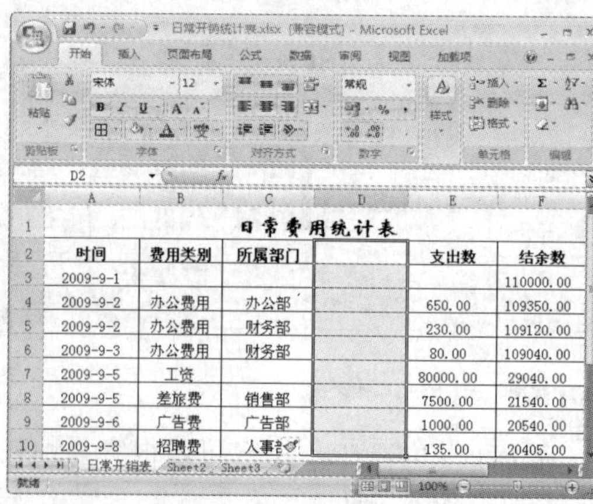

Work2 合并与取消合并单元格

为了创建出形式更加灵活，种类更多的电子表格，一定要用到单元格的合并与取消合并操作，下面介绍合并与取消合并单元格的具体操作方法。

STEP 01 选择菜单命令

选择单元格区域 A3:A4，单击“开始”选项卡下“对齐方式”组中的“合并后居中”按钮右侧的下拉按钮，在弹出的下拉菜单中选择“合并单元格”命令，如下图所示。

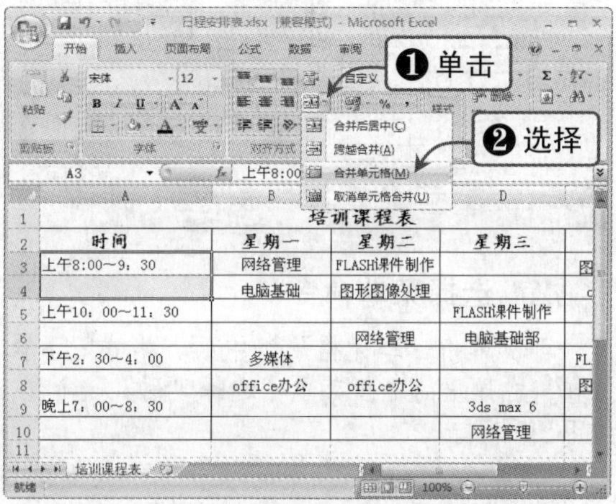

STEP 02 合并后的效果

单元格区域 A3:A4 将合并为一个单元格，效果如下图所示。可用同样的方法来合并其他单元格。

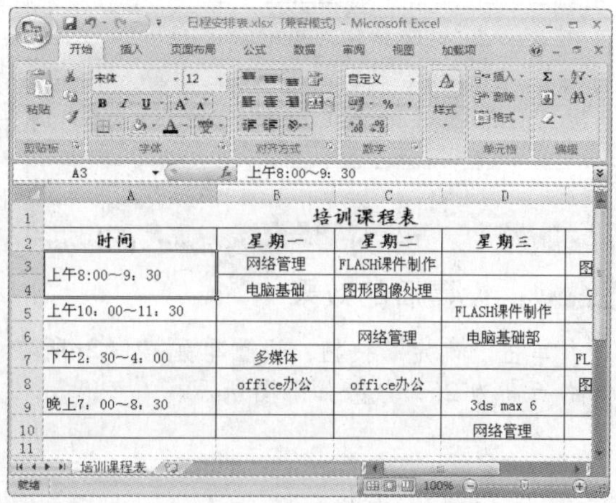

STEP 03 选择相应的菜单命令

要取消合并单元格操作，可单击“对齐方式”组中的“合并后居中”按钮右侧的下拉按钮，在弹出的下拉菜单中选择“取消单元格合并”命令，如下图所示。

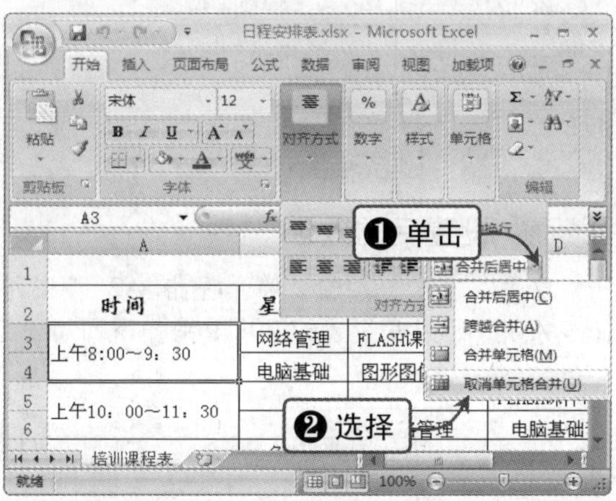

STEP 04 取消合并单元格

将取消合并单元格，效果如下图所示。

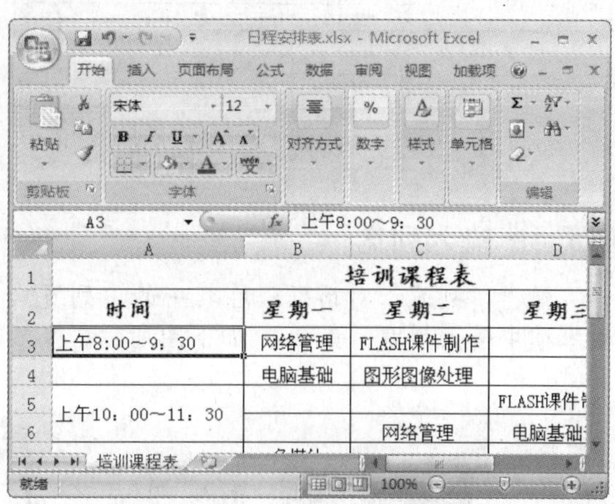

Work3 设置单元格行高和列宽

用户可以自定义设置单元格的行高和列宽，其具体设置方法如下：

STEP 01 选择“行高”命令

选择单元格 A2，单击“单元格”组中的“格式”下拉按钮，在弹出的下拉菜单中选择“行高”命令，如下图所示。

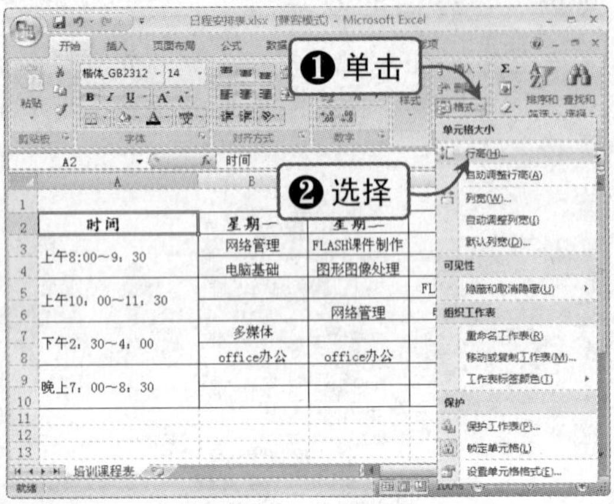

STEP 02 设置行高

弹出“行高”对话框，在其中的“行高”文本框中输入行高，如 25，如下图所示。

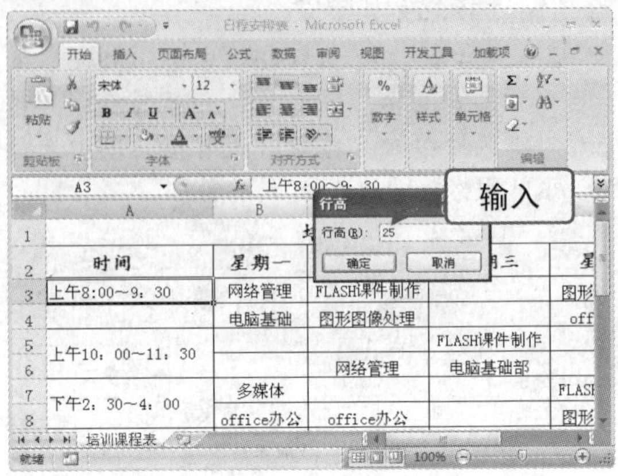

STEP 03 设置后的效果

单击“确定”按钮，设置单元格 A2 所在行的行高为 25，效果如下图所示。

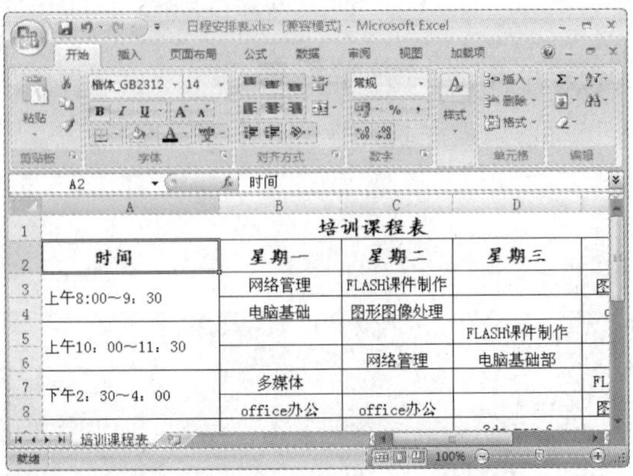

STEP 04 选择菜单命令

再次单击“单元格”组中的“格式”下拉按钮，在弹出的下拉菜单中选择“列宽”命令，如下图所示。

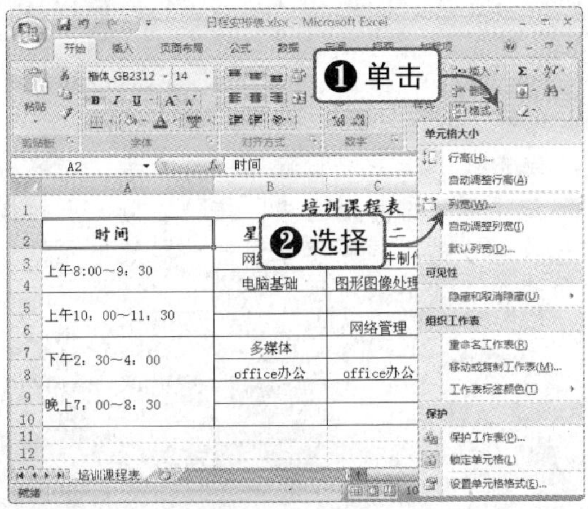

STEP 05 输入列宽

弹出“列宽”对话框，在其中的“列宽”文本框中输入列宽，如 20，如下图所示。

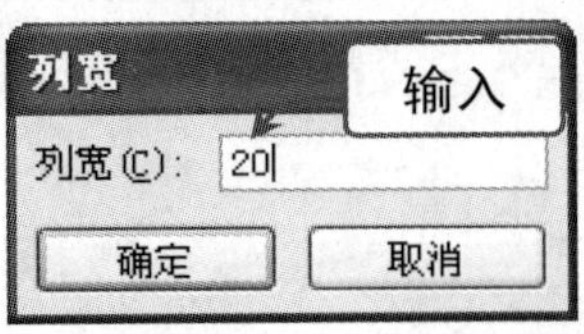

STEP 06 设置后的效果

单击“确定”按钮，将单元格 A2 所在列（即 A 列）的列宽设置为 20，效果如下图所示。

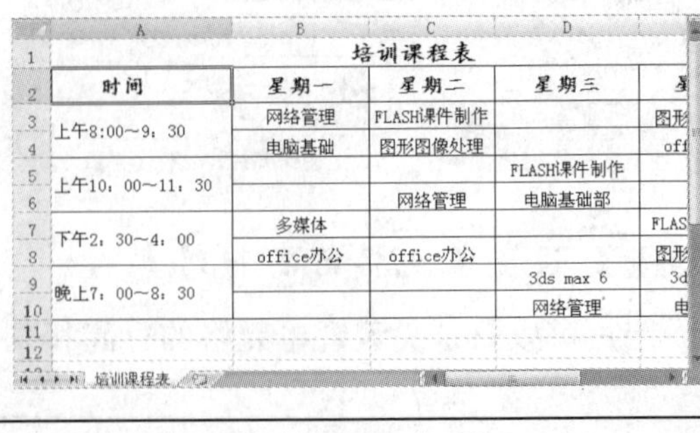

22.2.3 数据的输入

在 Excel 中，用户可在单元格中输入各种格式的数据，如文本、数字、日期、货币等，下面简单介绍输入数据的方法。

STEP 01 选中单元格

打开一张空白工作表，单击单元格 A1，选中该单元格，如下图所示。

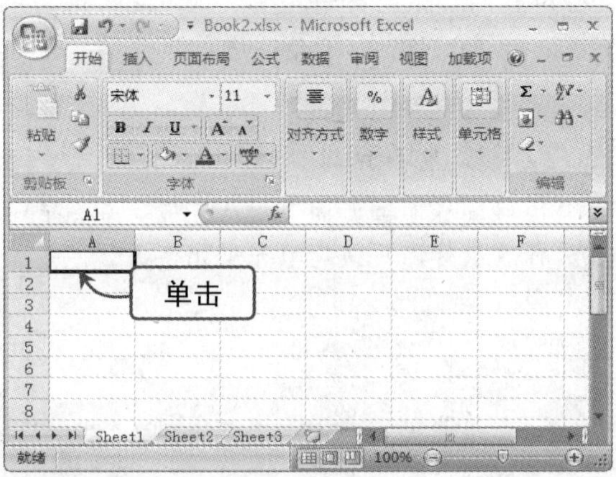

STEP 02 输入文字

直接输入文字“考勤表”，如下图所示。

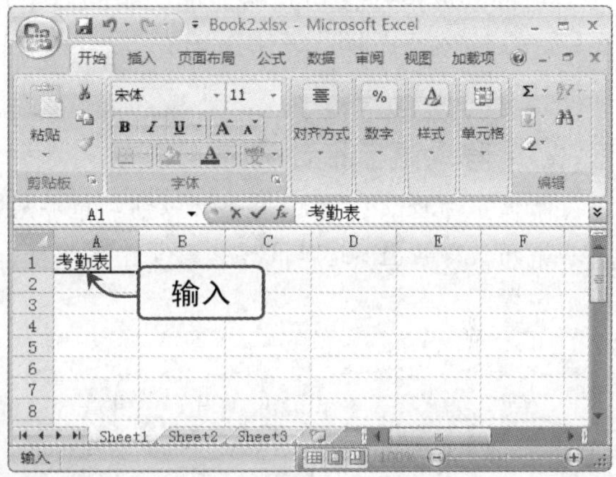

STEP 03 输入其他文字

按【Enter】键，确认输入并将光标移动到其下方的单元格中，用同样的方法输入其他单元格的文字，效果如下图所示。

STEP 04 输入日期

在单元格 A3 中输入文字“2009-9-1”，按【Ctrl+Enter】组合键确认输入后，其数字格式将自动更改为“日期”格式，效果如下图所示。

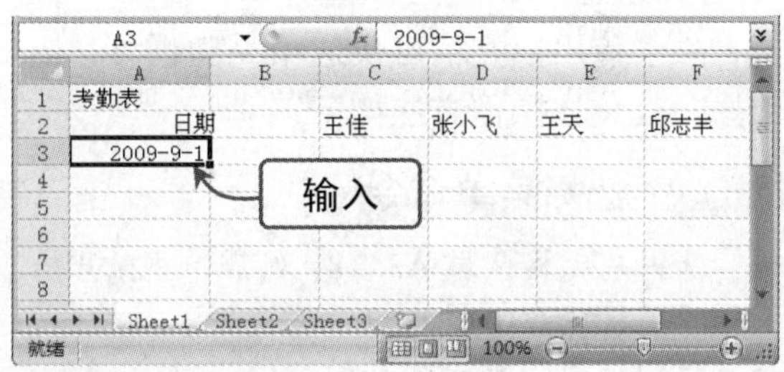

STEP 05 输入文字

按住【Ctrl】键的同时，选择单元格 B3、B5 和 B7，输入文字“上午”，如下图所示。

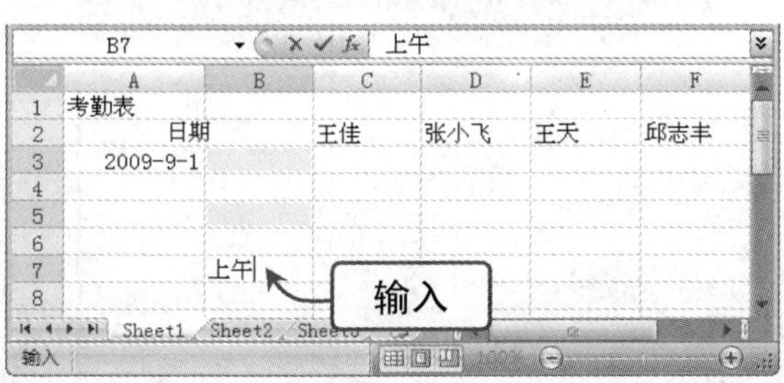

STEP 06 快速输入

按【Ctrl+Enter】组合键，将快速在所选的单元格中输入文字，效果如下图所示。

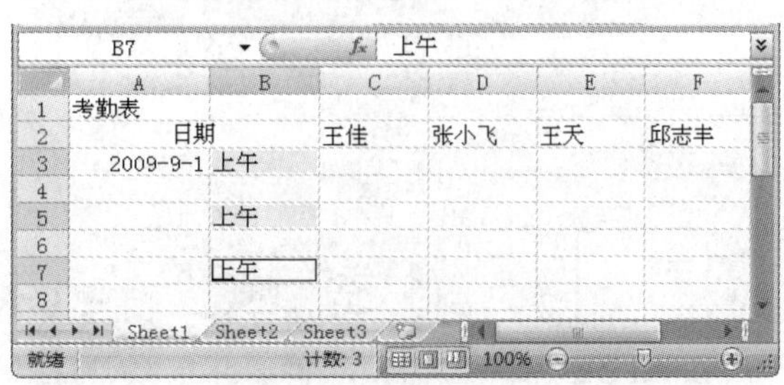

22.3 数据的快速填充

为了提高数据的输入速度，提高工作效率，Excel 中提供了快速填充数据的功能，本节将介绍有关数据快速填充的知识。

22.3.1 使用填充柄进行填充

当将鼠标指针移动到当前单元格的右下角边缘位置时，鼠标指针呈**+**形状，此时称为填充柄，拖动该填充柄，可快速填充等差或等比数据。下面介绍使用填充柄进行数据填充的具体操作方法。

STEP 01 移动鼠标指针

选择单元格 A3，将鼠标指针移动到单元格的右下角边缘位置，此时鼠标指针呈十字形状，如下图所示。

STEP 02 快速填充

按住鼠标左键并向下拖动鼠标，至合适位置后释放鼠标，可快速填充单元格数据，效果如下图所示。

22.3.2 使用功能区命令进行填充

除了使用填充柄可快速填充数据外，用户还可使用“编辑”组中的相关命令来快速填充数据。其具体操作方法如下：

STEP 01 选择菜单命令

选择单元格区域 A3:A8，然后单击“开始”选项卡下“编辑”组中的“填充”下拉按钮，在弹出的下拉菜单中选择“系列”命令，如下图所示。

STEP 02 打开“序列”对话框

弹出“序列”对话框，在“类型”选项组中选中“日期”单选按钮，在“日期单位”选项组中选中“日”单选按钮，然后设置“步长值”为 1，如下图所示。

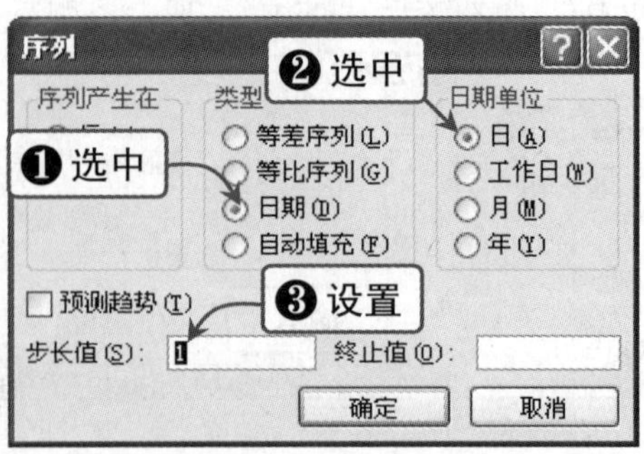

STEP 03 填充后的效果

单击“确定”按钮，将按“序列”对话框中的设置填充单元格区域，填充效果如右图所示。

提示

在“序列”对话框中选中“等差序列”或“等比序列”单选按钮，可填充相应类型的序列。

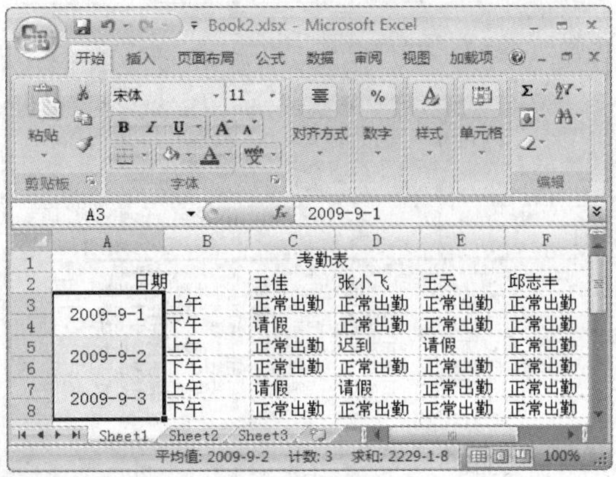

22.4 单元格的格式设置

Excel 2007 中为用户提供了快速设置单元格样式、表格格式的功能，以方便用户美化表格。当然，用户还可以自定义设置自己喜欢的单元格格式。

22.4.1 快速设置单元格样式

快速设置单元格样式的具体操作方法如下：

STEP 01 单击“单元格样式”下拉按钮

选择单元格 A1，单击“开始”选项卡下“样式”组中的“单元格样式”下拉按钮，如下图所示。

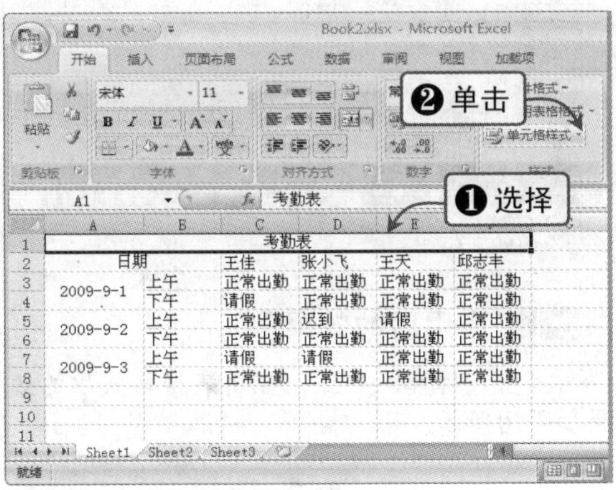

STEP 02 选择“标题”选项

在弹出的下拉面板中选择“标题”选项，如下图所示。

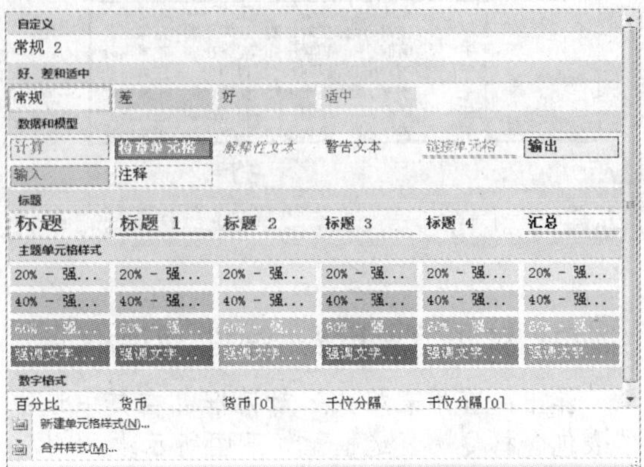

STEP 03 应用单元格样式

为单元格 A1 应用“标题”样式，效果如下图所示。

STEP 04 应用其他单元格样式

用同样的方法，选择单元格区域 A2:F2，在“单元格样式”下拉面板中选择“40%-强调文字颜色 1”选项，为所选区域应用该样式，效果如下图所示。

22.4.2 快速设置表格格式

快速设置表格格式的具体操作方法如下：

STEP 01 选择单元格区域

在“考勤表”中选择单元格区域 A2:F8，然后单击“开始”选项卡下“样式”组中的“套用表格格式”下拉按钮，如下图所示。

STEP 02 选择表格样式

在弹出的下拉面板中选择“表样式中等深浅 2”选项，如下图所示。

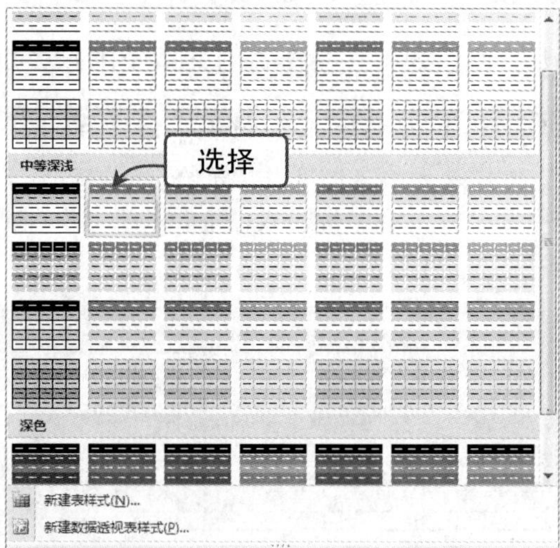

STEP 03 弹出“套用表格式”对话框

弹出“套用表格式”对话框，在其中选中“表包含标题”复选框，如下图所示。

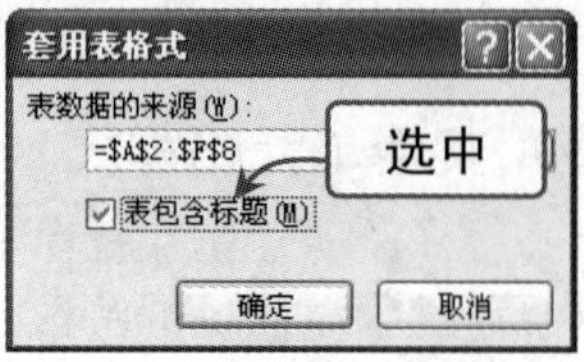

STEP 04 应用后的效果

单击“确定”按钮，应用表格格式后的效果如下图所示。

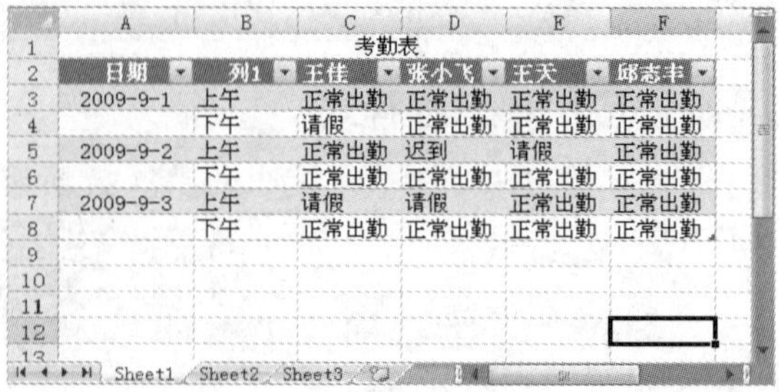

22.4.3 巧妙使用条件格式

设置条件格式后，相应单元格区域中满足设置条件的单元格均被设置为相应的格式，如设了底纹、字体颜色等，下面将详细介绍使用条件格式的方法。

STEP 01 单击“条件格式”下拉按钮

在“考勤表”中选择单元格区域C3:F8，单击“开始”选项卡下“样式”组中的“条件格式”下拉按钮，在弹出的下拉菜单中选择“突出显示单元格规则”|“文本包含”命令，如下图所示。

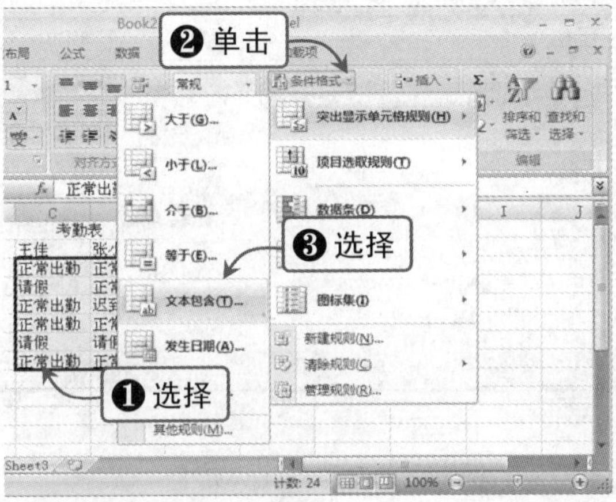

STEP 02 打开“文本中包含”对话框

弹出“文本中包含”对话框，在其中的文本框中输入文字“请假”，然后在“设置为”下拉列表框中选择“浅红填充色深红色文本”选项，如下图所示。

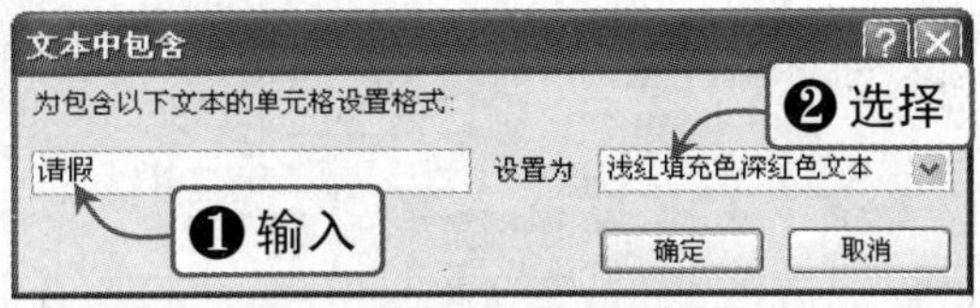

提示

应用其他条件规则的方法与应用文本包含规则的方法基本相同，读者可自行练习。

STEP 03 应用后的效果

单击“确定”按钮，应用条件格式，应用效果如下图所示。

STEP 04 应用其他条件格式

使用同样的方法，应用条件格式，使包含“迟到”文本的单元格显示为“绿填充色深绿色文本”，效果如下图所示。

提示

如果要删除条件格式，在“条件格式”下拉菜单中选择“清除规则”命令即可。

22.4.4 自定义设置表格格式

在 Excel 2007 中，用户可通过设置单元格中数据的字体格式、边框样式、底纹样式等来自定义表格的格式。其具体设置方法如下：

STEP 01 选择单元格区域

在“考勤表”中选择单元格 A1，然后单击“字体”组右下角的按钮，如下图所示。

STEP 02 打开“设置单元格格式”对话框

弹出“设置单元格格式”对话框，设置“字体”为“华文楷体”、“字形”为“加粗”、“字号”为 18、“颜色”为红色，如下图所示。

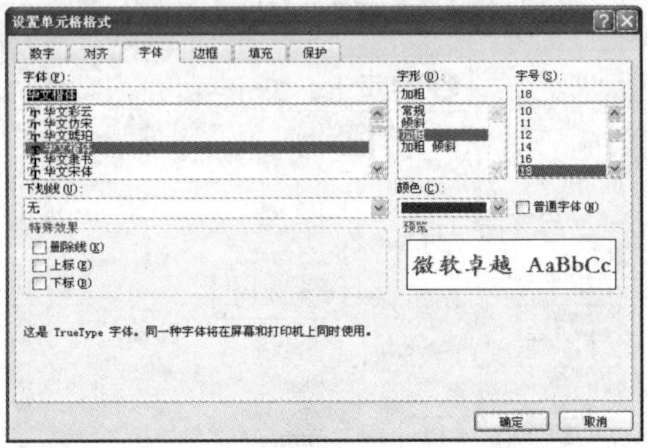

STEP 03 设置单元格格式后的效果

单击“确定”按钮，关闭对话框，设置单元格格式后的效果如下图所示。

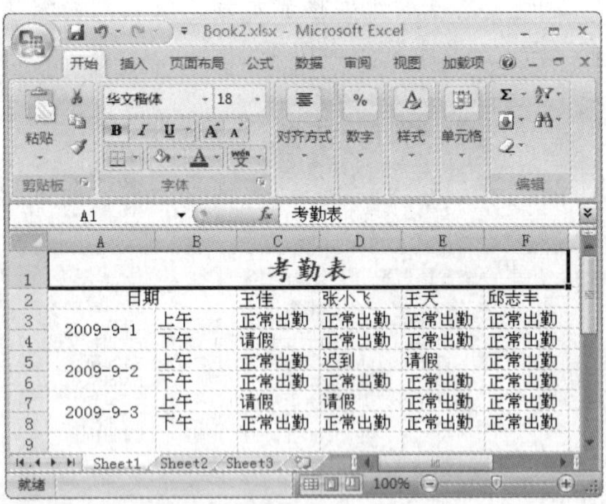

STEP 04 选择“边框”选项卡

选择单元格区域 A2:F8，打开“设置单元格格式”对话框，选择“边框”选项卡，在其中的“样式”列表中选择第一列的第四种线条样式，然后单击“外边框”按钮，如下图所示。

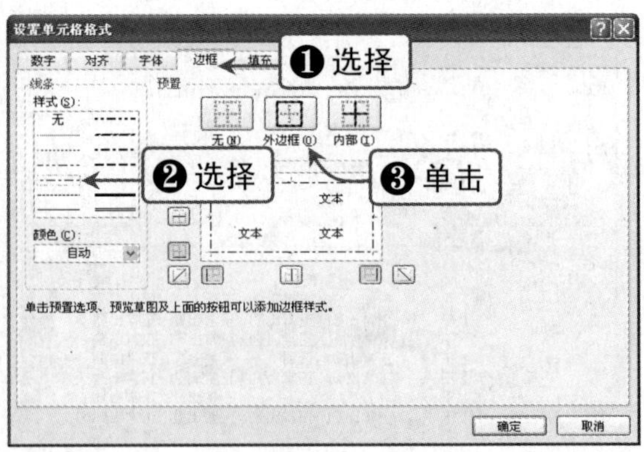

STEP 05 应用边框样式后的效果

单击“确定”按钮，应用边框样式后的效果如下图所示。

STEP 06 设置字体格式

选择单元格区域 A2:F2，在“字体”组中设置“字体”为“宋体”、“字号”为 12，并单击“加粗”按钮，然后单击“填充颜色”按钮右侧的下拉按钮，在弹出的调色板中选择“深蓝 文字 2，淡色 80%”选项，如下图所示。

STEP 07 打开“查找和替换”对话框

按【Ctrl+F】组合键，弹出“查找和替换”对话框，选择“替换”选项卡，在“查找内容”和“替换为”下拉列表框中输入文本“请假”，然后单击“替换为”下拉列表框右侧的“格式”按钮，如下图所示。

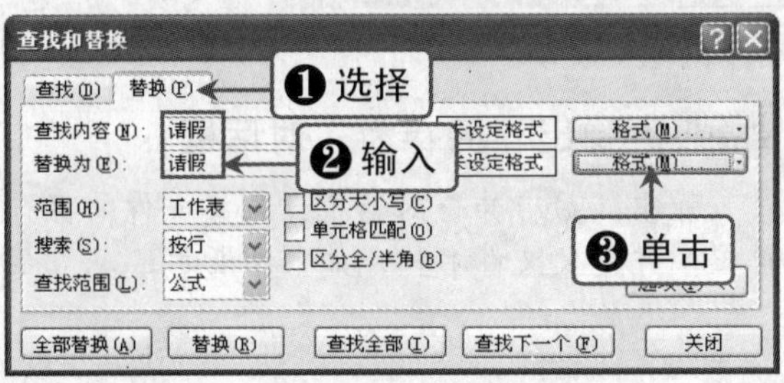

STEP 09 弹出提示信息框

单击“确定”按钮，关闭该对话框，返回“查找和替换”对话框，单击“全部替换”按钮，将弹出提示信息框，提示搜索结果，如下图所示。

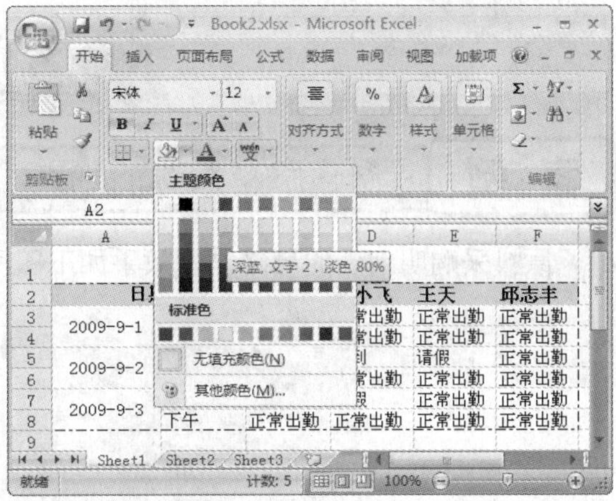

STEP 08 选择填充颜色

弹出“替换格式”对话框，在“填充”选项卡中选择红色背景色，如下图所示。

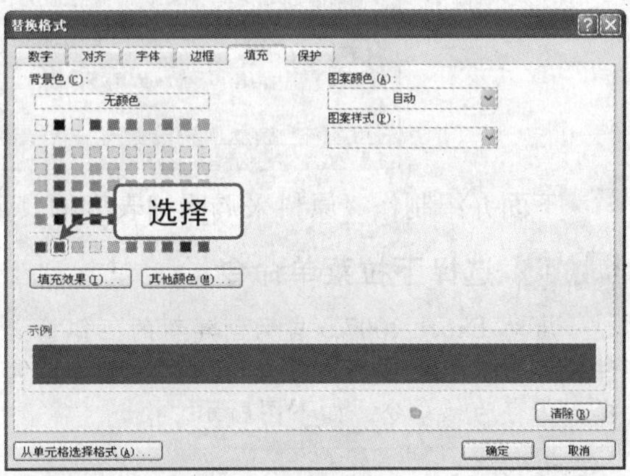

STEP 10 表格最终效果

单击“确定”按钮，得到替换结果，最终效果如下图所示。

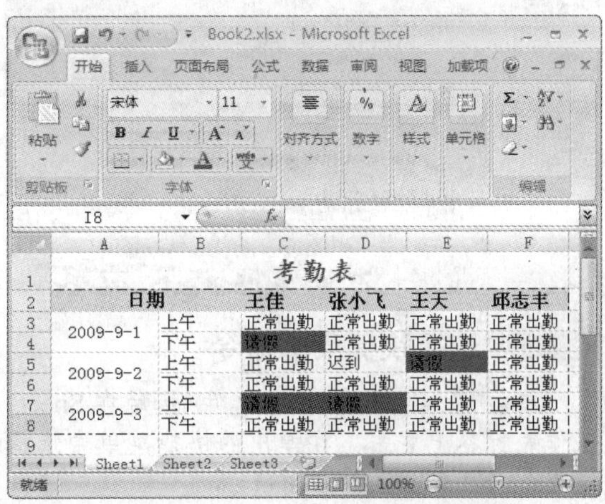

权威案例

案例　制作原料采购明细表

原料采购明细表的最终制作效果如下图所示。

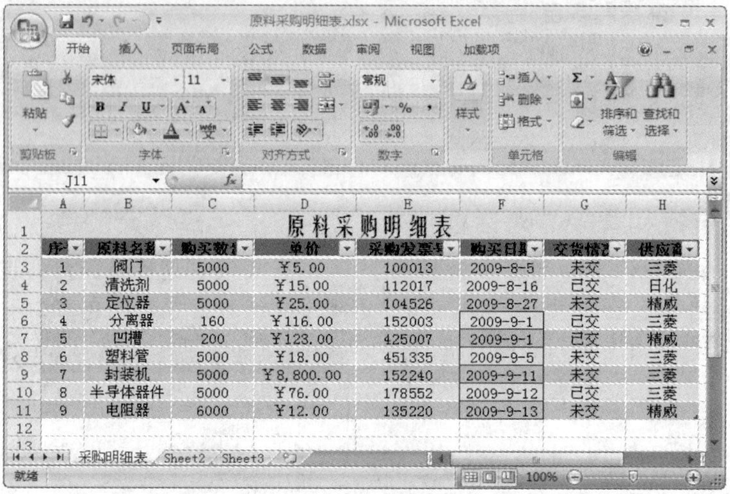

下面介绍制作“原料采购明细表”的具体操作方法。

STEP 01　选择下拉菜单命令

启动 Excel 2007，自动创建新的工作簿文件，单击 Office 按钮，在弹出的下拉菜单中选择“另存为”命令，如下图所示。

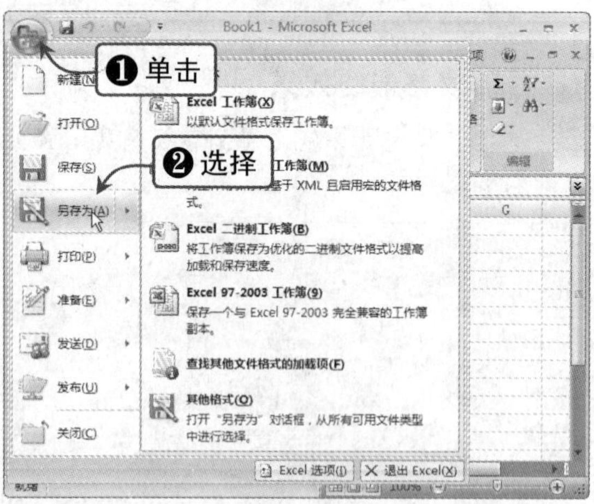

STEP 02　弹出“另存为”对话框

弹出“另存为”对话框，选择文件的保存位置，并定义文件名称，如下图所示。

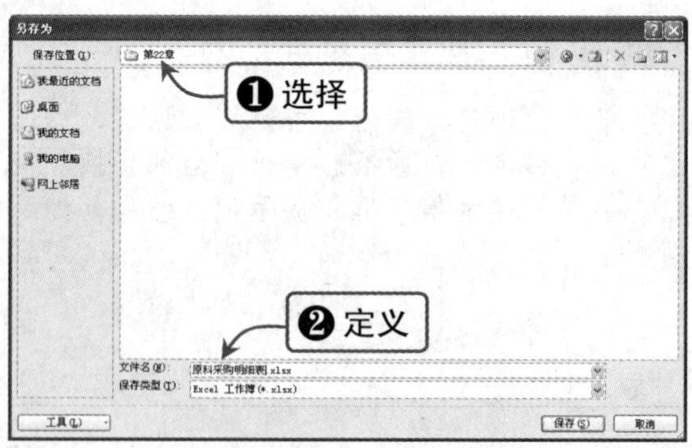

STEP 03　选择快捷菜单命令

单击“保存”按钮，保存文件，然后在 Sheet1 工作表标签上右击，在弹出的快捷菜单中选择“重命名”命令，如下图所示。

STEP 04　重命名工作表并输入文字

在该工作表标签上直接输入所需的名称，按【Enter】键确认，然后选择单元格 A1，从中输入文字内容，如下图所示。

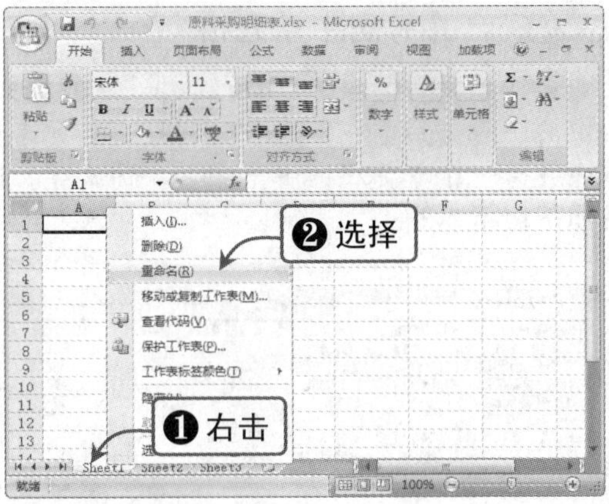

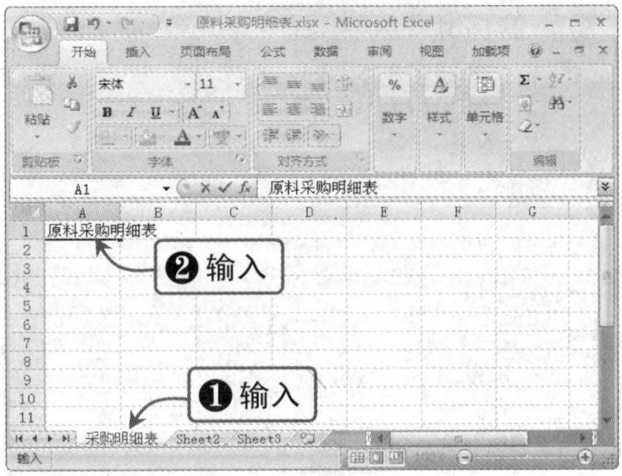

STEP 05 输入其他文字内容

用同样的方法，在其他的单元格中输入所需的其他文字内容，如下图所示。

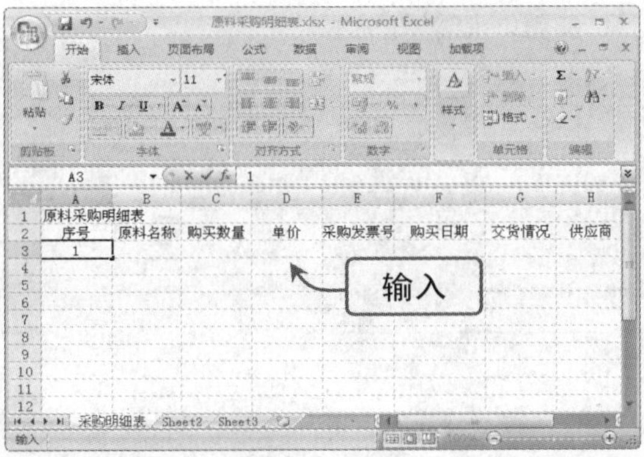

STEP 06 选中“填充序列”单选按钮

选择单元格A3，将鼠标指针移动到该单元格的左下角，使用填充柄向下填充单元格，然后单击右侧的下拉按钮，在弹出的下拉菜单中选中“填充序列”单选按钮，如下图所示。

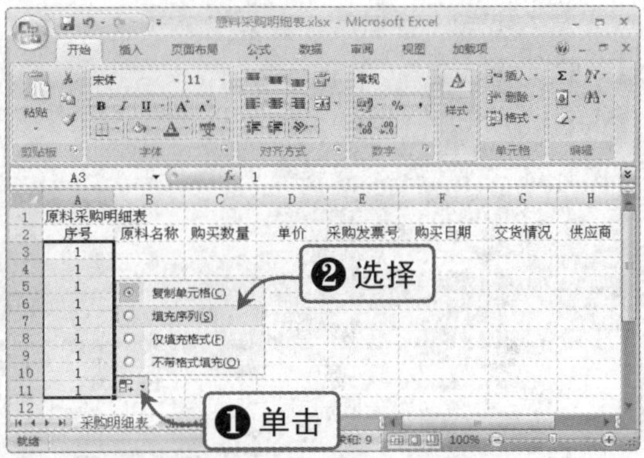

STEP 07 输入文字内容

在相应的单元格中输入文字内容，效果如下图所示。

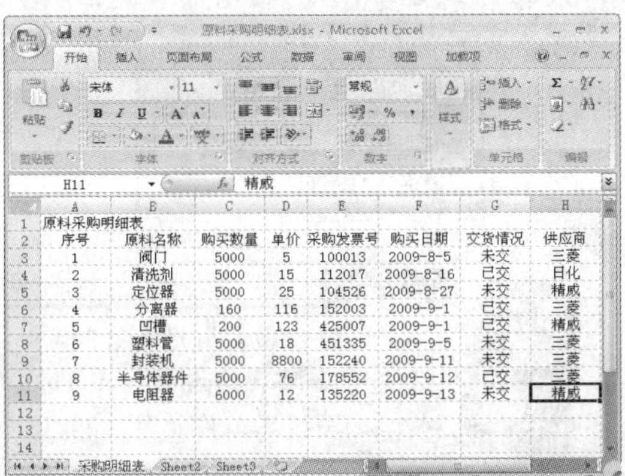

STEP 08 选择数字格式

选择单元格区域D3:D11，单击“开始”选项卡下“数字”组中的“数字格式”下拉列表框的下拉按钮，在弹出的下拉面板中选择“货币”格式，如下图所示。

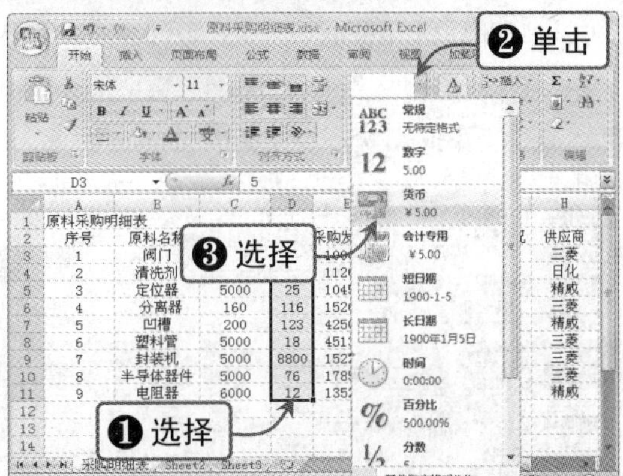

STEP 09 应用数字格式

应用“货币”数字格式后的单元格效果如下图所示。

STEP 10 合并并居中单元格

选择单元格区域 A1:H1，单击“对齐方式”组中的“合并后居中”按钮，将所选单元格区域合并为一个单元格，并居中其中的文字，效果如下图所示。

STEP 11 设置字体格式

在“字体”组中设置该单元格数据的“字体”为“方正姚体”、“字号”为 18、“填充颜色”为“红色，强调文字颜色 2，淡色 80%”，如下图所示。

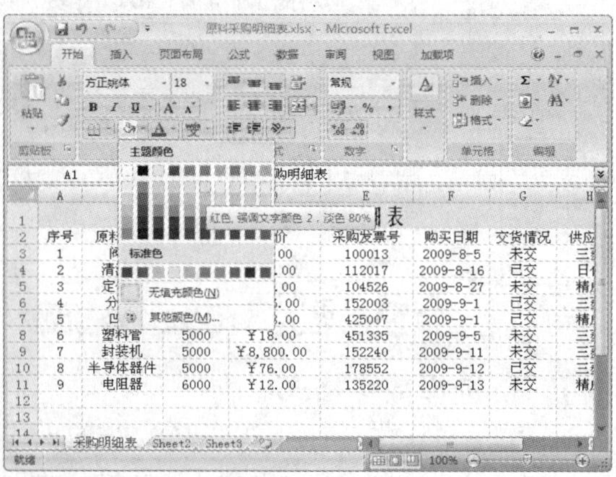

STEP 12 单击相应的按钮

应用字体格式后，选择单元格区域 A2:H11，单击“样式”组中的“套用表格格式”下拉按钮，如下图所示。

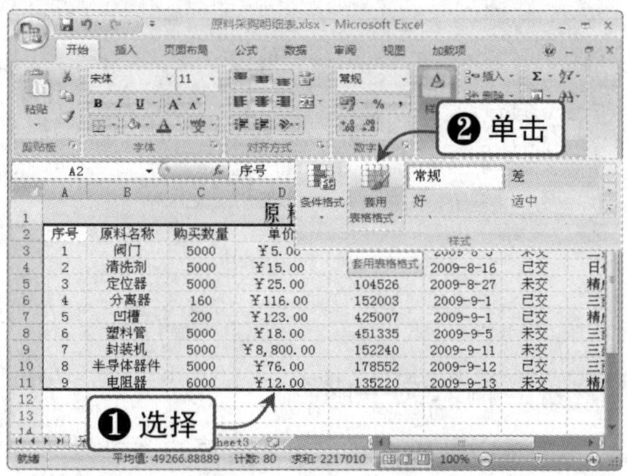

STEP 13 选择表样式

在弹出的下拉面板中选择“表样式中等深浅 10”选项，如下图所示。

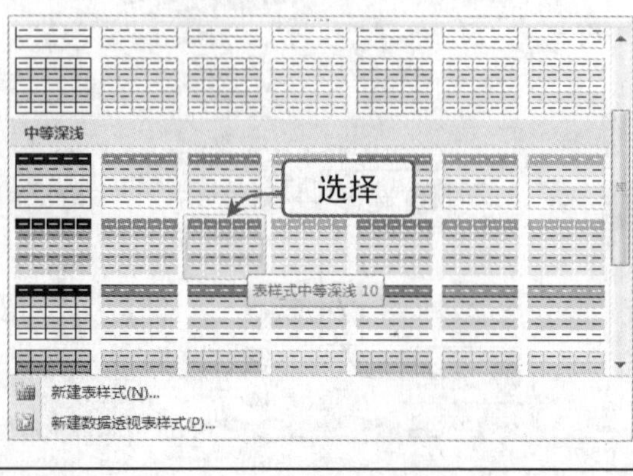

STEP 14 打开“套用表格式”对话框

弹出“套用表格式”对话框，选中“表包含标题”复选框，如下图所示。

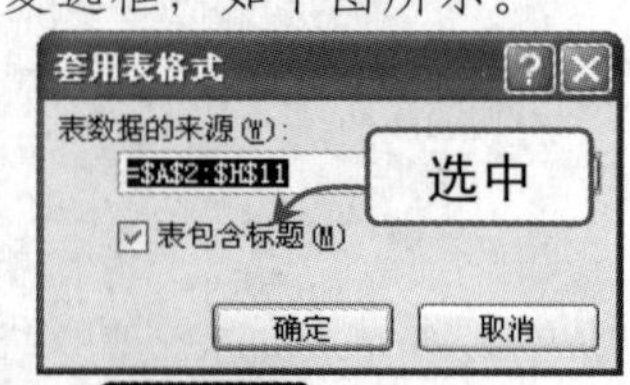

提示

使用自动套用格式功能，可以快速地为表格设置一定的格式，从而提高工作效率。

STEP 15 应用表格式效果

单击“确定”按钮，应用表格式，效果如下图所示。

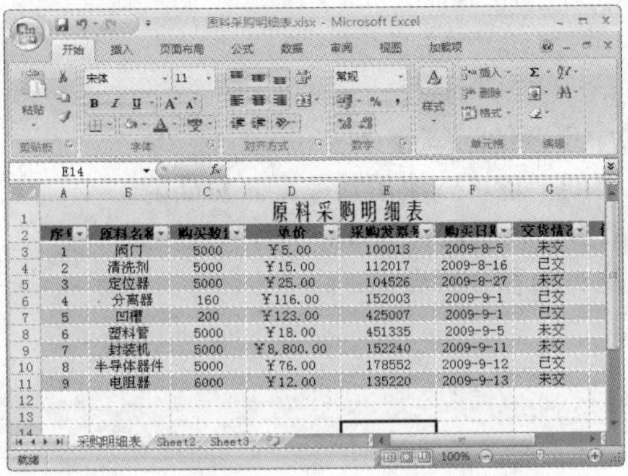

STEP 16 选择“发生日期”命令

选择单元格区域F3:F11，然后单击“样式”组中的“条件格式”下拉按钮，在弹出的下拉菜单中选择“突出显示单元格规则”|“发生日期”命令，如下图所示。

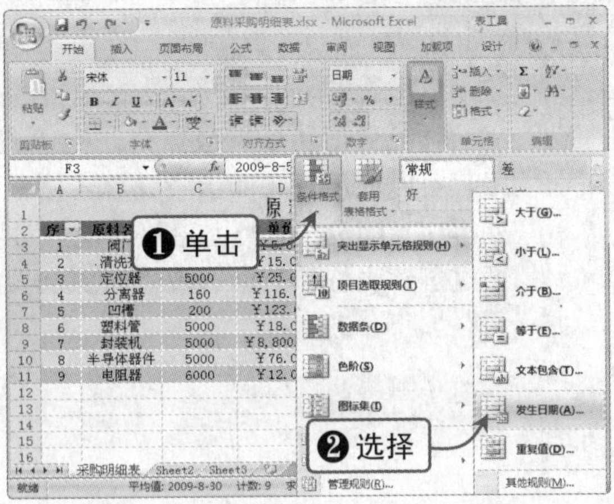

STEP 17 设置条件格式

弹出“发生日期”对话框，设置发生日期的条件格式，如下图所示。

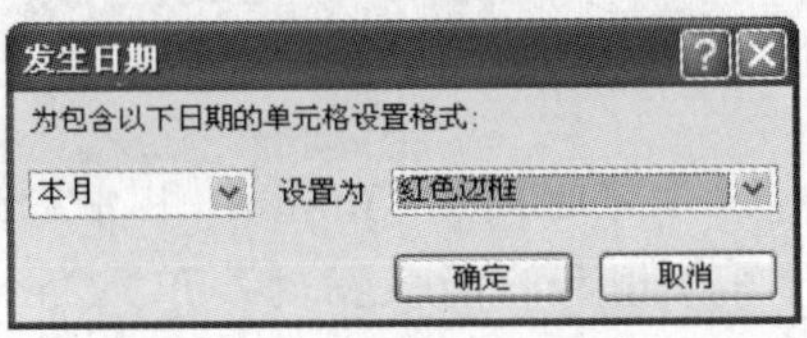

STEP 18 应用条件格式

单击“确定”按钮，应用条件格式，效果如下图所示。

Chapter 23 数据的计算与分析

计算数据和分析数据都是电子表格中重要的组成部分，在 Excel 2007 中，可以使用公式和函数计算表格中的数据，还可以使用其数据分析功能，如排序、筛选、分类汇总等功能，对表格中的数据进行处理。另外，还可以通过创建表格和数据透视表，更加直观地查看和分析数据。

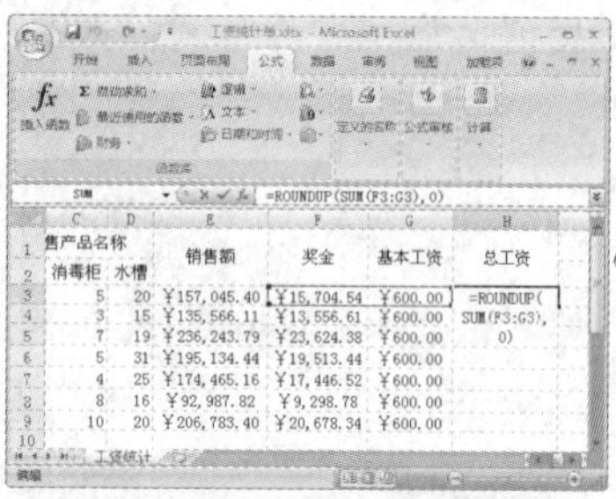

使用嵌套函数

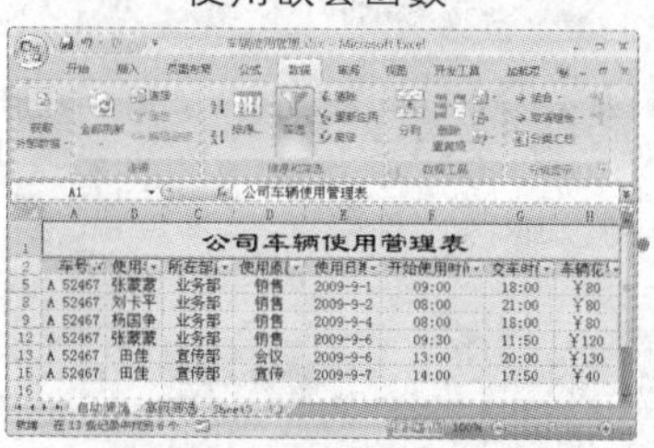

筛选数据

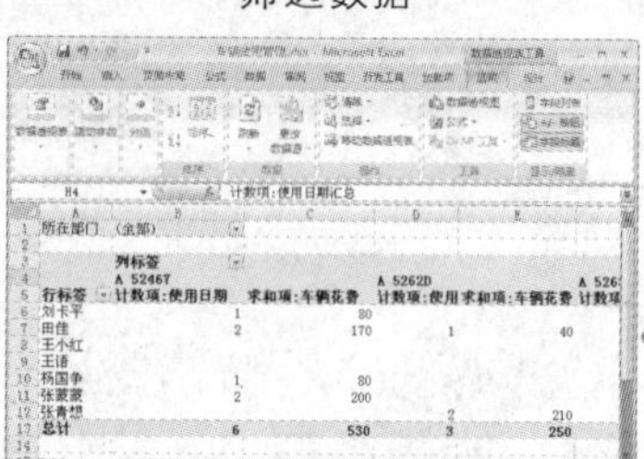
创建数据透视表

重要知识点视频索引

DVD

本章建议学习时间：

本章建议学习时间为 50min，其中分配 25 min 学习计算数据和分析数据的知识，25min 观看教学视频并进行实际练习。

学完本章后您可以：

- 使用公式和函数计算数据
- 对数据进行排序
- 对数据进行筛选
- 应用图表
- 对数据进行处理
- 应用数据透视表

23.1 公式的应用

公式是电子表格中用于计算数据的等式，以“=”开头，后面是用于计算的运算数和运算符。其中，运算数可以是常量、单元格或区域的引用、函数等。

23.1.1 公式中的运算符

运算符用于连接运算数，常用的运算符包括算术运算符、比较运算符、文本运算符以及引用运算符。

Work1 算术运算符

要完成基本的数学运算，如加法、减法和乘法等，可使用相应的算术运算符，见下表。

算术运算符	含义	示例
+	加	4 + 3
-	减（或负数）	4 - 3（或 - 3）
*	乘	4*3
/	除	4/3
%	百分比	30%
^	乘方	3^2

Work2 比较运算符

可以使用比较运算符来比较两个值。当用运算符比较两个值时，结果是逻辑值 TRUE 或者 FALSE，比较运算符见下表。

比较运算符	含义	示例
=	等于	a=b
>	大于	a>b
<	小于	a<b
>=	大于等于	a>=b
<=	小于等于	a<=b
<>	不等于	a<>b

Work3 文本运算符

使用文本运算符“&”可以将两个文本值连接起来，从而产生一个连续的文本值。例如，“科技”&“成果”的结果为“科技成果”。

Work4 引用运算符

引用运算符可以将单元格区域合并计算，引用运算符见下表。

引用运算符	含义	示例
:	区域操作符，对两个单元格之间，包括两个引用的单元格在内的所有单元格进行引用	A1:A8
,	联合操作符，将多个单元格引用合并为一个单元格引用	SUM(B5:B15,D5:D15)

23.1.2 创建公式

下面以实例的形式介绍创建公式的具体操作方法：

STEP 01 选择单元格

在"销售统计表"工作簿的"创建公式"工作表中，选择单元格 E3，如下图所示。

STEP 02 输入公式

输入公式"=C3*D3"，其中单元格引用可通过单击相应的单元格快速输入，效果如下图所示。

STEP 03 得到公式计算结果

按【Ctrl+Enter】组合键，确认输入，得到公式的计算结果，如右图所示。

提示

公式中的单元格引用如 C3 和 D3，可直接通过选择相应的单元格获得。

23.1.3 公式中的单元格引用

单元格引用是为了实现在公式中指明所使用的数据的位置。通过单元格引用，可以在公式中使用工作表中不同单元格的数据。引用单元格数据后，公式的计算结果自动随着被引用单元格中数据的变化而变化。公式中的单元格引用有 3 种类型，分别是相对引用、绝对引用和混合引用。

STEP 01 公式中的相对引用

一般情况下，使用相对地址来引用单元格，当公式被复制时，公式中的相对地址会发生相应的改变，如下图所示。

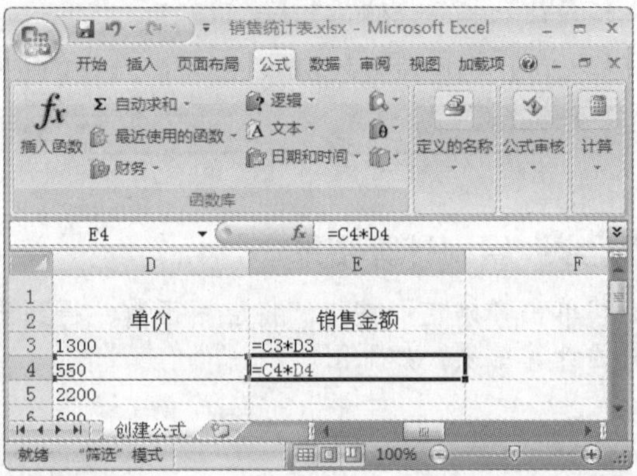

STEP 02 公式中的绝对引用

如果公式中使用单元格的绝对地址来进行引用，在复制公式时，引用的单元格地址不会随公式所在位置的变化而变化，如下图所示。

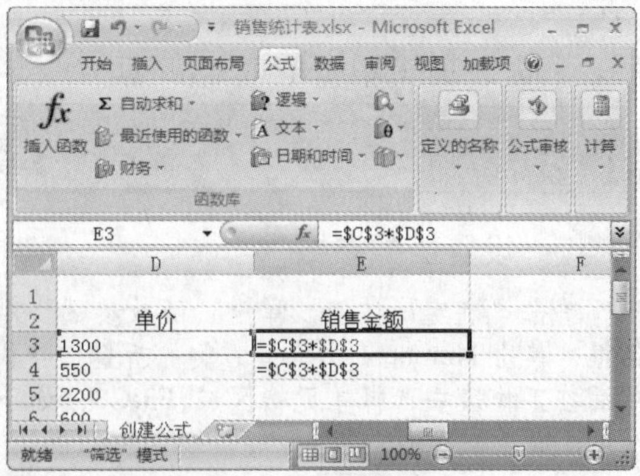

STEP 03 公式中的混合引用

公式中的混合引用即公式中所包含的单元格地址为单元格相对地址和绝对地址的组合，公式所在位置变换时，单元格地址是否变化视公式所在位置行或列的变化而定，如果公式中行地址是相对地址，当公式所在行改变时，行地址随之变化，如果公式中所引用单元格的列地址变化，那么当公式所在列改变时，其中的列地址将随之变化，如右图所示。

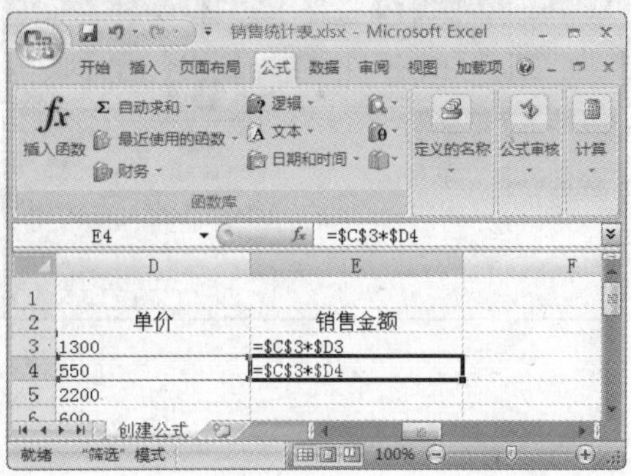

23.2 函数的应用

Excel 2007 中提供了财务函数、统计函数、逻辑函数、数字与三角函数、日期与时间函数、数据库函数和文本函数等多种类型的函数，总共有 300 多个。函数由函数名称和函数参数组成，函数的应用简化了公式的使用。

23.2.1 使用函数

下面介绍使用函数进行数据计算的具体操作方法：

STEP 01 单击“插入函数”按钮

打开“工资统计”工作表，选择单元格 H3，然后单击“公式”选项卡下“函数库”组中的“插入函数”按钮，如下图所示。

STEP 02 选择函数

弹出“插入函数”对话框，在“选择函数”列表框中选择 SUM 函数，如下图所示。

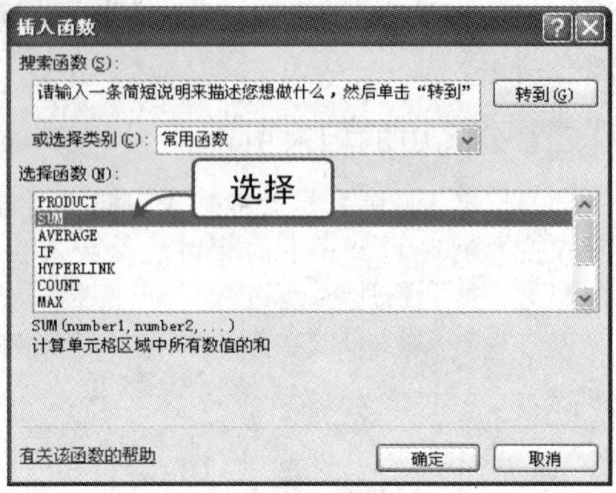

STEP 03 设置函数参数

单击“确定”按钮，弹出“函数参数”对话框，单击 Number1 文本框右侧的折叠按钮，然后在工作表中选择单元格区域 F3:G3，如下图所示。

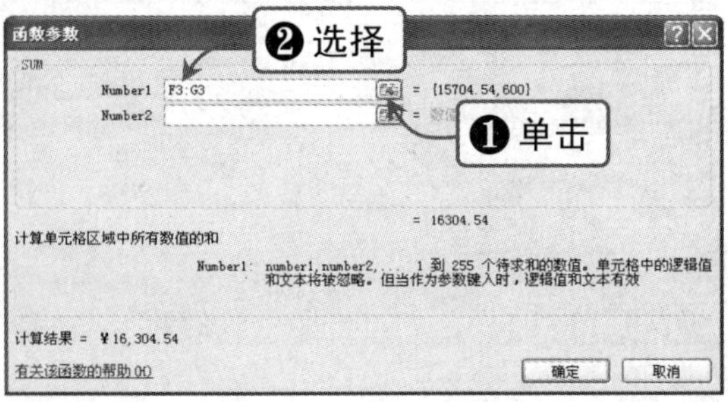

STEP 04 得到计算结果

单击“确定”按钮，将应用函数，得到函数的计算结果，如下图所示。

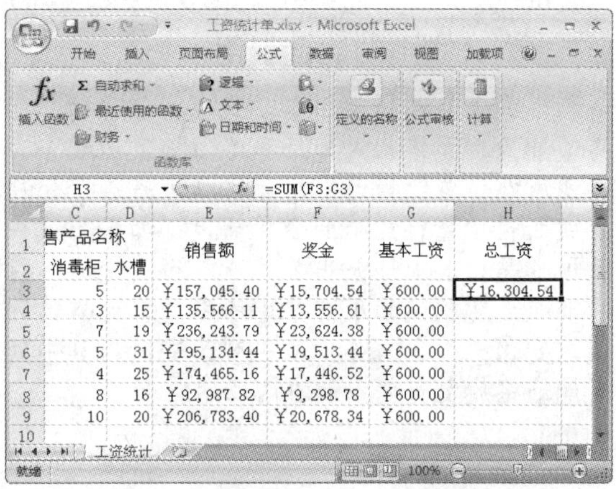

提示

如果用户对 Excel 中的函数较为熟悉，可直接在单元格中输入要使用的函数。

23.2.2 函数的嵌套

一个函数的参数可以是其他的函数，当用其他函数作为函数的参数时，就构成了函数的嵌套，在公式中可以包含 64 个级别的嵌套，下面以实例来介绍嵌套函数的用法。

STEP 01 输入嵌套函数

选择单元格 H3，然后直接输入嵌套函数“=ROUNDUP(SUM(F3:G3),0)”，如下图所示。

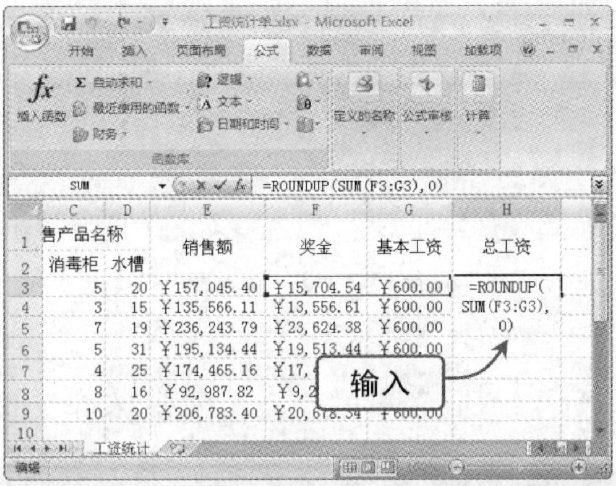

STEP 02 得到函数计算结果

按【Enter】键，确认输入并移动当前单元格，函数计算结果如下图所示。

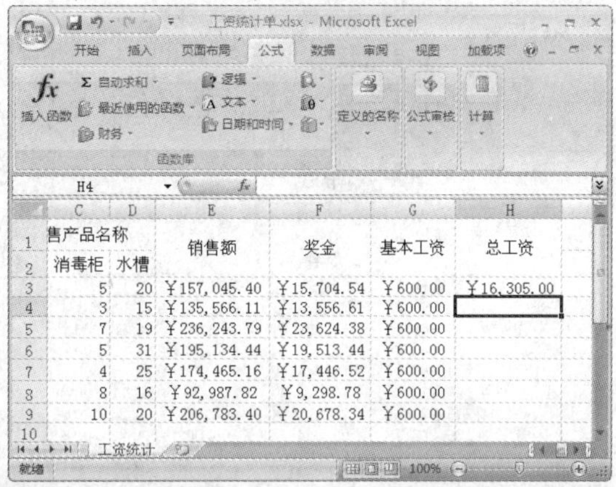

23.3 数据的排序

使用 Excel 制作电子表格时，经常会遇到对数据进行排序的操作，在 Excel 2007 中提供了更加强大的数据排序功能供用户使用。

23.3.1 升序或降序排序

在 Excel 2007 中提供了“升序”和“降序”按钮，能够更加方便地帮助用户进行排序操作。使用升序或降序按钮的具体方法如下：

STEP 01 单击“升序”按钮

打开“工资排名”工作表，选择单元格 E2，然后单击“数据”选项卡下“排序和筛选”组中的“升序”按钮，如下图所示。

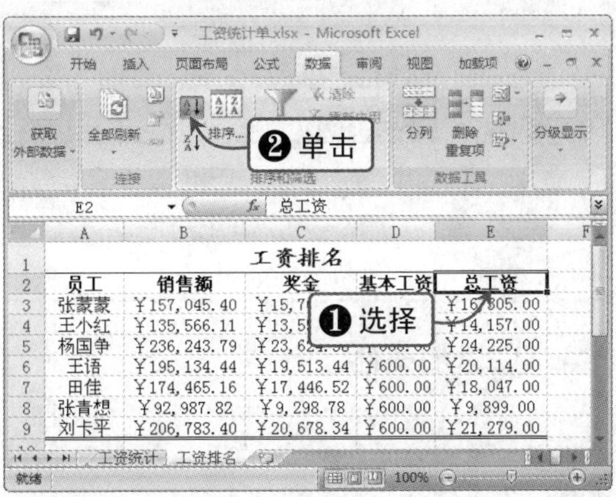

STEP 02 升序排列效果

表格将根据 E 列中的数据大小进行升序排列，效果如下图所示。

STEP 03 单击“降序”按钮

单击“数据”选项卡下“排序和筛选”组中的“降序”按钮，如下图所示。

STEP 04 降序排列效果

表格将根据该列中数据的大小进行降序排列，效果如下图所示。

23.3.2 数据的高级排序

使用“排序”对话框能够对表格数据进行更加复杂的排序，如可以使用多个关键字对数据进行排序，还可以进行自定义序列的排序。下面介绍高级排序的具体操作方法。

STEP 01 单击“最大化”按钮

单击“排序和筛选”组中的“排序”按钮，如下图所示。

STEP 02 打开“排序”对话框

弹出“排序”对话框，在“主要关键字”下拉列表框中选择“货品名称”选项，在“次序”下拉列表框中选择“自定义序列”选项，如下图所示。

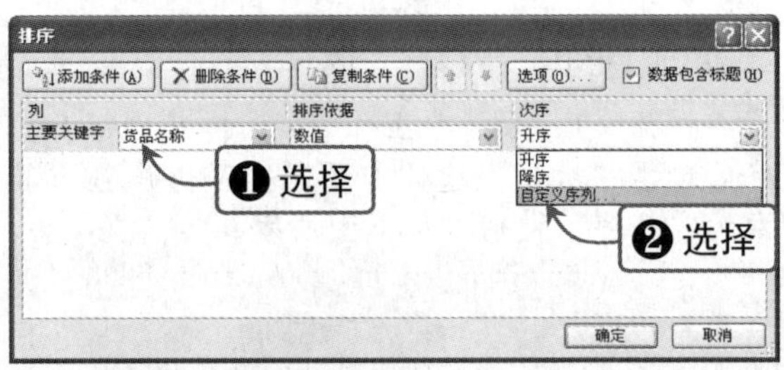

提示

选择“升序”或“降序”命令，可以进行升序或降序排列。

STEP 03 输入序列

弹出“自定义序列”对话框，在“输入序列”文本框中输入序列，如下图所示。

STEP 04 添加条件

单击“确定”按钮，返回“排序”对话框，单击其中的“添加条件”按钮，添加排序条件，设置“次关键字”为“销售金额”，“次序”为“降序”，如下图所示。

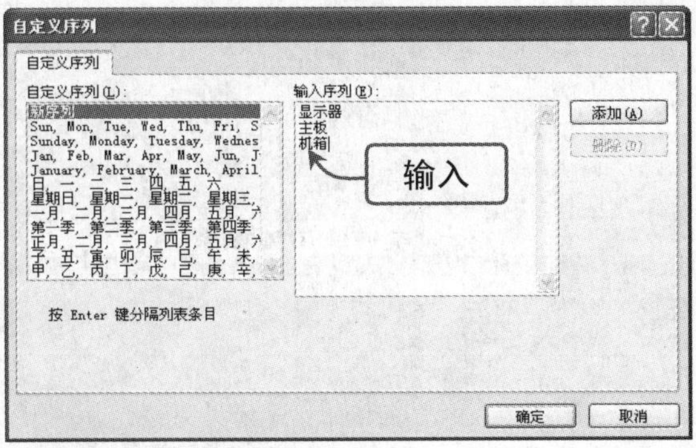

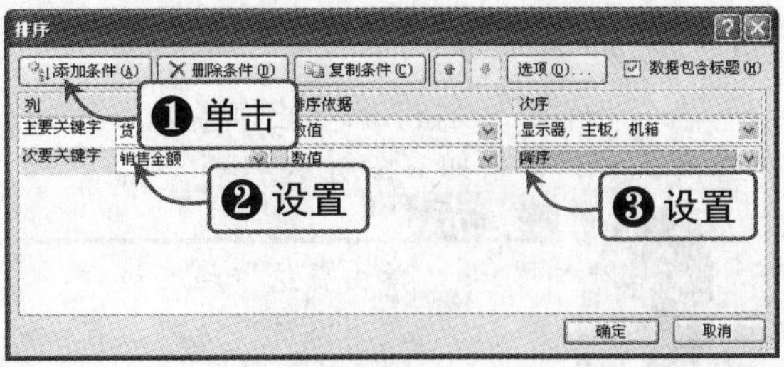

STEP 05 排序后的效果

单击“确定”按钮，表格经过排序后的效果如右图所示。

	A	B	C	D	E
1	销售统计				
2	销售日期	货品名称	销售数量	单价	销售金额
3	2005-3-12	显示器	12	1650.00	19800.00
4	2005-3-10	显示器	15	1300.00	19500.00
5	2005-3-15	显示器	13	1500.00	19500.00
6	2005-3-15	主板	22	530.00	11660.00
7	2005-3-11	主板	9	600.00	5400.00
8	2005-3-10	主板	9	550.00	4950.00
9	2005-3-15	机箱	18	2450.00	44100.00
10	2005-3-10	机箱	19	2200.00	41800.00
11	2005-3-12	机箱	8	1980.00	15840.00
12	2005-3-14	机箱	5	2050.00	10250.00

提示

排序时，先按主关键字进行排序，若主关键字相同，则按次关键字排序。

23.4 数据的筛选

当表格中的数据很多时，数据的筛选将成为用户更加关心的问题，Excel 2007 中提供了筛选功能，使用户对数据的筛选变得更加容易。

23.4.1 自动筛选

使用“筛选”按钮，可以对单元格数据进行自动筛选，其操作方法如下：

STEP 01 单击任务栏图标

选中表格中的任意单元格，单击“数据”选项卡下“排序和筛选”组中的“筛选”按钮，表格的列标题上均出现下列按钮，如下图所示。

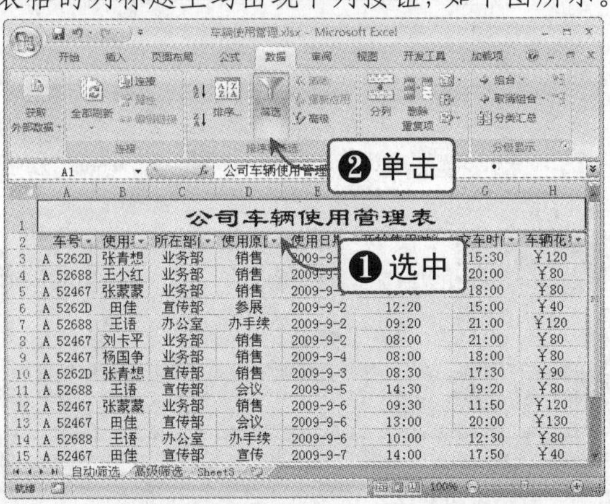

STEP 02 弹出的下拉面板

单击“车号”列右侧的下拉按钮，在弹出的下拉面板的列表框中只选中“A 52467”选项，效果如下图所示。

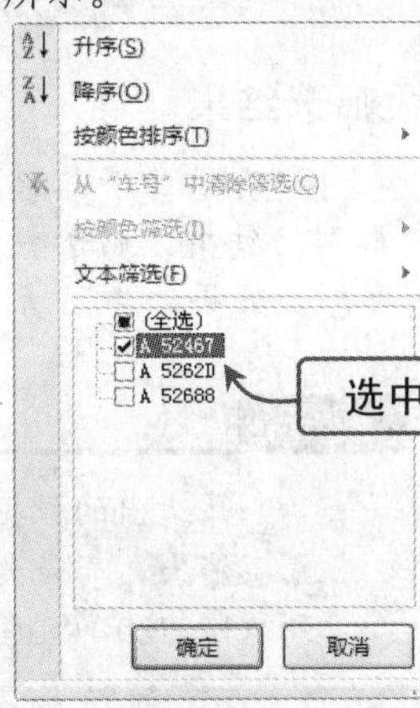

STEP 03 筛选结果

单击“确定”按钮，筛选出车号为 A 52467 的所有记录，效果如右图所示。

提示

单击筛选下拉面板中的“文本筛选”选项，在弹出的子菜单中可选择筛选方式，进行筛选。

23.4.2 高级筛选

当用户要使用多个条件对数据表中的数据进行筛选时，可以使用功能区中的“高级”按钮。下面介绍对数据表进行高级筛选的具体操作方法。

STEP 01 输入筛选条件

打开“车辆使用管理”工作簿中的“高级筛选”工作表，在单元格区域 J2:K3 中输入筛选的条件，如下图所示。

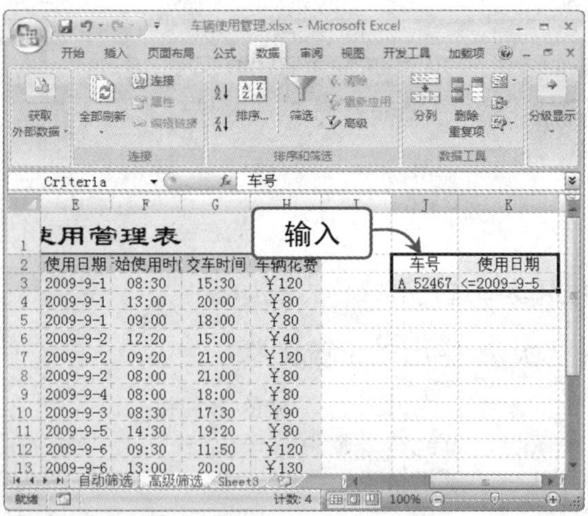

STEP 02 打开“高级筛选”对话框

单击“排序和筛选”组中的“高级”按钮，弹出“高级筛选”对话框，选中“将筛选结果复制到其他位置”单选按钮，然后分别选择列表区域、条件区域和“复制到”区域，如下图所示。

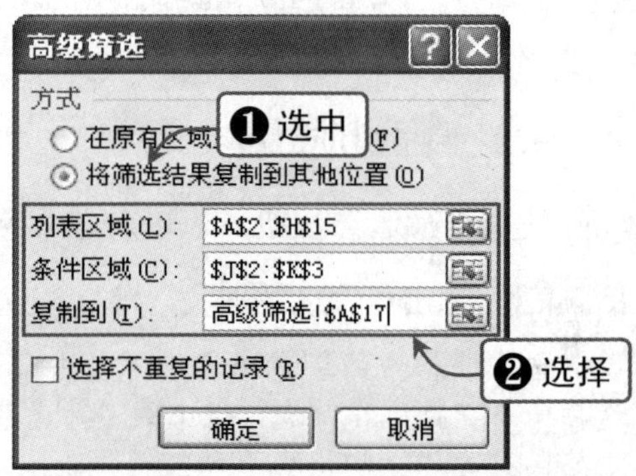

STEP 03 高级筛选结果

单击“确定”按钮，在单元格区域 A17:H20 中将显示筛选得到的结果，筛选出满足条件区域中的条件的数据，效果如右图所示。

提示

筛选出的数据在原位置不消失，而是复制一份到 A17:H20 单元格区域。

23.5 图表的应用

图表的可视效果要比单纯的数据表好得多，用户通过图表能够清晰明了地查看数据之间的差异。下面将介绍有关创建图表的方法。

STEP 01 选择图表类型

在“工资统计”工作表中，选中任意数据单元格，单击“插入”选项卡下“图表”组中的“柱形图”下拉按钮，在弹出的下拉面板中选择“堆积柱形图”选项，如下图所示。

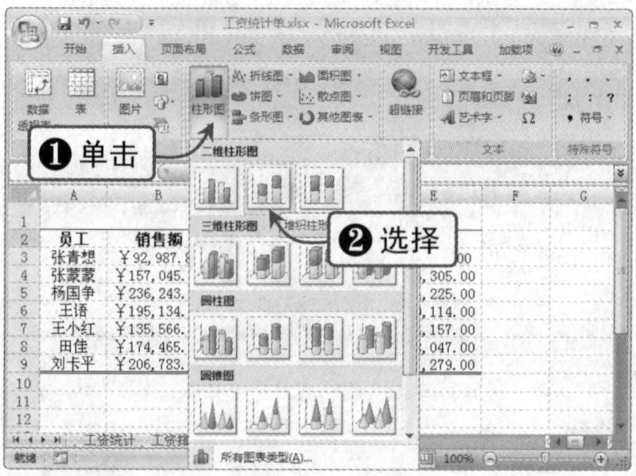

STEP 02 创建图表

将在工作表中自动以工作表数据为基础创建图表，效果如下图所示。

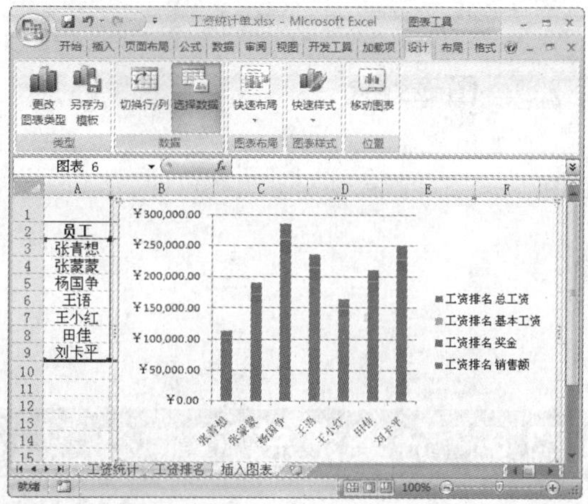

STEP 03 选择图例项

单击“设计”选项卡下“数据”组中的“选择数据”按钮，在弹出的“选择数据源”对话框中，选择“图例项”列表框中的“工资排名 销售额”选项，然后单击“删除”按钮，如下图所示。

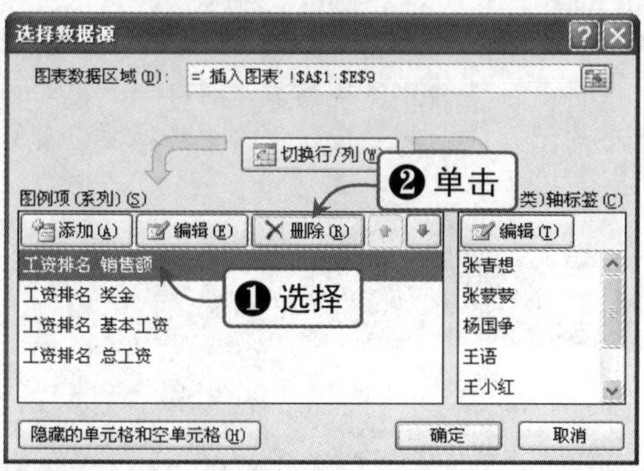

STEP 04 切换窗口

删除“工资排名 销售额”选项，单击“确定”按钮，关闭该对话框，此时图表的效果如下图所示。

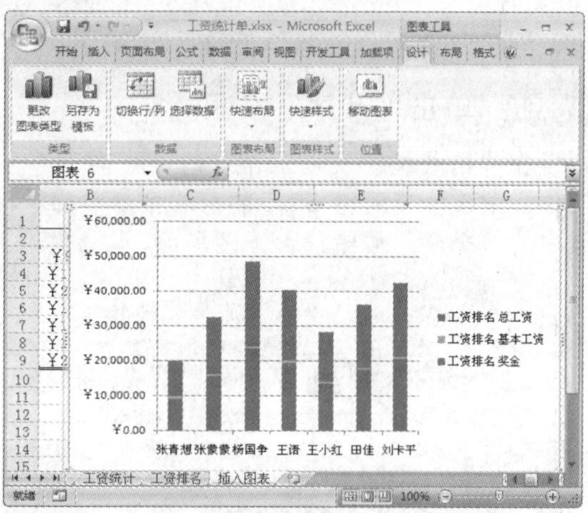

STEP 05 选择图表布局

单击“设计”选项卡下“图表布局”组中的“其他”按钮，在弹出的下拉面板中选择“布局 9”选项，如下图所示。

STEP 06 选择图表样式

单击“设计”选项卡下“图表样式”组中的“其他”按钮，在弹出的下拉面板中选择“样式 36”选项，如下图所示。

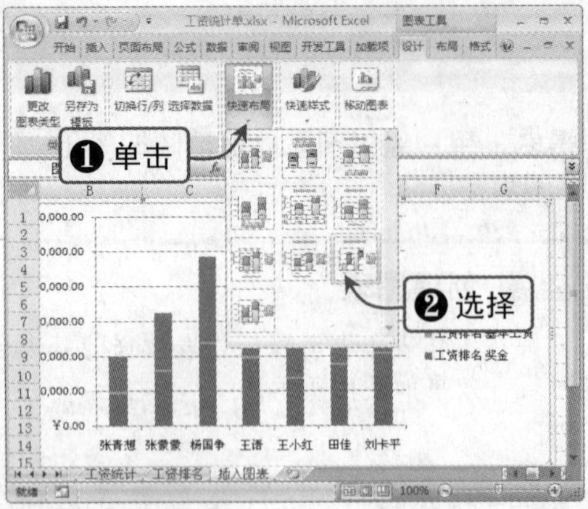

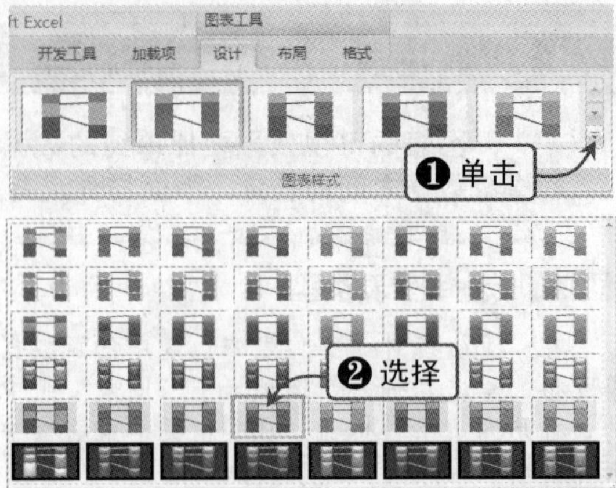

STEP 07 图表效果

更改图表布局和图表样式后的图表效果如右图所示。

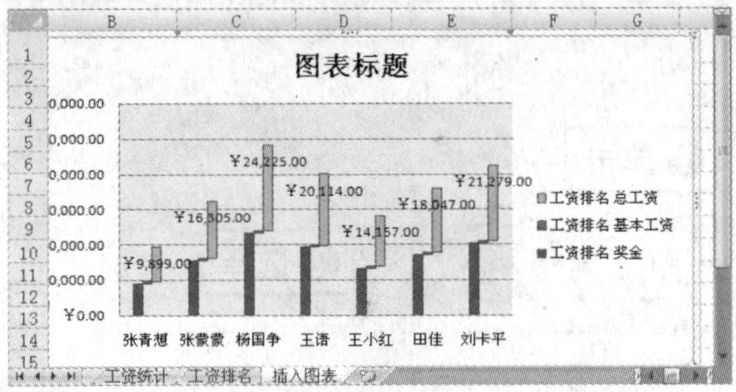

23.6 分类汇总

运用 Excel 2007 中的分类汇总功能，能够方便用户对数据进行求和、计数、求平均数等计算，从而提高工作效率。

23.6.1 创建分类汇总

创建分类汇总的具体操作方法如下：

STEP 01 单击“升序”按钮

在“销售统计表”工作簿的“分类汇总”工作表中选择单元格 B2，单击“排序和筛选”组中的“升序”按钮，如下图所示。

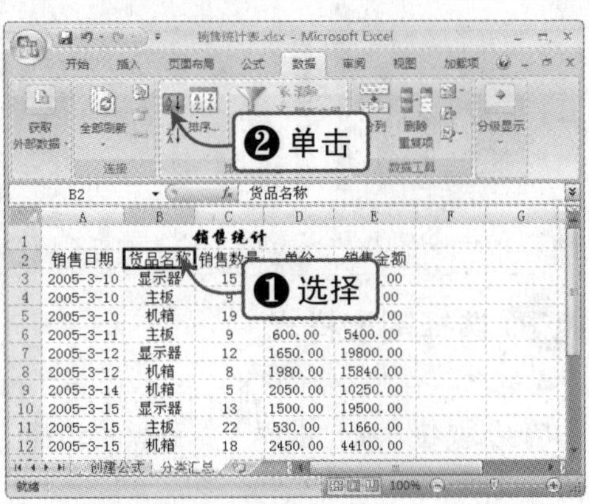

STEP 02 单击“分类汇总”按钮

将表格进行升序排列后，单击“分级显示”组中的“分类汇总”按钮，如下图所示。

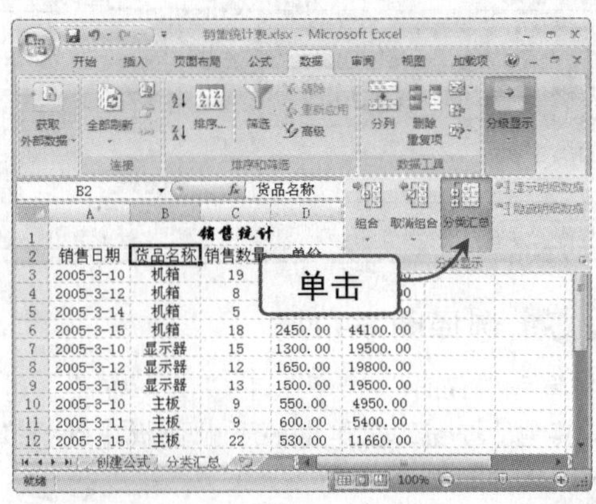

STEP 03 打开“分类汇总”对话框

弹出“分类汇总”对话框，设置“分类字段”为“货品名称”、“汇总方式”为“求和”，选中“销售数量”和“销售金额”汇总项，如下图所示。

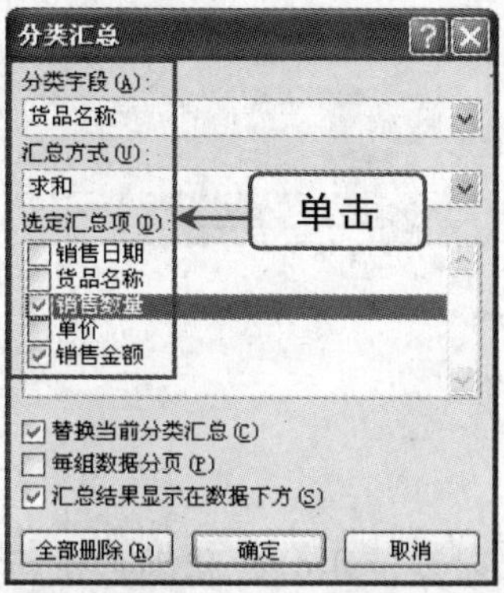

STEP 04 创建分类汇总

单击“确定”按钮，创建分类汇总，效果如下图所示。

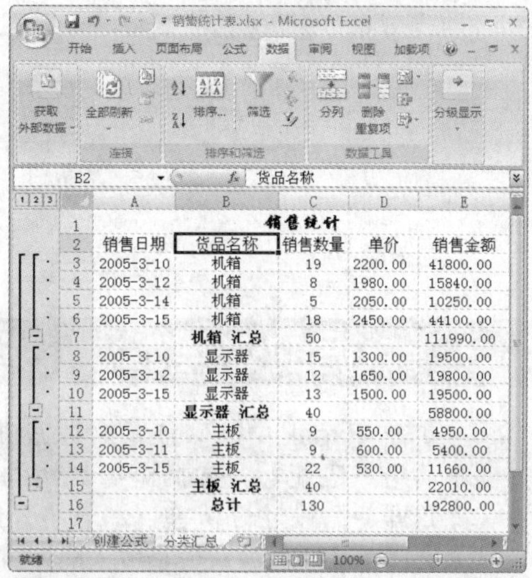

STEP 05 设置分类汇总的相关选项

可继续创建分类汇总，打开“分类汇总”对话框，设置相关的选项，如下图所示。

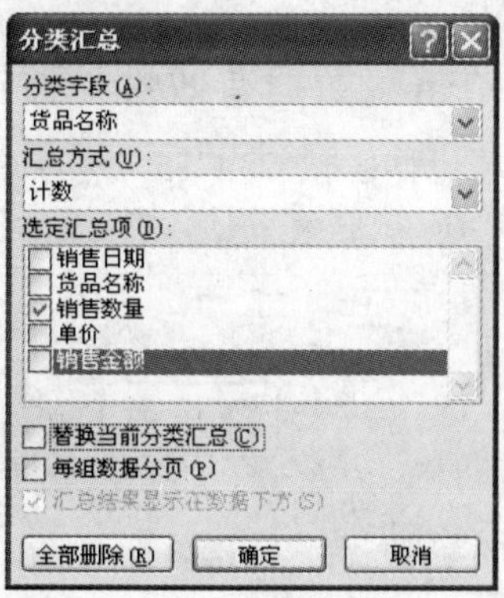

STEP 06 汇总效果

单击“确定”按钮，创建分类汇总，汇总效果如下图所示。

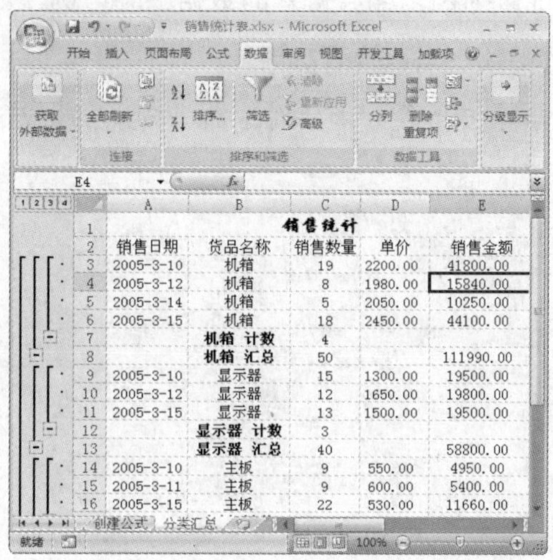

23.6.2 删除分类汇总

删除分类汇总的具体操作方法如下：

STEP 01 单击“分类汇总”按钮

单击“分级显示”组中的“分类汇总”按钮，如下图所示。

STEP 02 删除分类汇总

弹出“分类汇总”对话框，单击其中的“全部删除”按钮，如下图所示，可删除分类汇总。

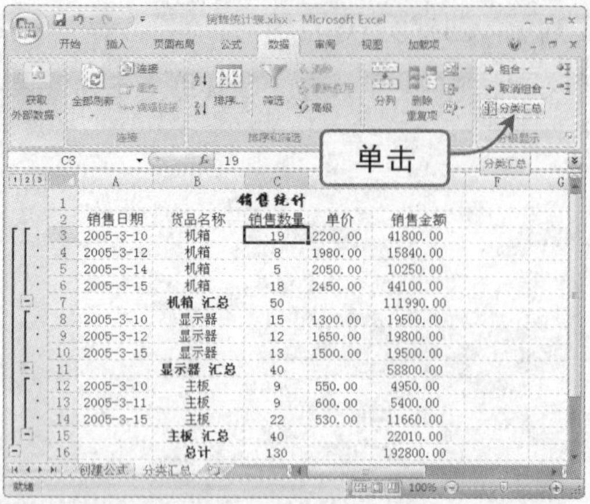

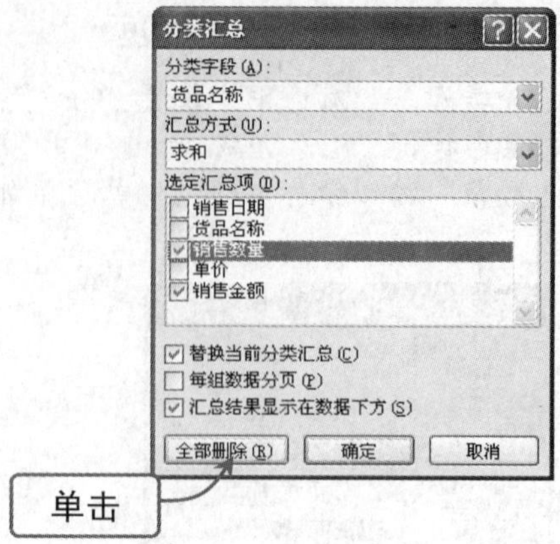

23.7 数据的处理

在 Excel 中除了能够对数据进行排序、筛选以及使用公式和函数进行计算外，用户还能够对数据进行其他的一些处理，如设置数据的有效范围、合并计算数据、假设性分析等。本节将介绍有关设置数据有效性和合并计算的知识。

23.7.1 设置数据的有效性

为了约束用户输入数据，确保输入有效的数据信息，Excel 中提供了设置数据有效性的功能。下面以输入有效的数据序列为例，介绍设置数据有效性的方法。

STEP 01 创建部门列表

在工作表中单独创建部门列表，如下图所示。

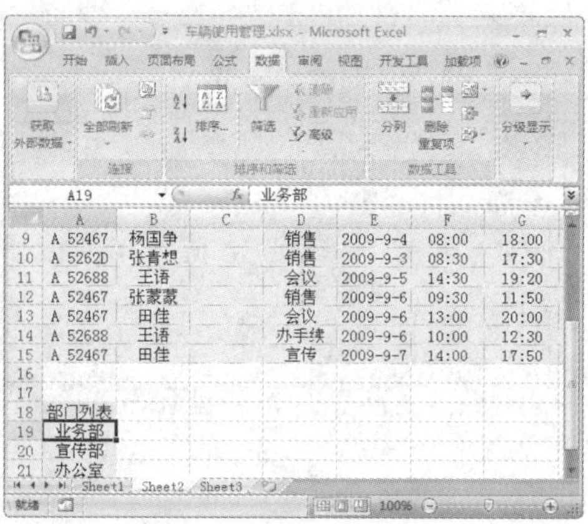

STEP 02 单击“数据有效性”按钮

选择单元格区域 C3:C15，然后单击“数据工具”组中的“数据有效性”按钮，如下图所示。

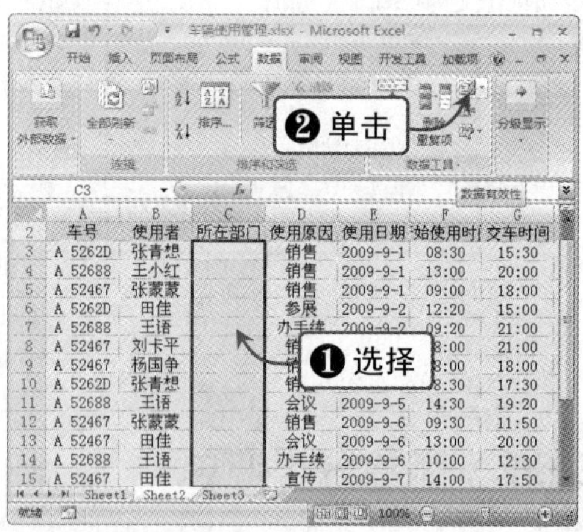

STEP 03 打开“数据有效性”对话框

弹出“数据有效性”对话框，在“允许”下拉列表框中选择“序列”选项，然后选择序列来源，如下图所示。

STEP 04 选择序列中的选项

单击“确定”按钮关闭该对话框，单击所选区域中的任意单元格，其右侧将出现下拉按钮，单击该下拉按钮，在弹出的对话框中可选择相应的选项，如下图所示。

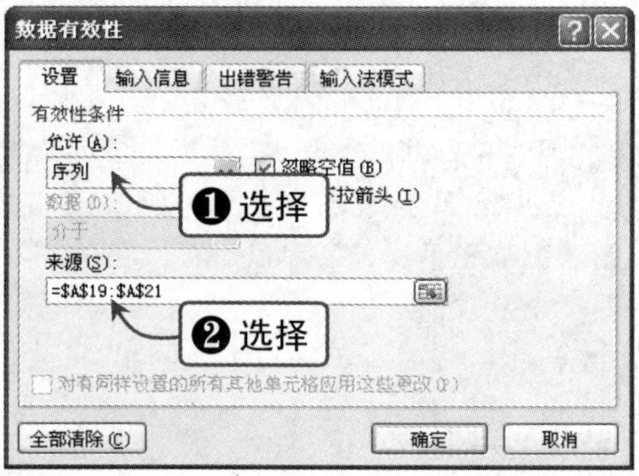

23.7.2 合并计算数据

合并计算数据实际上就是将各个数据表中的数据组合到一个数据表中，但是对于要合并的各个表格中的数据有一定的要求，下面以实例的形式介绍合并计算数据的具体操作方法。

STEP 01 单击“合并计算”按钮

在“统计”工作表中，选择单元格 A1，单击“数据”选项卡下“数据工具”组中的“合并计算”按钮，如下图所示。

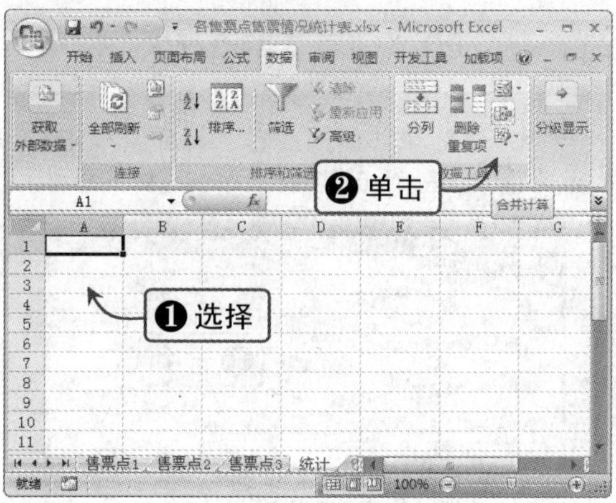

STEP 02 选择引用位置

弹出“合并计算”对话框，单击“引用位置”文本框右侧的折叠按钮，折叠对话框，使用鼠标选择单元格区域 C2:D11，如下图所示。

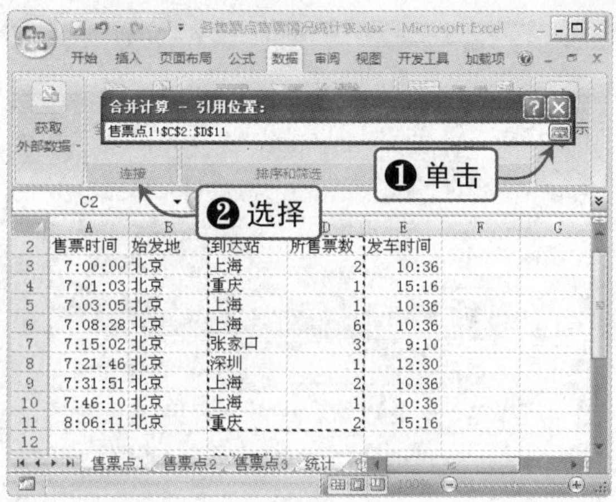

STEP 03 添加引用位置

再次单击折叠按钮，展开“合并计算”对话框，单击“添加”按钮，将所选的引用位置区域添加到“所有引用位置”列表框中，用同样的方法添加其他引用位置，并选中“首行”和“最左列”复选框，如下图所示。

STEP 04 合并计算结果

单击“确定”按钮，将在“统计”工作表中显示合并计算的结果，如下图所示。

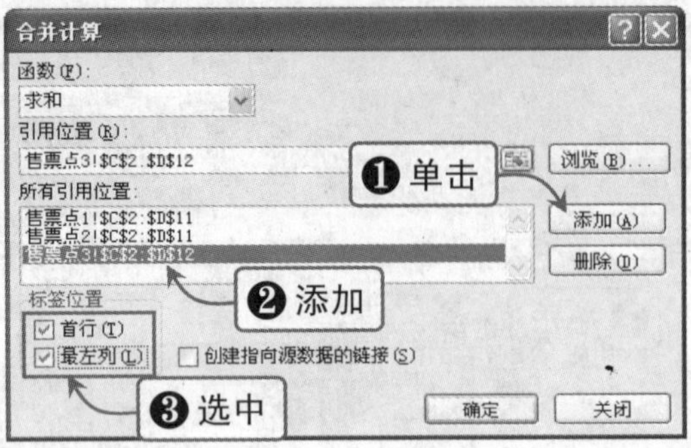

23.8 数据透视表的应用

数据透视表和数据透视图都能够直观地显示数据的变化。数据透视表实际上是一种交互式报表，可快速帮助用户从不同的角度、以不同的方式来汇总大量的数据。而数据透视图则是以图表的形式来反映数据透视表中的数据。

23.8.1 创建数据透视表

使用 Excel 2007 中的创建数据透视表向导，可以轻松创建数据透视表。其操作方法如下：

STEP 01 选择“数据透视表”命令

单击“插入”选项卡下“表”组中的“数据透视表”下拉按钮，在弹出的下拉菜单中选择“数据透视表”命令，如下图所示。

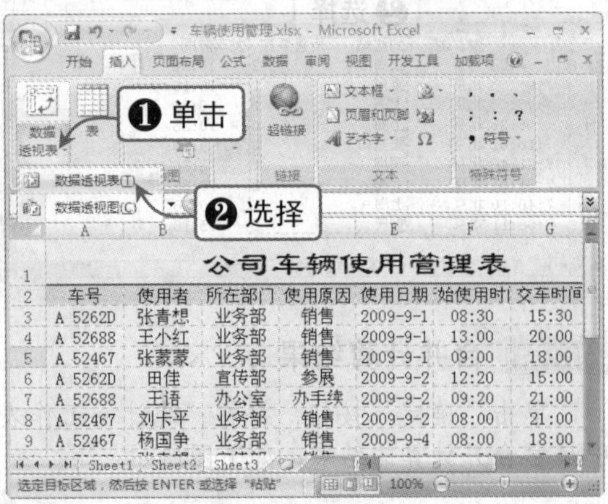

STEP 02 打开“创建数据透视表”对话框

弹出“创建数据透视表”对话框，选中“选择一个表或区域”单选按钮，然后选择表或区域，并选中“新工作表”单选按钮，如下图所示。

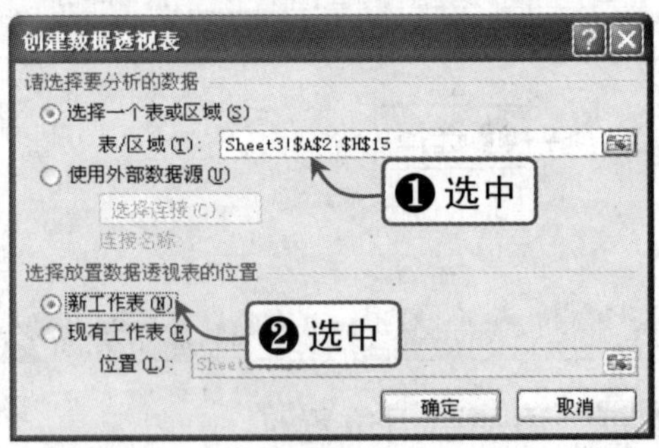

STEP 03 开始创建数据透视表

单击“确定”按钮，将创建新的工作表，并开始创建数据透视表向导，如下图所示。

STEP 04 拖动字段

在“数据透视表字段列表”任务窗格中，将不同的字段拖动到不同的区域列表中，如下图所示。

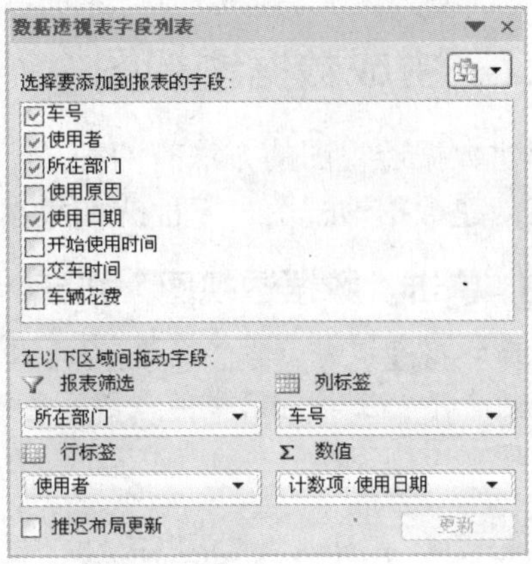

STEP 05 创建数据透视表

拖动字段后，自动创建的数据透视表效果如下图所示。

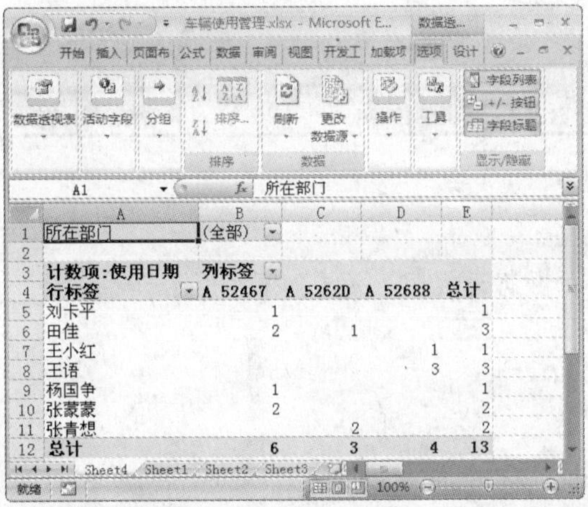

STEP 06 选择“值字段设置”命令

在“数据透视表字段列表”任务窗格中，将“车辆花费”字段拖动到“Σ数值”列表中，并在其上单击，在弹出的下拉菜单中选择“值字段设置”命令，如下图所示。

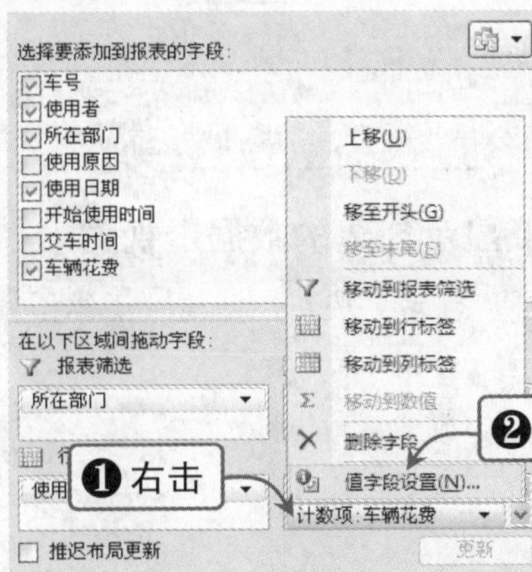

STEP 07 选择计算类型

弹出“值字段设置”对话框，在“计算类型”列表框中选择“求和”选项，如下图所示。

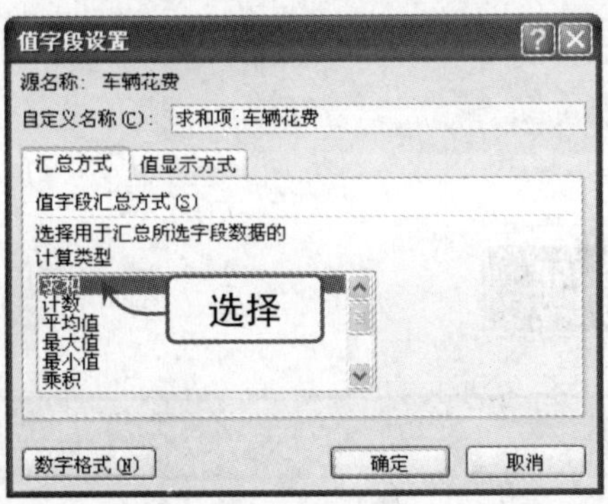

STEP 08 数据透视表效果

单击“确定”按钮，创建的数据透视表的效果如下图所示。

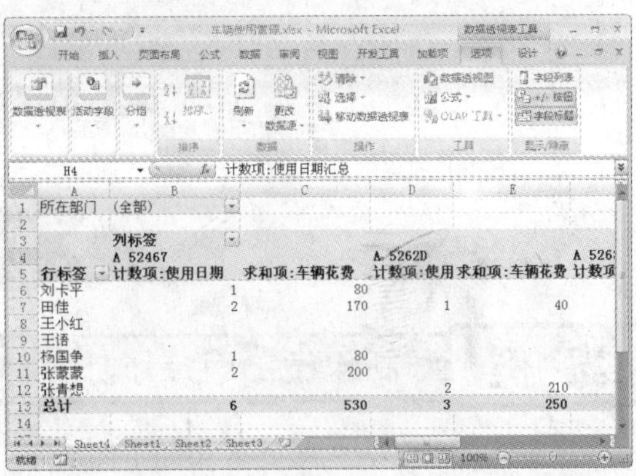

23.8.2 生成数据透视图

创建数据透视图的方法有两种，一种是根据数据透视表创建数据透视图，一种是根据原数据表创建数据透视图。下面介绍根据数据透视表创建数据透视图的方法。

STEP 01 单击“数据透视图”按钮

选择数据透视表中的任意单元格，单击“选项”选项卡下“工具”组中的“数据透视图”按钮，如下图所示。

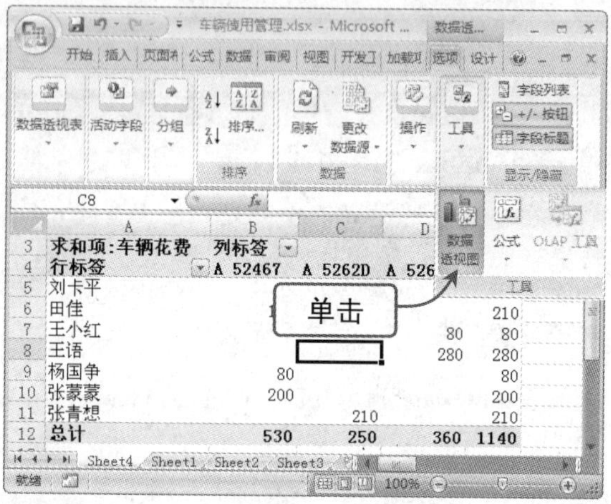

STEP 02 选择图表类型

弹出“插入图表”对话框，选择“三维圆锥图”选项，如下图所示。

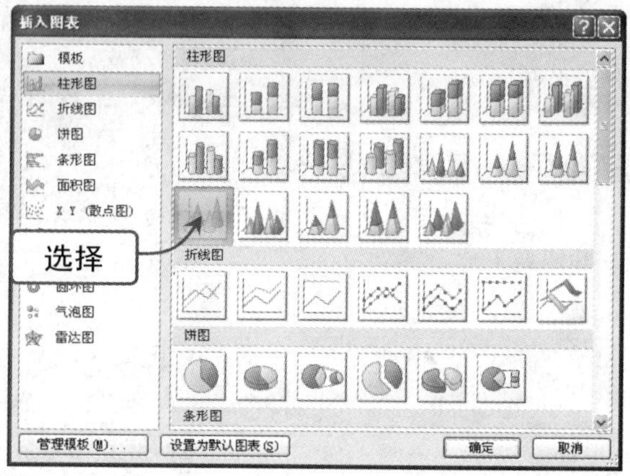

STEP 03 显示创建的数据透视图

单击“确定”按钮，创建“三维圆锥图”类型的数据透视图，效果如下图所示。

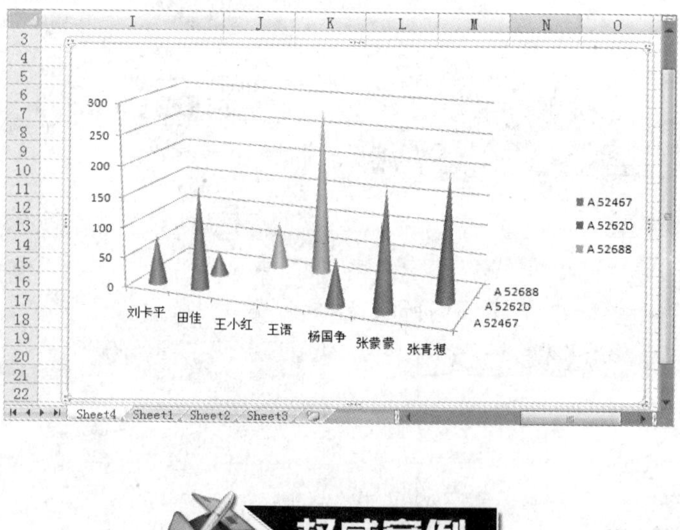

权威案例

案 例 制作员工医疗统计表

员工医疗统计表的最终效果如下图所示。

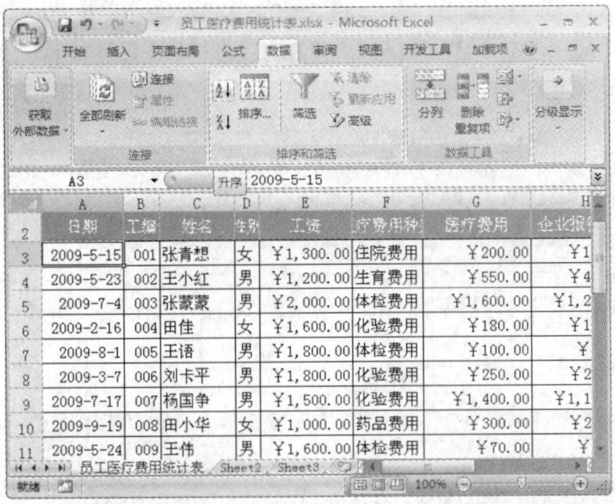

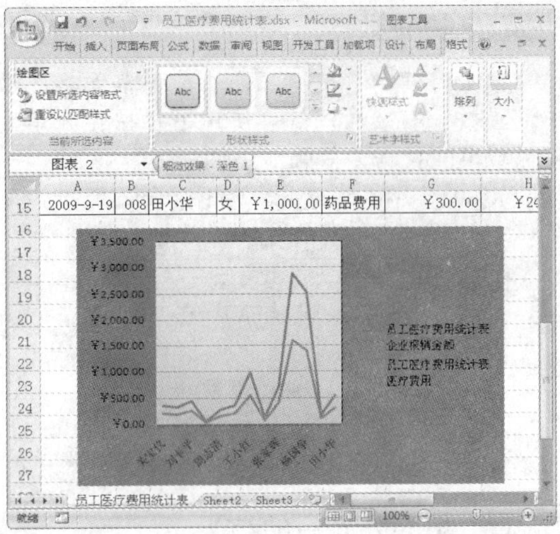

创建员工医疗统计表的具体操作方法如下：

STEP 01 创建工作表

创建“员工医疗费用统计表”工作表，效果如下图所示。

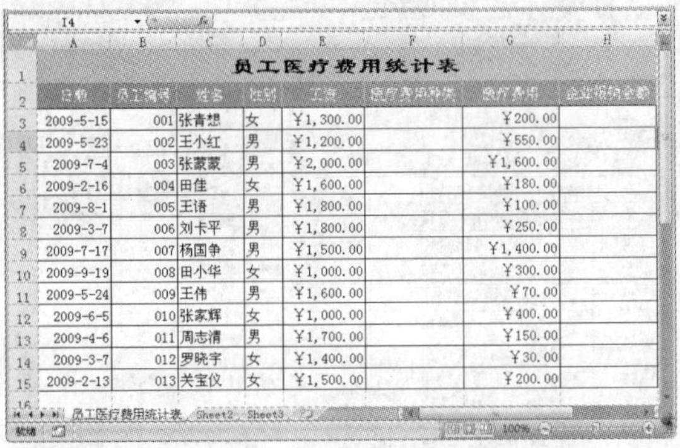

STEP 02 输入种类

在单元格区域 J3:J11 位置输入医疗费用的种类，如下图所示。

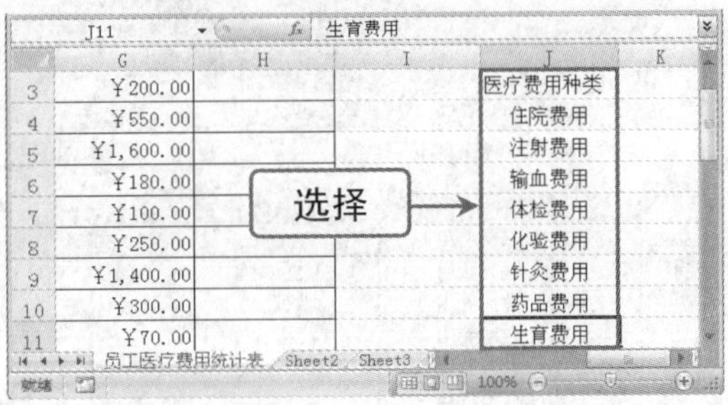

STEP 03 单击“数据有效性”按钮

选择单元格区域 F3:F15，然后单击“数据有效性”按钮，如下图所示。

STEP 04 打开“数据有效性”对话框

弹出“数据有效性”对话框，在“允许”下拉列表框中选择“序列”选项，并设置序列来源，如下图所示。

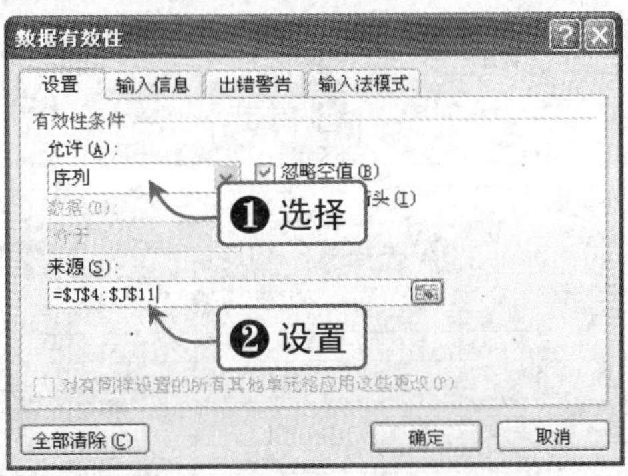

STEP 05 填充数据

单击“确定”按钮，在所选的单元格区域中设置数据有效性，然后使用下拉按钮为单元格区域填充数据，效果如下图所示。

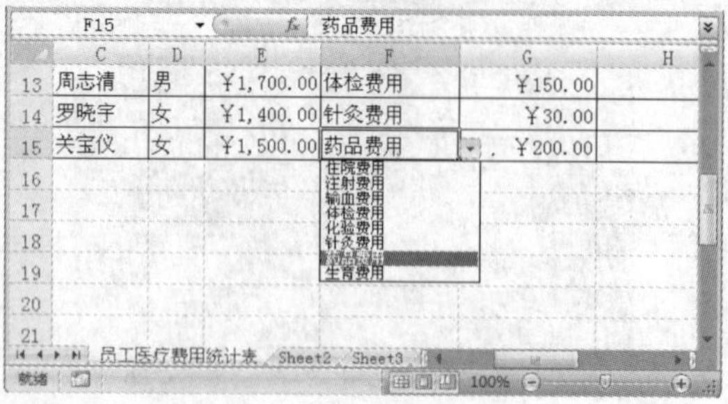

STEP 06 输入公式

选择单元格 H3，然后直接输入公式“=IF(G3="","",IF(G3<=E3*12,G3*0.8,E3*12))”，如下图所示。

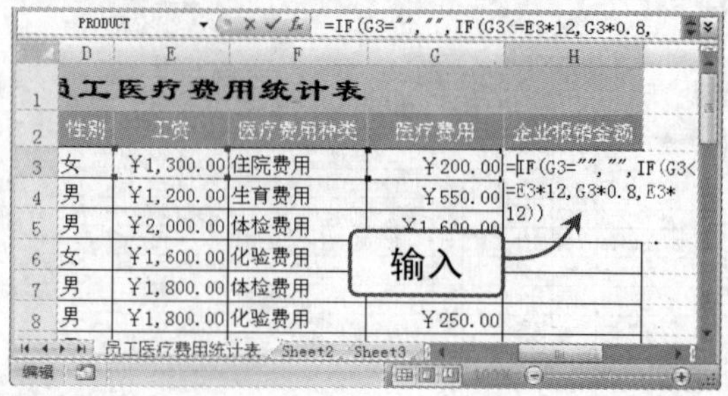

STEP 07 填充公式后的结果

按【Enter】键确认输入，然后使用填充柄，填充其他单元格，效果如下图所示。

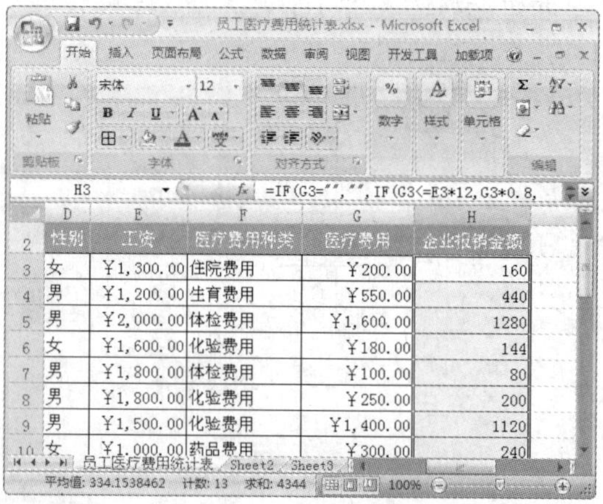

STEP 08 设置数字格式

单击“开始”选项卡下“数字”组中的“数字格式”下拉列表框的下拉按钮，在弹出的下拉面板中选择“货币”选项，如下图所示。

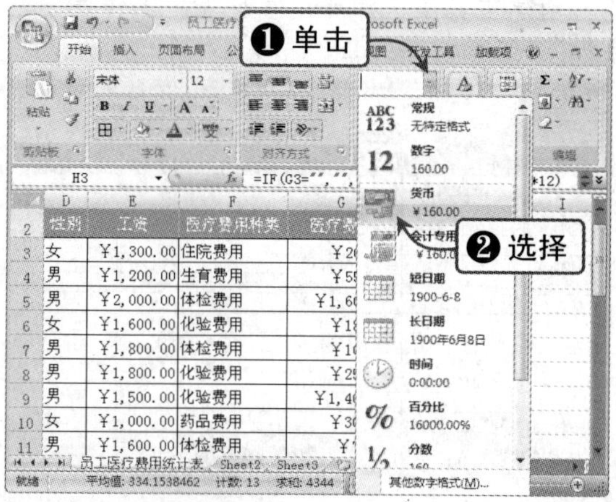

STEP 09 单击“升序”按钮

选择“日期”列的任意单元格，单击“排序和筛选”组中的“升序”按钮，如下图所示。

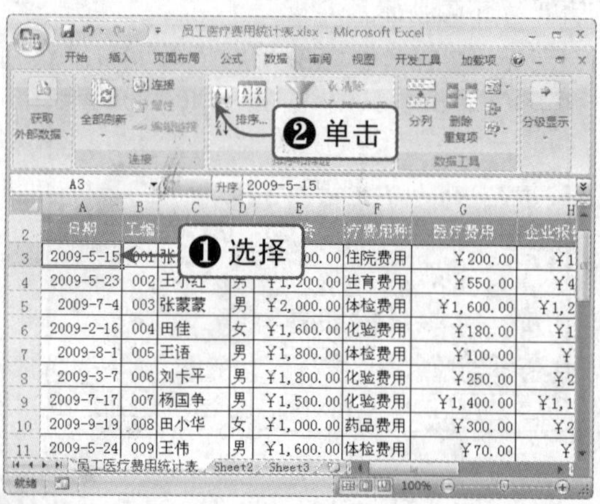

STEP 10 排序结果

将表格按该列中日期的大小进行升序排列，效果如下图所示。

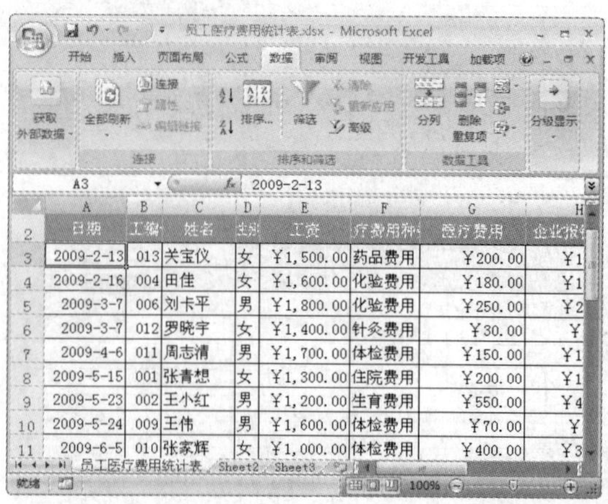

STEP 11 选择图表类型

单击“插入”选项卡下“图表”组中的“折线图”下拉按钮，在弹出的下拉面板中选择“堆积折线图”选项，如下图所示。

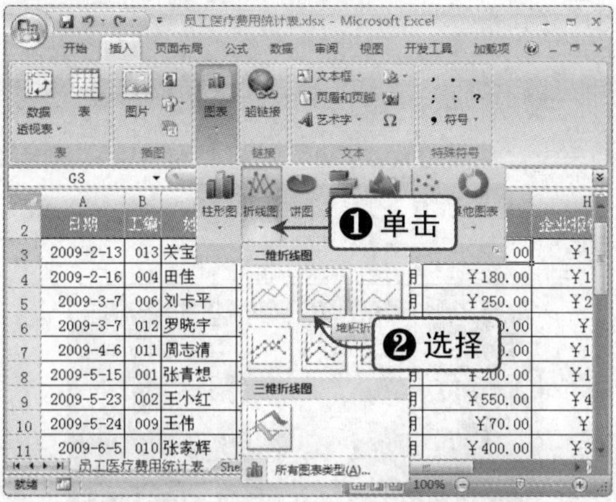

STEP 12 创建图表

创建堆积折线图表，然后单击“设计”选项卡下“数据”组中的“选择数据”按钮，如下图所示。

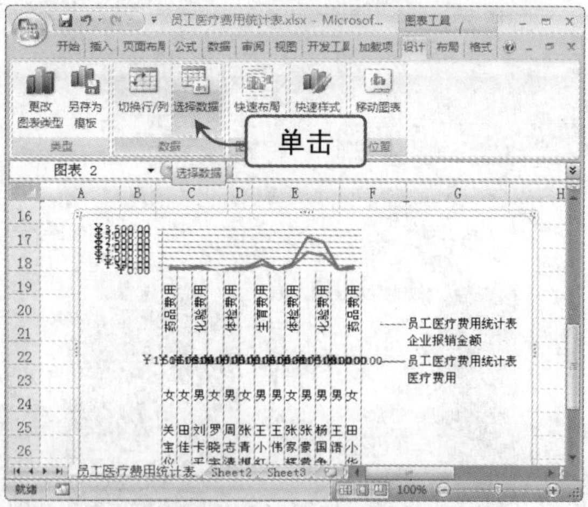

STEP 13 单击“编辑”按钮

弹出“选择数据源”对话框，选择“水平（分类）轴标签”列表框中的最后一项，然后单击“编辑”按钮，如下图所示。

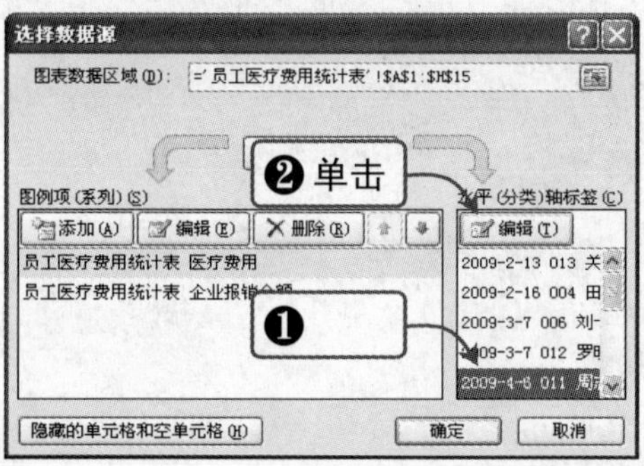

STEP 14 选择轴标签区域

在弹出的对话框中单击折叠按钮，在工作表中选择所有的员工姓名所在单元格，如下图所示。

提示

也可在文本框中直接输入单元格区域。

STEP 15 返回“选择数据源”对话框

单击“确定”按钮，返回“选择数据源”对话框，此时效果如下图所示。

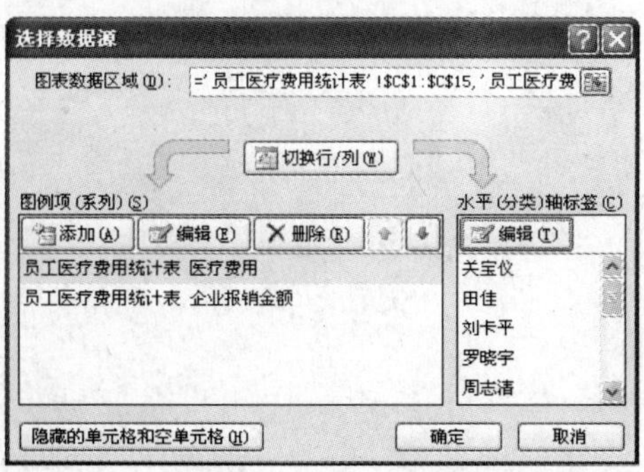

STEP 16 图表效果

单击“确定”按钮，此时的图表效果如下图所示。

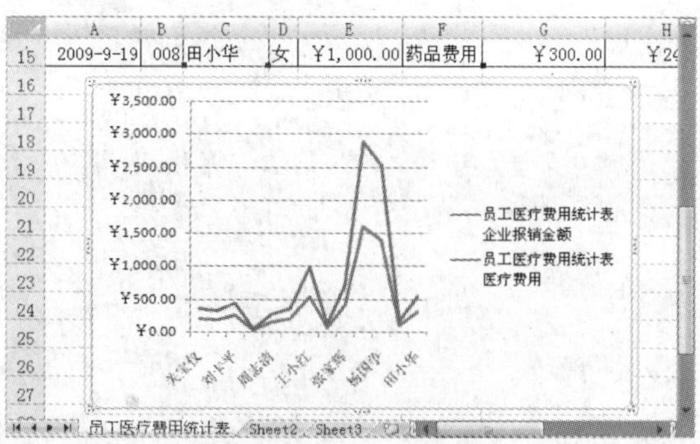

STEP 17 填充图表区域

单击“格式”选项卡下“形状样式”组中的“形状填充”按钮右侧的下拉按钮，在弹出的调色板中选择红色，为图表区域填充红色，如下图所示。

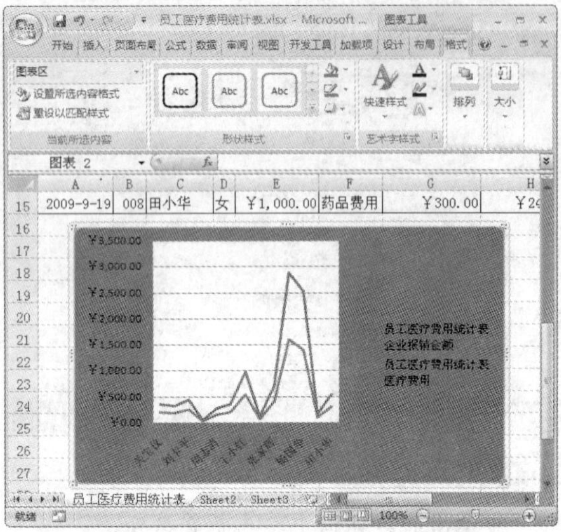

STEP 18 图表效果

选择绘图区域，单击“形状样式”组中的“其他”下拉按钮，在弹出的下拉面板中选择“细微效果 深色 1”选项，图表最终效果如下图所示。

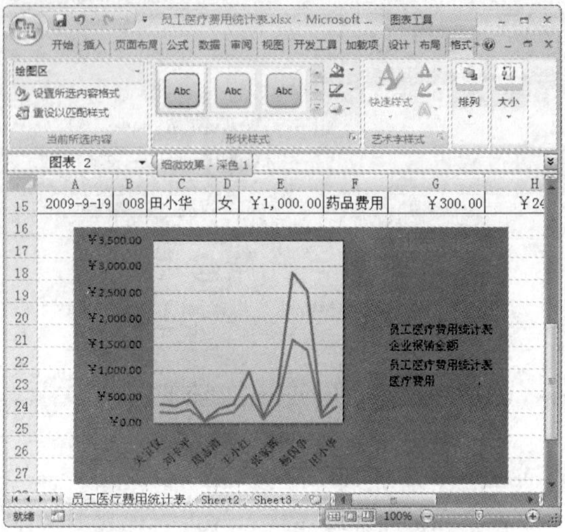

Chapter 24 数据的共享和保护

随着电脑的广泛应用，电脑办公受到越来越多人的青睐。本章将介绍有关 Excel 中数据共享和数据保护的知识，使人们在使用 Excel 进行表格设计时，能够更高效率地完成复杂的表格数据更新，同时也更加安全地保护 Excel 中的数据。

本章建议学习时间：

本章建议学习时间为 50min，其中分配 25 min 学习数据共享与保护方面的知识，25min 观看教学视频并进行实践练习。

学完本章后您可以：

- 进行数据共享
- 隐藏数据
- 保护数据

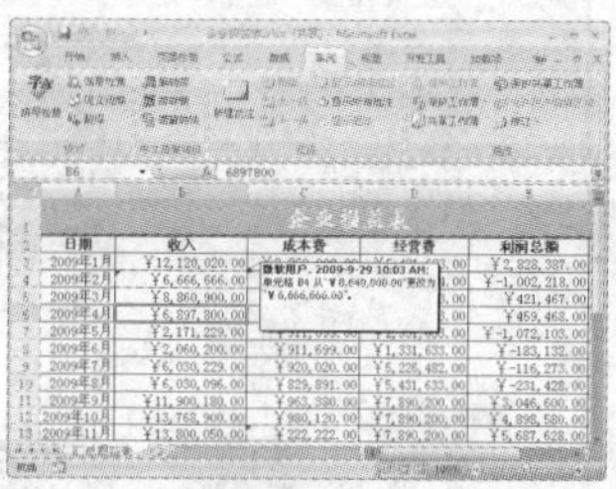

显示修订信息

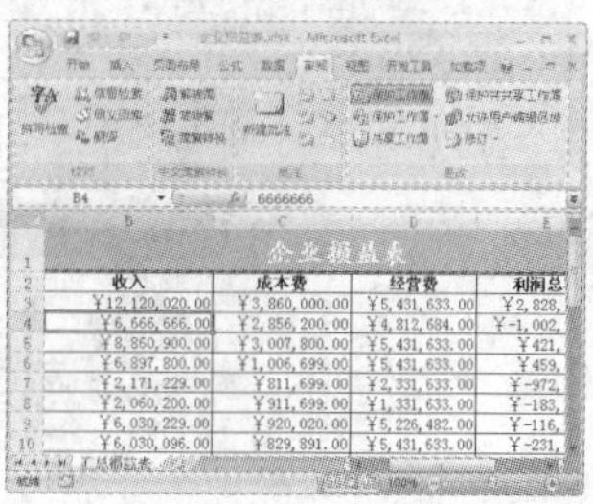

保护工作表

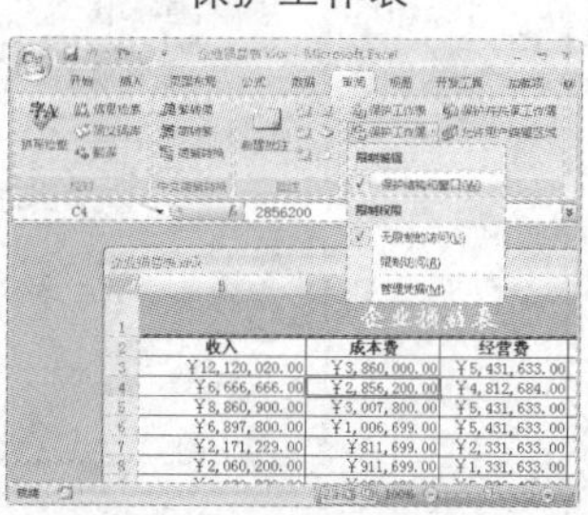

保护结构和窗口

DVD 重要知识点视频索引

24.1 数据共享

在 Excel 2007 中，用户可设置共享工作簿，从而实现其他用户对该工作簿数据的共享与编辑，达到协同合作、提高工作效率的目的。

24.1.1 创建共享工作簿

首先，将向读者介绍共享工作簿的方法。

STEP 01 单击“共享工作簿”按钮

打开要创建共享的工作簿，单击“审阅”选项卡下“更改”组中的“共享工作簿”按钮，如下图所示。

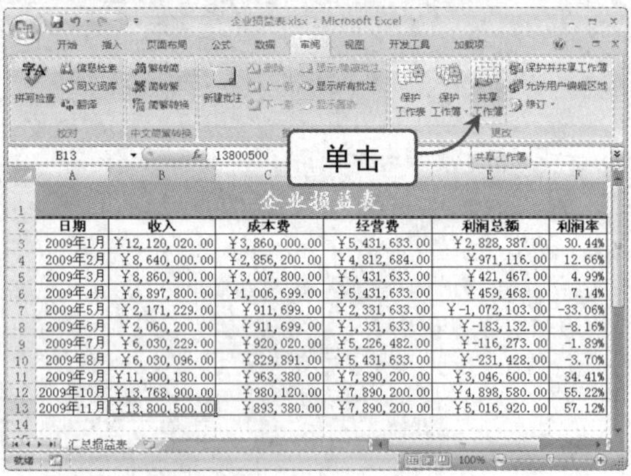

STEP 02 打开“共享工作簿”对话框

弹出“共享工作簿”对话框，选中“允许多用户同时编辑，同时允许工作簿合并”复选框，如下图所示。

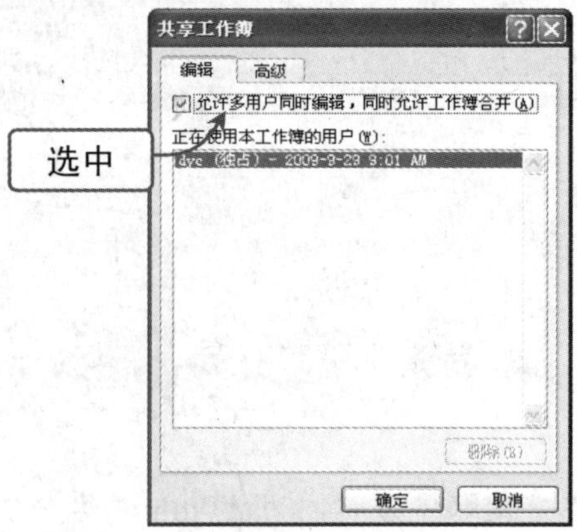

STEP 03 设置自动更新时间

单击“高级”选项卡，选中“自动更新间隔”单选按钮，然后在其右侧的数值框中设置自动更新时间为 10 分钟，如下图所示。

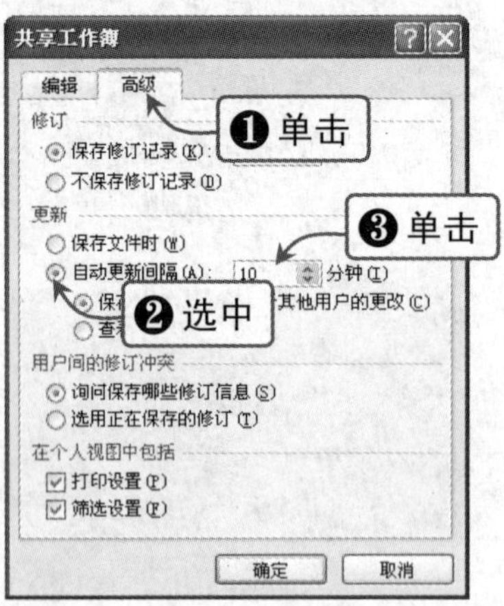

STEP 04 显示共享

单击“确定”按钮，弹出提示信息框，单击“确定”按钮即可，此时该工作簿的名称上将出现“[共享]”文字，效果如下图所示。

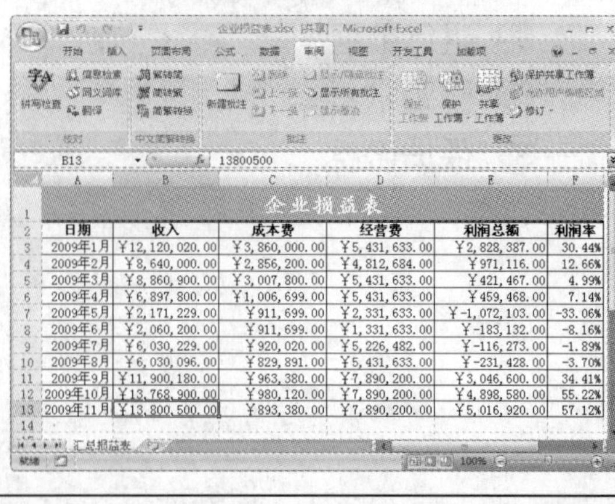

24.1.2 解决共享工作簿中的修订冲突

当两位用户同时编辑同一共享工作簿并试图保存影响同一个单元格的更改时，就会发生冲突。Excel 只能在该单元格里保留一种版本的修订。当第二位用户保存工作簿时，就会出现“解决冲突”对话框。下面介绍解决共享工作簿中的修订冲突的具体操作方法：

STEP 01 编辑单元格数据

如果一个用户编辑单元格 C12 中的数据并保存后，另一个用户也编辑该单元格 C12，如下图所示。

	A	B	C	D
1	企业损益表			
2	日期	收入	成本费	经营费
3	2009年1月	¥12,120,020.00	¥3,860,000.00	¥5,431,633.00
4	2009年2月	¥6,666,666.00	¥2,856,200.00	¥4,812,684.00
5	2009年3月	¥8,860,900.00	¥3,007,800.00	¥5,431,633.00
6	2009年4月	¥6,897,800.00	¥1,006,699.00	¥5,431,633.00
7	2009年5月	¥2,171,229.00	¥561,699.00	¥2,331,633.00
8	2009年6月	¥2,060,200.00	¥911,699.00	¥1,331,633.00
9	2009年7月	¥6,030,229.00	¥920,020.00	¥5,226,482.00
10	2009年8月	¥6,030,096.00	¥829,891.00	¥5,431,633.00
11	2009年9月	¥11,900,180.00	¥963,380.00	¥7,890,200.00
12	2009年10月	¥13,768,900.00	¥568,200.00	¥6,890,200.00
13	2009年11月	¥12,500,000.00	¥8,920,000.00	¥7,890,200.00

STEP 02 弹出“解决冲突”对话框

单击“保存”按钮，弹出“解决冲突”对话框，如下图所示。

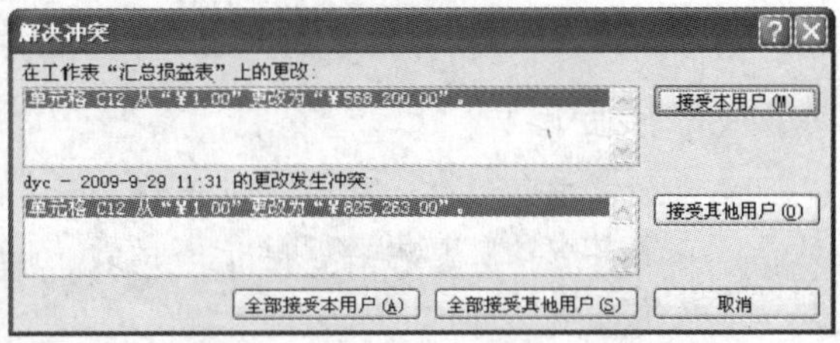

STEP 03 弹出提示信息框

单击“接受其他用户”按钮，将弹出如下图所示的提示信息框，单击“确定”按钮即可。

STEP 04 显示的数据信息

此时单元格 C12 中将显示其他用户输入的数据信息，效果如下图所示。

	B	C	D
2	收入	成本费	经营费
3	¥12,120,020.00	¥3,860,000.00	¥5,431,633.00
4	¥6,666,666.00	¥2,856,200.00	¥4,812,684.00
5	¥8,860,900.00	¥3,007,800.00	¥5,431,633.00
6	¥6,897,800.00	¥1,006,699.00	¥5,431,633.00
7	¥2,171,229.00	¥561,699.00	¥2,331,633.00
8	¥2,060,200.00	¥911,699.00	¥1,331,633.00
9	¥6,030,229.00	¥920,020.00	¥5,226,482.00
10	¥6,030,096.00	¥829,891.00	¥5,431,633.00
11	¥11,900,180.00	¥963,380.00	
12	¥13,768,900.00	¥825,263.00	
13	¥12,500,000.00	¥8,920,000.00	

24.1.3 接受与拒绝修订

用户还可以通过相应的功能区命令接受与拒绝对工作表信息的修订，其具体操作方法如下：

STEP 01 选择相应的命令

单击“审阅”选项卡下“更改”组中的“修订”下拉按钮，在弹出的下拉菜单中选择“接受/拒绝修订”命令，如下图所示。

STEP 02 设置修订选项

弹出“接受或拒绝修订”对话框，选中“修订人”复选框，然后设置修订人为“每个人”，选中“位置”复选框，然后选择位置区域，效果如下图所示。

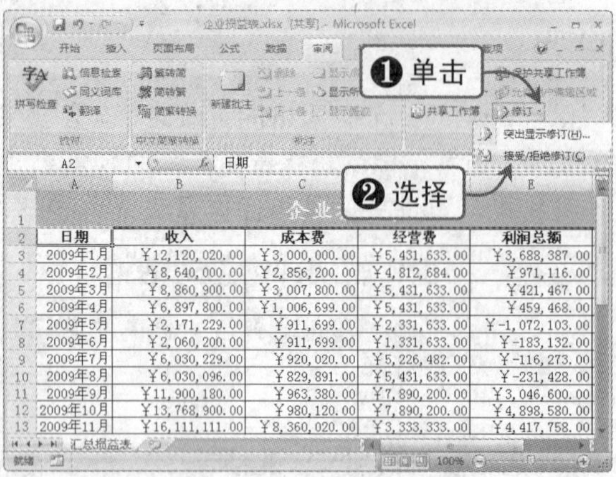

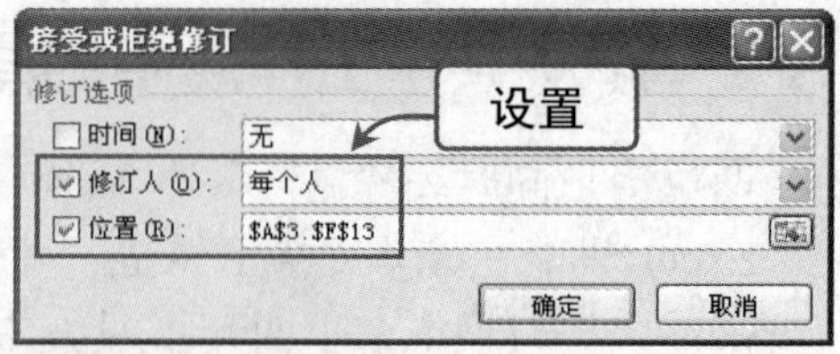

提示

在“修订人”下拉列表框中选择不同的人，将可以分别为每个人赋予权限。

STEP 03 接受修订

单击“确定”按钮，弹出如下图所示的对话框，查看其中的信息内容，单击“接受”按钮，可接受该修订。

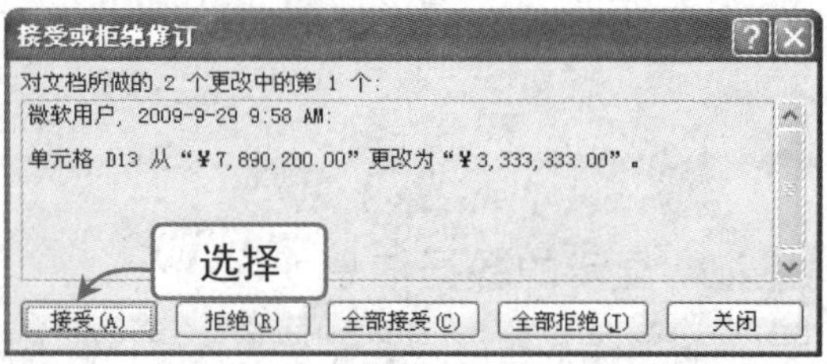

STEP 04 拒绝修订

在“接受或拒绝修订”对话框中，单击“拒绝”按钮，将拒绝该修订。

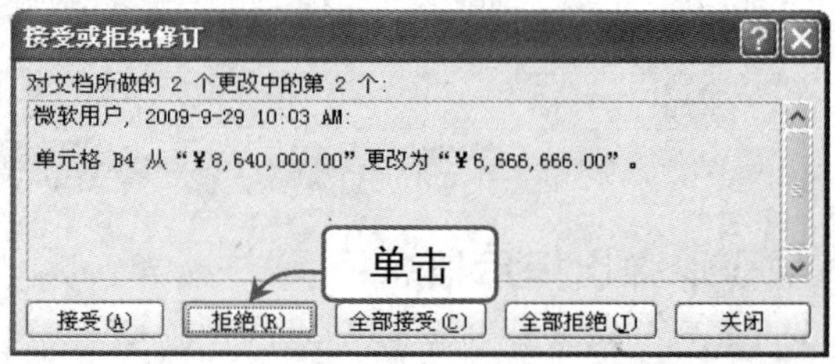

24.1.4 突出显示修订信息

设置突出显示修订信息后，在工作表中将显示用户的修订信息，设置突出显示修订信息的具体操作方法如下：

STEP 01 选择相应的命令

单击“审阅”选项卡下“更改”组中的“修订”下拉按钮，在弹出的下拉菜单中选择“突出显示修订”命令，如下图所示。

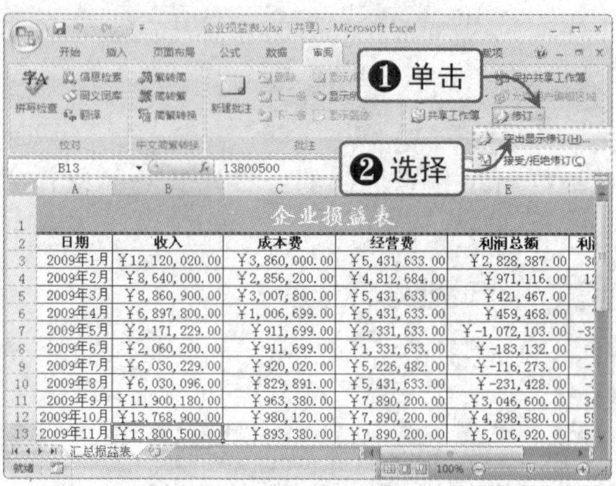

STEP 02 打开“突出显示修订”对话框

弹出“突出显示修订”对话框，选中“时间”和“位置”复选框，然后设置位置为单元格区域A3:F13，并选中“在屏幕上突出显示修订”复选框，效果如下图所示。

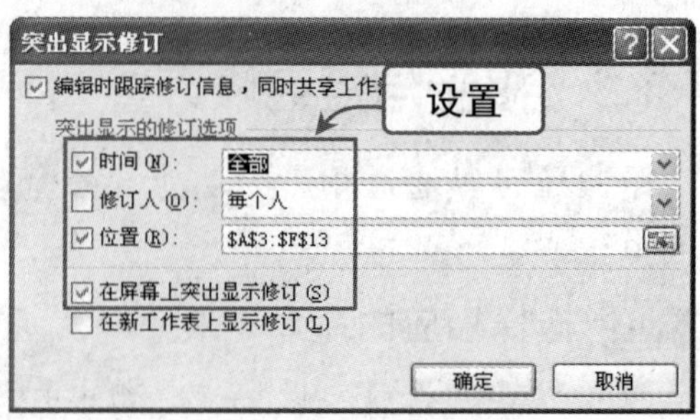

STEP 03 显示修订信息

单击“确定”按钮，修订过数据的单元格左上角将显示一个小三角，将鼠标指针移动到该单元格中将显示修订信息，如右图所示。

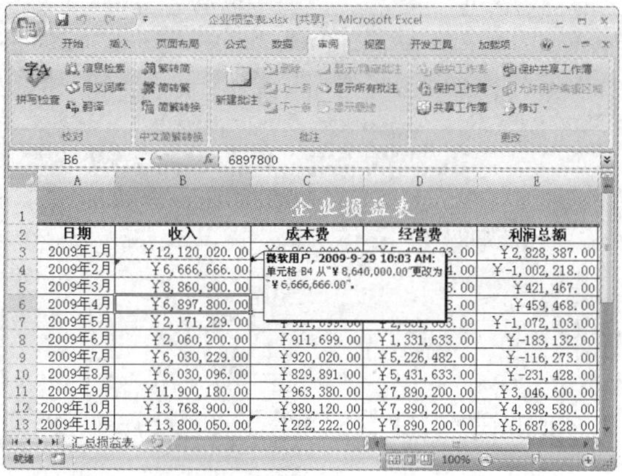

提示

由于多用户共享工作簿时，可能产生修改的冲突，因此用户也可以设置接受或拒绝修订。

24.2 数据的隐藏

共享工作簿中通常会有一些秘密的数据不希望别人修改甚至看到，此时可以利用 Excel 的数据隐藏功能进行设置。下面将详细介绍 Excel 中的数据隐藏功能。

24.2.1 隐藏单元格中的数据

用户可以在 Excel 中隐藏不同区域的数据，下面将讲解如何在 Excel 中隐藏单元格中的数据，其具体操作步骤如下：

STEP 01 选择“设置单元格格式”命令

打开“进货单.xlsx”工作簿，右击 C2 单元格，在弹出的快捷菜单选择“设置单元格格式”命令，如下图所示。

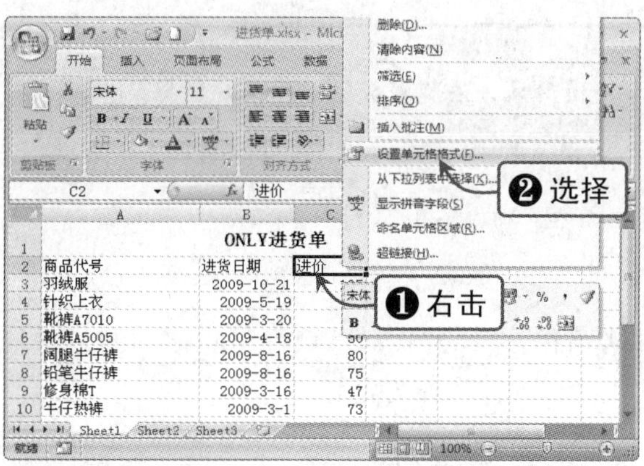

STEP 02 设置数字格式

弹出“设置单元格格式”对话框，单击“数字”选项卡下“分类”列表框中的“自定义”选项，在右侧的“分类”文本框中输入“;;;”，单击“确定”按钮，如下图所示。

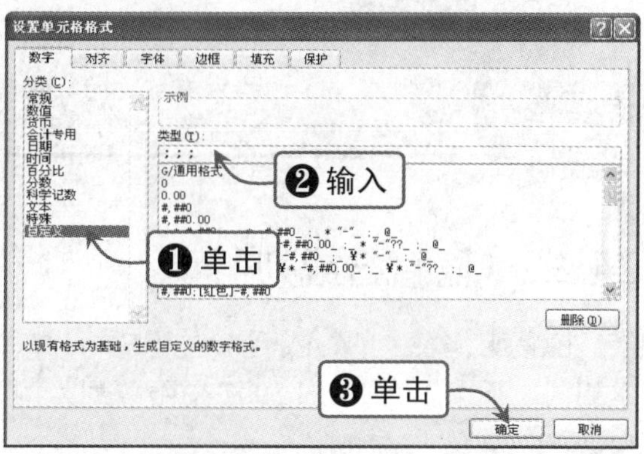

STEP 03 隐藏数据

返回工作簿，即可看到该单元格中的数据已经隐藏，如下图所示。

STEP 04 选择“设置单元格格式”命令

单击“开始”选项卡下“单元格”组中的“格式”下拉按钮，在弹出的下拉菜单中选择“设置单元格格式”命令，如下图所示。

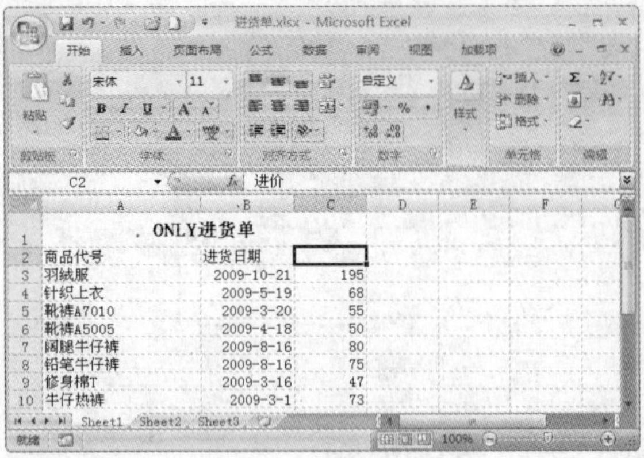

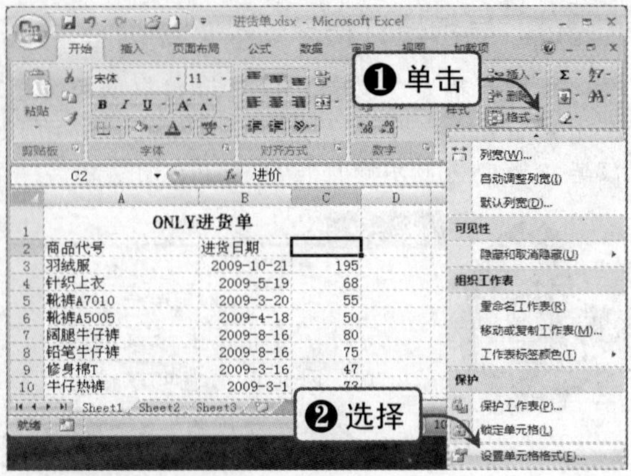

STEP 05 设置数字格式

弹出“设置单元格格式”对话框，单击“数字”选项卡下“分类”组中的“常规”选项，单击“确定”按钮，如下图所示。

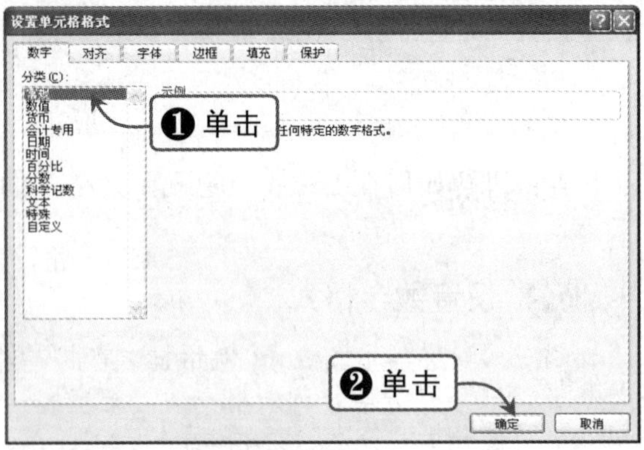

STEP 06 显示数据

返回工作簿，即可看到该单元格中的数据又显示出来了，如下图所示。

提示

当单元格中有重要的数据时，可使用该方法隐藏数据，以保护数据。

24.2.2 隐藏行或列

隐藏工作表中的行或列，也是 Excel 中数据隐藏的一种方式，隐藏行与隐藏列的方法基本相同。下面以在 Excel 2007 中隐藏列为例，讲解其具体操作方法。

STEP 01 选择“隐藏列”命令

选择需要隐藏列的任意单元格，单击“开始”选项卡下“单元格”组中的“格式”下拉按钮，在弹出的下拉菜单中选择“隐藏和取消隐藏”|“隐藏列”命令，如下图所示。

STEP 02 隐藏列

此时即可看到选择的单元格所在的列已经全部隐藏了，如下图所示。

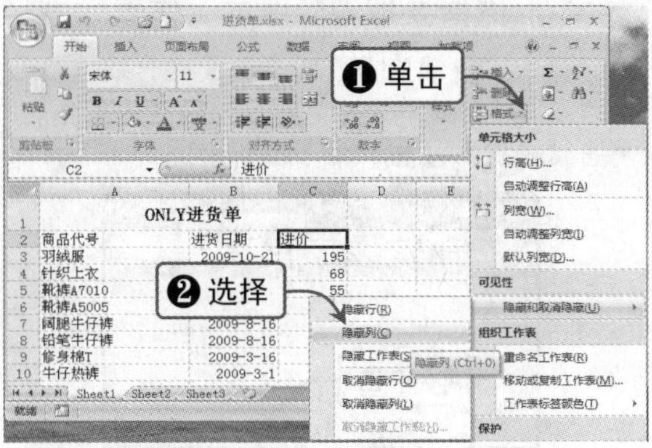

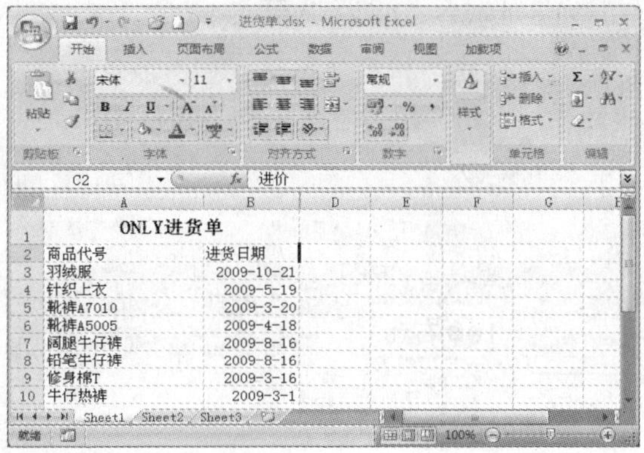

STEP 03 选择“取消隐藏列”命令

再次选择隐藏列的任意单元格，单击“开始”选项卡下“单元格”组中的“格式”下拉按钮，在弹出的下拉菜单中选择“隐藏和取消隐藏”|“取消隐藏列”命令，如下图所示。

STEP 04 显示隐藏列

经过该操作后，即可看到隐藏的列再次显示出来，如下图所示。

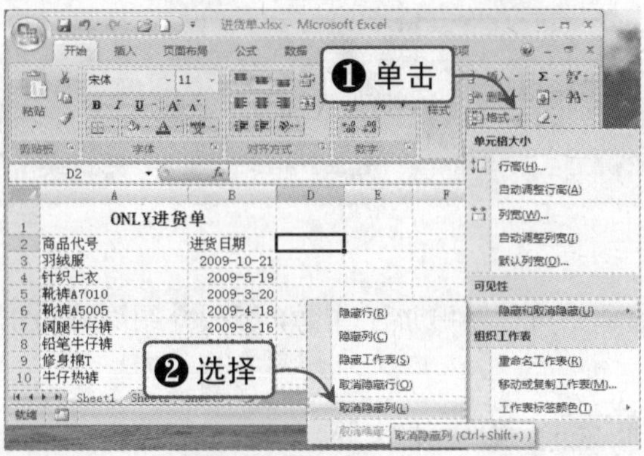

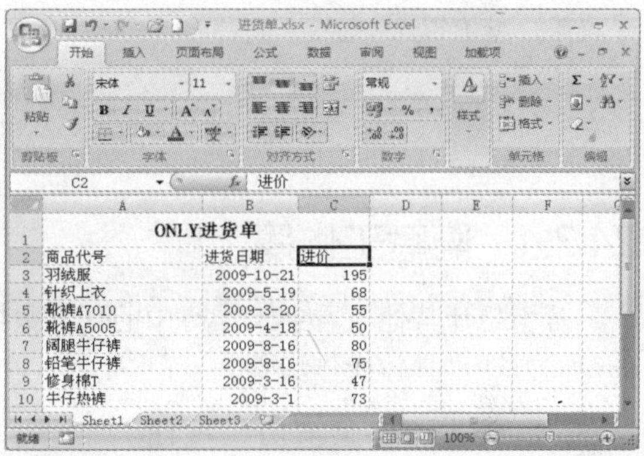

24.2.3 隐藏工作表

除了上面两种隐藏方式外，用户还可以隐藏工作表，进而保护整个工作表。下面介绍隐藏工作表的方法，具体操作方法如下：

STEP 01 选择“隐藏”命令

右击需要隐藏的工作表 Sheet1 标签，在弹出的快捷菜单中选择“隐藏”命令，如下图所示。

STEP 02 隐藏工作表

经过操作即可看到，工作表 Sheet1 已经隐藏，如下图所示。

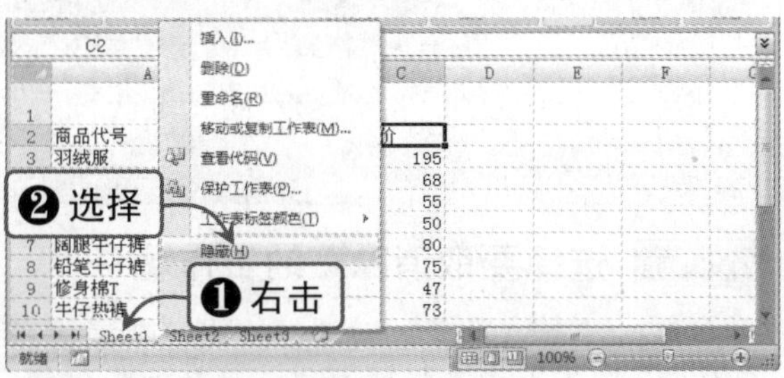

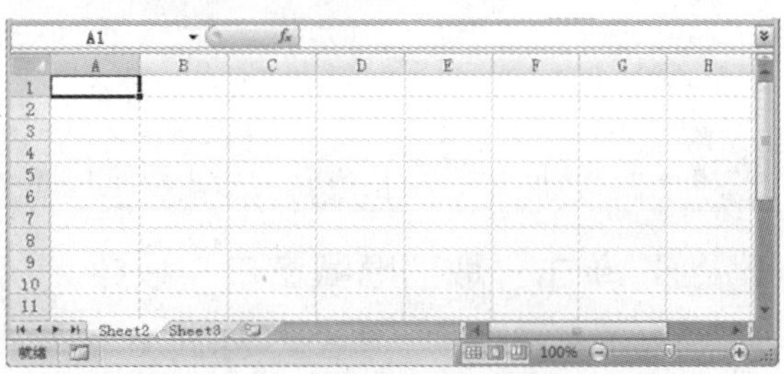

STEP 03 选择“取消隐藏”命令

右击任意工作表标签，在弹出的快捷菜单中选择“取消隐藏”命令，如下图所示。

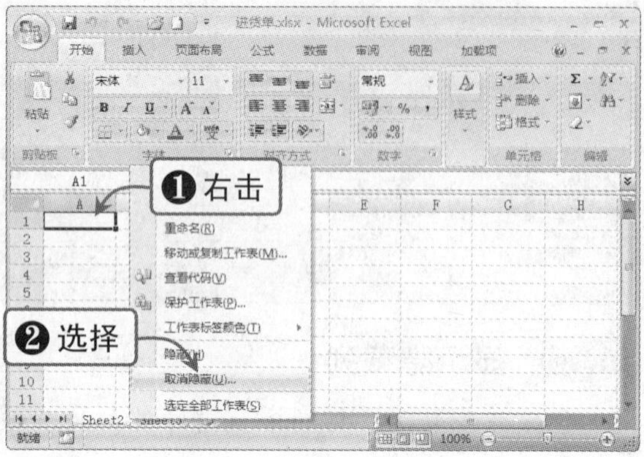

STEP 04 选择要取消隐藏的工作表

弹出“取消隐藏”对话框，在“取消隐藏工作表”列表框中选择需要取消隐藏的工作表，单击“确定”按钮，如下图所示。

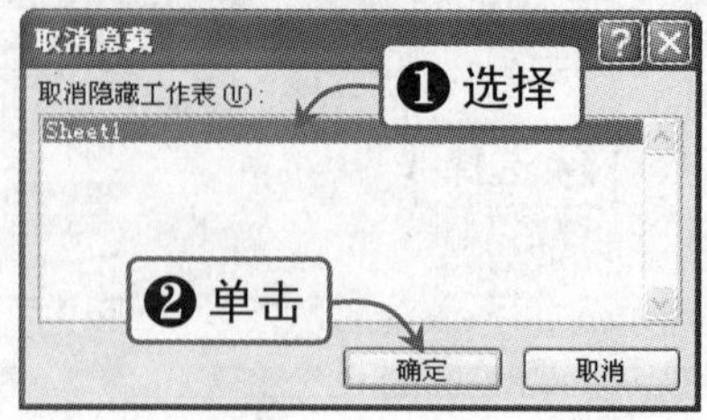

STEP 05 显示隐藏的工作表

经过上述操作，之前隐藏的工作表又显示了出来，如右图所示。

24.2.4 隐藏工作簿

若不想让其他人看到工作簿中的任何数据，那么可以隐藏该工作簿，下面介绍隐藏该工作簿的方法，具体操作步骤如下：

STEP 01 单击“隐藏窗口”按钮

单击“视图”选项卡下“窗口”组中的“隐藏窗口”按钮，如下图所示。

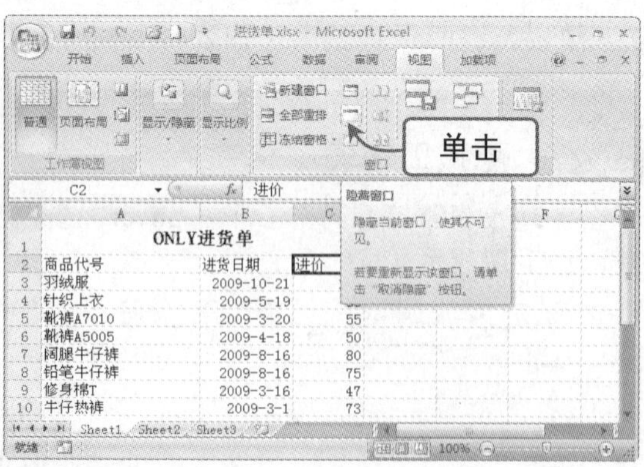

STEP 02 隐藏工作簿

经过上一操作，即可看到该工作簿隐藏了，如下图所示。

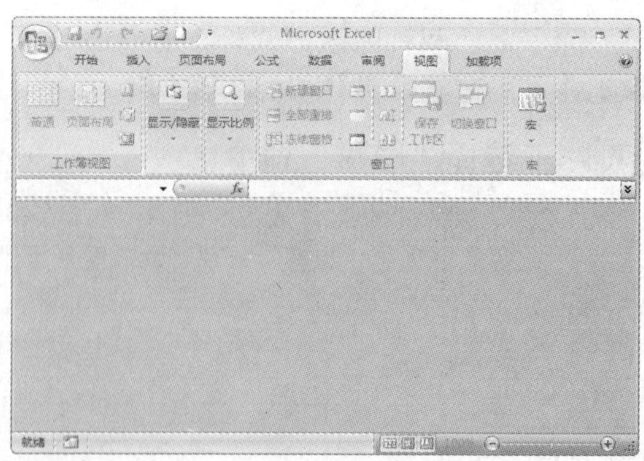

STEP 03 单击“取消隐藏窗口”按钮

若需要取消隐藏，单击“视图”选项卡下“窗口”组中的“取消隐藏窗口”按钮，如下图所示。

STEP 04 选择要取消隐藏的工作簿

弹出“取消隐藏”对话框，在“取消隐藏工作簿”列表框中选择需要取消隐藏的工作簿，单击“确定”按钮，如下图所示。

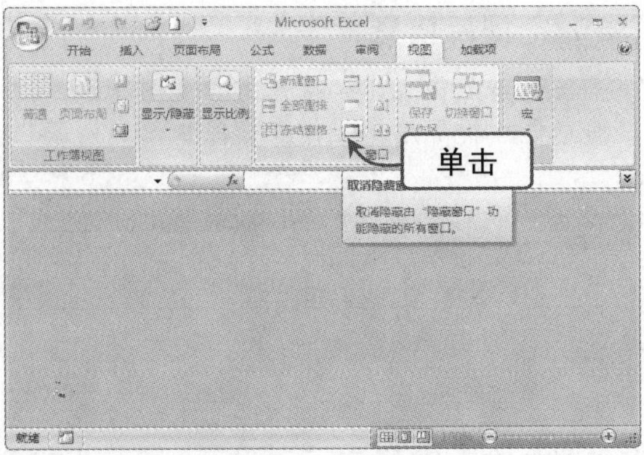

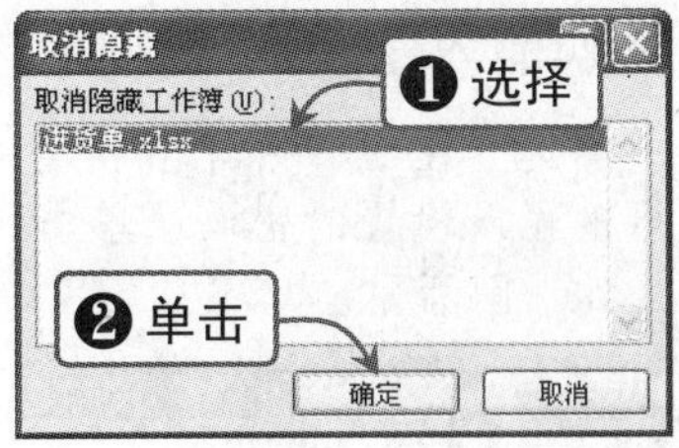

STEP 05 显示隐藏的工作簿

经过上述操作，即可看到之前隐藏的工作簿又显示出来了，如右图所示。

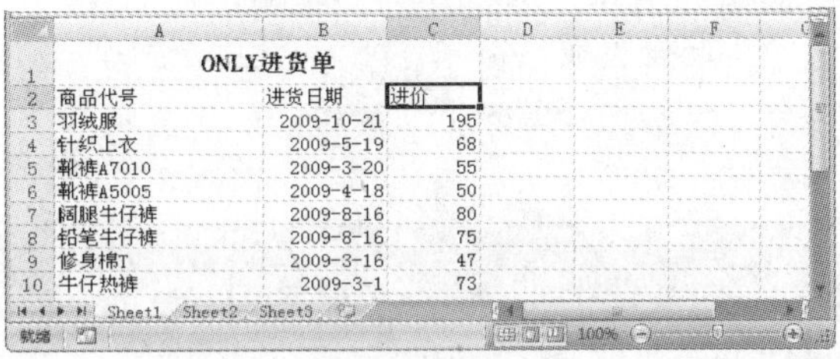

24.3 数据的保护

在 Excel 2007 中，用户可以通过设置保护工作表、保护工作簿、保护 Excel 文件等操作，来保护工作簿和工作表中的数据信息，本节将向读者详细介绍有关数据保护的知识。

24.3.1 保护工作表

为防止用户意外或故意更改、移动或删除重要数据，可以使用 Excel 中的保护工作表功能来对工作表进行保护。其具体操作方法如下：

STEP 01 单击"保护工作表"按钮

打开一张工作表，单击"更改"组中的"保护工作簿"按钮，如下图所示。

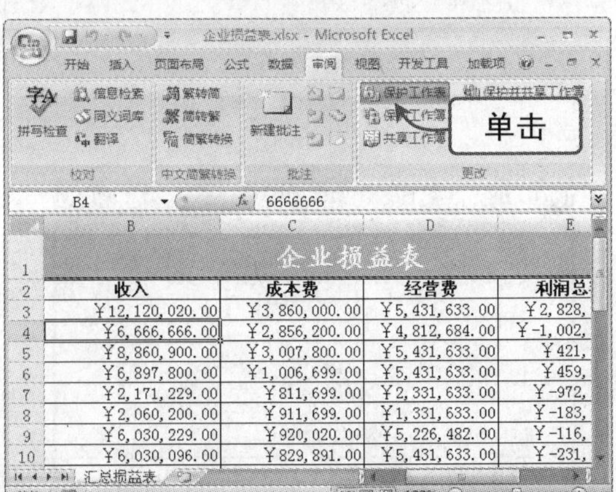

STEP 02 打开"保护工作表"对话框

弹出"保护工作表"对话框，在"取消工作表保护时使用的密码"文本框中输入自定义密码，其他保持默认设置，如下图所示。

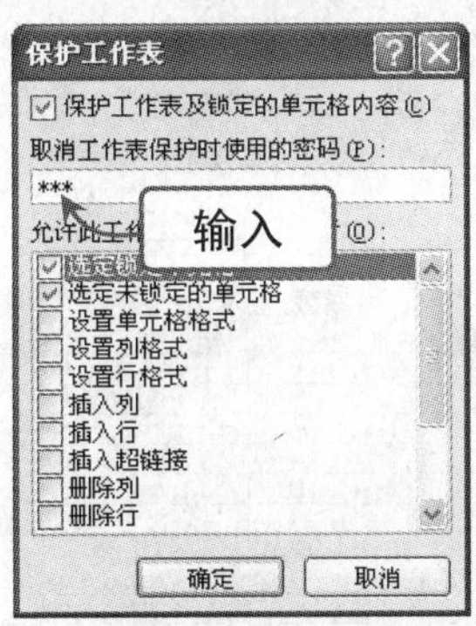

STEP 03 再次输入密码

单击“确定”按钮，将弹出“确认密码”对话框，再次输入设置的密码，单击“确定”按钮即可，如下图所示。

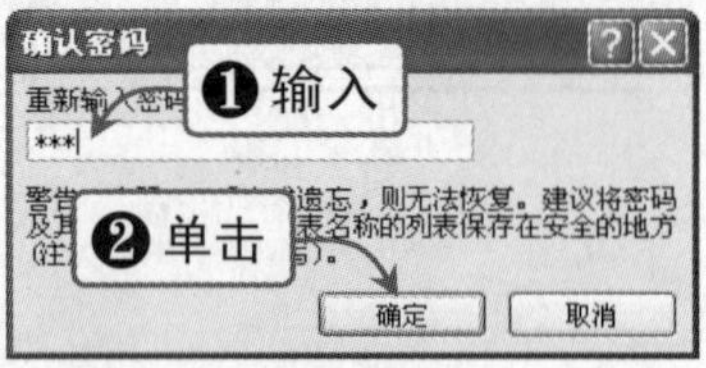

STEP 04 提示信息

当编辑工作表时，将弹出如下图所示的提示信息框，提示用户工作表被保护，无法编辑工作表。

STEP 05 单击“撤销工作表保护”按钮

如果用户要编辑工作表，单击“更改”组中的“撤销工作表保护”按钮，如下图所示。

STEP 06 输入密码

弹出“撤销工作表保护”对话框，在“密码”文本框中输入先前在设置工作表保护时输入的密码，如下图所示，单击“确定”按钮，即可撤销工作表保护。

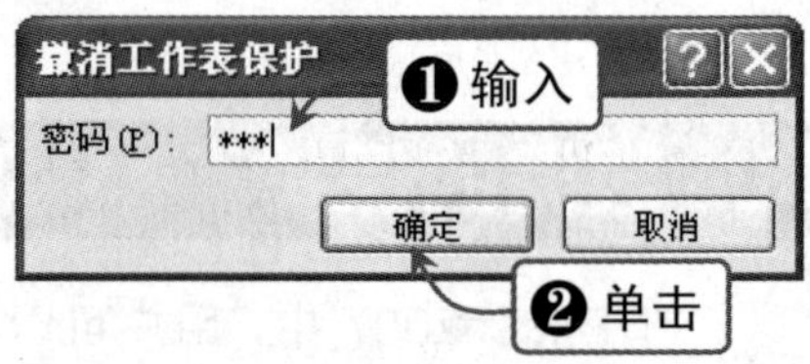

24.3.2 允许用户编辑区域

如果用户设置了允许用户编辑的区域，当再次使用保护工作表功能后，只要再编辑用户允许区域的密码，即可编辑该区域数据。设置允许用户编辑区域的具体操作方法如下：

STEP 01 单击相应的按钮

单击“更改”组中的“允许用户编辑区域”按钮，如下图所示。

STEP 02 单击“新建”按钮

弹出“允许用户编辑区域”对话框，单击“新建”按钮，如下图所示。

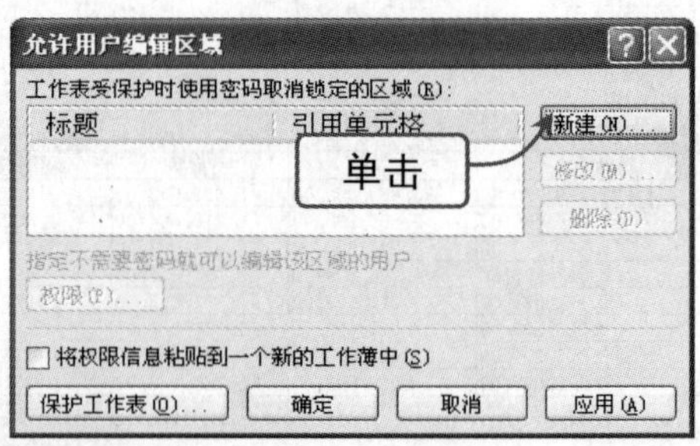

STEP 03 设置新区域

弹出“新区域”对话框，从中设置区域的名称、引用单元格以及区域密码，设置效果如下图所示。

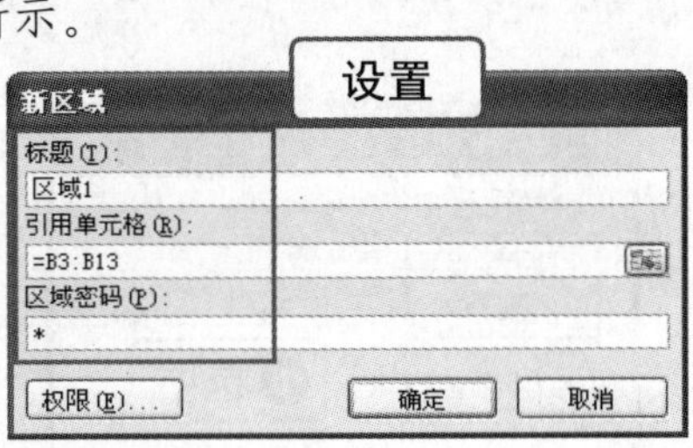

STEP 04 重新输入区域密码

单击“确定”按钮，在弹出的“确认密码”对话框中重新输入设置的区域密码，如下图所示。

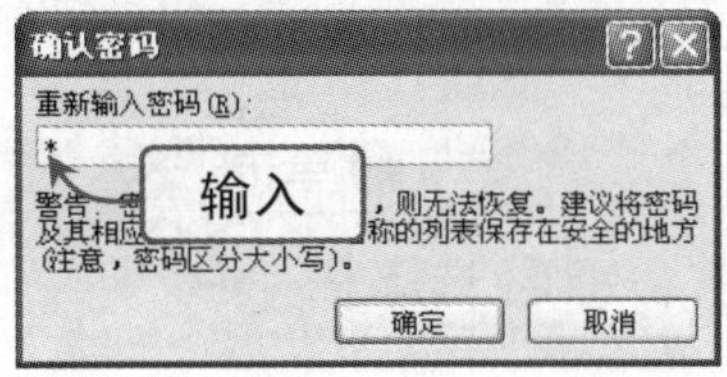

STEP 05 返回“允许用户编辑区域”对话框

单击“确定”按钮，将返回“允许用户编辑区域”对话框，如下图所示，单击“确定”按钮，关闭该对话框即可。

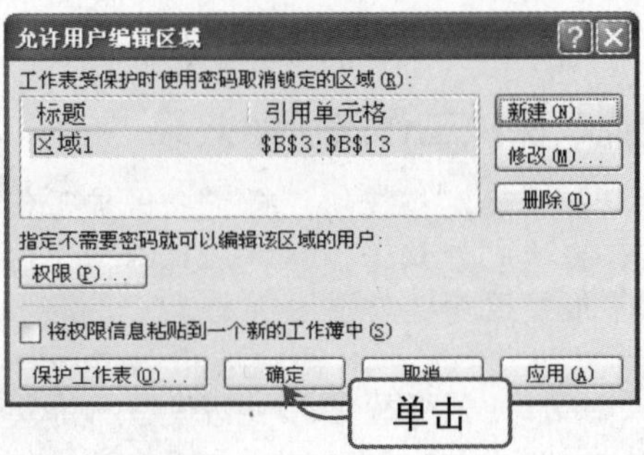

STEP 06 输入区域密码

当设置工作表保护后，要编辑区域1中的数据，如双击单元格B3，将弹出“取消锁定区域”对话框，输入设置的区域密码，如下图所示。

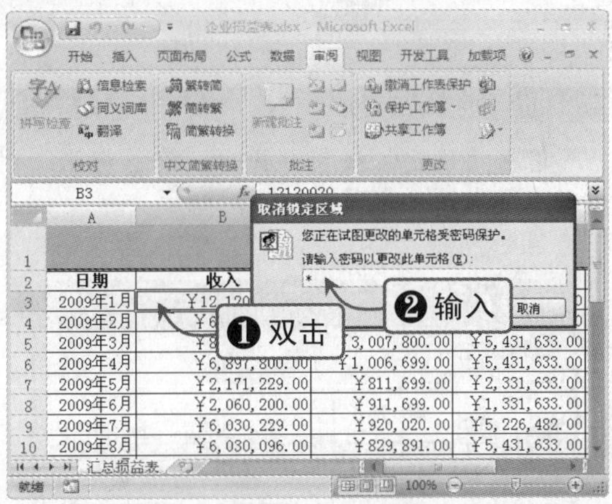

STEP 07 进行编辑

单击“确定”按钮，将允许用户编辑区域1中的单元格或数据，如双击单元格B2，当前光标可定位到单元格中，进行编辑操作，如右图所示。

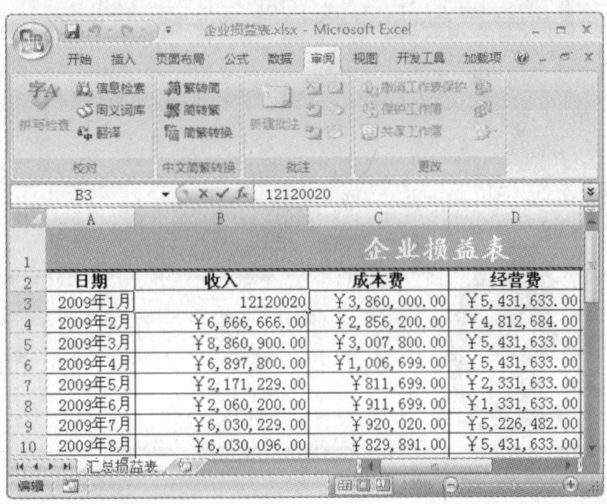

提示

在“允许用户编辑区域”对话框中，可以创建多个不同的用户编辑区域。

24.3.3 保护工作簿

保护工作簿的具体方法如下：

STEP 01 选择相应的命令

单击“审阅”选项卡下“更改”组中的“保护工作簿”下拉按钮，在弹出的下拉菜单中选择“保护结构和窗口”命令，如下图所示。

STEP 02 设置“保护结构和窗口”对话框

弹出“保护结构和窗口”对话框，选中“结构”和“窗口”复选框，并输入密码，如下图所示。

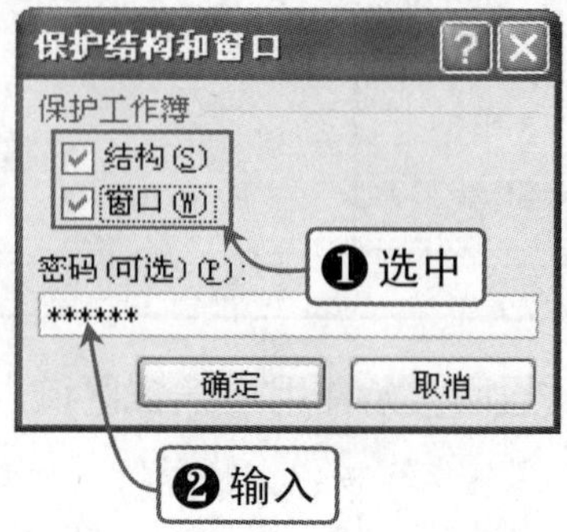

STEP 03 确认密码

单击“确定”按钮，弹出“确认密码”对话框，再次输入密码，如下图所示。

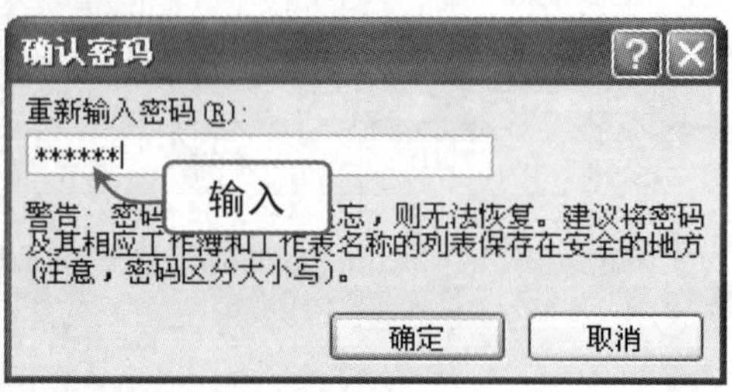

STEP 04 保护工作簿后的效果

单击“确定”按钮，将完成保护工作簿的操作，再次打开该工作簿时，其结构和窗口大小将不能被改变，如下图所示。

提示

使用“保护工作簿”功能中的“保护结构和窗口”命令，只保护工作簿中的结构和窗口，是为了防止用户对工作簿结构进行不必要的更改，或者对工作簿的窗口进行操作，如移动或添加工作表、最大化窗口等。

24.3.4 撤销工作簿的保护

撤销工作簿保护的具体操作方法如下：

STEP 01 选择相应的命令

单击“更改”组中的“保护工作簿”下拉按钮，在弹出的下拉菜单中选择“保护结构和窗口”命令，如下图所示。

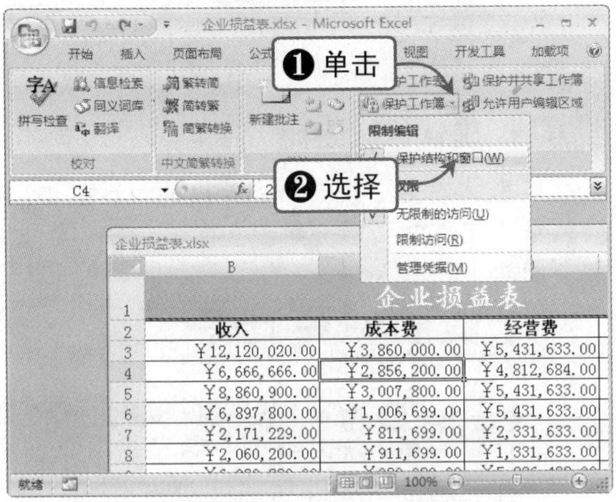

STEP 02 输入密码

弹出“撤销工作簿保护”对话框，输入设置工作簿保护时输入的密码，单击“确定”按钮，即可撤销对工作簿的保护，如下图所示。

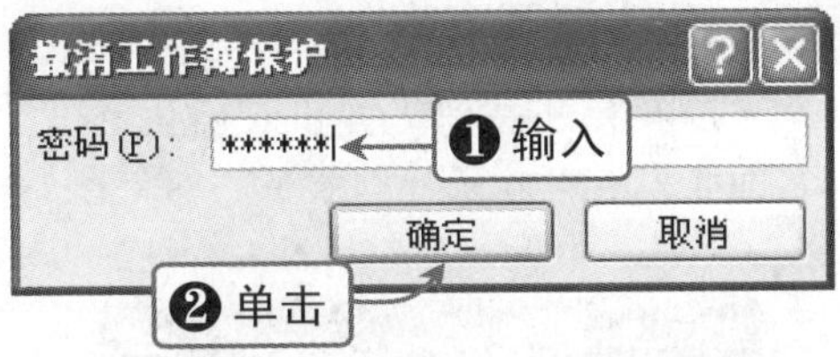

24.3.5 保护 Excel 文件

用户可以分别设置打开 Excel 文件和修改 Excel 文件的密码，从而达到保护 Excel 文件的目的。其设置方法如下：

STEP 01 选择“另存为”命令

打开一张工作表，单击 Office 按钮，在弹出的下拉菜单中选择“另存为”命令，如下图所示。

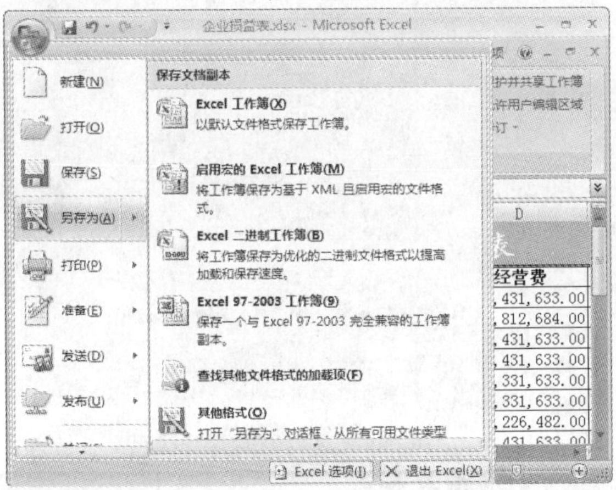

STEP 02 打开“另存为”对话框

弹出“另存为”对话框，设置工作簿的保存位置和文件名称，如下图所示。

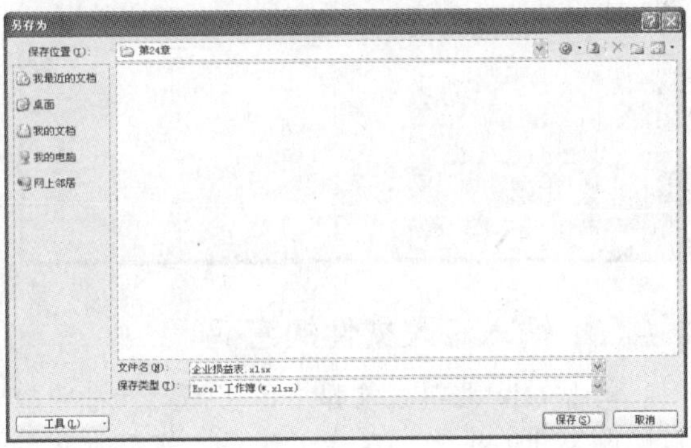

STEP 03 选择“常规选项”命令

单击对话框左下方的“工具”下拉按钮，在弹出的下拉菜单中选择“常规选项”命令，如下图所示。

STEP 04 设置密码

弹出“常规选项”对话框，分别设置打开该工作簿文件的密码和修改该工作簿的密码，如下图所示。

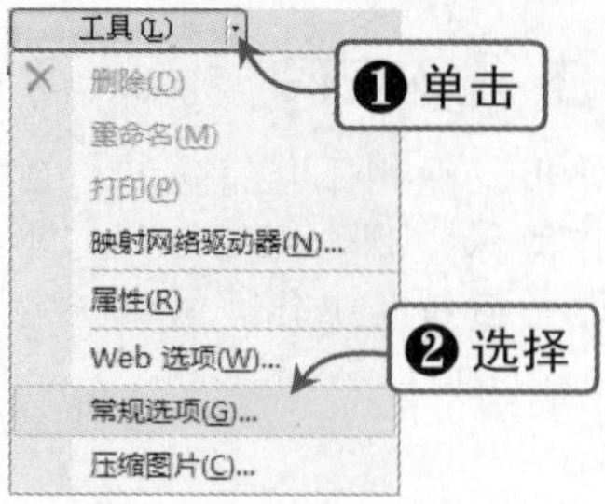

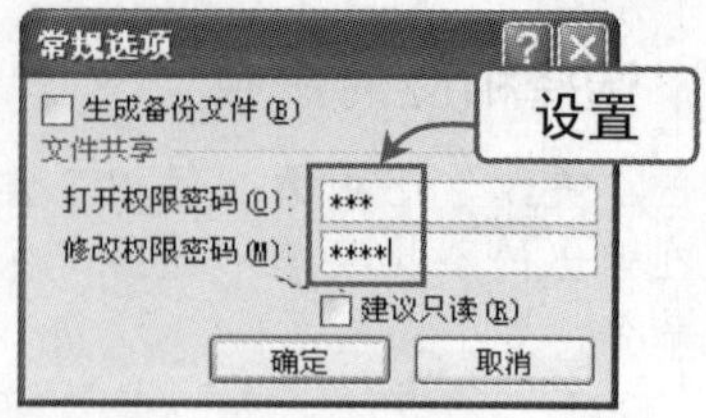

STEP 05 确认打开密码

单击“确定”按钮，弹出“确认密码”对话框，再次输入打开文件的密码，如下图所示。

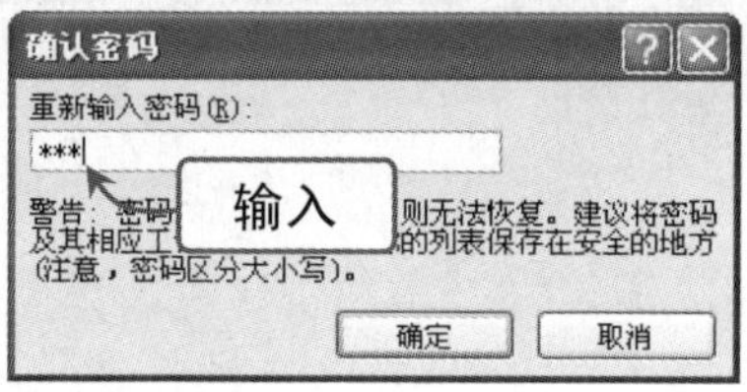

STEP 06 确认修改密码

单击“确定”按钮，在弹出的对话框中，确认修改文件的密码，单击“确定”按钮即可，如下图所示。

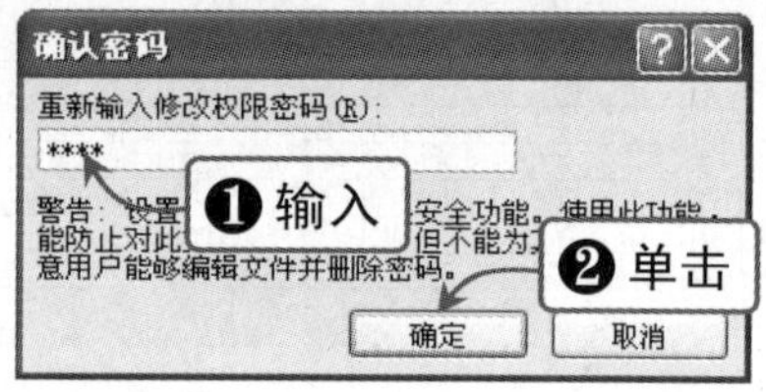

STEP 07 双击文件

双击设置密码保护的工作簿文件，效果如下图所示。

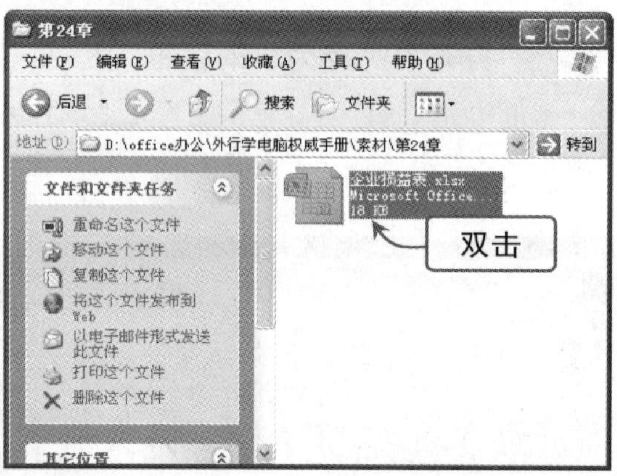

STEP 08 输入打开密码

将弹出如下图所示的“密码”对话框，输入打开密码，如下图所示。

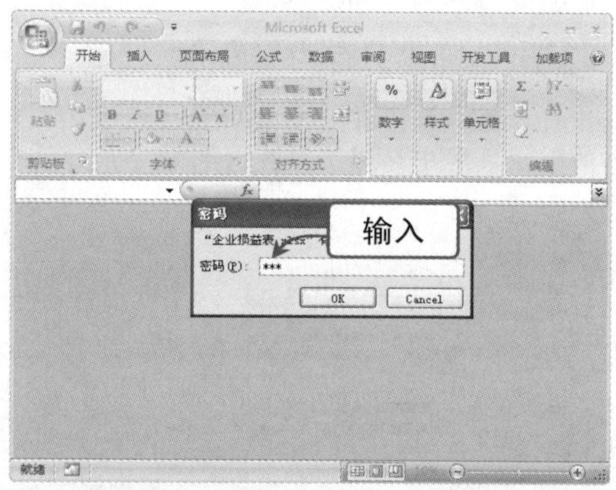

STEP 09 输入修改文件的密码

单击 OK 按钮，在弹出的密码对话框中输入修改文件的密码，单击“确定”按钮，即可打开并编辑该文件，如右图所示。

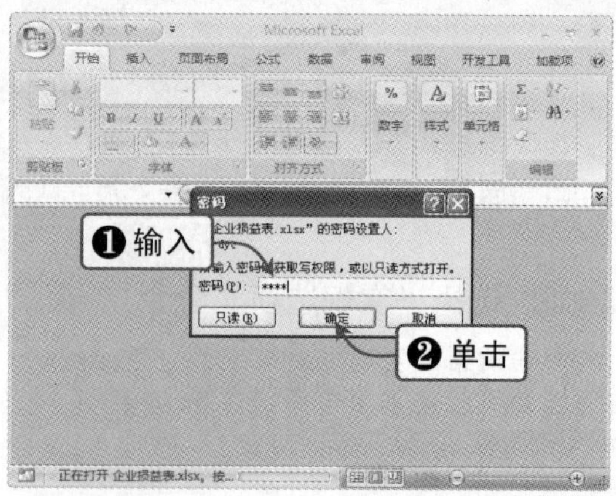

提示

如果在提示用户输入修改密码的对话框中不输入密码，只单击“只读”按钮，该文件将会以只读的形式打开，用户不能在其中编辑文档。

权威案例

案例 共享与保护“应收账款清单”工作簿

本案例的实例效果如下图所示。

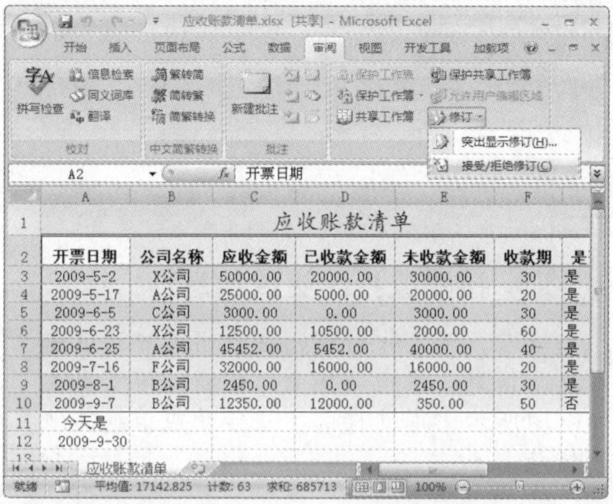

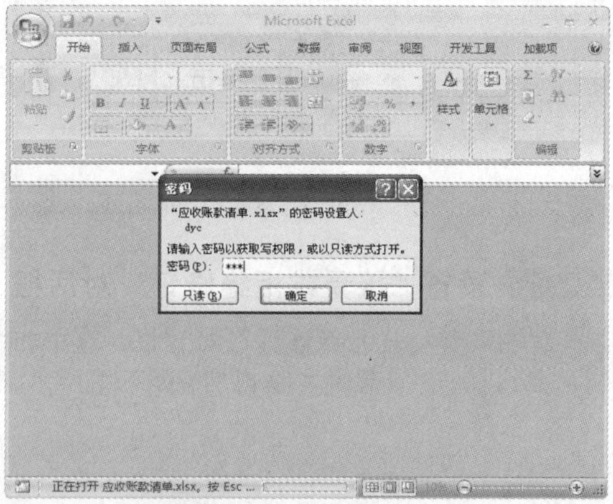

下面介绍共享与保护“应收账款清单”工作簿的具体操作方法。

STEP 01 单击相应的按钮

打开已创建好的“应收账款清单”工作簿，单击“审阅”选项卡下“更改”组中的“共享工作簿”按钮，如下图所示。

STEP 02 设置“共享工作簿”对话框

弹出“共享工作簿”对话框，选中“允许多用户同时编辑，同时允许工作簿合并”复选框，如下图所示。

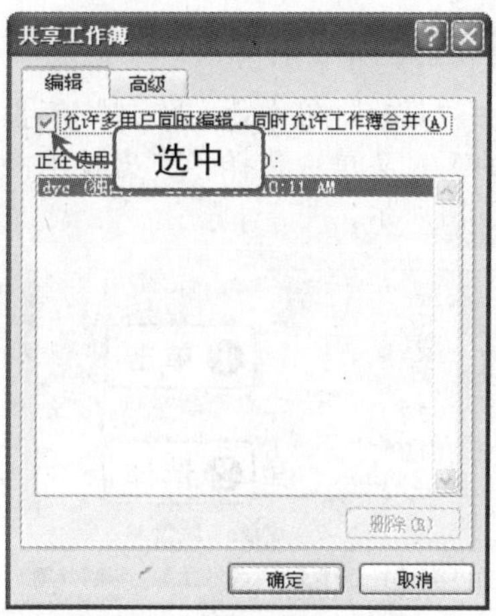

STEP 03 弹出提示信息框

单击“确定”按钮，将弹出如下图所示的提示信息框，单击“确定”按钮即可。

STEP 04 选择相应的命令

更改单元格中的数据，单击“更改”组中的“修订”下拉按钮，在弹出的下拉菜单中选择“接受/拒绝修订”命令，如下图所示。

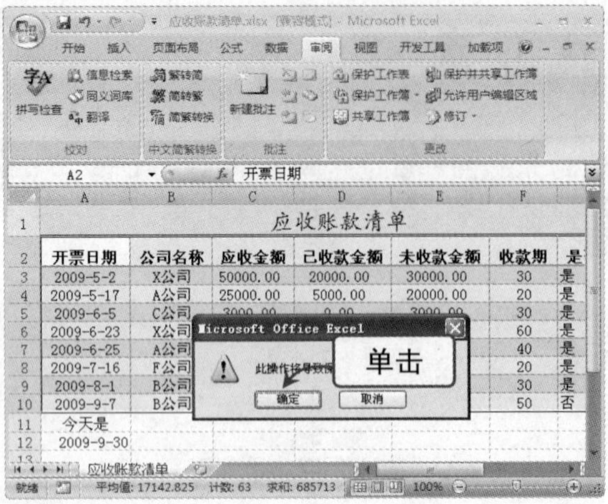

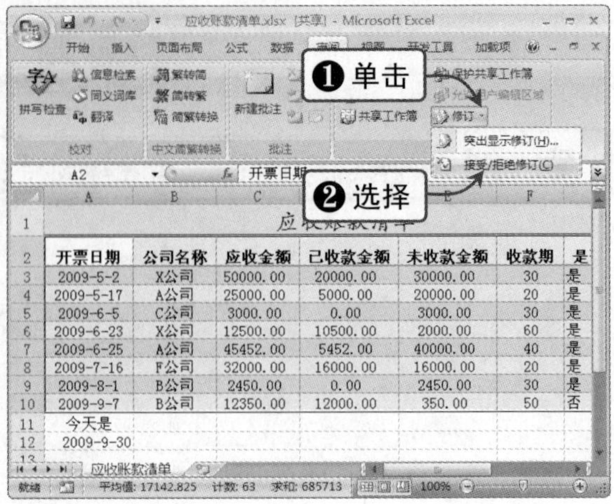

STEP 05 设置“接受或拒绝修订”对话框

弹出“接受或拒绝修订”对话框，选中相应的复选框，并设置文本框内容，如下图所示。

STEP 06 接受或拒绝更改信息

单击“确定”按钮，在弹出的对话框中显示更新信息，单击“接受”按钮，接受更改，如下图所示，用同样的方法接受或拒绝其他更改信息。

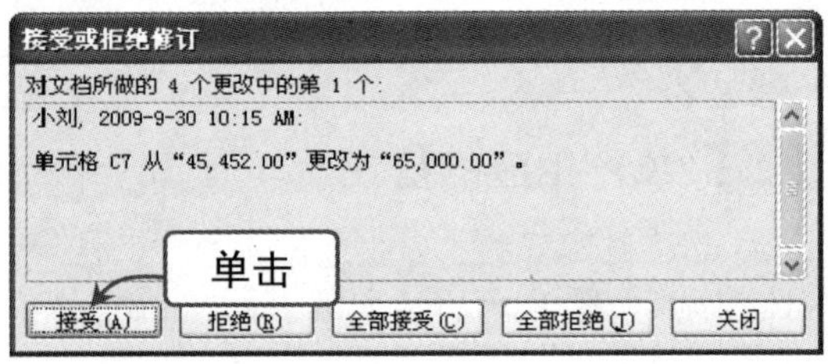

STEP 07 选择相应的命令

单击“更改”组中的“修订”下拉按钮，在弹出的下拉菜单中选择“突出显示修订”命令，如下图所示。

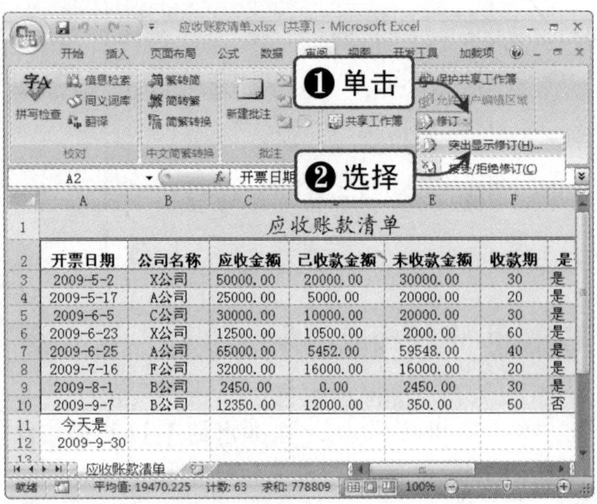

STEP 08 设置“突出显示修订”对话框

弹出“突出显示修订”对话框，在其中进行相应的设置，如下图所示。

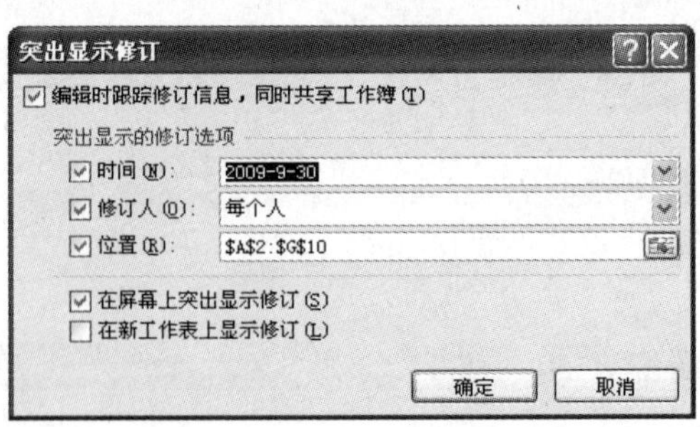

STEP 09 突出显示信息

单击“确定”按钮，将在工作表中突出显示单元格信息，如下图所示。

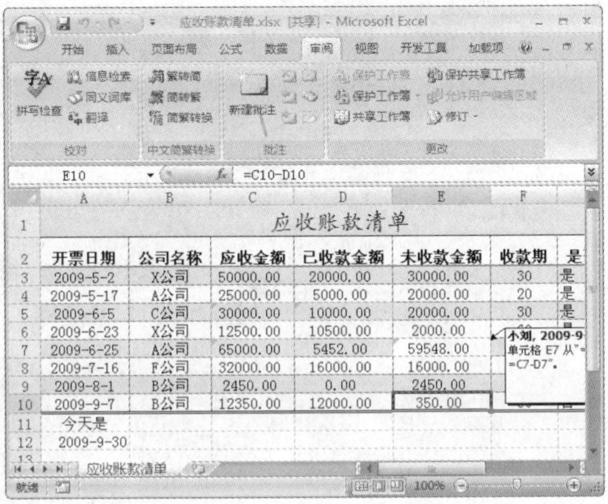

STEP 10 选择“另存为”命令

完成共享编辑工作簿后，取消共享。单击Office按钮，在弹出的下拉菜单中选择“另存为”命令，如下图所示。

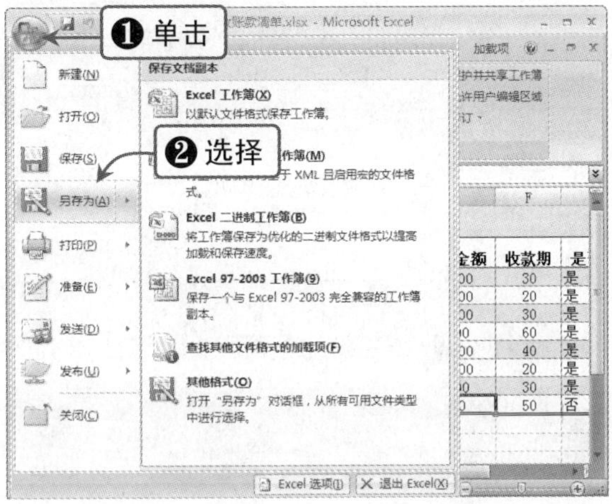

STEP 11 选择“常规选项”命令

弹出“另存为”对话框，选择存储位置和名称后，单击“工具”下拉按钮，在弹出的下拉菜单中选择“常规选项”命令，如下图所示。

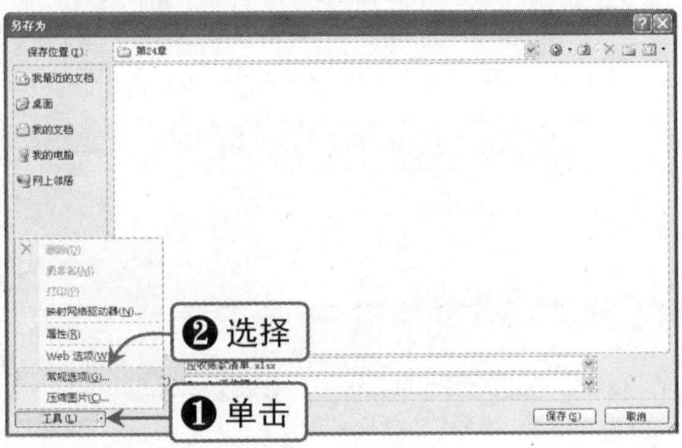

STEP 12 设置“常规选项”对话框

弹出“常规选项”对话框，从中设置打开权限和修改权限密码，如下图所示。

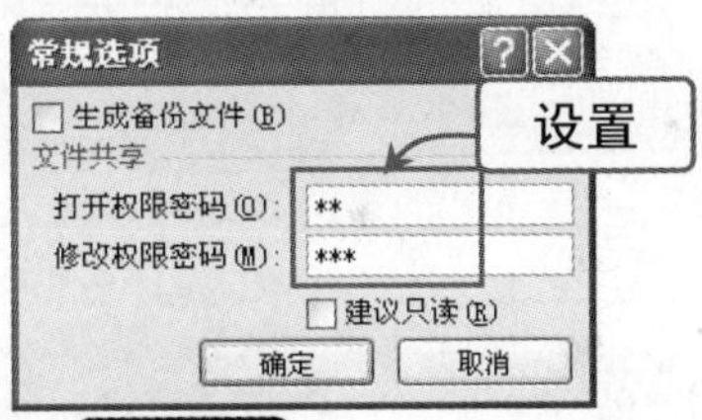

提示

用于密码的字符可以包括大小写字母、数字以及一些特殊符号等，并且种类越多越安全。

STEP 13 确认打开密码

单击“确定”按钮，在弹出的对话框中再次输入打开权限密码，如下图所示。

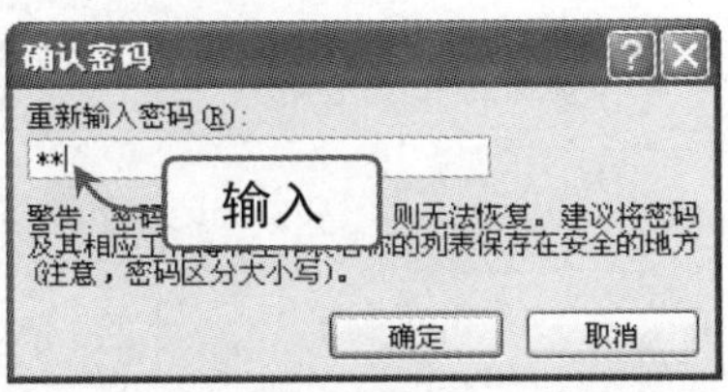

STEP 14 确认修改权限密码

单击“确定”按钮，在弹出的对话框中确认修改权限密码，如下图所示。

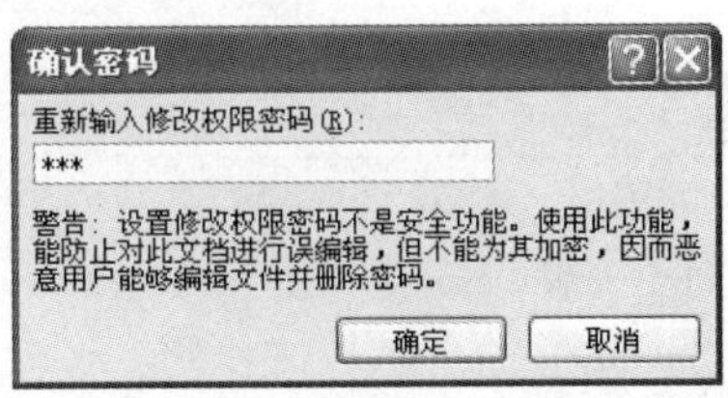

STEP 15 输入打开密码

完成密码设置并保存文档后，再次打开文档时，将弹出如下图所示的对话框，在“密码”文本框中输入打开密码即可。

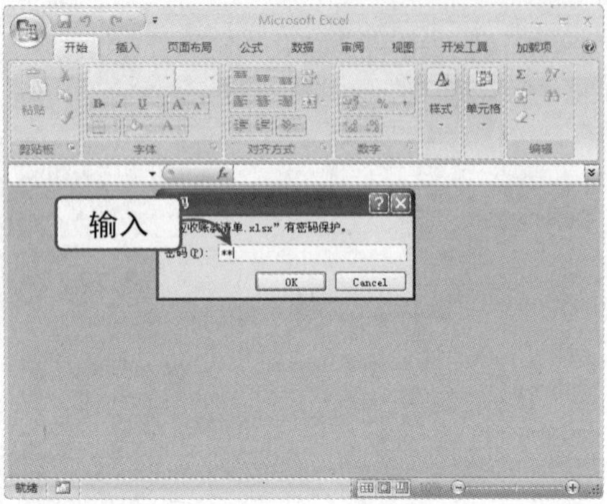

STEP 16 输入修改权限密码

单击 OK 按钮，在弹出的对话框中输入修改权限密码，单击“确定”按钮，即可打开工作簿，如下图所示。

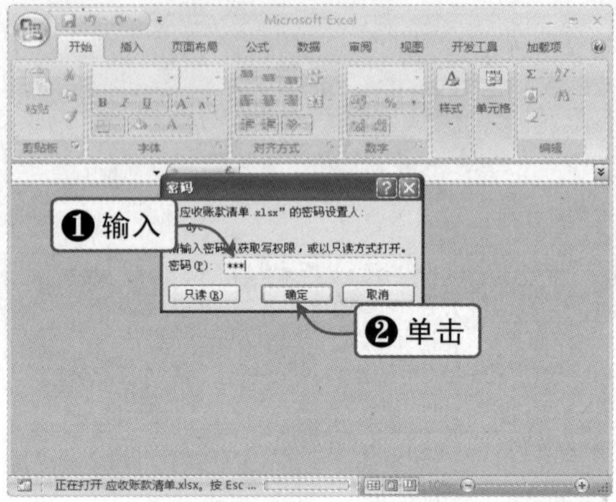

读书笔记

Chapter 25

幻灯片的创建与编辑

PowerPoint 2007 是 Office 2007 的又一个重要组件，用户不仅可以使用它制作演示文稿，还可以制作广告宣传和产品演示的电子版幻灯片。在办公自动化日益普及的今天，PowerPoint 为人们提供了一个更高效、更专业的平台。

本章建议学习时间：

本章建议学习时间为 50min，其中分配 25min 学习使用 PowerPoint 2007 创建和编辑幻灯片的操作方法，25min 观看教学视频并进行练习。

学完本章后您可以：

- 使用多种方法创建演示文稿
- 掌握幻灯片的基本操作
- 切换幻灯片显示方式
- 编辑幻灯片中的文本
- 在幻灯片中插入对象
- 应用幻灯片主题

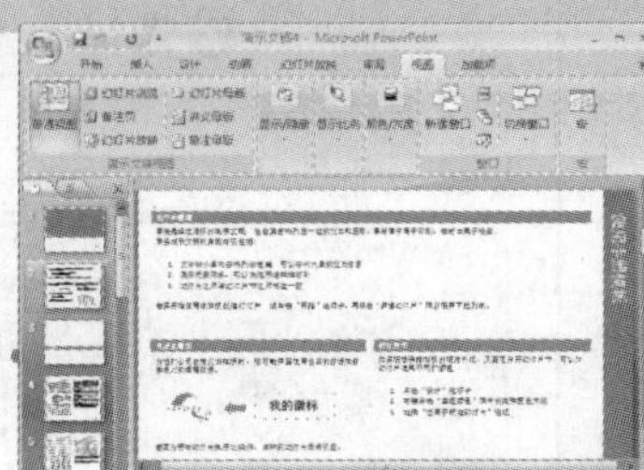

使用模板创建演示文稿

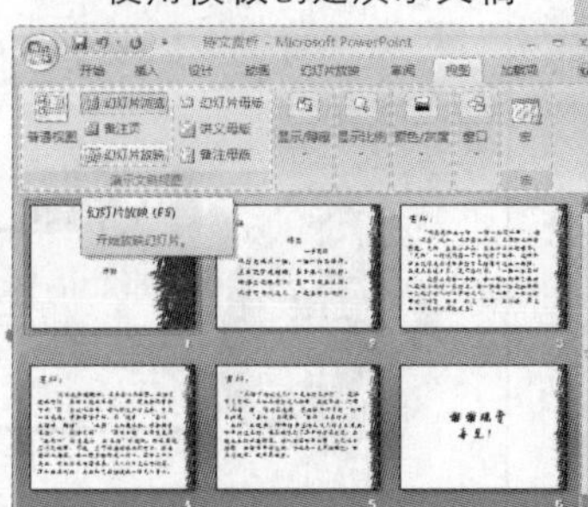

切换幻灯片显示方式

添加表格对象

重要知识点视频索引

25.1 创建演示文稿

用户可以根据需要，创建空白演示文稿，也可以根据 PowerPoint 2007 内置的带有一定格式的模板或主题创建演示文稿，还可以根据现有的演示文稿创建新的演示文稿。

25.1.1 创建空白演示文稿

用户可以在空白的演示文稿中自定义添加内容，创建出符合自己需要的演示文稿，具体操作方法如下：

STEP 01 选择“新建”选项

启动 PowerPoint 2007，单击 Office 按钮，在弹出的下拉菜单中选择“新建”选项，如下图所示。

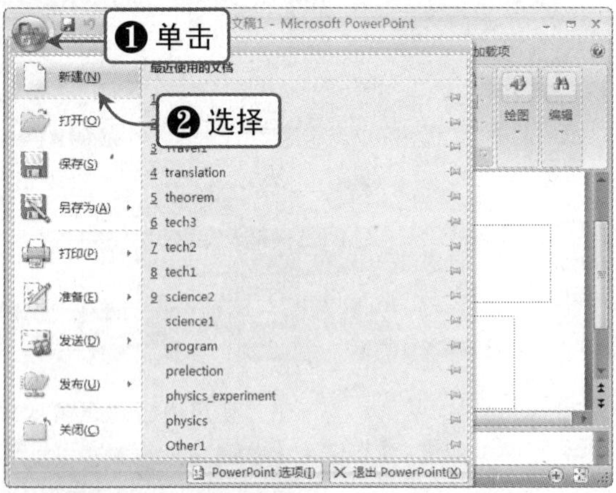

STEP 02 保持默认设置

弹出“新建演示文稿”对话框，保持默认设置，单击“创建”按钮，如下图所示，即可创建一个新的演示文稿。

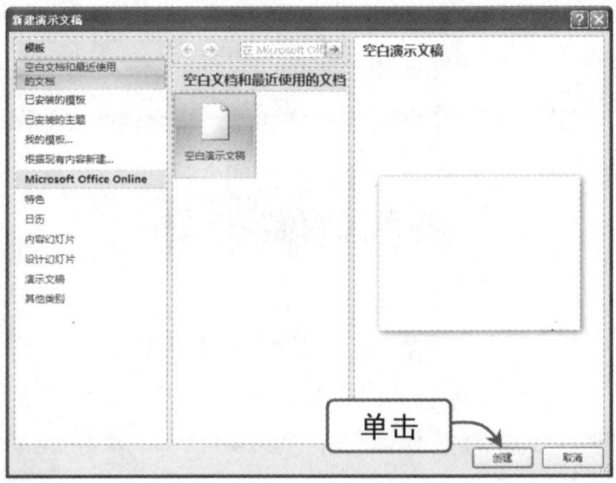

提示

按【Ctrl+N】组合键可以快速创建空白演示文稿。

25.1.2 根据模板创建演示文稿

PowerPoint 2007 内置了多种演示文稿模板供用户使用，如“古典型相册”、“现代型相册”、“宣传手册”和“小测验短片”等，具体创建方法如下：

STEP 01 选择“宣传手册”模板

打开“新建演示文稿”对话框，在左侧“模板”列表中选择“已安装的模板”选项，在中间选择“宣传手册”模板，如下图所示。

STEP 02 创建新演示文稿

单击“创建”按钮，新建一个 PowerPoint 自动命名并带有一定格式的演示文稿，用户可根据需要进行修改，如下图所示。

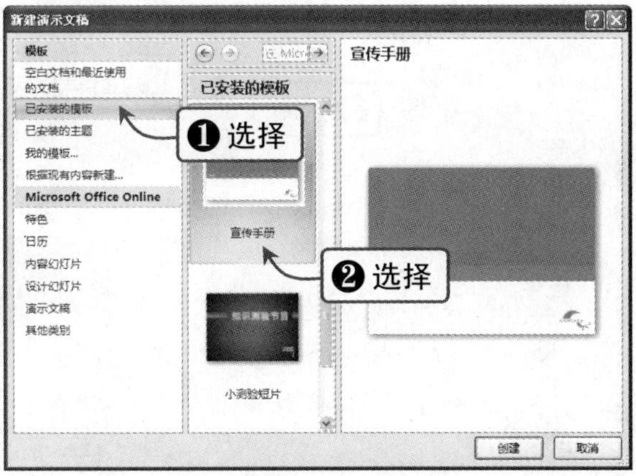

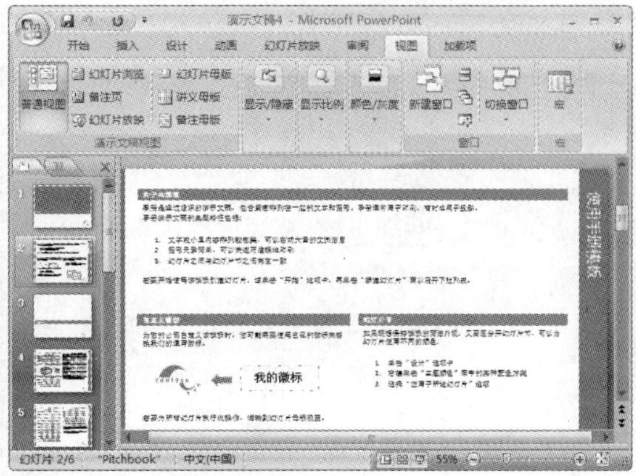

25.1.3 根据主题创建演示文稿

PowerPoint 2007 中还内置了具有不同背景和文本格式的主题样式供用户使用。根据主题创建演示文稿的具体操作方法如下：

STEP 01 选择“夏至”模板

打开“新建演示文稿”对话框，在左侧“模板”列表中选择“已安装的主题”选项，在中间选择“夏至”模板，如下图所示。

STEP 02 新建演示文稿

单击“创建”按钮，新建一个 PowerPoint 自动命名并带有背景和文字格式的演示文稿，如下图所示。

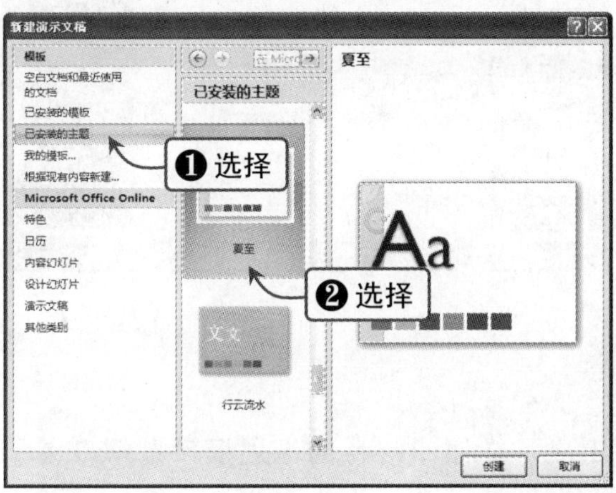

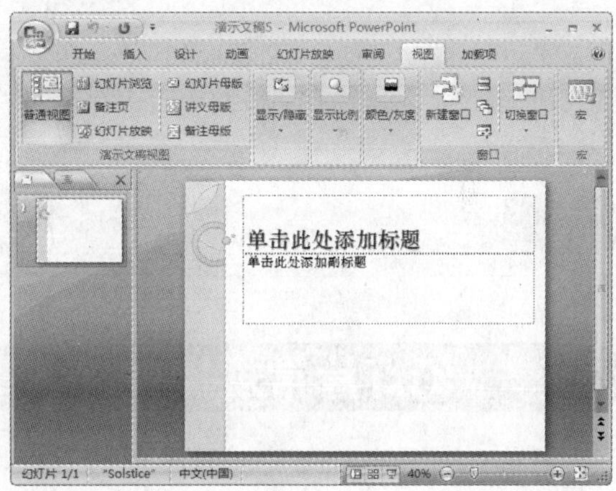

25.1.4 根据现有演示文稿创建演示文稿

用户可以根据电脑中存储的已经制作好的演示文稿，创建新的具有同样格式的演示文稿，具体操作方法如下：

STEP 01 选择“根据现有内容新建”选项

打开“新建演示文稿”对话框，在左侧“模板”列表中选择“根据现有内容新建”选项，如下图所示。

STEP 02 选择文件

弹出“根据现有演示文稿新建”对话框，在“查找范围”下拉列表框中选择文件夹，在文件列表中选择目标文件，如下图所示。

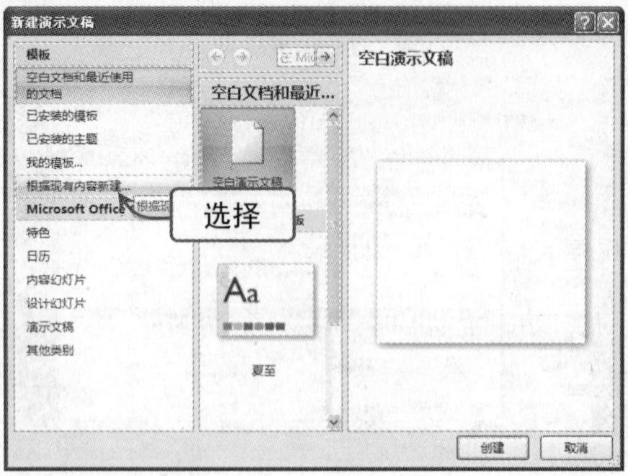

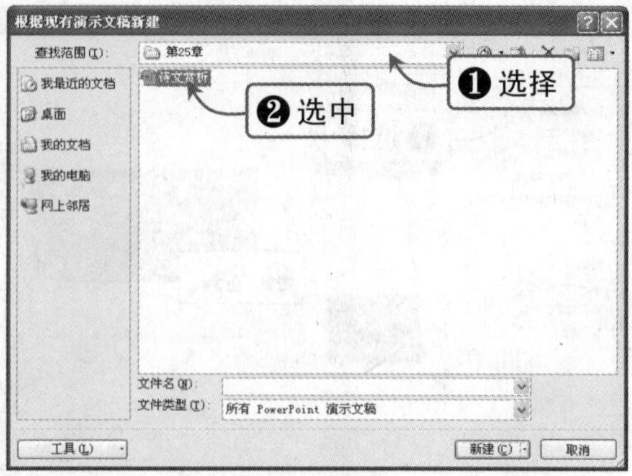

STEP 03 创建新演示文稿

单击“创建”按钮，创建一个带有原演示文稿所有格式的新演示文稿，如下图所示。

STEP 04 更改演示文稿

更改演示文稿中的内容，如下图所示。

25.2 幻灯片常规操作

一个演示文稿一般由多张幻灯片组成，掌握幻灯片的常规操作是学习 PowerPoint 的基础，下面将进行详细介绍。

25.2.1 插入幻灯片

在演示文稿中插入新幻灯片的具体操作方法如下：

STEP 01 选择输入法

启动 PowerPoint 2007，单击“开始”选项卡下“幻灯片”组中的“新建幻灯片”下拉按钮，如下图所示。

STEP 02 选择幻灯片版式

弹出幻灯片版式下拉面板，从中选择需要的版式，如下图所示。

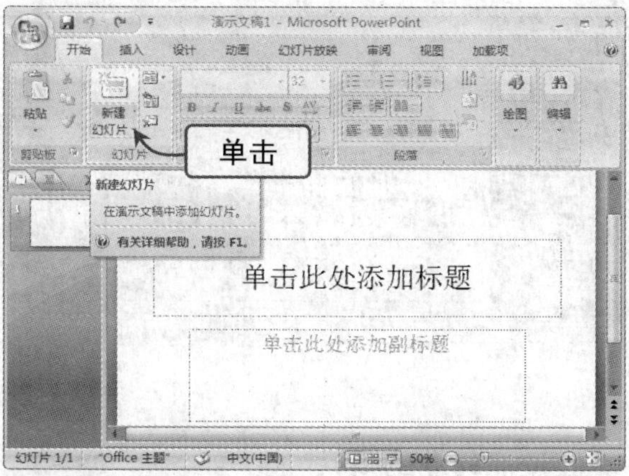

STEP 03 插入新幻灯片

此时，将在第一张幻灯片的后面插入一张新的幻灯片，效果如右图所示。

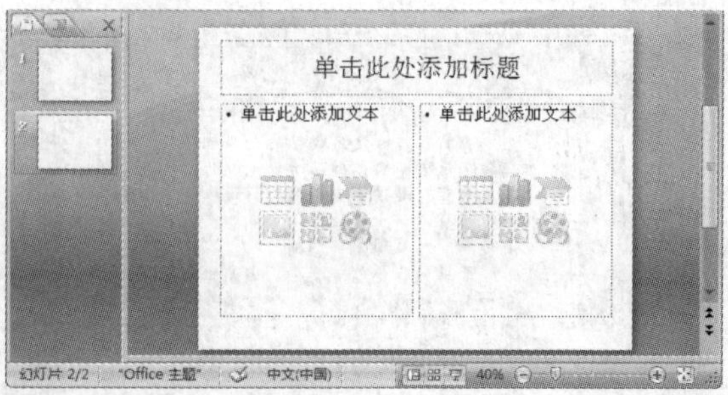

25.2.2 复制和移动幻灯片

默认情况下，将一张幻灯片复制到其他位置时，会继承前面幻灯片的主题。下面将详细介绍复制和移动幻灯片的具体操作方法。

Work1 复制幻灯片

STEP 01 选择“复制”命令

打开“诗文赏析”素材文件，在“幻灯片”窗格中右击要复制的文件，在弹出的快捷菜单中选择“复制”命令，如下图所示。

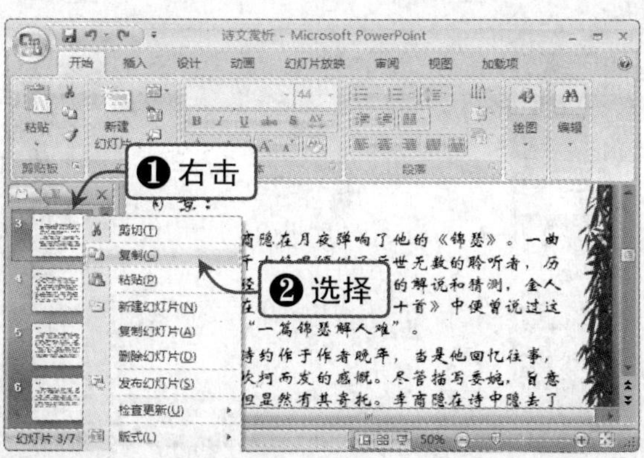

STEP 02 选择“粘贴”命令

向下拖动滚动条，右击要插入位置前面的幻灯片，在弹出的快捷菜单中选择“粘贴”命令，如下图所示。

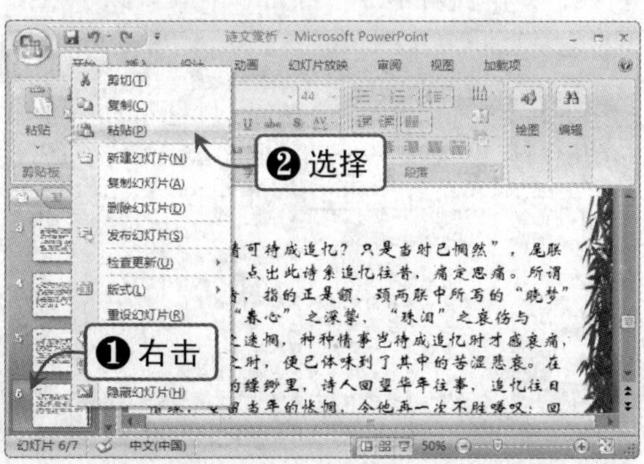

STEP 03 复制幻灯片

将幻灯片复制到选定幻灯片后面，效果如右图所示。

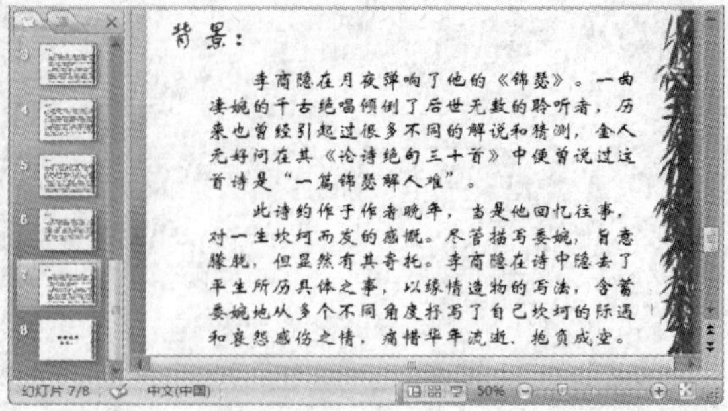

Work2 移动幻灯片

STEP 01 拖动幻灯片

向下拖动要移动的幻灯片到目标位置，如下图所示。

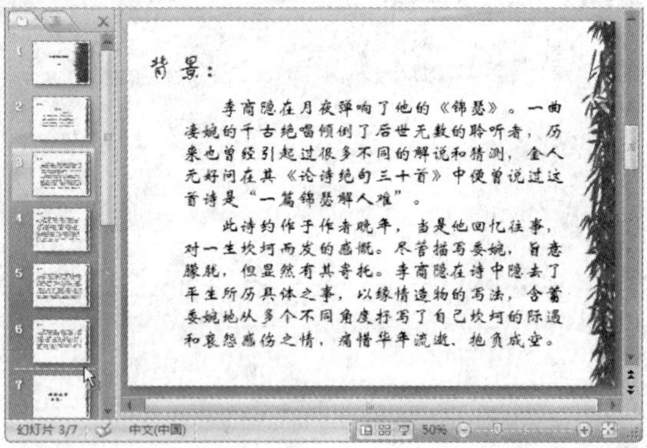

STEP 02 移动幻灯片

释放鼠标，此时选定幻灯片序号将自动更改，效果如下图所示。

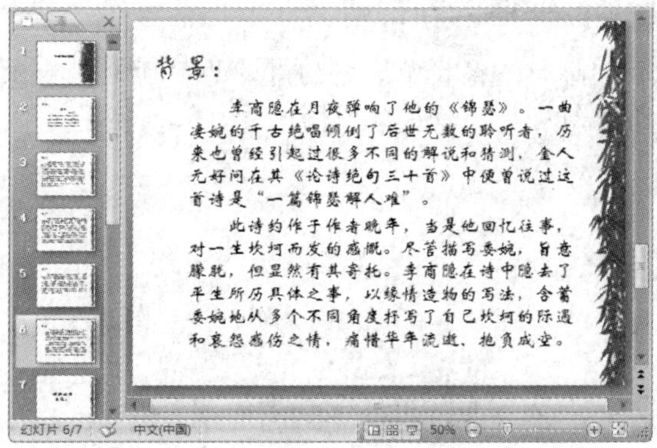

25.2.3 删除幻灯片

用户可在"幻灯片"选项卡中选中幻灯片，并按【Delete】键将其删除，还可以通过PowerPoint提供的工具将其删除，具体操作方法如下：

STEP 01 单击"删除幻灯片"按钮

在"幻灯片"窗格中选中幻灯片，单击"开始"选项卡下"幻灯片"组中的"删除幻灯片"按钮，如下图所示。

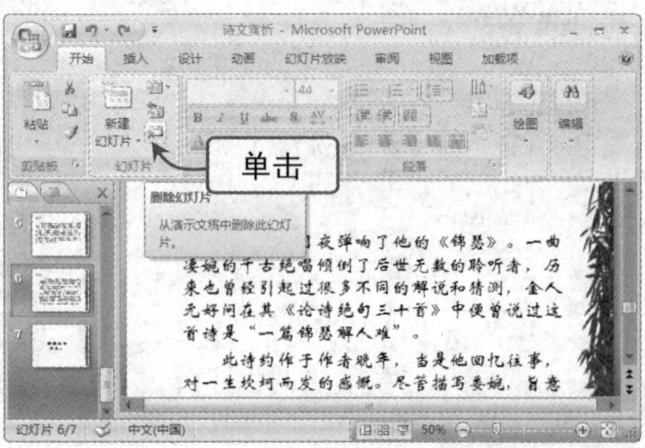

STEP 02 删除幻灯片

此时，"幻灯片"选项卡中选中幻灯片已经被删除，如下图所示。

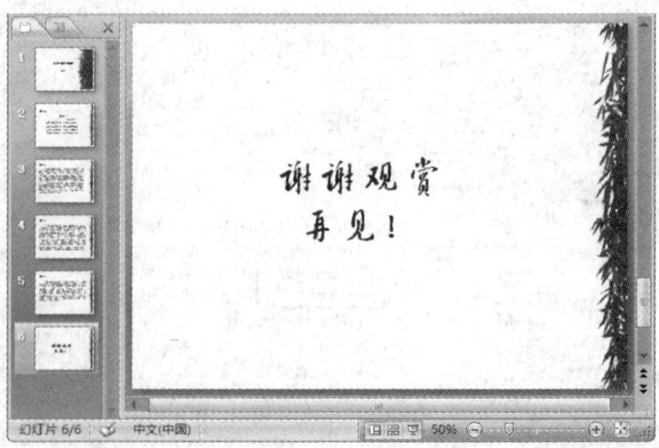

25.2.4 切换幻灯片显示方式

PowerPoint 2007 中的幻灯片显示方法有多种，最常用的有 3 种，分别为“普通视图”、“幻灯片浏览”和“幻灯片放映”，下面将详细介绍其切换方法。

STEP 01 打开素材文件

打开“诗文赏析”素材文件，PowerPoint 默认以“普通视图”方式显示幻灯片，如下图所示。

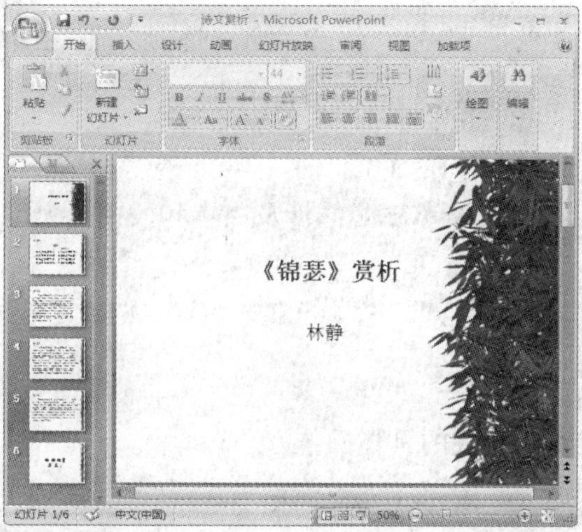

STEP 02 单击“幻灯片浏览”按钮

选择“视图”选项卡，然后单击“演示文稿视图”组中的“幻灯片浏览”按钮，如下图所示。

STEP 03 并排显示幻灯片

切换到“幻灯片浏览”显示方式，所有幻灯片将按顺序并排显示，效果如下图所示。

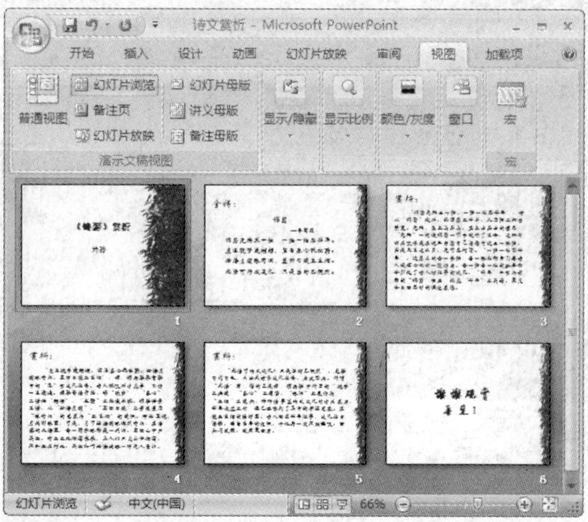

STEP 04 单击“幻灯片放映”按钮

单击“演示文稿视图”组中的“幻灯片放映”按钮，如下图所示。

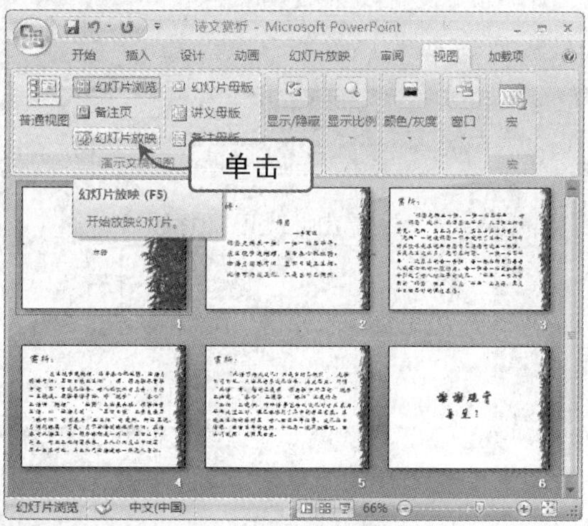

STEP 05 全屏显示幻灯片

切换到“幻灯片放映”显示方式，幻灯片全屏放映，单击窗口左下角的➡按钮，如下图所示。

STEP 06 切换到下一张幻灯片

切换到下一张幻灯片，效果如下图所示，继续单击该按钮，可依次查看演示文稿中的所有幻灯片。

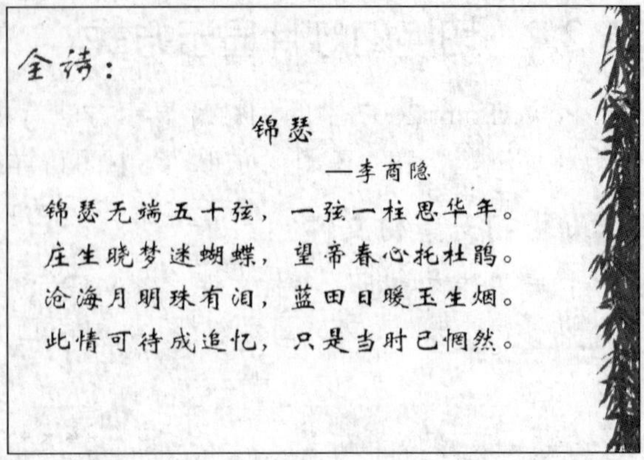

25.3 编辑幻灯片中的文本

文本是演示文稿中必不可少的组成元素，有文本就必然涉及文本和段落的格式设置，以及项目符号的应用。

25.3.1 设置文本格式

下面将详细介绍在幻灯片中添加文本并设置文本格式的具体操作方法。

STEP 01 单击占位符

启动 PowerPoint 2007，在默认创建的幻灯片中单击“单击此处添加标题”字样，如下图所示。

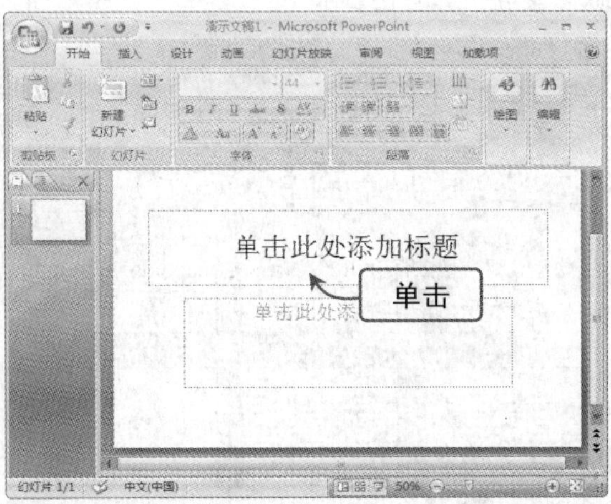

STEP 02 输入标题文本

此时，标题占位符将处于可编辑状态，从中输入文本“2009 年夏季销售报告”，如下图所示。

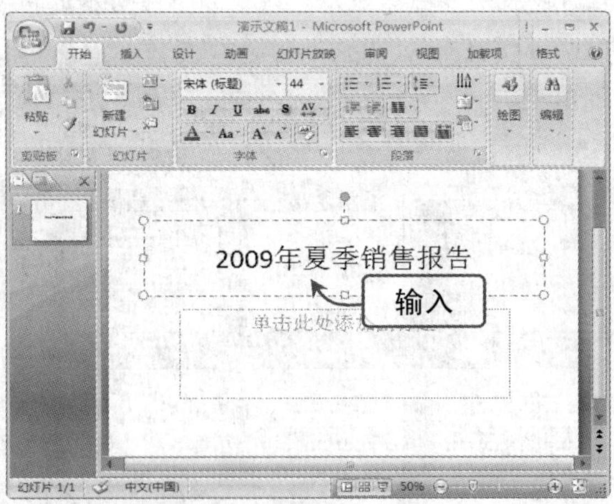

STEP 03 选择字体

选择标题文本，单击“开始”选项卡下“字体”组中的“字体”下拉按钮，在弹出的下拉列表中选择如下图所示的字体。

STEP 04 查看设置效果

将选定的文本字体应用到标题文本中，效果如下图所示。

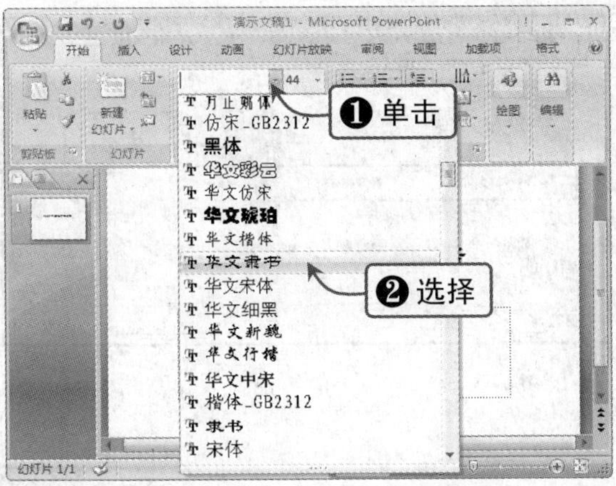

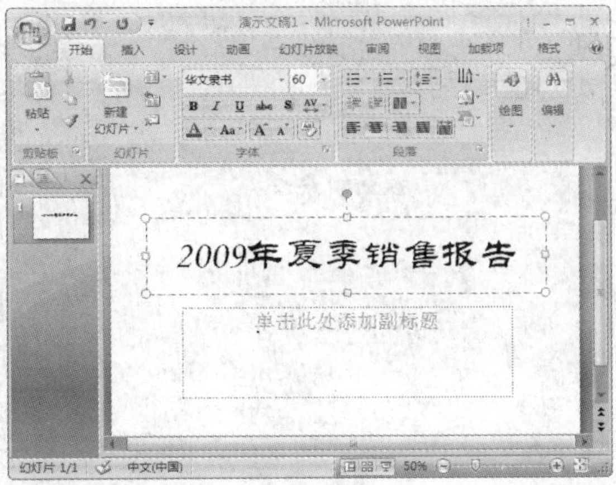

STEP 05 输入副标题并设置格式

用同样的方法，在副标题占位符中输入文本，并设置字体、字号和颜色，效果如下图所示。

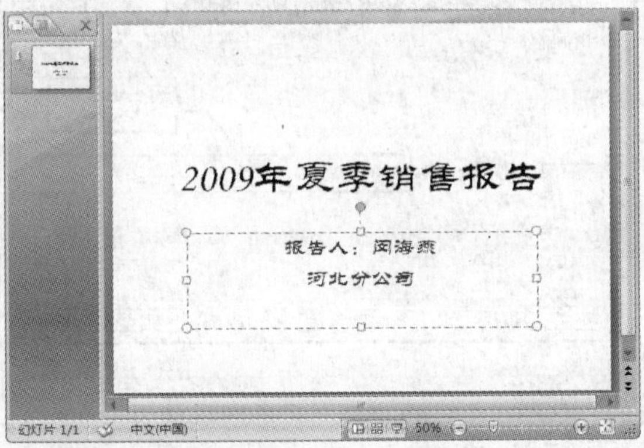

STEP 06 新建幻灯片并输入文本

新建一个版式为“标题和内容”的幻灯片，从中输入文本，并设置文本格式，效果如下图所示。

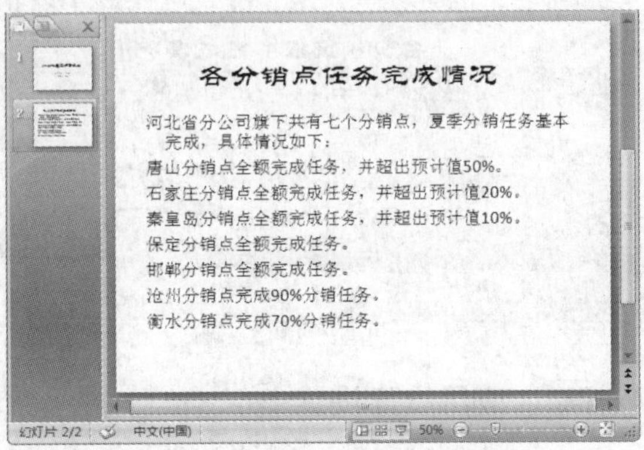

提示

占位符是一种带有虚线边缘的框，绝大部分幻灯片版式中都有这种框。在这些框内可以放置标题及正文，或者是表格和图片等对象。

25.3.2 设置段落格式

当幻灯片中包含多个段落时，需要用户设置段落格式，以使幻灯片更整洁、美观。下面将详细介绍幻灯片中段落文本格式的设置方法。

STEP 01 单击“段落”按钮

选择文本，单击“开始”选项卡下“段落”组右下角的按钮，如下图所示。

STEP 02 设置段落缩进

弹出“段落”对话框，在“缩进”选项组中设置“文本之前”为0、“特殊格式”为“无”，如下图所示。

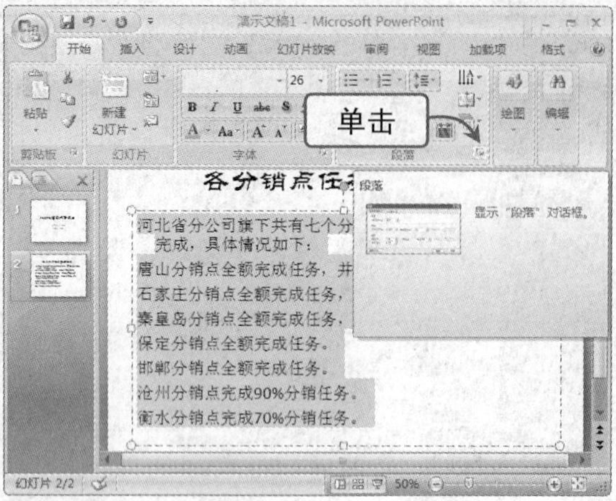

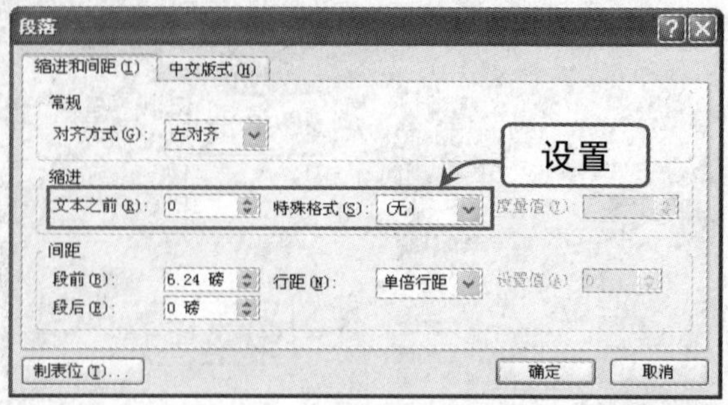

STEP 03 应用设置

单击“确定”按钮，将设置应用到幻灯片中，效果如下图所示。

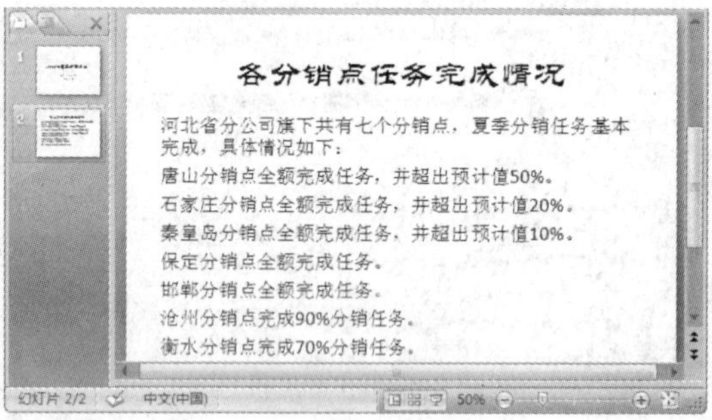

STEP 04 设置段落缩进

定位光标到第一段文本中，打开“段落”对话框，设置“特殊格式”为“首行缩进”、“度量值”为“2 字符”，如下图所示。

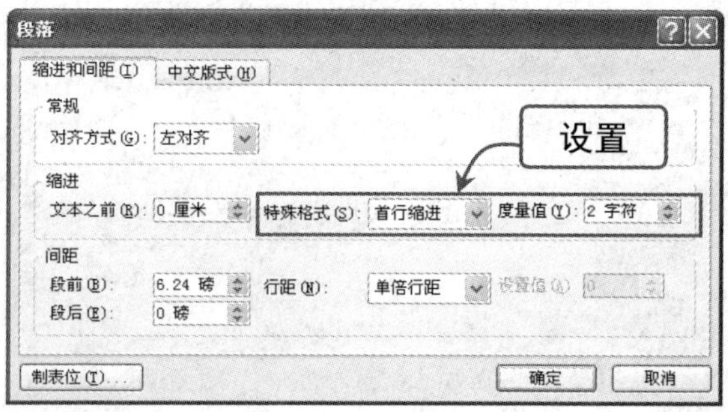

STEP 05 应用段落设置

单击“确定”按钮，应用段落设置，效果如右图所示。

提示

在幻灯片中设置段落参数与在 Word 中基本相似，用户可以参考前面介绍的知识进行设置。

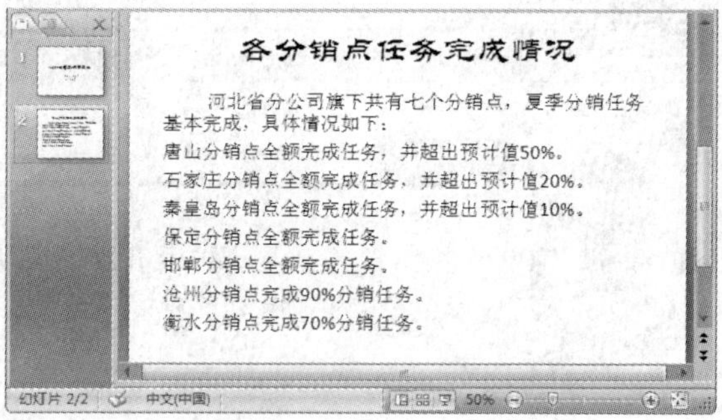

25.3.3 添加图片项目符号

用户可以为并列的项目添加项目符号，以使幻灯片内容更加一目了然。下面将详细介绍图片项目符号的添加方法。

STEP 01 选择“项目符号和编号”命令

选择段落文本，单击“段落”组中的“项目符号”下拉按钮，在弹出的下拉菜单中选择“项目符号和编号”命令，如下图所示。

STEP 02 单击“图片”按钮

弹出“项目符号和编号”对话框，单击底部的“图片”按钮，如下图所示。

外行上路
提高进阶
权威案例
百宝箱技巧

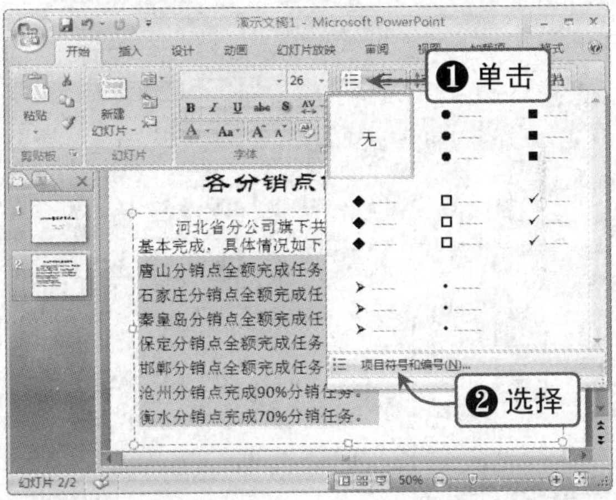

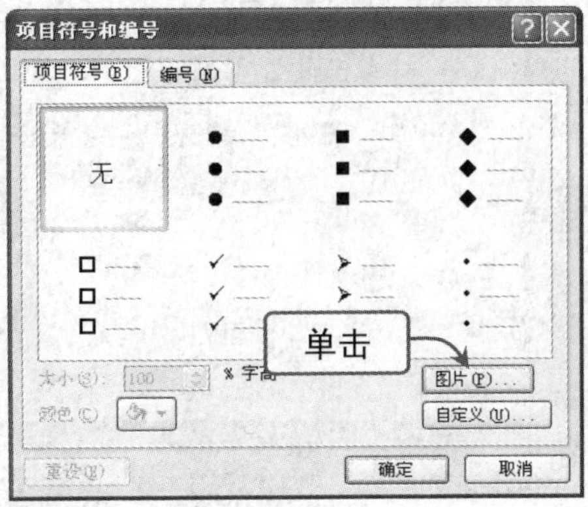

STEP 03 选择图片

弹出“图片项目符号”对话框，在图片列表中选择需要的项目符号，如下图所示。

STEP 04 添加图片项目符号

依次单击“确定”按钮，完成设置，效果如下图所示，完成后保存演示文稿。

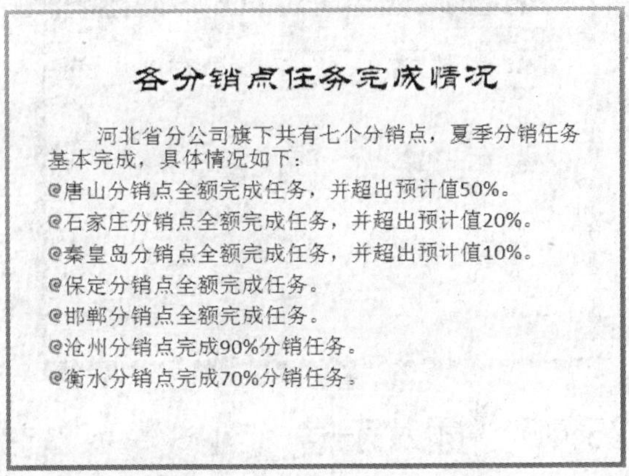

25.4 插入对象

用户可以在幻灯片中添加各种对象，如艺术字、图片、表格和图表等，从而使其更加生动、形象、表意明确。

25.4.1 插入艺术字

同 Word 相似，通过在幻灯片中插入艺术字，可以制作出装饰性效果，使幻灯片更美观，具体操作方法如下：

STEP 01 插入新幻灯片

继续对上一节制作的演示文稿进行编辑，插入一个版式为“两栏内容”的幻灯片，如下图所示。

STEP 02 选择艺术字

删除标题占位符，单击“插入”选项卡下“文本”组中的“艺术字”下拉按钮，在弹出的下拉面板中选择如下图所示的选项。

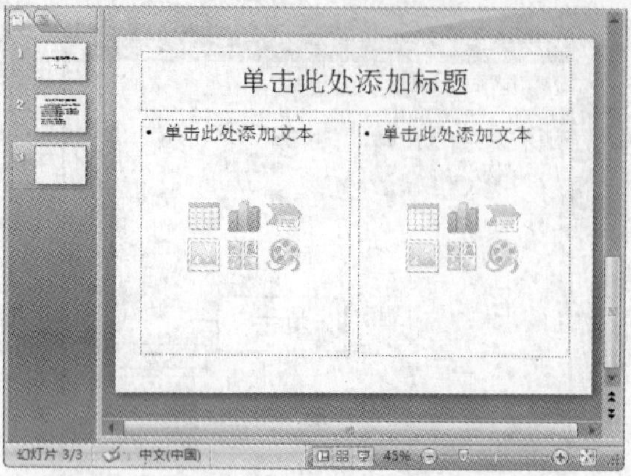

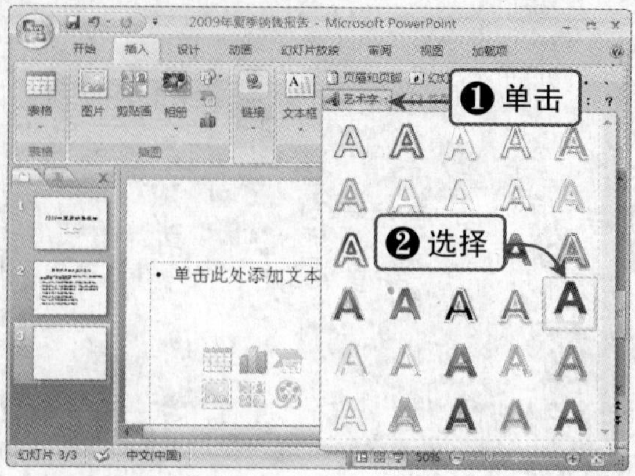

STEP 03 拖动文本框到合适位置

此时，将在幻灯片中添加一个文本框，将其拖动到合适位置，如下图所示。

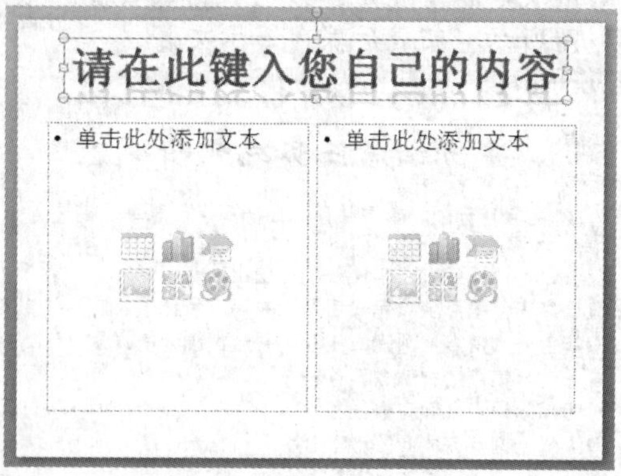

STEP 04 输入标题

选择文本框中的文本，输入标题，效果如下图所示。

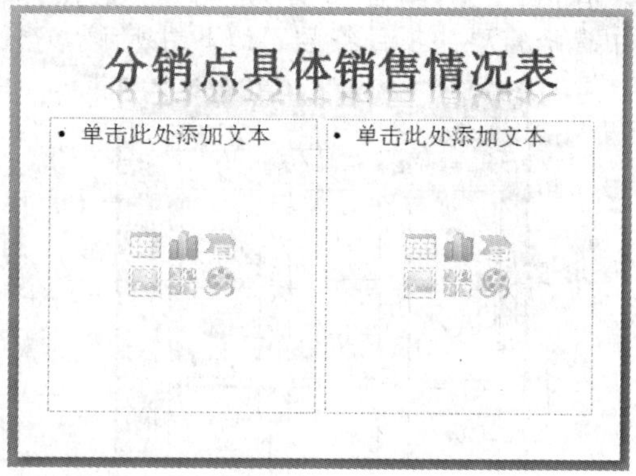

25.4.2 插入表格

用户可以通过 PowerPoint 2007 提供的“插入表格”占位符在幻灯片中插入表格，从而使要表达的内容更清晰、明确，具体操作方法如下：

STEP 01 单击“插入表格”占位符

单击幻灯片左侧文本框中的“插入表格”占位符▦，如下图所示。

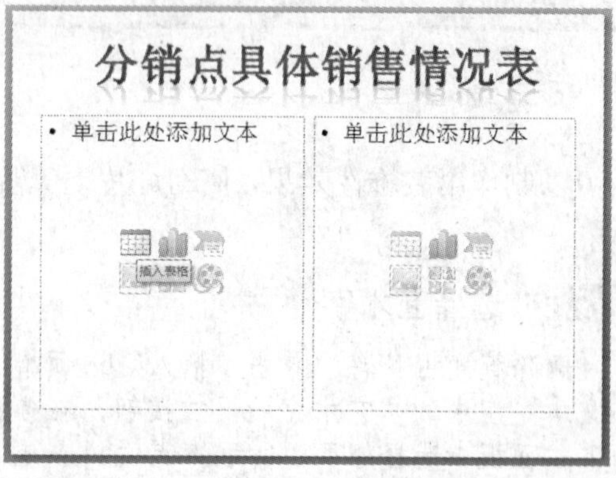

STEP 02 设置表格行列数

弹出“插入表格”对话框，设置“列数”和“行数”分别为 3 和 8，如下图所示。

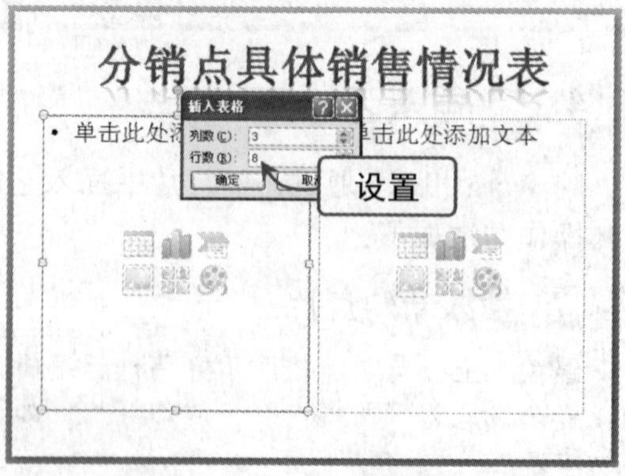

STEP 03 插入表格

单击“确定”按钮，在幻灯片左侧文本框中插入8行3列的表格，如下图所示。

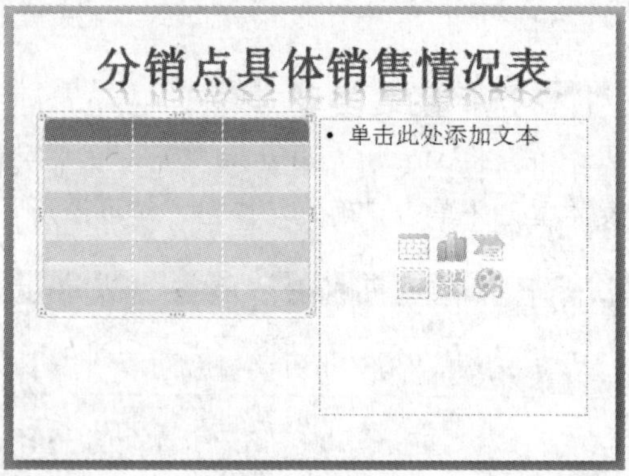

STEP 04 输入数据

根据需要在表格中输入数据，效果如下图所示。

STEP 05 对齐数据

选择表格，单击“布局”选项卡下“对齐方式”组中的“居中”和“垂直居中”按钮，对齐数据，如下图所示。

STEP 06 调整数据字号和表格高度

保持表格的选中状态，设置表格中文本的“字号”为20，然后拖动表格边框，调整表格高度，效果如下图所示。

STEP 07 选择表格样式

单击“设计”选项卡下“表格样式”组中样式列表右侧的下拉按钮，在弹出的下拉面板中选择如下图所示的样式。

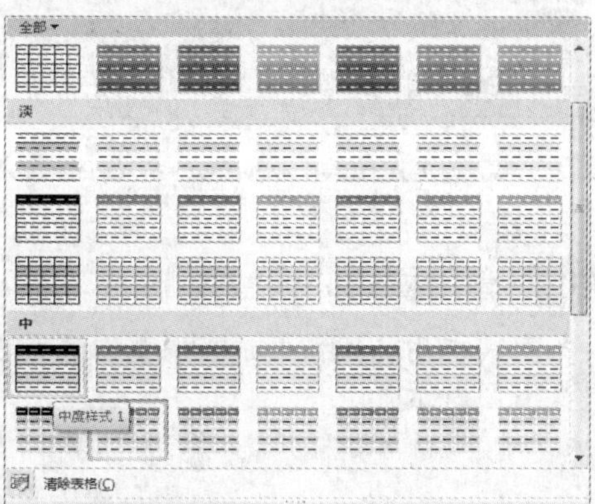

STEP 08 应用样式

将表格样式应用到幻灯片中，效果如下图所示。

25.4.3 插入图表

在幻灯片中插入图表可以将数据以图的形式显示出来，更直观地展现数据的关联和发展趋势。插入图表的具体操作方法如下：

STEP 01 单击“插入图表”占位符

单击幻灯片左侧文本框中的“插入图表”占位符，如下图所示。

STEP 02 选择图表类型

弹出“插入图表”对话框，选择要插入的图表类型，并单击“确定”按钮，如下图所示。

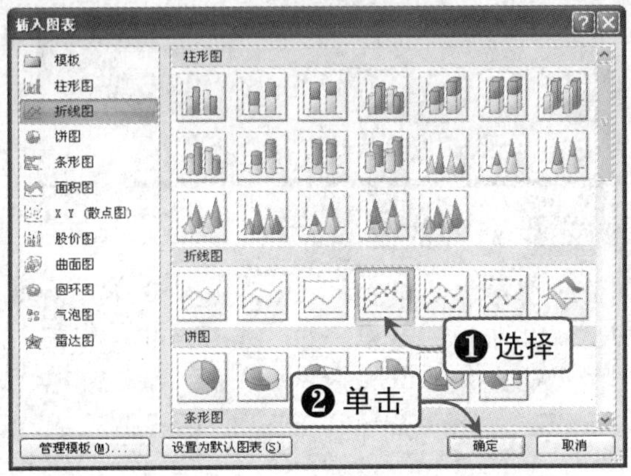

STEP 03 创建表格并选择数据区域

此时将自动打开 Excel 2007 窗口，从中创建如下图所示的表格，将鼠标指针置于数据区域的外框线右下角，拖动鼠标进行调整。

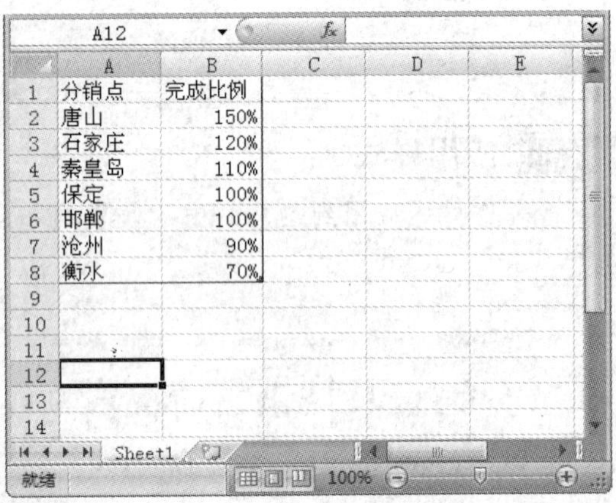

STEP 04 添加图表

关闭 Excel 2007 窗口，此时幻灯片中已经添加了相应的图表，效果如下图所示。

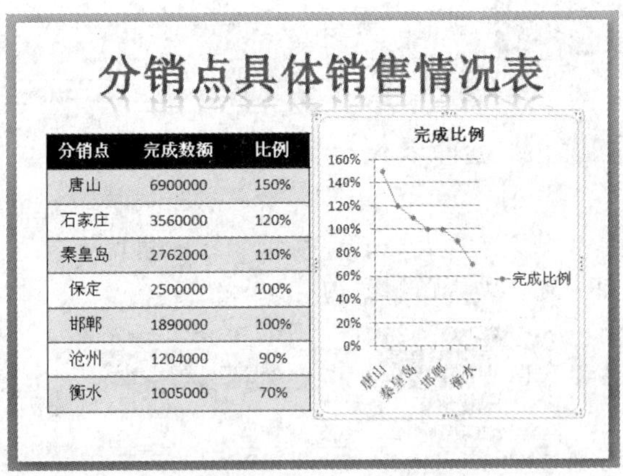

STEP 05 删除标题和图例项

分别删除图表中的标题和图例项，如下图所示。

STEP 06 套用样式并调整大小

为图表套用样式，并适当调整图表大小，效果如下图所示。

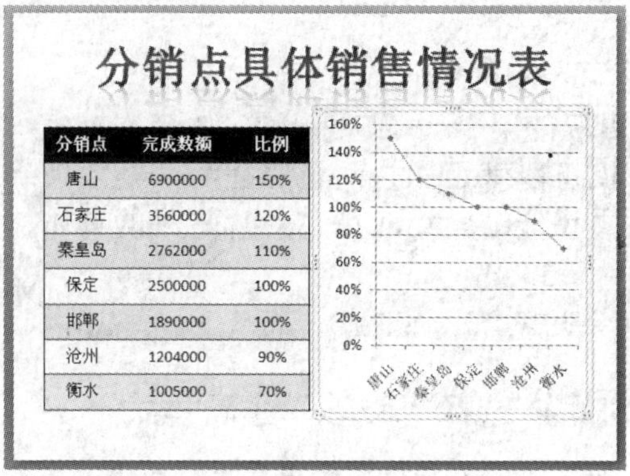

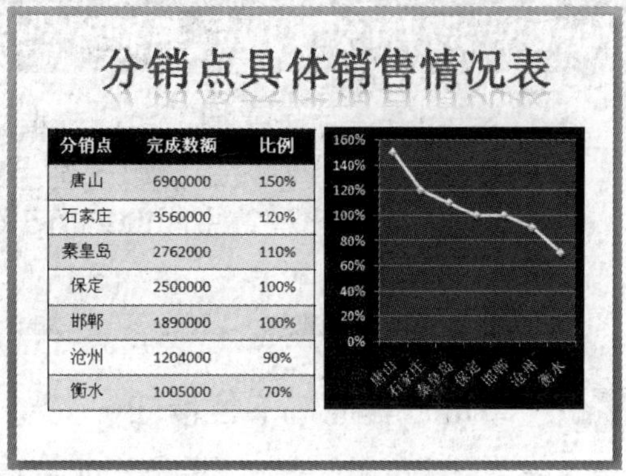

25.4.4 插入图片

下面详细介绍如何在幻灯片中插入图片的操作方法。

STEP 01 插入新幻灯片

插入一张版式为“标题和内容”的幻灯片，在标题占位符中输入文本，设置格式，并调整大小和位置，效果如下图所示。

STEP 02 单击图片占位符

单击下面文本框中的“插入来自文件的图片”占位符，如下图所示。

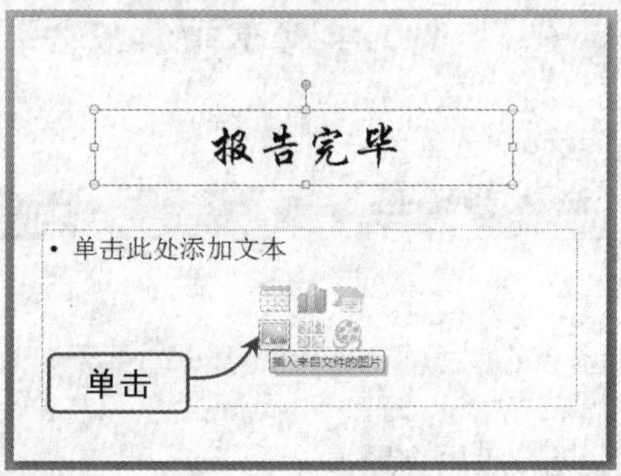

STEP 03 选择图片

弹出“插入图片”对话框，在“查找范围”下拉列表框中选择文件夹，在下方的文件列表中选择图片文件，如下图所示。

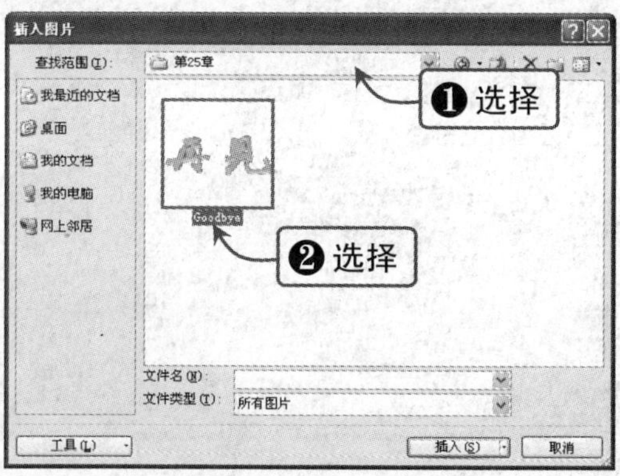

STEP 04 调整图片

单击“插入”按钮，将图片插入到幻灯片中，并适当调整其大小和位置，效果如下图所示。

25.5 应用幻灯片主题

在制作演示文稿时，可以根据不同的情况使用 PowerPoint 2007 预定义的多种不同主题。有效地使用这些主题，不仅可以满足用户对色彩搭配的要求，还可以大大简化设置主题颜色的工作。下面将详细介绍应用幻灯片主题的具体操作方法。

STEP 01 单击“其他”下拉按钮

单击“设计”选项卡下“主题”组中主题列表右侧的下拉按钮，如下图所示。

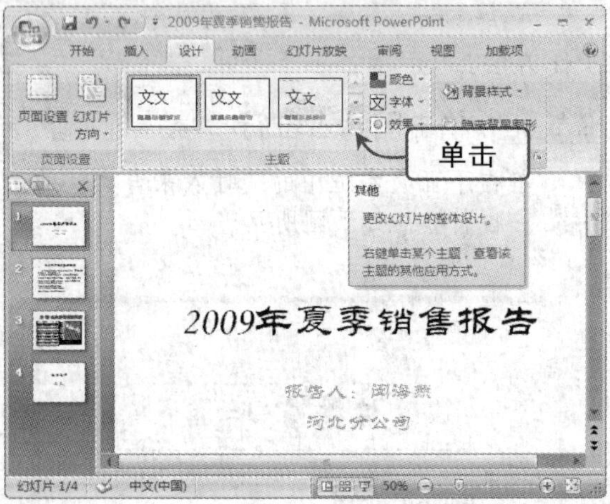

STEP 02 选择“跋涉”主题样式

在弹出的下拉面板中选择“跋涉”主题样式，如下图所示。

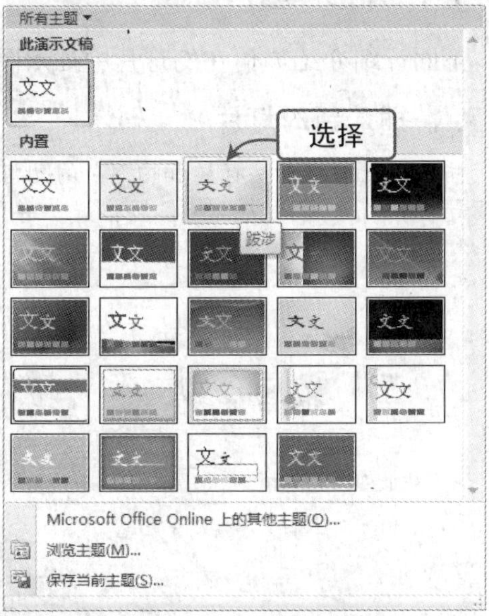

STEP 03 应用主题

将选定的样式应用到所有幻灯片中，效果如下图所示。

STEP 04 调整文本格式和占位符位置

选择第一张幻灯片，设置副标题占位符中的文本格式，并调整各占位符到适当的位置，效果如下图所示。

外行上路 提高进阶 权威案例 百宝箱技巧

权威案例

案例 以顶级技术创建完美画质

本案例的最终效果如下图所示。

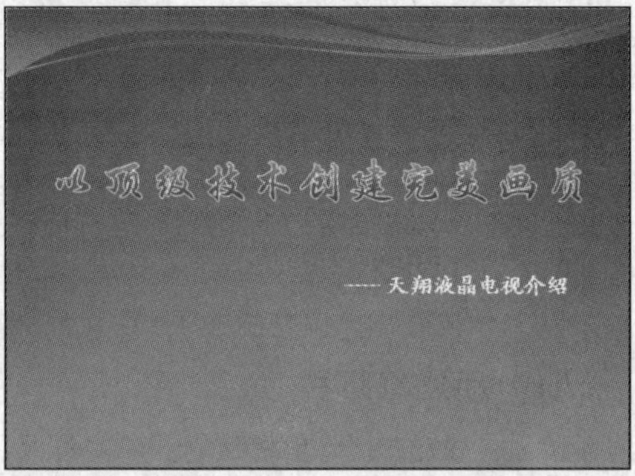

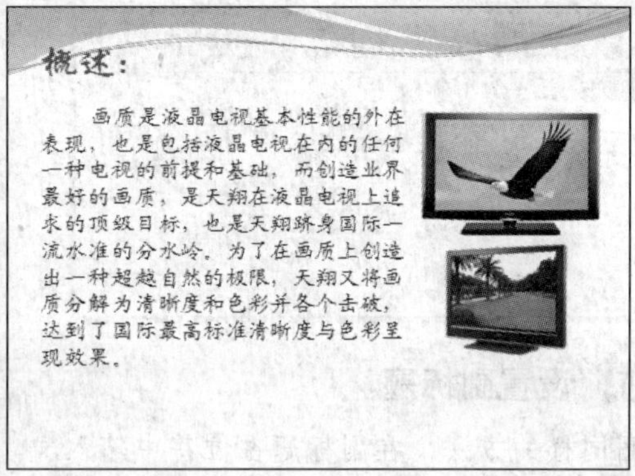

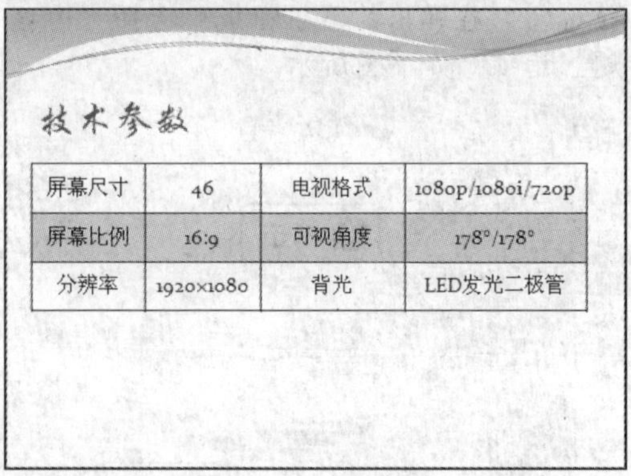

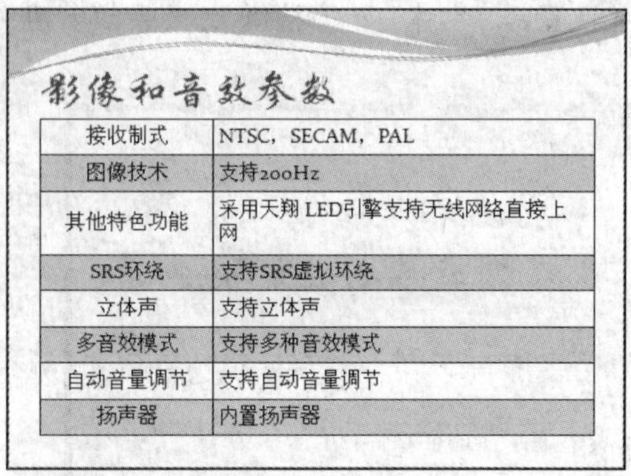

具体制作方法如下：

STEP 01 新建并保存演示文稿

新建一个空白演示文稿，并将其以“以顶级技术创建完美画质”为名称，保存到电脑中，如下图所示。

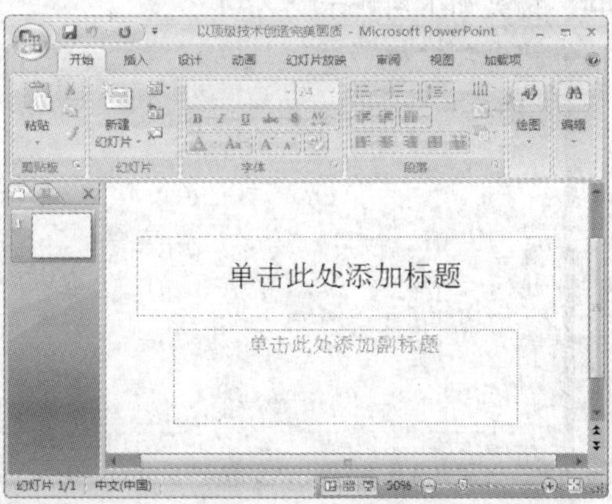

STEP 02 选择艺术字样式

删除标题占位符，单击“插入”选项卡下“文本”组中的“艺术字”下拉按钮，在弹出的下拉面板中选择如下图所示的样式。

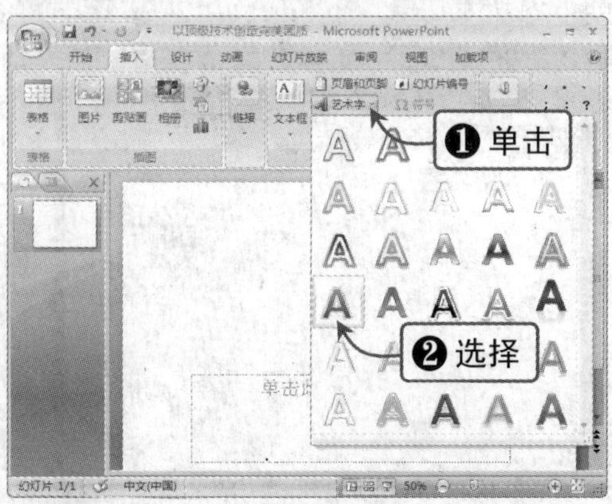

STEP 03 输入标题文本

在幻灯片中添加艺术字文本框，拖动文本框调整其位置，并从中输入标题文本，如下图所示。

STEP 04 选择字体

选择标题文本，在“开始”选项卡下“字体”组中的“字体”下拉列表框中选择“华文行楷”选项，如下图所示。

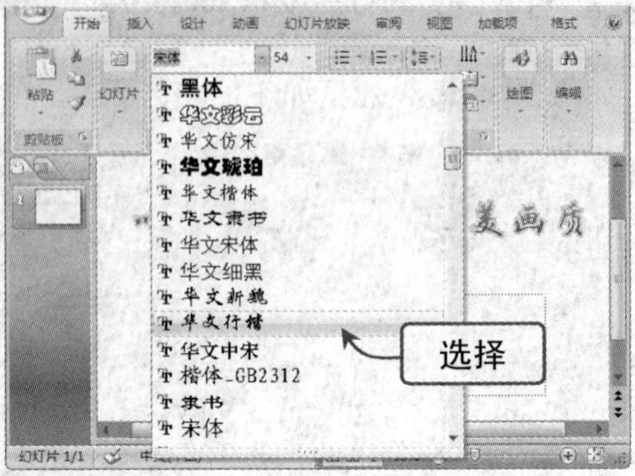

STEP 05 设置副标题

用同样的方法，在副标题占位符中输入文本，并设置其“字体”为“楷体”，效果如下图所示。

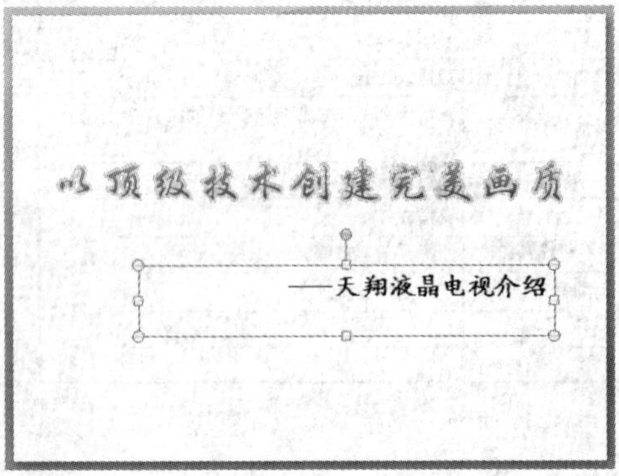

STEP 06 新建幻灯片

单击“幻灯片”组中的“新建幻灯片”下拉按钮，在弹出的下拉面板中选择“内容与标题”选项，如下图所示。

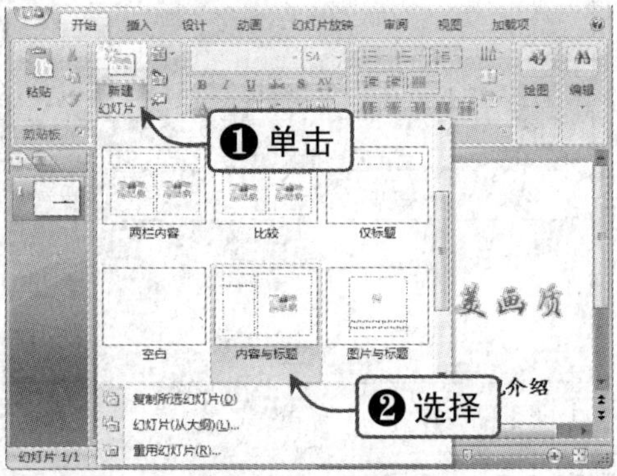

STEP 07 调整文本框宽度

在演示文稿中添加“内容与标题”版式的演示文稿，拖动各文本框的边缘，调整宽度，效果如下图所示。

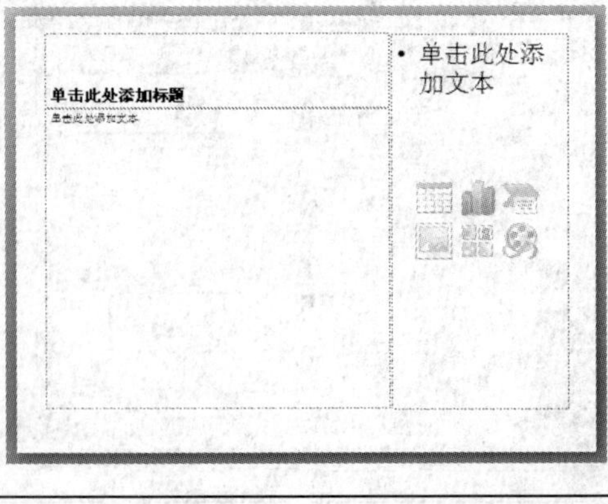

STEP 08 输入标题并设置格式

单击标题占位符，从中输入文本“概述：”，并设置其“字体”为“华文行楷”、“字号”为44，效果如下图所示。

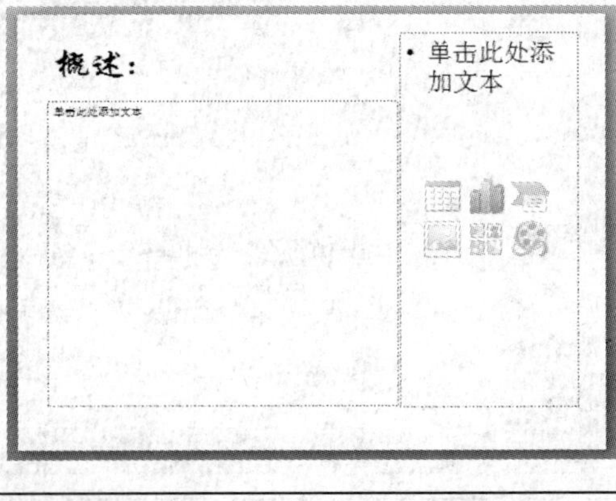

STEP 09 输入段落文本并设置格式

用同样的方法，在文本占位符中输入段落文本，并设置其“字体”为“楷体”、“字号”为26，效果如下图所示。

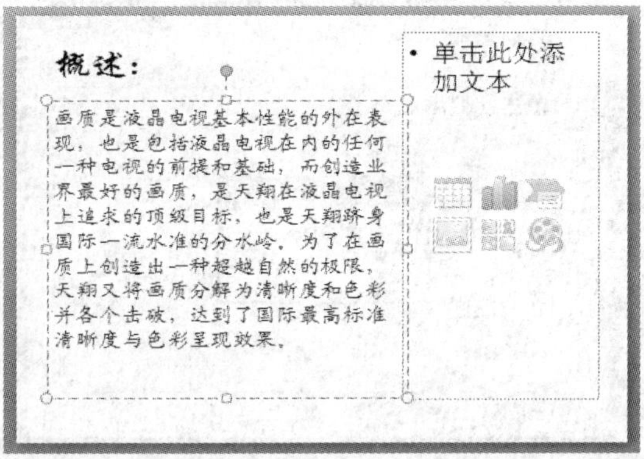

STEP 10 设置段落格式

选择段落文本，单击“开始”选项卡下“段落”组中的按钮，弹出“段落”对话框，设置“缩进”选项组中的“特殊格式”为“首行缩进”、“度量值”为“2 字符”，如下图所示。

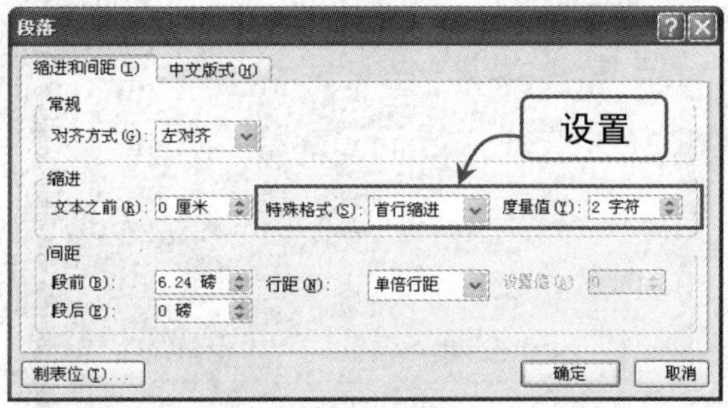

STEP 11 段落格式设置效果

单击“确定”按钮，完成段落文本的格式设置，效果如下图所示。

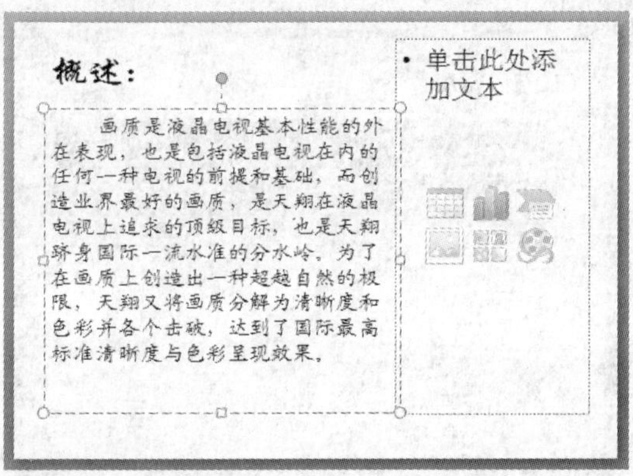

STEP 12 单击图片占位符

单击右侧文本框中的“插入来自文件的图片”占位符，如下图所示。

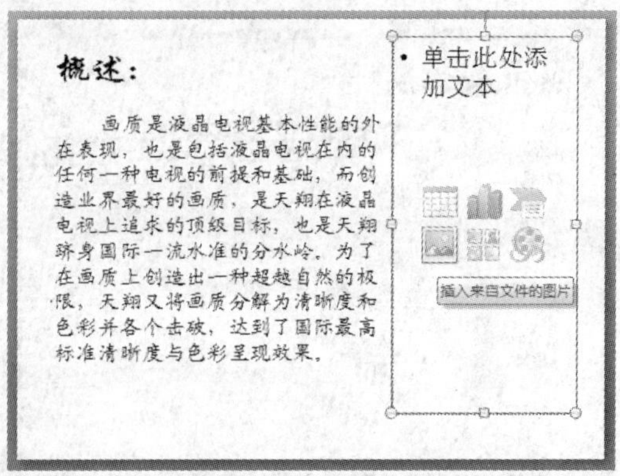

STEP 13 选择图片

弹出“插入图片”对话框，从中选择要添加的素材图片，如下图所示。

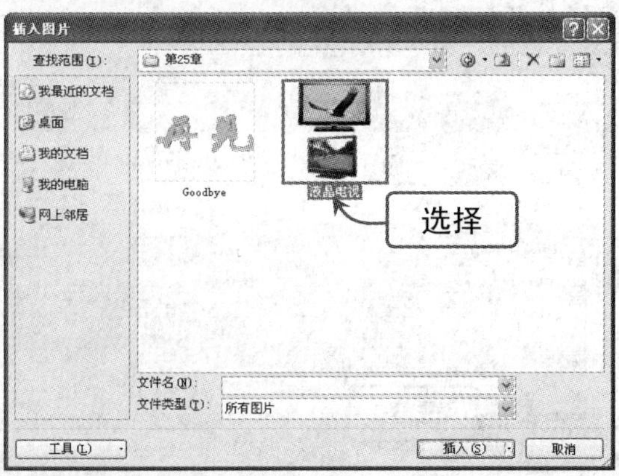

STEP 14 调整图片大小和位置

单击“插入”按钮，将图片插入到幻灯片中，适当调整图片大小和位置，效果如下图所示。

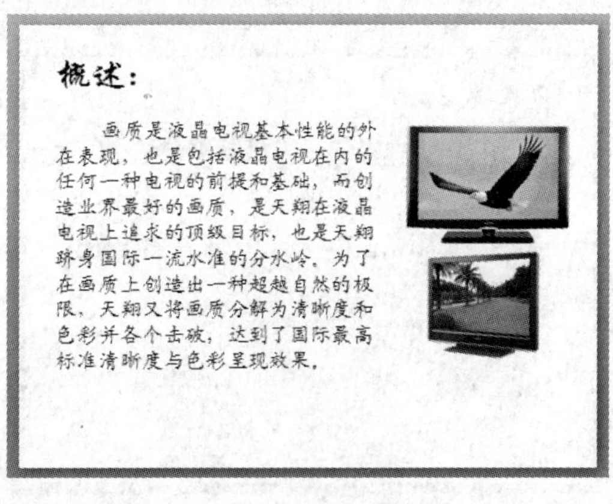

STEP 15 单击“插入表格”占位符

插入一张版式为“标题和内容”的幻灯片，输入标题并设置其字体格式，然后单击“插入表格”占位符，如下图所示。

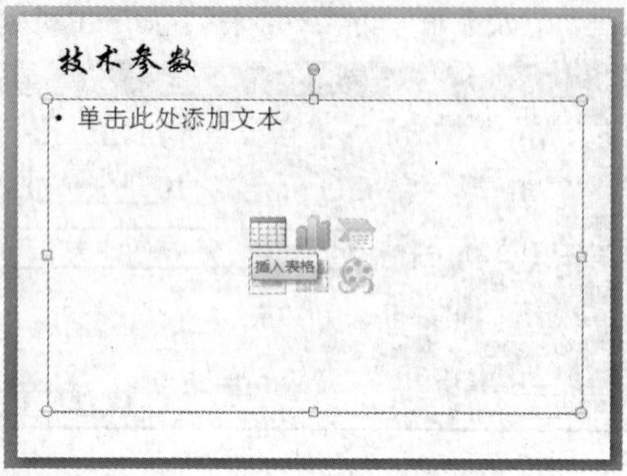

STEP 16 设置表格行列数

弹出“插入表格”对话框，在“列数”和“行数”数值框中分别输入数值 4 和 3，如下图所示。

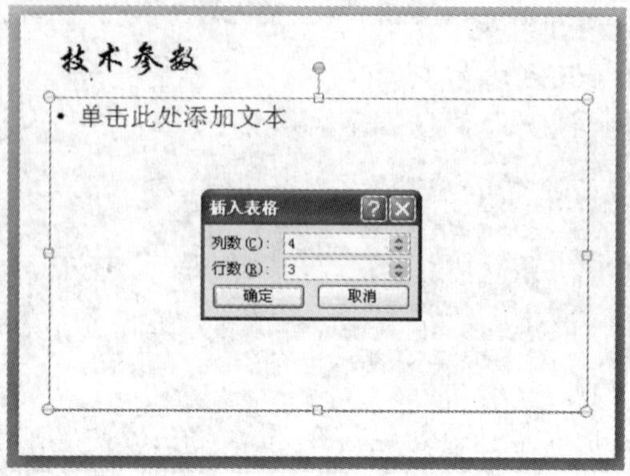

STEP 17 插入表格并输入数据

单击“确定”按钮，在幻灯片中插入 3 行 4 列的表格，并从中输入数据，效果如下图所示。

STEP 18 调整高度并设置字号

拖动表格下边框，调整其高度，并选择表格，设置其中数据的“字号”为 24，效果如下图所示。

STEP 19 调整列宽度

拖动表格内部框线，调整列宽，并在“布局”选项卡中设置其对齐方式，效果如下图所示。

STEP 20 选择表格样式

单击“设计”选项卡下“表格样式”组中样式列表右侧的按钮，在弹出的下拉面板中选择如下图所示的样式。

STEP 21 应用表格样式

将表样式应用到表格中，并取消第一行数据的加粗状态，效果如下图所示。

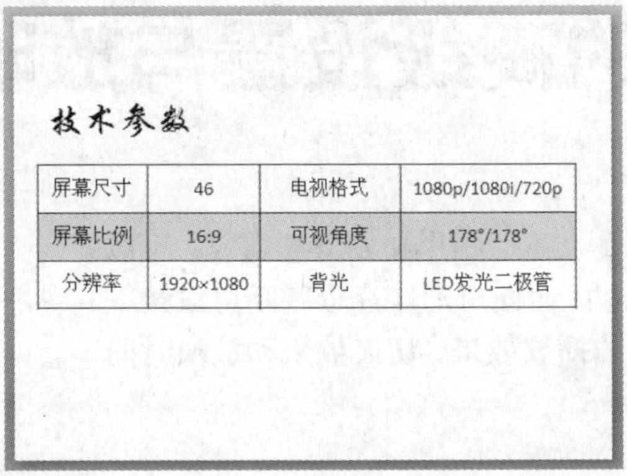

技术参数

屏幕尺寸	46	电视格式	1080p/1080i/720p
屏幕比例	16:9	可视角度	178°/178°
分辨率	1920×1080	背光	LED发光二极管

STEP 22 新建幻灯片并添加表格

用同样的方法，插入一张新的幻灯片，并添加表格，效果如下图所示。

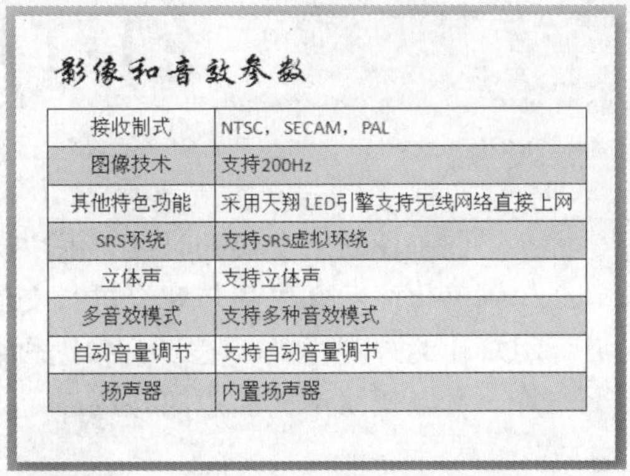

影像和音效参数

接收制式	NTSC，SECAM，PAL
图像技术	支持200Hz
其他特色功能	采用天翔LED引擎支持无线网络直接上网
SRS环绕	支持SRS虚拟环绕
立体声	支持立体声
多音效模式	支持多种音效模式
自动音量调节	支持自动音量调节
扬声器	内置扬声器

STEP 23 选择主题样式

单击“设计”选项卡下“主题”组中主题列表右侧的下拉按钮，在弹出的下拉面板中选择如下图所示的主题样式。

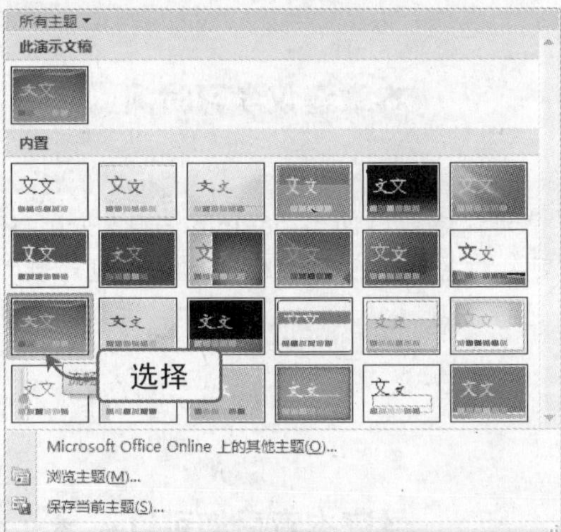

STEP 24 应用主题并适当调整幻灯片元素

将选定的主题样式应用到演示文稿，逐一检查幻灯片，适当调整其中各元素的位置，最终效果如下图所示。

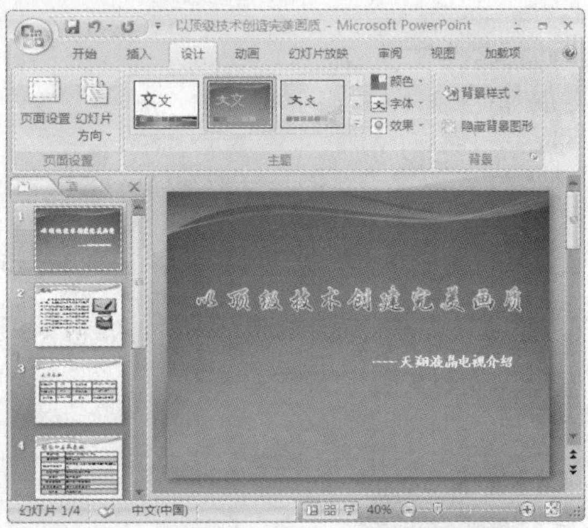

Chapter 26 幻灯片的高级设置与放映

在制作演示文稿的时候，用户从中添加文本、图片和表格等内容，可以起到美化演示文稿和与观众进行交流的目的。而使用幻灯片母版则可以统一幻灯片的外观样式，在幻灯片中添加动画的播放效果、切换效果和放映时间等，可以使演示文稿声像并茂。

设置幻灯片母版格式

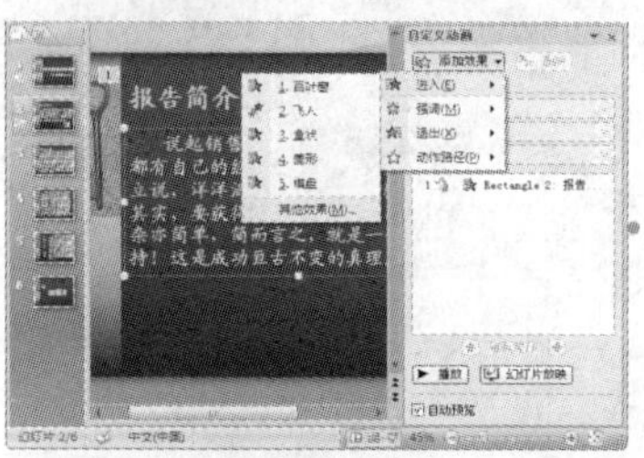

自定义幻灯片动画

排练计时

重要知识点视频索引

本章建议学习时间：

本章建议学习时间为 55 min，其中分配 30 min 学习幻灯片的美化与放映，25 min 观看教学视频并进行练习。

学完本章后您可以：

- 创建幻灯片母版
- 使用母版创建幻灯片
- 设置切换幻灯片的方式和效果
- 放映幻灯片
- 控制幻灯片的放映时间
- 打包幻灯片

26.1 使用幻灯片母版

为了使演示文稿中的幻灯片拥有统一的外观，可以使用母版对演示文稿的外观进行控制。幻灯片母版是模板的一部分，它存储的信息包括：文本和对象在幻灯片上的放置位置、文本和对象占位符的大小、文本样式、背景、颜色主题、效果和动画。

26.1.1 创建幻灯片母版

幻灯片母版实际上是一张特殊的幻灯片，可以将其看做是一个用于构建演示文稿的框架。在 PowerPoint 2007 中母版可分为幻灯片母版、讲义母版和备注母版，下面以创建幻灯片母版为例，介绍母版的创建方法。

STEP 01 单击“幻灯片母版”按钮

新建空白演示文稿，单击“视图”选项卡下“演示文稿视图”组中的“幻灯片母版”按钮，如下图所示。

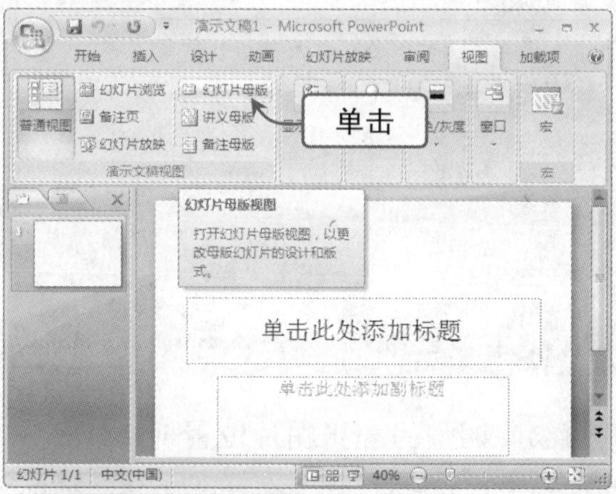

STEP 02 幻灯片母版视图

切换到幻灯片母版视图，此时编辑区左侧将显示所有版式，而右侧幻灯片则可进行格式设置，如下图所示。

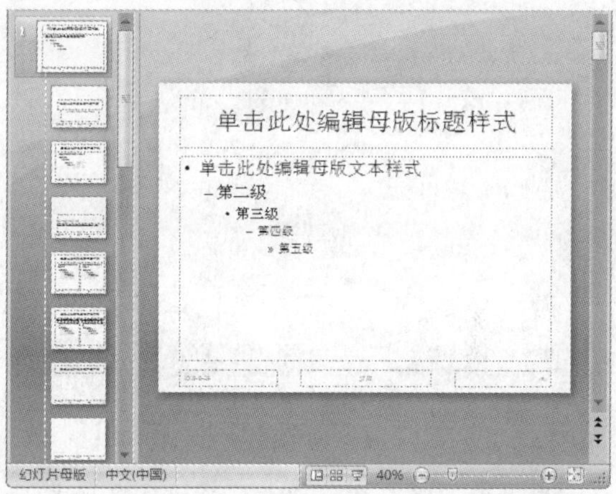

提示

单击“演示文稿视图”组中的不同按钮，可切换到不同母版视图中。

26.1.2 设置母版格式

用户可以设置母版中占位符的文本格式，还可以插入各种对象，以美化幻灯片。下面将详细介绍母版格式设置的具体操作方法。

STEP 01 单击“图片”按钮

单击“插入”选项卡下“插图”组中的“图片”按钮，如下图所示。

STEP 02 选择图片

弹出“插入图片”对话框，选择要插入的图片，如下图所示。

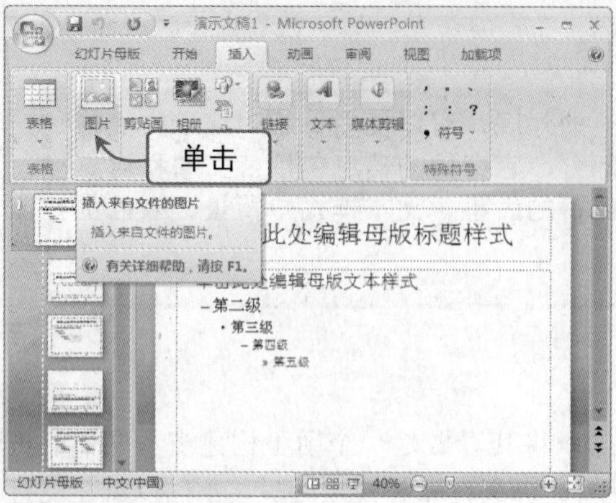

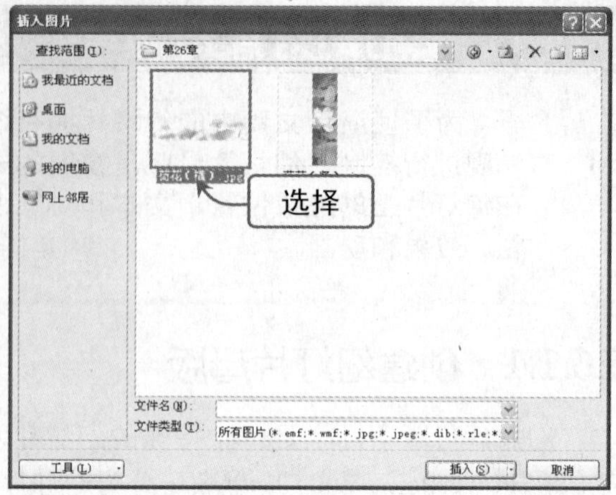

STEP 03 插入并调整图片

单击“插入”按钮，将图片插入到幻灯片中，并调整到底部，效果如下图所示。

STEP 04 插入另一张图片

用同样的方法，插入另一张图片，并调整到合适位置，如下图所示。

STEP 05 单击“置于底层”按钮

选中第二张图片，单击“格式”选项卡下“排列”组中的“置于底层”按钮，如下图所示。

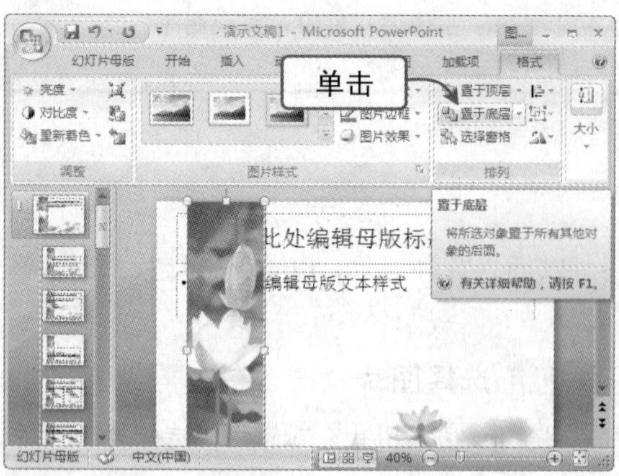

STEP 06 调整另一张图片位置

用同样的方法，调整第一张图片的排列位置，效果如下图所示。

STEP 07 **设置标题字体**

选择标题占位符中的文本，在“开始”选项卡的“字体”组中设置“字体”为“华文行楷”，效果如下图所示。

STEP 08 **选择“竖排”选项**

调整占位符位置和形状，单击“段落”组中的“文字方向”下拉按钮，在弹出的下拉面板中选择“竖排”选项，如下图所示。

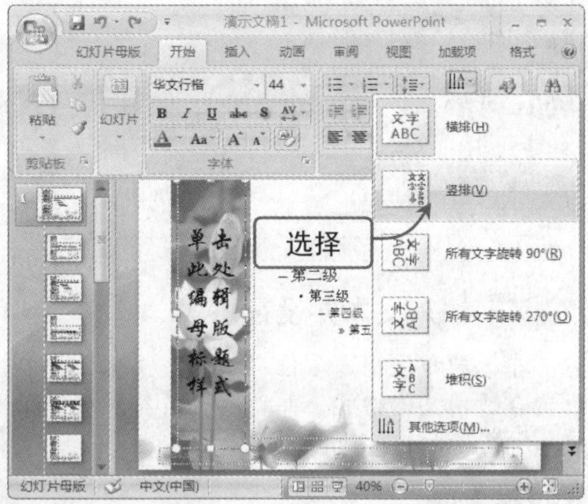

STEP 09 **竖排显示文本**

此时，标题占位符中的文本呈竖排显示，效果如下图所示。

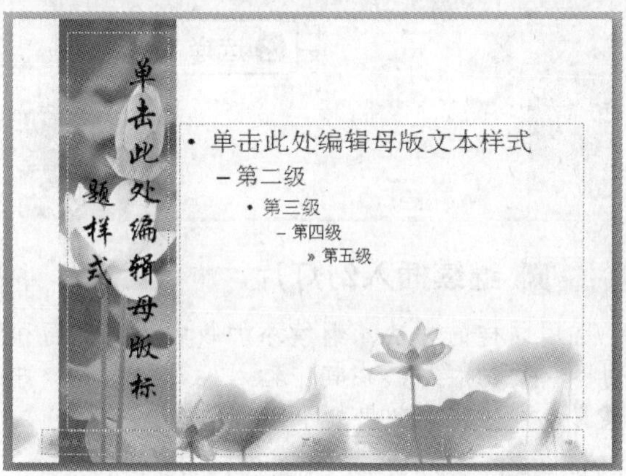

STEP 10 **设置内容占位符**

用同样的方法，设置内容占位符中的文本“字体”为“华文行楷”，如下图所示。

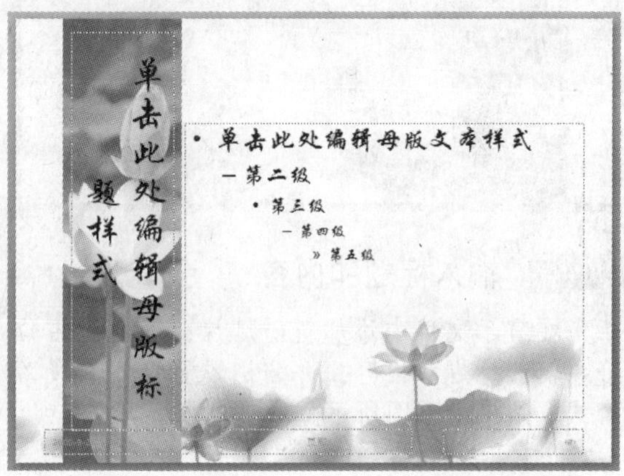

26.1.3 应用母版幻灯片

每个设置好的幻灯片母版都包含多个版式集，用户在应用母版时，根据需要选择版式并进行编辑即可。下面继续以上一节制作好的幻灯片母版为例，介绍其具体的应用方法。

STEP 01 **单击“关闭母版视图”按钮**

单击“幻灯片母版”选项卡下“关闭”组中的“关闭母版视图”按钮，如下图所示。

STEP 02 **切换到普通视图**

此时，演示文稿切换到普通视图，效果如下图所示。

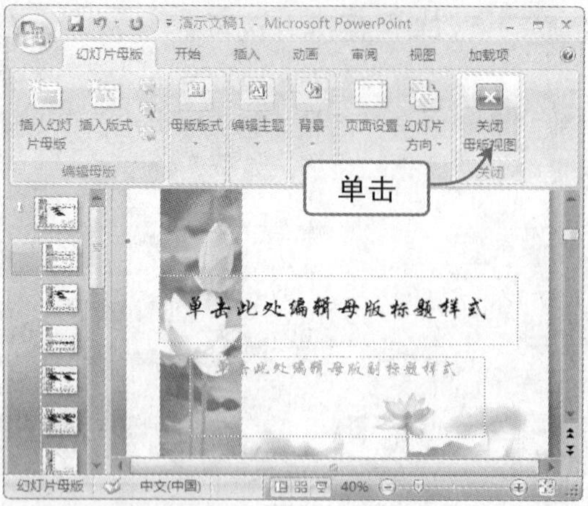

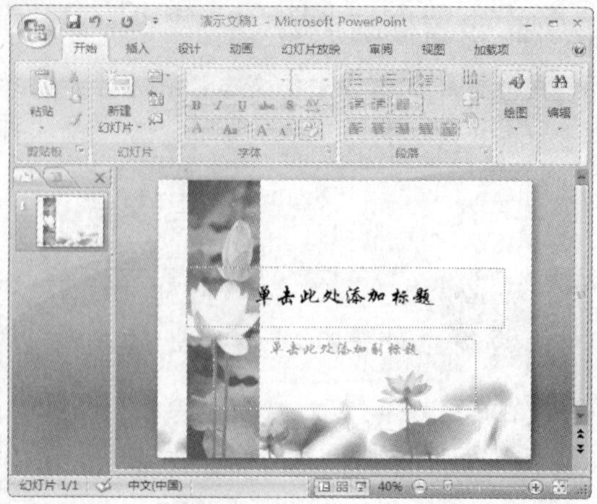

STEP 03 输入文本并设置格式

在标题和副标题占位符中输入文本，分别设置合适的文本格式，并调整占位符位置，效果如下图所示。

STEP 04 选择幻灯片版式

单击"幻灯片"组中的"新建幻灯片"下拉按钮，在弹出的下拉面板中选择"标题和内容"选项，如下图所示。

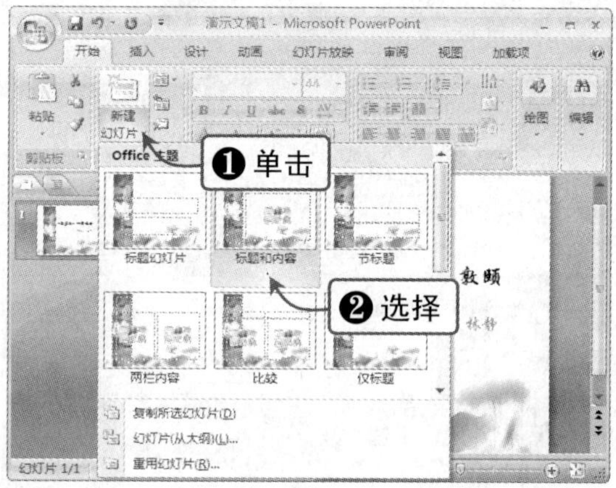

STEP 05 输入标题和内容

在演示文稿中添加新幻灯片，在相应占位符中输入标题和内容，并分别设置文本和段落格式，效果如下图所示。

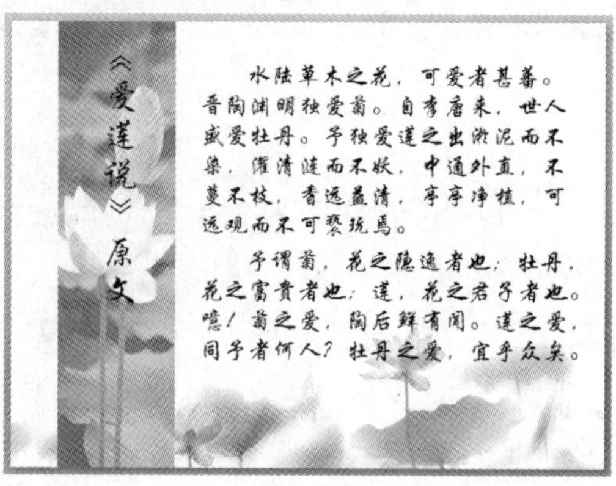

STEP 06 继续插入幻灯片

用同样的方法，继续添加版式为"标题和内容"的幻灯片，在其中输入标题和内容，并设置合适格式，效果如下图所示。

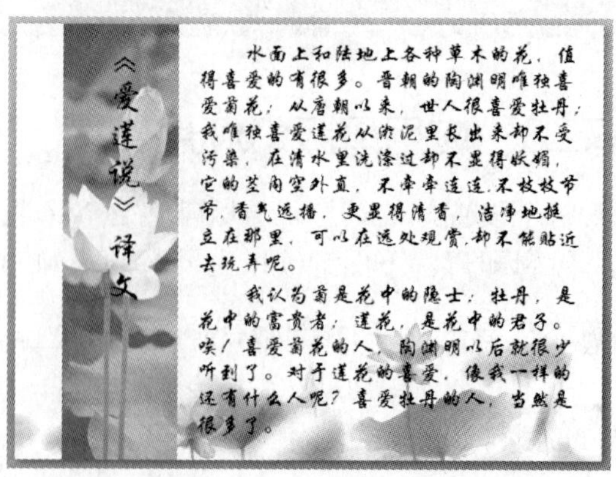

STEP 07 选择“图片与标题”选项

单击“幻灯片”组中的“新建幻灯片”下拉按钮，在弹出的下拉面板中选择“图片与标题”选项，如下图所示。

STEP 08 编辑幻灯片

在图片占位符中插入素材图片，在标题占位符中输入文本，并设置合适的文本格式，效果如下图所示。

26.2 切换幻灯片

默认情况下，在 PowerPoint 2007 中通过单击切换幻灯片。用户可以设置演示文稿中幻灯片的切换方式，使其更生动。

26.2.1 应用基本动画

PowerPoint 2007 内置了多种基本动画效果，以供用户使用，具体操作方法如下：

STEP 01 选择标题占位符

打开素材文件，选择第一张幻灯片中的标题占位符，并切换到“动画”选项卡，如下图所示。

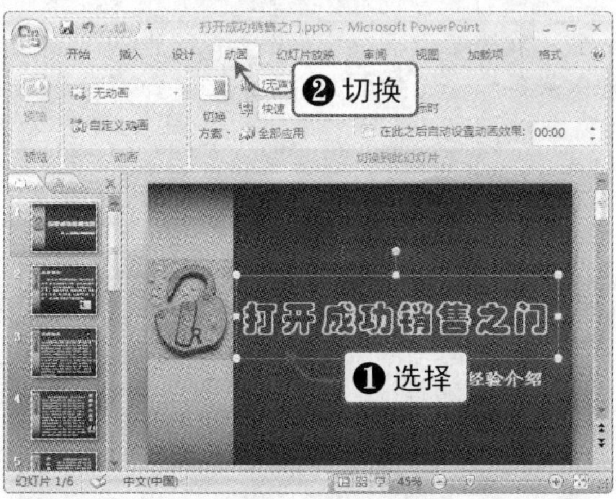

STEP 02 选择“擦除”选项

单击“动画”组中的“动画”下拉按钮，在弹出的下拉列表中选择“擦除”选项，如下图所示。

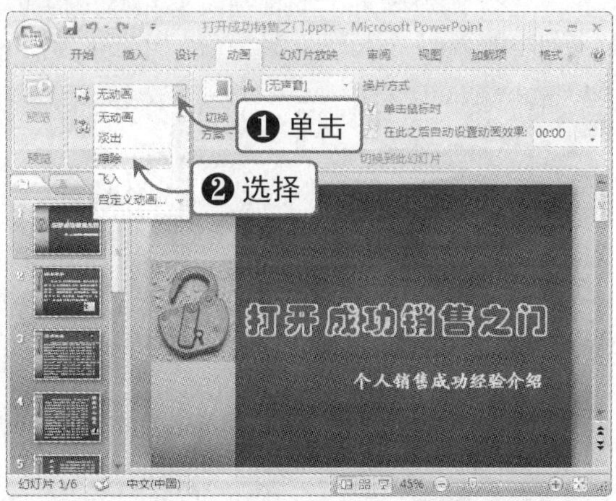

STEP 03 设置副标题动画

用同样的方法，将副标题占位符的动画设置为“整批发送”，如右图所示。

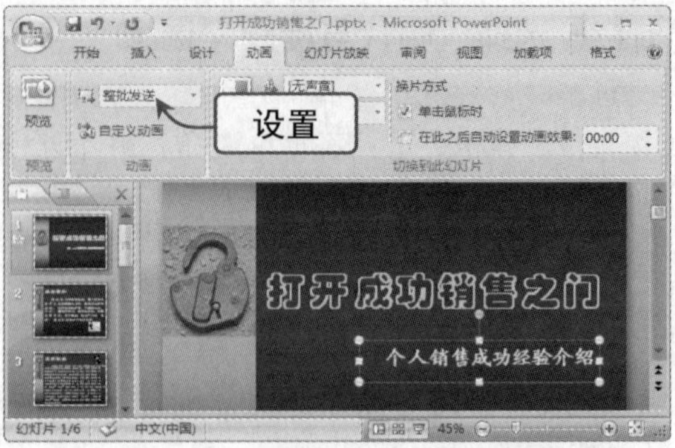

提示

标题动画不宜设置的过于花哨，应以达到美化为目的即可。

26.2.2 自定义动画

若用户对标准方案不满意，还可以为幻灯片的文本和对象自定义动画，以丰富其切换效果，具体操作方法如下：

STEP 01 单击“自定义动画”按钮

选择要自定义动画的占位符，单击“动画”选项卡下“动画”组中的“自定义动画”按钮，如下图所示。

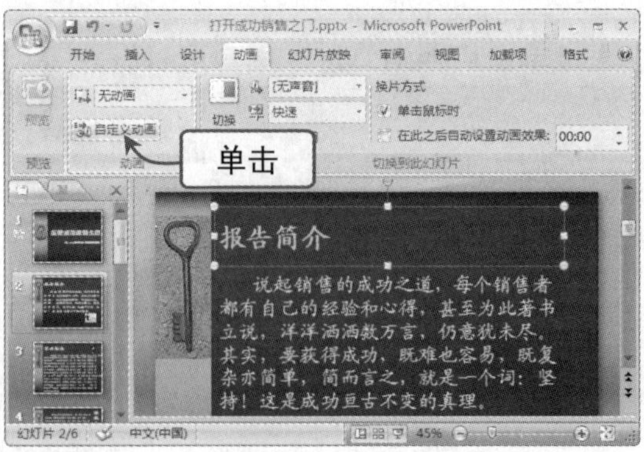

STEP 02 打开“自定义动画”任务窗格

此时，将在窗口右侧打开“自定义动画”任务窗格，如下图所示。

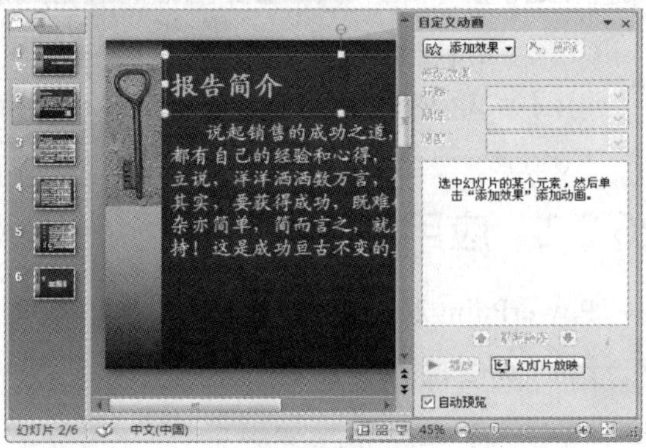

STEP 03 设置对象进入效果

单击“添加效果”下拉按钮，在弹出的下拉菜单中选择“进入”|“百叶窗”选项，如下图所示。

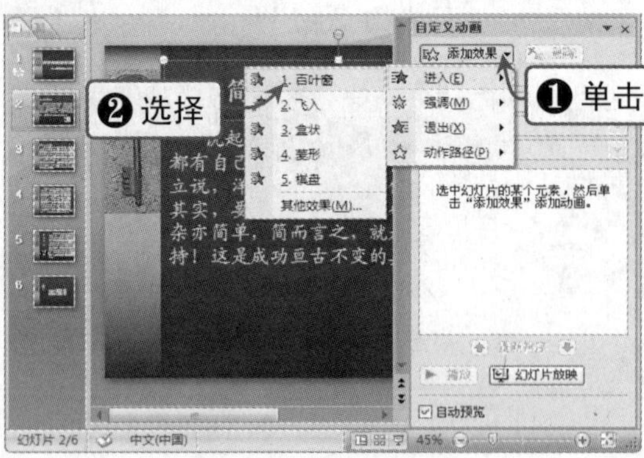

STEP 04 选择“其他效果”选项

选择内容占位符，单击“添加效果”下拉按钮，在弹出的下拉菜单中选择“进入”|“其他效果”命令，如下图所示。

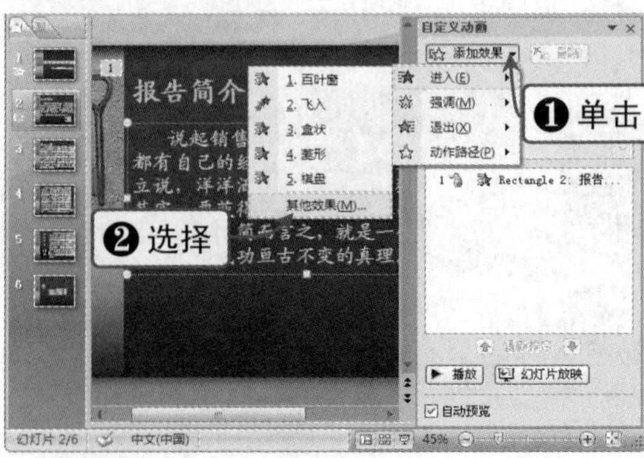

外行上路
提高进阶
权威案例
百宝箱 技巧

STEP 05 选择“淡出式缩放”选项

弹出“添加进入效果”对话框，在“细微型”选项组中选择“淡出式缩放”选项，如下图所示。

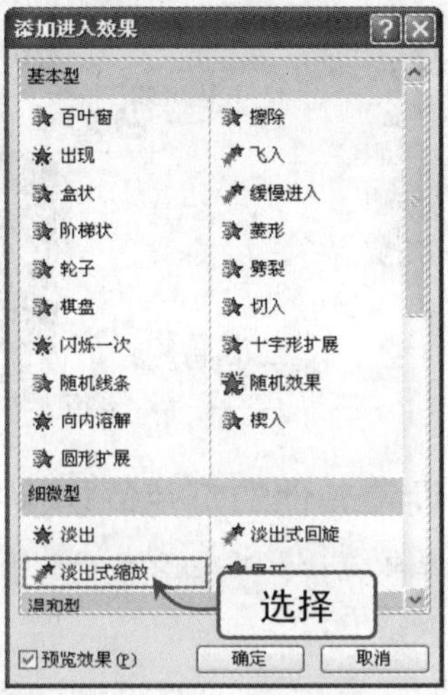

STEP 06 完成设置

单击“确定”按钮，完成动画设置，此时，用户设置的当前幻灯片中的所有动画都显示在任务窗格的动画列表中，如下图所示。

STEP 07 详细设置动画效果

选择第一个动画，在任务窗格的“修改：百叶窗”选项组中设置“开始”为“之前”、“方向”为“垂直”、“速度”为“中速”，如下图所示。

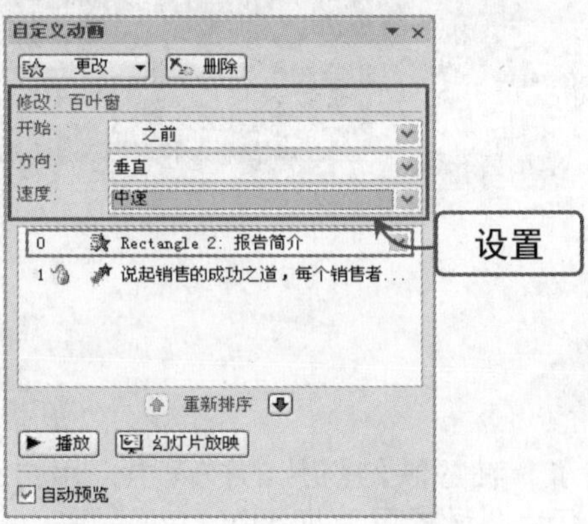

STEP 08 设置其他动画效果

选择第二个动画，在任务窗格的“修改：淡出式缩放”选项组中设置“开始”为“单击时”、“速度”为“中速”，如下图所示。用同样的方法，自定义其他幻灯片动画。

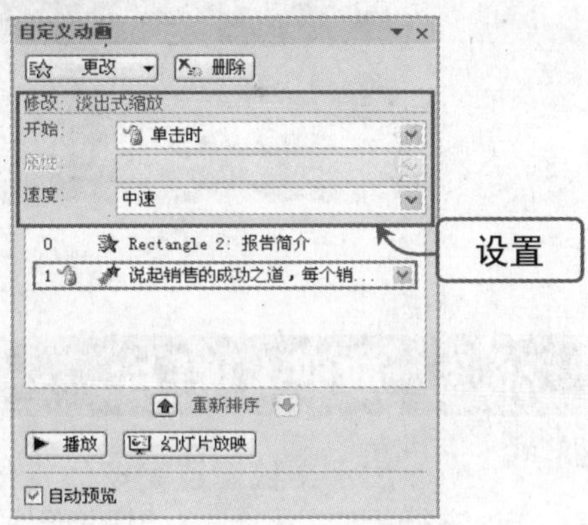

26.2.3 设置幻灯片的切换效果

用户不仅能设置各种对象的动画效果，还可以设置演示文稿中各张幻灯片之间的切换效果，具体操作方法如下：

STEP 01 选择切换方案

选择第一张幻灯片，单击“动画”选项卡下“切换到此幻灯片”组中的“切换方案”下拉按钮，在弹出的下拉面板中选择如下图所示的选项。

STEP 02 设置切换声音

继续保持该幻灯片的选中状态，单击“切换到此幻灯片”组中的“切换声音”下拉列表框，在弹出的下拉面板中选择“鼓掌”选项，如下图所示。

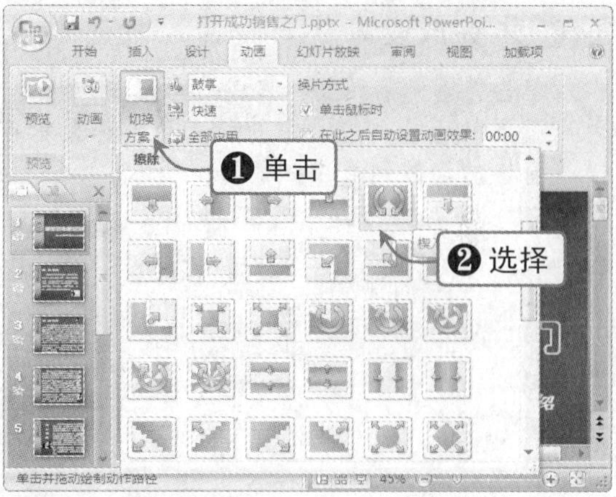

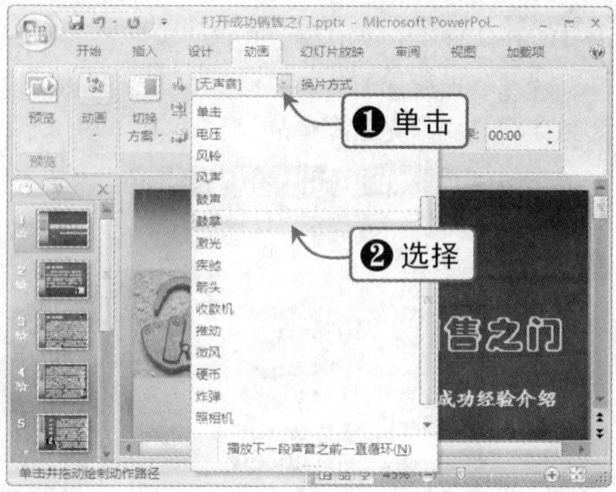

STEP 03 设置切换速度

单击“切换速度”下拉列表框，在弹出的下拉列表中选择“中速”选项，如下图所示。

STEP 04 设置其他幻灯片的切换效果

用同样的方法，设置其他幻灯片的切换效果，如下图所示。

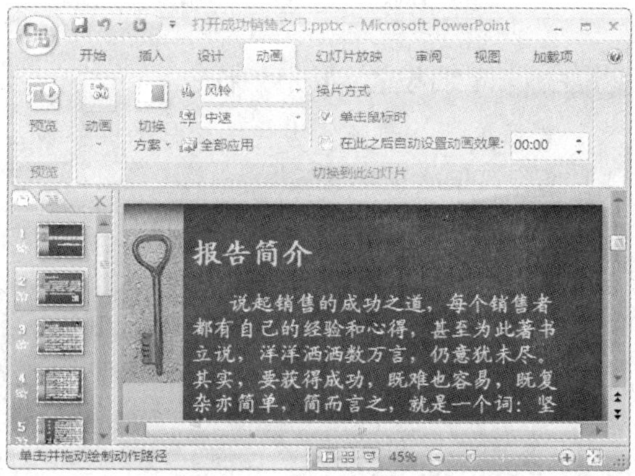

26.3 放映幻灯片

演示文稿设置完成后，便可以放映了。在放映幻灯片的过程中，用户可以进行相应的控制，如切换到放映指定幻灯片、设置屏幕显示等。

26.3.1 启动幻灯片放映

在 PowerPoint 2007 中，启动幻灯片放映的方法有如下几种：

方法一：使用“从头开始”工具

单击“幻灯片放映”选项卡下“开始放映幻灯片”组中的“从头开始”按钮，从第一张幻灯片开始放映，如下图所示。

方法二：使用“从当前幻灯片开始”工具

单击“幻灯片放映”选项卡下“开始放映幻灯片”组中的“从当前幻灯片开始”按钮，从当前幻灯片开始放映，如下图所示。

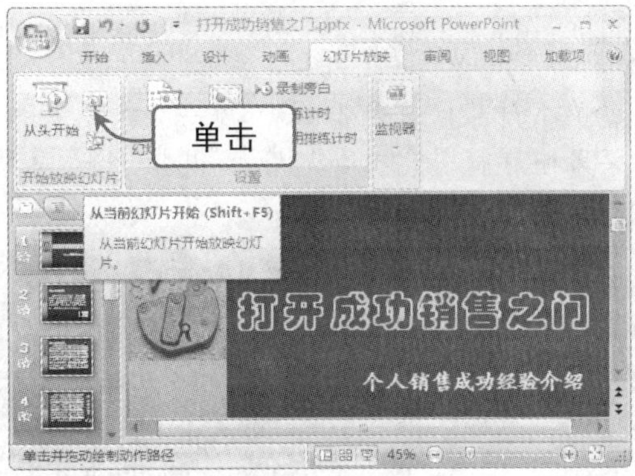

方法三：使用“视图”工具

单击“视图”选项卡下“演示文稿视图”组中的“幻灯片放映”按钮，可从头开始放映幻灯片，如下图所示。

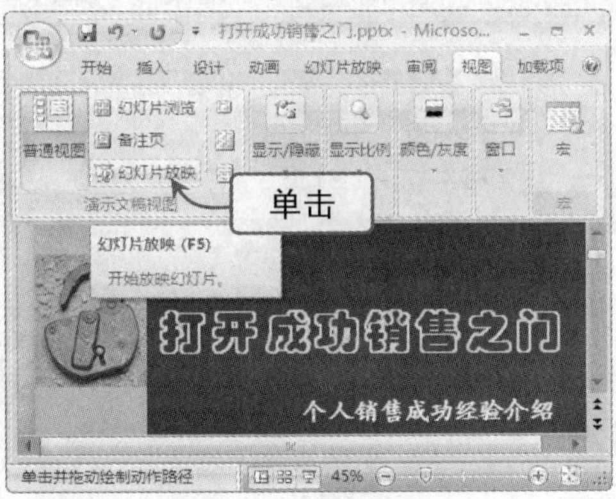

方法四：使用状态栏

单击状态栏中视图选项组中的“幻灯片放映”按钮，如下图所示。

26.3.2 控制幻灯片放映

用户可以在放映幻灯片的过程中，使用放映控制工具控制幻灯片的放映。下面将详细介绍使用控制工具控制幻灯片放映的具体操作方法。

STEP 01 放映幻灯片

单击“视图”选项卡下“演示文稿视图”组中的“幻灯片放映”按钮，如下图所示。

STEP 02 切换到下一张幻灯片

放映幻灯片，单击屏幕底部的➡按钮，切换到下一张幻灯片，如下图所示。

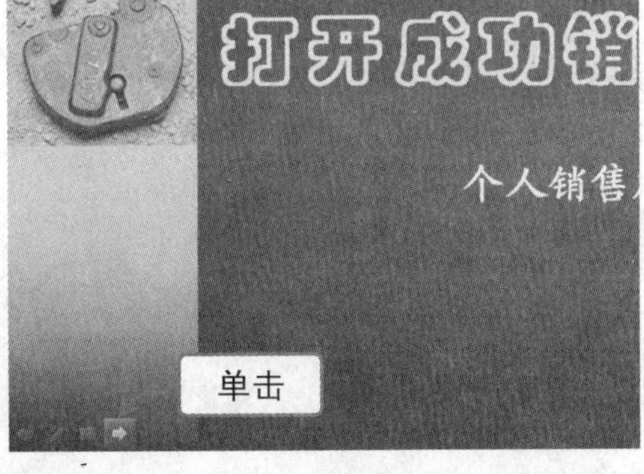

STEP 03 定位幻灯片

单击屏幕底部的控制按钮，在弹出的控制菜单中选择“定位至幻灯片”|“5 个人总结”命令，如下图所示。

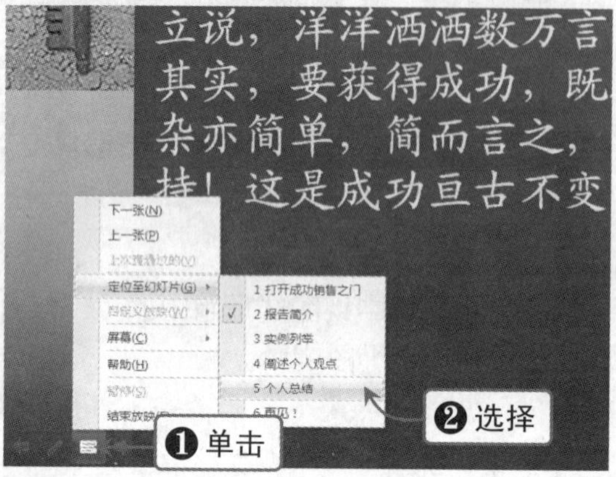

STEP 04 切换到目标幻灯片

此时，当前屏幕将切换到第 5 张幻灯片，效果如下图所示。

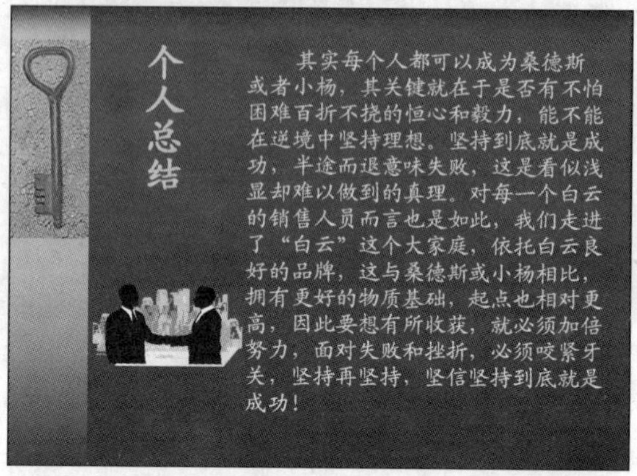

STEP 05 结束放映

单击屏幕底部的控制按钮，在弹出的控制菜单中选择“结束放映”命令，结束幻灯片放映，如右图所示。

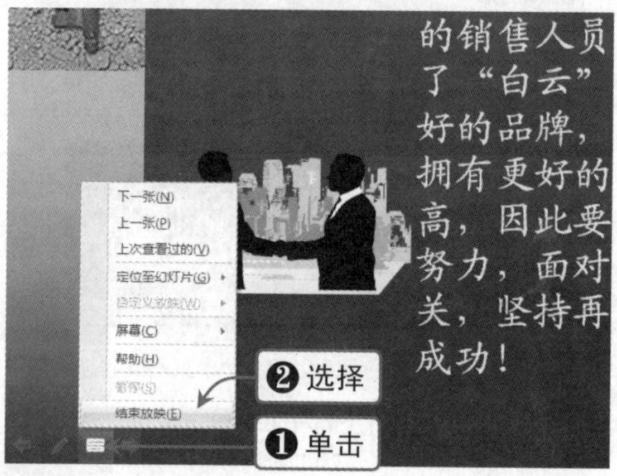

提示

单击屏幕底部的按钮，在弹出的菜单中选择不同选项，可在幻灯片中使用相应笔触进行标记。

26.4 设置幻灯片放映时间

用户可以通过两种方法设置幻灯片的放映时间，第一种方法是手动为每张幻灯片设置时间，在幻灯片放映时查看时间设置；第二种是使用排练计时功能，在排练时自动记录时间。

26.4.1 手动设置幻灯片放映时间

下面将详细介绍手动设置幻灯片放映时间的具体操作方法。

STEP 01 选择复选框

选择要设置的幻灯片，选中“动画”选项卡下“切换到此幻灯片”组中的“在此之后自动设置动画效果”复选框，如下图所示。

STEP 02 设置放映时间

在复选框后面的数值框中输入时间，并按【Enter】键，应用设置，如下图所示。

26.4.2 排练计时功能

如果用户对手动设置的时间没有把握，可在排练幻灯片放映的过程中记录切换时间，具体操作方法如下：

STEP 01 单击“排练计时”按钮

在打开的演示文稿中单击“幻灯片放映”选项卡下“设置”组中的“排练计时”按钮，如下图所示。

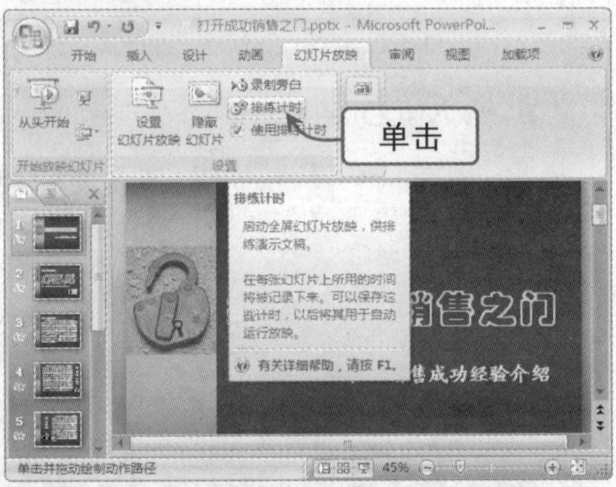

STEP 02 设置放映时间

切换到幻灯片放映视图，弹出“预演”对话框，当时间框中的时间到达用户需要的时间后，单击“下一项”按钮，如下图所示。

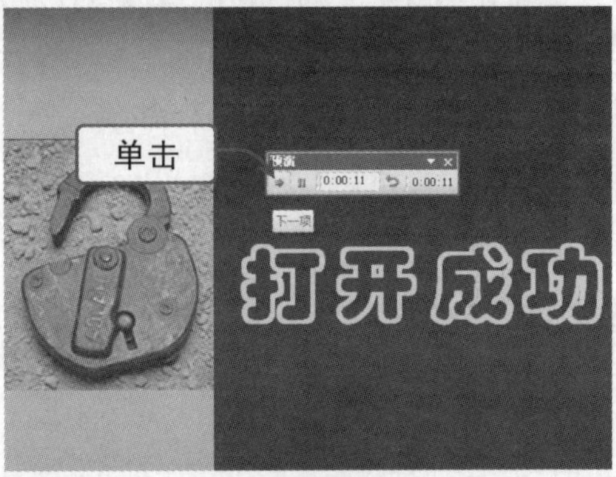

STEP 03 显示下一个对象

此时，将显示下一张幻灯片，时间继续增加，如下图所示。

STEP 04 切换到下一张幻灯片

到需要的时间后，单击“下一项”按钮，将显示下一张幻灯片，并重新计时，如下图所示。

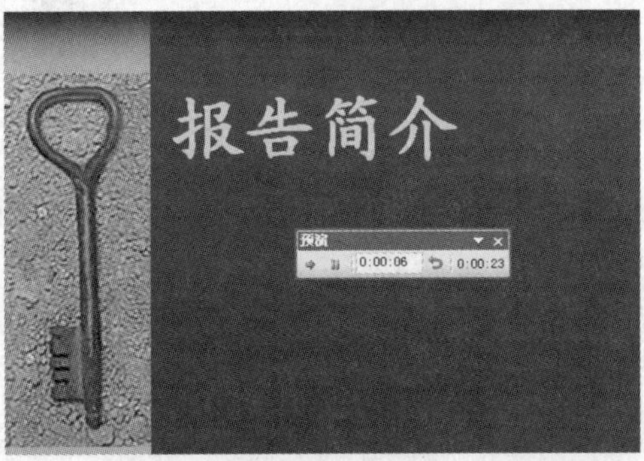

STEP 05 **弹出提示信息框**

依次单击“下一项”按钮，设置其他幻灯片的放映时间，所有幻灯片设置完成后将弹出如下图所示的提示信息框。

STEP 06 **显示幻灯片放映时间**

单击“是”按钮，自动切换到幻灯片浏览视图，每张幻灯片下方将显示其放映时间，效果如下图所示。

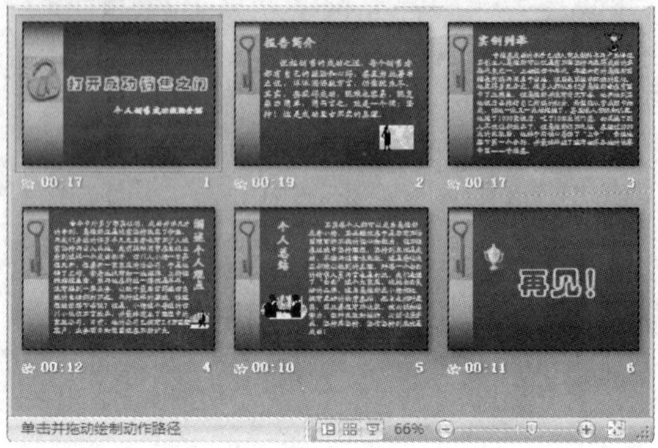

26.5 打包演示文稿

用户可以使用 PowerPoint 2007 提供的 CD 打包功能，将个人演示文稿进行打包，以便在其他没有安装 PowerPoint 2007 的电脑上进行放映。下面将详细介绍演示文稿打包的具体操作方法。

STEP 01 **选择“CD 数据包”命令**

在打开的演示文稿中单击 Office 按钮，在弹出的下拉菜单中选择“发布”|“CD 数据包”命令，如下图所示。

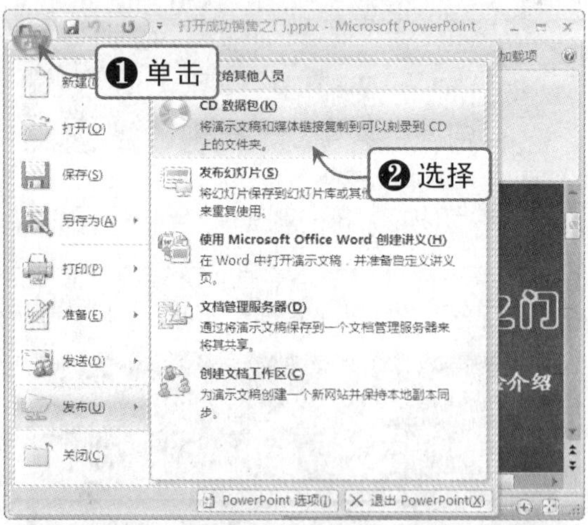

STEP 02 **输入 CD 名称**

弹出“打包成 CD”对话框，在“将 CD 命名为”文本框中输入文件名称，然后单击“选项”按钮，如下图所示。

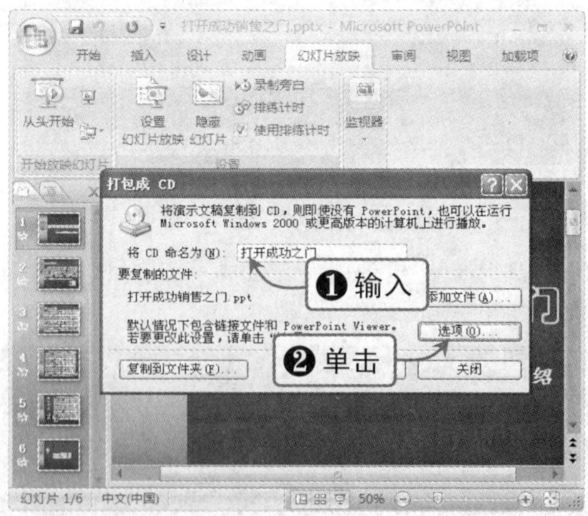

STEP 03 **设置密码**

弹出“选项”对话框，在“打开每个演示文稿时所用密码”和“修改每个演示文稿时所用密码”文本框中分别输入密码，如下图所示。

STEP 04 **重新输入打开密码**

单击“确定”按钮，弹出“确认密码”对话框，再次在“重新输入打开权限密码”文本框中输入打开密码，如下图所示。

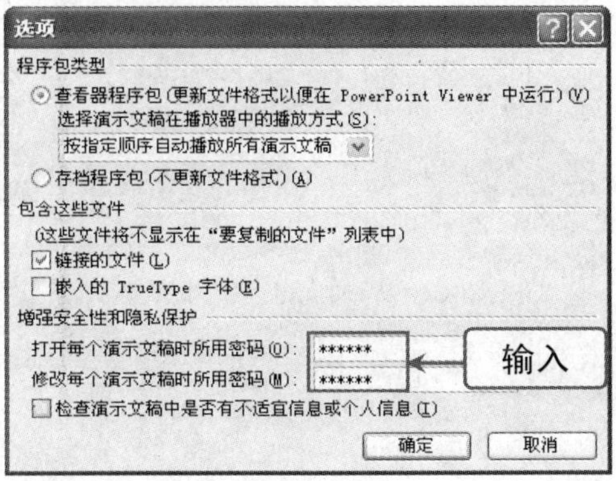

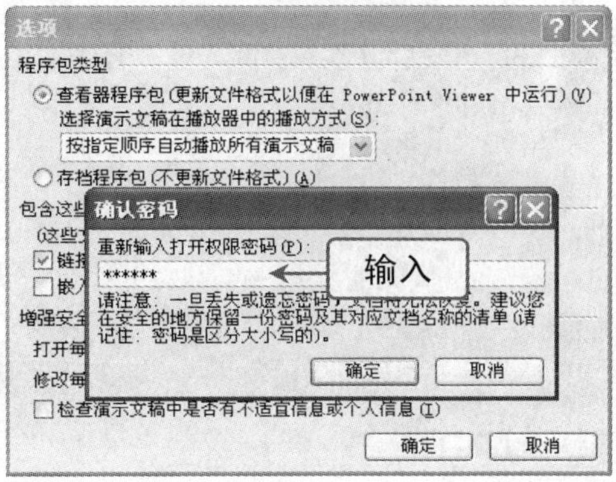

STEP 05 重新输入修改密码

单击“确定”按钮，在“重新输入修改权限密码”文本框中输入修改密码，如下图所示。

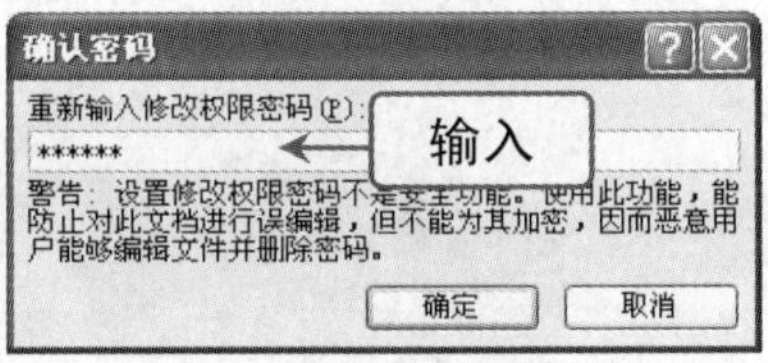

STEP 06 单击“复制到文件夹”按钮

单击“确定”按钮，返回“打包成 CD”对话框，单击“复制到文件夹”按钮，弹出“复制到文件夹”对话框，单击“浏览”按钮，如下图所示。

STEP 07 选择复制位置

弹出“选择位置”对话框，从中选择打包文件要复制到的位置，如下图所示。

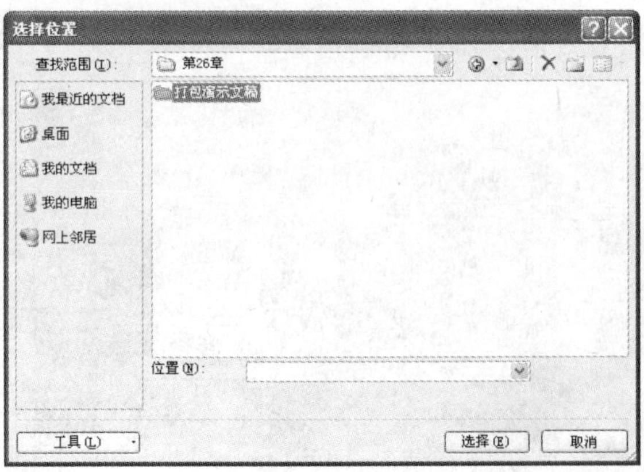

STEP 08 查看打包文件

单击“选择”按钮，然后依次单击“确定”按钮，完成演示文稿打包，打开目标文件夹，查看打包后的文件，如下图所示。

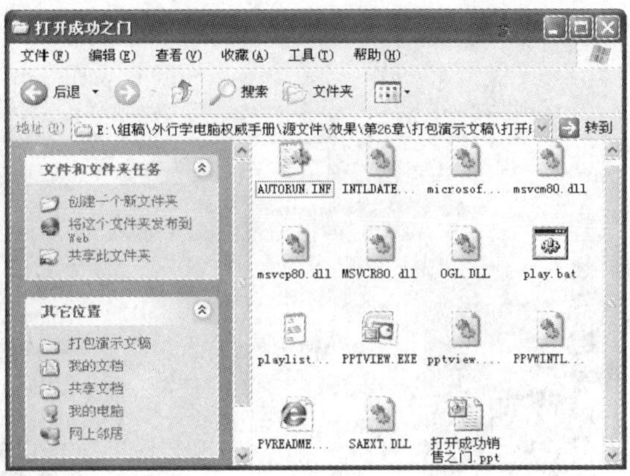

权威案例

案 例	全国大学生辩论赛

本案例的最终效果如下图所示。

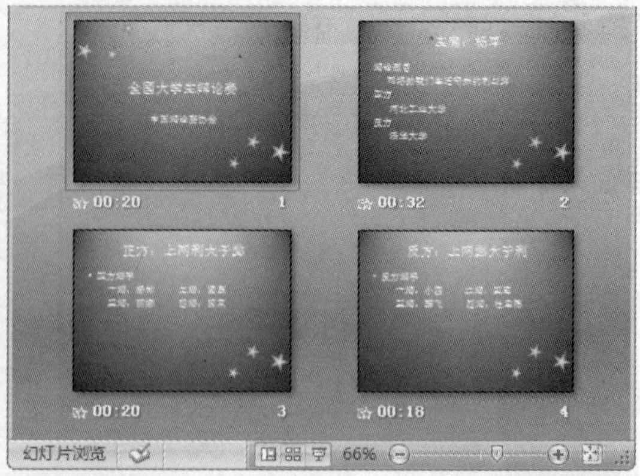

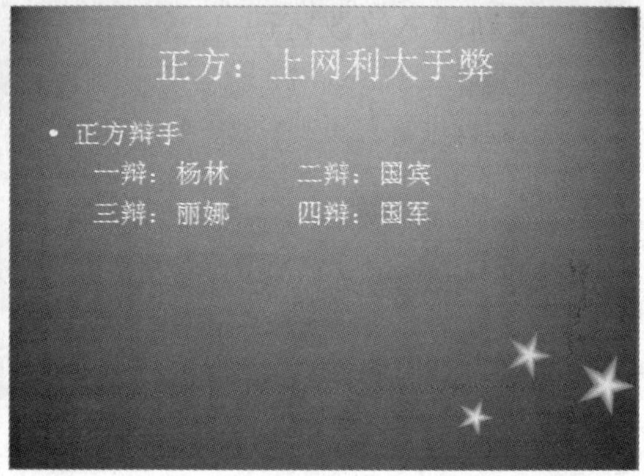

具体制作方法如下：

STEP 01 单击“幻灯片母版”按钮

启动 ProwerPiont 2007，单击“视图”选项卡下“演示文稿视图”组中的“幻灯片母版”按钮，如下图所示。

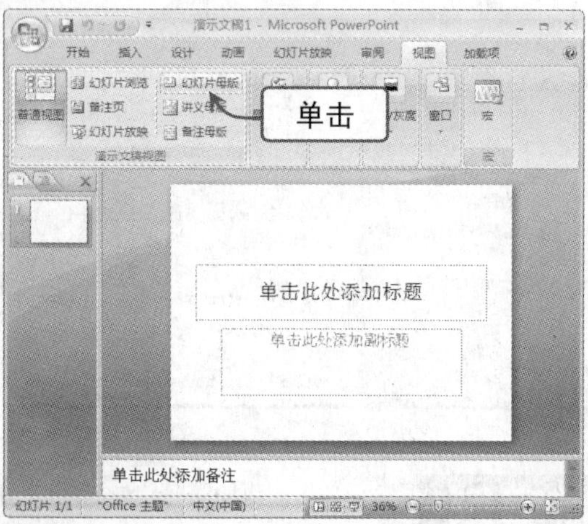

STEP 02 选择背景样式

切换到幻灯片母版视图，选择第一张幻灯片，单击“背景”组中“背景样式”下拉按钮，在弹出的下拉面板中选择需要的样式，如下图所示。

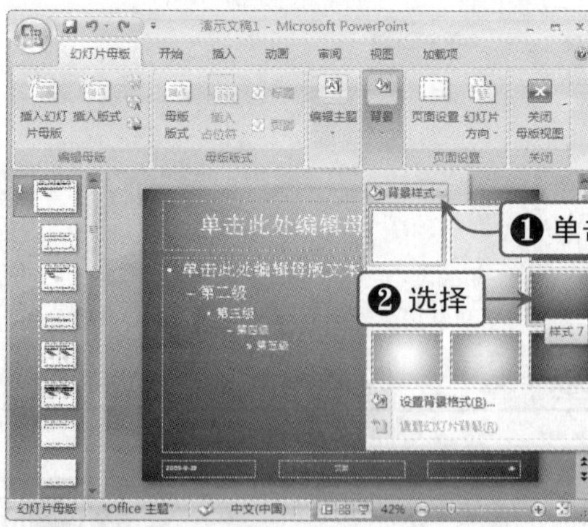

STEP 03 选择图片

单击“插入”选项卡下“插图”组中的“图片”按钮，弹出“插入图片”对话框，选择需要插入的图片，如下图所示。

STEP 04 插入图片

单击“插入”按钮，将图片插入到幻灯片中，如下图所示。

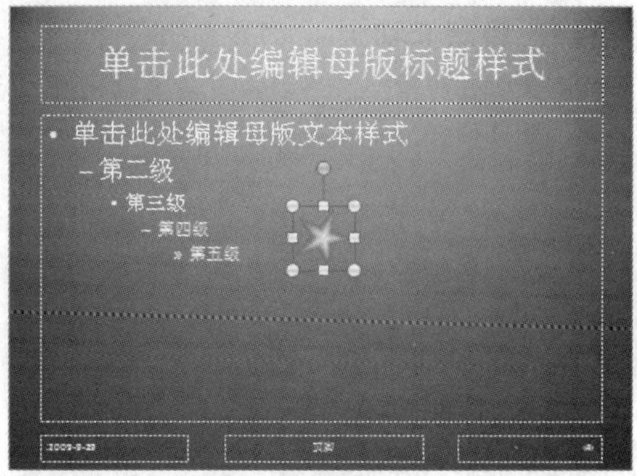

STEP 05 复制调整图片

按【Ctrl+C】和【Ctrl+V】组合键，复制两张插入的图片，并将其调整到合适的大小和位置，如下图所示。

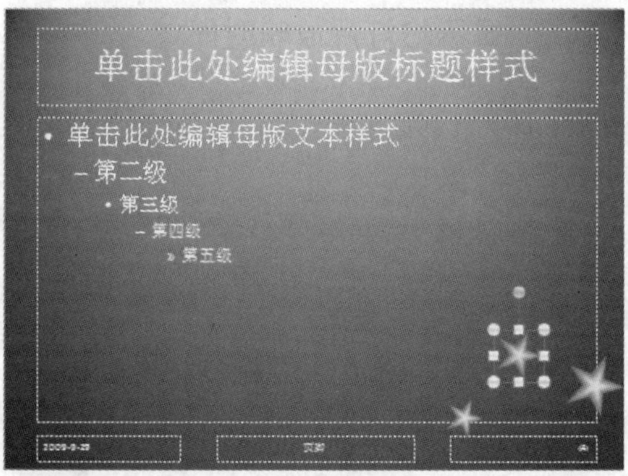

STEP 06 选择幻灯片并添加图片

选择版式为“标题幻灯片”的幻灯片，用上面介绍的方法再次插入图片，并调整位置和大小，如下图所示。

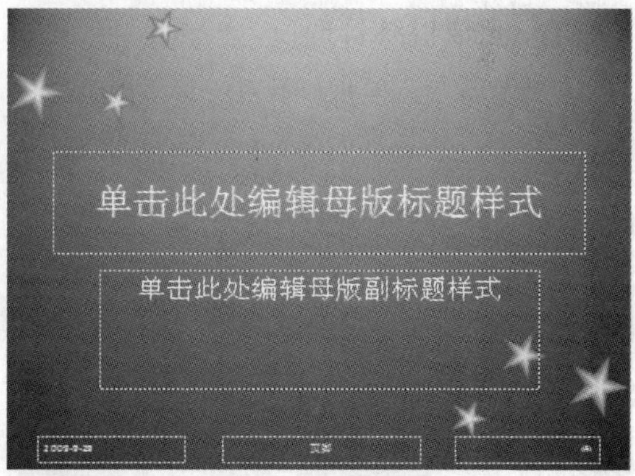

STEP 07 新建幻灯片

单击“幻灯片母版”选项卡下“关闭”组中的“关闭母版视图”按钮，关闭幻灯片母版视图，新建3张幻灯片，如下图所示。

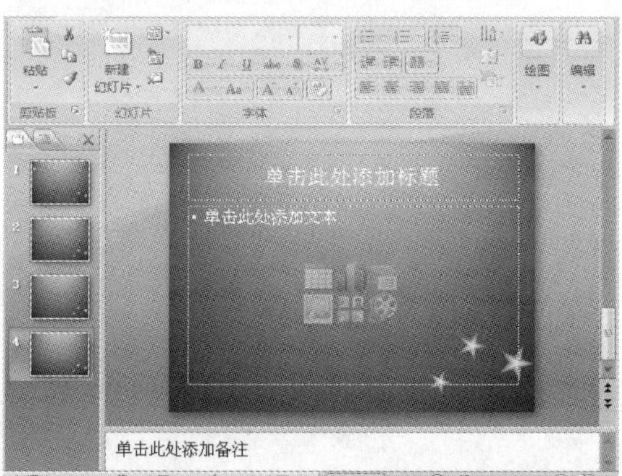

STEP 08 输入文本并设置格式

选择各幻灯片，从中输入相应内容，并设置文本格式，如下图所示。

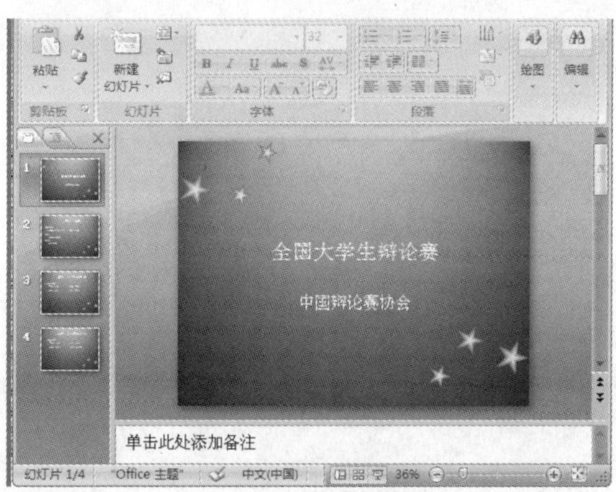

STEP 09 自定义动画

选择幻灯片中的各个对象，打开“自定义动画”任务窗格，根据需要添加自定义动画，如下图所示。

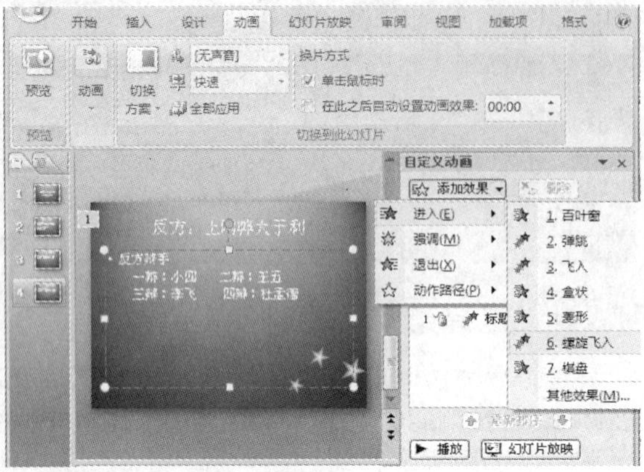

STEP 10 设置幻灯片放映时间

单击“幻灯片放映”选项卡下“设置”组中的“排练计时”按钮，为各张幻灯片设置放映时间，如下图所示。

STEP 11 完成排练计时

设置完成后，弹出如下图所示的提示信息框，单击“是”按钮，完成幻灯片放映时间的设置。

STEP 12 显示幻灯片放映时间

自动切换到幻灯片浏览视图，每张幻灯片下方将显示其放映时间，如下图所示。本案例制作完成。

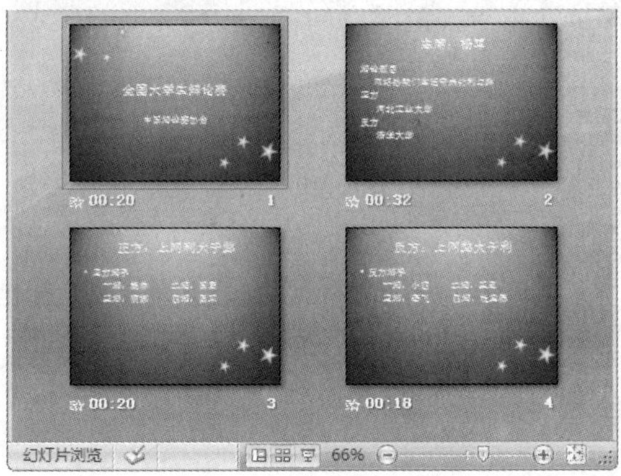

外行上路

提高进阶

权威案例

百宝箱 技巧

从新手到高手
3ds Max 2010 中文版 从新手到高手
AutoCAD 专业机械绘图 从新手到高手
AutoCAD 专业建筑绘图 从新手到高手
黑客攻防 从新手到高手
UG NX 7 中文版 从新手到高手
Premiere Pro CS4 从新手到高手
会声会影 从新手到高手
电脑组装与维护 从新手到高手
网页设计与制作 Dreamweaver+Flash+Photoshop+Fireworks 从新手到高手
电脑办公应用 office+Internet+常用办公设备 从新手到高手
中老年人学电脑 从新手到高手
Learning the right way